# Ökologie

Wolfgang Nentwig / Sven Bacher / Carl Beierkuhnlein
Roland Brandl / Georg Grabherr

# Ökologie

Spektrum Akademischer Verlag   Heidelberg · Berlin

**Zuschriften und Kritik an:**

Elsevier GmbH, Spektrum Akademischer Verlag, Verlagsbereich Biologie, Chemie und Geowissenschaften,
Dr. Ulrich G. Moltmann , Slevogtstr. 3–5, 69126 Heidelberg

**Wichtiger Hinweis für den Benutzer**

Der Verlag und die Autoren haben alle Sorgfalt walten lassen, um vollständige und akkurate Informationen in diesem
Buch zu publizieren. Der Verlag übernimmt weder Garantie noch die juristische Verantwortung oder irgendeine Haftung
für die Nutzung dieser Informationen, für deren Wirtschaftlichkeit oder fehlerfreie Funktion für einen bestimmten
Zweck. Der Verlag übernimmt keine Gewähr dafür, dass die beschriebenen Verfahren, Programme usw. frei von Schutz-
rechten Dritter sind.
Der Verlag hat sich bemüht, sämtliche Rechteinhaber von Abbildungen zu ermitteln. Sollte dem Verlag gegenüber dennoch der Nachweis der Rechtsinhaberschaft geführt werden, wird das branchenübliche Honorar gezahlt.

**Bibliografische Information Der Deutschen Bibliothek**

Die Deutsche Bibliothek verzeichnet diese Publikation in der Deutschen Nationalbibliografie; detaillierte bibliografische
Daten sind im Internet über http://dnb.ddb.de abrufbar.

Planung und Lektorat: Dr. Ulrich G. Moltmann, Martina Mechler
Herstellung: Ute Kreutzer
Satz: reemers publishing services GmbH, Krefeld
Druck und Bindung: Appl Druck GmbH, Wemding
Umschlaggestaltung: SpieszDesign, Neu-Ulm
Gedruckt auf 100gr. Praximatt

Printed in Germany
ISBN 3-8274-0172-0

Aktuelle Informationen finden Sie im Internet unter www.elsevier.com und www.spektrum-verlag.de

# Anschriften der Autoren

Prof. Dr. Wolfgang Nentwig
Zoologisches Institut
Universität Bern
Baltzerstr. 6
CH-3012 Bern
e-mail: wolfgang.nentwig@zos.unibe.ch

PD Dr. Sven Bacher
Zoologisches Institut
Universität Bern
Baltzerstr. 6
CH-3012 Bern
e-mail: sven.bacher@zos.unibe.ch

Prof. Dr. Carl Beierkuhnlein
Biogeografie
Universität Bayreuth
D-95440 Bayreuth
e-mail: carl.beierkuhnlein@uni-bayreuth.de

Prof. Dr. Roland Brandl
Tierökologie/FB Biologie
Philipps-Universität Marburg
D-35032 Marburg
e-mail: brandlr@mailer.uni-marburg.de

Prof. Dr. Georg Grabherr
Institut für Ökologie und Naturschutz
Universität Wien
Althanstr. 14
A-1090 Wien
e-mail: grab@pflaphy.pph.univie.ac.at

# Inhaltsverzeichnis

# Vorwort

Im 19. Jahrhundert als Abkömmling von Systematik, Funktionsmorphologie und Physiologie entstanden, hat sich die moderne Ökologie zu einer sehr umfangreichen Disziplin entwickelt, deren Arbeitsansätze und Methoden immer weiter differenziert werden. Neben Lehrbüchern der Pflanzen- und Tierökologie gibt es heute zahlreiche Ökologiebücher zu einzelnen Pflanzen- und Tiergruppen. Darstellungen der Ökologie des Meeres, des Süßwassers, der Hochgebirge, des Regenwaldes, der Kulturlandschaft oder der Großstadt reihen sich ein neben Büchern zur Ökologie von Invasionen, Populationen, Lebensgemeinschaften oder Biozönosen. Umfangreiche Werke über theoretische Ökologie und ökologische Genetik, biochemische Ökologie und molekulare Ökologie runden das Bild ab. Diese nicht unerhebliche Erweiterung der Themen und Fragestellungen der modernen Ökologie erklärt sich teils durch den im Verlauf des 20. Jahrhunderts erzielten Erkenntnisgewinn, teils durch das wachsende Interesse der Gesellschaft an Umweltfragen.

Bewusst legen wir hier ein Buch mit einem übergreifenden Anspruch für das gesamte Gebiet der Ökologie vor. Wir sind davon überzeugt, dass es gerade in Zeiten des (berechtigten) Spezialistentums mindestens genauso wichtig ist, den Überblick zu behalten. Die Fülle an Einzelinformationen ist selbst für die jeweiligen Spezialisten weitgehend unübersehbar geworden. Der Aufwand, sich auch mit modernen Informationstechniken einen Überblick zu verschaffen, ist immens. Wir streben daher an, mit einem allgemeinen Ökologiebuch einerseits größere Zusammenhänge aufzuzeigen, andererseits aber an wichtigen Stellen tiefer in Details vorzudringen. Das alles wollen wir mit einem handlichen Buch erreichen, anstatt mit einem dicken Konvolut oder einem vielbändigen Mammutwerk.

Dieses Buch wurde von fünf Ökologen geschrieben, die den Anspruch haben, über den Tellerrand des eigenen Spezialgebietes hinaus zu schauen. Dies ist ein ehrgeiziges Unterfangen. Während des Schreibens wurde offensichtlich, dass der Weg zum gemeinsamen Ziel mit abweichenden Auffassungen und Verständigungsschwierigkeiten gepflastert ist, welche sich aus den unterschiedlichen Perspektiven und Wurzeln ergeben. Die verschiedenen Herangehensweisen in der Ökologie – eine theoretische, experimentelle oder beobachtende Sichtweise, der molekulare und der organismische, der physiologische und der synökologische, der geographische und der mehr biologischer Ansatz – lassen sich nur bedingt zusammenführen. Das Vorgehen kann reduktionistisch und holistisch sein, *bottom-up* und *top-down*. Im Versuch, die verschiedenen Ansätze, Herangehensweisen und auch Persönlichkeiten unter einen Hut zu bringen, haben wir uns bemüht, dem Leser eine möglichst umfassende Synthese zu bieten, bei der keiner dieser Ansätze zu kurz kommen sollte. Wir hoffen, dass uns dies gelungen ist, obwohl die Beschränkung im Umfang oft genug erzwang, dass interessanter Stoff weggelassen werden musste.

Dieses Buch folgt einem hierarchischen Aufbau: von Individuen über Populationen und Wechselwirkungen zwischen verschiedenen Arten zu Gemeinschaften, Ökosystemen und Landschaften. Jenseits der landschaftlichen Ebene werden schließlich aktuelle globale Fragen und Probleme angesprochen, sodass der rote Faden vom Organismus bis zum Planeten reicht. Wir glauben, dass die gleichberechtigte Darstellung dieser verschiedenen Ebenen bzw. Ansätze wichtig ist. Hierdurch unterscheidet sich unser Buch von vielen anderen Ökologiebüchern, welche zumeist bestimmte Teilbereiche in den Vordergrund stellen.

Durch das ganze Buch hindurch sind zwei weitere Absichten erkennbar: Ökologische Phänomene werden jeweils von der Theorie bis zur realen Ausprägung dargestellt, d. h. neben der Darstellung von Beispielen waren wir immer bestrebt, die ihnen zugrunde liegenden Mechanismen und die Auswirkungen auf höherer Ebene etwas ausführlicher zu behandeln. Zweitens haben wir uns bemüht, auf allen Ebenen das Ausmaß der menschlichen Aktivitäten zu berücksichtigen, die überall eingreifen, meistens störend sind und in vielen Fällen ökologische Systeme bedrohen und vernichten. Hierdurch erhält dieses Buch ein hohes Maß an Aktualität.

Unser Buch ist daher für ein breites Zielpublikum von Studierenden der Ökologie, Biologie und Geographie, Natur- und Landschaftsmanagement, Landschaftsplanung, Landschaftsökologie, Geoökologie, Land- und Forstwirtschaft, Raumplanung, Umwelttechnik, Sozialwissenschaften und Politologie geeignet. Dieses Buch verschafft aufgrund seiner konzentrierten Darstellung einen guten Überblick, bietet aber gleichzeitig die nötige Tiefe, sodass es sich gut zur Prüfungsvorbereitung eignet. Zahlreiche Abbildungen illustrieren die dargestellten Sachverhalte, viele Tabellen geben Hintergrundfakten und Kastentexte zusätzliche Information, z. B. über anthropogene Einwirkungen oder methodische Aspekte. Ein ausgiebiges Literaturverzeichnis fördert weitergehende Studien.

Für die umfassende Unterstützung, die wir während dieses Buchprojekts erfuhren, schulden wir zahlreichen Personen großen Dank: Frau Alrun Schmiedeknecht initiierte unser Projekt, betreute es in der frühen Planungsphase und zeigte stets lebhaftes Interesse am weiteren Fortschritt. Ulrich G. Moltmann, Martina Mechler und Ute Kreutzer setzten unsere oft sehr weit reichenden Wünsche zu einem realistischen Gesamtwerk zusammen, Christiane von Solodkoff und Regine Zimmerschied danken wir für ihre Arbeit als Grafikerin bzw. Außenlektorin. Letztlich haben viele Freunde, Kollegen und Mitarbeiter auf vielfältige Weise zum Gelingen beigetragen. Wir bedanken uns daher gerne bei Simone Aeschbacher, Jean-Pierre Airoldi, Brigitta Ammann, Raphael Arlettaz, Matthias Borer, Thomas Frank, Gertraud Grabherr, Peter Heitzmann, Angelika Hilbeck, Stefan Hörtensteiner, Anke Jentsch, Britta Juska-Bacher, Eduard Jutzi, Patrik Kehrli, Christian Keusch, Christian Körner, Christian Kropf, Lucia Kuhn-Nentwig, Christoph Meier, Katrin Meyer, David Newbery, Karl Reiter, Michael Strohbach, Rita Schneider, Heiri Wandeler, Jürg Zettel und Klaus Peter Zulka.

*Bern, Bayreuth, Marburg und Wien im Juli 2003*
*Wolfgang Nentwig, Sven Bacher, Carl Beierkuhnlein,*
*Roland Brandl, Georg Grabherr*

Alle Fehler und Unzulänglichkeiten dieses Buches sind trotzdem unsere Fehler. Wir hoffen auf wohlwollende und kritische Kommentare einer aufmerksamen Leserschaft.

# 1 Einführung

## 1.1 Was ist Ökologie?

### 1.1.1 Definition

Die Ökologie schaut auf eine knapp 140-jährige Wissenschaftsgeschichte zurück und ist vom griechischen Wort *oikos* (= Haus) abgeleitet. Trotz der heute umfassenden Verwendung dieses Begriffs handelt es sich nicht um eine in den letzten Jahrzehnten im Rahmen der Umweltbewegung entstandene, moderne Disziplin, sondern um eine klassische Wissenschaft, die immer stärker an Bedeutung gewonnen hat.

Die erste Definition der **Ökologie** geht auf Ernst Haeckel (1866) zurück (Abbildung 1.1), der sie definierte, um Ökologie von Morphologie und „innerer Physiologie" abzugrenzen:

»*Unter Oecologie verstehen wir die gesammte Wissenschaft von den Beziehungen der Organismen zur umgebenden Aussenwelt, wohin wir im weiteren Sinne alle Existenz-Bedingungen rechnen können. Diese sind theils organischer, theils anorganischer Natur. ... Als organische Existenz-Bedingungen betrachten wir die sämmtlichen Verhältnisse des Organismus zu allen übrigen Organismen, mit denen er in Berührung kommt.*«

Odum (1971, 1999) definierte Ökologie über die Wechselbeziehungen der Organismen oder Organismengruppen zu ihrer Umwelt sowie über die Struktur und Funktion der Organismen. Ausführlich erwähnte er die Zugehörigkeit des Menschen zur Natur und setzte Umweltbiologie mit Ökologie gleich. Krebs (1972) reduzierte den Begriff Ökologie hingegen auf jene Wechselbeziehungen, die Verbreitung und Häufigkeit von Organismen bestimmen. Likens (1992) fügte dieser Definition die Interaktionen zwischen Organismen sowie zwischen Organismen und Energie- und Stofffluss hinzu. Begon et al. (1998) schliesslich unterscheiden drei Organisationsniveaus, nämlich das Individuum, die Population und die Lebensgemeinschaft.

Eine moderne und umfassende Definition von Ökologie schließt also, wenn wir den bisher vernachlässigten Informationsfluss einbeziehen, drei zentrale Bereiche ein:

- Interaktionen zwischen Organismen (Individuen, Populationen, Lebensgemeinschaften)
- in ihrer abiotischen und biotischen Umwelt und
- mit Beziehungen im Energie-, Stoff- und Informationsfluss.

Bald nach Haeckel wurde der Begriff Ökologie in einen Zweig unterteilt, der sich mit Individuen einer Art beschäftigte, und einen anderen Zweig, der sich mit Artengemeinschaften befasste. Schröter und Kirchner (1902) sprachen zum ersten Mal von **Autökologie** und **Synökologie**. Unter Autökologie verstehen wir heute Ökophysiologie oder (bio)chemische Ökologie (*ecophysiology, (bio)chemical ecology*). Wir finden hier also die ursprüngliche Physiologie wieder, von der Haeckel die Ökologie abgrenzen wollte. Die Synökologie hat später durch die Abtrennung der **Populationsökologie** (Demökologie, *population ecology*) eine weitere Untergliederung erfahren. Synökologie wird demnach meist mit **Gemeinschafts-** oder **Ökosystemökologie** übersetzt (*community ecology, ecosystem ecology*). In den letzten Jahrzehnten wurde auch der Ebene oberhalb von Ökosystemen als **Landschaftsökologie** (*landscape ecology, geoecology*) der Rang einer eigenständigen Teildisziplin eingeräumt. Die Landschaftsökologie untersucht die Beziehungen zwischen Geographie und Ökologie. Die heute am weitesten verbreitete Unterteilung der Ökologie ist also vierteilig.

Dieser Einteilung in Individuen, Populationen, Gemeinschaften und Landschaften folgt auch die Einteilung dieses Buches. Zwischen den Kapiteln zu Populationen und Gemeinschaft haben wir darüber hinaus ein Kapitel „Wechselwirkungen zwischen verschiedenen Arten" eingefügt und übergeordnete Aspekte globaler Art jenseits der Landschaftsebene sowie die Auswirkungen anthropogener Eingriffe behandelt.

### 1.1.2 Was will Ökologie?

Es ist interessant festzustellen, dass einige der wichtigsten ökologischen Begriffe aus dem Studium angewandter ökologischer Probleme entwickelt wurden. Meist entstanden diese Probleme durch die Übernutzung von Lebensräumen durch den Menschen. Nach wie vor haben heute viele ökologische Forschungsprojekte einen direkten oder indirekten Bezug zur Nutzung unserer **Umwelt** durch uns.

In diesem Zusammenhang ist ein Richtungsstreit innerhalb der Ökologie über den relativen Wert angewandter, grundlagenorientierter oder theoretischer Forschung müßig. Angewandte ökologische Forschung kommt nicht ohne theoretische Grundlagen aus, da sich erst durch ein „logisches Rückgrat" ein Zusammenhang oder eine Inter-

**Abb. 1.1:** Ernst Haeckel (1834–1919).

pretationsmöglichkeit von Daten ergibt. Gleichermaßen benötigt jede Theorie eine Überprüfung durch Experimente. Oder in Anlehnung an Kant: „Theorien ohne Praxis sind leer. Praxis ohne Theorie aber ist blind."

Wir brauchen die Theorie und die Modelle, weil unsere intuitive Vorstellung der Zusammenhänge nicht ausreicht, um komplexe Sachverhalte zu verstehen. Dies gilt besonders dort, wo quantitative Unterschiede einen entscheidenden Einfluss auf das Ergebnis haben. Wir interessieren uns z. B. bei Wechselwirkungen zwischen verschiedenen Arten dafür, ob ein Räuber seine Beute regulieren kann (oder beide aussterben oder die Beute der Kontrolle des Räubers entwächst). Die Antwort darauf lautet ja, er kann, aber es kommt darauf an, wie viel Beutetiere der Räuber frisst und wie gut die Beutepopulation die Verluste durch Geburten kompensieren kann.

Die moderne Ökologie ist reich an verschiedenen Methoden und Forschungsansätzen. Die klassische Freilandbeobachtung wird durch Experimente im Freiland und Labor sinnvoll ergänzt, andererseits hat sich ökologische Forschung an Modellsystemen im Labor bewährt. Das Arbeiten mit Organismen, Populationen und Ökosystemen wird erweitert durch Untersuchungen physiologischer Prozesse und den Einsatz molekularer Methoden. Ökologische Forschung kann sich auf einzelne Kompartimente wie Luft, Wasser oder Boden konzentrieren, oder sie weitet sich auf die übergeordnete Ebene der Landschaft und sogar der ganzen Erde aus. Computeranalysen und Simulationen, Abstraktion der Sachverhalte, mathematische Modelle und die Theoriebildung sind weitere wichtige und heute vielfältig genutzte methodische Ansätze im Rahmen ökologischen Arbeitens. Hier handelt es sich eher um unterschiedliche Phasen eines Projekts oder um Aspekte einer arbeitsteiligen Behandlung einer Fragestellung als um prinzipielle Unterschiede ökologischer Arbeitsauffassung. Dieser methodische Reichtum ist eine der Stärken der modernen ökologischen Wissenschaft. Prinzipiell definiert sich eine Wissenschaft allerdings nicht über ihre Methoden, sondern über ihre Fragestellungen.

Auch wenn Haeckel den Begriff Ökologie schuf, um diesen Wissenschaftsbereich von anderen abzugrenzen, ist Ökologie heute eine stark **integrierende Wissenschaft** mit vielen Übergangszonen zu den benachbarten biologischen Fachgebieten wie Evolutionsbiologie, Ethologie, Genetik, Physiologie und Biochemie. Beziehungen bestehen aber auch zu anderen Naturwissenschaften genauso wie zu den Sozial- und Geisteswissenschaften.

Im menschlichen Alltag sind ökologische Aspekte allgegenwärtig. Ohne ökologisches Grundwissen sind eine nachhaltige Land-, Wald- und Fischereiwirtschaft, oder allgemeiner ein Umweltmanagement, nicht denkbar. Ressourcennutzung, von der Trinkwasserentnahme bis zur Abfallwirtschaft, hat eine ökologische Grundlage oder sollte sie haben. Die profitabelsten Wirtschaftsprozesse sind die, die mit möglichst wenig Energieaufwand und Abfall möglichst viel Produkt erwirtschaften. Idealerweise sollten Abfall und Produkt weiterverwendbar bzw. rezyklierbar sein. Optimierungs- und Kreislaufdenken entsprechen einem grundlegenden ökosystemaren Konzept und

sind daher nachhaltig. Der Nachhaltigkeitsgedanke ist letztlich ein den wesentlichen ökologischen Konzepten inhärenter Gedanke (Abschnitt 6.4.3.1).

Ökologie und ökologische Forschung dienen zweifellos einem besseren Verständnis der realen Welt. Dieses erlaubt Prognosen, aber auch Reparaturmaßnahmen. Derzeit leben knapp über sechs Milliarden Menschen auf der Erde. Sie haben viele Ressourcen in einem Maße übernutzt, dass vielerorts keine nachhaltige Nutzung mehr möglich ist. Die prognostizierte Zunahme der menschlichen Bevölkerung auf 11 oder 12 Milliarden bis zum vermutlichen Wachstumsstillstand etwa in 200 Jahren (Nentwig 1995) ist mit Blick auf die bereits stattfindende Übernutzung der Erde kaum vorstellbar.

In Ergänzung zu Ökobilanzen, die alle Kosten eines Produkts vom Rohstoff über die Nutzung bis zur Entsorgung erfassen wollen, ist das Konzept des **Ökosozialprodukts** von Bedeutung. Es versucht, eine Lücke der klassischen volkswirtschaftlichen Gesamtrechnung (mit ihrer zentralen Kenngröße des Bruttosozialprodukts) zu schließen, indem es den Verbrauch des nur endlich vorhandenen bzw. nur schwer regenerierbaren Produktionsfaktors Umwelt aufgrund von mehreren Faktoren und Indikatoren monetär bewertet. Hierzu gehört die Einbeziehung von Stoff- und Energieströmen, Flächennutzung, Umweltzustand, externen Kosten, Umweltschutzmaßnahmen und Vermeidungskosten. Obwohl die Diskussion um das Ökosozialprodukt erst am Anfang ist, zeichnet sich ab, dass es sich im Unterschied zum stetig steigenden Bruttosozialprodukt seit einigen Jahrzehnten rückläufig entwickelt. Dies zeigt an, dass der aktuelle Wohlstand der Weltbevölkerung auf Kosten der Umwelt erzielt wurde und auf Dauer nicht gehalten werden kann (Abschnitt 6.4.3.1).

Ein verbessertes ökologisches Verständnis und ein Umsetzen dieses Wissens helfen dem Menschen, seine Umwelt **nachhaltiger** zu nutzen, sodass sie auch in Zukunft nutzbar bleibt. Es besteht die Versuchung, diesen Ressourcenschutz oder diese Umweltschonung auch als Naturschutz zu verstehen, bzw. dem Ressourcenschutz einen Beitrag zur Erhaltung von möglichst viel Natur zuzuschreiben. Dies ist sicherlich eine häufige Erklärung, es muss jedoch gefragt werden, wer wen dringender für seine weitere Existenz benötigt. Abschnitt 6.5 befasst sich mit dem Wert von funktionaler und struktureller Biodiversität und zeigt auf, wie sehr auch der urbane Mensch auf eine intakte und gut funktionierende Umwelt angewiesen ist. In diesem Sinne strebt Ökologie als Wissenschaft nicht nur ein Verständnis der Natur an, um Naturschutz betreiben zu können, sondern vor allem, um die menschlichen Lebensgrundlagen zu erhalten.

# 1.2 Gesetze, Konzepte, Theorien

## 1.2.1 Fehlende ökologische Gesetze

Die klassischen Naturwissenschaften basieren auf Gesetzmäßigkeiten. So sind chemische Reaktionen und physikalische Zusammenhänge mit mathematischen Methoden exakt berechenbar und reproduzierbar. Diese Gesetzmäßigkeiten lassen sich auf wenige fundamentale Gesetze zurückführen, denen der Rang von Naturgesetzen zugesprochen wird. Solche Naturgesetze gibt es für ökologische Sachverhalte und im Bereich der biologischen Wissenschaften nicht (Lawton 1999). Ökologie funktioniert zwar auch nach grundlegenden Gesetzen (z. B. denen der Thermodynamik), nur sind die einzelnen Systeme so komplex, dass sich kaum allgemeingültige Beziehungen über Systeme hinweg ableiten lassen.

Ökologische Phänomene lassen sich nicht auf eine begrenzte Zahl von Elementen (Parametern, Objekten, Phänomenen, Arten, Wechselwirkungen) zurückführen. Gerade die **Vielfalt** ökologischer (und allgemein biologischer) Erscheinungsformen ist eine ihrer Grundeigenschaften. Diese Phänomene zeigen eine hohe Variation und eine geringe Regelmäßigkeit. Scheinbar zufällige Prozesse, die als stochastisch bezeichnet werden, prägen ökologische Zusammenhänge. Vor diesem Hintergrund ist es einleuchtend, dass es nicht möglich ist, das Verständnis eines ökologischen Systems ausschließlich durch Analyse seiner Einzelkomponenten zu erreichen. Typologische und deterministische Ansätze stehen daher einem Verständnis der Ökologie entgegen (Mayr 2002).

Wir verstehen diese scheinbar endlose Vielfalt in ökologischen Systemen als Ergebnis einer langen Selektion in der Evolution der Lebewesen, deren wichtigste Mechanismen vermutlich die zufälligen Prozesse bei der Neuanordnung des Genoms und bei der Verteilung der Chromosomen in der Reduktionsteilung darstellen. Hierdurch wird die hohe Variationsbreite von Formen und Prozessen nicht nur erhalten, sondern noch weiter erhöht.

Obwohl es keine strikten Gesetze in der Ökologie gibt, sind dennoch eine Reihe von „Gesetzen", „Regeln" oder „Grundprinzipien" für ökologische Zusammenhänge beschrieben worden: Liebigs „Gesetz" des Minimums (die Wirkung eines Faktors ist umso größer, je mehr er sich im Minimum befindet), die Bergmann'sche Regel (nördliche Tierarten sind größer als südliche nah verwandte Arten), die Allen'sche Regel (nördliche Arten haben kürzere Körperanhänge als südliche nah verwandte Arten) oder die Thienemann'schen Regeln oder Grundprinzipien (über den Zusammenhang zwischen Vielseitigkeit der Lebensbedingungen, Arten- und Individuenzahl sowie Stabilität eines Ökosystems). Keine dieser Regeln hat den Status eines Gesetzes. Teilweise wurden sie zunächst so benannt, weil der Wunsch oder die Hoffnung bestand, starke Gesetzmäßigkeiten auch für die Ökologie zu finden. Diese Regeln stammen vorwiegend aus dem 19. Jahrhundert,

Thienemanns Grundprinzipien wurden zu Beginn des 20. Jahrhunderts aufgestellt. Heute würden wir diese Zusammenhänge nicht mehr als „Gesetz" oder „Regeln" deklarieren, sondern sie eher in den Rahmen der Theoriebildung stellen und als Hypothese bezeichnen (Abschnitt 1.2.3).

Es besteht jedoch kein Konsens darüber, dass in der Ökologie echte Gesetzmäßigkeiten fehlen. Turchin (2001) erklärt am Beispiel der Populationsdynamik, dass es einige gesetzesartige Grundlagen gibt, die die Theorie für die meisten populationsdynamischen Modelle liefern. Das „Gesetz des exponentiellen Wachstums" sei quasi die direkte Analogie von Newtons Trägheitsgesetz, und Turchin bezeichnet es als „erstes Gesetz der Populationsdynamik". Die Selbstbegrenzung von Populationen und die Oszillationen von Ressourcen und Konsumenten werden als weitere Belege für weitgehend gesetzesmäßige Zusammenhänge aufgeführt.

## 1.2.2 Konzepte

Das wichtigste biologische Konzept ist das Konzept der Evolution, wie es unabhängig voneinander von Charles Darwin (Abbildung 1.2) und Alfred Wallace 1859 formuliert wurde. Es ist eng verknüpft mit dem Konzept der Organisation von Individuen in Populationen. Hierauf wiederum baut das Artkonzept auf. Individuen unterscheiden sich voneinander, und jedes Individuum ist einzigartig. Unter den mehr als sechs Milliarden Menschen finden sich (von eineiigen Zwillingen abgesehen) nicht zwei, die genetisch identisch sind. Daher sind auch Populationen verschieden, und jede repräsentiert etwas Einmaliges. Mit den durch Mutation und Selektion sich über die Generationen verändernden Individuen ändern sich auch die Eigenschaften von Populationen und von Arten. Arten sind also nicht konstant, wie es noch das Typusdenken von Linné unterstellte, als er die binäre Nomenklatur schuf und damit den Grundstock für Systematik und Taxonomie legte. Das Darwin'sche Populationskonzept hin-

**Abb. 1.2:** Charles Darwin (1809–1882).

gegen beinhaltet die Variabilität von Individuen, Populationen und Arten.

Weitere wichtige Konzepte in der Ökologie betreffen beispielsweise die ökologische Nische (Grinnell 1917) (Abschnitt 2.4), die trophische Struktur von Ökosystemen (Elton 1927) (Abschnitt 4.2) und die Gruppierung von Arten in Gilden (Root 1967) (Abschnitt 5.3.1).

Wegen der großen Komplexität ökologischer Systeme haben sich zwei unterschiedliche Ansätze entwickelt, um einen Zugang zu ihrem Verständnis zu erhalten. Der **holistische Ansatz** (*top-down*) geht vom Ökosystem aus und beschränkt sich auf die wesentlichen Zusammenhänge. Der Holismus versucht, diese Zusammenhänge zu erfassen, da er annimmt, dass die fast unendliche Fülle einzelner Wechselwirkungen sich einer vollständigen Analyse ohnehin entzieht. Messungen von zentralen Stoff- und Energieflüssen und die Konzentration auf Schlüsselarten sind typisch für eine solche Vorgehensweise.

Der **reduktionistische Ansatz** (*bottom-up*) geht von Individuen und Populationen aus. Er betont die Bedeutung der Interaktionen zwischen den Arten und versucht, jeweils einzelne Wechselwirkungen in einem kontrollierten Experiment zu analysieren. Wahlversuche zur Nahrungspräferenz von Räubern oder Herbivoren und zur Substratpräferenz bei der Eiablage sind Beispiele für eine solche Vorgehensweise.

Das Problem des holistischen Ansatzes besteht darin, dass solch eine Analyse über Allgemeinplätze nicht hinaus geht, während das Problem des reduktionistischen Ansatzes darin besteht, dass vor lauter Detailaspekten eine zusammenfassende Sicht der Dinge verloren geht. Es ist daher selbstverständlich, dass keiner der beiden Ansätze allein den Schlüssel zum Verständnis komplexer Systeme bietet, sondern beide vielmehr als zwei Seiten derselben Medaille gesehen werden sollten.

### 1.2.3 Theoriebildung

Wissenschaftliche Zusammenhänge werden zuerst als **Hypothese** formuliert. Wenn eine Hypothese überprüft und bestätigt werden konnte, also begründete Aussagen enthält, erhält die Hypothese den Rang einer **Theorie**. Hypothesen entstehen auf vielfältige Weise, etwa aus einer Beobachtung, einer Interpretation von Befunden oder einem schöpferischen Einfall heraus. Im Rahmen der kritischen Nachprüfung einer Theorie werden im Sinn von Popper (1994, 1995) deduktiv „logische Basissätze" abgeleitet, also Aussagen oder Annahmen, welche durch Experimente überprüft werden können. Hierbei handelt es sich um empirisch überprüfbare Folgerungen, also Prognosen, die mit anderen Theorien vergleichbar sind. Es wird festgestellt, welche logische Beziehung zwischen verschiedenen Prognosen besteht, z. B. bezüglich Vereinbarkeit oder Widerspruch.

Hypothesen und Theorien werden in Experimenten getestet, um sie zu bestätigen oder zu widerlegen. Das **Prinzip der Falsifikation** ist nach Popper ein wesentlicher Bestandteil der naturwissenschaftlichen Theoriebildung. Theorien besitzen daher grundsätzlich den Status der Vorläufigkeit. Durch Argumente wie Gegenbeispiele oder Widerlegungen wird der Geltungsbereich einer Theorie eingeschränkt. Positive Belege sind hingegen von geringer Bedeutung, da sie auch in anderem Zusammenhang als dem unterstellten entstanden sein könnten (Scheinbeziehung). Im Popper'schen Sinn ist es folglich nicht möglich, eine Theorie abschließend zu beweisen.

Es mag frustrierend sein, dass es grundsätzlich nicht möglich sein soll, eine Theorie zu beweisen. Daher ein Beispiel, um diese Problematik zu verdeutlichen: Die Theorie „Alle Vögel haben zwei Flügel und können fliegen" erscheint durch tausende Vogelarten, die mit ihren zwei Flügeln fliegen können, zwar recht plausibel, kann aber letztlich nicht als bewiesen gelten. Die Entdeckung einer einzigen Vogelart, die noch keine Flügel entwickelt hat, diese wieder verloren hat oder die ihre Flügel zum Schwimmen verwendet, erzwingt eine Einschränkung des Geltungsbereichs dieser Theorie.

Unter dem Bewährungsgrad einer Theorie versteht Popper eine Analyse, die den Stand der Diskussion nach folgenden Kriterien bewertet: gelieferte Problemlösungen, Grad der Prüfbarkeit, Strenge der Prüfungen, Bestehen der Prüfungen. Es gehört letztlich zum Wesen einer Theorie, dass sie unter Umständen nie bewiesen, aber schnell widerlegt werden kann. Man kann jedoch davon ausgehen, dass eine Theorie, mit der lange wissenschaftlich gearbeitet wurde, ohne sie widerlegen zu können, eine hohe Wahrscheinlichkeit hat zuzutreffen. Diese Theorie steht dann der Wahrheit nahe. Dieser Prozess der Theoriebildung und -überprüfung gilt für alle Bereiche der Naturwissenschaften.

Das **Experiment** stellt die einzige Forschungsform dar, die es erlaubt Kausalbeziehungen zwischen Variablen zu überprüfen. Ein Experiment wird durchgeführt, um eine Arbeitshypothese oder Fragestellung bezüglich einer Ursache-Wirkungs-Beziehung zu überprüfen. Beispielsweise könnten wir die Arbeitshypothese aufstellen, dass Düngerzugabe das Pflanzenwachstum fördert. Charakteristisch am Experiment ist, dass eine **Behandlung** (*treatment*; hier die Düngerzugabe) gezielt auf die zu behandelnden **experimentellen Einheiten** angewendet wird. Um die Wirkung der Behandlung herauszufinden, muss diese mit unbehandelten experimentellen Einheiten (**Kontrollen**) verglichen werden. Die experimentellen Einheiten wären in unserem Fall Parzellen Land, die entweder gedüngt würden oder nicht. Da in der Ökologie die experimentellen Einheiten in der Regel bereits vor dem Experiment unterschiedlich sind und daher Unterschiede zwischen den Behandlungen durch andere Faktoren außer der Behandlung selbst verursacht werden können (Störfaktoren), müssen mehrere Einheiten miteinander verglichen werden, d. h. das Experiment muss in mehreren **Wiederholungen** (*replicates*) durchgeführt werden. Wir würden für unser Düngerbeispiel also mehrere Parzellen mit Dünger behandeln und auch mehrere als Kontrollen ansetzen.

Einer der wichtigsten Meilensteine in der Entwicklung experimenteller Untersuchungen war die Einführung der **zufälligen Verteilung** von Behandlung und Kontrolle auf die experimentellen Einheiten. Durch diesen Kunstgriff werden die experimentellen Einheiten von Behandlung und Kontrolle vor der Behandlung trotz individueller Unterschiede im Durchschnitt die gleichen Eigenschaften aufweisen. Dadurch ist es möglich, Unterschiede in der **Messvariablen** (hier Pflanzenbiomasse pro Parzelle) auf die Behandlung zurückzuführen. Dies geschieht in der Regel mit Hilfe von **statistischen Tests**, die angeben, mit welcher Wahrscheinlichkeit die beobachteten Unterschiede zwischen Behandlung und Kontrolle zufällig entstanden sein können und damit auch mit welcher Wahrscheinlichkeit die Unterschiede auf die Behandlung zurückzuführen sind. Da gerade die zufällige Verteilung der Behandlungen ein kritischer Schritt ist, sei auf die Arbeit von Hurlbert (1984) hingewiesen, in der diese Prozedur und die möglichen Fehler in der Anordnung ausführlich erklärt werden.

Das Experiment unterscheidet sich von der **Beobachtung**, in der die Behandlung bereits auf einigen experimentellen Einheiten vorhanden ist. Z. B. könnte man auch die Pflanzenproduktion auf nährstoffreichen Flächen mit der auf nährstoffarmen vergleichen. Bei derartigen Vergleichen ist allerdings nie sichergestellt, dass Unterschiede zwischen den Behandlungen nicht aufgrund von Ursachen entstanden sind, die auch dafür verantwortlich sind, dass die Vorbedingungen zu Beginn des Vergleichs unterschiedlich waren. Daher können Beobachtungen nur Beziehungen (Korrelationen), aber keine Kausalität überprüfen. Bekannt wurde in diesem Zusammenhang die Korrelation der Abnahme der Anzahl der Störche mit der Abnahme der Geburtenzahlen in Ostpreußen, weil die zunehmende Industrialisierung sowohl die Anzahl der Geburten reduzierte als auch die Störche vertrieb (Scheinkorrelation).

Der Umgang mit ökologischen Theorien ist nicht einfach. Oftmals sind experimentelle Daten nicht eindeutig oder Experimente erbringen unter verschiedenen Rahmenbedingungen unterschiedliche Ergebnisse. Häufig geht dies auf einen mangelhaften Versuchsaufbau (*experimental design*) zurück. Auch sind viele Arten für bestimmte Experimente ungeeignet bzw. bestimmte Fragestellungen experimentell nicht zugänglich. Ein beachtlicher Teil der Theoriediskussion in der Ökologie bezieht sich daher auf die Zulässigkeit von Prognosen, die korrekte Wahl des *experimental design* und seine statistische Auswertung. Auch die Übertragbarkeit von Ergebnissen wird oft kontrovers diskutiert. In **Metaanalysen** werden sich mitunter widersprechende Einzelstudien zusammenfassend bewertet. Auf diese Weise können Theorien hinsichtlich ihrer Wahrheitsnähe verglichen werden, sodass letztlich befriedigende Aussagen über die Zulässigkeit (d. h. den Wahrheitsgehalt) einer anspruchsvollen Theorie möglich werden.

# 2 Organismen

## 2.1 Organismen, Individuen, Arten und Funktionen

### 2.1.1 Eigenschaften von Organismen

Wir betrachten in der Ökologie die Organismen als funktionelle Grundelemente ökologischer Systeme. Organismen sind als biotische Einheiten aus regelmäßig auftretenden Elementen, den Zellen, Organellen und Molekülen, aufgebaut. Zusätzliche Organisationsebenen ergeben sich durch Aneinanderlagern von Einzelzellen (Zellhaufen, wie bei vielen Bakterien und Blaualgen), durch Arbeitsteilung zwischen ähnlichen Zellen (wie bei den Schwämmen, Porifera) oder durch echte Differenzierung (Organe). Mit jeder weiteren Organisationsebene ergeben sich neue, spezifische Eigenschaften. Die Organe der Lebewesen bilden ein enges funktionelles Gefüge, welches im Austausch mit der Umwelt steht. Organismen regeln die biotischen Prozesse und Mechanismen durch genetisch und temporär (Lernen, Erinnern) gespeicherte Information. Hierdurch sind sie zur Selbstorganisation und Selbstregulation befähigt, in begrenztem Umfang sogar zur Regeneration zerstörter Strukturen.

Organismen besitzen einen charakteristischen Aufbau aus Organen und Zellen sowie eine stoffliche Zusammensetzung aus Proteinen, Nucleinsäuren, Polysacchariden, Lipiden und weiteren organischen und anorganischen Molekülen. Sie sind zur **Bewegung** befähigt, denn jeder Organismus und jede Zelle lassen Bewegungen erkennen, wenn auch eventuell nur in bestimmten Stadien. Sie zeigen **Reizaufnahme** und **Reizbeantwortung** durch geeignete Reaktionen an. Alle Organismen nehmen Nahrung auf und betreiben einen **Stoffwechsel** (Metabolismus) zum Erhalt einer hohen strukturellen und funktionellen Ordnung. Sie müssen also, um der Entropie, einer Entwicklung hin zu einem weniger geordneten und energieärmeren Zustand, entgegenzuwirken, Energie aufnehmen (Abschnitt 5.2). Dem Aufbau organischer Substanz (Baustoffwechsel), der sich aus Assimilation (Aneignung) und Anabolismus (Aufbau) zusammensetzt, stehen der Abbau energiereicher und die Ausscheidung energiearmer Moleküle (Katabolismus, Dissimilation) entgegen (Betriebsstoffwechsel). Im Organismus wird ein ausgeglichenes Verhältnis (Homöostase) zwischen diesen gegenläufigen Prozessen angestrebt. Als Katalysatoren und Botenstoffe wirken Enzyme und Hormone. Eine besondere Stellung nimmt im Stoffwechsel das Adenosintriphosphat (**ATP**) ein, welches als Energiespeicher und Energiequelle dient. Es trägt sowohl zur Synthese energiereicher biochemischer Verbindungen als auch zu aktiven Transportvorgängen und zur Bewerkstelligung mechanischer Arbeit bei Bewegungen bei.

Darüber hinaus zeichnen sich Organismen durch **Wachstum** und **Entwicklung** aus. Lebewesen sind zeitlich organisiert, und ihre Entwicklung ist in zeitlich begrenzte Phasen gegliedert. Wenn sich ihre Keimbahn von der somatischen Bahn getrennt hat, was bei Bakterien noch nicht der Fall ist, ist der Tod ein wichtiges Ereignis im Leben eines Organismus. Um ihre in Genen organisierte genetische Information zu erhalten, sind sie folglich auf **Fortpflanzung**, **Vermehrung** und **Vererbung** angewiesen. Der Erhalt der genetischen Information eines Individuums wird durch die Übertragung des Erbgutes auf die nächste Generation gewährleistet. Dies geschieht bei höheren Pflanzen und bei Tieren vorwiegend durch sexuelle Vermehrung. Farne, Moose und Pilze verfügen sowohl über sexuelle als auch über asexuelle Zyklen. Mikroorganismen vermehren sich durch Zellteilung ohne eigentliche sexuelle Reproduktion.

Der Genpool einer Art unterliegt einer ständigen, wenn auch oft sehr langsamen Veränderung. Dies führt zur Weiterentwicklung von Arten und durch eine Unterteilung des Genpools zu einer Aufspaltung in neue Arten.

Die Befähigung der Organismen einer Art zur sexuellen Fortpflanzung scheint ein wichtiger Motor der Evolution zu sein, doch nutzen nicht alle Organismen diese Option. Andere Strategien wie die asexuelle Vermehrung durch **klonales Wachstum** oder Jungfernzeugung (**Parthenogenese**) sind ebenfalls nicht selten. Im Rahmen der Selbstbestäubung bzw. -befruchtung (**Autogamie**) der Pflanzen erfolgt zwar sexuelle Interaktion zwischen Blüten, allerdings nur zwischen den Blüten ein und derselben Pflanze. Da hierdurch eine Rekombination möglich ist, zeigt sich, dass nicht die Sexualität wichtig ist, sondern die Möglichkeit der Rekombination.

Dennoch haben viele Pflanzenarten komplexe Mechanismen entwickelt, um Autogamie zu verhindern und Fremdbefruchtung sicherzustellen. In der Gattung *Primula* beispielsweise werden ungleich lange Griffel (**Heterostylie**) ausgebildet, um zu gewährleisten, dass nicht der eigene Pollen auf die Narbe übertragen wird. Bei anderen Taxa wie dem Schmalblättrigen Weidenröschen (*Epilobium angustifolium*) findet man eine zeitlich versetzte Ausbildung von männlichen und weiblichen Blütenblättern (**Dichogamie**). Erscheinen zuerst die männlichen Organe, spricht man von Protandrie, im umgekehrten Fall handelt es sich um Protogynie.

Wenn Autogamie oder **Apomixis** (Verlust der sexuellen Fortpflanzung) größere Bedeutung erlangt, dann kann sich die Artabgrenzung schwierig gestalten. Die reproduktive Isolation von Arten gegeneinander und das Herausarbeiten typischer individuenübergreifender Merkmale innerhalb einer Art spielen dann keine Rolle mehr, da es keinen Genfluss gibt.

Beide Strategien, die sexuelle und die asexuelle Vermehrung, haben Vor- und Nachteile. Der Vorteil der sexuellen Vermehrung ist die ständige Veränderung des Genpools, welche eine Verbesserung der Anpassung an Umweltbedingungen und Konkurrenz ermöglicht. Sie fördert die Fähigkeit, sich in einer sich verändernden Umwelt zu behaupten und gegenüber Konkurrenten die relative **Fitness** zu vergrößern. Dies kann erfolgen, weil innerhalb einer Population eine gewisse genetische Variabilität besteht. Diejenigen Individuen, welche unter gegebenen Umwelt- und Konkurrenzbedingungen in der Lage sind, entweder in kürzerer Zeit oder in größerer Quantität reproduktiv erfolgreich zu sein, werden gefördert. Ein Nachteil ist die Abhängigkeit von Vektoren (Wind, Wasser, Bestäubern) oder von Sexualpartnern. Sexuelle Vermehrung ist mit **Investitionen** verbunden (z.B. in die Geschlechtsorgane von Pflanzen (Blüten) und Tieren). Bei Tieren zwingt Partnersuche oft das Individuum dazu, sich zu exponieren und damit Risiken der Prädation einzugehen. Letztlich wird bei der sexuellen Vermehrung nur die Hälfte des Erbgutes auf die Nachkommen übertragen, und nur die Hälfte der eigenen Nachkommen (die Weibchen) sind ihrerseits in der Lage, selbst Nachkommen zur Welt zu bringen.

Die **asexuelle Vermehrung** hat den Vorteil, dass eine bereits erfolgreiche Kombination von Genen (Kombination von Information) unverändert erhalten wird und an Ort und Stelle verbleiben kann, also unter Standortbedingungen, die sich schon vorher als günstig erwiesen haben, da sich die Art in der Konkurrenz mit anderen behaupten konnte. Auch können alle Nachkommen wieder Nachkommen zeugen. Der Nachteil ist die fehlende Modifikation dieses Schemas und damit verbunden ein eingeschränktes Reaktionsvermögen bei Standortveränderungen. Mittel- bis langfristig scheint in den meisten Situationen eine sexuelle Vermehrung vorteilhafter.

Eine gute Antwort auf die Frage nach dem Vorteil **sexueller Reproduktion** gibt der hohe Anteil von Arten, die sich sexuell fortpflanzen. Er dürfte bei über 95% aller Arten liegen. Da sich fast überall und fast immer die Umwelt der Organismen verändert, ist eine permanente Änderung (im Sinne einer Anpassung) nötig, nur um den Status quo einer guten Anpassung zu wahren. Bei so häufigen Abhängigkeiten zwischen zwei Arten wie denen zwischen Räuber und Beute, Herbivoren und Pflanzen oder Wirt und Parasit kann es sich keine der involvierten Arten leisten, nicht auf Veränderungen (z.B. Verbesserungen der Abwehr) der anderen Art zu reagieren (Abschnitt 4.5). Oder, um mit der *Red Queen* aus *Alice in Wonderland* zu reden, man muss laufen, um in einer sich ändernden Welt am gleichen Ort zu bleiben (Carrol 1872): „Now, here, you see, it takes all the running you can do to keep in the same place". Dieser Satz beschreibt den Vorteil von Dynamik so treffend, dass diese zentrale These der Evolutionsbiologie als *red queen hypothesis* bezeichnet wurde (Van Valen 1973, Jaenike 1978).

## 2.1.2 Individuum und Art

### 2.1.2.1 Art und Artbegriff

Es ist unumgänglich, die in der Natur auftretenden Organismen zu bestimmten Gruppen zusammenzufassen und zu klassifizieren, wenn wir versuchen wollen, die Abläufe und Zusammenhänge von Ökosystemen zu analysieren. Auf der Ebene der Organismen erfolgt die Zuordnung zu Arten und damit nach phylogenetischer Ähnlichkeit.

Die **Taxonomie** fasst die Organismen in Taxa (Singular Taxon) zusammen. Unter einem Taxon versteht man eine Gruppe von Individuen, welche sich durch das konstante Auftreten spezifischer Merkmale von anderen Individuen unterscheiden. Taxa werden bestimmten Kategorien (Rangstufen) zugeordnet. Eine zentrale Stellung nimmt die **Art** (Spezies) ein, welche der Gattung (Genus), der Familie, der Ordnung, Klasse usw., also jeweils wiederum einer übergeordneten Einheit, zugeordnet ist. Diese hierarchisch höheren Taxa sind jedoch nicht definiert und daher relativ. Die Art ist das einzige in der Natur existierende Taxon, dessen Grenzen zumindest im Prinzip überprüfbar sind.

Nach der klassischen Definition von Mayr (1967) verstehen wir unter einer **Art** „eine Gruppe sich miteinander kreuzender natürlicher Populationen, die reproduktiv von anderen solchen Gruppen isoliert ist".

Diese Definition betont die natürlichen Bedingungen, unter denen sich benachbarte Arten nicht mehr kreuzen. Unter Gefangenschaftsbedingungen hingegen kommt es gelegentlich zur Bastardisierung zwischen Arten, die sich in der Natur nie treffen würden, weil sie in verschiedenen Lebensräumen oder Nischen leben. Auch impliziert Mayrs Definition, dass die Nachkommen einer Kreuzung fertil sind, da sonst die Populationen nicht fortbestehen würden. Fast alle Kreuzungen zwischen Arten, die in Gefangenschaft entstanden, sind steril, bei *Drosophila* gibt es aber beispielsweise Ausnahmen (Coyne und Orr, 1989).

Arten unterliegen ständigen Veränderungen, welche sich durch Mutationen und Rekombination ergeben. Innerhalb einer Art finden wir daher eine bestimmte genetische Vielfalt, die sich in abweichenden **Genotypen** ausdrückt (Abschnitt 2.1.2.3). Hierauf beruht die morphologische, physiologische, ethologische usw. Variabilität, die in verschiedenen **Phänotypen** in Erscheinung tritt (Abschnitt 2.1.2.3). Eine Vielfalt an Genotypen bedeutet jedoch nicht unbedingt auch eine Vielfalt an Phänotypen (und umgekehrt). Innerhalb von Arten kann es daher sowohl eine große Variabilität der Merkmale und der genetischen Vielfalt geben als auch geringe Variabilität und Vielfalt. Diese Variabilität ist die Grundlage der Selektion von besonders gut mit den jeweiligen Umweltbedingungen und Konkurrenzverhältnissen zurecht kommenden Individuen. Es entwickeln sich spezialisierte Arten, die als Anpassung an bestimmte Lebensumstände aufgefasst werden können. Wenn diese von einer Grundform ausgehende Entwicklung neuer Arten annähernd gleichzeitig erfolgt, nennen wir dies **adaptive Radiation** (Schluter 2000).

Die rasche Aufspaltung einer Art erfolgt dann, wenn sich eine neuartige Entwicklung als besonders erfolgreich erweist, wie beispielsweise die schützende Samenschale der Angiospermen. Die Fossilfunde im Kambrium zeigen auch, dass adaptive Radiationen vorkommen, indem neue Lebensräume durch Organismen selbst geschaffen werden, z.B. Riffe. Nach einem Aussterbeereignis können ökologische Nischen plötzlich unbesetzt und daher verfügbar sein oder aber sie entstehen de novo, etwa wenn neue Inseln entstehen. So entwickelte sich die Familie der Kleidervögel (Drepanididae) auf Hawaii nach der vulkanischen Entstehung der Inseln vor 27–30 Millionen Jahren (die älteste der bewohnten Inseln ist jedoch nur 5,6 Millionen Jahre alt, da einzelne Inseln wieder verschwanden) vermutlich aus nur einer neu zugewanderten Art. Diese bildete bis zu 35 Arten, von denen bereits im Rahmen der Besiedlung durch die Polynesier 14 wieder ausgerottet wurden (Abbildung 2.1). Die ebenfalls nur auf eine ursprüngliche Ausgangsform zurückzuführenden 14 Arten der Darwinfinken (Emberizidae) der Galapagosinseln (Alter 0,7–5 Millionen Jahre) sind ein ähnliches, klassisches Beispiel. Die Pflanzengattung *Aeonium* (Crassulaceae) kommt auf den 2–16 Millionen Jahre alten Kanarischen In-

seln mit etwa 35 Arten vor, die zudem stark hybridisieren. Ausgehend von einer Stammform hat sich diese Gattung auf den Kanaren aufgrund der Aufteilung auf einzelne Inseln und wegen unbesetzter ökologischer Nischen in einem konkurrenzarmen Inselökosystem stark entwickeln können.

Bei nahe verwandten Arten kann **Hybridisierung** auftreten. Es bilden sich Übergangsformen, doch sind diese zumeist nicht fruchtbar, es sei denn, es kommt dabei zur Verdoppelung des Chromosomensatzes. Diese allopolyploiden Hybriden finden sich allerdings nur bei Pflanzen. Manche Taxa zeichnen sich durch häufige Hybridisierung aus wie etwa die Orchideen (Orchidaceae). In einzelnen Gebieten bestimmen Hybride den Aspekt von Ökosystemen, wie dies beim Schlickgras (*Spartina x townsendi*) in den Schlickrasen der Nordsee der Fall ist.

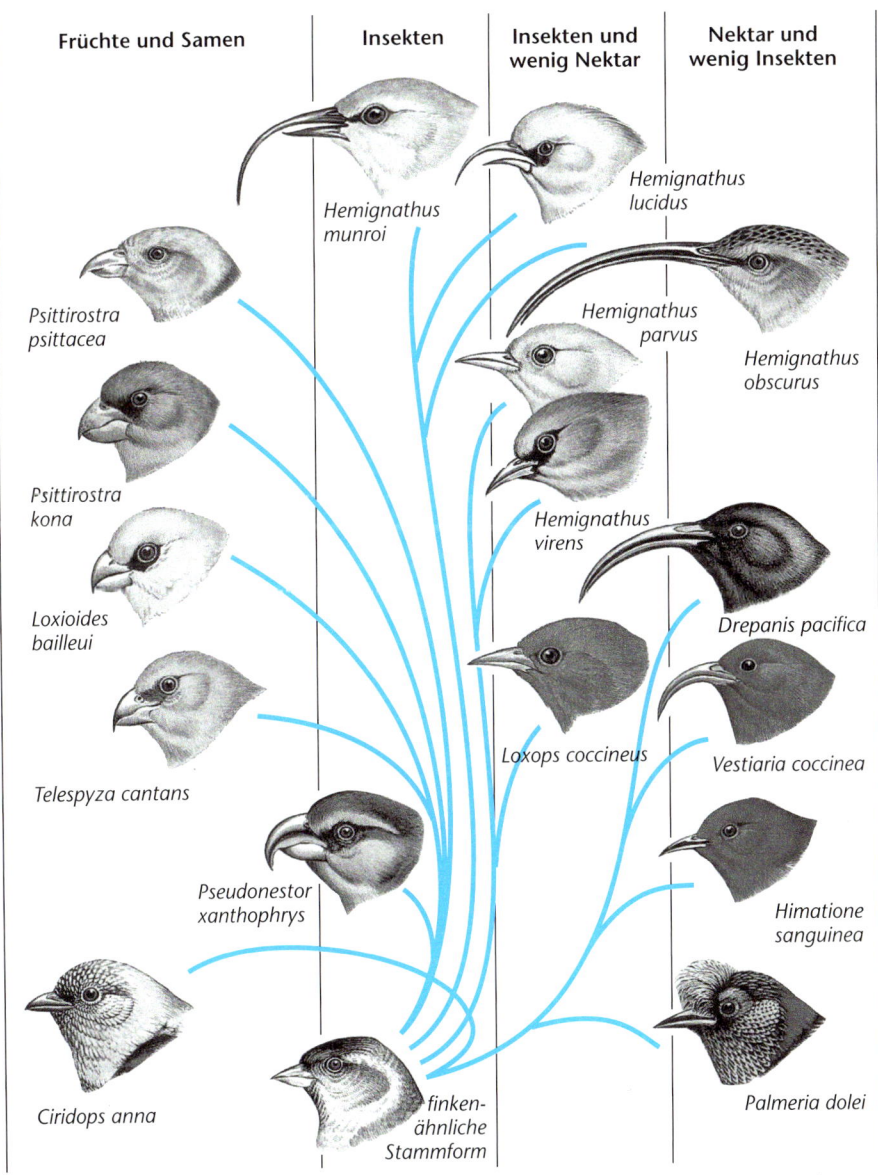

**Abb. 2.1:** Adaptive Radiation am Beispiel der Kleidervögel (Drepanididae) von Hawaii. Nach Perris (1995).

Früchte und Samen — Insekten — Insekten und wenig Nektar — Nektar und wenig Insekten

*Hemignathus munroi*

*Hemignathus lucidus*

*Psittirostra psittacea*

*Hemignathus parvus*

*Hemignathus obscurus*

*Psittirostra kona*

*Hemignathus virens*

*Drepanis pacifica*

*Loxioides bailleui*

*Loxops coccineus*

*Vestiaria coccinea*

*Telespyza cantans*

*Himatione sanguinea*

*Pseudonestor xanthophrys*

*Ciridops anna*

finkenähnliche Stammform

*Palmeria dolei*

*Spartina x townsendi* entstand zwischen 1870 und 1890 als Hybride aus dem einheimischen *S. maritima* und dem neophytischen *S. alternifolia* aus Nordamerika. Aus der fast sterilen Hybride *Spartina x townsendi* wurde inzwischen das polyploide Taxon *S. anglica*, das heute in Südengland und auf dem europäischen Kontinent weit verbreitet ist.

Über genetisch differenzierte Populationen können sich durch geographische Isolation **Unterarten** (Subspezies) ausbilden, welche sich durch charakteristische Merkmale unterscheiden, aber noch mit Vertretern anderer Unterarten fortpflanzen können. Der Rothirsch (*Cervus elaphus*) tritt in der gesamten Nordhemisphäre auf. Die separierten Populationen lassen sich durch klar definierbare Merkmale zahlreichen Unterarten zuordnen, und besitzen unterschiedliche lokale Namen (z. B. Wapiti oder Elk für die nordamerikanische Unterart *canadensis*, Maral für die nordasiatische Unterart *maral*). Ähnlich verhält es sich mit dem Gorilla, der in die Unterarten Flachlandgorilla (*Gorilla gorilla gorilla*) und Berggorilla (*Gorilla gorilla beringei*) untergliedert wird. Für die Populationsökologie (Abschnitt 3.7) und den Artenschutz (Abschnitt 6.5.1) ist es wesentlich, solche verwandtschaftlichen Verhältnisse zu kennen.

Die abstrakten Begriffe und Bezeichnungen, die wir für eine Klassifikation verwenden, sollten nicht darüber hinwegtäuschen, dass der Grad der Unähnlichkeit zwischen verschiedenen Taxa unterschiedlich ist. Zwei Arten können sich sehr ähneln (weil sie verwandt sind oder weil es sich um Konvergenz handelt, Abschnitt 2.4.3), sie können aber auch sehr unähnlich sein. Nicht immer ist es am äußeren Erscheinungsbild, am **Habitus**, zu erkennen, ob wir es mit Individuen einer Art oder mit mehreren ähnlichen Arten zu tun haben. Verfeinerte Analysemethoden haben in jüngster Zeit dazu geführt, dass manche ehemals gültige Art in zwei deutlich verschiedene Arten aufgetrennt wurde (**Schwesterarten**, *sibling species*). Die Vogelarten Fitis (*Phylloscopus trochilus*) und Zilpzalp (*Phylloscopus collybita*) sind sich äußerlich sehr ähnlich, durch ihren Gesang können sie aber sehr gut unterschieden werden (Abbildung 2.2).

Daneben gibt es aber auch die umgekehrte Situation. Dieselbe Art wurde mehrfach von unterschiedlichen Orten oder von verschiedenen Wissenschaftlern beschrieben und mit verschiedenen Namen versehen. Wir bezeichnen solche Namen, die sich auf dieselbe Art beziehen, als **Synonyme**. Nach einem internationalen Übereinkommen hat nur der älteste Name Gültigkeit. Aufgrund der hohen morphologischen Variabilität mancher Arten erfolgte in der Vergangenheit eine oft unkritische Beschreibung einzelner abweichender Individuen als neue Art, sodass das Synonymieproblem in der Systematik ein ernst zu nehmendes Hindernis im Umgang mit Arten darstellt (Abschnitt 6.5.3.4).

## 2.1.2.2 Systematik

Konventionell wurden Organismen in Tiere, Pflanzen und Mikroorganismen unterteilt. Diesen Gruppen sind auch heute noch wichtige Teilbereiche der Biologie gewidmet. Ursprünglich unterschied man die **Reiche** der Tiere und der Pflanzen, später trennte man die Bakterien als eigenständige Gruppe ab. Als die Heterogenität der Bakterien

**Abb. 2.2:** Im Gesang sind Zilpzalp (*Phylloscopus collybita*, oben) und Fitis (*Phylloscopus trochilus,* unten) deutlich verschieden. Äußerlich sind sie sich sehr ähnlich und kommen nördlich der Alpen im gleichen Areal vor. Nach Bergmann und Helb (1982).

erkannt wurde, wurden die Archaebakterien als eigenes Reich abgetrennt. Um Verwechslungen zwischen der taxonomischen Einheit Reich und trivialer Bezeichnungen wie Tierreich zu vermeiden, setzt sich neuerdings der Begriff der **Domäne** als höchste taxonomische Kategorie durch. Wir unterscheiden daher heute auf der Grundlage genetischer Unterschiede drei Domänen: Bakterien (Bacteria), Archaebakterien (Archaea) und Eukaryoten (Eukarya). Nichtzelluläre Formen wie Viren sind in diesem Schema nicht enthalten (Kasten 2.1).

Unsere Kenntnisse der einzelnen Artengruppen sind sehr unterschiedlich. Große, auffällige Organismen und solche, mit denen wir direkt, zum Beispiel in Form von Krankheiten, konfrontiert sind, sind gut erforscht. Wir haben aber noch riesige Wissenslücken bei kleinen Organismen und solchen, die für uns schlecht zugängliche Lebensräume besiedeln (Tiefsee, Boden, Atmosphäre, Kronendach des tropischen Regenwaldes). Während bei den Pflanzen ein großer Teil der Arten bekannt ist, ist vor allem bei den Mikroorganismen und Pilzen sowie bei Insekten nur ein Bruchteil der tatsächlich zu erwartenden Arten naturwissenschaftlich beschrieben. Schätzungen oder Hochrechnungen auf die tatsächliche Zahl existierender Arten sind naturgemäß recht unterschiedlich, belaufen sich aber größenordnungsmäßig auf etwa zehn Millionen Arten (Abschnitt 6.5.3.4). Hiervon sind heute etwa 1,8 Millionen Arten bekannt (Abbildung 6.100).

Die Systematik ist in ständiger Entwicklung begriffen, was in der Praxis manchmal Probleme bereitet, z. B. wenn sich der Name einer etablierten Art ändert. Veränderte Auffassungen zur taxonomischen Zuordnung, die sich aus dem wissenschaftlichen Erkenntnisgewinn ergeben, können einen Wechsel des Status einer Art mit sich bringen. Beispielsweise können Arten aufgesplittet oder fusioniert werden. In diesem Fall bestehen die konkreten Objekte fort, lediglich unsere Kenntnisse haben sich geändert. Bislang war man vor allem auf Analogieschlüsse angewiesen, wenn man aus der äußeren Form von Reproduktionsorganen, der gesamten Gestalt der Organismen oder aus

## Kasten 2.1: Übersicht über die Systematik der Hauptgruppen von Organismen

Vor allem im Bereich der Einzeller sind die taxonomischen Zusammenhänge zwischen Algen, Pilzen und Tieren noch unklar. Aufgeführt werden die drei Domänen mit ihren wichtigsten weiteren Untergliederungen etwa bis auf die Ebene einer Abteilung oder Klasse. Da diese taxonomischen Einheiten relativ sind und der Untergliederungsbedarf vor allem in den artenreichen Bereichen des Systems hoch ist, wird hier auf die Nennung der Bezeichnung der taxonomischen Ebene verzichtet. Zahlen in Klammern beziehen sich auf die ungefähre Anzahl bekannter, lebender Arten, insgesamt ca. 1,8 Millionen. Nach Westheide und Rieger (1996) sowie Sitte et al. (2002).

**Domäne Bacteria** (5 000)
- Posibacteriota (grampositive Bakterien) (1 000)
- Negibacteriota (gramnegative Bakterien) (2 000)
- Cyanobacteriota (Blaualgen) (2 000)
- Prochlorobacteriota (Algen) (10)

**Domäne Archaea** (Archaebakterien) (80)

**Domäne Eukarya** (Eukaryoten) (1 750 000)
- Acrasiobionta (Schleimpilze, Myxamöben) (10)
- Myxobionta (Schleimpilze, Myxamöben) (700)
  – Myxomycota (600)
  – Plasmodiophoromycota (60)
- Heterokontobionta (14 000)
  – Labyrinthulomycota (Netzschleimpilze) (40)
  – Oomycota (Cellulosepilze) (600)
  – Heterokontophyta (13 400)
    ○ Chloromonadophyceae (Algen) (10)
    ○ Xanthophyceae (Algen) (400)
    ○ Chrysophyceae (Goldalgen) (1 000)
    ○ Bacillariophyceae (Kieselalgen) (10 000)
    ○ Phaeophyceae (Braunalgen) (2 000)
- Mycobionta (Chitinpilze) (111 000)
  – Chytridiomycetes (600)
  – Zygomycetes (600)
  – Ascomycetes (Schlauchpilze) (30 000)
  – Basidiomycetes (30 000)
  – Deuteromycetes (Fungi imperfecti) (30 000)
  – Lichenes (Flechten) (20 000)
- Glaucobionta (Algen) (3)
- Rhodobionta (19 000)
  – Rhodophyta (Rotalgen) (4 000)
  – Cryptophyta (Algen) (120)
  – Dinophyta/Dinoflagellata (Dinoflagellaten) (4 000)
  – Apicomplexa (Endoparasiten) (2 500)
  – Ciliophora (Wimperntiere) (8 000)
  – Haptophyta (Algen) (250)
- Chlorobionta (300 000)
  – Chlorophyta (Grünalgen) (7 000)
  – Chlorarachniophyta (Algen) (2)
  – Euglenophyta/Euglenozoa (800)
  – Streptophyta (292 000)
    ○ Streptophytina (Grünalgen) (6 000)
    ○ Bryophytina (Moose) (24 000)

○ Pteridophytina (Farne) (11 300)
  ■ Lycopodiopsida (Bärlappgewächse) (1 200)
  ■ Equisetopsida (Schachtelhalmgewächse) (15)
  ■ Psilotopsida (Gabelblattgewächse) (4)
  ■ Pteridopsida (Farne) (10 000)
○ Spermatophytina (Samenpflanzen) (251 000)
  ■ Cycadopsida (Palmfarne) (140)
  ■ Ginkgopsida (Ginkgo) (1)
  ■ Coniferopsida (Nadelbäume) (530)
  ■ Gnetopsida (70)
  ■ Magnoliopsida (Blütenpflanzen) (250 000)
- Protozoa (tierische Einzeller) (900)
  – Microspora
  – Archamoebaea
  – Tetramastigota
- Metazoa (mehrzellige Tiere) (1 305 000)
  – Porifera (Schwämme) (8 000)
  – Placozoa (1)
  – Mesozoa (100)
  – Coelenterata (Hohltiere) (8 600)
  – Bilateria (1 288 000)
    ○ Spiralia (1 201 000)
      ■ Plathelminthes (Plattwürmer) (16 000)
      ■ Gnathostomulida (Kiefermäulchen) (100)
      ■ Nemertini (Schnurwürmer) (900)
      ■ Mollusca (Weichtiere) (50 000)
      ■ Sipuncula (Spritzwürmer) (160)
      ■ Kamptozoa (Kelchwürmer) (150)
      ■ Echiura (Igelwürmer) (150)
      ■ Annelida (Ringelwürmer) (18 000)
      ■ Arthropoda (Gliederfüßer) (1 115 000)
        □ Onychophora (160)
        □ Tardigrada (600)
        □ Cholicorata (Spinnentiere) (60 000)
        □ Crustacea (Krebse) (40 000)
        □ Chilopoda (3 000)
        □ Progoneata (11 000)
        □ Insecta (1 000 000)
    ○ Nemathelminthes (20 000)
    ○ Tentaculata (5 000)
    ○ Deuterostomia (62 000)
      ■ Chaetognatha (Pfeilwürmer) (120)
      ■ Hemichordata (85)
      ■ Echinodermata (Stachelhäuter) (6 300)
      ■ Chordata (Chordatiere) (55 000)
        □ Tunicata (Manteltiere) (3 000)
        □ Acrania (Lanzettfischchen) (24)
        □ Craniota (Vertebrata, Wirbeltiere) (52 000)

deren Verhalten auf ihre Verwandtschaft schloss. In jüngster Zeit wurden nun genetische Methoden verfügbar, die helfen können, die stammesgeschichtliche Entwicklung und verwandtschaftliche Nähe der Organismen aufzuklären.

### 2.1.2.3 Phänotyp, Genotyp, Ökotyp

Der Phänotyp ist das individuelle Erscheinungsbild, die Summe der Merkmale eines Organismus. Die Vielfalt seiner Erscheinungsformen wird durch die individuelle Entwicklung (Ontogenese) und Umweltfaktoren bestimmt. Sie ist durch die Variationsbreite des Genotyps begrenzt (phänotypische Plastizität). Pflanzen zeigen, da sie nicht mobil sind, besonders auffallende phänotypische Anpassungen an ihre Umwelt. Hochgebirgspflanzen beispielsweise zeichnen sich durch gedrungenen Wuchs aus, während Flachlandindividuen im Vergleich hierzu deutlich ausgeprägtes Streckungswachstum aufweisen (Abbildung 2.3).

Zahlreiche Arten zeigen regelmäßig Individuen mit verschiedenen Eigenschaften. Individuen des Holunder-Knabenkrautes (*Dactylorhiza sambucina*) besitzen entweder schwefelgelb gefärbte oder tiefpurpurne Blüten. Direkt benachbarte Pflanzen der Verschiedenblättrigen Kratzdistel (*Cirsium helenoides*) können in Abhängigkeit von der individuellen Nährstoffversorgung ganzrandige oder tiefzerschlitzte Blätter aufweisen. Da in der Regel nur ein Teil des Genoms realisiert wird, können Genotypen eine spezifische phänotypische Reaktion auf bestimmte Umweltbedingungen ermöglichen, d.h. Genotypen unterscheiden sich unter verschiedenen Umweltbedingungen in ihrer phänotypischen Antwort.

Ist innerhalb einer Art eine genetisch fixierte Anpassung an klimatische oder edaphische Standortbedingungen zu beobachten, sprechen wir vom **Ökotyp** (Turesson 1922). Ökotypen müssen nicht an phänologischen Merkmalen zu erkennen sein, allerdings kann sich ein bestimmtes Umweltregime auch morphologisch widerspiegeln. Beim Wiesenlieschgras (*Phleum pratense*) können wir in Abhängigkeit von der Landnutzung nach dem Verzwei-

gungsmuster eine Weideform und eine Wiesenform unterscheiden. Schwermetallhaltige Böden führen zur Selektion entsprechend toleranter Ökotypen, Ähnliches gilt bei extremer Verfügbarkeit von Wasser und Nährstoffen. In der Forstwirtschaft hat man diese Zusammenhänge schon lange erkannt und beachtet die Herkunft der angepflanzten Baumarten, da lokale Herkünfte dem jeweiligen Standort meist besser angepasst sind.

### 2.1.2.4 Individuen bei unitaren und modularen Arten

Unter **unitaren** Organismen verstehen wir solche, deren Form genetisch fixiert ist und wenig Variation aufweist. Die meisten Tiere sind unitar, und wir benutzen ihre Charakteristika zur Identifikation. Veränderungen innerhalb der Ontogenese unitarer Arten erfolgen nach einem spezifischen Muster.

Bei einem **modularen** Organismus ist die Grundeinheit ein Bauelement (Modul), das selbst Formkonstanz aufweist, dem gesamten Individuum jedoch durch seine Menge und vielfältige Anordnung eine beachtliche Variabilität ermöglicht. Die meisten Pflanzen sind modular aufgebaut, beispielsweise aus Blättern, die mit ihrem Stängel eine Einheit bilden. Diese setzen ihrerseits weitere Einheiten (Zweige, Äste usw.) zusammen. Modulare Organismen sind meist verzweigt und nicht mobil (Ausnahme Jugendstadien). Aus meristematischem Gewebe, das sich an verschiedenen Stellen des Organismus befindet, können diese Arten regenerieren, also auf Verlust, z.B. durch Tierfraß, reagieren. Hierdurch sind modulare Organismen potenziell sehr langlebig. Neben den meisten Pflanzen gehören auch viele sessile bzw. koloniebildende Tiere (z.B. Schwämme, Korallen, Hohltiere) sowie viele Pilze zu den modularen Organismen (Abbildung 2.4).

Die Abgrenzung von Individuen ist bei unitaren Organismen meist einfach. Schwierigkeiten ergeben sich dann, wenn sich modulare Pflanzen mit Ausläufern ausbreiten (Rhizome, Stolone) und die Verbindungen zwischen ih-

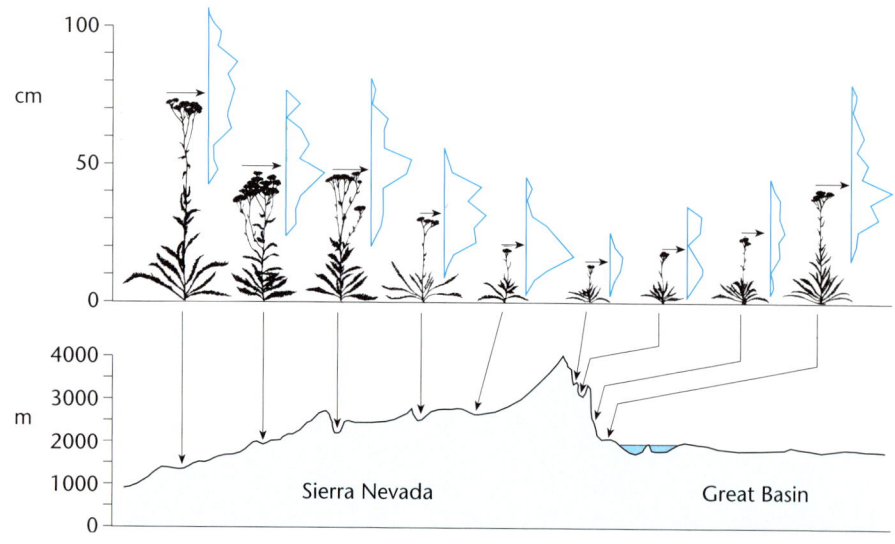

**Abb. 2.3:** Ökologische Rassen einer Schafgarbe (*Achillea lanulosa*) aus verschiedenen Höhen entlang eines Transektes durch die Sierra Nevada. Individuen aus jeder Population wurden an einem Ort auf Seehöhe unter gleichen Bedingungen aus Samen herangezogen. Die Diagramme (blau) zeigen die erbliche Variation der Sprosshöhe, den Mittelwert (Pfeil) und ein typisches Individuum aus jeder Population. Aus Sitte et al. (2002).

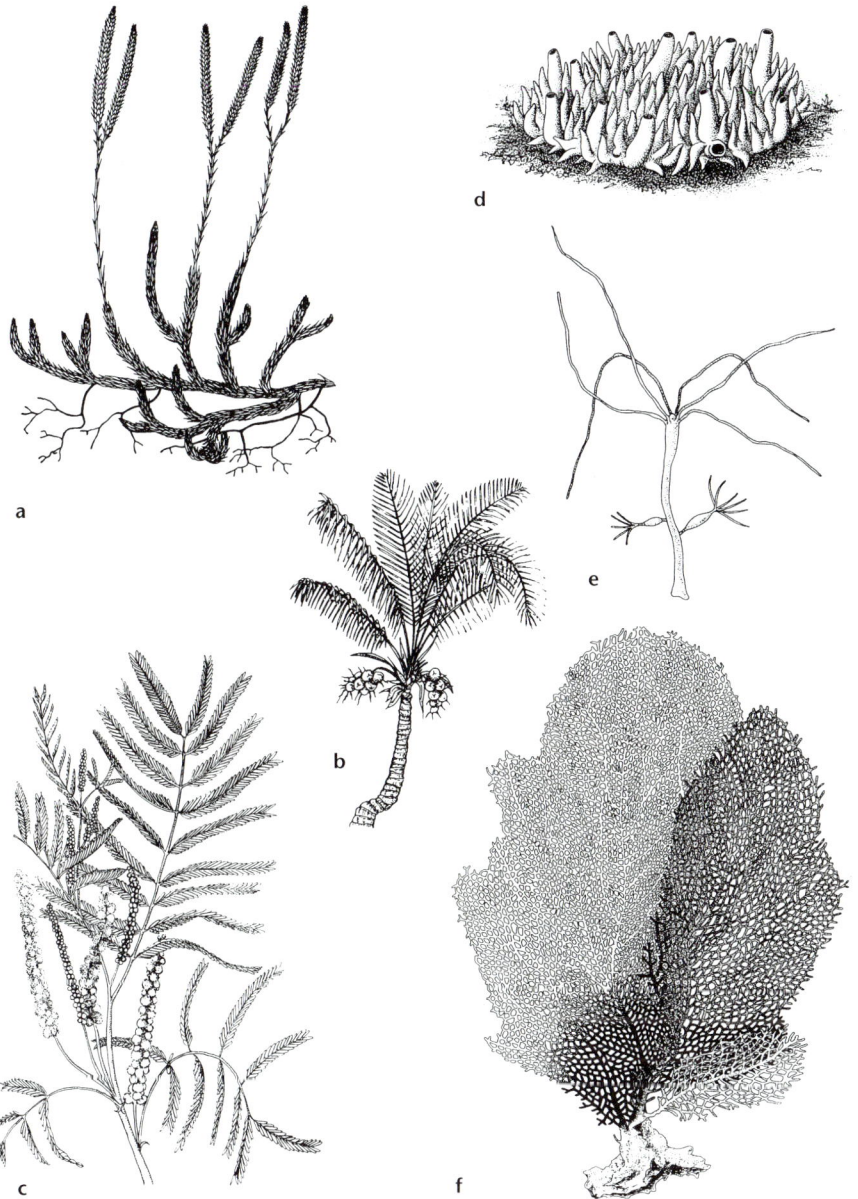

**Abb. 2.4:** Beispiele für modulare Organismen. a) *Lycopodium clavatum* (Bärlapp, Lycopodiales), b) *Cocos nucifera* (Kokospalme, Araceae), c) *Acacia catechu* (Akazie, Fabaceae), d) *Polymastia mammillaris* (Schwamm, Porifera), e) *Hydra sp.* (Hydrozoa), f) *Gorgonia sp.* (Venusfächer, Anthozoa). a−c aus Sitte et al. (2002), d−f aus Westheide und Rieger (1996).

nen später unterbrochen werden. Da diese Pflanzen von einem Individuum abstammen, sind sie genetisch identisch. Es handelt sich um einen **Klon**, und wir sprechen von klonalem Wachstum. Das ursprüngliche Individuum wird auch als **Genet** bezeichnet, die später hieraus entstehenden einzelnen Individuen, die noch zusammenhängen oder auch getrennt sein können, werden **Ramets** genannt. Äußerlich sieht man solchen Pflanzen nicht an, ob es sich um ein Genet oder ein Ramet handelt. Erst eine genetische Analyse zeigt, ob ihnen klonales Wachstum zugrunde liegt, sie also genetisch identisch oder verschieden sind.

Bei der nordamerikanischen Espe (*Populus tremuloides*) können in naturnahen Wäldern einzelne Individuen ganze Bestände bilden. Im Herbst ist dies aufgrund der gleichzeitig einsetzenden Laubfärbung der jeweiligen Klone durch einheitliche Fleckenbildung an Berghängen zu erkennen. Der Frauenschuh (*Cypripedium calceolus*) ist eine klonal auftretende Orchidee, d. h. die oberirdisch erkennbaren Pflanzenteile können unterirdisch miteinander verbunden sein. Bei Korallen entstehen durch Knospung aus ursprünglich einem Individuum große Kolonien. Oft ist auch bei Pilzen das einzelne Individuum an der Erdoberfläche nicht als Ramet oder Genet unterscheidbar. Die auftretenden Fruchtkörper sagen wenig über das tatsächliche Myzel des Individuums aus, welches sich mit seinen Hyphen über sehr große Flächen erstrecken kann.

Mit klonalem Wachstum gehen auch die Nachteile geringer genetischer Variabilität einher. Das Reaktionsvermögen auf Umweltveränderungen ist begrenzt. Ein Pathogen kann beispielsweise einen großen Klon abtöten. Andererseits zeigen viele Pflanzen, die eindrückliche Monokulturen bilden können, klonales Wachstum (viele Gräser, Schilf, Bambus und Wasserpflanzen).

## 2.1.3 Funktionelle Eigenschaften

In der Ökologie ist die Frage nach der Funktion der Organismen im Ökosystem manchmal wichtiger als die Frage nach der Identität der beteiligten Arten (Lawton 1994). Spezifische Funktionen wie Stickstofffixierung oder Wasserspeicherung, Bestäubung oder Samentransport als solche sind bedeutsam, und für ihre Untersuchung ist es nicht zwingend nötig, die Namen der verantwortlichen Arten zu ermitteln (Kasten 2.2). Andererseits unterscheiden sich oftmals Arten in der Ausführung bestimmter Funktionen, und für eine sorgfältige Analyse ist die Bestimmung zumindest der häufigsten Arten unverzichtbar. Zudem kann nur so eine spezifische Funktion hinreichend dokumentiert und hierdurch nachprüfbar werden.

Wir unterteilen die ökologisch relevanten Prozesse in drei Gruppen: **Transportprozesse**, **Transformationsprozesse** und **Speicherungsprozesse**. Diese ökologischen Prozesse sind sowohl für den Stoffhaushalt, den Energiehaushalt und den Informationshaushalt nachweisbar (Abschnitt 5.2). Organismen zeichnen sich dadurch aus, dass sie eine gerichtete **Regulation** dieser Prozesse bewirken. Pflanzen regulieren den Wasserhaushalt über ihre Transpiration. Tiere bewegen sich gerichtet auf bestimmte Signale hin und transportieren zum Beispiel Früchte (und damit in den Diasporen gespeicherte genetische Information) an neue potenzielle Wuchsorte. In ökologischen Systemen finden Transport, Transformation und Speicherung von Stoffen statt ebenso wie von Energie und von Information. Die ökologische Komplexität (Kapitel 5) ergibt sich durch gegenseitige Beeinflussungen zwischen diesen Bereichen.

Es ist nahe liegend, Organismen nach ihren funktionellen Merkmalen zu klassifizieren. Eine Unterteilung in essbare oder pharmazeutisch nutzbare und ungenießbare oder giftige Pflanzen bzw. in Futterpflanzen und nichtfressbare Pflanzen war oft wichtiger als eine exakte Bestimmung. Phylogenetische Kriterien erfordern spezielle Kenntnisse, und daher wurden seit den Anfängen der Dokumentation naturwissenschaftlicher Denkansätze in den westlichen Zivilisationen zahlreiche funktionelle Klassifikationen entwickelt. Mehr noch als ihre griechischen Vorgänger waren römische Gelehrte (z. B. Plinius der Ältere) an pflanzlichen Serviceleistungen und Funktionen als Rohstoff, Nahrungsquelle oder Heilmittel interessiert und haben Pflanzen entsprechend klassifiziert.

### 2.1.3.1 Trophische Aspekte

Die zur trophischen Strukturierung von Ökosystemen übliche Einteilung nach dem Auf- und Abbau organischer Substanz in **Primärproduzenten**, **Konsumenten** und **Destruenten** ist eine einfache funktionelle Klassifikation der Organismen (Abschnitt 4.2). Eine Gleichsetzung dieser Gruppen mit Pflanzen, Tieren und Mikroorganismen sollte vermieden werden. Unter den Pflanzen findet man nicht nur Primärproduzenten, sondern auch parasitische Arten und sogar Destruenten. Ähnlich verhält es sich mit Mikroorganismen, die in allen Gruppen vertreten sein können. Mikroorganismen sind bezüglich der Kohlenstoffquelle teils autotroph, teils heterotroph (Abschnitt 5.2.1, Kasten 5.1). Autotrophe nutzen entweder anorganische Moleküle als primäre Energiequelle (chemoautotroph) oder das Licht als Elektronendonator, betreiben also Photosynthese. Heterotrophe Bakterien nutzen vor allem Kohlenhydrate, teilweise auch andere Kohlenwasserstoffe. Die Art der Kohlenstoffquelle gibt einen Hinweis auf die stammesgeschichtliche Stellung von Mikroorganismen, denn zu Beginn der Entwicklung der Lebewesen dürfte das Angebot an Kohlenhydraten noch gering gewesen sein (Abschnitt 7.4.2). Lediglich Tiere sind nicht in der Gruppe der Primärproduzenten zu finden.

---

**Kasten 2.2:** **Funktionelle Gruppen, Eigenschaften und Typen**

Eine **funktionelle Gruppe** (bzw. ökofunktionelle Gruppe) (*functional group*) ist eine Gruppe von konkret in der Natur angetroffenen Organismen, welche sich in einem bestimmten Gebiet, Zeitraum oder Datensatz ökologisch ähnlich verhält bzw. spezifische Mechanismen ähnlich beeinflusst.

Die **funktionelle Eigenschaft** (*functional trait*) beschreibt einen Mechanismus, der durch den Organismus oder durch einen Teil des Organismus bewirkt wird.

Ein **funktioneller Typ** (*functional type*) ist ein abstrakter Begriff für eine Gruppe von Organismen. Die dieser Klasse zugeordneten Organismen verhalten sich bezüglich bestimmter ökologischer Funktionen (z.B. Kohlenstoffhaushalt, Wasserhaushalt, Nährstoffhaushalt, Bodenmechanik) ähnlich. Bei Pflanzen hat sich der Begriff *plant functional type* etabliert.

**Strategietypen** beziehen sich auf die Ressourcennutzung. Wir unterscheiden zwischen rascher Ressourcenausnutzung verbunden mit geringer Konkurrenzstärke und langsamer Ausschöpfung der Ressourcen bei starker Konkurrenzkraft. Strategietypen können auch die Toleranz gegenüber Stress einbeziehen.

**Verhaltenstypen** zeigen ähnliches Verhalten in einer Lebensgemeinschaft. Sie können beispielsweise als Vektoren (z. B. bei Bestäubung oder Diasporenverbreitung) betrachtet werden, dann interessieren ihr Aktivitätsradius und ihre Aktivitätsphasen.

**Reaktionstypen** beschreiben die Beantwortung von Umwelteinflüssen. Hierzu gehören auch Schadwirkungen auf den Organismus.

Tiere können als **Primärkonsument** (Pflanzenfresser) oder **Sekundärkonsument** (Fleischfresser) klassifiziert werden, differenziertere funktionelle Einheiten sind z. B. Spitzenräuber, Parasit, Parasitoid, Wirt und Symbiont. Diese Form der funktionellen Kategorien spricht die Interaktionen zwischen den Organismen an (Kapitel 4). Soll die Funktion im Ökosystem genauer charakterisiert werden, dann kann beispielsweise in echte Räuber, Herbivore, Weidegänger und Parasitoide unterteilt werden (Abschnitt 4.3).

### 2.1.3.2 Funktionelle Gruppen und Indikatoren

Neben phylogenetischen, morphologischen, räumlichen und zeitlichen Kriterien sind unter ökologischen Gesichtspunkten vor allem spezifische Funktionen bzw. Eigenschaften (*traits*) für die Klassifikation von Organismen interessant (Leishman und Westoby 1992). Die Mechanismen und Prozesse, welche durch bestimmte Organismen in ökologischen Systemen gesteuert werden, können auf der Grundlage einer funktionellen Klassifikation über **ökofunktionale Typen** besser erfasst werden als über Artenlisten, da letztere nur mit entsprechendem Hintergrundwissen interpretiert werden können.

Wir bezeichnen einzelne Arten als **Schlüsselarten** (*key species, keystone species*), wenn sie für eine Lebensgemeinschaft funktionell bedeutsam sind (Abschnitt 6.5.1.2). Sie können beispielsweise Strukturen und dadurch ein Mikroklima schaffen, ohne welche die gesamte Biozönose nicht existieren könnte, oder sie modifizieren die Substrateigenschaften so, dass ausreichend Nährstoffe für andere Organismen verfügbar werden. Allerdings werden solche Funktionen meist nicht nur von einer einzelnen Art ausgeübt.

Arten, die ihre Umwelt maßgeblich gestalten wie der Biber (*Castor fiber*) das Wasserregime, Termiten den Kohlenstoffkreislauf oder Riffkorallen Gestein und Relief und damit auch auf andere Arten bzw. auf die gesamte Biozönose Einfluss ausüben, werden als **Ökosystemingenieure** (*ecosystem engineers*) bezeichnet (Jones et al. 1994). Schlüsselarten und Ökosystemingenieure sind für den Naturschutz von zentraler Bedeutung (Abschnitt 6.5.1.2).

Es macht auch funktionell einen Unterschied, ob Tiere sozial organisiert sind oder solitär auftreten. Ein einzelnes Schaf hätte nicht die gleiche Wirkung auf die Vegetation wie eine Schafherde, welche zweifellos auf einer Weide die Funktion eines Ökosystemingenieurs ausübt. Ameisen, Bienen und Termiten sind weitere Beispiele für die funktionelle Bedeutung sozialer Lebensformen.

Im Rahmen der **Bioindikation** von Umweltbedingungen wird die Korrelation des Auftretens von Arten mit Faktoren ihres Lebensraumes (Substrat- oder Klimaverhältnissen, chemischen Parametern des Gewässers oder der Atmosphäre) genutzt (Abschnitt 6.5.2.3). Arten, die eine besonders enge Bindung an bestimmte Umweltbedingungen aufweisen, werden **Zeigerarten** genannt. Ein erfolgreiches System der Zeigerwerte für Pflanzen für wichtige Standorteigenschaften (z. B. Kontinentalität des Klimas, Temperatur, Feuchte, Licht, Bodenreaktion, Nährstoffversorgung) wurde auf empirischer Basis für Mitteleuropa, zunächst für die Ackerunkräuter, durch Ellenberg (1950)

etabliert, bis heute weiterentwickelt und auch auf Farne und Moose erweitert. Für die Analyse von Standortbedingungen haben sich diese Zeigerwertsysteme (z. B. Ellenberg 1996) vielfach bewährt. Detaillierte Analysen, die aufgrund des Aufwandes meist nur punktuell erfolgen, können sie natürlich nicht ersetzen. Allerdings sollte bedacht werden, dass die Werte nichts über das gesamte Spektrum der ökologischen Ansprüche der Arten aussagen. Da es sich auch nicht um eine metrische Skala handelt, sollten manche mathematischen Berechnungen (z. B. Mittelwertbildung) nicht durchgeführt werden.

## 2.2 Die Umwelt der Organismen

### 2.2.1 Umwelt und Standort

Organismen sind **offene Systeme**. Sie stehen sowohl in ihrem Energie- (z. B. Temperatur) und Stoffhaushalt (z. B. Gas- und Flüssigkeitsaustausch) als auch bezüglich ihres Informationshaushalts im Austausch mit ihrer Umwelt (Abschnitt 5.2). Die Umwelt der Organismen kann in einen unbelebten (abiotischen) und einen belebten (biotischen) Teil untergliedert werden. Beide interagieren in vielfältiger Weise. Im Verlauf der Erdgeschichte haben Mikroorganismen und Pflanzen über ihre Stoffwechselprodukte die Zusammensetzung der Atmosphäre (z. B. Anreicherung mit Sauerstoff) und selbst Eigenschaften von Gesteinen maßgeblich beeinflusst (z. B. biogene Kalksteine, Kohlen). Allerdings würden auch ohne Lebewesen abiotische Stoff- und Energiekreisläufe auf der Erde stattfinden.

Organismen spiegeln die herrschenden Umweltbedingungen sowie deren Entwicklung und Geschichte wider, da sie sich an bestimmte Verhältnisse angepasst und unter diesen durchgesetzt haben. Eine genaue Betrachtung ihrer Morphologie, Physiologie und zeitlichen Entwicklung verrät daher viel über ökologische Zusammenhänge. Organismen können sich dauerhaft nur dann etablieren, wenn die Umwelt ihren spezifischen Anforderungen entspricht, vor allem bezüglich der stofflichen und energetischen Rahmenbedingungen.

Die abiotischen Rahmenbedingungen des Lebens sind gekennzeichnet durch physikalische und chemische Prozesse. Für Lebensgemeinschaften bezeichnen wir die abiotische Umwelt als **Standort**. Strahlung, Temperatur, Schwerkraft und Wasserdruck sind Beispiele für physikalische Standorteigenschaften. Nährstoffverfügbarkeit, Wasserangebot und Sauerstoffgehalt stehen für chemische Faktoren.

Standortkunde zielt auf die land- und forstwirtschaftliche Praxis. Dort ist die Ermittlung der Umweltbedingungen für die Auswahl von Feldfrüchten oder Zielbaumarten sowie für die Ertragsabschätzung bedeutsam.

Da Organismen an bestimmte abiotische Rahmenbedingungen angepasst sind, ist zu erwarten, dass sie in verschiedenen Gebieten unter insgesamt vergleichbaren

Standortbedingungen auftreten. Eine Art mit südeuropäischem Verbreitungsschwerpunkt wird in Mitteleuropa eher trockene und warme Standorte bevorzugen, eine nördliche eher feuchte und kühle. Pflanzen, die in Mitteleuropa an den Schatten im Unterwuchs des Buchenwaldes gebunden sind, wachsen beispielsweise im wolkenreichen Klima Irlands auch auf der Wiese. Walter (1960) bezeichnet dies als **relative Standortkonstanz**: „Wenn in der Richtung zur Verbreitungsgrenze einer Art das Klima sich in bestimmter Weise ändert, dann tritt bei der Art ein Biotopwechsel ein, durch den die Klimaänderung möglichst kompensiert wird, sodass die Standortbedingungen [...] mehr oder weniger konstant bleiben."

Aufgrund der Vielfalt der auftretenden Prozesse und Faktoren sind kausale Zusammenhänge oft schwer zu entschlüsseln und von Scheinzusammenhängen zu trennen. Wir müssen primär bzw. direkt wirkende Faktoren und sekundär bzw. indirekt wirkende Faktoren unterscheiden. Wenn wir vom Klima sprechen, dann beschreiben wir damit ein komplexes Prozessgeschehen, welches nicht in seiner Gesamtheit auf einen Organismus einwirkt, sondern über einzelne Ereignisse, Aspekte oder Phasen, wie z. B. einen Spätfrost.

Nur ein Teil der Umwelt wirkt also tatsächlich auf die Organismen ein und beeinflusst individuelle Entwicklung, Reproduktionserfolg, Überlebenswahrscheinlichkeit, Abwanderung und Zuwanderung oder intra- bzw. interspezifische Interaktionen. Manche Spurenelemente werden nur fakultativ oder zufällig in Prozessabläufe integriert. Bestimmte Wellenlängen der elektromagnetischen Strahlung haben offensichtlich keine ökologische Wirkung. Weiterhin sind nicht alle in einem Ökosystem auftretenden Organismen für die jeweils anderen relevant. Die Buche (*Fagus sylvatica*) wird vom einzelnen Buschwindröschen (*Anemone nemorosa*) am Waldboden nicht beeinflusst, auch wenn sie selbst für diese krautige Art durch ihre beschattende Wirkung entscheidende Bedeutung besitzt.

Für den einzelnen Organismus müssen wir folglich eine wirksame Umwelt von einem unwirksamen Umfeld unterscheiden. Welche Faktoren wirksam werden, hängt vom jeweiligen Kontext ab. Von Liebigs 1840 veröffentlichtes **„Gesetz" der Minimumfaktoren** besagt, dass derjenige Wachstumsfaktor limitierend wirkt, der sich gerade im Minimum befindet. Diese Erkenntnis fand in der landwirtschaftlichen Düngung Anwendung. Oft ist das Wachstum von Pflanzen durch Stickstoff limitiert. Eine Zugabe anderer Nährstoffe hat dann keinen Effekt. Shelford (1913) erweiterte diese Vorstellung und stellte fest, dass nicht nur „ein Zuwenig, sondern auch ein Zuviel eines Faktors" einschränkend wirken kann.

Wirkende Umweltfaktoren können als Ressourcen dienen oder bei Über- oder Unterangebot **Stress** auslösen. Organismen haben einerseits Strategien entwickelt, Ressourcen effektiv zu nutzen, und andererseits, Stress zu vermeiden. Sie tolerieren einen bestimmten Bereich von Umweltbedingungen, entwickeln sich optimal aber oft nur in einer engen Spanne. Die Lebensäußerungen der Organismen folgen angenähert einer **Optimumskurve** (Abbildung 2.5), bei der die jeweils empfindlichsten Lebensstadien den Erhalt und die Ausbreitung von Arten begrenzen

(Thienemann 1956). Dies sind bei Pflanzen sehr oft der Jungwuchs oder die Blüten, bei Tieren die juvenilen Individuen oder trächtigen Weibchen. Wird der Toleranzbereich verlassen, dann begeben sie sich entweder in einen latenten Lebenszustand oder sterben ab.

Manche Lebewesen stellen enge Ansprüche an den Standort und sind nur unter ganz bestimmten Bedingungen anzutreffen. Wir nennen sie **stenök**. **Euryöke** Organismen besitzen hingegen ein breites Standortspektrum. Verändert sich der Standort, dann werden stenöke Arten stärker beeinträchtigt als euryöke. Bezüglich der stofflichen Versorgung können hohe (**eu-** oder **poly-**), mittlere (**meso-**) oder geringe (**oligo-**) Ansprüche gestellt werden. Bei Nährstoffen sprechen wir von eutrophen oder oligotrophen Bedingungen. Werden bestimmte Bedingungen von einem Organismus bevorzugt oder gesucht, dann wird dies mit dem Zusatz **-phil** dargelegt (z. B. basiphil für basenliebend). Wird ein Zustand gemieden, wird dies mit **-phob** gekennzeichnet (z. B. acidophob für säuremeidend). Regulieren Organismen ihre eigene Temperatur oder ihren Wassergehalt in einem optimalen Bereich, so sprechen wir bezüglich der Temperatur von **homoiothermen** und bezüglich des Wassergehaltes von **homoiohydren** Organismen. **Poikilotherm** bzw. **poikilohydr** werden Organismen genannt, welche starke Schwankungen der Umwelttemperatur oder Feuchte tolerieren und diesen mit ihrer eigenen Temperatur oder Wassergehalt folgen. Solche Organismen können austrocknen und sind dennoch, wie viele Moose, nach erneuter Befeuchtung wieder voll lebensfähig.

## 2.2.2 Physikalische Faktoren

### 2.2.2.1 Licht und Strahlung

Der Eintrag von Sonnenstrahlung auf die Erdoberfläche ist die wichtigste Energiequelle des Lebens. Seine Wirkungen sind jedoch vielschichtig. Wir unterscheiden mit Larcher (2001) neben der **photoenergetischen** die **photokybernetische** und **phototoxische** Wirkung (Tabelle 2.1). Unter natürlichen Bedingungen sind die Wellenlängen der Einstrahlung in einem Bereich von etwa 290–4000 nm

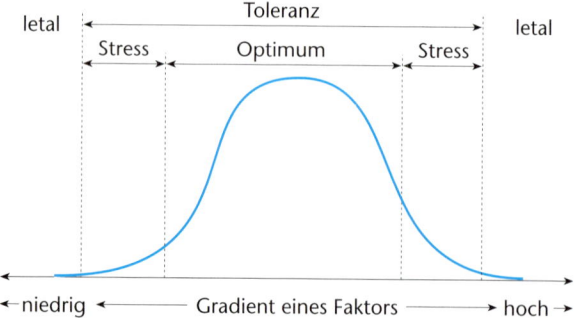

**Abb. 2.5:** Im Gradienten eines ökologischen Faktors hat jede Art neben einem Optimum auch ungünstige Bereiche, in denen sie weniger gut oder nicht existieren kann.

ökologisch bedeutsam. Die **spektrale Zusammensetzung** der Sonnenstrahlung besteht etwa zu 7% aus UV-Strahlen, ungefähr zu 48% aus sichtbarem Licht und zu 45% aus infraroter Strahlung (Abbildung 2.6) (Gates 1965).

Strahlung in anderen Wellenbereichen (Radiowellen, Röntgenstrahlung, ionisierende Strahlung) ist zwar in allen Systemen vorhanden, besitzt normalerweise aber keine ökologische Relevanz. Der Reaktorunfall von Tschernobyl im Jahr 1986 setzte allerdings große Mengen radioaktiven Materials frei, welches zum Beispiel über die Anreicherung in Pilzen (Caesium) und deren Aufnahme durch Wildtiere in die Nahrungskette gelangte.

Licht liefert also Energie, es regt Entwicklung an, kann aber auch schädigend oder zerstörerisch wirken. Die Chlorophyllbildung unterliegt als photokybernetischer Prozess der **Photostimulation**. Sie erfolgt nur, wenn Licht vorhanden ist. Man kann dies leicht erkennen, wenn man Erde mit lichtundurchlässiger Folie abdeckt und darunter Pflanzen keimen. Sie sind in der Regel bleich oder weiß (Vergeilung, Etiolement).

Die auf die Erde auftreffende Strahlung zeigt eine tageszeitliche Periodik, welche von der mehr oder minder ausgeprägten jahreszeitlichen Periodik überlagert wird (Abschnitt 2.3). In den außertropischen Regionen erfordert die im Jahresverlauf unterschiedliche Tageslänge Anpassungen in den Blührhythmen von Pflanzen. Um eine erfolgreiche Befruchtung wahrscheinlich zu machen, besitzen viele Pflanzen daher Anpassungen zur **Blühinduktion** über die zunehmende oder abnehmende Tageslänge. Auch das tägliche Öffnen und Schließen von Blüten wird durch Lichtreize ausgelöst, es sei denn, es folgt genetisch festgelegten circadianen Rhythmen.

Die Lage auf dem Globus beeinflusst die eintreffende **Strahlungsmenge** und ihre saisonale Verteilung. Mit der geographischen Breite verändert sich der Winkel der Einstrahlung des Sonnenlichtes und damit die Länge des Weges, welchen das Licht durch die Atmosphäre zurückzulegen hat. Dies macht sich in der spektralen Zusammensetzung und der Gesamtenergie des auftreffenden Lichtes bemerkbar.

Der Strahlungshaushalt besteht im Wesentlichen aus den Komponenten **Einstrahlung** und **Abstrahlung**. Erfolgt die Abstrahlung mehr oder minder unverändert, sprechen wir von **Reflexion**. Diese Strahlung kann aber erneut gestreut und zurückgestrahlt werden. Das diffuse Rückstrahlvermögen einer Fläche wird als **Albedo** bezeichnet (Tabelle 2.2). Ökologisch wirksam ist der Anteil der Strahlung, der absorbiert wird. **Absorption** erfolgt vor allem durch Farbstoffe wie Chlorophyll a, ß-Carotin, Phytoerythrin und die Phytochrome P 660 und P 730 (benannt nach ihren Absorptionsmaxima). Ein Teil der Strahlung durchdringt die Blätter und wird dabei spektral verändert (**Transmission**). Besonders hoch ist der Anteil transmittierter Strahlung zwischen 500 und 600 nm, also zwischen den Absorptionsmaxima des Chlorophylls (Abbildung 2.7).

Strahlung, die durch dichte Vegetation hindurchging, ist reicher an Dunkelrot (700–800 nm) und ärmer an Hellrot (620–680 nm). Wir bezeichnen diese Rotlichtverschiebung im Waldesinneren auch als Rot-Grün-Schatten. Da Pflanzen dies durch ihre Phytochrome wahrnehmen und durch ihre Wachstumsrichtung eine maximale Ausnutzung des Sonnenlichtes anstreben (Lichtkonkurrenz), ergibt sich eine gleichmäßige Verteilung der Blattmasse im Raum.

Die **Strahlungsqualität** wird durch die Atmosphäre und die darin befindlichen Gase, Wasser und Aerosole modifiziert. Vegetationsbestände wie Wälder oder Wasserkörper wie Seen und Ozeane modifizieren zusätzlich die Qualität des Lichtes durch Absorption von spezifischen Strahlungsbändern. Das **Lambert-Beer'sche Gesetz** beschreibt die mit der Wassertiefe erfolgende Abnahme der Lichtenergie (Extinktion). Dieses Gesetz wurde nach Johann Heinrich Lambert (1728–1777) und August Beer

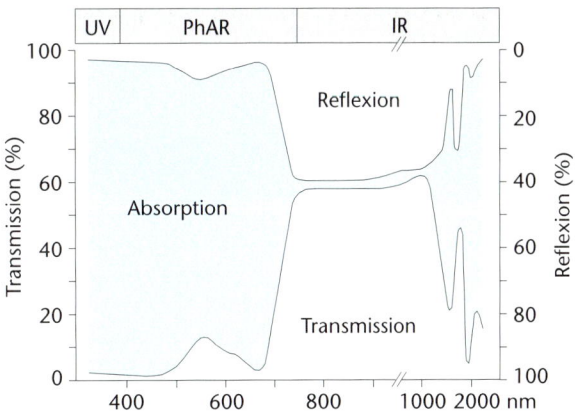

**Abb. 2.6:** Relative Reflexion, Transmission und Absorption eines Pappelblattes in Abhängigkeit von der Wellenlänge der auftreffenden Strahlung. Nach Gates (1965).

**Tab 2.1:** Spektralbereiche und Strahlungswirkung auf Pflanzen. Nach Larcher (2001).

| Spektralbereich | Wellenlänge (nm) | eingestrahlte Sonnenenergie (%) | Wirkung | | | |
| | | | photosynthetisch | photomorphogenetisch | photodestruktiv | thermisch |
|---|---|---|---|---|---|---|
| UV | < 280–380 | 0–4 | unbedeutend | gering | wirksam | unbedeutend |
| photosynthetisch aktiver Bereich (PhAR) | 380–710 | 21–46 | wirksam | wirksam | gering | wirksam |
| nahes Infrarot | 710–4 000 | 50–79 | unbedeutend | wirksam | unbedeutend | wirksam |
| langwellige Strahlung | > 3 000 | 0 | unbedeutend | unbedeutend | unbedeutend | wirksam |

**Tab 2.2:** Durchschnittliche Albedowerte für häufige Oberflächentypen. Nach Chapin et al. (2002).

| Oberfläche | Albedo (%) |
|---|---|
| Gewässer | 0,03–0,1 |
| Boden (kahl, dunkel, feucht) | 0,05 |
| Nadelwald | 0,09–0,15 |
| Boden (kahl, dunkel, trocken) | 0,13 |
| Laubwald | 0,15–0,2 |
| arktische Tundra | 0,15–0,2 |
| Grasland | 0,16–0,26 |
| landwirtschaftliche Kulturen | 0,18–0,25 |
| Wüste | 0,20–0,45 |
| Boden (kahl, hell, trocken) | 0,40 |
| frischer Schnee | 0,75–0,95 |

(1825–1863) benannt und formuliert den Zusammenhang zwischen der Extinktion E, der durchquerten Schichtdicke d und der Konzentration des absorbierenden Stoffes c:

$E = \varepsilon \cdot c \cdot d$

wobei $\varepsilon$ ein spezifischer Koeffizient ist.

Rotalgen vermögen in größeren Wassertiefen zu assimilieren, weil sie über Pigmente verfügen (Phytoerythrine), die in der Lage sind, das mit der Tiefe abnehmende und spektral veränderte Licht effektiv zu nutzen (Abbildung 2.7). Der Bereich eines Gewässers oberhalb der Existenzgrenze für autotrophes Pflanzenleben wird als **euphotische Zone** bezeichnet, der Bereich darunter als **disphotische Zone**.

Das Lambert-Beer'sche Gesetz gilt auch in Pflanzenbeständen. In diesen wird die Strahlung je nach Blattflächenindex und Verteilung der Blätter und anderer Strukturen abgeschwächt, in grasreichen Beständen weniger, in krautigen mehr. Wälder nehmen eine Zwischenstellung ein (Abbildung 5.6).

Für Pflanzen sollte die gängige Unterteilung in für uns sichtbare und unsichtbare Strahlung bei ökologischen Fragestellungen durch eine Unterteilung in **photosynthetisch aktive Strahlung** (*photosynthetic active radiation*, PhAR) (380–710 nm) und sonstige, nicht photosynthetisch aktive ersetzt werden. Dies entspricht zwar mehr oder weniger dem Bereich der für uns sichtbaren Strahlung, aber eben nicht exakt. Photosynthetisch aktiv sind jene Wellenlängen, die sich innerhalb der Absorptionsbanden photosynthetisch wirkender Substanzen befinden. Bei höheren Pflanzen sind dies Chlorophyll a, Chlorophyll b, Carotinoide und Xanthophylle. Braunalgen, Rotalgen und Cryptomonaden verfügen über Biliproteine (Phycocyane, Phycoerythrine). Die Bakteriochlorophylle der Purpurbakterien können noch bei mehr als 850 nm absorbieren. Die PhAR wird in Pflanzen und phototrophen Mikroorganismen zum Aufbau organischer Substanz aus anorganischen Verbindungen genutzt (Kasten 5.1).

Die sichtbare Strahlung ist für Tiere und Mikroorganismen gruppen- und artspezifisch unterschiedlich und ermöglicht vielen Tieren ein ausgeprägtes Farbensehen. Seine Qualität hängt von der Zahl der Farbrezeptoren ab. Viele Fische haben vier verschiedene Farbpigmente und sehen beispielsweise UV, blau, grün und rot. Tagvögel haben ebenfalls vier Farbrezeptoren, Säugetiere drei (Mensch, Altweltaffen) oder zwei (z. B. Neuweltaffen und Hunde). Menschen sehen blau (420 nm), grün (535 nm) und rot (565 nm). Bei Insekten kann das Farbsehen sehr unterschiedlich ausgeprägt sein. Bienen sehen UV, blau und grün, während einige Tagfalter auch rot wahrnehmen können. Farbwahrnehmung spielt für Tiere eine wichtige Rolle bei der Orientierung, Blütenbestäubung, Partnerwahl usw.

Pflanzen haben sich durch morphologische, histologische und physiologische Entwicklungen an **Lichtknappheit** angepasst. Einige Pflanzen können mit ihren Blättern dem Sonnenverlauf folgen und so ein geringeres Lichtangebot ausgleichen. Die saisonal auftretende Lichtknappheit am Waldboden der gemäßigten Falllaubwälder, zum Beispiel des europäischen Buchenwaldes, wird durch die Spezialisierung der Waldbodenvegetation auf eine rasche Entwicklung im Frühjahr umgangen. Innerhalb kurzer Zeit wird von den Frühjahrsgeophyten (z. B. dem Buschwindröschen *Anemone nemorosa*) sowohl die vegetative als auch die generative Entwicklung nahezu abgeschlossen und die verbleibende Vegetationsperiode lediglich zur Einlagerung von Reservestoffen genutzt.

Nur selten ist die Einstrahlung zu hoch. Auch hier erfolgen Anpassungen beispielsweise über die Blattstellung oder über die Verlagerung der Chloroplasten in den Zellen. Erst bei lang anhaltendem Strahlungsüberschuss erfolgt die durch Proteine gesteuerte **Photoinhibition**, also die Unterbrechung der Photosynthese.

Anpassungen an das Strahlungsklima erfolgen modulativ (z. B. als Blattbewegung oder Ortsverlagerung) oder modifikativ (Schattenadaption einzelner Organe oder Individuen). Auf der evolutiven Ebene erfolgte eine Auftrennung in **Lichtarten** (Heliophyten) und **Schattenarten** (Sciophyten). Schattenpflanzen sind insgesamt auf eine möglichst gute Ausnutzung von Schwachlicht eingestellt. Sie sind an das Leben unter dem Kronendach des Waldes angepasst. Baumarten, wie die Buche, deren Sämlinge hierzu in der Lage sind, haben gegenüber den Lichtarten den Vorteil, dass sie sich auch aus dem Bestand heraus verjüngen können, während Lichtarten auf Lichtungen angewiesen sind.

An der Buche (*Fagus sylvatica*) konnte gezeigt werden, dass die sich auch morphologisch von den **Lichtblättern** unterscheidenden **Schattenblätter** eine geringere Atmung aufweisen und schon bei geringeren Beleuchtungsstärken den Lichtkompensationspunkt erreichen (Retter 1965) (**Photomorphogenese**). Lichtblätter besitzen eine kräftigere Cuticula und eine höhere Dichte an Stomata. Ihr Mesophyll besteht aus mehreren Zellschichten, um das in das Blatt eindringende Licht möglichst effizient zu nutzen, weshalb sie im Vergleich kräftiger sind. Schattenblätter hingegen sind zwar vergleichsweise groß, aber dünn, da die geringe Lichtintensität bei Pflanzen zur Ausbildung eines dünneren Palisadenparenchyms führt (Abbildung 2.8).

Organismen verfügen über unterschiedliche Rezeptoren zur Wahrnehmung der Strahlungsbedingungen. Augen sind nur eines der hierfür genutzten Organe. Selbst Mikroorganismen verfügen über Lichtrezeptoren und reagieren mit gerichteten Bewegungen auf Lichtreize. Licht ermöglicht Tieren die **Orientierung** in Raum und Zeit. Tägliche Abläufe, wie die Nahrungsaufnahme, sind bei vielen Tierarten an die Verfügbarkeit von Licht gebunden. Als Signal kann Licht Verhaltensweisen auslösen und als **Zeitgeber** für die innere Uhr wirken (Abschnitt 2.3). Nachtaktive sowie in dunklen Habitaten lebende Tiere entwickelten lichtunabhängige Orientierungssysteme für die Bewegung. Fledermäuse orientie-

ren sich mit ihrem Echolotsystem im Ultraschallbereich akustisch (Abschnitt 5.2.3.1), andere Arten weisen spezielle Fühler und Sensoren auf. Aber auch in der Nacht ist noch eine Restmenge Licht vorhanden, sodass Leben ohne Licht nur im Grundwasser, in Höhlen und in der Tiefsee stattfindet. Die dort anzutreffenden Organismen besitzen kaum Pigmente.

Bei dem Landkärtchen (*Araschnia levana*), einem in Mittel- und Osteuropa weit verbreiteten Edelfalter (Nymphalidae), steuern Lichtintensität und Tageslänge die phänologische Entwicklung. Im Frühling schlüpfen aus überwinternden Puppen kleine, gelblich und rot-braun gefärbte Schmetterlinge (1. Generation). Aus den von ihnen gelegten Eiern schlüpfen Larven, die sich bei zunehmender Tageslänge schnell entwickeln und verpuppen. Nach kurzer Puppenruhe schlüpft eine 2. Generation mit größeren, braun-schwarz gefärbten Faltern. Aus den von ihnen gelegten Eiern entwickeln sich unter abnehmender Tageslänge die Larven langsamer, und die Puppen überwintern bis zum nächsten Frühjahr (Abbildung 2.9).

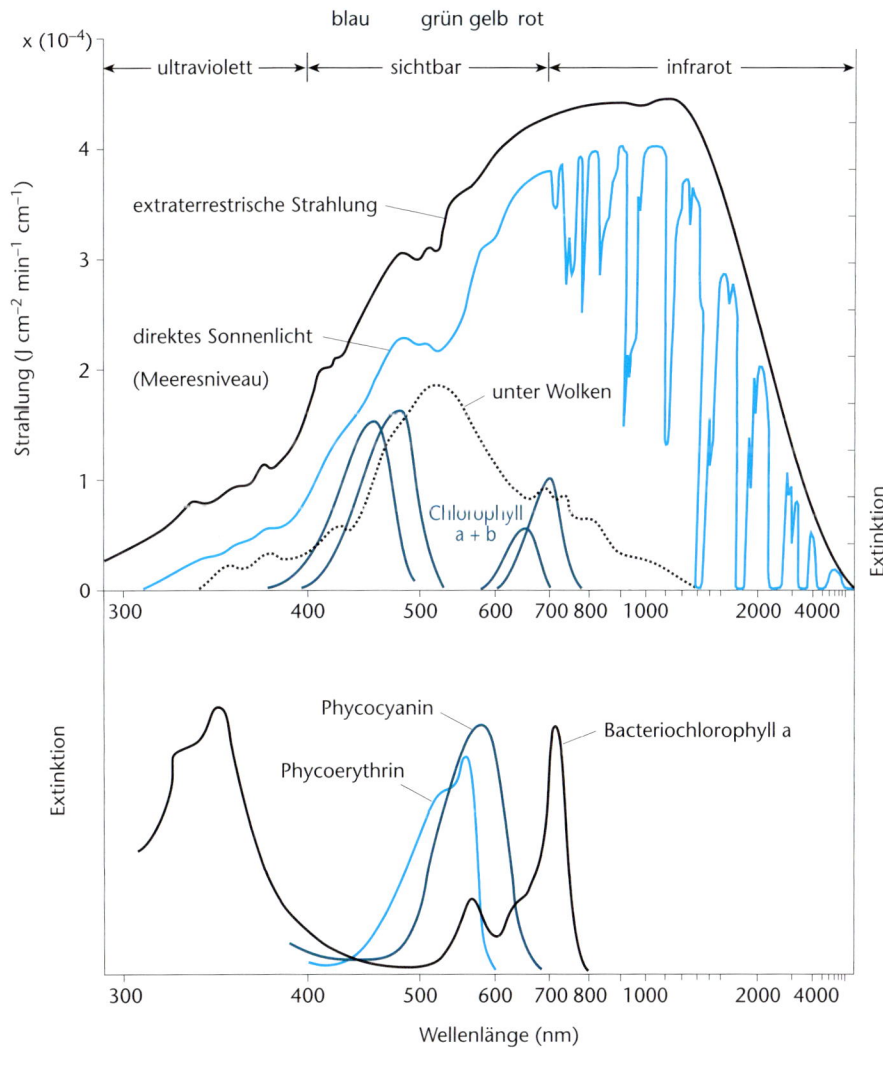

**Abb. 2.7:** Spektrale Verteilung der extraterrestrischen Sonnenstrahlung, des Sonnenlichtes bei freiem und bei bedecktem Himmel, sowie die Absorptionsspektren von Chlorophyll a und b, Phycoerithrin, Phycocyanin und Bacteriochlorophyll a. Nach Gates (1965) und Sitte et al. (2002).

Die **ultraviolette Strahlung** wird unterteilt in UV-A (320–400 nm), UV-B (280–320 nm) und UV-C (unterhalb 280 nm). Diese sehr energiereiche und mutagene Strahlung wird durch das stratosphärische Ozon stark verringert, sodass die Einstrahlung zwischen 220 und 290 nm nahezu vollständig weggefiltert wird. Die Einstrahlung zwischen 290 und 320 nm wird stark reduziert. Ohne diese Reduktion der mutagenen Anteile des Sonnenlichtes könnte sich das Leben nicht so frei auf der Erdoberfläche entwickeln. Mit zunehmender Höhe und mit abnehmender Mächtigkeit der Atmosphäre erhöht sich der Anteil der UV-Strahlung, was sich in verschiedenen Anpassungen der Pflanzen widerspiegelt (Körner 2001). Man findet gehäuft Arten mit weißfilziger Behaarung (vor allem im tropischen Hochgebirge mit besonders starker Einstrahlung) und höheren Konzentrationen von Flavonoiden, Carotinoiden, Wachsen und Anthocyanen, die UV-Strahlen absorbieren. Von Pflanzen ist auch bekannt, dass sie Sensoren für UV-Strahlung haben. Bedingt durch die zunehmende Zerstörung der atmosphärischen Ozonschicht, welche sich durch das so genannte Ozonloch bemerkbar macht (Abschnitt 7.3), hat sich in jüngster Zeit die Wirkung der UV-Strahlung verstärkt (Kasten 2.3).

Die **infrarote Wärmestrahlung** wird von allen Oberflächen aufgenommen und abgestrahlt. Sie bestimmt den Wärmehaushalt von Körpern. Aus diesem ergibt sich der Wärmehaushalt von Ökosystemen und damit Verdunstung und Transpiration, die wiederum als Steuergrößen für Niederschlagsregime und Windsysteme wirken. Einige Tiere können infrarote Strahlung wahrnehmen: Manche Schlangen erkennen mit ihren Infrarotrezeptoren warmblütige Beutetiere. Insektenarten, die sich auf frisch abgebrannte Flächen spezialisiert haben (Abschnitt 2.2.2.3), können diese durch entsprechende Sensoren auffinden.

**Abb. 2.8:** a) Schattenblatt und b) Lichtblatt der Roteiche (*Quercus rubra*), c) Querschnitt durch ein Schattenblatt und d) ein Lichtblatt der Buche (*Fagus sylvatica*). c, d nach Sitte et al. (2002).

### 2.2.2.2 Temperatur

**Ökologisch relevanter Bereich**

Mikroorganismen besiedeln selbst höchste Berggipfel, den antarktischen Eisschild oder heiße Quellen. Dennoch gibt es für alle Organismen thermische Einschränkungen, und für das Leben bestehen deutliche Ober- und Untergrenzen. Die Temperatur wird vor allem durch die Sonneneinstrahlung bzw. die Abstrahlung bestimmt. Biochemische Prozesse, wie in einem Komposthaufen, oder geothermale

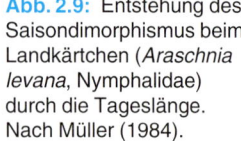

**Abb. 2.9:** Entstehung des Saisondimorphismus beim Landkärtchen (*Araschnia levana*, Nymphalidae) durch die Tageslänge. Nach Müller (1984).

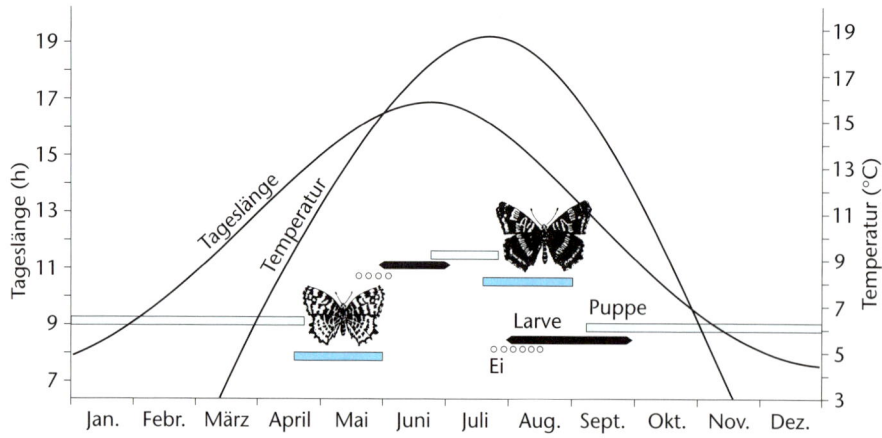

Ursachen wie bei heißen Quellen sind hingegen nur punktuell relevant.

Es ist nahe liegend, dass der globale Temperaturgradient eng mit der Einstrahlung und den Breitengraden korreliert. Er wird jedoch nicht unerheblich durch die Landmassenverteilung und damit verbundene **Kontinentalität** bzw. **Ozeanität** modifiziert. Extrem heiße oder kalte Verhältnisse stellen sich im Zentrum der großen Kontinente (z. B. Eurasien, Nordamerika, Australien) ein, sodass die Tages- und Jahresschwankungen des Klimas besonders stark sind. Die fehlende oder seltene Wolkendecke begünstigt intensive Einstrahlung und starke Wärmeverluste durch nächtliche Abstrahlung. Ein solches Klima wird daher als kontinental bezeichnet, im Einflussbereich der Ozeane sprechen wir von einem ozeanischen Klima. Im Gebirge nimmt die Temperatur mit zunehmen-

---

## Kasten 2.3: Auswirkung erhöhter UV-Strahlung auf den Menschen

Es sind vor allem die UV-A Strahlen und (durch die Reduktion der Ozonschicht) die UV-B Strahlen, vor denen sich der Mensch schützen muss. Erstere dringen bis 5 mm in die menschliche Haut ein, letztere nur bis zu 0,1 mm. Die UV-Einstrahlung ist mittags am stärksten, sie nimmt im Gebirge und zum Äquator hin zu und ist auf dem Wasser besonders intensiv.

Akute Folgen einer erhöhten UV-Bestrahlung sind Bindehaut- oder Hornhautentzündung der Augen, Sonnenbrand (Erythem) der Haut, bis hin zur Blasenbildung und zum Absterben von Hautgewebe (Nekrosen). Nach jahrelanger intensiver UV-Bestrahlung kann es zu dauerhaften und irreversiblen Schäden kommen: Am **Auge** zu Linsentrübungen (Katarakt), degenerativen Veränderungen der Bindehaut sowie Retinopathien, an der **Haut** zu frühzeitiger Alterung und Faltenbildung (Bindegewebsschäden, Zerstörung der elastischen Fasern). Weiterhin können verschiedene Arten von Hautkrebs entstehen (Plattenepithelkarzinom und schwarzer Hautkrebs). Das **Immunsystem** wird geschwächt, so dass Infektionskrankheiten zunehmen und Krebsentstehung durch Immunsuppression erleichtert ist.

**Schutzmaßnahmen** bestehen in einer Begrenzung des ungeschützten Aufenthalts im Freien bzw. im Abdecken des Körpers durch Kleidung, geeignete Brillen und Sonnencreme. Der Sonnenschutzfaktor des Schutzmittels gibt an, wie viel mal länger man sich nach Auftragen der Creme in der Sonne aufhalten kann als ohne den Schutz, um dieselbe Wirkung zu erreichen. Bei blonden hellhäutigen Menschen sollte der Sonnenschutzfaktor etwa den doppelten Wert des UV-Index besitzen.

**Tab:** Minimal- und Maximalwert des monatlichen UV-Index, Gefährdung und Schutzmaßnahmen. Eine Indexeinheit entspricht einer täglichen sonnenbrandwirksamen Einstrahlung, die Werte reichen von 0 (Minimum) bis 13 (Maximum). Nach www.bfs.de.

| | Messstation | Lage | UV-Index |
|---|---|---|---|
| Nordhalbkugel | Berlin (Deutschland) | 52°N | 0–7 |
| | Paris (Frankreich) | 49°N | 0–7 |
| | Palma de Mallorca (Spanien) | 39°N | 1–9 |
| | Iraklion (Griechenland) | 35°N | 1–10 |
| Äquatorgebiet | Bangkok (Thailand) | 14°N | 8–12 |
| | Colombo (Sri Lanka) | 13°N | 8–12 |
| | Nairobi (Kenia) | 1°S | 10–13 |
| | Darwin (Australien) | 13°S | 8–13 |
| Südhalbkugel | Sydney (Australien) | 34°S | 2–10 |
| | Kapstadt (Südafrika) | 34°S | 2–10 |
| | Buenos Aires (Argentinien) | 35°S | 2–10 |
| | Melbourne (Australien) | 37°S | 2–9 |

| UV-Index | UV-Strahlenbelastung | Sonnenbrandgefahr | Schutzmaßnahmen |
|---|---|---|---|
| 0–1 | gering | unwahrscheinlich | nicht erforderlich |
| 2–4 | mittelstark | ab 30 Min. möglich | empfehlenswert |
| 5–7 | hoch | ab 20 Min. möglich | erforderlich |
| >8 | sehr hoch | < 20 Min. möglich | unbedingt erforderlich |

der Höhenlage mehr oder minder kontinuierlich ab (durchschnittlich 0,5 – 1 °C pro 100 m). Einschränkende Effekte niedriger Temperaturen nehmen folglich mit der Höhe zu.

Die Erde weist eine durchschnittliche Jahrestemperatur von etwa 15 °C an der Oberfläche auf. Solche Angaben verschleiern jedoch, dass es riesige Bereiche gibt, die deutlich kälter sind. Die Eiskappen der Pole, die Hochgebirge und die Meere umfassen etwa 80 % der Erdoberfläche. Im Bereich der Tiefsee wird die mittlere Temperatur der Weltmeere auf 4 °C geschätzt, für die Hälfte der marinen Wassermassen liegt die Temperatur sogar unter 2 °C. Die Erde kann also mit einer gewissen Berechtigung als kalter Planet bezeichnet werden, der in besonderem Umfang Anpassungen an die Kälte erfordert.

Die kältesten Lufttemperaturen wurden 1983 mit –89,2 °C in der Antarktis gemessen (Vostok). Allerdings wurden in der kontinentalen Taiga Ostsibiriens in Oimjakon mit –78 °C ebenfalls extrem niedrige Temperaturen erreicht. Bemerkenswert ist, dass dort Lärchen wachsen (*Larix sibirica*), welche eine starke Frosttoleranz besitzen. Die höchsten Temperaturen wurden in Wüstengebieten Libyens (57,3 °C 1923 bei El Asisija) und Kaliforniens (57 °C 1913 Death Valley) ermittelt. Da diese Temperaturen immer durch meteorologische Messungen in 2 m Höhe gewonnen werden, sind die biologisch relevanten Oberflächentemperaturen in den Wüsten noch viel höher.

Alle physiologischen Vorgänge unterliegen thermischer Regulation, so z. B. Atmung, Verdauung, Wachstum. Eine Erhöhung der Temperatur beschleunigt die Intensität der Stoffwechselvorgänge, niedrige Temperaturen verlangsamen die Lebensabläufe (Abbildung 2.10). Diese Zusammenhänge sind jedoch nicht linear, sondern logarithmisch. Die schon im 19. Jahrhundert formulierte „**Reaktionsgeschwindigkeits-Temperatur-Regel**" von Van't Hoff verdeutlicht dies sehr anschaulich. Sie gibt als Faustregel eine Verdopplung bis Verdreifachung der Reaktionsgeschwindigkeit Q mit einer Temperaturzunahme um 10 °C an ($Q_{10}$ von 2 bis 3). Die Entwicklung eines Organismus benötigt daher nicht eine bestimmte Zeit, sondern eine bestimmte „Temperaturmenge", die in der Regel als Taggrade (*day degrees*) oder **Temperatursumme** angegeben wird. Diese Temperatur kann über viele oder wenige Tage verteilt sein, sodass die gleiche, wärmeabhängige Entwicklung schnell oder langsam ablaufen kann (physiologische Zeit).

Oberhalb und unterhalb artspezifisch unterschiedlicher **Temperaturgrenzen** erfolgt ein Abfall der Körperfunktionen, bis es schließlich zum völligen Erliegen des Stoffwechsels kommt. Wir unterscheiden bei Pflanzen neben einem Bereich optimaler Entwicklung Temperaturen, unter welchen noch eine positive Kohlenstoffbilanz erzielt werden kann, und solche, in welchen noch photosynthetische Aktivität möglich ist. Bei extremen Temperaturen wird zunächst die Latenz- und schließlich die Letalgrenze überschritten, die Individuen sterben ab.

Bis zu gewissen Grenzen können Organismen extreme Temperaturen tolerieren. Eisbären oder Pinguine überstehen Zeiten sehr niedriger Temperaturen mit aktiven Lebensabläufen. Flechten können gefroren

–80 °C tolerieren (Larcher 2001). Im Zustand der winterlichen Frosthärte überstehen manche Steppengräser, borealen Laubbäume (z. B. Pappeln), Kräuter der Arktis und Hochgebirgsarten sogar ein Bad in flüssigem Stickstoff (–196 °C), sind also absolut frostresistent. Einige Bakterien können sich bei Temperaturen unter –10 °C noch vermehren und Dauerstadien bilden. Auch sie sind wie die genannten höheren Pflanzen nach der Aufbewahrung in flüssigem Stickstoff noch lebensfähig. Bei poikilohydren Organismen wirkt sich der Quellungszustand entscheidend auf die Temperaturresistenz der Individuen aus.

Sehr starke **Hitze** führt zu irreversibler Denaturierung von Proteinen und damit zu letalen Schädigungen. Anpassungen zum Schutz vor zu starker Aufheizung können bei Pflanzen über blattmorphologische Merkmale (z. B. kleine Blätter für bessere Angleichung an die Lufttemperatur), über die Farbe (Erhöhung der Abstrahlung z. B. durch weiße Behaarung), die Blattstellung (Kompasspflanzen) etc. erfolgen. Durch eine Unterbindung des Wasserzustroms ins Blatt kann die kühlende Wirkung der Transpiration gezeigt werden, weil danach die Temperatur im Blatt rasch ansteigt. Diese Kühleffekte können mehr als 10 °C betragen. Transpiration ist für Pflanzen trocken-heißer Standorte daher oft lebenswichtig. Wasser ist bei hohen Temperaturen allerdings meist limitiert. Kakteen, die zwar Wasser speichern aber kaum transpirieren, können daher an Überhitzung sterben.

Tiere können hohe Temperaturen ebenfalls durch Wasserabgabe (**Transpiration**) ausgleichen, oft gekoppelt mit Wasserrückgewinnungsmechanismen (Abschnitt 2.2.3.2). Durch ihre Mobilität sind sie auch in der Lage, der Hitze auszuweichen (Nachtaktivität, Bodenbewoh-

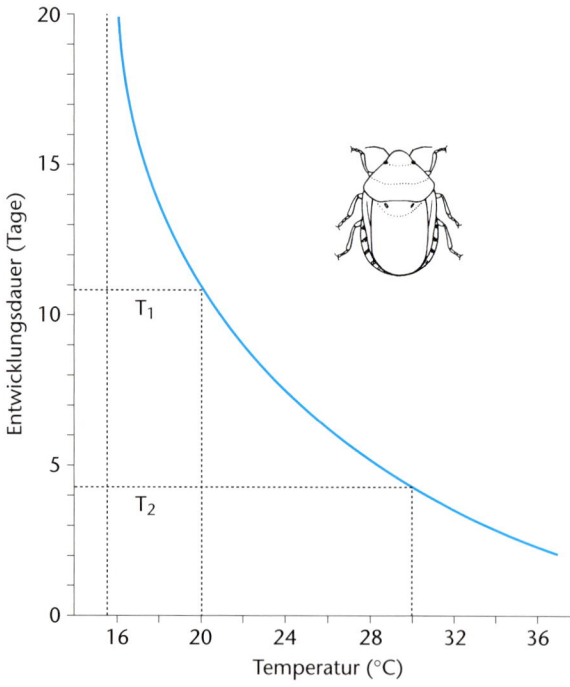

**Abb. 2.10:** Dauer der Embryonalentwicklung der Schildwanze (*Eurygaster maura*, Pentatomidae) bei verschiedenen Temperaturen. Nach Tischer (1993).

ner). Eine weitere Strategie zur Vermeidung zu hoher Temperaturen ist die Ausbildung von Überdauerungsstadien.

Da Wasser in allen Organismen vorkommt, kann **Frost** irreversible und für den Organismus tödliche Folgen haben. Frostschäden entstehen teils über das Gefrieren extrazellulären Wassers, sodass das Kristallwachstum zum Wasserentzug der Zellen führt. Die Schäden ähneln Trockenschäden. Teils führt aber auch intrazelluläres Gefrieren von Flüssigkeit zur Beschädigung von Zellmembranen.

Minustemperaturen (Frost) müssen jedoch nicht zur Eisbildung im Körper führen. Dieser kann begegnet werden durch **Unterkühlen** (**Supercooling**), d. h. durch Vermeidung oder Maskierung von Kristallisationskeimen, sodass eine spontane Eisbildung bis in tiefere Temperaturbereiche unterdrückt wird. Diese Verschiebung wird unterstützt durch die Einlagerung von **Frostschutzsubstanzen**. Bei kurzen Frostereignissen wie im Sommerhalbjahr in den Hochgebirgen ist Supercooling eine geeignete Strategie, welche bei Tieren noch durch Verhaltensanpassungen (etwa das Aufsuchen weniger kälteexponierter Mikrostandorte) unterstützt wird. Bei Pflanzen ist Supercooling z. B. aus den tropischen Hochgebirgen bekannt (*Senecio*, *Lobelia*, *Espeletia*).

Bei lang andauerndem Frost (Winter) ist die Wasserbilanz durch Transpirationsverluste jedoch beim flüssigen Zustand des Körperwassers viel stärker belastet, weshalb hier **Gefriertoleranz** wirkungsvoller ist. Gefriertolerante Organismen lassen kontrolliert Eiskristalle in ihrer extrazellulären Körperflüssigkeit wachsen. Hierfür produzieren sie so genannte Nucleatoren, welche die kontrollierte Eisbildung so früh wie möglich induzieren. Die Toleranz von intrazellulärer Eisbildung ist hingegen eine große Ausnahme, da dies meist zu letalen Schädigungen von lebenswichtigen Strukturen führt.

Beide Strategien sind bei Wirbellosen etwa zu gleichen Teilen vertreten. Milben und Collembolen sind jedoch auch in polaren Bereichen nie gefriertolerant, sondern betreiben Supercooling (Abbildung 2.11). Hierzu lagern sie entweder osmotisch wirksame niedermolekulare Substanzen ein (häufig Polyhydroxyalkohole, Zucker oder auch Aminosäuren) oder produzieren hochmolekulare Substanzen, welche zum Maskieren von Kristallisationskeimen oder Embryo-Eiskristallen dienen (Glykopeptide, Glykoproteine). Kanadische Gallmückenlarven (Cecidomyiidae) ertragen beispielsweise im unterkühlten Zustand Temperaturen bis –62 °C, was durch Einlagerung von Glycerin bis 20 % des Körpergewichts ermöglicht wird.

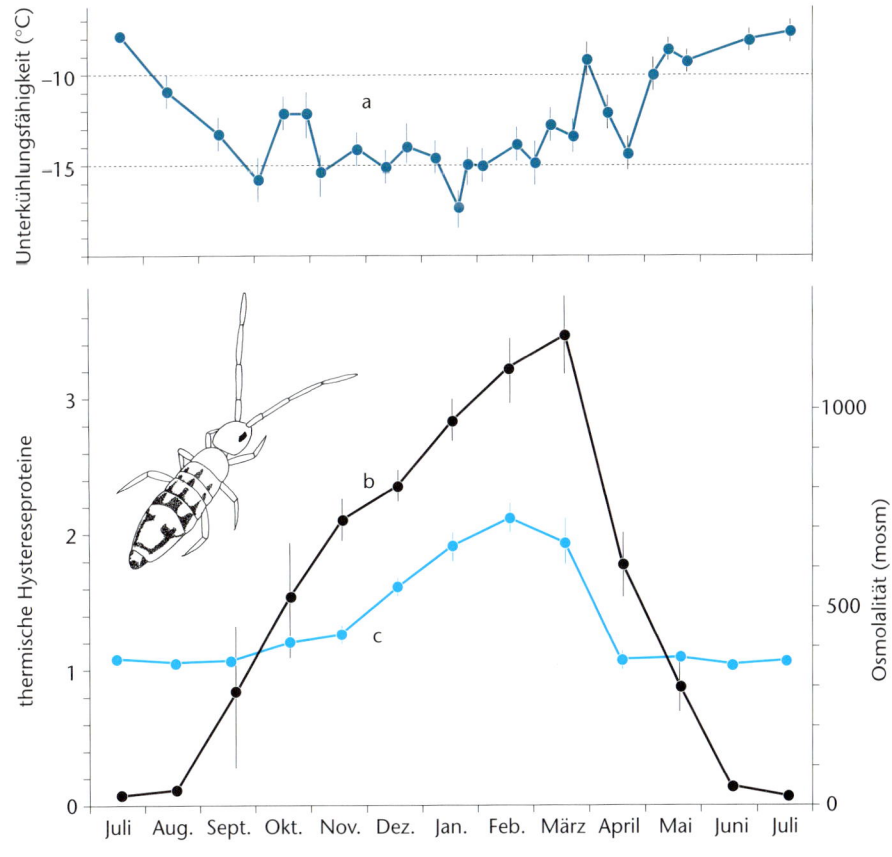

**Abb. 2.11:** Mechanismen der Gefrierpunkterniedrigung der Hämolymphe des alpinen Collembolen *Entomobrya nivalis*. a) Unterkühlungsfähigkeit der Hämolymphe (*supercooling*), b) Zunahme thermischer Hystereseproteine zur Verhinderung von Eiskristallbildung, c) Zunahme der Osmolalität durch Einlagerung von osmotisch aktiven Alkoholen und Zuckern. Nach Zettel (1999).

Zur Vermeidung des Gefrierens wurden bei Pflanzen und homoiothermen Tieren neben chemischen Einlagerungen vielfältige weitere Strategien entwickelt. Bei Tieren handelt es sich meist um den Aufbau eines isolierenden Felles oder einer Fettschicht. Pflanzen verfügen über eine dicke Borke, einen dichten Mantel abgestorbener Blätter (Blatttunika), Rosettenform bzw. geschützte Knospen. In Gebieten mit winterlicher Schneedecke bietet diese Schutz vor tiefen Frösten, da Schnee isolierend wirkt. Der montane Rippenfarn (*Blechnum spicant*) findet sich gehäuft an Wegböschungen und Hangdellen, wo sich mächtige Schneelagen bilden. Auch wenn diese Pflanze an kühlfeuchte Bedingungen gebunden ist, so sind die immergrünen Wedel doch relativ frostempfindlich. Auffälliger sind noch die Schneeschützlinge alpiner Schneeböden wie das Eisglöckchen (*Soldanella alpina*) aber auch die Alpenrose (*Rhododendron ferrugineum*), welche Fröste unter −25 °C nicht überstehen und daher auf eine isolierende Schneeschicht angewiesen sind.

**Kälteschädigungen** können bei sensitiven tropischen Arten schon bei Temperaturen über dem Gefrierpunkt auftreten (*chilling*). Bereits eine Abkühlung auf 1−5 °C führt zu Veränderungen der Zellmembran, die ihre Permeabilität und die Ionenpumpen schädigen, sodass der Stoffwechsel zusammenbricht. Der Kaffeestrauch (*Coffea arabica*) ist solch eine kälteempfindliche Art. Temperaturen nahe dem Gefrierpunkt über wenige Stunden, wie sie ein kalter Wind erzeugen kann, führen bereits zum Absterben. Besonders empfindlich sind alte Blätter und das Kambium der Wurzeln. Kaffee kann daher nur dort angebaut werden, wo die durchschnittliche Temperatur des kältesten Monats nicht unter 13 °C fällt.

### Regulation

Arten, welche unter sehr unterschiedlichen Temperaturbedingungen existieren können, die also eine breite ökologische Valenz bezüglich des Standortfaktors Temperatur besitzen, werden als **eurytherm** bezeichnet. Entsprechend gelten Arten mit engen Ansprüchen an das Temperaturregime als **stenotherm** (Abbildung 2.12). Stenotherme Arten kommen meist in Lebensräumen mit relativ konstanter Temperatur vor, also in Quellen und Bergbächen, Höhlen, tiefen Bodenschichten oder der Tiefsee.

Bezogen auf die Regulationsfähigkeit ihrer Körpertemperatur unterscheiden wir **homoiotherme** Tiere, die selbst zur Regulation ihrer Eigentemperatur befähigt sind

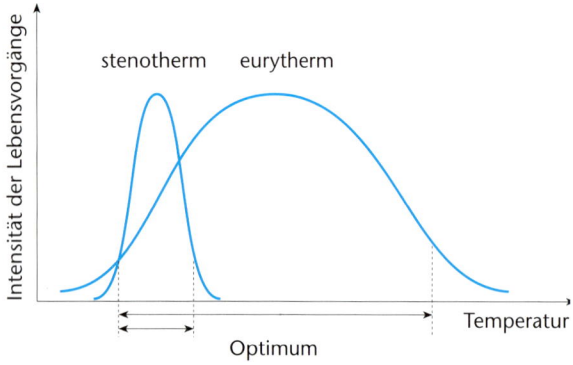

**Abb. 2.12:** Optimalbereich von stenotherm und eurytherm adaptierten Organismen.

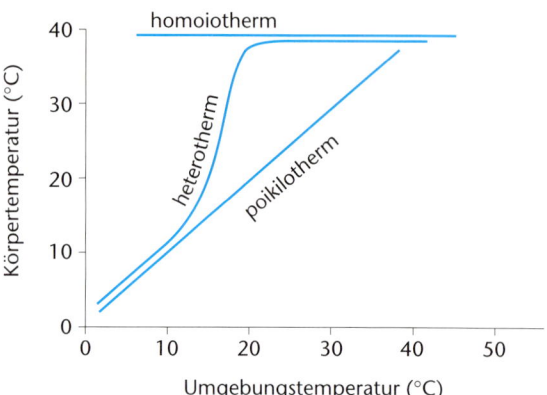

**Abb. 2.13:** Temperaturregulation bei homoiothermen (typisch für große Säugetiere), poikilothermen (Insekten) und heterothermen (Fledermäuse) Tieren.

(Vögel und Säugetiere, auch als **Endotherme** bezeichnet), von **poikilothermen**, deren Körpertemperatur im Wesentlichen der Außentemperatur entspricht (**Ektotherme**), wie dies bei Fischen, Amphibien und Reptilien sowie den Wirbellosen der Fall ist (Abbildung 2.13). Homoiotherme Organismen sind also in einem bestimmten Bereich von der Temperatur ihrer Umgebung unabhängig. Hierfür müssen sie einen beträchtlichen Energieaufwand betreiben, der sich in einem erhöhten Nahrungsbedarf äußert (Abschnitt 5.2.1.6).

Auch innerhalb einer taxonomischen Gruppe gibt es unterschiedliches Regulationsvermögen, das beispielsweise von der Größe eines Organismus und seiner Stoffwechselintensität abhängt. Sehr kleine Säugetiere wie Spitzmäuse haben aufgrund ihres ungünstigen Verhältnisses von Oberfläche zu Volumen Mühe, eine konstante Körpertemperatur zu halten. Sehr große Hochleistungsschwimmer wie Thunfische sind homoiotherm. Unter den Reptilien sind die Saurier wegen ihrer Körpergröße vermutlich ebenfalls homoiotherm gewesen.

Bei sinkenden Umgebungstemperaturen wird der erforderliche Energieaufwand zur Erhaltung der Körpertemperatur immer größer. Unter etwa 4 kg Körpergewicht ist es deshalb rationeller, den Winter in einem Starrezustand (**Torpor**) zu überdauern und damit den Energieverbrauch beträchtlich zu reduzieren (**Heterothermie**). Bei sehr kleinen Arten und unter extremen arktischen Bedingungen (Permafrostboden) ist jedoch der Energieaufwand zur Erhaltung einer minimalen Körpertemperatur (4−7 °C) zu groß. Daher müssen kleinere Tiere den Winter über aktiv bleiben, und Winterschläfer sind in den kalten Bereichen der gemäßigten Zone deutlich häufiger als in der Arktis.

Europäische Fledermäuse können durch den Torpor auch im Sommer während einer Schlechtwetterphase oder allgemein bei kühler Tagestemperatur ihre Körpertemperatur auf Umgebungswerte absenken (*daily torpor*). Kolibris verfallen ebenfalls bei Nahrungsmangel oder Kälte nachts in solch einen Zustand. Junge Mauersegler (*Apus apus*) können längere Schlechtwetterperioden nur da durch überleben, dass sie während der Schlafperiode vorübergehend poikilotherm werden.

Die durchschnittliche **Körpertemperatur** von Säugetieren liegt artspezifisch zwischen 36 (Spitzmaus, Elefant, Wal) und 39 °C (Katze, Hund, Kaninchen). Beuteltiere haben eine niedrigere Temperatur (34–36,6 °C). Die Körpertemperatur der Vögel liegt zwischen 37 und 42 °C. Lauf- und Wasservögel haben eher niedrigere Temperaturen, Flugvögel eher höhere (Penzlin 1996).

Aus diesen allgemeinen energetischen Überlegungen geht hervor, dass der Energiehaushalt von Säugetieren und Vögeln, d. h. ihr Nahrungsbedarf, in erster Linie von ihrer Körpergröße und ihrer Körperoberfläche abhängt. In einer kalten Umgebung benötigen große Tiere wegen der zum Körpervolumen relativ kleineren Oberfläche weniger Energie als kleine. Daher sind Tiere, die in den kalten Gebieten der Erde leben, in der Regel auch größer als nah verwandte Arten aus wärmeren Gebieten. Polarfüchse sind also größer als Wüstenfüchse. Genauso kann die energieabstrahlende Körperoberfläche durch kleine Ohren und kurze Beine reduziert werden, d. h. Polarfüchse haben kürzere Extremitäten als Wüstenfüchse. Diese Zusammenhänge wurden im 19. Jahrhundert, damals noch in Unkenntnis der zugrunde liegenden energetischen Beziehungen, als **Bergmann'sche „Regel"** bzw. **Allen's „Regel"** bezeichnet. Die Allen'sche „Regel" bezieht sich auf eine Verteilung von Proportionen, dürfte daher allgemein zutreffen, während die Bergmann'sche „Regel" weniger allgemein gültig sein dürfte, da sie sich auf die Körpergröße bezieht, die von vielen Parametern abhängen kann (Abbildung 2.14).

Organismen verfügen über vielfältige Möglichkeiten der Temperaturregulation. Neben der oben erwähnten Verdunstungskälte durch Abgabe von Wasser (Transpiration bei Pflanzen, Schwitzen oder Hecheln bei manchen Vögeln und Säugetieren) ist vor allem gezieltes Verhalten zu beobachten wie Ortsverlagerung oder zeitliche Verlagerung von Aktivitätsphasen. Viele Organismen suchen im Tagesgang warme Bereiche auf, um sich aufzuheizen, oder kühle Bereiche, um eine Überhitzung zu vermeiden. Durch Sonnenbaden können beispielsweise Reptilien die Verdauungsprozesse in ihrem Darm beschleunigen; Schmetterlinge bringen so ihre Flugmuskulatur auf optimale Temperaturen. Wolfsspinnen beschleunigen die Entwicklung ihrer Eier, wenn sie sich mit dem Kokon auf erwärmten Bodenstellen aufhalten.

Homoiotherme Organismen wirken einem zu starken Wärmeverlust in kälteexponierten Organen dadurch entgegen, dass Venen und Arterien nahe beieinander verlaufen und ihre Kontaktzone durch Aufspaltung in viele Seitenzweige stark vergrößert wird (Wundernetze, *Rete mirabile*). Arterielles Blut, das in solche peripheren Organe fließt, gibt seine Wärme an das zurückfließende kalte venöse Blut ab und wird hierdurch abgekühlt (Wärmetauscher). Dieses **Gegenstromprinzip** erzeugt einen steilen Temperaturgradienten in die Extremitäten und verhindert starken Energieverlust. Zudem kann die Durchflussmenge gedrosselt werden. Die Füße von Möwen und Enten, die auf Eisschollen stehen, weisen hierdurch bei Außentemperaturen von unter –10 °C in den Schwimmhäuten nur

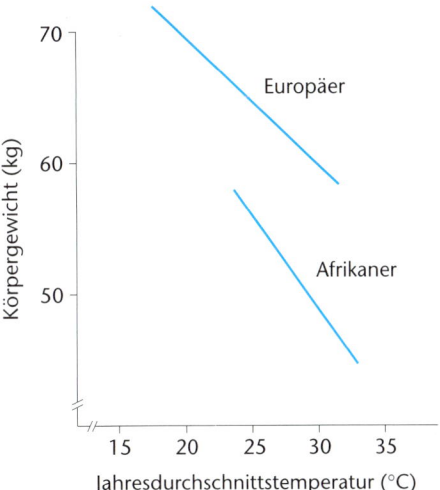

**Abb. 2.14:** Abhängigkeit des Körpergewichtes von der Jahresdurchschnittstemperatur des Lebensraumes bei Afrikanern und Europäern als Hinweis auf die Bermann'sche „Regel". Nach Roberts (1978).

noch 0–5 °C auf (Abbildung 2.15). In ähnlicher Weise verhindern *Rete mirabile* in den Flossen und der Zunge von Delfinen und Walen zu große Wärmeverluste an das kalte Umgebungswasser (Abbildung 2.16). Bei Thunfischen (Thynnidae) und einigen Haien (z. B. dem Makrelenhai *Isurus oxyrhynchus*) finden sich diese Gefäßnetze zwischen Peripherie und Körperkern, sodass ihre Körpertemperatur 10–12 °C über der umgebenden Wassertemperatur liegt. Bei einem $Q_{10}$ von 3 für Muskeln erlaubt dies eine mindestens dreimal so hohe Schwimmgeschwindigkeit wie bei ihren „kaltblütigen" Beutefischen.

## Temperatur und Lebensraum

Die **Lufttemperatur** wird durch die Einstrahlung sowie durch die Umwandlung kurzwelliger Strahlungsenergie in langwellige Wärmestrahlung bestimmt. Die Erwärmung der bodennahen Luftschicht steht im direkten Zusammenhang mit dem Sonnenstand, dem Breitengrad und dem Bewölkungsgrad eines Gebiets. Diese Faktoren steuern den

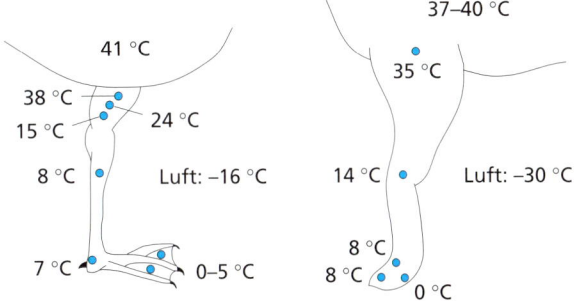

**Abb. 2.15:** Temperaturgefälle im Fuß der Beringmöwe (*Larus glaucescens*) und des Alaskaschlittenhundes durch Temperaturregulation mit einem *Rete mirabile*. Nach Penzlin (1996).

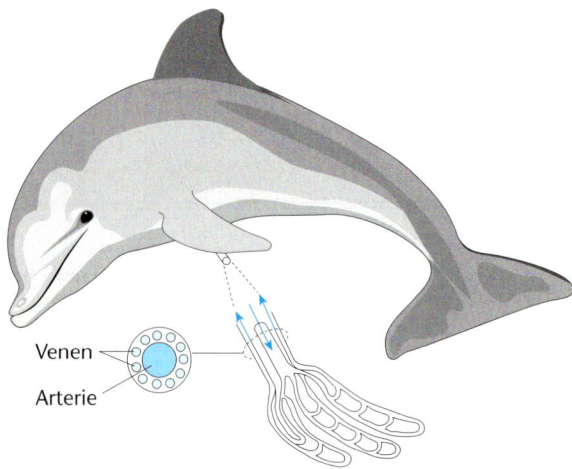

**Abb. 2.16:** Das Wundernetz (*Rete mirabile*), in dem im Gegenstromprinzip die Temperatur aus warmem arteriellem Blut in kühles venöses übertragen wird, wie es in der Delfinflosse realisiert ist. Nach Penzlin (1996).

Eintrag von Strahlungsenergie. Im Bergland erfolgt durch Hangneigung und Exposition eine starke Modifikation, weil hierdurch der Auftreffwinkel der Sonnenstrahlen und die Dauer der Sonneneinwirkung verändert werden. In terrestrischen Systemen bestimmen die Substrateigenschaften an der Boden- oder Gesteinsoberfläche, wie groß der Anteil der Strahlung ist, der als Albedo reflektiert

wird. Zudem reguliert die Reflexion an der Vegetationsoberfläche (zum Beispiel am Kronendach des Waldes) die auf die Bodenoberfläche auftreffende Strahlung und die Temperaturen.

Die **Bodentemperatur** wird neben der Vegetationsbedeckung durch den Bodenwassergehalt, den Gehalt an organischer Substanz, die Korngrößenverteilung sowie die Aggregierung von Bodenpartikeln bestimmt. Die Einstrahlung wird reflektiert oder in Wärmestrahlung umgewandelt, beides hängt vom Absorptionsvermögen der Vegetation oder des Bodens sowie von Gesteinskörpern ab. Eine weitere Rolle spielen der Wassergehalt bzw. die Verdunstung von Bodenfeuchte. Der Wärmetransport erfolgt dort einerseits durch Wärmeleitung des Bodens, andererseits durch Konvektion von Wasser, sofern dieses verfügbar ist. Moore und Torfkörper besitzen eine geringe Wärmeleitfähigkeit. An der dunklen Oberfläche erwärmen sie sich, leiten diese Wärme jedoch kaum in tiefere Schichten weiter. In Strahlungsnächten kühlt sich ihre Oberfläche stark ab, da kaum Wärme aus dem Substrat nachgeleitet wird. In schlecht wärmeleitenden Böden können gefrorene Bereiche nach oberflächigem Auftauen bestehen bleiben und biotische Abläufe behindern. Besondere Bedeutung besitzen die Dauerfrostböden (**Permafrost**) der polaren Gebiete und des Hochgebirges. Hier bleibt der Boden ganzjährig bis in größere Tiefen gefroren und taut nur während des Sommers an der Oberfläche auf. Dennoch können mitunter ausdauernde Pflanzen und sogar Bäume unter solchen Bedingungen existieren, welche dann auf die kurze Zeit des Auftauens angewiesen sind.

**Abb. 2.17:** Temperaturgang während eines Sommertages in einem Trockenrasen in verschiedenen Bodentiefen. Nach Schubert (1986).

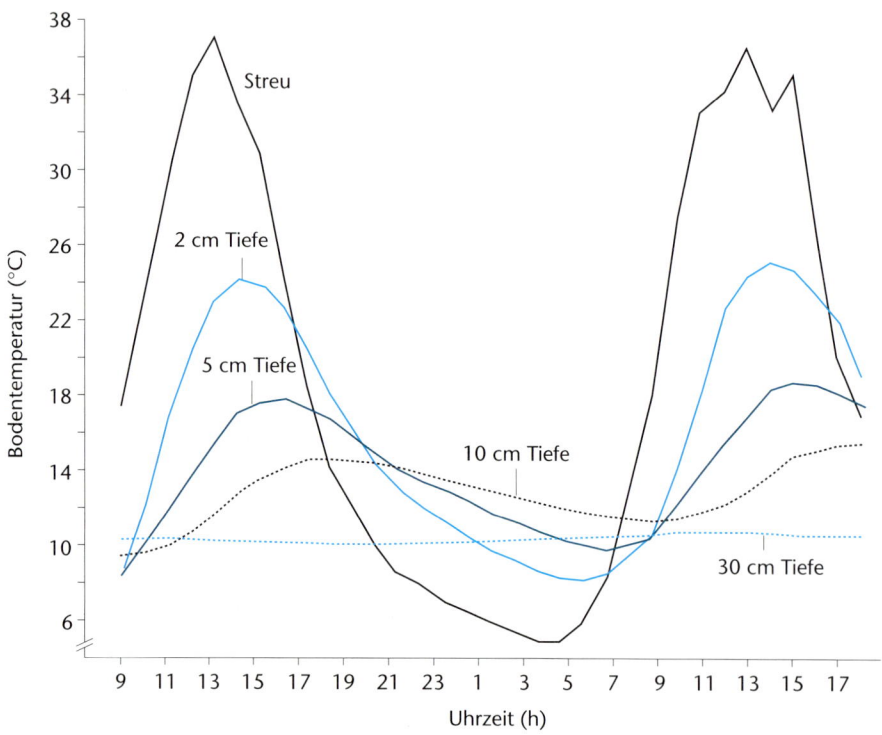

In allen Böden werden mit zunehmender Tiefe die tages- und jahreszeitlichen Temperaturschwankungen abgemildert und zeitlich verzögert (Abbildung 2.17). In der gemäßigten Klimazone ist daher in einer gewissen Bodentiefe auch in ungünstigen Jahreszeiten noch mit aktivem Leben zu rechnen. Allgemein beeinflusst die Bodentemperatur über die Wurzelatmung und den Wasserhaushalt das Pflanzenwachstum und wirkt sich auf die Aktivitätsmuster von Tieren aus. Vor allem steuert sie das mikrobielle Bodenleben, welches die Stoffkreisläufe kontrolliert.

Die **Wassertemperatur** steuert neben der direkten Beeinflussung der Lebensabläufe auch die Löslichkeit von Gasen. Mit steigender Temperatur nimmt der Sauerstoffgehalt rasch ab. Dies ist die eigentliche Ursache, weshalb manche Organismen der Fließgewässer an die kalten Oberläufe von Bächen gebunden sind. In stehenden Gewässern, die mehr als etwa 10 m tief sind, ist im Gegensatz zu flachen Teichen eine ausgeprägte **Temperaturschichtung** zu beobachten. Die obere, wärmere Wasserschicht, das Epilimnion, ist durch eine rasche Temperaturabnahme mit der Tiefe gekennzeichnet, die etwa 1 °C pro Meter beträgt, aber jahreszeitlich schwankt. Die tiefere, kältere Wasserschicht, das Hypolimnion, ist durch die **Sprungschicht** (Thermokline) vom Epilimnion getrennt. Das Hypolimnion zeigt geringe Temperaturvariabilität im Jahresgang und einen wenig ausgeprägten Tiefengradienten. Der Grund hierfür ist die Dichteanomalie des Wassers. Ist erst einmal eine Temperatur von 4 °C erreicht, erfolgt kaum noch eine Temperaturveränderung mit der Tiefe, lediglich der Druck nimmt zu.

Es ist eine häufig geäußerte Annahme, dass Gewässer nicht kälter als 4 °C sein könnten. Dies ist natürlich falsch. Aufgrund der physikalischen Eigenschaften des Wassers finden wir kaltes Wasser bis 4 °C immer in der Tiefe eines Gewässers. Sinkt die Wassertemperatur weiter ab, steigt dieses kältere Wasser wieder nach oben, wo es sich erneut erwärmen kann. Hierdurch haben Gewässer eine gewisse Temperaturpufferung. Sinkt die Umgebungstemperatur aber weiter ab, gefrieren Gewässer von oben zu. Bei anhaltender Kälte gefrieren sie bis zum Grund durch, bei geringerer Kälte isoliert die Eisdecke das 4 °C kalte Tiefenwasser. Die **Dichteanomalie** bewirkt also, dass Gewässer nicht von unten, sondern von oben zufrieren. Mit zunehmendem Wasserdruck erniedrigt sich der Wert der Dichteanomalie um 0,1 °C pro 100 m Tiefe. Ein 1 000 m tiefer See kann also in der Tiefe bis zu 3 °C kalt werden. Da der Salzgehalt des Meeres die Dichteanomalie ebenfalls erniedrigt, gefriert marines Tiefenwasser erst bei −3 °C. In der Hälfte der Weltmeere liegt die durchschnittliche Temperatur über dem Meeresgrund unter 2 °C, südlich des 50. Breitengrades fällt sie gar unter 0 °C.

Wenn ein Klima sich durch ausgeprägte Jahreszeiten (Jahreszeitenklima) auszeichnet, ist auch die thermische **Saisonalität** bei Gewässern besonders ausgeprägt. Im Winter kann Eisbildung zu einer Reduzierung der gewässerinternen Austauschprozesse führen. Nach dem Abschmelzen des Eises führt die Erwärmung während des Frühjahrs zunächst zu einer Homogenisierung der Temperaturen. Es folgen, ausgelöst durch kinetische Windenergie, Wasserbewegung und der Austausch des Tiefenwassers. Im Sommer tritt erneut eine Phase mit stabiler Temperaturschichtung ein, wobei die Temperatur nach

unten abnimmt. Im Herbst entwickelt sich während des von der Oberfläche her erfolgenden Abkühlungsprozesses eine thermische Inversion. Kaltes Oberflächenwasser sinkt ab und wird durch relativ warmes Tiefenwasser ausgetauscht. Diese thermischen Austauschprozesse sind für das Leben in einem Stillgewässer entscheidend, da mit ihnen auch Zirkulation und ein stofflicher Austausch verbunden sind (Abschnitt 6.3.2.2).

Eine Ausnahme bezüglich der Saisonalität bilden das **Grundwasser** und die durch Grundwässer aus tieferen Gesteinsschichten gespeisten Quellaustritte. Sie zeigen ganzjährig nur geringe Temperaturschwankungen. An Quellen trifft man auf spezialisierte stenotherme Arten. Es finden sich Organismen mit eher nördlicher Verbreitung, welchen der Sommer zu warm, und andere mit eher südlicher Verbreitung, welchen die Winter sonst zu kalt wären. Odum (1999) bezeichnete Quellen als natürliches Labor des Ökologen, da aufgrund der Konstanz der Temperaturen andere ökologische Prozesse gut untersucht werden können. Besondere Ökosysteme bezüglich der Temperaturen sind **Thermalquellen**, vor allem solche auf dem Meeresgrund (*black smokers*) (Abschnitt 6.3.3.1, Abbildung 6.19). Noch bei mehr als 100 °C werden lebende Bakterien (z. B. *Sulfolobus*) gefunden, bei 60–80 °C wachsen mehrzellige Organismen.

Die klimatische Charakterisierung von Lebensräumen darf aber nicht darüber hinwegtäuschen, dass ein Organismus seine Umgebungstemperatur deutlich differenzierter empfinden kann. Vor allem in terrestrischen Lebensräumen, denen die puffernde Wirkung von Boden und Wasser fehlt (Hochgebirge, Wüsten), führen kurzfristige und kleinräumige Temperaturschwankungen zu merklichen mikroklimatischen Unterschieden. Das **Mikroklima** entscheidet letztlich über die Eignung eines Lebensraumes für einen Organismus. Solche Extreme verschwinden, wenn Mittelwerte der Temperatur als Monats- oder Jahresmittel angegeben werden oder wenn meteorologisch korrekt erhobene Daten, 2 m über dem Boden im Schatten gemessen, herangezogen werden, um Aussagen zu Organismen in einem bestimmten Mikrohabitat zu machen.

**Isothermen** werden gerne verwendet, um die Verbreitung von Organismen zu erklären, und erstaunlich oft lassen sich auch plausible Zusammenhänge darstellen. Es sollte jedoch nicht übersehen werden, dass solche Darstellungen korrelativ sind und nichts über das Mikroklima im eigentlichen Lebensraum der betreffenden Art aussagen (Abschnitt 6.3).

### 2.2.2.3 Feuer

Feuer ist ein in vielen Lebensräumen häufig auftretender Faktor. Weltweit ereignen sich täglich zehntausende Gewitter mit Millionen Blitzen. Hierdurch kann es bei geeignetem Substrat regelmäßig zu natürlichen Bränden kommen. Auch Vulkanausbrüche sind oft mit großflächigen Brandereignissen verbunden. Die Kanarenkiefer (*Pinus canariensis*) entwickelte ihre Regenerationsstrategie zweifellos in Anpassung an den Vulkanismus der Kanarischen Inseln. Neben einer dicken Borke vermag die Kiefer durch Austriebe auch aus dicken Stämmen Feuer (heute oft durch Menschen verursacht) zu überdauern. In feuergeprägten Lebensräumen (Abschnitt 6.3.1) stellt

## Kasten 2.4: Fallstudie Samos: Das Frühjahr nach dem großen Brand

Mitte Juli 2000 hat ein verheerendes Feuer auf der griechischen Insel Samos eine über Jahrhunderte gewachsene Kultur- und Agrarlandschaft teilweise zerstört und viele Oliven- und Weinbauern um ihre Existenz gebracht. In den zerstörten Wäldern entwickelte sich 2001 an vielen Stellen eine Vegetation aus krautigen Pflanzen und wiederausschlagenden Sträuchern. Die Sukzession auf den verbrannten Flächen verläuft jedoch unterschiedlich. Die vom Feuer betroffenen Kiefern sind abgestorben, während Laubgehölze wieder ausschlagen. Der Unterwuchs in den Kiefernwäldern ist teilweise sehr gut entwickelt und besteht aus krautigen Pflanzen, ausschlagenden Bäumen und Sträuchern wie z. B. Kermeseichen (*Quercus coccifera*), Platanen (*Platanus orientalis*), Erdbeerbaum (*Arbutus unedo*), Brombeere (*Rubus* sp.) und Kiefernsämlingen (*Pinus halepensis brutia*), die allerdings erst eine Größe von 3–5 cm aufweisen. Einige Standorte besitzen dagegen praktisch keinen neuen Unterwuchs. Dies ist vermutlich auf die Hangneigung und eine zu dünne Bodendecke und die damit verbundene Trockenheit zurückzuführen. Die Vegetation vieler Brandflächen, die momentan eher einer Blumenwiese gleicht, wird sich zu einer Macchie entwickeln. Bäume und Wälder, die bisher das Landschaftsbild der Insel prägten, benötigen eine Entwicklungszeit von Jahrzehnten, die jedoch durch eine gezielte Aufforstung beschleunigt werden kann.

Die Hänge wurden, je nach Neigung, flächendeckend mit Baumstämmen befestigt. Diese sind hangparallel am Boden und miteinander befestigt. Hinter ihnen haben sich bereits feine Sedimente angesammelt, die als Basis für eine neue Vegetation bzw. Aufforstung dienen können. Forstwirtschaftliche Pflegemaßnahmen wurden erst in Ansätzen verwirklicht. Die noch stehenden, verbrannten Kiefern sollen vorerst auf der Fläche verbleiben. Später ist geplant, einige Flächen aufzuforsten, wobei das Forstamt Wert auf die Verwendung der lokalen Form der Aleppokiefer (*Pinus halepensis brutia „Samos"*) legt. Sie wächst schneller als andere Arten, da sie besonders gut an ihren Standort angepasst ist. Diese Kiefer muss, im Gegensatz zu Laubbäumen, bei der Aufforstung nicht bewässert werden. Dennoch sollen in der Umgebung von Dörfern auch Laubbäume angepflanzt werden, vor allem Akazien, die als Bienenweide genutzt werden können. Nur an wenigen Stellen wurde bereits mit Anpflanzungen begonnen. Sie haben jedoch rein landschaftspflegerischen Charakter und dienen z. B. der Sicherung einer abrutschgefährdeten Straße. Angepflanzt werden Pinien (*Pinus pinaster*), Oleander (*Nerium oleander*), einzelne Eukalyptusbäume und Eichen (*Quercus* sp.).

Die Terrassen werden teilweise instand gesetzt, manche entstehen neu. Von den insgesamt 300 000 geschädigten Olivenbäumen konnten 100 000 durch Pflegeschnitte gerettet werden, 75 000 neue Olivenbäume wurden bisher gepflanzt. Hierfür standen Mittel der EU zur Stärkung des ländlichen Raumes aus dem LEADER-II-Programm zur Verfügung.

Schwer einzuschätzen sind die Auswirkungen der Brände auf den Tourismus. Ein Reiseveranstalter änderte die Transferrouten vom Flughafen zu den Hotels, um den Touristen den Anblick der vom Waldbrand betroffenen Flächen zumindest am ersten und letzten Urlaubstag zu ersparen. Einige Anbieter von Trekkingtouren stellten ihr Angebot ein, andere legten ihre Wanderrouten um. Nach www.samos.de.

---

sich also eine spezifische und typische Vegetation ein, die genauso wie die Tierwelt über zahlreiche Anpassungen an Feuer verfügt. Wir sehen Feuer daher eher als regionalen Umweltfaktor denn als Störung, obwohl zum Zeitpunkt eines Feuers sich dieses lokal als Störung auswirkt (Kasten 2.4).

Feuer ereignen sich regelmäßig in Trockenwaldgebieten, Buschländern, Savannen, Steppen, Tundren und der Taiga, in der mediterranen Hartlaubvegetation von Macchie oder Chaparral sowie in Kiefern- und Eukalyptuswäldern (Abschnitt 6.3.1). Häufige Feuer können bestimmte Lebensformen komplett ausschließen. Die nordamerikanischen Prärien sind zum Teil durchaus waldfähig, was man in zahlreichen Anpflanzungen und Plantagen sehen kann. Die Etablierung von Laubbäumen wurde in der Vergangenheit jedoch durch natürliche Feuer verhindert. Gräser können hingegen aufgrund ihres raschen Regenerationsvermögens mit solchen Verhältnissen gut zurechtkommen (Collins und Wallace 1990).

Ein Feuer bewirkt in erster Linie ein Verbrennen der oberirdischen Biomasse, sofern diese trocken und leicht erreichbar ist. Bei einem Feuer entstehen in der brennenden Vegetation Temperaturen von 300–700 °C. Im Bereich der Bodenoberfläche betragen die Temperaturen je nach Streuauflage oft nur 100 °C und bereits 5–10 cm im Boden ist keine nennenswerte Erhitzung mehr messbar.

In einem Feuerexperiment wurde in Esskastanienwäldern (*Castanea sativa*) der Schweiz gezeigt, dass sich die Mächtigkeit der Streuauflage auf die während eines Waldbrandes erzielten Temperaturen auswirkt (Wüthrich et al. 2002). In der Streuschicht erreichte die Temperatur bei wenig Streu 250–400 °C, bei viel Streu 350–650 °C. In einer Bodentiefe von 2,5 cm wurden nur noch 35 °C festgestellt. Ein anderes Feuerexperiment auf ehemaligen Abraumhalden bei Cottbus ergab in Kiefernforsten Maximaltemperaturen zwischen 420 und 700 °C. Es wurde ebenfalls ein enger Bezug zwischen brennbarem Material (Streuauflage, Grasschicht) und der Intensität des Feuers festgestellt. Die Bodentemperaturen erreichten in 2 cm Tiefe während des Feuers noch 166 °C, doch war schon in 10–20 cm Tiefe aufgrund der schlechten Wärmeleitung des Sandbodens keinerlei Wirkung mehr nachweisbar.

Feuer führt zu einem Abbau toter organischer Biomasse und kann in ariden Lebensräumen Destruenten ersetzen bzw. ergänzen. Diese beschleunigte Remineralisation bewirkt eine Anreicherung des Oberbodens mit Nährstoffen, welche das anschließende Wachstum der Vegetation beschleunigen.

Anpassungen zum Schutz vor Feuereinwirkungen sind bei Pflanzen eine dicke Borke (Korkrinde der Korkeiche *Quercus suber*, abblätternde Rinde von Eukalyptusarten) oder die Verlagerung sensibler Pflanzenteile aus dem Einwirkungsbereich von Bodenfeuern (mediterrane Geophyten mit Erneuerungsknospen aus Knollen und Rhizomen im Boden). Auch die Fähigkeit zur raschen Regenerierung aus Wurzeln oder Stockausschlägen ist eine häufige Anpassungsstrategie.

Ökosysteme mit häufigen Bränden zeigen sehr spezifische Anpassungen. Die „Grasbäume" Australiens (*Xanthorrhoea* ssp.), deren Blätter regelmäßig abbrennen, schützen den Stamm durch nichtbrennbare Harze (Schulze et al. 2002). Lockere Schichten aus langen Kiefernnadeln brennen schnell ab, verhindern also intensive Feuer, die den Baum selbst gefährden könnten, und stellen ebenfalls eine besondere Anpassung dar.

Die **Feueradaptation** kann bei **Pyrophyten** sehr weit gehen: Nordamerikanische Kiefern (*Pinus banksiana*, *Pinus palustris*) bilden harzversiegelte Zapfen aus, welche sich erst nach Feuereinwirkung öffnen und die Samen freigeben. Ähnlich reagieren australische *Banksia*-Arten. Bestimmte Flechtenarten können nur auf verkohlten Stämmen wachsen. Fakultative Pyrophyten werden durch Feuer nicht wesentlich geschädigt, können aber auch ohne Feuer gut existieren.

Tiere vermeiden Feuer, indem sie fliehen (Vögel, Säugetiere) oder sich unter Borke bzw. im Boden schützen. Auch sie weisen vielfältige Anpassungen auf. Einige Heuschreckenarten suchen gezielt kürzlich abgebrannte Lebensräume auf, um an der frisch sprießenden Vegetation ihre Eier abzulegen. Prachtkäfer (Buprestidae) verfügen über **Infrarotsensoren**, um verkohltes Holz zu finden. Sie legen ihre Eier in die noch heißen Baumstämme, in denen alle konkurrierenden Arten verbrannt sind, sodass die schnell schlüpfenden Larven sich in einem konkurrenzfreien Raum von diesem Totholz ernähren können. Gerade unter holzfressenden Borkenkäfern (Scolytidae), Bockkäfern (Cerambycidae) und Prachtkäfern (Buprestidae) ist die Zahl der an verbrannte Bäume angepassten Arten hoch (Markalas 1991).

Bedingt durch das Bevölkerungswachstum und wirtschaftliche Interessen nehmen menschliche Ursachen für Brände zu (Abschnitt 7.1). Wegen der weltweiten Bedeutung von Feuern und der großen wirtschaftlichen Bedeutung der Kontrolle feuerauslösender Mechanismen ist die **Feuerökologie** (Goldammer 1993) eine wichtige ökologische Teildisziplin, die uns auch zu grundlegenden Erkenntnissen in der Störungsökologie verhilft. Auch als Pflegemaßnahme im Naturschutz ist kontrolliertes Brennen wichtig, denn wenn natürliche Feuer völlig unterdrückt werden, verändert sich der zu schützende Lebensraum in einer unerwünschten Weise (Abschnitt 6.5.4.2).

## 2.2.2.4 Druck

Die atmosphärischen Druckverhältnisse auf der Erde und der Wasserdruck in den Gewässern stellen allgegenwärtige ökologische Rahmenbedingungen dar, die sich nur langsam verändern (Abbildung 2.18). Veränderungen des **Luftdruckes** ergeben sich mit der Höhenlage oder im Rahmen des Wettergeschehens. Ökophysiologische Anpassungen an die Druckverhältnisse sind die Regulation des Blutdruckes bei Tieren oder des Wasserdruckes im Xylem von Pflanzen.

Mit dem Luftdruck verändern sich auch die Partialdrucke wichtiger Gase wie Kohlendioxid und Sauerstoff, was vor allem für die hohen Lagen in Gebirgslebensräumen gilt. Der geringere Sauerstoffgehalt ist dabei besonders für die Tierwelt (inklusive Mensch) bedeutend (Abschnitt 2.2.3.5), wogegen Hochgebirgspflanzen kaum vom verringerten Partialdruck des $CO_2$ betroffen sind (Körner 2001).

Haie sind in der Lage, geringfügige Veränderungen des **Wasserdruckes** wahrzunehmen. Dies hilft ihnen bei der Orientierung. Zahlreiche Meerestiere können in großer Tiefe bei hohen Drücken existieren. Hierzu gehört der Pottwal (*Physeter macrocephalus*), der in Tiefen um 1 000 m nach Riesenkraken jagt. Den erforderlichen Druckausgleich erzielt er vermutlich mit dem Walrat, einer öligen Flüssigkeit (Cetylpalmitate), welche 75 % des Schädelvolumens ausfüllt. Wale müssen regelmässig zum Atmen an die Oberfläche kommen, sodass der Druckunterschied wichtiger als der absolute Druck ist. Da der Wasserdruck im Ozean pro 10 m Tiefe um eine Atmosphäre zunimmt (dies entspricht pro 1 000 m einem Druck von $10^7$ Pa), verzichten Tiere in größeren Tiefen auf mit Gas gefüllte Organe. Zur Auftriebsregulierung werden dann Schwimmblasen durch Fette ersetzt.

## 2.2.2.5 Schwerkraft

Die maximale Größe von Tieren wird durch die Aufrechterhaltung wichtiger Körperfunktionen gegen das Eigengewicht des Organismus begrenzt. Die schwersten Tiere sind daher im Meer zu finden. Der Auftrieb ermöglicht dort die Entwicklung riesiger Körper, wie beim Blauwal (*Balaenoptera musculus*), der mit bis zu 30 m Länge und einem Gewicht von bis zu 160 t das größte derzeit lebende Tier verkörpert. Bei den inzwischen ausgestorbenen sehr großen Landtieren war ein enormer Blutdruck erforderlich, um den oft hoch gelegenen Kopf und damit das Gehirn mit ausreichend Blut zu versorgen. Berechnungen zur Physiologie von großen Sauriern ergaben, dass sie über

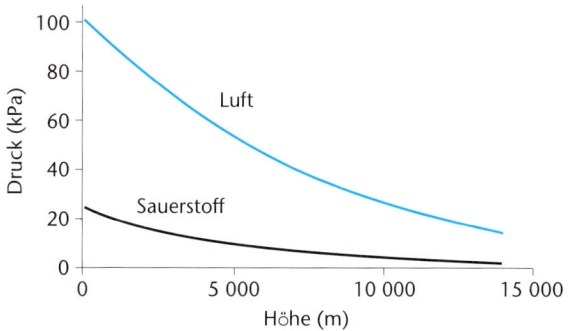

**Abb. 2.18:** Veränderung des Luftdrucks und des Sauerstoffpartialdrucks mit zunehmender Höhe.

ein sehr großes Herz verfügt haben müssen. Giraffen verfügen über Gefäßklappen in den Halsvenen und -arterien, die einen Rückfluss des Blutes verhindern.

Die maximal erreichbaren **Wasserpotenzialdifferenzen** im System Boden-Pflanze-Atmosphäre begrenzen durch das Abreißen des Wasserfadens in den Gefäßen die maximale Wuchshöhe von Bäumen. Die höchsten Bäume (*Sequoiadendron giganteum, Sequoiadendron sempervirens, Eucalyptus regnans*) erreichen Höhen zwischen 100 und 120 m, was mit theoretischen Überlegungen zur physikalisch möglichen Maximalhöhe von Pflanzen übereinstimmt. Zudem wird das Gewicht von Organen wie Blättern oder Früchten, und damit ihre Ausgestaltung und Anpassung an bestimmte Umweltbedingungen, durch die Schwerkraft begrenzt. Auch das Tiefenwachstum von Wurzeln orientiert sich an der Schwerkraft (**Gravitropismus**).

Ein weiterer Aspekt der Schwerkraft ist ihre Bedeutung für die Ausbreitung von Diasporen. Viele Pflanzen versuchen die Einschränkungen der Schwerkraft durch komplizierte Flugapparate oder durch die Entwicklung von Früchten, welche z. B. durch Tiere verschleppt werden, zu umgehen. Sie entwickeln Mechanismen zur effektiven Fernausbreitung, um entfernte Standorte zu erreichen. Für konkurrenzstarke Arten ist jedoch auch die einfache **Barychorie** (der Schwerkraft folgende Ausbreitung, also einfaches Herunterfallen) eine sinnvolle Strategie. Sie können sich an einem geeigneten Standort gegen konkurrenzschwächere Arten durchsetzen, und das Auftreten von fertilen Individuen zeigt schließlich die Eignung des Standortes. Ihre Früchte bzw. Samen sind oft schwer und mit starkem Nährgewebe ausgestattet.

In tropischen Mangroven finden wir bei der Roten Mangrove (*Rhizophora mangle*) eine sehr spezielle Form der Barychorie. Die Früchte entwickeln sich bereits am Mutterbaum zu 20 cm langen, zigarrenartigen Keimlingen (Viviparie), die sich beim Herunterfallen entweder in den Schlamm bohren (bei Ebbe) oder schwimmend im dichten Luftwurzelwerk der Mangrove hängen bleiben und sich bewurzeln.

Ein besonders spannendes Beispiel für die Umgehung der Schwerkraft stellen Bakterien dar, die als Aerosole in den Wolken leben. Sie sind so klein und leicht, dass sie entgegen der Schwerkraft durch Turbulenzen in der Luft gehalten werden. Da Bakterien nicht visuell erkannt werden können, ist erst seit kurzem bekannt, dass sich in der Atmosphäre Organismen in einem mehr oder minder kontinuierlichem Schwebezustand befinden (Sattler et al. 2002).

### 2.2.2.6 Strömung

Wind und Wasser verbreiten Diasporen und Nährstoffe. Die Wasserversorgung von Ökosystemen ist ebenfalls durch Luftströmungen gesteuert. Zahlreiche Anpassungen zur Verringerung des Luft- oder Wasserwiderstands sind evolutionäre Resultate der Auseinandersetzung mit Strömungen.

Die **Wasserströmung** ist das deutlichste Beispiel für die Wirkung physikalischer Strömungen. In den Oberläufen von Fließgewässern wird die Lebensgemeinschaft des Gewässergrundes (Benthos) stark durch Fließgeschwindigkeit und Turbulenzen gesteuert, und ihre morphologischen Anpassungen weisen auf die Intensität der Strömung hin. Die konvergente Ausbildung hydrodynamischer Formen bei Haien, Fischen, Reptilien und Walen ist ein weiteres Beispiel (Abschnitt 2.4.3). Bei Delfinen und Haien ermöglicht zudem eine spezielle Oberflächenstruktur der Haut die Verringerung von **Turbulenzen** und die Einsparung von Energie (Abbildung 6.92).

Strömungen sorgen für den Transport der schwimmfähigen Diasporen von Hydrophyten. Die Ausbreitung erfolgt teilweise auch in Form von Rhizombruchstücken und ganzen Individuen. Kokospalmen (*Cocos nucifera*) sind aufgrund ihrer schwimmfähigen Früchte an nahezu allen tropischen Küsten anzutreffen. Die Gesamtheit der durch das strömende Wasser passiv transportierten Organismen und ihrer Teile sowie der gelösten organischen Partikel wird als **organische Drift** bezeichnet (Waringer 1992).

Bei Lachsen (*Salmo salar*) dient die Strömung als Orientierungsmerkmal für die Suche nach geeigneten Laichplätzen, allerdings müssen noch weitere, vermutlich olfaktorische Reize hinzukommen. Wasserströmungen dienen wahrscheinlich auch zur Orientierung von Aalen auf ihrem Weg zur Reproduktion in das Sargassomeer.

Strömungen sind schließlich auch für die Steuerung aquatischer Stofftransporte verantwortlich. Der Phosphataustrag aus terrestrischen Ökosystemen über die Fließgewässer in das Meer ist, in Verbindung mit der geringen Nachlieferung aus dem mineralischen Untergrund, die Ursache des nicht geschlossenen Phosphatkreislaufs (Abschnitt 5.2.2.4). Im Flachwassermeer Ostsee spielt der geringe Austausch des Tiefenwassers eine Rolle, da hohe Nährstoffeinträge dort bei geringer Umschichtung zu Sauerstoffmangel und zum Absterben von Meeresorganismen führen können.

Oberflächenabfluss verbunden mit **Erosion** ist ein weiterer ökologisch sehr relevanter Vorgang, in welchem Strömung eine zentrale Rolle spielt, denn er kann dazu führen, dass ein Lebensraum irreversibel verändert und degradiert wird. Bei Starkregenereignissen hängt der Substratverlust durch Bodenerosion von der Vegetationsbedeckung und der Durchwurzelungstiefe ab, aber auch von Relief, Hangneigung, Bodenart und Humusgehalt.

**Luftströmungen** transportieren chemische Substanzen, die eine kommunikative Funktion zwischen Organismen haben (*semiochemicals*, Abschnitt 5.2.3.2). Sie ermöglichen ferner durch den Transport der Pollen die Befruchtung von Pflanzen (Anemogamie) sowie die Ausbreitung von Diasporen (Anemochorie) (Abbildung 2.19). Das **Luftplankton** wird durch Luftmassenbewegungen über weite Strecken transportiert. Außergewöhnliche Winde können Vogelarten verdriften und in neue Regionen transportieren. In England werden regelmäßig einzelne Individuen nordamerikanischer Vogelarten beobachtet, welche sich jedoch in der Regel nicht etablieren können. Auch kleinste Insekten oder Spinnen (*ballooning*) besiedeln auf diese Weise neue Lebensräume (Abbildung 2.20).

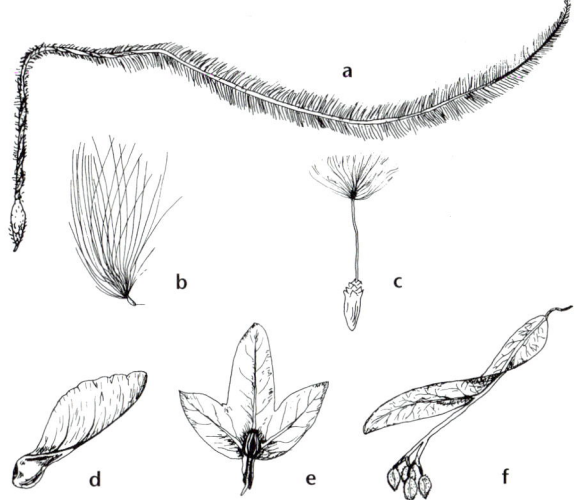

**Abb. 2.19:** An Windverbreitung angepasste Pflanzensamen. a) Federgras *Stipa*, b) Weidenröschen (*Epilobium* sp.), c) Löwenzahn (*Taraxacum officinale*), d) Ahorn (*Acer* sp.), e) Hainbuche (*Carpinus betulus*), f) Linde (*Tilia* sp.).

Von nicht zu unterschätzender Bedeutung ist die Verfrachtung von Verbreitungseinheiten (z. B. Sporen, Samen, winzige Früchte) durch den *jet stream* (Strahlstrom), in den diese durch Wirbelstürme gelangen. Dies ist ein Feld hoher Windgeschwindigkeit, welches am oberen Rand der Troposphäre in einer Höhe bis 16 km Geschwindigkeiten von über 100 km/h erreichen kann. Ein Teil der Arten, die sich beispielsweise auf Hawaii ansiedeln konnten, sind wahrscheinlich auf diese Weise aus Südostasien dorthin gelangt. Mit dem Wind wird auch organisches Material in Wüstengebiete eingetragen, sodass sich dort Detritophagennahrungsketten etablieren können. Die Staubtransporte aus den vegetationsarmen Trockengebieten der Erde in benachbarte Lebensräume und in den Ozean bewegen alljährlich große Mengen von Material (Abbildung 7.20). In den Alpen ist regelmäßig Saharastaub auf den Gletschern nachzuweisen.

## 2.2.3 Chemische Faktoren

### 2.2.3.1 Biogene Elemente

Lebewesen bestehen zu 70–80 % aus Wasser, und das Trockengewicht setzt sich zu 95 % aus Kohlenstoff zusammen. Von den 89 bekannten stabilen chemischen Elementen werden rund 30 von Organismen benötigt, für verschiedene Arten jedoch in unterschiedlichen Anteilen (Abbildung 2.21). Für die **Grundbausteine** des Lebens (Aminosäuren, Kohlenhydrate, Lipide, DNA) werden vor allem Kohlenstoff, Wasserstoff und Sauerstoff benötigt, in geringerer Menge aber auch Schwefel, Phosphor und Stickstoff. Die so genannten **Makronährstoffe** (Magnesium, Natrium, Calcium, Kalium und Chlor) machen zwar durchschnittlich nur 0,1 % der organischen Substanz aus, sind aber für zentrale Funktionen aller Organismen wie etwa Ionentrans-

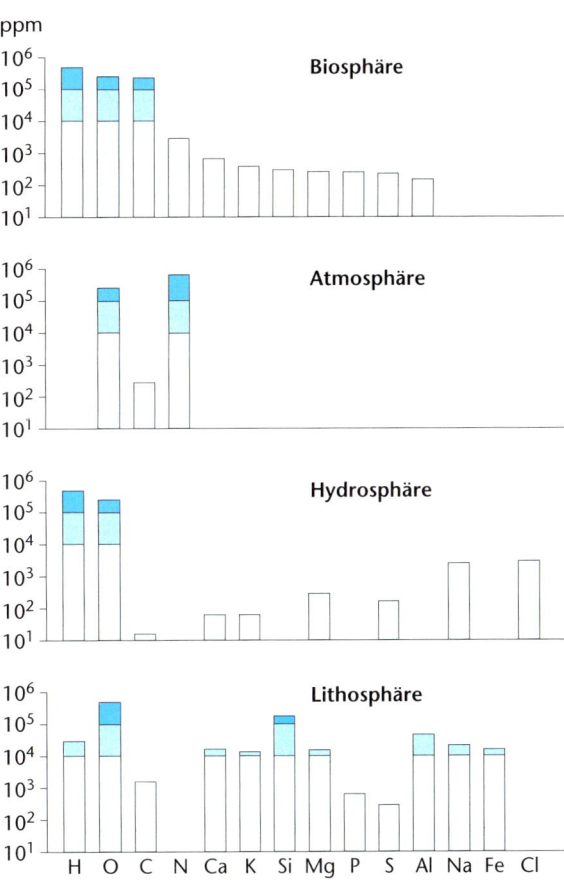

**Abb. 2.21:** Die Verteilung der Anzahl der Atome der chemischen Elemente in der Biosphäre, Atmosphäre, Hydrosphäre und Lithosphäre zeigt deutlich die Eigenständigkeit der Biosphäre auf. Nach Devey (1970).

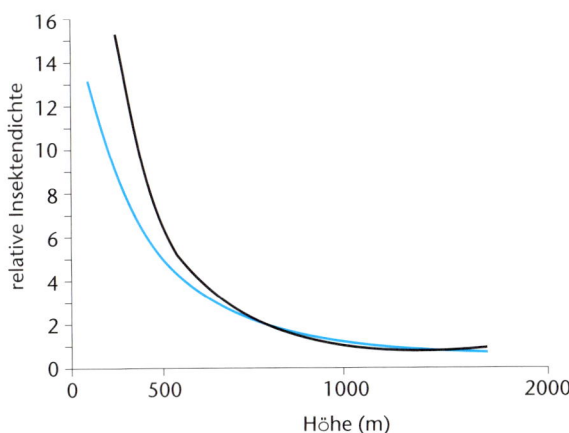

**Abb. 2.20:** Relative Dichte von Luftplankton (Insekten) nach Fängen mit einem Kleinflugzeug tagsüber (schwarz) und nachts (blau). Nach Glick (1939).

**Abb. 2.22:** Einzeller, die Silicium bzw. Strontium-sulfat für ihr Exoskelett benötigen.
Chrysophyta: a) *Coscinodiscus pantocseki* (Bacillariales), b) *Distephanus speculum* (Silicoflagellida). Actinopodea: c) *Actinosphaerium eichhorni* (Heliozoea), d) Heliozoea, Taxopodida, e) *Medusetta quadrigata* (Phaeodarea), f) *Hexacontium asteraconthium* (Polycystinea), g) *Cyrtocalpis urceolus* (Polycystinea), h) Acantharea (baut Strontiumsulfat ein). a, b aus Sitte et al. (2002), c, f aus Munk (2002), d, h aus Westheide und Rieger (1996), e, g aus Wurmbach (1971).

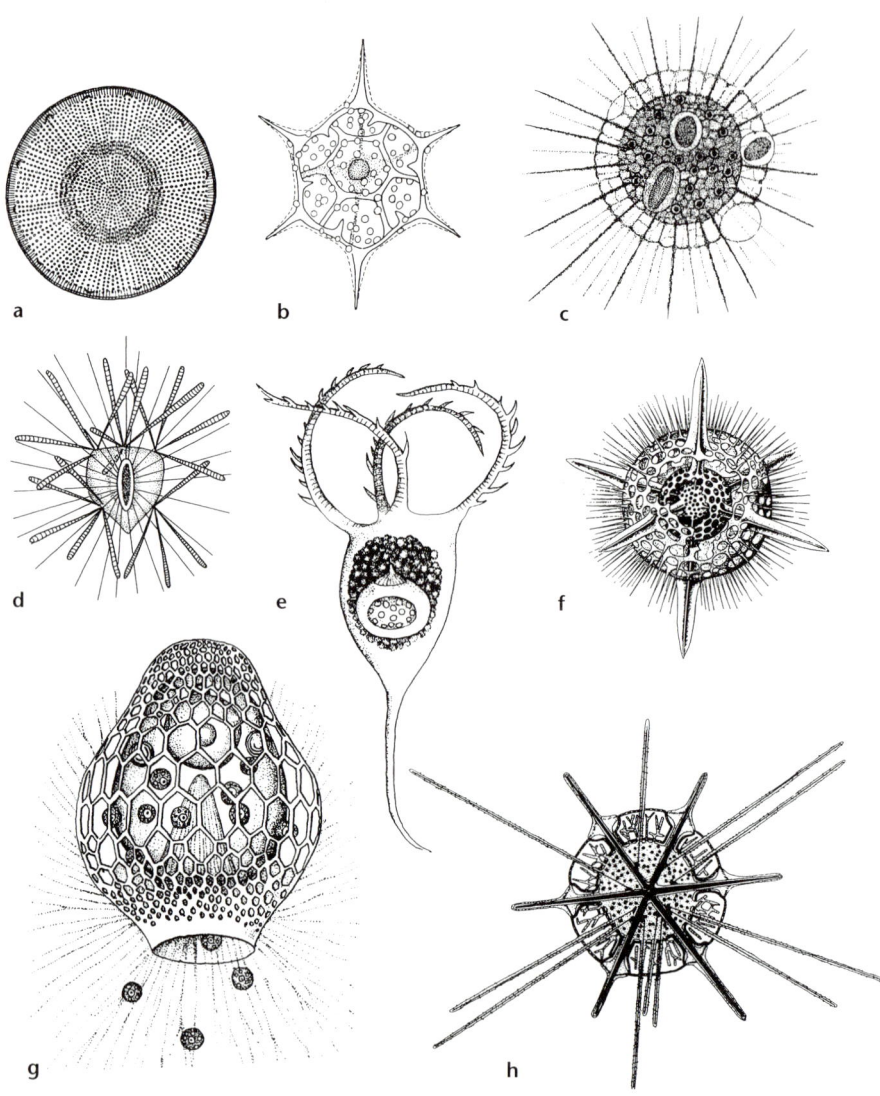

porte zur Aufrechterhaltung von Membranpotenzialen zur Osmoregulation oder in Nervensystemen nötig.

Neben diesen elf häufigeren Elementen werden 10–20 weitere Elemente als Mikronährstoffe oder **Spurenelemente** bezeichnet. In vielen Fällen handelt es sich um Metalle, die das Zentralatom in einem Enzym bilden. Pflanzen benötigen beispielsweise für ihre Photosynthese zusätzlich Mangan, Eisen, Zink, Vanadium und Kupfer; für den Stickstoffstoffwechsel Molybdän, Bor, Kobalt, Eisen, Mangan und Kupfer. Das Zentralatom im Vitamin $B_{12}$ ist Kobalt; der Sauerstofftransport im Blut vieler Tiere benötigt Eisen (Hämoglobin der Wirbeltiere) oder Kupfer (Hämocyanin der Mollusken, Arachniden und Crustaceen). Bei Wirbeltieren ist Jod unentbehrlich für das Schilddrüsenhormon Thyroxin, und Fluor spielt eine wichtige Rolle bei der Härtung der Knochen und Zähne. Vanadium wird von Seescheiden (Ascidiacea), einigen Stachelhäutern (Echinodermata) und einigen Algen benötigt.

**Silicium** wird interessanterweise von den meisten Organismen nicht benötigt, obwohl es das zweithäufigste Element der Erdkruste ist. Für manche Arten ist es jedoch überlebenswichtig. Einige Algengruppen (bekanntestes Beispiel sind die Kieselalgen) und diverse Radiolarien benötigen Silicium für ihr Exoskelett (Abbildung 2.22). Acantharia, eine Ordnung der Radiolarien, lagern jedoch vor allem Strontiumsulfat ein. Da Kieselalgen Silicium aus dem Wasser aufnehmen, tote Algen jedoch zu Boden sinken, ist gelöstes Silicium vor allem zu Zeiten einer sommerlichen Massenvermehrung von Kieselalgen oberflächennah oft nicht genügend verfügbar und daher wachstumsbeschränkend. Die hohe Sedimentationsrate von Diatomeen und die nachfolgende Konservierung erklären, dass diese die wichtigsten Mikrofossilien der Paläolimnologie wurden. Gräser (Poaceae) lagern Silikate als Fraßschutz gegen Herbivoren ein.

Angaben zu essenziellen Nährstoffen sind nicht übertragbar, da einige Taxa sehr spezifische Bedürfnisse haben. Gänsefußgewächse (Chenopodiaceae) benötigen im Unterschied zu den meisten Pflanzen Natrium, Schmetterlingsblütler (Fabaceae) mit symbiontischen Bakterien haben einen relativ hohen Bedarf am Spurenelement Kobalt. In einigen Fällen ist bis heute nicht eindeutig entschieden, ob ein chemisches Element überhaupt eine biologische Bedeutung hat, da es möglicherweise nur in solch geringen Spuren benötigt wird, dass die unvermeidbaren natürlichen Verunreinigungen ausreichen. Ein solcher Fall scheint für Selen zuzutreffen, dessen mögliche Bedeutung für höhere Tiere nach wie vor kontrovers diskutiert wird. Andererseits werden Elemente wie Quecksilber, Blei und Cadmium, obwohl sie in Organismen vorkommen, von diesen in keinem Fall benötigt und sind im Gegenteil sogar schädlich.

### 2.2.3.2 Wasserangebot und Wasserhaushalt

#### Verfügbarkeit

Wasser ist neben Kohlenstoffverbindungen das wichtigste Molekül zur Bewerkstelligung von Lebensabläufen. Lebewesen bestehen zu 70–80% aus Wasser, das Protoplasma (die Zellflüssigkeit) durchschnittlich zu 85–90%. Die meisten Organismen können längere Zeit ohne Nährsalze leben, nicht alle Organismen sind auf Sauerstoff angewiesen, aber Wasser wird von allen Lebewesen benötigt.

Der geoökologische **Wasserkreislauf** wird durch die fünf Grundprozesse Niederschlag, Infiltration, Oberflächenabfluss, Evaporation und Kondensation gesteuert (Abschnitt 5.2.2.1). Die Organismen, vor allem aber die biomassemäßig vorherrschenden Pflanzen, tragen über aktive Wasseraufnahme, -speicherung und -abgabe in die Atmosphäre (Transpiration) zum Wasserhaushalt bei. Evaporation und Transpiration werden, da sie nur schwer zu trennen sind, als Evapotranspiration zusammengefasst.

Der **Boden** speichert in Abhängigkeit von seiner chemischen (Art der Tonminerale, organische Substanz) und strukturellen Beschaffenheit (Gefüge, Korngrößenverteilung) erhebliche Wassermengen. Aufgrund der elektrischen Ladung der Bodenteilchen und des Dipolcharakters der Wassermoleküle wird Wasser elektrostatisch an der Oberfläche der Bodenteilchen gebunden. Dies gilt auch in der wasserungesättigten Bodenzone, sodass Wasser auch dann im Boden verfügbar sein kann, wenn die Poren nicht völlig mit Wasser gefüllt sind. Größer ist der Wasseranteil, der durch Adhäsion kapillar gebunden ist. Er wird vor allem durch die Korngrößenverteilung der Bodenpartikel bestimmt.

Ein wichtiges Maß für die Beurteilung des Wassergehalts ist die **Feldkapazität**, welche eine Annäherung an den maximalen Füllungsgrad der mittleren Bodenporen mit Wasser angibt, während die Grobporen noch leer sind. Sie ist je nach der Beschaffenheit des Bodens, vor allem nach dessen Ton- bzw. Sandanteil, unterschiedlich. Eine Bodenmatrix mit großer spezifischer Oberfläche und engen Poren, wie sie bei feinkörnigen Lehm- und Tonböden vorliegt, bindet dieselbe Menge Wasser stärker als ein Sandboden. Die erforderliche Saugspannung zur Aufnahme von Wasser ist folglich höher. Der **permanente Welkepunkt** liegt bei dem Bodenfeuchtegehalt vor, bei dem Pflanzen dem Boden kein Wasser mehr entnehmen können (Abbildung 2.23). Pflanzenverfügbar ist also nur das

Bodenwasser, das weniger stark gebunden vorliegt. Allerdings reagieren die Pflanzen artspezifisch auf Trockenheit, und das tatsächliche Welken setzt bei verschiedenen Arten zu unterschiedlichen Zeitpunkten ein.

Die Form des **Niederschlags** (Regen, Nebel, Schnee, Hagel) beeinflusst dessen mechanische Wirkung auf die Organismen (Hagelschäden, Schneedruck) sowie ihre Möglichkeit, dieses Wasser aufzunehmen. Seine Intensität bestimmt die Verweilzeit im System. Bei Starkregenereignissen kann es zu Oberflächenabfluss kommen, was bedeutet, dass das Wasser einerseits nur kurze Zeit verfügbar ist, andererseits erodierende Wirkung entfalten kann. Eine zentrale Rolle für die Verweilzeit des Wassers nimmt der Bodenwassergehalt ein. Er beeinflusst die Möglichkeit des Bodens, weiteres Wasser zu speichern. Auch der Anteil eines Regens, der zuerst auf die Vegetationsoberfläche auftrifft (**Interzeption**), beispielsweise im Kronendach eines Waldes, und dann zeitverzögert auf den Boden fließt, verändert Intensität und Dauer von Niederschlagsereignissen.

Der Wasserhaushalt der Organismen wird durch Wasseraufnahme, Wasserspeicherung, Wassertransport und Wasserabgabe bestimmt. In der Zelle kommt Wasser als **Konstitutionswasser** in chemischer Bindung vor, als **Hydratationswasser** (Quellungswasser) ist es an Ionen (Hydratationshülle der Ionen), gelösten organischen Stoffen (wie Peptiden und Kohlenhydraten) sowie Makromolekülen (etwa bei Pflanzenzellwänden) angelagert, als **Depotwasser** füllt es Stauräume in Zellkompartimenten, und als **interstitielles Wasser** übernimmt es Transportfunktionen in Zellzwischenräumen, im Gefäß- und Siebröhrensystem der Pflanzen bzw. im Hämolymph- und Gefäßsystem der Tiere.

Im Depotwasser befinden sich osmotisch wirksame Stoffe wie Kohlenhydrate, organische Säuren, Ionen und sekundäre Pflanzeninhaltsstoffe in Lösung. Der **osmotische Druck** wird also durch den Wassergehalt bzw. die Zahl der gelösten, osmotisch aktiven Teilchen bestimmt. Durch Polymerisation (Zucker zu Stärke, Aminosäuren zu

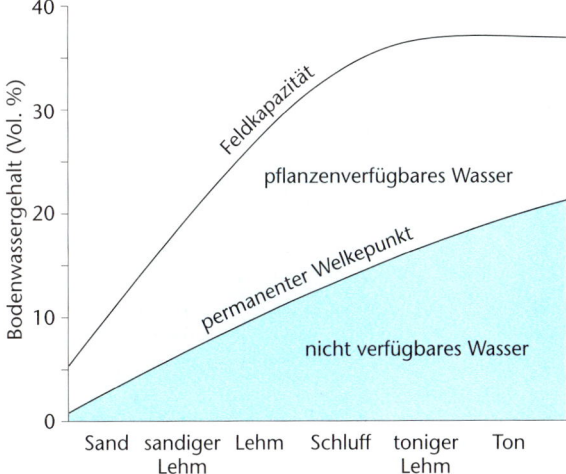

**Abb. 2.23:** Für Pflanzen ist die zwischen der Feldkapazität und dem permanenten Welkepunkt verfügbare Wassermenge nutzbar. Diese nimmt mit dem Tonanteil des Bodens zu. Bei hohem Tongehalt ist dann allerdings ein großer Teil des Wassers nicht mehr verfügbar.

Peptiden) bzw. durch den umgekehrten Vorgang der Hydrolyse oder durch den gezielten (energieaufwendigen) Transport einzelner Ionen kann dieses Verhältnis verändert werden, d. h. die Zelle ist zur Osmoregulation fähig.

### Regulation

Unter **Osmoregulation** verstehen wir die Aufrechterhaltung eines inneren Ionenmilieus, welches Organismen für die Durchführung ihrer Stoffwechselvorgänge benötigen. Die jeweiligen Erfordernisse sind artspezifisch unterschiedlich. Zellmembranen sind für Wasser durchlässig, nicht jedoch für Ionen, welche durch Ionenkanäle und Ionenpumpen transportiert werden müssen. Osmotisch wirksam ist lediglich die Gesamtkonzentration (Quantität) von Anionen und Kationen auf beiden Seiten der Membran, hierbei spielt die Zusammensetzung (Qualität) der Ionen keine Rolle, sodass beispielsweise anorganische Ionen durch organische substituiert werden können.

Wenn beiderseits der Zellmembran der gleiche osmotische Druck herrscht, bezeichnen wir diesen Zustand als **isoton** oder **isoosmotisch**. Wenn der osmotische Druck in der Zelle geringer als außen ist, so ist diese **hypoton** bzw. **hypoosmotisch**, während das Umgebungsmedium **hyperton** bzw. **hyperosmotisch** ist. In hypertone Zellen strömt Wasser von außen ein (Zelle kann platzen) und aus hypotonen Zellen strömt Wasser nach außen aus (Zelle schrumpft), um den Gradienten auszugleichen. Organismen, welche nur in sehr geringem Umfang zur Osmoregu-

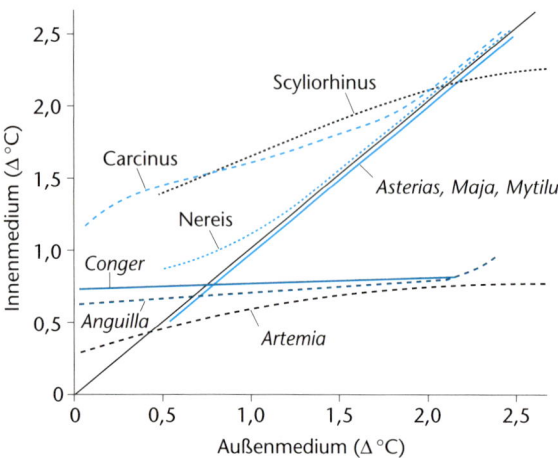

**Abb. 2.24:** Fähigkeit der Osmoregulation bei verschiedenen Meeresorganismen. Angegeben ist die Gefrierpunkterniedrigung der Körperflüssigkeit (Innenmedium) in Abhängigkeit vom Außenmedium (°C). Ein diagonaler Linienverlauf deutet an, dass der Organismus zu keiner Osmoregulation fähig ist. Je mehr die Linie von der Diagonalen abweicht, desto stärker ausgeprägt ist die Osmoregulation. Katzenhai (*Scyliorhinus,* Chondrichthyes), Aal (*Anguilla,* Osteichthyes), Meeraal (*Conger,* Osteichthyes), *Nereis diversicolor* (Annelida, Polychaeta), Strandkrabbe (*Carcinus maenas,* Crustacea), Salinenkrebs (*Artemia salina,* Crustacea), Seespinne (*Maja,* Crustacea), Miesmuschel (*Mytilus,* Mollusca), Seestern (*Asterias,* Echinodermata). Nach Tardent (1993), mit freundlicher Genehmigung des Georg Thieme Verlags, Stuttgart.

lation in der Lage sind, werden als **stenohalin** bezeichnet. Sie können sich nur in Lebensräumen aufhalten, deren osmotische Konzentration ihrem inneren Milieu entspricht. Die meisten marinen und limnischen Arten sind stenohalin und daher auf ihre Lebensräume begrenzt. Für **euryhaline** Arten ist hingegen der osmotische Toleranzbereich viel größer, d. h. sie können sich in unterschiedlichen Lebensräumen oder Lebensräumen mit schwankender osmotischer Situation aufhalten (beispielsweise Brackwasser). Organismen, welche ihre innere Ionenkonzentration kontinuierlich der äußeren anpassen, bezeichnen wir als **poikilosmotisch**. Im Unterschied hierzu können **homoiosmotische** Arten in gewissem Rahmen ihr inneres Ionenmilieu unabhängig vom äußeren konstant halten (Abbildung 2.24). Die meisten Arten sind stenohalin, weil ihre Toleranz gegenüber Schwankungen der Ionenkonzentration ihres Mediums gering ist und weil sie über keine Regulationsfähigkeit verfügen. Unter den euryhalinen Arten gibt es nur sehr wenige, die über den ganzen Bereich denkbarer Ionenkonzentration regulieren können. Die Grenze Meerwasser-Süßwasser ist also für die meisten Arten nicht überwindbar.

Hohe Salzgehalte des Bodens (Abschnitt 2.2.3.3) führen aufgrund der osmotischen Wirkung des Salzes zu Problemen im Wasserhaushalt. Wir unterscheiden bei Pflanzen, die sich mit hohen Salzgehalten arrangieren können (**Halophyten**), verschiedene Strategien. Der Kumulationstyp besitzt keinen Regulationsmechanismus, kann jedoch sehr hohe Salzkonzentrationen tolerieren. Dies ist bei der Salzbinse (*Juncus gerardii*) der Fall. Der Wurzelfiltrationstyp betreibt eine selektive Aufnahme des Wassers schon an der Wurzel, indem durch Lipide, die als Ultrafilter wirken, Salze aus der Bodenlösung ausgefiltert werden. Auch tropische Mangrovenpflanzen wie die Schwarzmangrove (*Avicennia germinans*) besitzen diese sehr effiziente Strategie. Der Ausschlusstyp schränkt die Natriumverlagerung in die Blätter durch Festlegung in Stamm und Wurzel ein, wie dies bei der arabischen Akazienart *Prosopis fracta* der Fall ist. Der Verdünnungstyp reguliert den osmotischen Druck durch exzessive Wasseraufnahme, sodass diese Pflanzen wie Sukkulenten aussehen. Der Europäische Queller (*Salicornia europaea*) ist eine solche Pflanze. Schließlich betreibt der Absalztyp mit Hilfe spezieller Drüsen die Sekretion von Natriumsalzen an der Blattfläche, welche vom Niederschlag abgewaschen werden. Das Salz-Schlickgras (*Spartina anglica*) verfolgt diese Form der Salzregulierung.

Organismen, welche ihren Wassergehalt so wenig regulieren können, dass er im Wesentlichen dem der Umgebung entspricht, bezeichnen wir als **poikilohydr** (wechselfeucht). Hierzu gehören Mikroorganismen, Blaualgen, die meisten Algen, Pilze und Flechten sowie einige Moose trockener Standorte. Diese Organismen besitzen kleine Zellen ohne Zentralvakuole, sodass sie ohne Schaden zu nehmen gleichmäßig austrocknen und anschließend wieder Feuchtigkeit aufnehmen können. Poikilohydrie ist in ariden Lebensräumen mit kurzen Feuchteintervallen von Vorteil, weil sie eine schnelle Reaktion auf günstige Umweltbedingungen ermöglicht.

Niedere Pflanzen wie Moose sind nicht auf die Wasseraufnahme über den Boden angewiesen. Sie nehmen das Wasser direkt über ihre Oberfläche aus der Luft auf und sind zur Austrocknung befähigt. Deshalb findet man Moose auch auf Felsoberflächen, wo sie zusammen mit Flechten wachsen, ohne auf Bodensubstrat angewiesen zu sein.

Beim Milz- oder Rollfarn (*Ceterach officinarium*), der sich bei Trockenheit einrollt, dient eine starke Behaarung als zusätzlicher Transpirationsschutz. Solche Pflanzen sind in Mauer- und Felsspalten zu finden, da sie eine physische Verankerung benötigen. Allerdings sind Farne aufgrund ihres wenig leistungsfähigen Leitgefäßsystems aus Tracheiden allgemein nur selten an Trockenstandorten zu finden. Auch benötigen sie für die Entwicklung ihrer geschlechtlichen Phase, der Prothallien, oft eine zumindest temporär feuchte Umwelt.

Bodenbakterien und -pilze werden nach Trockenphasen ab 96 % relativer Feuchte wieder aktiv, die meisten anderen Pilze werden durch Luftfeuchtigkeit zwischen 75 und 85 % aktiviert, besonders adaptierte Pilze (*Xeromyces* sp.) schon ab 60 % (Abbildung 2.25). Einige tierische Einzeller und Dauereier von Kleinkrebsen können ebenfalls ein völliges Austrocknen ihres Kleingewässers überstehen.

Als **homoiohydr** (eigenfeucht) werden Organismen bezeichnet, die ihren Wasserhaushalt so weit kontrollieren können, dass sie mehr oder weniger unabhängig vom Wasserhaushalt der Umgebung werden. Hierzu verfügen sie über eine große Zentralvakuole, welche mit ihrem Wasservorrat dafür sorgt, dass der Wassergehalt des Protoplasmas konstant gehalten wird. Außerdem verfügen homoiohydre Pflanzen über eine abgedichtete Außenfläche (Cuticula),

Spaltöffnungen zur Regulation der Transpiration und ein stark differenziertes Wurzelwerk zur kontrollierten Wasseraufnahme. Die Entwicklung der Homoiohydrie fand beim Übergang vom Wasser zum Land statt. Fast alle Kormophyten sind homoiohydr, einige Moose und Farne sind allerdings noch auf feuchte Lebensräume beschränkt.

**Pflanzen**

Der **Wasserhaushalt der Landpflanzen** wird bestimmt durch die Wasseraufnahme über die Wurzeln, durch den Wassertransport zu den photosynthetisch aktiven Teilen und den damit verbundenen Wasserverlust an die umgebende Luft. Da die Luft in der Regel ein Wasserdampfdruckdefizit aufweist, findet Wasserabgabe an sie statt. Diese kann unter gesättigten Bedingungen auch durch tropfenförmige Wasserabgabe (**Guttation**) erfolgen. Pflanzen sorgen für einen ständigen Wasserstrom aus dem Boden in die Atmosphäre. Die Wasseraufnahme erfolgt durch Feinwurzeln, die sich im Boden sehr stark verzweigen und dem Wasser folgen. Hierdurch ist das Wurzelsystem einer Pflanze immer in Bewegung. Wenige Grade über 0 °C ist die Wasseraufnahme deutlich herabgesetzt und kommt bei −1 °C zum Erliegen, da dann alles Porenwasser im Boden gefroren ist. In der Endodermis wird der Wurzeldruck durch energieabhängige membrangebundene Pumpen generiert, d. h. ab hier geht die Wasserverschiebung in eine energieabhängige **Wasserleitung** über. Die Förderleistung des Leitungssystems hängt aber vor allem vom Wasserpotenzialunterschied zwischen Blättern und Wurzeln und von den Leitungswiderständen ab. Solange die Sonne scheint und solange genügend Wasser aufgenommen werden kann, nimmt die Geschwindigkeit des Transpirationsstromes mit steigender Transpirationsintensität zu. Diese Geschwindigkeit stellt sich sehr schnell und auch kurzfristig auf Schwankungen der Einstrahlung ein, sodass immer eine ausreichende Wasserversorgung gegeben ist (Abbildung 2.26). Die Geschwindigkeit des Transpirationsstromes beträgt bei Moosen, Nadelbäumen und mediterraner Hartlaubvegetation bis 2 m h$^{-1}$, bei Kräutern und ringporigen Laubbäumen bis 60 und bei Lianen bis 150 m h$^{-1}$ (Huber 1956).

Der Transpirationsverlust der Pflanzen erfolgt über die gesamte innere und äußere Oberfläche der Pflanzen. Bei Kormophyten sind dies die Epidermisaußenwände (**cuticuläre Transpiration**) und die Oberflächen der Zellen, die an Interzellulare grenzen. Vom interzellularen Raum entweicht das Wasser über den Spaltöffnungsapparat nach außen (**stomatäre Transpiration**). Die cuticuläre Transpiration kann durch Ein- und Auflagerungen der Epidermis auf wenige Prozent der freien Verdunstung reduziert werden. Bei Hartlaubgewächsen und Koniferen beträgt sie nur 0,5 %, bei Kakteen sogar nur 0,05 % der freien Verdunstung. Diese cuticuläre Transpiration macht maximal 20 % (Schattenkräuter 30 %) der Gesamttranspiration aus, sodass über ein Schließen der Stomata Pflanzen auch die restlichen 70–80 % ihres Wasserverlusts recht gut kontrollieren können. In einem gegebenen Lebensraum erfolgt die Wasserverdunstung sowohl durch die Transpira-

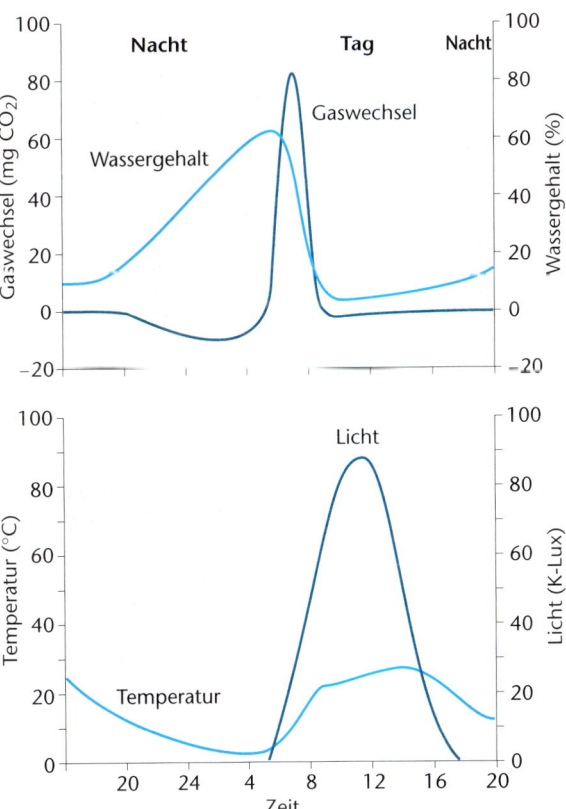

**Abb. 2.25:** Veränderung des Wassergehaltes und des CO$_2$-Gaswechsels der Flechte *Ramalina maciformis* nach einer Nacht mit Taufall. In einer kurzen Phase mit erhöhtem Wassergehalt (oben) und Licht (unten) betreibt die Flechte für wenige Stunden Photosynthese (oben). Nach Lange et al. (1970).

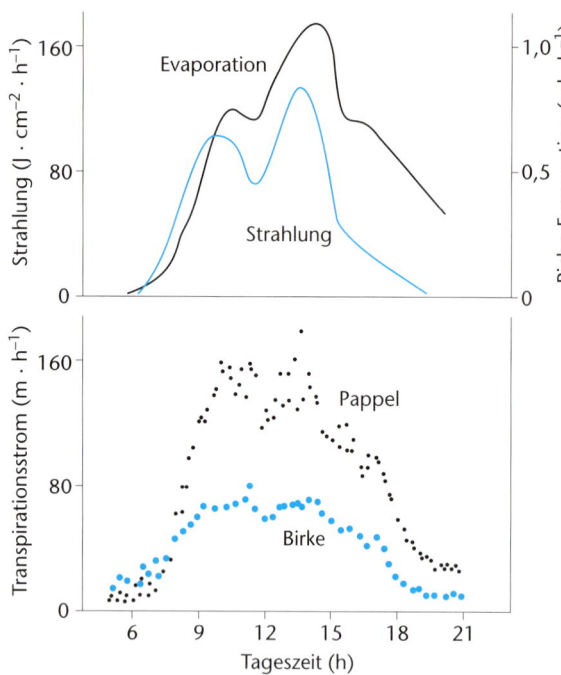

**Abb. 2.26:** Tagesgang des Transpirationsstroms in Pappeln und Birken. Der Verlauf des Wassertransports in den Leitbahnen zeigt eine deutliche Bindung an die Intensität der eintreffenden Strahlung und die Evaporation. Nach Larcher (1976).

tion der Pflanzen als auch durch die **Evaporation** von Oberflächen. Für den Wasserhaushalt des Bodens oder die Wasserabgabe in die Atmosphäre ist die genaue Herkunft des Wassers aber sekundär, daher fasst man beide Möglichkeiten als **Evapotranspiration** zusammen.

Das Dilemma der Pflanzen liegt darin, dass ein Schließen der Stomata, um Wasserverluste zu vermeiden (Verdursten), auch die Aufnahme von $CO_2$ verhindert, also die Photosyntheserate reduziert (Verhungern). Ein günstiger Kompromiss zwischen Wasserverbrauch und $CO_2$-Aufnahme liegt für **C$_3$-Pflanzen** bei mäßig verengten Spaltöffnungen. Bei ausgeprägtem Wassermangel bzw. in ariden Lebensräumen genügt dies jedoch nicht. Zwei physiologische Entwicklungen bieten verschiedene Lösungsmöglichkeiten: **C$_4$-Pflanzen** nehmen $CO_2$ mit deutlich höherer Affinität auf, sodass sie in kürzerer Zeit und bei geringeren Konzentrationen viel effektiver Photosynthese betreiben können. **CAM-Pflanzen** entkoppeln $CO_2$-Aufnahme und Wasserverlust, indem sie nachts bei weit geöffneten Stomata $CO_2$ aufnehmen und zwischenspeichern, die lichtabhängigen Photosyntheseschritte laufen dann tagsüber bei geschlossenen Stomata ab. Viele Sukkulenten sind CAM-Pflanzen und können auf diese Weise ansonsten sehr lebensfeindliche Trockengebiete besiedeln. Die Unterschiede zwischen diesen Photosynthesetypen werden in Abschnitt 2.2.3.5 besprochen.

Nebst den eigentlichen Niederschlägen ist Wasser aber auch als Luftfeuchtigkeit, Bodennebel und Tau verfügbar. An regenarmen Küstenstandorten und in Wüsten kann dieser Beitrag entscheidend für die

Besiedlung sein. **Epiphyten** des tropischen Regenwaldes leben zwar in einem Ökosystem mit hohen Niederschlägen, diese laufen jedoch so schnell ab, dass Pflanzen ohne eigenes Wurzelwerk bis in den Boden oft in Wasserstress geraten. Wasserspeicher für das abfließende Regenwasser oder Saugschuppen, wie etwa bei *Tillandsia*-Arten (Bromeliaceae), die bei hoher Luftfeuchte Wasser aus der Luft gewinnen können, sind wichtige Anpassungen an solche Standorte. Wurzeln dienen hier nur zur Fixierung auf dem Wirtsbaum.

**Xerophyten** weisen Anpassungen an Standorte mit dauerndem oder zeitweisem Wassermangel auf, z. B. ein tiefreichendes Wurzelwerk, Verstärkung der Cuticula durch Wachse, versenkte Spaltöffnungen, Behaarung und saisonaler Blattabwurf. Viele Wüstenpflanzen zeichnen sich dadurch aus, dass sie ein langes Ruhestadium einlegen können, d. h. die oberirdischen Teile können weitgehend absterben und bei Regen wieder austreiben. Eine konsequente Reduktion der transpirierenden Oberfläche führt über kleinere Blätter, Begrenzung der Assimilation auf Sprossorgane (Platycladien, Phyllocladien) zu einem kompakten, xeromorphen Habitus (ruten-, säulen-, kugelförmig), welcher hervorragend zur Wasserspeicherung geeignet ist (**Sukkulenz**). Hierfür können konvergent alle Pflanzenorgane verwendet werden: Keimblätter (Aizoaceae), Blätter (*Aloe, Sedum, Sempervivum, Agave*), Stämme (Cactaceae, Euphorbiaceae, *Stapelia*), Wurzeln (einige Cucurbitaceae, Asclepiadaceae, *Oxalis*) (Abbildung 2.27).

Xerophyten werden nach verschiedenen Strategien weiter unterteilt. **Aridopassive** Arten umgehen die trockene Jahreszeit mit Hilfe von Dauerstadien (z. B. Therophyten), die bei Geophyten auch unterirdisch angelegt sein können (Zwiebeln, Knollen, Rhizome), sodass sich diese Organismen der Oberfläche und damit der Trockenheitseinwirkung entziehen. **Aridotolerante** Arten vermögen auszutrocknen, ohne hierdurch irreversibel geschädigt zu werden, oder sie verringern die transpirierende Oberfläche durch Laubwurf. **Aridoaktive** Arten regulieren schließlich den Wasserhaushalt auch noch bei starker Trockenheit selbst.

Trockenstress tritt in den temperaten und kalten Gebieten der Erde auch im Spätwinter auf. Zwar verringert bei Laubbäumen der Laubfall die transpirierende Blattmasse

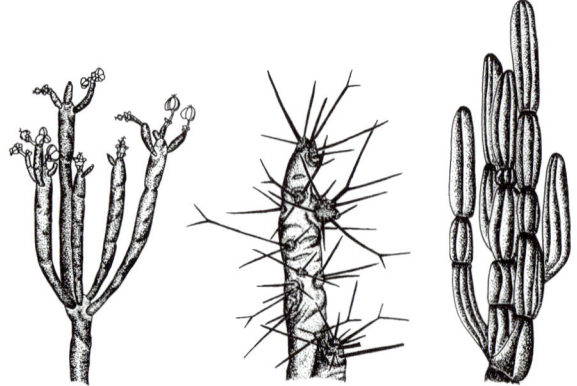

**Abb. 2.27:** Beispiele für Stammsukkulenz in drei Familien: *Euphorbia aphylla* (Euphorbiaceae), *Othonna euphorboides* (Asteraceae) und *Armatocereus* sp. (Cactaceae).

bzw. haben die immergrünen Nadelbäume die Spalten geschlossen, dennoch kommt es während des Winters zu sukzessivem Wasserverlust, der im Spätwinter letal wirken kann. Wasserverluste können aus dem gefrorenen Boden nicht ausgeglichen werden. Dieses Phänomen der **Frosttrocknis** gilt als Erklärung für die Bedeutung des Laubfallsyndroms in kalttemperaten Breiten (Abschnitt 6.3).

Wasserpflanzen (**Hydrophyten**) und Feuchtpflanzen (**Hygrophyten**) sind an die Verhältnisse in Feuchtgebieten angepasst. Hier ist Wasser kein Mangelfaktor, sondern Lebensmedium. Hydrophyten und einigen an nassen Standorten anzutreffenden Baumarten (z. B. Vertretern der Gattung *Salix*) genügt der Sauerstoffgehalt des Wassers auch für die Wurzelatmung. Sie können daher selbst dann existieren, wenn sich ihr gesamtes Wurzelwerk im freien Wasser bzw. Grundwasser befindet.

Überflutung und Überstauung führen zur Verschlechterung der Sauerstoffversorgung (**Hypoxie**). Zu hohe Wassergehalte in Böden, wie sie in Pseudogleyen temporär bei Staunässe und in Gleyen in Grundwassernähe auftreten, führen ebenfalls zu eingeschränkter Sauerstoffversorgung (Abschnitt 2.2.3.5). Anaerobe Mikroorganismen sind an solche Bedingungen gebunden. Pflanzen reagieren auf diese Einschränkungen der Wurzelatmung mit einer Verlagerung des Wurzelwachstums in die obersten Bodenschichten (Fichte, Regenwaldbäume) oder, wenn entsprechende Anpassungen vorhanden sind (**Aerenchym**, Abbildung 2.34), mit einem diffusiven Sauerstofftransport in den Wurzelraum oder stellen auf alkoholische Gärung um. Rohrkolben (*Typha* sp.) überstehen Bodenlösungen mit 3% Alkoholgehalt.

### Tiere

Bei Tieren umfasst die Anpassung an Wassermangel vielfältige Mechanismen zur Vermeidung von Wasserverlust durch das Integument (Cuticula, Schuppen, Haare, Federn), durch die Atmung und durch die Exkretion. Insekten verschließen die Stigmen ihres Tracheensystems mit einem eigenen Schließmuskel. Landaktive Crustaceen und Asseln tragen ihre Kiemen in geschützten, feucht gehaltenen Körperhöhlen. Landlungenschnecken, bei denen die Kiemen zurückgebildet sind, haben die Mantelhöhle zur Lunge umgestaltet und das dem Gasaustausch dienende Kapillarnetz tief in einen feuchten Hohlraum versenkt. Viele gehäusetragende Landmollusken machen in der trockenen Jahreszeit einen Sommerschlaf: Sie verschließen ihre Mündung mit einem massiven Kalkdeckel, heften sich in Gruppen an trockene Pflanzenstängel oder -äste und fallen in eine Art Sommerpause. Auf diese Weise meiden sie auch die besonders trockene und aufgeheizte bodennahe Luftschicht.

Nachtaktivität und unterirdische, tiefe Bauten, in denen eine höhere Luftfeuchtigkeit herrscht, reduzieren ebenfalls den Wasserverlust. Bei Kängeruhratten (*Dipodomys*) wird die warme Ausatemluft bei der Passage von den Lungen durch die langen Nasenröhren, deren innere Oberfläche durch Lamellen vergrößert ist, zur feuchten Nasenspitze hin abgekühlt, sodass die Feuchtigkeit kondensiert und

nicht durch Ausatmen verloren geht. Das Einatmen feuchter, kühler Außenluft, die in der langen Nase angewärmt wird und das Kondensat wieder aufnimmt, führt zu einem Wirkungsgrad von 70–90% bei der **Wasserrückgewinnung** (Schmidt-Nielsen 1975).

Das primäre stickstoffhaltige Exkretionsprodukt des Proteinstoffwechsels ist toxisches Ammoniak ($NH_3$), das große Mengen Wasser zur Verdünnung benötigt. Dieser Exkretionstyp kommt daher fast nur bei Wassertieren vor. Harnstoff ($CO(NH_2)_2$) benötigt deutlich weniger Wasser zur **Exkretion** und ist das häufigste Exkretionsprodukt vieler Wirbeltiere. Harnsäure ($C_5H_4N_4O_3$) kristallisiert leicht aus und kann daher im Urin sehr stark angereichert werden. Dieser Exkretionstyp herrscht vor allem bei Reptilien und Vögeln vor.

Die nordamerikanische Kängeruhratte *Dipodomys*, die Taschenmaus *Perognathus* sowie altweltliche Springmäuse der Gattung *Dipus* können ausschließlich von trockenen Pflanzenteilen leben, da sie kein freies Wasser benötigen. Beim Abbau von 100 g Kohlenhydraten entstehen 55 g Wasser, welches ihnen zu genügen scheint. Der Abbau von Fett ergibt pro 100 g Fett 107 g Wasser, sodass Fett nicht nur die kompakteste Energiespeicherform darstellt, sondern auch noch ein Wasserreservoir ist (etwa beim Fett im Höcker der Kamele).

### 2.2.3.3 Chemische Faktoren des Wassers

Das für die Biosphäre verfügbare Wasser der Erde ist zu 97,4% Salzwasser. Der geringe Süßwasseranteil besteht wiederum zu 77% aus Pol- und Gletschereis und zu 22% aus Grundwasser (Abschnitt 5.2.2.1). Nur 11% des Süßwassers befinden sich in der Atmosphäre, in Flüssen, Seen und in den Pflanzen und Tieren. Die Ionenzusammensetzung im Wasser schwankt nicht nur zwischen Meeres- und Süßwasser, sondern auch zwischen den verschiedenen Wasserkörpern. Von den im Wasser lebenden Organismen wird daher eine Anpassung an das jeweils spezifische Ionenmilieu verlangt (Osmoregulation, Abschnitt 2.2.3.2).

Die Zusammensetzung des **Süßwassers** wird stark durch den geologischen Untergrund bestimmt. Wir unterscheiden bezüglich der Carbonathärte, die ein Maß für die Hydrogencarbonat- und Carbonatkonzentration darstellt, Hartwassergebiete mit hohen Kalkgehalten und silikatische Weichwassergebiete. Hohe Temperaturen fördern über die Löslichkeit des Calciumcarbonats und des Kohlendioxids die Kalkfällung. An Kalkquellen, die über einen hohen Kohlensäuregehalt verfügen, wird Kalk mit Hilfe photosynthetisch aktiver Organismen biogen ausgefällt, indem sie dem Wasser Kohlendioxid entziehen. Zur erneuten Einstellung eines Kalk-Kohlensäure-Gleichgewichts erfolgt die Ausfällung von Calciumcarbonat, welches sich als Kalktuff niederschlägt und lebende und abgestorbene Organismen ummantelt (Abschnitt 5.2.2.2).

Die Löslichkeit von Gasen folgt dem **Henry'schen Gesetz**, d. h. die Menge des im Wasser gelösten Gases hängt vom Partialdruck des Gases und von seinem Löslichkeitskoeffizienten ab. In Abhängigkeit von der Temperatur schwankt der Sauerstoffgehalt im Süßwasser unter normalen Druckverhältnissen zwischen 14,7 mg $O_2$/l bei 0 °C und

7,7 mg $O_2$/l bei 30 °C. Ähnliche Zusammenhänge gelten auch für andere relevante Gase wie $CO_2$. Im Wasser liegt $CO_2$ als $CO_2$, $HCO_3^-$ oder als $CO_3^{2-}$ vor (Abschnitt 5.2.2.2). Da Wasserpflanzen zuerst $CO_2$ verwerten, kann es in dichten Makrophytenbeständen zu einem Versorgungsproblem kommen. In Abwesenheit von $CO_2$ steigt der pH auf 9 an; Pflanzen, die über eine Carboanhydrase verfügen, können jedoch auch $HCO_3^-$ verwerten. Hiernach kann der pH bis 11 ansteigen. Wasserpflanzen haben verschiedene Strategien entwickelt, um $CO_2$-Mangel zu begegnen. Sie können 1. Luftblätter entwickeln (emerse Makrophyten), sie nutzen 2. $CO_2$ im Porenwasser des Sediments (*Lobelia*, *Littorella*), sie entkoppeln 3. ähnlich den CAM-Pflanzen Hell- und Dunkelreaktion und fixieren nachts $CO_2$ (*Hydrilla*, *Isoetes*) oder 4. sie verwerten $HCO_3^-$ (*Myriophyllum*, *Elodea*) (Bowes 1987).

Der Nährstoffgehalt nimmt mit dem Lauf von Fließgewässern zu. Von zentraler Bedeutung sind Stickstoffverbindungen. Auch Phosphat ist in vielen Gewässern ein Minimumfaktor. Es steht in enger Interaktion mit Eisenverbindungen. In sauren Gewässern sind **Nährstoffe** kaum verfügbar und die Biomasseproduktion ist gering. Auch in terrestrischen und semiterrestrischen Habitaten wirkt sich die Art der Wasserversorgung auf den Chemismus der Bodenlösung und schließlich auf die Nährstoffversorgung aus. **Ombrogene** Hochmoore werden nur über die Niederschläge mit Nährstoffen versorgt, sie sind ombrotroph. Nicht angepasste Pflanzen zeigen, wenn sie auf Hochmooren auftreten, Kümmerwuchs (Peinomorphosen), angepasste wie die zahlreichen Ericaceen-Zwergsträucher sind klein und durch eine spezielle Mykorrhiza in der Lage, die geringen Nährstoffkonzentrationen optimal zu nutzen. Torfmoose (*Sphagnum*) besitzen Zellwände, die als Ionentauscher wirken. Dadurch ist eine Biomasseproduktion in der Größenordnung einer Wiese auch in Hochmooren möglich.

Nach der Art der Nährstoffversorgung unterscheiden wir nährstoffarme (**oligotrophe**) bis nährstoffreiche (**eutrophe**) Seen (Abschnitt 6.3.2.2), wobei hohe Nährstoffgehalte nicht zwingend anthropogenen Ursprungs sein müssen. Einen Sonderfall stellen **dystrophe** Verhältnisse

dar, die in Moorwässern gefunden werden können. Dort führen stark saure Bedingungen bei hohen Gehalten an organischer Substanz zu zwar vergleichsweise hohen Nährstoffgehalten, die jedoch aufgrund der geringen Nährstoffverfügbarkeit nicht genutzt werden können.

Das **Meerwasser** zeigt einen Salzgehalt von etwa 34,7 ‰ mit vorherrschendem NaCl (Tabelle 2.3). Dieser Salzgehalt unterliegt jedoch vor allem in austauscharmen Seitenmeeren beträchtlichen Schwankungen. Im Roten Meer, welches eine intensive Einstrahlung, hohe Verdunstungsverluste und nur geringen Austausch mit dem benachbarten Indischen Ozean aufweist, erreicht der Salzgehalt im Golf von Aqaba 40,8 ‰. In der Ostsee, die über große Süßwasserzuflüsse und eine nur schmale Verbindung mit der Nordsee verfügt, sinkt der Salzgehalt auf 30 ‰, im bottnischen Meerbusen gar auf 7 ‰.

Einiges spricht dafür, dass der Salzgehalt der Meere in früheren Erdzeitaltern deutlich höher lag (vor dem Perm bei ca. 45 ‰), denn im Rahmen der geologischen Salzablagerungen wurde, z. B. in den norddeutschen Salzstöcken, bereits in großem Umfang ozeanogenes Salz gespeichert.

Besonders extreme Bedingungen herrschen in der Tiefsee an 300–400 °C heißen Quell- und Gasaustritten entlang der mittelozeanischen Rücken. Dort sind in den *black smokers* (schlotartige Fumare, auch *hot vents* genannt) sehr hohe Konzentrationen an Schwermetallen (vor allem Silber, Cadmium, Zink, Kupfer, Arsen) und Schwefelverbindungen zu finden. Thermophile Mikroorganismen nutzen die chemische Energie vor allem aus der Oxidation von Sulfiden zur Chemosynthese. In rasenartigen Decken stellen sie die Nahrungsgrundlage für andere Organismen dar (Abschnitte 2.2.2.2 und 6.3.3.1).

### 2.2.3.4 Chemische Faktoren des Bodens

Je nach Muttergestein, Klima und Pflanzenbestand entstehen unterschiedliche **Bodentypen**, wobei das Alter der Bodenentwicklung von entscheidender Bedeutung ist (Kasten 2.5). Mit der Zeit bildet sich in ungestörten Böden ein **Bodenprofil** aus Horizonten aus, wobei im Wesentlichen zwischen Auflage-, Humus-, mineralischem Verwitterungshorizont und Muttergestein unterschieden werden kann. Für reife Böden sind Durchmischungshorizonte typisch. Unter Bedingungen, die vom Normalzustand abweichen, finden sich Felsböden, Salz-, Soda- und Gipsböden oder Moor- und Sumpfböden, alle mit spezifischen Eigenschaften.

### Bodenstruktur

Der Boden entwickelt sich aus dem anstehenden Ausgangsgestein oder aus angelagertem Material. Er setzt sich aus anorganischen Gesteinsresten und Mineralien sowie aus organischer Substanz zusammen. Entscheidend ist, dass der Boden mit einem System von Hohlräumen durchzogen ist, welche teils mit Luft und teils mit Wasser gefüllt sind (Abbildung 2.28). Dies ermöglicht über eine große innere Oberfläche den ständigen Ablauf chemischer Reak-

**Tab. 2.3:** Konzentration der wichtigsten Ionen im Meerwasser und im Süßwasser (mg kg$^{-1}$). Nach Livingstone (1963) und Holland (1978).

|  | Meerwasser | Süßwasser |
|---|---|---|
| **Kationen** | | |
| Na$^+$ | 10760 | 6 (3–11) |
| Mg$^{2+}$ | 1294 | 4 (2–6) |
| Ca$^{2+}$ | 412 | 15 (4–31) |
| K$^+$ | 399 | 2 (1–2) |
| **Anionen** | | |
| Cl$^-$ | 19350 | 8 (5–12) |
| SO$_4^{2-}$ | 2712 | 11 (5–24) |
| HCO$_3^-$ | 145 | 58 (30–95) |

Während die Zusammensetzung des Meerwassers weltweit sehr ähnlich ist und nur geringen Schwankungen unterliegt (30–37 ‰), kann die des Süßwassers je nach geologischem Untergrund stärker schwanken (0,1–0,5 ‰). Angegeben ist ein Durchschnittswert über die Süßwässer der Welt sowie die Streuung über große Flusssysteme. Lokal können die Werte noch stärker abweichen.

Bodenkolloid    Bodenluft    Bodenwasser

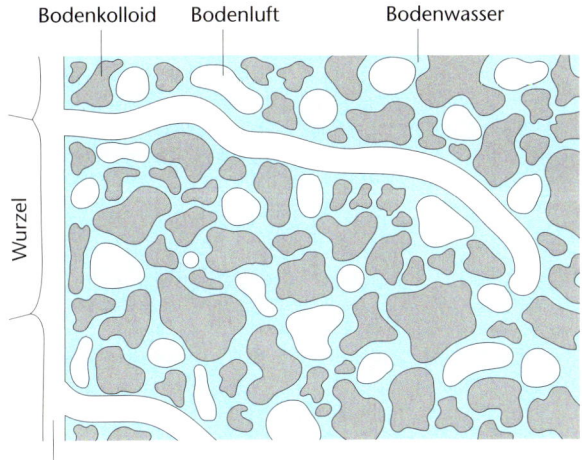

Wurzel

Rhizodermis mit Wurzelhaaren

**Abb. 2.28:** Bodenstruktur mit Wurzelhaaren, Bodenkolloiden, Bodenluft und Bodenwasser. Nach Sitte et al. (2002).

tionen zur Freisetzung und Bindung von Stoffen. Der Gehalt an Sauerstoff und Kohlendioxid kann in Böden sehr unterschiedlich sein und großen Schwankungen unterliegen (Abbildung 2.29).

**Gesteine** sind Gemenge von Mineralien. Wir unterscheiden nach ihrer Genese Sedimentite, Metamorphite und Magmatite. Sauerstoff, Silicium und Aluminium sind in der Erdkruste im Vergleich zum Erdinneren stark angereichert. Vorherrschend sind daher Silikatgesteine, also sauerstoffreiche Gesteine mit hohem Silicium- und Aluminiumanteil. Daneben existieren u.a. kohlenstoffhaltige Carbonatgesteine mit unterschiedlicher Beteiligung von Calcium, Magnesium und anderen Kationen **Mineralien** sind natürlich auftretende lithogene oder pedogene (d.h. aus Gestein oder Boden entstandene) feste anorganische Moleküle mit charakteristischer atomarer Zusammensetzung und spezifischer Architektur. Besondere Bedeutung besitzen in Böden, neben verschiedenen Oxiden und Hydroxiden, die aus der Verwitterung primärer Silikate her-

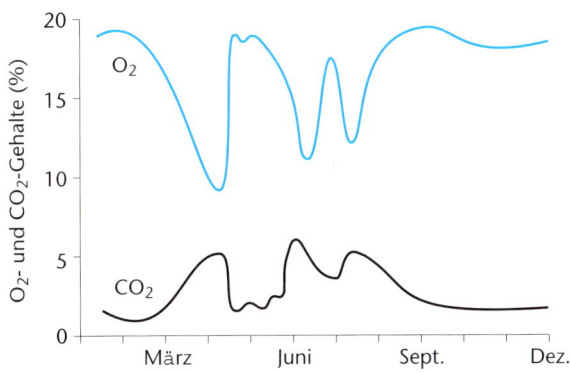

**Abb. 2.29:** Die jahreszeitliche Veränderung des Sauerstoff- und Kohlendioxidgehaltes eines schluffigen Tonbodens in 30 cm Tiefe. Nach Boynton und Compton (1944).

vorgegangenen silikatischen **Tonminerale** (Abbildung 2.30). Diese sehr kleinen Mineralkörper sind meist schichtartig organisiert. Aufgrund der negativen Ladung der Oberfläche können viele Tonminerale sowohl Wasser (Dipol) als auch positiv geladene Nährstoffe binden und damit speichern. Ein Maß für diese Fähigkeit ist die Kationenaustauschkapazität (Tabelle 2.5).

**Humus**, die organische Substanz des Bodens und der Bodenoberfläche, besteht aus abgestorbenem pflanzlichen und tierischen Material sowie aus den sich hieraus gebildeten Stoffen. Wir unterscheiden kurzlebige **Streustoffe**, welche kaum zersetzt sind und deren Gewebestrukturen noch gut erkennbar sind. Sie enthalten vor allem Lipide, Proteine, Polysaccharide, Lignin und **Huminstoffe**, welche stabile komplexe organische Moleküle darstellen (Blume et al. 2002). Auch Huminstoffe können

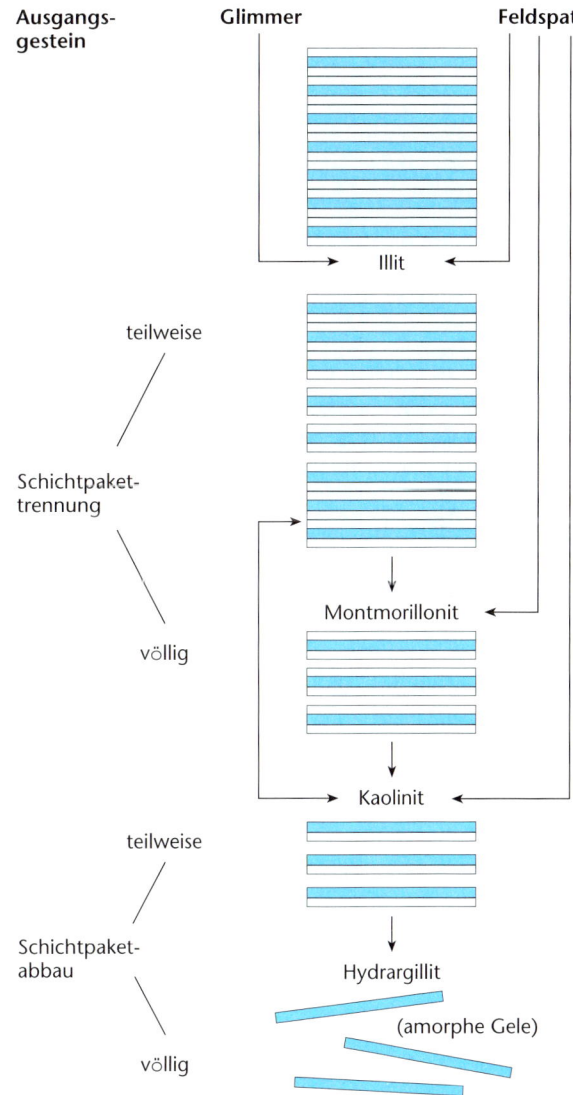

**Abb. 2.30:** Aufbau und Zerfall von Tonmineralien. Nach Lerch (1965).

## Kasten 2.5: Bodentypen Europas

Bodenhorizonte sind annähernd parallel zur Bodenoberfläche verlaufende, durch Prozesse der Bodenbildung (Verwitterung, Zersetzung und Umwandlung organischen Materials, Auswaschung und Stoffverlagerung) annähernd gleich ausgebildete Lagen. Die meisten Böden zeigen zwei oder mehrere Horizonte, die zusammen das sogenannte Bodenprofil ergeben. Je nach Art der Horizonte, ihrer Zahl und Abfolge und der Art des Ausgangsgesteins (Muttergestein) lassen sich Böden klassifizieren und Typen gegeneinander abgrenzen.

Der oberste Horizont ist in der Regel ein Humushorizont (= mehr oder weniger stark zersetztes organisches Material, mit O bezeichnet), dem die Streu (= unzersetztes organisches Ausgangsmaterial, L) aufliegt. Der O-Horizont kann auch fehlen. Dann steht der durch die Wühltätigkeit der Bodentiere (vor allem Regenwürmer) mit organischem Material vermischte, oberste Mineralhorizont (Oberboden) an. Dies ist der A-Horizont, der braun bis schwarz gefärbt ist, und dem allenfalls eine dünne Streuschicht aufliegt. Dem A-Horizont folgt, sofern entwickelt, nach unten ein B-Horizont (Unterboden), der durch Gesteinsverwitterung (v. a. durch die Bildung bodentypischer Tonminerale) entstanden ist. Das noch unverwitterte Ausgangsgestein (Festgestein oder Lockersedimente wie Sande, Schotter und Moräne) bildet schließlich den C-Horizont. Neben diesen üblichen Namen werden auch spezielle Bezeichnungen für besondere Horizonte verwendet, etwa G für die so genannten Gleyböden, welche durch Grundwassereinfluss gekennzeichnet sind, R für Ackerböden und Y für künstliche Auftragshorizonte (z. B. Friedhofsböden).

Böden sind das Produkt einer oftmals sehr langen Geschichte, die in manchen Gebieten der Erde bis weit ins Tertiär zurückreichen kann (z. B. in den Tropen), und der Profilaufbau reflektiert die Entwicklung. Die Böden Mitteleuropas sind größtenteils Waldböden und erst im Zuge der postglazialen Vegetationsentwicklung entstanden. Sie sind insgesamt also relativ jung und aus Rohböden mit sehr geringer Humusauflage hervorgegangen. Vor allem auf Festgestein findet man auch heute noch die aus Rohböden hervorgegangenen AC-Böden wie den Ranker auf kalkfreien Unterlagen und die Rendzinen auf Kalkfels. Weit verbreitet und Produkt längerer Bodenreifung sind die verschiedenen Braunerde-Typen (ABC-Böden) und schließlich die Podsole (OAeBC-Böden), die vorwiegend unter Nadelwäldern und Heiden anzutreffen sind. Charakteristisch für die Podsole ist ein Bleichhorizont (Ae), aus dem Humusstoffe oder Eisen- und Aluminiumverbindungen ausgewaschen sind. Diese sind im obersten B-Horizont angereichert und färben diesen schwarz oder rostbraun. Von den zahlreichen anderen Bodentypen, die eher nur kleinflächig in Erscheinung treten,

seien der Tschernosem (Schwarzerde) der trockensten Gebiete genannt und die Gleye, die durch Grundwassereinfluss bestimmt sind.

Die europäische Bodensystematik beachtet vor allem die Bodengenese und verwendet lokale Volksnamen (z. B. leitet sich Rendzina vom polnischen Wort für kratzen ab). Weltweite Typologien mussten pragmatischer vorgehen. Mehrere Systeme sind inzwischen entwickelt worden und werden für Kartierungen und Bodenbeschreibungen verwendet. Am bekanntesten ist jenes der FAO bzw. die amerikanische *soil classification*. Allerdings wurden für alle Systeme eigene Terminologien entwickelt, was zu einer babylonischen Sprachverwirrung führte, zumal derzeit mehrere Klassifikationen nebeneinander verwendet werden.

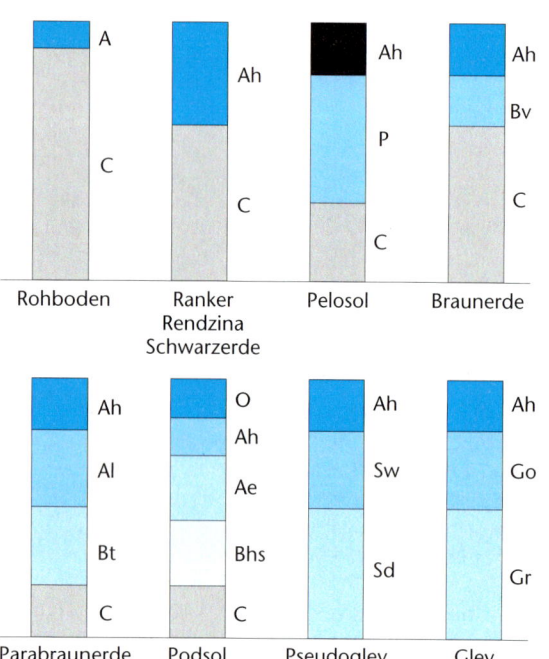

**Abb.:** A Mineralhorizont im Oberboden, B Mineralhorizont im Unterboden, C Gestein, d dichter, Wasser stauender Horizont im Unterboden, e sauer gebleicht, G Unterbodenhorizont im Grundwasserbereich, h huminstoffangereichert, l lessiviert (an Ton durch Auswaschung verarmt), O organischer Auflagehorizont, o oxidiert, P schrumpfend/quellender Unterbodenhorizont, r reduziert, S Unterboden mit Stauwasser, s sesquioxidakkumuliert durch Fe-Anreicherung, t tonakkumuliert, v verwittert, w nass gebleicht.

reversibel Nährstoffe speichern und wieder abgeben. In Böden, die arm an Tonmineralen mit flexibler Ladung sind, sind sie vor allem für die Regulierung des Nährstoffhaushalts verantwortlich. Das Verhältnis zwischen Kohlenstoff und Stickstoff in der Streuauflage (C/N-Verhältnis) informiert über die Abbaubarkeit der organischen Substanz. Je mehr Stickstoff anteilig vorhanden ist, umso schneller erfolgt ihre Zersetzung (Tabelle 2.4).

**Tab. 2.4:** Das Verhältnis von Kohlenstoff zu Stickstoff (C:N-Verhältnis) für organische Materialien. Faustregel für Mitteleuropa: Bei einem C:N-Verhältnis < 30 erfolgt der Abbau in etwa einem Jahr, bei Werten zwischen 30 und 50 dauert es bis zwei Jahre, bei Werten > 50 über drei Jahre.

|  | C:N-Verhältnis |
|---|---|
| Tiere (Durchschnittswert) | 10:1 |
| Rasenschnitt | 12:1 bis 25:1 |
| Küchenabfälle | 12:1 bis 20:1 |
| Hühnermist | 13:1 bis 18:1 |
| Erlen-, Eschenlaub | 15:1 bis 21:1 |
| Rindermist | 20:1 |
| strohreicher Mist | 25:1 bis 30:1 |
| Pflanzen (Durchschnittswert) | 30:1 bis 40:1 |
| Linden-, Ahornlaub | 40:1 bis 50:1 |
| Eichen-, Buchenlaub | 50:1 |
| Haferstroh | 60:1 |
| Kiefern-, Tannennadeln | 66:1 bis 77:1 |
| Weizenstroh | 100:1 |
| Holz (Durchschnittswert) | 100:1 bis 150:1 |
| Sägemehl | 200:1 bis 500:1 |
| Papier | 1 000:1 |

## Stickstoff, Phosphor, Schwefel

Organismen benötigen Nährstoffe, die von Pflanzen weitgehend selektiv über den Boden aufgenommen werden. Daneben wird noch eine Reihe von nicht benötigten (inerten) Stoffen aufgenommen, welche mehr oder weniger unverändert wieder ausgeschieden werden. Bei vielen Organismen ist dies z. B. Silikat (Ausnahme Diatomeen, Abschnitt 2.2.3.1). Die Form des Vorliegens der Stoffe, also ob Eisen beispielsweise reduziert als Fe(II) oder oxidiert als Fe(III) vorliegt, ob Stickstoff als Ammoniumstickstoff ($NH_4^+$) oder als Nitratstickstoff vorherrscht ($NO_3^-$), beeinflusst die Wirksamkeit.

**Stickstoff** ist (mit Phosphor) das wichtigste wachstumsbegrenzende Element, und unter den Bioelementen erscheint es nach Kohlenstoff, Sauerstoff und Wasserstoff mengenmäßig an vierter Position. Sein Hauptdepot ist die Atmosphäre, die zu 78 % aus $N_2$ besteht (Abschnitt 2.2.3.5). Da Stickstoff in dieser Form von den meisten Organismen jedoch nicht aufgenommen werden kann, muss Stickstoff in eine geeignete Form überführt werden. Dies geschieht in komplexen Stoffkreisläufen, die besonders vielfältig sind, da Stickstoff in Oxidationsstufen von −3 bis + 5 vorkommt. Viele Mikroorganismen sind in der Lage, atmosphärischen Stickstoff zu binden, sodass er für höhere Organismen verfügbar wird. Autotrophe nehmen Stickstoff meist als $NO_3^-$ oder als $NH_4^+$ auf, also in anorganischer Form, Heterotrophe nehmen ihn mit der Nahrung auf, z. B. als Aminosäuren bzw. Proteine, d. h. in organischen Verbindungen. Die Rückführung des organischen Stickstoffs erfolgt durch Heterotrophe bzw. Destruenten, vor allem aber durch Mikroorganismen (Abschnitt 5.2).

Organismen benötigen Stickstoff für Aminosäuren und Proteine, Nucleinsäuren (DNA), heterozyklische und Azo-Verbindungen (z. B. in den Porphyrin-Ringen von Chlorophyll und Cytochrom oder in Alkaloiden). Der durchschnittliche Stickstoffgehalt der Phytomasse beträgt etwa 2−4 %, Proteine enthalten 15−19 % Stickstoff.

Die Ausscheidung erfolgt bei Pflanzen in organisch gebundener Form, z. B. als Aminosäuren über Wurzelexsudate, aber auch durch den Abwurf von Blättern und Früchten. Wassertiere scheiden Stickstoff aus dem Proteinstoffwechsel als Ammoniak ($NH_3$), Landtiere als Harnstoff ($CO(NH_2)_2$) oder Harnsäure ($C_5H_4N_4O_3$) aus.

**Phosphor** liegt recht einheitlich als gelöstes Phosphat vor und ist in terrestrischen und aquatischen Ökosystemen mit Stickstoff das Element, welches das Pflanzenwachstum am stärksten begrenzt. Es wird daher nach der Remineralisation möglichst schnell wieder aufgenommen, sodass einem Verlust durch Verfrachtung entgegengewirkt wird. In terrestrischen Ökosystemen kann freies Phosphat (gemeinsam mit anderen Nährstoffen) beispielsweise durch Feinwurzeln und Mykorrhiza sehr schnell wieder aufgenommen werden (Abbildung 2.31). In den Planktongemeinschaften der Gewässer besteht eine intensive Konkurrenz um Phosphat, das vom Land eingetragen oder durch Absterben von Biomasse wieder frei wird. Ein Phosphatmolekül kann daher im Laufe eines Jahres 10- bis 40-mal von Organismen aufgenommen werden (kurzgeschlossener Phosphatkreislauf). Jahreszeitliche Umwälzungen des Seekörpers oder entsprechende Wasserströmungen wirken ebenfalls einer raschen Sedimentation entgegen (Abschnitt 7.2.4).

Die Aufnahme von Phosphor erfolgt als $H_2PO_4^-$. In der Zelle liegt es außerdem als $PO_4^{3+}$ vor bzw. ist an andere Moleküle gebunden. Phosphor kommt eine zentrale Bedeutung beim Energiestoffwechsel aller Organismen zu, da chemische Energie durch den Auf- und Abbau von Polyphosphatestern mit Adenosin (AMP, ADP, ATP) übertragen bzw. gespeichert wird. Strukturell ist Phosphor wichtig für den Aufbau der DNA als Brücke zwischen den Desoxyribose-Bausteinen und für die Phospholipide der Membranen.

Die Aufnahme von **Schwefel** erfolgt bei Pflanzen meist als $SO_4^{2-}$-Anion aus dem Boden, in der Pflanze wird es dann aber als organische Schwefelverbindung gespeichert. Zudem gibt es eine geringe Aufnahme von $SO_2$ über die Spaltöffnungen und Interzellularen, das dann zu $SO_4^{2-}$ oxidiert wird. Organismen benötigen Schwefel als SH-Gruppen in Aminosäuren (Cystein, Methionin) und somit zur Bildung von Disulfidbrücken, die die Tertiärstruktur der Proteine bewirken, ferner für die reaktiven Bereiche von Proteinen (Enzyme, z. B. Acetyl-CoA, Thiamin und Biotin). Sulfolipide kommen in allen Membranen vor.

Da das Schwefel-Stickstoff-Verhältnis in den Proteinen mit 1:10 einigermaßen konstant ist, hängen Stickstoff- und Schwefelbedarf der Organismen im Allgemeinen zusammen. Besonderheiten des Sekundärstoffwechsels einiger Pflanzen führen aber zu einem erhöhten Schwefelbedarf: Brassicaceae produzieren als Schutz gegen Herbivore Isothiocyanate (R-N-C-S) (Abschnitt 4.5.2), viele Fabaceae lagern aus ähnlichem Grund schwefelhaltige Speicherproteine in ihre Samen ein.

## Verfügbarkeit und Aufnahme von Nährstoffen

Neben der Wasserverfügbarkeit ist die Nährstoffverfügbarkeit die wesentliche Standorteigenschaft des Bodens. Sie wird über Nährstoffgehalt und Bodenreaktion gesteuert. Unter sauren Bedingungen ist die Verfügbarkeit von Nährstoffen schlechter als unter neutralen Bedingungen, auch wenn genügend Nährstoffe im Boden vorhanden sind. Arten, die an basenreiche und damit oft nährstoffreiche Verhältnisse gebunden sind, werden als kalkhold (calcicol), solche die unter sauren Verhältnissen auftreten als kalkmeidend (calcifug) bezeichnet.

Die **Bodenreaktion** ist eng an die geochemischen Grundlagen eines Standortes gekoppelt. Hohe Niederschläge fördern allgemein die Versauerung von Böden auch auf basenreichem Substrat, also auch ohne anthropogenes Zutun, sodass wir saure Böden in höheren Lagen und in niederschlagreichen Regionen antreffen. Der **pH-Wert** als Maß der Bodenreaktion (Alkalität bzw. Azidität) ist der negative dekadische Logarithmus der Hydroniumionenkonzentration. Er stellt ein summarisches Maß dar, welches nicht zur Beurteilung des Auftretens einzelner Säuren genutzt werden kann. Wurzelschädigungen sind erst jenseits des natürlicherweise zu erwartenden Spektrums zwischen pH 3 und pH 9 zu erwarten. Allerdings sind sensible Arten schon vorher Belastungen ausgesetzt, die sich aus der veränderten Löslichkeit von Stoffen ergeben. Unter sauren Bedingungen sind Aluminium- oder Schwermetallionen in der Bodenlösung vermehrt gelöst und wirken dann toxisch. Man sollte daher auch nicht von säureliebend (acidophil) und von kalkliebend (calciphil) sprechen, da die kausalen Zusammenhänge nicht auf einem Bedarf beruhen. Saure Standorte sind zusätzlich oft an bestimmten Nährstoffen verarmt. Altpleistozäne Sande und tropische Oxisole sind beispielsweise sehr arm an Calcium.

Neben der Bodenreaktion wird die Verfügbarkeit von Nährstoffen stark durch das **Redoxpotenzial** beeinflusst. Die Löslichkeit von Stoffen verändert sich unter oxidierenden bzw. reduzierenden Bedingungen. Kupfer wurde beispielsweise über 100 Jahre als Fungizid im Weinbau in größeren Mengen ausgebracht. Im Weinberg wurde Kupfer im Boden gespeichert und gelangt durch Bodenerosion in Gewässer. Unter reduzierenden Bedingungen geht Kupfer dann in Lösung und kann bei Pflanzen toxische Effekte bewirken, etwa Chlorosen, Membranschäden und reduziertes Wurzelwachstum (Schulze et al. 2002).

Mineralstoffpflanzen ernähren sich direkt über anorganische Verbindungen der Bodenlösung (z. B. Caryophyllaceae), und Humuspflanzen bewerkstelligen ihre Ernährung vorwiegend mittels eines Pilzpartners (**Mykorrhiza**)

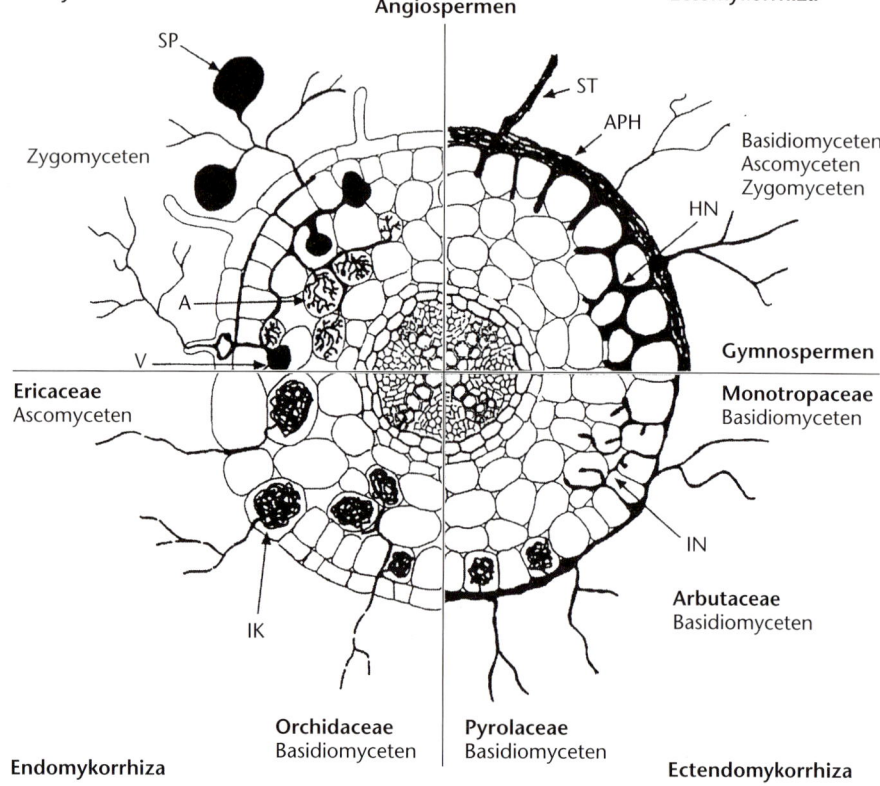

**Abb. 2.31:** Verschiedene Mykorrhizatypen und die jeweiligen Symbiosepartner. ST gebündelte Myzelstränge, APH äußere Pilzhülle, HN Hartig'sches Netz, IN interzelluläres Myzelnetz, V Pilzvesikel, A Arbuskel, SP Spore. Nach Gianinazzi und Gianinazzi-Pearson (1988).

aus dem Boden (Abbildung 2.31). Der Vorteil für die Pflanze liegt in einer Verbesserung der Mineral- und Wasserversorgung, der Pilzpartner profitiert über die Aufnahme pflanzlicher Kohlenhydrate (Abschnitt 4.6). Mehr als 80 % aller Pflanzenarten verfügen unter bestimmten Bedingungen über eine Mykorrhiza, die allerdings in den wenigsten Fällen artspezifisch ist (Abschnitt 5.3.1.1). Möglicherweise bezieht sich die Spezifität der Mykorrhiza mehr auf den jeweiligen Boden und seine spezielle Nährstoffsituation, weshalb sich mit einer Änderung des Bodenchemismus oft auch die Zusammensetzung der Mykorrhiza ändert. Kräuter und Gräser sind meist mit vesikulärer-arbuskulärer Mykorrhiza (VA-Mykorrhiza) assoziiert, Holzgewächse mit ektotropher Mykorrhiza. Während die VA-Mykorrhiza besonders geeignet ist, um Nährstoffe, vor allem Phosphor, aus dem Boden zu erschließen, nimmt die ektotrophe Mykorrhiza ein breites Spektrum organischer und anorganischer Stoffe aus dem Boden auf. Daneben gibt es Spezialformen, etwa die Ericaceen- und die endotrophe Orchideen-Mykorrhiza. Letztere stellt eine Extrementwicklung dar. Orchideen produzieren die kleinsten Samen aller Pflanzen, da sie keine Reservestoffe einlagern, und der Keimling ist zum Wachstum auf seine spezifische Mykorrhiza angewiesen. Die Nestwurz-Orchidee (*Neottia nidus-avis*) lebt gar als vollmykotropher Parasit ihrer Mykorrhiza.

In Küstenregionen und an Binnensalzstellen wirken sich die **Salzgehalte** der Böden auf die Organismen aus. Die Pflanzen müssen durch selektive Aufnahme, Akkumulation oder Ausscheidung die osmotischen Bedingungen und den hydrostatischen Innendruck (**Turgor**) aufrechterhalten (Abschnitt 2.2.3.2). Da Salze oft oberflächennah angereichert sind und die Jugendstadien der Pflanzen häufig besonders sensibel sind, ist die Etablierungsphase von Individuen begrenzend. Besonders gut an Salzstandorte angepasste Pflanzen (**Halophyten**) sind neben den Küsten auch an Binnensalzstellen zu finden und dies nicht nur in rezenten Evaporitbildungsstätten in Zentralasien (z. B. am Lop Nor), sondern auch in Mitteleuropa (z. B. bei Halle, Bad Salzungen oder in der ungarischen Puszta). Bei uns sind sie jedoch an das oberflächennahe Auftreten von salzreichen Gesteinen (zumeist aus der Zeit des Zechsteins) gebunden.

Interessant ist die Situation bei den Pflanzen, die aufgrund spezieller physiologischer Anpassungen auf **Schwermetallböden** wachsen können. **Serpentinböden** stellen einen solchen Extremstandort dar, der reich an Nickel, Chrom, Kobalt und anderen Schwermetallen ist und dessen Besiedler eine sehr hohe Toleranz gegenüber diesen Schwermetallen entwickelt haben. Aufgrund ihrer exklusiven Präsenz werden sie als Zeigerarten für den Schwermetallgehalt des Bodens verwendet (etwa die Serpentingrasnelke *Armeria maritima serpentini* oder die Serpentinstreifenfarne *Asplenium cuneifolium, A. adulterinum*).

Einzelne Pflanzen besitzen auch die Fähigkeit, diese Schwermetalle in großen Mengen zu speichern (**Metallophyten**) (Kasten 2.6). Hierdurch ist ein potenzieller Herbivorenschutz gegeben, dessen Wirksamkeit im Fall einer südafrikanischen Asteracee gegen herbivore Schnecken nachgewiesen und auf einen Nickelgehalt von über 1 % zurückgeführt wurde (Boyd et al. 2002). Metalle werden auch von manchen Pilzen bevorzugt aufgenommen. Dies zeigte sich etwa nach dem Kernschmelzunfall in Tschernobyl im April 1986, als erhöhte Radioaktivität in Fliegenpilzen (*Amanita muscaria*), Maronen (*Xerocomus badius*) und anderen Pilzen durch die Akkumulation von $^{137}$Cs, $^{135}$Cs, $^{90}$Sr und $^{105}$Ru auftrat.

Nährstoffreiche Standorte sind beispielsweise Auen, in denen durch Hochwässer immer wieder nährstoffreiches Sediment antransportiert wird. Auenböden sind daher besonders fruchtbar, jedoch durch eventuell anstehendes Grundwasser und durch die Hochwassergefährdung in ihrer Nutzbarkeit eingeschränkt. Der Antransport von Nährstoffen bei Hochwässern war die Basis berühmter Hochkulturen wie jene Ägyptens in der Niloase.

---

| **Kasten 2.6:** | **Phytoremediation** |
|---|---|

Bestimmte Pflanzen haben die Eigenschaft, **Schwermetalle** aus dem Boden in großer Menge aufzunehmen und zu speichern. Möglicherweise bietet sich hierdurch eine elegante Lösung, schwermetallverseuchte Böden zu reinigen.

Schwermetalle im Boden stellen den Menschen vor zunehmende Probleme, denn auf vielen Ackerflächen haben sich Metallverbindungen unterschiedlicher Herkunft in den oberen Bodenschichten angereichert. Da Schwermetalle im Boden wenig mobil sind, bleiben sie dort oder werden von den landwirtschaftlichen Nutzpflanzen aufgenommen und gelangen so in die menschliche Nahrungskette.

Die aktuelle Forschung an **Metallophyten** befasst sich mit den molekularen Grundlagen der Metallanreicherung. Hierauf aufbauend sollen Pflanzen gezüchtet werden, die besonders viele toxische Schwermetalle aus dem Boden ziehen (**Hyperakkumulatoren**) und diesen somit reinigen.

Diese Pflanzen würde man auf den verseuchten Böden anbauen und später abernten. Nach dem Verbrennen der abgeernteten Pflanzen konzentrieren sich die Schwermetalle in der Pflanzenasche und den Filterstäuben, die dann deponiert werden.

Zu den Vorteilen der Phytoremediation gehört, dass dieses Verfahren auch großflächig einsetzbar ist. Im Vergleich zu anderen Verfahren ist es kostengünstig, da kein hoher maschineller Aufwand betrieben wird und geringere Deponiekosten anfallen. Idealerweise können Pflanzen, die der Energiegewinnung dienen, eingesetzt werden. Nachteilig wirkt sich aus, dass es sich um ein sehr langwieriges Verfahren handelt, da die Pflanzen dem Boden pro Vegetationsperiode meist nur wenige Prozent der Schwermetallbelastung entnehmen. Es dauert daher Jahre bis Jahrzehnte, einen ausreichenden Schadstoffentzug zu erreichen.

**Tab. 2.5:** Die Kationenaustauschkapazität (KAK) verschiedener Bodentypen und Tonmineralien (mval 100 g⁻¹ Boden, Trockengewicht). Nach Weischet (1977), Dunger und Fiedler (1997), Schulze et al. (2002).

| | Bodentyp/Tonmineral | KAK |
|---|---|---|
| Waldböden | Braunerde | 60 |
| | Pseudogley | 18 |
| | Podsol | 4 |
| Ackerböden | Schwarzerde | 18 |
| | Parabraunerde | 17 |
| | Marschböden | 38 |
| Bodenfraktionen | humusarmer Sand | 2–5 |
| | stark humoser Sand | 5–10 |
| | humoser lehmiger Sand | 10–15 |
| | humoser sandiger Lehm | 15–20 |
| | humoser Lehm | 20–25 |
| | Ton | 25–80 |
| | organisches Bodenmaterial | 150–500 |
| Dreischicht-Tonmineralien | Illite | 10–40 |
| | Chlorite | 10–40 |
| | Vermiculite | 100–150 |
| | Montmorillonite | 70–150 |
| | Allophane | 25–100 |
| Zweischicht-Tonmineralien | Kaolinite | 3–15 |
| | Halloysite | 5–10 |

Besondere Standorte bezüglich der Nährstoffversorgung sind Felskuppen, die nicht über Bodenbildung verfügen. Dort spielen unter nicht zu feuchten Klimabedingungen Vögel, welche diese Plätze als Sitzwarten nutzen und dabei durch ihre Kotproduktion Nährstoffe deponieren, eine Schlüsselrolle für ornithokoprophile Flechten (z.B. *Ramalina* spp., *Physcia* spp., *Alectoria* spp.).

**Latosole** (hierzu zählen Gelberden, Roterden und Laterite), zu denen 80–85% aller Tropenböden gehören, können sich sehr problematisch bezüglich der Nährstoffkreisläufe verhalten. Im feuchtwarmen Klima entwickelte Böden besitzen zwar eine immense Mächtigkeit von mehreren 10 m Tiefe, doch zeigen sie aufgrund der intensiven chemischen Verwitterung eine auf Eisen- und Aluminiumoxide konzentrierte Mineralzusammensetzung. **Tonminerale** sind oft als Zweischichttonminerale ausgebildet, welche aufgrund ihrer geringen Ladung nur beschränkt zum Ionen- und damit zum Nährstoffaustausch in der Lage sind (Abbildung 2.31, Tabelle 2.5). Viele Dreischicht-Tonmineralien können hingegen Kationen in ihrem quellbaren Zwischenraum binden und somit speichern. Aufgrund der hohen Durchschnittstemperatur und der feuchten Verhältnisse wird die organische Substanz zudem schnell abgebaut und mineralisiert, sodass auch der

Humusgehalt gering ist. Die Wurzeln der Bäume müssen daher ständig als Kationenpumpe wirken, um die vorhandenen Nährstoffe im System zu halten. Wird dieser Kreislauf einmal unterbrochen, wird auch die Leistungsfähigkeit des Ökosystems nachhaltig beeinträchtigt. Der Kahlschlag eines Tropenwaldes (z.B. zur anschließenden agrarischen Nutzung) führt durch die Verbrennung der Biomasse zum Nährstoffverlust und durch die Zerstörung des Nährstoffkreislaufs zu einer massiven Verarmung der Böden, welche wenige Jahre später keine produktive Nutzung mehr zulässt.

## 2.2.3.5 Chemische Faktoren der Luft

Die Zusammensetzung der Luft ist maßgeblich durch biotische Prozesse bestimmt. Einerseits haben sich Organismen an die Zusammensetzung der Luft angepasst, andererseits hat sich die Zusammensetzung der Luft durch organismische Tätigkeit verändert, was insbesondere den hohen Sauerstoffgehalt und den Kohlendioxidgehalt betrifft (Abschnitt 7.4.2). Heute setzt sich die trockene bodennahe Luft der Atmosphäre zu 78,08% aus Stickstoff ($N_2$), zu 20,95% aus Sauerstoff ($O_2$), zu 0,93% aus Argon, zu 0,037% aus Kohlendioxid ($CO_2$), zu 0,0005% aus Wasserstoff ($H_2$) und zu 0,00245% aus Spuren weiterer Gase zusammen.

### Kohlenstoff

Kohlenstoff ist das wichtigste Element für Lebewesen, aus dem, zusammen mit Sauerstoff und Wasserstoff, alle organischen Moleküle aufgebaut werden. Grüne Pflanzen sind in der Lage, **CO₂** aus der Atmosphäre biochemisch zu fixieren und somit eine gasförmige Kohlenstoffverbindung in feste organische Verbindungen zu überführen. Mit diesem einzigartigen Prozess der **Photosynthese** wird Solarenergie genutzt, um Biomasse zu produzieren. Dies ist, gemeinsam mit dem sonnengetriebenen Wasserkreislauf, die Antriebskraft für alle nachgeschalteten ökosystemaren Prozesse des Kohlenstoffkreislaufs auf anderen trophischen Ebenen.

Da es sich bei $CO_2$ um ein solch zentrales Gas handelt, ist es erstaunlich, dass seine Konzentration in der Atmosphäre mit etwa 280 ppm (vorindustriell) bzw. 370 ppm heute (Abschnitt 7.2.2) recht niedrig ist. Im Tagesverlauf kann die Konzentration an $CO_2$ in dichter Vegetation um maximal 20 ppm sinken. Nachts bei Windstille erhöht sich die Konzentration durch das $CO_2$, das durch Atmungsvorgänge wieder frei wird, bis auf den doppelten Tageswert. Es findet also ein ständiger Wechsel von assimilatorischem Einbau und respiratorischer Freisetzung von $CO_2$ statt. $CO_2$ ist zwar schwerer als Luft, innerhalb der Vegetation bildet sich jedoch normalerweise kein Konzentrationsgradient zum Boden hin aus, da die normale Konvektion dies verhindert. In Bodennähe und in Erdspalten kann man jedoch eine stark erhöhte $CO_2$-Konzentration messen, die beispielsweise von Bodentieren spezielle Anpassungen verlangt (Abbildung 2.32).

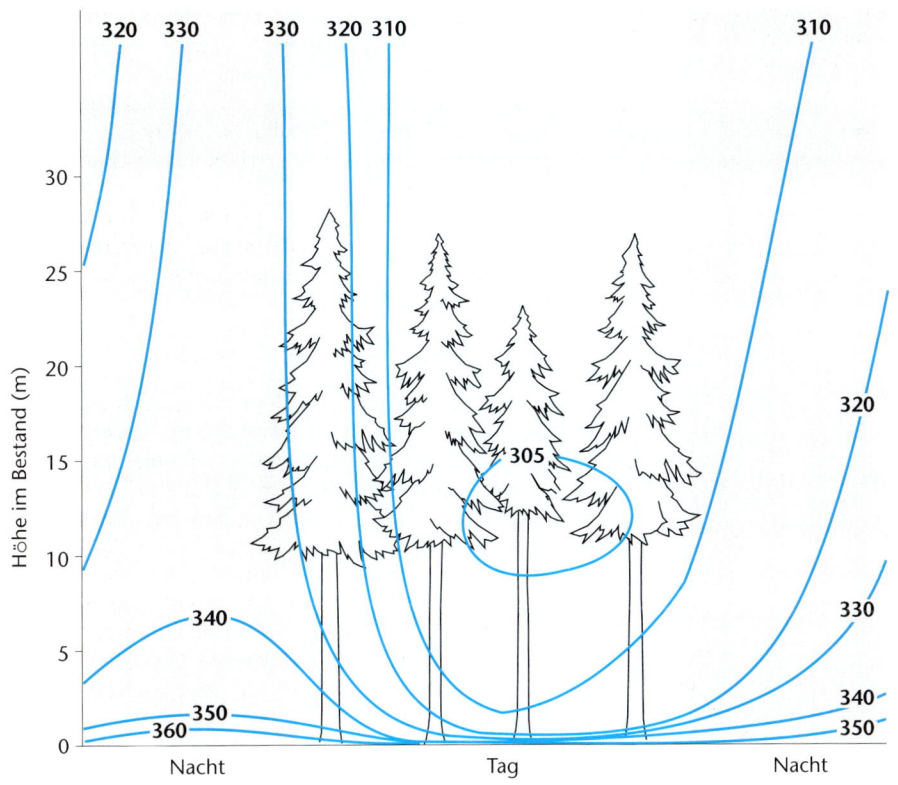

**Abb. 2.32:** Tageszeitliche Änderung des Vertikalprofils der $CO_2$-Konzentration in der Luft in einem Wald (Angaben in ppm). Tagsüber wird der Luft durch die Photosynthese im Kronenbereich $CO_2$ entzogen, sodass sich bei Windstille Bereiche niedriger $CO_2$-Konzentration bilden. Nachts kommt es durch Atmungsprozesse zu einer $CO_2$-Anreicherung in Bodennähe. Nach Larcher (1976).

Das Kohlendioxid der Luft ist für das pflanzliche Wachstum ein potenziell limitierender Faktor. Eine Erhöhung des $CO_2$-Gehalts in der Luft kann zu einer Steigerung der Photosyntheserate und zu verstärktem Wachstum führen. Dies wird über die $CO_2$-Düngung in Gewächshäusern genutzt. Unter Freilandbedingungen findet jedoch nur eine begrenzte Mehrproduktion statt, da viele andere Substanzen limitierend wirken und Photosyntheserate und Wachstum nicht proportional sind. Der Einsatz fossiler Energieträger durch den Menschen ist für einen Anstieg der $CO_2$-Konzentration in der Atmosphäre um etwa 30 % verantwortlich (Abschnitt 7.2 und 7.3). Es gelang jedoch bisher nicht, global eine Erhöhung der Biomasseproduktion nachzuweisen (Abschnitt 7.3.4).

Beim **$C_3$-Syntheseweg** der normalen Photosynthese wird $CO_2$ im Calvin-Zyklus als $C_3$-Säure (Phosphoglyzerin-säure) durch das Enzym Ribulose-1,5-bisphosphat-Carboxylase/Oxygenase (RubisCO) gebunden. RubisCO hat eine erstaunlich niedrige Affinität zu $CO_2$. Die temperaturabhängige Photorespiration benötigt fast ein Drittel des fixierten $CO_2$, und der Wirkungsgrad der Photosynthese nimmt bei steigender Temperatur ab. Da gut die Hälfte der Blattproteine im Dienste der Photosynthese steht, wird relativ viel Stickstoff benötigt. Dennoch funktionieren rund 95 % aller Pflanzenarten nach diesem Prinzip (Tabelle 2.6).

Beim **$C_4$-Syntheseweg** wird $CO_2$ in den Mesophyllzellen durch das Enzym Phosphoenolpyruvat-(PEP-)Carboxylase mit PEP zu einer $C_4$-Säure (Malat oder Aspartat) verbunden. Diese wird in morphologisch differenzierte Zellen, die Scheidenzellen um die Gefäßbündel, verlagert, in denen der normale $C_3$-Syntheseweg stattfindet. Räum-

**Tab. 2.6:** Ökophysiologischer Vergleich zwischen $C_3$-, $C_4$- und CAM-Pflanzen. Nach Larcher (2001).

| | $C_3$ | $C_4$ | CAM |
|---|---|---|---|
| optimale Umgebungstemperatur (°C) | 15–30 | 30–45 | Licht 30–40<br>Nacht 10–15 |
| Lichtsättigung der $CO_2$-Assimilation | bei mittleren Beleuchtungsstärken | nicht erreichbar | bei mittleren bis hohen Beleuchtungsstärken |
| Wasserbedarf (ml g⁻¹ Trockengewicht) | 450–950 | 230–250 | 50–55 |
| Stoffproduktion | mittel | hoch | gering |
| Nettophotosynthese ($\mu$mol $CO_2 \cdot m^{-2} \cdot s^{-1}$) | 15–60 | 50–68 | 20–34 |
| maximale Erträge ($kg \cdot m^{-2} \cdot a^{-1}$) | 5–10 | 5–8 | 3–5 |

lich separiert wird hier von der organischen Säure ein $CO_2$-Molekül abgespalten, das dann auf dem $C_3$-Weg weiter verarbeitet wird. Der $C_4$-Syntheseweg ist besonders vorteilhaft, weil PEP-Carboxylase eine höhere Affinität zu $CO_2$ hat als RubisCO. Daher kann auch bei niedrigen $CO_2$-Konzentrationen noch Photosynthese erfolgen bzw. können vorhandene Gaskonzentrationen deutlich effizienter genutzt werden. Da pro Zeiteinheit mehr $CO_2$ fixiert werden kann, ist der Wasserverbrauch pro $CO_2$ mit durchschnittlich nur einem Drittel deutlich geringer als bei der $C_3$-Fixierung, die Verluste durch die Lichtatmung sind minimiert und die ungünstige Temperaturabhängigkeit entfällt. $C_4$-Pflanzen weisen nur $1/3$ bis $1/6$ des RubisCO-Gehalts von $C_3$-Pflanzen auf. Daher ist ihr Stickstoffbedarf entsprechend geringer, und dies macht sie auch deutlich weniger attraktiv für Herbivore, die häufig stickstoffreiche Pflanzen bevorzugen (Abschnitt 4.5.2). $C_4$-Pflanzen benötigen höhere Temperaturen, sind auf hohe Lichtintensitäten angewiesen und können daher im Schatten nicht die volle Produktionsleistung erbringen. $C_4$-Pflanzen dominieren daher in den ariden oder tropischen Gebieten der Welt, $C_3$-Pflanzen in den Außertropen, kühl-feuchten bzw. montanen Regionen (Tabelle 2.6). Zu den $C_4$-Pflanzen zählen etwa 2 % aller Pflanzenarten, neben vielen Grasartigen (Mais, Zuckerrohr, Hirsen) auch Fuchsschwanzarten (Amaranthaceae) und Gänsefußgewächse (Chenopodiaceae), jedoch keine eigentlichen Bäume, die 85 % der globalen Biomasse stellen.

**CAM-Pflanzen** verfügen mit dem *crassulacean acid metabolism* über eine Kombination der beiden erwähnten Stoffwechselwege, die vor allem zur Einsparung von Wasser entstanden ist. Sie trennen die Malatbildung von der Photosynthese nicht räumlich, sondern zeitlich. Nachts wird durch die weit geöffneten Spaltöffnungen $CO_2$ aufgenommen und durch die PEP-Carboxylase als Maleinsäure fixiert. Hierdurch sinkt der pH von durchschnittlich 6 auf 4 deutlich in den sauren Bereich. Tagsüber sind die Spaltöffnungen fest verschlossen, sodass der Wasserverlust minimiert ist, und $CO_2$ wird wieder aus der Maleinsäure freigesetzt. Dieses wird nun von RubisCO gebunden. Die hohe $CO_2$-Konzentration im Blattinneren verhindert Verluste durch Photorespiration weitgehend. Etwa 3 % aller Arten sind CAM-Pflanzen und sie verteilen sich auf mindestens 18 verschiedene Pflanzenfamilien. Es sind vor allem Epiphyten feucht-tropischer Wälder (z. B. Orchideen, Tillandsien), aber auch Arten, die bevorzugt in ariden Lebensräumen mit großen Temperaturunterschieden vorkommen (Tabelle 2.6). Die großen Vakuolen im Mesophyll dieser Pflanzen können also als Wasser- und als Kohlenstoffspeicher verstanden werden.

### Sauerstoff

Die Atmosphäre enthält heute 21 % Sauerstoff, und die meisten heute lebenden Organismen sind in dieser Atmosphäre entstanden. Sie benötigen Sauerstoff zur Atmung, d. h. beim Abbau der Biomoleküle zu $H_2O$ und $CO_2$ ist $O_2$ der letzte Elektronenakzeptor. In der Regel ist Sauerstoff für terrestrische Organismen kein begrenzender Faktor.

**Abb. 2.33:** Atmungsorgane bei wasserlebenden Insektenlarven. Oben: Eintagsfliegenlarve (*Isonychia* sp., Ephemeroptera. Unten: „Rattenschwanzlarven" (*Eristalomyia* sp., Syrphidae, Diptera). Aus Westheide und Rieger (1996).

Mit zunehmender **Höhe** nimmt der $O_2$-Partialdruck von 24 kPa (Meeresniveau) auf 13 kPa (3 000 m Höhe) und auf 10 kPa (5 000 m Höhe) ab. Lebensräume ab 5 000 m Höhe werden daher nicht nur durch die vorherrschende Kälte, sondern auch durch die geringe Sauerstoffverfügbarkeit lebensfeindlich. Zu den Spezialanpassungen gehören bei den wenigen Säugetieren, die unter solchen Bedingungen noch leben können (Lamas, Vicuñas), eine erhöhte Erythrocytenzahl im Blut und eine $O_2$-Sättigung schon bei sehr niedrigem $O_2$-Partialdruck.

In einen **Wasserkörper** kann Sauerstoff nur über die Diffusion aus der Atmosphäre oder über die Photosynthese von Wasserpflanzen gelangen; Sauerstoff ist daher für viele Wasserorganismen limitierend. Die meisten kleinen Wasserorganismen nehmen $O_2$ mit der ganzen Körperoberfläche auf. Bei größeren Organismen sind spezialisierte Organe entwickelt, die über eine vergrößerte innere oder äußere Oberfläche den benötigten Sauerstoff aufnehmen können (Kiemen). Daneben gibt es für Lebensräume mit ungenügendem Sauerstoffgehalt eine Reihe von Spezialanpassungen. Hierzu gehört z. B. das bis 15 cm lange Atemrohr der Schwebfliegenlarve *Eristalomyia*, die in faulendem Milieu leben kann (Abbildung 2.33). Die Wasserspinne *Argyroneta aquatica* sammelt in einer Gespinstglocke unter Wasser einen Luftvorrat an. Manche Insekten können zwischen der Körperbehaarung oder unter Flügeldecken einen Luftvorrat unter Wasser nehmen, der als physikalische Kieme dient, d. h. Sauerstoff aus dem Wasser diffundiert in diese Luftblase nach.

Große Organismen verfügen zudem über Proteine mit einer hohen Sauerstoffaffinität, sodass diese zum Gastransport, aber auch als Sauerstoffspeicher eingesetzt werden können (**Hämoglobin**, **Hämocyanin**). Interessanterweise haben auch einige Insekten Hämoglobin, die normalerweise als Tracheenatmer keine solchen respiratorischen Pigmente benötigen, etwa die roten Zuckmückenlarven der Chironomidae (Diptera), die mit den hierdurch gebundenen $O_2$-Reserven ungünstige Zeiträume oder in ungünstigen Habitaten überleben können.

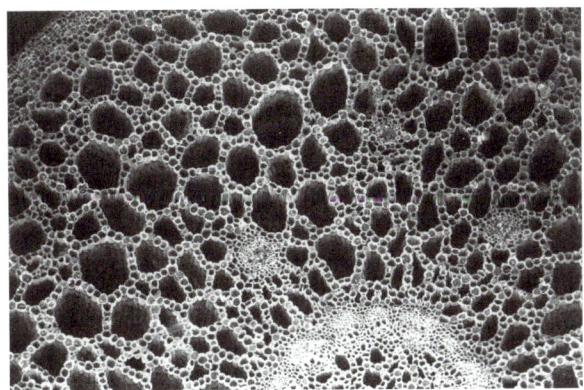

**Abb. 2.34:** Aerenchym im Rhizom des Fieberklees *Menyanthes trifoliata*. Nach Brunold et al. 1999.

In nassen **Böden** nimmt der Sauerstoffgehalt ab bzw. ist der Gasaustausch mit der Luft verzögert, da die Diffusion von $O_2$ im Wasser etwa 10 000-mal langsamer ist als in der Luft. Für Pflanzen kann die Sauerstoffversorgung im Boden daher zu einem begrenzenden Faktor werden. Der kritische Sauerstoffgehalt in der Bodenporenluft liegt für viele Arten bei etwa 5 % (Armstrong und Gaynard 1976). Sumpf- und Wasserpflanzen können jedoch noch bei wesentlich geringeren Sauerstoffkonzentrationen leben, da sie ein spezielles Durchlüftungsgewebe (**Aerenchym**) in den Wurzeln ausbilden (Abbildung 2.34). Durch Temperaturunterschiede zwischen Blättern im Luftraum und in den Wurzeln im Boden kommt es aus physikalischem Grund zu Gasbewegungen, die für eine beschleunigte Durchlüftung des Aerenchyms sorgen (**Thermo-Osmose**). In grundwasserbeeinflussten Gley-Böden sieht man als Folge der Diffusion von Sauerstoff in den Wurzelraum rostfarbene Wurzelbahnen als Zeichen der Oxidation von Eisenverbindungen. Bäume der Mangroven, in welchen Sauerstoffarmut im Boden regelmäßig auftritt, haben als Strategie Atemwurzeln entwickelt (**Pneumatophore**), welche aus dem Wasser oder Boden herausragen.

Spezialisierte Arten (vor allem Mikroorganismen, aber beispielsweise auch Darmparasiten von Tieren) haben sich an $O_2$-arme bzw. $O_2$-freie Standorte angepasst oder in diesen seit den Frühzeiten der Evolution überlebt. Bei der (fakultativen oder obligaten) anaeroben Atmung (Anoxibiose) stehen zwei Probleme im Vordergrund: die Beseitigung anfallender Elektronen und die Energiegewinnung.

### Stickstoff

Der hohe Gehalt der Atmosphäre an Stickstoff ist nicht direkt verwertbar. Molekularer Stickstoff muss zunächst fixiert und in Nitrat oder Ammonium umgewandelt werden (Abschnitt 2.2.3.4). Hierzu sind freilebende Bakterien wie *Azotobacter* spec. (in gemäßigten Gebieten) oder *Beijerinckia* spec. (in den Tropen) sowie Cyanobakterien in der Lage. Sie arbeiten unter geringem $O_2$-Partialdruck besonders effizient, z. B. in überstauten Sumpfreisböden. Symbiontische Stickstofffixierer bilden zudem enge Gemein-

schaften mit einzelnen Pflanzenarten bzw. -familien (Abschnitt 5.2.2.3).

### Weitere Gase

Je nach Umweltbedingungen und den davon abhängigen Gemeinschaften von Mikroorganismen produzieren diese im Boden eine Reihe weiterer Gase (z. B. $CH_4$, CO, $N_2O$, $NH_3$, $H_2S$), welche teilweise auch aus dem Boden freigesetzt werden. Manche dieser Gase wirken toxisch auf Pflanzenwurzeln und Bodentiere (z. B. $H_2S$). **Methan** wird vor allem unter anoxischen Bedingungen gebildet. Es entsteht in Mooren (Sumpfgas), aber auch im Verdauungstrakt von Wiederkäuern. Der Reisanbau spielt für die Freisetzung dieses klimarelevanten Gases global eine besondere Rolle, da in überstauten Böden bei hohen Temperaturen besonders viel $CH_4$ produziert wird (Abschnitt 7.2.2).

# 2.3 Räumliche und zeitliche Skalen

Die in Abschnitt 2.2 vorgestellten Standortbedingungen bestimmen im Wesentlichen Vorkommen und Fehlen von Arten. Sie stellen sozusagen die Rahmenbedingungen des Möglichen dar. Standortbedingungen wie Boden-pH oder Wasserhärte sind oft gut zu messen und die Zusammenhänge zwischen Organismen und solchen Parametern teilweise offensichtlich, sodass standörtliche Interaktionen das Denken ganzer Ökologengenerationen bestimmten. In jüngster Zeit wird nun verstärkt der räumlich-zeitlichen Organisation von Standorteigenschaften sowie dem Auftreten natürlicher und anthropogener Störungen Beachtung geschenkt, welche die Wirksamkeit standörtlicher Bedingungen modifizieren. Für ökologische Fragestellungen ist es zudem sinnvoll, nach der Lebensdauer oder Regenerationsgeschwindigkeit von Organismen, Lebensgemeinschaften und Ökosystemen zu fragen.

Die Artenzahl eines Gebiets richtet sich sowohl nach seiner Flächengröße (MacArthur und Wilson 1967) als auch nach der Standortvielfalt (Connell und Orias 1964), also der Heterogenität. Thienemann (1956) hatte bereits zuvor formuliert, dass die Artenzahl eines Biotops mit der Variabilität der Lebensbedingungen wächst und mit zunehmender Entfernung von einem Durchschnittswert bezüglich einer Ressource abnimmt. Arten-Arealbeziehungen werden in Abschnitt 3.7.3 behandelt, der Zusammenhang zwischen Artenzahl und Arealqualität in Abschnitt 5.3

## 2.3.1 Räumliche Aspekte der Umwelt

### 2.3.1.1 Fläche

Fläche oder besiedelbarer Raum ist ein limitierender Faktor für ein einzelnes (z. B. sessiles) Individuum. **Raummangel** kann durch physische Einengung von Individuen entstehen, wenn z. B. zwischen zwei Felsblöcken nicht genügend Platz für die vollständige Entwicklung eines erwachsenen Baumes besteht. Zwar wirkt oft nicht die Fläche selbst, sondern das damit zusammenhängende Ressourcen- bzw. Lichtangebot, doch ist offensichtlich, dass allein durch Raumausfüllung das Auftreten eines weiteren Individuums verhindert werden kann. Raummangel entsteht daher vor allem durch andere Individuen. Die Selbstausdünnung durch Absterben wenig konkurrenzstarker Pflanzen im Rahmen der Waldentwicklung spiegelt dies ebenfalls wider.

Eine zu geringe Flächengröße beeinflusst auch die Aussterbewahrscheinlichkeit für bereits vorhandene Individuen vor allem bei zeitweilig ungünstigen Umweltbedingungen. Mit zunehmender Fläche geht andererseits eine wachsende Wahrscheinlichkeit der Etablierung einer Art auf einer Fläche einher. Das Flächenangebot ist folglich sowohl für einzelne Individuen als auch für Populationen und Artengemeinschaften von Bedeutung.

Die relative Lage einer Fläche innerhalb eines Kontinents kommt in den klimatischen Kenngrößen der Ozeanität bzw. Kontinentalität zum Ausdruck. **Randeffekte** (*edge effects*) ergeben sich aus Standortfaktoren, die sich in den Randbereichen von Flächen überlagern. Dies erlaubt Arten mit unterschiedlicher standörtlicher Präferenz eine Koexistenz, sodass solche Übergangsbereiche (Ökotone, *ecotones*) eine höhere Artenvielfalt haben können (Abschnitt 5.4.3).

*Safe sites* (Harper et al. 1961) stellen spezielle Lokalitäten dar, welche einer Art die sichere Etablierung ermöglichen. Die Keimlingsphase ist bei vielen Pflanzen ein sehr sensibler Lebensabschnitt. Extreme abiotische Bedingungen, Ressourcenmangel, Herbivorie und Konkurrenz wirken hier besonders stark und oft letal. Die Verfügbarkeit von Orten, die eine hohe Überlebenswahrscheinlichkeit der juvenilen Individuen garantieren, ist daher für die gesamte Population von Bedeutung.

### 2.3.1.2 Entfernung

Neben der Fläche ist die Entfernung ein wichtiger räumlicher Faktor. Die Wahrscheinlichkeit großer Ähnlichkeit von Objekten eines bestimmten Typs nimmt mit zunehmender Entfernung ab, da mehr und mehr Einflüsse benachbarter Gebiete wirksam werden. Innerhalb von Taxa zeigen sich darüber hinaus genetische Unterschiede zwischen räumlich entfernten Populationen.

Die in der Kulturgeographie stark verankerte funktionelle Betrachtung von Entfernungen kommt ursprünglich aus der Landwirtschaft und fußt auf den **Thünen'schen Kreisen** des Mecklenburgischen Landwirtes Johann Heinrich von Thünen (1783–1850). Er gestaltete die Bewirtschaftungsintensität auf seinem Gut in Abhängigkeit von der Entfernung vom Hof (1826). In der Geographie spricht man von *distance decay* für die Abnahme funktioneller Beeinflussung mit der Entfernung. Wir können diese ökonomische Sicht durchaus auf ökologische Aspekte übertragen. Die Entfernung zu Ressourcen beeinflusst deren Nutzungsintensität. Die Entfernung zwischen Individuen bestimmt die Stärke ihrer Wechselbeziehungen und die Wahrscheinlichkeit sexueller Reproduktion sowie der Konkurrenz um Ressourcen.

Bei Inseln ist neben ihrer Fläche vor allem die Entfernung zur nächsten größeren Insel bzw. zum nächsten Festland von Bedeutung. Je näher die Besiedlungsquelle, je größer die Insel und je länger die Besiedlungszeit, desto größer ist die Zahl der Arten, die sich etablieren kann. Diese als Inseltheorie (*theory of island biogeography*) von MacArthur und Wilson (1967) ursprünglich nur für biogeographische Aspekte von ozeanischen Inseln formulierte Beziehung wurde von ihnen später auch auf terrestrische Lebensräume übertragen (Abschnitt 3.7.3). Prinzipiell gilt sie also auch für isolierte Waldgebiete, Bergkuppen, Höhlen und Seen. Flugunfähige Vogelarten können durch einen Meeresteil genauso isoliert werden wie stenöke Berggipfelbewohner durch das Tiefland. Selbst für monophage Arten ist ihre Wirtspflanze eine Insel.

## 2.3.2 Räumliche Ansprüche der Organismen

### 2.3.2.1 Individuen

Die **Größe** der Organismen ist ein nicht unwesentliches Kriterium zur Beurteilung ihrer räumlichen Ansprüche. Der weitaus größte Teil der Organismen ist jedoch so klein, dass ihr Flächenbedarf als unwesentlich betrachtet wird.

Die eingenommene Fläche kann bei **klonalen** Arten durchaus beträchtlich sein. Ein einzelnes zusammenhängendes „Individuum" kann bei Pilzen mehrere Quadratkilometer groß werden, wie dies auf der Grundlage von DNA-Analysen für Holz zersetzende Pilze (*Armillariella*- und *Armillaria*-Arten) gefunden wurde (Smith et al. 1992). Klonale Pflanzen können ebenfalls große Flächen bedecken, was nicht offensichtlich ist, wenn die einzelnen Triebe durch unterirdische Rhizome miteinander verbunden sind, etwa bei Zitterpappeln Nordamerikas (Abschnitt 2.2.1).

Bei Pflanzen ist die prozentuale Bedeckung (**Deckungsgrad**) einer Fläche ein gebräuchliches Maß. Der Wert verändert sich zwangsläufig mit veränderter Bezugsfläche. Daher ist bei quantitativen Angaben immer anzugeben, auf welche Fläche sich ein Wert bezieht.

### 2.3.2.2 Populationen

Tiere besitzen unterschiedliche Ansprüche bezüglich der von Individuen beanspruchten Fläche (Kasten 2.7). Bestehen deutliche Abgrenzungsansprüche gegenüber anderen Individuen derselben Art, sprechen wir von einem **Territorium**. Territorien werden etabliert, wenn eine Ressource limitiert ist und sich ihre Verteidigung lohnt. Hierbei kann es sich um Nahrung, Nistplätze, bestimmte Habitatstrukturen usw. handeln. Territorien werden optisch, olfaktorisch oder akustisch markiert und gegenüber Neuankömmlingen verteidigt (Adams 2001).

## Kasten 2.7:   Terminologie zum Raumbedarf von Organismen

**Areal:** Verbreitungsgebiet einer Art, welches durch die äußersten Fundorte begrenzt wird (geographischer Begriff).

**Biotop:** Lebensraum einer Gemeinschaft von Organismen (synökologischer Begriff).

**Fundort:** Konkrete Lokalität, an welcher eine Art nachgewiesen werden konnte. Fundorte werden in Fundortkatastern katalogisiert und ergeben Verbreitungskarten (geographischer Begriff).

**Habitat:** Lebensraum eines Organismus. Er kann sich bei Tieren aus mehreren Teilräumen zusammensetzen. Das Habitat von Zugvögeln integriert sogar Flächen in verschie-

denen Kontinenten. Bei Pflanzen spricht man auch vom Standort (autökologischer Begriff).

**Standort:** Gesamtheit der Faktoren, die im Habitat eines Organismus auf diesen einwirken (autökologischer Begriff).

**Territorium:** Aktivitätsbereich eines Individuums. Manche Tiere sind über soziale Verhaltensmuster eng an Territorien gebunden, andere sind nicht ortstreu (geographischer Begriff).

**Wuchsort** (unscharfer Begriff): Entweder Lebensraum einer Pflanzengemeinschaft (synökologischer Begriff) oder Fundort einer Pflanze (geographischer Begriff).

---

Wird der **Aktivitätsbereich** vor allem durch das Nahrungsangebot bestimmt, so sprechen wir eher von Nahrungsterritorien (*home ranges*). Bei größeren mobilen Individuen kann der Aktivitätsbereich mit Hilfe von angebrachten Sendern und telemetrischen Verfahren ermittelt werden. Der Aktivitätsbereich kann innerhalb einer Art für die Geschlechter unterschiedlich sein. Beim Großen Panda (*Ailuropoda melanoleuca*) variiert er zwischen 8,5 km² für die Männchen und 4,5 km² für die Weibchen, beim europäischen Braunbär (*Ursus arctos*) zwischen 1500 km² beim Männchen und 500 km² beim Weibchen. Zudem nimmt der Aktivitätsbereich mit zunehmender trophischer Höhe einer Art zu (der Panda ist herbivor, der Braunbär omnivor) und umfasst bei Räubern oft die 100- oder 1000-fache Fläche der Territorien ihrer Hauptbeutearten. Hierdurch sind die Populationsdichten und Populationsgrößen von Arten mit großen Territorien insgesamt sehr gering (Abbildung 2.35).

Der gesamte von einer Art besiedelte Raum kann in Teillebensräume fragmentiert sein, sodass Teilpopulationen entstehen. Wenn diese Populationen miteinander in regelmäßigem genetischen Austausch stehen, sprechen wir von einer **Metapopulation** (Abschnitt 3.7.2). Findet kein regelmäßiger Genaustausch mehr statt, teilt sich diese Art langfristig in Unterarten auf. Vor allem bei gefährdeten Arten ist es wichtig, Daten zur Populationsstruktur und Lebensraumnutzung zu erheben, um Modelle zum Schutz dieser Arten erstellen zu können (Abschnitt 6.5.1).

Schwarmtiere erreichen über eine hohe Populationsdichte einen besonderen Prädatorenschutz, wenn sie ihre Bewegungen räumlich koordinieren. Daphnien, Fischschwärme, Säugetierherden und Vogelschwärme profitieren davon, dass der Jagderfolg von Räubern durch die Verwirrung bei der Wahl eines Opfers reduziert wird (Konfusionseffekt, Abschnitt 4.5.1.1).

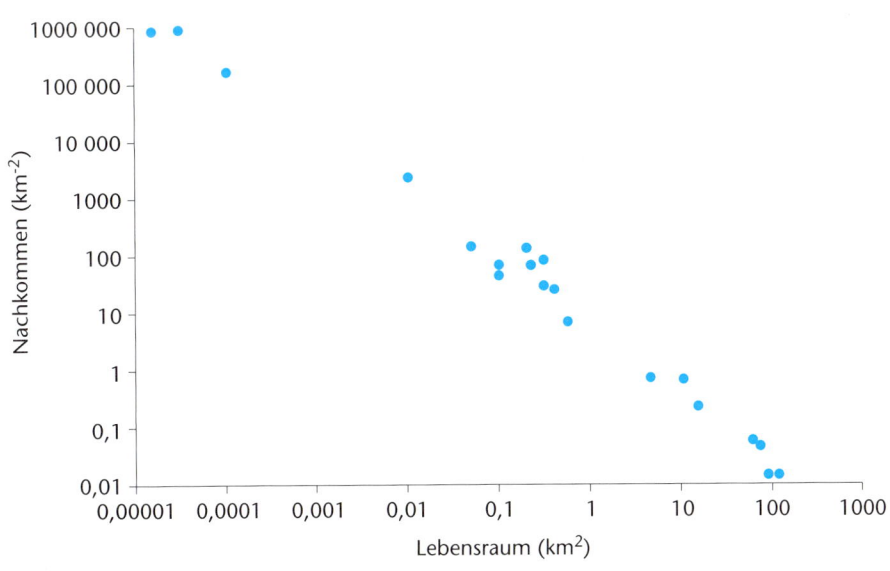

**Abb. 2.35:** Je größer der Lebensraum einer Art, desto geringer die durchschnittliche Zahl von Nachkommen pro Fläche. Nach Angaben in Klötzli (1989).

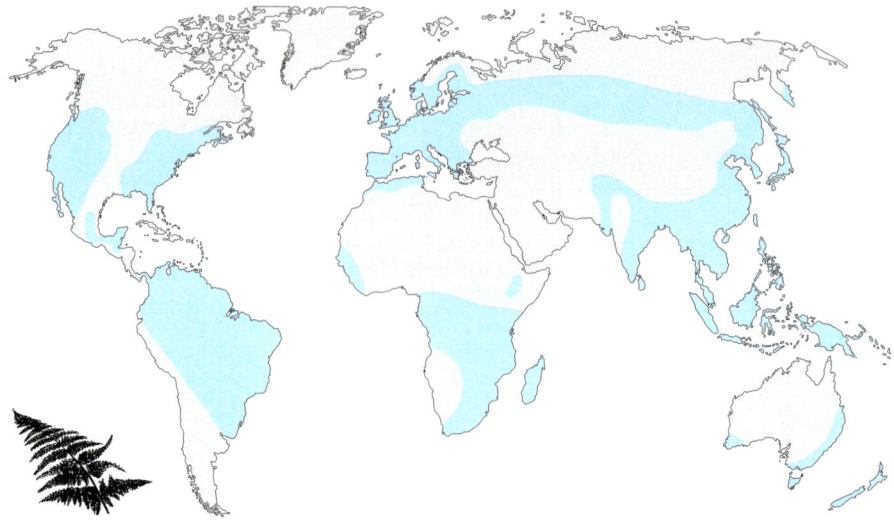

**Abb. 2.36:** Areal des kosmopolitisch verbreiteten Adlerfarns (*Pteridium aquilinum*). Nach Frey und Lösch (1998).

## 2.3.2.3 Arten

Das **Areal** ist das Verbreitungsgebiet einer Art (Kasten 2.7) und wird durch die äußersten Nachweise bzw. Fundorte begrenzt. Innerhalb des Areals kann die Art durchaus unterschiedlich häufig auftreten und verbreitet, zerstreut oder selten sein oder sogar Verbreitungslücken aufweisen. Areale sind entweder durch physische Hindernisse oder durch einen allmählichen Wechsel der Standortbedingungen begrenzt. Mitunter werden sie jedoch durch das Auftreten von Arten gestaltet, die unter sich verändernden Umweltbedingungen konkurrenzstärker sind. Oft fallen Arealgrenzen mit engen orographischen (z. B. Gebirgen), hygrischen (z. B. Ozeanen) oder klimatischen (z. B. Wüsten) Gradienten zusammen. Arealgrenzen können sich im Laufe der Zeit verändern, sodass Gründe für das Vorkommen oder Fehlen von Arten rezentökologischer oder historischer Natur sein können.

Areale besitzen unterschiedliche Größe. Arten die weltweit verbreitet sind, nennen wir **Kosmopoliten**. Wir finden derart weit verbreitete Arten bei den Kryptogamen, die mit ihren leichten Sporen über sehr effektive Ausbreitungsmechanismen verfügen. Beispiele sind der Adlerfarn (*Pteridium aquilinum*) (Abbildung 2.36) und das Brunnenlebermoos (*Marchantia polymorpha*). Wasserpflanzen, die mit Zugvögeln ausgebreitet werden, sind häufig weit verbreitet (Tannwedel *Hippuris vulgaris*, Knollenbinse *Bolboschoenus maritimus*). Und schließlich sind die vom Menschen verschleppten „Unkräuter" und Schädlinge zu nennen, die häufig aus Europa stammen und als Resultat des weltweiten Handels (**Globalisierung**) inzwischen überall in der Welt angetroffen werden können (Einjähriges Rispengras *Poa annua*, Klettenlabkraut *Galium aparine*, zahlreiche Insektenarten wie die Dörrobstmotte *Plodia interpunctella* als Vorratsschädlinge, Wanderratte *Rattus norvegicus*, Abschnitt 6.4.3.2).

**Endemiten** sind hingegen auf ein sehr kleines Verbreitungsgebiet begrenzt. Ist diese geringe Ausdehnung des

Areals als Rückzugsgebiet eines ehemals größeren Gebiets zu verstehen, was über historische Nachweise gezeigt werden kann, dann spricht man von **Reliktendemismus** (Paläoendemismus). Ein bekanntes Beispiel ist der Ginkgo (*Ginkgo biloba*), der heute nur noch in einem eng begrenzten Gebiet in Nordostchina vorkommt. Fossile Nachweise gibt es für diese Gattung jedoch auch aus Nordamerika und Europa. Handelt es sich hingegen um das Resultat einer neuen Artbildung und hatte das Taxon schlicht noch keine Möglichkeit, sich weiter auszubreiten, so sprechen wir vom **Neoendemismus**. Beispiele finden sich beim Alpenmohn in den Kalkalpen. In den Nordalpen lösen sich von Ost nach West *Papaver burseri*, *P. sendtneri* und *P. occidentale* ab, in den Südalpen *Papaver julicum*, *P. kerneri* und *P. rhaeticum*.

Einen hohen Anteil an Endemiten findet man in isolierten Gebieten wie z. B. auf Inseln. St. Helena weist 85 % endemische Pflanzenarten auf (Walter und Breckle 1999). Inseln sind deshalb besonders reich an Neoendemiten, da sie nur zufällig von einzelnen Taxa erreicht werden und ökologische Nischen (Abschnitt 2.4) oft unbesetzt sind. Die erfolgreich etablierten Taxa stehen nicht mehr in Kontakt mit ihren Ursprungsarten und lösen sich evolutionär zunehmend von diesen, bis sich schließlich neue Arten herausgebildet haben (adaptive Radiation, Abschnitt 2.1.2).

Inselökosysteme reagieren besonders sensibel auf die Zuwanderung konkurrenzstarker Arten, welche Endemiten rasch verdrängen können. Da Endemiten in der Regel weltweit nur auf einer Insel existieren, können sie in kurzer Zeit aussterben. Der weltweite Artenverlust an Endemiten ist daher ein bedeutender Aspekt des globalen Verlusts an Biodiversität und ein wichtiger Bereich des Artenschutzes (Abschnitt 6.5).

Auch **geschlossene Areale** weisen natürlich immer Verbreitungslücken auf, da nicht alle Standorte gleichermaßen für die Besiedlung durch eine Art geeignet sind. Bestehen jedoch große Lücken, die nicht besiedelt und überquert werden können, so sprechen wir von diskon-

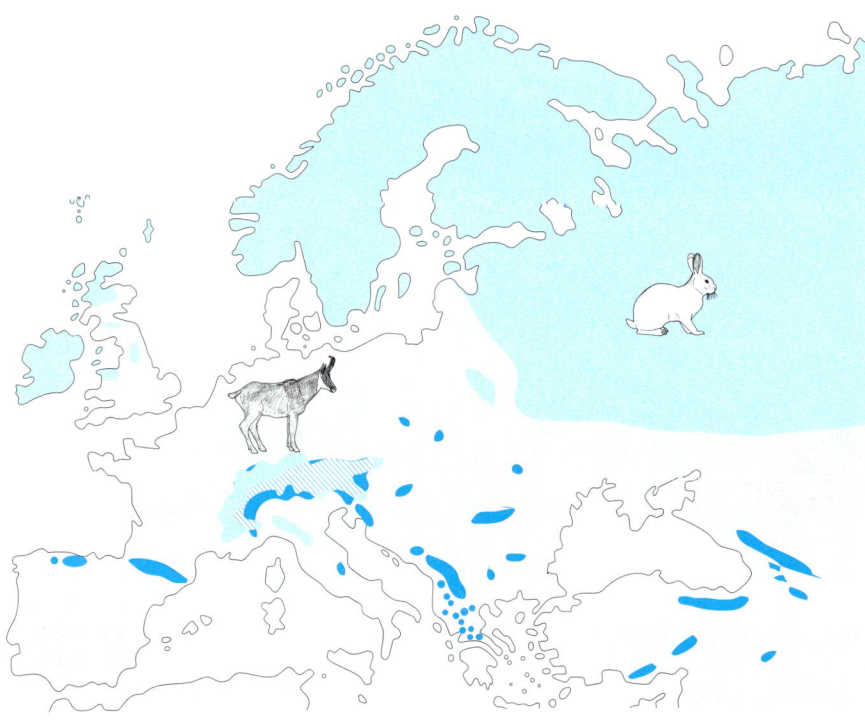

**Abb. 2.37:** Disjunkte Areale bei Säugetieren. Arkto-alpine Verbreitung beim Schneehasen (*Lepus timidus*) (hellblau), auf Gebirge begrenzte Verbreitung der Gemse (*Rupicapra rupicapra*) (dunkelblau). Im schraffierten Gebiet kommen beide Arten vor. Nach Ziswiler (1976).

tinuierlichen (disjunkten) Arealen. Ein **disjunktes Areal** liegt dann vor, wenn das Areal in mehrere diskrete Teilareale zerfällt (Abbildung 2.37). Ursache dafür kann zufälliger Ferntransport sein. Die Wasserfalle (*Aldrovanda vesiculosa*, Droseraceae), eine carnivore Wasserpflanze, wird im Gefieder von Vögeln über weite Strecken verschleppt, sodass sie sich in Mitteleuropa, am Amur, in Zentralafrika und in Australien finden lässt.

Häufig handelt es sich bei disjunkten Arealen um die Schrumpfung eines ehemals größeren Areals oder um den Wegfall von Verbindungselementen, sodass die jetzigen Entfernungen zwischen den Teilarealen nicht mehr überbrückt werden können. Die Gattung *Podocarpus*, mit 100 Arten die größte Koniferengattung der Südhalbkugel, zeigt heute ein disjunktes Areal und ist in Südamerika, Südafrika und Australien zu finden. Während der Kreidezeit und des Tertiär war die Gattung, wie Fossilfunde zeigen, jedoch auch auf der Nordhalbkugel in Nordamerika und Europa verbreitet. Als die früher näher beieinander liegenden Kontinente im Rahmen der Kontinentaldrift auseinander wichen und die Gattung im Norden ausstarb, ergab sich das heutige disjunkte Areal. Die Gattung der Buchen (*Fagus*) ist ebenfalls in getrennten Arealen in Nordamerika, Europa und Ostasien zu finden, welche heute nicht mehr in Verbindung stehen. Innerhalb Europas ist vor allem die arktisch-alpine Disjunktion bedeutsam, welche sich aus dem Rückzug der pleistozänen Tundrenvegetation in die arktischen Gebiete einerseits und in den Alpenraum andererseits ergeben hat. Ein Beispiel für ein solches Verbreitungsbild ist die Silberwurz (*Dryas octopetala*).

**Vikariierende** Taxa sind nächst verwandte Arten, die in verschiedenen Gebieten oder unter unterschiedlichen Standortbedingungen auftreten, aber eine ähnliche ökologische Nische (Abschnitt 2.4.2) einnehmen. Disjunkte Areale führen also langfristig zu vikariierenden Arten. Im Alpenraum finden wir auf Kalk *Rhododendron hirsutum* und auf Silikat *Rhododendron ferrugineum*. Zahlreiche weitere Arten folgen diesem Muster, welches sich durch Unterschiede in Nährstoffverfügbarkeit und Wasserhaushalt erklärt. Vikarianz ist auch bezüglich der mechanischen Standortbeanspruchung möglich. In Zentralasien wächst das Gras *Aristida pennata* auf unbewegtem Sand und die Schwesterart *A. karelini* auf Flugsand.

Aus der Verteilung nah verwandter Taxa, z. B. der verschiedenen Arten einer Gattung, kann man Rückschlüsse auf das **Genzentrum** dieser Gattung ziehen, also auf das evolutive Ursprungsgebiet, denn oft zeigt sich dort die größte genetische Variabilität. Aufgrund ursprünglicher und abgeleiteter morphologischer Merkmale oder genetischer Analysen kann dieser Bereich weiter identifiziert werden. Das Genzentrum ist meistens die Region mit der höchsten Artenzahl innerhalb einer Gattung (**Mannigfaltigkeitszentrum**) (Abbildung 2.38).

Die Entstehung von Arten wird stark durch die räumlichen Rahmenbedingungen beeinflusst. Wir sprechen von **allopatrischer Artbildung**, wenn diese über die räumliche Trennung einer Population erfolgt, welche keinen weiteren Kontakt zur Restpopulation besitzt. In einem ersten Schritt bilden sich meist gering differenzierte **Unterarten** heraus, welche potenziell noch mit der Stammform kreuzbar sind. Diese Differenzierung kann über die Morphologie und das Verhalten (z. B. Signale zur Partnerwahl), bei

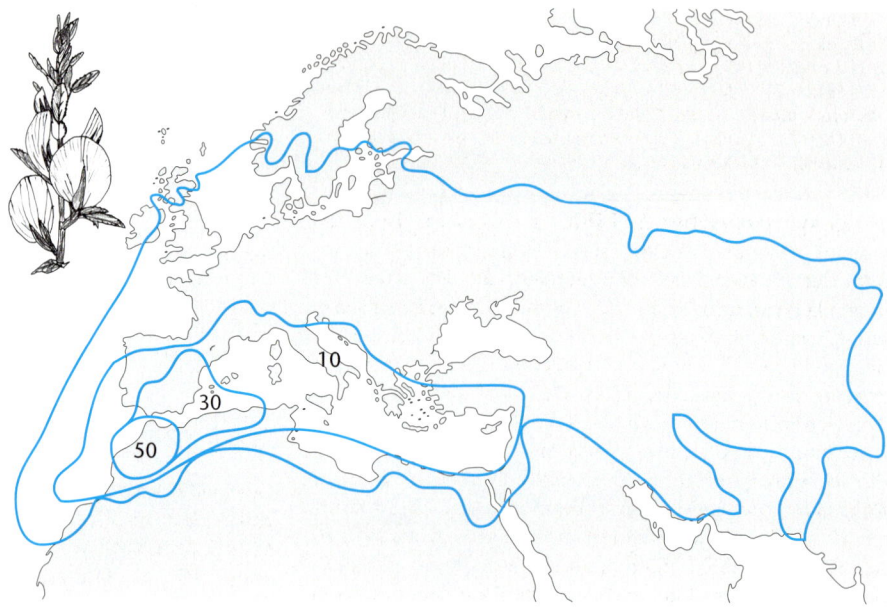

**Abb. 2.38:** Mannigfaltigkeitszentrum der Gattung
Hauhechel (*Ononis*,
Fabaceae). Nach Sitte et
al. (2002).

Parasiten über Wirtsspezifität usw. erfolgen. Letztendlich können mutierte Allele jedoch nicht mehr in den Genpool der abgetrennten Nachbarpopulation einfließen, und es werden langfristig zwei getrennte Arten entstehen.

Klassische Beispiele allopatrischer Artbildung entstanden durch die Ausdehnung der Gletscher in Europa während der letzten Eiszeit, welche viele Arten in südwestliche und südöstliche Refugien trennte. In der folgenden Warmzeit trafen die beiden Populationen, die sich inzwischen in eigene Arten oder Unterarten differenziert hatten, wieder

**Abb. 2.39:** Heutiges Ver-
breitungsgebiete von zwei
Unterarten von *Corvus corone*, der Nebelkrähe
(*C. c. cornix*, hellblau)
und der Rabenkrähe
(*C. c. corone*, dunkelblau)
mit Hybridisierungszone
(schraffiert).

aufeinander. Die westliche Rabenkrähe (*Corvus corone corone*) bildet im Bereich der Elbe eine **Hybridisierungszone** mit der östliche Nebelkrähe (*Corvus corone cornix*), sodass beide als Unterarten betrachtet werden (Abbildung 2.39). Das westliche Sommergoldhähnchen (*Regulus ignicapillus*) lebt heute mit dem östlichen Wintergoldhähnchen (*Regulus regulus*) in einem großen Teil des Areals zusammen, sie verhalten sich aber wie getrennte Arten.

Bei **sympatrischer Artbildung** ging man bisher davon aus, dass eine neue Art nicht über geographische, sondern durch genetische Isolation innerhalb des ursprünglichen Lebensraumes bzw. der Stammpopulation entsteht. Die klassischen Beispiele betreffen etwa die Artbildung der Artenschwärme von Buntbarschen (Cichlidae) in den großen ostafrikanischen Seen. Gut untersucht sind drei Apfelschneckenarten (*Lanistes solidus, L. nyassanus* und *L. nasutus*, Ampullariidae) im Malawisee (Berthold 1991). Ein weiteres Beispiel betrifft die Bohrfliege (Tephritidae) *Rhagoletis pomonella*, die auf Weissdorn lebt. In der zweiten Hälfte des 19. Jahrhunderts wurde die Art erstmals in den USA auf Apfelbäumen nachgewiesen. Inzwischen haben sich zwei weitgehend isolierte Populationen entwickelt, die sich morphologisch, phänologisch und nahrungsökologisch unterscheiden. Hybride sind sehr selten, da die Weibchen recht deutlich Männchen der eigenen „Rasse" bevorzugen.

Diese Beispiele zeigen aber, dass der Begriff der Sympatrie hinterfragt werden muss. Er bedeutet „im gleichen Gebiet vorkommend". Im Fall der Apfelschnecken wurden unterschiedliche Tiefen desselben Sees besiedelt. Die Tiere kommen also sympatrisch vor, sind aber ökologisch getrennt. Die erwähnten Fruchtfliegen sind durch ihre Wirtsspezialisierung ebenfalls sehr effektiv getrennt. Diese ökologischen Barrieren sind also genauso wirksam wie eine geographische Trennung. Der Sympatriebegriff ist daher zu anthropozentrisch, und man sollte in den meisten Fällen eher von **ökologischer Artbildung** sprechen.

Oft vermischen sich die Mechanismen, wie am Beispiel der paläarktischen Fliegenschnäpper (Muscicapidae) gezeigt werden konnte. Eine ursprüngliche Population wurde durch allopatrische Mechanismen getrennt, und es entwickelten sich verschiedene Populationen, welche sich bei späterem Kontakt jedoch noch miteinander fortpflanzen konnten. Allerdings hatten die Hybride einen Selektionsnachteil. Der entscheidende Mechanismus ist die reproduktive Merkmalsverschiebung (*reproductive character displacement*), welche die mit der Fortpflanzung in Zusammenhang stehenden Merkmale rasch divergieren lässt. Die Populationen weisen also einen sehr niedrigen natürlichen Hybridisierungsgrad auf, sodass (wenn auch sekundär) sympatrisch verschiedene Arten entstehen können. Diese Verstärkung von Unterschieden (*reinforcement*) kann mit der Wahl der Männchen durch die Weibchen zusammenhängen, welche bevorzugt Männchen der eigenen „Rasse" wählen (ähnlich wie im obigen Bohrfliegenbeispiel), um ihre höhere Investition in die Fortpflanzung nicht mit schlechten Hybriden zu gefährden (Saetre et al. 1997).

Die historischen Prozesse der Artentstehung haben vor dem erdgeschichtlichen Hintergrund dazu geführt, dass die Arten heute nicht gleichmäßig über die Erde verteilt sind. Aufgrund von Arealähnlichkeiten, die meist über das Klima zu erklären sind, können **biogeographische Areale** oder Geoelemente definiert werden. In Mitteleuropa ist dies unter anderem das arktische, mitteleuropäische, mediterrane und atlantische Geoelement. Weltweit werden diese Areale zu Regionen und Reichen weiter zusammengefasst (Abschnitt 5.3.5). Einzelne Bereiche weisen einen besonders hohen Artenreichtum auf (hot spots), und Myers (1988) hat globale Muster der Biodiversität identifiziert. **Hot spots** finden sich in Bereichen hoher Energieeinträge, die sich durch eine gewisse Stabilität der Klimabedingungen auszeichnen, oftmals im Bereich tropischer Regenwälder, vor allem aber in Zonen eines ausgesprochen differenzierten Reliefs, welches hohe Standortvielfalt bewirkt, sodass nebeneinander sehr unterschiedliche Habitate angeboten werden können.

## 2.3.3 Zeitliche Aspekte der Umwelt

Graduelle Verschiebung von Umwelteigenschaften, oft verbunden mit irreversiblen Veränderungen, bezeichnen wir als **Trend**. **Rhythmen** haben ein regelmäßiges, also immer wieder auftretendes, zeitliches Muster, welches mit einer gewissen Wahrscheinlichkeit auftritt. Es ist den Organismen möglich, Anpassungsstrategien an diese Mechanismen zu entwickeln. **Störungen** sind zeitlich begrenzte ökologische Ereignisse, die zu einer lokalen Veränderung von Systemeigenschaften (z.B. Artenzahl, Vegetationsdeckung, Bodeneigenschaften, Wasserhaushalt) führen. Neben natürlichen Störungen (z.B. Spätfrost, Windwurf) gibt es auch anthropogene Störungen (z.B. Nutzung, Belastung). Die Zerstörung von Biomasse ist ein häufiger, aber nicht zwingender Effekt. Die Gesamtheit aller auftretenden Störungen während des für die vollständige Ausbildung eines Organismus, einer Lebensgemeinschaft oder eines Ökosystems erforderlichen Zeitraumes, bildet deren **Störungsregime**.

### 2.3.3.1 Trends

Krustenbewegungen der Erde wirken mit ihrer kaum wahrnehmbaren Geschwindigkeit über Jahrmillionen als geringfügige graduelle Veränderung von Umweltbedingungen. Über die Verschiebung der Lage bezüglich der Breitengrade können sie zu klimatischen Veränderungen beitragen. Dies hat zur Folge, dass neben der Verlagerung von Arealen Artbildung gefördert wird, da Selektionsprozesse in eine neue Richtung gelenkt werden. Ein entscheidender Effekt ergibt sich, genau wie bei klimabedingten Meeresspiegelschwankungen, vor allem dann, wenn Kontinente im Rahmen der **Kontinentaldrift** getrennt werden oder zusammenstoßen.

Die heutige Verteilung der Arten auf der Erde spiegelt solche Prozesse wider. Verteilungsmuster von Taxa auch übergeordneter Ebenen sind nur durch ehemals zusammenhängende Kontinente auf der Nord- und Südhemisphäre zu erklären. Die größere Ähnlichkeit der Lebewesen zu Zeiten des Devon im Süden der Erdkugel ist durch den zusammenhängenden Gondwana-Kontinent zu erklären. Die heutige Ähnlichkeit der Flora und Fauna der Nordhemisphäre ist außerdem ein Resultat der Landverbindung zwischen Alaska und Sibirien durch die absinkenden Meerwasserstände während der Eiszeiten (Abschnitt 5.3.5).

In Europa ist die alpidische **Gebirgsbildung** keineswegs abgeschlossen. Auch wenn die rezenten Hebungsbeträge bei wenigen Millimetern pro Jahr liegen, stellt dies doch einen allmählichen Trend dar. Ähnliches gilt für Setzungsbewegungen, wie sie bei den nord- und mitteldeutschen Salzstöcken auftreten und die zur Seenbildung geführt haben (Salziger See in Sachsen-Anhalt). Oft werden solche Abläufe allerdings durch singuläre Störungsereignisse, z.B. Erdbeben, beschleunigt.

Die Evaporation von Wasser in abflusslosen kontinentalen Senken führt zur Anreicherung von Salzen. Die Lebensmöglichkeiten verschlechtern sich aufgrund der durch die **Versalzung** immer extremer werdenden Umweltbedingungen, bis schließlich, wie im Toten Meer in Palästina, nur noch Mikroorganismen existieren können. Im Aralsee wurde dieser Mechanismus durch menschliche Einflüsse verschärft. Die Nutzung des Flusswassers für die Bewässerung von Intensivkulturen führte zur Reduzierung der Wassermengen der Zuflüsse und damit zu einer Beschleunigung der Verlandung und Versalzung (Abschnitt 7.1).

Die **Bodenbildung** ist ein mit organismischen Maßstäben vergleichsweise langsam ablaufender, komplexer Vorgang, der für die gesamte Ökosystementwicklung von entscheidender Bedeutung ist. Dabei überlagern sich unterschiedliche Prozesse wie Entkalkung, Eisenoxidbildung oder Tonverlagerung.

Mitteleuropäische Böden haben sich in der Regel im Verlauf der letzten 10 000 bis 15 000 Jahre entwickelt. Ihre Entwicklung begann in vielen Bereichen schon im späten Pleistozän. Tropische Böden konnten jedoch sehr viel längere Entwicklungszeiten zeigen, da dort die Klimabedingungen über lange Zeiträume stabiler waren und mehr im feucht-warmen Optimalbereich lagen. Ein Sonderfall ist die in historischer Zeit erfolgte Sedimentation von **Auenlehm** in den mitteleuropäischen Tälern. Dieser insgesamt allmählich ablaufende Prozess wurde anthropogen durch die mittelalterliche Rodung der Wälder in den Einzugsgebieten der Flüsse ausgelöst, was dort mit einzelnen exzessiven Erosionsereignissen einherging (Bork et al. 1998).

In Mooren erfolgt die Akkumulation abgestorbener Biomasse vor allem unter nassen, sauerstoffarmen Bedingungen, welche nur eine geringe mikrobielle Aktivität aufweisen. **Moorbildung** ist ein langfristig gerichteter Prozess, der durch ein Wechselspiel biotischer und abiotischer Bedingungen möglich wird. Vor allem Hochmoore stellen aufgrund ihrer langsamen Entwicklung und des guten Konservierungsgrades von Pollen und anderen Pflanzenteilen zeitliche Archive der Landschaftsentwicklung dar. Palynologische (pollenkundliche) Untersuchungen geben Aufschluss über die verschiedenen Phasen der Moorentwicklung und der sie umgebenden Landschaft, aus denen Informationen über die Vegetationsfolge der letzten 10 000 Jahre gewonnen werden können.

Eine wichtige Veränderung der Umwelt erfolgt durch die **Sukzession** der Vegetation. Es handelt sich hierbei um Veränderungen, die auf Auftreten und Verschwinden einzelner Arten zurückzuführen sind, sodass sich die Zusammensetzung der Vegetation und damit ihre Eigenschaften graduell verändern (Abschnitt 5.4.5.1).

Die Gestaltung der Umwelt durch den Menschen ist in den letzten Jahrhunderten nicht nur in Europa ein relevanter Faktor für das Auftreten und Fehlen von Organismen geworden, jedoch gibt es aus Europa die beste Dokumentation. Während der großen europäischen **Rodungsperioden** von 600–900 (merowingisch-karolingisch) und 1000–1300 (mittelalterlich) erfolgte die Zerstörung, aber auch die Neuschaffung von Habitaten und damit eine maßgebliche Beeinflussung der Biodiversität. Über historische Jagdstrecken ist dokumentiert, dass das Rebhuhn (*Perdix perdix*) frühzeitig von der Schaffung von Offenland profitierte. Auf der anderen Seite wurden waldbewohnende Arten wie der Auerochse bzw. Ur (*Bos primigenius*) verdrängt. Die Stammform unserer Hausrinder starb 1627 in Polen aus.

### 2.3.3.2 Rhythmen

#### Mehrjährige Rhythmen

Die klimatisch gesteuerten Oszillationen von Gletscherständen führten während der **Eiszeiten** zu mehrfachen regionalen Aussterbe- und Zuwanderungsereignissen, die sich über Jahrtausende erstreckten. Da im Pleistozän (von 1,6 Millionen bis 10 000 Jahre vor heute) mindestens sechs größere Kältephasen unterschieden werden können, führte die Wiederholung solcher langfristigen Ereignisse zu einer Verarmung der Artenausstattung. In Europa machte sich dies aufgrund der orographischen Verhältnisse besonders bemerkbar. Im Gegensatz zu Amerika sind bei uns die meisten Gebirgszüge (Pyrenäen, Alpen, Karpaten) West-Ost-orientiert. Sie wirken ebenso wie das Mittelmeer und die Nord- und Ostsee als Barrieren für die Ausbreitung.

Noch immer sind Arten, die vor der letzten Eiszeit unter vergleichbaren Klimabedingungen in Mitteleuropa auftraten, nicht wieder heimisch geworden. Die Buche erreichte erst vor etwa 2000 Jahren Norddeutschland (Küster 1995). Der Buchsbaum (*Buxus sempervirens*), der in den letzten Warmzeiten in Mitteleuropa vorkam, hat heute in den submediterranen Flaumeichenwäldern einen Schwerpunkt. Mit zunehmender Klimaerwärmung ist es daher durchaus denkbar, dass auch er wieder nach Mitteleuropa vordringt.

Die mitteleuropäischen Falllaubwälder sind heute sehr viel artenärmer als die nordamerikanischen. In Mitteleuropa kommen drei Arten der Gattung Eiche (*Quercus*) vor, im gemäßigten östlichen Nordamerika 35 Arten. Nach Süden nehmen die Unterschiede in der Artenvielfalt ab. Im Mittelmeergebiet ermöglichten während der Eiszeiten thermisch begünstigte Refugialräume verschiedenen Arten das Überleben. Wir finden dort 26 Eichenarten und damit vergleichbare Verhältnisse wie in Kalifornien mit ebenfalls 26 Arten.

## Kasten 2.8: El Niño

El Niño ist eine **Klimaanomalie**, die zwar vor allem im Pazifikraum lokalisiert ist, aber das Wetter weltweit beeinflusst. Zwischen Indonesien und Südamerika kommt es in Abständen von zwei bis sieben Jahren zu einer Umkehr der normalen Wettersituation. In normalen Jahren bläst der Südostpassat, der durch die Coriolis-Kraft abgelenkt wird, im Äquatorbereich von Ost nach West. Warmes Oberflächenwasser wird nach Westen verschoben, und kaltes, nährstoffreiches Tiefenwasser fliesst nach Osten. An der Küste Südamerikas gelangt dieses Wasser an die Oberfläche und ermöglicht als Humboldt-Strom den Fischreichtum dieser Gegend. Diesen Meeresströmungen entspricht die Luftströmung der Walker-Zirkulation. Zwischen einem Tiefdrucksystem über Indonesien und einem Hochdrucksystem über der südamerikanischen Küste entsteht ein großer Luftdruckunterschied, der die Passatwinde verursacht (Abbildung a).

Im Rahmen einer natürlichen Luftdruckveränderung kommt es in einem El Niño-Jahr zu einem Zusammenbruch des südamerikanischen Hochs. Die Passatwinde lassen nach, und die Fließrichtung des warmen Oberflächenwassers dreht sich um (Abbildung b). Nach zwei bis drei Monaten hat das indonesische Oberflächenwasser die Küste Perus erreicht (**Kelvin-Welle**). Da dies in El Niño-Jahren meistens zur Weihnachtszeit geschieht, wurde dieses Phänomen El Niño („Christkind") genannt. Es sorgt für eine Abkühlung der Gewässer vor Australien und Indonesien und zugleich für eine Erwärmung der Küstengewässer vor Chile und Peru. Durch die hiermit verbundene Nährstoffarmut geht die Produktivität dieser Gebiete drastisch zurück.

El Niño-Jahre bringen der gesamten amerikanischen Küste wärmeres Wasser, erhöhte Niederschläge und mehr Wirbelstürme. Im westpazifischen Raum fehlen diese Niederschläge, es kommt zu Dürren und vermehrten Feuern. Da das Wettergeschehen global zusammenhängt, sind auch Gebiete in Afrika und weiteren Regionen betroffen. El Niño-Jahre wirken sich daher auf die gesamte Weltwirtschaft aus. Das El Niño-Phänomen ist seit der Entdeckung Amerikas bekannt. Es ist inzwischen sehr gut untersucht und verstanden. Die eigentliche Ursache für die Auslösung des Wechsels zu einem El Niño-Jahr ist aber immer noch unklar. Es wird vermutet, dass der **Treibhauseffekt** El Niño-Jahre fördert.

Im Nordatlantik gibt es eine interessante Parallele zu El Niño: die nordatlantische Oszillation NAO. Ein stark ausgeprägter Golfstrom sorgt für einen starken Luftdruckgegensatz zwischen Azorenhoch und Islandtief. Dies hält sibirische Kaltluft von Europa fern. Kühlt sich der Golfstrom ab, verschlechtert sich das Wetter in Europa. Vermutlich sind NAO, die Klimamaschine Europas, und El Niño Teile des globalen Wettergeschehens.

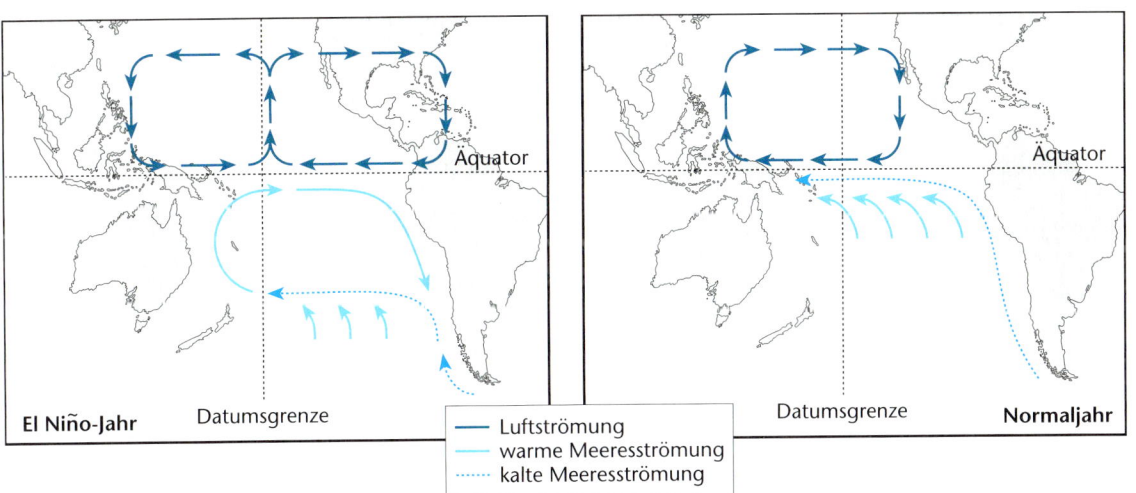

**Abb:** Links: Strömungsverlauf in einem El Niño-Jahr. Rechts: Verlauf der kalten und warmen Meeresströmungen des Pazifiks in einem Normaljahr. Nach www.elnino.info.

Einzelne Taxa sind durch diese mehrfach wiederholten Prozesse völlig aus der europäischen Flora und Fauna verdrängt worden, und es ist auch nicht zu erwarten, dass es ihnen in absehbarer Zeit gelingen wird, sich erneut zu etablieren, denn sie sind nicht nur an bestimmte abiotische Standortbedingungen gebunden und müssen bestimmte Ausbreitungsdistanzen überwinden. Sie sind auch in spezifische Lebensgemeinschaften eingebunden und müssten daher mit diesen Arten zusammen einwandern (z.B. Symbionten, Schattenbäumen mit spezifischen Rhythmen, Ausbreitungsvektoren, Bestäubern).

Mittelfristig über mehrere Jahre hin wirksam sind in mehr oder weniger gleichmäßigen Abständen auftretende Klimasituationen, wie sie mit **El Niño** einhergehen. Diese vor allem im Pazifik großräumig ablaufende Erscheinung ist durch einen Ausgleich ozeanischer Temperaturverhältnisse zu erklären. Die sich in diesem Zusammenhang periodisch ergebende Veränderung der küstennahen Meerwassertemperaturen führt nicht nur zu einer direkten

Beeinflussung der marinen Lebensgemeinschaft, sondern auch des Klimas benachbarter Kontinente. Dort ist El Niño mit dem Auftreten von Trockenphasen oder Starkregenereignissen verbunden (Kasten 2.8).

Über Jahrzehnte ablaufende Zyklen können sich aus der Populationsbiologie von langlebigen Arten ergeben. Nach der großflächig synchronisierten Blüte von *Bambusa tulda* in Mizoram (Indien) folgte in den 60er Jahren des 20. Jahrhunderts bedingt durch das folgende Fruchtangebot eine Rattenplage. Als die Bambusfrüchte verbraucht waren, machten sich die Ratten über Kartoffel- und Maisfelder her, was zu katastrophalen Nahrungsengpässen in der Bevölkerung führte. Dieser Zyklus spielt sich offensichtlich seit langer Zeit immer wieder ab und hat Eingang in die lokale Mythologie gefunden. Da die Kohorten dieser Bambusart in etwa 50-jährigem Abstand zur Blüte gelangten, wird in der Region Anfang des 21. Jahrhunderts erneut eine Hungersnot erwartet.

### Jahresrhythmen

Der Rhythmus der **Jahreszeiten** wird in den Falllaubwäldern der gemäßigten Zone besonders offensichtlich. Ihre Krautschicht besteht vor allem aus ausdauernden Arten, die entweder schattentolerant sind oder den hohen Lichtgenuss vor der Laubentfaltung im Frühjahr rasch nutzen können, indem sie auf unterirdische Speicherorgane (z. B. Rhizome) zurückgreifen, sich rasch reproduzieren und dann erst ihre Speicher erneut füllen. Die Moosarmut der Bodenvegetation dieser Wälder erklärt sich aus dem herbstlichen Laubabwurf und der schlechten Zersetzbarkeit der Buchen- und Eichenstreu. Die meisten Moose

werden auf diese Weise mechanisch unterdrückt bzw. ausgedunkelt.

Saisonale Muster treten vor allem in unserem **Jahreszeitenklima** auf. Viele Organismen können ihre Lebensabläufe während einer ungünstigen Jahreszeit völlig einstellen, oder sie sind sehr kurzlebig. Solche ephemeren Arten vollziehen ihre Entwicklung inklusive Reproduktion während weniger Wochen, um zu kalte, zu lichtarme oder zu trockene Perioden zu meiden. Während ungünstiger Phasen gehen sie in Dauer- oder Ruhestadien über, die erneut aktiv werden können, sobald günstige Umweltbedingungen herrschen. Viele Pflanzen ziehen sich in unterirdische und damit geschützte Überdauerungsorgane zurück. Oberirdisch überdauernde Pflanzen können durch den Abwurf bestimmter Organe (z. B. Blätter) den physiologischen und morphologischen Aufwand zu deren Schutz vor Trockenheit oder Kälte umgehen.

Der Konkurrenzvorteil der Laub abwerfenden Bäume unter den mitteleuropäischen Klimabedingungen besteht darin, dass sie mit derselben Assimilatmenge deutlich mehr Blattfläche erzeugen können, da sie auf schützende Strukturen bei auftretenden Frost- oder Trockenheitsereignissen verzichten können. Allerdings ist für die Realisierung dieser Strategie eine ausreichende Feuchtigkeitsversorgung während der Vegetationsperiode erforderlich.

Die Reproduktion ist in einem Jahreszeitenklima auf bestimmte Zeiten konzentriert. Pflanzen blühen und fruchten in eng begrenzten Zeiträumen, was nicht nur mit dem Energieeintrag oder anderen abiotischen Verhältnissen zu tun hat, sondern auch mit dem Auftreten von Bestäubern oder Vektoren für die Diasporenausbreitung zu erklären ist (Abbildung 2.40). In den **Tropen**, in denen Jahreszeiten mit deutlichen Klimaunterschieden fehlen, finden wir immerblühende Arten wie die Papaya (*Carica papaya*), Arten, die zu verschiedenen Zeiten blühen wie die Goldregenkassie (*Cassia fistula*), solche, die episodisch wegen eines Temperaturrückgangs um 5 °C nach einem Gewitter blühen (tropische Orchideen der Gattung *Dendrobium*) und Arten, die einen mehrjährigen Abstand zwischen den Blühphasen haben können wie bestimmte Bambusarten (*Bambusa* spec.). Oftmals übernimmt aber auch in den Tropen ein jahreszeitliches Muster aus Regen- und Trockenzeit die signalgebende Funktion unserer Jahreszeiten. Bei einer jahreszeitlich bedingten Einschränkung der Verfügbarkeit von Ressourcen führt dies automatisch auch bei Tieren zu einer jahreszeitlich eng gesteuerten Reproduktion, da die Verfügbarkeit von Ressourcen für das Heranwachsen des Nachwuchses gewährleistet sein muss.

Im Gebirge und in den Polargebieten ist die **Aperzeit**, die Zeit, in der die Bodenoberfläche nicht von Schnee bedeckt ist, ein wichtiger Zeitgeber für die Entwicklung der Organismen. Stehen dafür nur wenige Wochen zur Verfügung, so müssen besondere Strategien entwickelt werden, um so rasch wie möglich die Entwicklung zu vollziehen. Die Kleinen Alpenglöckchen (*Soldanella pusilla*) profitieren vom schützenden Effekt der auftauenden Schneedecke und strecken ihre Blüten schon vor dem letz-

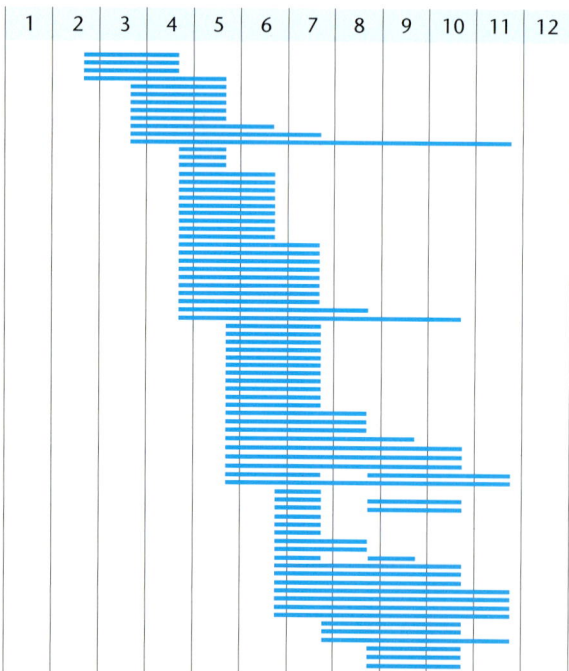

| 1 | 2 | 3 | 4 | 5 | 6 | 7 | 8 | 9 | 10 | 11 | 12 |

**Abb. 2.40:** Phänologische Abfolge der Blühzeit (Monate 1–12) entomophiler Pflanzenarten eines Halbtrockenrasens. Nach Daten in Kratochwil (1984).

ten Abschmelzen durch die Schneekruste. Einige Arten, wie der nivale Gletscherhahnenfuß (*Ranunculus glacialis*), benötigen mehrere Vegetationsperioden für die Entwicklung von Blüten. In schneereichen Zeiten können sie einzelne Jahre völlig verborgen unter der Schneedecke überdauern.

Die Saisonalität des Klimas erfordert die Anpassung an bestimmte Klimabedingungen zu bestimmten Jahreszeiten (z. B. Tageslänge als Blühinduktion). Die Regelmäßigkeit des Auftretens ungünstiger Phänomene spielt dabei eine wichtige Rolle. Unregelmäßig auftretende Ereignisse können bei gleicher Stärke in Abhängigkeit vom Zeitpunkt ihres Auftretens deutlich stärkere Effekte zur Folge haben als regelmäßige Ereignisse (z. B. Frost und Spätfrost).

Tiere zeigen in ihrem Verhalten eine enge Bindung an die Jahreszeiten. Sie haben unterschiedliche Ruhestadien zur Überdauerung ungünstiger Zeiträume (bei Insekten meist im Ei- oder Puppenstadium), können artspezifisch aber auch als Juvenile oder Adulte eine Ruheperiode einlegen. Arten mit Winterruhe oder Winterschlaf (**Hibernation**) reduzieren ihren Stoffwechsel während der kalten Jahreszeit. Bei Bären sorgt das HIT-Enzym (*hibernation induction trigger*) für eine Verlangsamung der Körperfunktionen, um eine vier bis sechs Monate dauernde Ruhephase zu ermöglichen. Mitunter ist mit dem Jahresverlauf eine Veränderung von Organen zu beobachten, beispielsweise durch Fetteinlagerung oder Winterfell. Im ausgeprägten Jahreszeitenklima Europas unterscheiden sich viele Arten in ihrer Färbung während des Jahres, wenn auch nur selten so ausgeprägt wie beim Hermelin (*Mustela erminea*) oder beim Alpenschneehuhn (*Lagopus mutus*), welche ein fast vollständig weißes Winterkleid tragen.

Jahreszeiten lösen nicht zuletzt **Wanderungsbewegungen** aus, welche der Nahrungsversorgung oder der Reproduktion dienen können. Europäische Rothirsche (*Cervus elaphus elaphus*) führten in früherer Zeit ausgedehnte Wanderungen zwischen Winter- und Sommereinstandsgebieten durch. Heute sind diese durch Infra-

struktur und Siedlungen stark beeinträchtigt bzw. nahezu unmöglich geworden. Bei den nordamerikanischen Rothirschen (z. B. bei der Unterart des Rocky-Mountain-Wapiti, *C. e. nelsoni*) sind diese Wanderungen zwischen Gebirgsregionen im Sommer und im vorgelagerten Hügelland im Winter noch sehr ausgeprägt. Gnus und andere große herbivore Säugetiere Ostafrikas wandern in Abhängigkeit von den Regenfällen und der Vegetationsentwicklung im Jahresverlauf in der Serengeti (Kenia und Tansania) großräumig umher (Abbildung 2.41).

Ein besonders eindrückliches Phänomen jahresperiodischer Wanderung ist der **Vogelzug**. Hierunter verstehen wir die Wanderung vieler Vogelarten zwischen Brut- und Winterquartier. Man unterscheidet den Frühjahrszug, bei dem die Vögel nach Norden ins Brutgebiet zurückkehren, und den Herbstzug, bei dem die Vögel zur Überwinterung in den Süden ziehen. Für die Südhalbkugel gilt dies natürlich umgekehrt. Flugrouten und Winterquartiere sind artspezifisch. Die Orientierung und der Zeitpunkt des Aufbruchs sind meist angeboren, Steuermechanismen können Photoperiode und Temperatur sein. Viele Arten berücksichtigen den Sonnenstand und die Polarisation des Lichtes, können sich aber vor allem im Magnetfeld der Erde orientieren. Darüber hinaus berücksichtigen sie tagsüber Landmarken (Meeresküsten, Flusstäler, Bergrücken) und nachts den Sternenhimmel. Je nach Art fliegen die Vögel einzeln oder in Scharen und verständigen sich durch Rufe. Die meisten Zugvögel fliegen in 1000–4000 m Höhe, Schnepfen und Störche in 5000–6000 m Höhe, die Streifengans gar in 9000 m Höhe. Dabei erreichen kleine Vögel um 100 km/h, schwerere Vögel nur die Hälfte dieser Geschwindigkeit.

Vögel wechseln ihren Lebensraum, weil sie während des europäischen Winterhalbjahres nicht genügend Nahrung in ihrem Brutgebiet finden. Um diese immense Anstrengung durchführen zu können, legen sich Zugvögel vor dem Zug eine große Energiereserve (Fettpolster) zu. Die zurückgelegte Flugstrecke kann 5000–10000 km be-

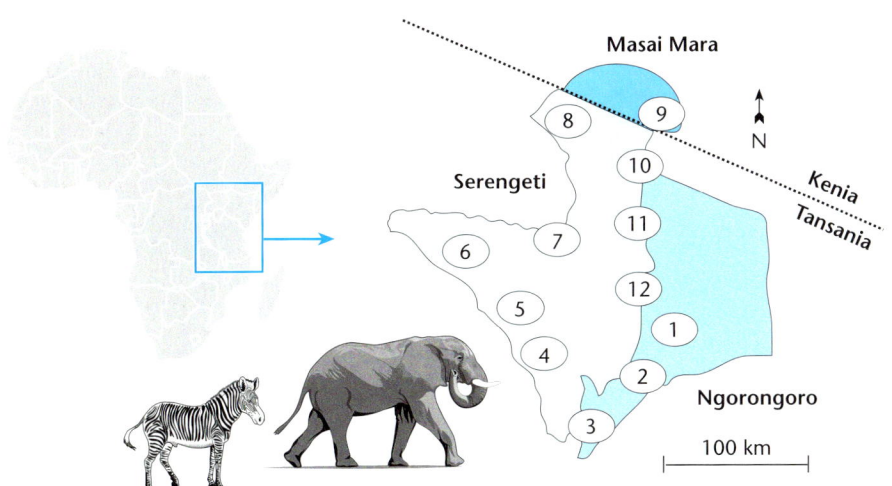

**Abb. 2.41:** Jahresperiodische Wanderungen der herbivoren Großsäuger in der Serengeti, Masai Mara und im Ngorongoro-Krater (Tansania und Kenia). Zahlen geben den Aufenthalt der Herden im jeweiligen Monat an.

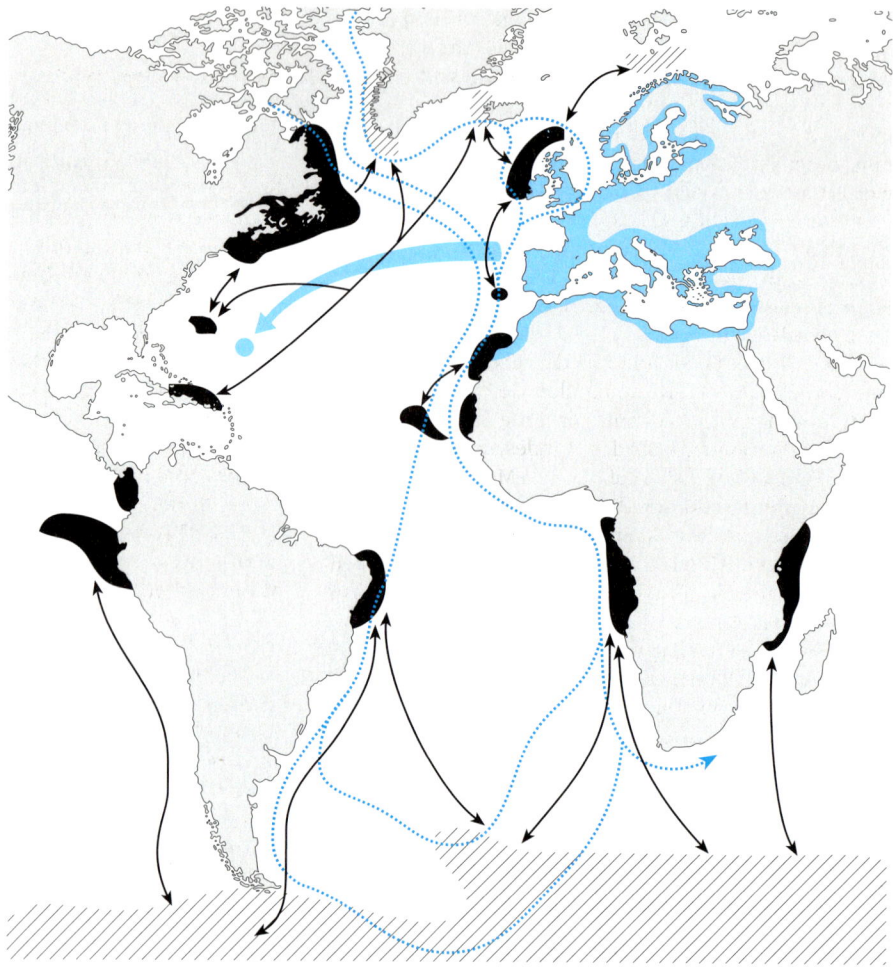

**Abb. 2.42:** Jahresperiodische Zugwege (dünne blaue Pfeile) der Küstenseeschwalbe (*Sterna paradisaea*), Wanderung (breiter blauer Pfeil) des europäischen Aals (*Anguilla anguilla*) zu seinen Laichgebieten (blauer Punkt) und Wanderungen des Buckelwals (*Megaptera novaeangliae*) (schwarze Pfeile) zwischen den polaren Weidegründen (schraffiert) und den äquatorialen Überwinterungsgebieten (schwarz). Nach Ziswiler (1976) und Tardent (1993).

tragen. Einzelne Arten, die über den Ozean ziehen, fliegen bis 7 000 km ohne Unterbrechung. Die längsten Zugstrecken finden sich bei Küstenseeschwalben, die von der Arktis in die Antarktis und zurück wechseln und dabei jährlich über 40 000 km zurücklegen (Abbildung 2.42).

Vergleichbare jahresperiodische Wanderungen finden sich im Frühjahr bei Amphibien zu den Laichgewässern. Hierbei werden jedoch nur kurze Strecken von wenigen Kilometern zurückgelegt. Einige Fledermausarten führen Wanderungen von Nord- nach Mitteleuropa ähnlich den Vögeln durch, die Strecken sind hierbei jedoch auf einige 100 km begrenzt. Bartenwale hingegen legen große Strecken zurück, um die jahresperiodisch bedingt planktonreichen Gebiete aufzusuchen.

Auch Insekten führen lange Wanderungen durch. Wandernde Schmetterlingsarten (z.B. Monarchfalter *Danaus plexippus*, Admiral *Vanessa atalanta*, Distelfalter *V. cardui*) ziehen zwischen den nördlichen und südlichen Teilen Nordamerikas bzw. dem mediterranen und nördlichen Europa. Einige europäische Schwebfliegenarten überwintern südlich der Alpen und besiedeln die nördlich gelegenen Gebiete jedes Jahr neu. Wegen der begrenzten Lebens- und Flugdauer dieser Insekten können weite Wanderungen oftmals nur im Verlauf mehrerer Generationen durchgeführt werden. Diese Wanderungen ähneln

also mehr einem Staffellauf. Vergleichbare Wanderungen werden auch von einigen Wanzen, Marienkäfern und Heuschrecken berichtet (Tischler 1993). Wegen der begrenzten Markierungsmöglichkeit kleiner Insekten sind ihre Fernwanderungen noch wenig erforscht.

### Tagesrhythmen

Der Rhythmus der **Tageszeiten** wirkt sich bei allen Pflanzen und Tieren aus. Der regelmäßige Wechsel zwischen kosmischem Energieeintrag und Energieaustrag, zwischen Wärme und Kälte, zwischen Licht und Dunkel ist einer der wichtigsten Regelungsmechanismen bei Lebewesen. Photosynthese und Kohlenstofffixierung sind darauf angewiesen und zeigen daher eine ausgeprägte circadiane Rhythmik. Viele Tiere nutzen das Tageslicht zur Orientierung, Nahrungssuche und Reproduktion. Bei dämmerungs- oder nachtaktiven Tieren ergeben sich entsprechende Aktivitätsrhythmen.

**Circadiane Rhythmen** sind genetisch gesteuerte Lebensmuster, die auch ohne äußeren Zeitgeber wie Tageslicht weiterhin ablaufen. Diese Periodizität entspricht nur in etwa dem 24-Stunden-Tag (daher „circadian") und variiert zwischen 22 und 26 Stunden. Äußere Zeitgeber wie das Sonnenlicht sind erforderlich, um diese Uhr täglich immer wieder zu justieren. Circadiane Rhythmen werden durch innere, physiologische Prozesse gesteuert, daher sprechen wir von einer „inneren Uhr". Ein besonders markantes Beispiel hierfür ist der menschliche Schlafrhythmus, der in ähnlicher Weise auch bei anderen Tieren ausgeprägt ist. Diese Steuerung erfolgt über biochemische Prozesse, in welchen Kryptochrom 2, ein lichtempfindliches Pigment, das in Augen nachgewiesen werden konnte, eine Rolle spielt (Tresher at al. 1998). Auch der tägliche Hormonhaushalt des Menschen ist circadian gesteuert (z. B. beim Melatonin).

Regelmäßige Ereignisse auf der Ebene von Stunden sind vor allem an der Küste mit den Gezeiten (**Ebbe und Flut**) systemgestaltend. Auf der Erde gibt es, bedingt durch die Anziehungskraft des Mondes, ständig zwei Flutberge. Einer befindet sich auf der dem Mond zugewandten Seite, einer aufgrund der Fliehkraft auf der abgewandten Seite. Im freien Ozean sind sie etwa einen halben Meter hoch, aber die Küstenstruktur modifiziert diese Flutwellen. So kommen in Nordseebuchten Englands und Frankreichs Differenzbeträge (Tidenhub) von über 10 m zustande. In der Ostsee beträgt die Tide andererseits nur wenige Dezimeter. Das Wattenmeer lebt vom täglich zweimal auftretenden Wechsel der Standortbedingungen zwischen terrestrischen und aquatischen Verhältnissen. Auch an felsigen Steilküsten konnten sich Lebensgemeinschaften entwickeln, die mit den sich ständig ändernden mechanischen und ökophysiologischen Belastungen umgehen können.

### 2.3.3.3 Störungsereignisse

Einzelereignisse, die in kurzer Zeit eine deutliche Wirkung zeigen, bezeichnen wir als Störungen. Dies gilt unabhängig davon, ob diese Ereignisse prognostizierbar sind oder nicht. Störungen können natürlichen oder anthropogenen Ursprungs sein, und sie sind ein wesentlicher Motor der Dynamik von Ökosystemen (Abbildung 2.43).

Die Bedeutung natürlicher Störungen für die Habitatregulierung bei Vögeln betonen Brawn et al. (2001). Neben dem Habitatverlust wird die Unterdrückung natürlicher Störungen wie Feuer oder Überflutung über die Regulation der Ökosysteme durch den Menschen als wesentliche Ursache für den Rückgang von Vogelarten herausgestellt. Als Konsequenz wird mehr Dynamik im Naturschutz gefordert. Störungen besitzen eine existentielle Funktion für die **Regeneration** des tropischen Regenwaldes (Hubbell et al. 1999), da nur durch das Entstehen neuer Lichtungen (*gaps*) genügend Licht zur Entwicklung von Keimlingen auf den Waldboden fällt. Generell sind kleinräumig strukturierte Waldökosysteme auf regelmäßige Unterbrechungen der Sukzession angewiesen, sodass ein Neuanfang erfolgt (Mosaik-Zyklus-Theorie, Remmert 1991).

Die Wirkung von Störungen geht über die kurze Dauer ihres Auftretens hinaus. Ein **Feuer** hat auch lange nach seinem Erlöschen im Ökosystem noch einen Effekt. Dies gilt nicht nur für das tatsächliche Auftreten von Störungsereignissen, sondern auch für dessen Ausbleiben. Lebensgemeinschaften sind an das Auftreten bestimmter Ereignisse angepasst. Im borealen Nadelwald sorgen Feuer für die

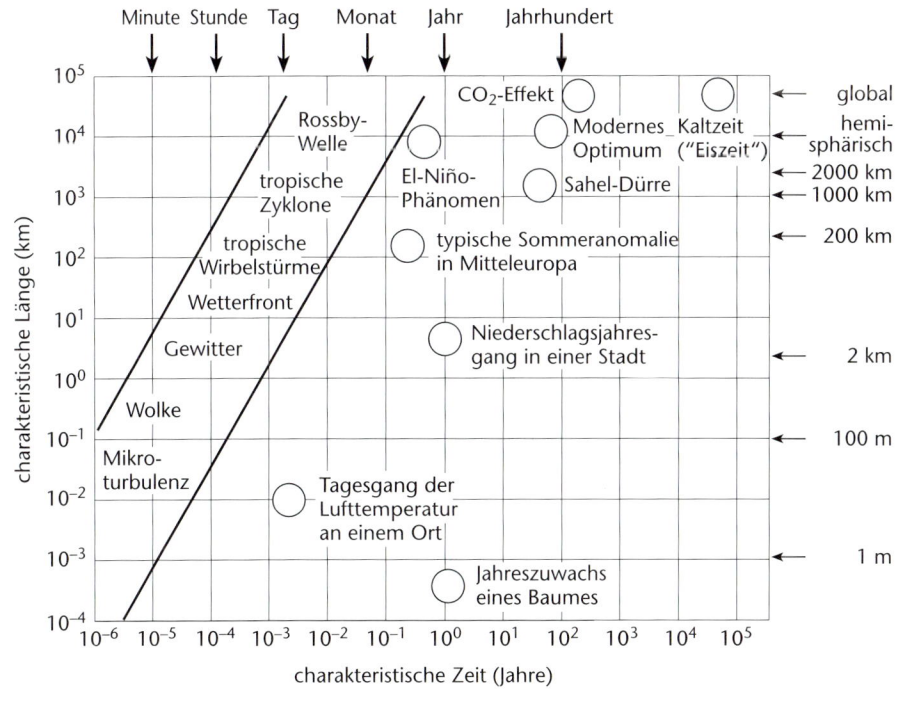

**Abb. 2.43:** Atmosphärische und klimatologische Phänomene im Längen-Zeit-Diagramm. Rossby-Wellen sind atmosphärische Störungen, die als mäanderförmige Wellen im Pazifik großräumig einen Teil des Wettergeschehens darstellen. Nach Walter und Breckle (1999).

Mineralisierung von in der Streu gebundenen Nährstoffen und ermöglichen die Verjüngung der Bestände, da sich die Früchte der Hauptbaumarten teilweise erst nach Einwirkung hoher Temperaturen öffnen. Wir sprechen daher auch von feuergeprägten Lebensräumen (Abschnitt 6.3.1) und kennen für viele Arten sehr spezifische Anpassungen (Abschnitt 2.2.2.3). Bleiben durch die Kontrollbemühungen des Menschen Feuer aus, dann wird das störungsangepasste Ökosystem aus seinem langfristigen Gleichgewicht gebracht.

Singuläre Ereignisse, die sich über Wochen erstrecken, sind zum Beispiel extreme Trockenphasen oder lang andauernde **Extremniederschläge**. Vor allem in monsungeprägten Klimaten kann es zu außergewöhnlichen Niederschlagsphasen kommen, die die langjährigen hohen Durchschnittsniederschläge deutlich übertreffen. Im nordostindischen Cherrapunji (Jahresmittel 11 430 mm) fielen im bisher extremsten Jahr 1861 als globaler Rekord 26 460 mm Niederschlag.

Die sich vom antarktischen Eisschild lösenden **Eisberge** verursachen bei ihren Bewegungen über dem flachen kontinentalen Schelf auf dem Ozeanboden Schrammen, die wegen der durch die kalten Temperaturen verlangsamten Lebensabläufe nur im Verlauf von Jahrhunderten wieder besiedelt werden. Die hierdurch bedingte Variabilität der Lebensbedingungen auf kleinem Raum ist dennoch, wie in terrestrischen Ökosystemen, der Garant für den Erhalt der benthischen Artenvielfalt (Gutt und Starmans 2001).

**Hangrutschungen** erfolgen teilweise in wenigen Minuten, können sich aber auch über Stunden und Tage hinziehen, und verändern das Relief vor allem in Gebieten mit Wechsellagen aus tonigen und anderen Sedimentgesteinen ab einer gewissen Hangneigung. In der Frankenalb und der Schwäbischen Alb finden sich hierfür zahlreiche Beispiele. Bergrutsche der Alpen erfolgen hingegen, genauso wie Lawinen und Murenabgänge, mit sehr viel stärkerer Intensität und Geschwindigkeit. Sie hinterlassen neu zu besiedelndes Substrat. Erfolgen diese Ereignisse häufiger, so hinterlassen sie typische Strukturen in der Landschaft (Lawinenrunsen), die von Arten besiedelt werden, welche den mechanischen Belastungen gewachsen sind, wie etwa die Grünerle (*Alnus viridis*).

Artspezifische Verhaltensmuster bestimmen bei Tieren, welche Aktivitäten in ihrem Wahrnehmungsbereich als Störung empfunden und beispielsweise mit Fluchtverhalten beantwortet werden. Bedingt durch die hohe **Freizeitaktivität** in unserer Gesellschaft kommt es häufig zu Begegnungen mit scheuen Wildtieren. Gemsen (*Rupicapra rupicapra*) und Steinböcke (*Capra ibex*) können durch Hängegleiter gestört werden, da sie diese Objekte als potenziellen Prädator einstufen. Sie reagieren mit Flucht aus Landschaftsbereichen und damit aus ihrem angestammten Lebensraum. Noch gravierender sind Störungen, die in einer sensiblen Jahreszeit erfolgen, z. B. dann, wenn Skitourenwanderer in Wintereinstände von Raufußhühnern eindringen. Störungen von Fledermäusen im Winterquartier, z. B. in Höhlen, führen ebenfalls zu erheblichen Energieverlusten, da die Tiere ihren Stoffwechsel aktivieren und gespeicherte Energie verbrauchen. Zwar dauert die eigentliche Störung nur kurze Zeit an, die Effekte wirken sich jedoch eventuell für das Individuum langfristig letal aus.

## 2.3.3.4 Völlige Zerstörung und Vernichtung

Die großen **globalen Auslöschungsereignisse**, welche die Erdgeschichte prägen und zur Differenzierung geologischer Zeiten und Schichten auf der Grundlage der schlagartigen Veränderung der fossil nachweisbaren Artenzusammensetzung beigetragen haben, sind auf vielfältige und komplexe Ursachen zurückzuführen. Die unterschiedliche Dauer dieser Ereignisse deutet an, dass verschiedene Faktoren oder Faktorenkombinationen verantwortlich gewesen sein dürften. Eine zentrale Rolle haben sicherlich **Meteoriteneinschläge** gespielt (Abschnitt 6.5.3.4). Manche der sich hierdurch ergebenden Krater sind noch heute zu erkennen, wie etwa der Einschlag bei der mexikanischen Halbinsel Yucatan (Kraterdurchmesser 180 km), der Manicouagan-Krater in Kanada (Durchmesser 100 km) oder das Nördlinger Ries in Bayern (Durchmesser 25 km).

Eine allmähliche, sich über lange Zeiträume hin erstreckende Zerstörung von Lebensräumen ist mit dem klimatisch gesteuerten Meeresspiegelanstieg verbunden. Küstennahe Schelfbereiche und Landbrücken gingen in Warmzeiten immer wieder als terrestrische Habitate verloren. Wir können aber erwarten, dass hiervon nur einzelne Individuen betroffen waren und weniger gesamte Arten, da diese Zeit hatten, direkt oder über Diasporen zu reagieren.

Eher von lokaler Bedeutung sind die in kurzer Zeit erfolgenden großen Massenbewegungen bei Bergstürzen im Hochgebirge. Der Tschirgant-Bergsturz transportierte vor etwa 3 000 Jahren Unmassen von Kalkgestein in das Inntal. Solche Ereignisse können Täler abriegeln und Seen formen (Fernpass).

**Vulkanausbrüche** wie am Mount St. Helens (USA) können ganze Landschaften neu schaffen. Ein Überleben von Organismen ist in der näheren Umgebung eines solchen Ereignisses nicht möglich. Die vor Island gelegene Insel Geyrfuglaskr versank 1830 im Verlauf eines Vulkanausbruchs im Meer und nahm eine der letzten Riesenalk-Populationen (*Alca impennis*, isländisch *Geyrfugl*) mit in die Tiefe. Wenige Jahre später starb die stark bejagte Art aus. Für den **Krakatau** (Indonesien) ist eine Serie von Zerstörung und Wiederbesiedlung belegt. Die ehemals ca. 10 km$^2$ große und über 2 000 m hohe Insel wurde zuletzt 1883 in einer der größten Vulkaneruptionen der neueren Geschichte völlig vernichtet. Spätere Eruptionen bedeckten die neu entstandenen Inseln des Archipels regelmäßig mit Lava und Asche, sodass die in diesem tropischen Lebensraum schnell stattfindende Wiederbesiedlung immer wieder gestoppt wurde (Thornton 1995).

Eine verheerende Wirkung kann von Erdbeben ausgehen. An den Küsten des Pazifischen Ozeans lösen Meerbeben außergewöhnlich hohe und schnelle Wellen aus (Tsunamis), welche die Küstenvegetation völlig zerstören können.

Die menschliche Zerstörung von Lebensgemeinschaften, Biotopen und Ökosystemen soll an dieser Stelle nur kurz erwähnt werden. Ihr sind Abschnitt 6.5 und Kapitel 7 gewidmet. Menschliche Einwirkungen besitzen heute die größte Bedeutung für die globale Bedrohung der Artenvielfalt. Ökologen sprechen angesichts des Ausmaßes der globalen Artenverluste in Anspielung auf die sechs erdgeschichtlich bedeutsamen Aussterbereignisse vom „siebten Ereignis" (Abschnitt 6.5.3.4).

## 2.3.4 Zeitliche Eigenschaften der Organismen

Auf phylogenetischer Ebene können wir ebenfalls zwischen Trends bzw. allmählichen Veränderungen (z.B. **Evolution**), Rhythmen (z.B. Reproduktion, Saisonalität) und singulären Ereignissen (z.B. Mutation, Aussterben) unterscheiden.

### 2.3.4.1 Taxonomisches Alter

Die evolutive Entwicklung der Organismen stellt den zeitlichen Hintergrund für die aktuellen Verhältnisse dar. Größere vielzellige Organismen sind erst seit dem Ende des Präkambrium, also seit etwa 600 Millionen Jahren, fossil belegt. Der Beginn der Entwicklung des Lebens reicht aber deutlich weiter zurück, denn erste Eukaryoten sind seit 1,7 Milliarden Jahren bekannt. Photosynthese ist durch riffartige Stromatolithe (Abbildung 7.23), also Kalkausscheidungen von Cyanobakterien, seit 3,5 Milliarden Jahren bekannt, und die ältesten Lebewesen überhaupt sind etwa 3,8 Milliarden Jahre alt (Abschnitt 7.4.2).

Pflanzen besiedeln seit dem Ende des Silur vor etwa 400 Millionen Jahren die Erde. Ausgehend von Grünalgen entwickelten sich zunächst schachtelhalm- und bärlappähnliche Pflanzen. Die in Kohleflözen dokumentierten Wälder des Devon und des Karbon sind von Lepidodendraceae, Sigillariaceae und Miadesmiaceae aufgebaut. Die heute bei den Pflanzen vorherrschenden Bedecktsamer (Magnoliopsida) besitzen besondere Anpassungen an das Landleben, wie einen vor Austrocknung geschützten Samen, Lockapparate zur Fremdbestäubung oder für Vektoren attraktive Früchte mit Nährgewebe. Sie überragen heute in der Artenzahl die stammesgeschichtlich älteren Nacktsamer (Cycadopsida bzw. Coniferopsida) um ein Vielfaches.

Mit Beginn des Kambrium gab es bereits eine beachtliche Vielfalt tierischer Gruppen im Meer. Vor etwa 500 Millionen Jahren entstanden dort die ersten fischartigen Lebewesen, und vor 360 Millionen Jahren erschienen erste Wirbeltiere auf dem Land. Reptilien gibt es seit 320 Millionen Jahren, Säugetiere seit 230 Millionen Jahren, Vögel seit 150 Millionen Jahren. Mit dem Verschwinden der Karbonwälder vor knapp 300 Millionen Jahren war auf dem Land die Radiation der Insekten bereits in vollem Gang. Ihre gewaltige Ausbreitung in Trias, Jura und Kreide dürfte der wesentliche Motor für die evolutive Entwicklung der Blütenpflanzen gewesen sein. Das Aufkommen Samen fressender Vögel zum Wechsel zwischen Kreide und Tertiär förderte diese Entwicklung (Stanley 1988), die wir auch als **Koevolution** zwischen diesen Pflanzen und Tieren bezeichnen.

### 2.3.4.2 Ausbreitung und Zeit

Auch die Ausbreitung von Arten ist ein zeitlich gerichteter Prozess mit dem Resultat einer Verbreitung zu einem bestimmten Zeitpunkt. Die Zu- und Abwanderung von Arten kann als Reaktion auf Klimaveränderungen oder menschliche Aktivitäten verstanden werden. Es ist jedoch auch möglich, dass eine Art eine Ausbreitungsbarriere durch ein zufälliges Ereignis überwinden konnte.

Als **indigen** bezeichnen wir Arten, die in einem Gebiet einheimisch und ohne Zutun des Menschen eingewandert sind. Diese können unterteilt werden in Arten, welche den heutigen zonalen Klimabedingungen entsprechen (z.B. in Mitteleuropa die Vertreter der Wald-, Ufer-, Moor-, Dünensowie Hochgebirgsvegetation), und jene, die nur mit Hilfe des Menschen (z.B. durch das Offenhalten von Standorten und die Vermeidung von Waldentwicklung) hier existieren können.

**Adventiv** (synanthrop, anthropochor) sind Arten, die mit Zutun des Menschen (absichtlich oder unabsichtlich) eingewandert sind. Wir unterscheiden bei den Pflanzen: Ergasiophyten (Kulturpflanzen, welche sich aus eigener Kraft in der Flora nicht behaupten könnten), Archäophyten (frühzeitig unabsichtlich eingewandert oder eingeführt), Neophyten (seit 1492 eingewandert oder eingeführt) und Ephemerophyten (nur gelegentlich auftretende Passanten). Bei Tieren spricht man von Neozoen. **Invasive** Arten sind eingeschleppte (adventive) Arten, die sich sehr schnell ausbreiten und aggressiv in natürliche Ökosysteme eindringen (Abschnitt 6.5.3.3). **Reliktisch** nennen wir Arten, die zwar in einem Gebiet noch existieren, aber keine vitalen Bestände mehr bilden.

### 2.3.4.3 Individuelles Alter

Aktive Bakterien haben in der Regel nur eine sehr kurze individuelle **Lebensdauer.** Da sie sich aber teilen, können sie als potenziell unsterblich betrachtet werden. Zudem gibt es auch Mikroorganismen, welche bei Nährstoffmangel oder in trockener Umgebung Dauersporen ausbilden können und somit auch sehr lange, ungünstige Zeiten überdauern können. Großbritannien testete 1942 den Milzbranderreger (Anthrax-Bakterien, *Bacillus anthracis*) als Kampfmittel. Ein britisches Kampfflugzeug warf eine Bombe mit Milzbrandsporen über der kleinen schottischen Insel Gruinard ab, welche wegen der Dauerstadien seitdem als verseucht galt. 1986 beschloss die Regierung, die Insel mit einem kostenaufwendigen Programm zu desinfizieren.

Dauerstadien von Mikroorganismen können möglicherweise sogar geologische Zeiträume überdauern. So gelang es, Bakterien der Gattung *Bacillus* aus dem Hinterleib einer in Bernstein eingeschlossenen Biene wieder zu beleben. Vor dem Aushärten des Bernsteines konnten diese Mikroorganismen vor 25 bis 40 Millionen Jahren Sporen bilden (Cano und Borucki 1995). Die heute an Extremstandorten anzutreffenden Archaebakterien können teilweise ebenfalls in Gesteinen in lebensfähigen Stadien über sehr lange Zeiträume überdauern. In 280 Millionen Jahre alten Salzlagerstätten bei Salzburg wurden kürzlich aus mehr als 600 m Tiefe lebende halophile Archaebakterien (*Halococcus dombrowskii*) entdeckt (Stan-Lotter et al. 2002).

Pflanzen und Tiere zeigen eine spezifische Differenzierung ihrer Zellen und Organe. Wachstum und Differenzierung fassen wir als individuelle Entwicklung zusammen (**Ontogenese**). Wir unterscheiden in der Regel die juvenile Phase, die Wachstums- bzw. Reifephase, die reproduktive Phase und eine Seneszenzphase. Die Individualentwicklung besteht aus Geburt bzw. Keimung, Entwicklung, Reproduktion und Tod.

Bei Pflanzen ist es üblich, sie auf der Grundlage ihrer Lebensdauer zu typisieren. Es werden Einjährige (Annuelle), Zweijährige (Bienne) und Ausdauernde (Perennierende) unterschieden, wobei auch letztere natürlich ein begrenztes Lebensalter besitzen. Ephemere Pflanzen existieren nur kurze Zeit, Ephemeroide hingegen treten nur kurze Zeit an der Erdoberfläche in Erscheinung, wie dies bei Geophyten der Fall ist.

Ein Problem ist, dass wir in vielen Fällen weder das aktuelle Alter von lebenden Organismen ermitteln können, noch ihr maximales Lebensalter kennen. Dies ist nur bei relativ kurzlebigen und gut zu beobachtenden Organismen sowie bei Lebewesen mit eingebautem Zeitarchiv möglich. Bei Bäumen sind das die bekannten **Wachstumsringe**, die im Stammquerschnitt zu erkennen sind. Bei Tieren kann das Alter mitunter ebenfalls an morphologischen Strukturen abgelesen werden. Hartkörper wie die Schalen von Muscheln und Schnecken, die Zähne von vielen Säugetieren und die Schuppen von Fischen zeigen regelmäßige Wachstumsringe, die über die sich ändernde Konstitution des Tieres mit den Jahreszeiten korrelieren. Bei gehörntragenden Tieren kann die Altersstruktur einer Population auf der Grundlage von Zuwachsringen der Hörner ermittelt werden.

Birken (*Betula pendula*) benötigen etwa 20 Jahre, bis sie zum ersten Mal blühen, Hainbuchen (*Carpinus betulus*) 30 Jahre, Kastanien (*Aesculus hippocastanum*) 40 Jahre, Rotbuchen (*Fagus sylvatica*) 50 und Steineichen (*Quercus ilex*) 60 Jahre. Die durchschnittliche Lebensdauer von Bäumen beträgt 200–300 Jahre, in Einzelfällen auch mehr. Manche Arten, vor allem der Hochgebirgsvegetation, können ein sehr hohes individuelles Alter erreichen (z. T. deutlich über 1000 Jahre) und so die geringe jährliche Wuchsleistung kompensieren. Bei der westamerikanischen Grannenkiefer (*Pinus longaeva*) wurden bis 4700 Jahre alte Individuen gefunden. Selbst bei einer Grasart, der alpinen Krummsegge (*Carex curvula*), wurde bei einzelnen Individuen ein Alter von mehr als 2000 Jahren nachgewiesen (Steinger et al. 1996).

Bei klonalen Pflanzen wie dem Adlerfarn (*Pteridium aquilinum*) kann das Alter an Vernarbungen von Rhizomabschnitten abgelesen werden. Probleme ergeben sich jedoch, wenn Teile eines solchen Rhizoms absterben. Die in Wiesen oft zu beobachtenden Hexenringe, die die Wachstumszonen von Pilzhyphen darstellen, erlauben eine Beurteilung des Alters dieser Pilze, da sie sich auf einen zentralen Infektionspunkt zurückführen lassen, von welchem aus radiäres Wachstum erfolgte. Kennt man die Wachstumsgeschwindigkeit von Flechtenthalli, so kann man über deren Größe Rückschlüsse auf das Alter von Indivi-duen und damit eventuell auf das Alter eines Reliefelements ziehen (Lichenographie).

Die Lebensdauer von **Pflanzensamen** kann sehr unterschiedlich sein. Vor allem die nicht austrocknungsresistenten Arten zeigen oft nur eine kurze Lebensdauer von unter einem Jahr. Wenn unter natürlichen Bedingungen jedes Jahr die Hälfte der Samen einer Art abstirbt, so gibt es dennoch einen über mehrere Jahre keimfähigen Samenvorrat, dem ökologisch eine große Bedeutung zukommt (**Bodensamenbank**). Andere Samen können bei geeigneter trocken-kühler Lagerung zehn Jahre und mehr überleben, etwa unsere Getreidesorten und viele Sämereien der bekannten häufigen Nutzpflanzen. Aufgrund von Herbarmaterial und archäologischen Funden (d. h. unter

**Tab. 2.7:** Höchstalter von Pflanzen und Tieren (Jahre).

| | Organismen | Jahre |
|---|---|---|
| Pflanzen | Maiglöckchen (Klonalter) | >400 |
| | Pappeln | 300–600 |
| | Eichen | 500–1000 |
| | Eiben | 900–3000 |
| | Mammutbäume | 4000 |
| | *Pinus longaeva* | 4700 |
| | Schilf (Klonalter) | >7000 |
| | Creosote (*Larrea divaricata*) (Klonalter) | >10000 |
| Wirbellose Tiere | Honigbienen Arbeiterin | 0,5 |
| | Honigbienen Königin | 8 |
| | Schnecken | 9 |
| | Regenwürmer | 10 |
| | Seeanemonen | 70 |
| | Muscheln | 150 |
| Wirbeltiere | Frösche | 14–16 |
| | Kohlmeisen, Amseln | 15 |
| | Kammmolche | 20 |
| | Höckerschwäne | 20 |
| | Ziegen | 20 |
| | Hunde, Katzen | 20 |
| | Mäusebussarde, Steinadler | 26 |
| | Pferde | 30 |
| | Weißstörche | 39 |
| | Aale | 55 |
| | Elefanten | 60 |
| | Welse | 60–80 |
| | Papageien | 70–80 |
| | Menschen | 100 |
| | Kakadus | 120 |
| | Schildkröten | 200 |

günstigen und konstanten Bedingungen) sind für einige Pflanzensamen Lebensdauern von 200 Jahren, ausnahmsweise von bis zu 1 000 Jahren verbürgt. Samen als Grabbeigaben in den ägyptischen Pyramiden (bis 4 000 Jahre alt) haben jedoch ihre Keimfähigkeit verloren.

Die meisten Insekten werden kaum ein Jahr alt, Königinnen sozialer Insekten können jedoch mehrere Jahre alt werden. Einzelne Wirbellose (Tintenfische, Muscheln) erreichen ein Alter, das dem langlebiger Wirbeltiere entspricht. Die meisten Singvögel, kleinen Säugetiere oder kleinen Fische erreichen ein Alter von nur wenigen Jahren, können aber in Gefangenschaft mehrfach so alt werden. Papageien werden in Gefangenschaft über 100 Jahre alt, Schildkröten bis 200 Jahre (Tabelle 2.7).

Modular aufgebaute Tiere (Abschnitt 2.1.2.4) können deutlich älter werden. Für einen antarktischen Riesenschwamm (*Scolymastra joubini*) von 2 m Höhe wird aufgrund von Messungen des Sauerstoffverbrauchs und der Zuwachsraten, die über zehn Jahre gemessen wurden, ein Alter von rund 10 000 Jahren angenommen. Somit wäre dies das älteste Lebewesen der Welt. Aus methodischen Gründen ist die Unsicherheit hierbei jedoch sehr groß.

# 2.4 Die ökologische Nische

## 2.4.1 Koexistenz und Evolution

Lebensgemeinschaften setzen sich aus verschiedenen Arten zusammen (Abschnitt 3.7.3 und 5.1). Zwar gilt als Mindestanforderung die Existenz von nur einem Primärpro-

duzenten und einem Destruenten, in Wirklichkeit sind Lebensgemeinschaften jedoch wesentlich reicher an Arten. In der Regel koexistieren viele Primärproduzenten, deren Biomasse die Grundlage für vielfältige Verflechtungen nachgeschalteter trophischer Ebenen darstellt.

Warum gibt es so viele verschiedene Arten in einer **Lebensgemeinschaft**? Warum können diese Arten nebeneinander existieren? Diese Frage beschäftigte bereits Darwin (1839), für den die Koexistenz verschiedener Arten ein Indiz für eine evolutive Entwicklung war. Bereits 20 Jahre vor Erscheinen seines Buches *Über die Entstehung der Arten* vermutete Darwin in seinem Reisebericht zur Fahrt der *Beagle,* dass „eine einzelne Art in verschiedener Weise für verschiedene Zwecke abgewandelt worden" sei. Die Natur bietet demnach gewisse Aufgaben an, die im Laufe der Evolution von Arten übernommen werden. Die Evolution fördert Unterschiede in der Lebensweise zwischen Arten, sodass letztlich eine Koexistenz möglich wird.

Was kontrolliert nun Vorkommen und Häufigkeit der Arten in einer Artengemeinschaft? Zunächst sind bestimmte **Ressourcen** erforderlich, welche die individuelle Entwicklung, den Reproduktionserfolg, die Überlebenswahrscheinlichkeit bestimmen. Darüber hinaus gibt es Ab- und Zuwanderung (Abschnitt 3.7.1) sowie intra- und interspezifische Interaktionen. Einige Umweltfaktoren wie z.B. Nährstoffe, Licht, Wasser werden von vielen Arten grundsätzlich in ähnlicher Weise genutzt. Das **physiologische Optimum** bestimmt dabei, bei welcher Kombination sich eine Art optimal entwickeln und fortpflanzen kann. Eigentlich sollte man aus diesem autökologischen Verhalten Vor-

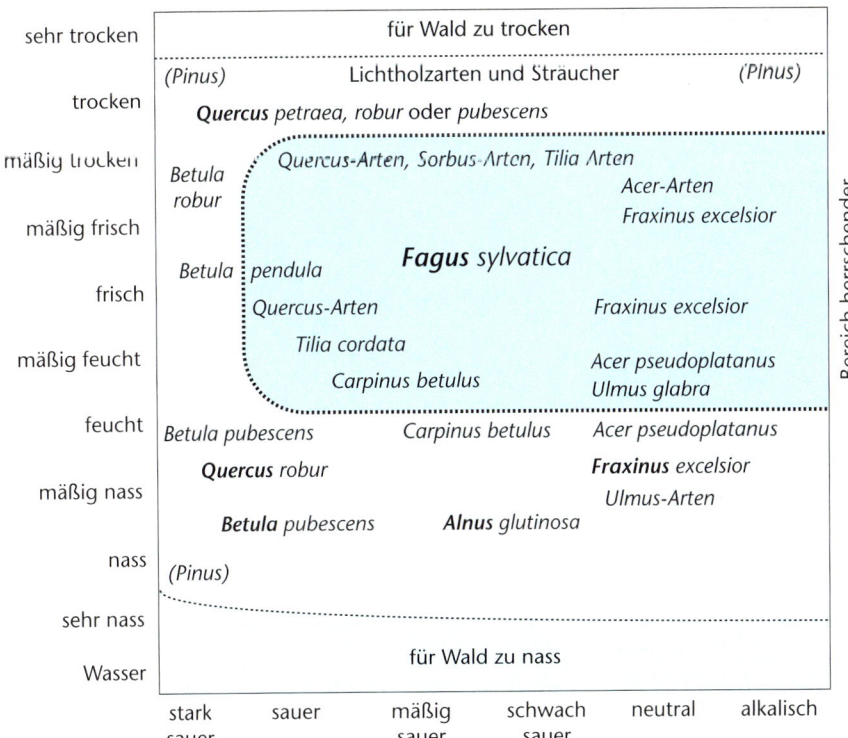

**Abb. 2.44:** Ökogramm der waldbildenden Baumarten in der submontanen Stufe Mitteleuropas. Dargestellt ist die Konkurrenzstärke bzw. Dominanz unter natürlichen Bedingungen bezüglich der Faktoren Bodenfeuchte und Nährstoffverfügbarkeit (Bodenreaktion). Die Buche (*Fagus sylvatica*) würde unter mittleren Verhältnissen vorherrschen. Nach Ellenberg (1996).

kommen und Häufigkeit einer Art vorhersagen können. Das gelingt aber nur dann, wenn für Vorkommen und Häufigkeit interspezifische Interaktionen nur eine untergeordnete Rolle spielen. Konkurrenten können eine Art aus dem physiologischen Optimum verdrängen, sodass die konkurrenzschwächere Art in Bereiche mit suboptimalen Umweltfaktoren abgedrängt wird, in denen die konkurrenzstärkere Art nicht mehr existieren kann: Das synökologische Verhalten (**ökologisches Optimum**) einer Art muss also nicht unbedingt mit den autökologischen Ansprüchen übereinstimmen. Ellenberg (1996) hat in seinen **Ökogrammen** mitteleuropäischer Baumarten den Unterschied zwischen physiologischem und ökologischem Optimum für die Wasserversorgung und die Nährstoffverfügbarkeit dargestellt (Abbildung 2.44). Nur bei der Buche (*Fagus sylvatica*) entsprechen sich beide Bereiche, während andere Arten in Randbereiche abgedrängt wurden. Die Waldkiefer (*Pinus sylvestris*) zeigt deutlich, dass dies auf die Konkurrenz mit der Buche zurückzuführen ist, denn sie gedeiht nicht nur unter den Bedingungen extremer Standorte gut, an denen die Buche nicht mehr wachsen kann, sondern in nahezu jedem mitteleuropäischen Kiefernforst. Diese zeichnen sich dadurch aus, dass durch die menschliche Pflege der Konkurrent ferngehalten wird.

Konkurrenz um Ressourcen führt also dazu, dass Arten mitunter suboptimale Bereiche besiedeln müssen. Die letzte Konsequenz ist der Ausschluss einer oder mehrerer Arten aus einer Lebensgemeinschaft. Dies bezeichnet man als **Konkurrenzausschluss** (*competitive exclusion;* Hardin 1960; Abschnitt 4.4.1) oder nach dem russischen Ökologen Gause als Gause'sches „Prinzip" (Gause 1934). Der Begriff Konkurrenzausschluss kann sich auf verschiedene räumliche Skalen beziehen, von Lebensgemeinschaften auf kleinstem Raum bis hin zu Lebensgemeinschaften ganzer Regionen (Floren und Faunen). Allerdings kommt es selten vor, dass eine Art eine andere wirklich aktiv und vollständig auf einem großen Gebiet verdrängt. Wichtige Grundlage des Konkurrenzausschlusses ist Konkurrenz um unbedingt notwendige Umweltfaktoren und Ressourcen, wobei die Verfügbarkeit begrenzt sein muss. Sauerstoff ist ein Umweltfaktor, den jeder tierische Organismus benötigt. Sauerstoff ist aber zumindest auf dem Land überall ausreichend vorhanden, sodass es keine Konkurrenz um Sauerstoff gibt.

### 2.4.2 Das Konzept der ökologischen Nische

Wenn Konkurrenz durch die Nutzung ähnlicher Ressourcen bedingt ist, dann lässt sich Konkurrenz und damit Konkurrenzausschluss vermeiden, sofern Arten Unterschiede in der Nutzung der Umweltfaktoren und Ressourcen herausbilden. Koexistenz wird demnach dann ermöglicht, wenn sich Arten in ihren Ansprüchen unterscheiden. Man spricht davon, dass die Arten unterschiedliche **ökologische Nischen** haben bzw. besetzen. Der Begriff der Nische hat in der Ökologie eine lange Tradition, die von Grinnell

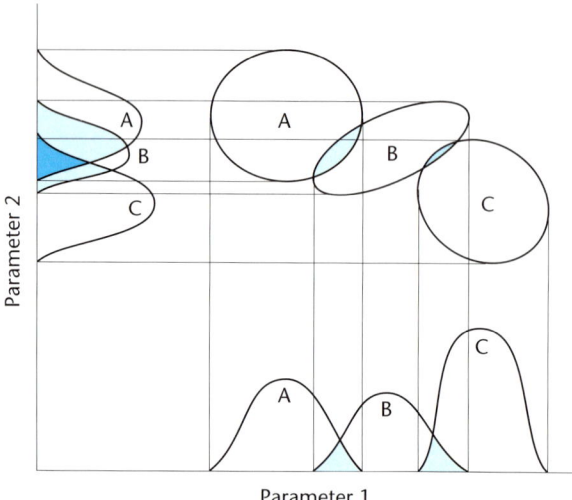

**Abb. 2.45:** Die ökologische Nische der drei Arten A, B, C bezogen auf die Parameter 1 und 2. Bereiche der Nischenüberlappung sind schraffiert. Nach Schaefer und Tischler (1992).

(1904, 1917), Elton (1927) bis hin zu Hutchinson (1957, 1959) reicht (siehe Schoener 1989). Wir können folgende Auffassungen der ökologischen Nische unterscheiden:

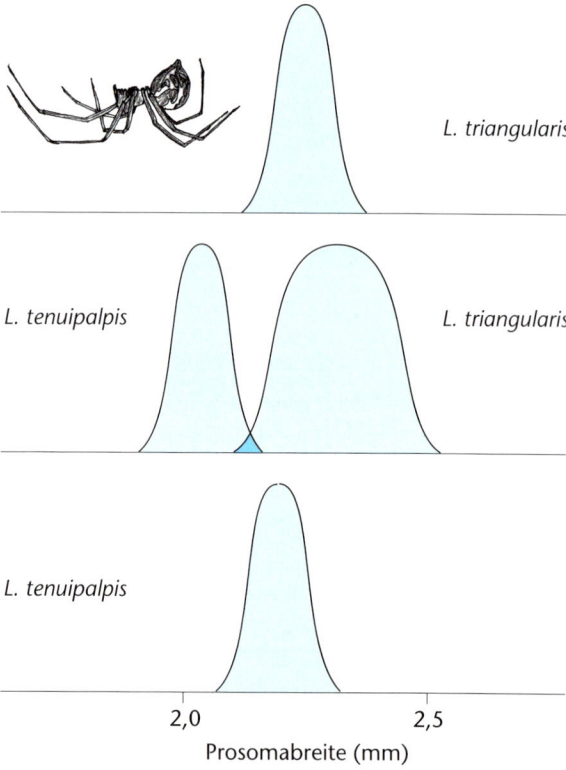

**Abb. 2.46:** Merkmalsverschiebung (Prosomalänge) bei zwei Baldachinspinnen (*Linyphia tenuipalpis, L. tringularis*) bei getrenntem und gemeinsamem Vorkommen. Nach Daten in Toft (1987).

- Konzept nach Grinnell: Ausgehend von den genetisch fixierten autökologischen Ansprüchen einer Art, kann eine Art nur dort existieren, wo diese Ansprüche durch die gegebene Kombination von Umweltfaktoren und Ressourcen erfüllt sind. Wenn wir Organismen diesbezüglich typisieren, steht dieser Ansatz den funktionellen Gruppen und **Gilden** nahe (Abschnitt 2.2).
- Konzept nach Elton: Neben den Existenzmöglichkeiten betont dieses Konzept die Rolle einer Art, die innerhalb einer Lebensgemeinschaft zu vergeben ist (z. B. Bestäubung). Ökologisch ähnliche Arten nehmen in unterschiedlichen Lebensgemeinschaften jeweils ähnliche Nischen ein. Das Konzept von Elton ist dabei nicht auf einzelne Arten beschränkt, sondern kann ganze Artengruppen umfassen, die eine Rolle übernehmen (so kann man nach Elton von der Nische der Herbivoren sprechen).
- Konzept von Hutchinson: Entgegen der beiden vorhergehenden Auffassungen definiert Hutchinson die Nische nicht anhand der Gegebenheiten, sondern ausgehend von der jeweiligen Art. Nischen werden daher nicht besetzt, sondern durch eine Art definiert. Hutchinson betrachtete die Nische als n-dimensionalen Raum, der durch einzelne Nischendimensionen (z. B. Nahrung, Nährstoffe) aufgespannt wird (Abbildung 2.45 und 2.46). Die Fitness einer Art variiert entlang dieser Nischenachsen, sodass jede Art nur einen Teilbereich des verfügbaren Nischenraumes (*niche space*) einnehmen kann. Diese aufgrund der biologischen Eigenschaften maximal mögliche Nutzung der zur Verfügung stehenden Umweltfaktoren und Ressourcen (**fundamentale Nische**) wird durch die Lebensgemeinschaft aber eingeschränkt (**realisierte Nische**). Damit verschiebt sich die Nische einer Art von Lebensgemeinschaft zu Lebensgemeinschaft. Der verfügbare Nischenraum wird letztlich durch die Verfügbarkeit von Umweltfaktoren und Ressourcen begrenzt.

Das Konzept von Grinnell betont die „Anschrift" einer Art in der Lebensgemeinschaft, während Elton und vor allem Hutchinson den „Beruf" herausstellen (Odum 1971). Das Konzept von Hutchinson war überaus erfolgreich, erlaubte es doch eine theoretische und praktische Anwendung. Im Freiland ist Fitness zwar schwer erfassbar, daher war man gezwungen, aus der Ressourcennutzung Nischenposition, Nischenbreite und Nischenüberlappung zu schätzen (Abbildung 2.45; vgl. auch Schoener 1989). Nichtsdestoweniger erlaubte dieser Ansatz, grundlegende Probleme zur Struktur und Dynamik von Artengemeinschaften theoretisch und empirisch zu untersuchen. Allen voran interessierten die möglichen Grenzen der Ähnlichkeit (*limiting similarity*): Wie ähnlich können zwei Arten in ihrer Ressourcennutzung sein, damit es nicht zum Konkurrenzausschluss kommt? Das Konzept der ökologischen Nische in Verbindung mit Konkurrenzausschluss wurde besonders von Tierökologen aufgegriffen. Pflanzenökologen blieben skeptisch, nutzen doch die meisten Pflanzen Wasser und Nährstoffe in ganz ähnlicher Weise. Es ist aber durchaus denkbar, dass zwei Arten genau dieselben Standortbedingungen benötigen und biologischen Eigenschaften aufweisen und nur deshalb koexistieren können, weil sie unterschiedliche Etablierungsansprüche stellen. So ist beispielsweise vorstellbar, dass sich die eine Art nur etablieren konnte, wenn Bodenverletzungen oder ein besonders feuchtes Frühjahr auftraten. In diesem Fall unterscheidet sich ihre ökologische Nische in ihrem zeitlichen Verhalten bzw. in ihrer Reproduktionsbiologie von der anderer Arten mit denselben Standortansprüchen (*regeneration niche;* Grubb 1977).

Nach dem Konzept von Hutchinson gibt es eigentlich keine freien Nischen, da die Nische durch die Art definiert ist. Kühnelt (1965) prägte den Begriff der **Planstelle**, denn die mit einer ökologischen Nische verbundene Funktion muss nicht tatsächlich in allen Lebensgemeinschaften ausgeübt werden. Hier ergibt sich eine gewisse begriffliche Schwierigkeit. Einerseits wird die Nische durch die Art selbst definiert, andererseits können gewisse Funktionen ohne Bezug auf eine Art erkannt werden. Daher der Begriff Planstelle. Eine Planstelle kann auch dann in einem Ökosystem identifiziert werden, wenn sie derzeit von keinem Organismus genutzt wird. Dies zeigt sich z. B. auf Inseln, auf denen gewisse Planstellen (z. B. Prädation) oft nicht besetzt sind. Kommen neue Arten auf solche Inseln, welche in der Lage sind, eine bislang unbesetzte Planstelle auszufüllen, dann werden diese sich erfolgreich etablieren können. Besitzen zwei Arten, mitunter aus gänzlich unterschiedlichen Taxa, in zwei Artengemeinschaften eine ähnliche Planstelle, dann spricht man von **Stellenäquivalenz**. Wolf (*Canis lupus*) und Beutelwolf (*Thylacinus cynocephalus*) sind dazu ein gutes Beispiel.

Der hohe Anteil von fremden Arten (Neobiota) auf Inseln, also von direkt oder indirekt durch den Menschen eingeführten Arten, stützt diese Hypothese. In diesem Fall trägt das Angebot an Planstellen zu einer Erhöhung der Artenzahl bei, was nicht zwingend negative Auswirkungen mit sich bringen muss. Mitunter sind zuwandernde Arten aber konkurrenzstärker als etablierte, und dann werden diese aus einer Planstelle verdrängt. Im Nakurusee in Kenia konnten erfolgreich Tilapien (*Tilapia grahami*) eingeführt werden, obwohl in dem alkalischen See natürlicherweise keine Fischarten vorkamen. In der Folge entwickelte sich eine Nahrungskette mit Räubern (Vögeln), welche vormals dort ebenfalls nicht vorkamen. Anders verhielt es sich mit dem Viktoriasee. Dort wurde der Nilbarsch (*Lates niloticus*) eingeführt, was negative Folgen für die dort vorkommenden endemischen Buntbarsche (Cichlidae) mit sich brachte. Zwar ist die Fischproduktion dort inzwischen ein wichtiger Wirtschaftszweig und der Nilbarsch eine bedeutende Proteinquelle für die Bevölkerung, das Ökosystem des Viktoriasees hat sich jedoch völlig verändert. Diese Beispiele verdeutlichen, dass die Beurteilung von Planstellen und Nischen auch für angewandte Probleme wichtig ist.

Arten unterscheiden sich sowohl bezüglich der Position der ökologischen Nische als auch bezüglich der **Nischenbreite**. Nischenposition und Nischenbreite zu erfassen und zu messen ist eine wichtige Aufgabe der empirischen Forschung. In der praktischen Forschung werden vor allem drei Wege beschritten:

- Die Nische entlang einzelner Dimensionen wird gern dadurch beschrieben, dass man die Ressourcennutzung mit einer Normalverteilung (Glockenkurve) beschreibt. Der Mittelwert ist dann ein Maß für die Nischenposition, die Standardabweichung für die Nischenbreite und der Überlappungsbereich von zwei Kurven ein Maß der Nischenüberlappung (Abbildung 2.45). Viele Ressourcenachsen sind aber nur schwer durch eine kontinuierliche Achse beschreibbar. Daher wurden Verfahren entwickelt, die Nischenbreite und -überlappung auch für Ressourcenklassen wie z.B. die Nahrungskategorien zu erfassen. Ein einfaches Maß für die Nischenbreite ist dann

$$\frac{1}{\sum_{i=1}^{i=m} P_i^2}$$

wobei $P_i$ die relative Ressourcennutzung der Ressourcenklasse i ist (von insgesamt $m$ Klassen). Die Nischenüberlappung lässt sich quantitativ durch folgende Formel erfassen:

$$\frac{\sum_{i=1}^{i=m} P_{1i} P_{2i}}{\sqrt{\sum_{i=1}^{i=m} P_{1i}^2 \sum_{i=1}^{i=m} P_{2i}^2}}$$

wobei die Indices 1 und 2 die beiden Arten kennzeichnen, deren Nischenüberlappung errechnet werden soll. Der Wert der Nischenüberlappung liegt zwischen 0 (keine Überlappung der Ressourcennutzung) und 1 (100% Überlappung der Ressourcennutzung).

Nehmen wir an, dass eine Ökologin Magenuntersuchungen bei zwei Fischarten durchgeführt hat. Sie findet, dass bei Art 1 40% der Nahrung aus Wasserinsekten, 30% aus Fischen und 30% aus Amphibien bestand. Bei Art 2 finden sich zu 80% Insekten und 20% Fische. Wie groß ist die Nischenbreite von Art 1 und Art 2 bzw. die Nischenüberlappung zwischen Art 1 und Art 2? Die einzelnen Prozente stellen die Ressourcennutzung von drei Ressourcenklassen dar. Dann ergibt sich für Art 1 als Nischenbreite $(0{,}4^2 + 0{,}3^2 + 0{,}3^2)^{-1} = 2{,}94$ und für Art 2 $(0{,}8^2 + 0{,}2^2)^{-1} = 1{,}47$. Die Nischenbreite von Art 2 ist viel kleiner als die Nischenbreite von Art 1. Bezüglich der betrachteten Ressourcenachse ist Art 1 damit eher ein Generalist, Art 2 ein Spezialist. Die exakte Definition der Nischenbreite fördert quantitative Vergleiche. Man beachte auch, dass die Begriffe Generalist und Spezialist relativ sind und nur im Vergleich zwischen Arten einen Sinn ergeben. Die Nischenüberlappung zwischen Art 1 und Art 2 ergibt sich zu $(0{,}4 \times 0{,}8 + 0{,}3 \times 0{,}2 + 0{,}3 \times 0) / ((0{,}4^2 + 0{,}3^2 + 0{,}3^2)(0{,}8^2 + 0{,}2^2))^{0{,}5} = 0{,}79$.

- Werden viele Umweltfaktoren analysiert, ergibt sich schnell ein vieldimensionales und damit etwas unübersichtliches Bild. Durch den Einsatz multivariater Methoden und die Projektion der Ergebnisse auf zwei Dimensionen ist es dennoch möglich, Bezüge zu einzelnen

Umweltvariablen und Unterschiede zwischen Arten herauszuarbeiten.

- Die Morphologie einer Art kann als Hinweis auf die Nische genutzt werden. Bereits die Körpergröße sagt viel über die Nische einer Art aus (z.B. Nentwig und Wissel 1986, Brandl et al. 1994), ist doch bei räuberischen Organismen die Körpergröße und die Größe der Beute meist gut korreliert. Benutzt man mehrere morphologische Merkmale, so bekommt man ein quantitatives Bild von der Struktur einer Artengemeinschaft. Man beachte aber, dass dieser morphologische Ansatz nur dann funktionieren kann, wenn man Arten mit ähnlichem Bauplan miteinander vergleicht.

Das Konzept der Nische erlaubt auch die Beantwortung der Frage: Was bestimmt Vorkommen und Häufigkeit einer Art in einer Lebensgemeinschaft und warum sind manche Lebensgemeinschaften artenarm und andere artenreich? Anhand des Konzepts der ökologischen Nische und der Planstelle kann dies konzeptionell beantwortet werden. Zunächst hängt der Artenreichtum von den verfügbaren Planstellen ab sowie dem Vorhandensein von Arten, die die Planstelle ausfüllen können. Eine Artengemeinschaft ist umso artenreicher, je mehr Planstellen besetzt sind. Sind nicht alle Planstellen besetzt, spricht man von einer ungesättigten Artengemeinschaft. Sind alle Planstellen besetzt, dann ist die Artengemeinschaft gesättigt, und es können keine zusätzlichen Arten in die Artengemeinschaft eindringen (Abschnitt 3.7.3).

Das Konzept der Nische erlaubt aber weitergehende Aussagen. Die Nische einer Art ist nicht nur eine Folge der autökologischen Eigenschaften, sondern auch der Interaktionen im System. Die Artenzahl in einer Artengemeinschaft wird also auch davon abhängen, wie sich die Nischenbreite und -überlappung mit der Artenzahl verändert. Nimmt die Artenzahl zu, so kann das zwei Folgen haben. Zum einen wird die Nischenbreite der Arten kleiner. Damit passen mehr Arten in den verfügbaren Nischenraum. Zum anderen kann sich aber auch die Nischenüberlappung zwischen den Arten mit zunehmender Artenzahl erhöhen.

Folgt man diesen Gedanken, dann ergäbe sich aus der Anzahl der angebotenen Planstellen, der minimal möglichen Nischenbreite bzw. der maximal möglichen Nischenüberlappung eine Obergrenze für den Artenreichtum. Die Artenvielfalt wäre also limitiert. Nun werden jedoch durch jede neu hinzukommende Art wiederum neue Planstellen geschaffen. Arten selbst stellen Planstellen für andere Arten zur Verfügung, z.B. als Wirte für Parasitoide, als Beute für Räuber und Herbivore oder einfach als Substrat und Lebensraum. Epiphytische Bromelien der neuweltlichen Tropen bilden in ihren Blattachseln kleine Wasseransammlungen, welche von Insekten und Amphibien genutzt werden. Kommt also eine solche Bromelie zu einer Lebensgemeinschaft hinzu, sind damit auch neue Planstellen für weitere Arten verbunden. Bedingt durch die Einführung und Ausbreitung der nordamerikanischen Robinie (*Robinia pseudacacia*, Fabaceae) sind in Mitteleuropa Wälder anzutreffen, welche von einer stickstofffixierenden Baumart aufgebaut werden. Damit werden indirekt neuartige Standortbedingungen und schließlich neuartige Planstellen geschaffen.

Wie wir gesehen haben, wird durch interspezifische Konkurrenz die realisierte Nische einer Art beeinflusst. Interspezifische Konkurrenz erfordert meist eine Einengung der Nischenbreite, intraspezifische Konkurrenz eine Verbreiterung. Ohne Konkurrenten sollten fundamentale und realisierte Nische übereinstimmen. Neben dieser Plastizität wird die Nische natürlich auch im Laufe der Evolution verändert. Im Zuge der Evolution sollte Konkurrenz zu einer Verringerung der Nischenüberlappung und damit zu einer Kontrastbetonung von ökologisch ähnlichen Arten führen (*character displacement;* Abbildung 2.46 und 2.47). Ein weiteres gut untersuchtes Beispiel sind die Galapagos-Finken *Geospiza fuliginosa* und *G. fortis* (Lack 1947). Er stellte sich heraus, dass offensichtliche Größenunterschiede und Unterschiede im Fressapparat zwischen nahe verwandten Arten bestanden, wenn diese sympatrisch vorkamen, also im selben Gebiet auftraten, jedoch nicht, wenn nur jeweils eine der beiden Arten vorkam. Wenn beide Arten auf einer Insel vorkamen, hatte *G. fuliginosa* deutlich größere Schnäbel als *G. fortis.* Kam nur eine der Arten vor, waren sie anhand der Schnabelgröße nicht zu unterscheiden.

Kontrastbetonung führt im Laufe der Evolution zwangsläufig zu einer regelmäßigen Nutzung des verfügbaren Nischenraumes. Die Frage ist nur, was ist regelmäßig? Zur Beantwortung dieser Frage vergleicht man die beobachtete Nischenposition von Arten bzw. die Nischenüberlappung zwischen Arten einer Artengemeinschaft mit den Vorhersagen aus sogenannten **neutralen Modellen** (Gotelli und Graves 1996). Das sind Modelle, mit denen die Ressourcennutzung von Artengemeinschaften ohne Konkurrenz simuliert wird. Sind in realen Artengemeinschaften die Nischenpositionen regelmäßiger verteilt als man aus den Nullmodellen erwarten würde, dann ist das ein Hinweis auf die eventuelle Bedeutung von Konkurrenz.

Natürlich ist es für eine Art nicht immer einfach, die Nische im Laufe der Evolution zu verändern. Dabei gibt es gewisse Grenzen (*niche conservatism;* z. B. Prinzing et al. 2001). Gelingt aber der Durchbruch, etwa durch den Erwerb von Schlüsselmerkmalen, die eine Nutzung noch unbesetzter Planstellen eröffnet, dann kann dies zu einem Evolutionsschub mit Artbildung führen (adaptive Radiation; Abbildung 2.1). Dieses Phänomen zeigt sich besonders nach sogenannten Massenaussterben während der Erdgeschichte. Durch das Verschwinden etablierter Gruppen werden Planstellen frei, die eine adaptive Radiation von anderen Gruppen erlaubt. So ermöglichte das Verschwinden der Saurier am Ende der Kreide eine Radiation der Säugetiere im frühen Tertiär.

Das Konzept der ökologischen Nische, so erfolgreich es auch war und ist, hat auch seine Grenzen:

- Die ökologische Nische bezieht sich auf Verhältnisse, die durch Konkurrenz geprägt sind. Andere Formen der Interaktion zwischen Organismen, wie Mutualismen, bleiben unbeachtet (Abschnitt 4.4). Mutualismen führen z. B. zu einer Erweiterung der Nische, erlauben doch Symbionten, nun Ressourcen zu nutzen, die vorher nicht zugänglich waren. Termiten beherbergen in ihrem Darm zelluloseabbauende Symbionten, sodass Termiten sich die Nahrungsressource Holz erschließen konnten.
- Das Konzept der Nische unterstellt zudem heute nicht mehr überprüfbare historische Effekte von Konkurrenz (*ghost of competition past,* Connell 1980; Abschnitt 4.4.1), was zu einer kontroversen Diskussion führte. Auch wenn diese bis heute immer wieder aufflammt, kann die Differenzierung von Körpermerkmalen unter Konkurrenz durchaus als Beleg für die Reaktion der Evolution auf die funktionelle Rolle gesehen werden, welche Arten in einer Artengemeinschaft spielen können.
- Das Konzept der Nische geht implizit davon aus, dass sich allmählich ein Gleichgewichtszustand der Lebensgemeinschaft eingestellt hat oder einstellen wird. Dies trifft jedoch nicht immer zu, vielmehr befinden sich zahlreiche Systeme fernab von einem Gleichgewicht. Der südafrikanische Fynbos ist deswegen so artenreich, weil heute Konkurrenz regelmäßig durch natürliche Feuer unterbunden wird. Dies ermöglichte die Evolution zahlreicher Arten mit ähnlichen Ansprüchen, welche aufgrund der regelmäßigen Störung in derselben Planstelle koexistieren können. Die Vielfalt ist also auf die Instabilität der Umwelt zurückzuführen, ein Gedanke, der im Nischenkonzept nicht enthalten ist.
- Kritik bezüglich der Praktikabilität und auch bezüglich der Möglichkeit subjektiver Beeinflussung der Daten ergibt sich aus der Tatsache, dass es unmöglich ist, alle tatsächlichen Nischendimensionen zu erkennen und zu erfassen. Jede Untersuchung muss zwangsläufig eine Auswahl treffen, die meist von praktischen und weniger biologischen Argumenten geprägt ist. Damit ist jede Aussage von der Wahl der Nischendimensionen abhängig und kann kritisch hinterfragt werden.

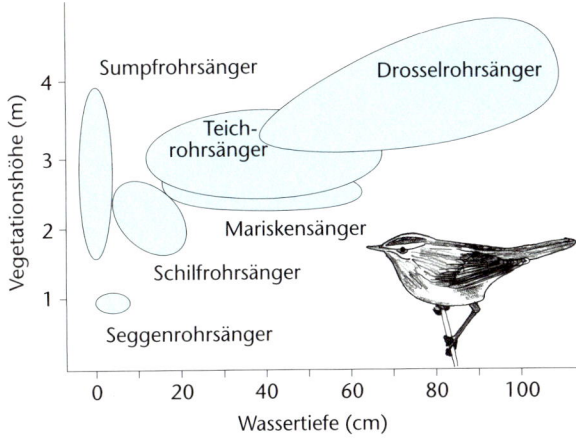

**Abb. 2.47:** Nischendifferenzierung von Rohrsängerarten (*Acrocephalus*) in Bezug auf Wassertiefe und Vegetationshöhe. Nach Leisler (1981).

### 2.4.3 Konvergenz

Wie wir gesehen haben, existieren **Planstellen** auch unabhängig von den Arten, die diese an bestimmten Standorten füllen. Eine Planstelle kann also leer oder besetzt sein. Es ist auch denkbar, dass eine Planstelle frei wird, etwa weil eine Art ausstirbt. Genauso kann eine Planstelle in bestimmten Regionen oder zu bestimmten Erdzeitaltern besetzt oder frei sein. Entscheidend für die Besetzung einer Planstelle ist die räumlich-zeitliche Koinzidenz zwischen Planstelle und Arten, die diese Planstelle einnehmen können.

Im Rahmen der **Spezialisierung** stellenäquivalenter Arten an die Anforderungen einer Planstelle ergibt sich eine Anpassung des Organismus an die Planstelle. Große Meerestiere, die sich von schnellen Fischen ernähren, müssen Hochleistungsschwimmer sein und hierfür eine hydrodynamische Form sowie eine bestimmte Struktur von Körperoberfläche und Flossen haben. Hierdurch ergibt sich eine morphologische Ähnlichkeit, die nicht durch phylogenetische Verwandtschaft bedingt ist. Ein gutes Beispiel sind Haie, Thunfische, Pinguine, Ichthyosaurier und Delphine (Abbildung 2.48). Wir bezeichnen eine solche Ähnlichkeit, die durch die Anpassung an eine Planstelle entsteht, als Konvergenz.

Zu unterschiedlichen erdgeschichtlichen Zeiten sind durch Saurier, Vögel und Säugetiere verschiedene Planstellen gefüllt worden (Abbildung 2.49). Hierdurch entstand durch konvergente Entwicklung eine Reihe von Arten, die sehr ähnliche Merkmale aufwiesen. Ähnlich verhält es sich auch mit den beiden wichtigsten Entwicklungszweigen der Säugetiere: Die Beuteltiere sind im Wesentlichen auf Australien begrenzt, die plazentalen Säugetiere auf die übrige Welt. Beide Gruppen machten eine vergleichbare Entwicklung durch, die zur Entstehung vieler ökologisch ähnlicher Arten führte. Das Beispiel Wolf – Beutelwolf wurde ja bereits erwähnt.

Aride Lebensräume führen zu der Entwicklung sukkulenter Pflanzen, die in ganz verschiedenen Familien erstaunliche Konvergenzen hervorzubringen vermochten. So finden sich sowohl stammsukkulente als auch kugelsukkulente Arten in den nicht näher verwandten Kakteen (Cactaceae), Wolfsmilchgewächsen (Euphorbiaceae) und weiteren Familien (Abschnitt 2.2.3.2, Abbildung 2.27).

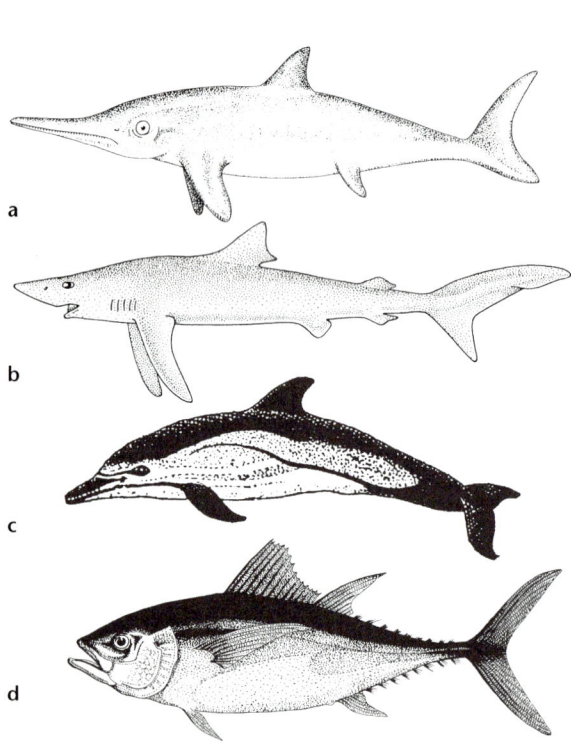

**Abb. 2.48:** Aufgrund hydrodynamischer Anpassungen an ihr Medium ähnelt sich die Körperform von Hochleistungsschwimmern, ohne dass diese verwandt sind (Konvergenz).
a) Ichthyosaurier, b) Blauhai (*Prionace glauca*), c) Delfin (*Delphinus delphis*), d) Thunfisch (*Thynnus thynnus*).
a nach Steel und Harvey (1981), b nach Remane et al. (1980), c, d nach Tardent (1993).

**Abb. 2.49:** Konvergente Entwicklung des Flugvermögens bei Vögeln (mit Federn, zweiter Finger am längsten), Fledermäusen (Flughaut, drei sehr lange Finger) und Pterosauriern (Flughaut, vierter Finger am längsten). Nach Steel und Harvey (1981).

# 3 Populationen

Als **Population** bezeichnet man die Summe aller Individuen einer Art, die in einem Siedlungsgebiet leben und dort miteinander in Wechselwirkung treten. Die Karpfen in einem Teich oder die Menschen einer Stadt kann man nach dieser Definition offensichtlich als Population bezeichnen. Eine Population hat Eigenschaften, die nur für die „Summe der Individuen" einen Sinn ergeben. Zu diesen Eigenschaften gehören die Gesamtzahl der Individuen im Siedlungsgebiet (**Populationsgröße**), die **Populationsdichte** (Individuen pro Flächeneinheit, manchmal auch Individuendichte oder schlicht Dichte genannt), die räumliche Verteilung oder die Altersstruktur. Ziel der Populationsökologie ist es, diese Eigenschaften und ihre Veränderung in Zeit und Raum zu beschreiben. Zunächst einige Anmerkungen zu unserer Definition:

- Die Umschreibung „in Wechselwirkung treten" sagt wenig über die Natur der Wechselwirkungen aus. Der Begriff Population spielt auch in der Populationsgenetik und Evolutionsforschung eine wichtige Rolle. Dort werden unter Wechselwirkung Prozesse zusammengefasst, die zur Veränderung, zum Austausch und zur Umverteilung der genetischen Information führen (z. B. Mutation, Selektion, Paarungsverhalten). In der Populationsökologie versteht man unter Wechselwirkungen den Wettbewerb zwischen den Individuen um die verfügbaren und eventuell begrenzten Ressourcen. Im Gegensatz zum Wettbewerb zwischen Arten (**interspezifische Konkurrenz**; Abschnitt 4.4.1) bezeichnet man den Wettbewerb zwischen Individuen einer Population als **intraspezifische Konkurrenz**.
- Die Abgrenzung eines Siedlungsgebiets ist nicht immer einfach und erfordert umfangreiche Untersuchungen. Daher erfolgt die räumliche Abgrenzung meist nach pragmatischen Gesichtspunkten. Die Summe aller Siedlungsgebiete einer Art wird als **Areal** bezeichnet (Kasten 2.7).
- Unsere Definition einer Population geht von Individuen aus. Die Abgrenzung eines Individuums ist nicht immer eindeutig. Man denke nur an Korallen. Sind nun alle Polypen eines Korallenstockes als Individuum zu zählen oder die Korallenstöcke selbst?

Das Beispiel Koralle führt zu dem wichtigen Unterschied zwischen **unitaren** und **modularen** Organismen (Abschnitt 2.1.2.4). Aus den biologisch begründeten Unterschieden zwischen unitaren und modularen Organismen ergeben sich Konsequenzen für die Populationsökologie (Harper 1977):

- Bei unitaren Organismen sind die Individuen aus populationsgenetischer, evolutionsbiologischer sowie ökologischer Sicht die relevanten Elemente der Population.

Die Population eines modularen Organismus kann dagegen auf zwei Ebenen betrachtet werden: Auf der Ebene der Module und auf der Ebene der Zygoten. Für die Summe aller Module, die aus einer Zygote hervorgegangen sind, wurde der Begriff **Genet** geprägt. Im Extremfall wird der gesamte verfügbare Raum einer Population durch die Module eines einzigen Genets eingenommen (z. B. Wasserlinsen auf einem Teich). Diese selbstständigen Module (**Ramets**) verhalten sich wie Individuen und konkurrieren um Ressourcen mit ihren Nachbarmodulen (Abschnitt 2.1.2.4). Die Betrachtungsebene hängt letztlich von der Fragestellung ab. Für die Futtermenge auf einer Wiese ist nicht die Zahl der Genets von Bedeutung, sondern allein die Zahl der Module (van Groenendael et al. 1997).

- Größe und Ausdehnung eines Genets können stark schwanken. Aus der Anzahl an Genets lässt sich daher nicht ohne weiteres auf andere Eigenschaften der Population schließen. Bei unitaren Organismen kann aus der Individuenzahl leicht die Biomasse einer Population errechnet werden. Das Gewicht der Individuen schwankt in engen Grenzen. Bei modularen Organismen gibt es keinen einfachen Umrechnungsfaktor.

Es ist nicht immer leicht, die Zahl der Genets in einer Population zu bestimmen. Dazu verwendet man hoch variable Bereiche (Loci) auf der DNA. Loci, die nicht direkt für Genprodukte codieren wie z. B. Mini- und Mikrosatelliten, können eine derart hohe Variabilität zeigen, dass kaum zwei Individuen in einer Population auf einem Locus die gleiche Kombination der verschiedenen Ausprägungen eines Gens (Allele) besitzen. Bei Verwendung von mehreren Loci können so Individuen erkannt werden, was auch in der Kriminalistik Verwendung findet. Alle Ramets eines Genets tragen die gleiche Information, haben daher auf allen Loci die gleichen Allele. Daher erlauben molekulare Methoden, die Zugehörigkeit von Ramets zu einzelnen Genets zu ermitteln. Derartige Untersuchungen haben gezeigt, dass Populationen klonaler Pflanzen aus nur wenigen Genets bestehen können. Die Mehrzahl der Populationen (etwa 60 %) besteht jedoch aus mehreren Genets (Ellstrand und Rose 1987, Widen et al. 1994).

Trotz der ökologischen Bedeutung modularer Organismen werden in unserer Einführung vor allem Populationen unitarer Organismen im Vordergrund stehen. Nichtsdestoweniger lassen sich viele der folgenden Überlegungen auch auf Ramets übertragen.

## 3.1 Modelle in der Populationsökologie

In der Populationsökologie spielen **Modelle** eine wichtige Rolle (z. B. Wissel 1989). Modelle sind meist mathematischer Natur. Sind die Zusammenhänge aber so komplex, dass sie nicht in einer mathematische Formel zu erfassen sind, bleibt die Möglichkeit, die Prozesse in einem Computer nachzuempfinden (Simulationsmodelle). Derartige Modelle sind immer vereinfachte Abbilder der realen Welt. Dennoch erlauben sie eine logische Verknüpfung von wichtigen Prozessen und damit auch die Untersuchung der Auswirkungen dieser Verknüpfung. In der Ökologie gibt es hin und wieder gewisse Ressentiments gegen mathematische Modelle. Diese Abneigung beruht auf dem verbreiteten Vorurteil, Modelle seien eine unzulässige Vereinfachung der komplexen ökologischen Zusammenhänge. Dieses Argument verkennt aber das Ziel von Modellen.

Das Ziel eines Modells ist das Nachdenken über die Realität. Ein Physiker beschreibt mit der Vorstellung von Tennisbällen die Beziehung zwischen Druck, Volumen und Temperatur in einem Gas und ignoriert dabei die vielen faszinierenden Phänomene auf subatomarer Ebene. Gerade in der Vereinfachung liegt die Stärke. Ohne den Ballast von ablenkenden Details kann man im Rahmen der zu lösenden Fragestellung untersuchen, welche Konsequenzen die Zusammenhänge haben. Die Kunst liegt darin, für die jeweilige Fragestellung Wichtiges von Unwichtigem zu trennen. Die Unterscheidung zwischen Wichtigem und Unwichtigem sind die Annahmen des Modells. Die Vorhersagen, die sich dann aus einem Modell ergeben, müssen mit den in der realen Welt vorkommenden Mustern verglichen werden. Bei diesem Vergleich hilft die Statistik. Sind die Annahmen in der Realität nicht erfüllt, wird das Modell die Muster nur ungenügend beschreiben. Modelle sind daher nie allgemein gültig. Ein Modell hat immer nur Gültigkeit, solange die Annahmen zutreffen.

Manche Modelle enthalten derart viele Annahmen und damit Vereinfachungen, dass sie eigentlich für kaum ein natürliches System Gültigkeit haben. Dennoch erlauben sie grundlegende Einsichten. Solche Modelle bezeichnet man als **konzeptionelle Modelle**, zielen sie doch auf die grundlegenden Prinzipien, die ein System beeinflussen. Im Rahmen unserer Einführung werden wir uns fast nur mit konzeptionellen Modellen beschäftigen. Uns geht es hier nicht um eine Aneinanderreihung faszinierender Details aus der Natur, vielmehr wollen wir die grundlegenden Prinzipien der Populationsökologie verstehen (Wissel 1989). Wir haben versucht die mathematischen Gedankengänge so einfach wie möglich zu halten, auch wenn dabei manchmal die mathematische Exaktheit auf der Strecke bleiben musste.

Es gibt eine Reihe von Gründen, warum gerade in der Populationsökologie (mathematische) Modelle so wichtig sind. Unitare Organismen bieten sich für quantitative Überlegungen geradezu an. Zählen wir die Individuen einer Population, so haben wir bereits eine wichtige quantitative Eigenschaft der Population erfasst: die Populationsgröße. Wie verändert sich die Populationsgröße mit der Zeit? Das ist eine quantitative Frage, die nach einer zahlenmäßigen Beantwortung verlangt, wobei mathematische Modelle wichtige Hilfestellung leisten. Des Weiteren leben Populationen in einem Siedlungsgebiet, das meist über den Erfahrungshorizont eines Wissenschaftlers hinausgeht. Veränderungen der Populationsgröße vollziehen sich mitunter über Zeiträume, die das Lebensalter eines Wissenschaftlers übersteigen. Von Ökologen werden aber Aussagen verlangt, die weder unserer Erfahrungswelt noch experimentellen Untersuchungen zugänglich sind. Ein eindringliches Beispiel sind die Folgen des möglichen Klimawandels. Ohne Modelle, die eine Projektion unserer Kenntnisse in die Zukunft ermöglichen, sind keine Vorhersagen über die Auswirkung eines veränderten Klimas auf Populationen von Organismen möglich.

# 3.2 Die fundamentale Gleichung für die Populationsgröße

Ziel der Populationsökologie muss es sein, von einem Zeitpunkt $t$ aus die Populationsgröße zu einem späteren Zeitpunkt $t + \Delta t$ oder auch $t + 3\Delta t$ zu erschließen. Offensichtlich spielen dabei vier primäre Populationsprozesse eine Rolle:

- die Anzahl von Geburten in der Population im Zeitintervall $\Delta t$,
- die Anzahl von Sterbefällen in der Populationen im Zeitintervall $\Delta t$,
- die Zuwanderung von Individuen (Immigration),
- sowie die Abwanderung (Emigration) von Individuen zu anderen Populationen.

Daraus ergibt sich die fundamentale Gleichung, mit der die zahlenmäßige Veränderung einer Population in einem Siedlungsgebiet von einem Zeitpunkt $t$ zum nächsten Zeitpunkt $t + \Delta t$ beschrieben werden kann:

$N(t + \Delta t) = N(t) + \text{Geburten} - \text{Sterbefälle} + \text{Zuwanderung} - \text{Abwanderung}$

Damit ergibt sich die Populationsgröße $N(t + \Delta t)$ zum Zeitpunkt $t + \Delta t$ aus der Populationsgröße $N(t)$ zum Zeitpunkt $t$, plus der im Zeitintervall bis $t + \Delta t$ geborenen sowie zugewanderten Individuen, abzüglich aller Sterbefälle und Abwanderungen. Im Folgenden wollen wir die fundamentale Gleichung Schritt für Schritt etwas präzisieren. Rosenzweig (1995) hat das als *unpacking* bezeichnet. Man geht von einem Grundprinzip aus, aber je nach Fragestellung werden einzelne Prozesse ausgearbeitet, sodass ein Modell für eine Population je nach Fragestellung ganz unterschiedlich aufgebaut sein wird. Bei der Ausarbeitung eines Modells unterscheidet man zwischen **Parametern** und **Variablen**. Die Parameter erfassen bzw. spiegeln die Annahmen und Hypothesen, von denen der Wissenschaftler glaubt, dass sie für die Dynamik des betrachteten Systems von Wichtigkeit sind. In der Regel handelt es sich dabei um Konstanten. Doch Parameter können auch veränderlich sein. Unter Variablen versteht man dagegen die Elemente eines Modells, deren dynamisches Verhalten man näher untersuchen will. In der fundamentalen Gleichung sind die Populationsgrößen $N(t)$ bzw. $N(t + \Delta t)$ Variablen.

Bezieht man Populationsgröße auf das Siedlungsgebiet einer Population, so spricht man von der Populationsdichte (auch Individuendichte oder einfach Dichte), einer weiteren Variablen, die in der Populationsökologie von Bedeutung ist. Wenn der Flächenbezug festgelegt ist, kann man Populationsgröße und Individuendichte durch einen festen Faktor ineinander überführen. Beide Begriffe können so, zumindest für theoretische Zwecke, synonym verwendet werden. Nehmen wir an, das Siedlungsgebiet einer Population beträgt 1000 ha und auf dieser Fläche leben 10000 Individuen einer Art. Die Populationsdichte beträgt demnach 10000 Individuen/1000 ha = 10 Individuen ha⁻¹. Eigentlich braucht man nur zwei Größen zu kennen und kann daraus sofort die dritte Größe ableiten. Sind die Fläche des Siedlungsgebietes und Populationsdichte bekannt, so ergibt sich die Populationsgröße aus dem Produkt von Fläche × Dichte = 1000 ha × 10 Individuen ha⁻¹ = 10000 Individuen.

In natürlichen Populationen ist es sehr unwahrscheinlich, dass sich Geburten und Zuwanderung mit Sterbefällen und Abwanderung immer exakt ausgleichen. Die Populationsgröße $N(t)$ verändert sich somit im Laufe der Zeit. Daher ist es für das Verständnis einer Population äußerst wichtig, dass die Populationsgröße in regelmäßigen Zeitabständen erfasst wird (**Zeitreihe**). Trägt man die Populationsgröße über die Zeit auf, bekommt man einen graphischen Eindruck über das Auf und Ab einer Population. Man spricht von der Dynamik einer Population. Abbildung 3.1 zeigt einige Beispiele, wie die Dynamik natür-

licher Populationen aussehen kann. Die Zeitschritte wurden beliebig gewählt, werden aber in realen Populationen von den Eigenschaften des jeweiligen Organismus abhängen.

Der Grund dafür liegt in der Geschwindigkeit, mit der die primären Populationsprozesse ablaufen. Bakterien reproduzieren und sterben im Minutentakt, während große Organismen ein Lebensalter von vielen Jahren erreichen können und sich die Individuen in Intervallen von mehreren Jahren fortpflanzen. Bei Bakterien wird man die Zeitschritte daher in Minuten oder Stunden wählen, bei Elefanten oder Bäumen dagegen in Jahren oder sogar Jahrzehnten. Die Zeitschritte sollten so gewählt werden, dass innerhalb eines Zeitschrittes eine messbare Zahl von wichtigen Ereignissen stattgefunden hat. Ist das Zeitintervall zu lang, haben sich derart viele unterschiedliche Ereignisse überlagert, dass deren Wirkung nicht mehr zu rekonstruieren ist.

Aus Abbildung 3.1 ergeben sich eine Reihe von Fragen, die von der Populationsökologie zu beantworten sind:

- Warum ist die mittlere Populationsgröße von Population A größer als von Population B?
- Warum schwankt die Populationsgröße von Population A über die Jahre mehr als bei Population C?

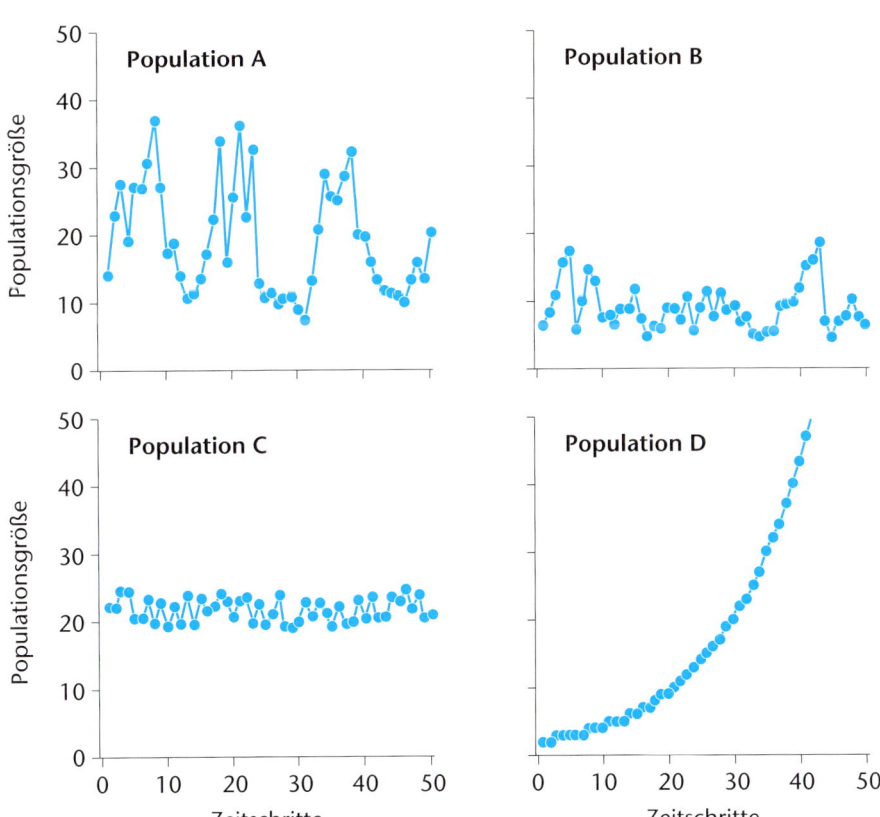

**Abb. 3.1:** Mögliche Zeitreihen von Populationen. Die Zeitschritte können je nach Organismus Tage, Wochen oder auch Jahre bedeuten. Aus dem Vergleich der mittleren Populationsgröße und der Veränderung der Populationsgröße mit der Zeit ergeben sich eine Reihe von Fragen, die es für reale Populationen zu beantworten gilt. Warum ist die mittlere Populationsgröße von Population A größer als von Population B? Warum schwankt die Populationsgröße von Population A mehr als von Population C? Warum kann Population D anscheinend unbegrenzt anwachsen?

- Sind die Schwankungen in der Populationsgröße von Population A wiederkehrend (zyklische Schwankungen)?
- Warum kann Population D im Beobachtungszeitraum ungebremst anwachsen, während Population A, B und C im Mittel etwa konstant bleiben?

# 3.3 Die Populationsgröße

Bevor man die Populationsdynamik näher untersuchen kann, gilt es die Populationsgröße über mehrere Zeitschritte hinweg zu bestimmen. So einfach das Konzept der Populationsgröße auf den ersten Blick auch ist, so schwierig ist eine verlässliche Erfassung der Populationsgröße im Freiland. Bei nahezu jeder Erfassung der Populationsgröße muss mit Fehlern gerechnet werden und jede Angabe einer im Freiland bestimmten Populationsgröße (oder Populationsdichte) sollte mit einer Fehlerangabe versehen sein.

Von wenigen Ausnahmen abgesehen, muss die Schätzung der Populationsgröße über eine bestimmte Zahl an Stichproben erfolgen. Aus diesen Stichproben wird dann der **Mittelwert** $x$ über die Stichproben, die **Standardabweichung** $s$ (beziehungsweise die Varianz = $s^2$) für die Verteilung der Stichproben und der Standardfehler des Mittelwertes $s(x)$ berechnet. Der **Standardfehler** $s(x)$ ist ein Maß für die Genauigkeit der Freilanderfassung und errechnet sich aus Standardabweichung und Zahl $n$ der Stichproben:

$$s(x) = \frac{s}{\sqrt{n}}$$

In einschlägigen Arbeiten findet man häufig für eine Größe zwei Symbole. Für den Mittelwert z. B. $\mu$ und $x$, für die Standardabweichung $\sigma$ und $s$. Der Unterschied liegt darin, ob man sich auf die Grundgesamtheit bzw. auf eine Schätzung aus Stichproben bezieht. Könnte man z. B. für alle Weibchen in einer Population (Grundgesamtheit) die

Zahl der Jungtiere in einem Jahr bestimmen, so ließe sich die mittlere Anzahl von Jungtieren pro Weibchen bzw. die Standardabweichung für diese Verteilung exakt angeben. Für die Eigenschaften der Grundgesamtheit nutzt man meist griechische Symbole: $\mu$ für die Anzahl von Jungtieren pro Weibchen bzw. $\sigma$ für die Standardabweichung. In der Realität ist eine vollständige Erfassung der Grundgesamtheit aber meist nicht möglich, sodass man die Eigenschaften der Grundgesamtheit aus Stichproben schätzen muss. $x$ bzw. $s$ sind die Schätzwerte für $\mu$ und $\sigma$. Der Standardfehler $s(x)$ ist nun nichts anderes als eine Schätzung der Standardabweichung von $x$ und ist damit ein Maß für die Genauigkeit der Schätzung. Wird die Schätzung mehrmals wiederholt, werden natürlich die einzelnen Schätzungen nicht übereinstimmen. Mit den verschieden Schätzungen für $\mu$ kann man die Standardabweichung für die Schätzwerte berechnen. Je unterschiedlicher die einzelnen Schätzungen sind, desto größer wird die Standardabweichung ausfallen; je näher die Schätzungen beieinander liegen, desto kleiner ist die Standardabweichung. Diese besondere Standardabweichung bezeichnet man als Standardfehler, den man bereits aus einer Stichprobe schätzen kann (siehe obige Formel).

Für die praktische Freilandarbeit hat die Formel für den Standardfehler Konsequenzen. Der Stichprobenumfang $n$ steht im Nenner. Je mehr Stichproben man nimmt, desto besser wird die Schätzung. Mit Erhöhung des Stichprobenumfangs nähert sich die Schätzung immer mehr dem wahren Wert der Grundgesamtheit an. Wie Abbildung 3.2 aber zeigt, ist die Änderung des Standardfehlers für einen Stichprobenumfang von 20 und mehr eher gering. Selbst eine Verdopplung des Stichprobenumfangs bringt nur eine geringfügige Verbesserung der Schätzung. Es ist daher eine Verschwendung von Forschungsmittel, den Stichprobenumfang beliebig zu erhöhen. Diese Überlegung verdeutlicht einen wichtigen Grundsatz für die ökologische Freilandarbeit. Man sollte sich vor der Arbeit im Feld gründlich überlegen, mit welcher Genauigkeit man bestimmte Variablen erfassen will. Die notwendige Genauigkeit hängt von der Fragestellung ab (Krebs 1999).

## 3.3.1 Absolute Schätzung der Populationsgröße

Der einfachste Weg zur Erfassung der Populationsgröße ist das Abzählen aller Individuen in einem Siedlungsgebiet (exakte Auszählung der Grundgesamtheit). Dies ist nur bei zumeist seltenen und großen Organismen praktikabel. Daher ist man in der Populationsökologie in den meisten Fällen auf Schätzungen der Populationsgröße angewiesen. Es gibt grundsätzlich zwei Wege: Auszählen von Probeflächen und Fang-Wiederfang-Methoden.

Das **Auszählen von Probeflächen** hat vor allem in der Populationsbiologie von Pflanzen eine lange Tradition. Zur Bestimmung der Populationsgröße werden Probeflächen angelegt und die Anzahl Individuen in diesen Probeflächen ausgezählt (Abbildung 3.3). Die Lage der Probeflächen muss repräsentativ für die untersuchte Population sein. Das erzielt man z. B. durch zufällige Positionierung der Probeflächen. Die Größe der Probeflächen orientiert sich an der untersuchten Art, damit in einer Probefläche nicht zu viele Individuen vorkommen, was das Auszählen erheblich erschweren würde. Daher verwendet man kleine Flächen für kleine Organismen und große Flächen für große Organismen. Jede Probefläche ist nun eine Stichprobe, und aus allen Stichproben kann man auf die Grundgesamtheit (Populationsgröße) schließen. Aus den Stichproben berechnet man die mittlere Zahl der Individuen auf den Probeflächen. Damit hat man eine Schätzung der Individuendichte. Ist die Fläche des Siedlungsgebiets

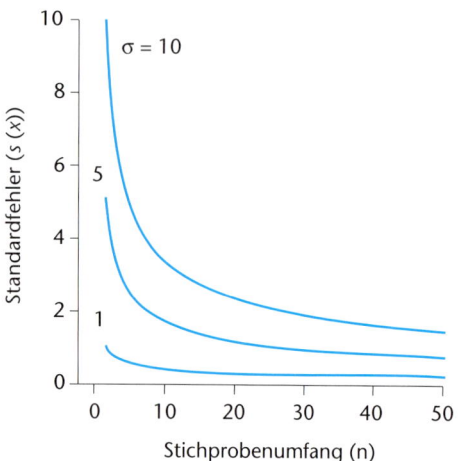

**Abb. 3.2:** Zusammenhang zwischen Standardfehler $s(x)$ und Stichprobenumfang $n$ für Grundgesamtheiten mit einer Standardabweichung von $\sigma = 10$, 5, und 1. Man beachte, dass der Standardfehler mit zunehmendem Probenumfang zunächst sehr stark fällt. Ab einem Probenumfang von 20 und mehr, erbringt eine Steigerung des Stichprobenumfangs nur noch wenig für die Genauigkeit der Schätzung des Mittelwertes.

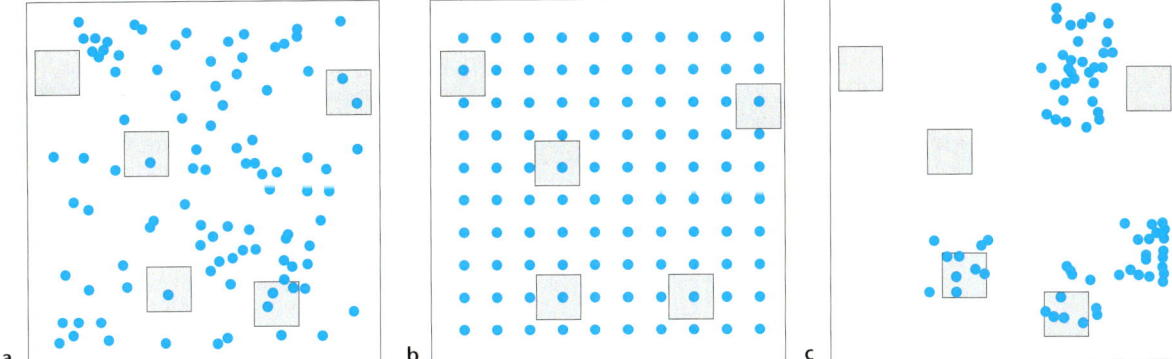

**Abb. 3.3:** Mögliche Verteilungsformen von Individuen im Siedlungsgebiet einer Population. Die Beispiele veranschaulichen eine zufällige (a), gleichmäßige (b) sowie eine geklumpte (c) Verteilung. In allen drei Beispielen beträgt die Populationsgröße 100 Individuen (jedes Individuum ist durch einen Punkt symbolisiert). Auf jeder Fläche wurde in fünf quadratischen Probeflächen die Zahl der Individuen ausgezählt. Eine Analyse dieser Stichproben findet sich in Tabelle 3.1.

der Population bekannt, kann die Populationsgröße geschätzt werden. Der zu erwartende Standardfehler der Schätzung hängt von der **räumlichen Verteilung** der Individuen ab.

In Abbildung 3.3 sind neben einer zufälligen Verteilung auch Beispiele für eine gleichmäßige und geklumpte Verteilung der Individuen dargestellt. Bei vollkommen gleichmäßiger Verteilung der Individuen über den Raum würden alle Probeflächen mehr oder weniger die gleiche Anzahl von Individuen enthalten, sodass bereits mit einer Probefläche eine brauchbare Schätzung der Populationsgröße möglich ist (Tabelle 3.1). Bei geklumpter Verteilung kann dagegen die Anzahl der Individuen zwischen einzelnen Probeflächen stark schwanken, je nachdem ob eine der Probeflächen gerade in einen Verbreitungsschwerpunkt von Individuen fällt oder nicht. Dies hat mitunter erhebliche Auswirkungen auf die Schätzung der Populationsdichte und -größe (Tabelle 3.1).

Eine Analyse der Verteilung der Individuen im Raum (Kasten 3.1) ist nicht nur für die Bestimmung der Populationsgröße wichtig, sondern erlaubt auch Rückschlüsse auf die Biologie der untersuchten Arten bzw. auf Eigenschaften der Umwelt. Gehen wir zunächst von einer homogenen Umwelt aus, dann bedeutet eine zufällige Verteilung nichts anderes, als dass sich die Interaktion zwischen Individuen nicht auf deren räumliche Verteilung auswirkt. Interaktionen zwischen Individuen einer Art wirken sich aber deutlich auf die räumliche Verteilung aus. Pflanzen benutzen chemische Substanzen, um die Ansiedlung von möglichen Konkurrenten in einem gewissen Umkreis zu verhindern (Allelopathie, Abschnitt 4.4.1), was zu einer regelmäßigen Verteilung der Individuen im Raum führen kann (z. B. Crawley 1997b). Eine regelmäßige Verteilung der Individuen findet man auch bei Arten, die Territorien verteidigen.

Anders sieht es dagegen bei Tierarten aus, die Vorteile aus dem Gruppenleben ziehen. So finden sich Lachmöwen zur Brutzeit in Kolonien zusammen, da Kolonien Vorteile bei der Feindabwehr, aber auch bei der Nahrungssuche eröffnen. In einem größeren Gebiet treten die

**Tab. 3.1:** Analyse der in Abbildung 3.3 gezeigten Stichproben aus einer zufälligen, regelmäßigen und geklumpten Verteilung.

|  | zufällig | regelmäßig | geklumpt |
|---|---|---|---|
| Stichprobe 1 | 0 | 1 | 0 |
| Stichprobe 2 | 2 | 1 | 0 |
| Stichprobe 3 | 1 | 1 | 0 |
| Stichprobe 4 | 1 | 1 | 6 |
| Stichprobe 5 | 3 | 1 | 5 |
| Mittelwert $x$ | 1,4 | 1 | 2,2 |
| Standardabweichung $s$ | 1,1 | 0 | 3,0 |
| Varianz $s^2$ | 1,2 | 0 | 9,2 |
| Varianz/Mittelwert | 0,9 | 0 | 4,2 |
| Standardfehler $s(x)$ | 0,49 | 0 | 0,98 |
| Hochrechnung | 1,4 x 100 = 140 | 1,0 x 100 = 100 | 2,2 x 100 = 220 |

## Kasten 3.1: Verteilung von Individuen

Eine wichtige Aufgabe in der Ökologie ist es, die räumliche Verteilung von Individuen zu beschreiben. Dabei ist es vorteilhaft, von einer Zufallsverteilung als Referenz auszugehen (**Poisson-Verteilung**). Bei einer zufälligen räumlichen Verteilung wird die räumliche Position eines Individuums nicht durch andere Individuen beeinflusst. Wir beschränken uns nur auf räumliche Verteilung von Individuen oder auch Ramets; die Poisson-Verteilung kann aber auch für andere Fälle genutzt werden.

Die Poisson-Verteilung bietet eine mathematische Beschreibung, mit der sich für eine gegebene Individuendichte $\mu$ errechnen lässt, wie häufig gewisse Ereignisse eintreten. Ereignis bedeutet in diesem Fall, wie häufig in einer Probefläche bestimmter Größe kein Individuum, ein Individuum bzw. allgemein $x$ Individuen angetroffen werden:

$$f(x) = \frac{\mu^x \times e^{-\mu}}{x!}$$

$f(x)$ gibt die relative Häufigkeit der Ereignisse $x$ an. Zum besseren Verständnis wollen wir die Formel auf das Beispiel in Abbildung 3.3a anwenden. Auf der gesamten Fläche befinden sich 100 Individuen. Nimmt man an, dass die Fläche 100 m² beträgt, ergibt sich eine Dichte von 1 Tier pro m². Legt man nun eine gewisse Zahl von Probequadraten von je 1 m² aus, so lässt sich allein aus der Kenntnis der Dichte ausrechnen, wie häufig man im Probequadrat kein Individuum, nur ein Individuum bzw. zwei oder mehr Individuen finden wird. Für eine Dichte von 1 ergeben sich folgende Werte:

$$f(0) = \frac{1^0 \times e^{-1}}{0!} = \frac{1 \times 0,3679}{1} = 0,368$$

$$f(1) = \frac{1^1 \times e^{-1}}{1!} = \frac{1 \times 0,3679}{1} = 0,368$$

$$f(2) = \frac{1^2 \times e^{-1}}{2!} = \frac{1 \times 0,3679}{1 \times 2} = 0,184$$

Die errechneten Werte besagen, dass man bei zufälliger räumlicher Verteilung erwartet, in 36,8 % der Probeflächen kein Individuum zu finden. Wie bei allen Wahrscheinlichkeitsverteilungen summieren sich alle Glieder zu 1. So ergibt sich aus 1 − $f(0)$ die relative Häufigkeit von Probequadraten mit mindestens einem Individuum (in unserem Beispiel: 1 − 0,368 = 0,632).

Die Poisson-Verteilung hat noch eine weitere wichtige Eigenschaft: Die Varianz ist gleich dem Mittelwert. Diese Eigenschaft kann man benutzen, um die räumliche Verteilung von Individuen einfach zu charakterisieren. Die Varianz ist ein Maß über die Schwankung der Zahl an Individuen über die Probequadrate. Bei einer gleichmäßigen Verteilung werden in jedem Probequadrat etwa gleich viele Individuen zu finden sein (Abbildung 3.3b). Bei gleicher Dichte ist damit der Quotient aus Varianz zu Mittelwert kleiner als bei einer Poisson-Verteilung. Dort ist der Quotient 1. Bei einer geklumpten Verteilung werden die Individuenzahlen über die Probequadrate stärker schwanken, der Quotient Varianz zu Mittelwert wird damit viel größer als 1.

$$0 \leq \frac{\text{Varianz}}{\text{Mittelwert}} < 1 \Rightarrow \text{regelmäßige Verteilung}$$

$$\frac{\text{Varianz}}{\text{Mittelwert}} = 1 \Rightarrow \text{zufällige Verteilung}$$

$$\frac{\text{Varianz}}{\text{Mittelwert}} > 1 \Rightarrow \text{geklumpte Verteilung}$$

Meist sind Individuen geklumpt im Raum verteilt. Zur Beschreibung von geklumpten Verteilungen spielt in der Ökologie die **negative Binomialverteilung** eine gewisse Rolle.

$$f(x) = \frac{(k + x - 1)!}{x!(k - 1)!} p^x (1 + p)^{-(x+k)}$$

Diese Verteilung hat zwei Parameter $k$ und $p$, die Mittelwert und Varianz bestimmen:

$$\mu = kp$$
$$\sigma^2 = kp + kp^2$$

$k$ bestimmt vor allem die Klumpung, und mit $k$ gegen Unendlich nähert sich die negative Binomialverteilung einer Poisson-Verteilung an. In realen Populationen liegt $k$ meist bei 2. Für Details siehe Southwood und Henderson (2000).

---

Nester der Lachmöwen damit geklumpt auf. Geht man aber auf eine kleinere räumliche Skala (z. B. die Verteilung der Nester innerhalb einer Kolonie), dann zeigt sich, dass zwischen den Nestern eine gewisse Individualdistanz eingehalten wird, und damit tendieren die Nester innerhalb der Kolonie zu einer regelmäßigeren Verteilung. Das verdeutlicht ein wichtiges Prinzip: Die Verteilung von Individuen im Raum hängt von der betrachteten räumlichen Skala ab. Wie sich die Verteilung mit der Skala ändert, lässt Rückschlüsse auf Biologie und Umwelt zu. Die Umwelt blieb bei den bisherigen Überlegungen unberücksichtigt, doch auch durch die Verteilung der Ressourcen im Raum wird die Verteilung der Individuen beeinflusst. Alle Pflanzen brauchen Wasser. In ariden Gebieten ist Wasser in Tälern besser zugänglich als an Hängen oder höher gelegenen Plateaus. Pflanzenindividuen siedeln sich daher vor allem entlang der Täler an (kontrahierte Vegetation). Die Verteilung der Individuen ist in diesem Beispiel damit keine Folge der Interaktion zwischen den Individuen, sondern eine Folge der Verteilung von Ressourcen im Raum.

Aus Abbildung 3.3 und den vorhergehenden Ausführungen wird auch verständlich, dass quadratische Probeflächen bzw. eine zufällige Positionierung der Probeflächen nicht immer die beste Strategie für eine effektive Schätzung der Populationsgröße sein müssen. Aus Abbildung 3.2 geht hervor, dass bei gegebenem Stichprobenumfang $n$ der **Standardfehler** des Mittelwertes linear von der **Standardabweichung** abhängt. Das bedeutet, dass der Standardfehler der Schätzung bei gleichem Stichprobenumfang umso geringer wird, je geringer die Standardabweichung ist. Was bedeutet das für die Erfassung der Populationsgröße? Gerade eine geklumpte Verteilung führt zu einer großen Variabilität zwischen Stichproben. Bei der Form bzw. der Auslage der Probeflächen sollte man daher berücksichtigen, dass möglichst viel der durch die Verteilung der Individuen bedingten Variabilität bereits innerhalb einer Probefläche vorkommt. Damit sinkt die Standardabweichung zwischen den Stichproben und die Genauigkeit der Schätzung nimmt zu. Man erreicht dies z. B. durch transektartige

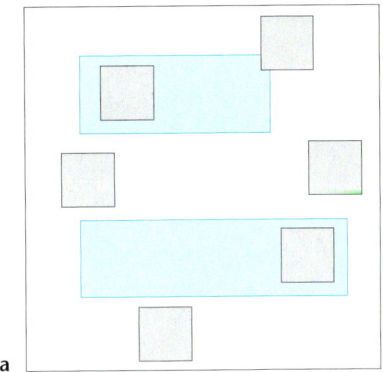
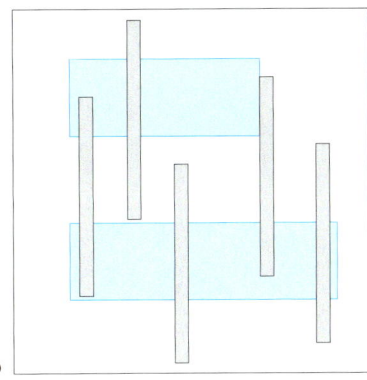

a           b

**Abb. 3.4:** Unter gewissen Bedingungen (inhomogene Umwelt, geklumpte Verteilung der Individuen) erlauben lang gestreckte Probeflächen (Transekte) eine genauere Schätzung der Populationsgröße als quadratische Flächen. Die beiden Schemata symbolisieren Siedlungsgebiete einer Population. Die blauen Teilbereiche seien Gebiete, in denen die Umwelt eine höhere Dichte an Individuen erlaubt. Benutzt man quadratische Probeflächen (a), so liegen diese häufig entweder innerhalb bzw. außerhalb der Bereiche mit hoher Individuendichte. Damit erhöht sich die Standardabweichung zwischen den Stichproben und damit auch der Standardfehler der Schätzung. Transekte (b) überstreichen mit höherer Wahrscheinlichkeit beide Dichtebereiche innerhalb der Population. Damit verringert sich die Standardabweichung zwischen den Stichproben und auch der Standardfehler der Schätzung.

Probeflächen (Abbildung 3.4). Transekte haben aber auch Nachteile. So ist im Vergleich zur Fläche der Randbereich viel größer als bei quadratischen Probeflächen. Das kann mitunter die Zuordnung von Individuen zu einer Probefläche erschweren. Eine andere Möglichkeit, die Standardabweichung zwischen Stichproben zu verkleinern, bieten Stichprobenpläne, bei denen die Probeflächen nicht zufällig positioniert werden. Dazu unterteilt man im einfachsten Fall das zu untersuchende Gebiet in Bereiche, für die nach gewissen Vorkenntnissen unterschiedliche Dichten zu erwarten sind. Innerhalb dieser Bereiche werden dann die Probeflächen zufällig positioniert und für jeden Bereich die mittlere Dichte und der zugehörige Standardfehler bestimmt (stratifizierte Probennahme). Man beachte aber, dass man für eine stratifizierte Probennahme zusätzliche Information benötigt (z. B. über die Struktur der Umwelt und deren Auswirkung auf die Verteilung der Individuen). Diese Information muss man sich durch Voruntersuchungen beschaffen, was natürlich zusätzlichen Aufwand bedeutet. Jedenfalls zeigen diese Ausführungen, dass man für die Bestimmung der Dichte einen Stichprobenplan entwickeln sollte, sodass mit den vorhandenen Mitteln in angemessener Zeit eine für die Fragestellung brauchbare Schätzung der Populationsgröße bzw. -dichte erzielt werden kann (Krebs 1999, McCallum 2000, Southwood und Henderson 2000).

In der Literatur wurde mehrmals darüber berichtet (Bezzel 1982, Schoenwald-Cox und Buechner 1991), dass sich die Populationsdichte mit zunehmender Probefläche verkleinert. Diese negative Beziehung zwischen Probefläche und Dichte kann man sich am einfachsten dadurch erklären, dass natürlich in einem Siedlungsgebiet nicht alle Bereiche für das Vorkommen einer Art geeignet sind. Werden die Probeflächen immer größer, dann werden immer mehr ungeeignete Teilflächen mit eingeschlossen und die Schätzung der Dichte wird geringer ausfallen. Man unterscheidet daher auch manchmal zwischen *crude density* und *ecological density*. Letztere benutzt als Bezugsfläche nur die für das Vorkommen der Art geeigneten Teilflächen. Haila (1988) hat darauf hingewiesen, dass die Bestimmung der Dichte, je nachdem welche Teilflächen

man gewillt ist als Bezugsfläche einzubeziehen, recht unterschiedlich ausfallen kann, sodass je nach benutzten Teilflächen die Dichte ganz unterschiedliche ökologische Phänomene erfassen kann.

Einen im Vergleich zum Auszählen von Probeflächen grundsätzlich anderen Ansatz der Schätzung bieten **Fang-Wiederfang-Methoden**. Dazu werden zu einem Zeitpunkt $t$ Individuen gefangen, markiert und wieder entlassen ($M$). Nach einer Zeitspanne $\Delta t$ werden wiederum Individuen ($W$) gefangen, und es wird ausgezählt, wie viele der neu gefangenen Individuen Markierungen tragen ($W_{\mathrm{markiert}}$). Wird die Zeitspanne $\Delta t$ so kurz gewählt, dass in der Population keine Geburten, Sterbefälle, Immigrationen und Emigrationen auftreten (konstante Populationsgröße), dann sollte sich die Zahl der beim ersten Termin markierten Individuen zur Populationsgröße $N(t)$ so verhalten wie die Zahl der beim zweiten Termin markiert wiedergefangenen Individuen zur Gesamtzahl gefangener Individuen. Damit kann man unter gewissen Annahmen $N(t)$ schätzen. Die Schätzung bezeichnet man gern als $\hat{N}(t)$, um sie von der wirklichen Populationsgröße zu unterscheiden. Es gilt nun:

$$\frac{\hat{N}(t)}{M} = \frac{W}{W_{\mathrm{markiert}}} \text{ und damit}$$

$$\hat{N}(t) = \frac{M \times W}{W_{\mathrm{markiert}}}.$$

Diese einfachste Schätzung der Populationsgröße $N(t)$ durch die Fang-Wiederfang-Methode ist als Peterson- oder Lincoln-Methode bekannt. Neben einer konstanten Populationsgröße macht diese Schätzung eine Reihe weiterer Annahmen:

- Die Spanne $\Delta t$ muss so gewählt werden, dass sich die zum ersten Fangtermin markierten Individuen mit den anderen Individuen der Population optimal durchmischen. Damit ist auch einsichtig, warum Fang-Wiederfang-Methoden vor allem bei mobilen Organismen eingesetzt werden. Je länger $\Delta t$, desto eher durchmischen sich die Individuen, aber desto eher wird auch die Annahme einer konstanten Populationsgröße nicht mehr zutreffen.

- Die Markierung darf das Individuum nicht behindern. Anderenfalls würde das die Durchmischung oder den Wiederfang beeinträchtigen.
- Die Markierung darf im Zeitraum $\Delta t$ nicht abfallen oder unlesbar werden.
- Die Aufsammlung zum Zeitpunkt $t + \Delta t$ darf durch die Markierung nicht beeinflusst werden. Markierte und unmarkierte Individuen müssen die gleiche Wahrscheinlichkeit haben, bei der zweiten Fangkampagne erfasst zu werden.

Die Annahme einer konstanten Populationsgröße (man spricht von einer geschlossenen Population; *closed population assumption*) ist sehr restriktiv. Daher wurden Fang-Wiederfang-Methoden ausgearbeitet, die nicht nur die Populationsgröße schätzen, sondern auch Anzahl von Abgängen und Zugängen. Als Abgänge zählen Sterblichkeit und Auswanderung, als Zugänge Geburten und Einwanderung. Es ist auch nicht einfach, für den doch auf den ersten Blick recht einfachen Peterson-Lincoln-Index einen Standardfehler anzugeben (für weitere Details siehe Krebs 1999, McCallum 2000, Southwood und Henderson 2000).

### 3.3.2 Populationsindices

Nicht immer ist es notwendig, mit aufwendigen Verfahren die absolute Populationsgröße zu bestimmen. Ist man nur an der Dynamik der Population interessiert, genügen auch

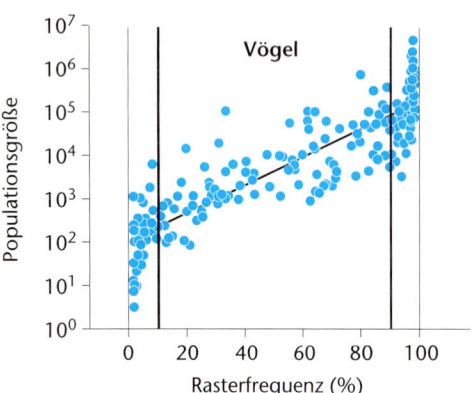

**Abb. 3.5:** Zusammenhang zwischen Rasterfrequenz (relativer Anteil von Rastern mit Nachweis einer Art in %; Gesamtzahl der Raster 925) und Populationsgröße für die Brutvögel Ostdeutschlands. Man beachte die logarithmische Skalierung der Ordinate. Zumindest für einen mittleren Bereich der Rasterfrequenz (vertikalen Linien bei 10 % und 90 %) besteht eine enge lineare Beziehung zwischen Populationsgröße und Rasterfrequenz. Nach Daten aus Nicolai (1993).

relative Methoden, solange die Populationsgröße direkt proportional zum gewählten Index ist. In der Literatur findet sich eine große Zahl von Artikeln hierzu. Hier sollen einige Beispiele genügen:

- Häufig wird nicht die Populationsgröße selbst, sondern der Anteil der **Fläche** eines Untersuchungsgebietes, der von der Population bewohnt wird (Verbreitung), erfasst. Dazu wird meist über das zu untersuchende Gebiet ein regelmäßiges Raster gelegt. Danach werden alle Raster auf das Vorkommen der zu erfassenden Art hin untersucht. Da man nicht die Anzahl Individuen in jedem Raster schätzen muss, ist diese Methode recht zeitsparend. Man gibt bei solchen Untersuchungen die Rasterfrequenz an, den relativen Anteil an Rastern, in dem die untersuchte Art nachgewiesen wurde. Die Rasterfrequenz ist ein Maß für die Populationsgröße (Abbildung 3.5).

Dass es eine Beziehung zwischen der Zahl an Rastern mit Nachweis und der Populationsdichte geben muss zeigt bereits die Poisson-Verteilung (Kasten 3.1). Danach ergibt sich für eine Dichte $\mu$ der Grundgesamtheit die relative Zahl besetzter Probeflächen zu $1-e^{-\mu}$. Dabei gibt $e^{-\mu}$ an, in welchem Anteil der Probeflächen kein Individuum zu erwarten ist. Da sich die relativen Anteile der Flächen mit keinem, einem, zwei bzw. vielen Individuen zu 1 addieren müssen, ist die Differenz $1-e^{-\mu}$ zwangsläufig der relative Anteil der Flächen mit mindestens einem Individuum. Betrachtet man die Raster als Probeflächen, entspricht dies unserer Definition der Rasterfrequenz. Mit der Dichte steigt damit auch die Rasterfrequenz, da mit zunehmender Dichte $e^{-\mu}$ immer kleiner wird.

- Beim Einsatz von **Fallen** geht man von der Annahme aus, dass die in einer festen Zahl von Fallen gefangenen Individuen proportional zur absoluten Populationsgröße sind. So stellen Säugetierkundler beköderte Schlagfallen auf. Die Zahl gefangener Kleinsäuger gilt dann als Index für die Populationsgröße. Bei der Interpretation der Daten ist immer Vorsicht angeraten. Bei einem Vergleich von zwei Zeitpunkten kann es durchaus sein, dass bei gleicher Populationsgröße die Fängigkeit der Fallen unterschiedlich war. Man stelle sich vor, dass zu einem Zeitpunkt die Nahrungssituation gerade sehr ungünstig ist. Die Köder werden dann die hungrigen Kleinsäuger magisch anlocken. Ein anderes Problem tritt auf, wenn besonders viele Kleinsäuger gefangen werden. Jede Falle kann nur einmal fangen. Dann sind Populationsgröße und Fangindex nicht mehr proportional, vielmehr gibt es eine Obergrenze, die durch die Anzahl aufgestellter Fallen bestimmt ist. Über Schlagfallen hinaus kommen je nach Organismus eine Vielzahl anderer Fallentypen zum Einsatz (Boden-, Licht-, Fensterfallen, Kasten 3.2). Häufig werden derartige Indices auch als **Aktivitätsdichte** bezeichnet, da sie nicht nur von der Populationsgröße abhängen, sondern auch von der Aktivität der Individuen. Southwood und Henderson (2000) beschreiben eine Vielzahl unterschiedlicher Fangmöglichkeiten.

## Kasten 3.2: Quantitative Erfassung von Arthropoden

Viele Ökologen haben sich lange der Problematik gewidmet, mit möglichst standardisierten, also reproduzierbaren Erfassungsmethoden die Zusammensetzung und Abundanz von Arthropoden im und auf dem Boden oder in der Vegetation zu erfassen.

Momentaufnahmen der Arthropodenzönose ergeben sich, wenn ein bestimmtes Substratvolumen erfasst und analysiert wird. Für den Boden haben sich Bodenstecher oder die Entnahme eines Erdblockes bewährt. Die Erfassung der Arthropoden erfolgt durch Handauslese oder automatisiert unter langsamem Erhitzen bzw. Austrocknen des Substrats (etwa mit dem Berlese-, Tullgren- oder MacFadyen-Apparat). Bodenstreu kann in vergleichbarer Weise untersucht werden, nachdem sie beispielsweise von einem Quadratmeter aufgesammelt wurde.

Arthropoden, die sich in der Vegetation befinden, können mit einem Käscher oder durch Absaugen (DVac) erfasst werden. Die Vegetationsstruktur setzt dem jedoch enge Grenzen, da sehr dichte oder hohe Vegetation nicht gut erfasst werden kann. Leicht flüchtige Arten (z. B. Schmetterlinge oder Heuschrecken) sind im Gesamtfang genauso unterrepräsentiert wie festsitzende Arten (etwa manche Blattläuse).

Durch das Aufstellen von Fallen werden Arthropoden über einen längeren Zeitraum eingefangen. Einerseits tritt hierdurch eine gewisse zeitliche Unschärfe auf, andererseits ist die Chance größer, möglichst viele Taxa mit vertretbarem Zeitaufwand über einen bestimmten Zeitraum zu fangen.

Die meisten Fallen erfassen nicht flächenbezogen, d. h. die Daten können nur qualitativ (z. B. faunistisch) verwendet werden. Wenn ein Konservierungsmittel (wie Formalin oder Ethylenglykol) eingesetzt wird, muss mit einer Anlock- oder Abstoßreaktion gegenüber bestimmten Arten gerechnet werden; zudem verändern Fallen mit zunehmendem Füllungsgrad ihre Fängigkeit. Bodenfallen (Barberfallen) sind selektiv gegenüber auf dem Boden laufenden Arthropoden. Gelbschalen locken Fluginsekten mit ihrer Farbe an, Zeltfallen (Malaisefallen) fangen bevorzugt niedrig über die Vegetation fliegende Insekten.

Durch die Kombination einer Flächenabdeckung oder -eingrenzung mit einer der erwähnten Fallen kann eine kontinuierliche flächenbezogene Erfassung erfolgen. Am bekanntesten sind Photoeklektoren, mit denen beispielsweise die von einem Quadratmeter Boden sich wegbewegenden Arthropoden gefangen werden (kann auch mit einer Bodenfalle kombiniert werden). Baumphotoeklektoren erfassen beispielsweise die Arthropoden, die stammaufwärts oder -abwärts laufen. In allen Fällen werden aber nur Tiere erfasst, die positiv phototaktisch reagieren.

Die visuelle Erfassung von Arthropoden ist bei bestimmten Taxa möglich. Da der Erfolg wetterabhängig ist, eine Person aber nie zwei Flächen gleichzeitig bearbeiten kann und der Zeitaufwand sehr hoch ist, sind keine echten Vergleichsfänge oder Parallelproben möglich.

Ein prinzipieller Nachteil bei Handauslese ist der hohe Zeitbedarf. Alle hier erwähnten Methoden führen zu Ergebnissen mit einer hohen Streuung der Daten, daher sind viele Stichproben erforderlich. Zudem ist keine der Methoden völlig unselektiv, d. h. es wird immer Taxa geben, die über- oder unterrepräsentiert sind bzw. völlig fehlen. Details zu den Methoden finden sich bei Mühlenberg (1993) und Krebs (1999).

- In der Fischerei benutzt man gerne die Zahl gefangener Individuen pro Zeiteinsatz als Index für die Populationsgröße. Je mehr Fische in einem Gebiet sind, umso geringer ist der Zeitaufwand, um die Ladekapazität eines Kutters zu füllen. Der Fangerfolg pro Zeitaufwand ist damit ein relatives Maß der Populationsgröße, hängt aber auch vom Geschick des Kapitäns ab. Für terrestrische Tiere kann man ebenfalls **Zeitsammelmethoden** einsetzen. Auch hier hängt der Index von den Kenntnissen des Untersuchers und von den Eigenheiten des Gebiets ab (Southwood und Henderson 2000).
- Ein bekanntes Beispiel für einen Index der Populationsgröße ist die Anlieferung von Fellen durch nordamerikanische Trapper zu Ankaufstellen (**Jagdstatistik**). Damit konnte über einen sehr langen Zeitraum die Populationsdynamik von Schneeschuhhase und Luchs im nördlichen Kanada dokumentiert werden. Zählungen von Tieren als Verkehrsopfer bieten ebenfalls erste Anhaltspunkte über Schwankungen der Populationsgröße bzw. der Aktivitätsdichte (z. B. Brandl et al. 1991).
- Es ist auch nicht immer notwendig, die Individuen selbst zu erfassen. Manchmal genügt bereits die Erfassung von Anzeichen der Anwesenheit. Dazu zählen Kot, Verbiss, Nester oder auch Spuren (Southwood und Henderson 2000).

Allen relativen Schätzungen ist gemein, dass sie mit Fehlern unbekannter Größe behaftet sind (Southwood und Henderson 2000). Relative Erfassungsmethoden sollten wenn möglich immer durch absolute Schätzungen abgesichert werden. Dennoch sind relative Methoden nicht nutzlos, solange man die Schwächen und Fehlermöglichkeiten bei der Interpretation erkennt und beachtet. Relative Methoden sind im Vergleich zu absoluten Methoden meist viel einfacher und auch kostengünstiger, eignen sich daher für langfristige Untersuchungen (Abbildung 3.6) bzw. großflächigen Untersuchungen. Darüber hinaus sind relative Methoden häufig die einzige Möglichkeit, Hinweise über die Dynamik von Organismen zu bekommen, die aufgrund ihrer Lebensweise sonst nur mit unvertretbarem Aufwand erfasst werden könnten (z. B. Marderhund in Abbildung 3.6).

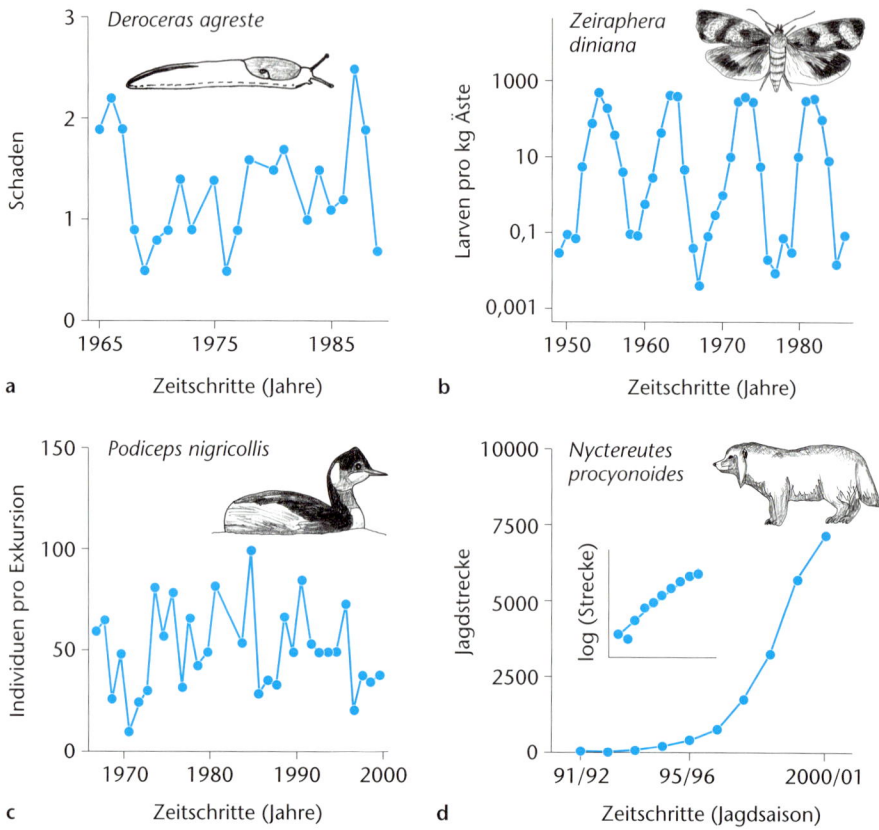

**Abb. 3.6:** Beispiel für die Dynamik von Populationen im Freiland: a) Fraßschäden der Einfarbigen Ackerschnecke (*Deroceras agreste*). Die Fraßschäden wurden auf einer Rangskala geschätzt und stellen einen Index für die Populationsgröße dar. b) Dynamik des Lärchentriebwicklers (*Zeiraphera diniana*). Die Ordinate ist logarithmisch skaliert. Die Populationsdichte wurde durch Auszählen von Larven auf Ästen bestimmt. c) Dynamik des Schwarzhalstauchers (*Podiceps nigricollis*). Auf standardisierten Exkursionen durch ein Gebiet wurden alle angetroffenen Schwarzhalstaucher gezählt. Jeder Punkt ist ein Mittelwert aus mehreren Exkursionen. d) Entwicklung der Jagdstrecke des Marderhundes (*Nyctereutes procyonoides*) in Deutschland. Die Einschaltgrafik zeigt die Daten nach logarithmischer Transformation der Jagdstrecke. Beachte den dann nahezu linearen Verlauf der Jagdstrecke mit der Zeit. a und b nach Global Population Dynamics Database http://cpbnts1.bio.ic.ac.uk/gpdd, c nach Schmidtke et al. (2001), d nach Kraft und van der Sant (2002).

### 3.3.3 Populationsdichte und Körpergewicht

Kehren wir nochmals zu absoluten Schätzungen der Populationsgröße und der Dichte zurück. Vor allem Schätzungen der Populationsdichte erlauben eine vergleichende Analyse von Arten:

- Die Individuendichte kann zwischen Arten enorm schwanken. Die Angaben reichen von Bruchteilen von Individuen pro Quadratmeter bis hin zu Millionen von Individuen auf gleicher Fläche (Tabelle 3.2). Bruchteile von Individuen sind natürlich eigentlich nicht möglich, sodass der Raumbezug meist so gewählt wird, dass die Individuendichte Werte größer als 1 erreicht.

- Bei tierischen Organismen fällt die Dichte mit zunehmendem Körpergewicht: Je größer eine Art, umso geringer ist bei gleichem Flächenbezug die Populations-

dichte. Bei Insekten mit einem Körpergewicht von etwa 1 mg = $10^{-6}$ kg hat man Individuendichten von etwa $10^6$ bis $10^8$ Individuen pro km² geschätzt. Bei Säugetieren mit einem Körpergewicht von etwa 1 kg ist auf einem km² mit nur 30 Individuen zu rechnen. Diese Beziehung zwischen Körpergewicht und Populationsdichte (bzw. bei gleichem Siedlungsgebiet Populationsgröße) gilt auch innerhalb einzelner Gruppen von Organismen (Vögel in Abbildung 3.7).

Stellt man Populationsdichten für Organismen von Einzellern bis hin zu Elefanten aus der Literatur zusammen und trägt die Dichte (Individuen km⁻²) gegen das Körpergewicht (kg) auf, so können diese Daten durch eine Potenzfunktion beschrieben werden:

Populationsdichte = $32 \times$ Körpergewicht$^{-0,98}$

Ganz ähnlich wie im Beispiel der Vögel (Abbildung 3.7) nimmt die Dichte mit dem Körpergewicht ( = Körpermasse) ab (Peters 1983). Zur Berechnung der Parameter *a* und *b* der Beziehung Populationsdichte = *a* × Körpergewicht$^b$ wird diese häufig auf bei-

**Tab. 3.2:** Beispiele für Individuendichten einiger Gruppen von Organismen.

| | Individuendichte | Individuendichte pro m² |
|---|---|---|
| Bäume | 500/ha | 0,05 |
| Ackerunkräuter | 200/m² | 200 |
| Bodenarthropoden | 500 000/m² | 500 000 |
| Feldmäuse | 50/ha | 0,005 |
| Reh | 10/100 ha | 0,000 01 |
| Mensch (Kanada) | 2/km² | 0,000 002 |
| Mensch (Mitteleuropa) | 100/km² | 0,000 1 |

Die angegeben Werte sollen eine Vorstellung der Größenordnungen vermitteln. Man beachte aber, dass innerhalb der Gruppen die Dichten erheblich schwanken können, was auch durch den Vergleich der Individuendichte von Menschen in Kanada und Europa deutlich wird. In der ersten Spalte werden die Individuendichten auf Flächen bezogen, wie sie für die jeweilige Gruppe bevorzugt werden. In der zweiten Spalte wurden die Dichten auf einen gemeinsamen Flächenbezug (hier m²) umgerechnet. Dadurch lassen sich die Angaben vergleichen.

den Seiten logarithmiert (z. B. Basis 10). Damit ergibt sich eine lineare Beziehung (log (Dichte) = log($a$) + $b$ × log (Körpergewicht)), die sich mit einfachen statistischen Mitteln den Daten anpassen lässt. Für die Vögel in Abbildung 3.7 ergibt sich dabei log($a$) = −2 und $b$ = 0,86. Damit ergibt sich für die Daten in Abbildung 3.7 folgende allometrische Beziehung:

$$\text{Populationsdichte} = 0,01 \times \text{Körpergewicht}^{-0,86}$$

Die beiden Gleichungen unterscheiden sich. Statistische Analysen an umfangreicherem Material haben gezeigt, dass es zwar mit statistischen Mitteln nachweisbare Unterschiede zwischen einzelnen Tiergruppen in der Beziehung Dichte und Körpergewicht gibt. So liegen Vögel beispielsweise immer etwas unterhalb der allgemeinen Beziehung, aber die allgemeine Gleichung spiegelt die Daten

über alle Gruppen hinweg gut wider (Peters 1983). Die Bedeutung dieser Gleichungen liegt vor allem darin, dass man auch ohne zeitaufwendige Untersuchungen aus dem Körpergewicht einer Art eine gewisse Vorstellung über die Dichte gewinnen kann. Hierbei handelt es sich um maximale Dichten, da die veröffentlichten Untersuchungen, auf denen die Daten beruhen, nicht gerade in Gebieten mit niedrigen Dichten durchgeführt wurden. Bei Verwendung der Gleichung ist auch zu beachten, dass die Schätzung einer Dichte sehr grob ist. Nehmen wir eine Vogelart mit einem Körpergewicht von 1 kg, dann ergibt sich je nach Gleichung eine Dichte von 0,01 oder 3 Individuen km⁻². Ein Blick auf die Abbildung macht aber deutlich, dass die Daten erheblich weiter schwanken und durchaus zwischen 0,000 1 und 5 Individuen pro km² liegen können. Für Paläontologen sind dies aber die einzigen Schätzungen der Populationsdichte, die überhaupt möglich sind.

- Im Vergleich zum Körpergewicht spielen andere biologische Eigenschaften der Organismen nur eine untergeordnete Rolle. So sind die Populationsgrößen von Greifvögeln und Eulen (Nahrung meist Vertebraten) ganz ähnlich den Populationsgrößen von Vogelarten, die eine andere Nahrungsnische einnehmen (Abbildung 3.7).
- Für Pflanzen sind derartige Verallgemeinerungen nicht so einfach möglich. Zwar ist die Individuendichte von Bäumen geringer als die krautiger Pflanzen (Tabelle 3.2), doch ist eine quantitative Analyse der Beziehung Individuendichte und Körpergröße (Körpergewicht) viel schwieriger. Pflanzen sind modulare Organismen, mit großer individueller Variabilität, sodass die Körpergröße zwischen Individuen einer Pflanzenart sehr stark schwankt.

# 3.4 Populationsdynamik

Bestimmt man die Populationsdichte über einen längeren Zeitraum, dann ergibt sich eine Zeitreihe, die es näher zu analysieren gilt (Abbildung 3.6). Statistische Verfahren bieten eine Vielfalt an Möglichkeiten, in einer Zeitreihe nach Mustern zu suchen. Dabei stellt sich die Frage, welche Muster in einer Population überhaupt zu erwarten sind. Zur Beantwortung dieser Frage können konzeptionelle Modelle eine wichtige Hilfestellung bieten. Wir gehen dabei von unserer Grundgleichung aus und machen zunächst einige vereinfachende Annahmen.

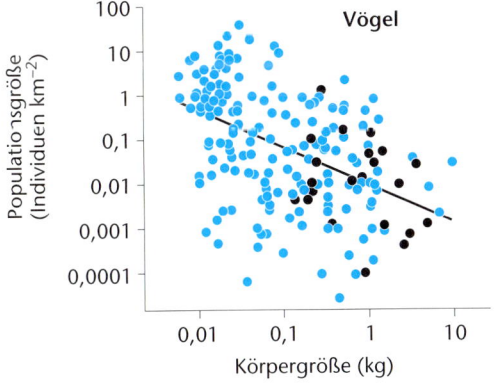

**Abb. 3.7:** Beziehung zwischen Populationsgröße und Körpergröße für die Brutvögel Ostdeutschlands (Daten aus Nicolai (1993), Abszisse und Ordinate logarithmisch skaliert). Die Dichte wurde durch Division der Populationsgröße durch die Gesamtfläche des Kartierungsgebietes berechnet (108 333 km²). Vögel, die vorzugsweise größere Nahrungstiere erbeuten (z. B. Greifvögel; schwarze Punkte,) haben zwar im Mittel eine größere Körpergröße, aber die Dichte unterscheidet sich nicht von anderen Vogelarten gleicher Körpergröße (blaue Punkte). Körpergröße nach Brändle et al. (2002b).

Das Durchsuchen realer Zeitreihen nach Mustern geschieht mit Hilfe der Statistik. So kann die Variabilität der Zeitreihen von zwei Arten mit Hilfe der Standardabweichung beschrieben werden, die ja ein Maß für die Schwankungsbreite ist. In der Praxis müssen aber für einen Vergleich noch eine Menge weiterer Details berücksichtigt werden (Connell und Sousa 1983). Korrelations- und Regressionsanalysen (z. B. Sachs 1984) können dazu benutzt werden, um nach Trends in einer Zeitreihe zu suchen. Dabei ist es häufig nötig, die Daten der Zeitreihe zu transformieren. Aus den folgenden Modellen sollte klar werden, dass bei logarithmischer Transformation der Populationsgröße die Steigung der Beziehung zwischen Populationsgröße und Zeit eine biologische Aussage trägt. Für den Nachweis von komplizierteren Mustern in Zeitreihen stehen Autokorrelations- oder Fourier-Analysen zur Verfügung (Chatfield 1996).

## 3.4.1 Ungebremstes Populationswachstum

Wir betrachten eine Population, bei der es keine Ein- und Auswanderung gibt. Ohne Ein- und Auswanderung vereinfacht sich unsere Grundgleichung, da wir nur Geburten und Sterbefälle näher betrachten müssen:

$$N(t + \Delta t) = N(t) + \text{Geburten} - \text{Sterbefälle}$$

Zur weiteren Vereinfachung betrachten wir eine Art, die sich in diskreten Zeitschritten (z. B. Jahresschritten) fortpflanzt. Dann ist es günstig, die Zeit in Generationen $t$ zu betrachten. $N(t)$ sei dann die Populationsgröße in der Generation $t$, $N(t + 1)$ in der folgenden Generation und damit

$$N(t + 1) = N(t) + \text{Geburten} - \text{Sterbefälle}$$

Geburten und Sterbefälle beziehen sich damit auf den gewählten Zeitschritt. Aus dieser Gleichung lassen sich zwei weitere Größen ableiten, die für das Verständnis der Dynamik von Populationen wichtig sind: die **Wachstumsrate der Population** sowie die auf das Individuum bezogene Wachstumsrate. Die Wachstumsrate der gesamten Population ist die Veränderung der Populationsgröße während eines Zeitschrittes, also von $t$ nach $t + 1$:

$$\text{Wachstumsrate der Population} = N(t + 1) - N(t) = \text{Geburten} - \text{Sterbefälle}$$

Man beachte, dass, wenn die Zahl der Sterbefälle größer ist als die Zahl der Geburten, auch negative Wachstumsraten auftreten können. Die Populationsgröße wird dann von $t$ nach $t + 1$ abnehmen. Die auf ein Individuum bezogene Wachstumsrate während des Zeitschrittes (individuelle Wachstumsrate, Nettowachstumsrate) ist die Wachstumsrate der Population geteilt durch die Populationsgröße zur Ausgangszeit:

Individuelle Wachstumsrate =

$$\frac{\text{Wachstumsrate der Population}}{\text{Populationsgröße}} = \frac{N(t + 1) - N(t)}{N(t)}$$

$$= \frac{\text{Geburten} - \text{Sterbefälle}}{\text{Populationsgröße}} = \frac{\text{Geburten}}{N(t)} - \frac{\text{Sterbefälle}}{N(t)}$$

Die individuelle Wachstumsrate (=Nettowachstumsrate) ergibt sich aus der Differenz der wiederum auf das Individuum bezogenen Zahl an Geburten und Sterbefälle. Man bezeichnet diese Parameter als Geburtenrate bzw. Sterberate, die wir mit $g$ und $s$ symbolisieren wollen. Man beachte, dass $g$ und $s$ von der Länge des gewählten Zeitschrittes abhängen. Im einfachsten Fall sind diese Raten Konstanten, bleiben also von Zeitschritt zu Zeitschritt gleich. Biologisch bedeutet dies, dass $g$ und $s$ weder durch Umweltfaktoren noch durch andere Prozesse in der Population beeinflusst werden. $g$ und $s$ lassen sich im Freiland über Stichproben bestimmen (McCallum 2000). Die absolute Zahl an Geburten in einem Zeitschritt ergibt sich dann aus dem Produkt von $g$ und der Populationsgröße. Ein Beispiel: Weibchen bringen im Mittel pro Zeitschritt zwei Junge zur Welt (Geburtenrate $g = 2$). Falls in der Population das Geschlechterverhältnis 1:1 ist, ergibt sich für eine Populationsgröße von 100 eine Anzahl von 50 Weibchen. Daraus ergibt sich die Gesamtzahl an Geburten während eines Zeitschrittes aus $2 \times 50 = 100$ Geburten. Ganz entsprechend geht man für die Sterbefälle vor. Die Sterberate ist die Wahrscheinlichkeit, mit der ein Individuum während eines Zeitschrittes stirbt. Multipliziert man diese Wahrscheinlichkeit $s$ wiederum mit der Populationsgröße, ergibt sich die Zahl der Sterbefälle. Wenn $s = 0,5$, so ergeben sich bei einer Populationsgröße von 100 Individuen 50 Sterbefälle.

Eigentlich beschreibt unsere Gleichung die Gesamtzahl an Individuen (also Weibchen und Männchen), doch Nachkommen werden nur durch Weibchen produziert, während die Sterbefälle natürlicherweise Männchen und Weibchen betreffen. Das stört aber unsere Überlegungen

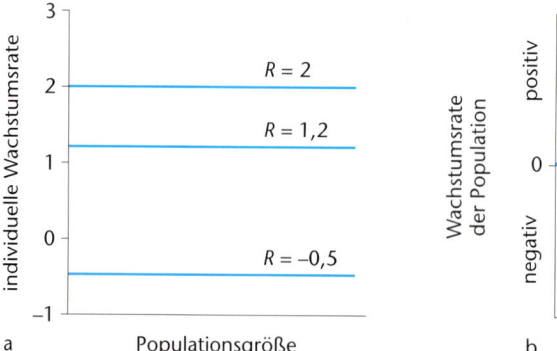

**Abb. 3.8:** Exponentielles Wachstum der Population: Individuelle Wachstumsrate (Nettowachstumsrate) (a) und Wachstumsrate der Population (b) in Abhängigkeit von der Populationsgröße. Man beachte, dass die auf das Individuum bezogene Wachstumsrate von der Populationsgröße unabhängig ist, aber die Wachstumsrate der Population linear mit der Populationsgröße ansteigt (positive Nettowachstumsrate) bzw. abfällt (negative Nettowachstumsrate). Die Nettowachstumsrate kann nicht kleiner als −1 werden.

nicht, so lange es ein festes Geschlechterverhältnis in der Population gibt. Dann können wir die Männchen unberücksichtigt lassen, da man die Zahl der Weibchen mit einem Faktor (bei einem Geschlechterverhältnis von 1:1 ist der Faktor = 2) stets in die gesamte Populationsgröße umrechnen kann. Beachte aber, dass man dann die Männchen auch bei der Berechnung der Geburten außer Acht lassen muss (bei einem Geschlechterverhältnis von 50:50 ergeben sich bei unserem Beispiel 50 Geburten von Weibchen). Aus den Überlegungen ergibt sich dann folgende Gleichung zur Veränderung der Populationsgröße von Zeitschritt zu Zeitschritt:

$$N(t+1) = N(t) + g\,N(t) - s\,N(t)$$
$$N(t+1) = N(t) + (g - s)\,N(t)$$
$$N(t+1) = N(t) + R\,N(t) = (1 + R)\,N(t)$$

Die Differenz $g - s$ wurde dabei in einem Parameter $R$ zusammengefasst. $R$ ist nichts anderes als die **individuelle Wachstumsrate** (Nettowachstumsrate, manchmal auch Nettozuwachsrate per capita). Die Wachstumsrate der Population ergibt sich zu $N(t+1) - N(t) = R\,N(t)$. und steigt damit linear mit der Populationsgröße an (Abbildung 3.8). Wir haben $R$ als konstant angenommen, daher ist $R$ unabhängig von der Populationsgröße.

Letztlich interessiert uns ja die Dynamik der Population, also die Entwicklung der Populationsgröße mit der Zeit. Dazu wäre es angebracht, wenn man bei Kenntnis von $R$ die Populationsgröße für jede beliebige Zahl von Zeit-

schritten aus einer anfänglichen Populationsgröße berechnen könnte. Dazu betrachten wir die Population zum Zeitschritt 0 und bezeichnen die Populationsgröße zu diesem Zeitpunkt mit $N(0)$. Die Population im nächsten Zeitschritt $t = 1$ ist dann

$$N(1) = (1 + R)\,N(0).$$
Zur Vereinfachung setzen wir $(1 + R) = \lambda$.
$$N(1) = \lambda\,N(0)$$
$$N(2) = \lambda\,N(1) = \lambda\,\lambda\,N(0) = \lambda^2\,N(0)$$
$$N(3) = \lambda\,N(2) = \lambda\,\lambda^2\,N(0) = \lambda^3\,N(0)$$
$$N(T) = \lambda^T\,N(0) = (1 + R)^T\,N(0)$$

Wir haben damit ein Modell, mit dem die Populationsgröße nach beliebigen Zeitschritten $t = T$ aus der anfänglichen Populationsgröße und der individuellen Wachstumsrate errechnet werden kann. Unser Modell hat nur einen Parameter, nämlich $R$ bzw. $\lambda$. $\lambda$ bezeichnet man auch als **Wachstumsfaktor**, da $\lambda$ sich aus dem Verhältnis $N(t+1)$ zu $N(t)$ ergibt. Trotz der Einfachheit ergeben sich mit dieser Gleichung wichtige Einblicke in das dynamische Verhalten von Populationen. Abbildung 3.9 zeigt die Dynamik von Modellpopulationen mit unterschiedlichem $R$ über 10 Zeitschritte. In jedem Beispiel war die Populationsgröße $N(0) = 20$ Individuen. Diese Berechnungen lassen sich mit einem Programm für Tabellenkalkulation leicht nachvollziehen (Donovan und Welden 2002). Aus der Darstellung in Abbildung 3.9 ergeben sich eine Reihe wichtiger Schlussfolgerungen:

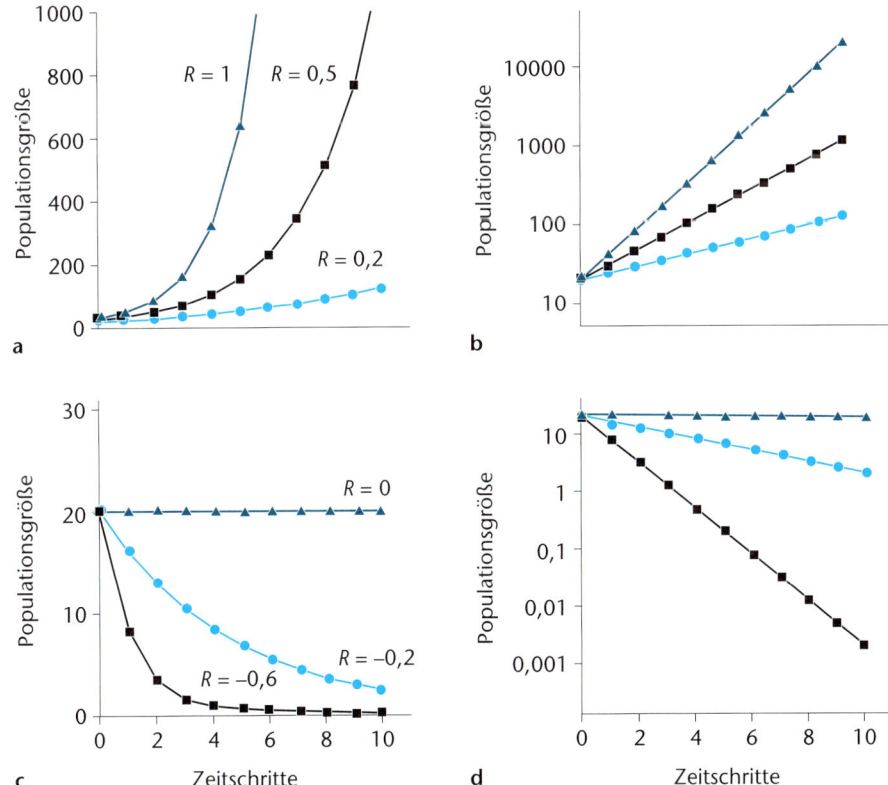

a

b

c                Zeitschritte

d                Zeitschritte

**Abb. 3.9:** Exponentielles Wachstum der Population: Beispiele für die Entwicklung der Populationsgröße für verschiedene individuelle Wachstumsraten (a) und (c). Alle Berechnungen wurden mit $N(0) = 20$ begonnen. Für $R > 0$ ergibt sich ein ungebremster Anstieg der Populationsgröße (a), für $-1 < R < 0$ ergibt sich eine unaufhörlicher Abfall der Populationsgröße (c). Nur für $R = 0$ bleibt die Populationsgröße konstant (c). Trägt man die Populationsgröße logarithmisch auf (b) und (d), dann ergibt sich ein mit der Zeit linearer Verlauf. Die Steigung dieser Geraden ist $\log(\lambda) = \log(1 + R)$.

**Kasten 3.3:** **Verdopplungszeiten einer ungebremst wachsenden Population**

In Tageszeitungen findet man häufig Bemerkungen in der Art, dass das Bevölkerungswachstum eines Landes 2 % pro Jahr beträgt. Das klingt zunächst nach nicht viel. Eine eindrucksvollere Vorstellung von dem Potenzial exponentiellen Wachstums bekommt man jedoch, wenn man die Zeitspanne betrachtet, in der sich die Bevölkerung verdoppelt. Bei. exponentiellem Wachstum lässt sich die Verdopplungszeit $D$ einfach berechnen. Dabei muss man nur berücksichtigen, dass, betrachtet man diskretes Populationswachstum, nach $D$ Zeitschritten die Populationsgröße von $N$ auf $2N$ angewachsen ist:

$$N(D) = 2N = N\,\lambda^D$$

Dabei kürzt sich $N$ aus der Gleichung:

$$2 = \lambda^D$$
$$\ln(2) = \ln(\lambda)\,D$$
$$D = \frac{\ln(2)}{\ln(\lambda)}$$

Man beachte, dass hier die Wahl der Basis für den Logarithmus ohne Bedeutung ist. Ganz ähnlich kann man die Verdopplungszeit für kontinuierliches exponentielles Wachstum

(Abschnitt 3.4.3) berechnen, bei dem $D$ aber nicht Zeitschritte, sondern einen Zeitraum symbolisiert:

$$N(D) = 2N = Ne^{rD}$$
$$2 = e^{rD}$$
$$\ln(2) = rD$$
$$D = \frac{\ln(2)}{r}$$

Das sind zwei wichtige Ergebnisse: Die Verdopplungszeit hängt nur von $\lambda$ bzw. $r$ und nicht von der anfänglichen Populationsgröße ab. Die Verdopplungszeit ist damit immer gleich, unabhängig ob die anfängliche Populationsgröße 10, 100 oder gar 1 000 000 Individuen beträgt.

Wenden wir die Formel auf obiges Beispiel an. Die Angabe „das Bevölkerungswachstum beträgt 2 % pro Jahr" ergibt ein $r$ von 0,03 pro Individuum und Jahr ($r = 0,03$ Jahr$^{-1}$). Der Wert für $\ln(2) \approx 0,7$, und damit ergibt sich $D = 0,7/(0,03$ Jahr$^{-1}) = 35$ Jahre. Man kann sich eine einfache Faustregel merken: 70 geteilt durch die jährliche Wachstumsrate in % ergibt die Verdopplungszeit.

- Für $\lambda > 1$ (und damit $R > 0$) wächst die Populationsgröße unaufhaltsam und ohne Grenzen an.
- Für $\lambda = 1$ ($R = 0$) bleibt die Populationsgröße konstant.
- Für $0 < \lambda < 1$ ($-1 < R < 0$) verringert sich die Populationsgröße unaufhaltsam.
- Transformiert man die Ordinate logarithmisch, dann ergibt sich ein linearer Anstieg mit der Steigung $\log(\lambda) = \log(1 + R)$. Man spricht daher von **exponentiellem Populationswachstum**.

Um zu verstehen, warum die Steigung $\log(\lambda)$ beträgt, muss man sich zunächst vergegenwärtigen, dass allgemein eine Gerade durch die Gleichung $y = a + b\,x$ beschrieben wird; $a$ symbolisiert den Achsenabschnitt und $b$ die Steigung. Logarithmiert man $N(t)$ so ergibt sich:

$$\log(N(t)) = \log(N(0)\,\lambda^t)$$

Unter Anwendung der Rechenregeln für Logarithmen folgt:

$$\log(N(t)) = \log(N(0)) + \log(\lambda^t) = \log(N(0)) + \log(\lambda)\,t$$

Vergleicht man diese Gleichung mit der allgemeinen Gleichung einer Gerade, so ergibt sich $a = \log(N(0))$, $x = t$ und für die Steigung $b = \log(\lambda)$.

- Eine wichtige Eigenschaft des exponentiellen Wachstums ist, dass sich die Population unabhängig von der Populationsgröße in einer festen Zeitspanne um einen festen Faktor verändert (bei der Zeitspanne 1 um den Faktor $\lambda$). Die Ableitung der Verdopplungszeit einer Population findet sich im Kasten 3.3.

Der Wachstumsfaktor $\lambda$ hat eine Eigenschaft, die häufig zu Missverständnissen führt: $\lambda$ kann nicht einfach durch einen Faktor auf andere Zeitschritte hin umgerechnet werden. Greifen wir eine Population aus Abbildung 3.9 heraus, z. B. für $\lambda = 1,5$ ($R = 0,5$). Verkürzen wir nun die Zeitschritte auf die Hälfte, so könnte man auf den Gedan-

ken verfallen, $\lambda$ ebenfalls durch 2 zu teilen. Dies würde zu einem $\lambda_{\frac{1}{2}\text{Zeitschritt}} = 0,75$ führen. Dass dies nicht richtig sein kann, ergibt sich aus der oben dargelegten Regel, dass mit $\lambda < 1$ die Population unaufhaltsam abnimmt. Das ist ganz offensichtlich ein Widerspruch. In der Population haben sich weder Geburten- noch Sterberate geändert und nur durch Veränderung der Zeitschritte kann sich keine unterschiedliche Dynamik der Population ergeben. Der richtige Weg zur Umrechnung führt über die individuelle Wachstumsrate. Halbiert man die Zeitschritte, so halbiert sich auch diese Wachstumsrate. Damit ist $\lambda_{\frac{1}{2}\text{Zeitschritt}} = (1 + R/2)$. Diese Umrechnung ist exakt, solange die im ersten Halbschritt produzierten Jungtiere sich im zweiten Halbschritt nicht schon selbst wieder reproduzieren. Ein allgemeines Umrechnungsverfahren wird weiter unten beschrieben.

Im Laufe der Ableitung haben wir eine Reihe expliziter und auch impliziter Annahmen in das Modell aufgenommen, die nochmals betont werden müssen (Gotelli 2001):

- Wir betrachten eine Population ohne Ein- und Auswanderung.
- Unsere Population wächst in diskreten Zeitschritten. Vögel reproduzieren sich in unseren Breitengraden im Laufe des Jahres meist nur einmal. Es bietet sich daher an, die Population in Jahresschritten zu betrachten. Ähnliches gilt für manche Insektenarten oder für annuelle Pflanzen. Insekten durchlaufen in einem Jahr manchmal aber auch mehrere Generationen, sodass man die Zeitschritte der Generationslänge anpassen muss. Für viele Arten gilt dabei, dass keine Imagines von einer Generation zur nächsten überleben, sodass sich unsere Wachstumsgleichung noch weiter vereinfacht:

## Kasten 3.4: Wachstum der Weltbevölkerung

Abbildung a zeigt das Wachstum der Weltbevölkerung zwischen 1650 und 2000. Dabei stieg die Weltbevölkerung von etwa 0,5 Milliarden Menschen um 1650 auf etwa sechs Milliarden in 2000 (Nentwig 1995). Trägt man die verfügbaren Zahlen auf, so könnte man auf den ersten Blick von einem exponentiellen Populationswachstum ausgehen.

Bei exponentiellem Wachstum sollte sich nach Logarithmierung der Populationsgröße ein linearer Zusammenhang zwischen (logarithmierter) Populationsgröße und Zeit ergeben. Die Steigung ist dabei $r$ bzw. log ($\lambda$). Abbildung b zeigt aber nun, dass dies zwischen 1650 und 2000 nicht immer der Fall war. Bis 1950 ergibt sich in etwa ein linearer Zusammenhang, ab circa 1950 fand aber ein Bruch im Wachstumsmuster der Weltpopulation statt. Die Weltbevölkerung ist zumindest im Lauf des 20. Jahrhunderts überexponentiell gewachsen.

Die Steigung der Geraden in Abbildung b, berechnet aus den Punkten von 1650 bis 1950, ist etwa 0,2 %. Aus dieser Wachstumsrate ergibt sich eine Verdopplungszeit von 70/0,2 = 350 Jahre. Nach 1950 betrug die Wachstumsrate durchschnittlich 1,7 % (Verdopplungszeit etwa 40 Jahre!). Eine genauere Analyse und detailliertere Daten zeigen, dass die Weltbevölkerung 1970 mit 2,0 % wuchs, 1990 mit 1,7 % und 2002 mit 1,3 %. Dabei gibt es erhebliche Unterschiede zwischen Regionen. In den Industrieländern lag die Wachstumsrate 2002 bei 0,1 % (in Europa sogar –0,1 %), in den Entwicklungsländern bei 1,6 % (in Afrika sogar bei 2,4 %).

Es wurde im Lauf der Diskussion über exponentielles Wachstum immer wieder darauf hingewiesen, dass in einer begrenzten Umwelt keine Population unbegrenzt wachsen kann. Die Menschheit scheint dieser logischen Notwendigkeit zu widersprechen. Der Grund liegt wohl darin, dass sich mit dem technischen Fortschritt der Menschheit ständig neue Ressourcen eröffnet haben, wobei fossile Ressourcen einen wichtigen Beitrag leisten. Fossile Ressourcen werden z. B. auch genutzt, um Dünger herzustellen, was die Möglichkeiten der Produktion von Nahrungsmittel erheblich erweitert hat. Dennoch ist langfristig auch für den Menschen kein unbegrenztes Wachstum möglich (Kasten 3.6).

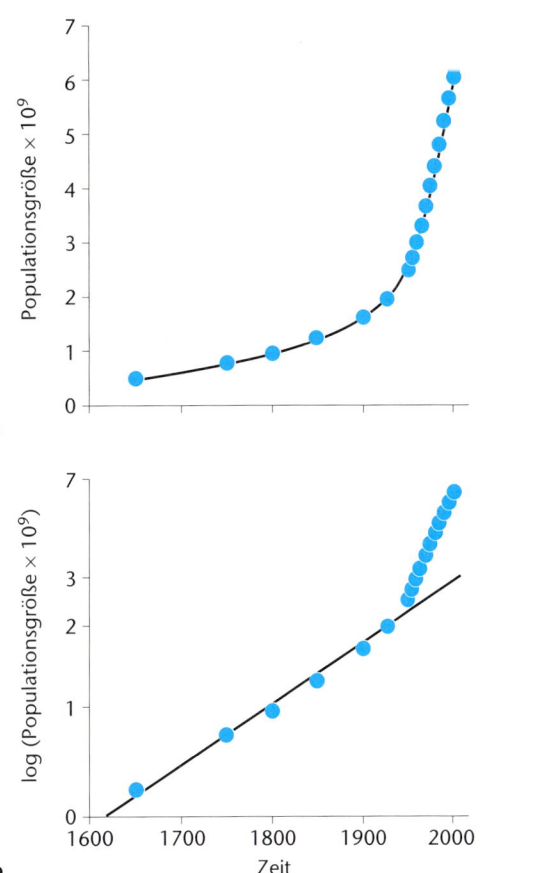

**Abb:** Die Zunahme der Weltbevölkerung von 1650 bis 2000. a) lineare, b) logarithmische Darstellung.

$$N(t+1) = g\,N(t) - s\,N(t) = (g-s)\,N(t) = R\,N(t)$$

- $R$ und die dahinterliegenden Geburten- und Sterberaten wurden als konstant angenommen. Damit sind die für die Population nötigen Ressourcen unbegrenzt verfügbar bzw. werden unbegrenzt nachgeliefert. Falls das nicht der Fall ist, werden sich die Ressourcen mit zunehmender Populationsgröße verknappen. Bei knappen Ressourcen können sich Rückkopplungen auf die Population ergeben (Abschnitt 3.4.2).
- Unser Modell macht auch eine Reihe von Annahmen, die aus der Gleichung nicht offensichtlich sind. Wir gehen davon aus, dass alle Individuen gleich sind. Damit vernachlässigen wir jegliche Altersstruktur. Wir vernachlässigen auch alle genetischen Unterschiede zwischen Individuen. Solange aber die Altersstruktur unverändert bleibt, können alle Parameter des Modells als Mittelwerte über alle Individuen aufgefasst werden.

Gibt es denn exponentielles Wachstum in natürlichen Populationen (Kasten 3.4)? Aus den Annahmen sollte klar sein, dass exponentielles Wachstum nur dann möglich ist, wenn die Ressource nicht knapp ist. Das ist immer dann der Fall, wenn sich eine Population neu begründet. Der Marderhund hat sich erst jüngst in Mitteleuropa (nach Auswilderungen in der Ukraine) etabliert. 1960 wurden die ersten Tiere in der ehemaligen DDR nachgewiesen. Ab etwa 1990 stiegen die Jagdstrecken in Deutschland an (Abbildung 3.6). Die Jagdstrecken sind zumindest in erster Näherung ein relativer Schätzwert für die Populationsgröße. Nach logarithmischer Transformation der Jagdstrecke und damit der Populationsgröße (z. B. zur Basis 10) ergibt sich ein linearer Anstieg der nun transformierten Populations-

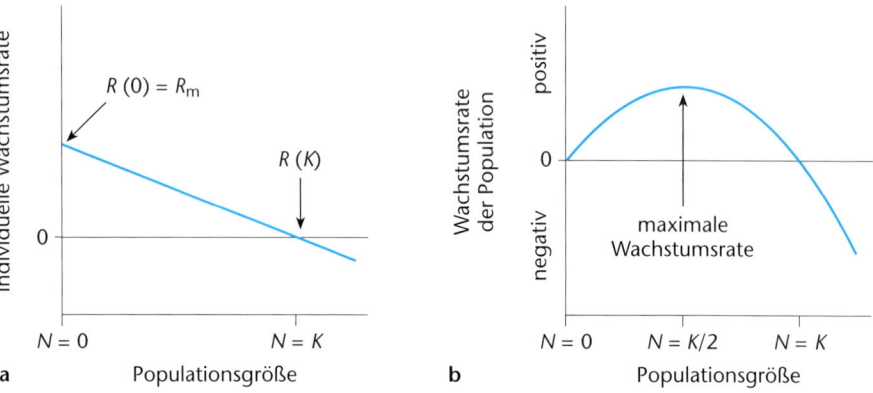

**Abb. 3.10:** Logistisches Wachstum der Population: Nettowachstumsrate (a) und Wachstumsrate der Population (b) in Abhängigkeit von der Populationsgröße. Im Gegensatz zum geometrischen Wachstum geht man von einer linearen Abnahme der in der Population realisierten Nettowachstumsrate mit der Populationsgröße aus (a). Bei einer Populationsgröße nahe 0 ist die Nettowachstumsrate maximal, bei der Kapazitätsgrenze $K$ dagegen 0. Ist die Populationsgröße größer als die Kapazitätsgrenze $K$, haben wir eine negative Nettowachstumsrate. Für die Wachstumsrate der Population ergibt sich daraus eine Parabel mit einer maximalen Wachstumsrate der Population für eine Populationsgröße $K/2$.

größe mit der Zeit, ein Hinweis, dass sich die Dynamik der Populationsgröße des Marderhundes zumindest annähernd mit einem exponentiellem Wachstum beschreiben lässt. Die Steigung dieser Geraden ist $0{,}345 = \log_{10}(\lambda)$. Damit ist $\lambda \approx 2{,}2$ bzw. $R \approx 1{,}2$. Die Verdopplungszeit dieser Population ist etwa 0,9 (Kasten 3.3). Damit verdoppelt sich die Population etwa in Jahresschritten.

Eine Schwäche unseres Modells zeigt sich bei $R < 0$. Die Population wird dann unaufhaltsam immer kleiner. Eine Populationsgröße von 0 wird aber nie erreicht (asymptotische Annäherung an 0). Ganz offensichtlich kann das Aussterben einer Population nicht durch unsere Gleichung beschrieben werden. So lange die Populationsgrößen sehr groß sind oder wir $N(t)$ als Dichte auffassen, spielt das keine Rolle. Aber bei sehr kleinen Populationen wird das Verhalten unseres Modells unrealistisch.

### 3.4.2 Logistisches Populationswachstum

Eine wesentliche Annahme für ungebremstes Populationswachstum war der unveränderliche Wert von $\lambda = 1 + R$ (Abbildung 3.8). Diese Annahme ist unrealistisch. Vielmehr wird $R$ von der Populationsgröße abhängen. Zweifelsohne verbrauchen Individuen die zur Verfügung stehenden Ressourcen, was nicht ohne Rückwirkung auf die Population bleiben kann. Wir wollen die Abhängigkeit von $R$ von der Populationsgröße dadurch verdeutlichen, dass wir nun nicht einfach $R$, sondern $R(N)$ schreiben und wir darunter die in einer Population mit der Größe $N$ realisierte individuelle Wachstumsrate verstehen. Je größer die Population, desto mehr Ressourcen werden verbraucht und umso knapper werden die verfügbaren

Ressourcen. Das wird auf Sterblichkeit und Geburten zurückwirken. Wie kann das in unserer Gleichung für das Populationswachstum berücksichtigt werden?

Betrachten wir die in Abbildung 3.10 skizzierte Möglichkeit. Dazu benutzen wir ein Achsenkreuz, in dem wir $R(N)$ gegen die Populationsgröße auftragen. Solange die Populationsgröße recht klein ist ($N$ nahe 0, bzw. zur Vereinfachung $N = 0$) und die Ressourcen nicht begrenzend wirken, sollte $R(N)$ maximal sein. Wir wollen diese maximale individuelle Wachstumsrate $R(0)$ mit $R_m$ bezeichnen. Mit zunehmender Populationsgröße nehmen die Ressourcen ab, und $R(N)$ sollte ebenfalls abnehmen. Bei einem Wert $N = K$ soll gelten $R(K) = 0$. Die mathematisch einfachste Form, diese Abnahme zu beschreiben, ist eine Gerade, die durch die zwei Punkte $R(0) = R_m$ und $R(K) = 0$ eindeutig bestimmt ist. Eine Gerade ergibt sich aus dem Achsenabschnitt (in unserem Fall $R_m$) und der Steigung. Die Steigung ergibt sich aus dem Verhältnis von $R_m$ zu $K$ und somit:

$$R(N) = R_m - \frac{R_m}{K} N(t)$$

Setzt man nun diese Gleichung in die Gleichung für das Populationswachstum $N(t+1) = (1+R)\,N(t)$ ein, wobei wir für $R$ nun $R(N)$ verwenden, dann ergibt sich für die Berechnung der Populationsgröße im Zeitschritt $t+1$ aus der Populationsgröße zum Zeitschritt $t$:

$$N(t+1) = \left(1 + R_m - \frac{R_m N(t)}{K}\right) N(t)$$

Die Wachstumsrate der Population ist dann:

$$N(t+1) - N(t) = \left(R_m - \frac{R_m N(t)}{K}\right) N(t)$$

Im Folgenden einige Anmerkungen zu diesen Gleichungen:

- Dieses Modell des Populationswachstums hat im Vergleich zum exponentiellen Wachstum zwei Parameter ($R_m$, $K$), mit der das dynamische Verhalten der Population bestimmt wird.
- Die in einer Population realisierte individuelle Wachstumsrate $R(N)$ sinkt linear mit der Populationsgröße (Abbildung 3.10a). Eine derartige Abnahme bezeichnet man als **Dichteabhängigkeit**. Diese Dichteabhängigkeit ist der Schlüssel für das Verständnis der **Regulation** von Populationen. Nahezu jeder Prozess in einer Population kann dichteabhängig sein. Die angenommene lineare negative Dichteabhängigkeit ist aber nur eine von vielen Möglichkeiten und beruht nicht auf biologischen Überlegungen, sondern auf dem Bestreben nach einer einfachen mathematischen Beschreibung. Man bezeichnet derartige Modelle als phänomenologische Modelle, da für die Formulierung des Modells nicht biologische Prozesse wichtig waren, sondern nur eine möglichst einfache (und vernünftige) Beschreibung der Wirkung der Prozesse. Wir kümmern uns also nicht um die physiologischen Zusammenhänge, die bei knappen Ressourcen zu weniger Nachkommen führen.
- $R(N)$ ist die Differenz aus der Geburten- und Sterberate. Um eine negative Beziehung zwischen $R(N)$ und Populationsgröße zu bekommen, muss zumindest die Geburtenrate mit der Populationsgröße abnehmen bzw. die Sterberate mit der Populationsgröße zunehmen. Man kann leicht zeigen, dass sich für eine lineare Ab-

nahme der Geburten- und/oder Zunahme der Sterberate eine lineare Abnahme von $R(N)$ ergibt.
- Die lineare Abnahme von $R(N)$ mit $N(t)$ führt zu einer quadratischen Gleichung für die Beziehung zwischen der Wachstumsrate der Population und der Populationsgröße (Abbildung 3.10b). Der quadratische Term hat ein negatives Vorzeichen und damit ist der Graph der quadratischen Gleichung (Parabel) nach unten geöffnet. Das Maximum des Populationswachstums ist bei $K/2$ (Abbildung 3.10b). Bei einer Populationsgröße nahe Null sowie nahe $K$ ist das Populationswachstum sehr gering.
- Die Dynamik der Population steigt aufgrund dieser Eigenschaften des Populationswachstums nicht mehr ungebremst an, sondern schwenkt im Laufe der Zeit S-förmig auf $K$ ein (asymptotische Annäherung an $K$). $K$ bezeichnet man als **Kapazitätsgrenze** (*carrying capacity*) (Abbildung 3.11) und das Populationswachstum als **logistisches Populationswachstum**. Die Population nähert sich der Kapazitätsgrenze umso schneller an, je größer $R_m$ gewählt wird.
- Wir können keine Form der Gleichung angeben, mit der die Populationsgröße für eine beliebige Zahl von Zeitschritten $t$ aus der Populationsgröße zu Beginn berechnet werden kann. Das liegt einfach daran, dass die Wachstumsrate der Population nicht nur von $R_m$ abhängt, sondern auch von der aktuellen Populationsgröße. Man ist gezwungen, die Populationsgröße von Zeitschritt zu Zeitschritt auszurechnen.

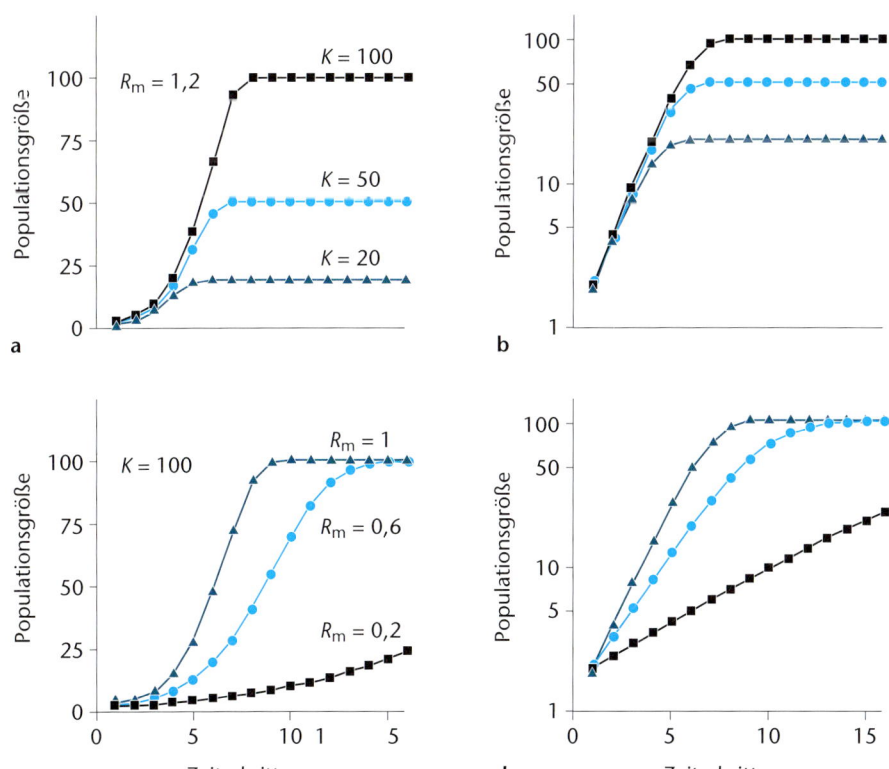

**Abb. 3.11:** Logistisches Wachstum der Population: Beispiele für logistisches Wachstum (in allen Beispielen $N(0) = 2$) für verschiedene Kombinationen der Parameter $R_m$ und $K$ (a und c; entsprechende logarithmische Auftragung in b und d). Die Populationsgröße übersteigt niemals die Kapazitätsgrenze $K$. Je größer $R_m$, umso schneller erreicht die Population ihre Kapazitätsgrenze. In einer logarithmischen Auftragung steigt die Populationsgröße anfänglich linear mit der Zeit an, d. h. zuerst wächst die Population annähernd exponentiell.

Was sind nun die Annahmen unseres Modells für das logistische Wachstum einer Population? Gegenüber dem exponentiellen Wachstum haben wir nur eine Annahme geändert: die konstante individuelle Wachstumsrate. Alle anderen Annahmen bleiben unverändert bestehen: Population ohne Zu- und Abwanderung, Wachstum in diskreten Zeitschritten, keine Altersstruktur, keine genetische Struktur. Durch die Aufgabe der Annahme einer konstanten individuellen Wachstumsrate werden aber implizit andere Annahmen nötig. So müssen wir für unser logistisches Modell annehmen, dass nun $R_m$ und $K$ unveränderlich sind. Zudem hat das Modell eine eingebaute **Zeitverzögerung**. Die Dichteabhängigkeit wirkt zum Zeitpunkt $t$, das Populationswachstum findet aber von $t$ nach $t+1$ statt.

Betrachtet man die in Abbildung 3.6 zusammengestellten Zeitreihen realer Populationen, so kann man keine Zeitreihe ausmachen, die einen dem logistischen Wachstum ähnlichen S-förmigen Verlauf zeigt. Grundsätzlich muss eine Zeitreihe für eine Population, die sich nach Prinzipien des logistischen Wachstums verhält, nicht unbedingt S-förmig sein. Den S-förmigen Verlauf findet man nur, wenn die Zeitreihe bis hin zu den Anfängen der Population zurückreicht. Die Dynamik der Lachmöwe in Bayern zeigt einen dem logistischen Wachstum ähnlichen S-förmigen Verlauf (Abbildung 3.12). Würde man aus der Zeitreihe in Abbildung 3.12 nur die Daten zwischen 1970 und 1990 herausgreifen, ergäbe sich ein Verlauf ohne erkennbares Muster. Vielmehr schwankt die Population um ihre Kapazitätsgrenze und zeigt weder eine stetige Zunoch Abnahme der Populationsgröße. Dennoch gibt es eine Möglichkeit zu prüfen, ob eine Population sich gemäß dem logistischen Wachstum verhält. Eine grundlegende Annahme der Wachstumsgleichung war ja, dass die realisierte individuelle Wachstumsrate mit der Populationsgröße abnimmt. Falls die Populationsgröße einmal

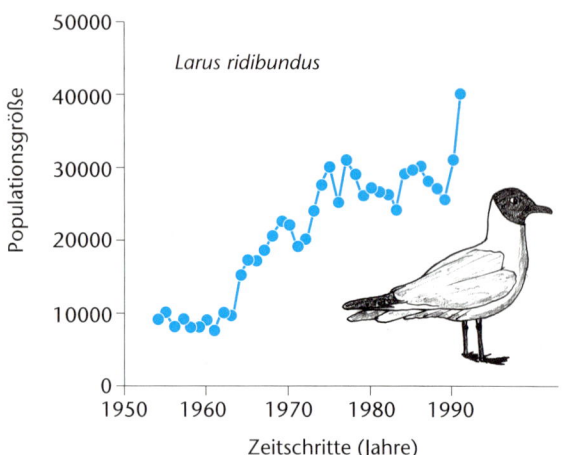

**Abb. 3.12:** Zeitreihe für die Populationsgröße der Lachmöwe (*Larus ridibundus*) in Bayern. Man beachte den nahezu S-förmigen Verlauf der Populationsgröße. Daten aus Johst und Brandl (1997).

oberhalb von $K$ liegt, sollte sich eine negative realisierte individuelle Wachstumsrate ergeben, unterhalb von K eine positive Rate. Die realisierte individuelle Wachstumsrate kann man aus der Zeitreihe berechnen: $(N(t + 1) - N(t))/N(t)$. Eine negative Beziehung zwischen der so berechneten Rate und der Populationsgröße $N(t)$ wäre ein Zeichen für Dichteabhängigkeit, also für ein wesentliches Element des logistischen Wachstums.

Führt man eine derartige Analyse für das Beispiel Lachmöwe durch (Abbildung 3.13a), dann ergibt sich überraschenderweise keine negative Beziehung. Benutzt man dagegen die Daten des Schwarzhalstauchers (Abbildung 3.6), dann findet man eine klar negative Beziehung zwischen realisierter Nettowachstumsrate und Populationsgröße und damit einen Hinweis auf Dichteabhängigkeit

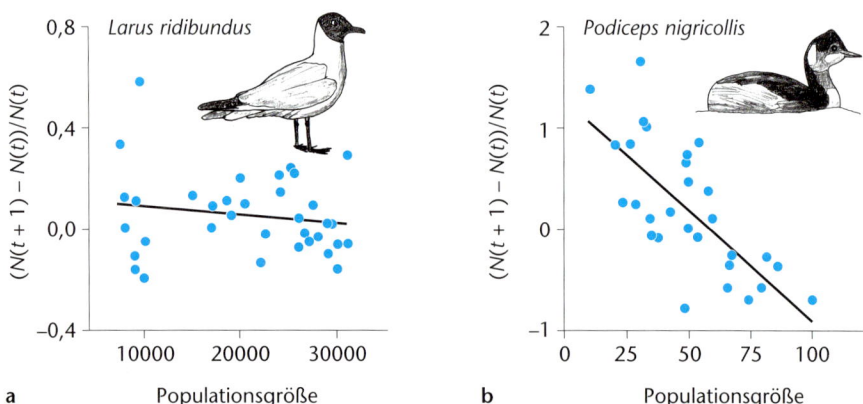

**Abb. 3.13:** Test auf Dichteabhängigkeit für die Zeitreihe a) der Lachmöwe (*Larus ridibundus*) aus Abbildung 3.12, sowie b) die Zeitreihe des Schwarzhalstauchers (*Podiceps nigricollis*) aus Abbildung 3.6. Für die logistische Wachstumsgleichung wird eine lineare Abnahme der Nettowachstumsrate mit der Populationsgröße angenommen. Die Nettowachstumsrate lässt sich aus der Zeitreihe schätzen, indem man die Differenz zwischen zwei aufeinander folgenden Werten auf die Populationsgröße bezieht: Beachte, dass sich für den Schwarzhalstaucher eine lineare Abnahme ergibt.

(Abbildung 3.13). Die in der Lachmöwenpopulation wirkenden Prozesse lassen sich anscheinend nicht mit einer einfachen logistischen Wachstumsgleichung erfassen, obwohl der zeitliche Verlauf der Populationsgröße durchaus S-förmig ist (Johst und Brandl 1997). Ein einfacher S-förmiger Verlauf der Populationsgröße mit der Zeit ist also noch kein hinreichender Beweis, dass die betrachtete Population eine negative Dichteabhängigkeit zeigt. Für den Schwarzhalstaucher dagegen ergibt sich die für das logistische Wachstum zu fordernde negative Dichteabhängigkeit, obwohl die Zeitreihe keinen S-förmigen Verlauf zeigt (Abbildung 3.6).

Dieses Beispiel zeigt klar den Unterschied zwischen einem Muster (*pattern*) und dem dahinter liegenden Prozess (*process*). Der Prozess der Dichteabhängigkeit erzeugt ein S-förmiges Muster in der Dynamik der Populationsgröße. Aus einem S-förmigen Verlauf kann aber nicht unbedingt auf eine lineare Dichteabhängigkeit geschlossen werden. Diese Schwierigkeit gibt es in der Ökologie sehr oft: Unterschiedliche Prozesse erzeugen mitunter ganz ähnliche Muster.

Die Annahme unseres Modells, dass in sehr kleinen Populationen die Nettowachstumsrate am größten ist, muss nicht immer erfüllt sein. Häufig müssen Populationen eine gewisse Mindestgröße annehmen, damit die biologischen Zusammenhänge wie z. B. Paarung oder Balz geordnet ablaufen können. Das gilt besonders bei Organismen mit Sozialstruktur. Ein kleines Löwenrudel ist bei der Jagd sicherlich nicht so erfolgreich wie ein Rudel mit vielen Tieren. In kleinen Brutkolonien von Möwen ist Feindabwehr bei weitem nicht so effektiv wie in großen Kolonien. Damit wird anfänglich die Nettowachstumsrate mit der Population ansteigen und erst nach einem bestimmten Maximalwert wieder abfallen (**Allee-Effekt**; Abbildung 3.14, Abschnitt 6.5.1.1; Courchamp et al. (1999), Stephens und Sutherland (1999)). Dieser Allee-Effekt führt zu einer nichtlinearen Beziehung zwischen $R(N)$ und der Populationsgröße $N$, wobei es mitunter zwei Schnittpunkte mit

der Abszisse (Populationsgröße) geben kann (Pfeile in Abbildung 3.14a). Damit existieren für eine Population zwei Populationsgrößen $K1$ und $K2$ mit $R(N) = 0$. Beide Zustände stellen **Gleichgewichte** dar, die Eigenschaften dieser Gleichgewichte unterscheiden sich aber grundlegend.

Um dies zu verstehen, betrachten wir die Wachstumsrate der Population. Es ergeben sich drei Bereiche: einen Bereich I für Populationsgrößen $< K1$, einen Bereich II für Populationsgrößen $K1 < N < K2$ und einen Bereich III für Populationsgrößen $> K2$. Im Bereich II ist die Wachstumsrate der Population $> 0$ (Abbildung 3.14b). Damit wird die Population anwachsen, sobald sich die Populationsgröße in diesem Bereich befindet. Wächst die Population über $K2$ hinaus, dann befinden wir uns im Bereich III mit negativer Wachstumsrate der Population, was bedeutet, dass die Populationsgröße wieder mit der Zeit sinken wird. Die Populationsgröße pendelt sich demnach auf $K2$ ein. Man nennt $K2$ ein **stabiles Gleichgewicht**. Das kann man daran erkennen, dass die Pfeile für die Richtung des Populationswachstums an diesem Punkt aufeinander zeigen. Ein nach rechts weisender Pfeil steht für einen Anstieg der Populationsgröße, ein nach links weisender dagegen für eine Abnahme (Pfeile über der Abbildung 3.14). Aufeinander zeigende Pfeile bedeuten somit, dass sobald eine Population vom Gleichgewicht ausgelenkt wird, sie wieder auf den Gleichgewichtspunkt zurückgeführt wird.

$K1$ ist dagegen ein **labiles Gleichgewicht** (die Pfeile zeigen in entgegengesetzte Richtung). Hat eine Population genau die Populationsgröße $K1$, so bleibt die Populationsgröße unverändert. Doch bereits kleinste Abweichungen führen je nach Richtung der Abweichung zu einer unterschiedlichen Richtung des Populationswachstums. Sobald die Population kleiner als $K1$ wird, befindet sich die Population im Bereich I mit negativem Populationswachstum. Ist eine Population erst einmal im Bereich I, wird sie weiter unaufhaltsam abnehmen. In einer

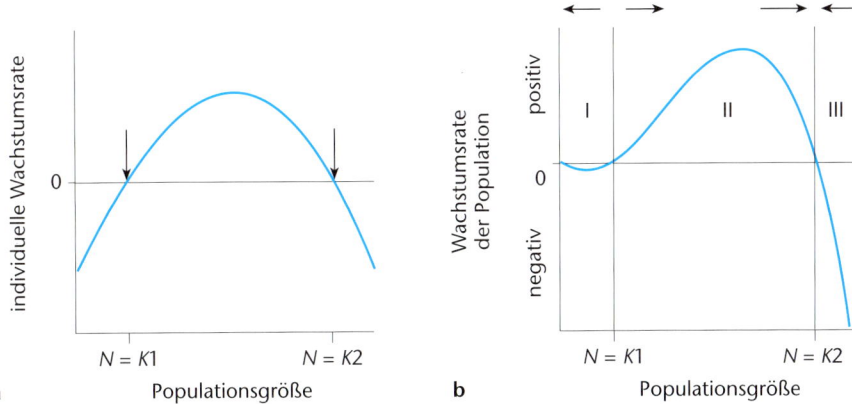

**Abb. 3.14:** Beispiel für eine mögliche nicht-lineare Beziehung zwischen realisierter individuelle Wachstumsrate und Populationsgröße (Allee-Effekt) (a). Aus der nicht-linearen Beziehung zwischen individuelle Wachstumsrate und Populationsgröße ergibt sich eine Wachstumsrate der Population, die in drei Bereiche zerfällt (b). Bereich I mit einer Abnahme der Population, Bereich II mit Wachstum der Population und wiederum Bereich III mit einer Abnahme der Population. Zunahme und Abnahme sind durch die Pfeile über der Abbildung symbolisiert. Man beachte, dass bei $K1$ Bereiche aufeinander treffen, bei denen die Pfeile des Populationswachstums voneinander wegzeigen (labiles Gleichgewicht), bei $K2$ aber Bereiche mit aufeinander zuzeigenden Pfeilen (stabiles Gleichgewicht).

realen Population führt das zwangsläufig zum Aussterben, was aber mit unserem logistischen Modell nicht gut beschrieben werden kann. Wird die Population etwas größer als $K1$, führt das zu einem Anwachsen in Richtung $K2$. Dieses Beispiel zeigt, dass komplexe Muster der Rückkopplung zwischen Populationsgröße und wichtigen populationsbiologischen Parametern zu mehreren Gleichgewichtszuständen führen können.

Mit ganz entsprechenden Überlegungen wird auch klar, dass die Kapazitätsgrenze im Falle des logistischen Wachstums einen stabilen Gleichgewichtspunkt darstellt. Aus Abbildung 3.10 ergibt sich für eine Populationsgröße $> K$ eine negative Wachstumsrate der Population. Die Population wird sich also auf der Abszisse nach links entwickeln. Für ein Populationsgröße $< K$ ergibt sich dagegen eine positive Wachstumsrate der Population, die Population entwickelt sich mit der Zeit auf der Abszisse nach rechts. Die Pfeile für die zeitliche Entwicklung der Population zeigen damit wieder aufeinander zu und nach der oben beschriebenen Regel ist $K$ ein stabiles Gleichgewicht.

Die Beobachtung, dass viele populationsdynamische Prozesse in kleinen Populationen nicht geordnet ablaufen, ist von besonderer Wichtigkeit für den Erhalt von Populationen mit geringer Populationsgröße. Für Pflanzenpopulationen konnte wiederholt gezeigt werden, dass Samenansatz und Samenqualität der Individuen mit der Populationsgröße ansteigt. So konnten Fischer und Matthies (1998) für den Deutschen Enzian *Gentianella germanica* zeigen, dass die Zahl der Früchte pro Pflanze, der Samen pro Frucht und somit die Gesamtzahl der Samen pro Pflanze mit der Populationsgröße zunahm. Aufgrund von Experimenten konnte zudem nachgewiesen werden, dass diese Korrelation nicht von der Habitatqualität abhing. Damit müssen Faktoren in der Population diese abnehmende Reproduktionsleistung mit kleiner werdender Populationsgröße bedingen. Fischer und Matthies (1998) diskutieren Inzucht, aber auch die abnehmende Verfügbarkeit von Bestäubern ist denkbar (Lamont et al. 1993).

### 3.4.3 Kontinuierliches Populationswachstum

Bisher erfolgte in unseren Modellen das Wachstum der Population in diskreten Zeitschritten. Die Werte der Parameter waren von der Dauer des gewählten Zeitschrittes abhängig. Viele Organismen (z. B. Bakterien, Menschen) zeigen aber in ihrem populationsdynamischen Verhalten keine klaren Abschnitte, in die sich das Populationswachstum einteilen lässt. Vielmehr überlappen die Generationen, und das Populationswachstum findet zu jeder Zeit statt. Man spricht dann von kontinuierlichem Populationswachstum. Wie kann man das Populationswachstum beschreiben, wenn die Population sich kontinuierlich vermehrt? Dazu folgende Überlegung, wobei wir nun die Länge des Zeitschritts berücksichtigen. Die Wachstumsrate einer Population in einem Zeitschritt $\Delta t$ ergibt sich zu $\frac{N(t + \Delta t) - N(t)}{\Delta t}$. Wir betrachten nun diese Wachstumsrate

der Population bei immer kleiner werdenden Zeitschritten: Der Differenzenquotient $\frac{\Delta N(t)}{\Delta t}$ geht dann in einen Differentialquotienten $\frac{dN(t)}{dt}$ über. Für exponentielles Wachstum in diskreten Generationen war die Wachstumsrate der Population $R\,N(t)$, also proportional zur Populationsgröße. Ganz entsprechend soll beim kontinuierlichen Populationswachstum die Wachstumsrate der Population proportional zu $N(t)$ sein. Beim diskreten Wachstum war $R$ ein Proportionalitätsfaktor, der von der Länge des Zeitschrittes abhing und der den Beitrag jedes Individuums am Populationswachstum beschrieb. Für das kontinuierliche Wachstum brauchen wir ebenfalls einen derartigen Proportionalitätsfaktor, den wir im Unterschied zu $R$ mit $r$ bezeichnen wollen, da er sich auf kleine Zeitschritte bezieht. Dann ergibt sich:

$$\frac{dN(t)}{dt} = r\,N(t)$$

Für eine explizite Darstellung muss man diese Differentialgleichung integrieren, was in diesem Fall recht einfach ist. Es ergibt sich:

$$N(t) = N(0)\,e^{rt}$$

Damit können wir wiederum für jede beliebige Zeit $t$ die Populationsgröße aus der anfänglichen Populationsgröße sowie dem Parameter $r$ berechnen. $r$ bezeichnet man als **individuelle Wachstumsrate**. Die Überführung der diskreten Gleichung für exponentielles Wachstum in die kontinuierliche Form findet sich in Case (2000). Diese Wachstumsrate hat die Einheit Individuen pro Zeit und kann daher auf beliebige Zeitschritte umgerechnet werden. Man muss nur darauf achten, dass die Einheiten von $r$ und $t$ übereinstimmen, also dass für $t$ auch Tage als Einheit benutzt wird, wenn $r$ in Individuen pro Individuum und Tag gegeben ist. Wie im diskreten Fall ergibt sich eine Gerade, wenn man die Populationsgröße logarithmiert. Die Steigung der Geraden ist $r$. Vergleicht man die Gleichungen für exponentielles Wachstum im diskreten und kontinuierlichen Fall, so kann man die Beziehung zwischen $\lambda$ und $r$ ableiten, wobei $T$ im diskreten Fall die Anzahl der Zeitschritte ist. Da man die kontinuierliche Gleichung für beliebige Zeitschritte benutzen kann gilt:

$$N(T) = \lambda^T N(0) = N(0)\,e^{rT}$$
$$\lambda^T = e^{rT}$$
$$T\ln(\lambda) = r\,T$$
$$\ln(\lambda) = r \text{ bzw. } \lambda = e^r$$

Die letzte Gleichung ist zu benutzen, will man $\lambda$ auf andere Zeitschritte umrechnen. Wir wollten in Abschnitt 3.4.1 $\lambda = 1{,}5$ auf einen halb so großen Zeitschritt umrechnen (Tabelle 3.3). Dazu berechnet man aus $\lambda$ nun $r$. Für unser Beispiel ergibt sich $r = 0{,}4054$ pro Zeitschritt. $r$ ist skalierbar; für halb so lange Zeitschritte ist $r$ damit $0{,}2027$ pro halben Zeitschritt. Dann benutzt man die Gleichung wiederum, um nun $\lambda$ für die neuen Zeitschritte zu berechnen. $\lambda_{1/2\,\text{Zeitschritt}}$ ergibt sich zu $e^{0{,}2027} = 1{,}225$. Mit gewissen Rundungsfehlern ist dies nun das korrekte $\lambda$ für halb so große Zeitschritte. Aus dem Rechenbeispiel in Tabelle 3.3 lässt sich ersehen, dass für die ursprünglichen Zeitschritte $\Delta t$ und

**Tab. 3.3:** Numerischer Nachweis für die Umrechnung von $\lambda$ für Zeitschritte unterschiedlicher Länge. Details siehe Text.

| Zeitschritte $\Delta t$ | 0 | | 1 | | 2 | | 3 |
|---|---|---|---|---|---|---|---|
| $\lambda = 1,5$ | $N(0) = 20$ | | $N(1) = 30$ | | $N(2) = 45$ | | $N(3) = 67,5$ |
| Zeitschritte $\Delta t/_2$ | 0 | 1 | 2 | 3 | 4 | 5 | 6 |
| $\lambda_{/2} = 1,225$ | $N(0) = 20$ | $N(1) = 24,5$ | $N(2) = 30,0$ | $N(3) = 36,8$ | $N(4) = 45,0$ | $N(5) = 55,2$ | $N(6) = 67,6$ |

$\lambda = 1,5$ (erste und zweite Zeile) sowie halb so lange Zeitschritte und $\lambda_{1/2\ \text{Zeitschritt}} = 1,225$ die gleiche Dynamik der Population ergibt. Bei halb so langen Zeitschritten sollte die Population nach zwei, vier usw. Zeitschritten die gleiche Populationsgröße erreicht haben wie bei der ursprünglichen Berechnung nach einem Zeitschritt bzw. zwei Zeitschritten. Wie man sieht, ist dies der Fall. Rundungsfehler treten erst in der letzten Spalte auf (Tabelle 3.3).

Entsprechend kann man auch ein kontinuierliches Populationswachstum mit Dichteabhängigkeit ableiten, indem man $r$ linear mit $N$ abnehmen lässt. Ganz entsprechend wie für $R$ ergibt sich:

$$\frac{dN(t)}{dt} = r_m(1 - \frac{r_m}{K})N(t)$$

Die integrierte Form der Gleichung lautet:

$$N(t) = \frac{K}{1 + \frac{K - N(0)}{N(0)}\ e^{-r_m t}}$$

Im Wesentlichen (zu Ausnahmen kommen wir etwas später) ergeben die Modelle für logistisches Wachstum in der diskreten oder kontinuierlichen Form eine ganz ähnliche Dynamik der Populationsgröße, sodass wir die kontinuierlichen Gleichungen nicht weiter diskutieren müssen. Die Annahmen entsprechen sich ebenfalls, mit zwei Ausnahmen: Zum einen wurden natürlich die diskreten Zeitschritte aufgegeben, zum anderen wirkt die Dichteregulation auch nicht mit einer Zeitverzögerung von einem Zeitschritt, sondern sie wirkt sofort. Einige wesentlichen Eigenschaften des logistischen Wachstums sind zur Wiederholung nochmals aufgeführt:

- $\frac{dN(t)}{dt}$ beschreibt die Wachstumsrate der Population. Für sehr kleine Populationsgrößen $N(t)$ ist diese Wachstumsrate etwa gleich $r_m N$, da $N(t) \approx 0$ und damit auch $N(t)/K \approx 0$. Kleine Populationen wachsen damit exponentiell.

- Für $N = K$ ergibt sich für $1 - \frac{N}{K}$ ein Wert von 0 da $\frac{N}{K} = 1$.

  Damit ist die Wachstumsrate der Population ebenfalls 0.

- Die Abhängigkeit der Wachstumsrate der Population von der Populationsgröße wird wie im diskreten Fall durch eine Parabel beschrieben. Der Koeffizient für den quadratischen Term ($-\frac{r_m}{K}$) hat wiederum ein negatives Vorzeichen ($r_m$ und $K$ haben immer positive Werte). Damit ist die Parabel nach unten geöffnet und hat ein Maximum. Dieses Maximum liegt bei $N = K/2$.

- Je größer $r_m$, umso schneller nähert sich die Populationsgröße der Kapazitätsgrenze an.

## 3.4.4 Populationswachstum und Altersstruktur

Unsere fundamentale Grundgleichung für die Dynamik einer Population zeigt, dass Geburten und Sterbefälle wichtige Elemente für die Populationsgröße sind. Bisher wurde in unseren Überlegungen nicht berücksichtigt, dass ganz junge bzw. alte Individuen noch nicht bzw. nicht mehr reproduzieren und so zum Populationswachstum eigentlich keinen Beitrag leisten. Sehr junge bzw. sehr alte Individuen sind zudem durch Räuber oder auch Krankheiten stärker gefährdet. Die Altersstruktur einer Population sollte demnach für die Dynamik der Populationsgröße von Wichtigkeit sein. Daraus ergeben sich eine Reihe von Fragen: Wie wächst eine Population mit Altersstruktur? Bleibt die Altersstruktur im Laufe der Zeit konstant?

**Tab. 3.4:** Beispiel einer Lebenstafel für eine Kohorte von Individuen mit diskreten Larvenstadien. Bei diesem Beispiel handelt es sich um die Heuschrecke *Chorthippus brunneus*. Vereinfacht nach Richards und Waloff (1954). Für die Erklärung der Spalten siehe Text.

| Spalte 1 Stadium | Spalte 2 $x$ | Spalte 3 $a_x$ | Spalte 4 $l_x$ | Spalte 5 $d_x$ | Spalte 6 $q_x$ | Spalte 7 $k_x$ | Spalte 8 $F_x$ | Spalte 9 $m_x$ | Spalte 10 $l_x m_x$ |
|---|---|---|---|---|---|---|---|---|---|
| Eier | 1 | 44 000 | 1,000 | 0,920 | 0,920 | 1,099 | – | – | – |
| Larven I | 2 | 3 500 | 0,080 | 0,023 | 0,286 | 0,146 | – | – | – |
| Larven II | 3 | 2 500 | 0,057 | 0,014 | 0,240 | 0,119 | – | – | – |
| Larven III | 4 | 1 900 | 0,043 | 0,011 | 0,263 | 0,133 | – | – | – |
| Larven IV | 5 | 1 400 | 0,032 | 0,002 | 0,071 | 0,032 | – | – | – |
| Imago | 6 | 1 300 | 0,030 | – | – | – | 22 000 | 16,9 | 0,50 |

Nahezu alle physiologischen Phänomene verändern sich in geordneter Weise mit dem Alter eines Individuums. Zudem unterscheidet sich die Lebensgeschichte (z. B. wann das erste Mal Jungtiere geboren werden; in welchen Intervallen ein Individuum Nachkommen bekommt) der Individuen in einer Population. **Lebenstafeln** (*life history tables*) erfassen die Lebensgeschichte der Individuen einer Population übersichtlich in Tabellenform. Für einen Einstieg in die etwas unübersichtliche Terminologie von Lebenstafeln betrachten wir zunächst eine Insektenart, die sich über mehrere Larvenstadien in diskreten Generationen entwickelt (Tabelle 3.4). Für weiterführende Details über das Populationswachstum mit Altersstruktur siehe Caswell (1989) und Case (2000). Wir bezeichnen alle Individuen, die in einem gewissen Zeitraum geboren werden, als Kohorte. Die Individuen einer Kohorte durchleben Schritt für Schritt die einzelnen Lebensstadien, in unserem Fall Larvenstadien. In Tabelle 3.4 sind nun in einzelnen Spalten die wichtigen Kennzahlen einer **Kohorte** für die verschiedenen Larvenstadien zusammengefasst. Eigentlich enthalten nur zwei Spalten im Freiland erhobene Daten. Die anderen Spalten wählen nur einen anderen Betrachtungspunkt, sodass die in den Daten enthaltene Information je nach Fragestellung möglichst offensichtlich wird:

- Spalte 1 benennt die Entwicklungsstadien des untersuchten Insekts. Spalte 2 nummeriert diese Stadien von 1 (Eier) bis 6 (Imagines). Verallgemeinert bezeichnen wir diese Stadien oder auch **Altersklassen** mit $x$. Beide Spalten sind wichtig für die Buchführung. Man beachte auch, dass es eigentlich zwei Arten der Buchführung gibt, nach Altersklassen aber auch nach Alter. Wir wollen nur Altersklassen verwenden.

- Spalte 3 enthält nun einen Teil der Freilanddaten, nämlich die Anzahl von Individuen der Kohorte, die bis in das jeweilige Stadium $x$ überlebt haben ($a_x$). Aus den 44 000 Eiern, die anfänglich gelegt wurden ($a_1 = 44 000$), entwickeln sich 3 500 Larven im ersten Larvenstadium ($a_2 = 3 500$). Letztlich überleben von den 44 000 Eiern nur 1 300 bis hin zum Imago ($a_6 = 1 300$).

- Die Angaben von Spalte 3 werden natürlich von Untersuchung zu Untersuchung schwanken, sodass ein Vergleich von Lebenstafeln mit dieser Spalte nur schwer möglich ist. Spalte 4 stellt eine Vergleichsbasis her, indem die Einträge von Spalte 3 auf eine feste Ausgangszahl in der Klasse $x = 1$ bezogen werden. Meist wählt man dazu den Wert 1 (manchmal auch 1000). Dieser Wert sei $l_1$.

  Dann ergibt sich $l_x = \dfrac{l_1 a_x}{a_1}$. Für $l_1 = 1$ folgt $l_x = \dfrac{a_x}{a_1}$. Für unser Beispiel in Tabelle 3.4 ergibt sich so z. B. für die Imagines ($x = 6$) $l_6 = 1 300/44 000 = 0,03$. Mit $l_1 = 1$ wird jeder Eintrag in Spalte 4 als Wahrscheinlichkeit aufgefasst, mit der ein Individuum von der Altersklasse 1 bis hin zur Klasse $x$ überlebt (**Überlebensrate**; wir werden im Weiteren immer von $l_1 = 1$ ausgehen). Für die Heuschrecke besteht demnach nur die geringe Chance von 3% ($l_6 = 0,03$), dass sich ein Ei bis hin zum Imago entwickelt. Man trägt

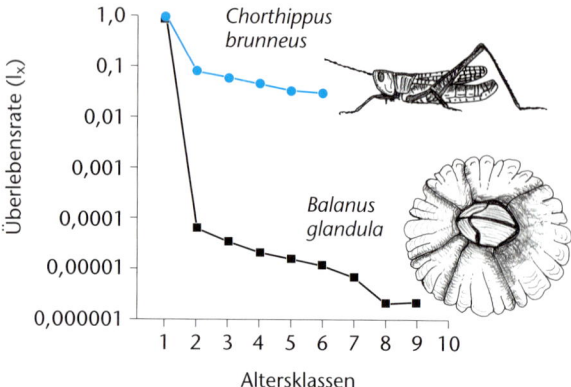

**Abb. 3.15:** Überlebenskurven für die Feldheuschrecke *Chorthippus brunneus* und die Seepocke *Balanus glandula*. Auf der Abszisse werden die Altersklassen, auf der Ordinate wird die Überlebensrate $l_x$ aufgetragen. Die Überlebensrate ist meist logarithmisch transformiert. Die Daten für die beiden Beispiele wurden Tabelle 3.4 und Tabelle 3.5 entnommen.

gerne die Werte von $l_x$ gegen $x$ auf und erhält so eine **Überlebenskurve** (Abbildung 3.15).

- In Spalte 5 wird nun der Anteil von Individuen $d_x$ errechnet, der während eines Entwicklungsstadiums stirbt: $d_x = l_x - l_{x+1}$. Je mehr Individuen in einem Stadium leben, umso mehr sterben auch, was wiederum einen Vergleich von Lebenstafeln erschwert. Man ist daher mehr am Anteil der Individuen interessiert, die während eines Stadiums sterben, und bezieht die im Stadium $x$ sterbenden Individuen auf die Gesamtzahl an Individuen in $x$. Diese **altersspezifische Mortalitätsrate** $q_x$ findet man in Spalte 6:

$$q_x = \frac{a_x - a_x + 1}{a_x}$$

Da $l_x = \dfrac{a_x}{a_1}$ und damit $a_x = a_1 l_x$ folgt

$$q_x = \frac{a_1 l_x - a_1 l_x + 1}{a_1 l_x} = \frac{l_x - l_x + 1}{l_x} = \frac{d_x}{l_x}$$

- Wie man sieht, kann die Mortalitätsrate aus verschiedenen Spalten der Lebenstafel errechnet werden. Das sollte nicht verwundern, da alle bisher besprochenen Spalten aus den Werten von $a_x$ hervorgehen. Die Mortalitätsrate ändert sich mit dem Lebensalter, daher die Bezeichnung altersspezifische Mortalitätsrate oder altersspezifische Sterberate.

- Im Gegensatz zu den $d_x$-Werten können die $q_x$-Werte nicht einfach aufsummiert werden. So ergibt sich die Mortalitätsrate für die gesamte Larvenperiode nicht einfach aus der Summe $q_2 + q_3 + q_4 + q_5$. Dies wird durch Spalte 7 erreicht. Diese Spalte berechnet die so genannten **killing power** $k_x$ mit $k_x = \log(a_x) - \log(a_{x+1})$. Da $a_x = a_1 l_x$ und damit nach den Rechenregeln für Logarithmen $\log(a_1 l_x) = \log(a_1) + \log(l_x)$ folgt $k_x = \log(l_x) - \log(l_{x+1})$

Die $k_x$-Werte dürfen aufsummiert werden, sodass sich der $k_x$-Wert für die Larvenperiode aus $k_2 + k_3 + k_4 + k_5$ ergibt. Durch Einsetzen folgt $k_{Larven} = k_2 + k_3 + k_4 + k_5 = \log(a_2) - \log(a_6)$. Die Analyse der $k_x$-Werte ermöglicht detaillierte Einblicke in die Prozesse, die eine Population beeinflussen ($k$-Faktoren-Analyse, Schlüsselfaktorenanalyse). Bei der graphischen Darstellung der Überlebenskurven mag aufgefallen sein, dass die Ordinate logarithmisch transformiert wurde. Das hat zwei Gründe. Erstens bleiben die Werte in der Abbildung noch ablesbar, selbst wenn die $l_x$-Werte für ältere Stadien sehr klein sind. Zweitens können Abschnitte der Kurve leichter verglichen werden. Nehmen wir an, dass von Stadium 1 nach Stadium 2 ein Anteil von 60% der Individuen überleben ($l_2 = 0{,}6$) und von Stadium 2 nach 3 ebenfalls 60% ($l_3 = 0{,}36$). Würde man in der Überlebenskurve die Ordinate linear wählen, dann ergäben sich unterschiedliche Steigungen für die Kurvenabschnitte $l_1$ bis $l_2$ und $l_2$ bis $l_3$ und zwar jeweils $-0{,}6$ und $-0{,}24$. Bei einer logarithmischen Skala dagegen ist die Steigung jeweils $\log(0{,}6)$.

• Damit sind alle wichtigen Spalten, die das Überleben der Individuen betreffen, besprochen, und wir wenden uns nun dem Nachwuchs zu (Spalte 8). Diese Spalte enthält wie Spalte 3 Freilanddaten. Insekten legen nur als Imagines Eier, sodass ein Eintrag in unserer Tabelle nur für das letzte Stadium nötig ist. Allgemein findet man dort die Summe aller in einer Altersklasse gelegten Eier bzw. produzierten Jungtiere. In Spalte 9 wird diese Angabe auf die Imagines bezogen: $m_x = F_x / a_x$. $m_x$ ist somit die mittlere Zahl gelegter Eier pro Imago. Da sich die Eizahl pro Individuum mit dem Alter ändern kann, spricht man von **altersspezifischer Fekundität**.

Es war unser Ziel, die Dynamik der Populationsgröße zu bestimmen. Ist dies aus Angaben in der Lebenstafel möglich? Dazu nehmen wir wieder an, dass es sich um eine Population ohne Zu- und Abwanderung handelt. Wir müssen aber noch zusätzlich festlegen, welches Stadium wir für die Populationsdynamik betrachten wollen. Es liegt nahe, dass wir uns für die Imagines entscheiden. Wie kann man aus der Lebenstafel die Anzahl Imagines zur Zeit $t + 1$ aus der Zahl Imagines zur Zeit $t$ errechnen? Nach der fundamentalen Gleichung ergibt sich $N(t + 1) = N(t) + \text{Geburten} - \text{Sterbefälle}$. Da in unserem speziellen Beispiel keine Imagines von einer Generation

zur anderen überleben und so zur Populationsgröße der nächsten Generation beitragen, ergibt sich die Populationsgröße $N(t + 1)$ aus der Anzahl der gelegten Eier, die sich bis hin zum Imago entwickeln können. Damit ist $N(t + 1)$ gleich der Anzahl durch die Imagines der Generation $t$ produzierten Nachkommen abzüglich der Zahl an Nachkommen, die während ihrer Entwicklung zum Imago sterben. Die Zahl der Geburten ergibt sich aus der Summe aller Einträge in Spalte 8 ($\sum_{x=1}^{6} F_x$; im Fall unserer speziellen Lebenstafel hat diese Summe nur einen Summanden größer 0, $F_6$). Die Sterbefälle ergeben sich aus der Summe aller Geburten multipliziert mit dem Anteil aller Individuen, die vom Ei bis hin zum letzten Larvenstadium sterben:

$$\sum_{x=1}^{5} d_x = (l_1 - l_6) = (1 - l_6).$$

Macht man sich zudem klar, dass $N(t) = a_6$, so folgt:

$$N(t+1) = \sum_{1}^{6} F_x - (1 - l_6) \sum_{1}^{6} F_x = \frac{a_6}{a_1} \sum_{1}^{6} F_x = \frac{\sum_{1}^{6} F_x}{a_1} N(t)$$

$$= R_0 N(t)$$

$$R_0 = \frac{\sum_{1}^{6} F_x}{a_1} = \sum_{1}^{6} \frac{F_x}{a_1} = \sum_{1}^{6} \frac{m_x a_x}{a_1} = \sum_{1}^{6} l_x m_x$$

$R_0$ bezeichnet man als **Vermehrungsrate** (oder auch Reproduktionsrate bzw. Nettoreproduktionsrate). Für unseren Fall ist $R_0 = \lambda$ (man vergleiche das exponentielle Wachstum im diskreten Fall mit obiger Gleichung). Spalte 10 wurde also eingeführt, um die Nettoreproduktionsrate durch Aufsummieren einfach bestimmen zu können. Betonen sollte man, dass $R_0$ zwei unterschiedliche Bedeutungen hat. Erstens beschreibt $R_0$ die mittlere Anzahl von Nachkommen, die ein durchschnittliches Individuum im Laufe seines Lebens hervorbringt, und zweitens beschreibt $R_0$ auch den Wachstumsfaktor der Population von Generation zu Generation.

**Tab. 3.5:** Lebenstafel für die Seepocke *Balanus glandula*. Nach Connell (1970).

| x | $a_x$ | $l_x$ | $d_x$ | $q_x$ | $k_x$ | $m_x$ | $l_x m_x$ |
|---|---|---|---|---|---|---|---|
| 1 | 1 000 000 | 1,0 | 0,999938 | 1,000 | 4,208 | 0 | 0 |
| 2 | 62 | 0,000062 | 0,000028 | 0,452 | 0,261 | 4600 | 0,285 |
| 3 | 34 | 0,000034 | 0,000014 | 0,412 | 0,097 | 1600 | 0,296 |
| 4 | 20 | 0,000020 | 0,000004 | 0,200 | 0,163 | 11 600 | 0,320 |
| 5 | 16 | 0,000016 | 0,000005 | 0,313 | 0,163 | 12 700 | 0,203 |
| 6 | 11 | 0,000011 | 0,000004 | 0,364 | 0,196 | 12 700 | 0,140 |
| 7 | 7 | 0,000007 | 0,000005 | 0,714 | 0,544 | 12 700 | 0,089 |
| 8 | 2 | 0,000002 | 0,000000 | 0,000 | 0,000 | 12 700 | 0,025 |
| 9 | 2 | 0,000002 | – | – | – | 12 700 | 0,025 |

Im Gegensatz zu Tabelle 3.3 handelt es sich bei diesem Beispiel um eine Art, bei der die Individuen länger als eine Generation überleben (überlappende Generationen). Die Lebensgeschichte der Individuen wird daher nicht nach Stadien, sondern nach dem Lebensalter (in Jahren) erfasst. Für die Erklärung der Spalten siehe Text.

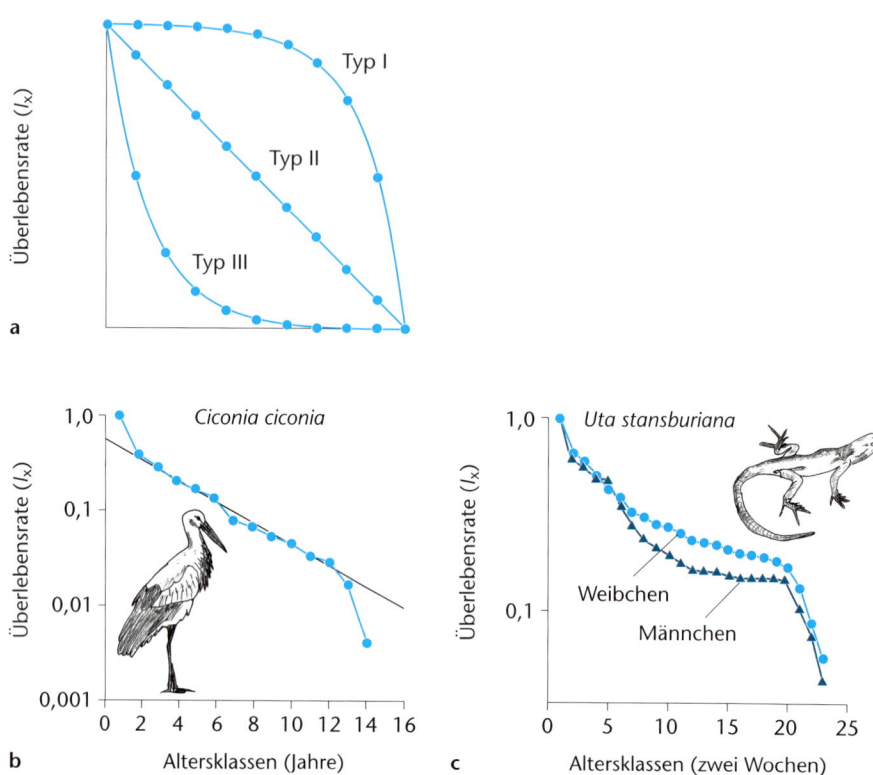

**Abb. 3.16:** Die drei grundsätzlichen Typen von Überlebenskurven (a) sowie Beispiele für reale Überlebenskurven vom Weißstorch (*Ciconia ciconia*) (b) und einer amerikanischen Eidechsenart (*Uta stansburiana*) (c). Beim Weißstorch ist für die mittleren Altersklassen die Gerade für eine konstante Mortalitätsrate eingezeichnet. Beachte, dass keine der realen Überlebenskurven den idealisierten Typen entspricht. Daten für b nach Bairlein und Zink (1979), für c nach Tinkle (1967).

Die Lebenstafel in Tabelle 3.4 ist ein spezieller Fall, bei der die Generationen klar getrennt waren und die Altersklassen innerhalb einer Generation nacheinander auftraten. Viele Arten haben aber überlappende Generationen. Der beste Weg, die Lebensgeschichte der Individuen statistisch zu erfassen, sind Altersklassen (Tabelle 3.5). Generell ergibt sich die Interpretation dieser Lebenstafel aus den Erfahrungen von Tabelle 3.4. Die Überlebenskurve für die Angaben in Tabelle 3.5 findet sich in Abbildung 3.15. Etwas problematischer ist nur die Interpretation von $R_0$. Wie in Tabelle 3.4 ist auch im vorliegenden Fall $R_0$ die mittlere Anzahl von Nachkommen, die durch ein Individu-

um im Laufe seines Lebens hervorgebracht wird. Aber welche Bedeutung hat dieses $R_0$ für das Populationswachstum, also in welcher Beziehung stehen $R_0$ und $\lambda$ bzw. r (die Seepocke zeigt ein kontinuierliches Wachstum)? Im Falle der Heuschrecke konnte die Population im Laufe eines Zeitschrittes um den Faktor $R_0 = \lambda$ anwachsen. Ein Zeitschritt entsprach einer Generation. $R_0$ beschreibt also das Populationswachstum in Schritten von Generationen, und bezieht sich daher auf die mittlere Dauer $T$ einer Generation. Wenn man nun $R_0$ in r umrechnen möchte, muss man den bereits besprochenen Weg zur Umrechnung von $\lambda$ in r wählen. Nach einer Zeit von $T$ gilt

---

## Kasten 3.5:  Altersaufbau einer menschlichen Population

Die menschliche Population besteht aus rund 100 Jahrgangsklassen und zwei Geschlechtern. Üblicherweise wird dies in Alterspyramiden aufgetragen, bei denen die Jüngsten zuunterst und die Ältesten zuoberst, Frauen rechts, Männer links dargestellt werden.

Solche Pyramiden spiegeln wichtige biologische und soziale Aspekte einer Bevölkerung wider. Der Altersaufbau der deutschen Bevölkerung vom 31.12.2000 (Abbildung a) zeigt, dass es in der jüngeren Hälfte der Bevölkerung einen Männerüberschuss gibt (weil mehr männliche als weibliche Kinder geboren werden) und in der älteren Hälfte einen Frauenüberschuss (weil die Frauen eine geringere Sterblichkeit haben). Höhere Mortalitätsraten während der beiden Weltkriege zeigen sich zweifach: Als reduzierte Jahrgangsstärke

und später als Geburtenausfall. Eine starke Abnahme der Jahrgangsstärke, die vor 30–40 Jahren einsetzte, ist auf ein verändertes Reproduktionsverhalten und auf ein damals breit verfügbares neues Verhütungsmittel (die Pille) zurückzuführen (Pillenknick).

Die Veränderung des Altersaufbaus im 20. Jahrhundert zeigt, dass zu Beginn ein pyramidenartiger Aufbau bestand (Abbildung b), d. h. die Bevölkerung durch eine hohe Geburtenrate und hohe Mortalität gekennzeichnet war. Dies entspricht weitgehend dem für ein heutiges Entwicklungsland typischen Aufbau. Die folgenden Abbildungen zeigen, dass die Mortalität abnimmt und die Lebenserwartung steigt. Die beiden Weltkriege verzerren jedoch den ehemals regelmäßigen Aufbau der Alterspyramide.

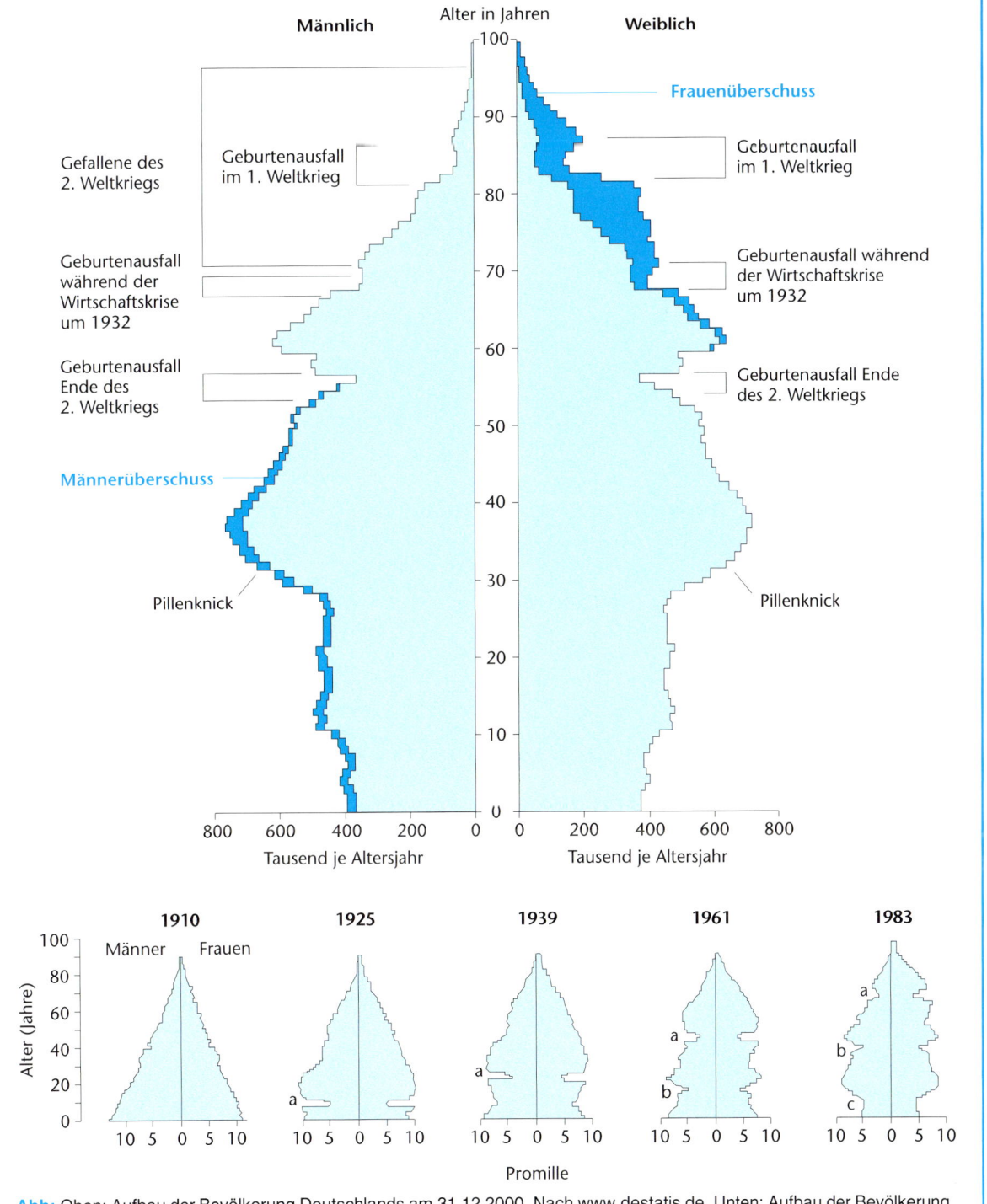

**Männlich** — Alter in Jahren — **Weiblich**

Frauenüberschuss

Gefallene des
2. Weltkriegs

Geburtenausfall
im 1. Weltkrieg

Geburtenausfall
im 1. Weltkrieg

Geburtenausfall
während der
Wirtschaftskrise
um 1932

Geburtenausfall während
der Wirtschaftskrise
um 1932

Geburtenausfall
Ende des
2. Weltkriegs

Geburtenausfall Ende
des 2. Weltkriegs

Männerüberschuss

Pillenknick

Pillenknick

800 600 400 200 0 | 0 200 400 600 800
Tausend je Altersjahr — Tausend je Altersjahr

1910  1925  1939  1961  1983

Männer  Frauen

Alter (Jahre)

Promille

**Abb:** Oben: Aufbau der Bevölkerung Deutschlands am 31.12.2000. Nach www.destatis.de. Unten: Aufbau der Bevölkerung Deutschlands 1910, 1925, 1939, 1961 und 1983. a erster Weltkrieg, b zweiter Weltkrieg, c Pillenknick.

$N(T) = R_0 \, N_0$ sowie $N(T) = N(0) \, e^{rT}$ und damit $r = \dfrac{\ln(R_0)}{T}$. $r$ ist die realisierte individuelle Wachstumsrate. Man kann aus den Angaben in einer Lebenstafel eine Näherung für die Generationsdauer $T$ ableiten:

$$T \approx \frac{\sum\limits_{x=1}^{k} x l_x m_x}{\sum\limits_{x=1}^{k} l_x m_x}$$

$k$ steht für die maximale Zahl an Alterklassen.

In unseren beiden Beispielen haben wir alle Individuen gleich bewertet. Bei der Seepocke macht das Sinn, da diese Organismen Zwitter sind, also alle Individuen Nachkommen produzieren. Bei den meisten Tierarten gibt es aber Männchen und Weibchen, die eine ganz unterschiedliche Lebensgeschichte haben können. So sind die Überlebenskurven für Männchen und Weibchen häufig recht unterschiedlich, da auf beide Geschlechter unterschiedliche Faktoren wirken (z. B. Risiko der Balz bei Männchen und Risiko der Brutpflege bei Weibchen; Abbildung 3.16c). Man kann daher Lebenstafeln für männliche und weibliche Individuen getrennt erstellen. Natürlich entfallen $F_x$ und $m_x$ für Männchen, sodass auch $R_0$ eigentlich nur für Weibchen definiert ist. Im Beispiel der Heuschrecken haben wir nicht zwischen Männchen und Weibchen unterschieden. Man beachte daher, dass $m_x$ dann einen Mittelwert über alle Individuen von Männchen und Weibchen darstellt. Die Dynamik einer Population wird aber bereits durch die Lebenstafel der Weibchen beschrieben.

Man hat versucht, die Vielfalt an möglichen Überlebenskurven zu ordnen (Abbildung 3.16a). Dabei fand man, dass sich die Überlebenskurven in drei Typen einteilen lassen. Beim Typ I sterben die meisten Individuen an Altersschwäche, sodass die Überlebenskurve erst bei den hohen Altersklassen stark abfällt. Beim Typ II ist die Mortalitätsrate für alle Altersklassen gleich, sodass sich bei einer logarithmischen Auftragung der Überlebenskurve eine Gerade ergibt. Beim Typ III sterben die meisten Individuen in den jungen Altersklassen. Die Überlebenskurve fällt in den jungen Altersklassen sehr stark ab. Die beiden von uns beispielhaft analysierten Lebenstafeln entsprechen Typ III (Abbildung 3.15), während für Typ I Großsäuger, aber auch der Mensch als Beispiel dienen können (Kasten 3.5). Reale Überlebenskurven entsprechen aber selten den in Abbildung 3.16 dargestellten Idealisierungen. Vielmehr sind sie Versatzstücke aus den drei Grundtypen. So ergibt sich beim Weißstorch für die mittleren Altersklassen ein linearer Verlauf (Typ II; mit dem Alter konstante Mortalitätsrate; Abbildung 3.16b). Für die junge Alterklasse und die beiden höchsten Altersklassen ergeben sich jedoch Abweichungen.

Wie wächst nun eine Population mit **Altersstruktur**? Man kann $R_0$, $T$ und davon abgeleitet $r$ benutzen, um das Wachstum der gesamten Population näherungsweise zu beschreiben. Da wir keine Rückkopplungen der Populationsdichte auf Geburten und Sterbefälle eingebaut haben, ist das Wachstum der Population exponentiell. Man beachte, dass dabei angenommen werden muss, dass die in der Lebenstafel zusammengetragenen Daten für den gesamten Zeitraum, über den man die Entwicklung der Population berechnen will, repräsentativ sind. Die Dynamik der gesamten Population sagt aber noch wenig über die Dynamik der einzelnen Altersklassen und damit der Alterstruktur aus. Es liegt durchaus die Vermutung nahe, dass alle Altersklassen exponentiell wachsen werden.

Man kann die Dynamik der einzelnen Altersklassen und damit die Dynamik der Altersstruktur aus der Information in der Lebenstafel von Zeitschritt zu Zeitschritt berechnen (z. B. mit einem Programm für Tabellenkalkulation; Abbildung 3.17). Die Anzahl Individuen in der Altersklasse $x = 1$ zum Schritt $t + 1$ ergibt sich aus der Summe der alterspezifischen Fekunditäten, multipliziert mit der jeweiligen Individuenzahl der Altersklasse. Die Individuenzahl in Altersklasse $x = 2$ ergibt sich aus $(1 - q_1) \, a_1$, in der Alterklasse 3 zu $(1 - q_2) \, a_2$ usw. $q_x$ ist die alterspezifische Mortalitätsrate und damit ist natürlich $1 - q_x$ der Anteil an Individuen, der von $x$ nach $x + 1$ überlebt. Beachte

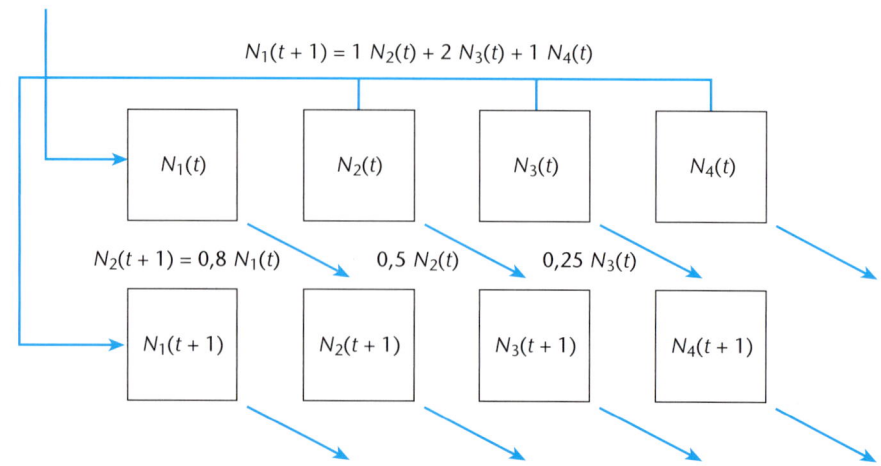

**Abb. 3.17:** Populationswachstum mit Altersklassen. Das Schema zeigt das grundsätzliche Vorgehen für 4 Altersklassen. Die altersspezifische Überlebensraten betragen 0,8, 0,5 und 0,25 für den Übergang von Altersklasse 1 zu 2, von 2 zu 3 bzw. von 3 zu 4. Danach sterben alle Individuen. Nachwuchs wird nur von den Altersklassen 2, 3 und 4 hervorgebracht und zwar pro Individuum ein, zwei und ein Jungtier bzw. Keimling.

den Unterschied zwischen $1-q_x$ und $l_x$. $l_x$ gibt die Überlebenswahrscheinlichkeit von der ersten Altersklasse bis zur Alterklasse $x$ an, während $1-q_x$ die Wahrscheinlichkeit des Überlebens von einer zu nächsten Altersklasse angibt (altersspezifische Überlebensrate). In Abbildung 3.18 wurde die Berechnung für die sehr einfache Lebenstafel mit einer extremen Altersverteilung gestartet: 100 Individuen in

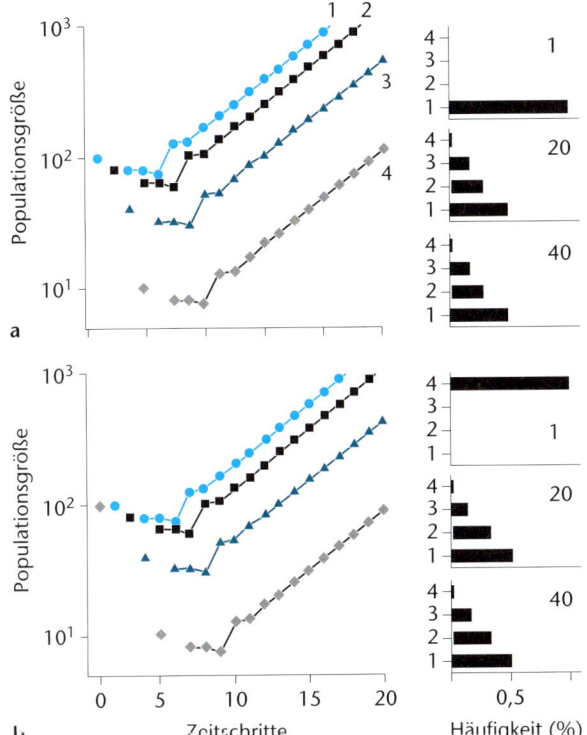

**a**

**b**

**Abb. 3.18:** Populationswachstum mit Altersklassen für die Population in Abbildung 3.17. In a wurde die Population mit 100 Individuen in Alterklasse 1 gestartet $N_1(0) = 100$ ($N_2(0) = N_3(0) = N_4(0) = 0$) und dann für alle folgenden Zeitschritte die Populationsgröße entsprechend dem Schema berechnet. Damit ergibt sich die Zahl der Individuen in Alterklasse 2 zur Zeit $t+1$ mit $N_2(t+1) = 0,8\,N_1(t)$. Die Individuenzahl in Altersklasse 1 ist die Summe der Individuen, die von den Altersklassen 2 bis 4 hervorgebracht werden. Beachte, dass nach anfänglichen Schwankungen sich eine Gerade ergibt (Ordinate logarithmisch transformiert). Damit wächst die Population exponentiell. Die kleinen Abbildungen zeigen die Altersstruktur (relative Häufigkeit der Altersklassen 1 bis 4 zu Beginn sowie nach 20 und 40 Zeitschritten, also auch nach einer Zeit, die in a und b nicht mehr dargestellt ist). Beachte die Altersstruktur ist nach 20 und 40 Zeitschritten gleich. Startet man die Berechnungen mit 100 Individuen in Altersklasse 1 ($N_4(0) = 100$; $N_1(0) = N_2(0) = N_3(0) = 0$), sind zwar die anfänglichen Schwankungen etwas anders, aber es stellt sich ein identisches Populationswachstum sowie dieselbe Altersstruktur ein (b). Da in a und b die Populationen mit einer extremen Altersverteilung gestartet wurde, kommt es vor, dass einzelne Altersklassen mit keinem Individuum besetzt sind. Daher kann für diese Altersklassen kein Logarithmus berechnet werden. Um dies zu verdeutlichen, sind dann die zeitlich aufeinander folgenden Werte nicht durch Striche verbunden.

Altersklasse 1 ($N_1(0) = 100$; man benötigt neben der Zeit nun noch einen weiteren Index, um auch die Altersklassen spezifizieren zu können) und keine Individuen in allen anderen Altersklassen. Die Individuenzahlen für die einzelnen Altersklassen wurden gegen die Zeit aufgetragen, wobei die Ordinate logarithmisch transformiert wurde, da wir ja die Vermutung eines exponentiellen Wachstums geäußert haben und es dann eine lineare Beziehung zwischen (logarithmierter) Populationsgröße und der Zeit geben sollte:

- Nach wenigen Zeitschritten zeigen die Individuenzahlen in allen Altersklassen einen linearen Verlauf. Damit wächst unsere Population exponentiell. Das sollte auch nicht verwundern, da wir in die Berechnung, wie bereits erwähnt, keine Dichteabhängigkeit der altersspezifischen Mortalitätsraten bzw. der altersspezifischen Fekundität aufgenommen haben. Prinzipiell wäre dies aber möglich. Grundsätzlich entspricht daher unser Vorgehen dem exponentiellen Wachstum. Die Steigung der Geraden entspricht wie beim exponentiellen Wachstum $\log(\lambda)$. Wir benutzen hier $\lambda$ zur Beschreibung des Populationswachstums, da wir eine Population in diskreten Zeitschritten betrachten.

- Die Individuenzahlen für die einzelnen Altersklassen verlaufen parallel. Damit hat sich eine stabile Altersverteilung eingestellt. Das zeigen die beispielhaft herausgegriffenen Altersverteilungen zum Zeitschritt 20 und zum Zeitschritt 40, also zu einem Zeitpunkt, der weit über die dargestellte Dynamik hinausreicht. Die Verteilung zum Zeitschritt 1 gibt die Ausgangsverteilung: 100% der Individuen in der Altersklasse 1. Die Verteilung der Altersklassen zum Zeitpunkt 20 und 40 sind identisch. Damit ergibt sich nach anfänglichem Einpendeln eine konstante Altersstruktur.

- Startet man die Population mit einer gänzlich anderen Altersklassenverteilung (nun alle Individuen in der höchsten Altersklasse $N_4(0) = 100$; Abbildung 3.18b), dann stellt sich nach wenigen Zeitschritten das gleiche Populationswachstum und die gleiche Altersverteilung ein.

- Durch Veränderungen der Einträge in die Lebenstafel kann man deren Auswirkung auf die Altersverteilung leicht untersuchen. Dabei zeigt sich, dass mit zunehmendem $\lambda$ der relative Anteil der Individuen in den unteren Altersklassen immer größer wird. Für $\lambda > 1$ muss bei stabiler Altersstruktur der Anteil der Altersklasse an der Gesamtpopulation mit dem Alter abnehmen (Abbildung 3.18) Daher kann man allein aus der Kenntnis der Altersstruktur einer Population gewisse Aussagen über den Zustand der Population machen. Sind z. B. hohe Altersklassen häufiger als jüngere Altersklassen, kann es sich nicht um eine wachsende Population handeln (Kasten 3.6).

Es gibt eine recht effektive Methode, das Populationswachstum sowie die Alterklassenverteilung im Gleichgewicht aus einer Lebenstafel zu berechnen. Dazu ordnet man bestimmte Einträge der Lebenstafel in ganz spezifischer Form in einer Matrix an (Leslie-Matrix). Mit den Me-

## Kasten 3.6: Der demographische Übergang

Aus Kasten 3.4 geht hervor, dass die menschliche Bevölkerung exponentielle und überexponentielle Wachstumsphasen aufweist. Gleichzeitig wird festgestellt, dass Wachstum nicht unbegrenzt andauern kann und dass die Zuwachsraten in den Industriestaaten bzw. in den Entwicklungsländern verschieden sind. Dem liegen zwar die gleichen zentralen demographischen Parameter von Geburten- und Sterberate zugrunde, beide Parameter sind jedoch nicht konstant, und sie verändern sich in beiden Teilen der Welt unterschiedlich.

Die Sterberate nimmt ab, wenn sich die Ernährungssituation und die hygienischen Lebensbedingungen verbessern bzw. eine gute gesundheitliche Versorgung gewährleistet ist. Hierdurch wird das Überleben berechenbarer und Familien können gezielter geplant werden. Wenn Kenntnisse und Mittel zur Empfängnisverhütung vorhanden sind und Kinder wegen stabiler Sozial- und Rentensysteme nicht als billige Arbeitskräfte oder zur Altersvorsorge benötigt werden, sinkt die Geburtenrate. Verbesserte Ausbildungschancen für Frauen senken ebenfalls den Kinderwunsch; traditionelle Gesellschaften, in denen Kindern (oder männlichen Nachkommen) Statuswert zukommt, erhöhen ihn.

Dieser Wechsel von einem Niveau hoher Geburten- und Sterberate zu einem niedrigen Niveau wird als **demographischer Übergang** bezeichnet. Da in der Mitte des Übergangs die Nettozuwachsrate am größten ist, ist dieser Übergang gleichzeitig der Wechsel von einer niedrigen zu einer hohen Bevölkerungsgröße. (Die obere Abbildung zeigt in einer schematischen Darstellung die Geburtenrate und Sterberate in Promill der Bevölkerungsgröße sowie die absolute Bevölkerungsgröße in Million.) In Europa und anderen Industriestaaten hatte der demographische Übergang spätestens im 19. Jahrhundert begonnen und ist inzwischen fast überall abgeschlossen (mittlere Abbildung). In den Entwicklungsländern mussten die technischen und sozialen Errungenschaften weitgehend importiert werden, sie hatten z. T. Mühe, sich durchzusetzen, und sind bis heute nicht vollständig implementiert. Der demographische Übergang ist daher dort noch lange nicht abgeschlossen (untere Abbildung).

Die Bevölkerung in den Industriestaaten wächst daher heute nicht mehr, in den Entwicklungsländern weist sie aber immer noch einen starken Zuwachs auf. Natürlich gibt es von Staat zu Staat bedeutende Unterschiede. Nach Nentwig (1995).

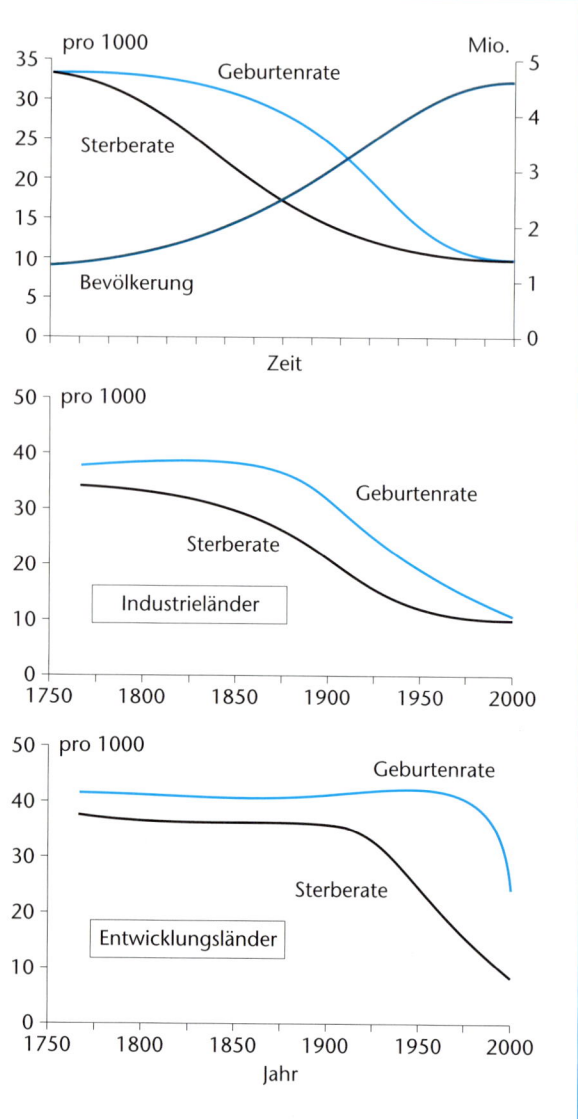

---

thoden der Matrixrechnung können dann die asymptotischen Eigenschaften der Population berechnet werden. Für einen Einstieg sei der interessierte Leser auf Case (2000) verwiesen.

# 3.5 Evolution von Lebenszyklen

Die in einer Lebenstafel zusammengestellte Information beschreibt den **Lebenszyklus**, den ein Individuum durchläuft. Gleichzeitig stellt die Lebenstafel auch die Dynamik der Population dar und damit die ökologischen Eigenschaften dieser Population. Unter einem Lebenszyklus wollen wir ganz allgemein die Summe aller im Laufe eines Lebens möglichen Lebensäußerungen eines Individuums und deren ökologische Auswirkungen verstehen. Lebenszyklen unterscheiden sich zwischen Arten mitunter erheblich. Ein extremes Beispiel sind iteropare und semelpare Arten. Die meisten Organismen reproduzieren sich im Laufe ihres Lebens mehrmals (**iteropare** Arten). Es gibt aber auch Arten, die nur einmal, dann meist am Ende ihres Lebens, zur Fortpflanzung schreiten. Derartige **semelpare** Arten finden sich vor allem bei Pflanzen. Viele einjährige Pflanzen setzen nur einmal Blüten an. Besonders spektakulär ist der Fall, dass eine Art Jahrzehnte alt werden muss, bevor nur einmal Nachkommen produziert werden und das Individuum dann abstirbt (z. B. Bambusarten). Semel-

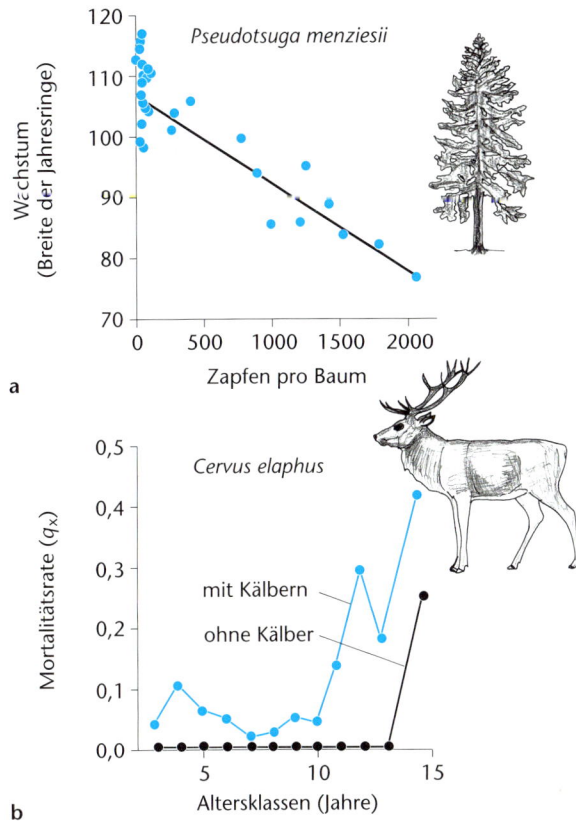

**a**

**b**

**Abb. 3.19:** Beispiele für *trade-offs* zwischen Elementen des Lebenszyklus. a) *Trade-off* zwischen Reproduktion und Zuwachs am Beispiel der Douglasie (*Pseudotsuga menziesii*). Jeder Punkt in der Abbildung symbolisiert ein Baumindividuum. Je mehr Zapfen ein Individuum produziert, desto weniger Zuwachsleistung zeigt dieses Individuum. Die Zuwachsleistung wurde anhand der Baumringe geschätzt. b) *Trade-off* zwischen Überleben und Reproduktion für weibliche Rothirsche (*Cervus elaphus*). Für alle Altersklassen ist die Mortalitätsrate von Alttieren mit Kälbern größer als für Alttiere ohne Kälber. a nach Eis et al. (1965), b nach Clutton-Brock et al. (1983).

pare Tierarten sind vergleichsweise selten (z. B. manche Spinnen, Lachs). Generell ergibt sich aus der Kombination von diskreten und kontinuierlichen Generationen, von Kurzlebigkeit und Langlebigkeit sowie von unterschiedlichen Vermehrungsstrategien eine Fülle an Lebenszyklen, die nur schemenhaft durch Lebenstafeln beschrieben wird.

Wenn sich Arten im Lebenszyklus unterscheiden, muss man zwangsläufig annehmen, dass diese Unterschiede das Ergebnis evolutiver Prozesse sind. Durch die Evolution verändern sich immer dann Merkmale (in unserem Fall Elemente des Lebenszyklus), wenn die Ausprägung der Merkmale erblich ist, zwischen Individuen genetisch bedingte Variation in der Ausprägung der Merkmale auftritt und die Merkmale der Selektion unterliegen. Für viele Elemente des Lebenszyklus ist bekannt, dass diese erblich sind. Da sich in der Evolution immer diejenigen Organismen durchsetzen, die in einer bestimmten Umwelt das höchste Vermehrungspotenzial haben, also

$$\sum_{x=1}^{max} l_x m_x$$

maximieren, sind von einem naiven Standpunkt aus die wesentlichen Elemente für einen erfolgreichen Lebenszyklus eigentlich bereits klar: Die Organismen sollten geringe Mortalitätsraten haben, damit ein hohes Lebensalter erreichen und ein großes Vermehrungspotenzial zeigen. Dass diese naive Vorstellung in der Natur nicht erfüllt ist, zeigt bereits ein flüchtiger Blick ins Pflanzen- bzw. Tierreich. Wie kann man die Evolution der Vielfalt an Lebenszyklen erklären?

Wir nehmen an, dass die Lebensgeschichte einzelner Individuen unterschiedlich und dieser Unterschied erblich ist. Die Energie, die ein Individuum im Laufe seines Lebens ausgeben kann, ist zwangsläufig begrenzt. Damit steht Energie, die für eine Aktivität verbraucht wurde, für andere Aktivitäten nicht mehr zur Verfügung. So kann Energie in Nachkommen oder auch Körperreserven umgesetzt werden. Körperreserven verringern eventuell die Mortalitätsrate, erhöhen damit das Lebensalter und natürlich die Möglichkeit, künftig Nachkommen zu produzieren. Die

**Tab. 3.6:** Gedankenexperiment zur Bedeutung von *trade-offs* für die Evolution von Lebensstrategien in unterschiedlichen Umwelten.

| Strategie | Alter | | | | | | | | |
|---|---|---|---|---|---|---|---|---|---|
| | 1 | 2 | 3 | 4 | 5 | 6 | 7 | 8 | 9 |
| I | 10 | 20 | 30 | 40 | 50 | 60 | 70 | 80 | 90 |
| II | 0 | 20 | 40 | 60 | 80 | 100 | 120 | 140 | 160 |
| III | 0 | 0 | 30 | 60 | 90 | 120 | 150 | 180 | 210 |
| IV | 0 | 0 | 0 | 40 | 80 | 120 | 160 | 200 | 240 |
| V | 0 | 0 | 0 | 0 | 50 | 100 | 150 | 200 | 250 |
| VI | 0 | 0 | 0 | 0 | 0 | 60 | 120 | 180 | 240 |

Jede Zeile zeigt eine unterschiedliche Lebensstrategie. Bei Strategie 1 beginnt ein Individuum bereits im ersten Jahr mit der Reproduktion, wobei die Körpergröße aber nur die Produktion von zehn Jungtieren pro Jahr erlaubt. Mit zunehmendem Alter steigt damit die über die gesamte Lebenszeit produzierte Zahl von Jungtieren jeweils um zehn. Beginnt ein Individuum aber erst im dritten Jahr mit der Produktion, dann erreicht dieses Individuum eine Größe, die die Produktion von 30 Jungtieren pro Jahr erlaubt. Nehmen wir nun eine Umwelt an, in der ein Individuum ein Alter von nur drei Jahren erreichen kann, dann ist die effektivste Strategie (= die Strategie mit der im Laufe des Lebens die meisten Jungtiere hervorgebracht werden können), im zweiten Jahr mit der Reproduktion zu beginnen. Erlaubt die Umwelt ein Alter von sieben Jahren, dann ist die effektivste Strategie, im vierten Jahr mit der Reproduktion zu beginnen.

Produktion von Nachkommen erhöht zwar kurzfristig die Reproduktion, aber auch die Mortalitätsrate (Abbildung 3.19b). Derartige gegenläufige Auswirkungen einzelner Aktivitäten im Lebenszyklus bezeichnet man als ***trade-off*** (Abbildung 3.19). Welche der vielen möglichen Strategien über die gesamte Lebenszeit eines Individuums hinweg zu mehr Nachkommen führt, hängt von den Eigenschaften der Umwelt ab. Im Laufe der Evolution haben sich je nach dem Selektionsregime der Umwelt bestimmte Strategien herausgeformt. Entscheidend ist dabei die Reproduktionsleistung eines Individuums im Laufe seines gesamten Lebens (**Fitness**).

Dazu ein vereinfachtes Beispiel. Stellen wir uns eine Art mit einem *trade-off* zwischen Körpergröße und Anzahl von Jungtieren vor: Je größer das Individuum, desto mehr Nachkommen kann das Individuum in jedem Jahr produzieren. Aber um eine bestimmte Körpergröße zu erreichen, braucht es eine gewisse Zeit, sodass größere Individuen erst später mit der Produktion von Nachkommen beginnen können (Tabelle 3.6). Nehmen wir für unser Beispiel an, dass für jedes zusätzliche Jahr, das für den Aufbau der Körpergröße genutzt wird, in den Folgejahren pro Jahr 10 Jungtiere zusätzlich zur Welt gebracht werden können. Beginnt ein Individuum im ersten Jahr mit der Reproduktion, so hat es nach einem Jahr 10, nach zwei Jahren 20 und nach 6 Jahren insgesamt 60 Jungtiere hervorgebracht. Beginnt ein Tier erst im dritten Jahr, dann hat es nach ein oder zwei Jahren noch kein Jungtier erzeugt, nach 3, 4 und mehr Jahren aber 30, 60 usw. Jungtiere. Jede Spalte in der Tabelle gibt damit die gesamte Reproduktionsleistung bis zum entsprechenden Alter für verschiedene Lebenszyklen an. Vergleichen wir im nächsten Schritt zwei verschiedene Umwelten: Eine Umwelt, in der ein Individuum aufgrund harter Bedingungen nur 3 Jahre alt werden kann, und eine Umwelt, in der ein Individuum 7 Jahre überleben kann. Untersucht man nun die Spalten für 3 und 7 Jahre, so findet man, dass sich die für die jeweiligen Umwelten besten Lebenszyklen, d. h. die Lebenszyklen mit der größten Fitness, unterscheiden: Je härter die Umwelt, desto früher sollte man zur Reproduktion schreiten. Man beachte, dass Fitness ein relatives Konzept ist. Nur im Vergleich von zwei Umwelten kann entschieden werden, welcher Lebenszyklus zu einer höheren Fitness führt.

Im Laufe der Evolution kann aber ein Organismus nicht immer den für eine Umwelt optimalen Lebenszyklus verwirklichen. Es gibt Sachzwänge, die Kompromisse erzwingen. Eine heterogene Umwelt verlangt für unterschiedliche Gebiete unterschiedliche Lösungen (Sibly 1997). Ein recht offensichtlicher Sachzwang besteht zwischen Körpergröße und Generationszeit. Je größer eine Art, desto länger muss die Jugendentwicklung sein, um die endgültige Körpergröße zu erreichen, was zwangsläufig eine höhere Lebensdauer erfordert und damit zu einer längeren Generationszeit führt. Besonders die Körpergröße hat aufgrund von physiologischen Sachzwängen erheblichen Einfluss auf die Evolution von Lebenszyklen. Sachzwänge ergeben sich aber auch aus den Konstruktionsprinzipien (dem Bauplan) der Organismen. Die individuelle Wachs-

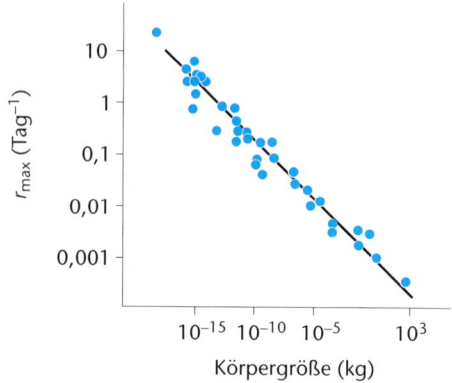

**Abb. 3.20:** Die unter optimalen Bedingungen gemessene individuelle Wachstumsrate $r_{max}$ sinkt mit zunehmender Körpergröße. Beachte, dass Abszisse und Ordinate logarithmisch skaliert sind. Nach Daten aus Fenchel (1974).

tumsrate ist negativ mit der Körpergröße korreliert. Zunächst muss betont werden, dass $r$ (wie auch $R$) nicht konstant ist, sondern von Umweltbedingungen abhängt. Bestimmt man die Wachstumsrate unter optimalen Bedingungen bei kleinen Populationsgrößen, dann spricht man auch von der **maximalen individuellen Wachstumsrate** $r_{max}$, die dann nur noch eine Eigenschaft der Art ist. Vergleicht man $r_{max}$ für verschiedene Tierarten, so findet man ähnlich wie bei der Populationsdichte eine negative Beziehung zwischen $r_{max}$ und Körpergröße (Abbildung 3.20). $r_{max}$ liegt für ein Bakterium bei etwa 60 pro Tag, für Insekten zwischen 0,001 und 0,12 pro Tag, für Säugetiere zwischen 0,0003 und 0,015 pro Tag.

*Trade-offs* und Sachzwänge spielen bei verschiedensten Merkmalen eine wichtige Rolle. Für Pflanzen wurden *trade-offs* zwischen Konkurrenzkraft und Ausbreitungsfähigkeit, zwischen Wurzel- und Sprosswachstum, zwischen Samengröße und Samenzahl oder auch zwischen Konkurrenzkraft und Fressbarkeit gefunden (Crawley 1997a). Bei Huftieren fand man eine positive Beziehung zwischen Gruppengröße und Körpergewicht. Erklärt wird dies mit einem *trade-off* zwischen Erfordernissen der Nahrungsaufnahme und Schutz. Kleine Arten brauchen aufgrund ihrer geringen Größe qualitativ hochwertige Nahrung (physiologischer Sachzwang). Diese Nahrung ist selten und begrenzt, sodass keine Individuen der gleichen Art in der Umgebung geduldet werden. Große Arten dagegen fressen qualitativ schlechtere Nahrung, damit können größere Arten sozial toleranter sein. Leben in Gruppen erlaubt auch eine effektivere Feindabwehr. Insgesamt ergibt sich so die Beziehung zwischen Körpergröße und Sozialverhalten (Owen-Smith 1988).

Je nach Umwelt, *trade-offs* und Sachzwängen ergibt sich die Vielfalt an Lebensstrategien, die wir im Pflanzen- und Tierreich beobachten können. Die Vielfalt lässt sich in eine gewisse Ordnung bringen. Vergleichen wir eine stabile mit einer instabilen Umwelt. Eine stabile Umwelt sei eine Umwelt mit wenig Schwankungen und vor allem ohne unvorhersagbare Einflüsse (z. B. Tiefsee). Eine instabile Umwelt ist dagegen eine Umwelt, in der ständig nicht vorhersagbare Veränderungen auftreten. Wichtig ist hier die Betonung auf nicht vorhersagbar. In unseren Breiten treten ausgeprägte Veränderungen von Temperatur und

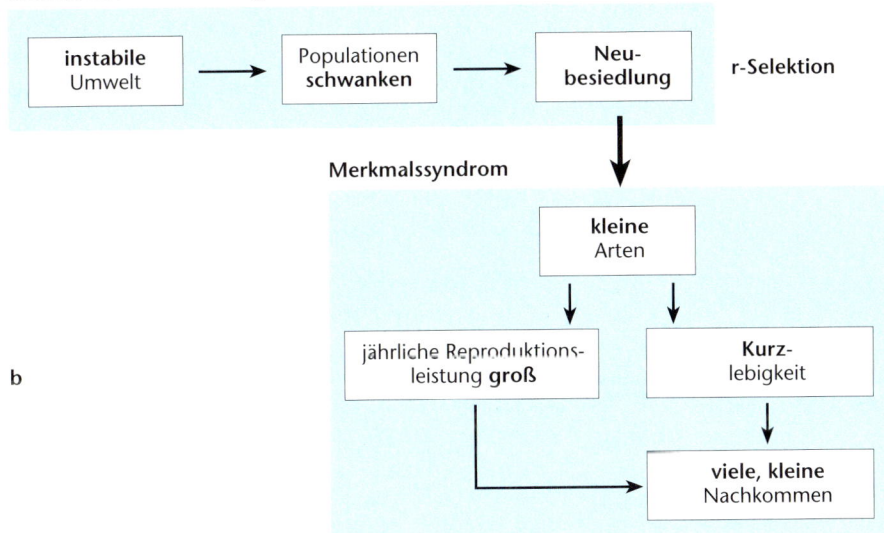

**Abb. 3.21:** Zusammenhang zwischen Umwelt, Selektionsregime und Merkmalssyndrom für K- Selektion (a) und r-Selektion (b).

Niederschlag im Jahreszyklus auf. Diese Veränderungen sind aber vorhersagbar, da sie Jahr für Jahr in etwa gleicher Weise stets wiederkehren. Auf derartige Schwankungen können sich die Organismen durch Evolution einstellen.

In einer stabilen Umwelt kann die Population ihre Kapazitätsgrenze erreichen. Das führt zu intraspezifischer Konkurrenz zwischen den Individuen. Es werden sich dann diejenigen Individuen durchsetzen können, die eine hohe Konkurrenzkraft besitzen bzw. konkurrenzkräftige Jungtiere hervorbringen. Konkurrenzkräftiger sind die größeren Jungtiere, was eine gewisse Brutpflege erfordert. In einer stabilen Umwelt sollten sich demnach alle Elemente des Lebenszyklus auf Konkurrenzfähigkeit hin ausrichten. In einer eher instabilen Umwelt muss ein Organismus jede günstige Gelegenheit für die Vermehrung

nutzen. Es kommt daher mehr auf die Menge denn auf die Qualität an. Je nachdem, ob man wenige große oder viele kleine Jungtiere hervorbringt, ergeben sich Merkmalskombinationen (man spricht auch von einem **Merkmalssyndrom**), die mit einer stabilen bzw. instabilen Umwelt korreliert sind. In einer stabilen Umwelt sind vor allem Merkmale gefragt, die es erlauben, die Kapazität K des Lebensraumes auszufüllen, in einer instabilen Umwelt dagegen vor allem Merkmale, die ein möglichst schnelles Wachstum der Population ermöglichen. Man spricht auch von **r-Selektion** bzw. **K-Selektion** (Abbildung 3.21). Man beachte aber, dass es sich bei reiner r-Selektion bzw. reiner K-Selektion um die Endpunkte eines Kontinuums handelt (Pianka 1970).

**Tab. 3.7:** Umwelt und Merkmalsyndrome für Ruderal-, Toleranz- und Konkurrenzstrategie. Vereinfacht nach Grime (1979).

| | Ruderalstrategie | Konkurrenzstrategie | Toleranzstrategie |
|---|---|---|---|
| **Umwelt** | | | |
| Härte der Umwelt | gering | gering | groß |
| Störungen | hoch | gering | gering |
| Produktivität | variabel | variabel | gering |
| **Merkmale** | | | |
| Reproduktion | früh | früh | spät |
| Investitionen in Reproduktion | viel | wenig | wenig |
| relative Wachstumsrate | groß | groß | gering |
| Abwehr gegen Herbivorie | mittel | gering | viel |
| Alter | einjährig | mehrjährig | mehrjährig |
| sonstige Merkmale | Selbstbestäubung, Samenbank | große Pflanzen, kompakte Wuchsform, vegetative Ausbreitung, Speicherorgane, kurzlebige Blätter, Samenbank | immergrün |

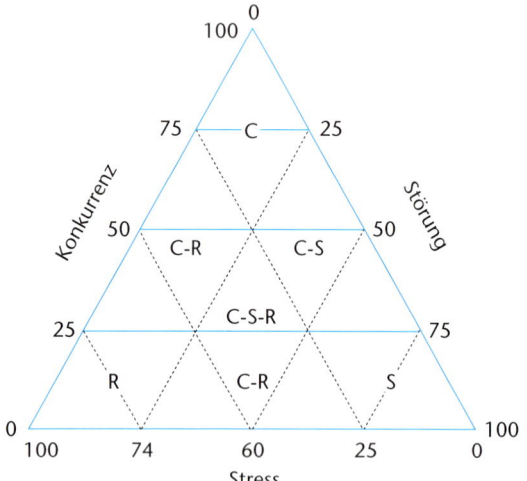

**Abb. 3.22:** CSR-Diagramm der Strategietypen nach Grime. Drei Gradienten für C = Konkurrenz (*competitors*), S = Stress (*stress tolerators*), R = Störung (*ruderals*) werden genutzt, um Arten unter Berücksichtigung dieser Gradienten zuzuordnen. Nach Grime et al. (1988).

Das beschriebene r-K-Kontinuum wird vor allem bei tierischen Organismen angewandt. Für Pflanzen wurden die **CSR-Strategietypen** eingeführt (Grime 1977). Dazu werden die Arten entlang von drei Strategien eingeteilt: C-Strategen (*competitors,* Konkurrenzstarke), S-Strategen (*stress tolerators,* Stresstolerante), R-Strategen (*ruderals,* Pionierarten). Ganz ähnlich wie beim r-K-Kontinuum entwickelten sich diese Strategien als Antwort auf bestimmte Umweltbedingungen (Tabelle 3.7) und sie kann graphisch in gradueller Anordnung in einem Dreiecksschema dargestellt werden, sodass jede Art relativ zu anderen Arten in diesem Kontinuum angeordnet werden kann (Abbildung 3.22).

Auch die durch die Lage der Ruhe- oder Überdauerungsstadien definierten traditionellen Lebensformen von Raunkiaer (1919) können wir als Lebensstrategie verstehen, denn das wesentliche Kriterium dieser Gestalttypen ist die Anpassung und morphologische Reaktion bezüglich ungünstiger Umwelteinflüsse (z. B. Frost oder Trockenheit) (Kasten 3.7).

# 3.6 Dichteregulation und Populationsschwankungen

## 3.6.1 Intraspezifische Konkurrenz

Dichteabhängigkeit ist eine logische Notwendigkeit, damit Populationen in einer stabilen Umwelt nicht ohne Grenzen anwachsen. Unsere bisherigen Modelle haben nur die Auswirkungen der Dichteabhängigkeit phänomenologisch beschrieben, die biologischen Prozesse blieben unberücksichtigt. Wir gingen einfach davon aus, dass mit zunehmender Populationsgröße die **intraspezifische Konkurrenz** ansteigt und diese auf die Geburten- bzw. Sterberate gewisse Auswirkungen hat: Mit zunehmender intraspezifischer Konkurrenz steigt die Sterblichkeit (z. B. Unterernährung, Anfälligkeit für Krankheiten) bzw. sinkt die Geburtenrate. Intraspezifische Konkurrenz um knappe Ressourcen kann zwei unterschiedliche Formen annehmen, die man im angelsächsischen Sprachraum mit *scramble competition* (Ausbeutungskonkurrenz) bzw. *interference competition* (Konkurrenz durch gegenseitige Beeinträchtigung) umschreibt.

Bei der **Ausbeutungskonkurrenz** kommt es zu keiner direkten Interaktion zwischen den Organismen. Vielmehr reduziert der Verbrauch einer Ressource durch ein Individuum passiv die Verfügbarkeit dieser Ressource für ande-

| **Kasten 3.7:** | **Die Lebensformen bei terrestrischen Pflanzen** |

In Zonen mit Jahreszeiten ist die Überwinterung ein zentrales ökomorphologisches Problem aller Pflanzen, das im Wesentlichen auf die Faktoren Temperatur und Wasser zurückgeführt werden kann. Von der Frage ausgehend, in welcher Form die Sprossvegetationspunkte die kalte Jahreszeit überstehen, hat Raunkiaer (1919) für Pflanzen bestimmte Lebensformtypen ausgeschieden. Diese traditionellen Gestalttypen haben sich bis heute bewährt.

**Chamaephyten** sind Halb- und Zwergsträucher, aber auch Polsterpflanzen, die ihre Erneuerungsknospen in Bodennähe haben, sodass diese durch die winterliche Schneedecke geschützt sind.

**Phanerophyten** sind Bäume und Sträucher. Ihre Sprossknospen sind über die ganze Pflanze verteilt und der Winterkälte voll ausgesetzt. Daher sind sie kälteresistent und durch Knospenschuppen vor dem Austrocknen geschützt, manchmal auch mit Harz versiegelt. Wenn die Blätter frostresistent sind, sprechen wir von immergrünen Phanerophyten, sonst sind sie sommergrün.

**Hemikryptophyten** haben ihre Erneuerungsknospen an der Erdoberfläche, sodass sie durch die absterbenden oberirdischen Pflanzenteile, durch Falllaub und Schnee geschützt sind. Hierzu zählen viele Gräser, Rosetten- und Ausläufer- sowie Staudenpflanzen.

**Kryptophyten** (auch **Geophyten** genannt) haben ihre Erneuerungsknospen im Boden. Bei den Speicherorganen handelt es sich meist um Zwiebeln, Knollen oder Rhizome.

**Therophyten** haben keine eigentlichen Überdauerungsorgane, sondern überwintern als Samen. Diese sind besonders kälte- und trockenresistent und enthalten auch die für das Auskeimen erforderlichen Nährstoffe. Hierzu gehören die eigentlichen Kräuter, bei denen einjährige **(annuelle)** und zweijährige **(bienne)** unterschieden werden.

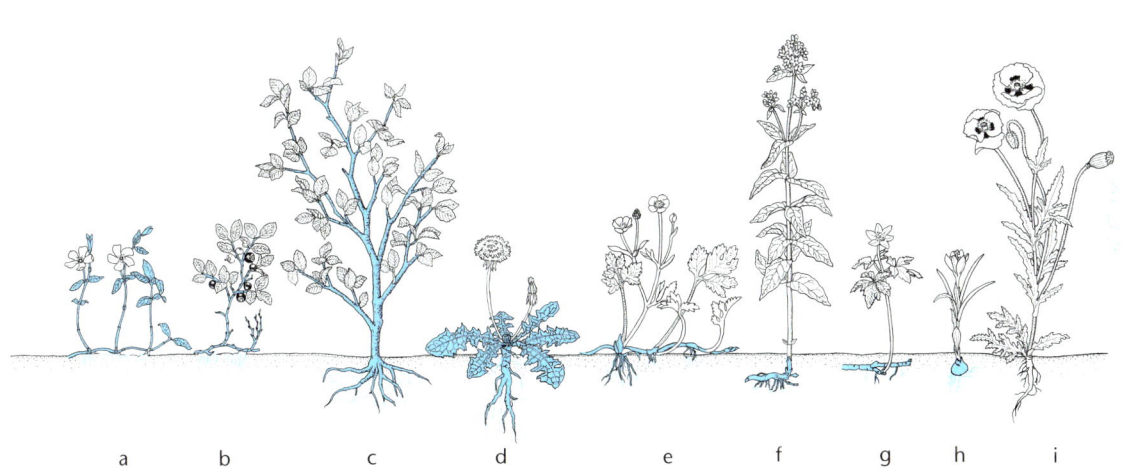

**Abb.:** Die farbig gezeichneten Pflanzenteile überwintern, die übrigen sterben ab. a) Chamaephyt (Immergrün *Vinca minor*), b) Chamaephyt (Heidelbeere *Vaccinium myrtillus*), c) Phanerophyt (Buche *Fagus sylvatica*), d) Hemikryptophyt (Rosettenpflanze, Löwenzahn *Taraxacum officinale*), e) Hemikryptophyt (Ausläuferstaude, Hahnenfuss *Ranunculus* sp.), f) Hemikryptophyt (Schaftpflanze, Gilbweiderich *Lysimachia vulgaris*), g) Kryptophyt (Rhizomgeophyt, Buschwindröschen *Anemone nemorosa*), h) Kryptophyt (Knollengeophyt, Krokus *Crocus sativus*), i) Therophyt (Mohn *Papaver rhoeas*). Nach Sitte et al. (2002).

re Individuen in der Population. So kann es in einer Herde friedlich nebeneinander grasender Zebras intraspezifische Konkurrenz geben. Gras, das durch ein Individuum gefressen wird, ist nicht mehr für andere Individuen verfügbar. Dies führt dazu, dass alle Individuen für die Nahrungssuche weitere Strecken zurücklegen müssen. Diese Mehraufwendungen für die Nahrungssuche schlagen sich letztlich auf die Kondition der Individuen nieder. Eine schlechte Kondition erhöht die Anfälligkeit für Krankheiten, erhöht das Risiko, Räubern zum Opfer zu fallen bzw. führt im Extremfall zum Hungertod. Eine schlechte Kondition kann auch dazu führen, dass ein Weibchen weniger oder gar keine Junge zur Welt bringt.

Die wichtigste Ressource für festsitzende Organismen wie Pflanzen ist der Raum. Hat ein Individuum einen freien Raum erobert, steht dieser Raum nicht mehr für andere Individuen zur Verfügung (eine Form der Ausbeutungskonkurrenz). Steigt die Dichte an Individuen, sinkt der verfügbare Raum für ein Individuum. Pflanzen können auf intraspezifische Konkurrenz besonders flexibel reagieren (Schmid 1991). Das zeigt sich deutlich in Experimenten, bei denen Pflanzen in unterschiedlichen Dichten ausgesät werden. Solange die Keimlinge noch klein sind, kommt es zu keiner Interaktion zwischen Individuen. Erst ab einer gewissen Individuengröße werden zunehmend Individuen aus der Population eliminiert. Diesen Prozess

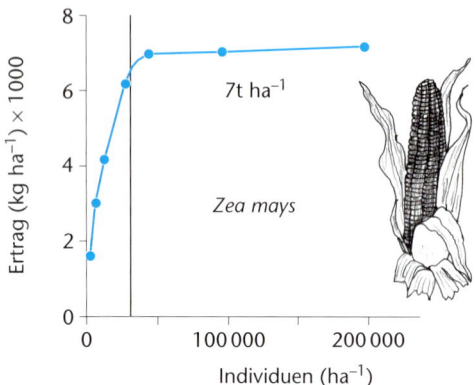

**Abb. 3.23:** „Gesetz" vom konstanten Endertrag für Mais (*Zea mays*). Ab einer bestimmten Dichte (etwa 30 000 Individuen pro ha, vertikaler Strich) bleibt der Ertrag gemessen an Biomasse pro ha trotz zunehmender Individuendichte etwa gleich (7 t ha$^{-1}$). Der Ertrag ergibt sich als Produkt aus Dichte mal mittlerer Biomasse eines Individuums. Damit muss die mittlere Größe eines Individuums mit der Dichte abnehmen. Nach Daten aus Donald (1963).

bezeichnet man bei einer Kohorte häufig als **Selbstausdünnung** (*self-thinning*). Pflanzen haben aber neben der Selbstausdünnung noch eine andere Option, um auf intraspezifische Konkurrenz zu reagieren: Reduktion der Zahl der Module pro Genet. Damit wird nicht die Individuenzahl in einer Population konstant gehalten, sondern deren Biomasse, eine Beobachtung die man als **„Gesetz" vom konstanten Ertrag** bezeichnet hat (Abbildung 3.23). Gesetz steht hier in Anführungszeichen, da diese Beziehung nur in gewissen Grenzen gilt (Abschnitt 1.2.1). Diese Regel hat ihre Wurzeln im Pflanzenbau: Unabhängig von der Ausgangsdichte ausgebrachter Samen ist der Ernteertrag in etwa immer gleich. Bei geringer Ausgangsdichte hat man wenige, aber große Individuen, bei großer Dichte viele, aber kleine Individuen. Man beachte, dass eine ganz ähnliche Beziehung aber auch für unitare Organismen gilt. Da ja alle Individuen eine mehr oder weniger feste Körpergröße haben, ist die Kapazitätsgrenze *K* ebenfalls durch eine konstante Biomasse gekennzeichnet, dem Produkt von *K* und mittlerer Körpergröße.

Bei *interference competition* kommt es im Gegensatz zur Ausbeutungskonkurrenz zur direkten Interaktion zwischen den Individuen einer Population. Raum kann nicht nur passiv besetzt werden, sondern wird bei vielen Tierarten aktiv verteidigt (**Territorien**). Singvögel und andere Tiere verteidigen Territorien. Bei steigender Populationsgröße können nicht mehr alle Individuen Territorien besetzen bzw. müssen mit Territorien minderer Qualität Vorlieb nehmen. Das schlägt sich in der Sterblichkeit und/oder der Reproduktionsleistung nieder. Bei Vögeln konnte man wiederholt nachweisen, dass Inhaber von Territorien eine geringere Mortalitätsrate haben als Individuen ohne festes Territorium. Territorien führen zu einer regelmäßigeren Verteilung der Individuen im Raum. Einen ersten Hinweis auf *interference competition* kann man daher aus der Analyse der räumlichen Verteilung der Individuen er-

halten (Abbildung 3.3). Der Abstand zwischen zwei Individuen entspricht dann etwa dem mittleren Durchmesser eines Territoriums.

Das Verteidigen von Territorien verursacht aber auch Kosten. Der Territoriumshalter muss Energie aufwenden, um etwaige Konkurrenten an den Territoriumsgrenzen abzuwehren. Das schlägt sich mitunter auf die Kondition und die Reproduktion nieder. Männchen, die ständig in Territoriumskämpfe verwickelt sind, haben einfach nicht mehr die Gelegenheit, Weibchen zu begatten. Tatsächlich findet man daher gelegentlich auch Hinweise darauf, dass vagabundierende Individuen ohne Territorium einen größeren Reproduktionserfolg haben als Besitzer von Territorien.

## 3.6.2 Regulation und Limitierung

Nach unseren bisherigen Ausführungen sollte klar geworden sein, dass die **Regulation** der Populationsgröße und -dichte immer auf dichteabhängigen Prozessen beruht. Dichteabhängige Prozesse führen die Populationsgröße (oder die Biomasse der Population) nach Auslenkung vom Gleichgewicht *K* wieder auf *K* zurück. Als **Limitierung** bezeichnet man dagegen Prozesse, die das Gleichgewicht selbst beeinflussen. Limitierende Prozesse können, müssen aber nicht regulierend wirken. Betrachten wir den Fall einer dichteabhängigen Geburtenrate *g(N)* und einer von der Populationsgröße unabhängigen Mortalitätsrate *s* (Abbildung 3.24). Vergleichen wir zwei Gebiete mit unterschiedlicher Mortalitätsrate $s_1$ und $s_2$, so ergibt sich, dass *K* von der Höhe der Mortalitätsrate abhängt und damit die Mortalitätsrate limitierend wirkt. Die dichte-

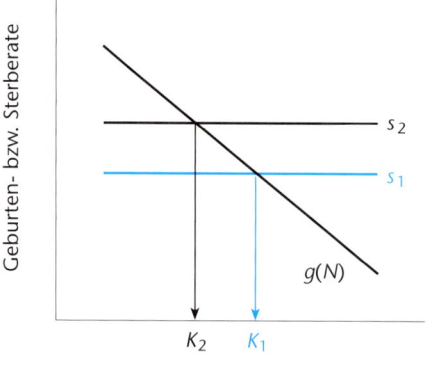

**Abb. 3.24:** Limitierung und Regulation: Die individuelle Wachstumsrate setzt sich aus Geburtenrate und Sterberate zusammen. Eine lineare Abnahme der individuellen Wachstumsrate mit der Populationsgröße ergibt sich immer dann, wenn zumindest die Geburtenrate mit der Populationsgröße abnimmt bzw. die Sterberate mit der Populationsgröße zunimmt. Im gezeigten Beispiel ist nur die Geburtenrate *g(N)* dichteabhängig, die Sterberate *s* dichteunabhängig. Der dichteabhängige Prozess reguliert die Population. Der dichteunabhängige Prozess beeinflusst dennoch die Gleichgewichtsdichte. So ist im dargestellten Beispiel in Umwelt 2 die Sterberate größer als in Umwelt 1. Daher ist auch die Gleichgewichtsdichte in Umwelt 2 kleiner als in Umwelt 1 ($K_2 < K_1$). Der dichteunabhängige Faktor wirkt in diesem Fall limitierend.

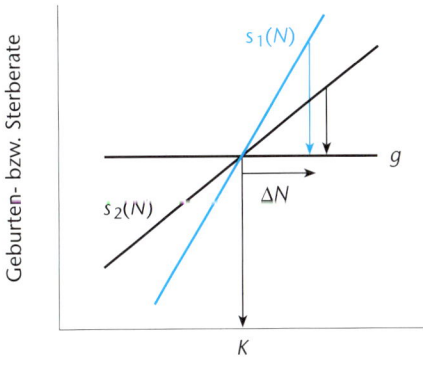

**Abb. 3.25:** Der dichteabhängige Faktor bewirkt die Regulation. Die Geschwindigkeit mit der eine Auslenkung $\Delta N$ vom Gleichgewicht wieder zum Gleichgewicht zurückgeführt wird, hängt von der Stärke der Dichteabhängigkeit ab. Im dargestellten Beispiel wird die Populationsgröße vom Gleichgewicht $K$ um $\Delta N$ zu einer höheren Populationsgröße ausgelenkt. In einer Umwelt mit starker Dichteabhängigkeit der Sterberate ist bei gleicher Auslenkung die Differenz zwischen Sterberate und Geburtenrate (vertikale Pfeile in Abbildung) größer als in einer Umwelt mit schwacher Dichteabhängigkeit.

abhängige Geburtenrate bewirkt, dass bei einer Auslenkung vom Gleichgewicht die Populationsgröße wieder zum jeweiligen Gleichgewicht strebt (Abbildung 3.10). Natürlich können auch dichteabhängige Prozesse limitierend wirken.

Wie schnell die Population zum Gleichgewicht zurückkehrt, hängt von der Steigung des dichteabhängigen Prozesses ab (Abbildung 3.25). Betrachten wir einen Fall, bei dem die Geburtenrate $g$ unabhängig von der Dichte, aber die Mortalitätsrate $s(N)$ positiv dichteabhängig ist. In Abbildung 3.25 sind zwei Möglichkeiten der Dichteabhängigkeit $s_1(N)$ und $s_2(N)$ eingezeichnet, die sich in der Steigung unterscheiden, aber die Geburtenrate bei identischem $K$ schneiden. Nehmen wir nun an, dass die Populationsgröße von der Gleichgewichtsdichte $K$ ausgelenkt wurde. Der Betrag der individuellen Wachstumsrate beschreibt die Geschwindigkeit, mit der die Population zum Gleichgewicht zurückstrebt (siehe auch Abbildung 3.11c, d). Wie Abbildung 3.25 deutlich zeigt, ist dieser Betrag für die Population mit der steileren Beziehung von Mortalitätsrate zu Populationsgröße größer als für die Population mit der flacheren Beziehung.

Nach unseren bisherigen Überlegungen sollte die Populationsdichte immer einem festen Wert zustreben. Dies ist aber in natürlichen Systemen nie der Fall. Populationen schwanken nahezu immer, was ein Blick auf die Zeitreihen in Abbildung 3.6 zeigt. Zumindest in Ansätzen kann man Unterschiede in der Variabilität der Populationsgröße (Abbildung 3.1) zwischen Populationen ebenfalls mit einem graphischen Modell von dichteabhängigen und dichteunabhängigen Prozessen erklären. Dabei soll die Dichteabhängigkeit der Sterbe- und Geburtenrate nicht mehr streng einer Linie folgen, sondern vielmehr einem Band: Bei einer gegebenen Populationsgröße variiert z. B. die Sterberate in einem gewissen Bereich (Abbildung

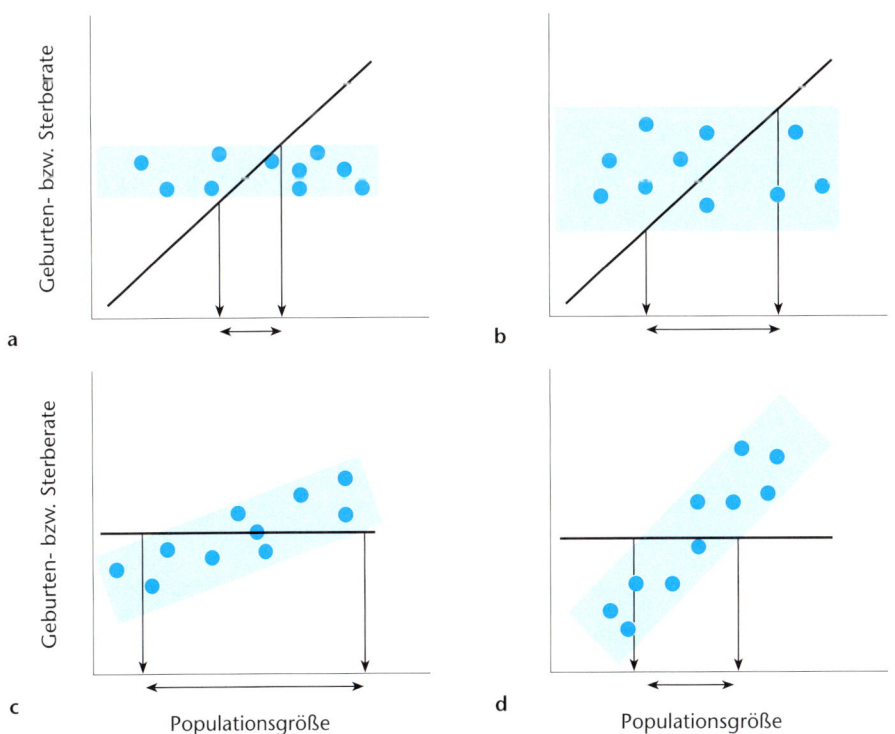

**Abb. 3.26:** In natürlichen Systemen folgt die Geburten- bzw. Sterberate nicht unbedingt einer einfachen Linie. Es gibt Schwankungen, die in den Beispielen für die Sterberate durch ein schattiertes Band mit Punkten symbolisiert sind. Diese Schwankungen führen nun dazu, dass es keinen eindeutigen Schnittpunkt mehr zwischen Geburten- und Sterberate gibt (Abbildung 3.25), sondern vielmehr die Populationsgröße in einem gewissen Bereich schwanken kann (Doppelpfeile). Dabei sind die möglichen Schwankungen der Populationsgröße umso größer, je größer die Ungenauigkeit der Regulation ist, vergleiche a mit b, und je schwächer die Regulation ist, vergleiche c mit d.

3.26). Man bezeichnet dies auch als *density vague* (Strong 1986). Damit ergibt sich kein eindeutiger Schnittpunkt mehr, sondern ein ganzer Bereich, in dem die Sterbe- und Geburtenraten etwa gleich sind. Damit gibt es auch keinen Gleichgewichtspunkt mehr, sondern einen ganzen Gleichgewichtsbereich. Je nach Umwelt, Schwankungen der Umwelt bzw. Empfindlichkeit einer Art oder Population auf Umweltschwankungen wird das Band verschieden breit sein bzw. die Stärke der Dichteabhängigkeit ebenfalls von Art zu Art bzw. von Population zu Population schwanken. Dabei ergeben sich verschiedene Kombinationsmöglichkeiten, die zu zwei Kernaussagen führen:

- Ein Anstieg der Umweltvariabilität führt zu einem Anstieg der Variabilität der Populationsgröße (Abbildung 3.26a, b).
- Mit zunehmender Stärke der Regulation verringert sich die Variabilität der Populationsgröße (Abbildung 3.26c, d).

Nach diesen beiden Aussagen sollte es systematische Unterschiede in der Variabilität der Populationsgrößen bzw. -dichten zwischen Organismen mit unterschiedlicher Lebensstrategie geben. *r*-Strategen sollten größere Variabilität zeigen als *K*-Strategen. *r*-Strategen sind klein, und damit wirken sich bereits geringere Umweltschwankungen mehr aus als bei großen Arten, die schon allein aufgrund ihrer Körpergröße kleinere Schwankungen besser abpuffern können. So können größere Säugetiere durchaus über eine längere Zeit hungern, während kleine Spitzmäuse nahezu andauernd fressen müssen (Abbildung 5.10). Schoener (1986) verglich die Variabilität von Zeitreihen (mittels Standardabweichung) der Populationsgröße von Wirbeltieren (mehr K-Strategen) mit der Variabilität von Arthropoden (mehr r-Strategen). Entsprechend der Erwartung ergab sich, dass Arthropoden ausgeprägtere Populationsschwankungen zeigen, also nach Abbildung 3.1 mehr Population A als Population B oder C ähneln (Connell und Sousa 1983).

### 3.6.3 Stochastizität

Ganz offensichtlich führen unvorhersagbare Umweltschwankungen zu Schwankungen der Populationsgröße. Man fasst diese Einflüsse auf die Populationsgröße als **Umweltstochastizität** zusammen. Diese Schwankungen können im Extremfall zum Aussterben einer Population führen. Dabei steigt das Risiko des Aussterbens mit kleiner werdender Populationsgröße (Abbildung 3.27). Die mathematische Behandlung von Stochastizität verlangt nach anspruchsvollen mathematischen Methoden, auf die hier nicht weiter eingegangen werden soll. Zur Orientierung können Roughgarden (1979) sowie Nisbet und Gurney (1982) dienen. Die grundlegenden Ergebnisse sind aber einfach und leicht verständlich. Dazu ein Beispiel, bei dem Umweltschwankungen im Computer simuliert wurden (Case 2000).

Wir wollen das Risiko des Aussterbens näher betrachten. Dabei können wir davon ausgehen, dass die aktuelle Populationsgröße weit unter der Kapazitätsgrenze liegt. Daher ist es unnötig, dichteabhängige Prozesse zu berücksichtigen. Wir verwenden das Modell für exponentielles Wachstum. Dazu werden nun Zeitreihen erzeugt, wobei

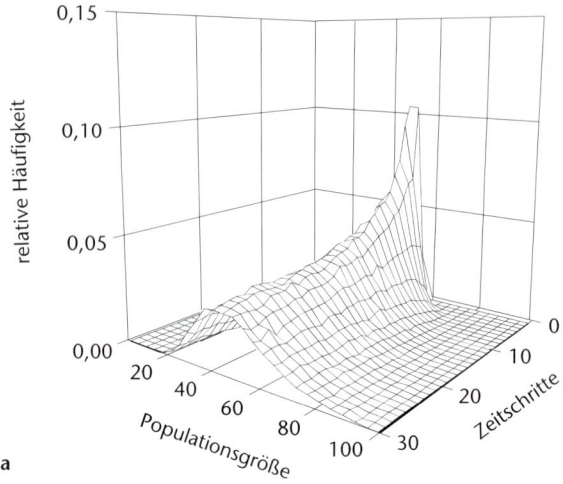

a

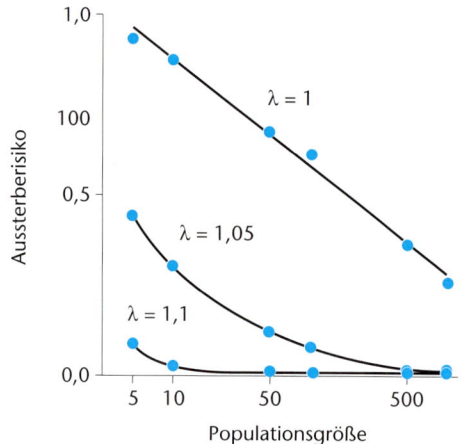

b

**Abb. 3.27:** Computersimulation zu Umweltstochastizität, Populationsschwankungen und Aussterberisiko. In a wurde eine Population mit 50 Individuen gestartet ($N(0) = 50$). Dann wurde über 30 Zeitschritte mit dem Modell des exponentiellen Wachstums die Populationsgröße für $N(1)$, $N(2)$ usw. schrittweise berechnet, nur dass nun der Wachstumsfaktor $\lambda$ nicht konstant war, sondern aus einem Bereich von 0,9 bis 1,1 zufällig gezogen wurde. Dieser Vorgang wurde wiederholt und über viele Wiederholungen wurde die Häufigkeitsverteilung der Populationsgrößen für jeden Zeitschritt bestimmt. Beachte, dass im Laufe der Zeit die Verteilung eine immer größere Spannweite von Populationsgrößen umfasst. In b wird das Aussterberisiko für Populationen mit $N(0) = 5, 10, 50, 500$ und 1000 Individuen über 100 Zeitschritte berechnet, wobei $\lambda$ nun aus einem größeren Intervall um den Mittelwert gezogen wurde. Beachte, dass das Aussterberisiko mit steigender Populationsgröße abnimmt. Kleine Populationen haben auch bei einer Wachstumsrate > 1 ein erhebliches Aussterberisiko.

von Zeitschritt zu Zeitschritt der Wachstumsfaktor $\lambda$ (für den diskreten Fall) nicht mehr konstant ist, vielmehr wird $\lambda$ zufällig aus einem Wertebereich gezogen. Man startet die Population mit 50 Individuen und zieht für jeden Zeitschritt $\lambda$ aus einem Bereich von 0,9 bis 1,1, wobei jeder mögliche Wert von $\lambda$ mit gleicher Wahrscheinlichkeit auftritt. Dann ist $\lambda$ im Mittel 1 (für eine Ableitung siehe Case 2000) und damit sollte nach den bisherigen Erkenntnissen aus dem exponentiellen Wachstum im Mittel die Populationsgröße konstant bleiben. Um das zu prüfen, wurden viele derartige Zeitreihen berechnet und für jeden Zeitschritt die Verteilung der Populationsgrößen über die Zeitreihen erzeugt (Abbildung 3.27a). Bereits nach 20 Zeitschritten treten in einzelnen Zeitreihen hin und wieder Werte unter 20 oder auch über 70 auf. Der Mittelwert der Verteilung, die erwartete Populationsgröße, bleibt wie vermutet immer 50, nur einzelne Zeitreihen können erheblich von dieser Erwartung abweichen. Statistisch bedeutet dies, dass mit der Zeit die Standardabweichung bzw. Varianz zunimmt. Diese zufälligen Populationsschwankungen führen letztlich bis zum Aussterben (Abbildung 3.27b).

Das exponentielle Modell ist nicht ideal für derartige Untersuchungen, da die Populationsgröße beliebige Werte annehmen kann. Für die Abschätzung des Aussterberisikos wurde daher nach jedem Zeitschritt die Populationsgröße auf ganze Zahlen gerundet. Die Populationen wurden über 100 Zeitschritte beobachtet. Sobald die Populationsgröße den Wert 1 unterschritt, wurde die Population als ausgestorben gewertet. Das Aussterberisiko ergibt sich dann aus dem Verhältnis von ausgestorbenen Modellpopulationen zur Gesamtzahl simulierter Populationen. Bereits derart einfache Untersuchungen zeigen, dass kleine Populationen selbst bei einem $\lambda > 1$ ein erhebliches Aussterberisiko haben. Wichtig ist aber, dass man für das Aussterberisiko angeben muss, über welchen Zeitraum es gelten soll. Aus Abbildung 3.27a sollte klar hervorgehen, dass natürlich mit der Zeit nicht nur die Schwankungsbreite der möglichen Populationsgrößen steigt, sondern auch die Wahrscheinlichkeit, dass die Populationsgröße kleiner als 1 wird: Das Aussterberisiko steigt zwangsläufig mit der Zeit! Betrachtet man sehr lange Zeiträume, dann hat jede Population ein Aussterbrisiko von nahezu 100%. Damit ergeben sich insgesamt folgende Kernaussagen:

- Das Aussterberisiko steigt mit der Zeit.
- Das Aussterberisiko steigt mit sinkender Populationsgröße.
- Das Aussterberisiko steigt mit zunehmender Stochastizität.

Der Artenschutz hat seine wichtigste Aufgabe darin, das Aussterberisiko von Arten zu minimieren (Abbildung 6.87). Unsere Überlegungen haben klar gezeigt, dass dieses Risiko nie Null ist, also auch bei geringem Risiko jede Population aussterben kann. Welches Aussterberisiko man für eine Population akzeptieren will (z. B. 5% in 100

Jahren), ist allerdings nicht Gegenstand der Wissenschaft, sondern eher eine ethische oder auch finanzielle Frage.

Neben der Umweltstochastizität gibt es aber noch eine weitere Form von Zufallsprozessen, die als **demographische Stochastizität** bezeichnet wird. Darunter versteht man, dass Individuen selbst bei konstanter Umwelt nicht immer absolut dieselben Lebensäußerungen zeigen. Die Einträge in einer Lebenstafel waren immer mittlere Eigenschaften der Individuen. Mittelwerte können beliebige Zahlen annehmen. In einer realen Population werden aber manche Weibchen keine Jungen, andere ein Junges oder zwei Jungtiere hervorbringen. Die Zahl der Jungtiere ist in jedem konkreten Fall zwangsläufig immer eine ganze Zahl. Solange wir mittlere Eigenschaften betrachten und über eine hinreichend große Menge an Individuen mitteln (große Populationsgröße), spielt dieses Problem keine Rolle. Aber in kleinen Populationen kann dies zu erheblichen Populationsschwankungen bis hin zum Aussterben führen. Man braucht sich dazu nur eine extrem kleine Tierpopulation mit drei Weibchen vorzustellen. Jedes Weibchen kann kein, ein oder zwei Jungtiere hervorbringen. Bringen alle drei Weibchen zwei Jungtiere zur Welt, dann haben wir in der nächsten Generation eine Populationsgröße von sechs (falls die Weibchen nach der Reproduktion sterben). Bringt keines der Weibchen ein Jungtier zur Welt, führt das zum Aussterben. Dazwischen können alle Populationsgrößen mit einer bestimmten Wahrscheinlichkeit verwirklicht sein. Man sieht, bereits ohne Umweltschwankungen kann es in kleinen Populationen zu erheblichen Schwankungen der Populationsgröße kommen. Kleine Populationen sind demnach durch demographische Stochastizität und Umweltstochastizität in ihrem Bestand gefährdet, große Populationen vor allem durch Umweltstochastizität.

Aussterben ist in realen Populationen keine Seltenheit, selbst wenn man die vielen Aussterbeereignisse im Laufe der Erdgeschichte außer Acht lässt. Abbildung 3.33a zeigt ein Beispiel für die gallbildende Bohrfliege *Urophora cardui*, wobei im Einzelfall nicht zwischen Umweltstochastizität und demographischer Stochastizität unterschieden werden kann.

Noch ein Wort zum Begriff Zufall, wie er unseren Überlegungen zu Grunde liegt. Zufall ist zumindest aus unserer Sicht ein Mangel an Möglichkeiten der Informationsbeschaffung. Würden wir alle Details einer Population kennen (alle Individuen, deren physiologischen Zustand, usw.) und alle Zusammenhänge zwischen Umwelt und Populationsprozessen kennen, dann wäre es möglich, das Verhalten der Population genau zu bestimmen. Diese Informationsbeschaffung ist aber nicht möglich, sodass all die Faktoren, über die wir uns keine Information beschaffen können, unter „zufälligen" Ereignissen zusammengefasst werden.

## 3.6.4 Dichteregulation in natürlichen Populationen

Wir haben gesehen, dass Populationen durch dichteabhängige Prozesse reguliert werden können. Bisher haben wir immer vor allem intraspezifische Konkurrenz als

**Tab. 3.8:** Vorkommen dichteabhängiger Prozesse bei verschiedenen Tiergruppen. Nach Sinclair (1989).

| Gruppen | Anzahl untersuchter Populationen | Fertilität Eiproduktion | Mortalität Altersklasse I | Mortalität Altersklasse II | Mortalität Adulte |
|---|---|---|---|---|---|
| Insekten | 47 | 30 | 40 | 28 | 13 |
| Fische | 35 | 6 | 94 | 0 | 0 |
| Vögel | 19 | 26 | 32 | 74 | 21 |
| Kleinsäuger | 13 | 0 | 0 | 92 | 8 |
| Großsäuger | 72 | 68 | 49 | 1 | 17 |
| marine Säuger | 41 | 83 | 24 | 0 | 2 |

Jeder Eintrag gibt an, in wie viel Prozent der untersuchten Populationen Dichteabhängigkeit für Fertilität und der Mortalität verschiedener Altersklassen nachgewiesen werden konnte. Alterklasse I umfasst junge Larvenstadien bzw. bei Wirbeltieren Nestlinge. Altersklasse II bezieht sich auf spätere Larvenstadien bzw. größere Jungtiere. Bei Vögeln sind dies bereits selbstständige Individuen nach dem Verlassen des Nestes. Da in einer Population mehrere Stadien reguliert sein können, übersteigen die Summen den Prozentwert 100.

**Tab. 3.9:** Ursachen der Dichteabhängigkeit für verschiedene Tiergruppen. Nach Sinclair (1989).

| Gruppen | Anzahl untersuchter Populationen | Raum | Nahrung | Räuber | Parasiten | Krankheiten | soziale Gründe |
|---|---|---|---|---|---|---|---|
| Insekten | 51 | 0 | 45 | 39 | 37 | 10 | 8 |
| Vögel | 15 | 33 | 53 | 0 | 6 | 0 | 47 |
| Kleinsäuger | 21 | 67 | 24 | 19 | 0 | 0 | 67 |
| Großsäuger | 72 | 1 | 99 | 0 | 0 | 3 | 0 |
| marine Säuger | 10 | 0 | 60 | 40 | 0 | 0 | 0 |

Jeder Eintrag gibt an, in wie viel Prozent der untersuchten Populationen der jeweilige Faktor den dichteabhängigen Prozess bestimmte. Da in einer Population mehrere Faktoren wirken können, übersteigt die Summe der Prozentwerte 100.

wichtigen Prozess betrachtet, der zu dichteabhängigen Geburten- bzw. Sterberaten führt. Aber auch andere Prozesse können dichteabhängig sein. Große Populationen sind natürlich ebenfalls Ziel von Fressfeinden, die dichteabhängig reagieren können, sodass die Mortalitätsrate mit zunehmender Dichte ansteigt (Abschnitt 4.1.2.2.). Gleiches gilt für Krankheiten, die sich in dichten Populationen besser ausbreiten können (Abschnitt 4.5.3). Es ist für das Verständnis von Populationen und deren Dynamik wichtig, dass man dichteabhängige und damit regulierende Prozesse gut kennt. Dazu bedarf es genauer Untersuchungen, da man aus der Dynamik der Population nur einen generellen Hinweis auf dichteabhängige Prozesse ableiten kann (Abbildung 3.13). Für eine detaillierte Untersuchung kann man mit Lebenstafeln über einen längeren Zeitraum hinweg die Schwankung der Geburten- bzw. Sterberate für verschiedene Altersklassen näher untersuchen. Durch Auftragen dieser Raten oder auch abgeleiteter Größen (*k*-Werte) gegen die Populationsgröße ergeben sich Hinweise auf Regulation und vor allem darauf, welche Prozesse dafür verantwortlich sind.

Leider ist der Nachweis dichteabhängiger Prozesse aus verschiedenen Gründen nicht sehr einfach, sodass mehrfach angezweifelt wurde, ob reale Populationen überhaupt reguliert werden. Vielmehr wurde behauptet, dass die allgegenwärtigen Umweltschwankungen es den Populationen nie erlauben, sich der Kapazitätsgrenze zu nä-

hern. Theoretische Ökologen waren dagegen immer überzeugt, dass es Regulation geben muss. Die Bedeutung dichteabhängiger Prozesse wird aber auch durch Zusammenstellungen empirischer Befunde unterstrichen, die zeigen, dass Regulation eher die Regel als die Ausnahme ist. Verschiedene Tiergruppen unterscheiden sich aber erheblich darin, auf welche Lebensstadien dichteabhängige Prozesse wirken (Tabelle 3.8) bzw. welche Gründe diese Dichteabhängigkeit hat (Tabelle 3.9). Bei vielen Tiergruppen sind vor allem Larven bzw. Jungtiere von dichteabhängigen Prozessen betroffen. Ausnahmen stellen viele Vögel und Kleinsäuger dar, bei denen die Populationen vor allem durch dichteabhängige Mortalität älterer Jungtiere reguliert werden. Mögliche Gründe der Dichteabhängigkeit reichen von der Nahrung bis hin zur sozialen Interaktion. Räuber und Krankheiten spielen vor allem bei Insekten eine wichtige Rolle.

## 3.6.5 Zyklen und Chaos

Natürliche Populationen zeigen neben unregelmäßigen Populationsschwankungen auch regelmäßig wiederkehrende Schwankungen (Abbildung 3.6b; Lärchentriebwickler). Zunächst stellt sich wie bei allen empirischen Befunden die Frage, ob diese Schwankungen der Populationsgröße wirklich regelmäßig sind. Das ist eine statisti-

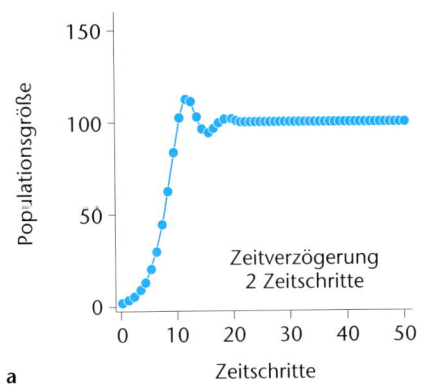

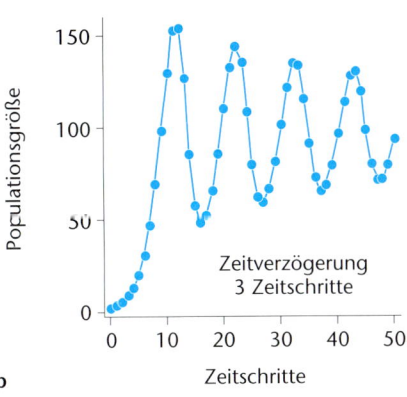

a
b

**Abb. 3.28:** Baut man in die Gleichung für diskretes logistisches Wachstum eine Zeitverzögerung von mehr als einem Zeitschritt ein, dann kommt es zu (hier gedämpften) zyklischen Schwankungen der Populationsgröße, die mit der Länge der Zeitverzögerung zunehmen.

sche Frage, für die es mehrere statistische Methoden gibt, die unter dem Begriff **Zeitreihenanalyse** zusammengefasst werden.

Die Fourier-Analyse versucht, eine Zeitreihe durch Schwingungen unterschiedlicher Periodenlänge zu beschreiben. Die möglichen Periodenlängen hängen dabei von der Länge der Zeitreihe ab (Chatfield 1996). Man trägt dann die Periodendauer gegen ein Maß für die Bedeutung der entsprechenden Schwingungen ab. Für den Lärchentriebwickler ergibt sich aus derartigen Analysen eine Periode bei etwa 9 bis 10 Jahren (Turchin 2003).

Analysen von Zeitreihen haben gezeigt, dass es zyklische Schwankungen in realen Populationen gibt.

- Bei vielen Säugetieren in arktischen Gebieten gibt es Zyklen von etwa 10 Jahren (z. B. Luchs, Schneeschuhhase).
- Bei kleineren Nagetieren (z. B. Lemmingen) gibt es in arktischen Gebieten Zyklen von 3 bis 4 Jahren.
- Einige Forstschädlinge (z. B. Lärchentriebwickler) zeigen Zyklen von 8 bis 10 Jahren.

Damit stellt sich die Frage nach den Ursachen derartiger Zyklen. Die bisher besprochenen Modelle geben dazu noch keinen direkten Hinweis. Wir benötigen für eine Erklärung der Zyklen zusätzliche Annahmen und Prozesse:

- Zumindest theoretisch können regelmäßige Schwankungen der Populationsgröße durch regelmäßige Schwankungen der Kapazitätsgrenze bedingt sein. Im Jahresverlauf treten regelmäßige Veränderungen von Temperatur oder Niederschlag auf, die die Kapazitätsgrenze der Organismen beeinflussen. Das erklärt aber nicht Zyklen mit Perioden von mehreren Jahren. Die Zyklen des Schneeschuhhasen hat man mit Zyklen von Sonnenflecken in Verbindung gebracht. Die Sonnenflecken beeinflussen die Sonneneinstrahlung, diese wiederum die Primärproduktion und damit letztlich die Nahrungsressource (Sinclair et al. 1993). Sonnenflecken bedingen auch in ariden Gebieten heiße und trockene Witterungsverhältnisse, die die Massenvermehrung von Insekten beeinflussen können. Zumindest gibt es

dazu Hinweise aus einer Studie über die Italienische Schönschrecke *Calliptamus italicus* (Stolyarov 2000).

- Regelmäßige Populationsschwankungen treten aber auch dann auf, wenn die dichteabhängigen Prozesse nicht sofort, sondern mit gewisser **Zeitverzögerung** wirken (Abbildung 3.28). Die Länge des Zyklus, den eine Population durchläuft, steigt mit der Dauer der Zeitverzögerung. Zeitverzögerungen spielen in vielen Populationen eine Rolle, die in saisonalen Klimaten leben. So beeinflusst die Reproduktion in einem Jahr die Populationsgröße und davon abhängige dichteabhängige Prozesse (z. B. Geburten) im nächsten Jahr. Wenn man eine Zeitverzögerung in die kontinuierliche logistische Wachstumsgleichung einbaut, entstehen ebenfalls zyklische Populationsschwankungen um $K$, wobei die Periode das Vierfache der Zeitverzögerung beträgt (May 1981). Das könnte zumindest die Zyklen der arktischen Kleinsäuger erklären (Gotelli 2001). Eigentlich ist ja in die diskrete logistische Wachstumsgleichung eine Zeitverzögerung von einem Zeitschritt bereits eingebaut. Die Populationsgröße zum Schritt $t$ wirkt auf die Populationsgröße im nächsten Zeitschritt $t + 1$. Diese Zeitverzögerung hat noch einen überraschenden Effekt, der auftritt, wenn man $R_m$ zu immer höheren Werten hin verändert (Abbildung 3.29). Sobald $R_m$ den Wert 2 erreicht, findet man einen Zwei-Punkt-Zyklus: die Population schwankt regelmäßig zwischen zwei Werten. Wählt man noch größere Werte für $R_m$, entstehen komplexere Zyklen. Ab $R_m = 2{,}57$ erscheint die Dynamik ohne wiederkehrendes Muster. Wählt man immer den absolut gleichen Startpunkt, so ergibt die Gleichung immer die gleiche Dynamik, die Dynamik ist also nicht zufällig. Aber bereits die kleinste Abweichung der Anfangsbedingungen führt zu einer gänzlich unterschiedlichen Dynamik der Populationsgröße (Abbildung 3.29c, d). Diese Abhängigkeit der Dynamik von den Anfangsbedingungen bezeichnet man als **chaotisch**. Die kontinuierliche Version des logistischen Wachstums hat keine eingebaute Zeitverzögerung und zeigt damit auch nicht das reiche dynamische Verhalten der diskreten Version.

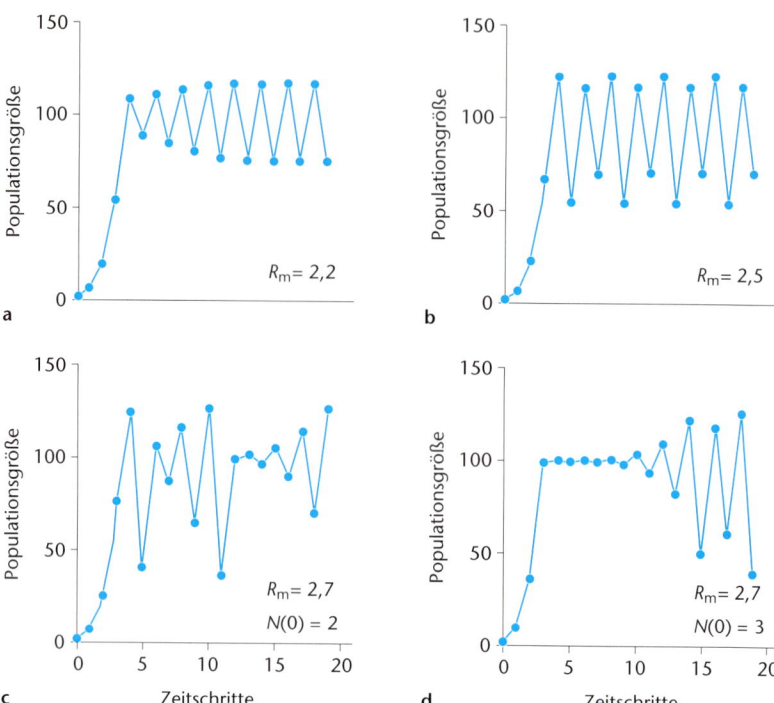

**Abb. 3.29:** Das Modell für diskretes logistisches Wachstum zeigt mit zunehmendem $R_m$ ein überraschendes dynamisches Verhalten mit Schwankungen zwischen zwei Werten (Zwei-Punkt-Zyklen) (a), Schwankungen zwischen 4 Werten (4-Punkt-Zyklen) (b) oder auch chaotische Dynamik (c), (d). Dabei ist die Zeitreihe bei sonst identischen Parametern von den Anfangsbedingungen abhängig. Für die gezeigten Beispiele wurden die Berechnungen mit gleichem $R_m$ einmal mit zwei Individuen (c) das andere Mal mit drei Individuen (d) gestartet.

- Zyklische Schwankungen der Populationsgröße entstehen auch bei Interaktion mit anderen Organismen (Räuber-Beute-Zyklen; Abschnitt 4.5.1). Diese hat man herangezogen, um die zyklischen Schwankungen von Luchs und Schneeschuhhase zu erklären. Für den Schneeschuhhasen gibt es noch eine andere Möglichkeit, die die Argumentationsebene auf eine tiefere trophische Ebene verlagert, nämlich die Räuber-Beute Beziehung zwischen dem Schneeschuhhasen und seinen Nahrungspflanzen. Bei hohem Fraßdruck lagern Pflanzen zur Abwehr von Fraßschäden sekundäre Pflanzeninhaltsstoffe ein (Abschnitt 4.5.2). Dadurch werden die Pflanzen für die Hasen als Futter ungeeignet, was zu einem Rückgang der Hasendichten führt. Ist der Fraßdruck dann gering, wird die Pflanze keine Stoffe mehr einlagern, da die Produktion sekundärer Pflanzeninhaltsstoffe Kosten verursacht. Die Nahrungsgrundlage verbessert sich wieder, und die Populationsgröße der Hasen kann wieder zunehmen. Populationszyklen ergeben sich auch bei der Interaktion mit Krankheiten und Parasiten (Abschnitt 4.5.3). Bei hohen Dichten können sich durch den häufigen Kontakt der Individuen einer Population Parasiten und Krankheiten ausbreiten, was die Mortalität erhöht und die Populationsgröße verringert. Die Populationsschwankungen der Forstschädlinge hat man neben der Rückkopplung mit der Nahrungspflanze auch auf durch Bakterien und Viren hervorgerufene Krankheiten zurückgeführt.

Aus dem Gesagten lassen sich zwei Schlüsse ziehen:

- Die (unvollständige; siehe auch Pianka (2000)) Auflistung der möglichen Hintergründe zyklischer Schwankungen zeigt, dass es nicht nur einen Faktor gibt, der Zyklen bedingt. Vielmehr muss man davon ausgehen, dass in den allermeisten Fällen zyklische Populationsschwankungen in der komplexen Interaktion vieler Prozesse begründet sind.
- Selbst einfachste deterministische, diskrete Populationsmodelle zeigen ein reiches dynamisches Verhalten (May 1976). In realen Populationen kommen noch stochastische Fluktuation hinzu, sodass die Analyse von Zeitreihen recht kompliziert sein kann (Turchin 2003). Es ist daher derzeit noch nicht völlig klar, ob in realen Populationen überhaupt mit einer chaotischen Dynamik zu rechnen ist. Viele Methoden für die Analyse der Zeitreihen benötigen nämlich Zeitreihen über lange Zeiträume und von hoher Präzision. Diese sind in der Ökologie selten.

# 3.7 Systeme von Populationen

Bisher gingen wir bei unseren Betrachtungen immer von einer Population ohne Ein- und Auswanderung aus. Einzelne Populationen sind aber immer in ein System von Populationen eingebunden, zwischen denen ein gewisser Austausch besteht. Letztlich ergibt sich aus der Ausdehnung aller Populationen in der Fläche das biogeographische Areal einer Art. Bevor wir uns dem Areal aus ökologischer Sicht etwas näher zuwenden, zunächst einige theoretische Überlegungen über ökologische Muster in Systemen von Populationen.

### 3.7.1 Immigration und Emigration

Am Anfang unseres Abschnitts über Populationen sind wir von einer Grundgleichung für das Populationswachstum ausgegangen, die neben Geburten- und Sterbefällen auch noch Einwanderung und Auswanderung als mögliche Parameter aufgelistet hat. Diese letzten beiden Prozesse hatten wir bisher vernachlässigt. Nun wollen wir uns der Einwanderung und Auswanderung etwas näher zuwenden. Die meisten Arten umfassen ein System von Populationen unterschiedlicher Ausdehnung und Populationsgröße. Jede dieser Populationen zeigt eine Dynamik, die nicht nur wie in unseren bisherigen Überlegungen durch lokale Prozesse beeinflusst wird, sondern auch durch regionale Prozesse. Regionale Prozesse sind Prozesse, die nur in einem System von Populationen und damit nur im räumlichen Kontext von mehreren Populationen einen Sinn ergeben, eben **Einwanderung** (Immigration) und **Auswanderung** (Emigration). Einzelne Individuen können im Laufe ihres Lebens von einer Population zur nächsten wandern. Das beeinflusst natürlich die Dynamik der Population, von der die Individuen abwandern, aber auch der Population, zu denen die Individuen wandern. Wir hatten festgestellt, dass allein durch Zufallsereignisse kleine Populationen in ihrem Siedlungsgebiet aussterben können. Bisher war das ein finaler Vorgang, aber in einem System von mehreren Populationen kann eine lokale Population durch zugewanderte Individuen wieder neu begründet werden, natürlich nur solange das Siedlungsgebiet nicht vernichtet wurde (*rescue effect*).

Die Distanz spielt für den gegenseitigen Austausch zwischen Populationen eine wichtige Rolle. Je weiter zwei Populationen voneinander entfernt sind, umso geringer ist die Chance, dass zwischen diesen Populationen Individuen ausgetauscht werden. Für einfache Überlegungen vernachlässigen wir aber die genaue geometrische Anordnung und betrachten ein System von aneinander grenzenden Siedlungsgebieten (Abbildung 3.30a). In diesem speziellen Beispiel sind dies 17 Siedlungsgebiete. Wir nehmen weiterhin an, dass in jedem Siedlungsgebiet das Populationswachstum exponentiell ist und ein Austausch von Individuen nur zwischen benachbarten Populationen erfolgt (Pfeile in Abbildung 3.30a). Wir nehmen weiterhin an, dass jedes Individuum unabhängig von der Populationsgröße die gleiche Wahrscheinlichkeit $d$ hat, auszuwandern. Damit ergibt sich die Zahl der zum Zeitpunkt $t$ abwandernden Individuen aus $dN_i(t)$. Wir brauchen hier zwei Indices, $t$ für die Zeit und $i$ für die Population. Da die Populationen sukzessive durchnummeriert wurden (z. B. von links nach rechts) wird durch $i$ auch gleichzeitig

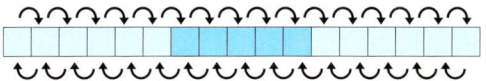

a

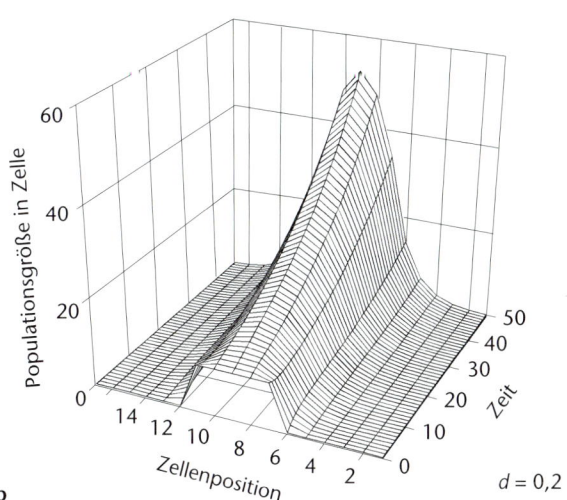

b

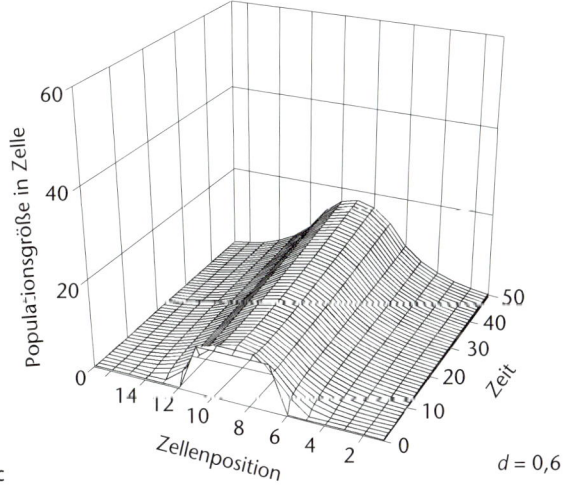

c

**Abb. 3.30:** Modell für die Auswirkung von Immigration und Emigration auf die lokale Populationsdichte. Dazu wurden 17 Siedlungsgebiete (Zellen) aneinander gelegt. In jedem Siedlungsgebiet soll exponentielles Wachstum möglich sein. In den fünf mittleren Siedlungsgebieten (dunkler markiert) sei $\lambda = 1{,}05$ in allen anderen dagegen 0,95. Damit kann eine Population eigentlich nur in den mittleren Siedlungsgebieten langfristig existieren. Wenn aber nun Austausch von Individuen zwischen benachbarten Gebieten stattfindet ($d$ = Anteil von Individuen eines Siedlungsgebietes, die emigrieren; b) $d = 0{,}2$; c) $d = 0{,}6$), findet in den Siedlungsgebieten, die an die günstigen Gebiete angrenzen, ebenfalls exponentielles Wachstum statt, das durch einwandernde Individuen getragen wird. Der Vergleich von b und c zeigt, dass je mehr Individuen auswandern, zum einen das lokale Wachstum in den günstigen Gebieten langsamer abläuft, zum anderen, dass sich mit zunehmender Abwanderung die Individuen auch in ungünstige Gebiete ausbreiten.

die Position einer Population erfasst. Die Population *i* ist nun nicht nur Geber, sondern auch Nehmer und zwar von den benachbarten Populationen, also den Populationen *i* − 1 und *i* + 1. Die von *i* + 1 nach *i* wandernde Zahl an Individuen ergibt sich zu 0,5 $dN_{i+1}(t)$. Wir gehen also davon aus, dass je die Hälfte der abwandernden Individuen in einer der beiden benachbarten Populationen ankommt (keine Sterblichkeit während der Abwanderung). Damit ist die Populationsgröße zum Zeitpunkt *t* + 1:

$$N_i(t + 1) = \lambda_i\, N_i(t) - dN_i(t) + 0{,}5 \;\; dN_{i-1}(t) + 0{,}5 \;\; dN_{i+1}(t)$$

$\lambda_i$ beschreibt das Wachstum der Population *i*. Ist $\lambda_i = \lambda$ und damit für alle Populationen gleich, könnte man eigentlich alle Populationen zusammenfassen und es ergäbe sich kein Unterschied zum exponentiellen Populationswachstum. $\lambda_i$ soll daher zwischen den Siedlungsgebieten variieren. Im Beispiel von Abbildung 3.30 haben die dunkel markierten Populationen ein $\lambda_i$ von 1,05, bei allen anderen Populationen betrage der Wert 0,95. Bei den zentralen Populationen ist λ > 1, und damit wachsen die Populationen exponentiell, bei allen anderen Populationen sollten die Populationsgrößen exponentiell abnehmen. Das Modellsystem starten wir mit jeweils 10 Individuen in den dunkel markierten Siedlungsgebieten (es gibt Komplikationen am Rande des Populationssystems, die aber zur Vereinfachung nicht weiter berücksichtigt werden sollen).

Ein Vergleich der beiden Beispielrechnungen mit Wahrscheinlichkeit *d* = 0,2 und *d* = 0,6 zeigt, dass die Abwanderung das Wachstum in einer lokalen Population erheblich behindern kann. Weiterhin zeigt sich, dass auch in einigen der hell markierten Siedlungsgebieten sich eine Population etabliert hat und anwächst, und zwar umso deutlicher, je näher diese Populationen an den begünstigteren Populationen liegen. Dieses Populationswachstum wird gänzlich durch zuwandernde Individuen getragen. Man bezeichnet Populationen, die netto Individuen an weniger begünstige Populationen abgeben, als ***source***-Populationen und alle Populationen, die netto Individuen aufnehmen, als ***sink***-Populationen (***source-sink* Dynamik**). Daraus ergeben sich mehrere Rückschlüsse:

- Nicht überall, wo man Individuen einer Art vorfindet, müssen für diese Art Bedingungen herrschen, die grundsätzlich ein (positives) Populationswachstum erlauben.
- Mobile Arten, also Arten mit einem großen *d*, kann man langfristig nicht in wenig optimalen Siedlungsgebieten halten. Eine Abwanderung der Individuen in weniger geeignete Gebiete ist für die *source*-Population immer ein Verlust.
- Da durch Emigration Individuen für eine Population verloren gehen können, werden im Rahmen der Evolution natürlich Strategien der Emigration bevorzugt, die die Balance zwischen Vorteilen (z.B. *rescue*-Effekt) und Nachteilen (eventuell Mortalität während der Abwanderung) herstellen. Wo diese Balance liegt, hängt von der entsprechenden Art und ihrer Umwelt ab. Die Evolution in Populationssystemen kann zu Lösungen

führen, die sich bei der Betrachtung isolierter Populationen nicht ergeben (Johst et al. 1999).

- Man kann das Beispiel in Abbildung 3.30 auch als Modell für ein biogeographisches Areal auffassen. Eigentlich sind nur die dunkel markierten Bereiche die Kernbereiche des Areals. Dann ergibt sich aus Abbildung 3.30, dass in diesen Kernbereichen die Dichte immer größer sein sollte als in Randbereichen.

## 3.7.2 Die Metapopulation

Natürlich ist das Modell in Abbildung 3.30a eine extreme Vereinfachung realer Gegebenheiten mit einer Fülle von Annahmen, die sich aus der räumlichen Anordnung der Siedlungsgebiete, den Annahmen für die Immigration und Emigration sowie den Annahmen, die dem exponentiellen Wachstum zugrunde liegen, ergeben. So kann eigentlich keine der lokalen Populationen in Abbildung 3.30 aussterben. Das ist im Modell für exponentielles Wachstum einfach nicht vorgesehen. Wie aber bei der Einführung des *rescue*-Effekts angedeutet, liegt in der Vernetzung der Siedlungsgebiete durch Immigration und Emigration eine wichtige Eigenschaft von Systemen von Populationen. Populationen können jederzeit in einem Siedlungsgebiet aussterben, können aber auch jederzeit neu besiedelt werden. Man spricht hier gerne von einer **Metapopulation** (Hanski und Simberloff 1997), einem System von Populationen, bei dem sich durch Aussterben einer lokalen Population sowie deren Neubegründung durch Immigration ein ständiger Wandel der räumlichen Verbreitung einer Art über die potenziellen Siedlungsgebiete hinweg ergibt.

Man kann eine Metapopulation auf zwei Ebenen betrachten: auf der Ebene der einzelnen Populationen (lokal) und auf der Ebene der gesamten Metapopulation (regional). Eine Variable für die Beschreibung der regionalen Dynamik wäre z. B. die Summe der lokalen Populationsgrößen. Bereits das Modell in Abbildung 3.30 war recht

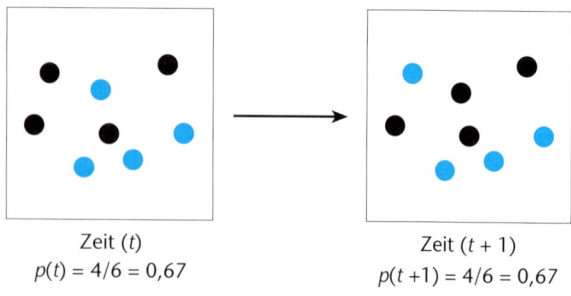

Zeit (*t*)
$p(t) = 4/6 = 0{,}67$

Zeit (*t* + 1)
$p(t + 1) = 4/6 = 0{,}67$

**Abb. 3.31:** Um eine Metapopulation zu beschreiben, benutzt man als Variable den Anteil von Siedlungsgebieten, in der eine Population zu einem Zeitpunkt existiert (symbolisiert durch schwarze Punkte). Von einem Zeitschritt zum nächsten können manche der Gebiete ohne Population besiedelt werden, bzw. in einigen Siedlungsgebieten sterben die Populationen lokal aus (blaue Punkte). Damit kann zwar der Anteil besiedelter Gebiet mit der Zeit konstant bleiben, das räumliche Muster besiedelter Gebiete ändert sich jedoch ständig.

3.7 Systeme von Populationen

kompliziert, und es wurden viele Annahmen gemacht, um das Modell übersichtlich zu halten. Will man die lokale Dynamik einzelner Populationen mit Stochastizität, Dichteabhängigkeit usw. im Detail modellieren, würde sich ein recht unübersichtliches Bild ergeben. Es gibt aber einen einfachen Ausweg. Betrachten wir eine Metapopulation als ein Ensemble von potenziellen Siedlungsgebieten (Abbildung 3.31). In jedem Gebiet kann prinzipiell eine Population existieren. Eine erste Beschreibung der Metapopulation ist dann der relative Anteil von Siedlungsgebieten, in denen die Populationsgröße > 0 ist. Wir wollen diesen Anteil mit $p$ bezeichnen. Aufgabe ist es nun, $p$ aus lokalen und regionalen Prozessen vorherzusagen. Dazu einige Vereinfachungen:

- Alle potenziellen Siedlungsgebiete seien gleich groß, haben also gleiches $K$. Die Gebiete bleiben prinzipiell über den interessierenden Zeitraum bestehen und ändern ihr Ressourcenangebot für die lokale Population nicht. Dies soll auch beinhalten, dass das Ausmaß der Umweltschwankungen für alle Gebiete gleich groß ist; aber die Umweltschwankungen sollen in den einzelnen Gebieten unabhängig auftreten (keine räumliche Autokorrelation). Darunter versteht man, dass es z. B. keine Ereignisse geben soll, die alle Siedlungsgebiete gleichzeitig betreffen.
- Die lokale Dynamik vollzieht sich viel schneller als die regionale Dynamik. Sobald ein potenzielles Siedlungsgebiet erreicht wird, entwickelt sich in kürzester Zeit die Populationsgröße hin zur Kapazitätsgrenze. Damit müssen wir für die Beschreibung der Metapopulation bei den lokalen Populationen nur zwei Zustände unterscheiden: unbesetzt (lokale Populationsgröße = 0) und besetzt (lokale Populationsgröße = $K$).
- Die bisher beschriebenen Annahmen haben eine weitere Konsequenz: Die Wahrscheinlichkeit, mit der eine lokale Population ausstirbt, ist für alle Populationen gleich. Alle Gebiete haben ja dasselbe Ressourcenangebot, zeigen gleiche – aber nicht gleichzeitige – Umweltschwankungen, und alle lokalen Populationen haben immer die Populationsgröße $K$. Da das Aussterberisiko von der Populationsgröße abhängt und alle lokalen Populationen immer bei $K$ sind, ergibt sich zwangsläufig, dass für alle Populationen das gleiche Aussterberisiko existiert.
- Weiterhin nehmen wir an, dass für Austauschprozesse zwischen Populationen die räumliche Lage der Populationen keine Rolle spielt. Wir vernachlässigen damit die Geometrie des Ensembles von potenziellen Siedlungsgebieten. Biologisch bedeutet dies, dass ein Individuum, das aus einer lokalen Population auswandert, mit gleicher Wahrscheinlichkeit jedes andere Gebiet erreichen kann. Derartige Modelle für Metapopulationen bezeichnet man als räumlich implizit.

Wie lässt sich nun $p$ beschreiben? Wir betrachten die Veränderung von $p$ für kleine Zeiträume $\Delta t$. Wird $\Delta t$ immer kleiner, haben wir einen Differentialquotienten $\frac{\mathrm{d}p}{\mathrm{d}t}$. Die Veränderung in der Zeit wird entsprechend unserer Annahmen von zwei Prozessen beeinflusst: Der relativen Anzahl von unbesiedelten Gebieten, die im Zeitintervall besiedelt werden ($I$), sowie dem Anteil an besiedelten Gebieten, in denen die lokalen Populationen im Zeitintervall aussterben ($E$):

$$\frac{\mathrm{d}p}{\mathrm{d}t} = I - E$$

Man beachte, dass diese Gleichung in der Struktur der Gleichung für exponentielles Wachstum mit überlappenden Generationen entspricht. Wir müssen nun für $I$ und $E$ annehmbare Beschreibungen finden. Wenden wir uns zunächst $I$ zu. Die relative Anzahl zu besiedelnder Gebiete ist $1 - p$. Nehmen wir zunächst an, dass wir stets genügend Immigranten haben, also die Wahrscheinlichkeit, dass eine lokale Population von mindestens einem reproduktionsfähigen Immigranten erreicht wird, unabhängig von der Größe der Metapopulation selbst ist (also abhängig von $p$). Dann ergib sich $I$ zu $i(1-p)$, wobei $i$ die Besiedlungswahrscheinlichkeit angibt (eigentlich ist $i$ eine Rate, aber wir wollen das für unser Ableitung nicht weiter berücksichtigen). Damit haben wir eine Beschreibung von $I$. Nun zu $E$. Aus den Annahmen ergibt sich, dass jede Population die gleiche Wahrscheinlichkeit $e$ hat auszusterben. Damit ist $E$ das Produkt $e\,p$, also der Wahrscheinlichkeit $e$, dass eine Population lokal ausstirbt, multipliziert mit dem Anteil von lokalen Populationen mit einer Populationsgröße > 0. Insgesamt ergibt sich:

$$\frac{\mathrm{d}p}{\mathrm{d}t} = i(1-p) - ep$$

Ein Gleichgewicht $p^*$ ist dann erreicht, wenn es in der Zeit keine Veränderung von $p$ mehr gibt, also $\frac{\mathrm{d}p}{\mathrm{d}t} = 0$ und damit:

$$0 = i\,(1-p^*) - e\,p^*$$
$$p^* = \frac{i}{i + e}$$

Wir haben damit ein einfaches Modell für eine Metapopulation entworfen. $p^*$ ist immer > 0, solange $i > 0$ gilt. Dies ist auch die Bedingung für das Überdauern der Metapopulation als Ganzes. $p^*$ ist ein stabiles Gleichgewicht, das zudem noch dynamisch ist. **Dynamisches Gleichgewicht** deswegen, weil $p$ zwar konstant bleibt, sich aber das Besiedlungsmuster ständig ändert. $i$ und $e$ sind Konstanten die das Gleichgewicht spezifizieren und die von den Eigenschaften sowohl der Art als auch der Umwelt abhängen. Das kann man sich z. B. im Fall von $i$ dadurch klar machen, dass $i$ zum einen mit der Ausbreitungsfähigkeit der jeweiligen Art ansteigen wird. Zum anderen beeinflusst natürlich auch die mittlere Distanz zwischen den potenziellen Siedlungsgebieten $i$. Je weiter die Siedlungsgebiete auseinander liegen, desto kleiner wird $i$.

Dieser theoretische Ansatz lässt sich beliebig erweitern, indem man die vereinfachenden Annahmen sukzessive aufgibt. Restriktiv ist vor allem die Annahme, dass stets eine ausreichende Anzahl von Immigranten verfügbar ist.

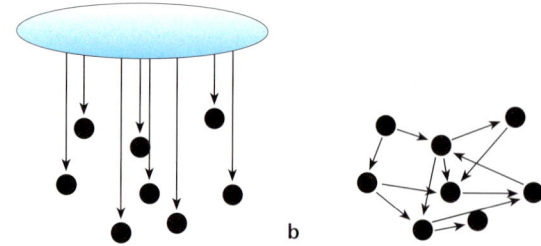

**Abb. 3.32:** Grundkonzept der Metapopulation. Eine Metapopulation besteht aus einem System von diskreten Siedlungsgebieten. In jedem Siedlungsgebiet kann eine Population existieren, kann aber lokal aussterben. Die Wiederbesiedlung unbesiedelter Gebiete erfolgt entweder a) von einer von der Metapopulation unabhängigen Quelle (das so genannte *mainland-island*-Modell) oder die Individuen stammen aus der Metapopulation selbst (b), das klassische Modell.

Daher wird obiges Modell auch gern als ***mainland-island-Modell*** bezeichnet, da es sehr gut der Vorstellung entspricht, dass die Immigranten für die Wiederbesiedlung aus einer stets großen Population (*mainland*) kommen, von dem aus die betrachteten Siedlungsgebiete (*islands*) besiedelt werden (Abbildung 3.32). Den Begriff Insel sollte man nicht zu wörtlich nehmen. Man kann sich darunter jede Art von Habitat in einem ansonsten lebensfeindlichen Umfeld vorstellen. Ein Beispiel wären waldbewohnende Insektenarten, die auch auf isolierten Bäumen bzw. Hecken in der Agrarlandschaft vorkommen.

Geben wir diese Annahme eines *mainlands* auf, dann müssen wir berücksichtigen, dass $i$ keine Konstante mehr ist, sondern von der Anzahl bereits besiedelter Gebiete abhängen wird. Im einfachsten Fall ist $i(p)$ proportional zu $p$: $i(p) = c\,p$; $c$ ist dabei eine neue Konstante. Setzt man diese Beziehung ein, führt das im Gleichgewicht zu

$$p^* = \frac{c - e}{c}$$

Ein $p^* > 0$ ergibt sich in diesem Fall im Gegensatz zum *mainland-island*-Modell nur dann, wenn $c > e$. Somit müssen gewisse Bedingungen erfüllt sein, damit eine Art in einem Ensemble von Siedlungsgebieten als Metapopulation überhaupt existieren kann. Dieses klassische Metapopulationsmodell zeigt damit ein Schwellenverhalten. Daher ist zu erwarten, dass es Systeme von potenziellen Siedlungsgebieten gibt, in denen eine Art nicht existieren kann. Man kann $p^*$ in zwei Richtungen interpretieren. Zum einen gibt $p^*$ an, in welchem Anteil der Siedlungsgebiete eine Population vorkommt. Man kann aber $p^*$ auch als Wahrscheinlichkeit auffassen, dass ein bestimmtes Gebiet besiedelt ist. Wir wollen im nächsten Schritt die zweite Interpretation aufgreifen und unser Modell etwas realistischer gestalten, indem wir die Unterschiede in der Größe und in der Geometrie der potenziellen Siedlungsgebiete mit einbeziehen. Wir machen den Schritt von einem räumlich impliziten zu einen räumlich expliziten Modell.

Zweifelsohne wird die Größe eines Gebiets die maximale Populationsgröße $K$ und damit auch $e$ beeinflussen. Mit zunehmender Fläche steigt die maximale Populationsgröße, und damit sinkt das Aussterberisiko (Abbildung 3.27). Im einfachsten Fall sei $e$ umgekehrt proportional zur Fläche $F$. Phänomenologisch ergibt sich dann folgende Gleichung:

$$e(F) = \frac{c_1}{F}$$

$c_1$ ist eine Konstante, die von Art zu Art verschieden ist. Je größer $c_1$, desto größer ist bei gleicher Fläche die Aussterbewahrscheinlichkeit der Population. Die Immigration wird vor allem durch die Isolation beeinflusst. Abgelegene Siedlungsgebiete werden viel seltener von möglichen Immigranten erreicht: $i$ ist eine Funktion der Isolation. Für unser *mainland-island*-Modell ist die Isolation die Distanz $d$ zum *mainland*. Eine phänomenologische Beschreibung von $i(d)$ ist:

$$i(d) = c_2\, e^{\frac{-d}{c_3}}$$

$c_2$ und $c_3$ sind wiederum Konstanten. Setzt man nun diese beiden Gleichungen in die Gleichung $p^* = i/(i + e)$ ein, dann ergibt sich:

$$p^* = \frac{1}{1 + \dfrac{c1}{F c_2 e^{\frac{-d}{c_3}}}}$$

Wichtig ist hier weniger die spezielle Form der Gleichung als vielmehr die Erkenntnis, dass im Gleichgewicht die Wahrscheinlichkeit, dass ein Gebiet besetzt ist, von dessen Fläche und Isolation abhängt. Mit zunehmender Isolation fällt $p^*$, mit zunehmender Fläche steigt $p^*$ an. Der Vorteil dieser Gleichung (und von Varianten davon) liegt darin, dass man die entsprechenden Konstanten mit statistischen Methoden schätzen kann, falls man für eine Reihe von Siedlungsgebieten das Vorkommen einer Art kartiert hat. Damit kann man aus einer einmaligen Kartierung und den daraus abgeleiteten Daten (*snapshot data*) dynamische Aussagen über die Metapopulation treffen (z. B. über die Auswirkung des Verlustes von bestimmten Siedlungsgebieten). Führt man das für verschiedene Arten durch, lassen sich die Arten in ihren populationsökologischen Eigenschaften hinsichtlich Isolation und Flächenansprüchen vergleichen.

Viele spezialisierte Insektenpopulationen funktionieren als Metapopulation. Als Beispiel mag hier die gallbildende Bohrfliege *Urophora cardui* dienen (vgl. auch Abschnitt 4.1.1.). Diese Art legt Eier ausschließlich in die Stängel der Ackerkratzdistel *Cirsium arvense*. Die Larven induzieren dort bis zu daumengroße Gallen, die im Herbst leicht zu kartieren sind, wodurch dieses System einfach erfasst werden kann. Die Standorte von *C. arvense* stellen die potenziellen Siedlungsgebiete von *U. cardui* dar. Untersuchungen haben gezeigt, dass die Größe lokaler Populationen von *U. cardui* mit der Fläche ansteigt und Populationen auf kleinen Flächen ein größeres Aussterbe-

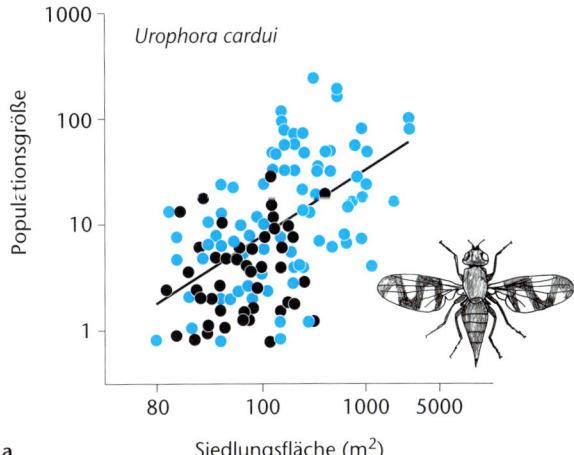

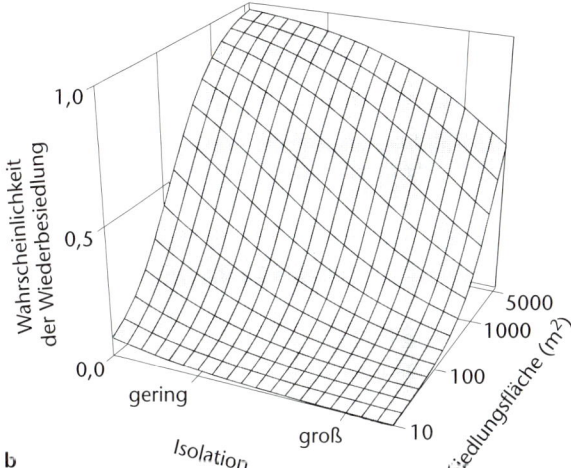

**Abb. 3.33:** Wahrscheinlichkeit des Aussterbens von einem Jahr zum nächsten für lokale Populationen der Bohrfliege (*Urophora cardui*) an Standorten der Ackerkratzdistel (*Cirsium arvense*). a) Mit der Fläche des potenziellen Siedlungsgebietes steigt die Populationsgröße. Schwarze Punkte bezeichnen Populationen, die im folgenden Untersuchungsjahr ausgestorben sind. Besonders Populationen auf kleinen Siedlungsflächen und damit kleine Populationen haben ein größeres Aussterberisiko. b) zeigt die Wahrscheinlichkeit der Neubesiedlung von potenziellen Siedlungsgebieten. Diese sinkt mit der Isolation (verwendeter Isolationsindex umgekehrt proportional zur Isolation),

risiko haben (Abbildung 3.33a). Unbesiedelte *Cirsium*-Standorte werden durch *U. cardui* wieder besiedelt. Entsprechend unserer Gleichung nimmt die Wahrscheinlichkeit der Wiederbesiedlung mit der Isolation eines *Cirsium*-Standortes ab (Abbildung 3.33a). Aber über obige Gleichung hinaus hat auch die Fläche einen Einfluss: Mit zunehmender Fläche steigt die Wahrscheinlichkeit der Neubesiedlung. Dieser ***target effect*** begründet sich darin, dass die adulten Fliegen größere Flächen leichter finden. Selbst wenn die Fliegen sich zufällig niederlassen

(gleichsam wie Regentropfen), steigt mit der Fläche des potenziellen Siedlungsgebiets die Anzahl von Treffern.

Hier soll noch auf ein häufiges Missverständnis zwischen Metapopulation und räumlicher Heterogenität in einem Siedlungsgebiet hingewiesen werden. Stellen wir uns dazu einen an Wald gebundenen Kleinvogel vor und eine Kulturlandschaft mit kleinen Waldresten. Die betrachtete Vogelart kann im Laufe eine Jahres ohne Probleme mehrfach von einem Waldrest zum nächsten fliegen. Hierbei handelt es sich dann nicht um eine Metapopulation, sondern um räumliche Heterogenität innerhalb eines Siedlungsgebiets. Eine Metapopulation wäre dann gegeben, wenn in den allermeisten Fällen der Vogel seinen gesamten Lebenszyklus in einem Waldrest durchläuft und es nur in Ausnahmefällen zur Auswanderung in ein anderes Wäldchen kommt. Bei der Metapopulation bleibt die Landschaft zwischen den potenziellen Siedlungsgebieten unberücksichtigt. Diese Matrix wird aber erheblichen Einfluss auf die Siedlungsgebiete selbst und auf die Austauschprozesse zwischen den Siedlungsgebieten nehmen (Wiens 1997). Berücksichtigt man die Matrix, spricht man gern von landschaftsökologischen Modellen (siehe Abschnitt 6.1.4.).

Das Beispiel *Urophora cardui* hat gezeigt, dass die Wahrscheinlichkeit des Vorkommens mit der Fläche eines potenziellen Siedlungsgebiets zunimmt. Das muss nicht immer der Fall sein. Diamond (1976) fand zwar für die meisten Vogelarten auf Inseln um Neuguinea eine Zunahme der Wahrscheinlichkeit mit der Inselfläche, aber auch Ausnahmen. Einige Arten hatten auf mittelgroßen bzw. kleineren Inseln die größte Wahrscheinlichkeit vorzukommen. Diamond bezeichnete diese Arten als **Supertramps**. Die Erklärung für dieses Verteilungsmuster liegt wohl in der Konkurrenz mit anderen Arten. Bisher sind wir bei allen Betrachtungen (Ausnahme Zyklen) immer davon ausgegangen, dass die Population bzw. das Populationssystem einer Art nur durch Prozesse bestimmt wird, die durch Umwelt und Rückkopplungsmechanismen in der Population begründet waren. Andere Arten wurden vernachlässigt. Diese haben aber mitunter wichtige Auswirkungen auf Dichte und Vorkommen von Arten (Kapitel 4). So wird das Muster der Supertramps dadurch bestimmt, dass auf größeren Inseln konkurrenzkräftigere Arten die Existenz der Supertramps durch Konkurrenzausschluss verhindern. Supertramps können daher nur auf kleineren Inseln vorkommen, die für die Konkurrenten zu klein sind.

### 3.7.3 Von der Metapopulation zur Artengemeinschaft

Ausgehend von den Überlegungen zum Vorkommen einer Art in einem potenziellen Siedlungsgebiet lässt sich auch die Artenzahl in diesem Gebiet ableiten. Die Artenzahl ist die wohl einfachste Kenngröße einer Artengemeinschaft (Abschnitt 5.3). Die räumlich impliziten Metapopulationsmodelle haben gezeigt, dass im Gleichgewicht die Wahrscheinlichkeit für das Vorkommen einer Art durch zwei Parameter beschrieben werden kann. Für das *mainland-island*-Modell war $p^* = \frac{i}{i+e}$. Die Artenzahl $S$ in ei-

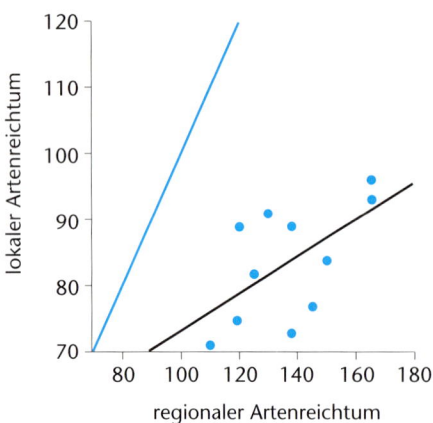

**Abb. 3.34:** Beziehung zwischen regionalem und lokalem Artenreichtum am Beispiel der Vögel der britischen Inseln. Der regionale Artenreichtum ist die Summe der Arten in einzelnen Verwaltungseinheiten, der lokale Artenreichtum die mittlere Artenzahl in Rastern von 2 x 2 km. Wenn alle Arten des lokalen Pools in jedem Raster vorkommen würden, müssten die Punkte auf der blauen Linie liegen. Daten aus Gaston und Blackburn (2000).

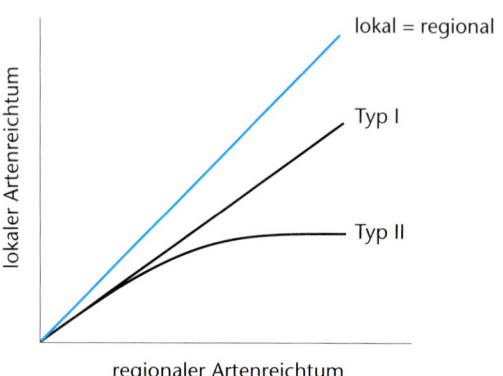

**Abb. 3.35:** Mögliche Beziehungen zwischen regionalem und lokalem Artenreichtum. Die blaue Linie gibt die maximale Obergrenze für den lokalen Reichtum an (lokaler Artenreichtum = regionaler Artenreichtum). Beim Typ I ist der regionale Artenreichtum proportional zum regionalen Artenreichtum, während beim Typ II der lokale Artenreichtum sehr bald einen Wert erreicht, ab dem der lokale Artenreichtum unabhängig vom regionalen Artenreichtum ist. Dann bezeichnet man die Artengemeinschaft als gesättigt.

nem potenziellen Siedlungsgebiet ergibt sich aus der Summe der Wahrscheinlichkeiten des Vorkommens aller Arten $S_{pool}$.

$$S = \sum_{1}^{S_{Pool}} p_k*$$

Falls alle Arten annähernd gleiches $p^*$ haben, folgt für das *mainland-island*-Modell:

$$S = p^* S_{Pool} = \frac{i}{i+e} S_{Pool}$$

Diese einfachen Überlegungen erlauben wichtige Aussagen zum Artenreichtum in einem Siedlungsgebiet oder in einem Habitat bestimmten Typs:

- Der Artenreichtum in einem Habitat hängt vom Reichtum des **Artenpools** $S_{Pool}$ ab (Abbildung 3.34). Man beachte aber, dass wir bei den Überlegungen keine Interaktionen zwischen Arten angenommen haben (**nicht-interaktive Artengemeinschaft**). Bei Artengemeinschaften, die durch Konkurrenz geprägt sind (**interaktive Artengemeinschaften**), ergibt sich mitunter eine begrenzte Zahl von Arten, die in einem Habitat koexistieren können (Abbildung 3.35; Cornell und Lawton 1992). Wenden wir den Blick zu Siedlungsgebieten in verschiedenen Regionen. Zwischen den Regionen wird sich der Umfang des Artenpools (regionaler Artenreichtum) unterscheiden. In einem Siedlungsgebiet können maximal so viele Arten vorkommen (lokaler Artenreichtum), wie im Pool vorhanden sind (obere Grenzlinie in Abbildung 3.34 sowie 3.35). Da aber nicht alle Arten etwa aufgrund der Metapopulationsdynamik im Habitat vorkommen werden, sondern

nur ein gewisser Prozentsatz (z.B. gegeben durch $p^*$), wird die Beziehung zwischen regionalem und lokalem Artenreichtum für nicht-interaktive Artengemeinschaften zwar linear verlaufen, doch flacher als die Grenzlinie (Typ I-Beziehung; Abbildung 3.35). Für interaktive Artengemeinschaften wird sich der lokale Artenreichtum dagegen nach anfänglichem Anstieg auf einen durch die Interaktionen bestimmten Wert einstellen. Oberhalb dieses Wertes ist der lokale Artenreichtum unabhängig vom regionalen Artenreichtum (Typ II Beziehung; Abbildung 3.35). Artengemeinschaften, die diese maximale, durch Konkurrenzbeziehungen definierte Zahl an Arten erreicht haben, bezeichnet man auch als gesättigte Artengemeinschaften (*saturated communities*).

Ein Vergleich von bisher veröffentlichten Beziehungen zwischen regionalem und lokalem Artenreichtum zeigte, dass die meisten Beziehungen vom Typ I sind (ähnlich Abbildung 3.34). Zudem können auch interaktive Artengemeinschaften unter gewissen Umständen eine Beziehung von Typ I zeigen (Srivastava 1999). Der Typ der Beziehung zwischen regionalem und lokalem Artenreichtum ist daher isoliert gesehen noch nicht ausreichend, um über die Prozesse in einer Artengemeinschaft eindeutige Schlüsse ziehen zu können.

- Die Artenzahl in einem Habitat ist von den Eigenschaften der Landschaft abhängig, die in den Ausdruck für $p^*$ mit eingehen. Benutzen wir ein räumlich explizites Metapopulationsmodell für $p^*$ (siehe oben), so ergibt sich, dass die Artenzahl in einem Habitat mit dessen Fläche steigen (**Arten-Areal-Beziehung**) und mit zunehmender Isolation abnehmen sollte.
- $S_{Pool}$ hängt von einer Reihe von Faktoren ab. Besonders wichtig sind dabei historische und biogeographische Prozesse, die letztlich die Artenzahl in einer Region be-

stimmen. Generell kommen in den Tropen mehr Arten vor als in gemäßigten Breiten. Damit muss man für nicht-interaktive Artengemeinschaften auch erwarten, dass in den Tropen in einem Habitat ähnlicher Fläche und Isolation mehr Arten vorkommen als in den gemäßigten Breiten.

Überlegungen zur Artenzahl in einem isolierten Gebiet wurden vor allem durch die **Inseltheorie** (*theory of island biogeography*) (MacArthur und Wilson 1963, 1967) ausgearbeitet. Inseln sind klassische Beispiele für isolierte Siedlungsgebiete mit bestimmter Fläche und festgelegtem Isolationsgrad. Isolation ist dabei die räumliche Distanz zum nächsten Festland, von dem aus die Insel besiedelt wird. Unterschiede im Isolationsgrad können aber auch von anderen Faktoren abhängen (z. B. von der Ausbildung einer Eisdecke, die es Säugetieren erlaubt, im Winter Inseln zu erreichen). Das Festland definiert den Artenpool. Damit entspricht die räumliche Situation ganz dem *mainland-island*-Modell in Abbildung 3.32. Die Überlegungen der Inseltheorie beschränken sich nicht auf wirkliche Inseln, sondern man kann die Ideen auch auf Habitate übertragen, die in einer ansonsten anders gearteten Landschaft liegen (z. B. wie die bereits erwähnten Waldfragmente im Agrarland). Im Gegensatz zur Metapopulationstheorie betrachtet die Inseltheorie nun nicht das Vorkommen einzelner Arten sondern die Artenzahl, und untersucht die Veränderung der Artenzahl mit der Zeit. Die Artenzahl auf einer Insel hängt von zwei Prozessen ab, der Einwan-

derung von Arten, die noch nicht auf der Insel vorkommen, und dem Aussterben von Arten. Die Veränderung der Artenzahl $S$ ergibt sich:

$$\frac{dS}{dt} = \lambda(S) - \mu(S)$$

Wiederum haben wir eine Gleichung, die wie beim kontinuierlichen exponentiellen Wachstum und der Metapopulationsdynamik die Veränderung einer Variablen mit der Zeit aus zwei Raten bestimmt.

- $\lambda(S)$ beschreibt die Einwanderungsrate von Arten, die noch nicht auf der Insel vorkommen. Wenn sich auf der Insel noch keine Arten angesiedelt haben, ist $\lambda(0)$ maximal. Sei $\lambda(0) = I$. Je mehr Arten die Insel erreichen, umso kleiner wird $\lambda(S)$. Haben alle Arten des Artenpools die Insel erreicht, ist $\lambda(S_{Pool})$ zwangsläufig 0 (Abbildung 3.36a): Es gibt keine Arten mehr, die die Insel besiedeln könnten. Nehmen wir zur Vereinfachung eine lineare Abnahme für $\lambda(S)$ mit S an (Abbildung 3.36a).

Dann ergibt sich $\lambda(S) = I - \dfrac{I}{S_{Pool}} S$. Man beachte, dass wir keine Interaktionen zwischen Arten angenommen haben. Die Abnahme ergibt sich einfach daraus, dass die Zählung einer Art als neue Arten von der Zahl bereits auf der Insel lebender Arten abhängt. Die Zuwanderung einer Art beeinflusst nicht die Wahrscheinlichkeit, dass eine weitere Art die Insel besiedeln kann. Zudem nehmen wir an, dass

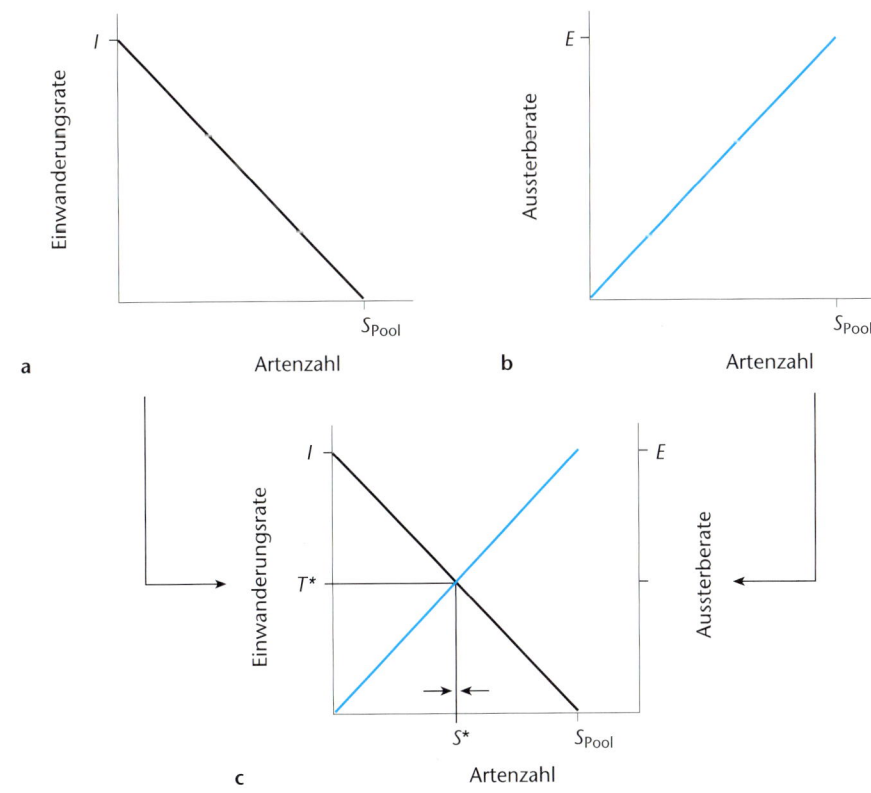

**a**

**b**

**c**

**Abb. 3.36:** Einwanderungs- (a) und Aussterberate (b) in Abhängigkeit der Artenzahl auf Inseln. Zeichnet man Einwanderungs- und Aussterberaten in ein gemeinsames Achsenkreuz (c), dann ergibt sich ein Schnittpunkt, der im Gleichgewicht die Artenzahl ($S^*$) und den Artenumsatz ($T^*$) bestimmt. $S^*$ ist ein stabiles Gleichgewicht, da die Pfeile aufeinander zuweisen (Abschnitt 3.4.2).

alle Arten des Pools auf der Insel geeignete Habitate finden. Die Inseltheorie geht damit davon aus, das Arten in ihren Habitatansprüchen etwa gleich sind.

- $\mu(S)$ beschreibt das Aussterben. Sind keine Arten auf der Insel, so können keine Arten aussterben ($\mu(0) = 0$). Je mehr Arten die Insel erreichen, umso mehr Arten können auch wieder Aussterben. Sind alle Arten des Festlandes auf der Insel, ist die Aussterberate maximal $\mu(S_{\text{Pool}}) = E$ (Abbildung 3.36b). Wiederum nehmen wir eine lineare Beziehung für $\mu(S)$ an, was in diesem Fall zu einer Geraden durch den Ursprung führt: $\mu(S) = \dfrac{E}{S_{\text{Pool}}} S$. Wieder nehmen wir keine Interaktion zwischen Arten an.

- Zeichnet man diese beiden Geraden in ein Achsenkreuz (Abbildung 3.36c), so ergibt sich ein Schnittpunkt, bei dem Einwanderung und Aussterben sich ausgleichen. Dieser Schnittpunkt definiert ein Gleichgewicht $S^*$ für die Artenzahl auf einer Insel. Führt man Überlegungen zu den Eigenschaften des Gleichgewichts durch, so erkennt man, dass es sich um ein stabiles Gleichgewicht handeln muss. Links vom Gleichgewichtspunkt ist die Einwanderungsrate größer als die Aussterberate. Damit wird die Artenzahl mit der Zeit steigen. Oberhalb des Gleichgewichtspunktes überwiegt die Aussterberate und damit wird die Artenzahl mit der Zeit wieder fallen. Wie die beiden Pfeile zeigen (Abbildung 3.36c), bewegt sich die Artenzahl nach einer Auslenkung vom Gleichgewichtspunkt immer wieder auf diesen zurück.

- Bei dem Gleichgewichtspunkt handelt es sich um ein dynamisches Gleichgewicht (vgl. Gleichgewicht der Metapopulation). Die Artenzahl bleibt zwar konstant, aber die Artenzusammensetzung ändert sich ständig. Dieser Artenumsatz $T^*$ (**species turn-over**) ist der zu $S^*$ zugehörige y-Wert (Abbildung 3.36c). $T^*$ gibt die Zahl der Arten an, die in einem Zeitabschnitt ausgetauscht werden.

- Man beachte, das Gleichgewicht ergibt sich ohne die Annahme von irgendwelchen Interaktionen zwischen Arten. Die Inseltheorie fordert ein dynamisches Gleichgewicht für nicht-interaktive Artengemeinschaften.

Diese graphischen Überlegungen lassen sich auch analytisch nachvollziehen. Wir setzen zunächst die Gleichungen für $\lambda(S)$ und $\mu(S)$ ein:

$$\frac{\mathrm{d}S}{\mathrm{d}t} = I - \frac{I}{S_{\text{Pool}}} S - \frac{E}{S_{\text{Pool}}} S$$

Für den Gleichgewichtszustand $S^*$ gilt, dass die Veränderung der Artenzahl mit der Zeit 0 ist.

$$\frac{\mathrm{d}S^*}{\mathrm{d}t} = I - \frac{I}{S_{\text{Pool}}} S^* - \frac{E}{S_{\text{Pool}}} S^* = 0 \text{ und damit}$$

$$S^* = \frac{I}{I + E} S_{\text{Pool}}.$$

Die Struktur dieser Gleichung ähnelt der Struktur der Gleichung für die Artenzahl aus der Metapopulationstheorie. Insel- und Metapopulationstheorie haben ja auch ge-

meinsame Wurzeln. Was bringen diese mathematischen Spielereien? Das Modell eröffnet uns eine Möglichkeit, das Verhalten der Artenzahl in Abhängigkeit von der Fläche der Insel sowie deren Isolation näher zu untersuchen. Dazu muss man sich nur überlegen, welchen Einfluss Fläche und Isolation auf Einwanderungs- respektive Aussterberaten haben könnten (Abbildung 3.37):

- Die Aussterberate hängt vor allem von der Inselgröße ab. Je größer die Insel, umso mehr Individuen haben auf dieser Insel Platz (Annahme: konstante Populationsdichte; vgl. auch explizites Metapopulationsmodell, Abschnitt 3.7.2.). Wie wir bereits gesehen

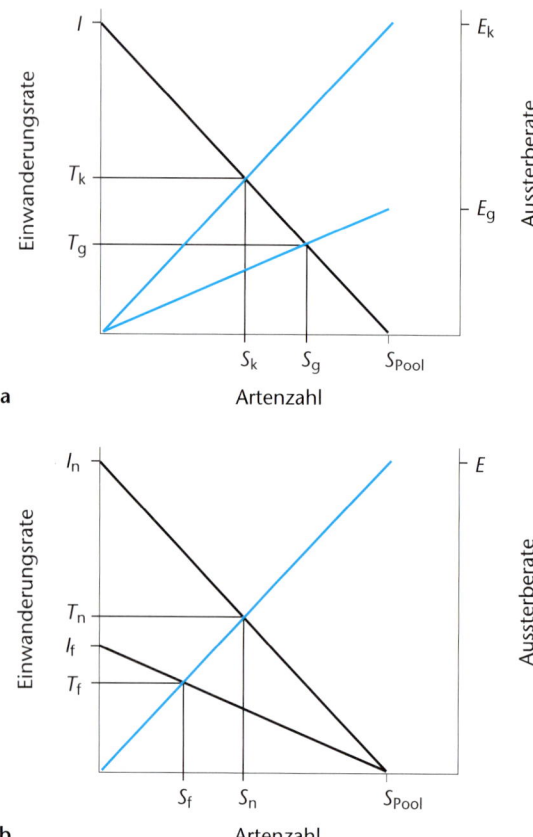

**Abb. 3.37:** Modifikation der Überlegungen in Abbildung 3.36. In a werden zwei unterschiedlich große Inseln verglichen (Index k kennzeichnet die Parameter für die kleine Insel, der Index g für die große Insel). Die Fläche der Insel sollte sich auf die Aussterberate auswirken: Die Aussterberate sollte auf größeren Inseln weniger stark mit der Artenzahl ansteigen. Dies führt zu einer Zunahme der Artenzahl mit der Fläche einer Insel. Zudem ist der Artenumsatz auf großen Inseln geringer als auf kleinen. In b werden zwei Inseln verglichen, die unterschiedlich weit vom Festland entfernt sind oder zwei Inseln, die aufgrund von Meeresströmung unterschiedlich leicht erreicht werden können (Index n für nahe Insel, f für ferne Insel). Die Entfernung sollte sich auf die Einwanderungsrate auswirken. Letztlich ergibt sich daraus eine Abnahme der Artenzahl mit zunehmender Distanz zum Festland, wobei der Artenumsatz auf nahen Inseln größer ist als auf fernen.

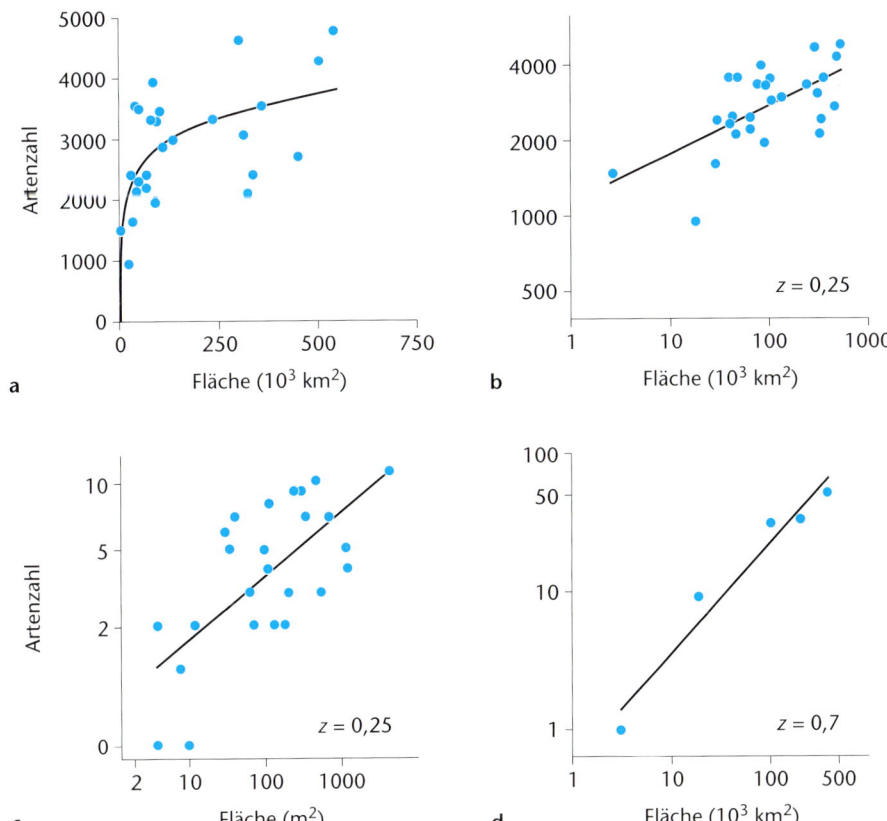

**Abb. 3.38:** Arten-Areal-Beziehung für Schmetterlinge in Ländern Europas (a und b), Termiten kleiner Waldinseln in einem kenianischen Schutzgebiet (c) und Insektenarten auf Adlerfarn in verschiedenen Gebieten der Erde (d), die Fläche ist hierbei die von Adlerfarn bewachsene Fläche. a und b sind Darstellungen desselben Datensatzes, nur dass in b die Artenzahl und die Fläche logarithmiert wurden. Eine logarithmische Transformation überführt die anscheinend kurvilineare Beziehung zwischen Fläche und Artenzahl in eine Gerade. Man beachte, dass in d die Steigung der Gerade (z-Wert) erheblich größer ausfällt als in b und c (siehe auch Kasten 3.8). a und b mit Daten aus Karsholt und Razowski (1996), c mit Daten aus Darlington et al. (2001), d mit Daten aus Lawton et al. (1993).

haben (Abschnitt 3.6.3), fällt mit steigender Individuenzahl die Aussterbewahrscheinlichkeit aufgrund demographischer Stochastizität. Damit ist für große Inseln die Aussterberate geringer als für kleine Inseln. Daher verläuft für große Inseln die Gerade für die Abhängigkeit der Aussterberate zu Artenzahl flacher als für kleine Inseln (Abbildung 3.37a). Um das zu beschreiben, muss man nur die maximale Aussterberate $\mu(S_{pool})$ für kleine Inseln geringer ansetzen als für große Inseln ($E_k > E_g$; k und g stehen für kleine und große Inseln). Aus der Formel für den Gleichgewichtszustand ergibt sich, dass die Artenzahl mit der Fläche steigen muss. $E$ steht ja im Nenner und für $E_g < E_k$ gilt $S_g^* > S_k^*$. Die Inseltheorie macht aber über diese Aussage hinaus auch noch Aussagen zum Artenumsatz. Wie man Abbildung 3.37a leicht entnehmen kann, ist der Artenumsatz für kleine Inseln größer als für große ($T_k > T_g$).

- Die Einwanderungsrate hängt natürlich vor allem davon ab, wie leicht Arten vom Festland aus die Insel erreichen können: Je größer die Entfernung zum Festland, umso geringer die maximale Einwanderungsrate (Abbildung 3.37b). Neben der geographischen Distanz zwischen Festland und Insel kann es auch noch andere Faktoren geben, die die Isolation beeinflussen, wie etwa die vorherrschende Windrichtung oder die Strömungsverhältnisse im Meer. Führt man entsprechende Überlegungen wie beim Einfluss der Fläche auf die Aussterberate durch,

nur dass nun die maximale Einwanderungsrate verändert wird ($I_n > I_f$), dann ergibt sich (natürlich bei gleicher Fläche), dass die Artenzahl mit zunehmender Isolation sinken sollte, wobei der Artenumsatz auf entfernten Inseln f geringer ist als auf Inseln, die näher n zum Festland liegen ($T_f < T_n$; Abbildung 3.37b).

Wir haben diese Vorhersagen unter erheblichen Vereinfachungen abgeleitet, doch sind diese Aussagen gegenüber Abwandlungen recht robust. In vielen Lehrbüchern wird die Abhängigkeit der Einwanderungs- bzw. Aussterberate von der Artenzahl nicht durch Geraden, sondern durch Kurven dargestellt. Geraden ergeben sich für nicht-interaktive Artengemeinschaften. Für interaktive Artengemeinschaften sind die Abhängigkeiten zwischen Einwanderungs- und Aussterberate gekrümmt. Arten sind nicht alle gleich. Zunächst werden vor allem Arten mit großer Ausbreitungskapazität eine Insel erreichen. Damit wird die Einwanderungsrate anfänglich stärker abfallen. Nachdem alle ausbreitungsfähigen Arten die Insel erreicht haben, wird die Einwanderungsrate nun langsamer mit der Artenzahl fallen. Je mehr Arten auf einer Insel vorkommen, um so eher mag es zu interspezifischer Konkurrenz kommen (diffuse Konkurrenz zwischen vielen Arten). Das hat Einfluss auf die Einwanderungs- und Aussterberate. Nähert sich die Artenzahl dem Sättigungswert, wird es für neu ankommende Arten immer schwerer, sich zu etablieren. Die Aussterberate wird mit zunehmender Artenzahl immer schneller ansteigen. Nicht-lineare Beziehungen von Einwanderungs- und Aussterberate zur Artenzahl führen zu gleichen Vorhersagen wie die linearen Beziehungen, so lange die Beziehungen monoton fallend bzw. steigend sind.

Die klassische Inseltheorie ging davon aus, dass Einwanderungsraten allein durch Isolation, die Aussterberaten allein durch die Fläche beeinflusst werden. Das ist aber in dieser Einfachheit sicher nicht richtig.

## Kasten 3.8: Arten-Areal Beziehung

Die Arten-Areal-Beziehung gilt nahezu universell, von Kleinstgebieten bis hin zu Kontinenten. Zweifelsohne sind die Prozesse, die letztlich zum Artenreichtum auf verschieden großen Probeflächen einer Wiese oder von verschieden großen Kontinenten geführt haben, unterschiedlich. Je nach räumlicher Skala müssen daher für die Arten-Areal-Beziehung verschiedene Prozesse verantwortlich sein. Rosenzweig (1995) unterscheidet vier verschiedene Arten-Areal-Beziehungen:

- Arten-Areal-Beziehung zwischen Kleinstflächen in einer Region;
- Arten-Areal-Beziehung zwischen größeren Flächen innerhalb einer Region;
- Arten-Areal-Beziehung zwischen Inseln;
- Arten-Areal-Beziehung zwischen Regionen mit unterschiedlicher Evolutionsgeschichte.

Bei Kleinstflächen spielt vor allem der Sammelaufwand eine wichtige Rolle. Je größer eine Fläche, umso mehr Individuen leben auf einer Fläche. Je mehr Individuen man untersucht, desto größer die Chance, auch seltene Arten zu finden, was zu einer Arten-Areal-Beziehung führt. Falls der Sammelaufwand der entscheidende Prozess für die Arten-Areal-Beziehung ist, sind die $z$-Werte für die Arten-Arealbeziehung relativ gering ($z < 0,1$).

Die $z$-Werte für die Arten-Areal-Kurve für größere Flächen innerhalb einer Region liegen etwa zwischen 0,12–0,25, während die $z$-Werte für Inseln etwas höher liegen (0,2–0,4). Der Unterschied zwischen beiden liegt darin, dass Gebiete mit zunehmenden Flächen innerhalb einer Region meist ineinander verschachtelt sind, während Inseln unabhängig sind. Für beide Arten-Areal-Beziehungen spielen sowohl die Inseltheorie, aber auch die mit der Fläche zunehmende Habitatheterogenität eine wichtige Rolle. Mit der Fläche steigt die Zahl unterschiedlicher Habitate, sodass auf einer großen Fläche Arten mit unterschiedlichen Habitatansprüchen vorkommen können. Dies führt ebenfalls zu einer Zunahme der Artenzahl mit der Fläche. Man kann zwischen beiden Hypothesen unterscheiden, indem man untersucht, ob die Habitatheterogenität eine bessere Beziehung zur Artenzahl zeigt als die Fläche selbst. Die höheren $z$-Werte für Inseln erklären sich damit, dass auf kleinen Flächen des Festlandes ständig Arten aus umliegenden Gebieten zuwandern können, obwohl sie auf der Fläche selbst keine Existenzmöglichkeiten haben (*source-sink*-Dynamik). Damit finden sich auf Festlandsflächen mehr Arten als auf Inseln vergleichbarer Fläche.

Die Arten-Areal-Beziehung zwischen Regionen zeigt $z$-Werte die meist um 1 liegen. Arten wandern hier nicht zu, sondern entstehen *in situ* durch Speziation. Die Arten-Areal-Beziehung zwischen Kontinenten ist daher durch Prozesse bestimmt, die das Entstehen (Speziation) und Aussterben (Extinktion) von Arten beeinflussen.

---

Vom Festland zuwandernde Individuen einer Art können natürlich das Aussterben dieser Art auf den Inseln verhindern. Dieser *rescue-effect* (Abschnitt 3.7.1.) hängt natürlich vom Isolationsgrad ab. Die Isolation beeinflusst daher auch die Aussterberate. Damit muss man für die Betrachtung von nahen und entfernten Inseln nicht nur die Abhängigkeit der Immigrationsrate mit der Artenzahl verändern, sondern auch die Aussterberate: Für nahe Inseln muss diese flacher verlaufen. Würde man diese Beziehungen entsprechend Abbildung 3.37 auftragen, dann ergibt sich, dass wie im klassischen Modell die Artenzahl auf nahen Inseln größer ist als auf entfernten, aber der Unterschied wird größer. Zudem hat der *rescue-effect* einen Einfluss auf den Artenumsatz. Anders als im klassischen Modell ist mit *rescue-effect* der Artenumsatz auf fernen Inseln größer als auf nahen Inseln. Die Inselfläche kann die Einwanderungsrate beeinflussen (*target-effect*; Abschnitt 3.7.2). Größere Inseln lassen sich einfach leichter finden. Die längere Küstenlinie erhöht die Chance, dass Samen oder andere Ausbreitungsstadien angeschwemmt werden. Damit steigt mit der Inselgröße die maximale Einwanderungsrate. Ändert man die klassische Theorie entsprechend ab, dann bleibt die grundlegende Aussage erhalten, dass mit zunehmender Distanz zum Festland die Artenzahl fällt. Doch wiederum wird die Differenz größer und der Artenumsatz zeigt ein verändertes Bild. Im Gegensatz zur klassischen Theorie ist nach Einarbeitung des *target-effects* der Artenumsatz auf großen Inseln größer als auf kleinen.

Die klassische Inseltheorie geht von einem ständigen Artenumsatz aus und leitet davon ab, dass die Artenzahl mit der Fläche steigt bzw. mit zunehmender Isolation sinkt. Prüfen wir zunächst die Vorhersagen des Modells.

- Die Ökologie kennt nur wenige „Gesetze" oder „Regeln" (Abschnitt 1.2.1). Die Zunahme der Artenzahl mit der Fläche, die sogenannte **Arten-Areal-Beziehung** gehört zu diesen wenigen festen Beziehungen. Grosse Inseln beherbergen mehr Arten als kleine Inseln. Abbildung 3.38 zeigt einige Beispiele. Aus den Beispielen wird deutlich, dass die Arten-Areal-Beziehung nicht nur für Inseln, sondern auch für Habitatinseln und sogar für Gebiete innerhalb von Kontinenten, aber auch zwischen Kontinenten gilt (Kasten 3.8). Dabei steigt die Artenzahl nicht linear mit der Fläche an (vgl. Abbildung 3.38a und b). Für Inseln gilt die Faustregel, dass eine Verzehnfachung der Fläche nur zu einer Verdopplung der Artenzahl führt („Regel" von Darlington). Man hat vielfach versucht, die Beziehung Fläche zu Artenzahl statistisch zu beschreiben. Meist kommt eine Potenzfunktion zur Anwendung:

$$S = c\,F^{z}$$

Nach Logarithmierung der Gleichung ergibt sich

$$\log(S) = \log(c) + z\log(F),$$

wobei $z$ und $c$ Konstanten sind. Nach der Logarithmierung ergibt sich aus der Potenzfunktion eine Gerade (vgl. Abbildung 3.38a und b), deren Parameter mittels

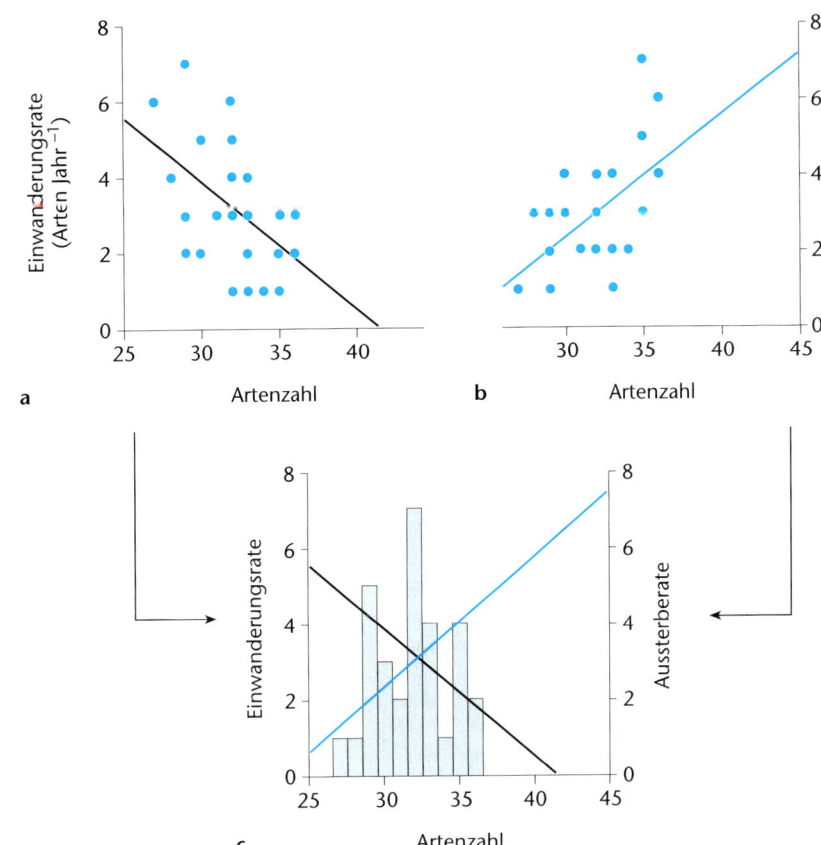

**Abb. 3.39:** Einwanderungs- und Aussterberate für ein Waldgebiet in Südengland. Entsprechend der Inseltheorie fällt die Einwanderungsrate (Arten pro Jahr; a) bzw. steigt die Aussterberate (b) mit der Artenzahl. Der Schnittpunkt beider Geraden (c) liegt bei etwa 32 Arten. Das Histogramm zeigt die während des Beobachtungszeitraums in jedem Jahr registrierten Arten. Der Mittelwert liegt ebenfalls bei etwa 32 Arten, sodass sich Vorhersage und Beobachtung gut entsprechen. Daten aus Gaston und Blackburn (2000).

linearer Regressionsanalyse leicht bestimmt werden können. Die Konstante $z$, die Steigung der Geraden nach der Transformation, liegt dabei meist innerhalb enger Grenzen. Es hat sich aber gezeigt, dass auch andere Gleichungsformen die Arten-Areal-Beziehung hinreichend beschreiben können (z. B, $S = a + b \log(F)$). Einige theoretische Überlegungen führen zu einer Potenzfunktion (May 1975, Wissel 1992, Harte et al. 1999).

- Entsprechend der Vorhersagen aus der Inseltheorie, konnte in einer Reihe von Untersuchungen gezeigt werden, dass die Artenzahl mit zunehmender Isolation fällt (Gaston und Blackburn 2000, Brown und Lomolino 1998).

Anscheinend stehen die Vorhersagen der Inseltheorie (Arten-Areal-Beziehung, Isolationseffekt) mit den Mustern in natürlichen Systemen im Einklang. Will man aber überzeugend darlegen, dass ein System der Inseltheorie folgt, muss man unbedingt prüfen, ob der geforderte Artenumsatz (Annahme des Modells) auch stattfindet. Ist diese Annahme nicht erfüllt, müssen die Muster andere Ursachen haben! Letztlich muss man ein System also über längere Zeit beobachten, um eventuelle Aussterbe- und Einwanderungsereignisse zu erfassen. Weiterhin muss man plausibel machen, dass der Artenumsatz nicht durch Veränderungen im Gebiet (z. B. Sukzession) bedingt ist. Inseltheorie fordert einen Artenumsatz aus stochastischen Gründen. Dazu liegen bisher nur wenige überzeugende Berichte vor. Von 1947 bis 1975 haben Vogelkundler die Brutvögel in einem kleinen Waldgebiet von etwa 16 ha in Südengland erfasst. Die Einwanderungen und das lokale Aussterben von Arten zeigen die geforderten Beziehungen zur Artenzahl (Abbildung 3.39). Auch liegt der Schnittpunkt beider Geraden bei 32 Arten, was dem langjährigen Mittel der beobachteten Artenzahl nahe kommt (Gaston und Blackburn 2000). Eine genaue Analyse der Daten zeigt, dass in dem Gebiet 14 Arten jedes Jahr brüteten. Eine weitere Gruppe von 19 Arten konnte im Beobachtungsgebiet aus verschiedensten Gründen nie größere Populationen etablieren. Damit sind Einwanderungs- und Aussterbeereignisse nicht unbedingt stochastisch, sondern hängen von gewissen Eigenschaften der Arten ab. Man beachte auch, dass die Beziehung der Aussterberate zur Artenzahl (Abbildung 3.39b) nicht durch den Ursprung verläuft.

Die Inseltheorie macht zudem Aussagen über die Beziehung des Artenumsatzes zur Inselfläche sowie zur Isolation. Eine der ersten Untersuchungen dazu wurden von Diamond (1969) durchgeführt, der die Brutvogelarten auf Inseln vor der kalifornischen Küste 50 Jahre nach einer ersten Untersuchung durch Howell (1917) nochmals erfasste. Entsprechend der Annahmen der Inseltheorie fand er über den Beobachtungszeitraum von etwa 50 Jahren einen gewissen Artenumsatz. Zudem ergab sich ein Hinweis, dass der Artenumsatz mit der Inselfläche abnahm, obwohl die Datenlage keine eindeutigen Schlüsse zuließ. Zudem wurden erhebliche Zweifel geäußert, ob die beobachteten Aussterbeereignisse tatsächlich stochastischer Natur sind, oder ob sie nicht vielmehr mit nicht stochastischen Umweltveränderungen verbunden sind (Lynch und Johnson 1974). Untersuchungen auf Inseln im Gebiet des Panama-Kanals zeigten ebenfalls entsprechend der Inseltheorie eine Abnahme des Artenumsatzes mit der Inselflä-

---

### Kasten 3.9:     Eiszeiten und Areale

Vor etwa 2,4 Millionen Jahren wuchsen die Eiskappen der Pole derart an, dass sie bis in die gemäßigten Breiten vordrangen. Man bezeichnet den folgenden erdgeschichtlichen Zeitraum gemeinhin als Eiszeit. Während dieses Zeitabschnittes entsprach das Klima aber nicht immer dem, was wir uns als Eiszeit vorstellen. Vielmehr wechselten sich Kalt- und Warmzeiten ab, die von periodischen Veränderungen in der Umlaufbahn der Erde um die Sonne abhängen (Milankovitch-Zyklen). Die letzte Vereisungsperiode begann vor etwa 130'000 Jahren. Vor 16'000 Jahren setzte dann wieder eine Erwärmung ein, die zu unserem jetzigen Klima geführt hat (Abschnitt 7.3). Die Eiszeiten veränderten die räumliche Anordnung der Klimazonen und damit der Habitate für Organismen. Organismen hatten damit zwei Optionen. Arten konnten entweder der Umorganisation der Habitate folgen oder sie mussten sich den neuen Gegebenheiten anpassen. Andernfalls war eine Reduktion der Arealgröße unausweichlich, was letztlich bis zum Aussterben führen konnte. Die Eiszeiten erzwangen daher eine Reorganisation der mitteleuropäischen Floren und Faunen. Die Arten, welche der Umorganisation der Habitate folgen konnten, überdauerten die Kaltzeiten in Refugialgebieten, die im Falle von Europa vor allem im Mittelmeergebiet lagen. In diesen Refugialgebieten kam es zu evolutiven Veränderungen der dort isolierten Populationen. Mit der Erwärmung setzte dann eine Rückwanderung aus den Refugialgebieten ein. Diese Dynamik der Areale hat bei vielen Arten Spuren in der Populationsstruktur hinterlassen (Hewitt 1999).

Man geht davon aus, dass viele Refugialgebiete auf der Iberischen Halbinsel, in Italien und auf dem Balkan lagen. Die Frage ist nun, aus welchen Refugialgebieten kamen die jetzigen mitteleuropäischen Arten. Dies zu rekonstruieren er-

lauben populationsgenetische Daten, besonders Sequenzunterschiede auf dem mitochondrialen Genom. Dabei zeigt sich, dass Arten in drei Gruppen gegliedert werden können:

- a: Arten, die aus allen drei Regionen mit Refugialgebieten nach Mitteleuropa rückwanderten (z. B. die beiden Igelarten *Erinaceus* spp.).
- b: Arten, die Mitteleuropa aus den westlichen und östlichen Refugialgebieten rückeroberten (z. B. Braunbär *Ursus arctos*, Waldspitzmaus *Sorex araneus*).
- c: Arten, die vor allem aus den Refugialgebieten auf dem Balkan nach Mitteleuropa kamen (z. B. Gemeiner Grashüpfer *Chorthippus parallelus*; Kammmolch *Triturus cristatus*, Buche *Fagus sylvatica*).

Je nach Art wurden unterschiedliche Kombinationen von potenziellen Rückwanderungswegen genutzt. Das Aufeinandertreffen der Populationen aus unterschiedlichen Refugialgebieten mit unterschiedlichem Genom führt in Mitteleuropa zu Hybridzonen. Diese Hybridzonen bzw. die Populationen mit unterschiedlicher Herkunft sind manchmal schon aufgrund morphologischer Merkmale unterscheidbar, bzw. werden als eigenständige Arten anerkannt (Abbildung 2.39, Abschnitt 2.3.2.3). Aber nicht alle Hybridzonen sind durch morphologische Merkmale erkennbar. Hier helfen genetische Untersuchungen, die mit Phylogeographie umschrieben werden. Es ist zu erwarten, dass bei einer weiteren genetischen Durchforschung der mitteleuropäischen Flora und Fauna noch weitere Hybridzonen entdeckt werden. Dies zeigt die Bedeutung genetischer Methoden für die Rekonstruktion von historischen Prozessen und ihre Wirkung auf die Struktur rezenter Populationen.

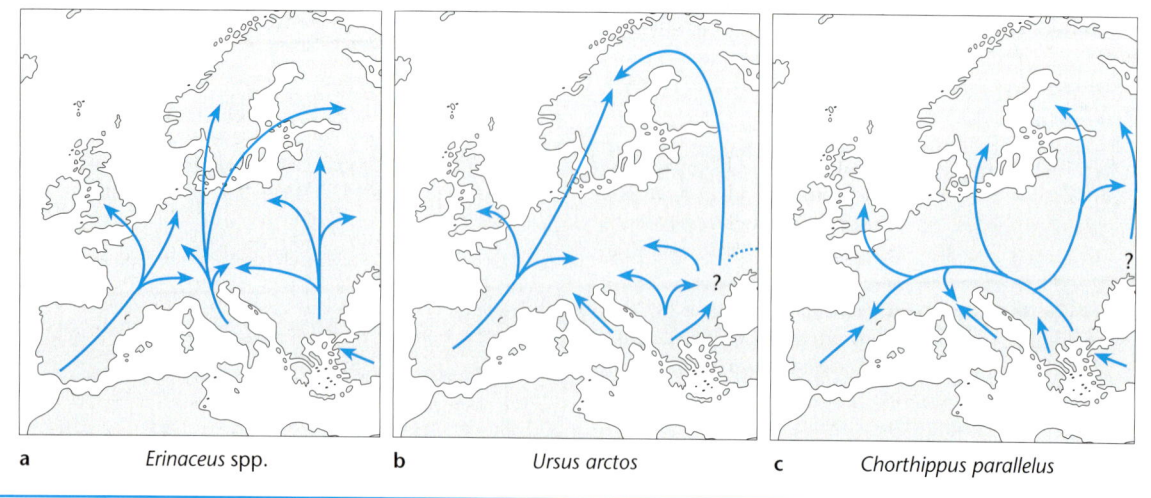

a     *Erinaceus* spp.          b     *Ursus arctos*          c     *Chorthippus parallelus*

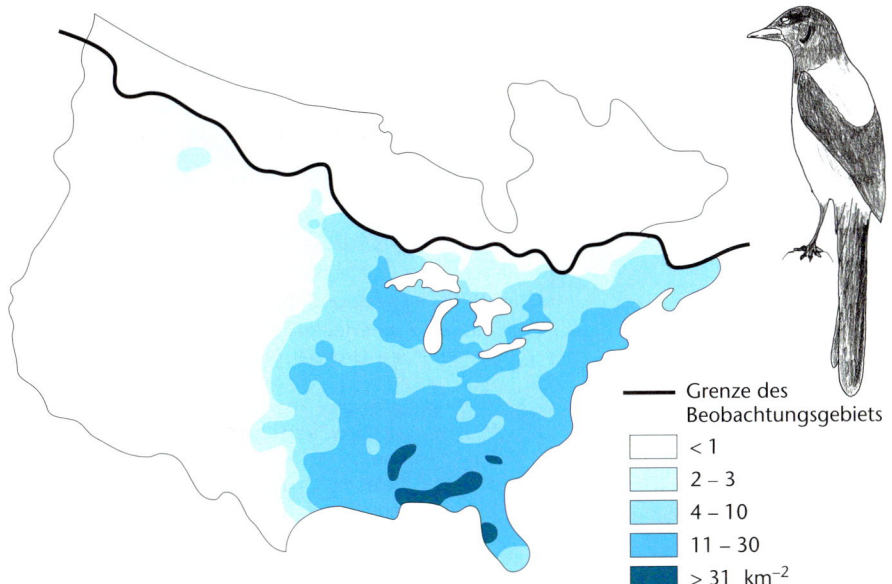

**Abb. 3.40:** Karte der Dichteverteilung von Brutpaaren des Blauhähers (*Cyanocitta cristata*) über Nordamerika. Nach http://www.hope.edu/ academic/biology/faculty/ murray/consbio/ NaturePreserve/Birds/ Cyacri.htm.

—— Grenze des Beobachtungsgebiets

☐ < 1
☐ 2 – 3
☐ 4 – 10
☐ 11 – 30
☐ > 31 km$^{-2}$

che (siehe Zusammenfassung in Brown und Lomolino 1998). Dagegen war die Beziehung zwischen Isolation und Artenumsatz nicht monoton abnehmend, vielmehr ergab sich ein maximaler Artenumsatz bei mittlerer Isolation. Der *rescue-effect* könnte dies erklären (siehe oben).

Die klassische Inseltheorie geht davon aus, dass die Arten allein durch Zuwanderung auf die Inseln gelangen und vernachlässigt damit die Evolution. Floren und Faunen von Inseln beinhalten aber eine Reihe faszinierender Elemente, die ohne Zweifel *in situ* entstanden sind (Galapagosfinken auf den Galapagos-Inseln, Kleidervögel (Abbildung 2.1) und *Drosophila* auf Hawaii). Diese Phänomene werden von der Theorie nicht erfasst. Die Inseltheorie bezieht sich damit nur auf Zeitskalen, die kürzer sind als die charakteristischen Zeitskalen für Speziation. Eine ausführliche Diskussion über die Struktur und Evolution von Inselfaunen (z.B. zur Schachtelung der Faunen, Evolution der Körpergröße, Evolution von Ausbreitungsstrategien) findet sich in Brown und Lomolino 1998). Jedenfalls sind einige Beobachtungen mit den Annahmen der Inseltheorie in Einklang. Es zeigen sich aber auch deutlich die Grenzen der Inseltheorie, was zu einer umfangreichen und kontroversen Literatur geführt hat. Die Inseltheorie war auch über lange Zeit eine wichtige Grundlage für Entscheidungen im Naturschutz (Abschnitt 6.5).

### 3.7.4 Das Areal

Wie bereits erwähnt, bezeichnet man die Fläche, in der alle Populationen einer Art vorkommen, als **Areal** (Verbreitungsgebiet). Die Struktur und Dynamik von Arealen ist Forschungsgebiet der Biogeographie (Abschnitt 5.3.5, Gaston 2003, Brown und Lomolino 1998). Für einen Ökologen ist das Areal eine Konstruktion aus einzelnen Populationen, die über Individuenaustausch in Verbindung stehen oder standen. Die Populationsdichte in einem Areal kann dabei recht komplexe Muster zeigen (Abbildung 3.40), die durch lokale und regionale Populationsprozesse (Abbildung 3.30), aber auch Interaktionen mit anderen Ar-

ten bestimmt wird (Brown und Lomolino 1998). Die Dynamik dieser Prozesse bewirkt zudem, dass das räumliche Muster auch zeitlichen Veränderungen unterliegt (Taylor und Taylor 1977, Gaston 2003).

Natürlich ist das Areal einer Art nicht nur das Ergebnis ökologischer Prozesse, sondern auch erdgeschichtlicher Ereignisse (Kasten 3.9). Nichtsdestoweniger lagen den durch erdgeschichtliche Abläufe getriebenen Arealveränderungen auch ökologische Prozesse zu Grunde, die auch noch heute wirksam sind (**Aktualismus**). Ein Verständnis dieser Prozesse wäre gerade in einer Zeit, in der viel über Klimawandel und die damit verbundenen Folgen diskutiert wird (Abschnitt 7.3), besonders wichtig.

Betrachtet man die Areale von Arten, so fällt auf, dass Lage, Form und Größe von Arealen selbst zwischen verwandten Arten stark schwanken können. So ist z.B. der Rotmilan (*Milvus milvus*) auf Teile von Europa begrenzt, während der nah verwandte Schwarzmilan (*Milvus migrans*) ein Areal hat, dass nahezu die gesamte Erde umfasst (**Kosmopolit**). Was bedingt diesen Unterschied in der Arealgröße?

Die Arealgröße kann man am einfachsten dadurch bestimmen, dass man alle bekannten Fundpunkte einer Art auf eine Karte zeichnet und dann die Fläche des Polygons bestimmt, das alle Punkte umfasst (Kasten 2.7). Dies ist ein aufwendiges Verfahren, sodass in der praktischen Forschung das Areal mit einfacheren Methoden gemessen wurde (z.B. Anzahl Länder in denen eine Art vorkommt; Gaston 1994). Eigentlich umfasst das Areal die gesamte von einer Art besiedelte Fläche, doch manchmal spricht man auch von Arealgröße in Bezug auf einen Teilbereich des Areals (z.B. das Areal einer Art in Deutschland oder Baden-Württemberg). Um die Arealgröße für derartige Teilbereiche zu messen, werden häufig Rasterkarten herangezogen (Abbildung 3.5, Gaston 1994). Vergleicht man die Arealgröße auf verschiedenen räumlichen Skalen, so findet man häufig gute Korrelationen: Aus der Größe des regionalen Areals kann in gewissen Grenzen auf die Ausdehnung des Areals auf größeren Skalen geschlossen werden (Abbildung 3.41).

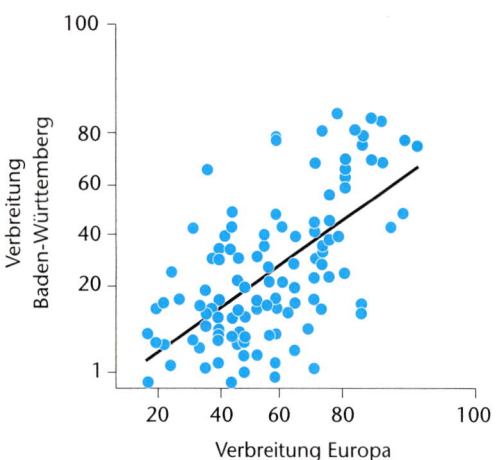

**Abb. 3.41:** Beziehung der Arealgröße von Tagfaltern in Baden-Württemberg und in Europa (Brändle et al. 2002a). Man beachte, dass die Arten mit weiter Verbreitung auf kleiner Skala auch eine weite Verbreitung auf größerer Skala haben.

Um aus ökologischer Sicht zu erklären, warum manche Arten ein großes, andere dagegen ein kleines Areal haben, gibt es mehrere Hypothesen:

- Die Größe des Areals hängt vom Alter der Art ab. Je älter eine Art aus evolutionsbiologischer Sicht ist, desto größer sollte die besiedelte Gesamtfläche sein, da genügend Zeit zur Verfügung stand, alle prinzipiell geeigneten Gebiete zu besiedeln (*age-area*-Hypothese; Willis 1922).
- Natürlich sollte der Prozess umso schneller ablaufen, je größer die Ausbreitungskapazität einer Art ist. Damit sollten ausbreitungsfähige Arten ein größeres Areal besitzen als Arten mit beschränkter Ausbreitungsfähigkeit.

In groben Zügen ist das auch erfüllt, haben doch Arten mit sehr ausbreitungsfähigen Dauerstadien (z. B. Rotatorien, Tardigraden) häufig kosmopolitische Areale.

- Eine Art kann natürlich nur dort vorkommen, wo es die für diese Art notwendigen Ressourcen gibt. Unmittelbar einsichtig ist das bei einem spezialisierten phytophagen Insekt. Das Vorkommen der Futterpflanze ist Voraussetzung, dass eine nur auf dieser Pflanze vorkommende Insektenart sich überhaupt ansiedeln kann. Viele monophage Insekten haben aber ein Areal, das kleiner ist als das Areal der Futterpflanze.
- Arten, die eine breite ökologische Nische besetzen (Abschnitt 2.4), sind erheblich flexibler in der Nutzung vorhandener Möglichkeiten. Damit sollte es eine positive Beziehung zwischen der Nischenbreite und der Arealgröße geben (*niche breadth hypothesis*). Die Nische einer Art umfasst recht unterschiedliche Ressourcenachsen. Eine wichtige Ressourcenachse ist natürlich Nahrung. Bei phytophagen Insekten ist die Zahl von Pflanzenarten, die als Wirte dienen, ein einfaches Maß für die Nischenbreite entlang der Ressourcenachse Nahrung. Dabei findet man zumindest Hinweise, dass die Arealgröße z. B. bei Schmetterlingen mit der Zahl von Futterpflanzen korreliert ist (Brändle et al. 2002a). Bei Pflanzen findet sich eine Korrelation zwischen Verbreitung und Breite der Keimungsnische (Brändle et al. 2003).

Diese wenigen Hinweise zeigen, dass es in den Arealen von Organismen recht komplexe ökologische Muster gibt, über deren Ursachen und Folgen wir bisher nur schlecht orientiert sind. Das liegt vor allem daran, dass die populationsökologischen Prozesse, welche Populationen und Systeme von Populationen bis hin zu Arealen beeinflussen, auf Zeitskalen ablaufen, die über persönliche Erfahrungen hinausgehen.

# 4 Wechselwirkungen zwischen verschiedenen Arten

Alle Lebewesen sind in ihrem Dasein beeinflusst durch das Vorhandensein von Individuen nicht nur der eigenen Art, sondern auch von der Anwesenheit anderer Arten. Das Schicksal eines Wiesenklees hängt davon ab, ob er in seiner Jugend von Schnecken gefressen wird. Wenn der Wiesenklee bis zur Blüte überlebt hat, ist er auf Blüten besuchende Insekten zur Bestäubung angewiesen, um die Reproduktion zu sichern. Viele Wechselwirkungen zwischen Individuen verschiedener Arten finden allerdings nicht unbedingt wie in diesem Beispiel auf direktem Wege, sondern indirekt (z. B. über Verhaltensänderungen) oder über dritte Arten statt. So hemmt Raupenfraß im Frühjahr an Eichen und Birken die Entwicklung von Insekten, die später im Jahr an den Bäumen fressen, weil die Bäume in der Zwischenzeit Abwehrstoffe in ihren Blättern angereichert haben. Viele (aber nicht alle) zwischenartlichen Wechselwirkungen werden über die Nahrung vermittelt. Nahrung wird daher in diesem Kapitel eine zentrale Rolle spielen.

## 4.1 Nahrungserwerb

Alle Lebewesen entnehmen ihrer Umwelt Produkte, die sie zum Wachstum, zur Unterhaltung ihres Stoffwechsels und zur Fortpflanzung benötigen. Man teilt die Lebewesen nach ihrer Ernährungsweise anhand der Herkunft ihrer Energie- (chemo- oder phototroph) und Kohlenstoffquelle (auto- oder heterotroph) in vier Gruppen ein (Tabelle 4.1). Während die Prokaryoten in allen vier Gruppen vertreten sind, haben sich die Eukaryoten auf zwei Ernährungsweisen spezialisiert: die photoautotrophen Pflanzen und die chemoheterotrophen Pilze und Tiere.

**Tab. 4.1:** Einteilung der Lebewesen nach ihrer Ernährungsweise.

| | Kohlenstoff aus $CO_2$ | Kohlenstoff aus organischer Substanz |
|---|---|---|
| **Energiequelle Licht** | photoautotroph (z. B. Cyanobakterien, Pflanzen) | photoheterotroph (z. B. Purpurbakterien) |
| **Energiequelle chemische Verbindungen** | chemoautotroph (z. B. Schwefelbakterien) | chemoheterotroph (z. B. Pilze, Tiere, die meisten Bakterienarten) |

## 4.1.1 Spezialisierung

Die Qualität der Nahrung hat nicht für alle Organismen die gleiche Bedeutung, denn die Lebewesen haben sich unterschiedlich spezialisiert. Solche **Nahrungsspezialisierungen** gehen noch viel weiter als die Herkunft von Energie und Kohlenstoff und sind besonders im Tierreich vielfältig ausgeprägt. Dort gibt es von extremen Nahrungsspezialisten, wie z. B. der Bohrfliege *Urophora cardui*, die in Mitteleuropa ihre Gallen nur in den Stängeln der Ackerkratzdistel (*Cirsium arvense*) erzeugt, bis zu extremen Generalisten, wie dem Menschen, der sich von einer Vielzahl tierischer und pflanzlicher Produkte ernährt, alle Übergangsstufen. Pflanzen haben dagegen im Unterschied zu Tieren recht ähnliche Ansprüche an ihre Nahrung; sie benötigen $CO_2$ aus der Luft und einige Nährstoffe (hauptsächlich Stickstoff, Phosphor und Kalium) und Wasser aus dem Boden (bei aquatischen Pflanzen aus dem Gewässer). Gärtner machen sich dies zu Nutze und ziehen eine Vielzahl verschiedenster Pflanzenarten in der gleichen Erde und unter ähnlichen Lichtverhältnissen an.

In welchen Fällen wir von einem **Generalisten** und ab welchem Grad der Spezialisierung wir von einem **Spezialisten** sprechen, ist nicht einheitlich definiert. Bei **phytophagen** oder auch **herbivoren** ( = Pflanzen fressenden) Insekten, die etwa 25 % aller bekannten Arten ausmachen und zu einem großen Teil spezialisiert sind, spricht man in der Regel von **monophagen** Arten, wenn sie sich von einer Pflanzenart ernähren, von **oligophagen**, wenn sie von Arten einer Gattung, und von **polyphagen** Arten, wenn sie von Pflanzen verschiedener Gattungen leben. Pflanzenfresser werden häufig auch **Herbivoren** genannt, Fleischfresser **Carnivoren**, und Allesfresser **Omnivoren**. Auch wenn eine Art ein breites Nahrungsspektrum hat und somit als Generalist gilt, haben häufig die einzelnen Populationen oder sogar Individuen ein relativ enges Nahrungsspektrum und neigen somit zur Spezialisierung (*composite generalist*). Unter den Menschen gibt es z. B. viele Vegetarier, und Inuits in Grönland stellen ihre Nahrung anders zusammen als asiatische Reisbauern. Beim Guppy (*Lebistes reticulatus*) fressen einige Individuen im Wahlversuch bevorzugt Röhrenwürmer (*Tubifex*), während andere Taufliegenlarven (*Drosophila* sp.) vorziehen, obwohl beides in gleichen Mengenverhältnissen angeboten wurde (Abbildung 4.1). Die ganze Population verhielt sich also wie ein Generalist, während sich die Individuen durchaus spezialisiert haben.

Im Falle der Guppys gab es keinen offensichtlichen Grund, sich zu spezialisieren, denn beide Beutearten waren gleichermaßen gut geeignet und vorhanden. Warum haben sich die einzelnen Fische dennoch spezialisiert? Am einfachsten lässt sich dies mit einem individuellen **Suchbild** erklären, das die Tiere während ihrer Nahrungssuche für ihre Beute entwickeln. Wenn ein Räuber seine erste Beute findet, ist das für ihn ein Erfolgserlebnis, und er prägt sich die äußere Erscheinung der Beute sowie die näheren Umstände, die zu dieser Entdeckung geführt haben, ein (**assoziatives Lernen**). Im Folgenden sucht der

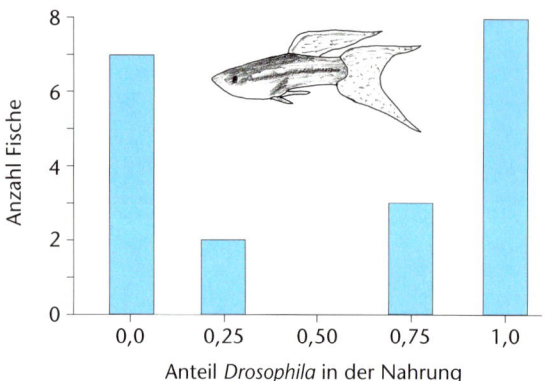

**Abb. 4.1:** Häufigkeitsverteilung der Nahrungszusammensetzung von Guppys, denen jeweils gleiche Anzahlen von *Drosophila*-Larven und Röhrenwürmern angeboten wurden. Die Individuen haben sich mehr oder weniger auf eine der beiden angebotenen Beutearten spezialisiert, jedoch haben sich die einzelnen Tiere auf unterschiedliche Beutearten spezialisiert: manche auf *Drosophila*-Larven, andere auf Röhrenwürmer. Nach Murdoch et al. (1975).

Räuber bevorzugt in ähnlichen Situationen nach Beute, in denen er schon Erfolg hatte (Erfahrung), wobei er potenzielle Beute mit dem von ihm im Gedächtnis gespeicherten Beutebild vergleicht. Dies führt dazu, dass der Räuber die Wahrscheinlichkeit erhöht, die gleiche Beute zu finden. Im Gegenzug wird dabei andere Beute, die unter Umständen ebenso geeignet wäre, leicht übersehen. Diese Form der Spezialisierung entsteht also aus der individuellen Erfahrung des Räubers. Das Suchbild wird dabei ständig aktualisiert und kann sich während des Lebens durchaus verändern. Erstaunlicherweise sind diese Suchbilder im Tierreich weit verbreitet und scheinen nicht unbedingt ein komplexes Gehirn zu erfordern; sie sind z. B. im Insektenreich häufig nachgewiesen worden.

Nahrungsspezialisierung scheint also zumindest im Tierreich ein derart verbreitetes Phänomen zu sein, dass sich die Frage aufdrängt, warum so viele Arten ihr Nahrungsspektrum einschränken. Wenn man nicht mehr alle zur Verfügung stehenden Nahrungsquellen nutzt, bedeutet das zumindest einen erhöhten Aufwand bei der Nahrungssuche. Die damit verbundenen offensichtlichen Nachteile (z. B. erhöhtes Risiko, keine Nahrung zu finden, erhöhtes Risiko, während der verlängerten Nahrungssuche einem Räuber zum Opfer zu fallen) sollten von Vorteilen auf anderen Gebieten wieder aufgewogen werden. Es stehen auch nicht immer alle in der Umgebung vorhandenen Nahrungstypen einem Tier als Nahrung gleichermaßen zur Verfügung. Beute, die gut verteidigt ist oder durch Weglaufen entkommen kann, ist schwerer zu überwältigen als schwach verteidigte, langsame Beute, d. h. die Aussichten auf einen erfolgreichen Angriff sind nicht bei jeder Beute gleich.

Allgemein besteht der Nahrungserwerb aus zwei Phasen: dem **Suchen** von Nahrung und der **Handhabung** (Überwältigen, Fressen, unter Umständen auch Verdauen

und sich hinterher Putzen; *handling*). Wichtig ist, sich klar zu machen, dass während der Handhabung einer Beute ein Tier keine andere, vielleicht lohnendere Beute suchen kann. Ein Räuber sollte sich also vor einer Attacke überlegen, ob er nicht in der Zeit, die er mit der Handhabung dieser Beute verbringt, eine lohnendere Beute finden kann („Prinzip der verpassten Chance").

Aus diesen Betrachtungen haben MacArthur und Pianka (1966) folgende Schlussfolgerungen gezogen: Räuber mit relativ zu ihren Suchzeiten kurzen Handhabungszeiten sollten ein breites Spektrum an Beutearten akzeptieren, denn die kurze Zeit, die sie mit der Handhabung bereits gefundener Beute verbringen, hat nur einen geringen Einfluss auf die gesamte Suchzeit. Meisen (*Parus* sp.) z. B., die auf der Suche nach Insekten durch die Vegetation streifen, verbringen einen Großteil ihrer Zeit mit der Suche nach Beute, während die Handhabungszeit gefundener Beute vernachlässigbar ist. Im Einklang mit den Vorhersagen haben Meisen (wie übrigens auch viele andere Insekten fressende Vögel) ein breites Beutespektrum. Im Gegensatz dazu leben z. B. Löwen (*Panthera leo*) mehr oder weniger in ständiger Sichtweite ihrer Beute, verbringen daher kaum Zeit mit der Suche. Bei ihnen würde die Theorie eine Spezialisierung auf besonders lohnende Beutetypen voraussagen, denn wenn sie eine weniger profitable Beute ignorieren, ist die Wahrscheinlichkeit groß, dass sie innerhalb kurzer Zeit eine profitablere Beute finden. Tatsächlich spezialisieren sich Löwen auf Beute, die mit einem relativ geringen Energieaufwand überwältigt werden kann (kranke, junge und alte Beutetiere).

Besonders gut untersucht und diskutiert ist das Phänomen der Nahrungsspezialisierung bei phytophagen Insekten, die wegen ihrer großen Artenvielfalt und hohen Wirtsspezifität besonders für diese Fragestellungen geeignet sind und im Folgenden hauptsächlich als Beispiel herangezogen werden. Für eine ausführliche Diskussion siehe Jaenike (1990) und Bernays und Chapman (1994).

Eines der Hauptargumente für eine Spezialisierung ist, dass nicht jede Nahrung gleich effizient physiologisch genutzt werden kann und daher eine Spezialisierung auf Nahrung, die leichter umgesetzt werden kann, vorteilhaft ist, weil sie die Fitness maximiert (**physiologische Effizienzhypothese**; *physiological efficiency hypothesis*). Dieses Argument leuchtet intuitiv ein, denn da verschiedene Pflanzenarten (und auch Individuen) sich in ihren chemischen und physikalischen Eigenschaften sowie ihrer Verbreitung und Phänologie unterscheiden, ist es unwahrscheinlich, dass Insekten an die meisten ihrer Nicht-Wirtspflanzen angepasst sind. Die Selektion sollte also eine Bevorzugung gut geeigneter Wirtspflanzen fördern.

Obwohl diese auf den ersten Blick einleuchtende Hypothese häufig im Zusammenhang mit Nahrungsspezialisierung genannt wird, ist sie keineswegs durch experimentelle Untersuchungen breit abgesichert. Eine der Vorhersagen, die sich aus dieser Hypothese ergeben, ist, dass eine stärkere evolutionäre Anpassung der Performance (z. B. Wachstum, Überleben, Fekundität) der Nachkommen an eine Pflanzenart eine reduzierte Anpassung gegenüber anderen Pflanzenarten nach sich zieht. Einfach ausgedrückt heißt das, wenn man bestimmte Pflanzen besonders gut nutzen kann, kann man andere schlechter verarbeiten (ein so genannter **trade-off**, Abschnitt 3.5). Experimentelle Hinweise für einen solchen *trade-off* hat man in vielen Fällen gesucht, aber in der Regel keine derartige negative genetische Korrelation gefunden (für eine der wenigen Bestätigungen der Hypothese bei Spinnmilben siehe z. B. Agrawal 2000).

Ebenso sagt die physiologische Effizienzhypothese voraus, dass Spezialisten ihre Wirtspflanze effektiver nutzen sollten als Generalisten. Mit anderen Worten, wenn Generalisten auf der gleichen Pflanzenart wie ihre spezialisierten Verwandten aufgezogen werden, sollten sie sich schlechter entwickeln oder eine geringere Fekundität haben als die Spezialisten. Doch auch diese Vorhersage hat sich in den meisten Experimenten nicht bestätigt. Ebenfalls aus dieser Theorie hervorgegangen ist eine dritte Argumentation, die zu erklären versucht, dass Generalisten ihr breites Nahrungsspektrum beibehalten, indem sie verschiedene Nahrungstypen mixen, um eine balancierte Nährstoffaufnahme zu gewährleisten (Pulliam 1975, Rapport 1980). Bei Wirbeltieren gibt es hierzu einige klassische Beispiele. Elche (*Alces alces*) suchen ihre Nahrung in zwei unterschiedlichen Biotopen, zwischen denen sie regelmäßig wechseln. Im Wald fressen sie Blätter von Laubbäumen, während sie in Teichen Pflanzen unter Wasser abweiden. Die Laubblätter haben einen hohen Energie-, aber einen geringen Kochsalzgehalt, während es bei den Wasserpflanzen genau umgekehrt ist. Da Elche beides benötigen, müssen sie eine gemischte Nahrung zu sich nehmen (Belovsky 1978).

Bei phytophagen Insekten gibt es bislang nur bei Heuschrecken Beispiele für einen Vorteil vom Mixen verschiedener Pflanzenarten (Bernays und Bright 1993). Bei anderen Insekten (Schmetterlingen, Fliegen, Wanzen) scheint eine gemischte Ernährung nicht vorteilhaft zu sein (Singer 2001). Die Theorie stimmt also offensichtlich nicht immer mit der Natur überein, ist aber trotzdem nicht unbedingt falsch. Wenn man berücksichtigt, dass auch andere Faktoren eine Rolle bei der Nahrungsauswahl spielen können, erkennt man bald, dass die Qualität der Nahrung unter Umständen gegen andere Faktoren abgewogen werden muss. Dieses wird im Folgenden ausführlicher diskutiert.

Bei Insekten können sich die Larven, besonders wenn sie noch klein sind, häufig nicht weit fortbewegen. Viele phytophage Insekten leben als Larve sogar innerhalb der Pflanze (Minierer oder Gallbildner). Die Larven wählen daher in der Regel ihre Wirtspflanze nicht selbst aus, sondern sind an die Pflanze gebunden, auf die das Weibchen ihre Eier abgelegt hat. Die Weibchen wählen also die Wirtspflanze für ihre Nachkommen aus. Nach unserer Theorie sollte bei Insekten also die Präferenz der Weibchen für gewisse Wirtspflanzen mit der Performance der Larven korreliert sein (**Präferenz-Performance-Hypothese**; *preference-performance hypothesis*). In Experimenten, in denen Pflanzen verwendet wurden, die relativ nahe mit den natürlichen Wirtspflanzen der Insekten verwandt

oder ihnen chemisch ähnlich waren, gab es allerdings häufig nur eine schlechte Korrelation zwischen Eiablagepräferenz der Weibchen und der Performance der Nachkommen. Weibchen des Schwalbenschwanzfalters (*Papilio machaon*) legen z. B. überhaupt keine Eier auf einige Pflanzenarten, die praktisch ebenso geeignet für ihre Larven sind wie ihre normalen Wirtspflanzen (Wiklund 1975). Andere Insekten wiederum legen Eier auf Pflanzen, die nahezu ungeeignet als Nahrung für die schlüpfenden Larven sind. Die Weibchen verhalten sich auch hier also in vielen Fällen nicht so, wie es die Theorie vorhersagt. Es gibt inner- und zwischenartliche Gründe, warum Weibchen nicht immer das offensichtlich Beste für ihre Nachkommen tun, z. B. wenn es ihnen selbst schadet und ihre Fitness herabsetzt.

Die Präferenz-Performance-Hypothese berücksichtigt für die Fitnessmaximierung nur das Überleben und die spätere potenzielle Fekundität der Nachkommen, nicht aber Überleben und Fekundität des eiablegenden Weibchens. Für viele phytophage Insekten dient die Wirtspflanze nicht nur als Nahrung der Nachkommen, sondern auch als Nahrung und Lebensraum der Adulten. Das heißt, die Weibchen benötigen Nahrung von der Wirtspflanze, um ihre Eier zu produzieren und zu reifen, und sie sind während der Eiablage und der Nahrungssuche auf der Wirtspflanze ihren Konkurrenten und Feinden ausgesetzt, werden also unter Umständen getötet, bevor sie ihre Eier vollständig abgelegt haben. Diese Faktoren können von Pflanzenart zu Pflanzenart variieren. Eine optimale Strategie sollte also nicht nur die optimale Entwicklung der Nachkommen, sondern auch die realisierte Fekundität des Weibchens auf unterschiedlichen Wirten berücksichtigen. Tatsächlich konnte in einer der wenigen Untersuchungen zu diesem Thema gezeigt werden, dass Weibchen der Minierfliege *Chromatomyia nigra* ihre Eier in Pflanzenarten legen, die die Fitness der Weibchen maximieren, und weniger die Fitness der Nachkommen (Scheirs et al. 2000). Derartige Konflikte zwischen Eltern und ihren Nachkommen (*parent-offspring conflict*) kommen häufig im Tier- und Pflanzenreich vor (z. B. Beschattung von Jungpflanzen) und können einen entscheidenden Einfluss auf Strategien zur Fitnessmaximierung haben.

Interaktionen mit anderen Arten können ebenfalls verhindern, dass eine ansonsten gut geeignete Pflanzenart von den Weibchen als Wirtspflanze akzeptiert wird. Dies können entweder Konkurrenten oder natürliche Feinde sein. Wenn eine konkurrenzüberlegene Art auf einer ansonsten bevorzugten Wirtspflanze vorkommt, kann dies zur Verdrängung der unterlegenen Art und schließlich zur Meidung dieser Wirtspflanze führen, auch wenn die Weibchen die Pflanze eigentlich anderen Wirtsarten vorziehen würden. Doch auch die natürlichen Feinde eines Insekts können dessen Wirtswahl beeinflussen. So variiert bei vielen Insektenarten die Anfälligkeit gegenüber ihren natürlichen Feinden mit der Pflanzenart, auf der ihre Larven fressen. Auf einigen Wirtspflanzenarten ist die Mortalität durch Feinde dementsprechend höher als auf anderen. Experimente mit Minierfliegen (Agromyzidae), die gezwungen wurden, sich auf verschiedenen Pflanzenarten zu entwickeln, von denen einige normalerweise nicht genutzt werden, haben gezeigt, dass spezialisierte Schlupfwespen (**Parasitoide**, Abschnitt 4.2.4) höhere Parasitierungsraten der Fliegen verursachen, wenn sich diese auf bekannten, normalen Wirtspflanzenarten befinden, als wenn sie sich auf neuen Wirten entwickeln (Gratton und Welter 1999). Solch ein Schutz vor Feinden (oder allgemeiner: **feindfreier Raum**, *enemy free space*), der durch die Pflanze vermittelt wird, kann zur Spezialisierung führen, wenn Anpassung an eine Wirtspflanzenart die Fitness auf anderen Pflanzenarten reduziert. Dies wird deutlich am Beispiel der **Krypsis** (Abschnitt 5.2.3.1). Larven, die auf einer Pflanzenart schwer zu entdecken sind, weil sie z. B. in Form und Farbe einem Zweig dieser Pflanze ähneln, können auf anderen Pflanzenarten, die ein anderes Aussehen haben, leicht entdeckt werden. Auf der ersten Art sind die Larven also vor ihren Feinden getarnt (kryptisch) und überleben besser als auf den anderen Arten, wo ihr Überleben, und damit ihre Fitness, reduziert ist.

Herbivore können sich aber auch auf andere Weise über ihre Wirtspflanzen vor ihren natürlichen Feinden schützen. Viele Pflanzen produzieren sekundäre Inhaltsstoffe, chemische Verbindungen, die nicht dem primären Stoffwechsel der Pflanze dienen, die aber häufig eine Wirkung auf andere Organismen haben (Abschnitt 4.5.2.2). Einige dieser Substanzen sind besonders für Wirbeltiere, aber auch für manche Insekten giftig (z. B. Alkaloide) und schützen die Pflanze davor, gefressen zu werden. Der Prozess der Entgiftung ist physiologisch aufwendig und verbraucht daher Energie, die den Insekten ansonsten zum Wachstum zur Verfügung gestanden hätte. Viele phytophage Insekten haben sich auch aus energetischen Gründen darauf spezialisiert, Pflanzengifte zu ihrer eigenen Verteidigung zu nutzen, indem sie sie aufnehmen und in ihren Körper einlagern (**sequestrieren**) und somit selbst für ihre Räuber giftig werden. Ohne Räuber entwickeln sich die Insekten auf ungiftigen verwandten Wirtspflanzen besser. Ein Beispiel mit Blattkäfern (Chrysomelidae) auf Weiden (Denno et al. 1990): Die Blätter vieler Weidenarten (*Salix* sp.) unterscheiden sich in ihrem Gehalt an Salicylsäure. Der Blattkäfer *Phratora vitellinae* hat sich auf salicylsäurereiche Weidenarten spezialisiert, sequestriert das Alkaloid und nutzt es zur eigenen Verteidigung. Im Gegensatz dazu hat der auf den gleichen Wirtspflanzen vorkommende generalistische Blattkäfer *Gallerucella lineola* nicht die Fähigkeit, den Pflanzeninhaltsstoff zur chemischen Verteidigung zu nutzen. Auf der gleichen Wirtspflanze ist also *P. vitellinae* besser vor Räubern geschützt als *G. lineola*. Ohne Räuber entwickelt sich *G. lineola* auf salicylsäurearmen Weiden besser.

Viele Insekten benutzen ihre Wirtspflanzen auch zur Partnerfindung. Gerade bei geringen Populationsdichten kann es vorteilhaft sein, den Wirtskreis einzuschränken, um die Wahrscheinlichkeit zu erhöhen, einen Partner zu finden. Allerdings sinkt mit einer Spezialisierung auch die Wahrscheinlichkeit, auf Verbreitungsflügen eine neue Wirtspflanze zu finden. Die spezialisierte Blattlaus *Rhopalosiphum padi* hat im atlantischen Klima von Südengland z. B. extrem geringe Chancen, im Herbst auf Verbreitungsflügen eine neue Wirtspflanze (in der Regel Wintergetreide) zu finden (0,6 %). Dieses hohe Mortalitätsrisiko, das die Weibchen eingehen, konnte weder durch Vorteile ihrer Wirtspflanze gegenüber anderen Pflanzenarten noch durch Aufsuchen feindfreier Räume erklärt werden (Ward et al. 1998). Die Autoren schlagen vor, dass eine gesicherte Partnerfindung dafür verantwortlich ist, dass diese Art ein derart hohes Mortalitätsrisiko bei der Ausbreitung auf sich nimmt.

Nachdem wir verschiedene Faktoren diskutiert haben, die eine Nahrungsspezialisierung fördern, sollten wir nicht vergessen, dass trotzdem viele Arten ein recht breites Nahrungsspektrum haben. Es gibt natürlich ebenso Umstände, die ein Generalistentum fördern. Ein breiter Wirtskreis ist z. B. dann von Vorteil, wenn die Rate, mit der geeignete Wirte oder Nahrung gefunden werden können, limitierend wird. Dies ist der Fall, wenn Wirte selten sind oder die Herbivoren eine kurze Lebenserwartung haben. Tabelle 4.2 stellt eine Reihe von ökologischen Faktoren zusammen, die für und gegen eine Nahrungsspezialisierung sprechen.

## 4.1.2 Optimaler Nahrungserwerb

Auch wenn viele Arten zur Spezialisierung neigen, akzeptieren die meisten doch zumindest mehrere Nahrungstypen. Selbst für monophage Arten ist nicht jedes Nahrungsindividuum gleich gut geeignet. Ackerkratzdisteln, die Wirtspflanzen der gallbildenden Bohrfliege *Urophora cardui*, unterscheiden sich z. B. in ihrem Stängeldurchmesser, ihrer Höhe oder ihrem Proteingehalt. Dünne Stän-

**Tab. 4.2:** Ökologische Faktoren, die eine Spezialisierung bzw. Erweiterung des Nahrungsspektrums von phytophagen Insekten fördern. Nach Jaenike (1990).

| | Spezialisierung | Erweiterung |
|---|---|---|
| dichteunabhängig | • wirtspflanzenspezifische Anpassungen; genetische *Trade-offs* in der Performance auf verschiedenen Wirten<br>• interspezifische Nahrungskonkurrenz<br>• Konkurrenz um feindfreie Räume, Krypsis, Sequestrierung chemischer Inhaltsstoffe der Pflanze<br>• Wirtspflanzen häufig, verlässliches Vorkommen | • Wirtspflanzen selten, unzuverlässiges Vorkommen<br>• Risikoverteilung auf mehrere Wirtsarten<br>• genetische Korrelation von Präferenz und Performance<br>• Mutualismen (Ameisen) |
| dichteabhängig | • Partnerfindung<br>• Überwältigen der Pflanzenabwehr | • intraspezifische Konkurrenz<br>• funktionelle Reaktion der Räuber<br>• numerische Reaktion von Pathogenen |

gel können nur kleine Gallen mit wenigen Nachkommen tragen, werden allerdings auch seltener von Feinden (Schlupfwespen) gefunden. Muscheln, die einen Hauptteil der Nahrung der Strandkrabbe (*Carcinus maenas*) ausmachen, unterscheiden sich in ihrer Größe. Große Muscheln geben mehr Energie, aber sind auch schwieriger zu knacken als kleine Muscheln. Während der Nahrungssuche begegnet eine Bohrfliege oder eine Strandkrabbe unterschiedlichen Wirtspflanzen oder Beuteindividuen. Welche sollten akzeptiert, welche abgelehnt werden? Tiere, die ihre Wirte effizient nutzen, erreichen gegenüber Artgenossen eine erhöhte Fitness. Die natürliche Selektion wird diese Individuen also bevorzugen. Im Zuge der Evolution sollten sich also Strategien zum **optimalen Nahrungserwerb** (*optimal foraging*) ausbilden. In diesem Kapitel beschäftigen wir uns damit, wie solche Strategien aussehen können. Weiterführende Literatur zu diesem Thema gibt es bei Krebs und Davies (1997).

Man kann sich leicht vorstellen, dass ein Tier, das jedes Beuteindividuum akzeptiert, nicht die optimale Fitness erreicht, da viele Beuteindividuen von schlechter Qualität sein werden. Andererseits scheint auch eine gegenteilige Strategie, nämlich so lange weiterzusuchen, bis ein Beuteindividuum der wirklich besten Qualität gefunden wird, nicht optimal. Bei einer solchen Strategie läuft das Tier Gefahr zu verhungern, bevor die geeignete Nahrung gefunden wird. Eine optimale Strategie, also eine, die die Fitness maximiert, wird irgendwo in der Mitte zwischen den beiden Möglichkeiten liegen.

### 4.1.2.1 Präferenz oder Wechsel der Nahrung

Kommen wir noch einmal zurück zur Strandkrabbe. Wenn man Strandkrabben die Wahl zwischen verschieden großen Muscheln lässt, zeigen sie eine Präferenz für die größte, die den höchsten Energiegewinn pro Zeit verspricht (Abbildung 4.2). Die größten Muscheln enthalten zwar die meiste Energie, doch benötigt die Krabbe so lange, sie zu knacken, dass kleinere Muscheln mitunter einen größeren Energiegewinn pro Zeit versprechen. Die kleinsten Muscheln sind zwar leicht zu knacken, aber enthalten so wenig Energie, dass sich der Aufwand kaum lohnt. Die profitabelsten Muscheln sind also die mittelgroßen.

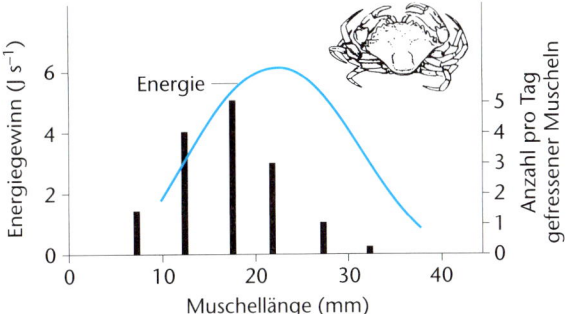

**Abb. 4.2:** Nahrungswahl von Strandkrabben (*Carcinus maenas*). Die Tiere bevorzugen die Muschelgröße, die den größten Energiegewinn verspricht. Nach Elner und Hughes (1978).

In der Natur werden aber eine Reihe von verschieden großen Muscheln gefressen und nicht nur die profitabelsten. Warum fressen die Krabben manchmal kleinere oder größere Muscheln? Ein möglicher Grund könnte sein, dass die Zeit, die sie brauchen, um die profitabelsten mittelgroßen Muscheln zu finden, ihre Wahl beeinflusst. Wenn es lange dauert, um eine profitable Muschel zu finden, dann kann die Krabbe eine höhere Energieaufnahme pro Zeit erreichen, wenn sie weniger profitable Muscheln frisst, die leichter zu finden sind, als wenn sie länger nach den besten Muscheln sucht.

Kasten 4.1 zeigt ein einfaches Modell, mit dem man quantifizieren kann, wie viele Individuen von jedem Beutetyp gefressen werden, wenn ein Räuber die Wahl zwischen zwei Beutetypen mit unterschiedlichem Energiegehalt hat (Charnov 1976a). Das Modell sagt voraus, dass, wenn der profitablere Beutetyp häufig angetroffen wird, der Räuber ausschließlich diesen fressen sollte. Diese Schlussfolgerung erscheint offensichtlich, denn wenn eine besonders lohnende Beute leicht zu haben ist, sollte man sich nicht mit der weniger profitablen zufrieden geben. Eine weitere Vorhersage ist, dass die Entscheidung, sich auf den besseren Beutetyp zu spezialisieren, unabhängig von der Häufigkeit der Begegnung mit der weniger profitablen Beute ist, denn die letzte Gleichung in Kasten 4.1 enthält nicht mehr die Variable $\lambda_2$). Auch dieses leuchtet ein: Wenn die lohnende Beute häufig genug angetroffen wird, sodass die schlechtere Beute ignoriert werden kann, ist es unter keinen Umständen vorteilhaft, sich mit der schlechteren Beute abzugeben, selbst wenn der Räuber dieser häufig begegnet. Die dritte Vorhersage dieses Modells besagt, dass bei geringen Dichten der lohnenderen Beute beide Beutetypen gefressen werden (und zwar bei jeder Begegnung). Wenn aber die Dichte der lohnenderen Beute steigt, sollte es einen abrupten Wechsel von keiner Präferenz (beide Beutetypen werden gefressen) zu einer absoluten Präferenz der lohnenderen Beute (nur diese wird gefressen, die schlechtere wird immer ignoriert) geben. Diese Vorhersage wird auch die **Alles-oder-Nichts-Regel** (*zero-one rule*) genannt.

In der Natur findet man hingegen selten Tiere, die der Alles-oder-Nichts-Regel entsprechen, sondern eher solche, die keine komplette, sondern eine **teilweise Präferenz** (*partial preference*) für bevorzugte Nahrungstypen zeigen. Einige Tiere lehnen in manchen Fällen normalerweise bevorzugte Nahrungstypen ab, während andere wiederum Nahrung akzeptieren, die in der Regel abgelehnt wird. Wie kommt es zu dieser Diskrepanz von Theorie und Praxis? Die Alles-oder-Nichts-Regel setzt voraus, dass ein Räuber (jedes Tier, das Nahrung sucht, kann in diesem Fall als Räuber im weitesten Sinne angesehen werden) bei der Entscheidung, eine Beute zu fressen oder sie zu ignorieren und weiter zu suchen, weiß, wie häufig jeder Beutetyp in seiner Umgebung vorkommt und wie lohnend die einzelnen Beutetypen sind. Diese Information kann sich der Räuber aber nur durch seine Erfahrung beschaffen. In den meisten Situationen ist es unwahrscheinlich,

## Kasten 4.1:  Modell der Beutewahl zweier unterschiedlich profitabler Beutetypen

Nehmen wir an, ein Räuber sucht während $T_s$ Sekunden Beute ($T_s$ = Suchzeit). Er begegnet dabei zwei Beutetypen mit den jeweiligen Begegnungsraten $\lambda_1$ und $\lambda_2$ (Begegnungen pro Sekunde). Die Beutetypen enthalten jeweils $E_1$ und $E_2$ Kilojoule pro Individuum Energie, und der Räuber benötigt $h_1$ und $h_2$ Sekunden, die Beute zu handhaben (überwältigen, fressen, verdauen), bevor er wieder neue Beute suchen kann. Die Profitabilität der Beute, also der Energiegewinn des Räubers pro Zeit, während er die jeweilige Beute frisst, ist demnach $E_1/h_1$ und $E_2/h_2$.

Wenn der Räuber beide Beutetypen frisst, nimmt er folgende Energie zu sich:

$$E = T_s(\lambda_1 E_1 + \lambda_2 E_2)$$

Die gesamte Zeit $T$, die er dazu benötigt, ist die Suchzeit $T_s$ und die Handhabungszeit $T_h$

$$T_h = T_s \lambda_1 h_1 + T_s \lambda_2 h_2$$

Somit ergibt sich:

$$T = T_s + T_s(\lambda_1 h_1 + \lambda_2 h_2) = T_s(1 + \lambda_1 h_1 + \lambda_2 h_2)$$

Die Rate, mit der der Räuber Energie zu sich nimmt, ist demnach

$$\frac{E}{T} = \frac{\lambda_1 E_1 + \lambda_2 E_2}{1 + \lambda_1 h_1 + \lambda_2 h_2} \text{ (die Suchzeit } T_s \text{ kürzt sich heraus)}$$

Nehmen wir an, dass der Beutetyp 1 den höheren Energiegewinn pro Zeit verspricht. Wenn der Räuber den gesamten Energiegewinn pro Zeit $E/T$ maximieren will, sollte er sich auf Beutetyp 1 spezialisieren, wenn der Energiegewinn vom alleinigen Fressen der Beute 1 größer ist als der Energiegewinn vom Fressen beider Beutetypen. Oder mathematisch

$$\frac{\lambda_1 E_1}{1 + \lambda_1 h_1} > \frac{\lambda_1 E_1 + \lambda_2 E_2}{1 + \lambda_1 h_1 + \lambda_2 h_2}$$

Aufgelöst ergibt diese Gleichung

$$\frac{1}{\lambda_1} < \frac{E_1}{E_2} h_2 - h_1 \text{ ($\lambda_2$ hat sich weggekürzt)}$$

$1/\lambda_1$ ist die durchschnittliche Suchzeit, die der Räuber benötigt, um den Beutetyp 1 zu finden. Die Entscheidung, ob ein Räuber nur den profitableren oder beide Beutetypen fressen soll, ist unabhängig von der Häufigkeit, mit der er die schlechtere Beute antrifft. Das heißt, auch wenn die weniger profitable Beute sehr häufig ist, sollte er sie nicht fressen, wenn die profitable häufig genug ist.

---

dass diese Informationen vollständig ist. Die Umwelt ist nicht starr, sondern dynamisch, d. h. sie verändert sich stetig, und auch viele Räuber wandern auf der Suche nach Nahrung durch neue, ihnen unbekannte Gebiete. Dabei müssen sie immer aufs Neue ihre Umwelt kennen lernen und ihren Erfahrungsschatz aktualisieren. Selbst wenn ein Räuber eine genaue Kenntnis der momentanen Verhältnisse hat, werden ihm die verschiedenen Beutetypen nicht genau ihrem Verhältnis entsprechend begegnen (eine weitere Annahme des Modells); diese Begegnungen unterliegen natürlich auch zufälligen Schwankungen, die wiederum die Entscheidungen des Räubers beeinflussen. Unter natürlichen Bedingungen kann man also annehmen, dass ein Räuber eine unvollständige oder lokal beschränkte Kenntnis der Beutevorkommen und ihrer Rentabilität hat und dass letztere dynamischen Schwankungen unterliegen. Räuber, die lediglich eine lokal beschränkte Kenntnis der Beutevorkommen und ihrer Rentabilität haben und sich streng nach der Alles-oder-Nichts-Regel verhalten, zeigen auf ihren Beutezügen tatsächlich nur eine partielle Präferenz für die rentablere Beute. Es deutet also einiges darauf hin, dass sich die Räuber nach Kräften bemühen, der Alles-oder-Nichts-Regel zu folgen, ihnen allerdings die dazu nötigen Information fehlten.

Eine weitere Annahme des Modells ist, dass bei einer Begegnung jede akzeptable Beute auch wirklich attackiert und überwältigt wird. Auch das ist nicht immer der Fall, besonders bei Beutetypen, die Abwehrmechanismen ent-

wickelt haben und daher schwierig zu überwältigen sind (Abschnitt 4.5.1).

Wie sich ein Räuber entscheidet, eine bestimmte Nahrung zu akzeptieren oder abzulehnen, hängt also stark von der individuellen Erfahrung (oder genauer: Einschätzung) des Räubers ab, mit welcher Wahrscheinlichkeit er wohl bessere Nahrung in absehbarer Zeit finden würde. Weiterhin bestimmt auch sein Hungerzustand (oder Eiablagedruck bei Tieren, die Wirte für ihre Nachkommen suchen) seine Entscheidung. Ein hungriger Räuber wird eher eine weniger geeignete Beute akzeptieren als ein satter. Basierend auf der Alles-oder-Nichts-Regel haben Courtney et al. (1989) ein allgemeines Modell aufgestellt, das die Nahrungswahl veranschaulicht und auch die in der Natur beobachteten partiellen Präferenzen erklärt (**Hierarchie-Schwellenwert-Modell**, *hierarchy-threshold model*, Abbildung 4.3). Sie nehmen an, dass ein Räuber (immer noch im weitesten Sinn) seine möglichen Beutetypen anhand ihrer Profitabilität hierarchisch in einer Rangliste anordnen kann. Die Profitabilität korreliert im Modell mit der Präferenz; die Tiere wissen also, was gut für sie ist. Da sich die Profitabilität der Nahrung in der Regel nicht ändert, bleibt diese Rangliste gleich. Nun hat der Räuber einen Schwellenwert, anhand dessen er entscheidet, ob er eine Beute bei einer Begegnung ablehnt oder akzeptiert: Beutetypen, deren Rang über dem Schwellenwert liegt, werden akzeptiert, andere abgelehnt. Während die Rangfolge der Beutetypen gleich bleibt, ändert sich der Schwellenwert mit dem Hungerzustand des Räubers und dessen Einschätzung der Häufigkeit der Beute. Wenn der Räuber z. B. in der letzten Zeit nur Beute von schlechter Qualität (also unter dem Schwellenwert) angetroffen hat, wachsen sowohl sein Hunger als auch seine Einschätzung, dass qualitativ hochwertige Beute wohl eher selten ist. Dies muss nicht unbedingt richtig sein; er kann einfach Pech gehabt haben und nur zufällig in letzter Zeit auf schlechte Beute gestoßen sein. Seine ablehnende Haltung gegenüber qualitativ schlechter Beute wird sinken und damit der Schwellenwert. Jetzt liegen Beutetypen über dem Schwellenwert (und würden bei der nächsten Begegnung akzeptiert werden), die vorher abgelehnt wurden. Wenn der Räuber nach der nächsten Mahlzeit satt ist, steigt der Schwellenwert wieder, und der Räuber wird erneut wählerischer.

Nicht alle Räuber haben eine klare Hierarchie in der Präferenz ihrer Nahrung. Manche Beutetypen mögen gleich beliebt sein. Diese werden dann, wenn sie in gleichen Anteilen in der Umgebung vorkommen und gleich leicht gefunden werden können, auch zu gleichen Anteilen gefressen. Ein Beispiel zeigt Abbildung 4.4. Wenn Rückenschwimmern (*Notonecta glauca*) als Beute Wasserasseln (*Asellus aquaticus*) und Eintagsfliegenlarven (*Cloeon dipterum*) in gleichen Anteilen angeboten wurden, haben sie auch beide Beutetypen gleich häufig gefressen. Wurden aber ungleiche Anteile angeboten, haben sie die häufigere Art bevorzugt. Die Tiere haben sich somit immer auf die Art spezialisiert, die momentan häufiger war. Dies lässt sich ebenfalls mit dem bereits oben besprochenen Suchbild erklären. Die Nahrungspräferenz kann also auch von der relativen Häufigkeit der Beute abhängen.

## 4.1.2.2 Dichteabhängigkeit: Funktionelle Reaktion

Ein wichtiger Parameter bei der Nahrungsaufnahme ist die **Prädationsrate**, also die Anzahl Nahrungsobjekte, die ein Tier in einer bestimmten Zeit zu sich nimmt. Die Prädationsrate wurde ursprünglich für Räuber definiert, gilt aber vom Prinzip für jede Form der Nahrungsaufnahme, also auch für z. B. Herbivoren. Sie kann ebenfalls auf die Eiablage von Parasitoiden und phytophagen Insekten angewendet werden. Der Einfachheit halber werden wir im Folgenden von Räuber und Beute reden.

Die Anzahl Beutetiere, die von einem Räuber in einer bestimmten Zeit gefressen wird, hängt von der Häufigkeit oder Dichte der Beutetiere ab. Diese Abhängigkeit nennt man **funktionelle Reaktion** (*functional response*). Warum sollte die Anzahl Beutetiere, die ein Räuber frisst, von der Beutedichte abhängen? Nehmen wir einmal an, ein Räuber würde, wenn er könnte, jeden Tag eine bestimmte konstante Anzahl Beutetiere fressen, um satt zu werden. Wenn genügend Beutetiere vorhanden sind, also bei hoher Beutedichte, kann er dies wohl erreichen, nicht aber, wenn die Beutedichte gering ist. Bei geringer Beutedichte wird er nicht so viele Beutetiere finden, wie er gern fressen würde.

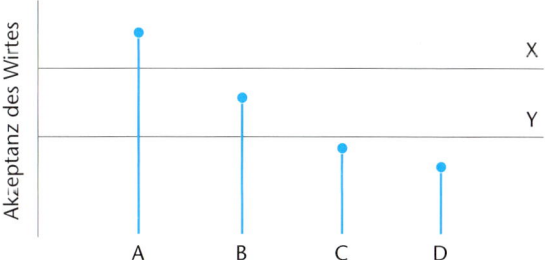

**Abb. 4.3:** Das Hierarchie-Schwellenwert-Modell erklärt partielle Präferenz für bevorzugte Nahrungstypen. Tiere haben eine feste Rangfolge der Präferenz der verschiedenen Nahrungstypen (A–D). Die Tiere X und Y legen aufgrund ihres Hungerzustands einen Schwellenwert (horizontale Linien) fest, der entscheidet, ob ein Nahrungstyp bei einer Begegnung akzeptiert oder ignoriert wird. Da sich der Hungerzustand der Tiere mit der Zeit ändert, liegt dieser Schwellenwert mal tiefer (bei einem hungrigen Tier; Y) und mal höher (bei einem satten Tier; X). Ein hungriges Tier würde daher auch Nahrungstypen akzeptieren, die ein sattes Tier ablehnen würde. Während das satte Tier X nur den Nahrungstyp A akzeptieren würde, akzeptiert das hungrige Tier Y zusätzlich auch B.

Der Nahrungserwerb besteht aus dem Suchen und dem Handhaben der Beute. Unter Handhaben verstehen wir hier sämtliche Tätigkeiten, die zum Überwältigen und Verwerten der Beute gehören. Zum Handhaben gehören also Attackieren, Überwältigen, Beute an einen Fressplatz bringen, Fressen, Putzen usw., manchmal (aber nicht immer) auch Verdauen. Wichtig ist, dass während der Handhabung keine weitere Beutesuche möglich ist (deswegen gehört z. B. Verdauen nicht immer zum Handhaben). Bei geringer Beutedichte verbringt ein Räuber den Großteil seiner Zeit mit der Suche nach Beute. Die Anzahl Beutetiere, die ein Räuber frisst, ist also bei geringer Beutedichte durch die Such-

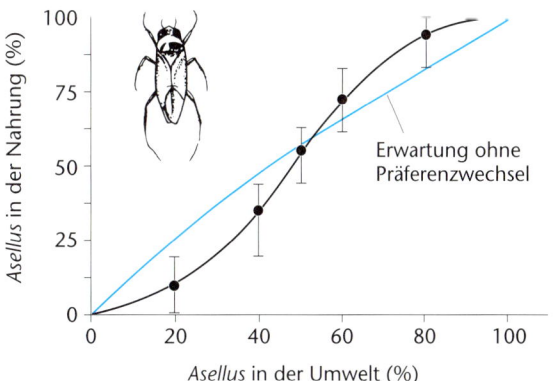

**Abb. 4.4:** Spezialisierung von Rückenschwimmern (*Notonecta glauca*) auf jeweils den Beutetyp, der momentan häufig ist. Die Rückenschwimmer wurden mit einer Mischung aus Wasserasseln (*Asellus aquaticus*) und Eintagsfliegenlarven (*Cloeon* sp.) gefüttert, wobei die Gesamtdichte konstant gehalten wurde. Nach Lawton et al. (1974).

---

**Kasten 4.2:** **Herleitung der Scheibengleichung für funktionelle Reaktionen eines Räubers nach Holling (1959)**

Ein Räuber auf Nahrungserwerb verbringt die gesamte Zeit $T$ mit Suchen und Handhaben von Beute:

$$T = T_{suchen} + T_{handhaben}$$

Nehmen wir an, dass der Räuber in der gesamten Zeit $N_e$ Beutetiere fängt. Wenn die Handhabungszeit für ein Beutetier $T_h$ ist, dann ist die gesamte Handhabungszeit des Räubers

$$T_{handhaben} = T_h N_e$$

Während des Suchens durchstreift der Räuber pro Zeiteinheit durchschnittlich eine Fläche $a$ und frisst sämtliche Beutetiere auf dieser Fläche. Der Parameter $a$ wird auch häufig **Angriffsrate** oder **Sucheffizienz** (*searching efficiency*) ge-

nannt. Während der gesamten Suchzeit $T_{suchen}$ durchstreift der Räuber die Fläche $aT_{suchen}$ und frisst $N_e = aNT_{suchen}$ Beutetiere, wobei $N$ die Beutedichte pro Fläche ist. Oder umgeformt:

$$T_{suchen} = \frac{N_e}{aN}$$

Nun können wir das Zeitbudget ausgleichen:

$$T = T_{suchen} + T_{handhaben} = \frac{N_e}{aN} + T_h N_e$$

Aufgelöst nach der Anzahl Beutetiere $N_e$, die der Räuber während $T$ gefressen hat, resultiert Hollings Scheibengleichung (Abbildung 4.5):

$$N_e = \frac{aTN}{1 + aT_h N}$$

---

zeit limitiert. Anders ist die Situation bei hoher Beutedichte, denn ein Räuber muss nur wenig Zeit für die Suche aufwenden. Bei hoher Beutedichte ist die Anzahl Beutetiere, die gefressen werden, durch die Handhabungszeit oder den Sättigungsgrad der Räuber limitiert.

Holling (1959) hat als Erster ein mechanistisches Modell für funktionelle Reaktionen aufgestellt, bei dem die Anzahl der von einem Räuber gefressenen Beutetiere $N_e$ in einem bestimmten Zeitintervall $T$ von dessen Angriffsrate $a$, der Handhabungszeit $T_h$ und der Beutedichte $N$ abhängig ist. Die berühmteste und bis heute meist benutzte Gleichung von Holling wird häufig **Scheibengleichung** (*disc equation*) genannt (Kasten 4.2), weil in den ursprünglichen Experimenten Menschen mit verbundenen Augen (Räuber) auf einer Tischfläche nach runden Scheiben aus Sandpapier (Beute) suchen mussten.

Die durch die Scheibengleichung beschriebene funktionelle Reaktion (Abbildung 4.5b) sagt voraus, dass ein Räuber bei geringen Beutedichten nahezu seine gesamte Zeit mit dem Suchen von Beute verbringt. Die Anzahl gefressener Beutetiere $N_e$ ist bei geringen Beutedichten praktisch proportional zur Angriffsrate $a$, steigt also anfangs linear. Mit zunehmender Beutedichte spielt jedoch die Handhabung eine immer stärkere Rolle, sodass die Kurve abknickt und sich bei hoher Beutedichte einem Plateau annähert. Bei hoher Beutedichte verbringt der Räuber fast die gesamte Zeit mit der Handhabung von Beute. Die maximale Anzahl Beutetiere, die vom Räuber gefressen werden können (das Plateau), ist durch $T/T_h$ gegeben. Eine solche funktionelle Reaktion ist im Tierreich häufig. Eine wichtige Voraussetzung für eine derartige funktionelle Reaktion ist, dass sich Suchzeit und Handhabungszeit gegenseitig ausschließen, d.h. während ein Räuber Beute handhabt, kann er nicht nach neuer Beute suchen.

Generell werden anhand der Form der funktionellen Reaktion drei Typen unterschieden (Abbildung 4.5). Hol-

lings Scheibengleichung gehört zu Typ 2. Der Typ 1 ist durch einen linearen Anstieg der Anzahl gefressener Beutetiere $N_e$ gegenüber der Beutedichte $N$ gekennzeichnet (Abbildung 4.5a). Die funktionelle Reaktion von Typ 1 tritt bei Räubern auf, bei denen das Aufspüren der Beute und deren Handhabung entkoppelt sind. Dies ist der Fall bei Räubern, die passiv Beute fangen, z.B. Filtrierern oder Netzspinnen. Wasserflöhe (*Daphnia* sp.) filtern mit ihrem Reusenapparat Plankton aus dem Wasser. Die vom Reusenapparat aus dem Wasser gefilterte Beute wird auf Wimperbändern bis zum Mund transportiert. Der Reusenapparat erzeugt einen konstanten Durchfluss einer bestimmten Menge Wasser pro Zeit, sodass die Beute (Plankton) proportional zu ihrer Konzentration im Wasser (Dichte) aufgenommen wird. Dasselbe gilt auch für Netzspinnen, die ebenfalls Beute in ihrem Netz proportional zur Dichte in der Umgebung fangen und fressen (das Netz darf dabei weder anlockend noch abstoßend wirken und auch bei hoher Beutedichte nicht zerstört werden). Bei hoher Beutedichte allerdings wird mehr Beute vom Reusenapparat oder Netz gefangen, als der Räuber handhaben kann. Bei der Spinne wird das Töten und Aussaugen limitierend, beim Wasserfloh das Schlucken. Der Übergang vom linearen Anstieg zum Plateau geschieht relativ abrupt, denn schon wenn die Anzahl gefangener Beuteobjekte geringfügig die Handhabungskapazität des Räubers übersteigt, tritt ein Beutestau im Fangapparat ein. Zu beachten bei funktionellen Reaktionen von Typ 1 ist, dass, während der Räuber die Beute überwältigt (z.B. im Reusenapparat), verschluckt (Transport zum Mund auf Cilien) und verdaut, unvermindert weiter nach Beute gesucht werden kann (Durchstrom von Wasser). Die Fangapparate vieler Fleisch fressender Pflanzen fangen ihre Beute passiv (d.h. sie locken sie nicht an; z.B. Wasserschlauch *Utricularia* sp., aber nicht Sonnentau, *Drosera* sp.; Abschnitt 4.2.2), analog zu den Netzen der Netzspinnen. Diese Pflanzen sind daher ebenfalls Filtrierer im weitesten Sinn. Tatsächlich zeigen auch sie in der Regel eine funktionelle Reaktion von Typ 1.

Die funktionelle Reaktion vom Typ 3 hat eine sigmoide Form (Abbildung 4.5c), d. h. mit steigender Beutedichte steigt die Anzahl gefressener Beutetiere stärker als linear an, der Räuber wird also effektiver mit zunehmender Beutedichte. Diese Form der funktionellen Reaktion kann entstehen, wenn der Räuber lernt, effektiver mit der Beute umzugehen. Sigmoide funktionelle Reaktionen werden häufig Räubern mit hochentwickeltem Gehirn zugeschrieben, in erster Linie also Wirbeltieren, sind aber auch im Insektenreich anzutreffen. Populationen der Feldwespe *Polistes dominulus* reagieren auf die Dichte eines ihrer Beutetiere, Larven vom Distelschildkäfer *Cassida rubiginosa*, in Form einer sigmoiden funktionellen Reaktion (Schenk und Bacher 2002). Da die Wespe ein Generalist ist und verschiedene Beutetypen nutzt, entsteht die sigmoide funktionelle Reaktion wahrscheinlich häufig durch eine Spezialisierung der Räuber auf das momentan häufige Auftreten dieser Beute (Abschnitt 4.1.1). Tatsächlich sollten solche Spezialisierungen auf momentan häufige Beute

fast zwangsläufig zu funktionellen Reaktionen von Typ 3 führen (Murdoch und Oaten 1975). Wenn dies tatsächlich der Fall ist, dann sollten Untersuchungen zur funktionellen Reaktion von Räubern, die mehrere Beutetypen nutzen, generell so durchgeführt werden, dass die Räuber die Wahl zwischen mehreren Beutetypen mit unterschiedlichen relativen Häufigkeiten haben (z. B. im Freiland). Leider gibt es nur sehr wenige Freilanduntersuchungen zu funktionellen Reaktionen bei Räubern. Das mag vielleicht erklären, warum die meisten in der Literatur beschriebenen funktionellen Reaktionen von Typ 2 sind. Eine falsche Einschätzung des funktionellen Reaktionstyps kann allerdings erhebliche Auswirkungen in Modellen der Populationsdynamik von Räuber-Beute-Systemen haben (Abschnitt 4.5.1), und Vorhersagen zur Populationsdynamik können weit von der Wirklichkeit entfernt sein.

Da bei höherer Beutedichte der Räuber effektiver im Umgang mit seiner Beute wird, haben Hassell et al. (1977) vorgeschlagen, dass bei sigmoiden funktionellen Reaktionen die Angriffsrate $a$ oder die Handhabungszeit $T_h$ selbst eine Funktion der Beutedichte ist (Abbildung 4.6 und 4.7).

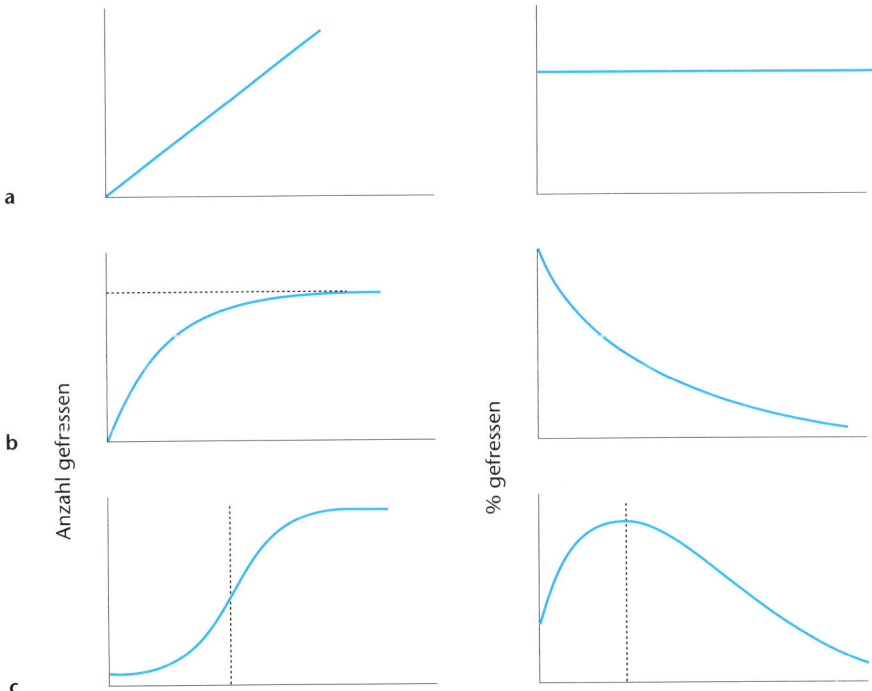

**Abb. 4.5:** Typen von funktionellen Reaktionen: In der linken Spalte ist die Anzahl gefressener Beutetiere $N_e$ gegenüber der Anzahl angebotener Beutetiere $N$ dargestellt, in der rechten Spalte die Prädationsrate, d. h. der Quotient aus der Anzahl gefressener Beutetiere zur Anzahl angebotener Beutetiere $N_e/N$ gegenüber der Anzahl angebotener Beutetiere $N$ dargestellt. a) Typ 1: linearer Anstieg der funktionellen Reaktion bis zu einem abrupten Abflachen auf einen konstanten Wert. Die Prädationsrate bleibt in weiten Bereichen konstant (dichteunabhängig). b) Typ 2: eine Kurve, die sich asymptotisch einem Schwellenwert annähert, der durch die Handhabungszeit der Beute oder den Sättigungsgrad der Räuber bestimmt wird (z. B. Hollings Scheibengleichung). Die Prädationsrate sinkt stetig (negativ dichteabhängig). c) Typ 3: eine sigmoide funktionelle Reaktionskurve, bei der die Räuber bei niedrigen Beutedichten ineffizient die Beute aufspüren und/oder überwältigen. Bei niedrigen Beutedichten steigt die Prädationsrate, weil die Räuber zunehmend effizienter werden (positiv dichteabhängig).

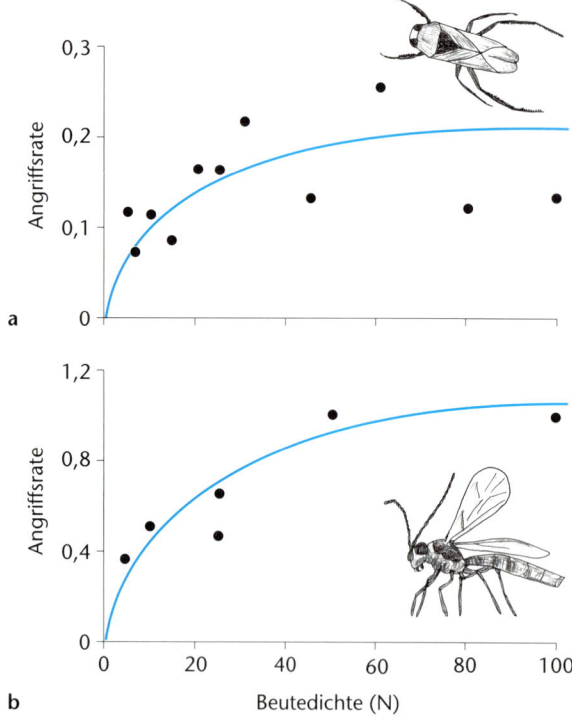

**a**

**b**

**Abb. 4.6:** Anstieg der Angriffsrate mit steigender Beutedichte bei verschiedenen Räubern und Parasitoiden. Mit steigender Beutedichte werden die Räuber effektiver im Aufspüren der Beute. Die Angriffsrate *a* steigt asymptotisch bis zu einem Schwellenwert. a) Der Rückenschwimmer (*Notonecta glauca*) frisst Wasserasseln (*Asellus aquaticus*), b) die Schlupfwespe (*Aphidius ervi*) parasitiert Blattläuse. Nach Hassell et al. (1977).

Eine realistische Funktion, die die Angriffsrate in Abhängigkeit der Beutedichte modelliert, hat eine ähnliche Form wie eine funktionelle Reaktion von Typ 2: Während

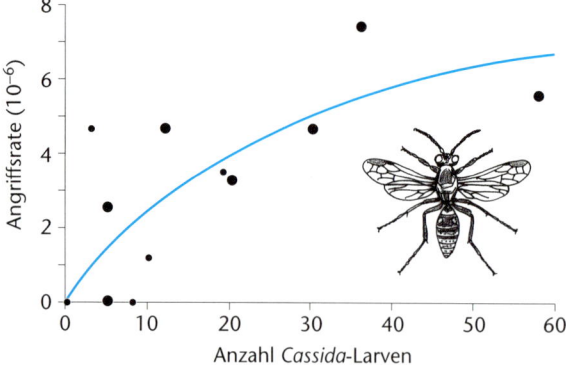

**Abb. 4.7:** Anstieg der Angriffsrate mit steigender Beutedichte bei der Feldwespe (*Polistes dominulus*), die Larven des Schildkäfers (*Cassida rubiginosa*) frisst. Die Größe der Punkte ist proportional zur Anzahl der Messwerte. Nach Schenk und Bacher (2002).

die Angriffsrate *a* bei niedriger Beutedichte ansteigt, wird sie bei hoher Beutedichte nicht mehr wesentlich gesteigert werden können und sich einem Plateau annähern.

$$a = \frac{bN}{1 + cN}$$

Setzen wir dies in die Scheibengleichung ein, ergibt sich die sigmoide funktionelle Reaktion

$$N_e = \frac{bTN^2}{1 + dN + bT_hN^2}$$

mit *b*, *c* und *d* als Konstanten.

Die bis jetzt vorgestellten Modelle zu funktionellen Reaktionen nehmen an, dass die Räuber in systematischer Weise nach Beute suchen (d. h. sie verschwenden keine Zeit, bereits abgesuchte Bereiche erneut zu durchsuchen) und dass die Beutepopulation, zumindest während der Untersuchungszeit *T*, nicht durch die Räuber erschöpft wird. Eine Auswirkung dieser Annahmen ist, dass die Anzahl gefundener Beutetiere pro abgesuchte Fläche konstant bleibt. Eine derartige Annahme ist meistens unrealistisch. In der Regel suchen Räuber nicht systematisch. Dies führt dazu, dass Räuber Zeit mit dem Durchsuchen bereits abgesuchter Gebiete verschwenden. Ebenso wenig kann die Abnahme der Beutedichte während der Untersuchungsperiode durch die Aktivität der Räuber vernachlässigt werden. Eine Möglichkeit, dem Rechnung zu tragen ist die Annahme, dass der Räuber zufällig nach Beute sucht (*random search*). Bei einer zufälligen Suche wird angenommen, dass Begegnungen zwischen Räuber und Beutindividuen einer Poisson-Verteilung (Kasten 3.1) folgen, d. h. in der Beutepopulation gibt es Individuen, die einem Räuber 0-, 1-, 2-, 3-, ... , n-Mal begegnen. Die durchschnittliche Anzahl Räuberbegegnungen pro Beutetier ist $\mu = N_e/N$. Nur diejenigen Beutetiere überleben, die keinem Räuber begegnen. Der Anteil überlebender Beutetiere ist daher durch den Null-Term der Poisson-Verteilung gegeben:

$$P_0 = e^{-\mu}$$

Der Anteil, der gefressen wird, ist dementsprechend $1 - P_0$. Die funktionelle Reaktion eines Räubers, der zufällig nach Beute sucht und eine funktionelle Reaktion von Typ 2 zeigt, kann man durch Integration der Scheibengleichung von Holling über die Zeit erhalten:

$$N_e = N\left[1 - e^{-aP(T - N_eT_h)}\right]$$

Diese Gleichung wird die **zufällige Räubergleichung** (*random predator equation*) genannt (Rogers 1972). Dieses Modell sagt voraus, dass weniger Beutindividuen gefressen werden als durch die Scheibengleichung vorausgesagt wird, weil die zufällige Suche weniger effektiv als die systematische Suche ist.

Räuber und Parasitoide unterscheiden sich in der Ausnutzung ihrer Beute/Wirte. Parasitoide können einem bereits vorher parasitierten Wirt während der weiteren Beutesuche wieder begegnen. Sie müssen dann diesen erneut begutachten, bevor sie ihn entweder ablehnen oder aber ihn nochmals parasitieren (Superparasitismus, Abschnitt 4.2.6). Beides bedeutet in der Regel keinen Fitnessgewinn. Im Gegenteil, es geht ihnen Zeit für das Suchen weiterer Beute verloren. Räuber begegnen Beute in unserem Modell nur einmal, da jede Beute attackiert wird und jeder Angriff erfolgreich ist. Ein Räuber verschwendet keine Zeit mit der wiederholten Begegnung und Handhabung von Beute und hat dementsprechend mehr Zeit zur Beutesuche zur Verfügung als ein Parasitoid. Die analoge **zufällige Parasitoidengleichung** (*random parasitoid equation*)

$$N_e = N \left[ 1 - e^{-\frac{aTP}{1 + aT_h N}} \right]$$

sagt folglich weniger parasitierte Wirte, als ein vergleichbarer zufälliger Räuber erbeuten würde, voraus (Rogers 1972).

Eine unrealistische Annahme unserer Modelle ist, dass ein Räuber bei jeder Beutebegegnung die Beute auch angreift und sie erfolgreich überwältigt. Erfolglose Angriffe können z.B. im Modell berücksichtigt werden, indem man die Handhabungszeit unterteilt in Angriffszeit $T_{Angriff}$ (einschließlich Erkennen, Verfolgen und Überwältigen) und Fraßzeit $T_{Fraß}$. Der Erfolg eines Angriffs $\varepsilon$ (definiert zwischen 0 = immer erfolglos und 1 = immer erfolgreich) kann dann in die Handhabungszeit eingebaut werden:

$$T_h = \frac{T_{Angriff}}{\varepsilon} + T_{Fraß}$$

In den bisherigen Modellen nehmen wir an, dass der Räuber durch die Handhabung von Beute limitiert wird. Ein anderer Mechanismus, der verhindern kann, dass ein Räuber weitere Beutetiere frisst, ist Sättigung. Die Unterscheidung von Sättigung und Handhabung ist wichtig, denn während ein Räuber, der eine Beute handhabt, nicht weiter nach neuer Beute suchen kann, ist dies bei einem gesättigten Räuber nicht unbedingt der Fall. Ein satter Räuber wird zwar nicht nach neuer Beute suchen, mit fortschreitender Verdauung steigt jedoch sein Hunger und damit die Motivation, erneut nach Beute zu suchen. Die Verdauung und damit der Sättigungsgrad ist also ein Hintergrundprozess und entkoppelt von der Handhabung der Beute. Sie wirkt sich auf die Motivation aus, nach neuer Beute zu suchen. Jeschke et al. (2002) haben die Wahrscheinlichkeit eines Räubers, nach Beute zu suchen $\alpha(N)$, in die Scheibengleichung eingebaut. Diese Wahrscheinlichkeit entspricht dem Füllungszustand des Darmes und damit dem Hungerzustand $h(N)$ des Räubers

$$\alpha(N) = h(N) = 1 - cN_e$$

mit $c$ als Verdauungszeit korrigiert für die Darmkapazität. $\alpha(N)$ ist definiert zwischen 0 (keine Motivation, Beute zu suchen, Darm gefüllt) und 1 (Darm leer, 100%ig motiviert, Beute zu suchen). Eingesetzt in die Scheibengleichung ergibt sich

$$N_e = \frac{(1 - cN_e)aTN}{1 + (1 - cN_e)aT_h N}$$

und aufgelöst nach $N_e$

$$N_e = \frac{1 + aN(T_h + c) - \sqrt{1 + aN(2(T_h + c) + aN(T_h - c)^2)}}{2aT_h cN}$$

Diese Gleichung wird die **SSS-Gleichung** genannt (*steady-state satiation*) und modelliert funktionelle Reaktionen von Typ 2. Wie in der Scheibengleichung wird bei niedrigen Beutedichten die Anzahl gefressener Beutetiere von der Angriffsrate $a$ bestimmt. Das Plateau wird bei hoher Beutedichte von der größeren der beiden Konstanten $T_b$ oder $c$ bestimmt. Es unterscheidet also zwischen handhabungslimitierten (Handhabungszeit größer als Verdauungszeit) und verdauungslimitierten (Verdauungszeit größer als Handhabungszeit) Räubern. Verdauungslimitierte Räuber verdauen Beute langsamer, als sie Beute handhaben. In diese Kategorie fallen analog auch Parasitoide und herbivore Insekten, wenn sie Eier langsamer produzieren als Wirte handhaben. Die SSS-Gleichung erweist sich möglicherweise deshalb als bedeutend, weil bei weitem die meisten Räuber verdauungs- und nicht handhabungslimitiert sind. Verdauungslimitierte Räuber verbringen nach der SSS-Gleichung mit steigender Beutedichte z.B. weniger Zeit mit der Nahrungssuche – ein Effekt, der durch die Scheibengleichung nicht vorhergesagt wird. Unter natürlichen Bedingungen verbringen Räuber tatsächlich einen Großteil ihrer Zeit mit Ruhen, häufig mehr als 80% (Curio 1976).

Nicht nur die Beutedichte $N$, auch die Räuberdichte $P$ kann die Prädationsrate des einzelnen Räubers mitbestimmen. Bei hoher Räuberdichte behindern sich die Räuber gegenseitig entweder direkt durch Aggression oder indirekt durch Ausbeutungskonkurrenz (Abschnitt 3.6.1). Im ersten Fall verlieren die Räuber Zeit, in der sie keine Beute suchen können, in Kämpfen mit Artgenossen, im zweiten Fall wird die Beutedichte, und damit die Wahrscheinlichkeit auf ein Beutetier zu treffen, durch die (erfolgreiche) Nahrungssuche von Artgenossen verringert. Auch werden die leicht zu findenden und zu überwältigenden Beutetiere zuerst gefressen, sodass es im Verlauf der Zeit immer schwieriger wird, ein Beutetier zu finden und zu überwältigen. Bei hoher Räuberdichte fängt der einzelne Räuber also weniger Beutetiere.

Viele andere biologische Prozesse können ebenfalls zu einer Räuberabhängigkeit führen. Das Jagen im Rudel (z.B. bei Wölfen oder Löwen) führt zu einer erhöhten Prädationsrate des einzelnen Räubers, denn allein wäre ein Räuber in der Regel nicht in der Lage, Beute zu erlegen. Viele Pflanzen, aber auch einige Tiere, besitzen induzierbare Verteidigungsmechanismen gegen Räuber (Abschnitt 4.5.2), d.h. diese Mechanismen werden nur in Anwesenheit der Räuber ausgebildet, weil sie „teuer" sind. Dazu gehören z.B. chemische Abwehrstoffe von

Pflanzen, der Rückenzahn von Wasserflöhen, aber auch eine eingeschränkte Nahrungssuche der Beute, wenn sie die Anwesenheit von Räubern spüren. Alle diese Maßnahmen führen dazu, dass Beuteindividuen schwieriger aufzuspüren oder zu überwältigen sind, wenn mehr Räuber anwesend sind.

Während Einigkeit herrscht, dass die Räuberdichte die funktionelle Reaktion beeinflussen kann, gehen die Meinungen darüber auseinander, in welcher Form und wie häufig dieses in der Natur auftritt. In der großen Mehrzahl klassischer Experimente zu funktionellen Reaktionen von Räubern wurde einzelnen Räubern, gewöhnlich in einem abgeschlossenen Raum (Käfig, Aquarium), eine bestimmte Anzahl von Beutetieren angeboten. In einem solchen Experiment kann natürlich keine Räuberabhängigkeit festgestellt werden, weil die Räuberdichte konstant bleibt. Wenige Experimente wurden bisher durchgeführt, in denen sowohl Räuber- als auch Beutedichte variiert wurden, doch in den meisten Fällen zeigte die Räuberdichte einen deutlichen Einfluss auf die funktionelle Reaktion. Auch diese Experimente liefen unter eingeschränkten Laborbedingungen, Untersuchungen in der Natur fehlen praktisch völlig. Da jedoch viele Prozesse in der Natur die Räuber- und Beuteabhängigkeit der funktionellen Reaktion beeinflussen können (Sozialverhalten der Räuber und der Beute, Einfluss von dritten Arten auf das Verhalten von Räuber und Beute usw.), sollten derartige Untersuchungen in freier Natur stattfinden. Momentan sind wir leider weit davon entfernt, den Mechanismus und die Form der funktionellen Reaktionen einer repräsentativen Anzahl Räuber unter natürlichen Bedingungen zu kennen.

Ein viel diskutierter Vorschlag ist, dass die funktionelle Reaktion vom Verhältnis der Beutedichte zur Räuberdichte $N/P$ abhängt (Arditi und Ginzburg 1989) und nicht von deren absoluten Dichten (Kasten 4.3). In den meisten Fällen sinkt die Prädationsrate pro Räuber, wenn dessen Populationsdichte steigt, weil die Räuber die vorhandene Beute aufteilen müssen. Ein sinnvoller Ansatz ist, dass die Beute anteilig unter den Räubern aufgeteilt wird, also von deren Verhältnis zur Beute ($N/P$) abhängt. Der entscheidende Unterschied zur beuteabhängigen funktionellen Reaktion ist, dass nun der Anteil Beute, der pro Räuber entfällt,

berücksichtigt wird. Eine solche **verhältnisabhängige funktionelle Reaktion** (*ratio-dependent functional response*) scheint auf viele der durchgeführten Laborexperimente gut zu passen und wird daher als Alternative zur beuteabhängigen funktionellen Reaktion diskutiert. Die verhältnisabhängige funktionelle Reaktion ist allerdings ebenso wie die beuteabhängige funktionelle Reaktion nur ein Spezialfall einer Räuberabhängigkeit. In natürlichen Systemen wird die tatsächliche Form der funktionellen Reaktion wahrscheinlich zu einem gewissen Grad von den beiden Extremen abweichen. Weil verhältnisabhängige und beuteabhängige funktionelle Reaktionen unterschiedliche Auswirkungen auf die Stabilität und Populationsdynamik von Populationen haben (Abschnitt 4.7.1), ist ihre genaue Unterscheidung wichtig. Da alle Lebewesen entweder Räuber oder Beute (oder auch beides) sind, beeinträchtigt unser Unwissen in dieser Hinsicht unsere Fähigkeit, gut begründete Entscheidungen bei der Bewirtschaftung von natürlichen Populationen (z. B. Fischerei, Jagd, Holzwirtschaft) und dem Schutz von gefährdeten Arten zu treffen. Der Weg zu einem rationalen, theoriebasierten Naturmanagement ist noch weit.

### 4.1.2.3 Dichteabhängigkeit: Numerische Reaktion

Unter einer numerischen Reaktion verstehen wir die Umsetzung von Nahrung in Nachkommen. Je mehr Beutetiere ein Räuber frisst, desto mehr Energie kann er in Reproduktion investieren, desto mehr Nachkommen kann er erzeugen. Eine Erhöhung der Beutepopulation führt also zu einer Erhöhung der Räuberpopulation. Wie wir im vorigen Abschnitt gesehen haben, ist die Anzahl gefressener Beutetiere über die funktionelle Reaktion $f(N)$ eines Räubers von der Beutedichte (und unter Umständen auch von der Räuberdichte selbst; $f(N,P)$) abhängig. Die numerische Reaktion $g$ ist also über die funktionelle Reaktion $f$ ebenfalls von der Beutedichte abhängig ($g(N)$). Die Effizienz der Konvertierung von Nahrung in Nachkommen wird **trophische Effizienz** (*trophic efficiency*) oder **Konvertierungseffizienz** $e$ genannt (Abschnitt 5.2.1.4). Eine Reihe von Arbeiten hat bei einer Vielzahl von Tierarten gezeigt,

---

| **Kasten 4.3:** | **Funktionelle Reaktionen, die von der Räuber- und der Beutedichte abhängen** |

Wenn man die Beutedichte $N$ in der Scheibengleichung durch das Verhältnis von Beute- zu Räuberdichte $N/P$ ersetzt, erhält man eine analoge Form der funktionellen Reaktion, die verhältnisabhängig ist:

$$\frac{N_e}{P} = \frac{aT\frac{N}{P}}{1 + aT_h\frac{N}{P}} = \frac{aTN}{P + aT_h N}$$

Eine räuberabhängige Formel wäre

$$\frac{N_e}{P} = \frac{aTN}{1 + aT_h N + \gamma P}$$

in der $\gamma$ ein Maß der gegenseitigen Störung der Räuber wäre. Eine sehr flexible Formel stammt von Hassell und Varley (1969), in der aufbauend auf Hollings Scheibengleichung die Angriffsrate $a$ durch $a/P^{-m}$ ersetzt wird.

$$\frac{N_e}{P} = \frac{aTNP^{-m}}{1 + aT_h NP^{-m}}$$

Diese Formel kann sowohl reine Beuteabhängigkeit ($m = 0$) als auch reine Verhältnisabhängigkeit ($m = 1$) sowie beliebige Zwischenstufen modellieren.

dass die Anzahl gefressener Beutetiere in der Regel proportional zur Anzahl produzierter Nachkommen ist, d.h. die Konvertierungseffizienz $e$ ist eine Konstante ($0 < e < 1$).

$$g(N) = e \cdot f(N)$$

Die Räuberdichte kann die numerische Reaktion auf zweierlei Art beeinflussen: über die funktionelle Reaktion und durch direkte Interaktion der Räuber untereinander. Bei hohen Räuberdichten bringen die einzelnen Räuber z. B. wegen Verletzungen bei aggressiven Auseinandersetzungen oder wegen Dichtestress weniger Nachkommen zur Welt.

$$g(N) = e \cdot f(N) - bP$$

Der Parameter $b$ ist ein Maß für die Stärke der direkten Beeinträchtigung der Räuber untereinander.

Die numerische Reaktion eines Räubers kann nach oben begrenzt sein. Wenn z. B. die Anzahl Territorien oder Nistplätze begrenzt ist, kann ein Räuber auch bei genügender Nahrungsversorgung nur eine begrenzte Anzahl Nachkommen zur Welt bringen. Andererseits kann die numerische Reaktion auch nach unten begrenzt sein, sodass trotz genügender Nahrungsversorgung nicht die durch die Nahrungsmenge gegebene Anzahl Nachkommen erreicht wird. Dies wird der **Allee-Effekt** (Abschnitte 3.4.2 und 6.5.1.1) genannt. Bei geringer Räuberdichte haben die einzelnen Räuber mitunter Mühe, Partner zu finden, oder es können sich bei kleinen Populationen über einen längeren Zeitraum durch Inzucht Letalmutationen anreichern, sodass diese Populationen genetisch verarmen. Beide Effekte führen dazu, dass die Anzahl Nachkommen, die ein Individuum produziert, sinkt.

Manchmal wird in der Literatur von einer numerischen Reaktion gesprochen, wenn sich Räuber an Plätzen hoher Beutedichte konzentrieren. In einem solchen Fall erhöht sich natürlich nicht die Räuberpopulation, sondern es ändert sich nur ihre Verteilung im Raum. Daher kann man streng genommen nicht von einer numerischen Reaktion sprechen; manchmal wird der Term **aggregative Reaktion** verwendet. Eine solche Aggregation von Räubern an Plätzen hoher Nahrungsdichte wird im nächsten Kapitel behandelt.

#### 4.1.2.4 Nahrungssuche in heterogenen Umgebungen

Häufig ist die Nahrung nicht gleichmäßig im Lebensraum verteilt (Abschnitt 3.3.1). Es gibt Plätze (*patches*), an denen die Nahrung vorkommt, und dazwischen gibt es Bereiche ohne Nahrung. Die meisten krautigen Pflanzen kommen geklumpt vor. Ihre Bestäuber, aber auch die auf sie spezialisierten Herbivoren, suchen also nach geklumpt verteilter Nahrung. Während die Tiere an einem Platz nach Nahrung suchen, nimmt die Menge an vorhandener Nahrung an diesem Platz stetig ab. Es wird also mit der Zeit immer schwieriger für die einzelnen Tiere, neue Nahrung an diesem Platz zu finden. Die Rate, mit der neue Nahrung gefunden wird, sinkt daher mit zunehmender Suchzeit. Nehmen wir erneut an, dass die Selektion Individuen

bevorzugt, die die Rate, mit der sie Nahrung finden, maximieren (weil diese besser überleben, mehr Nachkommen zeugen usw.). Mit zunehmender Erschöpfung der Nahrung an dem einen Platz wird es sich irgendwann lohnen, diesen Platz zu verlassen und die Suche an einem neuen, lohnenderen Platz fortzusetzen. Aber was wäre die beste Strategie?

Stellen wir uns einen Vogel vor, der nach Insektenlarven sucht, die sich im Holz von abgestorbenen Bäumen befinden. Die abgestorbenen Bäume stehen in mehr oder weniger regelmäßigen Abständen in einem naturnahen Wald. Unser Vogel hat gerade einen Stamm verlassen und fliegt zu einem neuen, um dort Futter zu suchen. Die Zeit, die der Vogel benötigt, um von einem Stamm Totholz zum nächsten zu fliegen, nennen wir die Reisezeit (*travelling time*). Am neuen Stamm angekommen, beginnt der Vogel sogleich mit der Nahrungssuche. Die ersten Larven sind schnell gefunden, aber weil die Larvendichte durch die Fraßtätigkeit des Vogels stetig abnimmt, dauert es immer länger, die nächste Larve zu finden. Das Ergebnis ist eine **Ernte-** oder **Gewinnkurve** (*gain curve*), die am Anfang steil ansteigt, mit zunehmender Zeit aber immer stärker abflacht. Diese Kurve wird in Analogie zur Ökonomie **Kurve sinkender Einnahmen** (*diminishing returns*) genannt (Abbildung 4.8). Unser Vogel muss nun entscheiden, zu welchem Zeitpunkt er bei dieser Kurve aufgeben sollte. Den besten Zeitpunkt (bei dem die Rate der Nahrungsaufnahme maximiert wird) findet man, indem man in Abbildung 4.8 ausgehend vom Beginn der Reisezeit (Punkt A) eine Tangente an die Gewinnkurve anlegt. Die Steigung dieser Geraden ist [Gewinn/(Reisezeit + Nahrungssuchzeit)], also die Rate der Nahrungsaufnahme. Dies wird deutlich, wenn man sich vorstellt, dass die Gerade die Hypotenuse eines rechtwinkligen Dreiecks mit der Basis auf der Zeitachse und der Vertikalen gemessen in Gewinn (Anzahl gefundene Larven) bildet. Um die Rate der Nahrungsaufnahme zu maximieren, muss man die Steigung der Geraden maximieren. Die Reisezeit und die Gewinnkurve sind gegeben; sie sind feste Bestandteile der Interaktion des Vogels mit seiner Umgebung. Jede Gerade muss daher beim Beginn der Reisezeit anfangen und irgendwo die Gewinnkurve schneiden. Die Gerade mit der höchsten Steigung unter diesen Randbedingungen ist daher die Tangente in Abbildung 4.8. Dieses Modell der Maximierung der Nahrungsaufnahmerate wird **Grenzwerttheorem** (*marginal value theorem*) genannt (Charnov 1976b).

Die Anzahl gefundener Larven, nach denen unser Vogel den Stamm wechseln sollte, hängt unter anderem natürlich von der Anzahl Larven auf dem Stamm (Nahrungsdichte) und von der Leichtigkeit, mit der sie gefunden werden können (z. B. wie tief sie unter der Rinde versteckt sind), ab. Diese beiden Parameter beeinflussen den Verlauf der Gewinnkurve. Je weniger Larven auf dem Stamm sind und je schwerer sie gefunden werden, desto flacher wird die Gewinnkurve verlaufen. Auch die durchschnittliche Entfernung der Stämme zueinander beeinflusst die Entscheidung. Je dichter der Bestand an Stämmen, desto

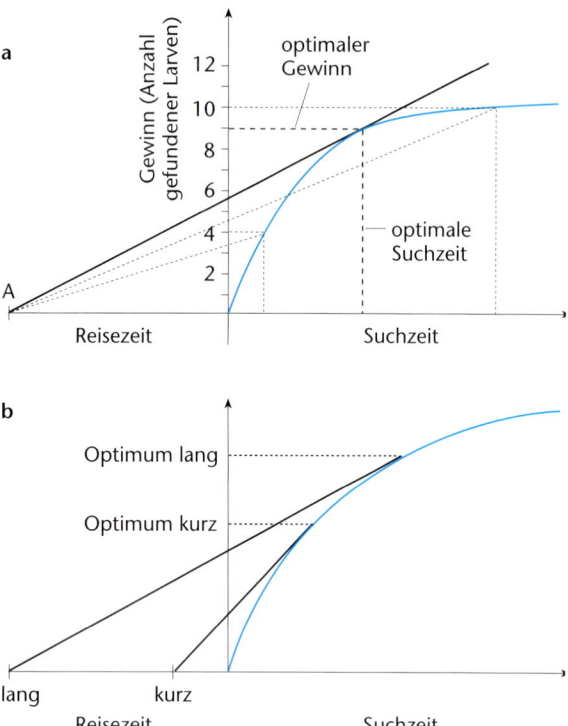

**Abb. 4.8:** Das Problem der Maximierung der Nahrungsaufnahmerate bei einem Vogel, der Larven in toten Baumstämmen sucht. a) Auf der horizontalen Achse ist die Zeit aufgetragen, auf der vertikalen der Gewinn als Anzahl gefundener Larven. Die Zeitachse ist in zwei Abschnitte eingeteilt: die Reisezeit links der Ordinate und die Nahrungssuchzeit rechts der Ordinate. Die Kurve gibt die kumulierte Anzahl gefundener Larven als Funktion der Nahrungssuchzeit an. Die Nahrungsaufnahmerate wird maximiert, wenn die Gerade durch den Beginn der Reisezeit A die Gewinnkurve tangiert. Der Vogel sollte also den Stamm verlassen, wenn er 9 Larven gefunden hat. Um dies zu veranschaulichen sind zwei gestrichelte Geraden eingefügt, die die Kurve bei höheren bzw. niedrigeren Gewinnen (Anzahl gefundener Larven) schneiden; beide Geraden haben eine kleinere Steigung als die Tangente und damit eine geringere Nahrungsaufnahmerate. b) Die Anzahl gefundener Larven, nach der der Vogel den Stamm verlassen sollte, hängt von der Reisezeit zwischen zwei Stämmen Totholz, also von der Entfernung der Stämme zueinander, ab. Wenn die Stämme relativ nahe beieinander stehen, sollte der Vogel nach einer geringeren Anzahl gefundener Larven den Stamm wechseln, als bei weit entfernten Stämmen.

kürzer die Reisezeit von Stamm zu Stamm. Bei kurzer Reisezeit wird die Tangente an die Gewinnkurve steiler, die Nahrungsaufnahmerate also größer, aber die Anzahl gefundener Larven, nach der der Vogel den Stamm wechseln sollte, kleiner (Abbildung 4.8b). D. h. es lohnt sich, früher einen Futterplatz zu verlassen, wenn die Distanz zwischen zwei Stämmen klein ist, weil man mit hoher Wahrscheinlichkeit schnell einen besseren findet.

Bis jetzt haben wir angenommen, dass unser Vogel zufällig nach Nahrung auf den Stämmen sucht. Das Abflachen der Gewinnkurve wurde also dadurch verursacht,

dass im Verlauf der Nahrungssuche die Nahrungsdichte (Anzahl Larven pro Stamm) abnahm und damit die zufälligen Räuber-Beute-Begegnungen immer unwahrscheinlicher wurden. Nun suchen aber nicht alle Räuber zufällig nach ihrer Beute. Wie verändert sich die Gewinnkurve bei Räubern mit einem anderen Suchschema? Wenn wir einen Räuber haben, der systematisch die Nahrungsplätze nach Beute absucht, dann wird er mit einer konstanten Rate neue Beute finden (vorausgesetzt, die Beute ist über den ganzen Nahrungsplatz verteilt und nicht aggregiert). Die Gewinnkurve wird linear steigen, bis der gesamte Platz abgesucht ist und keine Beute übrig bleibt. Für einen solchen Räuber gibt es keinen Vorteil, den Nahrungsplatz vorzeitig zu verlassen, bevor dieser nicht vollständig ausgebeutet ist.

Blattläuse (Homoptera, Aphididae) bilden z. B. häufig Kolonien entlang von Stängeln krautiger Pflanzen. Für Marienkäferlarven (Coccinellidae), die sich hauptsächlich von diesen ernähren, bilden solche Kolonien Nahrungsplätze, die fleckenhaft in der Landschaft verteilt sind. Wenn eine Marienkäferlarve eine Blattlauskolonie gefunden hat, frisst sie die Blattläuse nicht in einem zufälligen Muster, sondern beginnt bei den Blattläusen am Rand der Kolonie und arbeitet sich Blattlaus um Blattlaus durch die ganze Kolonie vor. Eine Marienkäferlarve zeigt also innerhalb eines Nahrungsplatzes ein systematisches Vorgehen. Tatsächlich werden in der Natur Blattlauskolonien von Marienkäferlarven in der Regel auch vollständig ausgerottet, bevor die Larve einen neuen Nahrungsplatz aufsucht.

Das Grenzwerttheorem lässt sich auf eine Vielzahl von Situationen der Nahrungsaufnahme übertragen. Viele Tiere suchen ihre Nahrung an einem zentralen Platz und tragen diese dann heim ins Nest (*central place foragers*). Zu diesen gehören unter anderem auch Stare (*Sturnus vulgaris*), die ihre Brut mit Schnakenlarven (*Tipula* spp.), die sie auf Grünflächen mit ihrem Schnabel aus dem Boden holen, versorgen. Das Problem des Stars ist, dass er mit den bereits gefundenen Larven im Schnabel weiter nach neuen Larven im Boden suchen muss. Dies wird mit zunehmender Anzahl Larven im Schnabel immer schwieriger, sodass die Zeitspanne, bis der Star eine neue Larve erbeutet hat, immer länger wird. Kacelnik (1984) hat Stare darauf trainiert, sich an einem künstlichen Futterplatz Mehlwürmer (*Tenebrio* sp.) abzuholen. Diese wurden einzeln dem Vogel angeboten, wobei der zeitliche Abstand zwischen zwei Würmern immer länger wurde. So wurde experimentell die Gewinnkurve hergestellt. Den Vögeln war also die Gewinnkurve aus Erfahrung bekannt. Nun wurde der Futterplatz in verschiedenen Abständen zum Nest aufgestellt, um die Reisezeit zu variieren. Die vorhergesagte optimale Anzahl von Mehlwürmern, die die Vögel zum Nest tragen sollten, stimmt erstaunlich gut mit den von den Vögeln tatsächlich transportierten Mehlwürmern überein (Abbildung 4.9).

Um sich optimal zu verhalten, muss ein Räuber eine genaue Kenntnis der Gewinnkurve und der Entfernung der Nahrungsplätze zueinander haben. Diese Annahme ist allerdings in den meisten Fällen unrealistisch. In der Natur findet man zwar häufig eine qualitative Übereinstimmung mit den Vorhersagen des Grenzwerttheorems (d. h. je we-

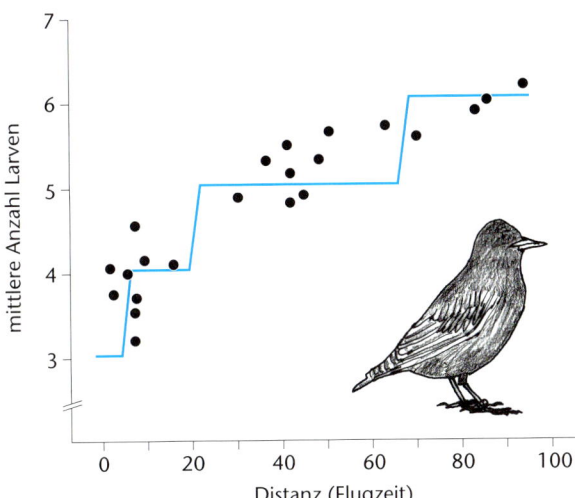

**Abb. 4.9:** Wenn Stare darauf trainiert wurden, Mehlwürmer von einem künstlichen Futterplatz aufzunehmen, brachten sie aus größeren Distanzen auch mehr Larven auf einmal mit zum Nest (Punkte). Jeder Punkt stellt den Mittelwert einer großen Anzahl Wiederholungen bei den jeweiligen Distanzen dar. Die durchgezogene Linie stellt die Vorhersage des Grenzwerttheorems dar. Dies ist eine stufige Kurve, denn der Vogel sollte ab einer gewissen Distanz einen ganzen Mehlwurm mehr im Schnabel tragen (die Durchschnittswerte müssen natürlich keine ganzen Zahlen sein). Nach Kacelnik (1984).

niger Nahrung pro Nahrungsplatz und je näher die Nahrungsplätze zusammen sind, desto eher wechselt der Räuber den Platz), aber selten eine quantitative (d. h. der Aufgabezeitpunkt in der Natur stimmt nicht genau mit dem vom Grenzwerttheorem vorhergesagten überein). Dies zeigt, dass das Prinzip zwar wichtig zu sein scheint, aber andere Faktoren, die im Modell nicht berücksichtigt werden (z. B. das Risiko, selbst von einem Räuber gefressen zu werden, erhöhte Konkurrenz an nahrungsreichen Plätzen durch andere Artgenossen), spielen bei der Nahrungssuche auch eine Rolle.

In manchen Fällen ist es sinnvoll, den Gewinn eines Tieres auf Nahrungssuche nicht in absolut gewonnener Nahrungsmenge, d. h. den absoluten Energiegewinn, zu messen, sondern in der Nahrungssucheffizienz, d. h. in gewonnener Energie pro ausgegebener Energie. Dies spielt bei Tieren eine Rolle, die energetische Kosten durch den Transport von Nahrung haben. Bienen z. B. kehren oft von der Nektarsuche mit unvollständig gefülltem Kropf zurück. Die weitere Nahrungssuche wird durch den Füllungszustand des Kropfes nicht weiter behindert (wie dies beim Star der Fall ist), aber das zusätzliche Gewicht verursacht zusätzliche energetische Kosten beim Flug (ähnlich wie bei vollgetankten Flugzeugen). Je schwerer eine Biene ist, desto mehr Energie verbraucht sie beim Fliegen. Während also die Nektaraufnahmerate konstant bleibt, verringert sich der Anteil, der letztendlich zum Nest transportiert wird, stetig. Warum gibt es diese Unterschiede bei verschiedenen Tieren? Bei den Staren scheint

Effizienz keine erkennbare Rolle zu spielen. Ein Star, der für 10 kJ Nahrung zum Nest bringt, während er 1 kJ verbrennt, hat dieselbe Effizienz, wie ein Star, der 100 kJ Nahrung zum Nest bringt, während er 10 kJ verbrennt; beide haben die Effizienz 10 (= eingetragene Energie/verbrauchte Energie), aber der erste hat nur 9 kJ, die er in Nachwuchs investieren kann, während der zweite 90 kJ, also das Zehnfache zur Verfügung hat. Bei den Bienen spielt Effizienz eine wichtige Rolle, weil Fliegen (besonders mit schwerer Last) die Lebensdauer einer Biene verkürzt. Eine Biene, die immer große Ladungen Nektar zum Nest bringt, stirbt früher und liefert in ihrer Lebenszeit dem Bienenstock weniger Nektar als eine Biene, die energetisch effizienter Nektar einträgt.

In den obigen Situationen haben wir angenommen, dass die Nahrungsplätze etwa gleich groß waren und gleich viel Nahrungsobjekte enthielten. Häufig ist die Nahrung allerdings in Plätzen unterschiedlicher Größe und Dichte im Raum verteilt. Wie reagieren darauf die Konsumenten? Nehmen wir an, wir haben zwei gleichgroße Plätze unterschiedlicher Nahrungsdichte und unsere Konsumenten kommen einer nach dem anderen und dürfen sich für einen dieser Plätze entscheiden. Am Anfang sollten die Konsumenten den Platz mit der höchsten Dichte wählen, da dieser eine höhere Nahrungsaufnahmerate (Nahrung pro Zeit) verspricht. Mit zunehmender Anzahl Konsumenten, die an diesem Platz die Nahrungsdichte reduzieren, wird jedoch die Nahrungsaufnahmerate pro Konsument an diesem Platz geringer, und irgendwann wird es sich für Neuankömmlinge lohnen, auf dem ärmeren Platz nach Nahrung zu suchen, weil dieser weniger Konkurrenz verspricht. Am Schluss sollten sich die Konsumenten im Verhältnis zum Nahrungsangebot der beiden Plätze aufgeteilt haben, sodass jedes Individuum die gleiche Nahrungsaufnahmerate hat. Wenn also der eine Platz doppelt so viel Nahrung bietet wie der andere, sollten sich die Konsumenten auch im Verhältnis 2:1 aufteilen. Diese Verteilung wird die **ideale freie Verteilung** genannt (*ideal free distribution*; Fretwell 1972) und tritt bei Ausbeutungskonkurrenz auf (Abschnitt 3.6.1).

Häufig wird in der Natur allerdings beobachtet, dass sich auf Plätzen großer Nahrungsdichte überproportional viele Konsumenten aufhalten, d. h. mehr als nach einer Zufallsverteilung oder der idealen freien Verteilung angenommen werden. Plätze hoher Nahrungsdichte scheinen also für eine Mehrzahl der Konsumenten attraktiv zu wirken. Dies lässt sich häufig darauf zurückführen, dass die Konsumenten auf der Suche nach Nahrungsplätzen Signale, die von ihrer Nahrung ausgehen, zum Auffinden der Plätze nutzen. Von einer großen Ansammlung von Nahrung gehen stärkere Signale aus als von einer kleinen Ansammlung – egal ob die Konsumenten sich **olfaktorisch**, **visuell** oder **akustisch** anhand der Beute selber oder ihrer Nebenprodukte (Duftstoffe, Ausscheidungen, Fraßschaden) orientieren. Die Wahrscheinlichkeit für einen Konsumenten auf ein Signal einer großen Nahrungsansammlung zu stoßen ist größer als bei einer kleinen, unabhängig davon, wie viele andere Konsumenten sich bereits auf dem Nahrungsplatz befinden. Der Effekt einer aggregierten Nahrungsverteilung ist also, dass an Plätzen hoher Nahrungsdichte die Nahrung überproportional stark dezimiert wird, während viele Plätze geringer Nahrungsdichte den Konsumenten entgehen. Große Blattlauskolonien werden von einer Vielzahl von Räubern heimgesucht, während kleine Kolonien oft der Prädation entgehen. Durch Aggregationsverhalten entkommt somit ein Teil der Population den Räubern (**teilweises Entkommen**). Aggregation stellt daher eine Art **räumliches Refugium** der Beute vor ihren Räubern dar.

Analog zu einem Entkommen im Raum gibt es auch ein Entkommen in der Zeit (**zeitliches Refugium**). Ein eindrückliches Beispiel sind die klassischen Experimente von Huffaker (1958, Huffaker et al. 1963) mit Spinnmilben (*Eotetranychus sexmaculatus*), die sich von Orangen ernähren, und ihren Räubern, der Raubmilbe *Typhlodromus occidentalis*. Wenn die Raubmilben eine Spinnmilbenkolonie auf einer Orange erreichen, rotten sie diese recht schnell aus. So starben die gesamte Spinnmilbenpopulation und kurz danach auch die Raubmilben aus, wenn die Orangen in einer homogenen Versuchsanlage dicht beieinander lagen, die Räuber also problemlos von einer Beutekolonie zur nächsten wandern konnten. Wenn allerdings die Versuchsanlage heterogen gestaltet wurde mit Hindernissen zwischen den Orangen (Nahrungsplätzen), die für die Räuber schwer zu überwinden waren, für die Beute hingegen kein Problem darstellten (Spinnmilben können sich an ihren Spinnfäden über den Luftstrom verdriften lassen, Raubmilben nicht), dann wurden die Spinnmilben nicht ausgerottet. Es bildete sich ein stabiles Zwei-Artensystem nach dem Konzept der Metapopulation (Abschnitt 3.7.2). Die Spinnmilben konnten neue Orangen besiedeln und dort Kolonien bilden, von denen ausgehend sie weitere Orangen erreichten, bevor die Räuber ihre Kolonie gefunden und anschließend ausgerottet haben. Die Beute erhielt also einen zeitlichen Vorsprung vor den Räubern, indem sie sich schneller als der Räuber verbreiten konnte. Wenn die Beute ein höheres Dispersionsvermögen als der Räuber besitzt, kann dieses Phäno-

men zu einer stabilen Koexistenz von Räuber und Beute führen.

# 4.2 Die trophischen Ebenen

Ein Teil der von der Sonne auf die Erde eingestrahlte Lichtenergie wird von den Pflanzen aufgefangen und zum Aufbau von organischen Molekülen benutzt, die wiederum Wachstum, Stoffwechsel und Fortpflanzung ermöglichen. Pflanzen stehen damit an der Basis jeglichen Lebens auf der Erde und gelten daher als **Primärproduzenten**.

Natürlich sind auch andere autotrophe Organismen (Tabelle 4.1, Kasten 5.1) am Aufbau organischer Substanz aus anorganischer Materie beteiligt. Verglichen mit den Pflanzen spielen diese aber global gesehen kaum eine Rolle und werden deshalb an dieser Stelle nicht weiter behandelt.

Pflanzen wiederum werden von Pflanzenfressern (**Herbivoren, Phytophagen**) gefressen, die deswegen als **Primärkonsumenten** bezeichnet werden. Diese dienen ihrerseits als Nahrung für Räuber (**Carnivoren = Sekundärkonsumenten**). Ein Räuber bekommt also seine Energie aus dem Herbivoren, den er gefressen hat, der wiederum seine Energie aus der Pflanze bezogen hat, die ihrerseits ihre Energie aus der Sonnenstrahlung hat. Auf diese Weise werden die Lebewesen in trophische Ebenen eingestuft, je nachdem wie viele Organismen seit der eingestrahlten Sonnenenergie bereits dazwischengeschaltet waren (Abbildung 4.10). Die Einteilung in trophische Ebenen hat also etwas mit dem Energiefluss in Ökosystemen zu tun und wird auch in mehr energetischem Zusammenhang in Abschnitt 5.2.1 angesprochen. Abweichend von diesem einfachen Schema gibt es Organismen, die ihre Energie von mehreren unter ihnen liegenden trophischen Ebenen beziehen (**Omnivoren).** Hierbei handelt es sich z. B. um Tiere, die sowohl tierische als auch pflanzliche Nahrung zu sich nehmen. Schließlich gibt es die Gruppe der **Zersetzer** (Destruenten, Detritivoren), die die anfal-

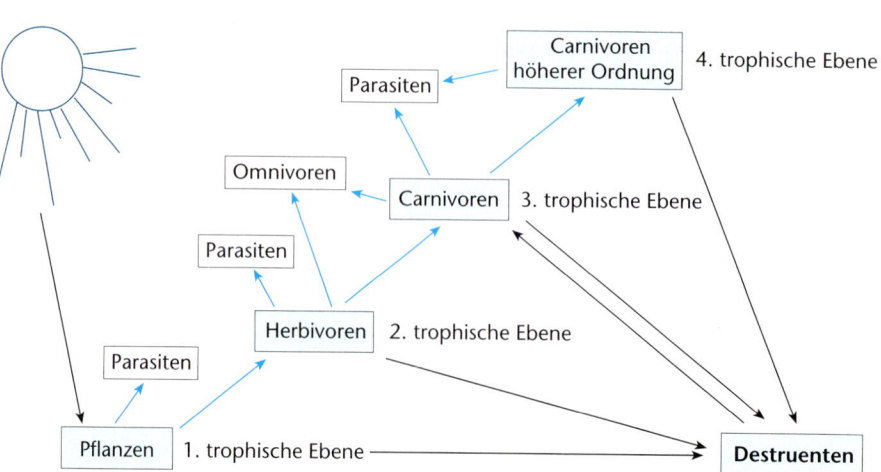

**Abb. 4.10:** Schematische Einteilung von Organismen nach trophischen Ebenen. Pfeile bedeuten Energiefluss.

lenden Pflanzenteile und Leichen und deren Zersetzungsprodukte aus allen trophischen Ebenen wieder mineralisieren, sodass diese letztendlich wieder von den Pflanzen aufgenommen werden können. Organismen auf allen trophischen Ebenen können von **Parasiten** befallen werden, sodass auch diese Gruppe als Ganzes keiner eindeutigen Ebene zugeordnet werden kann. Einzelne parasitische Vertreter werden jeweils eine Ebene höher als ihre Wirte eingeordnet.

In diesem Abschnitt werden die einzelnen trophischen Ebenen dargestellt, die dazugehörigen Begriffe erklärt und Phänomene beschrieben, die für die jeweilige Gruppe charakteristisch sind. In den Abschnitten 4.4 bis 4.7 werden dann die Wechselwirkungen (Interaktionen) von Vertretern einer oder mehrerer Gruppen vorgestellt.

## 4.2.1 Zersetzer, Destruenten, Detritivoren

Die Gruppe von Organismen, die für den Abbau von toter organischer Materie sorgen, nennt man Zersetzer, Destruenten oder manchmal auch Detritivoren. Zu dieser Gruppe gehören Vertreter der Tiere, Pilze und Bakterien, d.h. ausschließlich **heterotrophe** Organismen. Nach dem vollständigen Abbau (**Mineralisierung**) liegt die organische Substanz wieder in anorganischer Form vor ($CO_2$, $H_2O$ und mineralische Nährstoffe wie Stickstoff-, Schwefel-, Phosphor- und Kaliumverbindungen sowie Spurenelemente). Sie ist damit für die Pflanzen wieder nutzbar und der Nährstoffkreislauf ist geschlossen. Das Substrat, das die Zersetzer zur Ernährung nutzen, umfasst nicht nur tote Organismen (Leichen), sondern auch Abfallprodukte lebender Organismen (Kot, andere Ausscheidungen, Häute und Hautprodukte). Je nachdem, welches Substrat genutzt wird, spricht man von **Koprophagie** (Kot) oder **Nekrophagie** (Kadaver). Wenn der Zersetzungsprozess schon weiter fortgeschritten ist, wird es unter Umständen schwierig, zwischen diesen beiden eindeutig zu unterscheiden (z.B. Organismen, die sich vom Substrat aus der Humus- oder der Sedimentschicht von Gewässern ernähren). In solchen Fällen spricht man häufig allgemein von **Detritophagie** (Detritus: organische Substanz).

In den seltensten Fällen wird tote organische Substanz von einer einzigen Zersetzerart vollständig mineralisiert. In der Regel gibt es einen Artenkomplex an Zersetzern, der sich im Verlauf des Zersetzungsprozesses auch noch verändert, d.h. in den verschiedenen Stadien des Zersetzungsprozesses sind jeweils andere Arten an der Mineralisierung beteiligt (**Sukzession**, Abschnitt 5.4.5). Die verschiedenen Zersetzerarten sind also mehr oder weniger in ihrer Nahrungsaufnahme spezialisiert. Die Organismen, die im Zersetzungsprozess als erste eine Rolle spielen, sind die Opportunisten. Viele Bakterien und Pilze nutzen lösliche Substanzen (Aminosäuren und Zucker) zum schnellen Wachstum. Unter anaeroben Bedingungen kann dies zur Gärung führen. Unter dauerhaft anoxischen Bedingungen (z.B. in Sedimenten) spielen Zersetzer eine Rolle, die zu

anaerober Atmung in der Lage sind: denitrifizierende, Sulfat reduzierende und Methan bildende Mikroorganismen. In den Reisfeldern Asiens wird z.B. durch Zersetzungsprozesse eine beträchtliche Menge des Treibhausgases Methan ($CH_4$) in die Atmosphäre freigesetzt, was zu einer Verstärkung des Treibhauseffekts führt (Abschnitt 7.3.3). Schwer angreifbare Substanzen (Cellulose, Chitin, Lignin, Cutin, Suberin) werden langsam und durch spezialisierte Organismen abgebaut. Bei der Holzzersetzung bauen z.B. Braunfäulepilze Cellulose ab und hinterlassen einen braunen Rückstand aus Lignin, während Weißfäulepilze Lignin abbauen und dabei einen weißen Rückstand aus Cellulose hinterlassen. Der eigentliche Abbauprozess durch Mikroorganismen (Mikroflora: Bakterien, Pilze) wird durch Tiere (Meso-, Megafauna), die die tote organische Substanz mechanisch zerkleinern, beschleunigt. Die Sukzession der Zersetzer ist eng an den Abbauprozess gekoppelt. Dies macht man sich unter anderem in der forensischen Kriminalistik zu Nutze, indem man anhand des Nekrophagenkomplexes und einiger abiotischer Parameter (z.B. Temperatur) den Todeszeitpunkt einer Leiche recht genau bestimmen kann.

Zersetzer spielen eine wichtige Rolle in Symbiosen mit Herbivoren (Abschnitt 4.6). Sie helfen als Darmbewohner bei der Zersetzung von schwer verdaulichen Substanzen, in erster Linie Cellulose, die für die Tiere ansonsten unverdaulich wäre, z.B. bei Wiederkäuern und Termiten. Eine andere Tiergruppe, die sich Zersetzer als Symbionten hält, sind Blattschneiderameisen, die in regelrechten Gärten Pilze auf abgeschnittenem Blattmaterial züchten und sich von ihnen ernähren.

Im Gegensatz zu allen anderen trophischen Ebenen kontrollieren die Zersetzer nicht die Rate, mit der ihre Ressource (d.h. tote organische Substanz) für sie verfügbar wird (z.B. sind Räuber- und Beutepopulationen aneinander gekoppelt, d.h. voneinander abhängig; Abschnitt 4.5). Die Zersetzer sind in punkto Nahrung komplett von anderen Faktoren abhängig, die den Umfang, mit dem ihre Ressource verfügbar wird, bestimmen, wie z.B. Alterung, Krankheit und Unfälle (Kadaver) bei anderen Organismen, die Konsumptionsrate anderer trophischer Ebenen (Kot) usw. Zersetzer sind also **ressourcen- oder substratkontrolliert** (*donor-controlled*). Allerdings gibt es eine indirekte Rückwirkung der Zersetzer auf die Ressourcenpopulation, indem sie durch die Zersetzung von toter organischer Substanz die Rate, mit der Nährstoffe (Mineralien) frei werden, beeinflussen, und damit auch die Wachstumsrate der anderen trophischen Ebenen.

In einer sehr einflussreichen Arbeit haben Hairston et al. (1960) bereits darauf hingewiesen, dass global gesehen die Gruppe der Destruenten als Ganzes durch ihre Ressourcen limitiert ist (*bottom-up regulation*) und nicht durch z.B. Räuber oder Krankheiten (*top-down regulation*). Dies folgerten sie aus der Überlegung, dass die Anreicherung von fossilen Energieträgern (Erdöl, Kohle), also biologisch fixierter Energie, mit einer verschwindend geringen Rate verglichen mit der Fixierung von Energie durch die Photosynthese geschieht. Wenn also praktisch sämtliche photosynthetisch fixierte Energie durch die Biosphäre fließt (und sich nicht anreichert), folgt daraus, dass sämtliche Lebewesen als Ganzes durch die Menge der fixierten Energie limitiert sind. Insbesondere müssen die Destruenten als Gruppe durch ihre Ressource (totes organisches Material) limitiert sein, denn wenn nicht praktisch sämtliches anfallendes totes Material zersetzt würde, würden sich fossile Energieträger schnell anreichern. Einzelne Populationen können von dieser generellen Regel abweichen, allerdings müssen dann andere Destruenten das übrig gelassene tote Material zersetzen, denn ansonsten würden sich fossile Stoffe rasch anreichern. Eine weitere Folgerung dieser Überlegungen ist, dass Konkurrenz innerhalb der Gruppe der Zersetzer häufig auftritt und sehr wichtig sein muss, denn ohne Konkurrenz um die gemeinsame Nahrungsressource würde diese nicht immer fast vollständig abgebaut werden.

## 4.2.2 Primärproduzenten: Pflanzen

Primärproduzenten sind Organismen, die in der Lage sind, aus anorganischen Stoffen organische herzustellen. Sie gehören damit zu den autotrophen Lebewesen (Tabelle 4.1, Kasten 5.1). Die global betrachtet weitaus größte und bedeutendste Gruppe sind die Pflanzen. Ihnen gemeinsam ist die Fähigkeit zur Photosynthese (Abschnitt 2.2.3.5).

Weltweit gibt es etwa 330.000 Pflanzenarten. Obwohl Pflanzen damit nur etwa 18 % aller bekannten Arten auf der Erde repräsentieren, stellen sie den weitaus größten Teil der Biomasse (> 98 %). Dort, wo Leben möglich ist, be-

steht dies zum überwiegenden Teil aus Pflanzen. Warum das so ist, wird in Abschnitt 4.7 und 5.2.1 diskutiert. Die systematische Einteilung der Pflanzen geht aus Kasten 2.1 hervor.

Pflanzen können eine Vielzahl von komplizierten organischen Verbindungen synthetisieren, die für sie selber und für ihre Konsumenten in den Nahrungsketten von mannigfaltiger Bedeutung sind. Dazu gehören neben den Strukturbausteinen Lignin und Cellulose auch der Energiespeicherstoff Stärke, wichtige Kofaktoren, die das Funktionieren von Enzymen und Redoxketten ermöglichen, Phytohormone, Photosynthesepigmente, Farbstoffe von Blüten und Früchten, Duftstoffe und Schutzsubstanzen (Kasten 4.4). Die Entwicklung von Stützgewebe (in erster Linie Lignin und Cellulose) und Stoffleitungsbahnen (Phloem, Xylem) erlaubte den höheren Pflanzen ein enormes Größenwachstum. Pflanzen stellen die größten lebenden Organismen auf der Erde.

Als das größte Lebewesen der Erde wird der General-Sherman-Baum angesehen, der im Sequoia-Nationalpark in Kalifornien steht. Er gehört zu den Riesenmammutbäumen (*Sequoiadendron giganteum*) und erreicht ein Stammvolumen von etwa 1500 m$^3$, ein Stammgewicht von 1300 t und eine Höhe von 83,8 m (Stand 1975). Man sollte dabei nicht vergessen, dass die unterirdische Biomasse noch nicht mitgerechnet wurde. Bei vielen Pflanzen ist unterirdisch mindestens noch einmal soviel Biomasse vorhanden wie oberirdisch; bei Gräsern rechnet man damit, dass sogar nur 10–20 % der Gesamtbiomasse oberirdisch sichtbar sind. Es gibt allerdings Ausnahmen: Regenwaldbäume haben nur etwa 20–30 % ihrer Biomasse in den Wurzeln. Der mit 112 m höchste Baum der Erde ist ein Küstenmammutbaum (*Sequoia semper-*

---

| **Kasten 4.4:** | **Wichtige von Pflanzen synthetisierte Naturstoffklassen** |
| --- | --- |

**Terpenoide**

- Terpenoide sind Polymere, die sich aus C5-Einheiten zusammensetzen. Der Grundbaustein, aus dem die Polymere gebildet werden, ist das Isopentyl-pyrophosphat. Es sind mehr als 100.000 verschiedene Terpene bekannt.
- Monoterpene: eine C10-Einheit. Leicht verdunstende Substanzen, daher auch der Name ätherische Öle. Beispiel: Menthol aus der Pfefferminze (*Mentha piperita*, a) schützt vor Herbivorie, hemmt Bakterienwachstum, Duftstoff zur Anlockung von Bestäubern.
- Sesquiterpene: drei C5-Einheiten. Duftstoffe (β-Ionon in Veilchen, b), Phytohormone (Abscisinsäure, c).
- Diterpene: zwei C10-Einheiten. Phytylrest der Chlorophylle, Phytohormone (Gibberellin).
- Triterpene: drei C10-Einheiten (Squalen), die durch Ringschluss Steran (d) bilden, den Grundbaustein der Steroide (Membranbaustoffe, Tierhormone). Saponine (e) und Cardenolide (f) schützen vor Herbivorie.
- Tetraterpene: vier C10-Einheiten. Carotinoide, dienen als akzessorische Pigmente in der Photosynthese, Pflanzenfarbstoffe, Provitamin A (β-Carotin, g).

**Phenole**

- Phenole sind aromatische Ringsysteme, die mindestens eine Hydroxylgruppe enthalten.

- Chinon und Hydrochinon (h) sind Bestandteile von Elektronenübertragungsketten, Salicylaldehyd (i) schützt vor Herbivorie.
- Flavone (j, gelb) und Anthocyanidine (k, rot-blau) und deren Derivate bilden Blütenfarbstoffe, Isoflavone (l) schützen auch vor Herbivorie.
- Lösliche (m) und kondensierte Tannine dienen der Frassabwehr und wirken antimikrobiell.
- Phenylpropanderivate sind Vorstufen der Lignine (n).

**Alkaloide**

- Alkaloide sind Ringsysteme, die Stickstoff enthalten und daher alkalisch reagieren (organische Basen). Man kennt heute einige Tausend verschiedene Alkaloide, die in den meisten Pflanzen vorkommen. Unter den Alkaloiden sind viele bekannte Genussmittel (Koffein o, Nikotin, p), Drogen (Opium, Kokain), Medikamente (Atropin q, Chinin, Colchicin) und Gifte (Coniin, Gift des Schierlings). Einige Alkaloide dienen den Pflanzen als Fraßschutz gegen Herbivoren (Z. B. Pyrrolizidine r, Abschnitt 4.5.3). Auch die Nukleotidbasen Pyridin, Purin und Pyrimidin sind Alkaloide.

**a** Menthol

**b** β-Ionon

**c** Abscisinsäure

**d** Steran

**e** Saponin

**f** Cardenolid

**h** Hydrochinon    −[2H] / +[2H]    Chinon

**g** β-Carotin

**i** Salicylaldehyd

**j** Flavon

**k** Anthocyanidin

**l** Isoflavon

**m** lösliches Tannin

**o** Coffein (R = CH₃)

**p** Nicotin

**q** Atropin

**r** Pyrrolizidin

**n** Lignin

*virens*), der Howard-Libby-Baum, und steht im Tall Trees Grove im Redwood-Park in Kalifornien.

Wenn man Pflanzen mit Tieren vergleicht, fällt als Erstes ihr **modularer Aufbau** (Abschnitt 2.1.2.4) auf. Pflanzen sind aus einer kleinen Anzahl gleichartiger Bausteine, den Modulen (z. B. Spross- und Wurzelabschnitten), zusammengesetzt. Neue Module entstehen aus Anhäufungen von nicht ausdifferenzierten (embryonalen) Zellen, den Meristemen, die an verschiedenen Stellen im Pflanzenkörper verteilt sind. Pflanzen können auf den Verlust eines Teiles ihrer Module (z. B. durch Fraß) mit dem Austrieb von neuen reagieren. Ebenso können sie veränderten Umweltbedingungen (z. B. Beschattung durch benachbarte Pflanzen) mit dem Neuaustrieb an unbeschatteten Stellen begegnen. Dies mag auch mit ein Grund dafür sein, warum Pflanzen bis zu ihrem Tod weiter wachsen. Der gleichartige Aufbau ermöglicht den Pflanzen einen äußerst flexiblen Einsatz ihrer Module.

Pflanzen sind im Vergleich zu Tieren recht immobil. Sie können daher ungünstigen Umweltbedingungen (Stress) nicht einfach ausweichen bzw. nur beschränkt Plätze mit günstigeren Bedingungen aufsuchen. Weil Pflanzen nur wenige Ausweichmechanismen zur Verfügung stehen, haben sie in erster Linie Abwehrmechanismen (z. B. Schutz gegen Fraßfeinde) oder Toleranz gegen ungünstige Umweltfaktoren entwickelt. Gerade letzteres setzt einen hohen Anpassungsgrad an die Umweltbedingungen voraus. Pflanzen sind im Vergleich zu Tieren tatsächlich viel wandelbarer; ein und derselbe Genotyp kann sich in verschiedenen Umwelten zu ganz verschiedenen Phänotypen entwickeln (**phänotypische Plastizität**).

Da Pflanzen zur Energiegewinnung auf Licht angewiesen sind, fehlen sie in lichtarmen Ökosystemen wie Höhlen und der Tiefsee. Ansonsten besiedeln Pflanzen alle bis auf die extremsten Lebensräume. Sie fehlen lediglich in polaren und hochalpinen Gebieten, in denen Dauerfrost ihr Wachstum verhindert, sowie in Wüstengebieten, die zu selten Niederschläge bekommen, um Pflanzen eine Existenz zu ermöglichen.

Pflanzenwachstum im Wasser ist auf die oberen 50–150 Meter (je nach Klarheit des Wassers) beschränkt, da Wasser mit zunehmender Tiefe einen immer größeren Anteil des Lichtes absorbiert. Allerdings filtert Wasser das einfallende Sonnenlicht nicht gleichmäßig; Licht kurzer Wellenlänge (blau) dringt tiefer ein als Licht langer Wellenlänge (rot; Abschnitt 5.2.1.2). Mit zunehmender Wassertiefe verschiebt sich dementsprechend auch die Zusammensetzung der Flora von Grünalgen in den flachen Bereichen über Braun- zu Rotalgen in den tieferen Wasserschichten, die als Einzige noch in der Lage sind, durch ihre roten Pigmente (Phytoerytrine) das Restlicht zur Photosynthese zu nutzen (Abschnitt 2.2.2.1).

Einige Pflanzen haben sekundär die Fähigkeit zur Photosynthese verloren. Es handelt sich hierbei um parasitische Arten, die ihre Nährstoffe aus anderen Pflanzen beziehen (nicht aus Tieren). Durch das Fehlen von Chlorophyll sind diese Pflanzen auch nicht mehr grün. In der Regel dringen die Wurzeln dieser Parasiten in das Gewebe der Wirtspflanze ein und gehen enge Beziehungen zu den Zellen der Wirtspflanze ein. Bekannte Arten in unseren Breiten sind die Sommerwurzgewächse (*Orobanche* sp.). Es gibt auch parasitische Pflanzen, die ihre grüne Farbe und damit auch die Fähigkeit zur Photosynthese beibehalten haben (Hemiparasiten), wie z. B. die Mistel (*Viscum album*).

Eine weitere Besonderheit stellen die carnivoren Pflanzen dar. Diese beziehen einen Teil ihres Stickstoffbedarfs aus Tieren, die sie mit Hilfe verschiedener Vorrichtungen fangen und verdauen. Es gibt grundsätzlich drei Fallentypen: die Klappfallen (z. B. Venusfliegenfalle *Dionaea* sp., Wasserschlauch *Utricularia* sp.), die Klebfallen (z. B. Sonnentau *Drosera* sp.) und Kannenfallen (z. B. Kannenpflanze *Nepenthes* sp.).

## 4.2.3 Primärkonsumenten: Herbivoren

Primärkonsumenten wird die Gruppe Lebewesen genannt, die sich von den Primärproduzenten ernähren. Dies ist die erste Ebene von Organismen, die sich heterotroph ernähren. Es handelt sich dabei in erster Linie um Pflanzenfresser (**Herbivoren**). Herbivorie ist im Tierreich weit verbreitet und kommt in allen Tiergruppen vor. Herbivoren fressen häufig nicht ganze Pflanzen, sondern zeigen eine Spezialisierung auf bestimmte Pflanzenorgane. Die meisten Schmetterlingsraupen sind z. B. Blattfresser. Pflanzensaftsauger werden in Phloemsauger (z. B. Blattläuse) und Xylemsauger (z. B. einige Zikaden) eingeteilt. Tiere, die sich mit ihrem ganzen Körper in das Pflanzengewebe einbohren und in der Pflanze (endophytisch) leben, werden Minierer genannt. Man unterscheidet je nach befallenem Pflanzengewebe Stängel-, Blatt- und Wurzelminierer. Manche Minierer induzieren morphologische Veränderungen in der befallenen Pflanze. Meist handelt es sich dabei um Anschwellungen des Pflanzengewebes um den minierenden Herbivoren herum. Diese Pflanzenstrukturen werden als Gallen bezeichnet und die Verursacher dementsprechend als Gallbildner. Herbivoren, die Samen bzw. Früchte fressen, werden Granivoren bzw. Frugivoren genannt.

Das Verarbeiten von Pflanzennahrung stellt an Herbivoren einige besondere Anforderungen. Im Vergleich zu den Herbivoren selbst enthält Pflanzengewebe einen deutlich geringeren Gehalt an Stickstoff und Phosphor (Abbildung 4.11). Dies spiegelt sich im Verhältnis von Kohlenstoff zu Stickstoff (**C:N-Verhältnis**) wider, das bei Pflanzen in der Regel über 40:1 beträgt, bei Tieren hingegen kleiner als 10:1 ist (Tabelle 2.3). Tatsächlich findet bei der Umsetzung von Pflanzen durch Herbivoren der größte stöchiometrische Übergang in der gesamten Nahrungskette statt, d. h. es müssen die größten Unterschiede in den Anteilen verschiedener Nährstoffe überwunden werden. Obwohl Pflanzengewebe relativ energiereich ist, sind viele Substanzen für Herbivoren nicht nutzbar. Ihnen fehlen die Enzyme zur Verdauung von Cellulose, einem Hauptbestandteil vieler Pflanzengewebe. Einige Herbivore sind aus diesem Grund Symbiosen mit Mikroorganis-

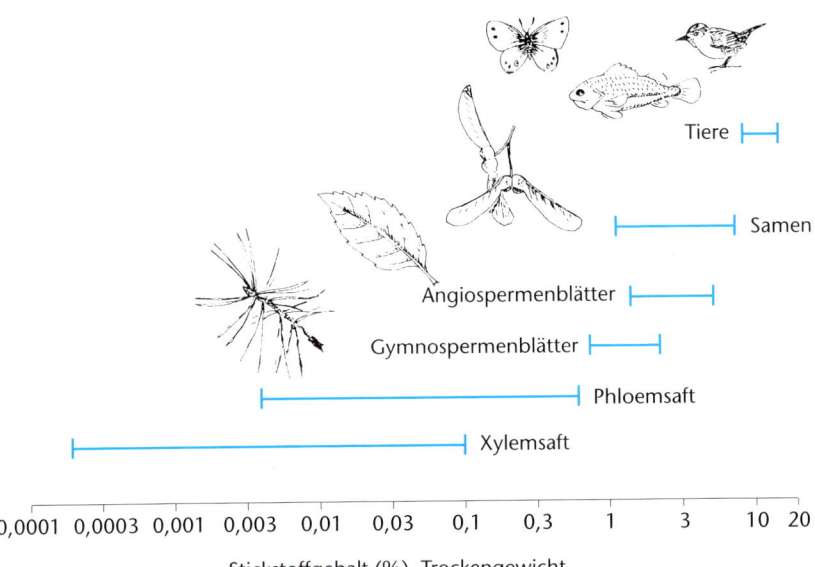

**Abb. 4.11:** Stickstoffgehalt pflanzlicher und tierischer Nahrung. Nach Mattson (1980).

men eingegangen, die im Verdauungstrakt der Herbivoren leben und für sie den Celluloseabbau betreiben (z. B. Wiederkäuer, Termiten). Auch der Wassergehalt der Nahrung spielt für Herbivoren eine große Rolle. Pflanzengewebe mit hohem Wassergehalt (z. B. junge Pflanzenteile) können von Herbivoren besser verwertet werden und werden daher in der Regel auch bevorzugt gefressen. Schließlich sei noch erwähnt, dass pflanzliche Nahrung in ihrer Zusammensetzung viel variabler ist als tierische.

## 4.2.4 Sekundärkonsumenten: Carnivoren

Tiere, die andere Tiere fressen, werden Carnivoren genannt. Im Gegensatz zu Zersetzern erbeuten Carnivoren lebendige Tiere, und im Gegensatz zu Herbivoren töten Carnivoren ihre Beute in der Regel. Wir unterscheiden **echte Räuber**, die während ihres Lebens mehrere Beutetiere töten und verzehren, und **Parasitoide**, die nur ein Beutetier zur Entwicklung benötigen (Kasten 4.5). Ein Räuber, der Herbivoren frisst, gilt als Carnivorer erster Ordnung, einer, der Räuber erster Ordnung frisst, als Carnivorer zweiter Ordnung usw. Wenn Pflanzen also die erste trophische Ebene besetzen und Herbivoren die zweite, kann man Räuber erster Ordnung der dritten trophischen Ebene zuordnen und Räuber höherer Ordnung entsprechend höheren trophischen Ebenen.

Echte Räuber sind in der Regel größer als ihre Beute, um sie leichter überwältigen zu können. Im Gegensatz dazu sind Parasitoide aus energetischen Gründen kleiner als ihre Wirte, denn sie ernähren sich ja nur von einem Wirt. Carnivoren haben im Gegensatz zu Herbivoren eine homogenere Nahrung, die auch viel eher ihrer eigenen Körperzusammensetzung entspricht, als dies bei Herbivoren der Fall ist (Abbildung 4.11). Tierische Nahrung enthält weniger schwer verdauliche Bestandteile und ist auch nur in seltenen Fällen giftig. Ausnahmen bestätigen hier die Regel, denn einige Tiere produzieren sehr potente Gifte (Abschnitt 4.5.1.1).

## 4.2.5 Omnivoren

Manchmal ist es schwierig, einer Art eine genaue trophische Position zuzuweisen, weil viele Arten ihre Nahrung aus mehr als einer trophischen Ebene beziehen (Kasten 4.6). Häufig fressen zwei Räuber die gleiche Beuteart, aber gleichzeitig frisst der eine Räuber auch den anderen (Abschnitt 4.3.1.4); z. B. fressen Marienkäfer Blattläuse, aber auch Schlupfwespen, die die Blattläuse parasitieren. Man spricht von **Omnivorie**, wenn eine Art sich von Organismen von mehr als einer trophischen Ebene ernährt. Omnivorie ist im Tierreich weit verbreitet. Dabei ist Omnivorie nicht immer gewollt. Kühe nehmen z. B. beim Fressen von Gras auch die im Gras minierenden herbivoren Insekten auf. Kühe und andere Weidegänger gelten daher streng genommen nicht als reine Herbivoren, sondern auch als Omnivoren. Tatsächlich ergänzen viele Herbivoren ihre Diät mit tierischer Nahrung, die eiweißreicher ist, um ihre Stickstoffversorgung zu verbessern. Einige herbivore Insekten sind außerdem in frühen Entwicklungsstadien kannibalistisch, d. h. sie fressen ihre Geschwister und erhalten so durch die hohe Nahrungsqualität einen Entwicklungsschub (Barros-Bellanda und Zucoloto 2001). Dies ist für diese Arten vorteilhaft, da besonders die frühen Entwicklungsstadien anfällig für abiotische und biotische Mortalitätsfaktoren sind.

Omnivorie galt lange Zeit aus theoretischen Gründen als destabilisierend für Räuber-Beute-Populationssysteme, d. h. wenn in mathematischen Räuber-Beute-Modellen (Abschnitt 4.5) mit mehreren Arten auch omnivore Arten vorkommen, dann ist die Wahrscheinlichkeit groß, dass Arten aussterben. Dies steht im Gegensatz zur Allgegenwär-

## Kasten 4.5:     Parasitoide

Parasitoide gehören mit rund 10 % aller bekannten Arten zu den artenreichsten Metazoengruppen. Die meisten Arten sind Insekten, und unter diesen ist die Ordnung der Hautflügler (Hymenoptera) mit den Überfamilien der Schlupfwespen (Ichneumonoidea) und Erzwespen (Chalcidoidea) vorherrschend. Weiter kommen Parasitoide bei den Zweiflüglern (Diptera; z. B. Tachinidae), Käfern (Coleoptera; z. B. Staphylinidae) und Fächerflüglern (Strepsiptera) vor.

Parasitoide gleichen einerseits echten Parasiten, indem sie sich in der Regel von einem einzigen Wirtsindividuum ernähren, andererseits aber auch echten Räubern, weil sie praktisch immer den Tod des Wirtes verursachen. Parasitoide sind meist nur im Larvenstadium parasitisch. Die erwachsenen (adulten) Parasitoide ernähren sich vielfach von Blütenstaub und Nektar.

Vor der Eiablage durch die adulten Weibchen wird der Wirt in der Regel angestochen und paralysiert. Die Hautflügler haben hierfür einen Eiablagestachel entwickelt, der an eine Giftdrüse angeschlossen ist. (Bei den Arbeiterinnen der Bienen und Wespen hat der Stachel seine Funktion zur Eiablage verloren, aber die Giftdrüse ist immer noch vorhanden.) In manchen Fällen ist diese Lähmung nur von kurzer Dauer, und der Wirt nimmt hinterher seine Fraßtätigkeit wieder auf, auch wenn er einen Parasitoiden als Ei oder Larve in sich trägt. Derartige Parasitoide warten mit ihrer Entwicklung, bis der Wirt eine Größe erreicht hat, die eine vollständige Entwicklung des Parasitoiden erlaubt. Der Wirt wird dann getötet und von innen aufgefressen. Diese Parasitoiden werden **Koinobionten** oder **Endoparasitoide** genannt. Der Vorteil dieses Lebensstiles ist, dass Wirte schon in einem Stadium parasitiert werden können, das noch keine vollständige Parasitoidenentwicklung erlaubt. Endoparasitoiden steht also zur Parasitierung ein relativ langer Zeitraum in der Wirtsentwicklung zur Verfügung.

Demgegenüber stehen die **Idiobionten** oder **Ektoparasitoide**, die mit der Parasitierung warten, bis ihr Wirt eine geeignete Größe erreicht hat. Die Eier werden in der Regel nicht in, sondern außen an den Wirt gelegt. Damit der Wirt die Eier und kleinen Junglarven der Parasitoiden nicht mechanisch entfernen kann, muss er dauerhaft paralysiert werden. Eine Folge davon ist, dass der Wirt nach der Belegung nicht mehr weiterwachsen kann und somit nur genügend große Wirte erfolgreich von Ektoparasitoiden parasitiert werden können. Während Ektoparasitoide den Nachteil haben, dass sie auf Wirte einer bestimmten Größenklasse angewiesen sind und ihnen damit nur ein kleines Zeitfenster in der Entwicklung der Wirte zur Verfügung steht, sind sie in der direkten Konkurrenz den Endoparasitoiden überlegen, weil sie von außen fressend nicht nur den Wirt, sondern auch den Endoparasitoiden mitfressen können.

Je nach attackiertem Wirtsstadium können Parasitoide in Ei-, Larven-, Puppen- und Adultparasitoide eingeteilt werden. Bei Koinobionten kann sich das vom Weibchen belegte Stadium vom Stadium, aus dem der Parasitoid schlüpft, unterscheiden. Hier spricht man z. B. von Ei-Puppenparasitoiden, wenn das Eistadium belegt wird, aber erst aus der Wirtspuppe der Parasitoid schlüpft. An/in einem Wirtsindividuum können sich entweder eine einzelne Parasitoidenlarve

(**solitär**) oder mehrere Larven (**gregär**) entwickeln. Mehrere Larven können aus mehreren Eiern desselben Weibchens stammen, oder das abgelegte Ei teilt sich nachträglich im Wirtskörper (**Polyembryonie**). Auf diese Weise können sich einige Dutzend bis zu mehreren Hundert identische Larven in einem Wirt entwickeln. Wenn ein bereits belegter Wirt von einem Weibchen der gleichen Art entdeckt wird und diese nochmals ein Ei ablegt, spricht man von **Superparasitismus**. Stammt das zweite Ei von einer fremden Art, spricht man von **Multiparasitismus**. Normalerweise können sich nur die Nachkommen eines Weibchens in einem Wirt entwickeln, sodass Super- und Multiparasitismus zu einer Konkurrenzsituation führen, aus der nur eine Larve lebendig hervorgeht. Dies ist häufig als Erstes abgelegte Larve, die später abgelegte Eier und Larven mit ihren dolchartigen Mundwerkzeugen tötet („Killerlarve"). Einige Parasitoide haben sich darauf spezialisiert, andere Parasitoidenlarven zu belegen, die wiederum einen Wirt parasitieren. Diese werden **Hyperparasitoide** genannt. Hyperparasitismus führt zum Tod des Primärparasitoiden (der Parasitoid, der den Wirt belegt hat) und des Wirtes.

Unter den Parasitoiden gibt es recht bizarre Lebensstile, wie das Beispiel einiger Vertreter der Familie der Aphelinidae zeigt, deren Weibchen normale Parasitoide von Schildläusen sind, während die Männchen sich als Hyperparasitoide auf den eigenen Weibchen entwickeln. Viele Parasitoide haben eine große wirtschaftliche Bedeutung, weil sie Populationen von Schadinsekten kontrollieren können (Abschnitt 6.4.3.2).

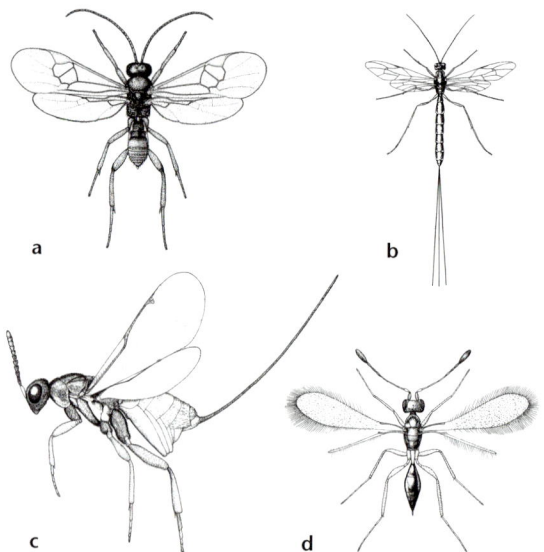

**Abb.:** Beispiele für Schlupfwespen: a) *Cotesia glomerata* (Braconidae), b) *Rhyssa persuasoria* (Ichneumonidae), c) *Torymus varians* (Torymidae), d) *Polynema* sp. (Mymaridae). a, c, d nach Gauld und Bolton (1988), b nach Sedlag (1959).

| Kasten 4.6: | **Ermittlung der trophischen Ebene mit Isotopenanalyse** |
| --- | --- |

Wie legt man fest, zu welcher trophischen Ebene ein Organismus gehört? Dies ist in natürlichen Systemen kein einfaches Unterfangen, denn die komplexen Beziehungen zwischen den interagierenden Arten sind normalerweise nicht in einfach zu erkennende trophische Ebenen gegliedert. Dies liegt zum großen Teil an den Omnivoren, die sich von verschiedenster Beute ernähren. Zur Analyse von **Nahrungsnetzen** (Abschnitt 4.7.2) wird die trophische Position einer Art definiert als die Anzahl Kettenglieder der längsten **Nahrungskette**, die von dieser Art zu einem Primärproduzenten, also in der Regel einer Pflanze, führt. In natürlichen Nahrungsnetzen gibt es daher durchaus Räuber, die nach der obigen Definition eine trophische Ebene von 8 oder sogar höher haben können. Mit dieser Methode wird für einen Organismus die höchste trophische Position angegeben.

Viele Arten beziehen Nahrung aus mehreren Quellen. Daher ist die längste trophische Kette nicht zwangsläufig auch die typische trophische Kette, aus der der Organismus seine Nahrung bezieht. Für manche Fragestellungen ist unter Um-

ständen interessanter, wie viel Nahrung ein Organismus aus den verschiedenen trophischen Ebenen aufnimmt. Für solche Fragen kann man sich das Phänomen zu Nutze machen, dass sich das schwere Isotop von Stickstoff ($^{15}$N) in Konsumenten im Vergleich zu ihrer Nahrung anreichert, weil das „normale", leichte Isotop $^{14}$N in physiologischen Prozessen bevorzugt verarbeitet wird. Man hat festgestellt, dass sich Organismen im Vergleich zu ihrer Nahrung jeweils um etwa 3 ‰ mit $^{15}$N anreichern. Man kann mittels Isotopenanalyse das $^{15}$N/$^{14}$N-Verhältnis ($\delta^{15}$N) verschiedener Arten eines Ökosystems bestimmen. Wenn man $\delta^{15}$N der Primärproduzenten (Pflanzen) als Basis nimmt, dann haben Herbivoren ein um 3 ‰ höheres $\delta^{15}$N und Räuber, die sich ausschließlich von Herbivoren ernähren, dementsprechend ein 6 ‰ höheres $\delta^{15}$N gegenüber den Primärproduzenten. Organismen, die z. B. ein $\delta^{15}$N von 4,5 ‰ gegenüber den Primärproduzenten aufweisen, ernähren sich daher zur Hälfte von Pflanzen und zur Hälfte von Herbivoren.

tigkeit von Omnivorie in natürlichen Systemen. Wenn Omnivorie zum Aussterben von Arten führt, sollte sie eigentlich selten anzutreffen sein. In neueren theoretischen Untersuchungen mit realistischeren mathematischen Modellen als den vorherigen hat man allerdings zeigen können, dass Omnivorie keineswegs zum Aussterben von Arten führen muss. Somit besteht die langjährige Diskrepanz zwischen Beobachtung und Realität nicht mehr.

## 4.2.6 Parasiten, Krankheiten, Vektoren

Um einen Organismus als parasitisch einzustufen, müssen drei Bedingungen erfüllt sein:

- Der Parasit nutzt seinen Wirt als Habitat.
- Während der parasitischen Phase des Lebenszyklus ist der Parasit obligatorisch von seinem Wirt in der Synthese von mindestens einem lebensnotwendigen (essenziellen) Nährstoff abhängig.
- Ein Parasit schädigt seinen Wirt.

Im Gegensatz zu Parasitoiden (Kasten 4.5) töten Parasiten ihren Wirt nicht obligatorisch, um sich erfolgreich entwickeln zu können, zeigen aber ein breites Spektrum in Bezug auf die Schädigung ihres Wirtes. Zwar gibt es Fälle, in denen ein hoher Parasitenbefall den Tod des Wirtes

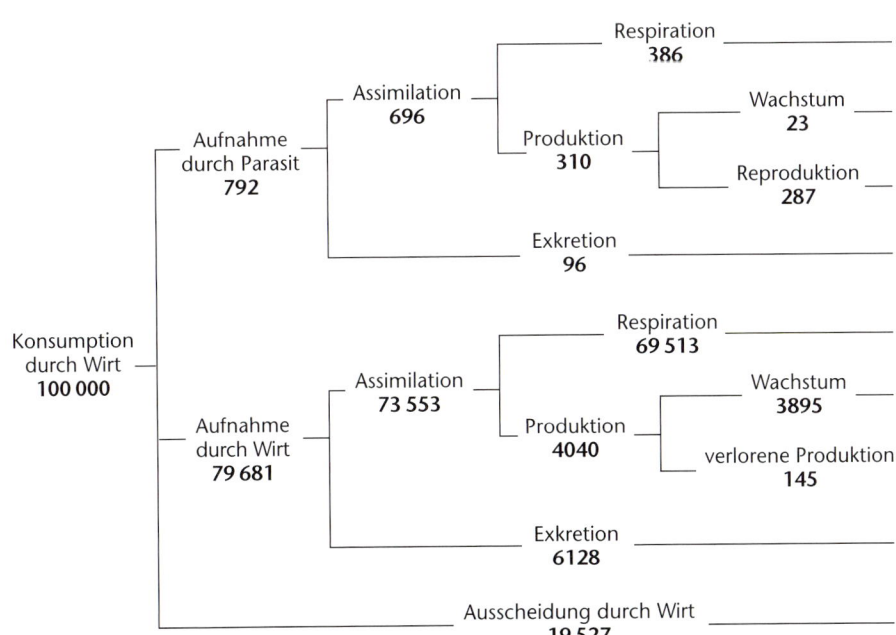

**Abb. 4.12:** Relativer Energiefluss in einem Wirt-Parasit-System: Der Bandwurm *Hymenolepis diminuta* (Cestoda), der im Darm von Ratten lebt. Die Einheiten sind willkürlich gewählt und dienen lediglich zum Vergleich der relativen Größenordnungen beim Wirt und Parasiten. Nach Bailey (1975).

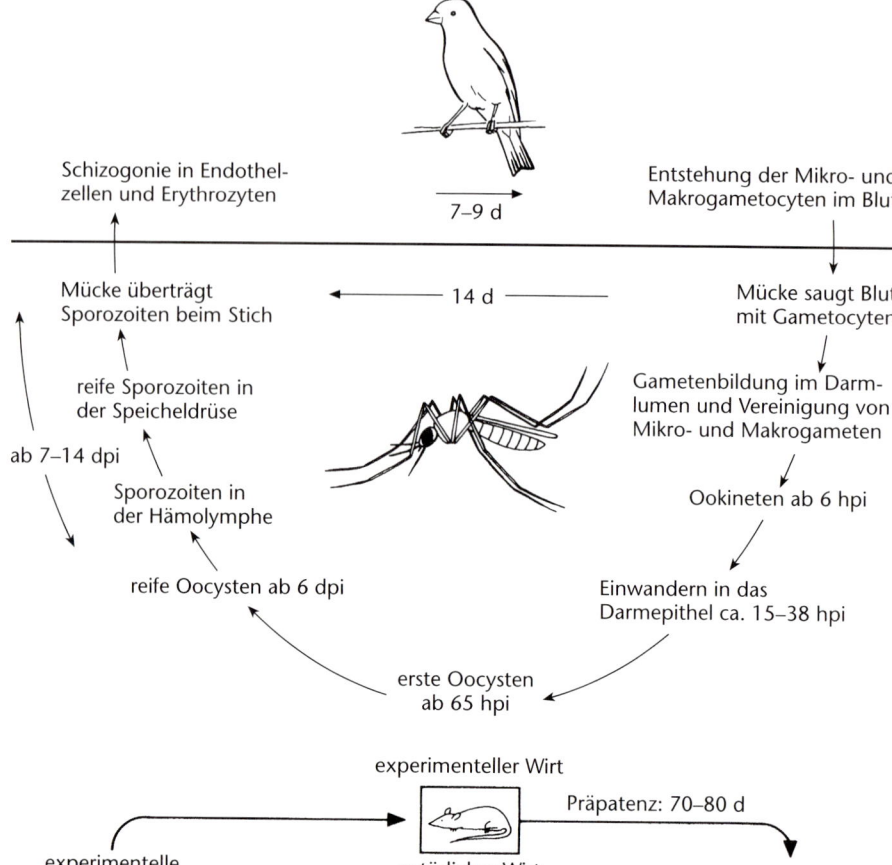

**Abb. 4.13:** Mikroparasiten: Entwicklungszyklus der Vogelmalaria (*Plasmodium cathemerium,* Sporozoa), in der Stechmücke (*Culex pipiens*) und dem Kanarienvogel (*Serinus canaria*). hpi = *hours post infectionem,* dpi = *days post infectionem.* (Böckeler und Wülker (Hrsg) (1983) Parasitologisches Praktikum. Mit freundlicher Genehmigung von Wiley-VCH, Weinheim.)

Schizogonie in Endothel- zellen und Erythrozyten

7–9 d

Entstehung der Mikro- und Makrogametocyten im Blut

Mücke überträgt Sporozoiten beim Stich

14 d

Mücke saugt Blut mit Gametocyten

reife Sporozoiten in der Speicheldrüse

Gametenbildung im Darm- lumen und Vereinigung von Mikro- und Makrogameten

ab 7–14 dpi

Sporozoiten in der Hämolymphe

Ookineten ab 6 hpi

reife Oocysten ab 6 dpi

Einwandern in das Darmepithel ca. 15–38 hpi

erste Oocysten ab 65 hpi

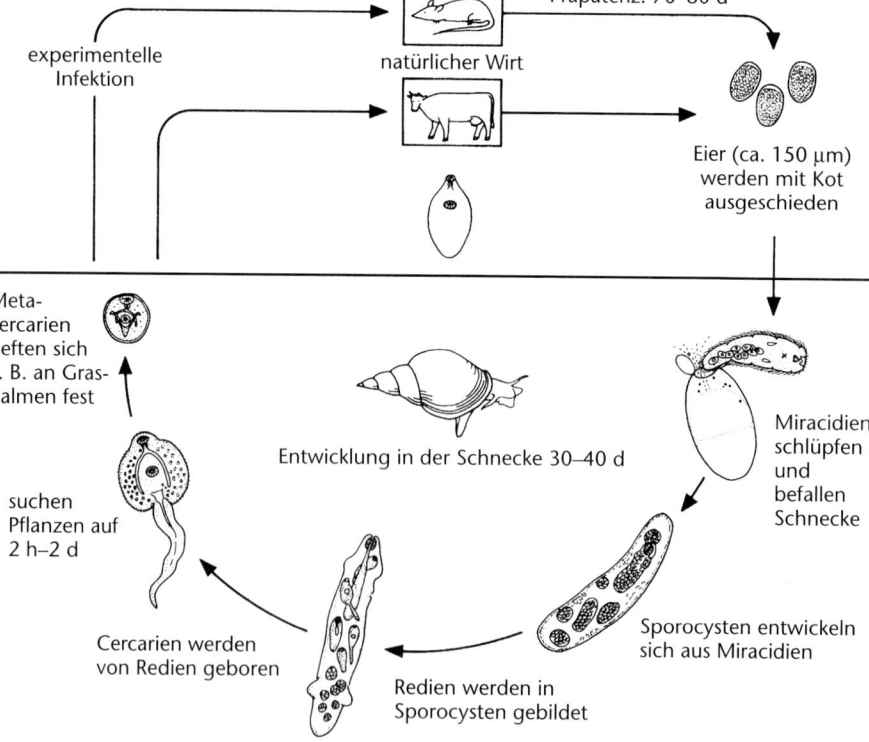

**Abb. 4.14:** Makroparasiten mit Wirtswechsel: Entwicklungszyklus des Großen Leberegels (*Fasciola hepatica*) in Schnecken als Zwischenwirt und Säugetieren als Endwirt. (Böckeler und Wülker (Hrsg) (1983) Parasitologisches Praktikum. Mit freundlicher Genehmigung von Wiley-VCH, Weinheim.)

experimenteller Wirt

Präpatenz: 70–80 d

natürlicher Wirt

experimentelle Infektion

Eier (ca. 150 μm) werden mit Kot ausgeschieden

Meta- cercarien heften sich z. B. an Gras- halmen fest

Miracidien schlüpfen und befallen Schnecke

Entwicklung in der Schnecke 30–40 d

suchen Pflanzen auf 2 h–2 d

Sporocysten entwickeln sich aus Miracidien

Cercarien werden von Redien geboren

Redien werden in Sporocysten gebildet

nach sich zieht, jedoch sterben in einem solchen Fall auch die Parasiten mit ab, sodass der Tod des Wirtsindividuums nicht zum Vorteil der Parasiten ist.

Parasitischer Lebensstil hat sich mehrfach und in vielen Gruppen unabhängig entwickelt. Wir kennen Vertreter bei den Mikroorganismen, Pilzen, Pflanzen und Tieren. Die

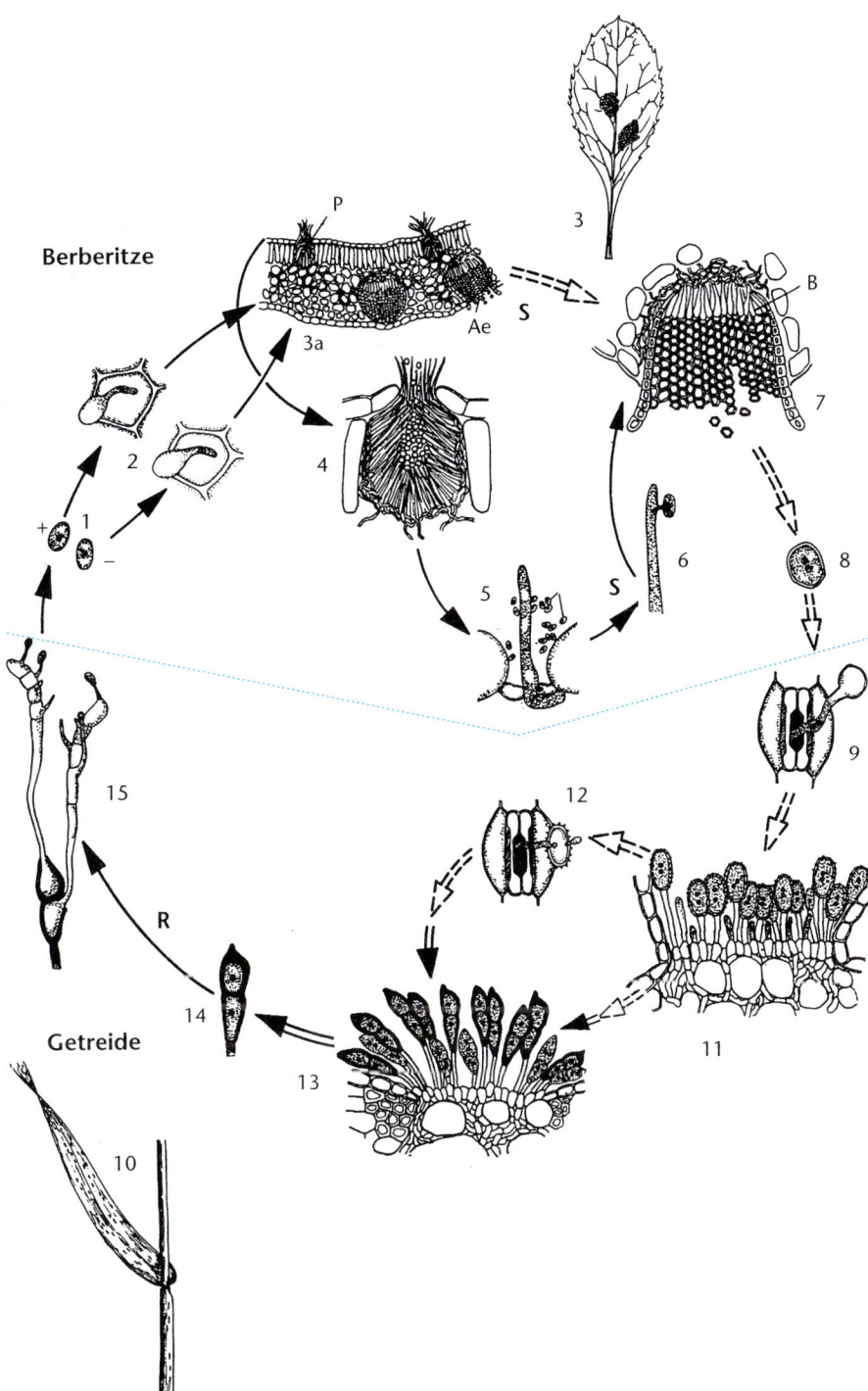

**Berberitze**

**Getreide**

**Abb. 4.15:** Makroparasiten mit Wirtswechsel: Entwicklungszyklus vom Getreiderostpilz (*Puccinia graminis*) auf Berberitze (*Berberis vulgaris*, oben) und Getreide (unten): 1 Basidiosporen, 2 Infektion, 3 infiziertes Berberitzenblatt, 3a Blattquerschnitt mit Pyknidien (P) und Aecidien (Ae), 4 Pyknidium, 5 Empfängnishyphe, 6 Empfängnishyphe übernimmt den Kern eines Spermatiums, 7 Aecidium, 8 Aecidiospore, 9 Infektion eines Getreideblatts, 10 rostinfiziertes Getreideblatt, 11 Uredolager mit Uredosporen, 12 Uredospore infiziert Getreideblatt, 13 Teleutosporenlager mit Teleutosporen, 14 Teleutospore, 15 Basidien sind aus der Teleutospore ausgewachsen. Nach Weberling und Schwantes (1981).

meisten freilebenden Organismen sind Wirte für mehrere Arten von Parasiten. Gleichzeitig sind viele Parasiten recht spezifisch in der Wahl ihrer Wirte. Wenn man diese beiden Informationen verbindet, ergibt sich, dass ein Großteil der Lebewesen parasitisch lebt und alle Arten Parasiten haben können. Parasitismus muss daher als ein wichtiger Lebensstil angesehen werden, der in der Natur wahrscheinlich eine große ökologische Bedeutung hat. Die ökologische Forschung hat dem Parasitismus allerdings weniger Aufmerksamkeit gewidmet als den bis jetzt besprochenen anderen zwischenartlichen Interaktionen (insbesondere Konkurrenz, Räuber-Beute-Beziehungen, Herbivorie).

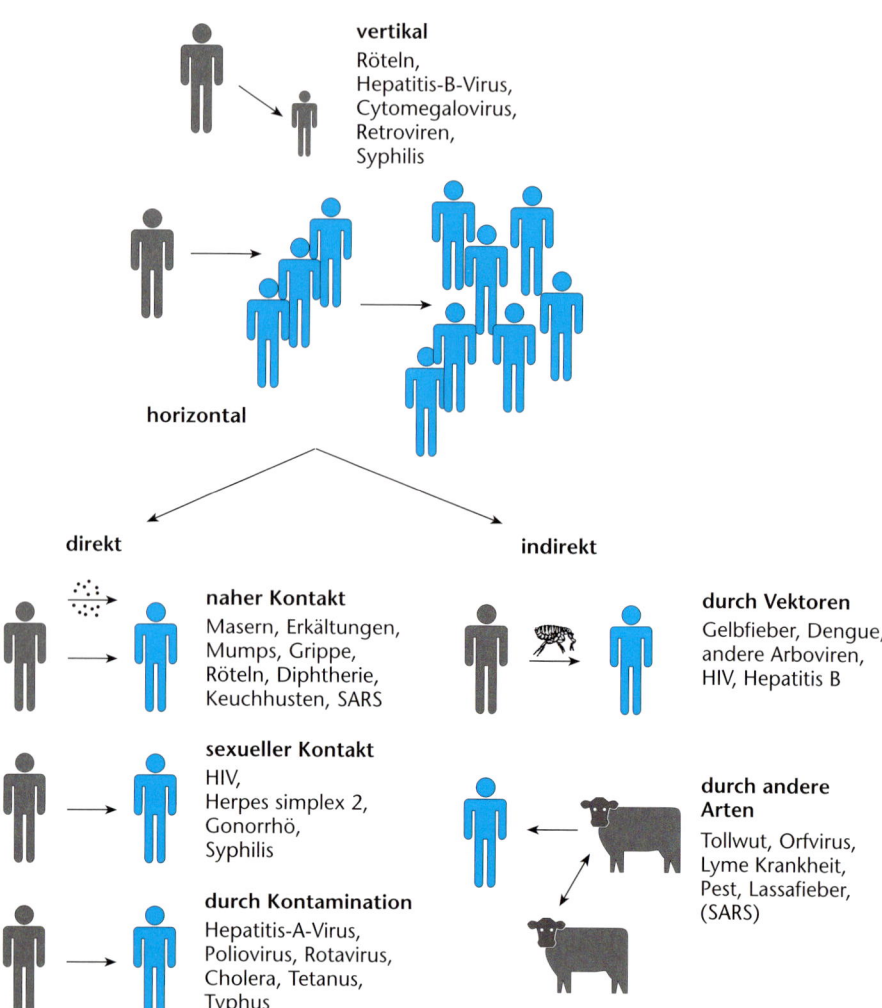

**Abb. 4.16:** Schematische Darstellung der Übertragungswege von Mikroparasiten (Viren und Bakterien). Nach Nokes (1992).

**vertikal**
Röteln,
Hepatitis-B-Virus,
Cytomegalovirus,
Retroviren,
Syphilis

**horizontal**

**direkt**

**indirekt**

**naher Kontakt**
Masern, Erkältungen,
Mumps, Grippe,
Röteln, Diphtherie,
Keuchhusten, SARS

**durch Vektoren**
Gelbfieber, Dengue,
andere Arboviren,
HIV, Hepatitis B

**sexueller Kontakt**
HIV,
Herpes simplex 2,
Gonorrhö,
Syphilis

**durch andere
Arten**
Tollwut, Orfvirus,
Lyme Krankheit,
Pest, Lassafieber,
(SARS)

**durch Kontamination**
Hepatitis-A-Virus,
Poliovirus, Rotavirus,
Cholera, Tetanus,
Typhus

Man sollte die obige Hochrechnung nicht überinterpretieren. Da praktisch alle Organismen mit mehreren anderen Arten in Wechselwirkung treten, kann sich eine Art parasitisch gegenüber einer zweiten verhalten, während sie gleichzeitig in Konkurrenz zu einer dritten steht und Beute einer vierten ist. Jede Art kann also gleichzeitig Parasit, Räuber, Beute und Konkurrent sein. Obwohl also ein Großteil der Lebewesen in irgendeiner Form parasitisch lebt, bedeutet das nicht, dass andere Formen der Interaktion weniger häufig sind. Es sollte lediglich darauf hingewiesen werden, dass Parasitismus für die meisten Arten in der einen oder anderen Form von Bedeutung ist, sei es als Parasit oder als Wirt.

Einer der größten energetischen Vorteile parasitischer Lebensweise ist die dadurch ermöglichte enorm hohe Reproduktionsrate. Verglichen mit ihren freilebenden Verwandten haben parasitische Würmer (Cestoden, Trematoden, einige Nematoden) eine Fekundität, die teilweise um mehrere Größenordnungen höher liegt. Durch die Lebensweise innerhalb von Wirten befinden sich Parasiten in einem geschützten Habitat mit gesicherter Nährstoffversorgung. Dadurch entfällt unter anderem die Notwendigkeit, Nahrungsreserven in Form von Fettspeichern anzule-

gen. Dies wiederum erlaubt Parasiten, einen höheren Anteil der assimilierten Energie in die Fortpflanzung zu investieren. Hierzu ein kleines Beispiel: Obwohl der Bandwurm *Hymenolepis diminuta* (Cestoda), der im Darm von Ratten lebt, nur 0,8% der aufgenommenen Energie des Wirtes erhält, assimiliert er davon 88% und investiert 45% von diesen in die Fortpflanzung. Im Gegensatz dazu assimiliert sein Wirt nur 74% der von ihm aufgenommenen Energie und kann davon nur 5% in die Fortpflanzung investieren (Abbildung 4.12). Den Vorteilen parasitischer Lebensweise steht die geringe Wahrscheinlichkeit gegenüber, dass die einzelnen Nachkommen eines Parasiten ihrerseits einen Wirt finden.

Eine für den Ökologen wichtige Einteilung von Parasiten anhand ihres Lebensstiles erfolgt in Mikro- und Makroparasiten. **Mikroparasiten** vermehren sich direkt im Körper ihres Wirtes, sind demnach klein und stehen in enger Wechselwirkung zur Wirtsphysiologie. Beispiele für Mikroparasiten sind viele Bakterien, Viren und Einzeller wie die Erreger der Malaria (*Plasmodium*, Sporozoa; Abbildung 4.13) und der Schlafkrankheit (*Trypanosoma*, Flagellata). In all diesen Beispielen werden Wirte nur von einer relativ kleinen Anzahl Parasitenindividuen befallen, die in der Folge innerhalb der Wirte zu hohen Populationsdichten heranwachsen. Häufig leben Mikroparasiten in den Wirtszellen. Bei **Makroparasiten** werden Ekto- und Endoparasiten unterschieden, je nachdem ob sie auf oder in dem Wirt leben. Endoparasitische Makroparasiten vermehren sich in der Regel nicht in ihrem Wirt, was sie von den Mikroparasiten unterscheidet. Hohe Populationsdichten von Makroparasiten in einem Wirt entstehen dadurch, dass sich ein Wirt mehrfach mit dem Parasiten infiziert (multiple Infektionen), also z. B. Füchse, die viele Beeren mit Bandwurmlarven gefressen haben. Es werden allerdings infektiöse Stadien produziert (z. B. Sporen, Eier), die freigelassen werden, um neue Wirte zu infizieren. Ektoparasitische Makroparasiten sind Zecken (Ixodidae) und Flöhe (Siphonaptera), während zu den endoparasitischen Makroparasiten viele Spulwürmer (Nematoda) und Bandwürmer (Cestoda) gehören. Einige pflanzenparasitische Pilze zählen ebenfalls zu den Makroparasiten, denn ihre Hyphen wachsen zwischen und nicht in den Zellen.

Viele Makroparasiten benötigen für ihre vollständige Entwicklung zum Teil mehrere Wirte verschiedener Arten (**Wirtswechsel**). Dabei wird der Wirt, in dem die Fortpflanzung (genauer die Meiose) stattfindet, als **Endwirt** bezeichnet, die anderen als **Zwischenwirte**. In Zwischenwirten entwickeln sich die Parasiten weiter. In dem Beispiel in Abbildung 4.14 entwickeln sich aus den Miracidien in Schnecken als Zwischenwirt Tochtersporocysten, die wiederum Zerkarien ins Wasser entlassen. Manche Parasiten werden von anderen Organismen auf neue Wirte übertragen, ohne dass sich die Parasiten in ihnen weiterentwickeln. Diese Überträger werden **Vektoren** genannt. Stechmücken z. B. können auf diese Weise Blutparasiten von einem Wirt zum anderen oder Insekten Pflanzenkrankheiten (z. B. Mehltau, Rost) von einer infizierten Pflanze auf gesunde übertragen (Abbildung 4.15).

Gerade Mikroparasiten können häufig nicht lange außerhalb ihres Wirtes überleben und haben daher verschiedene Wege entwickelt, wie ihre Nachkommen von Wirt zu Wirt weitergegeben werden. Generell unterscheidet man zwei Hauptwege (Abbildung 4.16). Bei der **vertikalen Übertragung** wird der Parasit von der Mutter auf die Nachkommen übertragen. Dies geschieht in der Regel in einer sehr frühen Phase der Entwicklung, entweder in der Keimbahn (z. B. beim Onkovirus von Vögeln, der Tumoren verursacht), durch die Plazenta (z. B. Cytomegalovirus, einem sehr häufigen aber recht harmlosen Virus bei Menschen) oder perinatal während der Geburt (z. B. Hepatitis-B-Virus). Im Gegensatz dazu wird bei der **horizontalen Übertragung** die Infektion zwischen Individuen über die Umwelt übertragen. Die Mehrzahl der Mikroparasiten wird horizontal übertragen. Die direkte horizontale Übertragung erfolgt entweder über den alltäglichen Kontakt eines infizierten Wirtes mit anderen Wirten (meistens wird der Parasit über eine Flüssigkeit ausgetauscht, z. B. Speicheltröpfchen), über sexuellen Kontakt oder über kontaminierte Produkte (Wasser, Nahrung). Die indirekte horizontale Übertragung erfolgt über dritte Arten, also Vektoren oder Zwischenwirte. Interessanterweise gibt es wenige Parasiten, die ausschließlich vertikal übertragen werden. Ein Parasit, der die Reproduktion seines Wirtes reduziert, würde durch natürliche Selektion aussterben, wenn sein einziger Übertragungsweg vertikal wäre, d. h. nur die Nachkommen befallener Wirte Parasitenträger wären und damit ebenfalls diesen Fitnessnachteil hätten. Andererseits sind Parasiten, die teilweise vertikal weitergegeben werden können, gut an niedrige Wirtsdichten angepasst, in denen die Wahrscheinlichkeit, einen anderen Wirt horizontal zu infizieren, gering ist.

# 4.3 Prinzipien der Wechselwirkungen

In der Ökologie werden Wechselwirkungen zwischen zwei Arten in positiv, negativ und neutral für die Beteiligten eingeteilt. Aus dieser Einteilung ergeben sich die in Tabelle 4.3 A dargestellten Kombinationen. In **mutualistischen** Beziehungen profitieren beide Arten von der Interaktion, in **trophischen** Beziehungen profitiert die eine Art, während die andere einen Nachteil hat, und eine **Konkurrenzsituation** ist für beide Arten nachteilig. Zu beachten ist bei Interaktionen, dass die Auswirkungen meist in beide Richtungen gehen, d. h. beide Beteiligten sind betroffen. Eine Ausnahme stellen die einseitig neutralen Interaktionen **Amensalismus** und **Kommensalismus** dar, in denen eine Art keinerlei Auswirkungen auf die andere hat. Hierbei stellt sich oft die Frage, ob die Interaktion tatsächlich einseitig ist oder ob die Auswirkungen auf die andere Art bis jetzt nur nicht entdeckt wurden. Ebenso stellt sich bei einer **beidseitig neutralen Interaktion** die philosophische Frage, ob es sich hierbei überhaupt um eine Interaktion handelt.

In Tabelle 4.3 sind für jede Interaktion jeweils die Anzahl Arbeiten angegeben, die sich mit dem Thema beschäftigen. Dafür wurde in einer wissenschaftlichen Datenbank (Web of Science, Institute of Scientific Information), die weltweit sehr viele Arbeiten im Bereich der Naturwissenschaften aufnimmt, nach dem jeweiligen Stichwort (auf Englisch) gesucht. Das Ergebnis zeigt, dass es im Vergleich zu positiven oder negativen Beispielen wenige für neutrale Interaktionen gibt. Die meisten Arbeiten beschäftigen sich mit Konkurrenz und trophischen Interaktionen, aber deutlich weniger mit mutualistischen Interaktionen. Wir haben daher ein gutes Verständnis von Prädation und Konkurrenz, während Mutualismus weitaus weniger untersucht ist und neutrale Interaktionen praktisch unerforscht sind.

Eine Einteilung der Interaktionen zwischen zwei Arten wie in Tabelle 4.3 erweckt oft den falschen Eindruck, die Auswirkungen wären für beide Arten festgeschrieben. Dies ist keineswegs der Fall. Ob die Auswirkungen einer Interaktion für die beteiligten Arten positiv, negativ oder neutral sind, hängt häufig stark von den Umständen ab. Dazu einige Beispiele: Ob die Beziehung zwischen einem

**Tab 4.3:** Einteilung der Wechselwirkungen zwischen Lebewesen anhand ihrer Auswirkungen auf die beteiligten Arten. a) Klassisches Schema: Hier wird angenommen, dass die Wechselwirkungen zwischen zwei Arten immer zu demselben Resultat führen. In Klammern sind die Anzahl Arbeiten angegeben, die zu diesen Interaktionstypen veröffentlicht wurden. Suche in der Datenbank *Web of Science* mit den englischen Suchbegriffen. b) Realistischeres Schema, in dem das Resultat der Interaktion je nach Umweltbedingung verschieden sein kann.

a

| | | Art A | | |
|---|---|---|---|---|
| | | **+** | **−** | **0** |
| Art B | **+** | +/+ Mutualismus (348) | +/− trophische Beziehung (2776) | +/0 Kommensalismus (57) |
| | **−** | | −/− Konkurrenz (7683) | −/0 Amensalismus (8) |
| | **0** | | | 0/0 Neutralismus (3) |

b

| | trophische Beziehung | | | Amensalismus | Konkurrenz | | Amensalismus | trophische Beziehung | | |
|---|---|---|---|---|---|---|---|---|---|---|
| **Art A** | +++ | ++ | + | 0 | − | −− | −−− | −−− | −−− | −−− |
| **Art B** | −−− | −−− | −−− | −− | −− | − | 0 | + | ++ | +++ |

| | trophische Beziehung | | | Kommensalismus | Mutualismus | | Kommensalismus | trophische Beziehung | | |
|---|---|---|---|---|---|---|---|---|---|---|
| **Art A** | +++ | +++ | ++ | ++ | + | + | 0 | − | −− | −−− |
| **Art B** | −−− | −− | − | 0 | + | + | ++ | ++ | +++ | +++ |

Putzerfisch und seinem Wirt für den Wirt positiv ist, hängt davon ab, wie viele Parasiten der Wirt trägt und wie viel Gewebe ihm der Putzerfisch entfernt. Ist der Wirt stark parasitiert, ist die Beziehung zum Putzerfisch vorteilhaft für den Wirt, ist er wenig parasitiert, kann die Beziehung sogar nachteilig werden, denn der Putzer wird, wenn er keine Parasiten findet, unter Umständen Stücke aus der Haut des Wirtes entfernen, um auf seine Kosten zu kommen (Abschnitt 4.6). Auch Ameisen, die Blattläuse vor ihren Feinden schützen und dabei die zuckerhaltigen Ausscheidungen der Blattläuse (Honigtau) sammeln, können von Mutualisten zu Räubern werden, wenn sie anfangen, die Blattläuse selbst zu fressen. Die meisten Pflanzen leben in enger Beziehung zu bodenbewohnenden Pilzen, die manchmal tief mit ihren Hyphen ins Pflanzengewebe eindringen (Mykorrhiza). Ob diese Beziehung zum Vorteil (beide Partner tauschen für sie limitierende Nährstoffe aus) oder Nachteil (der Pilz parasitiert die Pflanze, die Pflanze wehrt den Pilz ab) für die Beteiligten ist, hängt in erster Linie von der Nährstoffversorgung der beiden ab. Die Auswirkungen der Beziehung zweier Arten kann in ihrer Stärke also stark variieren und sich sogar ins Gegenteil kehren. Man stellt daher die Interaktion zweier Arten besser als Kontinuum dar, in dem die Auswirkung in ihrem Vorzeichen und in ihrer Stärke schwanken kann (Tabelle 4.3 b).

Zu den Wechselwirkungen, die häufig über die Nahrung vermittelt werden, zählen trophische Interaktionen und Konkurrenz. Trophische Interaktionen sind Beziehungen zwischen einem Konsumenten und seiner Nahrung in Form von lebendigen Organismen. Unter trophi-

sche Wechselwirkungen fallen so vielfältige wie Räuber-Beute-, Parasit-Wirt- und Herbivore-Pflanze-Beziehungen. Trophische Beziehungen kann man anhand von zwei Parametern, nämlich der **Intimität** der Beziehung von Konsument und Nahrung und der **Letalität**, also dem Grad der Tödlichkeit, in vier Klassen einteilen (Tabelle 4.4). Während Räuber und Weidegänger (Weidegänger sind nicht gleichbedeutend mit Herbivoren, obwohl die meisten Weidegänger Herbivoren sind) keine enge physiologische Bindung zu ihrer Nahrung aufweisen, haben Parasiten und Parasitoide in der Regel starke Bindungen zu ihrem Wirt, d. h. sie verbringen einen Großteil ihres Lebens mit ein und demselben Wirtsindividuum. Andererseits töten Räuber und Parasitoide ihre Nahrung, d. h. sie haben eine hohe Letalität, während Parasiten und Weidegänger ihren Wirt in einem weitaus geringeren Ausmaß schädigen.

Konkurrenz wird ebenfalls häufig über die Nahrung vermittelt, kann aber auch über andere Ressourcen (Raum, Dienstleistung) laufen. Konkurrenz führt letztendlich zu einem geringeren Beitrag der Individuen zu Nachkommen in der nächsten Generation (oder genauer in allen zukünftigen Generationen) verglichen mit dem potenziellen Beitrag, den ein Individuum liefern würde, wenn es keine Konkurrenten gäbe (Abschnitt 3.6.1). **Konkurrenz reduziert** also **die Fitness**. Diese Verknüpfung zwischen Konkurrenz und dem Beitrag zu Nachkommen in zukünftigen Generationen ist manchmal offensichtlich, z.B. wenn Männchen zur Paarung um Weibchen konkurrieren (intraspezifische Konkurrenz) oder seltene Orchideen um die wenigen Bestäuber, die Pollen der gleichen Art tragen (in-

**Tab. 4.4:** Einteilung trophischer Wechselwirkungen.

| | | Letalität | |
|---|---|---|---|
| | | **hoch** | **niedrig** |
| **Intimität** | **hoch** | Parasitoid | Parasit |
| | **niedrig** | Räuber | Weidegänger |

terspezifische Konkurrenz). Dies muss aber nicht immer der Fall sein. Pflanzenkeimlinge, die um Nahrungsressourcen konkurrieren, kämpfen in erster Linie um ihr Überleben und Wachstum. Nur diejenigen, die ein bestimmtes Wachstumsstadium erreichen, kommen letztendlich zur Fortpflanzung. Hier wirkt sich Konkurrenz indirekt auf den Beitrag der Individuen zu Nachkommen in der nächsten Generation aus. Konkurrenz hat aber nicht nur einen wahrscheinlichen zukünftigen Effekt (in Bezug auf die Reproduktion), sondern muss immer auch einen sofortigen direkten Effekt haben, der sich in reduziertem Wachstum, reduzierter Fruchtbarkeit oder Überlebensfähigkeit der Elterntiere oder deren Nachkommen niederschlägt, im Vergleich zu Individuen, die ohne Konkurrenz aufwachsen.

Damit Konkurrenz auftritt, muss eine Ressource in begrenztem Ausmaß vorliegen. Sauerstoff ist für alle Tiere (und die meisten anderen Organismen) zwar eine lebensnotwendige (essenzielle) Ressource, in der Regel ist Sauerstoff zumindest für Landorganismen aber nicht begrenzt, weshalb keine Konkurrenz zwischen Individuen um ihn auftritt. Freies Nitrat ist im Boden allerdings häufig nur in begrenztem Umfang vorhanden und die Konkurrenz um dieses zwischen Pflanzenindividuen in der Regel groß. Stickstoff stellt also in diesem Fall eine **limitierte Ressource** dar. Keinesfalls aber ist Stickstoff für Pflanzen immer limitierend, Konkurrenz tritt daher nicht zwangsläufig auf. Für Pflanzenkeimlinge, die auf frisch gestörten Flächen wachsen (so genannte Pionierpflanzen), ist Stickstoff für lange Zeit nicht knapp. Erst wenn die Individuendichte so groß geworden ist, dass sich die einzelnen Keimlinge in ihrem Wurzelraum überlappen, beginnt die Konkurrenz um begrenzte Wachstumsfaktoren. **Konkurrenz ist** also **dichteabhängig**, d. h. die Wahrscheinlichkeit, dass ein Individuum nachteilig beeinflusst wird, wächst mit zunehmender Individuendichte. Eine Ressource wird umso knapper, je mehr Individuen um Zugang zu ihr kämpfen. Ein letztes Charakteristikum von Konkurrenz ist, dass sie wechselseitig wirkt (**Reziprozität**). D. h., wenn zwei Individuen um eine Ressource konkurrieren, werden beide negativ beeinflusst. Das muss nicht unbedingt bedeuten, dass beide in gleichem Umfang negativ beeinflusst werden. In der Tat sind die Auswirkungen der Konkurrenz in der Regel ungleich verteilt, ein Individuum leidet häufig mehr als das andere.

Häufig ist das Ausmaß, in dem ein Individuum eine Ressource nutzt, abhängig von seiner Größe. Große Individuen benötigen mehr Nahrung und Platz als kleine. Wenn die Ausnutzung der Ressource proportional zur Körpergröße des Konkurrenten geschieht, spricht man von **sym**metrischer Konkurrenz, z. B. wenn eine Pflanze mit einem doppelt so großem Wurzelwerk doppelt so viel Stickstoff aus dem Boden aufnimmt wie ihr kleinerer Konkurrent. Bei der Konkurrenz um Licht hingegen ist es in der Regel so, dass der größere Konkurrent den kleineren beschattet und daher einen überproportional großen Anteil des Lichtes bekommt, während der kleinere dem größeren praktisch kein Licht wegnimmt. In einem solchen Fall spricht man von **asymmetrischer Konkurrenz**. Dies kann sogar so weit gehen, dass bei dem konkurrenzstärkeren Individuum keinerlei nachteiliger Einfluss des konkurrenzunterlegenen Individuums mehr festzustellen ist und die Interaktion **amensalistisch** wird.

Auch Mutualismus wird manchmal über die Nahrung vermittelt, z. B. im Fall von Samenverbreitern, die die Früchte ihrer Wirtspflanzen fressen, aber auch Verbreitung und Schutz sind möglich. Wegen der vielen möglichen Modalitäten, die ausgetauscht werden können, erhält Mutualismus eine Sonderstellung und wird in einem eigenen Abschnitt abgehandelt (Abschnitt 4.6).

# 4.4 Wechselwirkungen auf derselben trophischen Ebene

## 4.4.1 Interspezifische Konkurrenz

Zwischenartliche Konkurrenz um eine gemeinsam genutzte Ressource tritt bei Arten auf, die ähnliche Nischen besetzen. Dies ist häufig bei nahe verwandten Arten der Fall, die wegen ihrer gemeinsamen Stammesgeschichte zwangsläufig eine große Nischenüberlappung aufweisen (z. B. verschiedene Seepockenarten, die um Raum auf Felsen in der Gezeitenzone konkurrieren), aber es können auch verschiedenste Arten miteinander in Konkurrenz treten. In Wüstengegenden konkurrieren z. B. Ameisen mit Kleinnagern um Samen, die die Hauptnahrungsquelle in diesen Gegenden für beide Gruppen darstellen (Tabelle 4.5). Da oft verschiedenste Pflanzenarten sehr ähnliche Ansprüche an Nahrung und Habitat stellen (jedenfalls im Vergleich zu Tieren; Abschnitt 4.1.1), tritt im Pflanzenreich interspezifische Konkurrenz sehr häufig auf.

Interspezifische Konkurrenz ist häufig noch stärker asymmetrisch als intraspezifische Konkurrenz, d. h. die Individuen der einen Art erleiden größere Fitnesseinbußen als die Individuen der anderen Art. Das führt entweder dazu, dass die unterlegene Art komplett verdrängt wird oder dass sie nur in einer suboptimalen Nische im Habitat mit

**Tab. 4.5:** Reaktionen von Ameisen, Nagetieren und der Samendichte auf das Entfernen von Ameisen und Nagern. Nach Brown und Davidson (1977).

|  | Nager entfernt | Ameisen entfernt | Nager und Ameisen entfernt | Kontrolle |
|---|---|---|---|---|
| Ameisenkolonien | 543 |  |  | 318 |
| Anzahl Nager |  | 144 |  | 122 |
| Samendichte relativ zur Kontrolle | 1,0 | 1,0 | 5,5 | 1,0 |

der überlegenen Art koexistieren kann. Mit anderen Worten: Die Nische, in der man die unterlegene Art im Habitat zusammen mit der Konkurrenzart findet (**realisierte Nische**), ist kleiner als die Nische, die die Art ohne ihren Konkurrenten belegen würde (**fundamentale Nische**; Abschnitt 2.4.2). Die konkurrierenden Arten unterscheiden sich bei Koexistenz in ihren Realnischen (*niche differentiation*), indem sie die gemeinsam genutzte **Ressource aufgeteilt** haben (*resource partitioning*). Man findet häufig in der Natur, dass sich koexistierende Arten in ihrer Realnische unterscheiden (Abbildung 4.17). Allein die Beobachtung, dass sich die Realnische koexistierender Arten unterscheidet, ist jedoch noch kein schlüssiger Beweis für Konkurrenz zwischen diesen Arten, denn gerade durch die Nischendifferenzierung entgehen sie ja einer Konkurrenzsituation. Nur ein experimentelles Überprüfen, ob die Arten in Abwesenheit der anderen eine erweiterte Nische nutzen würden und erhöhtes Wachstum, Überleben oder eine erhöhte Fekundität zeigen, kann den Beweis erbringen (Kasten 4.7).

Doch auch, wenn sich keine aktuelle Konkurrenzsituation nachweisen lässt, kann die Nischendifferenzierung das Ergebnis einer Konkurrenzsituation in der Vergangenheit sein. Unter einem starken Konkurrenzdruck wird die Evolution diejenigen Individuen bevorzugen, die diesem Druck am besten ausweichen können, indem sie die Ressource auf eine Weise nutzen, die sich möglichst stark von

der des Konkurrenten unterscheidet. Die konkurrierenden Arten werden sich also im Laufe der Evolution immer stärker voneinander unterscheiden und können so eher koexistieren. Leider kann nicht experimentell überprüft werden, ob eine jetzige Koexistenz von Arten das Ergebnis einer vergangenen Konkurrenzsituation ist, weil sich die Zeit nicht zurückdrehen lässt. Diese für den Naturwissenschaftler unbefriedigende Situation wurde treffend von Connell (1980) als **Geist vergangener Konkurrenz** (*ghost of competition past*) bezeichnet.

Alternativ könnte man jedoch annehmen, dass sich zwei Arten, deren Nischen sich heute unterscheiden, unabhängig voneinander in ihre jetzige Nische entwickelt haben, dass also Konkurrenz niemals zwischen ihnen aufgetreten ist, oder aber, dass es früher viel mehr Arten gab, jedoch durch Konkurrenz alle Arten, die sich nicht genügend in ihren Nischen unterschieden, verdrängt wurden. Im letzten Fall würde Konkurrenz nicht die Nischendifferenzierung fördern, wäre daher kein Motor der Evolution (Veränderung von Arten), sondern lediglich durch Verdrängung von Arten eine ökologische Kraft.

Wenn keine Nischenunterscheidung zwischen zwei konkurrierenden Arten möglich ist, wird die konkurrenzschwächere Art von der stärkeren verdrängt. Dieses Ergebnis wurde in vielen Laborexperimenten, in denen in der Regel zwei Arten um eine gemeinsame Ressource konkurrieren mussten, gefunden. Dieser Befund wird das **Kon-**

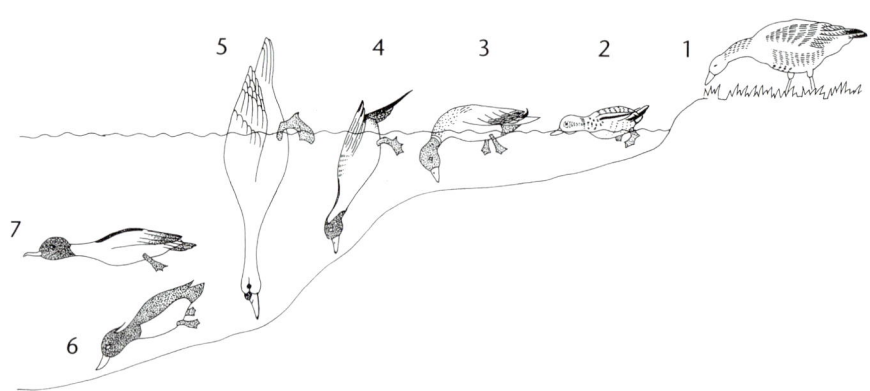

**Abb. 4.17:** Nischendifferenzierung zur Konkurrenzvermeidung am Beispiel von Entenvögeln. Die Graugans (1, *Anser anser*) weidet vor allem Pflanzenwuchs an Land ab. Die Krickente (2, *Anas crecca*) nimmt pflanzliche Nahrung von der Wasseroberfläche auf. Stockente (3, *Anas penelope*), Spiessente (4, *Anas acuta*) und Höckerschwan (5, *Cygnus olor*) suchen gründelnd nach Wasserpflanzen und Kleintieren, erreichen aber wegen unterschiedlicher Größe und Halslänge verschiedene Wassertiefen. Die Reiherente (6, *Aythya marila*) findet ihre hauptsächlich tierische Nahrung am Gewässergrund in Tiefen von einigen Metern. Der Gänsesäger (7, *Mergus merganser*) macht in zwei bis vier Metern Tiefe Jagd auf freischwimmende Beute. (Tierkunde, Anni Heitzmann und Robert Zwahlen, ©1987 Sauerländer Verlage AG, Aarau.).

**Kasten 4.7:** **Experimentelle Ansätze zur Untersuchung von interspezifischer Konkurrenz bei Pflanzen**

Pflanzenindividuen konkurrieren miteinander um Nährstoffe, Wasser (Wurzelkonkurrenz) und Licht (Sprosskonkurrenz). Pflanzenkonkurrenz lässt sich in der Praxis technisch einfach untersuchen, indem man Individuen gemeinsam im gleichen Topf wachsen lässt. Praktisch alle Ressourcen lassen sich leicht kontrollieren (Bewässerung, Nährstoffzugabe, Topfgröße, Beleuchtung). Da viele Pflanzen aus Samen oder Stecklingen gezüchtet werden können, können auch verschiedene Populationsdichten problemlos produziert werden. Aus statistischen Gründen (Unabhängigkeit der Daten) darf grundsätzlich nur die Auswirkung auf eine Art pro Topf (Zielart) gemessen werden, d. h. es dürfen nicht Daten von verschiedenen Pflanzen(-arten) aus ein und demselben Topf erhoben werden. Wenn man also den Einfluss von Art 1 auf Art 2 und umgekehrt messen möchte, muss man für jede Dichtekombination mindestens zwei Töpfe ansetzen. Es gibt für den Aufbau derartiger Experimente prinzipiell drei verschiedene Ansätze steigender Komplexität.

**Design 1:** Einfaches additives Design (**Abbildung a**). Gemeinsam mit einem Individuum der Zielart werden verschiedene Dichten einer Konkurrenzart angesetzt. Dieses Design wird häufig angewendet, um Ertragseinbußen von Nutzpflanzen durch Unkräuter zu untersuchen. Ein häufiges Ergebnis ist, dass der Ertrag mit steigender Unkrautdichte hyperbolisch auf einen Grenzwert abfällt. Ein Nachteil dieses Designs besteht darin, dass beim Hinzufügen von Konkurrenten gleichzeitig zwei Parameter verändert werden, nämlich die Gesamtdichte und das Verhältnis der konkurrierenden Arten.

**Design 2:** Ersetzungsserien (**Abbildung b**). Hierbei wird die Gesamtdichte der Individuen pro Topf konstant gehalten und nur das Verhältnis der Arten variiert. Verglichen wird die Performance der Arten (Biomasse, Samenertrag) im Vergleich zur Performance bei gleicher Dichte (unabhängig von der Dichte der konkurrierenden Art) in Monokultur. Dabei zeigte sich, dass häufig beide Arten negativ beeinflusst werden, allerdings in unterschiedlicher Stärke (asymmetrische Konkurrenz), und dass die Stärke der Konkurrenz von der Dichte abhängt, bei der die Interaktion stattfindet: Bei niedriger Gesamtdichte leidet die überlegene Art praktisch überhaupt nicht (Amensalismus), bei hoher Dichte leiden beide Arten.

**Design 3:** Vollständig additives Design (**Abbildung c**). Um das Ergebnis der Konkurrenz zweier Arten vollständig zu verstehen, müssen wir sämtliche Kombinationen von Indivi-

duendichten beider Arten ansetzen. Wie man der Abbildung entnehmen kann, beinhaltet ein vollständig additives Design beide vorangehenden Varianten. Mit Hilfe solcher Ansätze kann man den relativen Einfluss von inner- und zwischenartlicher Konkurrenz bei verschiedenen Gesamtdichten erforschen. Ergebnisse zeigen, dass in der Regel bei höheren Dichten die innerartliche Konkurrenz wichtiger als die zwischenartliche wird.

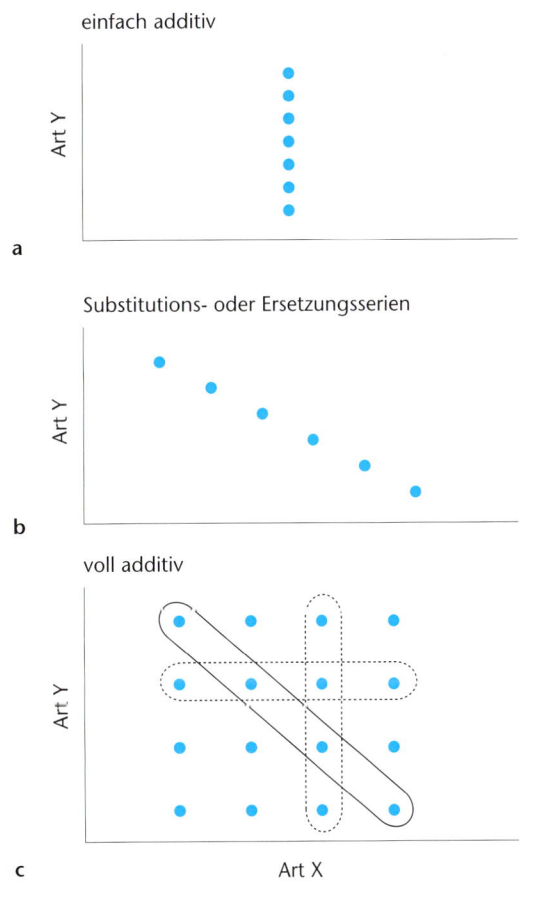

kurrenz-Ausschluss-Prinzip genannt. In Laborexperimenten ist häufig durch die räumliche Begrenztheit und Strukturarmut der Untersuchungsarena keine Differenzierung der Realnische möglich. In der freien Natur hingegen leben Organismen in einer heterogenen Umgebung und könnten so eher interspezifischer Konkurrenz ausweichen als unter den künstlichen Laborbedingungen. Darüber hinaus findet man in der Natur selten (bis nie) zwei Arten, die sich in ihrer Realnische überhaupt nicht unterscheiden (das ist in manchen Nischendefinitionen sogar ein Wider-

spruch in sich). Selbst wenn keine Nischendifferenzierung zwischen zwei Arten festzustellen ist, könnten sich die Arten immer noch in einem Aspekt der Nische unterscheiden, der nicht untersucht wurde. Es ist daher unklar, ob Konkurrenzausschluss in der Natur überhaupt auftritt.

Tatsächlich gibt es bis heute kein überzeugendes Beispiel von Konkurrenzausschluss unter natürlichen Bedingungen. Am wahrscheinlichsten tritt Konkurrenzausschluss bei Arten auf, die von fremden Kontinenten eingeschleppt werden (Abschnitt 6.5.3.3) und nah verwandte einheimische Arten verdrängen (**invasive Arten**). Das am besten untersuchte Beispiel ist wohl der Fall des nordamerikanischen Grauhörnchens (*Sciurus carolinensis*), das mittlerweile in fast ganz Großbritannien das einheimische rote Eichhörnchen (*Sciurus vulgaris*) verdrängt hat. Obwohl die Indizien nahe legen, dass die Verdrängung aufgrund von Konkurrenz geschieht (Wauters et al. 2002), kann die bisher gefundene fehlende Ressourcenaufteilung lediglich ein Hinweis auf Konkurrenzausschluss sein. Es gibt allerdings auch Hinweise, dass Krankheiten für den Rückgang des Eichhörnchens verantwortlich sind. Der endgültige Beweis wäre nur durch wechselseitigen Ausschluss jeweils einer Art aus einem bestimmten Gebiet zu erbringen. Dies ist im Freiland allerdings schwer realisierbar.

Um die Auswirkungen von Konkurrenz auf Populationsebene zu verstehen, entwickeln wir am besten ein Modell. Nehmen wir an, die zwei Arten, die konkurrieren sollen, würden ohne Konkurrenz nach der kontinuierlichen logistischen Gleichung (Abschnitt 3.4.3) wachsen:

$$\frac{dN}{dt} = rN\left(\frac{K - N}{K}\right)$$

wobei $N$ die Populationsgröße, $r$ die spezifische Wachstumsrate und $K$ die Kapazität darstellt. Um die Arten zu unterscheiden, verwenden wir für Parameter und Variablen Indices (für Art 1 $N_1$, $K_1$, $r_1$, für Art 2 $N_2$, $K_2$, $r_2$). Der Term in der Klammer der logistischen Gleichung ist eine Darstellung der intraspezifischen Konkurrenz und bewirkt, dass das Wachstum der Population von der Populationsdichte $N$ der eigenen Art abhängt; je größer die Populationsdichte, desto stärker wird das Wachstum gehemmt (desto kleiner wird der Betrag in der Klammer; Abschnitt 3.4.3). Wir können nun den hemmenden Einfluss der zweiten Art auf die erste mit einem Faktor $\alpha_{12}$ als Äquivalent der ersten Art darstellen. Nehmen wir z. B. einmal an, dass zwei Individuen der Art 2 zusammen den gleichen hemmenden Einfluss auf Art 1 ausüben wie ein Individuum der Art 1, dann wäre unser **Konkurrenzkoeffizient** $\alpha_{12} = {}^1/_2$. Damit entspricht der gesamte Konkurrenzeffekt auf Art 1 (also der intraspezifische und der interspezifische zusammengezählt) einer intraspezifischen Konkurrenz bei einer Populationsgröße von $(N_1 + \alpha_{12}N_2)$. Um den Effekt der interspezifischen Konkurrenz auf das Populationswachstum der Art 1 herauszufinden, ersetzen wir also $N$ in der Klammer der logistischen Gleichung durch $(N_1 + \alpha_{12}N_2)$.

$$\frac{dN_1}{dt} = r_1N_1\left(\frac{K_1 - (N_1 + \alpha_{12}N_2)}{K_1}\right) = r_1N_1\left(\frac{K_1 - N_1 - \alpha_{12}N_2}{K_1}\right)$$

Entsprechend gilt für Art 2:

$$\frac{dN_2}{dt} = r_2N_2\left(\frac{K_2 - N_2 - \alpha_{21}N_1}{K_2}\right)$$

Mit Hilfe dieser beiden Gleichungen können wir untersuchen, unter welchen Bedingungen Art 1 und Art 2 zu- bzw. abnehmen und ob sie koexistieren können oder ob eine Art die andere verdrängt. Am anschaulichsten machen wir dies graphisch. Dazu betrachten wir noch einmal die einfache logistische Gleichung für nur eine Art, also ohne interspezifische Konkurrenz. Diese gibt für jede Populationsgröße $N$ an, ob die Population steigen oder sinken wird. Graphisch kann man die Populationsgröße $N$ als eine Achse darstellen, auf der auch die Kapazität $K$ eingetragen wird (Abbildung 4.18). Ist die Population kleiner als $K$, steigt sie, ist sie größer als $K$, sinkt sie. Dies deuten wir durch Pfeile an, die unterhalb von $K$ nach rechts weisen, oberhalb nach links. Diese Pfeile sind für uns Vektoren, die an jedem beliebigen Punkt auf der Populationsachse angeben, in welche Richtung sich die Population entwickeln wird. Man erkennt deutlich, dass an dem Punkt, an dem die Vektorpfeile aufeinander stoßen ($K$), das Populationswachstum = 0 ist, die Population sich also im Gleichgewicht befindet. Zur Erinnerung: Da Abweichungen in beide Richtungen vom Gleichgewicht dazu führen, dass sich die Population wieder zurück zum Gleichgewicht entwickelt, nennen wir dieses ein stabiles Gleichgewicht (Abschnitt 3.4.3).

Um unser Zwei-Arten-System mit interspezifischer Konkurrenz zu beschreiben, benötigen wir nun zwei Achsen (ein so genanntes **Phasendiagramm**) (Abschnitt 4.5.1.2). Die Populationsgröße der Art 1 ($N_1$) tragen wir auf der X-Achse ein, die Populationsgröße der Art 2 ($N_2$) auf der Y-Achse (Abbildung 4.19). Für jeden Punkt in der Fläche, die von den Achsen umspannt wird, also für jede Kombination von $N_1$ und $N_2$, können wir angeben, ob die jeweiligen Populationen steigen oder sinken werden. Betrachten wir zunächst Art 1. Für Art 1 wird es auf der Fläche einen Bereich geben, in dem ihre Populationsgröße steigt, und einen Bereich, in dem diese sinkt. Das Gleiche gilt natürlich auch für Art 2, die wir etwas später betrachten werden. Zwischen diesen Bereichen gibt es eine Trennlinie, auf der das Populationswachstum = 0 ist, die so genannte **Nullisokline**. Da auf der Nullisokline die Änderung der Populationsgröße = 0 ist, gilt

$$\frac{dN_1}{dt} = 0 = r_1N_1\left(\frac{K_1 - N_1 - \alpha_{12}N_2}{K_1}\right)$$

Dies gilt für die trivialen Fälle, wenn $r_1 = 0$ (eine solche Population kann gar nicht wachsen) oder $N_1 = 0$ (es ist gar keine Population vorhanden). Es gilt aber auch für den weitaus interessanteren Fall, wenn der Term in der Klammer Null wird, nämlich wenn

$$K_1 - N_1 - \alpha_{12}N_2 = 0$$

oder umgeformt

$$N_1 = K_1 - \alpha_{12}N_2.$$

**Abb. 4.18:** Entwicklung der Populationsgröße $N$ einer Art, die durch ihre Umweltkapazität $K$ begrenzt wird. Wenn die Population kleiner als $K$ ist, wächst sie, wenn sie größer ist, sinkt sie (angedeutet durch die Pfeile). Eine derartige Population wird z.B. durch die logistische Gleichung beschrieben.

Die Nullisokline hat also in diesem Fall im Phasendiagramm die Form einer Geraden mit $N_1$-Achsenabschnitt $K_1$ und der Steigung $-\alpha_{12}$. Achtung: Die Steigung in Abbildung 4.19a muss in vertikaler Richtung gelesen werden, so als ob $N_2$ auf der x-Achse wäre. Die Nullisokline schneidet die $N_1$-Achse bei $K_1$ (wenn $N_2 = 0$) und die $N_2$-Achse bei $K_1/\alpha_{12}$ (wenn $N_1 = 0$). Links von der Nullisokline, d.h. bei relativ kleinem $N_1$, steigt die Population, rechts sinkt sie. Dies ist durch die waagerechten Vektorpfeile angedeutet (parallel zur Populationsachse von Art 1). Für die Nullisokline unserer zweiten Art gilt analog

$$N_2 = K_2 - \alpha_{21}N_1$$

Die Nullisokline für Art 2 ist in Abbildung 4.19b eingetragen. In diesem Fall müssen die Vektorpfeile, die uns das Wachstum oder die Abnahme von Art 2 angeben, natürlich parallel zur Populationsachse von Art 2 eingetragen werden, hier also senkrecht.

Wir können jetzt beide Nullisoklinen in dasselbe Achsendiagramm eintragen. Wie wir sehen, gibt es prinzipiell vier Möglichkeiten, wie die Isoklinen zueinander stehen können (Abbildung 4.20a-d). Die Isoklinen trennen die Fläche in drei (a, b) oder vier Bereiche (c, d). In jedem Bereich kann die Entwicklung der Populationen von Art 1 und 2 durch Addition der Vektoren ermittelt werden.

In Abbildung 4.20a und b schneiden sich die Isoklinen nicht. Hier verdrängt jeweils die Art, deren Isokline höher liegt, die andere. Die übrig gebliebene Art erreicht dann ihre Kapazität. Wenn man die Achsenabschnitte der Isoklinen betrachtet, dann gilt in Abbildung 4.20a:

$$\frac{K_1}{\alpha_{12}} > K_2 \quad \text{und} \quad \frac{K_2}{\alpha_{21}} < K_1$$

oder umgeformt

$$K_1 > K_2\alpha_{12} \quad \text{und} \quad K_2 < K_1\alpha_{21}$$

Die erste Ungleichung besagt, dass die innerartliche Konkurrenz bei Art 1 größer ist als die zwischenartliche Konkurrenz mit Art 2. ($K_1$ ist größer als die Konkurrenz durch Art 2 umgerechnet in Äquivalente von Art 1: $K_2\alpha_{12}$.) Die zweite Ungleichung gibt an, dass im Gegensatz dazu die zwischenartliche Konkurrenz für Art 2 größer ist als deren innerartliche. Einfach ausgedrückt heißt das, dass Art 1 ein starker zwischenartlicher Konkurrent ist und Art 2 ein schwacher. In Abbildung 4.20b ist der Fall genau umgekehrt, und hier gewinnt Art 2 die Konkurrenz durch Ausschluss von Art 1. Unser Modell sagt also vorher, dass die konkurrenzstärkere Art die schwächere durch Ausschluss verdrängt, und liefert uns damit eine Erklärung für das experimentell beobachtete Konkurrenzausschlussprinzip.

In Abbildung 4.20c gilt:

$$\frac{K_1}{\alpha_{12}} < K_2 \quad \text{und} \quad \frac{K_2}{\alpha_{21}} < K_1$$

und damit

$$K_1 < K_2\alpha_{12} \quad \text{und} \quad K_2 < K_1\alpha_{21}$$

Für beide Arten ist zwischenartliche Konkurrenz bedeutender als innerartliche, beide Arten sind also starke zwischenartliche Konkurrenten. Es wird immer eine Art die andere verdrängen, welche Art der Gewinner sein wird, hängt aber wesentlich vom Verhältnis der Ausgangsdichten beider Arten ab. Ganz generell kann man sagen, dass Art 1 gewinnen wird, wenn sie im Verhältnis zu Art 2 deutlich häufiger auftritt (z.B. im unteren rechten Abschnitt in Abbildung 4.20c). Umgekehrt wird Art 2 die

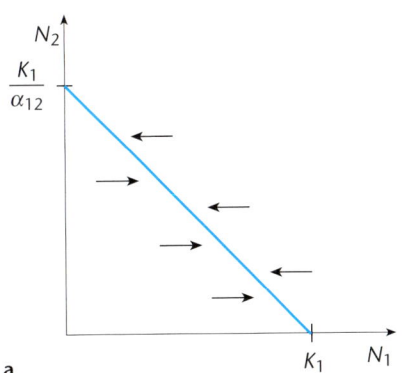

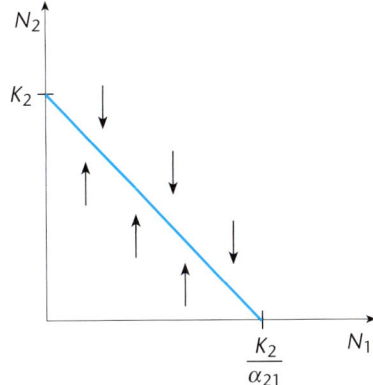

**Abb. 4.19:** Phasendiagramme für wechselseitige Konkurrenz zwischen zwei Arten $N_1$ und $N_2$. a) Nullwachstumsisokline für $N_1$: Rechts von der Isokline sinkt die Population von $N_1$, links von ihr steigt sie (angedeutet durch die Pfeile). b) Nullwachstumsisokline für $N_2$: Oberhalb der Isokline sinkt die Population von $N_2$, unterhalb von ihr steigt sie (angedeutet durch die Pfeile). Weitere Erklärungen im Text.

Konkurrenz gewinnen, wenn sie anfangs die Überhand hat (z. B. im oberen linken Bereich der Abbildung). Der Ausgang der Konkurrenz wird in einem solchen Fall also nicht von den Eigenschaften der Arten selbst bestimmt, sondern allein von deren Zahlenverhältnis; die häufigere Art hat dabei immer einen Vorteil. Ein konkretes Beispiel von Konkurrenz zwischen zwei Arten, bei denen interspezifische Effekte stärker ausgeprägt sind als intraspezifische, wären zwei Pflanzenarten, die chemische Substanzen absondern, die auf andere Arten toxisch wirken, nicht aber (oder in geringerem Umfang) auf Individuen der gleichen Art. Dieses Phänomen wird **Allelopathie** genannt.

Viele Pflanzenarten besitzen tatsächlich derartige Toxine und geben sie auch an die Umgebung ab. Beispielsweise enthalten die Blätter von Walnussbäumen (*Juglans regia*), wenn sie im Herbst abgeworfen werden, immer noch einen hohen Anteil an Juglon (Abbildung 4.21), der dazu führt, dass unter Walnussbäumen kaum eine Pflanze existieren kann. Ähnliches passiert unter Fichten, die durch abgeworfene Nadeln den Boden derart versäuern, dass die meisten Pflanzen im Unterwuchs von Fichten nicht aufkommen können. Bei einigen krautartigen Pflanzen hat man sogar nachgewiesen, dass sie während ihres Wachstums durch die Wurzeln Stoffe ausscheiden, die das Wachstum anderer Wurzeln hemmen. Es wird allerdings kontrovers diskutiert, ob diese Stoffe tatsächlich dazu dienen, den betreffenden Arten einen Konkurrenzvorteil gegenüber anderen Arten zu verschaffen, also ob man wirklich von einem allelopathischen Effekt sprechen kann (z. B. Harper 1977). Die toxischen Stoffe haben in der Regel nämlich eine

andere bekannte Funktion. So hält Juglon als Derivat des Chinons Herbivoren und Pathogene davon ab, Walnussbäume zu befallen. Die von Wurzeln ausgeschiedenen chemischen Stoffe dienen häufig der Mineralisierung des Bodens. Im mittelasiatischen Ursprungsgebiet des Nussbaumes gibt es eine gut adaptierte Bodenfauna, lediglich in Mitteleuropa kümmert die einheimische Vegetation unter den angepflanzten Bäumen (Abschnitt 5.3.1.1).

Der letzte Fall in Abbildung 4.20d führt zu einer stabilen Koexistenz der beiden Arten; alle Vektoren führen letztendlich auf den Schnittpunkt der beiden Isoklinen. Es gilt

$$\frac{K_1}{\alpha_{12}} > K_2 \text{ und } \frac{K_2}{\alpha_{21}} > K_1$$

und wieder umgeformt

$$K_1 > K_2\alpha_{12} \text{ und } K_2 > K_1\alpha_{21}$$

In diesem Fall ist die innerartliche Konkurrenz bei beiden Arten stärker ausgeprägt als die zwischenartliche. Unser Modell sagt also voraus, dass zwei Arten koexistieren können, wenn sie sich selbst stärker hemmen, als sie jeweils durch die andere Art gehemmt werden. Dies kann allerdings nur dann der Fall sein, wenn sie sich in ihren realisierten Nischen unterscheiden. Sobald sie die gleiche

**Abb. 4.20:** Phasendiagramme zu interspezifischer Konkurrenz. Vier Möglichkeiten, wie sich interspezifische Konkurrenz zwischen zwei Arten ($N_1$ und $N_2$) auswirken kann: a) $N_1$ ist konkurrenzüberlegen und $N_2$ stirbt aus, b) $N_2$ ist konkurrenzüberlegen und $N_1$ stirbt aus, c) für beide Arten ist zwischenartliche Konkurrenz bedeutender als innerartliche, sodass abhängig von den Ausgangsdichten eine Art die andere verdrängt, d) stabile Koexistenz der beiden Arten. Weitere Erklärungen im Text.

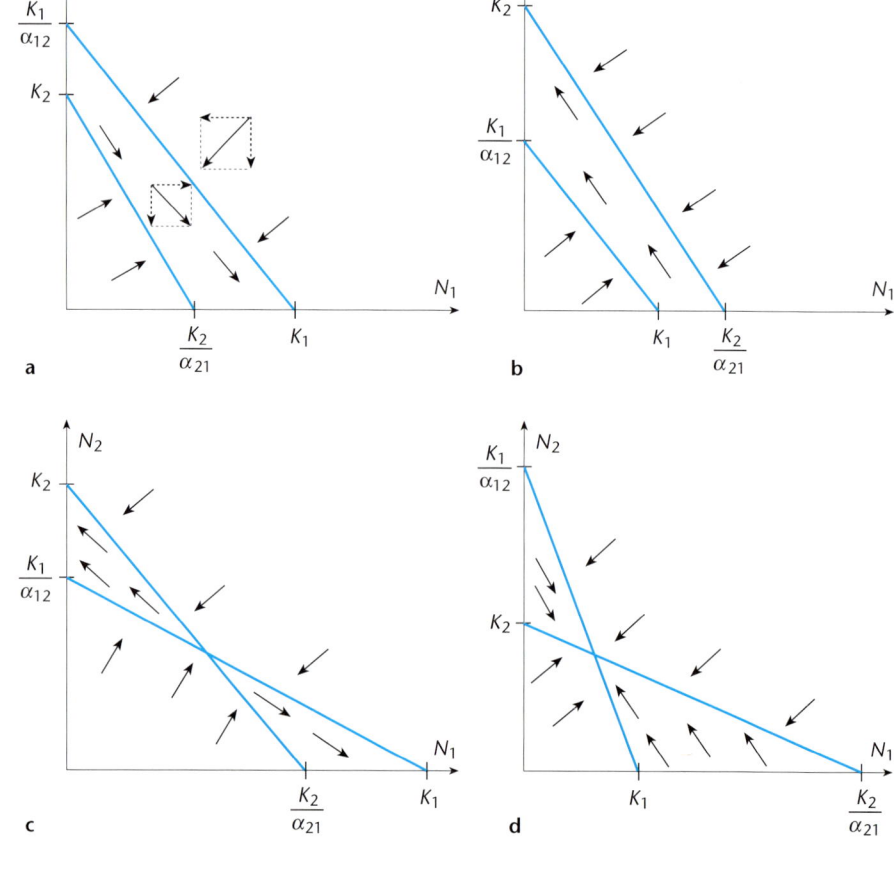

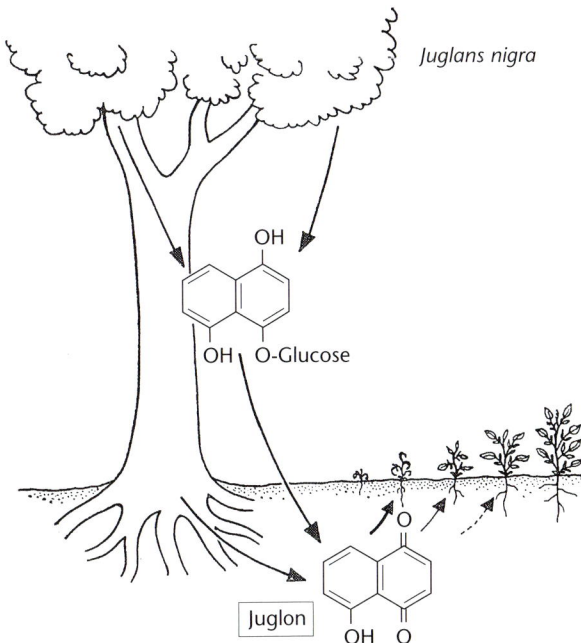

*Juglans nigra*

Juglon

**Abb. 4.21:** Allelopathie. Durch Ausscheidung von Juglon wird das Wachstum von Tomaten (*Lycopersicon esculentum*) unter Walnussbäumen (*Juglans nigra*) gehemmt. Nach Schubert (1991).

Nische besetzen und eine Art nur ein wenig besser diese Nische nutzen kann als die andere, übt die überlegene Art einen stärkeren Konkurrenzeffekt auf die andere Art aus als letztere auf sich selbst. Damit würde die überlegene Art die unterlegene verdrängen, wie in den in Abbildung 4.20a und b dargestellten Fällen. Unser einfaches Modell erklärt uns ebenfalls die Koexistenz von konkurrierenden Arten, die Nischendifferenzierung zeigen.

Obwohl unser Modell die experimentell beobachteten Phänomene bei realen Arten, die in Konkurrenz zueinander stehen, prinzipiell richtig vorhersagt, muss es noch nicht unbedingt eine geeignete Beschreibung für solche Zwei-Arten-Systeme sein. Es könnte z. B. Arten geben, bei denen die Isoklinen nicht Geraden sind, sondern eine andere Form annehmen. Dies lässt sich jedoch überprüfen, indem man Populationen zweier Arten unter den immer gleichen Bedingungen (so genannten Standardbedingungen) über mehrere Generationen hält und so die Kapazität für jede Art (unter Einzelhaltung) sowie die Populationsdichten beider Arten im Gleichgewicht (wenn sie zusammen vorkommen) ermittelt. Indem man zusätzlich verschiedene Kombinationen der Anfangsdichten beider Arten ansetzt, kann man deren Populationsänderung zur nächsten Generation feststellen und als Vektor in ein wie oben beschriebenes Zwei-Arten-Koordinatensystem eintragen. So erhält man einen indirekten Eindruck der Lage der Isoklinen.

Dies wurde z. B. bei Taufliegen (*Drosophila* spp.) gemacht (Ayala et al. 1973). Die Ergebnisse sind in Abbildung 4.22 wiedergegeben. Man sieht deutlich, dass der Verlauf der Isoklinen in diesem System nicht linear ist. In diesem Zusammenhang soll generell darauf hingewiesen werden, dass Geraden zwar die einfachste, aber nicht immer die realistischste Beschreibung eines Prozesses darstellen. Kompliziertere, nichtlineare Zusammenhänge, die einen Prozess besser beschreiben, lassen sich mathematisch durchaus bewältigen.

Die bisherigen Modelle nahmen an, dass die Umgebung für die Konkurrenten homogen war. Häufig leben reale Populationen allerdings in Metapopulationen (Abschnitt 3.7.2), d. h. unter räumlich heterogenen Bedingungen. In Metapopulationen sterben lokal Arten aus, während anderswo Arten Plätze neu kolonisieren. Wenn zwei Arten lokal aufgrund von Konkurrenzausschluss nicht koexistieren können, können sie in Metapopulationen durch lokale Aussterbe- und Wiederbesiedlungsprozesse unter Umständen zu einer regionalen Koexistenz kommen. Dies wurde am Beispiel von drei Wasserfloharten (*Daphnia* spp.) auf schwedischen Inseln gezeigt (Bengtsson 1991).

## 4.4.2 Gegenseitige Förderung

Es kommt manchmal vor, dass zwei Arten, die um dieselbe Ressource konkurrieren, trotz der gegenseitigen Ausbeutung eine für beide vorteilhafte Beziehung aufbauen. Diese Art von Mutualismus auf derselben trophischen Ebene ist aber eher selten. Beispiele kennen wir von Räubern, die dieselbe Beute fressen, die aber durch ihre Art zu jagen das Verhalten der Beute oder deren Fraßnische ändern, weshalb diese für den jeweils anderen Räuber leichter zu erbeuten ist (*predator facilitation*). Viele Fische in Korallenriffen (darunter besonders die kleineren Jugendstadien) werden von zwei Kategorien Räubern angegriffen: sesshaften Räubern, die in Höhlen im Korallenriff lauern, und wandernden Räubern, die aus dem freien Wasser die Korallenriffe auf Beutezug durchstreifen. Als Schutz gegen die sesshaften Räuber flüchten die Riffbewohner hinaus ins offene Wasser, als Schutz gegen die wandernden Räuber flüchten sie in die Riffhöhlen. Beide Räuber treiben die Rifffische in die Fänge des jeweils anderen Räubers, was schließlich zu einer erhöhten Prädationsrate beider Räuber führt. Beide Räuber profitieren also von der Anwesenheit des jeweils anderen. Ein weiteres bekanntes Beispiel sind Insekten, die von Treiberameisen vom Waldboden aufgescheucht werden und dadurch für Vögel, die den Ameisen folgen, eine leichte Beute werden.

Auch bei Pflanzen gibt es Beispiele für gegenseitige Förderung von Arten, die am selben Standort unter Konkurrenzbedingungen wachsen. Durch die Ansammlung von Nährstoffen, Beschattung, Herabsetzen von Störungen und Abwehr von Herbivoren können Pflanzen benachbarte Arten fördern. Ob die Interaktion insgesamt negativ oder positiv für die beteiligten Pflanzenarten ist, hängt von der relativen Stärke der Konkurrenz und der Förderung ab. Obwohl es wenige Untersuchungen gibt, zeichnet sich ab, dass, je größer der Stress an einem Standort ist, desto größer die Bedeutung von positiven Interaktionen ist. Beispiels-

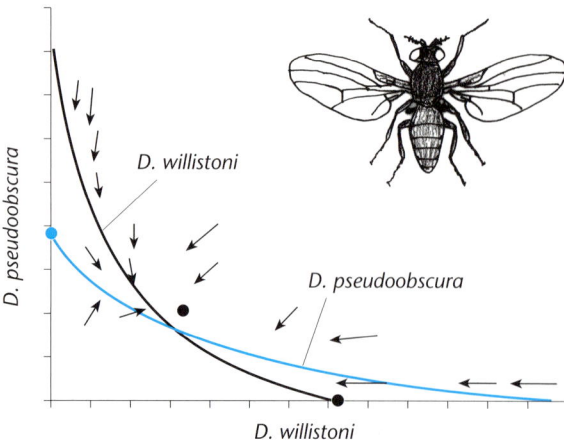

**Abb. 4.22:** Die Form der Isoklinen in einem realen Zwei-Arten-Konkurrenz-System ist nicht unbedingt linear. Die Isoklinen für zwei *Drosophila*-Arten wurden nach Augenmaß an die Vektoren angepasst, wobei die Länge der Vektoren aus Gründen der Übersichtlichkeit auf ein Drittel der tatsächlichen Länge reduziert wurde. Jeder Teilstrich der Koordinaten entspricht 200 Fliegen. Die Punkte stellen die Umweltkapazitäten der beiden Arten sowie ihren stabilen Gleichgewichtszustand dar. Nach Ayala et al. (1973).

weise sind in alpinen Pflanzengesellschaften die Pflanzeninteraktionen durchwegs positiv, während die gleichen Pflanzengesellschaften in subalpinen Stufen von Konkurrenz dominiert werden (Abbildung 5.31; Callaway et al. 2002). Schließlich gibt es noch bei Herbivoren und Pflanzenpathogenen, die dieselbe Wirtspflanze als Nahrung nutzen und daher in einer Konkurrenzsituation leben, Beispiele gegenseitiger Förderung, wenn durch Pathogene befallene Pflanzen eine bessere Nahrung für die Herbivoren darstellen und die Pathogene durch die Herbivoren verbreitet werden (Friedli und Bacher 2001).

### 4.4.3 Mimikry

Viele Arten schützen sich durch Giftigkeit oder Gefährlichkeit vor Feinden und signalisieren ihre Giftigkeit durch Warnfarben (**aposematische Färbung**) gegenüber potenziellen Räubern. Eine gute Übersicht hierzu gibt Wickler (1971). Diese **Warnfärbung** erlaubt einem Räuber, die innere Giftigkeit eines Beutetieres mit dessen äußerem Erscheinungsbild in Relation zu setzen. Bei einer zweiten Begegnung mit diesem Beutetier meidet der Räuber aufgrund seiner früheren Erfahrung die aposematisch gefärbte Art (Gittleman und Harvey 1980). Dieses Beispiel zeigt zwei wichtige Aspekte auf:

- Die Giftigkeit eines Tieres darf nicht zum Tod seines Räubers führen, denn dann kann der Räuber seine erlernte Erfahrung nicht mehr umsetzen.
- Die aposematische Färbung muss einfach und kontrastreich sein, sodass eine Assoziation mit der Giftigkeit der Beute leicht möglich ist.

Hieraus ergibt sich, dass die ideale Verteidigungsstrategie eine mittlere Giftigkeit ist, die eher zu Übelkeit und Erbrechen führt als zu einer Lähmung des Herz-Kreislauf-Systems. Leicht einprägsame Warnfarben sind kontrastreich, also beispielsweise gelb-schwarz oder rot-schwarz. Im Sinne einer Signalvereinfachung tendieren verschiedene Arten dazu, die gleichen Warnfarben zu benutzen. Oftmals haben Räuber auch eine angeborene Abneigung gegenüber solchen Warnfarben (Lindström et al. 1999). Wir bezeichnen dieses auf tatsächlicher Giftigkeit beruhende Phänomen nach seinem Entdecker als **Müller'sche Mimikry**.

Einerseits ist es auffällig, dass quer durch das Tierreich einige wenige Farbkombinationen verwendet werden. Dies kann als Konzentration auf wenige Farben interpretiert werden (Signalvereinfachung), es ist aber auch möglich, dass aus phylogenetisch-physiologischen Gründen nur bestimmte Farbkombinationen möglich waren (*phylogenetic constraints*).

Wespen, Bienen, Hornissen und noch einige andere wehrhafte Hautflügler tragen die gleiche Warntracht. Dies nützt ihnen allen, denn so meidet ein Räuber nach einem schlechten Erlebnis mit einer Art gleich alle ähnlichen Arten, ohne dass er wiederholt die schmerzhafte Erfahrung mit jeder Art machen muss. Auch für die Hautflügler ist dies von Vorteil, denn sie werden seltener das Opfer von Räubern.

Es liegt nahe, dass eine schützende Warnfärbung auch von Arten übernommen werden kann, die ungiftig sind, also die eigene Gefährlichkeit nur vortäuschen. Wenn ungiftige Nachahmer seltener als die giftigen Vorbilder sind, profitieren die Nachahmer gleichwohl von der aposematischen Färbung. Eine solche vorgetäuschte aposematische Färbung wird nach ihrem Beschreiber **Bates'sche Mimikry** genannt. Bekannte Beispiele hierfür sind Schwebfliegen (Syrphidae), die mit ihrer Schwarz-Gelb-Zeichnung eine Wespenähnlichkeit angenommen haben, aber als Zweiflügler natürlich vollkommen harmlos sind. Hierzu gehören auch Blüten, die wegen ihrer Ähnlichkeit mit anderen Blüten von Insekten angeflogen werden, obwohl sie keinen Nektar anbieten.

Bei diesen beiden Formen der Mimikry wird durch ein zutreffendes oder nicht zutreffendes Signal der potenziellen Beute der Räuber gewarnt, wodurch in der Regel das Überleben der Beute (und manchmal auch des Räubers) gesichert wird. Wenn jedoch ein Räuber ein anlockendes Signal abgibt, um eine potenzielle Beute zu ihrem Nachteil zu täuschen, sprechen wir von aggressiver Mimikry, oder, nach ihrem Beschreiber, auch von **Peckham'scher Mimikry** (Abbildung 4.23). Meeresfische wie der Seeteufel (*Lophius piscatorius*) locken mit Hautlappen, die in Form von Würmern ausgebildet sind, kleine Fische an, die dann verspeist werden. Auch die Anlockung von Tieren, die eine Dienstleistung für die nachahmende Art erbringen sollen, gehört hierher. Manche Orchideen haben z.B. ihre Blüte in Form eines weiblichen Insekts ausgebildet, um das Männchen der gleichen Art anzulocken. Beim Versuch, mit dem „Weibchen" zu kopulieren, wird dann die

Blüte ohne die übliche Gegenleistung der Pflanze bestäubt.

Dieses Beispiel zeigt auch, dass Mimikry nicht nur optische Phänomene umfasst, sondern auch chemische Signale, denn die Orchidee produziert zusätzlich noch den Sexuallockstoff des Insektenweibchens. Genauso gibt es auch akustische oder taktile Mimikry (Abschnitt 5.2.3.1).

Müller'sche Mimikry spielt sich zwischen zwei Arten ab, ist aber in der Regel in einen Warnkreis mehrerer, ähnlicher Arten eingebunden. Bei der Bates'schen und Peckham'schen Mimikry wird ein Signal, d. h. eine Information einer anderen Art nachgeahmt. Die Nachahmung führt dazu, dass die beiden ähnlichen Arten in einem bestimmten Aspekt nicht mehr von einer dritten Art unterschieden werden können. Mimikry ist also mindestens eine Dreierbeziehung, wobei der Nachahmer die bereits bestehende positive oder negative Wechselwirkung zweier Arten ausnutzt. Die beiden sich ähnelnden Arten stammen bei der Bates'schen Mimikry meist von derselben trophischen Ebene und sind oft auch relativ nah verwandt. Beides hat phylogenetische Gründe. Für einen Fisch ist es leichter, einen anderen Fisch nachzumachen als einen Vogel oder ein Insekt. Weiter lohnt es sich häufig nur für eine ökologisch ähnliche Art, eine andere nachzuahmen.

**Abb. 4.23:** Aggressive Mimikry: Durch Nachahmung von Blüten lockt *Corbulonasus longicauda* (Rhinogradentia) Insekten an, welche es auffrisst. Aus Stümpke (1985).

Obwohl die unterschiedlichen Mimikrytypen bereits im 19. Jahrhundert beschrieben wurden (1862 durch Bates, 1879 durch Müller, 1889 durch Peckham) und obwohl viele Biologen durch diese häufigen Phänomene fasziniert wurden, gibt es bemerkenswert wenige Untersuchungen, die kausal zum Verständnis von Mimikry beitragen.

# 4.5 Wechselwirkungen über zwei trophische Ebenen

Wenn zwei Individuen, die verschiedenen trophischen Ebenen angehören, miteinander interagieren, handelt es sich meist um eine Situation, in der der Organismus höherer Ebene den Organismus auf der niedrigeren trophischen Ebene als Nahrung benutzt. In diesen Abschnitt fallen daher Räuber-Beute-Beziehungen, Herbivoren-Pflanzen-Beziehungen und Parasit-Wirt-Beziehungen. Diese Beziehungen sind alle trophischer Natur. Natürlich gibt es auch Fälle, in denen Organismen unterschiedlicher trophischer Ebene auf andere Weise miteinander interagieren, z.B. wenn Pflanzen und sessile Tiere um denselben Platz zur Verankerung am Substrat konkurrieren. Dies kann häufig auf Felsen an der Meeresküste beobachtet werden, wo Algen mit Seepocken, Muscheln und anderen Vertretern der sessilen Meeresfauna um freie Stellen auf den Felsen ringen. Diese Fälle werden in Abschnitt 4.4 unter Konkurrenz behandelt. In Abschnitt 4.5 wird zuerst über Räuber-Beute-Systeme gesprochen, um die Prinzipien einer trophischen Wechselwirkung zu verstehen. Viele der erarbeiteten Prinzipien treffen allerdings, in leicht abgeänderter Form, auch auf andere trophische Wechselwirkungen z.B. zwischen Pflanzen und ihren Herbivoren und zwischen Wirten und Parasitoiden oder echten Parasiten zu. Viele Prinzipien, die in Abschnitt 4.5.1 behandelt werden, gelten daher auch in den folgenden Abschnitten.

## 4.5.1 Räuber und Beute

In diesem Abschnitt werden wir uns hauptsächlich mit echten Räubern beschäftigen, die ihre Beute töten und komplett verzehren. Dies ist in der Regel bei Tieren der Fall, die andere Tiere fressen. Pflanzenfressende Tiere töten in der Regel ihre „Beute" nicht und werden in Abschnitt 4.5.2 besprochen.

### 4.5.1.1 Auswirkungen auf Individuen

Betrachten wir als Erstes die Auswirkungen dieser Interaktion auf die beiden Akteure. Wenn ein Räuber ein Beuteindividuum frisst, ist die Beute tot und der Räuber für eine gewisse Zeit satt. Die aufgenommene Energie vom Fressen der Beute kann der Räuber für die Erhaltung seines Stoffwechsels oder für die Erzeugung von Nachkommen nutzen (numerische Reaktion) Abschnitt 4.1.2.3). Man erkennt auf den ersten Blick, dass die Auswirkungen auf Räuber und Beute asymmetrisch sind: Während für die Beute der Ausgang einer Begegnung mit einem erfolgreichen Räuber endgültig ist, ist die Auswirkung einer solchen Begegnung für den Räuber nur temporär. Dieser Unterschied hat entscheidende Konsequenzen für die Dynamik und Evolution von Räuber-Beute-Systemen. Während z.B. ein Beuteindividuum, nachdem es gefressen ist, zu keiner weiteren Interaktion mehr fähig ist und damit aus der Population ausscheidet, steht der Räuber durchaus für weitere Interaktionen zur Verfügung und wird auch, unter Umständen nach einer kleinen Zeitverzögerung, weiter nach neuer Beute suchen. Die Dynamik von Räuber-Beute-Systemen werden wir im zweiten Teil des Abschnitts ausführlich behandeln.

Ein Beuteindividuum sollte den fatalen Ausgang einer Begegnung mit einem Räuber natürlich möglichst verhindern. Dieses Prinzip gilt für jede Begegnung mit Räubern; Beuteindividuen können es sich nicht leisten, hiervon eine Ausnahme zu machen, weil sie ansonsten tot sind. Daher herrscht ein starker Selektionsdruck auf die Beute, effektive Maßnahmen zu entwickeln, um ihren Räubern entkommen zu können. Anders sieht es auf der Räuberseite aus. Für den Räuber ist es nicht lebensnotwendig, jedes geeignete Beuteindividuum, das er entdeckt, zu überwältigen und zu fressen. Wenn ein Beuteindividuum entkommt, kann es immer noch, meist ohne schwer wiegende Konsequenzen für seine Fitness, ein anderes finden und erlegen. Dies ist das so genannte Überleben-Abendessen-Prinzip (*life-dinner principle*), dessen Argumentation etwa so lautet: Ein Kaninchen rennt schneller als ein Fuchs, weil das Kaninchen um sein Leben läuft, während der Fuchs nur für sein Abendessen läuft. Erst wenn es nicht genügend leicht zu entdeckende und zu überwältigende Beuteindividuen gibt (z.B. weil die Beute effektive Gegenmaßnahmen entwickelt hat), existiert für die Räuber ein Selektionsdruck, der Individuen bevorzugt, die besser mit den Gegenmaßnahmen der Beute umgehen können. Man kann daher in vielen Räuber-Beute-Systemen ein **koevolutives Wettrüsten** (*coevolutionary arms race*) zwischen dem Erwerb von Verteidigungsmaßnahmen der Beute und der Umgehung dieser durch den Räuber finden (Dawkins und Krebs 1979).

Wir finden im Verlauf der Koevolution auf der Seite der Beute zum Teil erstaunlich ausgeklügelte Verteidigungsmechanismen und auf der Räuberseite dem in nichts nachstehende Fähigkeiten, diese Verteidigung zu durchbrechen. Ein eindrückliches Beispiel stellen die nordamerikanischen Salamander der Gattung *Taricha* dar, die in ihrer Haut eines der potentesten Nervengifte enthalten, die bisher der Wissenschaft bekannt sind (Tetrodotoxin, auch bekannt als das Gift des japanischen Kugelfisches (*Takifugu rubripes*), bei dessen Verzehr sich jährlich etwa 200 Menschen in Japan versehentlich vergiften). Dieses Gift verhindert die Reizleitung in Nervenbahnen, indem es die Natriumkanäle blockiert und so zur Lähmung der Muskulatur und schließlich zum Tod durch Atemstillstand führt.

Tetrodotoxin ist im Tierreich weit verbreitet. Außer bei vielen Kugelfischen (Tetradontinae) kommt Tetrodotoxin z.B. bei Pfeilgiftfröschen, anderen nordamerikanischen Salamandern und beim australischen Blauringoktopus (*Hapalochlaena makulosa*) vor. Die weite

Verbreitung in nicht nah verwandten Tiergruppen erscheint erstaunlich. Es hat sich jedoch herausgestellt, dass alle diese Tiere ihr Gift nicht selbst produzieren, sondern von Bakterien (z.B. *Pseudomonas* spp., *Photobacterium phosphoreum*) beziehen. Teilweise leben die Bakterien in enger Symbiose mit den Tieren (Blauringoktopus), teilweise wird das Toxin mit der Nahrung aufgenommen (Kugelfische).

Die Blockade der Natriumkanäle durch Tetrodotoxin ist ein derart universell wirksamer Mechanismus, dass der Besitz dieses Giftes die Molche praktisch vor sämtlichen Fraßfeinden schützt. Einzig die Strumpfbandnatter (*Thamnophis sirtalis*) hat eine Resistenz gegen das Toxin entwickelt und kann daher die Molche als Beute nutzen (Brodie und Brodie 1999). Die Resistenz ermöglicht es der Schlange, den Verzehr der giftigen Salamander zu überleben. Allerdings ist diese Resistenz nicht absolut wirksam, sodass die Schlange nach dem Fraß eines giftigen Salamanders für eine gewisse Zeit in ihrer Mobilität eingeschränkt wird und zum Teil sogar Lähmungserscheinungen zeigt. Durch die Einschränkung ihrer Beweglichkeit verliert die Schlange dann die Fähigkeit, ihre Temperatur durch den Wechsel des Aufenthaltsortes zu regulieren, und ist stärker der Gefahr ausgesetzt, selbst ein Opfer ihrer eigenen Feinde zu werden. Darüber hinaus sind verschiedene Populationen der Schlange unterschiedlich stark resistent gegenüber dem Nervengift. Schlangen, die eine ausgeprägtere Resistenz entwickelt haben, büßen dies auf der anderen Seite durch eine allgemein verminderte Agilität ein, auch ohne giftige Beute verzehrt zu haben. Das führt dazu, dass diese Individuen weniger erfolgreich bei der Jagd auf Beute sind und auch eher Opfer ihrer eigenen Feinde werden. Der Erwerb der Resistenz ist also mit Kosten und damit Einbußen anderswo verbunden.

Wie wir schon an anderer Stelle gesehen haben (Abschnitt 4.1.1), ist der Erwerb einer neuen Eigenschaft in der Regel an Einbußen in einer anderen Eigenschaft gekoppelt. Derartige *trade-offs* (Abschnitt 3.5) sind auch der Hauptgrund, weshalb sich in diesem Fall auf der Räuberseite keine maximale Resistenz entwickelt oder andere Räuber nicht ihre Sprintschnelligkeit maximieren (z.B. Löwen), damit ihnen keine Beute mehr entkommt. Durch *trade-offs* sind die Arten gezwungen, ihre Ressourcen balanciert einzusetzen und nicht einseitig zu investieren. Weil, wie oben erwähnt, für die Beute der Selektionsdruck in der Regel stärker ist als für die Räuber, kann man erwarten, dass der Motor eines evolutiven Wettrüstens von der Beute angetrieben wird und der Räuber wegen der assoziierten *trade-offs* auf den Erwerb neuer oder die Verbesserung bestehender Verteidigungsmaßnahmen der Beute erst nachträglich reagiert, der Räuber im Wettrüsten sozusagen der Beute hinterherhinkt. Ein weiteres Argument, warum die Beute ein derartiges Wettrüsten antreibt, ist, dass häufig die Beute kürzere Generationszyklen hat und dadurch schneller auf einen Selektionsdruck reagieren kann.

Warum gibt es dann keinen Organismus, der so gut verteidigt ist, dass ihn kein Räuber mehr fressen kann? Die Antwort darauf lautet wohl, dass, wenn die Räuber selten sind, weil die Beute so schwer zu überwältigen ist, sie nur einen geringen Selektionsdruck auf die Beute ausüben. Individuen, die die Kosten für die Verteidigungsmaßnahmen einsparen, haben dann einen Selektionsvorteil und können sich stärker fortpflanzen.

Grundsätzlich gibt es drei Wege, wie Beutearten ihren Räubern entgehen können. Diese setzen an unterschiedlichen Stellen in der Beutesuch- und Fangsequenz des Räubers an. Als Erstes kann die Beute den Kontakt zum Räuber vermeiden. Dies wird als **Ausweichen** bezeichnet. Die Beute kann sich also in Teilen des Habitats aufhalten, die vom Räuber während der Nahrungssuche nicht aufgesucht werden. Sie kann dem Räuber auch zeitlich ausweichen, indem sie einen anderen Tagesrhythmus als der Räuber annimmt oder zu anderen Jahreszeiten vorkommt. Derartige Refugien oder feindfreie Räume wurden bereits in Abschnitt 4.1.1 behandelt.

Ein zweiter Weg, wie Beute der Prädation entkommen kann, ist, bei einem Kontakt mit einem Räuber zu verhindern, dass dieser sie als Beute erkennt. Dies wird als **Tarnung** bezeichnet. Auch dafür haben wir schon Beispiele in Abschnitt 4.1.1 kennen gelernt. Ein getarntes Beutetier gibt vor, etwas anderes aus der Umgebung zu sein, sodass Räuber nicht auf die Idee kommen, es sei etwas Essbares. Häufig handelt es sich hierbei um Krypsis, also eine Form der Tarnung, bei der die Beute praktisch vom Räuber übersehen wird.

Das wohl bekannteste Beispiel für Tarnung ist der **Industriemelanismus** des Birkenspanners (*Biston betularia*) in den Industriegebieten Englands und den USA zu Beginn der industriellen Revolution. Mitte des 19. Jahrhunderts gab es in England praktisch nur hell gefärbte Tiere, dunkle Mutanten wurden nur gelegentlich gefunden. Diese Farbvariante wird durch den dunklen Farbstoff Melanin hervorgerufen. Mit zunehmender Industrialisierung änderte sich dieses Verhältnis. Bereits um 1900 betrug der Anteil der melanistischen Form in Manchester 83%, in einigen Populationen Englands sogar 98%. Man führte dies hauptsächlich darauf zurück, dass die hellen Tiere in vorindustrieller Zeit auf flechtenbewachsenen Baumrinden gut getarnt waren, während die dunklen Schmetterlinge durch ihren Kontrast mit dem Substrat auffielen und so leichter Opfer ihrer Räuber wurden. Man nahm an, dass dies der hauptsächliche Grund sei, warum sich die dunkle Variante nie richtig hat durchsetzen können. Mit zunehmender Luftverschmutzung durch Industrieemissionen verschwanden die Flechten von den Bäumen und die Stämme wurden vom Ruß geschwärzt. Die dunklere Variante war auf einmal besser vor ihren Räubern geschützt und hat in vielen Städten im Verlauf von nur 50 Jahren die helle Variante weitgehend verdrängt. Diese Argumentation wird durch die Ergebnisse von Experimenten unterstützt, in denen Motten auf Baumstämmen freigelassen wurden und deren Überlebenswahrscheinlichkeit in verschieden stark belasteten Gebieten untersucht wurde. An stark verschmutzten Standorten überlebten die schwarzen Tiere besser, während die weißen Tiere an unbelasteten Standorten einen Vorteil hatten. Auch entdeckten Vögel die schlecht getarnten Motten früher als die Farbvariante, die der Hintergrundfärbung angepasst war (Kettlewell 1955). In letzter Zeit sind diese Experimente teilweise stark kritisiert worden, hauptsächlich weil die Motten im Freiland selten auf Flechten oder Baumrinden angetroffen werden, sodass angezweifelt werden muss, ob dies tatsächlich die natürlichen Ruheplätze sind. Die Kritik ging sogar so weit, dass generell angezweifelt wurde, ob die Dominanz der schwarzen Form durch natürliche Selektion stattfand. Auch wenn die Kritik an den ursprünglichen Experimenten grundsätzlich berechtigt ist, gibt es mittlerweile weitere Argumente dafür, dass Tarnung vor Fraßfeinden eine entscheidende Rolle für die Dominanz der ein oder anderen Farbvariante des Birken-

spanners spielt. Eines der überzeugendsten ist, dass im Zuge der Bemühungen zur Reinerhaltung der Luft die helle Form wieder auf dem Vormarsch ist, und zwar sowohl in Großbritanien als auch in den USA, ein Phänomen, das kaum anders als durch natürliche Selektion erklärt werden kann (Grant 1999).

Es gibt aber auch das Gegenteil, nämlich dass die Beute sehr auffällig ist und die Warnsignale einer giftigen oder wehrhaften anderen Art nachmacht (Bates'sche Mimikry, Abschnitt 4.4.3). Auch hierbei wird die Beute nicht als solche erkannt, sondern für eine andere ungenießbare Art gehalten. Bei der Mimikry werden übrigens nicht nur optische Signale (z.B. Wespenzeichnung; Abschnitt 4.4.3) verwendet. Je nachdem, welche Sinne ein Räuber bei der Beutesuche verwendet, können ebenso olfaktorische (Düfte) oder mechanische (Geräusche, Vibrationen) Reize nachgeahmt werden, um den Räuber zu täuschen (Abschnitt 5.2.3).

Der dritte Weg für die Beute, um zu verhindern gefressen zu werden, besteht darin, den Angriff eines Räubers abzuwehren. Dies wird unter dem Begriff **Verteidigung** zusammengefasst. Eine Verteidigungsmaßnahme kann **mechanisch** funktionieren, z.B. durch einen Panzer (Schildkröten, Krebse) oder einen Schild, wie im Fall der Schildkäferlarven, die auf ihrem Rücken einen Schild aus Kot und Larvenhäuten mit sich herumtragen (Abbildung 4.24). Sie kann aber auch **chemisch** funktionieren, z.B. durch die Absonderung giftiger oder abschreckender Substanzen. Wanzen werden im Volksmund z.B. oft als „Stinkwanzen" bezeichnet, weil sie, wenn man sie reizt, eine auch für den Menschen übel riechende Substanz ausscheiden, die Räuber davon abhält, sie zu fressen. Der Bombardierkäfer (*Brachinus explodens*) hat es in dieser Strategie zu einer gewissen Perfektion gebracht. Der Käfer produziert mit seinen Drüsen Wasserstoffperoxid und Hydrochinon, die er in einer Explosionskammer mit Hilfe von Enzymen (Peroxidasen und Katalasen) zu Wasser und Sauerstoff einerseits und Chinon andererseits reagieren lässt. Dabei wird Wärme frei, und es baut sich ein großer Druck auf, sodass dann ein ätzendes, 100 °C heißes und durch das Chinon schwarz gefärbtes Gasgemisch mit einem Knall aus dem Bombardierkäfer heraus schießt. Während der Räuber verwirrt (oder sogar verletzt) ist, kann der Käfer entkommen. Häufig sind giftige (bzw. wehrhafte) Arten optisch auffällig gefärbt (**Aposematismus**; Abschnitt 4.4.3).

Eine weitere Art der Verteidigung ist das Abschrecken oder Verwirren durch **optische** Reize. Schmetterlinge haben häufig auf den Innenseiten ihrer Flügel auffällige Muster (oft Augenzeichnungen), die sie plötzlich und unerwartet dem Räuber präsentieren und ihn damit in die Flucht schlagen. Tintenfische scheiden auf der Flucht vor einem Räuber eine dunkel gefärbte Wolke aus, die diesen von seiner angestrebten Beute ablenkt. Dies geschieht anfangs dadurch, dass der Räuber die Wolke selbst für die Beute hält (**Attrappe**) und ihr zustrebt, anstatt dem flüchtenden Tintenfisch zu folgen, und anschließend, weil der Räuber, sobald er die Wolke erreicht hat, in ihr die Orientierung verliert. Der flüchtende Tintenfisch gewinnt so

**Abb. 4.24:** Verteidigung: Der Kotschild auf dem Rücken von Schildkäferlarven (Cassidinae) dient der Abwehr von Frassfeinden wie Ameisen oder kleinen Schlupfwespen. Da der Schild nur am Hinterleib befestigt ist, kann die Larve mit ihm heftig ausschlagen und Angreifer vertreiben.

einen Zeitvorsprung, den er zur Flucht nutzen kann. Im Insektenreich gibt es einige Beispiele für Arten, die Attrappen zur Ablenkung von Räubern benutzen. Die Larven einiger Schmetterlingsarten rollen Blätter ihrer Wirtspflanzen zusammen und leben in den so entstandenen Röhren. Weil diese zusammengerollten Blätter recht leicht schon von weitem von Vögeln erkannt werden können, produzieren die Larven zusätzlich zu ihrer Wohnröhre weitere leere Blattrollen, die die Vögel von der eigentlichen Beute ablenken sollen. Auch die abwerfbaren Schwänze von Eidechsen zählen zu den Attrappen, die das Prädationsrisiko vermindern.

Letztendlich kann eine Verteidigung auch durch das **Verhalten** der Beute funktionieren. In diese Kategorie fallen Beutetiere, die sich bei einem Angriff wehren, ohne dass sie dafür spezielle Strukturen ausgebildet haben, oder Tiere, die die Flucht ergreifen. Zebras z. B. können sich mit ihren Hufen zum Teil erfolgreich gegen den Angriff eines Löwen zur Wehr setzen; die Hufe sind allerdings nicht speziell für die Räuberabwehr, sondern in erster Linie für die Fortbewegung ausgebildet. Auch das **Gruppenleben** kann eine Form der Verteidigung sein, da manche Räuber von der Vielzahl der flüchtenden Beuteindividuen verwirrt werden und Schwierigkeiten haben, sich beim Angriff auf ein Einzeltier zu konzentrieren (**Konfusionseffekt**, Neill und Cullen 1974). Das Gruppenleben kann auch noch weitere Vorteile bezüglich des Schutzes vor Räubern haben. Häufig reduziert sich in der Gruppe im Vergleich zum Einzelleben rein numerisch allein durch das Zusammensein mit Artgenossen schon die Wahrscheinlichkeit pro Beuteindividuum, bei einem Räuberangriff selbst zum Ziel zu werden, denn in der Regel werden Gruppen von 100 Individuen nicht 100-mal häufiger von Räubern angegriffen als Einzeltiere (**Verdünnungseffekt**). Auch entdecken Gruppen sich anschlei-

chende Räuber früher als Einzeltiere, denn viele Augen sehen mehr. Da die Gruppenmitglieder schnell erfahren, wenn ein Individuum einen Räuber entdeckt hat, können sie fliehen, bevor der Räuber sich nahe genug an die Gruppe angeschlichen hat, um einen erfolgreichen Angriff zu starten (Abbildung 4.25).

Natürlich gibt es auch Kombinationen aus diesen Abwehrstrategien. So dient der Kotschild der Blattkäferlarven von *Cassida rubiginosa* einerseits der Tarnung (die Larven werden von ihrem Haupträuber, der Feldwespe *Polistes dominulus*, schlechter erkannt), andererseits stellt der Schild auch eine mechanische Barriere gegen Schlupfwespen und Ameisen dar. Da die meisten Tiere nicht nur von einer einzigen Räuberart angegriffen werden, müssen sie sich auch gegen zum Teil recht unterschiedliche Feinde schützen (wie im obigen Beispiel gegen Feldwespen und Ameisen). Nicht immer ist ein und dieselbe Strategie gegen alle Räuber gleichermaßen wirksam. Der Kotschild schützt z. B. die Schildkäferlarven nicht vor Angriffen der Feldwespen; nur einer von 167 beobachteten Wespenangriffen war nicht erfolgreich. Manche Beutearten haben daher auch verschiedene Strategien gegen die verschiedenen Räuberarten entwickelt.

In der Regel sind bei den Beutearten die Abwehrmechanismen gegen Räuber permanent ausgebildet (**konstitutive Abwehr**). Es gibt allerdings auch Beispiele, wo diese Abwehr erst in Anwesenheit des Räubers ausgebildet wird (**induzierte Abwehr**). Da diese Verteidigungsmaßnahmen nicht nur Vorteile, nämlich den Schutz vor Räubern, haben, sondern deren Ausbildung und Unterhalt die Beutetiere auch etwas kosten (z. B. Energie, Baustoffe), sind die Abwehrmaßnahmen auch mit Nachteilen für die Beutetiere behaftet. In einigen Fällen scheint es sich daher für die Beute zu lohnen, diese Abwehr erst dann auszubilden, wenn die Prädationsgefahr hoch ist, also viele Räuber in der Umgebung sind. Ein Beuteindividuum, das noch keine Abwehr ausgebildet hat, kann es sich natürlich nicht leisten, erst einem Räuber zu begegnen, um dessen Anwesenheit zu registrieren, bevor es Abwehrmaßnahmen ergreift, weil es den ersten Angriff ohne Gegenmaßnahmen wohl kaum überleben würde.

Induzierte Abwehr hat sich in echten Räuber-Beute-Systemen im Verlauf der Evolution eher selten herausgebildet, weil die unverteidigten Beutetiere erste Angriffe nicht überleben und somit diese Eigenschaft nicht an ihre Nachkommen weitergeben können. Die Beute kann also einen Kontakt mit dem Räuber schlecht als Indiz für eine erhöhte Prädationswahrscheinlichkeit und damit als Auslöser für die Ausbildung von Abwehrmaßnahmen nehmen. Bei Parasiten oder Herbivoren, die ihren Wirt in der Regel nicht töten, ist dies anders. Hier kann der Wirt (die Beute) bei weniger schädlichen oder weniger häufigen Parasiten/Herbivoren einen ersten Befall abwarten, bevor er mit der Installation von Gegenmaßnahmen beginnt. Bei Parasit-/Herbivore-Wirt-Systemen finden wir dementsprechend häufig eine induzierte Abwehr, z. B. in Form von Immunantworten (bei Parasiten; Abschnitt 4.5.3.1) oder der Ausbildung von sekundären Pflanzeninhaltsstoffen (bei Herbivoren; Abschnitt 4.5.2).

Um eine induzierte Abwehr auszubilden, muss ein Beuteindividuum also indirekte Hinweise aus der Umgebung nutzen, die auf die Anwesenheit von Räubern schließen lassen. Räuber, die durch ihr Habitat streifen, hinterlassen Zeichen ihrer Anwesenheit z. B. in Form von

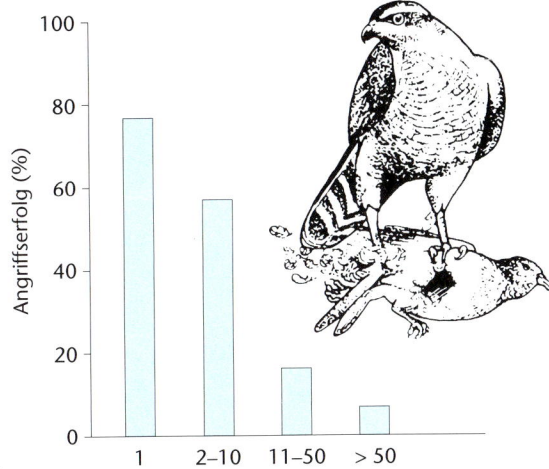

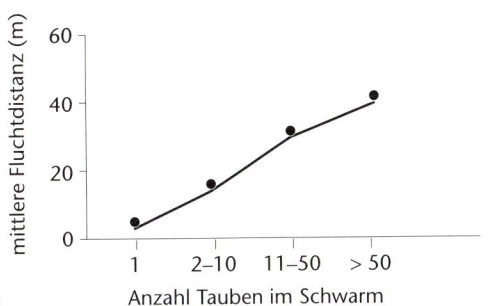

**Abb. 4.25:** Habichte (*Accipiter gentilis*) sind erfolgreicher, wenn sie kleinere Gruppen von Tauben (*Columba palumbus*) angreifen (a), denn größere Gruppen haben eine größere Fluchtdistanz als kleinere Gruppen oder Einzeltiere (b). Nach Kenward (1978).

Duftspuren (also chemischen Signalen), Trampelpfaden (optischen Signalen) oder auch Geräuschen/Erschütterungen (akustischen/vibratorischen Signalen). Bisher sind lediglich chemische Räubersignale bekannt (Kairomone; Abschnitt 5.2.3.2), die zur Ausbildung von Abwehrmaßnahmen bei der Beute führen können, aber theoretisch sind andere Signalformen ebenso geeignet. Die besten Beispiele für induzierte Abwehr in Räuber-Beute-Systemen kommen aus dem aquatischen Bereich, wo chemische Signale gut wahrgenommen werden können und dementsprechend eine wichtige Rolle spielen. Wasserflöhe (*Daphnia* sp.) bilden in der Anwesenheit von Räubern einen Rückenzahn als Verteidigungsschild aus (Tollrian 1990; Abbildung 4.26). Das einzig bekannte Beispiel aus einem terrestrischen System ist die Ausbildung von geflügelten Blattlausmorphen in Anwesenheit von Marienkäferlarven (Weisser et al. 1999). Die geflügelten Individuen können den Räubern dann durch Abwanderung entgehen.

Es gibt auch Verhaltensänderungen, die durch Räuber bei der Beute induziert werden können. Durch die Anwesenheit von räuberischen Libellenlarven der Gattung *Anax* reduzieren manche Kaulquappen (*Rana* sp.) die Zeit, die sie mit der Nahrungsaufnahme verbringen (Peacor und

Werner 2000). Dadurch wachsen diese Kaulquappen langsamer und haben eine geringere Fitness. Derartig nichtletale Effekte von Räubern können beachtlichen Einfluss auf die Beutepopulation haben, die in derselben Größenordnung liegen können, wie der direkte Einfluss durch das Töten von Beute. Das liegt daran, dass die Anwesenheit von Räubern (1) sofort und (2) die ganze Beutepopulation beeinflussen kann. Hinzu kommt, dass dieser Einfluss während einer sehr langen Zeitspanne, unter Umständen sogar während der gesamten Entwicklungszeit der Beute, bestehen bleibt. So können auch kleine Verhaltensänderungen der Beuteindividuen mit der Zeit zu großen Fitnesseinbußen führen, die, da sie sämtliche Beuteindividuen betreffen, die Wachstumsrate der Beutepopulation als Ganzes möglicherweise erheblich reduzieren.

### 4.5.1.2 Auswirkungen auf die Population

Wenn Räuber Beutetiere fressen, nimmt dadurch die **Abundanz** der Beute ab. Gibt es dann dauerhaft weniger Beutetiere? Wenn andererseits weniger Beute vorhanden ist, müssen die Räuber zu einer anderen Beute wechseln oder selber in ihrer Häufigkeit abnehmen. Nehmen dementsprechend dann auch die Räuber mit ihrer Beute ab? Regulieren sich Räuber- und Beutepopulation auf einem stabilen Gleichgewicht ein? Diese Fragen kann man nicht pauschal beantworten, denn das Ergebnis einer solchen Interaktion hängt von den biologischen Eigenschaften von Räuber und Beute ab, von Umweltgegebenheiten und unter Umständen auch von den anfänglichen Abundanzen der interagierenden Arten, wie wir im Folgenden sehen werden.

Wir sollten weiterhin nicht vergessen, dass die Dynamik von Räuber-Beute-Systemen **skalenabhängig** ist. Auf der kleinsten räumlichen Skala bedeutet jeder Tod durch einen Räuber das lokale Aussterben der Beute. Auf einer großen räumlichen Skala hingegen kann die Interaktion durchaus stabil sein, trotz lokalen Aussterbens. Dies kann z. B. in Metapopulationen geschehen, wie wir sie schon in Abschnitt 4.1.2.4 kennen gelernt haben, in denen die Beute lokal ausstirbt, durch ihre Fähigkeit, neue Nahrungsplätze schneller als der Räuber zu besiedeln, aber immer wieder an neuen Orten überleben kann. Andererseits kann die Beute auch in allen lokalen Populationen durch dichteabhängige Prozesse reguliert sein, in jedem *patch* auf einem anderen Niveau je nach der Produktivität des Nahrungsplatzes. Wichtig für die Stabilität solcher Metapopulationen sind Wanderungen von Individuen zwischen den Nahrungsplätzen (*dispersal*) und asynchrone Entwicklung der Populationen auf den einzelnen Plätzen. Das Fehlen der Synchronie verhindert, dass alle Populationen auf einmal aussterben, sodass immer sowohl für Beute als auch für Räuber die Möglichkeit der Auswanderung und Kolonisierung eines neuen Nahrungsplatzes besteht.

In diesem Abschnitt beschäftigen wir uns damit, wie Räuber die Häufigkeit (Abundanz) ihrer Beute beeinflussen und ob Räuber ihre Beute regulieren können. Eine ausgezeichnete und sehr lesbare Einführung

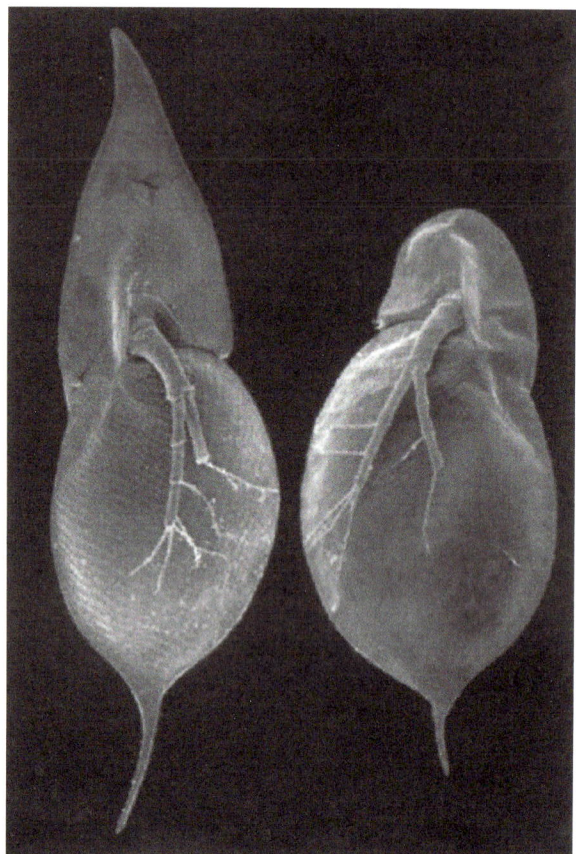

**Abb. 4.26:** Induzierte Verteidigung: Wenn Wasserflöhe (*Daphnia* spp.) die Anwesenheit von Räubern wahrnehmen, bilden sie helmartige Strukturen aus (Rückenzähne, links), die Räubern die Überwältigung erschweren. Nach Tollrian und Laforsch (1999).

in das (für manchen trockene) Gebiet findet man bei Crawley (1992), dem stärker interessierten Leser sei das Buch *Complex population dynamics* (Turchin 2003) ans Herz gelegt, das die Materie von der Pike auf bis zu unserem heutigen Wissensstand behandelt und dabei Theorie und Praxis gekonnt integriert. Es ist übrigens auch für den Einstieg geeignet.

### Generalisten als Räuber

Ein generalistischer Räuber frisst ausreichend verschiedene Beutearten, sodass er nicht von dem Vorkommen einer bestimmten Beuteart abhängig ist. Daher können wir annehmen, dass die Anzahl Räuber $P$ (*predators*) konstant bleibt, auch wenn sich die Abundanz einer Beuteart $N$ ändert. Die Dynamik von Räuber und Beute ist also entkoppelt (**ungekoppelte Dynamik**). Die Abundanz der Räuber wird von anderen Faktoren geregelt, z. B. der Anzahl vorhandener Territorien. Wir beginnen diesen Abschnitt mit einem generalistischen Räuber, weil wir hier nur die Dynamik der Beute betrachten müssen. Das vereinfacht die Mathematik und erleichtert das Verständnis der Prinzipien einer derartigen Wechselwirkung.

Zunächst müssen wir einige Annahmen über unseren Räuber treffen. Viele Tiere in den gemäßigten Breiten leben im Rhythmus der durch die Jahreszeiten vorgegebenen Saisonalität, d. h. sie haben aktive Zeiten, die sich mit passiven Ruheperioden abwechseln. Dies äußert sich auch in der Reproduktion, die häufig während eines begrenzten Zeitraumes im Jahr stattfindet. So pflanzen sich die meisten Insekten, aber auch viele Wirbeltiere, in gemäßigten Klimazonen einmal im Jahr fort. Bei Insekten kommt noch hinzu, dass die Adulten in der Regel nach der Fortpflanzung sterben und sich die neue Population daher ausschließlich aus Nachkommen der vorigen Generation zusammensetzt. Daher gibt es bei Insekten häufig keine überlappenden Generationen, d. h. alle fortpflanzungsfähigen Tiere einer Population entstammen ein und derselben Generation. Aus diesen Eigenschaften ergibt sich, dass Insektenpopulationen in der Regel nicht kontinuierlich, sondern sprunghaft oder in diskreten Zeitschritten wachsen (Abschnitt 3.4.1). Da Insekten die artenreichste Tiergruppe sind und viele unter ihnen Räuber bzw. deren Beutetiere sind, arbeiten wir hier bei der Erläuterung von Räuber-Beute-Interaktionen mit Insekten. Im Gegensatz z. B. zur Konkurrenz unter Pflanzen, die permanent während der gesamten Wachstumsperiode stattfindet und bei der wir daher kontinuierliche Modelle benutzt haben, wollen wir bei der Besprechung von Räuber-Beute-Interaktionen **diskrete Modelle** anwenden, d. h. Modelle, die die Veränderungen im Populationswachstum von Räuber und Beute von Generation zu Generation betrachten.

Diskrete Modelle haben im Gegensatz zu kontinuierlichen Modellen gleicher Form manchmal andere mathematische Eigenschaften. Diskrete Modelle neigen z. B. eher dazu, instabil zu werden, als kontinuierliche, oder sie produzieren chaotische Dynamiken, d. h. unregelmäßige Schwankungen, die ohne Muster aber trotzdem streng vorhersagbar sind (Abschnitt 3.6.5). Die Analyse von diskreten Systemen ist daher manchmal schwieriger als von kontinuierlichen Systemen. In diesem Buch werden wir derartige Sonderfälle nicht weiter diskutieren; der interessierte Leser sei an dieser Stelle auf die weiterführende Literatur verwiesen (z. B. Turchin 2003).

Nehmen wir an, dass die Beutepopulation $N_t$ in Abwesenheit des Räubers exponentiell wachsen würde, bis sie ihre Umweltkapazität (die z. B. durch die Ressourcen bestimmt wird) erreicht hat, oder, mit anderen Worten, dass die Nettoreproduktionsrate $\lambda > 1$ ist. Anschaulich kann man sich vorstellen, dass jedes Beutetier $\lambda$ Nachkommen erzeugt. Wir nehmen hier eine parthenogenetische Fortpflanzung an, bei sexueller Fortpflanzung würde man nur die Weibchen betrachten (Abschnitt 3.4). Bei relativ kleinen Beutedichten wird das Wachstum der Beutepopulation noch nicht durch limitierte Ressourcen begrenzt, wächst also ohne den Räuber nach der Formel

$$N_{t+1} = \lambda N_t$$

Wie tritt ein Räuber nun mit der Beutepopulation in Wechselwirkung? Wir betrachten drei Fälle: (1) Jeder Räuber frisst eine bestimmte, konstante Anzahl Beutetiere pro Zeitintervall, (2) jeder Räuber frisst einen bestimmten, konstanten Prozentsatz der Beutepopulation, oder (3) jeder Räuber frisst einen bestimmten Prozentsatz der Beutepopulation, der von der Beutedichte abhängig ist (funktionelle Reaktion, Abschnitt 4.1.2.2).

### Jeder Räuber frisst eine bestimmte konstante Anzahl Beutetiere

Nehmen wir an, dass jeder der $P$ Räuber eine konstante Anzahl Beutetiere pro Zeitintervall frisst ($c$, *consumption*), um satt zu werden, und zwar unabhängig von der Populationsgröße der Beutepopulation. Diese Annahme erscheint keineswegs unrealistisch, jedenfalls wenn genug Beutetiere vorhanden sind, die von den Räubern überwältigt werden können. Wenn jetzt jeder der $P$ Räuber $c$ Beutetiere pro Zeiteinheit frisst, ergibt sich die Räuber-Beute-Gleichung

$$N_{t+1} = \lambda N_t - cP \quad (1)$$

Die Beutepopulation wird daher in der nächsten Generation ($t + 1$) anwachsen, wenn in der jetzigen Generation ($t$) der Zuwachs größer ist als der Anteil, der von Räubern gefressen wird, oder mathematisch ausgedrückt wird $N_{t+1} > N_t$ sein, wenn

$$N_t(\lambda - 1) > cP$$

Diese Ungleichung sagt uns, dass Beutepopulationen mit einer höheren Reproduktionsrate $\lambda$ eher in der Lage sind, in Habitaten mit generalistischen Räubern zu überleben, denn je größer $\lambda$, desto größer ist die linke Seite der Ungleichung. Kann der Räuber die Beutepopulation auf ein stabiles Gleichgewicht regulieren? Im Gleichgewicht verändert sich die Größe der Beutepopulation von einem Zeitschritt zum nächsten nicht ($N_{t+1} = N_t$). Die Größe der Beutepopulation nennen wir $N^*$. Wenn wir in Gleichung (1) $N_{t+1}$ und $N_t$ durch $N^*$ ersetzen, können wir die Größe der Beutepopulation im Gleichgewicht errechnen:

$$N^* = \frac{cP}{\lambda - 1}$$

Ein Gleichgewicht ist zwar möglich, aber es ist instabil. Wenn die Räuber etwas weniger Beute fressen, als die Beutepopulation anwächst, steigt die Beutepopulation in der nächsten Generation an. Da die Räuber ja immer eine konstante Anzahl Beutetiere fressen, werden so von Generation zu Generation immer mehr Beutetiere übrig bleiben, sodass die Beutepopulation unbegrenzt weiter wächst. Wenn die Räuber umgekehrt nur ein wenig mehr Beute fressen, als der Zuwachs der Beutepopulation ausmacht, gibt es in jeder Generation immer weniger Beutetiere, sodass die Population letztendlich ausstirbt. Generell sind Modelle mit instabilen Gleichgewichten unbefriedi-

gend, da Arten, die ihnen folgen, von der Evolution ausgerottet werden.

### Jeder Räuber frisst einen bestimmten konstanten Prozentsatz der Beutepopulation

Bei geringen Beutedichten ist es unrealistisch anzunehmen, dass die Räuber genügend Beutetiere finden, um vollständig satt zu werden, weil die einzelnen Beutetiere schwieriger zu finden sein werden. Es ist vielleicht realistischer anzunehmen, dass die Anzahl Beutetiere, die von Räubern gefressen werden, mit abnehmender Beutedichte ebenfalls abnimmt. Dies kann am einfachsten modelliert werden, indem man annimmt, dass jeder Räuber einen konstanten Prozentsatz der Beutepopulation frisst, also seine Konsumptionsrate $c$ einen Prozentsatz darstellt. Alle Räuber zusammen fressen demnach $cP = s$ Beutetiere ($0 < s < 1$). Wenn ein Räuber 1% der Beutepopulation fressen würde, dann fressen z.B. 10 Räuber 10% ($s = 10\%$), d.h. die Räuber würden 100 Tiere aus einer Population von 1000 fressen, aber nur 10 aus einer Population von 100. Mechanistisch kann man sich das vielleicht am besten vorstellen, indem die Räuber nur einen konstanten Prozentsatz $s$ des Habitats der Beute absuchen (Annahme: die Beute ist gleichmäßig oder zufällig im Habitat verteilt). Unsere Beutegleichung wird damit

$$N_{t+1} = \lambda N_t - cPN_t = \lambda N_t - sN_t = N_t(\lambda - s).$$

Im Gleichgewicht ($N_{t+1} = N_t = N^*$) gilt $\lambda - 1 = s$

Die Beute erreicht einen Gleichgewichtszustand, wenn die Räuber genauso viele Beutetiere fressen, wie diese an Nachwuchsüberschuss produzieren. Auch dieses Gleichgewicht ist instabil, und zwar aus den gleichen Gründen wie im vorigen Abschnitt: Wenn die Räuber etwas weniger Beute fressen, wächst diese unbegrenzt weiter; wenn die Räuber nur ein wenig mehr Beute fressen, stirbt die Population letztendlich aus.

### Räuber mit funktioneller Reaktion: Dichteabhängigkeit

In den beiden vorigen Abschnitten haben wir gesehen, dass weder ein generalistischer Räuber, der eine konstante Anzahl Beutetiere frisst, noch einer, der einen konstanten Prozentsatz der Beutepopulation frisst, in der Lage ist, die Beutepopulation in einer biologisch sinnvollen Weise zu regulieren. Das deutet darauf hin, dass beiden Modellen unrealistische Annahmen zugrunde liegen. Die größten Schwächen liegen bei beiden Modellen in der Beziehung zwischen Beutedichte und Prädationsrate der Räuber. Während das erste Modell (Räuber frisst konstante Anzahl Beutetiere) bei hohen Beutedichten realistisch erscheint (jeder Räuber frisst so viele Beutetiere, bis er satt ist), versagt es bei niedrigen Beutedichten (es werden irgendwann nicht mehr genug Beutetiere für jeden Räuber vorhanden sein). Beim zweiten Modell ist es genau umgekehrt: Es scheint bei niedrigen Beutedichten gut die Realität zu beschreiben, während es bei hohen Beutedichten unrealistisch wird (die Räuber würden mit steigender Beutedichte immer mehr Beutetiere pro Kopf fressen, d. h. sie hätten einen unbegrenzten Appetit). Wenn wir die realistischen Eigenschaften von beiden Modellen vereinen, erhalten wir ein biologisch sinnvolles Modell. Wenn wir also annehmen, dass unser Räuber bei hoher Beutedichte in der Anzahl Beutetiere, die er fressen kann, limitiert ist (Modell 1: feste Anzahl) und bei niedriger Beutedichte eine geringere Anzahl Beutetiere frisst (Modell 2: proportionale Prädation), erhalten wir ein Modell, in dem der Räuber auf die Beutedichte in Form einer funktionellen Reaktion reagiert (Abschnitt 4.1.2.2). Das Modell, das wir gerade beschrieben haben, gleicht in etwa einer funktionellen Reaktion von Typ 2, also z. B. Hollings Scheibengleichung. Wenn wir die Scheibengleichung in unser Räuber-Beute-Modell einbauen, erhalten wir:

$$N_{t+1} = \lambda N_t - P\left(\frac{aTN_t}{1 + aT_h N_t}\right)$$

Wie ist nun die Dynamik einer solchen Räuber-Beute-Beziehung? Am anschaulichsten kann man sich das graphisch vor Augen führen, indem wir in einem Koordinatensystem sowohl die Reproduktionskurve der Beute (Reproduktion $= \lambda N_t$) als auch die Anzahl gefressener Beutetiere der Räuberpopulation (die Scheibengleichung) in Abhängigkeit der Populationsgröße der Beute ($N_t$) darstellen (Abbildung 4.27). Betrachten wir zunächst eine Beuteart A, deren Reproduktionsrate $\lambda$ niedrig ist und deren Reproduktionskurve dementsprechend flach verläuft. In diesem Fall schneiden sich Räuber- und Beutekurven im Punkt $N^*$, d. h. bei dieser Populationsgröße der Beute werden genauso viele Beutetiere gefressen wie an Überschuss produziert werden, die Beutepopulation befindet sich also im Gleichgewicht. Allerdings handelt es sich hierbei um ein instabiles Gleichgewicht, denn bereits geringe Abweichungen zu einer Seite führen entweder zum Aussterben der Beute oder zu deren unbegrenztem Wachstum. Wenn z. B. aus irgendeinem Grund die Beutedichte sinkt (z. B. ein Jäger erschießt ein Beutetier; dies bedeutet in Abbildung 4.27 eine Abweichung von $N^*$ nach links), dann befindet sich die Reproduktionskurve der Beute unterhalb der Prädationskurve der Räuber. Mit anderen Worten, es werden mehr Tiere gefressen als an Geburtenüberschuss erzeugt. Dies hat zur Folge, dass die Beutedichte noch weiter absinkt und damit die Diskrepanz zwischen der Prädations- und der Reproduktionskurve größer wird; die Beute ist zum Aussterben verdammt. Umgekehrt verhält es sich, wenn die Beutedichte durch ein Zufallsereignis um ein Individuum steigt (z. B. durch Zuwanderung). In dem Fall befindet sich die Reproduktionskurve der Beute über der Prädationskurve der Räuber, und es werden weniger Tiere gefressen als an Geburtenüberschuss erzeugt, sodass die Beutedichte noch weiter steigt und letztendlich die Beute dem Räuberdruck immer weiter davonwächst. Diese Trends der Populationsentwicklung der Beute sind in Abbildung 4.27 durch die Pfeile in den verschiedenen Abschnitten der Graphik angedeutet. Da die Pfeile vom

Gleichgewichtszustand zu beiden Seiten weglaufen, bedeutet das, dass das Gleichgewicht instabil ist. Wenn eine Beuteart (B; Abbildung 4.27) von vornherein schon eine derart hohe Reproduktionsrate $\lambda$ hat, dass sich Prädations- und Reproduktionskurve niemals schneiden, kann sich kein Gleichgewicht einstellen. In diesem Fall entkommt die Beute immer dem Prädationsdruck des Räubers. Ein generalistischer Räuber mit einer funktionellen Reaktion von Typ 2 ist also nicht in der Lage, die Beutepopulation durch Prädation allein zu regulieren.

Bis jetzt haben wir nur Räuber kennen gelernt, die nicht in der Lage waren, eine Beutepopulation unter biologisch realistischen Bedingungen zu regulieren. Woran liegt das? Die Antwort ist einfach: Alle unsere bisher betrachteten Räuber haben keine positive Dichteabhängigkeit (*density dependence*) in der Prädationsrate gegenüber ihrer Beute gezeigt. Lassen wir sie noch einmal Revue passieren. Der erste Räuber fraß eine konstante Anzahl Beutetiere unabhängig von der Beutedichte, d. h. mit zunehmender Beutedichte sinkt der Anteil gefressener Tiere an der Gesamtpopulation immer weiter ab (Abbildung 4.28a); seine Prädationsrate ist negativ dichteabhängig (*inverse density dependent*). Der zweite Räuber fraß immer den gleichen Prozentsatz der Beutepopulation, seine Prädationsrate ist immer gleich oder auch dichteunabhängig (*density independent*) (Abbildung 4.28b). Räuber Nummer drei zeigt eine funktionelle Reaktion von Typ 2. Hier sinkt mit zunehmender Beutedichte die Prädationsrate immer weiter ab (Abschnitt 4.1.2.2, Abbildung 4.5b). Wie können wir eine positive Dichteabhängigkeit in die Prädationsrate des Räubers einbauen? Eine einfache Möglichkeit ist, die

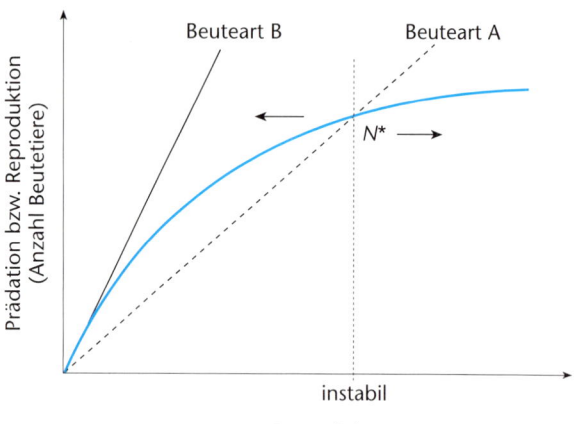

**Abb. 4.27:** Dynamik eines Räuber-Beute-Systems mit einer funktionellen Reaktion vom Typ 2 (z. B. die Scheibengleichung), der eine Beuteart frisst, die nur vom Räuber in ihrem Wachstum begrenzt wird. Es sind die Reproduktionskurven zweier Beutearten mit niedriger (A) und hoher (B) Fortpflanzungsrate $\lambda$; eingetragen. Der Gleichgewichtszustand $N^*$ liegt im Schnittpunkt der Reproduktions- und Prädationskurven. Die Pfeile deuten die Populationsentwicklung der Beutepopulation zu beiden Seiten des Gleichgewichtszustands an. Für die Beuteart mit der hohen Reproduktionsrate gibt es kein Gleichgewicht; sie wächst dem Räuber davon.

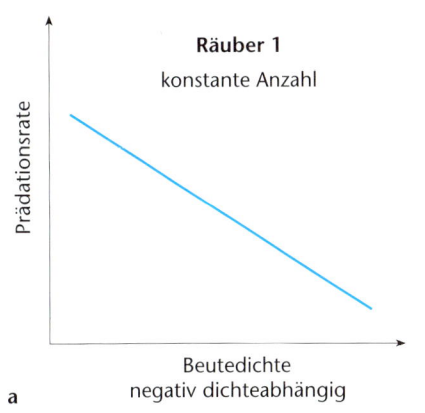

**Räuber 1**
konstante Anzahl

Prädationsrate

Beutedichte
negativ dichteabhängig

a

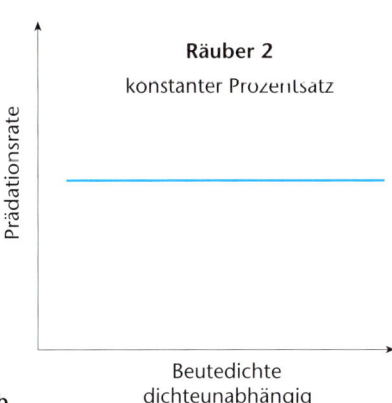

**Räuber 2**
konstanter Prozentsatz

Prädationsrate

Beutedichte
dichteunabhängig

b

**Abb. 4.28:** Dichteabhängigkeit der Prädationsraten (gefressene Beutetiere im Verhältnis zur Beutetierdichte) vom Räubertyp 1 (frisst eine konstante Anzahl Beutetiere pro Zeiteinheit) und 2 (frisst einen konstanten Prozentsatz Beutetiere pro Zeiteinheit). Der Räuber 1 zeigt eine negativ dichteabhängige Prädationsrate, der Räuber 2 eine dichteunabhängige Prädationsrate.

Prädationsrate selbst dichteabhängig zu machen, d. h. anstelle eines konstanten Anteils $cP$, den die Räuber in jedem Zeitintervall entfernen, sollen die Räuber einen zunehmenden Anteil $cP \times f(N_t)$ fressen, wobei $f(N_t)$ mit der Beutedichte ansteigt. Mathematisch am einfachsten geht dies, indem wir die Anzahl gefressener Beutetiere direkt dichteabhängig machen:

$$N_{t+1} = \lambda N_t - cPN_t^{1+b}$$

mit dem Exponenten $b > 0$. Biologisch betrachtet bedeutet das, dass unsere $P$ Räuberindividuen mit zunehmender Beutedichte einen immer größeren Anteil der Beutepopulation fressen. Dies kann z. B. dadurch geschehen, dass die Räuber mit zunehmender Beutedichte diese effektiver nutzen können (Abschnitt 4.1.2.2). Eine solche Dichteabhängigkeit des Räubers führt zu einem stabilen Gleichgewicht (Abbildung 4.29): Wenn die Beutedichte niedriger ist als das Gleichgewicht $N^*$, ist die Reproduktion der Beute größer als die Prädation, und die Beutedichte steigt. Ist die Beutedichte größer als $N^*$, ist die Prädation höher als die Reproduktion, und die Beutepopulation sinkt. Die Populationsdichte der Beute im Gleichgewicht ergibt sich als

$$N^* = \left( \frac{\lambda - 1}{cP} \right)^{\frac{1}{b}}$$

Die Gleichung sagt uns, dass die Populationsgröße der Beute im Gleichgewicht mit der Reproduktionsrate der Beute ansteigt und mit der Anzahl Räuber $P$ sowie deren Appetit $c$ sinkt. Weiterhin ersehen wir aus der Gleichung, dass, je stärker die Dichteabhängigkeit, also je größer $b$, desto kleiner die Populationsgröße der Beute im Gleichgewicht ist. Diese Beziehungen erscheinen alle biologisch sinnvoll, und es sieht so aus, als hätten wir ein adäquates Modell für einen Räuber, der seine Beute regulieren kann, gefunden.

Weil die Anzahl der Räuber $P$ konstant ist, können wir das Modell auch in einer Form schreiben, in der die Räuber nicht mehr auftauchen, indem wir $cP$ durch eine gemeinsame Konstante ersetzen:

$$N_{t+1} = \lambda N_t (1 - eN_t^b)$$

Wir erhalten ein Modell, das dem einer Beutepopulation entspricht, die sich selbst dichteabhängig reguliert (d. h. ohne die Räuber!). Dieses erstaunliche Ergebnis führt uns zu der wichtigen Erkenntnis, dass allein die Beobachtung, dass eine Population reguliert ist, nicht ausreicht, um zu sagen, wodurch die Population reguliert ist. Im Fall eines generalistischen Räubers gibt es keine Korrelation zwischen Räuber- und Beuteabundanz, sodass wir keine Indizien für eine regulierende Rolle des Räubers haben.

Die positive Dichteabhängigkeit des vorigen Modells ist eine realistische Beschreibung für manche Räuber-Beute-Systeme bei niedrigen Beutedichten. Bei hohen Beutedichten ist es allerdings unrealistisch anzunehmen, dass die Räuber beliebig viele Beutetiere fressen können, da sie irgendwann entweder gesättigt oder durch ihre Hand-

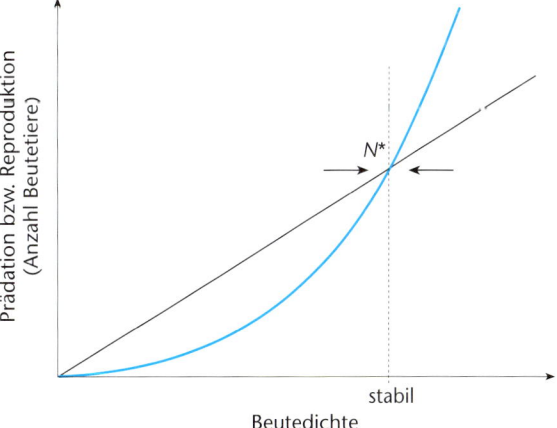

Prädation bzw. Reproduktion
(Anzahl Beutetiere)

$N^*$

stabil
Beutedichte

**Abb. 4.29:** Dynamik eines Räuber-Beute-Systems bestehend aus einem generalistischen Räuber mit einer positiv dichteabhängigen funktionellen Reaktion, der eine Beuteart frisst, die nur vom Räuber in ihrem Wachstum begrenzt wird. Der stabile Gleichgewichtszustand $N^*$ liegt im Schnittpunkt der Reproduktions- und Prädationskurven. Die Pfeile deuten die Populationsentwicklung der Beutepopulation zu beiden Seiten des Gleichgewichtszustands an.

habungszeit limitiert sein werden (Abschnitt 4.1.2.2). Viel realistischer ist es anzunehmen, dass die Prädationskurve bei hoher Beutedichte abflacht und sich einem Plateau annähert. Es resultiert eine sigmoide Prädationskurve, die einer funktionellen Reaktion von Typ 3 ähnelt. Mathematisch sähe dann unser Modell mit einem Räuber, der eine funktionelle Reaktion vom Typ 3 (abgeleitet von der Scheibengleichung) zeigt, folgendermaßen aus:

$$N_{t+1} = \lambda N_t - cP\left(\frac{bN_t^2 T}{1 + dN_t + bT_hN_t^2}\right)$$

Die Dynamik eines solchen Räuber-Beute-Systems machen wir uns am besten auch wieder graphisch klar, indem wir die Reproduktions- und die Prädationskurven zusammen in ein Koordinatensystem gegen die Beutedichte auftragen (Abbildung 4.30). An den Schnittpunkten befindet sich das System im Gleichgewicht, d. h. der Reproduktionsüberschuss wird genau von den Räubern aufgefressen. Das untere Gleichgewicht ($N^*$) ist stabil, d. h. nach kleineren Abweichungen in der Beutedichte fällt die Beutepopulation wieder auf den Gleichgewichtszustand zurück. Das obere Gleichgewicht ist instabil: Wenn die Beutedichte absinkt, wird sie weiter sinken, bis sie den unteren Gleichgewichtszustand erreicht hat. Wenn hingegen die Beutedichte über den Wert von $N^1$ hinaussteigt, entkommt die Beute der Regulation durch die Räuber (weil die Räuber mit Beute gesättigt sind) und wird weiterwachsen, bis sie durch andere Faktoren (z. B. ihre Ressourcen) limitiert wird.

### Andere Formen der Dichteabhängigkeit: Aggregation, Refugien

In den bisherigen Beispielen von Dichteabhängigkeit haben wir angenommen, dass die Prädationsrate der dichteabhängige Faktor ist. Nun kann es auch andere Faktoren geben, die zu einer Dichteabhängigkeit führen. Noch einmal zur Wiederholung: Eine positive Dichteabhängigkeit besteht dann, wenn bei hohen Beutedichten überproportional mehr Beutetiere gefressen werden als bei niedrigen. Viele Räuber **aggregieren** sich z. B. an Plätzen hoher Beutedichte, was dazu führt, dass überproportional mehr Räuber an Plätzen hoher Beutedichte vorhanden sind. Dies kann zur Folge haben, dass bei hohen Beutedichten überproportional mehr Beute gefressen, die Prädationsrate also dichteabhängig wird.

Auch wenn die Beute sich an Plätze zurückziehen kann, an denen sie nicht von Räubern erreicht wird (**Refugien**), kann die Prädationsrate der Räuber dichteabhängig werden. Wenn bei niedrigen Beutedichten alle Beutetiere im Refugium sitzen, ist die Prädationsrate praktisch Null. Die Prädationsrate steigt an, wenn die Beutepopulation so stark angewachsen ist, dass nicht mehr alle Tiere im Refugium Platz haben und sich somit einige außerhalb des Refugiums aufhalten müssen, wo sie Opfer der Räuber werden können. Es müssen zwei verschiedene Arten von Refugien unterschieden werden.

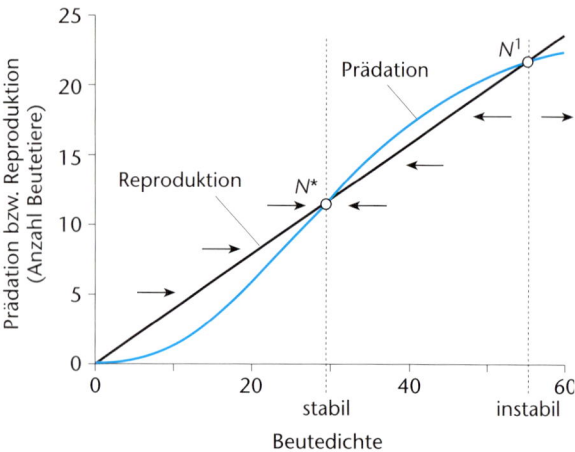

**Abb. 4.30:** Dynamik eines Räuber-Beute-Systems bestehend aus einem generalistischen Räuber mit einer sigmoiden funktionellen Reaktion (Typ 3) und einer Beuteart, die nur vom Räuber in ihrem Wachstum begrenzt wird. Es gibt zwei Gleichgewichtszustände $N^*$ (stabil) und $N^1$ (instabil), die im Schnittpunkt der Reproduktions- und Prädationskurven liegen. Die Pfeile deuten die Populationsentwicklung der Beutepopulation zu beiden Seiten der Gleichgewichtszustände an.

Zum einen sind Refugien für eine bestimmte Anzahl Beutetiere (Platz für $N_r$ Beutetiere) vorstellbar: Stellen wir uns ein Habitat vor, in dem eine bestimmte Anzahl Verstecke für die Beute vorhanden sind, in denen sie vor Angriffen des Räubers sicher ist. Dies können z. B. Löcher im Boden, unzugängliche Vorsprünge auf Klippen oder Ritzen in der Borke von Bäumen sein. Nehmen wir als Erstes an, dass unsere Beute von einem Räuber angegriffen wird, der eine bestimmte konstante Anzahl Beutetiere frisst (der erste Räubertyp, den wir besprochen haben). Die Beutepopulation, die im Refugium geschützt vor Räubern Platz hat, ist $N_r$ ($N_r$ ist eine Konstante), der Anteil der Beutepopulation außerhalb des Refugiums $N_t - N_r$. Da die Beutetiere im Refugium geschützt sind, wird die Beutepopulation innerhalb kurzer Zeit das Refugium auffüllen. Wenn das Refugium voll besetzt ist und die Individuen sich mit $\lambda N_r$ vermehren, werden $N_r$ wieder das Refugium besetzen und der Überschuss $(\lambda - 1)N_r$ das Refugium verlassen müssen und damit der Prädation ausgesetzt sein. Wenn der Prädationsdruck $cP$ größer als der Überschuss der Beuteproduktion $(\lambda - 1)N_r$ ist, werden sämtliche Beutetiere außerhalb des Refugiums vom Räuber gefressen und die Beutepopulation bleibt konstant bei $N_r$. Unter diesen Umständen reguliert der Räuber die Beute. Andernfalls wächst die Beute exponentiell dem Räuber davon. Stellen wir uns nun als Zweites einen Räuber vor, der einen bestimmten konstanten Anteil $s$ (in %) der Beutepopulation frisst (der zweite Räubertyp, den wir besprochen haben). Wie im vorigen Beispiel stehen dem Räuber $N_t - N_r$ Beutetiere zur Verfügung, von denen $s$ % gefressen werden. Die Beutegleichung ist also:

$$N_{t+1} = \lambda[N_t - s(N_t - N_r)]$$

mit einem stabilen Gleichgewicht bei

$$N^* = \frac{s\lambda N_r}{1 - \lambda + s\lambda}$$

wenn die Prädationsrate

$$s > \frac{\lambda - 1}{\lambda}$$

Wenn die Prädationsrate kleiner ist, wächst die Beutepopulation den Räubern davon. Wir sehen also, dass ein Refugium mit Platz für eine feste Anzahl Beutetiere unter gewissen Umständen ein Räuber-Beute-System mit einem generalistischen Räuber stabilisieren kann.

Zum anderen sind Refugien für einen bestimmten Prozentsatz Beutetiere (Platz für $q$ %) vorstellbar: Derartige Refugien entstehen z. B., wenn die Räuber nur eine bestimmte Fläche des Habitats (z. B. 80 %) nach Beute absuchen. Wenn Parasitoide nur bis zu einer gewissen Tiefe mit ihrem Legebohrer in das Substrat eindringen können und Wirte parasitieren, ist der Anteil Wirte, die tiefer im Substrat leben, geschützt. Kann ein proportionales Refugium auch zu einem Beutegleichgewicht führen? Betrachten wir auch hier zunächst einmal einen Räuber, der eine konstante Anzahl Beutetiere $cP$ frisst. Wir können die Beutepopulation wieder in einen geschützten Anteil $q$ und einen den Räubern ausgesetzten Anteil $1 - q$ einteilen. Entweder fressen also die Räuber soviel Beute, wie sie vermögen ($cP$), nämlich wenn genug Beutetiere außerhalb des Refugiums vorhanden sind, oder sie fressen den Überschuss an Beutetieren, der sich außerhalb des Refugiums befindet ($\lambda(1-q)N_t$). Im ersten Fall wird die Beutepopulation dem Räuber davonwachsen, weil nicht alle Beutetiere außerhalb des Refugiums gefressen werden und sich diese weiter vermehren. Im zweiten Fall fressen die Räuber sämtliche Beutetiere außerhalb des Refugiums. Hier hängt das Schicksal der Beutepopulation von der Reproduktionsrate $\lambda$ und dem Anteil der geschützten Beutepopulation $q$ ab: Wenn die Reproduktionsrate $\lambda$ groß genug ist, dass der Anteil der geschützten Beutepopulation $q$ die Beutepopulation $N_t$ mindestens wieder ersetzen kann ($\lambda q > 1$), dann wächst die Beutepopulation dem Räuber davon. Andernfalls stirbt die Beute aus ($\lambda q < 1$). Ein generalistischer Räuber, der eine feste Anzahl Beutetiere frisst, kann also eine Beute mit einem proportionalen Refugium nicht regulieren. Wie sieht es mit einem Räuber aus, der einen proportionalen Anteil $s$ der Beutepopulation frisst? Die Beutegleichung sähe dann folgendermaßen aus:

$$N_{t+1} = \lambda N_t - s(1 - q)\lambda N_t$$

mit der Prädationsrate s im Gleichgewicht

$$s = \frac{1 - \frac{1}{\lambda}}{1 - q}$$

Kleinste Abweichungen nach oben oder unten bringen das System allerdings aus dem Gleichgewicht. Ein proportionales Refugium kann also zusammen mit einem generalistischen Räuber niemals zu einer Regulierung der Beutepopulation führen.

## Dichteabhängigkeit bei der Beutepopulation

Wir hatten schon am Anfang des Kapitels angesprochen, dass natürliche Beutepopulationen nicht unendlich weiterwachsen, sondern zumindest durch ihre Ressourcen im Wachstum nach oben begrenzt sind. In unseren bisherigen Betrachtungen zur Prädation haben wir diese Tatsache ignoriert, um ein besseres Verständnis des Einflusses von Räubern auf Beutepopulationen ohne störende weitere Faktoren zu erhalten. Wenn wir diese dichteabhängige Selbstregulierung für unsere Beutearten annehmen, dann ist die Fragestellung nun nicht mehr, ob ein generalistischer Räuber die Beutepopulation regulieren kann, sondern

- Wie weit unterhalb des durch die innerartliche Konkurrenz gesetzten Gleichgewichts kann ein Räuber die Beutepopulation reduzieren?
- Können Räuber die Beutepopulation ausrotten?

Die Antwort auf diese Fragen lautet: Das hängt von der Art der Räuber und der Art der dichteabhängigen Konkurrenz ab. Innerartliche Dichteabhängigkeit drückt sich darin aus, dass die Wachstumsrate der Population $\lambda$ mit steigender Beutedichte kleiner und bei sehr hohen Dichten sogar negativ wird. Eine solche Form der Dichteabhängigkeit haben wir in Form der logistischen Gleichung bereits in Abschnitt 3.4.2 kennen gelernt. Graphisch dargestellt bedeutet dies, dass die Reproduktionskurve nicht mehr wie bisher linear mit der Beutedichte ansteigt, sondern abknickt und im Gleichgewicht $N^*_{\text{ohne}}$ (ohne den Räuber) wieder die x-Achse schneidet. Dies ist in Abbildung 4.31 dargestellt. Im oberen Teil (a) ist zusätzlich die Prädationskurve eines Räubers, der eine feste Anzahl Beutetiere frisst, hineingelegt. In den zwei Schnittpunkten befindet sich die Beutepopulation im Gleichgewicht, d. h. die Anzahl Beutetiere, die überschüssig produziert werden, werden vom Räuber genau wieder aufgefressen. Allerdings stellt nur der obere Schnittpunkt ein stabiles Gleichgewicht dar. Wenn die Beutedichte unter das Niveau des niedrigeren Gleichgewichtszustands absinkt, stirbt die Beutepopulation unweigerlich aus. Bei höheren Beutedichten kann ein generalistischer Räuber, der eine konstante Anzahl Beutetiere frisst, seine Beute auf ein Niveau regulieren, das unterhalb dessen liegt, was die Beutepopulation ohne den Räuber erreichen würde. In Teil b der Abbildung ist die Prädationskurve eines Räubers eingetragen, der einen konstanten Anteil der Beutepopulation frisst. Hier ergibt sich nur *ein* Gleichgewichtszustand, der zudem stabil ist. Beide Räubertypen sind demnach in der Lage, ihre Beute auf ein Niveau unterhalb der Umweltkapazität zu regulieren.

## Spezialisten als Räuber

Ein Hauptgrund, weshalb die Beutepopulation in den vorigen Abschnitten so häufig der Kontrolle durch den Räuber entkam, war unsere Annahme, dass die Räuberpopulation eine konstante Größe hatte, ihre Fähigkeit zur Regulierung daher bei hohen Beutedichten limitiert war. Mit anderen Worten, der Räuber zeigte keine numerische Reaktion (Abschnitt 4.1.2.3) auf die Beutedichte. Dies ist eine sinnvolle Annahme für einen Generalisten, dessen Häufigkeit nicht von einem bestimmten Beutetyp abhängt. Wenn allerdings die Beute häufig in der Umgebung des Räubers vorkommt, dann wird der Räuber leichter und damit auch mehr Beute fangen und diese in eigene Nachkommen umsetzen. Die Räuberpopulation sollte also bei hohen Beutedichten ansteigen und bei niedrigen wieder absinken. $P$ in unseren Gleichungen ist bei Räubern mit numerischer Reaktion auf ihre Beutedichte also keine Konstante, sondern eine Funktion der Beutedichte: $P(N)$. Damit erhalten wir Räuber-Beute-Systeme mit **gekoppelten Dynamiken**, d.h. sowohl Räuber- als auch Beutedichte hängen nicht nur von sich selbst, sondern auch vom anderen Partner ab. Um dieses mathematisch darzustellen, benötigen wir eine Gleichung für die Änderung der Beutedichte in der Zeit und eine weitere für die Änderung der Räuberdichte.

Nehmen wir anfangs der Einfachheit halber wieder an, dass wir außer der Reproduktion und Prädation keine weiteren Faktoren haben, die die Dichte von Räuber und Beute bestimmen (d.h. wir ignorieren Zu- und Abwanderung, innerartliche Konkurrenz usw.), und dass wir wieder diskrete Generationen haben (keine kontinuierliche Fortpflanzung). Die Dynamik der Beute wird durch ihren Zuwachs in Form von Geburten ($\lambda N_t$) sowie durch ihre Abnahme durch Prädation des Räubers bestimmt. Die Anzahl Beutetiere, die der Räuber frisst, wird durch dessen funktionelle Reaktion $f(N_t)$ multipliziert mit der Anzahl Räuber $P_t$ bestimmt. Die Dynamik des Räubers wird ebenfalls durch seinen Zuwachs, indem er gefressene Beutetiere in eigene Nachkommen umsetzt (numerische Reaktion), sowie durch seine Abnahme, in diesem Fall durch natürliche Mortalität, bestimmt. Die Umsetzung von gefressener Beute in Nachkommen ist die numerische Reaktion $g[f(N_t)]$, die wiederum von seiner funktionellen Reaktion, nämlich der Anzahl gefressener Beutetiere, abhängig ist. Auch die numerische Reaktion muss mit der Anzahl Räuber $P_t$ multipliziert werden. Die Todesrate $d$ der Räuber, d.h. die Wahrscheinlichkeit für ein Räuberindividuum zu sterben, können wir in jeder Generation als konstant annehmen. Jetzt haben wir alle Komponenten für unser Räuber-Beute-System beisammen:

$$N_{t+1} = \lambda N_t - P_t f(N_t)$$

$$P_{t+1} = P_t g[f(N_t)] - dP_t$$

Die Dynamik des Räuber-Beute-Systems hängt jetzt von den funktionellen und numerischen Reaktionen der Räuber ab. Ganz generell kann man sagen, dass ein derartiges

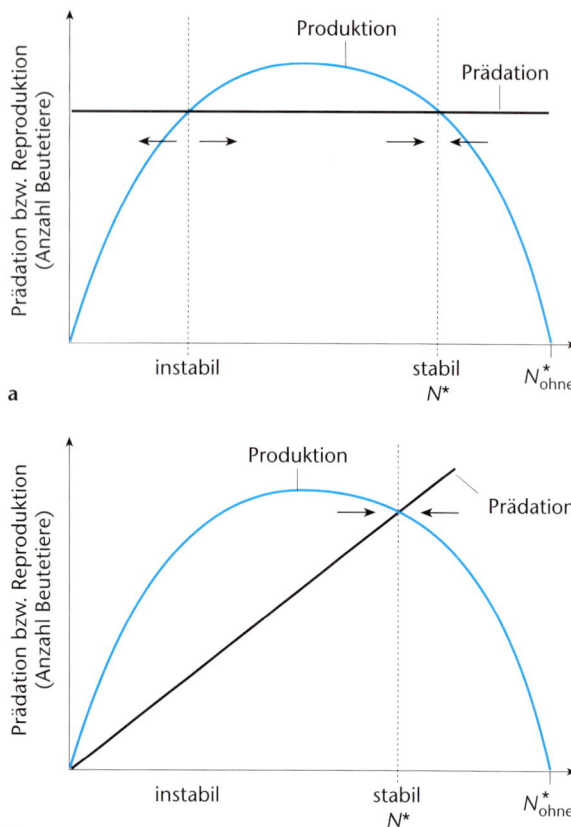

**Abb. 4.31:** Dynamik eines Räuber-Beute-Systems bestehend aus einem generalistischen Räuber, der a) eine konstante Anzahl Beutetiere (*constant harvest predation*) oder b) einen konstanten Prozentsatz Beutetiere pro Zeiteinheit frisst, und einer Beute, die durch ihre Umweltkapazität ($N^*_{ohne}$) begrenzt wird. Die Pfeile deuten die Populationsentwicklung der Beutepopulation zu beiden Seiten der Gleichgewichtszustände an.

Räuber-Beute-System nicht reguliert wird, wenn nicht in mindestens einer Komponente eine positive Dichteabhängigkeit auftaucht. Dabei spielt es keine Rolle, in welcher Komponente die Dichteabhängigkeit auftaucht; ohne sie ist eine langfristige Koexistenz von Räuber und Beute an einem Ort ohne Zuwanderung nicht wahrscheinlich. Die Dichteabhängigkeit müsste sich nicht einmal in der funktionellen oder numerischen Reaktion ausdrücken, sondern könnte auch in Form der Rekrutierung der Beute oder der Todesrate der Räuber in das Modell eingehen.

## Das Lotka-Volterra-Modell

Im einfachsten Fall stellen wir uns einen monophagen Räuber vor (also einen Räuber, der ausschließlich einen Beutetyp frisst) und nehmen weiter an, dass die Beutedichten nur durch Rekrutierung und Prädation und die Räuberdichten nur durch Beuteangebot und natürliche Todesrate bestimmt sind. Ein solches System wurde unabhängig von den theoretischen Ökologen Lotka (1925) und Volterra (1926) untersucht und bildet bis heute den

Grundstein unsres Verständnisses von Räuber-Beute-Systemen. Sie nahmen an, dass sowohl die funktionelle (Konsumtionsrate $a'$) als auch die numerische Reaktion (Konvertierungseffizienz $e$) des Räubers linear verlaufen (Abschnitte 4.1.2.2 und 4.1.2.3). Das Lotka-Volterra-Modell wurde als kontinuierliches Modell beschrieben (d. h. kontinuierliche Reproduktion und Beuteerwerb). Unser Gleichungssystem hätte dann folgende Form:

$$\frac{\mathrm{d}N}{\mathrm{d}t} = \lambda N - a'PN$$

$$\frac{\mathrm{d}P}{\mathrm{d}t} = ea'PN - dP$$

Anstelle einer algebraischen Untersuchung solcher Systeme werden wir ihre Eigenschaften und ihr Verhalten graphisch mit Hilfe so genannter **Phasendiagramme** analysieren (*phase-plane analysis*). Wir haben die Methode bereits zur Untersuchung zwischenartlicher Konkurrenz benutzt (Abschnitt 4.4.1). In unserem Diagramm tragen wir die Beutedichte auf der x-Achse und die Räuberdichte auf der y-Achse auf (Abbildung 4.32c). Für jeden Punkt dieser Fläche, d. h. für jede Kombination von Räuber- und Beutedichte, können wir nun mit Hilfe unseres Gleichungssystems angeben, ob die Räuber- und Beutepopulationen in der Zeit zu- oder abnehmen werden. Jeder Punkt auf der Fläche gibt dann an, an welcher Koordinate wir uns im nächsten Zeitschritt befinden werden. Unser Ziel ist es, die Populationsdynamik von Räuber und Beute durch einen Weg auf dieser Fläche zu beschreiben. Man kann die Fläche in vier Bereiche einteilen, je nachdem, ob Räuber bzw. Beute zu- oder abnehmen. Daraus ergeben sich die folgenden Kombinationen: Räuber- und Beutepopulation nehmen zum nächsten Zeitschritt ab; die Räuberpopulation nimmt zu, während die Beutepopulation abnimmt; die Beutepopulation nimmt zu, während die Räuberpopulation abnimmt, und beide Populationen nehmen zu. Auf den Grenzlinien zwischen diesen Bereichen, den so genannten **Nullisoklinen**, ändert sich entweder die Räuber- oder die Beutepopulation nicht. Im Schnittpunkt der beiden Nullisoklinen bleiben beide Populationen stabil, befinden sich also im Gleichgewicht. Wir können nun den Weg der Populationen auf der Fläche von Zeitschritt zu Zeitschritt verfolgen und so sehen, ob sich die Populationen dem Gleichgewicht annähern oder nicht.

An der Lage und der Form der Nullisoklinen ist zu erkennen, ob ein derartiges Räuber-Beute-System stabil sein kann. Wie bestimmt man nun die Nullisoklinen? Für unser Räuber-Beute-Modell können wir als Erstes einmal die Beuteisokline bestimmen, indem wir die Änderung der Beutepopulation als Null annehmen (d$N$/d$t$ = 0). Damit ergibt sich

$$0 = \lambda N - a'PN$$

und umgeformt

$$P = \frac{\lambda}{a}$$

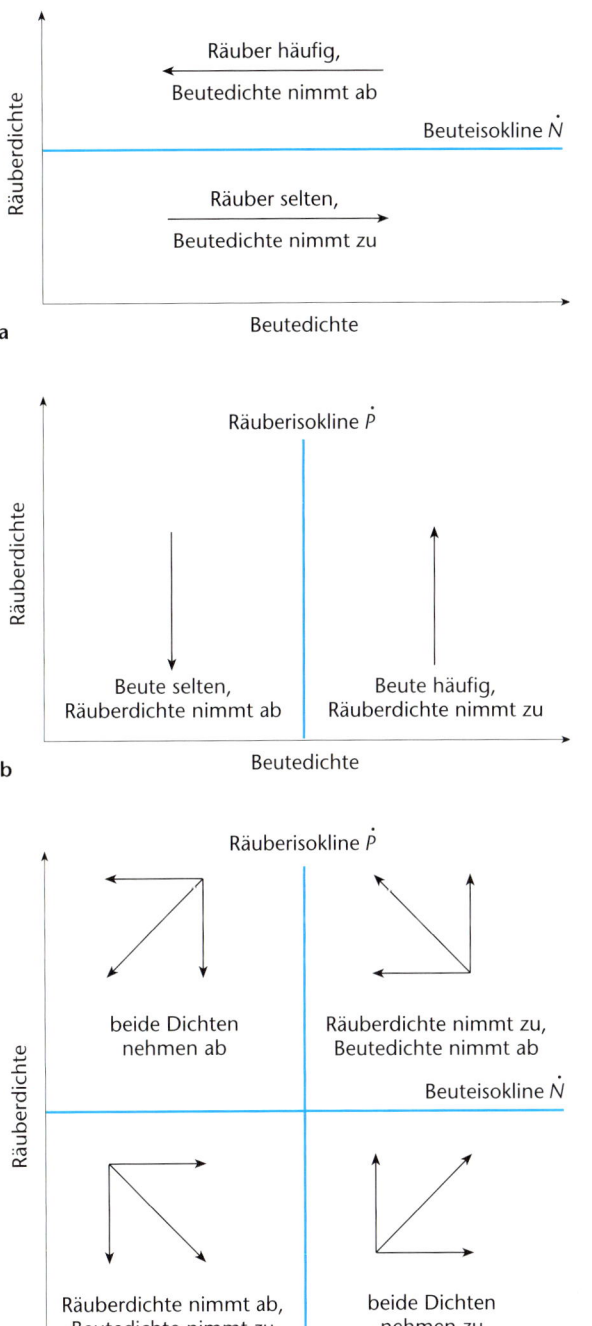

**Abb. 4.32:** Phasendiagramm des Lotka-Volterra-Modells.
a) Die Beuteisokline, b) die Räuberisokline, c) Kombination von Räuber- und Beuteisokline. Das Phasendiagramm wird von den Isoklinen in vier Bereiche eingeteilt. Durch Vektoraddition erhält man die Änderung der Populationsdichten in jedem Sektor. Weitere Erläuterungen siehe Text.

Da λ und a' Konstanten sind, ist die Beuteisokline eine Gerade, auf der die Räuberdichte konstant ist. In Abbildung 4.32a ist dies durch die waagerechte Linie dargestellt; bei höheren Räuberdichten nimmt die Beutepopulation ab (dargestellt durch den Pfeil nach links), bei niedrigeren Räuberdichten nimmt die Beutepopulation zu (dargestellt durch die Pfeile nach rechts). Analog können wir auch die Räuberisokline bestimmen (d$P$/d$t$ = 0):

$$0 = ea'PN - dP$$

und umgeformt

$$N = \frac{d}{ea'}$$

Auch die Räuberisokline ist also eine Gerade, auf der die Beutedichte konstant ist. Dies ist in Abbildung 4.32b durch die senkrechte Linie dargestellt: Bei höheren Beutedichten nimmt die Räuberpopulation zu (dargestellt durch die Pfeile nach oben), bei niedrigeren Beutedichten nimmt die Räuberpopulation ab (dargestellt durch die Pfeile nach unten). Jetzt können wir beide Isoklinen in einem Diagramm kombinieren (Abbildung 4.32c). Die Fläche ist in vier Bereiche aufgeteilt. In jedem Bereich können wir das Schicksal der beiden Populationen durch Vektoraddition der Pfeile ersehen. Im linken unteren Quadranten z. B. sind sowohl Räuber als auch Beute selten (d. h. sie haben niedrige Dichten). In diesem Fall werden die Räuber Mühe haben, genug Beute zu finden, und daher nimmt die Räuberpopulation ab, während die Beutepopulation aufgrund des relativ geringen Prädationsdruckes gleichzeitig anwächst: Der Vektor zeigt nach rechts unten. Im rechten unteren Quadranten ist die Räuberdichte niedrig, während die Beutedichte hoch ist. Die Räuber finden leicht ihre Beute, und ihre Population steigt. Weil die Räuberdichten allerdings noch gering sind, steigt die Beutepopulation ebenfalls. Der Vektor zeigt nach rechts oben. Im oberen rechten Quadranten sind sowohl Räuber- als auch Beutedichten hoch. Die Räuber dezimieren ihre Beute stark. Die Räuberpopulation wächst daher noch an (sie finden genug Beute), während die Beutepopulation aufgrund des starken Prädationsdruckes sinkt: Der Vektor zeigt nach links oben. Im linken oberen Quadranten schließlich gibt es viele Räuber, aber wenig Beute. Der Prädationsdruck ist noch stark (Beutepopulation sinkt), aber es gibt nicht genug Nahrung für die Räuber (die Räuberpopulation sinkt ebenfalls). Der Vektor zeigt nach links unten.

Obwohl die Richtung der Vektoren, wie sie im vorigen Absatz angegeben ist, in jedem Quadranten gleich bleibt (z. B. im unteren rechten Quadranten zeigen alle Vektoren von jedem beliebigen Punkt innerhalb des Sektors nach oben rechts), sind die Länge und die Neigung des Vektors an den einzelnen Punkten unterschiedlich. Je näher der Koordinatenpunkt an den jeweiligen Isoklinen liegt, desto geringer ist die Änderung der betreffenden Population. Eine Kombination von Beute- und Räuberpopulation, die im Koordinatensystem z. B. nahe an der Beuteisokline, aber weiter entfernt von der Räuberisokline liegt, wird im nächsten Zeitschritt eine kleine Änderung in der Beutepopulation, aber eine große Änderung in der Räuberpopulation ma-

chen. Räuber- und Beutepopulation werden also unter Umständen unterschiedlich stark beeinflusst. Ein solcher Vektor hat eine Steigung, die von der in den Abbildungen dargestellten 45°-Steigung abweicht. Der Einfachheit halber nehmen wir im Folgenden an, dass Räuber- und Beutepopulationsänderungen gleich sind und damit die Steigung der Vektoren immer 45° beträgt. Diese Vereinfachung beeinträchtigt in keiner Weise die hier dargestellten Prinzipien und Schlussfolgerungen der Räuber-Beute-Interaktion.

Wie ergibt sich nun die Dynamik der Populationen? Starten wir an einem beliebigen Punkt, z. B. Punkt A in Abbildung 4.33 und folgen dem Vektor für den betreffenden Sektor (in diesem Fall nach rechts oben), bis wir auf eine Isokline (die Beuteisokline) treffen. Hier betreten wir einen neuen Sektor, in dem eine andere Bewegungsrichtung gilt (nämlich nach links oben). Wir folgen dem neuen Vektor, bis wir auf die nächste Isokline (die Räuberisokline) treffen, wo wir wieder die Bewegungsrichtung ändern (nach links unten) und immer so weiter. Wenn wir auf die x-Achse treffen, sind die Räuber ausgestorben und die Beute wächst auf der x-Achse weiter nach rechts bis ins Unendliche (wir haben kein oberes Limit gesetzt), wenn wir auf die y-Achse treffen, ist die Beute ausgestorben und die Räuberpopulation sinkt auf der y-Achse nach unten, bis auch sie ausgestorben ist (der Räuber ist monophag und kann daher nicht auf andere Beute ausweichen). Wir sehen, dass wir nach kurzer Zeit immer wieder auf demselben Pfad durch das Koordinatensystem zurückkommen. Wenn wir dies mit einem anderen Startpunkt wiederholen, erkennen wir, dass wir uns erneut auf einem geschlossenen Kreis durch das Phasendiagramm bewegen.

Der erste Schluss, den wir ziehen können, ist, dass Räuber- und Beutepopulationen unendlich zyklische Schwankungen (Oszillationen) durchmachen und dass die Höhe der Schwankungen einzig von den Startbedingungen abhängt. Derartige Schwankungen werden neutrale Zyklen genannt. Auch nach äußeren Störungen des Systems (Katastrophen, Zu- oder Abwanderungen) werden die Populationen auf den neuen Vektorpfaden unendlich oszillie-

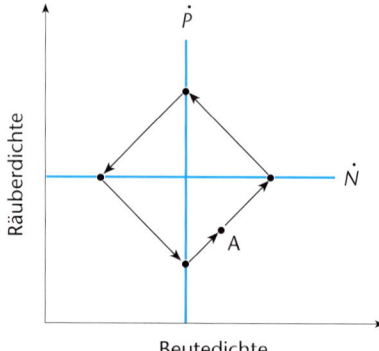

**Abb. 4.33:** Dynamik des Lotka-Volterra-Modells. Die Dichten der Räuber- und Beutepopulationen schwanken in endlosen gleich bleibenden Zyklen. Die Größe der Schwankungen wird von den Anfangsdichten (A) bestimmt.

**Populationsdynamik von Parasitoiden und ihren Wirten**

Ein wichtiger Unterschied in der Biologie von Parasitoiden im Vergleich zu echten Räubern ist, dass ein bereits parasitierter Wirt nicht sofort aus dem System entfernt wird (im Gegensatz zur gefressenen Beute), und damit weiteren Parasitoiden der gleichen Art zur Eiablage zur Verfügung steht. Allerdings entwickelt sich aus einem parasitierten Wirt in der Regel nur ein neuer Parasitoid (in der Regel der erste). In einer Population von $P$ Parasitoiden und $H$ Wirten (*hosts*) hängt die Anzahl Begegnungen $E_t$ zwischen diesen von dem Produkt ihrer Populationsgrößen zum Zeitpunkt $t$ ab (analog zum Massenwirkungsgesetz der Chemie, Abschnitt 4.5.3.3), multipliziert mit einem Faktor $a$ für die Sucheffizienz der Parasitoide:

$$E_t = aH_tP_t$$

Die mittlere Anzahl Begegnungen pro Wirt ist demnach

$$\frac{E_t}{H_t} = aP_t$$

Wenn wir nun annehmen, dass die Parasitoide zufällig nach ihren Wirten suchen, dann lässt sich die Anzahl Wirte, die jeweils keinmal, einmal, zweimal, dreimal usw. einem Parasitoiden begegnen, anhand einer Poisson-Verteilung (Kasten 3.1) berechnen. Die Wirte, die mindestens einmal einem Parasitoiden begegnet sind, pflanzen sich nicht weiter fort; aus ihnen schlüpfen die Parasitoide der nächsten Generation.

Nur die Wirte, die niemals einem Parasitoiden begegnet sind, kommen zur Fortpflanzung. Nach der Poisson-Verteilung beträgt der Anteil Wirte, die niemals einem Parasitoiden begegnet sind, $e^{-E_t/H_t}$ oder $e^{-aP_t}$, und damit der Anteil Wirte, die mindestens einem Parasitoiden begegneten, $1 - e^{-aP_t}$. Die Anzahl parasitierter Wirte $H_a$ ist folglich:

$$H_a = H_t\left(1 - e^{-aP_t}\right)$$

Dies entspricht der Anzahl Parasitoide in der nächsten Generation:

$$P_{t+1} = H_t\left(1 - e^{-aP_t}\right)$$

Die Anzahl Wirte in der nächsten Generation hängt von der Anzahl Wirte ab, die nicht parasitiert werden ($H_t$–$H_a$), und der spezifischen Zuwachsrate der Wirte $r$:

$$H_{t+1} = e^r(H_t - H_a) = H_t\left(1 - e^{(r-aP_t)}\right)$$

Dieses Gleichungssystem ist bekannt als das **Nicholson-Bailey-Modell** für eine Wirt-Parasitoid-Beziehung (Nicholson und Bailey 1935). Ähnlich wie für das Lotka-Volterra-Modell für Räuber-Beute-Systeme gibt es für das Nicholson-Bailey-Modell einen Gleichgewichtszustand, aber auch dieser ist nicht stabil; bei kleinsten Störungen ergeben sich gekoppelte Zyklen, die immer stärker schwanken, bis beide Arten aussterben (**divergente Oszillationen**).

ren. Um die Dynamik genauer zu verstehen, tragen wir die Populationsschwankungen gegen die Zeit auf. Wir nehmen dabei an, dass ein Wechsel von einem Quadranten zum nächsten jeweils einem Zeitschritt entspricht. In Abbildung 4.34 sind die Populationsschwankungen von Räuber und Beute in der Zeit einmal aufgetragen. Wir erkennen, dass die Zyklen von Räuber und Beute phasenverschoben sind, und zwar hinkt der Räuberzyklus mit einer Phasenverschiebung von einer $^1/_4$ Periode hinter dem Beutezyklus her. Mit dieser einfachen graphischen Methode haben wir die wesentlichen Charakteristika des Lotka-Volterra-Systems herausarbeiten können, ohne dazu fortgeschrittenes mathematisches Handwerkszeug zu bemühen. Parasitoide, die ihren Wirt im Unterschied zu Räubern nicht gleich auffressen, haben eine etwas andere Populationsdynamik (Kasten 4.8).

Die Räuber-Beute-Zyklen des Lotka-Volterra-Modells weisen eine große Ähnlichkeit mit den **Zyklen** vieler natürlicher Räuber-Beute-Systeme auf. So wurden die Populationsschwankungen von Schneeschuhhase und Luchs lange Zeit auf ein sich selbst regulierendes Räuber-Beute-System zurückgeführt (Abschnitt 3.6.5). In natürlichen Systemen ist es allerdings nicht immer einfach, die genaue Ursache für die Zyklen zu ermitteln, denn verschiedene Phänomene können Zyklen verursachen. Beim Schneeschuhhasen-Luchs-System z. B. können auch Schwankungen in der Menge oder Qualität (Gehalt an sekundären Inhaltsstoffen, Abschnitt 4.5.2) der Nahrung der Hasen zu derartigen Schwankungen führen. In großangelegten Experimenten, in denen einerseits Räuber von manchen Parzellen ausgeschlossen wurden und andererseits den Hasen zusätzlich Futter angeboten wurde, hat sich herausgestellt, dass beide Faktoren, die Räuber und

die Nahrung, in der Regulation eine Rolle spielen (Krebs et al. 1995). In anderen Systemen, die zyklisches Verhalten aufweisen, konnten die Zyklen durch Ausschluss von Parasiten durch Antibiotika unterbrochen werden (z. B. beim Schottischen Moorschneehuhn *Lagopus lagopus scoticus* und dem parasitischen Nematoden *Trichostrongylus tenuis*; Hudson et al. 1998).

Das Lotka-Volterra-Modell stellt natürlich eine starke Vereinfachung der Realität dar und ist dadurch häufig nicht direkt geeignet, natürliche Räuber-Beute-Systeme zu beschreiben. Es dient allerdings auch heute noch fast immer als Ausgangspunkt für realistische Modelle zur Be-

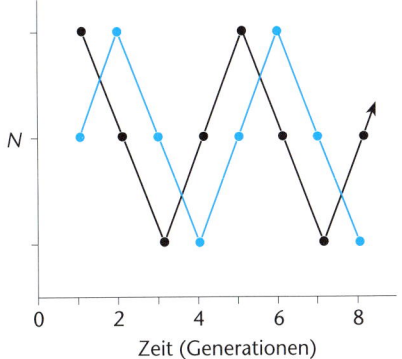

**Abb. 4.34:** Zeitserie der Räuber- und Beutepopulationen im Lotka-Volterra-Modell. Die Räuberpopulation (blau) hinkt der Beutepopulation (schwarz) mit einer Phasenverschiebung von einer $^1/_4$ Zyklusperiode hinterher.

schreibung natürlicher Systeme. Im Folgenden werden wir unser Modell fortschreitend realistischer gestalten und die Auswirkungen jeder Änderung herausarbeiten. Wir werden diese Anpassungen durch Veränderungen in der Form der Isoklinen vornehmen.

### Dichteabhängigkeit bei der Beute

Die Beutepopulation wird unter natürlichen Verhältnissen nicht unendlich weiterwachsen, sondern durch ihre Ressourcen auch in Abwesenheit der Räuber limitiert sein. Die Beuteisokline kann also nicht unendlich parallel zur Beuteachse verlaufen, sondern muss rechts abknicken und die x-Achse irgendwo schneiden. Der Schnittpunkt stellt die Umweltkapazität $K$ dar; unterhalb von $K$ wächst die Beutepopulation in Abwesenheit der Räuber, oberhalb sinkt sie. Dichteabhängigkeit bei der Beute kann verschiedene Formen annehmen.

Lineare Dichteabhängigkeit wird dargestellt, indem die Beuteisokline gerade zur x-Achse abfällt (Abbildung 4.35). Dies führt dazu, dass Räuber- und Beutepopulationen über **gedämpfte Oszillationen** einen stabilen Gleichgewichtszustand erreichen (Pfad A). Allerdings sind auch Startbedingungen (und daher auch Störungen) möglich, die zum Aussterben der Räuber (Pfad B) oder zum Aussterben der Beute (und damit auch der Räuber, Pfad C) führen. Ein derartiges System ist daher nicht global stabil.

Eine weitere Möglichkeit besteht darin, dass die Beute eine nichtlineare Dichteabhängigkeit zeigt. Dies wäre der Fall, wenn die Beute exponentiell anwachsen würde, bis ein externer Faktor ein Limit setzt, z. B. wenn Nistplätze begrenzend wären. Bei niedrigen Beutedichten würde die Beuteisokline parallel zur x-Achse verlaufen, um dann bei höheren Dichten mehr oder weniger abrupt abzuknicken (Abbildung 4.36). In solchen Fällen hängt die Dyna-

mik des Systems von der Lage der Räuberisokline relativ zur Beuteisokline ab. Bei einem effektiven Räuber, dessen Population schon bei geringen Beutedichten anwachsen kann, schneidet die Räuberisokline die Beuteisokline in deren dichteunabhängigem Bereich, in dem sie parallel zur x-Achse verläuft (Abbildung 4.36a). Dies führt zu einer ähnlichen Dynamik des Systems wie im ursprünglichen Lotka-Volterra-Modell, nämlich zu neutralen Zyklen, für Koordinaten, die relativ nahe um den Schnittpunkt der Isoklinen liegen (Pfad B). Weiter entfernte Startpunkte konvergieren auf demselben Zyklus unabhängig davon, wie weit außerhalb des Zyklus sie beginnen (Pfad A). (Anmerkung: Wenn man eine Isokline nicht im 45°-Winkel verlassen kann, dann fährt man auf der Isokline weiter, bis dies wieder möglich ist.) Diese Zyklen nennt man **stabile Grenzzyklen** (*stable limit cycles*). Bei weniger effektiven Räubern liegt der Schnittpunkt der Isoklinen im dichteabhängigen Bereich (Abbildung 4.36b). Startpunkte in der Nähe des Schnittpunktess führen über gedämpfte Oszillationen zu einem stabilen Gleichgewicht (Pfad A). Durch die Lage der Räuberisokline weit rechts gibt es allerdings viele Startpunkte, die zum Aussterben des Räubers führen (Pfade B, C). Ein ineffektiver Räuber, der eine recht hohe Beutedichte benötigt, damit seine Population wachsen kann, hat in diesem Fall also ein recht hohes Aussterberisiko.

Die dritte Möglichkeit, wie die Beute auf ihre eigene Populationsdichte reagieren kann, ist die inverse Dichteabhängigkeit oder der so genannte **Allee-Effekt** (Abschnitte 3.4.2 und 6.5.1.1). Dies bedeutet, dass die Beutepopulation bei niedrigen Populationsdichten schlechter wächst als bei hohen. Ursachen dafür können genetisch begründet (Anhäufung von Letalmutationen durch Inzucht), oder ökologischer Natur sein (z. B. Schwierigkeit, Fortpflanzungspartner zu finden). Wenn die Räuberisokline den dichteabhängigen Teil der Beuteisokline schneidet, sterben beide Populationen aus (Abbildung 4.36c).

Zusammengefasst kann man sagen, dass positive Dichteabhängigkeit bei der Beute stabilisierend wirkt, aber die Stabilität nicht global (für sämtliche Anfangsdichten der Räuber- und Beutepopulation), sondern nur lokal gilt. Die Räuber können einen stabilen Gleichgewichtszustand hervorrufen, aber nur, wenn die Räuberisokline den absteigenden Teil der Beuteisokline schneidet. Die Dichten der Räuber- und Beutepopulation sind dabei unabhängig von den Anfangsdichten. Weiterhin ist die Form der dichteabhängigen Beuteisokline wichtig. Letztlich wirkt inverse Dichteabhängigkeit bei der Beute (Allee-Effekt) destabilisierend.

### Dichteabhängigkeit beim Räuber

Ein oberes Limit für das Wachstum der Räuberpopulation mag z. B. durch Dichtestress (*crowding*) oder eine limitierte Anzahl Nistplätze gegeben sein. Eine lineare positive Dichteabhängigkeit beim Räuber kann durch innerartliche Konkurrenz hervorgerufen werden. Konkurrenz unter den Räubern führt unter Umständen dazu, dass die Räuberpopulation bei hohen Beutedichten nur wachsen kann,

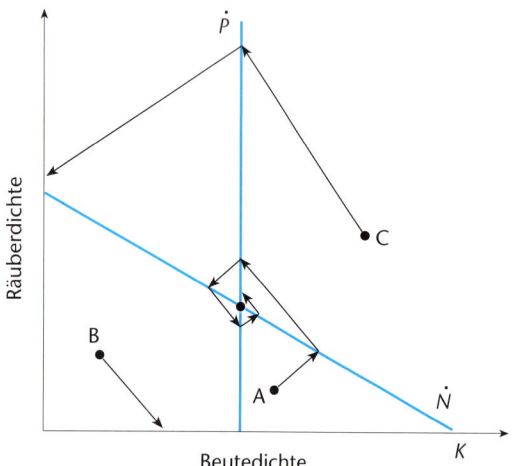

**Abb. 4.35:** Lineare Dichteabhängigkeit bei der Beute. Es entsteht ein stabiler Gleichgewichtszustand im Schnittpunkt der Isoklinen, der von vielen Anfangsdichten erreicht wird (z. B. A). Das Modell ist allerdings nicht global stabil; einige Anfangsdichten führen zum Aussterben vom Räuber (B) oder von Beute und Räuber (C).

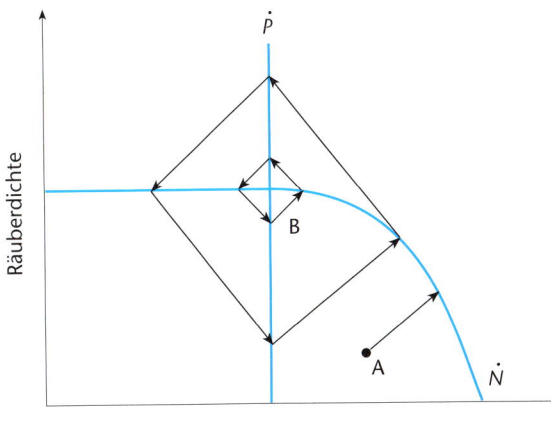

a

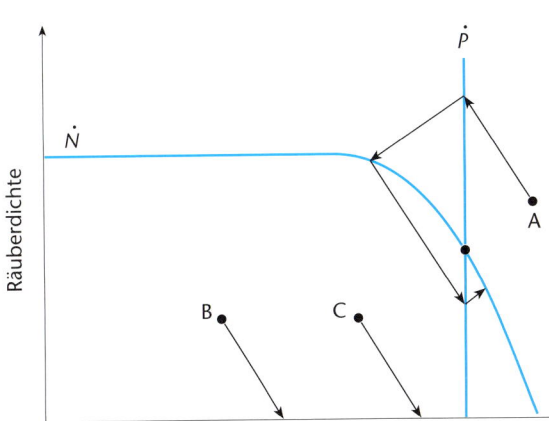

b

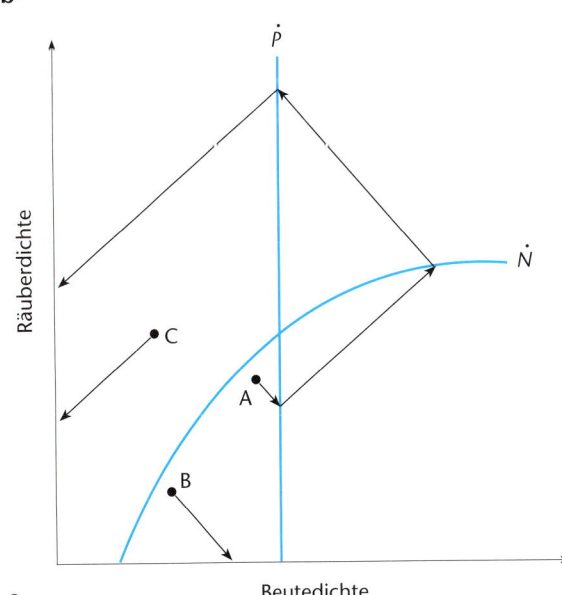

c

**Abb. 4.36:** Nichtlineare Dichteabhängigkeit bei der Beute. Die Dynamik hängt von der Art der Dichteabhängigkeit und der Interaktion mit der Räuberisokline ab. a), b) Abrupte positive Dichteabhängigkeit. Wenn die Räuberisokline den dichteunabhängigen Teil der Beuteisokline schneidet (a), ergeben sich neutrale Zyklen wie im ursprünglichen Lotka-Volterra-Modell (B) oder stabile Grenzzyklen (A). Schneidet sie den dichteabhängigen Teil (b), entsteht ein stabiler Gleichgewichtszustand (A). Allerdings führen viele Anfangsdichten zum Aussterben der Räuber (B, C). c) Inverse Dichteabhängigkeit (Allee-Effekt). Wenn die Räuberisokline den aufsteigenden Teil der Beuteisokline schneidet, entsteht ein instabiler Gleichgewichtszustand. Viele Anfangsdichten führen zum Aussterben (A–C).

stellen (Abbildung 4.37a). Ähnlich wie die positive lineare Dichteabhängigkeit bei der Beute kann dies zu einem stabilen Gleichgewicht führen (Pfad A). Auch hier gibt es wieder Anfangsdichten von Räuber- und Beutepopulationen, die zum Aussterben führen (Pfad B, C).

Eine nichtlineare positive Dichteabhängigkeit beim Räuber kann, ähnlich wie bei der Beute, z. B. durch eine limitierte Anzahl Nistplätze hervorgerufen werden. Auch diese Art der Dichteabhängigkeit führt vergleichbar mit nichtlinearer Dichteabhängigkeit der Beute zu stabilen Grenzzyklen oder neutralen Zyklen (Abbildung 4.37b). Im Unterschied zur nichtlinearen Dichteabhängigkeit der Beute führen hier beim Räuber geringere Anfangsdichten zum Aussterben.

Inverse Dichteabhängigkeit (Allee-Effekt) auf der Seite der Räuber wird im Phasendiagramm durch ein Abknicken der Räuberisokline im unteren Bereich nach rechts modelliert (Abbildung 4.37c). Im biologischen Sinn bedeutet dies, dass die Räuberpopulation bei geringen Dichten aussterben kann, obwohl ihre Beute häufig ist. Auch beim Räuber führt eine inverse Dichteabhängigkeit häufig zum Aussterben, destabilisiert also das System.

Zusammenfassend kann man sagen, dass positive Dichteabhängigkeit beim Räuber, genauso wie bei der Beute, stabilisierend wirkt und die Stabilität hier ebenfalls nicht global ist. Auch beim Räuber wirkt inverse Dichteabhängigkeit destabilisierend.

**Refugien**

Einfach formuliert gibt es ein Refugium für die Beute, wenn der Räuber die Beute nicht ausrotten kann. Refugien oder **feindfreie Räume** (Abschnitt 4.1.1) könne sehr vielgestaltig sein (Tabelle 4.6). Refugien der Beute werden im Phasendiagramm durch eine nach oben abbiegende Isokline dargestellt. Die Isokline der Beute verläuft dabei bei der niedrigsten Beutedichte, auf die die Population durch den Räuber reduziert werden kann, senkrecht nach oben (Abbildung 4.38a, b). Die Dynamik des Systems hängt von der Interaktion des Refugiums mit der Räuberisokline ab. Wenn das Refugium klein ist (d. h. die Beuteisokline bei kleinen Beutedichten schon nach oben abknickt) oder die Räuberpopulation erst bei recht hohen Beutedichten wachsen kann (die Räuberisokline also relativ weit rechts liegt), stirbt der Räuber häufig aus, weil bei kleinen, im Refugium überlebenden Beutedichten sich die Räuberpopulation nicht mehr erholen kann (Abbildung 4.38a). Hier stirbt der Räuber aus, und die Beute entkommt der Kontrolle. Wenn das Refugium aber groß ist,

wenn die Räuber selten sind, aber nicht, wenn sie häufig sind. In unserem Phasendiagramm können wir dies durch eine Drehung der Räuberisokline im Uhrzeigersinn dar-

**Abb. 4.37:** Dichteabhängigkeit beim Räuber. a) Lineare positive Dichteabhängigkeit. Dichteabhängigkeit bei der Räuberpopulation kann durch Drehen der Räuberisokline im Uhrzeigersinn modelliert werden. Es ergibt sich ein stabiler Gleichgewichtszustand im Schnittpunkt der Isoklinen, der von vielen Anfangsdichten erreicht wird (z. B. A). Auch dieses Modell ist nicht global stabil; einige Anfangsdichten führen zum Aussterben vom Räuber (B) oder von Beute und Räuber (C). b) Nichtlineare positive Dichteabhängigkeit. Wenn es eine Begrenzung der Anzahl Räuber z. B. durch die Anzahl Territorien im Habitat gibt, dann wird dies im Modell durch ein horizontales Abknicken der Räuberisokline dargestellt. Es entstehen stabile Grenzzyklen (A). Es gibt keinen stabilen Gleichgewichtspunkt und viele Anfangsdichten führen zum Aussterben. c) Inverse Dichteabhängigkeit (Allee-Effekt). Wenn die Räuber bei niedrigen Populationsdichten Schwierigkeiten in der Fortpflanzung haben, knickt die Räuberisokline im unteren Ende parallel zur x-Achse ab. Bei vielen Anfangsdichten (A, B) sterben die Räuber aus.

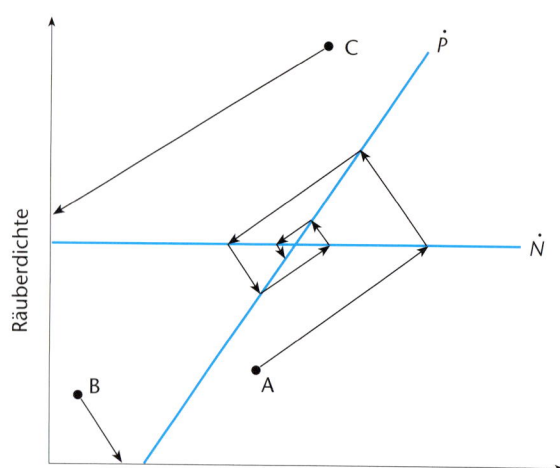

a

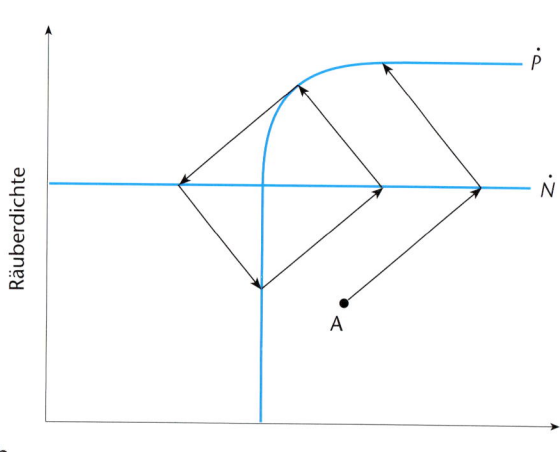

b

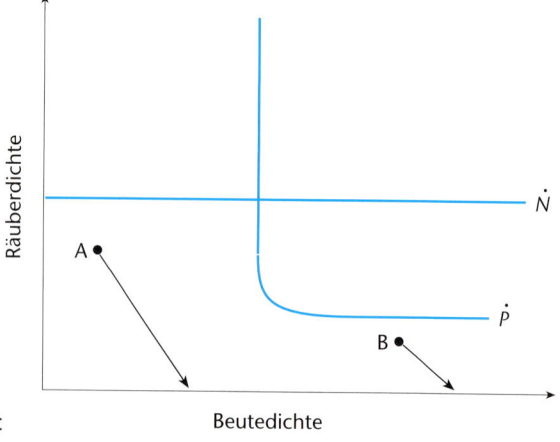

Beutedichte

c

die Räuberpopulation schon bei relativ kleinen Beutedichten wachsen kann oder die Beutepopulation bei hohen Räuberdichten immer noch wachsen kann (d. h. die Beuteisokline relativ hoch liegt), führt dies zu einer Stabilisierung des Systems (stabile Grenzzyklen) (Abbildung 4.38b). Ein Refugium allein für die Beute ist noch nicht ausreichend, um Räuber-Beute-Systeme global zu stabilisieren, d. h. es existiert immer noch die Möglichkeit, dass Räuber oder Beute aussterben.

Auch die Räuber können ein Refugium haben, d. h. die Räuber können auch bei niedrigen Beutedichten nicht aussterben, z. B. wenn die Räuberpopulation konstant durch Zuwanderung von außerhalb ergänzt wird. In diesem Fall schneidet die Räuberisokline auch bei niedrigen Beutedichten nie die x-Achse, sondern knickt vorher nach links ab. Wenn beide, Räuber und Beute, ein Refugium haben, ist das System global stabil (Abbildung 4.38c).

### Kombinationen

Je nach dem betrachteten Räuber-Beute-System trifft die eine oder andere der in diesem Abschnitt besprochenen Eigenschaften der beiden Kontrahenten zu. Die speziellen biologischen Eigenschaften lassen sich in den Isoklinen kombinieren. So können für ein spezielles Räuber-Beute-System mit Hilfe der hier dargestellten Phasendiagramme durch Kombinationen und durch die Form und Lage der Isoklinen Vorhersagen für dessen Eigenschaften und dessen dynamisches Verhalten gemacht werden. Abbildung 4.39 zeigt z. B. ein System, in dem Räuber und Beute sowohl ein Refugium als auch eine lineare Dichteabhängigkeit zeigen. Man erkennt, dass dieses Räuber-Beute-System global stabil ist.

### 4.5.1.3 Mehrere Beutearten: Apparente Konkurrenz

Bisher haben wir immer von Systemen gesprochen, in denen ein Räuber nur eine Beuteart frisst. Bei den Generalisten in Abschnitt 4.5.1.2 haben wir den Einfluss anderer Beutearten ignoriert. Was passiert, wenn ein Räuber mehrere Beutearten als Nahrungsquelle nutzt? Nehmen wir an,

wir haben zwei Beutearten A und B. Beide Arten werden durch einen gemeinsamen Räuber geschädigt. Wenn er Beuteart A frisst, wächst die Population des Räubers, und dadurch hat der Räuber einen verstärkten negativen Einfluss nicht nur auf Art A, sondern auch auf Art B. Umge-

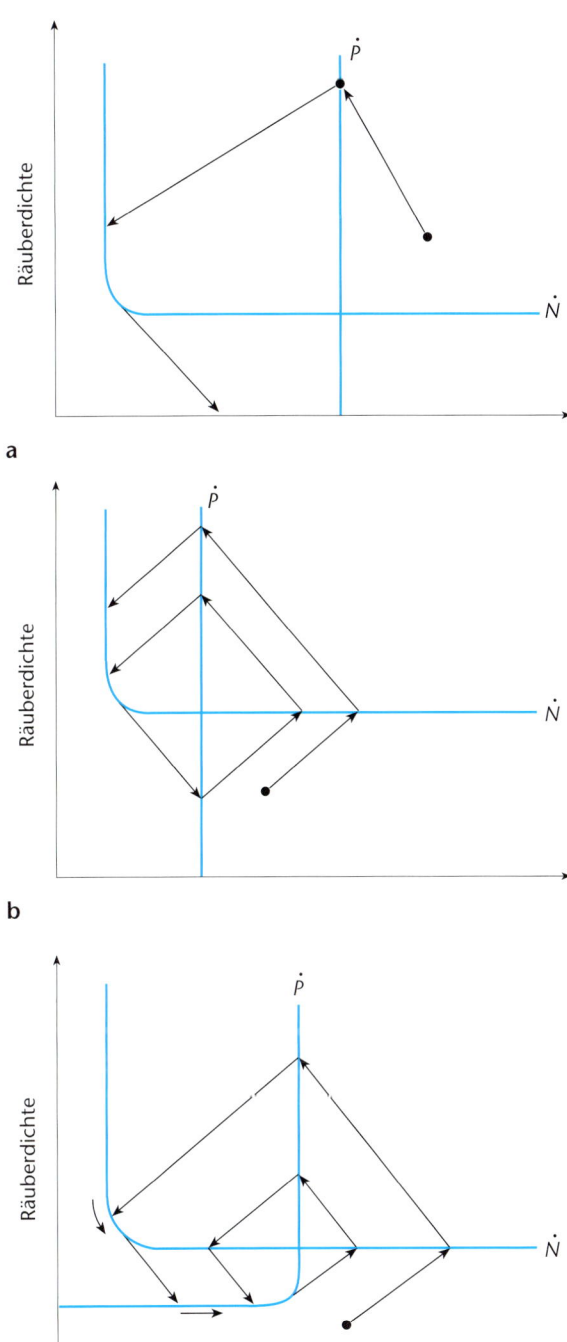

a

b

c

Beutedichte

**Abb. 4.38:** Dynamik von Refugien. a), b) Für die Beute liegt ein Refugium vor, wenn die Population nicht aussterben kann, auch wenn der Räuber hohe Dichten erreicht. Dies wird im Phasendiagramm durch das Hochbiegen der Beuteisokline bei niedrigen Beutedichten parallel zur y-Achse erreicht. Die Dynamik hängt von der Größe des Refugiums (der Lage des vertikalen Teils der Beuteisokline) und der Position der Räuberisokline ab. a) Wenn das Refugium klein ist (der vertikale Teil der Beuteisokline nahe an der y-Achse liegt) und der Räuber eine hohe Beutedichte benötigt, damit seine Population anwachsen kann (d. h. die Räuberisokline weit rechts liegt), resultiert dies häufig im Aussterben des Räubers. b) Ist das Refugium größer und kommt der Räuber mit geringeren Beutedichten für sein Populationswachstum aus, erhalten wir stabile Grenzzyklen. c) Gibt es auch für den Räuber ein Refugium (z. B. wenn die Räuberpopulation durch stetige Zuwanderung von außen ergänzt wird), erhalten wir ein global stabiles Räuber-Beute-System.

Weil in diesem Fall nicht um eine limitierende Ressource konkurriert wird, bezeichnet man sie als **apparente Konkurrenz** oder **Konkurrenz um feindfreien Raum**. Die ökologischen Konsequenzen gemeinsamer natürlicher Feinde werden ausführlich von Holt und Lawton (1994) diskutiert. Eines der wenigen Beispiele für apparente Konkurrenz bei herbivoren Insekten bringen Müller und Godfray (1997). Sie konnten zeigen, dass Blattlauspopulationen auf Brennnesseln, die neben blattlausreichen Grasflächen standen, stärker von Marienkäfern reduziert wurden als Brennnesselblattläuse, die neben Grasflächen mit nur wenigen Blattlauskolonien lebten (Abbildung 4.40).

Häufig ist die Interaktion nicht symmetrisch, d. h. der negative Effekt ist nicht gleich groß auf beide Beutearten. Dies liegt in erster Linie daran, dass der Räuber eine der Beutearten der anderen als Nahrung vorzieht. Wenn beide Beutearten vom Räuber nicht gleich gern gefressen werden, wird bei hoher Populationsdichte der weniger gern gefressenen Beute (Art A) der Räuber diese trotzdem so häufig fressen, dass die Räuberpopulation hoch gehalten

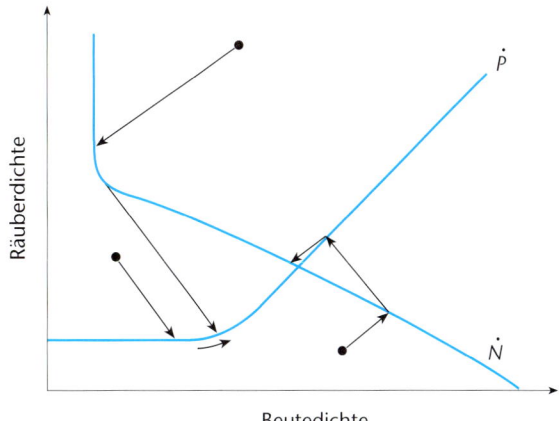

Beutedichte

**Abb. 4.39:** Global stabile Räuber-Beute-Dynamik. Sowohl der Räuber als auch die Beute besitzen Refugien und zeigen lineare positive Dichteabhängigkeit. Dies resultiert in einem global stabilen Gleichgewichtszustand, d. h. unabhängig von den Anfangsdichten strebt das System dem Schnittpunkt der Isoklinen zu.

kehrt, wenn seine Abundanz zunimmt, weil er Beuteart B frisst, übt er einen verstärkten negativen Einfluss auf Art A aus. Je höher also die Abundanz einer Beuteart, desto stärker ist ihr negativer indirekter Einfluss auf die andere Beuteart. Während der Räuber beiden Beutearten gegenüber eine trophische Beziehung (+,–) ausübt, haben beide Beutearten untereinander indirekt über ihren gemeinsamen Räuber eine wechselseitig negative Beziehung (–,–), die unserem Schema nach als Konkurrenz einzustufen ist.

**Tab. 4.6:** Refugien (feindfreie Räume), die der Beute ein Entkommen vor ihren Feinden ermöglichen. Nach Crawley (1992).

| Art des Refugiums | Beispiel |
|---|---|
| Verstecke | Schlupflöcher im Boden, in Ritzen der Borke |
| unerreichbares Mikrohabitat | Länge des Eiablagestachels (Ovipositor) bei Schlupfwespen |
| Habitatwahl | unvollständiges Überlappen der Habitate von Räuber und Beute |
| Wahl des Mikrohabitats | unterschiedliche Ausnutzung der verschiedenen Teile einer Wirtspflanze von Räuber und Beute |
| Verhalten des Räubers | Aggregation der Räuber in Plätzen von hoher Wirtsdichte |
| Beutewahl des Räubers | Spezialisierung auf momentan häufige Beute |
| Verhalten der Beute | Ausweichen vor Räubern, Gruppenleben |
| Morphologie der Beute | Tarnung (Krypsis) |
| Vielgestaltigkeit der Beute (Polymorphismus) | Schwierigkeit des Räubers, Beute mit abweichender Färbung zu erkennen |
| elterliche Fürsorge | nur eine limitierte Anzahl Junge kann effektiv geschützt werden |
| Phänologie | unvollständiges Überlappen des zeitlichen Vorkommens von Räuber und Beute |
| unterschiedliche Mobilität | mobile Beute, stationärer Räuber |
| andere trophische Ebenen | Räuber werden durch ihre eigenen Feinde reduziert |
| Effekte der Wirtspflanze | Fehlen von Stoffen, die Räuber anlocken, Vorhandensein von Stoffen, die Räuber abschrecken |
| Fehlen von alternativer Beute | geringe Räuberdichte |

wird, und so die bevorzugte Beuteart (Art B) stark dezimieren. Dies kann so weit gehen, dass die vom Räuber bevorzugte Beuteart B auf einem sehr niedrigen Niveau gehalten wird oder sogar ausstirbt. In diesem Beispiel erleidet die vom Räuber weniger gern gefressene Beuteart A weniger Einbußen als die bevorzugte Art B. Wenn die zwei Beutearten untereinander noch zusätzlich um eine begrenzte Ressource konkurrieren, kann dies sogar so weit gehen, dass die weniger bevorzugte Beuteart von der Anwesenheit des Räubers profitiert, weil dieser sie von ihrem Konkurrenten befreit (*predator induced competitor release*). Eine trophische Interaktion (+,–) kann sich in diesem Fall zu einer mutualistischen (+,+) wandeln. So wird z. B. die Verdrängung der einheimischen Zwergzikade *Erythroneura elegantula* (Cicadellidae) in kalifornischen Weinbergen durch die invasive Schwesternart *E. variabilis* der Präferenz des gemeinsamen Eiparasitoiden *Anagrus epos* (Mymaridae) für die einheimische Wirtsart und damit der apparenten Konkurrenz zwischen den Zwergzikaden zugeschrieben (Hambäck und Björkman 2002).

Die Tatsache, dass zwei Arten nicht nur über ihre Ressource, sondern auch über ihre natürlichen Feinde konkurrieren können, macht die Interpretation vieler Konkurrenzexperimente im Freiland noch schwieriger (Abschnitt 4.4.1), weil die Mechanismen, die zu der Konkurrenzsituation geführt haben, nicht aus dem Ergebnis, dass Konkurrenz zwischen den Arten besteht, herausgelesen werden kann. Wenn nach dem Ausschluss des einen Konkurrenten die Population des anderen zunimmt, lässt sich daraus nicht schließen, dass beide um eine limitierte Ressource konkurriert haben; auch gemeinsame Feinde können ein solches Ergebnis hervorrufen.

Am Schluss sollte noch angemerkt werden, dass apparente Konkurrenz natürlich nicht nur für echte Räuber, sondern allgemein für trophische Interaktionen gilt, also auch für andere natürliche Feinde eines Organismus (z. B. Pathogene, Parasitoide).

### 4.5.1.4 Mehrere Räuber: *Intraguild predation*

Wenn zwei Räuber dieselbe Beute nutzen, gehören sie derselben Gilde an (Abschnitt 5.3.1). Wenn zusätzlich der eine aber noch den anderen fressen kann, spricht man von Prädation innerhalb derselben Gilde oder, treffender, von **intraguild predation**. Da der eine der beiden Räuber dabei Nahrung von zwei verschiedenen trophischen Ebenen bezieht, klassifizieren wir ihn als **Omnivoren** (Abschnitt 4.2.5). Ähnlich wie bei der apparenten Konkurrenz spielt bei dieser Dreierbeziehung nicht nur die trophische Interaktion eine Rolle, sondern zusätzlich haben wir es noch mit einer Konkurrenzsituation zu tun. Die Beute als Ressource ist damit der Hintergrund, auf dem sich die trophische Interaktion zwischen mittlerem oder Meso-Räuber (*intermediate predator, mesopredator*) und dem Spitzenräuber (*top predator*) abspielt.

Omnivorie führt in theoretischen Modellen häufig zum Aussterben, wirkt also destabilisierend (Pimm und Lawton 1978). Trotzdem gibt es in der Natur viele Beispiele für Omnivorie. Diese Diskrepanz zwischen theoretischer Erwartung und Praxis ist noch nicht geklärt. Ein möglicher Ansatz hierfür wäre, dass natürliche Systeme und Nahrungsnetze nicht streng in trophische Ebenen gegliedert sind (Polis und Strong 1996; Abschnitt 4.7.3). Damit *intraguild predation* zu einer stabilen Interaktion führt, muss der mittlere Räuber dem Spitzenräuber in der Ausbeutung der gemeinsamen Ressource überlegen sein, er ist der überlegene Konkurrent (Holt und Polis 1997).

*Intraguild predation* ist nah verwandt zu anderen Drei-Arten-Interaktionen wie Ausbeutungskonkurrenz und apparenter Konkurrenz (Abbildung 4.41). Ein Wechsel von

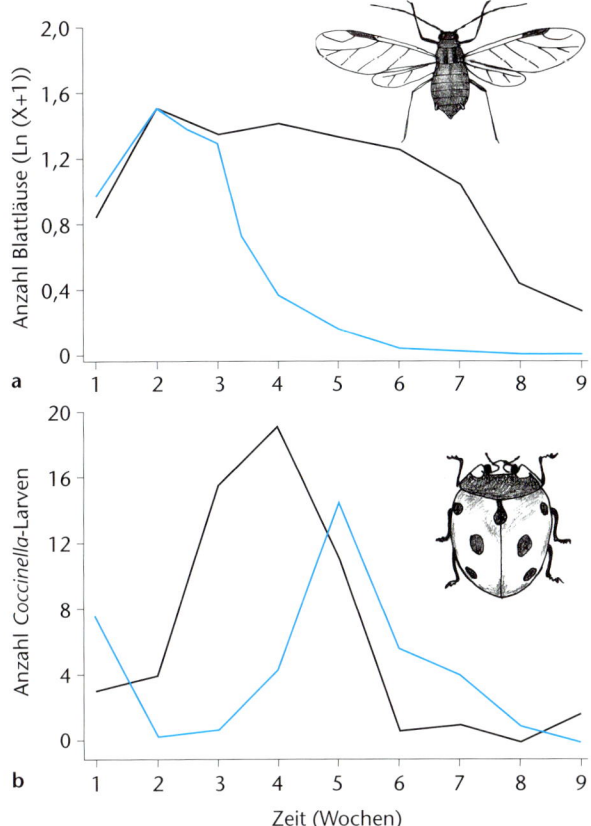

a

b

Zeit (Wochen)

**Abb. 4.40:** Apparente Konkurrenz. a) Kolonien einer Blattlausart (*Microlophium carnosum*) auf Brennnesseln, die neben blattlausreichen Grasflächen standen (blaue Linie), wurden stärker von Marienkäfern (*Coccinella septempunctata*) reduziert als Blattlauskolonien, die sich neben Grasflächen mit nur wenigen Blattlauskolonien betanden (schwarze Linie). b) Dies lag daran, dass mehr Marienkäfer auf den Pflanzen neben den blattlausreichen Flächen vorhanden waren (schwarze Linie) als neben den blattlausarmen Flächen (blaue Linie). Nach Müller und Godfray (1997).

der einen Art der Interaktion zur anderen kann über die Produktivität des Systems und damit über die Menge der zur Verfügung stehenden Ressource geschehen. Wenn die Ressource selten ist (geringe Produktivität), ist die Konkurrenz der Räuber um die Ressource entscheidender als die trophische Interaktion. Somit stirbt der Spitzenräuber möglicherweise aus, weil er in der Konkurrenz um die Ressource dem mittleren Räuber unterlegen ist. In diesem Fall kann es nur Koexistenz zwischen den Räubern geben, wenn zwischen ihnen Nischendifferenzierung oder Ressourcenaufteilung existiert (Abschnitt 4.4.1). Bei hoher Produktivität des Systems spielt die Konkurrenz zwischen den Räubern eine untergeordnete Rolle, denn die gemeinsame Ressource ist häufig, die trophische Interaktion wird also wichtiger. In diesem Fall kann der mittlere Räuber infolge apparenter Konkurrenz mit der Ressource aussterben. Diese Vorhersagen wurden in mikrobiellen Modellsystemen mit zwei verschiedenen Linien von *Escherichia coli*, die sich in ihrer Konkurrenzfähigkeit und ihrer Resis-

tenz gegenüber Räubern unterschieden, sowie einem Bakteriophagen als Spitzenräuber gezeigt (Bohannan und Lenski 2000). Auch wenn es sich hierbei nicht um ein Beispiel von *intraguild predation* handelt, sind die gleichen Mechanismen am Werk.

Die Beutedichte bestimmt nicht nur die Art der Interaktion, sondern sie wird auch durch die Wechselwirkung der Räuber untereinander mitbestimmt. Der Effekt, den die Räuber aufeinander ausüben, kann ein erhöhtes Prädationsrisiko für die Beute bedeuten, wenn die Räuber gegenseitig ihre Effizienz steigern, mit der sie die Beute ausnutzen können (synergistische Prädation, Abschnitt 4.4.2). Dieses ist allerdings eher selten der Fall. Häufiger wird die trophische Interaktion dazu führen, dass sich die Räuber gegenseitig in ihrer Effizienz einschränken und so den Prädationsdruck auf die Beute verringern (*predator induced prey release*).

Damit *intraguild predation* starke, d. h. biologisch bedeutende Effekte in Nahrungsnetzen auslösen kann, sollten sich die Räuber in Plätzen hoher Beutedichte aggregieren. Dies ist in natürlichen Systemen nicht immer der Fall. So trifft dies bei Blattläusen und ihren natürlichen Feinden nur für echte Räuber zu, aber nicht für Parasitoide und Pathogene (Müller und Brodeur 2002). Tatsächlich findet man in Blattlaussystemen lediglich bei echten Räubern starke indirekte Interaktionen (apparente Konkurrenz, *intraguild predation*), aber kaum bei den beiden anderen Gruppen. Ein Grund dafür mag sein, dass andere natürliche Feinde entweder zu artenarm (Pathogene) oder zu spezialisiert sind (Parasitoide), als dass indirekte Interaktionen zwischen den Arten eine entscheidende Rolle spielen.

Die Konsequenzen von *intraguild predation* können in der biologischen Schädlingskontrolle (Abschnitt 6.4.3.2) sehr wichtig sein. In der biologischen Schädlingskontrolle werden häufig mehrere Agenten (also Arten, die den Schädling kontrollieren sollen) gleichzeitig eingesetzt

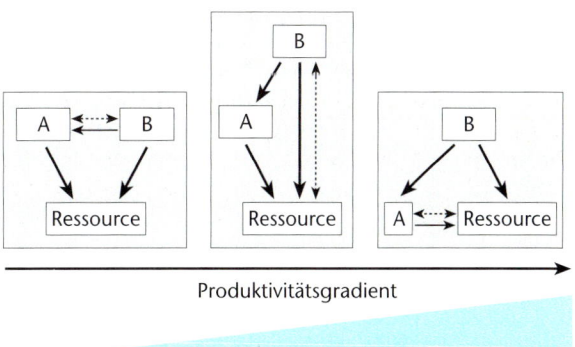

Produktivitätsgradient

**Abb. 4.41:** Wechsel von Ausbeutungskonkurrenz (zwei Konsumenten konkurrieren um dieselbe Ressource) über *intraguild predation* (zwei Konsumenten konkurrieren um dieselbe Ressource, aber stehen zusätzlich noch in einer trophischen Beziehung) zu apparenter Konkurrenz (zwei Ressourcenarten teilen denselben Konsumenten) entlang eines Produktivitätsgradienten. Der mittlere Räuber A wechselt seine trophische Position entlang des Produktivitätsgradienten. Die Stärke der Pfeile gibt die relative Stärke der Interaktion an, durchgezogene Pfeile stehen für direkte, gestrichelte Pfeile für indirekte Interaktionen. Nach Müller und Brodeur (2002).

(z.B. Schlupfwespen und Marienkäfer gegen Blattläuse). Wenn nun der eine Agent nicht nur den Schädling, sondern auch den anderen Agenten frisst, dann haben wir einen Fall von *intraguild predation*. Dabei kann der Spitzenräuber die Effektivität des mittleren Räubers einschränken und so eine erfolgreiche biologische Kontrolle verhindern. Im obigen Beispiel fressen die Marienkäfer nicht nur gesunde, sondern auch bereits parasitierte Blattläuse. Tatsächlich findet man, dass bei echten Räubern *intraguild predation* häufig zu einer schlechteren Kontrolle des Schadorganismus führt, bei Pathogenen und Parasitoiden hingegen ist der Einfluss auf die Kontrolle weniger stark (Rosenheim et al. 1995). Bei der Entscheidung, welche Agenten gegen einen Schadorganismus eingesetzt werden sollen, ist daher eine mögliche *intraguild predation* zwischen den Agenten zu berücksichtigen, denn nach einer Freilassung der Agenten sind derartige Fehlentscheidungen nur in Ausnahmefällen noch zu korrigieren. Das Produktivitätsmodell sagt voraus, dass eher eine Kombination von mittleren Räubern gegen einen Schadorganismus eingesetzt werden sollte, weil sie ihre Ressource (den Schädling) besser ausnutzen als Räuber höherer Ordnung.

Auch im Artenschutz (Abschnitt 6.5.4.1) kann *intraguild predation* eine entscheidende Rolle spielen. Wenn ein Spitzenräuber aus einem Nahrungsnetz herausfällt (ausstirbt), führt das unter Umständen dazu, dass der mittlere Räuber der alleinige Räuber einer gemeinsam genutzten Beuteart wird (*mesopredator release*) und diese in der Folge derart stark schädigt, dass die Beute an den Rand des Aussterbens gedrängt wird. Dies wäre ein Beispiel für eine **trophische Kaskadenreaktion** (Abschnitt 4.7.2). So sind die Hauptprädatoren des in Neuseeland endemischen flugunfähigen Papageis *Strigops habroptilus* auf einigen Inseln Ratten und verwilderte Hauskatzen, die im Zuge der Kolonisierung vom Menschen dort eingeführt wurden. Die Katzen bilden hohe Populationsdichten, indem sie sich in erster Linie von Ratten ernähren. Die Ratten sind in diesem System die mittleren Räuber, die die Hauptbeute der Katzen darstellen, aber auch die Papageienpopulation schädigen, indem sie Nester ausrauben. Anstrengungen, die Katzenpopulation auszurotten, wurden wieder eingestellt, weil gezeigt werden konnte, dass die Papageien aussterben würden, wenn nicht gleichzeitig auch die Ratten ausgerottet würden (Zavaleta et al. 2001). Wenn also *intraguild predation* erwünscht ist, sagt das Produktivitätsmodell voraus, dass eine genügende Produktivität des Systems gewährleistet sein muss, damit genügend Ressourcen vorhanden sind, dass sich ein Spitzenräuber überhaupt halten kann.

## 4.5.2 Herbivoren und Pflanzen

Herbivoren verhalten sich häufig eher wie Parasiten und weniger wie Räuber, indem sie ein einziges Pflanzenindividuum befressen, dies aber in der Regel nicht töten. In manchen Fällen ähneln Herbivoren allerdings eher Räubern und verzehren die befressenen Pflanzenindividuen mehr oder weniger vollständig. Dies ist z.B. bei Samen-

fressern der Fall, denn jeder Samen ist ein Pflanzenindividuum. Auch Keimlinge sterben häufig, wenn sie befressen werden. Eine eigene Kategorie bilden die Weidegänger. Hierunter werden Herbivorenarten zusammengefasst, die mehrere Pflanzenindividuen befressen, diese dabei aber nicht so stark schädigen, dass die Pflanzen sterben. Wenn die meisten Herbivoren sowieso anderen trophischen Kategorien ähneln, warum dann ein eigenes Kapitel über Herbivoren-Pflanzen-Beziehungen? Wichtige Unterschiede zu tierischen Räuber- oder Parasitensystemen bestehen darin, dass Pflanzen durch ihren modularen Aufbau (Abschnitt 2.1.2.4) den Schaden durch Herbivoren häufig kompensieren und dass pflanzliche Nahrung im Gegensatz zu tierischer sehr viel heterogener ist. Insbesondere können Pflanzen sowohl die Menge (durch kompensatorisches Wachstum) als auch die Qualität (z.B. durch induzierte Abwehr) der Nahrung nach einem Befall durch Herbivoren verändern und damit Wachstum, Reproduktion und Überleben der Herbivorenpopulation beeinflussen.

### 4.5.2.1 Auswirkungen auf die Pflanze

Generell werden Pflanzen, wenn sie nicht getötet werden (Herbivore = Räuber), durch Herbivorenfraß geschädigt (Herbivore = Parasit, Weidegänger). Dies äußert sich in einem geringeren Wachstum oder einer verringerten Reproduktion. Herbivorie führt bei der Pflanze zu einem Verlust an Biomasse. Da sowohl Wachstum als auch Reproduktion in der Regel proportional zur Pflanzengröße sind, wird schon allein über den Biomasseverlust die Pflanze geschädigt. Der Verlust von photosynthetisch aktivem Gewebe, insbesondere der Verlust von Blattfläche, führt zu einer Reduktion der Nettophotosyntheserate. Von Herbivoren befressene Pflanzen erleiden also einen Nachteil, indem sie über eine reduzierte Photosynthese weniger Biomasse für das Sprosswachstum assimilieren können und so Schwierigkeiten haben, im Kampf um Licht mit den sie umgebenden Konkurrenten Schritt zu halten. Der tatsächliche Schaden für die Pflanze geht aber häufig noch über den bloßen Verlust an Biomasse hinaus (Zangerl et al. 2002). In vielen Experimenten, in denen z.B. Blattverlust durch Herbivoren durch mechanisches Entfernen der gleichen Menge Blattmaterial mit einer Schere simuliert wurde, hat sich gezeigt, dass der Schaden durch Herbivorenfraß auf die Pflanzen stärker war als der simulierte. Dies kann unter anderem damit zusammen hängen, dass beim Fraß durch Herbivoren die Pflanze auch physiologisch durch Sekretabsonderungen (Speichel) beeinträchtigt wird. Im Speichel vieler Herbivoren befinden sich Substanzen, die bei Pflanzen die Produktion von Stoffen zur induzierten Abwehr auslösen. Die dafür benötigten Energie- und Stoffreserven stehen den Pflanzen dann nicht für Wachstum oder Reproduktion zur Verfügung.

Das Ausmaß der Schädigung einer Pflanze durch Herbivoren hängt von vielen Faktoren ab, als Erstes von der Herbivorendichte. Je mehr Herbivoren an einer Pflanze fressen, desto größer ist der Schaden. Der bestimmende Faktor ist hierbei die **Fraßintensität**. Die Fraßintensität erhöht sich auch, wenn die Herbivoren länger fressen

(Fraßdauer) oder häufiger die Pflanze befallen (Fraßhäufigkeit). Größere Herbivoren fressen in der Regel mehr als kleinere und können ebenfalls die Fraßintensität erhöhen. Auch der **Zeitpunkt des Fraßes** kann das Ausmaß des Schadens mitbestimmen. Wenn ein Spross während des frühen Wachstums befallen wird, kann die Pflanze den Schaden oft noch vor der Blüte kompensieren, und die Auswirkungen auf die Samenproduktion sind gering. Wenn der gleiche Spross allerdings kurz vor der Blüte geschädigt wird, wird dieser Spross unter Umständen nicht mehr in der Lage sein, Samen zu produzieren. Eng verknüpft mit dem Zeitpunkt des Herbivorenbefalls sind die Größe der Pflanze und das **Alter der Pflanzenorgane**. Bei einem frühen Herbivorenbefall ist die Pflanze noch klein und ein Herbivore entfernt einen relativ größeren Anteil Biomasse als zu einem späteren Zeitpunkt und übt damit eine größere Fraßintensität aus. Blätter, die zu einem frühen Zeitpunkt von Herbivoren gefressen werden, sind noch relativ jung und damit auch viel wertvoller, sowohl für die Pflanze als auch für den Herbivoren. Die jüngsten Blätter befinden sich immer an der Spitze von Sprossen, sind damit direkt dem Licht ausgesetzt und haben daher eine höhere Photosyntheserate als ältere Blätter, die sich tiefer in der Vegetation befinden und von anderen Blättern beschattet werden. Das Entfernen eines jungen Blattes verursacht bei der Pflanze deshalb einen größeren Schaden als das Entfernen desselben Blattes zu einem späteren Zeitpunkt. Junge Blätter haben einen höheren Stickstoffgehalt als ältere und enthalten auch noch nicht so viele unverdauliche Fasern und Bitterstoffe. Junge Blätter sind daher häufig das bevorzugte Ziel von Herbivoren.

Auch das von Herbivorie **betroffene Pflanzenorgan** bestimmt das Ausmaß des Schadens mit. Häufig sind es verschiedene Herbivoren, die die verschiedenen Organe einer Pflanze befallen. So kann man auch sagen, dass die **Herbivorenart** das Schadensausmaß mitbestimmt. Bei der Goldrute (*Solidago altissima*) z. B. richtet die Schaumzikade *Philaenus spumarius*, die das Xylem anzapft, den größten Schaden an, der blattfressende Käfer *Trirhabda* sp. mittleren Schaden und die Phloem saugende Blattlaus *Uroleucon caligatum* den geringsten Schaden (Meyer 1993). Durch den Herbivorenfraß wurden die gesamte Blattmasse, die gesamte Blattfläche und die Wurzelmasse reduziert. Zusätzlich reduzierte die Schaumzikade die Anzahl der Apikalknospen und die der Seitensprosse sowie die Stängelmasse. Der Mechanismus des Schadens, den die Herbivoren anrichteten, lief in erster Linie über eine reduzierte Blattfläche im Verhältnis zur Blattmasse. Den von Herbivoren befallenen Pflanzen stand also eine relativ kleinere Blattfläche für die Photosynthese zur Verfügung, was im Endeffekt dazu führte, dass sie auch absolut gesehen weniger Biomasse assimilieren konnten.

Ein wichtiger Punkt, der durch dieses Beispiel unterstrichen wird, ist, dass die Auswirkungen von Herbivorenfraß nicht allein am Fraßort der Herbivoren auftritt. Durch Herbivorie werden Wachstumsprozesse in der ganzen Pflanze betroffen. Eine generelle Regel scheint dabei zu sein, dass Sprossfraß das Wurzelwachstum reduziert und umgekehrt

(Crawley 1997). Durch Stoffumlagerungsprozesse innerhalb der Pflanze kann es auch zu einer Veränderung in den Proportionen zwischen den Organen einer Pflanze (**Allometrie**) kommen. Eine der häufigsten Veränderungen ist das Verhältnis unterirdischer zu oberirdischer Biomasse (*root-shoot ratio*). Auch die Wuchsform der Pflanze kann durch Herbivoren verändert werden. Dies geschieht in der Regel durch Eingriffe in den Hormonhaushalt der Pflanze. In den Wachstumsbereichen einer Pflanze, den **Apikalmeristemen**, die zumindest bei den zweikeimblättrigen Pflanzen (Dikotyledonen) in der Nähe der Sprossspitze liegen, wird das Pflanzenhormon **Auxin** produziert und in die weiter unten gelegenen (proximalen) Pflanzenteile transportiert. Auxin unterdrückt das Wachstum ruhender Knospen, was dazu führt, dass der längste Spross in der Regel auch das stärkste Wachstum zeigt und damit auch der längste Spross bleibt (**Apikaldominanz**). Pflanzen mit intaktem Apikalmeristem sind in der Regel schlank und hoch, mit wenigen Verzweigungen. Der Sinn der Apikaldominanz für die Pflanze besteht darin, dass die Pflanzen während des Wachstums in erster Linie in Höhe investieren und damit im Wettlauf mit ihren Nachbarn um den Zugang zu Licht konkurrenzfähig bleiben. Wenn das Apikalmeristem z. B. durch Herbivoren entfernt wird, fangen die Pflanzen an, aus ruhenden Knospen Seitentriebe auszubilden. Solche Pflanzen nehmen eine buschige Gestalt an. Dies machen sich auch Gärtner zu Nutze, indem sie z. B. Petunien den Haupttrieb kürzen, damit das Apikalmeristem entfernen, und sie so in die gewünschte buschige Wuchsform bringen.

Es gibt auch Fälle, in denen Pflanzen durch Herbivorenbefall in mancher Hinsicht eine bessere Performance zeigen als ohne Herbivoren. Der **Blattflächenindex** (*leaf area index*; LAI) beschreibt das Verhältnis der gesamten Blattoberfläche eines Bestands zur gesamten Bestandsgrundfläche ($m^2$ pro $m^2$). Bei Pflanzen mit einem hohen Blattflächenindex werden einige der inneren Blätter durch Blätter an der Oberfläche beschattet. Dies kann so weit gehen, dass die Produktivität der Pflanze (Assimilation minus Respiration) bei hohem Blattflächenindex sinkt, weil die beschatteten Blätter mehr Kohlenhydrate veratmen, als sie über die Photosynthese fixieren (Abbildung 4.42). Wenn Herbivoren in solch einem Fall einen Teil der Blattfläche entfernen, ist es möglich, dass dadurch die Produktivität der Pflanze sogar gesteigert wird.

Die Auswirkungen von Herbivorie hängen auch von der Produktivität der Pflanzen ab. Langsam wachsende Pflanzen sind in einem geringeren Umfang in der Lage, die Biomasseverluste durch Herbivorenfraß zu kompensieren, sollten also generell einen größeren Schaden erleiden. Auch das Habitat bestimmt über die Verfügbarkeit von Nährstoffen die Pflanzenproduktivität mit. Pflanzen, die in sehr nährstoffarmen (unproduktiven) Habitaten wachsen, haben eine geringere Wahrscheinlichkeit, von Herbivoren befallen zu werden, als Pflanzen der gleichen Art, die in produktiven Habitaten wachsen. Das liegt einerseits daran, dass Pflanzen, die gut mit Nährstoffen versorgt sind, eine höhere Futterqualität haben als Pflanzen, die

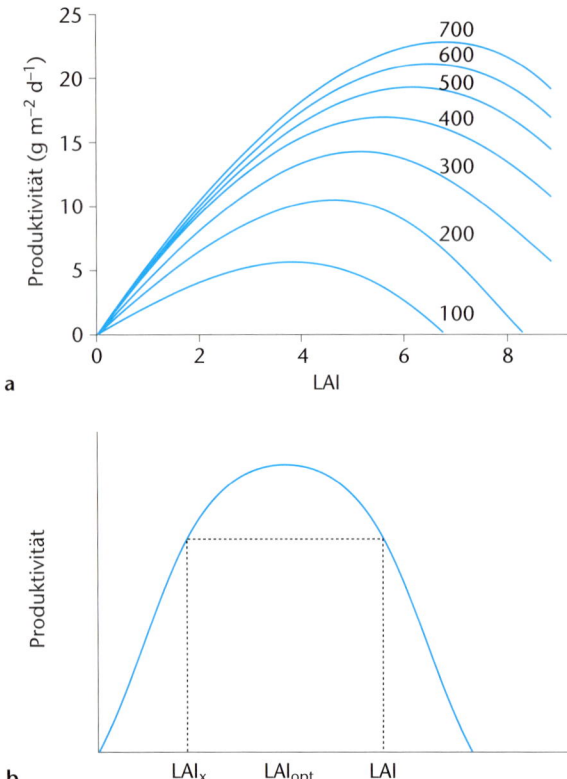

**Abb. 4.42:** a) Die Nettoproduktivität beim Erdklee (*Trifolium subterraneum*) ist eine Funktion des Blattflächenindex (LAI). Die optimale Produktivität hängt von der Intensität des einfallenden Lichts (J cm$^{-2}$ d$^{-1}$) ab, weil bei hoher Intensität ein größerer Teil des Lichtes bis zu den bodennahen Blättern vordringt. b) Bei Blattflächenindices, die über der optimalen Produktivität liegen, kann eine Reduktion der Blattfläche (kleinerer LAI) durch Herbivore daher zu einer Steigerung der Produktivität führen. Nach Black (1964).

unter Nahrungsstress stehen, und andererseits daran, dass Habitate mit hoher Primärproduktivität auch höhere Herbivorenpopulationen unterhalten können. Auf dem Niveau von Ökosystemen führt dies zur **Fretwell-Oksanen-Hypothese** (*ecosystem exploitation hypothesis*), die besagt, dass der Einfluss von Herbivoren systematisch mit der Produktivität des Ökosystems variiert (Abbildung 4.43). Herbivorie sollte in sehr unproduktiven Systemen einen geringen Einfluss haben, der dann mit der Primärproduktivität ansteigt. Diese Systeme werden von ihren Ressourcen reguliert (*bottom-up*). In Systemen mit hoher Produktivität sinkt dann der Einfluss von Herbivoren wieder, weil diese Systeme in der Lage sind, große Populationen höherer trophischer Ebenen zu unterhalten, die die Herbivorenpopulationen in geringen Dichten halten (*top-down*; Oksanen et al. 1981). In Ökosystemen geringerer Produktivität spielt der Einfluss höherer trophischer Ebenen kaum eine Rolle, sodass die Herbivorenpopulationen hier durch ihre Nahrung limitiert werden und einen entsprechend großen Einfluss auf die Pflanzen ausüben.

## 4.5.2.2 Reaktion der Pflanzen

Wenn Pflanzen von Herbivoren befressen werden, sterben sie in der Regel nicht (gleich) ab. Pflanzen haben somit die Möglichkeit, auf Herbivorenfraß zu reagieren und den angerichteten Schaden zu verringern. Diese Fähigkeit zur Kompensation wird **Toleranz** genannt und kann in unterschiedlichem Maß ausgeprägt sein. Pflanzen können aber auch im Verlauf der Evolution Mechanismen erworben haben, die die Präferenz oder Performance von Herbivoren herabsetzen. Derartige Mechanismen werden unter **Resistenz** zusammengefasst. Jede Eigenschaft der Pflanze, die ihre Fitness in Anwesenheit von Herbivoren erhöht, verstehen wir als **Verteidigung**. Zur Verteidigung zählen also sowohl Toleranz von als auch Resistenz gegenüber Herbivoren.

### Toleranz: Kompensation, Überkompensation

Pflanzen kompensieren den Schaden durch Herbivoren auf unterschiedliche Weise. Der Nettoeffekt von einfachem oder wiederholtem Herbivorenfraß auf das kumulative Wachstum von Pflanzen über das Jahr hinweg kann Null, negativ oder sogar positiv sein. Dies hängt von der Pflanzenart, der Verfügbarkeit der verbleibenden photosynthetisch aktiven Blattfläche, der Anzahl Meristeme/Knospen, der Menge gespeicherter Nährstoffe, dem Gehalt verfügbarer Nährstoffe im Boden und der Häufigkeit und Intensität der Herbivorie ab.

Die meisten Pflanzen reichern während des Wachstums Kohlenhydrate als Nährstoffspeicher an. Diese werden zum Aufbau von neuen Pflanzenorganen nach dem Verlust von Biomasse durch Herbivoren oder andere Störungen (Feuer, Wind, Frost, Hitze, Tritt) mobilisiert. Auch die

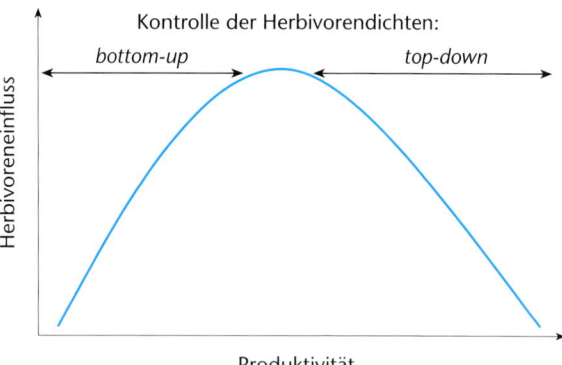

**Abb. 4.43:** Das Fretwell-Oksanen-Modell. Der Einfluss von Herbivoren variiert systematisch mit der Produktivität des Ökosystems. In natürlichen Ökosystemen wird der maximale Einfluss von Herbivoren in relativ unproduktiven Ökosystemen zu erwarten sein, in denen Räuber und Parasiten in zu geringen Dichten auftreten, als dass sie die Herbivorenpopulationen limitieren könnten (*bottom-up*). In Ökosystemen, in denen Carnivoren reduziert wurden oder ausgestorben sind, können Herbivoren auch bei höherer Produktivität einen nachhaltigen Einfluss auf die Pflanzenpopulationen ausüben.

Verfügbarkeit und Aktivierung von Knospen und ruhenden Meristemen spielen eine wichtige Rolle bei der Kompensation von Fraßschäden. Die Sensibilität, mit der Knospen nach einem Fraßereignis aktiviert werden, hängt von der Häufigkeit der zu erwartenden Herbivorie ab. Wenn eine Pflanze mit hoher Wahrscheinlichkeit nur einmal befressen wird und die Herbivoren danach weiterziehen (wandernde Herden von Weidegängern, z. B. Bisons oder Wanderheuschrecken), wird die natürliche Auslese Knospen mit einer hohen Sensibilität fördern. Wenn Herbivorie allerdings wiederholt auftritt, sollte die Aktivierung der Knospen zurückhaltender geschehen, um bei erneutem Herbivorenschaden weiteres Potenzial zur Kompensation zu haben. Pflanzen produzieren in der Regel auch weitaus mehr Blüten, als sie jemals in der Lage wären, bis zur Samenreife mit den nötigen Proteinen und Kohlenhydraten zu versorgen. Früchte, die nicht zur Reife gebracht werden, verkümmern und werden schließlich vorzeitig und gezielt abgeworfen. Dies eröffnet ein großes Potenzial zur Kompensation von Samenverlusten, die durch Herbivoren vor dem Samenstreuen hervorgerufen wurden. Viele Pflanzen werfen gezielt vor der Samenreife Früchte ab, die von Herbivoren geschädigt sind, und investieren ihre Reserven verstärkt in ungeschädigte Früchte. Im eigenen Garten kann man z. B. häufig selbst beobachten, dass Äpfel, die Raupen des Apfelwicklers (*Cydia pomonella*) enthalten, kleiner sind und früher abgeworfen werden als gesunde Äpfel. Diese Art der Kompensation ist allerdings nur zu erwarten, wenn der Fruchtansatz nicht durch Bestäubung limitiert ist.

Bei Gräsern wird häufig beobachtet, dass befressene Triebe eine höhere relative Wachstumsrate haben als unbefressene. Dies kann bis zur vollständigen Wiederherstellung der verlorenen Biomasse führen (Abbildung 4.44). Kompensation für verlorene oberirdische Biomasse geschieht in der Regel auf Kosten der unterirdisch in den Wurzeln gespeicherten Reserven, die ansonsten für die Produktion von Samen verwendet würde. Häufiges Abweiden von Gräsern kann deren Wurzelwachstum limitieren, was zu einer verminderten Wasser- und Nährstoffaufnahme aus dem Boden führt. Bei wiederholtem intensiven Herbivorenfraß ist die Fähigkeit zur Kompensation stark herabgesetzt, und sogar die Mortalität kann sich erhöhen.

Herbivorie kann unter Umständen auch die Jahresproduktivität von befressenen Pflanzen gegenüber unbefressenen steigern (Abbildung 4.44). Dies ist insbesondere der Fall bei ausdauernden Gräsern, die nur mäßig von Weidegängern befressen werden. Im Allgemeinen ist im Hochsommer die Biomasse von beweideten Grasflächen zwar kleiner als die von unbeweideten, aber über das Jahr summiert ist die Produktivität von beweideten Flächen höher als die von unbeweideten Flächen. Die unbeweideten Gräser bilden Blüten aus, und die oberirdischen Pflanzenteile sterben danach ab. Durch die Beweidung wird die Blüte der Gräser verhindert, die Pflanzen verbleiben in der vegetativen Phase, und ihre oberirdischen Teile sterben daher nicht ab.

Ganze Ökosysteme, wie z. B. die großen Grassteppen in Nordamerika und Afrika, werden durch das Zusammenspiel von ausdauernden Gräsern und den großen Herden von Weidegängern geschaffen. Durch die Beweidung wird auch bei Gräsern die Apikaldominanz gebrochen und so die Bildung von Seitentrieben an der Pflanzenbasis induziert; statt in die Höhe wächst das Gras nun stärker in die Breite. Durch die Fähigkeit zur vegetativen Vermehrung sind die Gräser in der Lage, Pflanzen, denen diese Fähigkeit fehlt (in erster Linie zweikeimblättrige Kräuter und Holzgewächse), unter dem Beweidungsdruck durch die Herbivoren zu verdrängen. Dies ist auch für die Weidegänger von Vorteil, denn außer einer gesteigerten Produktivität hat das nachwachsende Futter einen höheren Anteil an Stickstoff, der für viele Herbivoren limitierend ist, und ist wegen eines geringeren Anteils an Fasern leichter verdaulich. Der Ausdruck **Herbivoren-Optimierungs-Hypothese** (*herbivore optimization hypothesis*), der in diesem Zusammenhang oft genannt wird, ist eigentlich unangebracht, weil er impliziert, dass die Herbivoren eine optimale Produktivität anstreben und ihre Ressource umsichtig nutzen würden (*prudent predator*). Dies ist natürlich nicht der Fall, wie Beispiele von Überweidung bei zu hohen Beständen von Weidegängern zeigen.

Herbivoren können unter Umständen auch die Überlebenswahrscheinlichkeit von Pflanzen erhöhen. Kräuter, die einen zweijährigen Lebenszyklus haben, produzieren im ersten Jahr eine Rosette, die im zweiten Jahr einen Spross treibt, der blüht und Samen produziert. Nach der Samenreife stirbt die Pflanze ab. Herbivoren, die diese Blüte verhindern, indem sie entweder das Rosettenwachstum so stark reduzieren, dass die Rosette keinen Spross treibt, oder sie den Blütenspross derart befressen, dass dieser nicht blüht, erhalten die Pflanze so länger am Leben. Wenn das Jakobskreuzkraut (*Senecio jacobaea*) von Raupen des Karminbären (*Tyria jacobaeae*) befressen wird, sodass die Sprosse nicht blühen, überleben die Pflanzen über vier Jahre, während ihre unbefressenen Nachbarn bereits nach zwei Jahren tot sind (Gillman und Crawley 1990).

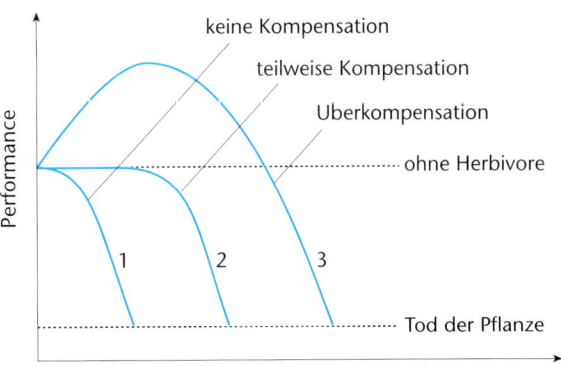

**Abb. 4.44:** Reaktionsnormen von Pflanzen auf Herbivorenfraß. Mit ansteigender Intensität des Herbivorenfraßes zeigen Pflanzen folgende Reaktionen: (1) stetiger Abfall der Nettoprimärproduktion, (2) Pflanzen kompensieren den durch Herbivorie angerichteten Schaden vollständig bis zu einem Schwellenwert, ab dem die Produktivität abfällt oder (3) Pflanzen zeigen eine vermehrte Produktivität bei niedrigem Fraßdruck. Es ist zu beachten, dass die y-Achse Nettoproduktion oder Performance und nicht Fitness im Darwin'schen Sinne anzeigt. Nach Crawley (1997).

Eine erhöhte Produktivität oder ein gesteigertes Überleben ist noch nicht gleichbedeutend mit einer erhöhten Fitness. Eine Fitnesssteigerung durch Herbivorie (**Überkompensation**; *overcompensation*) verlangt, dass der Anteil Nachkommen in der nächsten Generation bei befressenen Pflanzen höher ist als bei unbefressenen. Tatsächlich gibt es Beispiele, die zeigen, dass befressene Pflanzen mehr Samen produzieren als unbefressene. Pflanzen, deren Apikaldominanz durch Herbivoren gebrochen wird, bilden Seitensprosse aus, die jeweils Blüten und Samen produzieren. Eine befressene Pflanze kann auf diese Weise mehr Samen produzieren als eine unbefressene. Damit dies auch im Feld geschehen kann, muss die Pflanze allerdings allein stehen, d. h. ohne Nachbarpflanzen, die den sich entwickelnden Seitensprossen das Licht nehmen würden. Eines der wenigen überzeugenden Beispiele für Überkompensation stammt vom Feldenzian (*Gentianella campestris*), der in Schweden häufig der Herbivorie durch Großsäugerherden ausgesetzt ist. Pflanzen, die von Weidegängern (verwilderten Pferden) befressen werden, bilden mehrere Seitensprosse aus und produzieren so mehr Samen als unbefressene (Lennartsson et al. 1997).

In diesem Zusammenhang wird auch diskutiert, ob einmalige Herbivorie als Signal von der Pflanze benutzt wird, das anzeigt, dass die Gefahr weiterer Herbivorie gering ist, weil die Herbivorenherden weitergezogen sind. Die Pflanzen entwickeln anfangs nur einen geringen Teil ihrer Sprosse. Nachdem diese von Herbivoren abgefressen sind, bilden sie den Großteil ihrer Sprosse und damit auch den Großteil ihrer Samenanlagen aus. Diese Art der Überkompensation kann also als eine evolutive Anpassung an unvorhersehbare, aber einmalige Herbivorie angesehen werden (Agrawal 2000); der Zeitpunkt des Herdenzugs ist sehr variabel, aber das Ereignis an sich ist ziemlich sicher. Dies trifft auf manche Großsäugerherden zu, die saisonale Wanderungen durchführen (z. B. Bisons, die über die Prärien Nordamerikas wandern). Wenn die Herden vorübergezogen sind, ist die Gefahr weiterer Herbivorie gering, und die Pflanze kann gefahrlos ihre Samen ausbilden. Sie entkommt dem Schaden durch Herbivoren zeitlich durch verzögertes Blühen (Abbildung 4.45).

## Resistenz: Abwehr von Herbivoren

Während Toleranz nicht die Intensität von Herbivorenfraß reduziert, sondern nur den entstandenen Schaden mehr oder minder auffängt, sorgen Resistenzmechanismen dafür, dass die Pflanzen weniger befallen werden. Resistenz setzt daher entweder die Präferenz von Herbivoren für die Pflanze herab oder reduziert deren Performance, wenn Herbivoren die Pflanze dennoch befressen. Wie wir schon in Abschnitt 4.2.3 gesehen haben, stellen Pflanzen wegen ihres geringen Stickstoffgehalts eine ungünstige Nahrungsgrundlage für Herbivoren dar. Pflanzen enthalten jedoch auch eine Vielzahl von Substanzen, die für die meisten Herbivoren unverdaulich sind, wie z. B. Cellulose und Lignin (der Holzbaustoff). Diese Substanzen dienen der Pflanze in erster Linie als Stützgewebe, spielen aber auch

als Verteidigung gegen Herbivoren eine Rolle. Die meisten Herbivoren zeigen eine ausgeprägte Präferenz für zarte, junge Gewebe, die nur wenig Holz- und Faserstoffe enthalten, und lassen die verholzten Pflanzen oder Pflanzenteile stehen. Ebenso haben viele Pflanzengewebe einen geringeren Wassergehalt als Herbivore und können daher schlechter verwertet werden. Die Hauptgründe, weshalb Pflanzengewebe für Herbivoren ungünstige Verhältnisse dieser drei Inhaltsstoffgruppen (Stickstoff, Fasern und Wasser) haben, liegen primär weniger in der Abwehr von Herbivoren als in der Art und Weise, wie Pflanzen wachsen. Pflanzen enthalten relativ wenig Stickstoff, weil Stickstoff in der Umgebung von Pflanzen Mangelware ist. Stützgewebe dienen den Pflanzen zum Höhen- und Breitenwachstum, um sich in der Konkurrenz mit anderen Pflanzen ihren Platz an der Sonne zu sichern. Der niedrige Wassergehalt von z. B. Holz ist ein Nebeneffekt des hohen Anteils an Stützgewebe. Trotzdem ist der Nebeneffekt, den diese Pflanzeneigenschaften auf Herbivoren haben, stark.

Pflanzen haben allerdings auch spezielle Eigenschaften entwickelt, die eigens der Abwehr von Herbivoren dienen. Viele Pflanzen tragen auf ihrer Oberfläche Strukturen wie Stacheln, Dornen oder Härchen (Trichome), die Herbivoren den Zugang zu den essbaren Pflanzenteilen erschweren (**mechanische Abwehr**). Nach der Größe dieser Strukturen ist ersichtlich, gegen welche Tiergruppen die Abwehr gerichtet ist. In der Regel sind Dornen und Stacheln gegen Großherbivoren (Säugetiere) wirksam, während Trichome gegen kleinere Herbivoren (Insekten, Milben, Schnecken) gerichtet sind. Pflanzen produzieren auch eine Vielzahl chemischer Substanzen, die zur Abwehr von Herbivoren dienen (**chemische Abwehr**; Abschnitt 4.2.3). Da diese Substanzen nicht dem Primärstoffwechsel der Pflanze dienen (Wachstum, Transport, Fortpflanzung), werden sie als sekundäre pflanzliche Inhaltsstoffe zusammengefasst. Je nach ihrer Funktion können diese Stoffe als Gifte (Toxine), abstoßende (Repellents) oder verdauungshemmende Substanzen eingeteilt werden. Während Toxine in der Regel schon in geringen Mengen wirken und damit eine **qualitative Verteidigung** darstellen, hängt die Wirkung von Repellents und verdauungshemmenden Substanzen von deren Konzentration ab. Diese Stoffe bilden daher eine **quantitative Verteidigung** (Tabelle 4.7).

Nicht alle sekundären Inhaltsstoffe dienen der Verteidigung gegen Herbivoren. Die Funktion von vielen Stoffen ist umstritten. Pflanzen produzieren vermehrt sekundäre Inhaltsstoffe, wenn sie von Herbivoren befressen werden (siehe unten). Viele dieser Metabolite sind auch in andere Funktionen als der Abwehr von Herbivoren eingebunden, z. B. in Wundverschluss und -heilung, kompensatorisches Wachstum und in die Rekonfiguration von verbleibenden Geweben, um ein balanciertes Wachstum wiederzuerlangen (Roda und Baldwin 2003).

Stoffe, die negative Effekte auf das Wachstum, die Entwicklung, die Reproduktion oder das Überleben von Herbivoren haben, werden als Toxine aufgefasst. Pflanzen produzieren eine Fülle verschiedenster Toxine (Kasten 4.4). Der Wirkungsmechanismus mancher Toxine ist gut untersucht. Beispielsweise zerstören Saponine die Zell-

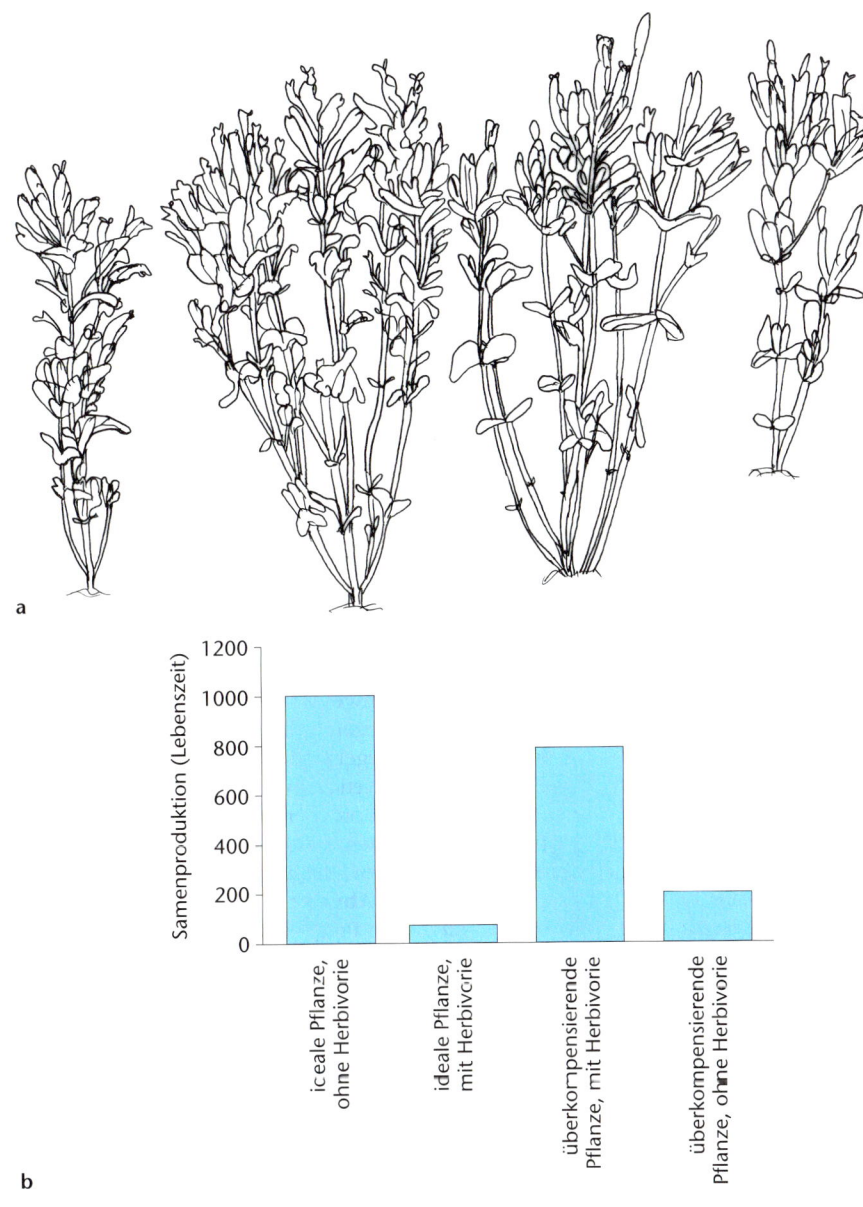

membran, Cyanwasserstoff (HCN), der aus cyanogenen Glykosiden (Abbildung 4.46) freigesetzt wird, blockiert die Zellatmung, und Cardenolide sind spezifische Inhibitoren der $Na^+/K^+$-ATPase. Der Wirkungsmechanismus einiger anderer Toxine hingegen ist noch unbekannt.

## Kosten von Verteidigung

Alle bisher besprochenen Verteidigungsmechanismen von Pflanzen gegen Herbivoren (Toleranz und Resistenz) sind mit Kosten für die Pflanze verbunden. Wäre dies nicht der Fall, würde die Selektion diejenigen Pflanzen bevorzugen, die am stärksten verteidigt werden und wir würden in der Natur nur maximal verteidigte Pflanzen finden. Dies ist

nicht der Fall; es gibt eine große Variabilität in der Ausprägung von Verteidigungsmechanismen zwischen Pflanzenindividuen und Populationen. Da Pflanzen (wie andere Lebewesen auch) ihre begrenzten Ressourcen in Wachstum, Fortpflanzung und Verteidigung einteilen müssen, sollten sie in Abwesenheit von Herbivoren kostbare Ressourcen eher in Fortpflanzung oder Wachstum investieren, um ihre Fitness zu erhöhen.

Es müssen zwei Arten von Kosten unterschieden werden (Strauss et al. 2002): **Direkte Kosten** entstehen, wenn der Pflanze eine Investition in Verteidigungsmaßnahmen direkt schadet. Viele Toxine z.B. sind nicht nur für Herbivoren sondern auch für die Pflanze selbst giftig

**Tab. 4.7:** Vergleich von qualitativer und quantitativer chemischer Verteidigung bei Pflanzen gegen Herbivoren.

| | qualitativ | quantitativ |
|---|---|---|
| chemische Stoffe | Toxine | Bitterstoffe, Verdauungshemmer |
| Konzentration in der Pflanze | klein: 1 % des Trockengewichts | groß: 5–10 % des Trockengewichts |
| Wirkung | wirkt bereits in kleinsten Konzentrationen maximal | Dosis ist proportional zur Wirkung |
| Molekülgröße | kleine Moleküle | große Moleküle |
| Wirkungsmechanismus | Hemmung von Enzymen | physikalisch, z. B. Bindung von Eiweißen |
| Wirkungsort | Membran, Rezeptoren | Magen-Darm-Trakt |
| Gegenmaßnahmen der Herbivoren | Detoxifikation | meist schwierig |
| Beispiele | Digitoxin, Pyrethrum, cyanogene Glykoside | Tannine, Lignin, Terpene, Harze |

(**Autotoxizität**). Dies zwingt die Pflanze, diese Produkte auf eine Art zu synthetisieren und zu speichern, ohne sich selbst dabei zu vergiften. Eine Strategie ist, die Toxine in Form von inaktiven (d. h. ungiftigen) Vorstufen zu speichern, die erst bei Herbivorenbefall aktiviert werden. Diese Vorstufen werden dann z. B. in anderen Zellen gespeichert als die aktivierenden Enzyme. Wenn die Pflanze verletzt wird, reißen die Zellen auf und die Enzyme wandeln die Vorstufen in die aktiven Toxine um. Die Pflanzenordnung der Capparales (Senfartigen) ist z. B. dafür bekannt, dass sie die Glucosinolate in anderen Zellen als das aktivierende Enzym, die Thioglucosidase-Myrosinase, speichert. Beispielsweise enthalten die schwefelreichen S-Zellen, die zwischen Phloem und Endodermis liegen, bei *Arabidopsis thaliana* hohe Konzentrationen von Glucosinolaten, während das Enzym Myrosinase in benachbarten Phloemparenchymzellen gelagert wird (Abbildung 4.47a). Wenn das Gewebe beschädigt wird, kommen Substrat und Enzym miteinander in Kontakt. Das Glucosinolat wird irreversibel zum instabilen Aglycon hydrolisiert, welches sich zu einer Reihe biologisch aktiver Substanzen rearrangiert (Isothiocyanat und Nitril; Abbildung 4.47b).

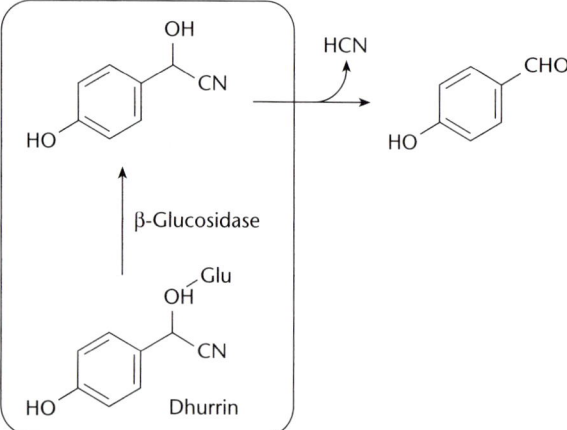

**Abb. 4.46:** Das cyanogene Glycosid Dhurrin als Beispiel für ein konstitutives Pflanzentoxin setzt nach Abspaltung des Zuckers durch Hydrolyse das Zellgift Cyanwasserstoff (HCN) frei. Nach Wittstock und Gershenzon (2002).

Eine weitere Form der direkten Kosten stellen die **Kosten einer verpassten Gelegenheit** dar (*lost opportunity costs*). Wenn z. B. eine Pflanze in einem frühen Wachstumsstadium stark in ihre Verteidigung investiert, können ihre Pflanzennachbarn, die dies nicht tun, durch verstärktes Wachstum die Pflanze überwachsen und beschatten, sodass ihr der Zugang zum Licht genommen wird. Durch die starke asymmetrische Konkurrenz in Pflanzenpopulationen (Abschnitt 4.3) holen beschattete Pflanzenindividuen solche Nachteile im Verlauf des Wachstums in der Regel nicht wieder auf. Wenn also die Pflanzenpopulation während der Wachstumsperiode nicht von Herbivoren befallen wird, erleidet eine Pflanze, die früh in Verteidigung investiert, einen Fitnessnachteil.

**Indirekte** oder **ökologische Kosten** von Verteidigung entstehen durch Interaktionen mit anderen Arten. Verteidigungsmaßnahmen können z. B. die Pflanze für Mutualisten weniger attraktiv machen (Heil 2002). Sekundäre Inhaltsstoffe der Pflanze können neben den Feinden der Pflanze (Herbivoren) auch ihre Freunde, wie Blütenbesucher, Samenverbreiter oder Räuber und Parasitoide der Herbivoren abschrecken. Einige spezialisierte Herbivoren nutzen sogar den Geruch dieser sekundären Inhaltsstoffe der Pflanze aus, um ihre Wirte zu lokalisieren (Kairomone; Abschnitt 5.2.3.2), oder lagern giftige Substanzen der Pflanzen in ihrem Körper ein (Sequestrierung), um sich damit selbst gegen ihre Feinde zu schützen. Ein weiteres Beispiel wäre, wenn Ameisen, die von den extrafloralen Nektarien einer Pflanze angelockt werden und somit eine indirekte Resistenz der Pflanze darstellen, neben den Herbivoren auch andere potenzielle Verteidiger der Pflanze (Spinnen, Parasitoide) vertreiben, sodass die Pflanze im Endeffekt weniger verteidigt ist als ohne Ameisen.

**Verteidigungsstrategien: Plastische Pflanzenreaktionen**

Herbivorenbefall ist sehr variabel. Für einzelne Pflanzenindividuen ist nicht von vornherein sicher, ob und wann sie von Herbivoren befallen werden. Die meisten Pflanzen können darüber hinaus noch Opfer verschiedener Herbivorenarten werden, die jeweils unterschiedliche Muster in Raum und Zeit aufweisen und auch verschiedene Pflanzenorgane befallen. Da Verteidigungsmaßnahmen kost-

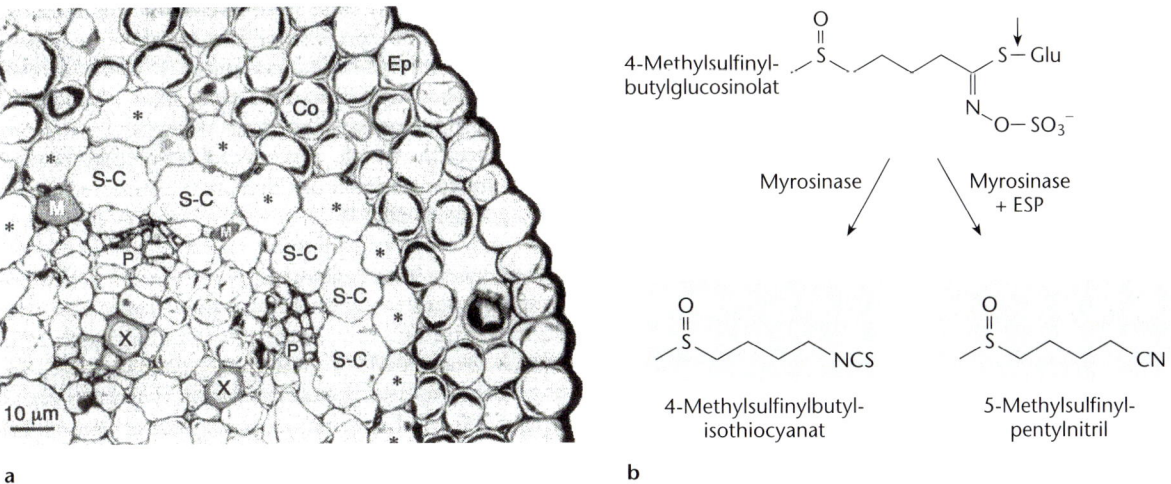

a                                                                                            b

**Abb. 4.47:** Vermeidung von Autotoxizität. a) Kompartimentierung von Glucosinolat in schwefelhaltigen Zellen (S-C) und des akti-vierenden Enzyms Myrosinase in benachbarten Zellen (M) bei *Arabidopsis thaliana*. b) Bei Gewebeverletzungen entsteht aus dem Glucosinolat durch das Enzym giftiges Isothiocyanat. Nach Wittstock und Gershenzon (2002).

spielig sind, ist eine permanente oder **konstitutive Ver-teidigung** nicht immer die beste Strategie (d. h. sie kann zu Einbußen in der Fitness gegenüber benachbarten Pflan-zenindividuen führen). Da Pflanzen ebenso wie Tiere das Potenzial haben, auf Veränderungen in ihrer Umwelt zu reagieren, können sie auch komplexere und angepasstere Verteidigungsmaßnahmen gegen Herbivoren ergreifen. Pflanzen können z. B. ihre Resistenzmechanismen nur dann anschalten, wenn sie erwarten, dass es sich lohnt (um es einmal anthropomorph auszudrücken), also wenn sie einen äußeren Reiz bekommen, dass ein starker Herbi-vorenbefall bevorsteht. Ein solcher Mechanismus wird **in-duzierte Resistenz** genannt. Damit induzierte Resistenz einen Vorteil für die Pflanze gegenüber konstitutiver oder auch gar keiner Resistenz darstellt, muss die Pflanze durch Informationen aus ihrer Umwelt das Risiko von zukünfti-gem Herbivorenbefall möglichst korrekt abschätzen kön-nen (Karban et al. 1999; Abschnitt 5.2.3).

Am weitesten verbreitet und bis heute auch am besten untersucht ist der Fall, dass Pflanzen einen Befall mit Her-bivoren in der frühen Phase ihrer Entwicklung als Indiz für ein hohes Risiko späteren Herbivorenbefalls nehmen und daher ihre Resistenz erhöhen. In aquatischen Ökosyste-men, in denen Kairomone (Abschnitt 5.2.3.2) ein Indiz für die Anwesenheit von Räubern, Herbivoren und ihrer Beu-te sind, verlegen manche Algen ihre Fortpflanzung in Zei-ten geringer Herbivorendichte, sodass die reproduktiven Strukturen ein geringes Risiko haben, befressen zu werden (Hansson 1996). In diesem Fall wird das Risiko von Herbi-vorie durch die An- bzw. Abwesenheit von Herbivoren ohne direkten Kontakt mit der Pflanze vermittelt. Auch die Anwesenheit von Feinden der Herbivoren kann Pflan-zen als Indiz für ein geringes Risiko von Herbivorenfraß dienen. Wenn z. B. Ameisen die Fruchtkörper von Amei-senpflanzen entfernen oder den Nektar aus extrafloralen Nektarien fressen, können die Pflanzen auch dies als Indiz

nehmen, dass sie gut gegen Herbivore verteidigt sind und dementsprechend ein geringes Risiko von Herbivorenbe-fall besteht. Je nach Art der Herbivoren kann ein Herbivor-enfraß allerdings auch ein zukünftig geringes Risiko wei-teren Herbivorenbefalls anzeigen. Wenn Herden von ziehenden Weidegängern nur einmal während der Wachs-tumsperiode die Pflanzen befressen und danach weiterzie-hen (z. B. Bisons), können Pflanzen dies als Indiz für ein zukünftig geringes Risiko weiterer Herbivorie nehmen und ihre Reproduktion herauszögern, bis sie den einmali-gen Reiz durch Herbivorenfraß erhalten haben. Plastische Pflanzenreaktionen wie induzierte Resistenz stellen aller-dings nur dann einen Vorteil dar, wenn Informationen aus der Umwelt verlässliche Vorhersagen über zukünftige Herbivorie erlauben. Wenn Herbivorie unvorhersagbar (z. B. zufällig) auftritt oder auch konstant und damit stark vorhersagbar, stellen Informationen aus der Umwelt kei-nen Gewinn für die Pflanze dar. In derartigen Umgebun-gen erwartet man andere Verteidigungsstrategien.

Die Resistenzmechanismen, die Pflanzen zur Abwehr von Herbivoren besitzen, können **direkt** gegen Herbi-voren wirksam sein. Hierzu gehören sekundäre Pflanzen-inhaltsstoffe wie Toxine, Verdauungshemmer und Repel-lents und mechanische Barrieren wie Stacheln und Dorne, aber auch verholzte, schwer verdauliche Struktu-ren im Allgemeinen. Außerdem gibt es Resistenzmechanis-men, die **indirekt** über andere Organismen wirken. Wir haben bereits Pflanzen kennen gelernt, die Ameisen oder räuberische Milben zu ihrer Verteidigung rekrutieren, indem sie ihnen Nektar in extrafloralen Nektarien oder vorgefertigte Nistplätze in Form von hohlen Dornen (Aka-zien), Tunneln oder knollenartigen Strukturen (Domatien; viele epiphytische Pflanzen) zur Verfügung stellen (Abbil-dung 4.48). Die Ameisen und Raubmilben säubern im Ge-genzug ihre Wohnpflanze von schädigenden Herbivoren. Das Zur-Verfügung-Stellen von Nistplätzen für natürliche

Feinde der Herbivoren kann als eine Art konstitutive indirekte Abwehr angesehen werden.

Viele Pflanzen besitzen auch die Eigenschaft, natürliche Feinde ihrer Herbivoren nur dann zu rekrutieren, wenn sie tatsächlich befressen werden (**induzierte indirekte Resistenz**, Dicke et al. 2003). Befressene Pflanzen sondern ein Bukett von flüchtigen Duftstoffen ab, das attraktiv auf Räuber und Parasitoide der Herbivoren wirkt (Synomone, Abschnitt 5.2.3.2). Die wirksamen Duftstoffe werden dabei nicht einfach durch die Verletzung der Zellen freigesetzt, sondern neu synthetisiert. Die Induktion zur Bildung dieser Duftstoffe läuft über Komponenten des Speichels von Herbivoren (so genannten Elicitoren); einfacher mechanischer Schaden (z. B. durch Abreißen von Blättern) löst nicht die Bildung der Duftstoffe aus. Es handelt sich hierbei also um eine spezifische Reaktion der Pflanzen auf Herbivorenbefall. Verschiedene Herbivoren lösen die Bildung unterschiedlicher Buketts aus, ebenso wie verschiedene Pflanzenarten (und auch Sorten) unterschiedliche Mengen und zum Teil auch unterschiedliche Mengenverhältnisse der einzelnen Komponenten synthetisieren. Interessanterweise wird die Bildung des spezifischen Duftstoffbuketts bei allen Pflanzen über denselben Stoffwechselweg, nämlich den Octadecanoid-Weg, ausgelöst. Eine zentrale Rolle spielen hierbei die Jasmonsäure und ihre Derivate (zusammengefasst als Jasmonate). Jasmonsäure ist eigentlich als Pflanzenwachstumsregulator (Phytohormon) bekannt und wird für die Parfümherstellung benötigt. Tatsächlich kann man die Bildung der Duftstoffe durch Besprühen der Pflanzen mit **Jasmonat** induzieren. Durch die Duftstoffe werden natürliche Feinde der Herbivoren angelockt. Die erhöhte Dichte der natürlichen Feinde kann zu einer erhöhten Mortalitätsrate bei den Herbivoren im Feld führen (Abbildung 4.49) und so die Fitness der Pflanzen erhöhen (Baldwin 1998). Man spricht davon, dass sich die Pflanze Bodyguards zum Schutz gegen Herbivorenbefall hält.

Schließlich sollte noch erwähnt werden, dass Pflanzen die induzierte Resistenz lokal, d. h. nur in der Umgebung der betroffenen Stelle, oder systemisch, d. h. in der ganzen Pflanze ausbilden können. Erst kürzlich wurde nachgewiesen, dass sogar benachbarte Pflanzen über ab-

gesonderte Duftstoffe (Methyljasmonat) die Information von drohendem Herbivorenbefall erhalten können und ihrerseits ihre Resistenz erhöhen (so genannte „sprechende Pflanzen"; *talking trees*). Es ist allerdings umstritten, ob es sich hierbei um ein aktives und damit für die sendende Pflanze adaptives Signal handelt, mit dem die Pflanze ihre Nachbarn warnt. Da nach allgemeinem Verständnis der natürlichen Selektion die Pflanze eine höhere Fitness gegenüber ihren Nachbarn aufweisen würde, wenn nur sie resistent gegen Herbivore wäre, nicht aber ihre Nachbarn, nimmt man im Moment an, dass die anderen Pflanzen eher ihren Nachbarn ausspionieren und damit eher den für die induzierte Pflanze unvermeidbaren Ausstoß von flüchtigen Duftstoffen zu ihrem Vorteil ausnutzen (Abschnitt 5.2.3.2).

Durch diese vielfältigen Möglichkeiten können Pflanzen sehr gezielt und angepasst auf Befall von verschiedenen Herbivoren reagieren, indem sie koordiniert direkte und indirekte, induzierte und konstitutive Resistenzmechanismen einsetzen. Ein Beispiel für eine solche spezifische Reaktion auf unterschiedlichen Herbivorenbefall geben wilde Tabakpflanzen (*Nicotiana attenuata*). Wilder Tabak ist durch den Gehalt des durch Herbivorenfraß induzierbaren Alkaloids Nikotin gegen die meisten Herbivoren geschützt, da dieses auf die meisten Organismen toxisch wirkt. Nikotin stellt somit eine direkte Resistenz für die Pflanze dar. Der Tabakschwärmer (*Manduca sexta*) kann allerdings Nikotin tolerieren und sogar zu seiner eigenen Verteidigung einsetzen, indem er es in seinem Körper einlagert. Somit kann die Verteidigung der Pflanze ihr zum Nachteil werden, wenn sie anstelle dessen ihren Feind schützt. Um dies zu vermeiden, reduzieren wilde Tabakpflanzen, die vom Tabakschwärmer befallen werden, ihren Nikotingehalt, während sie gleichzeitig die Abgabe von Duftstoffen erhöhen, die Räuber und Parasitoide des Tabakschwärmers anlocken (Roda und Baldwin 2003).

### 4.5.2.3 Auswirkungen auf die Herbivoren

Wie wir gesehen haben, reagieren Pflanzen auf Herbivorie, indem sie die Nahrungsmenge (durch zeitliches und räumliches Ausweichen, zeitverzögertes kompensatorisches Wachstum) und/oder die Nahrungsqualität für Herbivoren herabsetzen. Herbivoren haben verschiedene

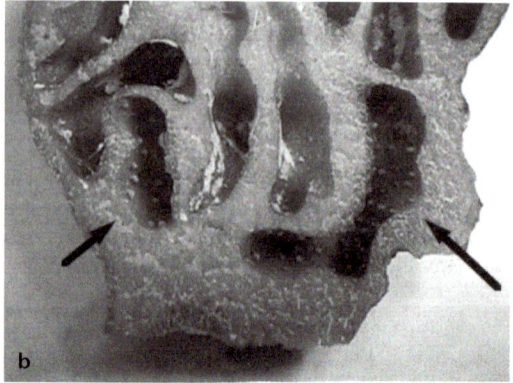

**Abb. 4.48:** Die Ameisenpflanze *Myrmecodia tuberosa* (Rubiaceae). Die aufgeschnittene knollige Struktur am Fuße der Pflanze enthält Kammern, in denen die Ameisen leben und ihre Nester bauen. Nach http://www.duke.edu/~ nplummer/section.html. (© Nicholas W Plummer, Reproduktion mit freundlicher Genehmigung.)

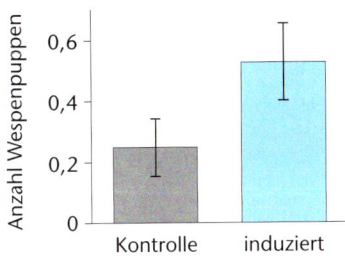

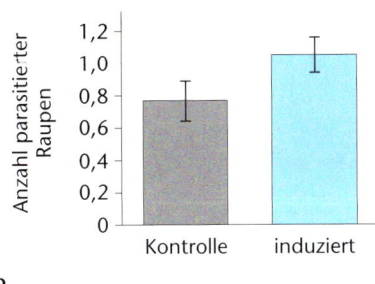

a                    b

**Abb. 4.49:** Mit Jasmonsäure behandelte Tomatenpflanzen (induziert) bilden ein Bukett von Duftstoffen, die parasitische Wespen (*Hyposoter exiguae*) anlocken. a) Man findet auf diesen Pflanzen mehr Schlupfwespenpuppen und damit auch eine erhöhte Parasitierungsrate als auf Kontrollpflanzen und b) die Anzahl parasitierter Schmetterlingsraupen (*Spodoptera exigua*), die unter diesen Pflanzen angeboten wurden, ist ebenfalls erhöht. Die Schmetterlingsraupen wurden auf künstlicher Nahrung gezüchtet und kamen daher nie vorher in Kontakt mit Pflanzen. Dadurch wurde gewährleistet, dass die Raupen keine sekundären Pflanzenmetabolite enthalten, die die Wahl der Parasitoiden beeinflusst hätte. Nach Thaler (1999).

Möglichkeiten entwickelt, um negative Konsequenzen für ihre Fitness weitgehend zu umgehen. Herbivore können gezielt Gegenmaßnahmen ergreifen, um reduzierte Nahrungsmenge und -qualität auszugleichen. Analog zur Verteidigung der Pflanzen gegen Herbivoren können diese Maßnahmen als **Angriff der Herbivoren** auf die Pflanzen verstanden werden (*herbivore offense*; Karban und Agrawal 2002). Drei Bedingungen müssen erfüllt sein, damit eine Eigenschaft eines Herbivoren als Angriff auf die Pflanze angesehen werden kann:

- Die Eigenschaft des Herbivoren muss einer Pflanzeneigenschaft entsprechen (z. B. ein Enzym zur Entgiftung im Herbivoren entspricht einem Toxin in der Pflanze).
- Die Eigenschaft muss eine messbare Steigerung der Nutzung der Pflanze durch den Herbivoren erlauben (z. B. erhöhte Nahrungsaufnahmerate, Verdauungseffizienz, Eiablagemöglichkeit).
- Die Eigenschaft muss die Fitness des Herbivoren erhöhen (d. h. seinen Anteil an Nachkommen in folgenden Generationen).

Generell leben Herbivoren und Pflanzen also in einem Spannungsfeld zwischen Angriff und Verteidigung ähnlich dem von Räubern und ihrer Beute. Diese Sichtweise ist bei der Betrachtung von Herbivorie nicht ganz neu, aber deren Bedeutung für das Verständnis der Koevolution von Herbivoren-Pflanzen-Beziehungen ist weitgehend im Dunkeln. Im Gegensatz zu den Verteidigungsmechanismen der Pflanzen sind die Angriffsmechanismen der Herbivoren (abgesehen von Nahrungs- und Eiablagewahl, Abschnitt 4.1) bis jetzt wenig untersucht. Es ist z. B. weitgehend unklar, in welchem Ausmaß Angriffsmechanismen die Fitness der Herbivoren erhöhen, welche Angriffsstrategien mit welchen *life-history*-Charakteristika der Herbivoren (Abschnitt 3.5) einhergehen und welche Auswirkungen dies auf die Dynamik der Herbivoren- und Pflanzenpopulationen hat.

Viele Herbivoren haben die Möglichkeit, einen reduzierten Nährstoffgehalt ihrer Nahrung zu **kompensieren**, indem sie einfach mehr Nahrung zu sich nehmen (*compensatory feeding*). Dies ist natürlich nur dann möglich,

wenn die Herbivoren nicht bereits in ihrer Nahrungsaufnahmekapazität begrenzt sind. Herbivoren, die normalerweise bereits permanent fressen müssen, um ihre Nährstoffbedürfnisse zu befriedigen, stoßen hier früh an Grenzen. Minierende Insektenarten (Arten, die sich innerhalb von Pflanzengeweben entwickeln) scheinen im Vergleich zu ihren freilebenden Verwandten häufig mehr als 90 % ihrer Zeit mit Fressen zu verbringen (Abbildung 4.50) und können daher weniger durch gesteigerte Nahrungsaufnahme kompensieren. Auch die Darmkapazität und Verdauungsgeschwindigkeit können die kompensatorische Nahrungsaufnahme einschränken. Schließlich muss auch die Nahrung in ausreichendem Maße zur Verfügung stehen, damit Herbivoren ihre Nahrungsaufnahme steigern können.

Die Nahrung von Herbivoren ist nicht sehr reich an Nährstoffen, aber der Gehalt an diesen und an sekundären Abwehrstoffen ist sehr variabel in unterschiedlichen Geweben, Individuen und Arten (Abschnitt 4.2.3). Durch die Wahl des Fraßortes (für mobile Herbivoren) oder des Eiablageortes (für sedentäre Herbivoren, z. B. viele Insektenlarven) können Herbivoren die Nahrungsqualität steigern.

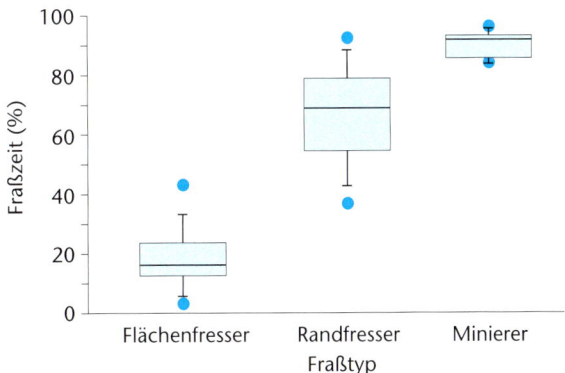

**Abb. 4.50:** Fraßaktivität (% Fraßzeit in 24 h) in Abhängigkeit vom Fraßtyp bei Blattwespen. Nach Heitland und Pschorn-Walcher (1993).

Für viele herbivore Insekten gilt, dass sie schneller wachsen, wenn sie ihre **Nahrung selbst wählen** können (*self-selection of food*) als wenn sie gezwungen werden, sich einseitig zu ernähren (Waldbauer und Friedman 1991). **Entgiftung** von sekundären Pflanzeninhaltsstoffen durch Enzyme des Herbivoren kann ebenfalls als Angriffsmechanismus aufgefasst werden. Eine wichtige Enzymklasse, die an den Entgiftungsprozessen beteiligt ist, sind die Cytochrom-P-450-Mixed-Function-Oxidase-(MFO-)Enzyme, die sekundäre Pflanzeninhaltsstoffe entgiften, indem sie diverse Oxidationsprozesse katalysieren. Pflanzen enthalten auch verdauungshemmende Substanzen wie z. B. Proteinaseinhibitoren (PI), die die Funktion von proteinabbauenden Enzymen hemmen. Herbivoren, deren spezifische proteinabbauenden Enzyme durch PIs gehemmt werden, können andere Proteasen produzieren, die durch die PIs nicht mehr in ihrer Funktion gehemmt werden und somit nur minimale Einbußen im Wachstum erleiden. Viele spezialisierte Herbivoren können die zur Abwehr dienenden sekundären Inhaltsstoffe ihrer Wirtspflanze in ihrem Körper einlagern (**sequestrieren**) und sich so selbst gegen ihre Feinde schützen. Ein bekanntes Beispiel hierfür ist der Monarchfalter aus Amerika (*Danaus plexippus*), dessen Raupen sich von Schwalbenwurzgewächsen (Asclepiaceae) ernähren, die in ihrem Milchsaft Pyrolizidinalkaloide enthalten. Während des Fraßes nehmen die Larven diese Toxine auf und lagern sie in ihrem Körper ab. Der Schutz vor ihren eigenen Feinden durch die Toxine hält sogar beim ausgewachsenen Schmetterling an, der ja während des Adultstadiums nur Nektar zu sich nimmt. Zusätzlich sind die Raupen und Adulten auffällig gezeichnet (aposematisch, Abschnitt 4.4.3) und signalisieren ihren Feinden ihre Giftigkeit.

**Morphologische Anpassungen** von Herbivoren beeinflussen ihre Fähigkeit, bestimmte Wirtspflanzen auszunutzen, und Arbeiten an herbivoren Insekten haben gezeigt, dass deren Mundwerkzeuge häufig speziell an ihre jeweilige Nahrung adaptiert sind. So haben sich Glasflügelwanzen (*Jadera haematoloma*), die in Nordamerika an den Früchten einheimischer Seifenbaumarten (Sapindaceae) lebten, an verschiedene neu eingeführte exotische Seifenbaumarten (*Sapindus* sp.) angepasst. Durch Selektion wurden diejenigen Wanzen gefördert, die eine geeignete Saugrüssellänge hatten, um an die Samen der jeweiligen Baumarten zu gelangen. Die Fähigkeit, die neue Baumart zu erobern, wurde mit dem (teilweisen) Verlust der Fähigkeit bezahlt (*trade-off*), die ursprüngliche einheimische Baumart zu nutzen, da die veränderte Rüssellänge für diese weniger geeignet war (Carroll und Boyd 1992).

Auch **symbiontische Mikroorganismen** helfen den Herbivoren, ihre Wirtspflanzen effektiver auszunutzen, indem sie Nährstoffe zugänglich machen, die Herbivoren ansonsten nicht verdauen könnten. Am bekanntesten sind die Mutualismen zwischen darmbewohnenden Bakterien und Einzellern, die Cellulose abbauen, und ihren Herbivoren (kein Tier kann Cellulose eigenständig abbauen). Diese kommen in so verschiedenen Herbivorengruppen wie Termiten und Wiederkäuern vor. Manche

darmbewohnenden Mikroorganismen sind auch an der Produktion von essenziellen Aminosäuren, die in >der Pflanzennahrung fehlen, und an der Entgiftung von sekundären Pflanzeninhaltsstoffen beteiligt. Eine aggressivere Form des Angriffs stellt die Übertragung von Mikroorganismen auf die Wirtspflanze dar, die diese infizieren und dabei Nährstoffe freisetzen (beispielsweise die Cellulose der Pflanze vorverdauen) oder die Verteidigung der Pflanze schwächen und die Pflanze somit leichter für Herbivoren nutzbar machen. In diesem Fall stellen die Mikroorganismen Parasiten der Pflanze dar. Manche Insekten übertragen phytopathogene Pilze auf ihre Wirtspflanzen, so z. B. der Maiszünsler (*Ostrinia nubilalis*), der nekrotrophe (d. h. totes Gewebe fressende) Pilze der Gattung *Fusarium* auf die Maispflanzen überträgt, die die Stängelfäule verursachen, oder der Rüsselkäfer (*Apion onopordi*), der den Rostpilz *Puccinia punctiformis* auf die Ackerkratzdistel (*Cirsium arvense*) überträgt. Beide Insekten haben Vorteile von der Übertragung der Krankheit, denn ihre Larven wachsen besser, wenn sie sich auf pilzbefallenen Pflanzen entwickeln (Bacher et al. 2002).

Bei den bisher besprochenen Mechanismen haben die Herbivoren sich an ihre Wirtspflanze angepasst. Manche Herbivoren erhöhen ihre Effektivität sogar durch Manipulation der Wirtspflanze. Die Induktion von Pflanzengallen durch herbivore Arthropoden ist ein solcher Fall. **Gallen** sind Pflanzenstrukturen, die von Herbivoren bewohnt und befressen werden. Sie bestehen aus Pflanzengewebe und können die unterschiedlichsten Formen annehmen (Abbildung 4.51). Die Gallenform wird durch Substanzen des eiablegenden Weibchens und durch die räumliche Anordnung der fressenden Herbivoren bestimmt. In den meisten Fällen ist das Innere der Galle von äußerst nährstoffreichem Gewebe ausgekleidet, von dem sich die Herbivoren ernähren. Gallbildende Herbivoren zwingen die Pflanzen also, ihnen mit der Galle sowohl Schutz als auch ein nährstoffreiches Substrat zur Verfügung zu stellen.

Pflanzen, die sich vor Herbivorie mittels Sekretgängen schützen, die bei Verletzungen des Blattgewebes eine klebrige und manchmal auch toxische Flüssigkeit (Milchsaft, Harze) abgeben, können von Herbivoren befressen werden, die die Pflanzenabwehr deaktivieren, indem sie die Pflanzenbereiche, an denen sie fressen wollen, vorher vom Rest der Pflanze durch Bisse abtrennen (Abbildung 4.52).

Schließlich kann auch das **Fressen in Gruppen** als Angriff auf die Pflanze angesehen werden, denn viele in Gruppen lebende (gregäre) Arten nutzen ihre Wirtspflanze besser aus, wenn sie in Gruppen fressen als wenn sie allein fressen. Der Mechanismus, der zu diesem Phänomen führt, ist noch nicht eindeutig geklärt. Einerseits führt Herbivorenfraß an einem Ort der Pflanze zu einem Mangel an Nährstoffen an dieser Stelle (*sink*), der durch Transport aus anderen Pflanzenteilen (*source*) ausgeglichen wird. Auf diesem Weg führt Herbivorie zu einem erhöhten Nährstoffeinstrom in den verletzten Bereich. Wenn viele Herbivoren an einer Stelle fressen, entsteht ein höherer Nährstoffeinstrom, von dem alle wiederum profitieren. Andererseits kann die induzierte Pflanzenabwehr herabgesetzt werden, wenn eine Überzahl an Herbivoren gleichzeitig eine Pflanze befällt, sodass die Pflanzen derart schnell Ressourcen verlieren, dass sie keine Reserven für die Verteidigung übrig haben.

## 4.5.2.4 Auswirkungen auf die Population

Die Populationsdynamik von Herbivoren, die funktionelle Räuber (z.B. Samenfresser) oder funktionelle Parasiten (z.B. Blattläuse) sind, kann durch die Dynamik der entsprechenden Gruppen beschrieben werden (Abschnitte 4.5.1 und 4.5.3). Viele Herbivoren sind allerdings **Weidegänger** (Abschnitt 4.3), d.h. Konsumenten, die ein geringes Maß an Intimität und Letalität zu ihrer Nahrung aufweisen; Weidegänger töten selten die Pflanzen, die sie befressen, und während ihres Lebens befressen sie viele Pflanzenindividuen. Im Folgenden wollen wir uns daher mit der Populationsdynamik von Weidegängern und ihren Wirtspflanzen befassen. Eine ausführliche Behandlung des Themas findet sich bei Turchin (2003).

## Funktionelle Reaktion von Herbivoren

Während Räuber ihre Beute töten und es daher sinnvoll ist, ihre funktionelle Reaktion (Abschnitt 4.1.2.2) in der Einheit Anzahl gefressener Beutetiere zu messen, konsumieren Weidegänger nur einen Teil ihrer Wirte. Daher wird die funktionelle Reaktion von Weidegängern sinnvollerweise als gefressene Biomasse gemessen. Ein weiterer wichtiger Unterschied zu Räubern besteht darin, dass sich Weidegänger auf bestimmte Pflanzenorgane bei der Nahrungswahl spezialisieren und nicht beliebige Pflanzenteile konsumieren. In vielen Fällen ist ein Teil der Pflanzenbiomasse schlicht nicht für die Weidegänger erreichbar, z.B. unterirdische Pflanzenteile für grasende Wiederkäuer. Eine Folge dieser Spezialisierung ist, dass

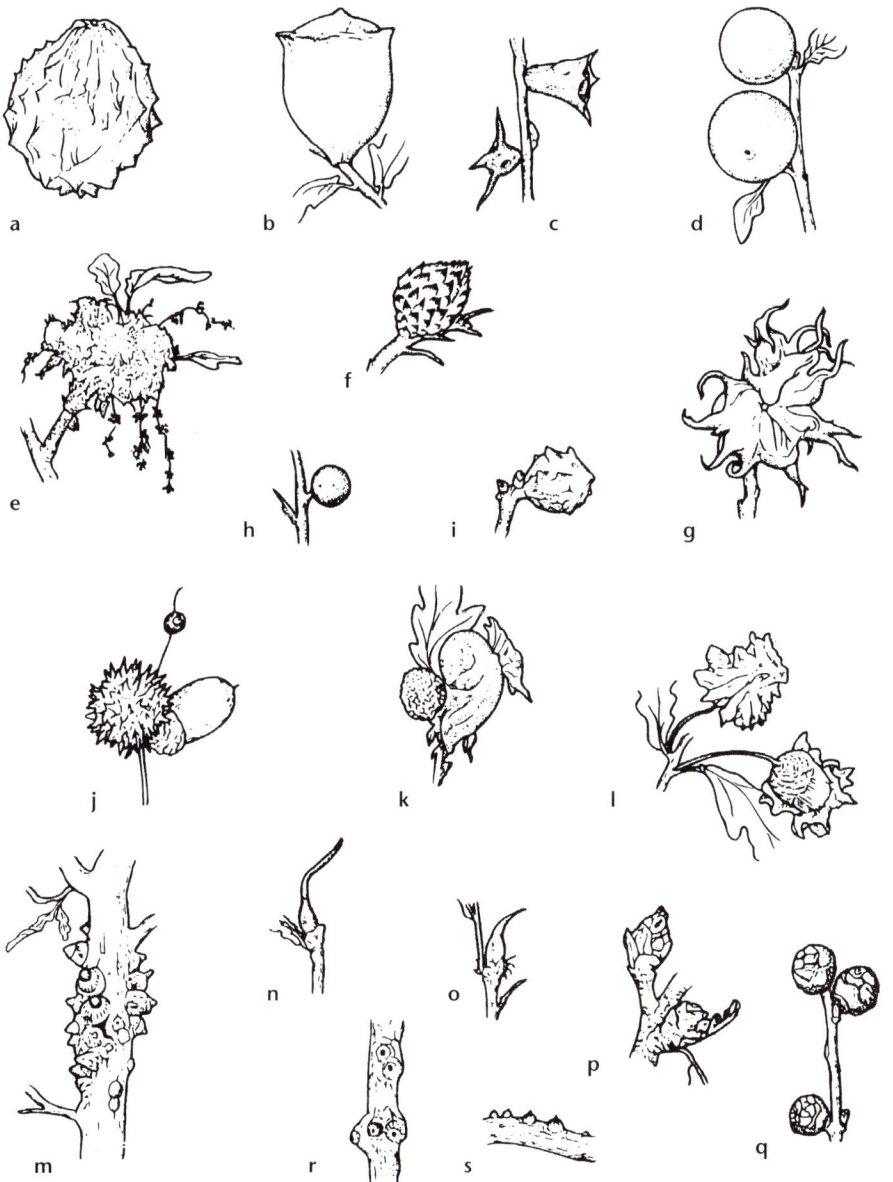

**Abb. 4.51:** Beispiele für die Vielfalt an Gallen, die von Gallwespen (Cynipidae) der Gattung *Andricus* an Stieleichen (*Quercus robur*) hervorgerufen werden. a) *A. hungaricus*, b) *A. quercustozae*, c) *A. polycerus*, d) *A. kollari*, e) *A. quercusramuli*, f) *A. fecundator*, g) *A. coriarius*, h) *A. gallaetinctoriae*, i) *A. tinctoriusnostrus*, j) *A. sekendorffi*, k) *A. dentimitratus*, l) A. *quercuscalicis*, m) *A. testaceipes*, n) *A. aries*, o) *A. solitarius*, p) *A. inflator*, q) *A. lignicola*, r) *A. rhyzomae*, s) *A. quercuscorticis*. Nach Crawley (1997).

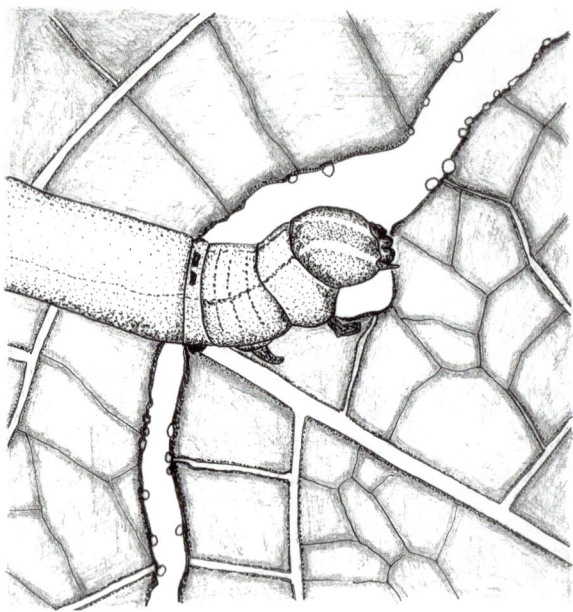

**Abb. 4.52:** Raupen des Kohlminierers (*Trichoplusia ni*) trennen vor der eigentlichen Nahrungsaufnahme einen Blattbereich durch Lochfraß ab, um den Einstrom von Milchsaft an der Fraßstelle zu unterbinden, und umgehen so die Pflanzenabwehr. Nach einem Foto in Wittstock und Gershenzon (2002).

wir zur Bestimmung der funktionellen Reaktion nicht die gesamte Pflanzenbiomasse, sondern nur die den Weidegängern zur Verfügung stehende Biomasse *V* berücksichtigen sollten.

Wie sieht nun die funktionelle Reaktion von Weidegängern aus? Wenn man sich in der (terrestrischen) Welt umschaut, stellt man fest, dass mit Ausnahme von Extremstandorten überall Pflanzen wachsen. Diese Beobachtung führte zur so genannten **Grüne-Welt-Hypothese** (Hairston et al. 1960; Abschnitt 4.7.3.1), aus der hervorgeht, dass die Klasse der Herbivoren als Ganzes nicht durch ihre Nahrung limitiert ist (Pflanzen sind nicht knapp) und daher durch ihre natürlichen Feinde (Räuber, Parasiten, Pathogene) limitiert sein muss. Eine weitere Folgerung dieser Hypothese war, dass zwischen Herbivoren selten Konkurrenz auftreten sollte, weil die Nahrung nicht knapp ist. Man würde daher vermuten, dass Herbivoren eine konstante funktionelle Reaktion zeigen, sich also praktisch immer im Sättigungszustand befinden sollten. Viele empirische Arbeiten haben allerdings hyperbolische funktionelle Reaktionen (ähnlich der funktionellen Reaktion Typ 2 von Räubern) bei Herbivoren und im Speziellen auch bei Weidegängern gefunden (Abbildung 4.53). Dies deutet darauf hin, dass die Nahrungsaufnahmerate von Herbivoren innerhalb natürlicher Schwankungen der Pflanzendichte deutlich unter den Sättigungszustand fallen kann.

Dieser offensichtliche Widerspruch zur Grüne-Welt-Hypothese lässt sich bei genauerer Betrachtung der Nah-

rungsdichte und der Art und Weise, wie Herbivoren und speziell Weidegänger auf Nahrungssuche gehen, klären. Erstens ist, wie bereits festgestellt, nicht alles, was grün ist, auch für jeden Herbivoren essbar (Abschnitt 4.1.1) und der vermeintliche Nahrungsüberfluss für den einzelnen Herbivoren nicht in dem Maße vorhanden. Tatsächlich haben viele neuere Arbeiten messbare Konkurrenz zwischen Herbivoren festgestellt (Denno et al. 1995), was darauf hindeutet, dass Nahrung für Herbivoren durchaus eine knappe Ressource sein kann. Weiterhin ist die Nahrung nicht homogen im Raum verteilt, sondern konzentriert sich in manchen Plätzen, die durch einen Zwischenraum voneinander getrennt sind, in dem sich keine verwertbare Nahrung befindet. Um von einem Nahrungsplatz zum anderen zu gelangen, verbringt der Herbivore Zeit, die ihm nicht zur Nahrungsaufnahme zur Verfügung steht. Wenn die einzelnen Nahrungsplätze nicht deutlich hervorstechen und der Herbivoren nicht gezielt von einem Nahrungsplatz zum nächsten zieht (was für viele Herbivore eine realistische Annahme ist), ist die Rate, mit der er Nahrungsplätze antrifft, bei niedrigen Pflanzendichten proportional zur Dichte der Nahrungsplätze im Habitat, während bei höheren Dichten eine Sättigung erreicht wird. Durch die heterogene Verteilung im Raum ergibt sich praktisch von selbst eine hyperbolische funktionelle Reaktion von Herbivoren (Spalinger und Hobbs 1992).

### Dynamik von kompensatorischem Pflanzenwachstum

Wenn Weidegänger einen Teil der ihnen zugänglichen Biomasse gefressen haben, werden diese Gewebe von den Pflanzen durch kompensatorisches Wachstum (*compensatory regrowth*) wieder nachgebildet. Auch bei diesem Prozess stellt sich die Frage, welche Form die Wachstumskurve hat. Stellen wir uns dazu eine Herde Weidegänger vor, die die oberirdische Biomasse auf einer Grasfläche auf praktisch Null zurückfressen. Wie wird die oberirdische Biomasse *V*, also die Pflanzenteile, die den Herbivoren als Nahrung zur Verfügung stehen, mit der Zeit wieder anwachsen? Da ein Großteil der gesamten Pflanzenbiomasse auch nach dem Herbivorenfraß noch vorhanden ist (bei vielen Gräsern sind 80–90% der gesamten Biomasse unterirdisch; Wielgolaski 1975), können die Pflanzen aus diesen unterirdischen Teilen Reserven mobilisieren und in kompensatorisches Wachstum oberirdischer Biomasse umsetzen. Wenn die Pflanzen eine konstante Menge an Reservestoffen/Energie in kompensatorisches Wachstum investieren, wird die Menge neu wachsender oberirdischer Biomasse anfänglich linear steigen, bis sie irgendwann eine Sättigung bei der maximal möglichen Pflanzendichte *m* erreicht. Turchin und Batzli (2001) schlagen als Modell für kompensatorisches Pflanzenwachstum folgende Gleichung vor (für eine genaue Herleitung siehe Turchin 2003):

$$\frac{dV}{dt} = u_0\left(1 - \frac{V}{m}\right)$$

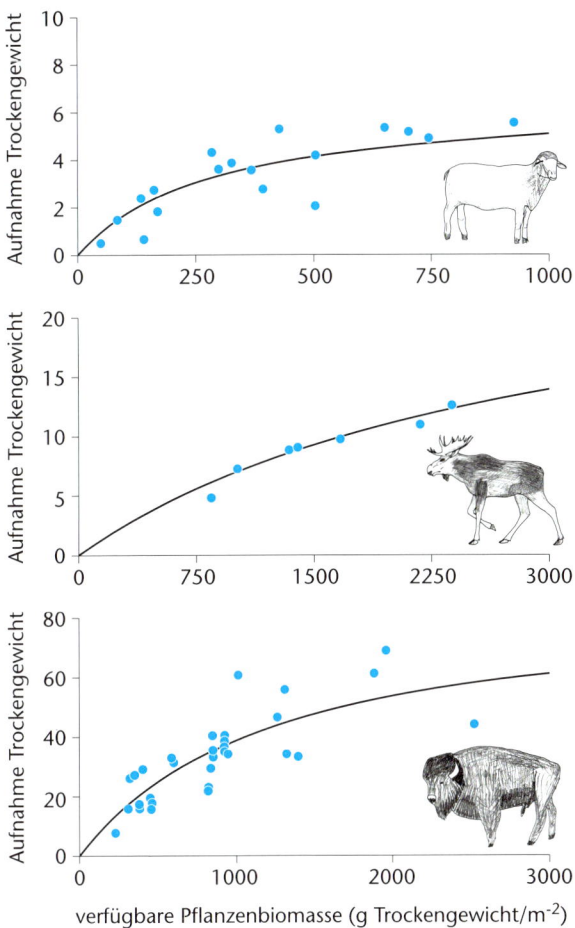

**Abb. 4.53:** Funktionelle Reaktionen von Weidegängern werden gut durch die hyperbolische Michaelis-Menten-Gleichung beschrieben. Nach Spalinger und Hobbs (1992).

Einige Modelle von kompensatorischem Wachstum nehmen ein **logistisches Wachstum** der den Herbivoren zur Verfügung stehenden Biomasse $V$ nach einem Kahlfraß an (Abschnitt 3.4.2):

$$\frac{\mathrm{d}V}{\mathrm{d}t} = v_0 V \left(1 - \frac{V}{m}\right)$$

mit $v_0$ als der intrinsischen Wachstumsrate. Die Argumentation, die dem logistischen Modell zugrunde liegt, ist, dass je mehr Biomasse vorhanden ist, desto mehr Sonnenenergie fixiert werden kann und umso schneller das Wachstum sein wird (bis es eine Sättigung erreicht). Das kompensatorische Wachstum wird also hier aus fixierter Sonnenenergie und nicht aus Reservestoffen gespeist. In unserem obigen Beispiel vom abgefressenen Gras würde nach dem logistischen Modell das kompensatorische Wachstum nach einem Kahlfraß zuerst langsam beginnen, weil anfangs nur wenig (oberirdische!) Biomasse $V$ zur Verfügung steht, dann mit zunehmender Biomasse schneller werden, um schließlich einen Sättigungszustand zu erreichen (Abbildung 4.54). Eine unrealistische Annahme des logistischen Modells für kompensatorisches Pflanzenwachstum ist in vielen Fällen, dass die Weidegänger die gesamte Pflanzenbiomasse reduzieren und nicht nur einen kleinen Teil, der ihnen zur Verfügung steht (in diesem Fall den oberirdischen Teil). Es wird also nicht die gesamte Pflanzenbiomasse auf Null reduziert, sondern nur der Teil, den die Herbivoren auch fressen (in unserem Fall $V$). Die Reservestoffe, die zum kompensatorischen Wachstum mobilisiert werden, kommen aber aus dem restlichen Teil, der von den Herbivoren unbeeinflusst ist. Das logistische Modell ist allerdings in den Fällen angebracht, in denen Herbivoren die gesamte Biomasse gegen Null reduzieren. In diesem Fall gibt es praktisch keine Reserven der Pflanze für kompensa-

wobei $V$ die den Herbivoren zur Verfügung stehende Biomasse darstellt, $u_0$ die anfängliche kompensatorische Wachstumsrate (eine Konstante) und $m$ die maximale Biomasse $V$. (Achtung: Wir benutzen jetzt kontinuierliche Modelle und keine diskreten, weil der Fraß von Weidegängern und das Nachwachsen von Vegetation häufig eher kontinuierliche Prozesse sind.) Diese Gleichung wird das **regrowth-Modell** genannt und zeichnet sich dadurch aus, dass nach einem Kahlfraß die nachwachsende Vegetationsbiomasse linear ansteigt, bevor sie in den Sättigungsbereich gerät (Abbildung 4.54). Diese Gleichung ist für die Fälle geeignet, in denen Herbivoren nur einen relativ kleinen Teil der gesamten Pflanzenbiomasse fressen und in denen die restliche, von den Herbivoren verschonte Biomasse gut gegen äußere Einflüsse (inklusive Herbivorie) gepuffert ist, also als konstant angenommen werden kann.

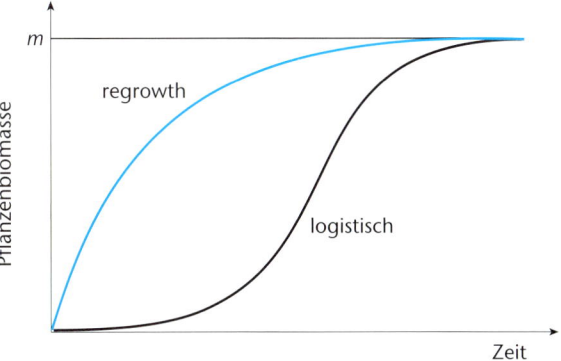

**Abb. 4.54:** Dynamik kompensatorischen Pflanzenwachstums nach dem *regrowth*-Modell (blau) und dem logistischen Modell (schwarz). (Turchin P; *Complex population dynamics*. Copyright © Princeton University Press. Reproduktion mit freundlicher Genehmigung von Princeton University Press.)

torisches Wachstum und sämtliche neue Biomasse muss aus der eingefangenen Sonnenenergie fixiert werden.

## Weidegänger-Vegetations-Dynamik

Je nachdem ob wir eine Vegetation haben, die nach dem logistischen oder nach dem *regrowth*-Modell nachwächst, zeigen Weidegänger-Vegetations-Systeme unterschiedliche Dynamiken. Analog zur Räuber-Beute-Dynamik können wir Weidegänger-Vegetations-Systeme durch gekoppelte Differenzialgleichungen darstellen. Die Dynamik der Vegetation wird dabei durch ihr Wachstum (logistisch oder *regrowth*) und durch die Rate, mit der der Herbivore Vegetation verzehrt (seine funktionelle Reaktion), bestimmt. Die Dynamik des Weidegängers wird durch seine Umsetzung aufgenommener Nahrung in eigene Nachkommen (numerische Reaktion) und seine natürliche Sterberate $d$ bestimmt. Für die Weidegänger nehmen wir wie oben diskutiert eine hyperbolische funktionelle Reaktion an:

$$f(V) = \frac{aV}{b+V}$$

Wenn wir für die Pflanzen logistisches Vegetationswachstum annehmen (d. h. die Herbivoren fressen einen großen Teil der gesamten Pflanzenbiomasse) und keine dichteabhängigen Wechselwirkungen zwischen den Herbivoren (d. h. sie behindern sich selbst bei großen Dichten nicht gegenseitig), erhalten wir das so genannte **Rosenzweig-MacArthur-Modell** (Rosenzweig und MacArthur 1963):

$$\frac{dV}{dt} = v_0 V \left(1 - \frac{V}{m}\right) - N \frac{aV}{b+V}$$

$$\frac{dN}{dt} = eN \frac{aV}{b+V} - dN$$

in dem $e$ die Effektivität der Umsetzung von gefressener Nahrung in eigene Nachkommen (Abschnitt 4.1.2.3) und $N$ die Dichte der Weidegängerpopulation darstellt. Dieses Modell kann einen stabilen Gleichgewichtszustand erreichen oder stabile Grenzzyklen, aber nur in einem engen Parameterbereich. Viele Parameterkombinationen führen zu instabilen Dynamiken. Insbesondere wenn man die Produktivität des Systems erhöht (indem man $m$, die maximal mögliche Pflanzenbiomasse, erhöht), wird die Dynamik instabiler. Dieses Verhalten des Modells stimmt nicht mit Beobachtungen in der Natur überein; in produktiveren Systemen beobachtet man keine stärkeren Schwankungen der Populationsdynamik von Herbivoren und Vegetation. Das Rosenzweig-McArthur-Modell leidet am so genannten **Paradox der Nährstoffanreicherung** (*paradox of enrichment*; Abschnitt 4.7.1) und bietet damit keine schlüssigen Erklärungen für viele natürliche Systeme.

Im Gegensatz dazu erhält man ein global stabiles Gleichungssystem, wenn man statt logistischem Vegetationswachstum ein *regrowth*-Modell annimmt (Turchin und Batzli 2001):

$$\frac{dV}{dt} = u_0 \left(1 - \frac{V}{m}\right) - N \frac{aV}{b+V}$$

$$\frac{dN}{dt} = eN \frac{aV}{b+V} - dN.$$

Hier ist $u_0$ die lineare Wachstumsrate der Vegetation, wenn $V = 0$ ist (also z. B. nach einem Kahlfraß, wenn die Weidegänger sämtliche ihnen zugängliche Pflanzenbiomasse gefressen haben). Die restlichen Parameter sind mit dem Rosenzweig-MacArthur-Modell identisch. Das von Turchin und Batzli vorgeschlagene Gleichungssystem beschreibt daher natürliche Verhältnisse besser.

Wie kommt es zu diesem frappierenden Unterschied im Verhalten beider Modelle, wo doch die Unterschiede zwischen ihnen gering sind? Das logistische Modell hat eine Zeitverzögerung in der Reaktion der Pflanzen auf Herbivorie eingebaut; je mehr die Vegetation reduziert wird, desto länger dauert es, bis sie wieder vollständig hergestellt ist. Ein oberirdischer Pflanzenbestand, der bis auf 0,01 % seiner ursprünglichen Dichte durch Herbivoren reduziert wurde, braucht erheblich länger, um wieder den Ausgangszustand zu erreichen als ein Pflanzenbestand, der bis auf 1 % abgefressen wurde. Im Gegensatz dazu erholt sich ein Pflanzenbestand, der nach dem *regrowth*-Modell wächst, in beiden Fällen etwa gleich schnell. Das *regrowth*-Modell kann also Schwankungen viel schneller ausgleichen als das logistische Modell. Man kann auch das *regrowth*-Modell als einen Fall von Räuber-Beute-System ansehen, in dem die Beute (hier die Vegetation) ein absolutes Refugium besitzt, in dem sie der Räuber nicht angreifen kann (Abschnitt 4.5.1.2). Durch ihr selektives Fressen lassen die Weidegänger meist unterirdische Teile der Vegetation stehen, aus denen sich neue Pflanzenbiomasse rekrutieren kann, die wiederum den Weidegängern zur Verfügung steht. Derartige Refugien haben einen stabilisierenden Einfluss auf dynamische Räuber-Beute-Systeme.

## Herbivoren und Pflanzenqualität

Im Gegensatz zu Räuber-Beute-Systemen kann sich auch die Nahrungsqualität (nicht nur die Quantität) in Pflanzen-Herbivoren-Systemen als Reaktion auf Herbivorie dynamisch und über viele Größenordnungen ändern. Dynamische Änderungen in der Nahrungsqualität auf Populationsebene sind bisher weitgehend ignoriert worden und sollen hier auch nur der Vollständigkeit halber erwähnt werden. Für eine ausführlichere Besprechung des Wissensstandes kann auf Turchin (2003) verwiesen werden.

Grundsätzlich gibt es drei Wege, wie eine Änderung der Pflanzenqualität durch Herbivorie hervorgerufen werden kann:

- Durch bevorzugtes Fressen von qualitativ besseren Pflanzen (-individuen oder -teilen) sinkt die durchschnittliche Nahrungsqualität einer Pflanzenpopulation.

- Nachdem Pflanzen einmal Herbivorie ausgesetzt waren, können sie mittels induzierter Resistenz die ihnen verbleibenden Ressourcen verteidigen. In beiden Fällen sinkt die durchschnittliche Qualität der Pflanzen für weitere Herbivoren.
- Pflanzen können aber auch eine höhere Nahrungsqualität in nachwachsender Biomasse aufweisen, wenn diese reicher an Nährstoffen und ärmer an Fasern ist.

Häufig wird davon ausgegangen, dass Herbivorie die Pflanzenqualität herabsetzt. Dies hat zur Folge, dass Herbivoren, die später an Pflanzen fressen, Nahrung geringerer Qualität zu sich nehmen. Dies sollte sich in einer geringeren Reproduktionsrate niederschlagen, wenn die Herbivoren nicht Kompensationsmechanismen besitzen (z. B. mehr Nahrung zu sich nehmen). Welche Konsequenzen ein Zusammenspiel von Veränderungen in Pflanzenquantität und -qualität theoretisch oder in natürlichen Populationen hat, bleibt noch zu erforschen.

## 4.5.3 Parasiten und ihre Wirte

### 4.5.3.1 Auswirkungen von Parasiten auf ihre Wirte

Definitionsgemäß hat ein Parasit immer einen negativen Einfluss auf die Fitness (Wachstum, Fekundität, Überleben) seines Wirtes. Dieser steigt in der Regel mit der Stärke des Befalls, d. h. mit der Anzahl Parasiten pro befallenem Wirt (Abbildung 4.55). Die Auswirkungen von Parasiten auf den einzelnen Wirt sind also dichteabhängig. Dies kann entscheidende Auswirkungen auf die Populationsdynamik von Parasiten und ihren Wirten haben. Sehr stark befallene Wirte (mit vielen Parasiten) haben eine reduzierte Überlebenswahrscheinlichkeit und damit auch die in ihnen lebenden Parasiten. Der Tod eines stark infizierten Wirtsindividuums kann daher die Parasitenpopulation stärker reduzieren als die Wirtspopulation, was zu einer Regulation beider Populationen führen kann. Wirtsindividuen, die nur von wenigen Parasiten befallen

sind, zeigen hingegen häufig keine Symptome eines Parasitenbefalls. In einem solchen Fall, in dem der Parasit keinen schädigenden Einfluss auf seinen Wirt ausübt, spricht man von **Kommensalismus** (Abschnitt 4.3). Die trophische Interaktion wird zu einer einseitig positiven.

Parasiten sind häufig nicht zufällig oder gleichmäßig, sondern aggregiert auf Wirtsindividuen verteilt, d. h. einige Wirte beherbergen viele Parasiten, während andere praktisch parasitenfrei sind (Abbildung 4.56). Wie kommt es zu **geklumpten Verteilungen**? Es gibt grundsätzlich zwei Wege, wie eine geklumpte Parasitenverteilung zustande kommt. Einerseits kann die Übertragungswahrscheinlichkeit nicht zufällig auf die Wirtsindividuen verteilt sein, d. h. bei einigen Wirten ist es wahrscheinlicher, dass sie mit Parasiten in Kontakt kommen. Dies kann auf der einen Seite mit dem unterschiedlichen Verhalten der Wirtsindividuen zusammenhängen, z. B. haben Wirte, die häufig wechselnde Geschlechtspartner haben, eine erhöhte Wahrscheinlichkeit, mit sexuell übertragbaren Parasiten infiziert zu werden. Auf der anderen Seite kann allein schon die räumliche Verteilung der Wirte dazu führen, dass Individuen in Aggregationen eine erhöhte Wahrscheinlichkeit haben, sich mit Parasiten zu infizieren, die durch normalen Kontakt mit (oder Nähe zu) infizierten Wirten übertragen werden. Hier könnte man als Beispiel Infektionskrankheiten wie Masern oder Grippe anführen. Selbst wenn die Infektion zufällig auf die Wirtsindividuen verteilt ist, kann eine aggregierte Parasitenverteilung entstehen, indem sich die Parasiten in befallenen Wirten vermehren (Mikroparasiten). Weiterhin kann eine geklumpte Parasitenverteilung durch die unterschiedliche Empfänglichkeit (Immunkompetenz) der Wirtsindividuen entstehen. Hierbei muss auch beachtet werden, dass Individuen, die in der Vergangenheit bereits mit Infektionen in Kontakt kamen, eine Immunität erworben haben können (z. B. Wirbeltiere).

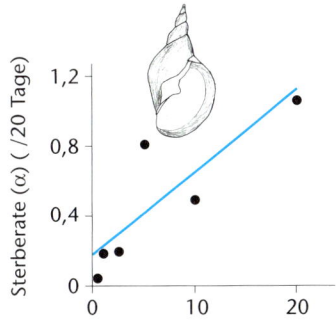

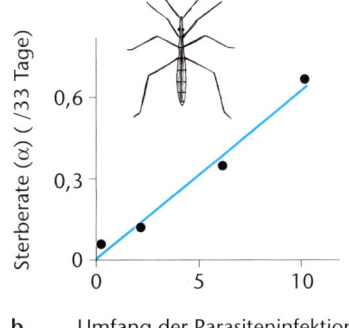

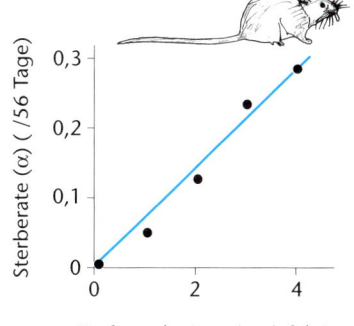

a   Umfang der Parasiteninfektion

b   Umfang der Parasiteninfektion

c   Umfang der Parasiteninfektion

**Abb. 4.55:** Dichteabhängigkeit der Auswirkungen von Parasitenbefall auf die Mortalität des Wirts. a) Die Schnecke *Limnea gedrosiana* parasitiert von den Larvenstadien des Trematoden *Ornithobilharzia turcestanicum*, b) die aquatische Wanze *Hydrometra myrae* parasitiert von der Milbe *Hydryphantes tenuabilis*, c) Labormaus parasitiert vom großen Leberegel (*Fasciola hepatica*). Nach Anderson und May (1978).

### 4.5.3.2 Populationsdynamik von Makroparasiten und ihren Wirten

Die Beziehung von Parasiten zu ihren Wirten kann als eine spezielle Form der Räuber-Beute-Beziehung angesehen werden. Auch hier interessiert uns, ob und unter welchen Umständen Parasiten in der Lage sind, die Populationen ihrer Wirte (und damit auch sich selbst) zu regulieren. Um die Auswirkungen der Wechselwirkung auf Populationsebene zu zeigen, werden wir auch hier wieder ein mathematisches Modell entwerfen, das in seiner grundlegenden Form recht vereinfachende Annahmen macht, die in natürlichen Populationen nicht immer in der Form erfüllt sind. Trotzdem ist das einfache Modell nützlich, um die grundlegenden Effekte aufzuzeigen. Ausgehend von dem Basismodell können durch Veränderung der Annahmen komplexere und damit realistischere Modelle angepasst werden. Im Gegensatz zu den vorherigen Modellen werden hier allerdings in Einzelfällen wegen ihrer mathematischen Komplexität nicht alle Schritte in der Konstruktion des Modells explizit erklärt; an diesen Stellen wird für die Herleitung auf die entsprechende Originalliteratur verwiesen.

Unser Parasit-Wirt-Modell wurde ursprünglich von Anderson und May (1978) entwickelt und wird wegen seiner großen Flexibilität heute immer noch verwendet. Wir haben eine Population von Wirten $H(t)$ (*hosts*) und Parasiten $P(t)$ zur Zeit $t$. Die mittlere Anzahl Parasiten pro Wirt in der Population ist demnach $P(t)/H(t)$. Für die meisten Parasiten kann man ein kontinuierliches Populationswachstum mit komplett überlappenden Generationen annehmen, sodass wir unsere Populationen durch Differenzialgleichungen darstellen können. Wir nehmen weiter an, dass der Parasit mehrfach Wirte befallen kann und dass die Mortalität (und weniger die Reproduktionsrate) des Wirtes durch die Stärke des Parasitenbefalls, also die Anzahl Parasiten in dem betreffenden Wirt, bestimmt wird. Diese letzte Annahme wird in der Natur häufig gefunden (Abbildung 4.56). Zur Entwicklung unserer zwei Basisgleichungen, der Veränderung der Wirtspopulation in der Zeit d$H$/d$t$ und der Parasitenpopulation d$P$/d$t$, benötigen wir eine Reihe von Parametern, die in Tabelle 4.8 aufgelistet sind.

**Wachstum der Wirtspopulation**

In unserem Modell nehmen wir an, dass das Wachstum der Wirtspopulation allein durch deren Geburten- und Sterberate in Abwesenheit der Parasiten bestimmt wird minus der durch die Parasiten verursachten Mortalität. Unsere Wirtspopulation kann also nach oben hin unbegrenzt wachsen. Obwohl das eine für natürliche Systeme unrealistische Annahme ist, ist es sinnvoll für unseren Zweck, denn so können wir folgern, dass die Parasiten die Ursache sind, wenn die Population reguliert wird (und nicht ein anderer Faktor wie z. B. die Umweltkapazität). Wenn die Wirtspopulation in unserem Modell nicht reguliert wird und exponentiell weiter zu wachsen beginnt, können

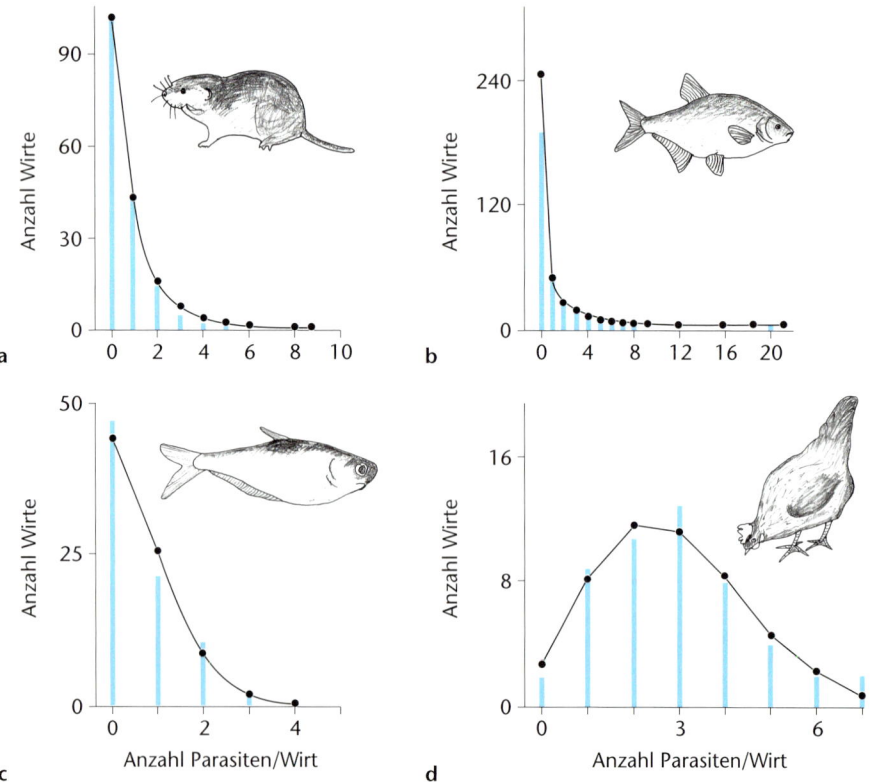

**Abb. 4.56:** Häufigkeitsverteilungen von Parasiten auf ihren Wirten. a), b) geklumpte Verteilungen (blaue Säulen), beschrieben durch eine negative Binomialverteilung (schwarze Linie); c), d) zufällige Verteilungen (blaue Säulen), beschrieben durch eine Poisson-Verteilung (schwarze Linie). a) die Zecke *Ixodes trianguliceps* parasitiert Feldmäuse *Apodemus sylvaticus*, b) der Bandwurm *Caryophyllaeus laticeps* parasitiert Brassen (*Abramis brama*), c) der Nematode *Cammallanus oxycephalus* parasitiert Fische (*Dorosoma cepedianum*), d) der Nematode *Ascaridia galli* parasitiert Hühner. Nach Anderson und May (1978).

**Tab. 4.8:** Parameter des Wirt-Parasit-Modells.

| Parameter | Beschreibung |
|---|---|
| $a$ | Geburtenrate des Wirtes (/Wirt/Zeiteinheit) |
| $b$ | natürliche Sterberate des Wirtes, ohne Mortalität durch Parasiten (/Wirt/Zeiteinheit) |
| $\alpha$ | Sterberate des Wirtes durch Parasitenbefall (/Wirt/Zeiteinheit) |
| $\lambda$ | Produktionsrate von Überträgerstadien des Parasiten (z. B. Cysten, Eier), die aus dem Wirt ausgeschieden werden und verantwortlich für die Übertragung des Parasiten auf andere Wirte sind (/Parasit/Zeiteinheit) |
| $\mu$ | Sterberate des Parasiten innerhalb des Wirtes, entweder durch „natürliche" Ursachen oder durch Immunabwehr des Wirtes (/Parasit/Zeiteinheit) |
| $H_0$ | Übertragungskonstante, ein Maß für die Effizienz der Parasitenübertragung auf andere Wirte (großes $H_0$ bedeutet geringe Effizienz, kleines $H_0$ hohe Effizienz) |

wir folgern, dass die Parasiten nicht in der Lage sind, die Population ihrer Wirte zu begrenzen, und dass die Wirtspopulation so lange weiter wachsen wird, bis sie durch einen anderen Faktor begrenzt wird, der nicht in unserem Modell enthalten ist (z. B. intraspezifische Konkurrenz um begrenzte Ressourcen).

### Durch Parasiten verursachte Wirtsmortalität

Im Basismodell nehmen wir an, dass die durch Parasiten verursachte Wirtsmortalität linear mit dem Parasitenbefall der Wirte steigt. Dies scheint bei vielen Parasiten tatsächlich der Fall zu sein, wie schon in Abbildung 4.55 dargestellt wurde. Die Sterberate bei Wirten mit $i$ Parasiten beträgt demnach $\alpha i$, wobei $\alpha$ eine Konstante ist, die die Stärke der Pathogenität des Parasiten beschreibt. Um die durch Parasiten induzierte Sterberate der gesamten Wirtspopulation $H(t)$ zu erhalten, muss man die Summe über alle möglichen Parasitenbefallsstärken $i$ bilden:

$$\alpha H(t) \sum_{i=0}^{\infty} i \cdot p(i)$$

wobei $p(t)$ die Wahrscheinlichkeit angibt, dass ein bestimmter Wirt $i$ Parasiten enthält. Es soll hier schon angemerkt werden, dass $p(i)$ von der Verteilung der Parasiten in der Wirtspopulation abhängt. Die Summe in der obigen Formel gibt per Definition den mittleren Befall eines Wirtes mit Parasiten an oder, mit anderen Worten, den Erwartungswert an Parasiten $E(i)$, die wir bei einem zufällig gezogenen Wirtsindividuum aus der Population erwarten dürfen:

$$\sum_{i=0}^{\infty} i \cdot p(i) \equiv E_t(i) = \frac{P(t)}{H(t)}$$

In die obige Gleichung eingesetzt folgt, dass die durch Parasiten induzierte Sterberate der gesamten Wirtspopulation gleich $\alpha P(t)$ ist.

### Fekundität und Übertragung der Parasiten

Die Rate, mit der Übertragungsstadien produziert werden (Cysten, Sporen, Eier usw.), ist pro adultem Parasit $\lambda$ (Tabelle 4.8). Damit ist analog zum vorigen Abschnitt die von der gesamten Parasitenpopulation produzierte Rate:

$$\lambda H(t) \sum_{i=0}^{\infty} i \cdot p(i) = \lambda P(t)$$

Für unser Basismodell nehmen wir an, dass der Parasit einen einfachen Lebenszyklus hat, d. h. er wird direkt, ohne Zwischenwirt oder Vektor, übertragen und befällt nur eine einzige Wirtsart. Die Übertragungsstadien werden also vom Wirt in die Umwelt ausgeschieden, wo sie als Dauerstadien oder freilebende Larven auf die Gelegenheit warten, einen neuen Wirt zu befallen. In diesem Zustand sind sie natürlichen Mortalitätsfaktoren wie z. B. Prädation ausgesetzt, oder sie sterben mit zunehmendem Alter den natürlichen Alterstod. Es wird also nur ein Teil der vom Wirt ausgeschiedenen Übertragungsstadien einen neuen Wirt infizieren können. Dieser Teil ist abhängig von der Wirtsdichte und wird als **Übertragungseffizienz** dargestellt

$$\frac{H(t)}{H_0 + H(t)}$$

wobei $H_0$ eine Konstante ist, die im umgekehrten Verhältnis zur Effizienz der Übertragung steht. Mit anderen Worten, wenn $H_0$ im Verhältnis zu $H(t)$ klein ist, liegt die Übertragungseffizienz bei fast 100 %, sodass praktisch alle Übertragungsstadien neue Wirte finden. Wenn allerdings umgekehrt $H_0$ im Verhältnis zu $H(t)$ groß ist, wird nur ein geringer Prozentsatz der ausgeschiedenen Übertragungsstadien neue Wirte infizieren können. Die Gesamtrate, mit der die Wirtspopulation von neuen Parasiten befallen wird, ist demnach

$$\lambda P(t) \frac{H(t)}{H_0 + H(t)}$$

Hierbei wird angenommen, dass die Übertragung praktisch sofort, d. h. ohne Zeitverzug stattfindet. Obwohl in der Natur natürlich immer eine gewisse Zeit vergeht, bis ein Übertragungsstadium von einem neuen Wirt aufgenommen wird, können mit dieser Annahme Parasiten beschrieben werden, deren Übertragungsstadien sofort nach dem Ausscheiden aus dem Wirt infektiös sind. Bei Parasiten, deren Übertragungsstadien erst gewisse Entwicklungsprozesse durchlaufen müssen, bevor sie infektiös werden, tritt eine Zeitverzögerung zwischen Ausscheiden aus einem Wirt und Befall eines neuen auf. Wie diese Zeitverzögerung ins Basismodell eingebaut wird, kann bei May und Anderson (1978) nachgeschlagen werden.

## Mortalität der Parasiten

Die Sterberate der Parasiten in der Wirtspopulation hat drei Komponenten. Einmal sterben Parasiten mit ihren Wirten, wenn diese eines natürlichen Todes sterben. Bei einer natürlichen Sterberate der Wirte $b$ ergibt sich eine Sterberate der Parasiten von

$$bH(t) \sum_{i=0}^{\infty} i \cdot p(i) = bP(t)$$

Zweitens verursachen die Parasiten selbst auch Todesfälle unter ihren Wirten. Wie bereits besprochen, haben Wirte, die von $i$ Parasiten befallen sind, eine Sterberate von $\alpha i$. Die sich daraus ergebende Mortalitätsrate der Parasiten ist

$$\alpha H(t) \sum_{i=0}^{\infty} i^2 \cdot p(i) \equiv \alpha H(t) \cdot E_t(i^2)$$

Die linke Seite der Formel entspricht der bereits bekannten Formel für die Sterberate der Wirte, multipliziert mit $i$, der Anzahl Parasiten, die mit jedem Wirt sterben. Die Summe in der obigen Formel gibt den Erwartungswert für $i^2$ an, der von der Verteilung der Parasiten in der Wirtspopulation abhängt (geklumpt, zufällig). Der Erwartungswert für eine Zufallsverteilung der Parasiten in ihren Wirten, errechnet nach der Poisson-Verteilung, ist

$$E_t(i^2) = \left(\frac{P(t)}{H(t)}\right)^2 + \frac{P(t)}{H(t)}$$

und für eine geklumpte Verteilung, errechnet nach der negativen Binomialverteilung

$$E_t(i^2) = \left(\frac{P(t)}{H(t)}\right)^2 \left(\frac{k+1}{k}\right) + \frac{P(t)}{H(t)}$$

wobei $k$ den Aggregationsgrad der Parasitenverteilung angibt (je kleiner $k$, desto stärker geklumpt; Kasten 3.1).

Drittens weisen auch die Parasiten in ihren Wirten eine natürliche Sterberate $\mu$ auf. Damit ergibt sich für die gesamte Parasitenpopulation eine Sterberate von

$$\mu P(t)$$

## Basismodell

Aus den obigen Bausteinen können wir nun unser Basismodell zusammensetzen. Die Differenzialgleichung für die Änderung der Wirtspopulation setzt sich zusammen aus den Geburten abzüglich der natürlichen Sterbefälle und der Sterbefälle, die durch den Parasiten verursacht werden.

$$\frac{dH}{dt} = aH - bH - \alpha P = (a - b)H - \alpha P \tag{1}$$

Die Differenzialgleichung für die Änderung der Parasitenpopulation setzt sich zusammen aus der Gesamtrate der produzierten Parasiten, die erfolgreich einen neuen Wirt besiedeln, abzüglich der Parasiten, die sterben, weil ihre Wirte sterben (aus natürlichen Gründen und durch die Parasiten verursacht), und abzüglich der Parasiten, die aus natürlichen Gründen in ihren Wirten sterben.

$$\frac{dP}{dt} = \frac{\lambda PH}{H_0 + H} - bP - \alpha H \cdot E_t(i^2) - \mu P$$

$$= \frac{\lambda PH}{H_0 + H} - (b + \mu)P - \alpha H \cdot E_t(i^2) \tag{2}$$

Wenn sich die Parasiten unabhängig voneinander zufällig auf den Wirten verteilen, kann die Parasitenverteilung durch eine Poisson-Verteilung beschrieben werden. Folglich ist der Erwartungswert für $i^2$

$$E_t(i^2) = \left(\frac{P}{H}\right)^2 + \frac{P}{H}$$

Eingesetzt in die Parasitengleichung ergibt sich damit

$$\frac{dP}{dt} = P\left(\frac{\lambda H}{H_0 + H} - (b + \mu + \alpha) - \frac{\alpha P}{H}\right) \tag{3}$$

Jetzt können wir untersuchen, ob ein Makroparasit, der sich zufällig in der Population seines Wirtes verteilt, in der Lage ist, das Populationswachstum seines Wirtes zu regulieren. (Wir rufen uns in Erinnerung, dass die Wirtspopulation ohne den Parasiten exponentiell und unbegrenzt wächst.) Die Populationsgröße der Parasiten- und der Wirtspopulation im Gleichgewicht bezeichnen wir mit $P^*$ und $H^*$. Wenn es einen Gleichgewichtszustand zwischen Wirt und Parasit gibt, dann ändern sich die Populationsgrößen beider Partner nicht mehr, oder mathematisch ausgedrückt:

$$\frac{dP}{dt} = \frac{dH}{dt} = 0$$

Aus der Wirtsgleichung (1) ergibt sich im Gleichgewicht

$$0 = (a - b)H^* - \alpha P^*$$

oder umgeformt

$$\frac{P^*}{H^*} = \frac{(a-b)}{\alpha} \qquad (4)$$

Diese Gleichung gibt uns die mittlere Anzahl Parasiten pro Wirt im Gleichgewicht an. Ein Gleichgewicht kann dann entstehen, Wenn der Zähler ($a$–$b$) positiv ist, d.h. wenn die Geburtenrate beim Wirt höher als dessen natürliche Sterberate ist oder, mit anderen Worten, wenn die intrinsische Wachstumsrate der Wirtspopulation positiv ist. Wäre dies nicht der Fall, würde der Wirt auf jeden Fall auch ohne Parasiten aussterben.

Aus der Parasitengleichung (3) ergibt sich analog

$$0 = P^* \left( \frac{\lambda H^*}{H_0 + H^*} - (b + \mu + \alpha) - \frac{\alpha P^*}{H^*} \right)$$

oder umgeformt und mit Hilfe von Gleichung (4) ersetzt

$$H^* = \frac{H_0(\mu + \alpha + a)}{\lambda - (\mu + \alpha + a)} \qquad (5)$$

Da sämtliche Parameter positiv sind, nimmt der Zähler immer einen positiven Wert an. Eine positive Wirtspopulationsgröße im Gleichgewicht kann daher nur dann entstehen, wenn der Nenner ebenfalls positive Werte annimmt, d.h.

$$\lambda > \mu + \alpha + a$$

Biologisch ausgedrückt bedeutet das, dass die Wirtspopulation nur dann vom Parasiten reguliert werden kann, wenn die Reproduktionsrate des Parasiten $\lambda$ größer ist als die Geburtenrate des Wirtes $a$ plus die Sterberate des Parasiten (sowohl durch interne Ursachen $\mu$ als auch durch von Parasiten induzierte Todesfälle des Wirtes $\alpha$). Ansonsten wird die Wirtspopulation schneller wachsen als die Parasitenpopulation und so einer Regulierung entgehen (obwohl beide Populationen exponentiell weiterwachsen).

Der Gleichgewichtszustand des Basismodells für einen Parasiten, der zufällig in der Population seines Wirtes verteilt ist, bestehend aus den gekoppelten Gleichungen für den Wirt (1) und den Parasiten (3), ist nicht stabil, d.h. wenn das System aus dem Gleichgewicht gebracht wird (z.B. wenn durch äußeren Einfluss wie etwa ein Feuer oder eine Überschwemmung einige Wirte sterben), kehrt das System nicht mehr in den Gleichgewichtszustand zurück. Stattdessen beginnt es, zyklische Schwankungen von Wirt und Parasit zu zeigen (Abbildung 4.57). Die Höhe dieser Schwankungen hängt von der Größe der Störung ab, die Periode wird durch die Modellparameter bestimmt. Das Modell ist daher neutral stabil (ähnlich wie das Lotka-Volterra-Modell für Räuber-Beute-Beziehungen). Auch hier erreicht die Population des Parasiten das Maximum ein wenig zeitverschoben nach dem Maximum des Wirtes.

Da viele Parasitenpopulationen aggregiert auf ihren Wirten verteilt sind, ist eine Zufallsverteilung nicht unbedingt eine geeignete Beschreibung. Angebrachter wäre in einem solchen Fall eine negative Binomialverteilung anstelle der Poisson-Verteilung, die auch empirisch eine gute Beschreibung für zahlreiche natürliche Parasitenpopulationen liefert (Abbildung 4.56), und zwar unabhängig davon, durch welchen Mechanismus die aggregierte Verteilung entstanden ist (Abschnitt 4.5.3.1). Die negative Binomialverteilung hat den Vorteil, dass sie nur einen Parameter $k$ ($0 \le k \le \infty$) benötigt, um den Grad der Aggregation zu beschreiben: Je kleiner $k$, desto stärker aggregiert die Parasiten (wenn $k \to \infty$, entspricht die negative Binomialverteilung einer Poisson-Verteilung). Wenn die Parasiten geklumpt verteilt sind, ändert sich an unserem Basismodell nur der Erwartungswert für $i^2$ in Gleichung (2). Für die negative Binomialverteilung gilt:

$$E_t(i^2) = \left( \frac{P(t)}{H(t)} \right)^2 \left( \frac{k+1}{k} \right) + \frac{P(t)}{H(t)}$$

Daraus ergibt sich für die Parasitengleichung:

$$\frac{dP}{dt} = P \left( \frac{\lambda H}{H_0 + H} - (b + \mu + \alpha) - \frac{\alpha P(k+1)}{kH} \right) \qquad (6)$$

Die Populationsgleichgewichte für Wirt und Parasit erhält man aus den Gleichungen (1) und (6):

$$\frac{P^*}{H^*} = \frac{(a-b)}{\alpha}$$

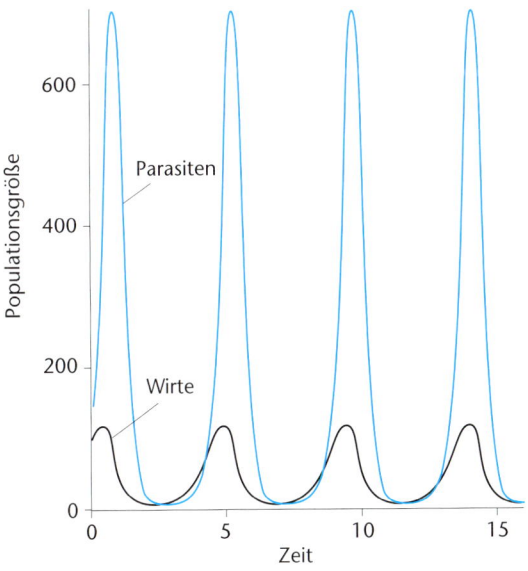

**Abb. 4.57:** Populationsdynamik von Wirt und Parasit anhand des Basismodells.

und

$$H^* = \frac{H_0(\mu + \alpha + a + \frac{(a-b)(k+1)}{k})}{\lambda - (\mu + \alpha + a + \frac{(a-b)(k+1)}{k})}$$

Ein Gleichgewichtszustand kann nur dann entstehen, wenn

$$\lambda > \mu + \alpha + a + \frac{(a-b)(k+1)}{k} \qquad (7)$$

Wenn diese Gleichung allerdings erfüllt ist, dann reguliert der Parasit seinen Wirt auf einem stabilen Populationsniveau. Selbst bei Störungen pendelt sich das System nach ein paar gedämpften Oszillationen wieder auf dem Gleichgewichtsniveau ein. Durch die geklumpte Wirtsverteilung wird das System also stabilisiert. Biologisch bedeutet dies, dass bei einer geklumpten Parasitenverteilung in den Wirten nur relativ wenige Wirte an ihren Parasiten sterben werden, denn nur relativ wenige beherbergen hohe Parasitenzahlen. Wenn allerdings der Aggregationsgrad zu hoch wird ($k \rightarrow 0$), sterben zu viele Parasiten mit ihren Wirten, und es ist schwierig für die überlebenden Parasiten, den Verlust wieder auszugleichen. Dies kann nur durch sehr hohe Reproduktionsraten $\lambda$ gegenüber den Nettoreproduktionsraten des Wirtes ($a - b$) geschehen. Im Modell kann bei kleinem $k$ die Ungleichung (7) nur dann erfüllt werden, wenn $\lambda$ sehr groß wird. Tatsächlich zeigen die meisten Parasiten, die eine geklumpte Verteilung aufweisen, im Vergleich zu ihrem Wirt sehr hohe Reproduktionsraten. Zum Beispiel scheiden parasitische Würmer von Wirbeltieren häufig mehrere Tausend Eier täglich aus.

### 4.5.3.3 Epidemiologie von Mikroparasiten

Wenn man die Populationsdynamik von Mikroparasiten, also Parasiten, die sich im Inneren ihres Wirtes vermehren, untersuchen möchte, stößt man auf das Problem, dass sich die Anzahl Mikroparasiten in einem Wirt in der Regel nicht einfach (oder überhaupt nicht) feststellen lässt. Die Anzahl Viren in einer an Grippe oder Masern erkrankten Person festzustellen, ist schier unmöglich, wenn sich auch die Konzentration von Viren im Blut oder die Stärke der Immunreaktion über den Antikörpertiter feststellen lässt. Anstelle der Anzahl Parasiten untersucht man bei Mikroparasiten in der Regel die Anzahl infizierter Wirte (**Prävalenz**). Sehr verbreitet ist dieser Ansatz in dem Seitenzweig der Humanmedizin, der sich mit der Dynamik von **Infektionskrankheiten** des Menschen (Epidemiologie) beschäftigt. Eine weitere Vereinfachung gegenüber den bisher besprochenen Modellen besteht in der Annahme, dass die Populationsgröße des Wirtes von vielen verschiedenen Faktoren abhängt und daher nicht vom Vorkommen einer einzelnen Infektionskrankheit abhängt. Man nimmt daher an, dass die Populationsgröße des Wirtes konstant ist. In der Epidemiologie betrachtet man also die Ausbreitung einer Krankheit (eines Parasiten) in einer konstanten Population von Wirten.

Nehmen wir der Einfachheit halber einmal an, dass ein Mikroparasit durch Kontakt **direkt übertragen** wird (oder über sehr kurze Distanz), eine kurze Infektionszeit hat und der Wirt nach einer Genesung eine lebenslange Immunität erwirbt. Dies trifft auf viele bakterielle und virale Infektionen wie z. B. die **Kinderkrankheiten** Masern, Röteln, Mumps und andere zu. Die Übertragungsrate des Parasiten wird dann unter anderem von der Anzahl Kontakte zwischen infizierten und empfänglichen Wirten bestimmt. In einer sich frei (d. h. homogen oder zufällig) durchmischenden, geschlossenen Wirtspopulation ist die Anzahl Kontakte $I_1$ zwischen infizierten und empfänglichen Individuen von der Anzahl infizierter Wirte $Y$, der Anzahl empfänglicher Wirte $X$ und der Durchmischungsrate $\beta_1$ abhängig:

$$I_1 = \beta_1 XY$$

Dieses wird in Analogie zu einem idealen Gas in der Epidemiologie auch das **Massenwirkungsgesetz** (*law of mass action*) genannt. Die tatsächliche Anzahl Infektionen pro Zeiteinheit $I$ (*incidence*), die sich aus diesen Kontakten ergeben, hängt von der Wahrscheinlichkeit $\beta_2$ ab, dass ein Kontakt zwischen einem infizierten und einem empfänglichen Wirt tatsächlich zu einer Übertragung des Parasiten führt. Also gilt

$$I = \beta_1 \beta_2 XY = \beta XY$$

Die Wahrscheinlichkeit einer Übertragung nach einem Kontakt hängt einerseits von der Fähigkeit des Parasiten ab, sich in dem neuen Wirt zu etablieren (**Infektiosität**), und andererseits von der genetisch bedingten Empfänglichkeit des Wirtes. Unterschiede in der dem Parasiten eigenen Übertragungswahrscheinlichkeit ($\beta_2$) sind dafür verantwortlich, dass sich die verschiedenen Kinderkrankheiten unterschiedlich schnell ausbreiten. Wir sagen, sie sind unterschiedlich ansteckend. Der Koeffizient $\beta = \beta_1 \beta_2$ wird **Übertragungsrate** (*transmission coefficient*) genannt. Das Prinzip der Massenwirkung bei der Übertragung von Mikroparasiten wird von Beobachtungen zur Ausbreitung von bakteriellen und viralen Infektionen bestätigt. Tatsächlich breiten sich diese in dichten Wirtspopulationen (z. B. in Städten) schneller aus.

Es gibt viele Beispiele für Infektionen, die sich explosionsartig schnell in einer empfänglichen Population ausgebreitet haben (z. B. die **Maul-und-Klauenseuche**, die zuletzt im Jahr 2001 in Großbritannien und dem angrenzenden Europa Tausende von Rindern, Schweinen und Schafen getötet hat; Haydon et al. 2002). Es gibt allerdings ebenso Infektionen, die es nicht geschafft haben, in einer Wirtspopulation Fuß zu fassen. Dies geschieht wahrscheinlich sehr häufig, bleibt allerdings in der Regel unbemerkt. Welche Faktoren bestimmen, ob sich ein Parasit erfolgreich ausbreiten kann? Intuitiv leuchtet ein, dass die Fähigkeit des Parasiten, sich von Wirt zu Wirt zu verbreiten, kritisch für eine erfolgreiche Ausbreitung ist. Insbesondere sollte bei einem erfolgreichen Parasiten ein befallener Wirt im Durchschnitt während seines Lebens mindestens einen weiteren Wirt infizieren (andernfalls stirbt der Parasit aus). Stellen wir uns dazu die **Nettoreproduktionsrate** $R_0$ von Mikroparasiten als die durchschnittliche Anzahl neuer Krankheitsfälle vor die durch einen mit Parasiten befallenen Wirt in einer unbefallenen Wirtspopulation ausgelöst werden. Die Nettoreproduktionsrate entspricht dann der Ausbreitung der Krankheit in einer Wirtspopulation unter Idealbedingungen (alle Individuen sind empfänglich). Die Nettoreproduktionsrate $R_0$ hängt nun, wenn wir das Prinzip der Massenwirkung annehmen, von zwei Größen ab: der Anzahl Kontakte zwischen dem infizierten Wirt und empfänglichen Wirtsindividuen (das Produkt aus der Anzahl empfänglicher Wirte $X$ und der Übertragungsrate $\beta$ der Krankheit oder der Wahrscheinlichkeit, dass ein Kontakt zur Übertragung führt) und der Zeit $D$, während der ein infizierter Wirt den Parasiten weiter übertragen kann. Achtung: Bei manchen Krankheiten kann ein Wirt auch nach seinem Tod infektiös sein, wenn z.B. Dauerstadien gebildet werden. Zusammenfassend kann man schreiben:

$$R_0 = X\beta D$$

Damit sich eine Krankheit in einer Population ausbreiten kann, muss die Nettoreproduktionsrate $R_0 > 1$ sein. Wenn $R_0 < 1$, führt jeder infizierte Wirt in Zukunft zu weniger als einem neu infizierten Wirt, sodass die Krankheit aussterben wird. Die Bedingung $R_0 = 1$ wird die **Übertragungsschwelle** (*transmission threshold*) genannt. Die Übertragungsschwelle lässt sich auch als kritische **Schwellendichte** $X_T$, d.h. als Mindestdichte der empfänglichen Wirtspopulation, die benötigt wird, damit sich die Krankheit noch ausbreiten kann, ausdrücken:

$$R_0 = 1 = X_T\beta D$$

oder umgeformt

$$X_T = \frac{1}{\beta D}$$

In Wirtspopulationen mit einer geringeren Dichte empfänglicher Individuen wird die Krankheit aussterben, in Populationen mit höherer Dichte kann sich die Krankheit ausbreiten. Wie kritisch die Wirtsdichte für die Ausbreitung von Krankheiten ist, wird besonders in der Tierhaltung (aber auch in der Pflanzenzucht) deutlich, wo Wirte in einer unnatürlich hohen Dichte verglichen mit ihrem Freilandvorkommen gehalten werden. Hier breiten sich Infektionen mit Mikroparasiten explosionsartig aus, die im Freiland praktisch keine Rolle für die Wirte spielen. Viele Infektionskrankheiten gerade bei Rindern treten weiterhin typischerweise im Winter während der Stallhaltung und nicht im Sommer im Freiland auf (z.B. Lungen- und Darmparasiten).

Die Tatsache, dass eine Wirtspopulation von einem Parasiten befallen werden kann (Invasionskriterium: $R_0 > 1$), heißt nicht, dass sich der Parasit auch in der Population halten kann. Mit fortschreitender Einwanderung des Parasiten in die Wirtspopulation (**epidemische Phase**) nimmt die Anzahl empfänglicher Wirte immer weiter ab. Dies geschieht durch drei Prozesse:

- Bereits befallene Wirte können zwar erneut befallen werden (während sie noch den Parasiten in sich haben), tragen aber nicht zur Ausbreitung des Parasiten bei und fallen damit aus der Rechnung heraus.
- Befallene Wirte können sterben.
- Befallene Wirte können (zumindest in einigen Tiergruppen, aber auch bei Pflanzen) eine Immunität erwerben, sodass sie bei erneutem Kontakt zu dem Parasiten nicht infiziert werden.

Die abnehmende Anzahl empfänglicher Wirte ist daher ein limitierender Prozess für die Ausbreitung und den Bestand des Parasiten. Damit sich der Parasit in einer Population von Wirten halten kann (nicht ausstirbt), ist er darauf angewiesen, dass sich aus der Wirtspopulation neue empfängliche Wirte rekrutieren. Dies kann durch Geburten, Verlust der Immunität oder durch Immigration geschehen. Wenn die Rekrutierung neuer empfänglicher Wirte nicht ausreicht, um durchschnittlich mindestens eine Neuinfektion von jeder bereits bestehenden zu garantieren, wird sich der Parasit nicht in der Wirtspopulation halten können, d.h. er wird nicht zu einer **endemischen Parasitose** werden und schließlich wieder aussterben. Bei vielen durch Mikroparasiten verursachten Krankheiten sind die befallenen Wirte, die die Infektion überleben, lebenslang immun gegen einen Neubefall (z.B. bei allen Kinderkrankheiten). Hier ist die hauptsächliche Quelle neuer empfänglicher Wirte in der Anzahl Neugeborener zu suchen, die wiederum selbst von der Größe der Wirtspopulation abhängt. Es überrascht daher nicht, dass eine bestimmte Wirtsdichte benötigt wird, damit Kinderkrankheiten endemisch in einer Population bestehen können. Auf Inseln findet man einen starken Zusammenhang zwischen der Einwohnerzahl und der Länge von Epidemien (Abbildung 4.58). Es gibt allerdings Ausnahmen: So halten sich auf der Karibikinsel St. Lucia mit etwa 150.000 Einwohnern die Masern über viele Jahre, obwohl sie eigentlich gemäß der Bevölkerungsdichte aussterben müssten. Die Erklärung hierfür ist wohl im Reiseverkehr zu finden, der ungefähr in der gleichen Größenordnung liegt wie die Einwohnerzahl. Unsere bisherigen Überlegungen gingen von geschlossenen Populationen aus. Durch Zu- und Abwanderungen vergrößert sich die effektive Anzahl empfänglicher Wirte, sodass die lokale Bevölkerung eine Unterschätzung der tatsächlichen Wirtspopulation darstellt.

Häufig wechseln sich bei Krankheitsepidemien durch Mikroparasiten Phasen mit niedriger **Prävalenz** (Anzahl infizierter Wirte) mit Phasen hoher Prävalenz ab (Abbildung 4.59). Solche regelmäßig schwankenden (oszillierenden) Muster werden durch eine sinkende Anzahl empfänglicher Wirte im Verlauf der Epidemie gefolgt von Perioden, in denen sich die Zahl empfänglicher Wirte wieder erholt (z.B. durch Geburten), verursacht. Die Länge der Periode zwischen zwei Krankheitsausbrüchen ist direkt abhängig von der Übertragungsrate ($R_0$) und der Rate, mit der der Wirtspool wieder aufgefüllt wird (z. B. Geburtenrate), und umgekehrt abhängig von der Latenzzeit der Krankheit. Aus diesem Grund zeigen Infektionen in Populationen mit hoher Geburtenrate, wie sie z. B. typisch für Entwicklungsländer ist, in der Regel kürzere Zeiträume zwischen zwei Epidemien als die gleichen Krankheiten in Industrieländern.

Während die Nettoreproduktionsrate $R_0$ bei Krankheiten, die durch direkten Kontakt übertragen werden, von der Größe der Wirtspopulation abhängt, gilt dies nicht für Krankheiten, die sexuell oder durch Vektoren übertragen werden. Bei **sexuell übertragenen Krankheiten** (*sexually transmitted disease*, STD) betrachtet man anstelle der Rate der allgemeinen Kontakte mit verschiedenen Wirten die Rate der sexuellen Partnerwechsel pro Zeiteinheit ($\beta_1$). Es ist häufig nicht anzunehmen, dass in einer größeren Population die Individuen häufiger die Partner wechseln als in einer kleinen. Die Übertragungsrate ist daher nicht abhängig von der absoluten Wirtspopulationsgröße, sondern von der Wahrscheinlichkeit, dass ein Sexualpartner empfänglich für den Parasiten ist, oder mit anderen Worten von der relativen Häufigkeit empfänglicher Partner in der Gesamtpopulation ($X/N$). Wenn $\beta_1$ die Rate des Partnerwechsels ist und $\beta_2$ die Wahrscheinlichkeit, dass ein sexueller Kontakt zur Übertragung der Krankheit führt, dann wird die Anzahl Neuinfektionen $I$ bei $Y$ infizierten Individuen in der Population durch folgende Formel wiedergegeben:

$$I = \beta_1 \beta_2 Y \frac{X}{N}$$

Nach der Einführung eines infizierten Individuums in eine Population aus empfänglichen Wirten ergibt sich ebenso die Anzahl Sekundärinfektionen $R_0$ als das Produkt aus der Anzahl sexueller Kontakte, die zur Übertragung führen ($\beta_1\beta_2(X/N)$), und der Zeitdauer der infektiösen Periode des Parasiten $D$:

$$R_0 = \beta_1 \beta_2 \frac{X}{N} D = \beta_1 \beta_2 D$$

$R_0$ ist unabhängig von der Wirtsdichte, da sämtliche Wirte empfänglich sind ($X = N$). Im Gegensatz zu direkt verbreiteten Krankheiten gibt es für sexuell übertragene Parasiten keine kritische Schwellendichte $X_T$, d. h. keine Mindestdichte der empfänglichen Wirtspopulation, die benötigt wird, damit sich die Krankheit ausbreiten kann. Diese Vorhersage wird unter anderem durch die Beobachtung unterstützt, dass sich sexuell übertragene Krankheiten in allen Populationen weltweit halten, unabhängig von ihrer Größe. Es wird ebenfalls deutlich, dass die Ausbreitung von sexuell übertragbaren Krankheiten in erster Linie von der Häufigkeit der Partnerwechsel abhängt, wenn keine Vorbeugemaßnahmen getroffen werden, die die Übertragung der Krankheit verhindern. So hat sich HIV (*human immunodeficiency virus*) zu Beginn der Epidemie in Euro-

pa (also vor den großen Aufklärungskampagnen) am stärksten in den Bevölkerungsschichten ausgebreitet, die die höchste Rate an Partnerwechseln aufwiesen (homosexuelle Männer, Prostituierte).

Die ersten Fälle von AIDS (*acquired immunodeficiency syndrome*; erworbenes Immunschwächesyndrom) wurden 1981 in den USA bekannt. Zwei Jahre später wurde ein Retrovirus (HIV) als Verursacher von AIDS entdeckt. Seitdem breitet sich die Krankheit zunehmend in der menschlichen Bevölkerung aus (Abbildung 4.60). HIV wird durch den Austausch von Körperflüssigkeit (Blut, Sperma, Geschlechtssekret, Speichel) verbreitet, und daher hauptsächlich beim ungeschützten Geschlechtsverkehr und beim Benutzen von gebrauchten Infusionsnadeln (Drogenkonsum) übertragen (Tabelle 4.9). Homosexuelle Männer sind stärker gefährdet als heterosexuelle Paare, weil die Gefahr kleiner Verletzungen und damit die Übertragungswahrscheinlichkeit von HIV in die Blutbahn beim Analverkehr größer ist als beim Vaginalverkehr. Rückblickende Untersuchungen an der molekularen Veränderung (*molecular clock*) von HIV haben ergeben, dass das Virus höchstwahrscheinlich im tropischen Afrika mehrfach vom Schimpansen auf den Menschen übergesprungen ist (unter Menschenaffen grassiert ein sehr ähnliches Virus) und dass dies bereits schon im 17. Jahrhundert passiert sein muss (Salemi et al. 2000). Phylogenetische Stammbäume der Viruslinien legen nahe, dass die ersten infizierten Personen in den USA wahrscheinlich bereits in den späten 60er Jahren des 20. Jahrhunderts aufgetreten sind, ohne dass ihre Krankheit allerdings als solche erkannt wurde (Robbins et al. 2003). In vielen Teilen der Erde steigt die Zahl der HIV-infizierten Personen immer noch an, obwohl zwischen den einzelnen Regionen große Unterschiede in der Epidemiologie bestehen (Tabelle 4.9). Die stärksten Anstiege sind in den Regionen zu verzeichnen, in denen der Virus erst spät aufgetreten ist (z. B. Osteuropa nach der Öffnung).

Nach Schätzungen der Vereinten Nationen (UNAIDS 2002) befindet sich die Epidemie immer noch in einer frühen Phase. Wenn die Maßnahmen zur Prävention und Bekämpfung nicht drastisch erweitert werden, könnten im Zeitraum 2000 bis 2020 68 Millionen Menschen weltweit an den Folgen einer HIV-Infektion sterben. Nach der Einführung von antiretroviralen Therapien Mitte der 90er Jahre in den westlichen Industrieländern nahm die Mortalität durch AIDS stark ab (Abbildung 4.60). Neuerdings zeichnet sich allerdings wieder eine Zunahme der HIV-Infektionen und damit auch der AIDS-Fälle ab. Dies liegt in erster Linie an einer längeren Lebenserwartung HIV-infizierter Patienten (und damit an einer größeren Übertragungswahr-

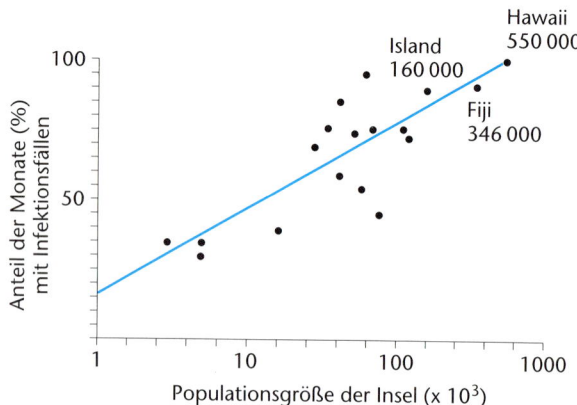

**Abb. 4.58:** Zusammenhang zwischen der Einwohnerzahl und der Dauer von Epidemien auf Inseln am Beispiel von Masern, einer direkt durch engen Kontakt übertragenen Krankheit. Nach Nokes (1992).

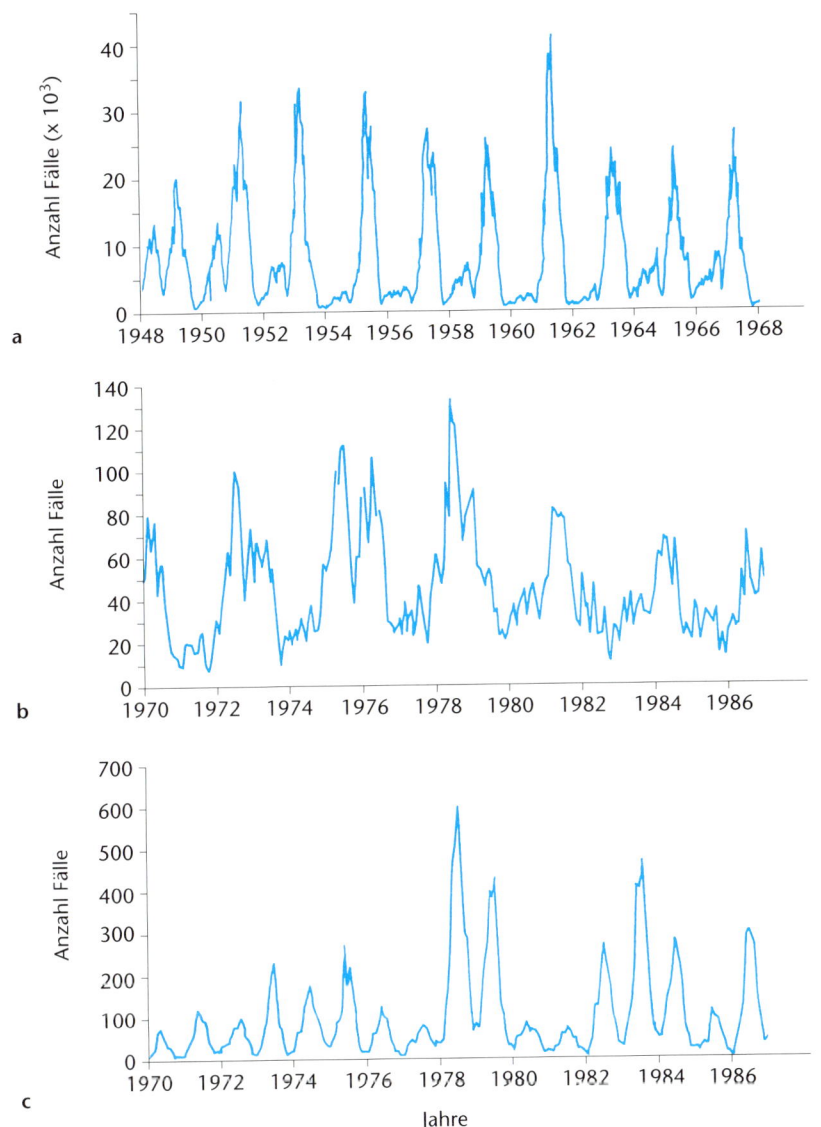

**Abb. 4.59:** Periodisches Auftreten von Kinderkrankheiten in England und Wales. a) Masern, b) Mumps, c) Röteln. Das unterschiedliche Ansteckungspotenzial ($R_0$: Masern > Mumps > Röteln) spiegelt sich in der Länge der Zyklen (etwa zwei Jahre bei Masern, drei Jahre bei Mumps und etwa vier bis fünf Jahre bei Röteln) und im synchronen landesweiten Auftreten der Epidemie (d.h. die Ausbrüche sind am schärfsten bei Masern abgegrenzt und am verschwommensten bei Röteln) wider. Nach Nokes (1992).

scheinlichkeit) und an einer zunehmenden Risikobereitschaft junger Erwachsener (ungeschützter Geschlechtsverkehr mit Partnern unbekannten Immunstatus).

Viele Krankheiten werden auch durch Bisse von Arthropoden übertragen. In diesen Fällen können wir in der Regel davon ausgehen, dass dem **Arthropoden als Vektor** eine bestimmte Anzahl Bisse oder Stiche pro Zeiteinheit zur Verfügung stehen (Bissrate), und zwar unabhängig von der Anzahl Wirte in seiner Umgebung. Diese Bissrate kann z.B. bei Bremsen (Diptera, Tabanidae) durch die Zeit bestimmt werden, die eine Fliege zur Verdauung einer Blutmahlzeit benötigt, oder bei Stechmücken (Diptera, Culicidae) durch die Zeit zur Reifung eines Eigeleges. Die Übertragungsrate von infizierten Arthropoden zu empfänglichen Wirten ist daher von der Bissrate $\beta_1$

multipliziert mit der Wahrscheinlichkeit, dass ein Wirt empfänglich ist (also erneut $X/N$), abhängig. Wir haben somit analog zu den sexuell übertragenen Krankheiten eine Abhängigkeit der Übertragungsrate von der relativen Häufigkeit der Wirte:

$$I = \beta_1 \beta_2 Y \frac{X}{N}$$

In gewissem Rahmen ist auch $\beta_1$ nicht konstant, sondern abhängig von der Mikroparasitendichte im Wirt, d.h. je mehr Mikroparasiten ein Insekt mit sich trägt, desto größer ist die Wahrscheinlichkeit einer Übertragung auf einen empfänglichen Wirt. Die Anzahl Mikroparasiten im Vektor hängt dabei von deren Dichte im zuletzt gebissenen infizierten Wirt ab; in einem frühen Krankheitsstadium wird ein Wirt wenige Parasiten tragen, später mehr.

**Abb. 4.60:** Epidemiologie von AIDS in den USA. Anzahl diagnostizierter AIDS-Fälle, Todesfälle durch AIDS und Prävalenz in der Bevölkerung. Mit den Präventionsmaßnahmen nahm die Anzahl diagnostizierter Fälle pro Jahr ab. Die Anzahl infizierter Personen in der Bevölkerung (Prävalenz) steigt allerdings weiter an, unter anderem, weil HIV-infizierte Personen durch antiretrovirale Kombinationstherapien (eingeführt seit 1995) länger leben. Nach http://www.cdc.gov/hiv/dhap.htm.

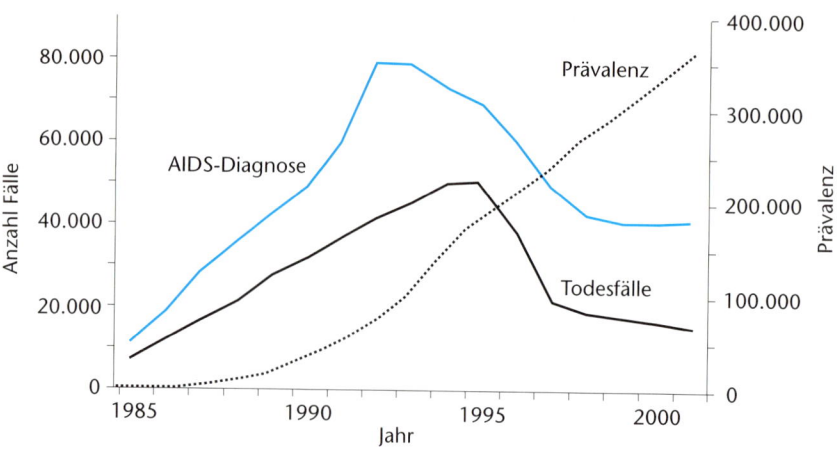

**Tab. 4.9:** Globale HIV-Statistik gegliedert nach Regionen, Stand Dezember 2002 (in Klammern die prozentuale Veränderung gegenüber 1998). Nach UNAIDS (2002).

| Region | Beginn der Epidemie | HIV-infizierte Personen | Neuinfektionen in 2002 | Prävalenz (%) | hauptsächlicher Übertragungsweg |
|---|---|---|---|---|---|
| südliches Afrika | Ende 70er Jahre | 29 400 000 (+30%) | 3 500 000 (-12%) | 8,8 (+10%) | Hetero |
| Nordafrika und Mittlerer Osten | Ende 80er Jahre | 550 000 (+160%) | 83 000 (+340%) | 0,3 (+130%) | Hetero, Drogen |
| Süd- und Südostasien | Ende 80er Jahre | 6 000 000 (-10%) | 700 000 (-40%) | 0,6 (-15%) | Hetero, Drogen |
| östliches Asien | Ende 80er Jahre | 1 200 000 (+114%) | 270 000 (+35%) | 0,1 (+50%) | Drogen, Hetero, Homo |
| Lateinamerika | Ende 70er Jahre | 1 500 000 (+7%) | 150 000 (-6%) | 0,6 (0%) | Homo, Drogen, Hetero |
| Karibik | Ende 70er Jahre | 440 000 (+33%) | 60 000 (+33%) | 2,4 (+30%) | Hetero, Homo |
| Osteuropa | Frühe 90er Jahre | 1 200 000 (+345%) | 250 000 (+212%) | 0,6 (+330%) | Drogen |
| Westeuropa | Ende 70er Jahre | 570 000 (+14%) | 30 000 (0%) | 0,3 (+20%) | Homo, Drogen |
| Nordamerika | Ende 70er Jahre | 980 000 (+10%) | 45 000 (+1%) | 0,6 (+7%) | Homo, Drogen, Hetero |
| Australien und Neuseeland | Ende 70er Jahre | 15 000 (+25%) | 500 (-17%) | 0,1 (0%) | Homo |
| **gesamt** | | **42 000 000** (+25%) | **5 000 000** (-14%) | **1,2** (+9%) | |

Die Prävalenz bezeichnet den Anteil HIV-infizierter Erwachsener (15–49 Jahre) in 2002. Hauptsächliche Übertragungswege: Hetero: Heterosexueller Geschlechtsverkehr; Homo: Homosexueller Geschlechtsverkehr zwischen Männern; Drogen: Benutzung von infizierten Injektionsnadeln bei Drogenabhängigen.

In dieser Gleichung steht $Y$ für die Population der Vektoren. Die gleiche häufigkeitsabhängige Übertragungsrate gilt übrigens auch für die Übertragung von Parasiten von infizierten Wirten zu Arthropoden. Wenn man also die Population der Wirte erhöht, wird nicht die Übertragungsrate erhöht, sondern die Anzahl Bisse oder Stiche der Vektorenpopulation (die konstant bleibt) wird auf die Wirtspopulation verteilt. Damit verringert sich die Wahrscheinlichkeit, dass ein bestimmtes Wirtsindividuum infiziert wird. Ebenso sinkt die Wahrscheinlichkeit, dass ein bisher unbefallener Vektor mit Parasiten infiziert wird. Die Nettoreproduktionsrate $R_0$ hängt vom Verhältnis der Vektorenpopulation zur Wirtspopulation oder, anders ausgedrückt, von der Anzahl Vektoren pro Wirt ($N_v/N_h$) ab:

$$R_0 = \beta_1\beta_2 \frac{N_v}{N_h} D$$

Die kritische Schwellendichte gibt in diesem Fall das Verhältnis Vektoren pro Wirt an, unter dem sich eine Infektion eines von Arthropoden übertragenen Parasiten nicht endemisch in einer Population halten kann ($R_0 = 1$):

$$\frac{N_v}{N_h} = \frac{1}{\beta_1 \beta_2 D}$$

# 4.6 Mutualismus

## 4.6.1 Was verstehen wir unter Mutualismus?

Als Mutualismus werden Wechselwirkungen zwischen zwei (oder mehreren) Arten bezeichnet, deren Vorteile normalerweise die jeweiligen Nachteile überwiegen. Mutualismus ist also das Ergebnis einer Wechselbeziehung unabhängig von deren Ausmaß, Spezialisierung und geschichtlichem Hintergrund. Häufig wird Mutualismus gleichgestellt mit **Symbiose**, die einen Spezialfall von Mutualismus darstellt und eine sehr innige Beziehung beschreibt, die in der Regel während der gesamten Lebenszeit der Partner besteht, so z.B. die Symbiose von darmbewohnenden Bakterien, die ihren tierischen Wirten die Verdauung von schwer abbaubaren Substanzen (Cellulose) ermöglichen. Mutualismus sollte auch gegen **Kooperation** abgegrenzt werden, die eine innerartliche Beziehung zum gegenseitigen Nutzen bezeichnet. Letztlich wird Mutualismus manchmal in die Nähe von **Altruismus** gestellt, der ein Verhalten beschreibt, das nachteilig für das Individuum, aber vorteilhaft für ein anderes ist. Während Altruismus eher bei innerartlicher Kooperation auftritt, ist er im Allgemeinen weniger als generelles Konzept geeignet, mutualistische Interaktionen zu beschreiben, in denen die Beteiligten häufig direkt ihren Profit suchen. Man kann sich Mutualismen vielleicht am besten als **biologische Märkte** (*biological markets*) vorstellen, auf denen Arten ihren Partnern Waren oder Dienstleistungen anbieten, die für sie selbst relativ billig herzustellen oder zu erbringen sind, im Austausch gegen andere Waren/Dienstleistungen, die für sie selbst teuer oder sogar unmöglich zu produzieren oder zu leisten sind (Noë und Hammerstein 1994, Schwartz und Hoeksema 1998). In dieser Sichtweise fasst man Mutualismus als gegenseitiges Ausbeuten (*reciprocal exploitation*) der Partner auf, wovon unter dem Strich beide profitieren.

Mutualismus ist als Prinzip einer Wechselwirkung zwischen verschiedenen Arten weniger gut untersucht als andere interspezifische Wechselwirkungen. Der Hauptgrund liegt wahrscheinlich darin, dass es sich bei Mutualismen, im Gegensatz zu trophischen oder kompetitiven Wechselwirkungen, um eine sehr heterogene Klasse der interspezifischen Interaktionen handelt. Zu ihr zählen so verschiedene Beziehungen wie die Interaktion zwischen Wurzelknöllchenbakterien der Gattung *Rhizobium*, die ihre Wirtspflanzen aus der Familie der Schmetterlingsblüt-

ler (Fabaceae), z.B. Rotklee (*Trifolium pratense*), mit Stickstoff versorgen, den sie aus der Luft fixieren, und im Gegenzug Kohlenhydrate von der Wirtspflanze beziehen, oder die Beziehung zwischen Putzerfischen, die andere, meist größere Fische von Parasiten reinigen, und ihren Klienten, oder Blattschneiderameisen, die in ihren Bauten spezielle Pilzarten auf abgeschnittenen Blättern züchten, um deren Fruchtkörper dann zu verzehren. Weitere bekannte Beispiele sind die Beziehung zwischen Blütenpflanzen und ihren Bestäubern, Flechten (eine Symbiose von Algen und Pilzen) und Ameisen, die andere Insekten (z.B. Blattläuse oder Schmetterlingslarven aus der Familie der Bläulinge (Lycaenidae)) oder Pflanzen (z.B. Akazien) vor ihren Feinden beschützen und im Gegenzug kohlenhydrathaltige Ausscheidungen in Form von Honigtau oder Nektar und bei manchen Pflanzen auch vorgefertigten Nistraum (z.B. in hohlen Dornen) zur Verfügung gestellt bekommen.

Allen diesen Beziehungen ist gemeinsam, dass beide Partner von der Interaktion profitieren. Mutualismen kommen in allen Organismenreichen vor, und es wurde geschätzt, dass alle Lebewesen in mindestens einen Mutualismus involviert sind, die meisten sogar in mehrere. Durch diese Vielfalt ist die Klasse der Mutualismen nicht an eine trophische Ebene gebunden. Diese Vielfalt hat allerdings bisher auch verhindert, dass wir Mutualismus als verallgemeinerndes Konzept mit klaren Regeln und Gesetzmäßigkeiten verstehen. Im Folgenden wird versucht, die wenigen übergreifenden Konzepte, die größtenteils erst im letzten Jahrzehnt aufgestellt wurden, zu erörtern.

## 4.6.2 Einteilung von Mutualismen

Eine frühe Einteilung der Mutualismen wurde nach der Stärke der Bindung vorgenommen. Wenn eine Art ohne ihren mutualistischen Partner nicht überlebensfähig ist, spricht man von einem **obligaten** Mutualismus. Ein Beispiel hierfür wären viele Symbiosen (z.B. Darmbakterien–Wiederkäuer, Mitochondrien/Chloroplasten–eukaryotische Zelle, Blattschneiderameisen–Pilz). Häufig ist es allerdings so, dass Arten auch ohne ihre mutualistischen Partner überleben können. Derartige Beziehungen nennt man **fakultative** Mutualismen. Zu diesen zählen unter anderem viele Ameisen-Blattlaus-Mutualismen. Mutualismen gelten außerdem als fakultativ, wenn der eine Partner nicht auf eine bestimmte Art als Mutalist angewiesen ist, sondern auf andere Arten ausweichen kann. In **Bestäubermutualismen** sind in der Regel sowohl die Pflanzen darauf angewiesen, bestäubt zu werden, als auch die Bestäuber, Nektar als Futterquelle zu erhalten. Beide Parteien sind allerdings bis auf wenige Ausnahmen nicht an eine bestimmte Art der mutualistischen Partner gebunden; die Bestäuber können ihren Bedarf an Nektar von mehreren Pflanzenarten decken, und Pollen kann von mehreren Bestäuberarten übertragen werden. Der Mutualismus ist hier nicht artspezifisch, sondern auf eine ganze Gruppe ausgerichtet. Ähnliches gilt z.B. auch für den Mutualismus zwischen Pflanzen und Mykorrhizapilzen, die die Pflanzen mit dem für sie häufig limitierten Mineral Phosphor versorgen und dafür im Gegenzug Kohlenhydrate erhalten. Sowohl Pflanzen als auch Pilze können oft mit verschiedenen Partnern eine Beziehung eingehen, dabei kann ein und dasselbe Pilzindividuum gleichzeitig eine Assoziation zu mehreren Pflanzenarten haben. Ein Mutualismus kann auch für die eine Art obligat sein, während er für die andere fakultativ ist, einige Pflanzen z. B. versehen ihre Samen mit Ölkörperchen (Elaiosomen), die von Ameisen als Nahrung in ihren Bau eingetragen werden. Die Pflanzen sind darauf angewiesen, auf diese Weise ihre Samen zu verbreiten (obligat), während die Ameisen eine Vielzahl von Nahrungsquellen konsumieren und die Elaiosomen nur fakultativ nutzen.

Die Vielzahl der in Mutualismen ausgetauschten Waren oder Dienstleistungen teilen sich in nur drei Klassen ein: Schutz vor Feinden, Transport und Nahrung (Bronstein 2001). Zu den Mutualismen, in denen ein Partner dem anderen Schutz gewährt (**Schutzmutualismen**), zählen Ameisen, die Homopteren (Blattläuse und andere Pflanzensauger), Bläulingsraupen oder Pflanzen vor ihren natürlichen Feinden schützen, aber auch Arten, die andere von ihren Parasiten befreien (Putzer). Putzer gibt es unter den Fischen und Vögeln. **Transportmutualismen** sind solche, in denen der Vorteil des einen Partners daraus besteht, dass entweder er selber oder seine Gameten an einen Ort gebracht werden, der bessere Entwicklungs- oder Reproduktionsmöglichkeiten bietet. Zu den bekanntesten Beispielen dieser Kategorie zählen Bestäubung und Samenverbreitung durch Tiere (Zoochorie). Die dritte Klasse umfasst **Nahrungsmutualismen**, in denen eine Art einer anderen Nahrung zur Verfügung stellt. Bestäubung und Samenverbreitung sind aus der Sichtweise der Tiere Nahrungsmutualismen, bei der Assoziation von Pflanzen mit Mykorrhizapilzen sogar aus der Sichtweise beider Partner. Auch die Beziehung zwischen Menschen und Kulturpflanzen und -tieren kann als wechselseitiger Nahrungsmutualismus aufgefasst werden.

Eine weitere wichtige Einteilung von Mutualismen erfolgt nach den Mechanismen, anhand derer die Partner Vorteil aus ihrer Beziehung ziehen (Connor 1995). Vorteile in einer mutualistischen Beziehung können von einem Partner auf den anderen als **Nebenprodukt** (*by-product*) einer Handlung übertragen werden, die das Individuum im eigenen Interesse durchgeführt hat und die eigentlich einem anderen Zweck dient. Die Übertragung von Pollen auf andere Blüten geschieht sicherlich häufig einfach als Nebenprodukt des Nektarsammelns. Wenn ein Individuum einen Mechanismus entwickelt hat, der für es selbst Kosten mit sich bringt, aber einem anderen Individuum nützt, wird der Vorteil durch eine **Investition** (*investment*) übertragen. Das Bereitstellen von Nektar für Bestäuber z. B. fällt in diese Kategorie. Die dritte Möglichkeit ist, dass der Vorteil durch einen Akt des **Stehlens** (*purloined*) erlangt wird und damit zum Schaden des anderen ist (der aber durch eine Gegenleistung wieder ausgeglichen wird). Nagetiere, die Samen in Vorratshöhlen eintragen und so indirekt der Verbreitung ihrer Wirtspflanzen dienen, ziehen in erster Linie ihren Vorteil aus der Beziehung, indem sie die Samen fressen und diese der Pflanze nicht mehr zur Fortpflanzung zur Verfügung stehen. Die Kombination dieser drei Mechanismen führt zu sechs Möglichkeiten, wie Vorteile in Mutualismen zwischen zwei Arten transferiert werden können. Es lassen sich auch für fünf dieser Kombinationen reale Beispiele finden; nur für einen Mutualismus, der gegenseitiges Stehlen annimmt, gibt es kein Beispiel (Tabelle 4.10). Individuen verschiedener Arten, die sich zur Nahrungssuche zu Gruppen zusammenschließen, profitieren gegenseitig als Nebenprodukt von der Anwesenheit der anderen Individuen dadurch, dass sie mehr Informationen über die Anwesenheit von Nahrungsquellen oder Feinden erhalten, als wenn sie allein wären ("viele Augen sehen mehr").

Yuccamotten (*Tegeticula* ssp., Incurvariidae) sind die obligaten Bestäuber der Yuccapalmen (*Yucca* spp.) in Nordamerika und sind ein Beispiel für einen Mutualismus, bei dem ein Partner in den anderen investiert, während er selbst bestohlen wird. Die Weibchen der Yuccamotten legen ihre Eier in das Ovarium einer Yuccablüte und die schlüpfenden Larven beginnen, an den sich entwickelnden Samen zu fressen. Die Bestäubung ist für viele Yuccaarten unabdingbar, damit sich die Samen entwickeln können, und nach der Eiablage bestäubt die Motte aktiv "ihre" Blüte. Die Motten haben spezielle Strukturen für das Einsammeln und die Übertragung des Pollens entwickelt, also in ihren Partner investiert, während die Yuccapflanze durch den Fraß der Larven Samen gestohlen werden. In der Regel werden allerdings nicht alle Samen einer Samenanlage von den Larven gefressen, sodass die Beziehung immer noch vorteilhaft für die Pflanze ist.

Über eine bloße Einteilung von Mutualismen hinaus hilft uns eine Klassifizierung nach Mechanismen, die Entstehung und Entwicklung von Mutualismen im Laufe der Evolution zu verstehen. Nebenprodukte von Handlungen

**Tab. 4.10:** Beispiele für Mutualismen, in denen Vorteile auf verschiedene Weisen zwischen den Partnern transferiert werden.

| Mutualist 1 | Mutualist 2 Nebenprodukt | Stehlen | Investition |
|---|---|---|---|
| Nebenprodukt | Tiergruppen aus gemischten Arten (Vogeltrupps, Säugetierherden) | ursprüngliche Insektenbestäubungsmutualismen (kein Nektar als Belohnung, sondern Pollen wird von den Insekten gefressen) | extraflorale Nektarien als Belohnung für Ameisen, die durch ihre Futtersuche auf der Pflanze Herbivore vertreiben |
| Stehlen | | nicht bekannt | Yucca-Yuccamotte, Tier- und Pflanzenhaltung des Menschen |
| Investition | | | Flechten, Ameisen-Akazien |

oder auch das Stehlen von Ressourcen anderer Arten, die zum Vorteil einer Partnerart gereichen, sind entstehungsgeschichtlich recht einfach zu erklären, man kann sich aber genau so gut vorstellen, dass die Entwicklung von kostspieligen Strukturen zufällig auch von Nutzen für eine zweite Art sein kann. Alle drei Mechanismen eignen sich daher als Einstieg in einen Mutualismus aus einer Beziehung, die vorher nicht mutualistisch war. Um einen bereits bestehenden Mutualismus effektiver zu machen, muss allerdings einer der Partner (oder beide) investieren. In vielen der bekannten, hochspezialisierten Mutualismen investieren beide Partner in ihr Gegenüber, und es ist unwahrscheinlich, dass diese Mutualismen als solche entstanden. Viel wahrscheinlicher ist, dass sich diese aus Vorstufen entwickelten, die weniger spezialisiert waren.

Die Pilzgärten, die von Blattschneiderameisen (*Atta* spp. und *Acromyrmex* spp.) angelegt und gepflegt werden, sind höchstwahrscheinlich eine abgeleitete Form. Man nimmt an, dass diese Beziehung aus Ameisen hervorgegangen ist, die sich ursprünglich von diversen Pilzfruchtkörpern ernährten, die auf ihren Fäkalien wuchsen. Mit der Zeit wurden diese primitiven Pilzgärten von den Ameisen mit frischem Blattmaterial als Medium für die Pilze versorgt. Auf dieser Stufe können wir von einem Mutualismus sprechen, in dem die Ameise in die Pilze investiert und ihnen dafür Ressourcen stiehlt. Diese Beziehung wäre in diesem Fall aus einer trophischen Beziehung hervorgegangen. Mittlerweile züchten die Ameisen in der Regel nur eine Pilzart, verbreiten diese aktiv innerhalb ihrer Kolonie, tragen den Pilz in neue Kolonien ein und entfernen konkurrierende Mikroorganismen, die ohne Hilfe der Ameisen den Pilz überwuchern würden. Der Pilz, dessen Überleben mittlerweile von den Ameisen abhängt, investiert in diese Beziehung, indem er geschwollene Hyphen (Gongylidien) produziert, die die Ameisen ernten und an ihre Larven verfüttern. Ebenso ist die Nektarbildung vieler insektenbestäubter Blüten eine abgeleitete Form und aus Blüten hervorgegangen, deren Pollen von Insekten gefressen wurden und die dabei als Nebenprodukt auch den Pollen übertragen haben. Das Bereitstellen von Nektar ist also als eine Investition der Pflanze in ihre Bestäuber zu verstehen, um diese Beziehung zu festigen. Eine ähnliche Investition stellt auch die Entwicklung von Früchten dar, die dazu einladen, von Tieren gefressen zu werden, aber der Pflanze zur Sicherstellung der Samenverbreitung dient.

### 4.6.3 Mutualismen sind kontextabhängig

Mutualismus wird häufig als eine Form der Interaktion zwischen zwei Arten dargestellt, in der sich unter dem Strich für beide Partner ein Vorteil ergibt. Wenn wir jedoch Mutualismus aus einer Kosten-Nutzen-Perspektive betrachten, wird schnell klar, dass sowohl die Kosten als auch der Nutzen für die Beteiligten von ökologischen Umgebungsfaktoren abhängen. Wie groß der Vorteil einer Pflanze aus einer Beziehung zu einem Mykorrhizapilz ist, hängt davon ab, ob der Boden, in dem sie wächst, phosphatreich oder -arm ist. Wenn der Boden phosphatreich ist, kann eine mutualistische Beziehung zwischen beiden sogar in eine parasitische umschlagen. Ebenso haben Bläulingsraupen nur dann einen Nutzen von Ameisen, die sie bewachen, wenn ihre Feinde in der Umgebung überhaupt vorhanden sind. Ansonsten entstehen für die Bläulingsraupen nur Kosten, denn sie müssen Sekrettropfen produzieren, um Ameisen als Bewacher zu rekrutieren. Wie hoch nun andererseits die Kosten für eine Produktion von Sekrettropfen sind, hängt wiederum von der Menge und Qualität der Nahrung der Raupen ab. Wenn also Kosten und Nutzen je nach Situation variieren, wird auch das Resultat der Interaktion nicht immer gleich sein (Bronstein 1994). Der Vorteil, den die Arten aus einer Interaktion ziehen, mag daher manchmal groß und manchmal kleiner sein, in manchen Fällen wird sogar die mutualistische Interaktion von einer antagonistischen abgelöst.

Die Tatsache, dass Kosten und Nutzen variieren, heißt nicht, dass das Resultat einer derartigen Interaktion unvorhersehbar wäre. Ein wichtiger Faktor ist z. B. das Stadium, in dem sich die Partner befinden, ihr Alter oder ihre Größe. Einige Pflanzenarten werden von Ameisen, die an extrafloralen Nektarien Nahrung finden, vor ihren Herbivoren geschützt. Die Nektarmenge als Belohnung für den Dienst der Ameisen hängt aber von der Größe der Pflanze ab, dies gilt besonders bei Bäumen. Kleine Pflanzenindividuen produzieren dabei so wenig Nektar, dass diese kaum von Ameisen belaufen werden. Dementsprechend werden auch die Herbivorenpopulationen auf kleinen Pflanzen kaum reduziert. Große Bäume hingegen produzieren zwar genug Nektar, allerdings ist hier die zu patrouillierende Pflanzenoberfläche zu groß, als dass diese effektiv durch Ameisen von Herbivoren geschützt werden kann. In diesem Fall werden Bäume mittlerer Größe am meisten von einer Assoziation mit Ameisen profitieren. Auch abiotische Faktoren können das Resultat einer mutualistischen Interaktion beeinflussen. Pflanzen, die an sehr trockenen Standorten stehen, produzieren z. B. weniger Nektar, der zudem noch einen geringeren Zuckergehalt hat. Auch der Bedarf an Mutualisten kann von den Standortbedingungen abhängen. Pflanzen, die in phosphatreichen Böden wachsen, haben einen geringeren Bedarf an Mykorrhizapilzen als Pflanzen, die in armen Böden wachsen. Tatsächlich versuchen Pflanzen, wenn ihrer Erde Phosphat zugefügt wird, die Verbindung zu ihrer Mykorrhiza zu kappen.

Weiter können dritte Arten durch ihre Anwesenheit und Häufigkeit einen Mutualismus beeinflussen. Dies gilt insbesondere für Schutzmutualismen, die nur dann einen Vorteil für den Beschützten bieten, wenn dessen Feinde anwesend sind und in so hoher Dichte vorkommen, dass der Schutz sein Überleben wesentlich steigert. Schließlich kann das Resultat einer mutualistischen Interaktion von der Häufigkeit der Mutualisten selbst abhängen. Bei geringen Dichten des mutualistischen Partners steigen häufig die Vorteile für den einzelnen Mutualisten zunächst an, sinken dann aber mit steigender Dichte wieder und können sich sogar in Nachteile verwandeln, wenn der Partner sehr hohe Dichten erreicht. Dies gilt besonders für Mutualismen, in denen ein Partner dem anderen als Belohnung eine Nahrung zur Verfügung stellt. Im oben besprochenen Beispiel der Yuccapalmen und ihren Bestäubern steigt zunächst der Vorteil für die einzelne Pflanze (d. h. ihre Samenproduktion) mit steigender Mottendichte an. Wenn allerdings zu viele Motten eine Yuccapflanze bestäuben, nimmt der Fraßdruck auf die Samenanlagen zu und die Pflanzen produzieren weniger Samen als bei geringeren Dichten.

Im Gegensatz zu Wechselwirkungen wie Prädation oder Konkurrenz, deren Ergebnis für die Beteiligten weit weniger variabel ist, scheinen Interaktionen, die wir als mutualistisch bezeichnen, in ihrem Nettoergebnis sehr stark kontextabhängig zu sein. Dies gilt sowohl für die Stärke des Resultats (also die Größe des Vorteils) als auch für das Vorzeichen (manchmal kann sich ein Mutualismus auch zu einer einseitig nachteiligen Beziehung entwickeln (Tabelle 4.3 b)).

## 4.6.4 Ausnutzung von Mutualismen

Ein großes Dilemma in unserem Verständnis von mutualistischen Beziehungen ist, dass theoretische Modelle, die mechanistische Vorstellungen von mutualistischen Beziehungen enthalten, Schwierigkeiten haben, Mutualismen als stabile Systeme zu charakterisieren, sowohl im evolutionären als auch im ökologischen Sinn. D. h. dass in unserer Vorstellung Mutualismen langfristig entweder durch andere Formen der Interaktion ersetzt werden sollten (nach den Modellen häufig durch Parasitismus) oder einfach nicht bestehen können und aussterben. Diese theoretischen Vorhersagen stehen im krassen Gegensatz zur Allgegenwärtigkeit mutualistischer Beziehungen in der Natur, deren Existenz man nur schwer als kurzfristige Übergangsstadien abtun kann. Um diese Diskrepanz zu verstehen, müssen wir erst einmal verstehen, warum Mutualismen in unserer Vorstellung nicht stabil sind. Kommen wir dazu nochmals auf unser biologisches Marktmodell (Abschnitt 4.6.1) zurück. Mutualisten bieten hier Waren oder Dienstleistungen an, um im Austausch für sie wertvolle oder essenzielle Waren oder Dienstleistungen zurückzubekommen. Ein derartiges System lädt dazu ein, von Individuen unterwandert zu werden, die sich das Angebot der Mutualisten aneignen, ohne dafür im Gegenzug ihrerseits einen Beitrag zu leisten. Dieses Verhalten wird **Ausnutzung** (*exploitation*) genannt, und ist in vielen Mutualismen beschrieben worden (Bronstein 2001).

Die Ausnutzer kommen aus verschiedenen Kategorien. Es kann sich dabei um Arten handeln, die historisch nichts mit dem Mutualismus zu tun haben, wie z. B. Ameisen als Nektardiebe, die Nektar aus Blüten beziehen, ohne die Pflanzen dabei zu bestäuben. Ausnutzer können aber auch Individuen (oder ganze Arten) sein, die sich früher mutualistisch verhalten haben, aber diese Eigenschaft

nicht mehr zeigen. In diese Kategorie fallen z. B. Pflanzenarten, bei denen nur in einem Blütengeschlecht Belohnungen für Bestäuber angeboten werden und das andere Geschlecht irrtümlich besucht wird (*sexual deception*). In diesem Fall spricht man von **Automimikry**; einige Individuen in einer Population ahmen andere, die eine Gegenleistung erbringen, nach. Schließlich kann es sich bei Ausnutzern auch um Individuen handeln, die manchmal ihre Gegenleistung erbringen, manchmal allerdings eben nicht (*conditional exploiters*). Putzerfische z. B. säubern nicht immer nur ihre Klienten von Parasiten, sondern schädigen sie manchmal auch direkt, indem sie Stücke aus dem Wirtsgewebe fressen. Viele Ameisen, die ihre Wirte beschützen, fressen gelegentlich sogar einen ihrer Schützlinge auf. Diese Art der Ausnutzung scheint häufig in Beziehungen vorzukommen, in denen die Art der Wechselwirkung kontextabhängig ist, also Umweltbedingungen bestimmen, ob die Interaktion mutualistisch oder antagonistisch ist. So mag das Verhalten unseres Putzerfisches einem Klienten nur dann nützen, wenn dieser von vielen Parasiten befallen ist. In dieser Situation kann er wahrscheinlich tolerieren, dass zusätzlich zu den Parasiten auch ein wenig eigenes Gewebe entfernt wird.

Mutualismen scheinen fast zwangsläufig zu Ausnutzung zu führen. Der Nettoeffekt einer mutualistischen Interaktion ist für jeden der beiden Beteiligten am größten, wenn es ihm gelingt, jeweils den eigenen Vorteil, der vom Partner bezogen wird, bei möglichst geringem eigenen Einsatz zu maximieren. Weil der Einsatz und damit auch die Kosten des einen Partners aber in der Regel direkt den Vorteil des anderen Partners bestimmen, kommt es zu einem Interessenskonflikt zwischen den Mutualisten. Nektar ist z. B. in vielen Bestäubermutualismen einerseits ein Kostenfaktor für die Pflanze, aber andererseits einer der Vorteile für den Bestäuber. Pflanzen und Bestäuber entwickeln daher einen Interessenskonflikt über die optimale Nektarmenge pro Blüte; die Bestäuber hätten gern viel Nektar, die Pflanzen möglichst wenig. Solche Konflikte können eine Beziehung im ökologischen Sinn destabilisieren. Die Bestäuber könnten z. B. Pflanzen mit geringem Nektarangebot nicht weiter besuchen oder versuchen, in einer Weise an die Nektarien zu gelangen, die ihnen eine bessere Nektarausbeute ermöglicht, indem sie z. B. den Kelch von außen durchnagen (Hummeln). Auf diese Weise gelangen sie zwar an den Nektar, umgehen dabei aber die Antheren und Griffel, sodass die Bestäubung nicht mehr gewährleistet ist. In beiden Fällen sind die Bestäuber keine Mutualisten mehr, sondern verhalten sich antagonistisch.

Auch im evolutionären Sinn sollten Mutualismen anfällig für Ausbeutung sein. Die Kosten einer mutualistischen Beziehung für die Beteiligten sind mannigfaltig und können teilweise erhebliche Ausmaße annehmen. Dazu gehören Kosten für Mechanismen, um Partner anzulocken und zu belohnen, sowie Mechanismen, um die eigene Belohnung durch den Partner effizient zu beziehen. Individuen, die die vom Partner angebotenen Vorteile beziehen und gleichzeitig ihre eigenen Investitionen reduzieren können, genießen gegenüber Artgenossen einen Selektionsvorteil. Es ist also billiger und damit vorteilhafter, den Partner auszunutzen als zu kooperieren. Dieses Argument wird häufig in einem spieltheoretischen Zusammenhang als **Gefangenendilemma** (*prisoner's dilemma*) bezeichnet und kann auch quantitativ belegt werden (Kasten 4.9). Dieses Modell sagt vorher, dass sich Ausnutzung langfristig gegen Kooperation durchsetzt und diese über evolutionäre Zeiträume ersetzt wird, es sei denn, zusätzliche Mechanismen, wie z. B. Bestrafung für Nichtkooperieren, verhindern dies. Wie weit stimmen denn die Annahmen des Modells mit den Gegebenheiten in natürlichen Systemen überhaupt überein?

Wenn die erste Annahme, dass Ausbeutung günstiger ist als Kooperation, stimmt, dann sollten Individuen, die sich zwischen beiden Verhaltensweisen entscheiden können, jedes Mal ausbeuten, wenn sie die Gelegenheit dazu haben. Die Larven von Bläulingen (Lycaenidae) sondern aus Hinterleibsdrüsen kohlenhydratreiche Sekrete ab, die von Ameisen eingesammelt werden. Im Gegenzug verteidigen die Ameisen die Schmetterlingsraupen gegen ihre Feinde. Bläulinge, deren Larven in Gruppen fressen, produzieren tatsächlich weniger Sekret, wenn sie in größeren Gruppen leben oder wenn sie mit Individuen zusammen fressen, die besonders viel Sekret produzieren (Axen und Pierce 1998). In diesem Fall nutzen die Bläulingsraupen tatsächlich ihre Artgenossen aus, indem sie andere Gruppenmitglieder die Ameisen belohnen lassen, selber aber von der allgemeinen Verteidigung profitieren. Die Produktion von Sekret ist tatsächlich auch kostenintensiv, weshalb es sich lohnt, Kosten einzusparen.

In anderen Fällen, in denen die Kosten des Mutualisten niedrig sind, nutzen diese allerdings nicht immer ihre Partner aus, wenn die Möglichkeit dazu besteht. Honigbienen (*Apis mellifera*) nutzen manchmal die Löcher, die Hummeln in Blütenkelche nagen, um direkt an den Nektar zu gelangen, ohne dabei die Blüte zu bestäuben. In diesem Sinne nutzen sie die Blütenpflanze aus. Allerdings bestäuben sie auch Blüten derselben Pflanze legitim, d. h. sie übertragen dabei Pollen, trotz Anwesenheit von Löchern in Blütenkelchen. Hier folgen die Bienen also nicht der Regel, immer auszunutzen, wenn sich dazu die Gelegenheit bietet. Allerdings sind die Kosten eines Pollentransfers, die die Biene durch Nektarstehlen einsparen könnte, wahrscheinlich recht gering, da es sich hierbei eher um einen Nebeneffekt handelt. Die Biene hat somit durch das Ausnutzen nicht viel zu gewinnen. Die Strategie der Ausbeutung scheint eher von Nutzen zu sein, wenn man dadurch viel gewinnen (d. h. Kosten einsparen) kann.

Eine weitere Annahme ist, dass ausgenutzt zu werden, nachteilig für die Fitness des Ausgenutzten ist. Dies ist sicherlich der Fall, wenn z. B. Ameisen, die eigentlich Blattläuse vor ihren Feinden beschützen sollten, gelegentlich einen ihrer Schützlinge fressen, oder wenn einige Feigenwespen- oder Yuccamottenarten ihre Bestäuberfunktion nicht mehr ausüben, sondern nur noch ihre Eier in die sich entwickelnden Früchte ablegen, die von anderen Arten befruchtet wurden und dann von ihren Larven aufgefressen werden. Andere Ausbeuter hingegen verursachen keine offensichtlichen oder wenn dann nur geringe Fitnesskosten bei ihren Partnern. Nektarproduktion bei

Blütenpflanzen wird häufig als recht kostengünstig eingestuft (1–3 % der Gesamtenergieproduktion der Pflanze bei einigen Arten; allerdings kann die Nektarproduktion bei anderen Arten bis zu 37 % der Photosyntheseleistung kosten). Wenn ein Teil des Nektars von Nektarräubern ohne Gegenleistung (Bestäubung) entfernt wird, verursacht dies bei vielen Arten keine großen Fitnesseinbußen (d. h. geringeren Fruchtansatz), solange die reguläre Bestäubung noch in ausreichendem Umfang gewährleistet ist. Auch hier gilt, dass der Schaden von Ausbeutung von den Kosten abhängt, die bei der Belohnung des Partners anfallen. Weiterhin ist der Schaden von Ausbeutung kontextabhängig. Wenn z. B. Pflanzenwachstum stark ressourcenlimitiert ist, sind die Kosten, gestohlenen Nektar zu ersetzen, höher als bei Pflanzen, die ohne einen derartigen Stress wachsen. Ebenso werden auch die Kosten für Bestäuber, Blüten ohne Nektar zu besuchen, umso höher sein, je weniger sie zur Deckung ihres Energiebedarfs andere Blüten in ihrer Umgebung zur Verfügung haben.

Eine dritte Annahme, die sich aus dem Gefangenendilemma ergibt, ist, dass der Ausnutzung Einhalt geboten wird, indem die Ausnutzer bestraft werden. Dafür werden in der Regel zwei Mechanismen genannt, um eine Kooperation des Partners durchzusetzen (Bull und Rice 1991). Wenn die beiden mutualistischen Partner eine enge Beziehung haben und wiederholt miteinander in Beziehung treten (z. B. Symbiosen), werden negative Effekte auf den einen Partner indirekt negativ auf die Fitness des anderen rückwirken. In diesem Fall wird die Ausnutzung des Partners ab einem gewissen Grad nicht mehr im Interesse des Ausbeuters liegen, der Mutualismus also durch **Partnertreue** (*partner fidelity*) am Leben gehalten. Wenn jedoch die Mutualisten mehrere Partner in ihrem Leben haben (wie z. B. bei Bestäubung, Samenverbreitung, Schutz vor Feinden), müssen andere Mechanismen wirken. In diesem Fall wird vorgeschlagen, dass Möglichkeiten der **Partnerwahl** (*partner choice*) existieren, sodass Individuen die Qualität potenzieller Partner vor einer Interaktion abschätzen können und wählen, mit wem und für wie lange sie eine Assoziation eingehen.

Dies könnte z. B. bei dem Mutualismus von Yuccas und ihren spezialisierten Bestäubern, den Yuccamotten, eine Rolle spielen. Die Yuccamotten bestäuben zwar die Yuccas, aber legen ihre Eier in sich entwickelnde Samenanlagen. Die Larven fressen dann einen Teil dieser Samen, sodass diese für die Fortpflanzung der Yucca verloren geht. Einige Yuccaarten werfen selektiv Früchte ab, in denen sich besonders viele Larven entwickeln, und verhindern so, dass dadurch eine übermäßige Ausnutzung der Pflanze durch ihren Bestäuber stattfindet. In vielen Mutualismen ist allerdings der Kontakt zwischen den Partnern sehr kurz und einmalig, sodass ein ausgenutzter Partner keine Gelegenheit hat, zu einem späteren Zeitpunkt den unkooperativen Partner zu bestrafen. Einer bisher wenig beachteten Hypothese zufolge kann das beständig kooperative Verhalten in vielen Mutualismen aber dadurch erklärt werden, dass es vielfach einfach vorteilhafter für ein Individuum ist, sich in einer bestimmten Situation mutualistisch zu

## Kasten 4.9: Das Gefangenendilemma

Das Gefangenendilemma wurde ursprünglich entwickelt, um **innerartliche Kooperation** zu verstehen, ist aber auch nützlich, um **zwischenartliche Kooperation** und damit Mutualismus zu erfassen (Doeberli und Knowlton 1998).

Stellen wir uns zwei Spieler vor, denen die Möglichkeit gegeben wird, miteinander zu kooperieren oder den jeweils anderen auszunutzen. Ihr Gewinn, den sie aus der Interaktion mit dem Partner ziehen, hängt nicht nur von ihrer eigenen Entscheidung, sondern auch von der des Partners ab (Tabelle). Für unsere Zwecke können wir uns den Gewinn als Fitnessgewinn, z. B. Anzahl Nachkommen, vorstellen. Wenn Spieler A an einen Partner gerät, der kooperiert, erhält A drei Gewinnpunkte, wenn er ebenfalls kooperiert, und fünf Punkte, wenn er sein Gegenüber ausnutzt. Es lohnt sich für ihn also mehr, wenn er den anderen ausnutzt. Gerät er an einen Spieler, der versucht, ihn selbst auszunutzen, bekommt A keinen Punkt, wenn er kooperiert, und immerhin einen Punkt, wenn er ebenfalls versucht, den anderen auszunutzen. Auch in diesem Fall zahlt es sich für A aus, den anderen auszunutzen. Die Schlussfolgerung ist daher, dass unabhängig von der Entscheidung des Partners jeder Spieler versuchen sollte, den anderen auszunutzen, obwohl bei gegenseitigem Ausnutzen jeder nur einen Punkt erhält, bei gegenseitigem Kooperieren jedoch jeder Spieler drei Punkte bekommt. Deswegen stellt diese Spielsituation auch ein Dilemma dar.

Zu kooperieren ist in einem solchen Fall keine **evolutionsstabile Strategie** (*evolutionary stable strategy*; ESS), d. h. keine Strategie, die nicht von einer Mutante verdrängt werden kann, denn in einer Population von Individuen, die alle kooperieren, würde sich eine Mutante, die ausnutzt, schnell ausbreiten und letztendlich die kooperierenden Individuen verdrängen. Auszunutzen hingegen ist eine ESS; in einer Population von Individuen, die alle ausnutzen, würde sich

eine Mutante, die kooperiert, nicht ausbreiten können. Jede Population mit einer Mischung unterschiedlicher Strategien wird sich schließlich zu einer Population von Ausnutzern entwickeln, und zwar immer dann, wenn die Gewinnverteilung in der Tabelle $T > R > P > S$ ist und zusätzlich der Gesamtgewinn, wenn beide kooperieren, größer ist als der Gesamtgewinn, wenn einer den anderen ausnutzt ($2R > S + T$). Eine derartige Gewinnstruktur scheint auf viele biologische (und wirtschaftliche!) Situationen zuzutreffen, in denen zwei Individuen miteinander in Beziehung treten.

Gibt es denn überhaupt einen Weg, wie zwei Individuen dieses Dilemma lösen können und zu einer stabilen gegenseitigen Kooperation kommen? Das gibt es, und zwar dann, wenn die Individuen öfter aufeinander treffen, ohne zu wissen, ob es nach dem aktuellen Treffen noch ein weiteres geben wird (also wenn die genaue Anzahl Aufeinandertreffen nicht bekannt ist). In diesem Fall werden die Interaktionen komplexer, denn die Mitspieler können aufgrund des früheren Verhaltens des Partners versuchen, sein aktuelles Verhalten abzuleiten. Die bekannteste ESS im Fall des wiederholten Gefangenendilemmas wird „Wie du mir so ich dir" oder auf Englisch *tit for tat* genannt. Diese Strategie kooperiert bei dem ersten Zusammentreffen und wiederholt bei nachfolgenden Treffen den jeweils letzten Zug des Partners. Die Gründe für den Erfolg von *tit for tat* sind einerseits, dass die Strategie Vergeltung für Nichtkooperieren übt, was die Gegenseite von einem Beharren auf Ausnutzung abhält, und andererseits, dass die Strategie bereits nach einem Vergeltungsakt dem untreuen Partner vergibt und dadurch eine Wiederherstellung des gegenseitigen Kooperierens erleichtert. Eine ausführlichere Behandlung spieltheoretischer Kooperationsstrategien findet sich bei (Dugatkin und Reeve 2000).

**Tab.:** Gewinntabelle des Gefangenendilemmas. Der Gewinn für Spieler A ist in relativen Einheiten angegeben, für Spieler B gilt das jeweilig gegensätzliche. Nach Axelrod und Hamilton (1981).

|  |  | **Spieler B** | |
|---|---|---|---|
|  |  | **Kooperieren** | **Ausnutzen** |
| **Spieler A** | **Kooperieren** | $R = 3$<br>Belohnung (*reward*) für gegenseitiges Kooperieren | $S = 0$<br>Verlust des Betrogenen (*sucker's pay-off*) |
|  | **Ausnutzen** | $T = 5$<br>Versuchung (*temptation*), den anderen auszunutzen | $P = 1$<br>Bestrafung (*punishment*) für gegenseitiges Ausnutzen |

verhalten, als den Partner auszunutzen (Bronstein 2001). Ameisen fressen z. B. nur dann ihre Schützlinge (Blattläuse), wenn sie sehr viele Kohlenhydrate in ihrer Nahrung haben und Proteine benötigen, um dies auszugleichen. Auch hier ist das Ergebnis der Interaktion wieder kontextabhängig (Abschnitt 4.6.3) und erklärt gleichzeitig, wie eine mutualistische Strategie neben einer ausbeutenden Strategie ohne Bestrafung durch den Partner bestehen kann.

In den vorangehenden Absätzen haben wir gesehen, dass Mutualismen sowie deren Ausnutzung häufig, die Auswirkungen von Ausnutzung aber ganz verschieden und auch von den jeweiligen Rahmenbedingungen abhängig sind. Zusammenfassend müssen wir feststellen, dass wir bis jetzt noch nicht zufrieden stellend und umfassend erklären können, warum Mutualismen so häufig und auch trotz Ausnutzung so beständig sind, wie wir sie in der Natur antreffen.

# 4.6.5 Populationsdynamik von Mutualismen

Während Ausnutzung einen Mutualismus in evolutionären Zeiträumen destabilisiert oder in ökologischen Zeiträumen zum Aussterben bringt, ist es nicht leicht, ein geeignetes Modell für mutualistische Beziehungen zu formulieren, das die Beziehung natürlicher Populationen auch nur annähernd realistisch beschreibt. Die konzeptionelle Schwierigkeit dabei ist, dass nach unserer Definition von Mutualismus beide Arten einen Vorteil aus ihrer Beziehung ziehen, der ihre Fitness und damit auch ihr Populationswachstum erhöht. Nehmen wir zwei mutualistische Arten A und B an, die beide in einer gewissen Populationsdichte existieren. Weil die Arten eine mutualistische Beziehung haben, wird A durch die Anwesenheit von B gefördert und umgekehrt. Beide Populationen wachsen also und erreichen somit höhere Dichten. Diese simple Vorstellung würde dazu führen, dass sich beide Arten gegenseitig immer stärker fördern und somit unendlich hohe Populationsdichten erreichen würden. Dies ist sicher keine realistische Beschreibung für einen natürlichen Mutualismus, und wir müssen einen Mechanismus ins Modell einbeziehen, der diese **Orgie der gegenseitigen Förderung** (*orgy of mutual benefaction*, May 1981) verhindert.

Oft wird Mutualismus als eine Abwandlung des Lotka-Volterra-Modells für interspezifische Konkurrenz (Abschnitt 4.4.1) modelliert, in dem die negativen Koeffizienten der gegenseitigen Behinderung im Falle des Mutualismus durch positive ersetzt werden, um gegenseitige Förderung auszudrücken. In unserem Ausgangsmodell sind $X_1$ und $X_2$ die Populationsdichten der beiden Mutualisten, $r_1$ und $r_2$ ihre jeweiligen intrinsischen Wachstumsraten, $a_{11}$ und $a_{22}$ die Koeffizienten, die intraspezifische Konkurrenz beschreiben, und $a_{12}$ und $a_{21}$ die Koeffizienten, die für den mutualistischen Effekt der einen Art auf die jeweilig andere stehen.

$$\frac{dX_1}{dt} = r_1 X_1 - a_{11} X_1^2 + a_{12} X_1 X_2$$

und

$$\frac{dX_2}{dt} = r_2 X_2 - a_{22} X_2^2 + a_{21} X_2 X_1$$

Ähnlich wie in den Ausführungen zur interspezifischen Konkurrenz wollen wir die Dynamik zweier Mutualisten auch graphisch darstellen. Wenn wir in einem Koordinatensystem die Populationsdichte der einen Art ($X_1$) auf der x-Achse und die Populationsdichte der anderen Art ($X_2$) auf der y-Achse auftragen, sind die Isoklinen der beiden Arten (dX/dt = 0), wie sie durch das obige Modell definiert werden, zwei Geraden. (Zur Erinnerung: Die Isoklinen trennen die Bereiche, in denen die jeweiligen Populationen zu- bzw. abnehmen. Eine ausführliche Beschreibung dieser Methode ist in Abschnitt 4.5.1.2 zu finden.) Die Lage der Isoklinen zueinander bestimmt die Dynamik der Mutualisten.

In unserem Modell lassen sich fakultative und obligate Mutualisten unterscheiden. Fakultative Mutualisten können in Abwesenheit ihrer mutualistischen Partner existieren, und ihre Populationen erreichen die Umweltkapazität $K$, die eine positive Zahl ist. Obligate Mutualisten hingegen sterben in Abwesenheit ihrer mutualistischen Partner aus; ihre Umweltkapazität $K$ ist entweder Null oder sogar negativ. Eine negative Umweltkapazität würde andeuten, dass die Population erst eine gewisse Größe erreichen muss, bevor sie überhaupt (und nur in Anwesenheit ihres Mutualisten) überlebensfähig ist. In Abbildung 4.61 sind die acht Möglichkeiten aufgetragen, wie die Isoklinen zueinander liegen können. Fakultative Mutualisten sind in der Abbildung durch Isoklinen, die die jeweilige Populationsachse im positiven Bereich schneiden, dargestellt, obligate Mutualisten durch Isoklinen, die die jeweilige Populationsachse im negativen Bereich schneiden. Der Schnittpunkt der Isoklinen mit der jeweiligen Populationsachse stellt die Umweltkapazität der Art dar. Die Graphen in der linken und rechten Spalte unterscheiden sich jeweils durch die Lage des Schnittpunktes der Isoklinen (im positiven oder negativen Bereich des Koordinatensystems), wobei in der linken Spalte stabile Konfigurationen (S) der beiden Isoklinen im mathematischen Sinn, d. h. die Pfeile zeigen auf den Schnittpunkt der Isoklinen, und in der rechten Spalte mathematisch instabile Konfigurationen (U) der beiden Isoklinen dargestellt sind (die Pfeile weisen vom Schnittpunkt der Isoklinen weg). Wir erinnern uns, dass es nur im Schnittpunkt der Isoklinen ein stabiles Gleichgewicht zwischen beiden Populationen geben kann und dass ein biologisch sinnvolles Gleichgewicht natürlich im positiven Bereich beider Populationen liegen muss.

Man sieht auf den ersten Blick, dass mathematische Stabilität (die linke Spalte; S) nicht notwendigerweise auch zu biologischer Stabilität führt. Tatsächlich führen von den acht Möglichkeiten nur zwei überhaupt zu einem biologisch sinnvollen Gleichgewicht beider Arten, nämlich S1 und S3. In diesen beiden Fällen können die Populationen durch ihre mutualistische Interaktion reguliert werden. In beiden Fällen ist mindestens eine Art fakultativ mutualistisch, im Fall von S1 sogar beide. Auffällig ist weiterhin, dass es mehr Situationen gibt, in denen obligate Mutualisten aussterben, als Situationen, in denen fakultative Mutualisten aussterben. Obligate Mutualismen scheinen also weniger beständig zu sein als fakultative, was intuitiv auch einleuchtet, denn fakultative Mutualisten können selbst dann weiterleben, wenn ihr Partner nicht mehr zur Verfügung steht. Letztlich sei erwähnt, dass in der rechten Spalte (also bei mathematisch instabilen Situationen) Bereiche existieren, die bei genügend großen Populationsdichten eines oder beider Mutualisten zu ungebremstem Populationswachstum beider Arten führen (die Pfeile weisen nach rechts oben). Dies ist insofern erstaunlich, weil im Modell explizit innerartliche Konkurrenz berücksichtigt wird (der Faktor $a_{11}$ bzw. $a_{22}$), die ohne die mutualistische Interaktion zwischen den Arten deren Wachstum begrenzen würde. Unser Modell sagt also für gewisse Konstella-

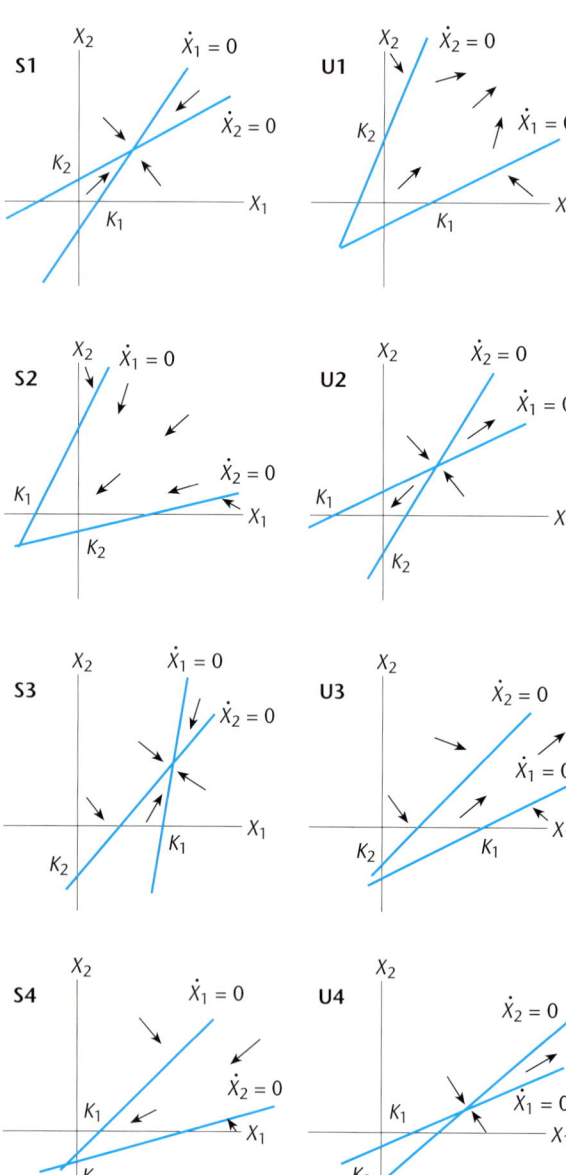

**Abb. 4.61:** Populationsdynamik von acht möglichen Fällen von Mutualismen zwischen zwei Arten $X_1$ und $X_2$. Die blauen Linien stellen die Isoklinen der Arten dar, die Pfeile geben die Richtung der Populationsdynamik des Systems in den jeweiligen Bereichen, die durch die Isoklinen definiert werden, an. $K_1$ und $K_2$ stellen die jeweiligen Umweltkapazitäten dar. In Reihe 1 sind beide Arten fakultative Mutualisten, in Reihe 2 beide obligate Mutualisten, in den Reihen 3 und 4 ist $X_1$ fakultativ und $X_2$ obligat. Nach Vandermeer und Boucher (1978).

tionen wieder die Orgie der gegenseitigen Förderung voraus.

Woran liegt es, dass unser Modell ein unbegrenztes Wachstum beider Mutualisten vorhersagt? Unser bisheriges Modell nahm an, dass die gegenseitige Förderung der

interagierenden Individuen durch den Mutualismus auch bei hohen Populationsdichten nicht abnimmt, sondern auf dem gleichen Niveau weiterläuft. Biologisch gesprochen würde das bedeuten, dass bei immer höheren Populationsdichten Pflanzen immer noch jeweils die gleiche Menge Nektar pro Blüte produzieren würden wie bei geringen Dichten, damit sie die erhöhten Bestäuberdichten befriedigen können. Da ihnen bei hohen Populationsdichten allerdings ein geringerer Anteil an den begrenzten Ressourcen für Wachstum und Nektarproduktion zur Verfügung steht, ist dies irgendwann nicht mehr möglich. Die erhöhten Populationen der Bestäuber werden sich also trotz hoher Populationsdichten ihrer Mutualisten mit einer geringeren Menge Nektar pro Kopf zufrieden geben müssen. Dieses Beispiel zeigt, dass die Vorteile in einem Mutualismus nicht unbegrenzt weiterwachsen, sondern bei hohen Populationsdichten begrenzt sind.

In natürlichen Populationen gibt es grundsätzlich drei Möglichkeiten, wie in Mutualismen trotz gegenseitiger Förderung der Partner durch negative Rückkopplung stabile Populationen erreicht werden können. Der erste Fall wäre, wie schon im obigen Beispiel beschrieben, dass die Mutualisten ab einer gewissen Populationsdichte von einer Ressource limitiert werden, die der mutualistische Partner nicht liefern kann. Die Pflanzen werden zwar wegen der hohen Populationsdichte ihrer Partner ausreichend bestäubt, es können aber nicht alle Samenanlagen ausreifen, weil ihnen die dazu nötigen Ressourcen fehlen, denn durch ihre eigene hohe Populationsdichte ist auch die innerartliche Konkurrenz zwischen ihnen groß. Wenn die Samen doch reifen können, finden sie keinen Platz zum Keimen, denn durch die hohe Pflanzendichte ist der Raum schon weitgehend besetzt. So kann die Pflanzenpopulation trotz erhöhter Anwesenheit ihrer Mutualisten und damit verbundener Bestäubung nicht weiterwachsen. Mit anderen Worten, die Höhe des Populationswachstums ist auch bei Mutualismen dichteabhängig. Wie können wir so einen Mechanismus in unser Modell einbauen? Wir verändern wieder die Form der Isoklinen (siehe Abschnitt 4.5.1.2). Die Isokline unserer Art $X_1$, die im alten Modell linear mit der Populationsdichte ihres Mutualisten $X_2$ ansteigt, knickt im neuen Modell mit steigender Dichte von $X_2$ mehr und mehr ab, bis sie schließlich parallel zur y-Achse verläuft; die Population von $X_1$ hat selbst bei steigender Dichte von $X_2$ eine Kapazität $K_1'$ erreicht, die höher ist als die Kapazität $K_1$ ohne den Mutualisten, aber über die die Population nicht weiter ansteigen kann (Abbildung 4.62a). Das Gleiche gilt für die zweite Art $X_2$, nur knickt hier die Isokline parallel zur x-Achse ab, sodass auch bei steigender Dichte von $X_1$ die Population von $X_2$ nicht größer wird. Auf diese Weise können nicht nur fakultative, sondern auch obligate Mutualismen ein stabiles Gleichgewicht erreichen (Abbildung 4.62b, c).

Ein zweiter dichteabhängiger Effekt, der zumindest in Mutualismen, in denen ein Partner vom anderen Nahrung erhält, eine Rolle spielt, wäre eine Sättigung der Vorteile des Mutualismus durch Faktoren aus dem Mutualismus selbst. Nehmen wir dazu wieder den Bestäubermutualis-

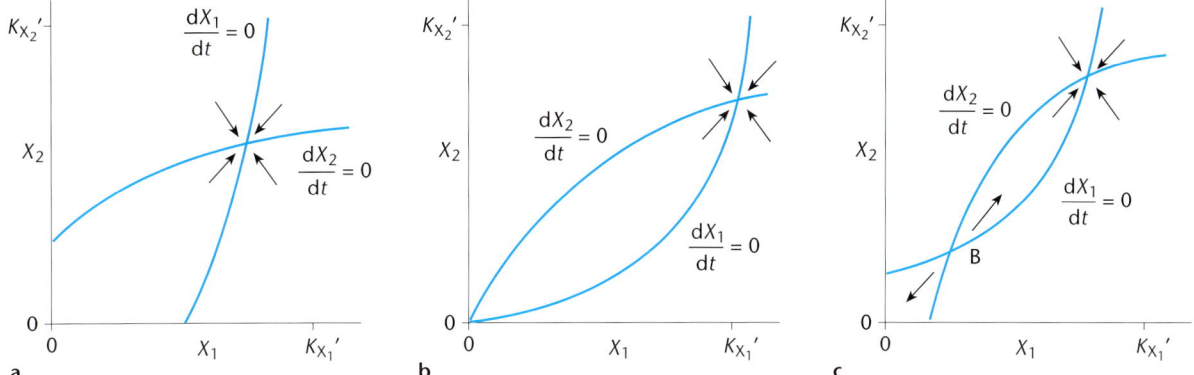

**Abb. 4.62:** Populationsdynamik von Mutualismen, in denen die Vorteile für beide Mutualisten mit steigender Dichte des Partners einen Sättigungszustand erreichen. a) beide Arten sind fakultative Mutualisten, b) und c) beide Arten sind obligate Mutualisten, d. h. sie können ohne den anderen nicht existieren. Viele Ausgangspunkte führen zu einem stabilen Gleichgewichtszustand im Schnittpunkt beider Isoklinen. Nach Dean (1983).

mus als Beispiel. Eine Biene, die in einer Population von Blüten nach Nahrung sucht, verbringt einen Teil ihrer Zeit mit dem Fliegen von Blüte zu Blüte und mit dem Einsammeln von Nektar und Pollen. Durch diese Handhabungszeit sind ihr nach oben hin Grenzen in der Nahrungsmenge, die sie pro Zeiteinheit einsammeln kann, gesetzt. Dies haben wir bereits ausführlich in Abschnitt 4.1.2 diskutiert. Die Vorteile von Mutualisten, die in ihrer Nahrungsaufnahme durch die Handhabungszeit limitiert werden, kann in Form von funktionellen Reaktionen (Abschnitt 4.1.2.2) in das obige Mutualismusmodell eingebaut werden (Wright 1989). Eine Populationsgleichung für einen Mutualisten mit einer funktionellen Reaktion von Typ 2 wäre z. B.

$$\frac{dX_1}{dt} = r_1 X_1 - a_{11} X_1^2 + \frac{b X_1 X_2}{1 + a' T_h X_2}$$

Die Isokline der Art $X_1$ würde wie in Abbildung 4.62 dargestellt aussehen, und es ergeben sich die gleichen Konsequenzen für die Dynamik solcher Systeme. Genau wie für Räuber-Beute-Systeme gilt für Mutualismen, dass Dichteabhängigkeit ähnliche Dynamiken hervorruft, auch wenn die Mechanismen der Dichteabhängigkeit unterschiedlich sind. In diesem Fall wird die Dichteabhängigkeit durch Faktoren aus dem Mutualismus selbst verursacht, während in Abbildung 4.62 die Dichteabhängigkeit von außen, nämlich durch Ressourcenlimitierung bewirkt wurde. Außer der Handhabungszeit können noch andere dem Mutualismus eigene Faktoren die Vorteile bei hohen Populationsdichten limitieren. Bei vielen Mutualismen hängen Kosten und Nutzen von der Populationsgröße des mutualistischen Partners ab; im Fall des schon öfter angesprochenen Yucca-Yuccamotten-Mutualismus wird der Vorteil für die Pflanze, bestäubt zu werden, bei hohen Dichten in einen Nachteil umgewandelt, weil neben der Bestäubung die Motten auch ihre Eier in die sich entwickelnden Früchte legen und die schlüpfenden Larven die Samenanlagen konsumieren. In den befallenen Früchten entwickeln sich keine Samen, sodass bei hohen Mot-

tendichten viele Früchte befallen werden und somit die Samenproduktion der Yuccapflanzen gering ist. Um dem entgegenzuwirken, können die Pflanzen selektiv die stark befallenen Früchte, die sowieso keine Samen produzieren würden, abwerfen und so die Mottenpopulation reduzieren. Da die Larven in den abgeworfenen Früchten sterben, sind die Vorteile des Mutualismus auch für die Motten bei hoher Mottendichte geringer. Auch dieser Zusammenhang lässt sich in Form von funktionellen Reaktionen darstellen, indem die Kosten und der Nutzen gegen die Populationsdichte des Partners aufgetragen werden.

Eine allgemeine und ausführliche Diskussion verschiedener Formen derartiger funktioneller Reaktionen findet man bei Holland et al. (2002), die auch zeigen konnten, dass die Populationsdynamik von Senita-Kakteen (*Lophocereus schottii*) und deren obligaten Bestäubern, den Senitamotten (*Upiga virescens*), die ein analoges Bestäuber-Samenprädatoren-System wie die Yuccamotten entwickelt haben, durch solche funktionellen Reaktionen beschrieben werden kann.

Drittens können Mutualisten auch durch Arten außerhalb des Mutualismus reguliert werden, z.B. durch ihre Räuber oder Konkurrenten (Heithaus et al. 1980). Räuber können bei hohen Populationsdichten einen Mutualisten derart stark dezimieren, dass seine Population nicht über eine bestimmte Größe anwächst. In diesem Fall wäre bei hohen Populationsdichten die Mortalitätsrate durch Räuber größer als der Fitnessgewinn durch den mutualistischen Partner. Bei hohen Dichten kann auch die Konkurrenz um eine essenzielle Ressource mit einer Art außerhalb des Mutualismus eine obere Grenze des Populationswachstums stellen. Die Mutualisten wären hier ebenfalls durch eine Ressource limitiert, nur dass die Grenze durch eine dritte Art gesetzt wird und nicht durch den Standort wie im obigen Fall.

Grenzen des Populationswachstums durch Arten außerhalb des Mutualismus könnten auch über nachlassende Vorteile des Mutualismus bei hohen Populationsdichten gesetzt werden. In vielen Mutualismen sind obligatorisch mehr als zwei Arten an den Mutualismus gekoppelt (Bronstein und Barbosa 2002). So ist in allen Schutzmutualismen das Vorhandensein der natürlichen Feinde des einen Partners essenziell, damit dieser überhaupt vom anderen Partner beschützt werden kann. Bei Abwesenheit der natürlichen Feinde verliert die Beziehung für den Beschützten ihren Vorteil. Wenn die Beschützten darüber hinaus noch Herbivoren sind, z. B. Blattläuse oder Bläulingsraupen, die häufig von Ameisen bewacht werden, dann ist ihre Populationsgröße auch von dem Vorkommen, der Verteilung und der Dichte ihrer Wirtspflanze abhängig.

Auswirkungen von Arten außerhalb eines Mutualismus auf dessen Populationsdynamik ist bisher in nur einem realen System untersucht. Der Rüsselkäfer *Apion onopordi* und der Rostpilz *Puccinia punctiformis*, zwei Parasiten der Ackerkratzdistel (*Cirsium arvense*), gehen eine mutualistische Beziehung ein: Während der Pilz vom Käfer verbreitet wird, wenn dieser seine Eier in gesunde Disteln ablegt, profitiert der Käfer von der Beziehung, wenn sich seine Larven in rostbefallenen Disteln entwickeln; die schlüpfenden Käfer sind größer, legen mehr Eier und überleben den Winter besser als ihre Verwandten, die sich in gesunden Disteln entwickelten. Auf den ersten Blick scheinen sich die beiden Mutualisten selbst durch einen Konflikt für den Käfer bei der Eiablage zu regulieren. Zur Eiablage bevorzugt der Käfer rostbefallene Sprosse, in denen auch die Entwicklung seiner Nachkommen günstiger ist. Wenn viele Rostsprosse in der Distelpopulation vorhanden sind, wird auch ein großer Teil der Eier des Rüsselkäfers in die bevorzugten Rostsprosse gelegt (Abbildung 4.63). Eine Eiablage in rostbefallene Sprosse verbreitet aber nicht den Pilz, denn diese Sprosse sterben noch im selben Jahr ab. So gibt es im folgenden Jahr weniger Rostsprosse, und damit ist die Nahrungsqualität für die Käfer schlechter. Bei niedrigen Rostdichten legen die Käfer einen größeren Anteil ihrer Eier in gesunde Disteln (Abbildung 4.63), unter anderem weil die bevorzugten rostbefallenen Disteln selten und damit schwerer zu finden sind, sodass es im darauf folgenden Jahr wieder mehr rostbefallene Disteln gibt. Dieses Schema berücksichtigt allerdings die Populationsdynamik der Pflanze nicht. Denn während der Käfer zwar die Dynamik des Rostes bestimmt, bestimmt die Reproduktionsrate der Pflanze zumindest die Dynamik der gesunden Distelsprosse und damit die Dichte des ungünstigeren Wirtes. Tatsächlich konnte mit Hilfe eines Populationsmodells gezeigt werden, dass die Dynamik der Wirtspflanze die Dynamik der Mutualisten bestimmt; bei großer Reproduktionsrate der Distel wächst die Population der gesunden Sprosse den Rostinfektionen durch den Käfer davon, d. h. der Rost wird niemals häufig. Bei niedriger Reproduktionsrate nimmt der Rost überhand, und die Distelpopulation stirbt aus, und mit ihr auch der Pilz und der Käfer (Bacher und Friedli 2002). Wahrscheinlich ist eine Regulation von Mutualismen durch dritte Arten in natürlichen Systemen weitaus häufiger, als im Moment der Stand der Forschung vermuten lässt.

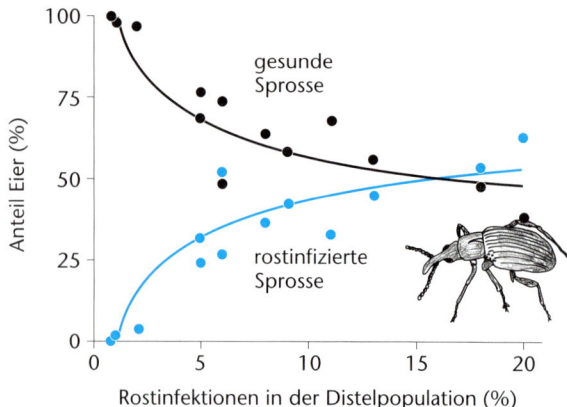

**Abb. 4.63:** Anteil Eier, die vom Rüsselkäfer *Apion onopordi* in gesunde und rostinfizierte Ackerkratzdisteln (*Cirsium arvense*) gelegt wurden, in Abhängigkeit von der Häufigkeit des Rostpilzes (*Puccinia punctiformis*) in der Distelpopulation. Nach Bacher und Friedli (2002).

# 4.7 Wechselwirkungen über mehrere trophische Ebenen

In den vorangehenden Abschnitten haben wir bereits einige Male gesehen, dass in der Natur häufig mehr als zwei Arten miteinander interagieren. Durch Ergänzung von Zwei-Arten-Interaktionen um eine oder zwei weitere Arten erhält man so genannte **Gemeinschaftsmodule** (*community modules*; Holt 1997; Abbildung 4.64). Diese Module bilden die Bausteine von natürlichen Lebensgemeinschaften bestehend aus vielen Arten (Abschnitt 5.3), und deren Analyse bildet eine Zwischenstufe zum Verständnis des Verhaltens ganzer Gemeinschaften. Beispiele für häufige Gemeinschaftsmodule sind in Abbildung 4.64 dargestellt. Manche natürlichen Systeme ähneln an sich schon stark bestimmten Gemeinschaftsmodulen, z. B. wenn ein Teil einer natürlichen Artengemeinschaft, bestehend aus nur wenigen Arten, untereinander starke Wechselwirkungen zeigt, mit anderen Arten jedoch nur schwach interagiert. Dies ist bei vielen Wirt-Parasit/Parasitoid-Beziehungen der Fall, weil Vertreter dieser Gruppen häufig stark spezialisiert sind und daher mit anderen Arten eher schwache Wechselwirkungen haben. Wenn mehrere Arten aufgrund ihrer ökologischen Stellung zu so genannten **funktionellen Gruppen** (Abschnitt 2.1.3.3) oder **Kompartimenten** (Pimm und Lawton 1980) zusammengefasst werden können, erhält man ebenfalls natürliche Gemeinschaftsmodule. Auch wenn Gemeinschaftsmodule noch nicht die Komplexität vieler natürlicher Lebensgemeinschaften adäquat widerspiegeln, zeigen sie grundsätzliche Prozesse und qualitative Eigenschaften komplexer

Gemeinschaften auf, die aus den Zwei-Arten-Interaktionen nicht ersichtlich wären. Insbesondere wird die Bedeutung von **indirekten Interaktionen**, also Auswirkungen von einer Art auf eine andere, ohne dass diese jemals direkt in Kontakt kommen, in komplexen Gemeinschaften deutlich.

Wenn innerhalb von Gemeinschaftsmodulen Wechselwirkungen zwischen mehreren Arten über mehr als zwei trophische Ebenen verteilt sind, werden sie **multitrophische Interaktionen** genannt. Im einfachsten Fall haben wir eine lineare **Nahrungskette** über drei trophische Ebenen (**tritrophisch**; Abbildung 4.64a). Das bekannteste Beispiel ist die Interaktion zwischen Pflanzen, ihren Herbivoren und deren natürlichen Feinden. Auch wenn wir die einzelnen Vertreter und ihre paarweisen Interaktionen bereits kennen gelernt haben, können wir daraus nicht unbedingt das Verhalten einer Nahrungskette mit drei Arten vorhersagen. Dazu ein kleines Beispiel: In Abschnitt 3.6 haben wir gesehen, dass die Population einer Art (der Ressource; in unserem Beispiel eine Pflanze) ohne Interaktionen mit anderen Arten bis zur Umweltkapazität des Standortes wächst und sich auf diesem Niveau hält. In Abschnitt 4.5 haben wir dann erfahren, dass Konsumenten (in unserem Fall Herbivoren) die Population der Ressourcenart auf ein Niveau unterhalb der Umweltkapazität drücken können. Wenn jetzt die Konsumenten ebenfalls natürliche Feinde (z. B. Räuber) besitzen, können diese die Kon-

sumenten so weit zurückdrängen, dass die Konsumenten nie Populationsgrößen erreichen, um die Dichte der Ressource zu dezimieren, sodass die Populationsgröße der Ressource trotz Anwesenheit der Konsumenten nahe dem Niveau der Umweltkapazität liegt. Hier haben also die Räuber über die Herbivoren indirekt einen positiven Einfluss auf die Pflanzen. In einem solchen Fall spricht man von einer **trophischen Kaskade** (*trophic cascade*).

## 4.7.1 Kaskadeneffekte einzelner Populationen

Mittlerweile sind viele trophische Kaskaden bei einzelnen Populationen beschrieben worden. Die überzeugendsten Beispiele kommen aus dem aquatischen Bereich. In Seen, Flüssen und auch im Küstenbereich gibt es häufig natürliche lineare Nahrungsketten, die von wenigen Arten gebildet werden. In der Wassersäule von Seen wird das Phytoplankton, das als Primärproduzent an der Basis steht, von dem etwas größeren Zooplankton gefressen, welches wiederum planktivoren Fischen als Nahrung dient. Durch ihre Fraßaktivität halten die planktivoren Fische das Zooplankton in einer niedrigen Dichte, sodass das Phytoplankton große Populationsdichten erreicht und das Wasser trübt. Durch Besatz mit größeren Fischen, die die kleinen planktivoren Fische fressen, lässt sich die Kaskade umkehren (Carpenter und Kitchell 1993): Der primäre Räuber (planktivore Fische) wird durch den sekundären Räuber in Schach gehalten, sodass das Zooplankton sich vermehren kann und das Phytoplankton auf niedrigem Niveau hält; das Wasser des Sees erscheint wieder klar.

Eines der berühmtesten Beispiele für eine trophische Kaskade aus dem maritimen Bereich ist die Prädation von Seeottern (*Enhydra lutris*) auf herbivore Seeigel (Echinoidea), die in Abwesenheit der Räuber verhindern, dass sich Wälder aus Großalgen (*Nereocystis*- und *Laminaria*-Arten) bilden können (Abbildung 4.65, Estes und Duggins 1995). Auf Salzwiesen in der Gezeitenzone an der Ostküste Amerikas wird das Schlickgras (*Spartina alterniflora*) durch Schnecken der Gattung *Littoraria* geschädigt, die zwar keine großen Mengen Gras fressen, aber durch ihren Fraßschaden Eintrittswunden für Fäulnispilze schaffen (die Schnecken ernähren sich eigentlich von totem organischen Material) und somit die Primärproduktion drastisch reduzieren können (Silliman und Bertness 2002). Salzwiesenbereiche, von denen die natürlichen Feinde der Schnecken (z. B. die Blaue Krabbe, *Callinectes sapidus*) ausgeschlossen wurden, sind innerhalb weniger Monate komplett von Vegetation befreit (Abbildung 4.65).

Auch in rein terrestrischen Systemen sind viele trophische Kaskaden beschrieben (Schmitz et al. 2000). Besonders Ameisen haben sich als effektive Räuber herausgestellt, die Pflanzen vor herbivoren Arthropoden schützen. Doch auch Vögel oder Eidechsen sowie Spinnen können nachweislich diese Rolle übernehmen. Alle bisher genannten terrestrischen trophischen Kaskaden sind für Systeme beschrieben, in denen eine Wirbellosenart als

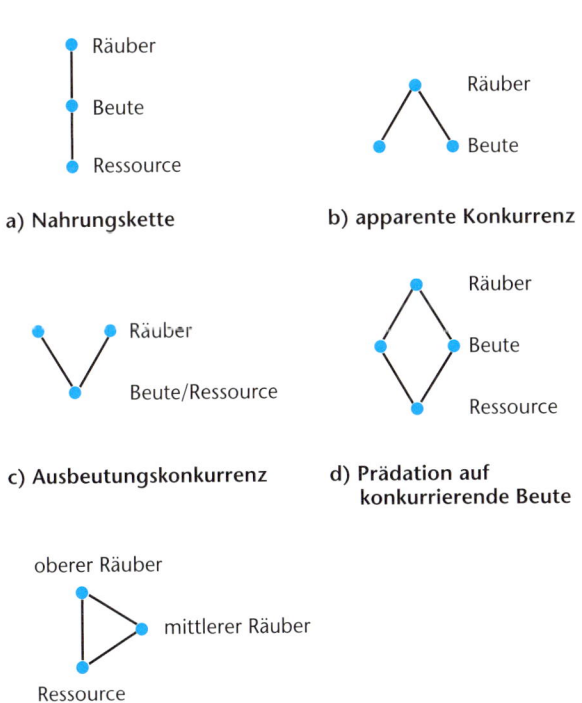

**a) Nahrungskette**

Räuber — Beute — Ressource

**b) apparente Konkurrenz**

Räuber / Beute

**c) Ausbeutungskonkurrenz**

Räuber / Beute/Ressource

**d) Prädation auf konkurrierende Beute**

Räuber / Beute / Ressource

**e)** *Intraguild predation*

oberer Räuber / mittlerer Räuber / Ressource

**Abb. 4.64:** Beispiele für Gemeinschaftsmodule (*community modules*), in denen indirekte Interaktionen zwischen Arten eine wichtige Rolle spielen. a) Nahrungskette, b) apparente Konkurrenz, c) Ausbeutungskonkurrenz, d), Prädation auf konkurrierende Arten, e) *intraguild predation*.

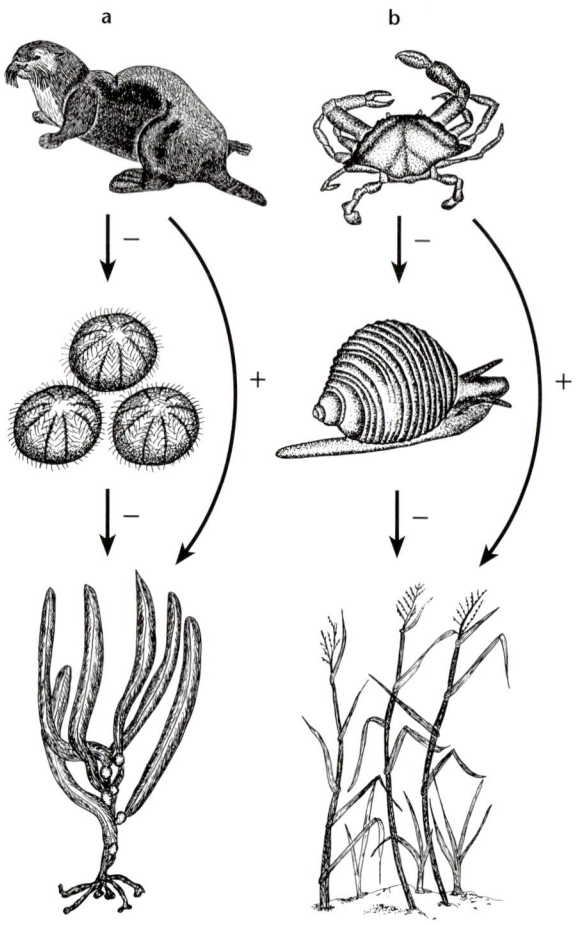

**Abb. 4.65:** Beispiele für trophische Kaskaden. a) marin: Seeotter, Seeigel und Braunalgen, b) terrestrisch: Strandkrabben, Schnecken und Schlickgras. Vergleiche Text.

Herbivore benutzt wurde; bisher gibt es keine experimentellen Nachweise für eine trophische Kaskade mit herbivoren Wirbeltieren. Dies ist hauptsächlich aus praktischen Gründen der Fall, denn der Ausschluss von Räubern von herbivoren Wirbeltieren müsste über weitaus größere Areale geschehen, als dies bei relativ kleinen Wirbellosen der Fall ist. Unsere Wissenslücke in diesem Bereich ist deshalb sehr zu bedauern, weil gerade herbivore Wirbeltiere häufig einen stärkeren Einfluss auf die Populationsdynamik von Pflanzen haben als Wirbellose (Crawley 1989) und somit größere Kaskadeneffekte erwartet werden können. Auch im unterirdischen Bereich gibt es trophische Kaskaden. Als Vertreter für unterirdische Kaskaden kann man einen insektenpathogenen Nematoden (*Heterorhabditis hepialus*) nennen, der Nachtfalterlarven (*Hepialus californicus*, Hepialidae) tötet, die unterirdisch an den Wurzeln der Buschlupine (*Lupinus arboreus*) fressen (Strong 1999).

Eine generelle Frage in der Ökologie ist, ob Populationen eher durch ihre Ressourcen, also von der unteren trophischen Ebene (*bottom-up control*), oder durch ihre natürlichen Feinde, also von der oberen trophischen Ebene (*top-down control*), limitiert sind. Die Anhänger von **top-down-Kaskaden** gehen davon aus, dass Pflanzen und Räuber durch ihre Ressource limitiert, während Herbivoren durch ihre Räuber begrenzt werden. Die Räuber regulieren die Herbivoren und nützen damit den Pflanzen. Die Argumentation zu *top-down*-Kaskaden geht auf die Ausführungen von Hairston et al. (1960) zurück, die in Abschnitt 4.7.3 genauer besprochen werden. Alle oben erwähnten Beispiele werden von den jeweiligen Autoren als *top-down*-Kaskaden interpretiert. Doch trotz der vielen direkten experimentellen Hinweise auf das Vorkommen und die Bedeutung von *top-down*-Kaskaden gibt es einige Beobachtungen, die sich nur schwierig mit der Wirkungsweise von *top-down*-Kaskaden in Einklang bringen lassen.

Eine Vorhersage der *top-down*-Kaskaden mit drei Ebenen, z. B. Pflanzen, Herbivoren und Räubern, ist, dass auf der mittleren Ebene, also zwischen den Herbivoren, wenig Konkurrenz herrschen sollte, da die Populationen klein sind, weil sie von der höheren Ebene, den Räubern/Parasiten/Krankheiten, auf niedrigem Niveau gehalten werden. Lange Zeit herrschte Einigkeit, dass diese Vorhersage zumindest in terrestrischen Systemen zutrifft (Schoener 1983), sodass Vorstellungen von *top-down*-Regulierung lange Zeit in der Ökologie vorherrschten. Im Abschnitt 4.4.1 haben wir bereits erfahren, dass Konkurrenz in natürlichen Populationen experimentell schwierig nachzuweisen ist, unter anderem weil häufig andere Erklärungen nicht ausgeschlossen werden können. Neuere Arbeiten, die explizit diese Schwierigkeiten berücksichtigen, zeigen, dass bei einigen herbivoren Tiergruppen häufig unter natürlichen Bedingungen Konkurrenz auftritt (Denno et al. 1995), was gegen eine starke *top-down*-Regulierung sprechen würde.

Eine weitere Vorhersage von mathematischen Modellen trophischer Kaskaden mit drei Stufen (z. B. Pflanzen–Herbivore–Räuber) ist, dass sich bei einer Förderung der untersten Stufe, z. B. durch Nährstoffzufuhr in das System, die Abundanz der mittleren Stufe nicht ändern sollte (d. h. die Herbivoren würden nicht von einer höheren Primärproduktion profitieren), wohl aber die obere trophische Ebene, die Räuber, die die vermehrt produzierten Herbivoren wegfressen und in eigene Nachkommen umsetzen würden (Oksanen et al. 1981). Diese Vorhersage steht im Gegensatz zu Beobachtungen in natürlichen Systemen, in denen ein vermehrter Nährstoffeintrag (Eutrophierung) in der Regel zu einer erhöhten Abundanz von Vertretern aller trophischen Ebenen führt. Diese Diskrepanz wurde das **Paradox der Nährstoffanreicherung** (*paradox of enrichment*) genannt (Rosenzweig 1971; Abschnitt 4.5.2.4). Die gleichen Modelle sagen auch vorher, dass ein Gleichgewichtzustand in einer trophischen Dreierkaskade auf einem niedrigen Niveau der mittleren Stufe (der Herbivoren) instabil sein sollte, d. h. entweder sollten die Herbivoren aussterben, weil sie von den Räubern ausgerottet werden, oder die Räuber, weil sie nicht genug Nahrung zum Überleben haben. In Wirklichkeit gibt es aber viele Beispiele aus der biologischen Schädlingskontrolle (Abschnitt 6.4.3.2), wo Schädlinge (meistens Herbivoren) von ihren natürlichen Feinden über lange Zeiträume stabil in niedrigen Dichten gehalten werden und so die Wirtspflanze vor ihnen geschützt ist. Diese Diskrepanz zwischen Modell und Wirklichkeit wird das **Paradox der biologischen Kontrolle** (*paradox of biological control*) genannt. Diese Widersprüche lassen an der Allgemeingültigkeit der Bedeutung trophischer *top-down*-Kaskaden in terrestrischen Systemen zweifeln.

Klassische trophische Modelle, die zu diesen beiden Paradoxien führen, gehen davon aus, dass die funktionelle Reaktion der Räuber (Abschnitt 4.1.2.2) allein von der Beutedichte abhängt, und ignorieren den Umstand, dass die Räuber untereinander ihre Effizienz, Beute zu jagen, beeinträchtigen können, besonders wenn die Räuberdichte hoch ist. Nimmt man anstelle der beuteabhängigen eine verhältnisabhängige (*ratio-dependent*) funktionelle Reaktion (also eine funktionelle Reaktion, die vom Verhältnis der Beuteindividuen zu den Räuberindividuen abhängt) in trophischen Kaskaden an, endet man nicht in den Paradoxien, sondern erhält Vorhersagen, die mit den Beobachtungen in natürlichen Systemen übereinstimmen (Ginzburg und Akcakaya 1992). Die verhältnisabhängige funktionelle Reaktion hat wegen ihrer guten Übereinstimmung mit den Beobachtungen in natürlichen Systemen in letzter Zeit einen großen Anhängerkreis in der Ökologie gefunden, ist aber wegen fehlender mechanistischer Erklärungen, wie sie denn zustande kommt, heftig kritisiert worden. Tatsächlich ist es auch hier wieder schwierig, allein von einer guten Anpassung an ein beobachtetes Muster auf den Mechanismus zu schließen, der dieses Muster verursacht hat.

Einen alternativen Erklärungsansatz findet man in so genannten **bottom-up-Kaskaden**, die davon ausgehen, dass die Abundanzen höherer trophischer Ebenen durch die Abundanz der niedrigsten Ebene geregelt werden. In vielen Lebensräumen gibt es Beispiele für eine Regulierung der Primärproduktion durch die Ressourcen im Boden oder Wasser, also eine *bottom-up*-Regulierung der Primärproduktion (Polis 1999). Der nährstoffreichste Ozean enthält im Durchschnitt nur 0,000 05 % Stickstoff, was etwa 1/10 000 des Stickstoffs in der oberen Bodenschicht an Land entspricht. Dementsprechend gering ist auch die Dichte an Primärproduzenten (Algen) im Meerwasser, was sich in der generell blauen Farbe des Meerwassers widerspiegelt (d. h. es enthält kaum pflanzliche Schwebstoffe). Eine gesteigerte Primärproduktion im Meer und damit eine Verfärbung des Wassers (z. B. so genannte „rote Tiden", verursacht in erster Linie durch Dinoflagellaten) findet nur in Bereichen erhöhten Nährstoffeintrags statt, z. B. in Bereichen mit Auftrieb von Tiefenwasser oder in der Nähe von Flussmündungen, die Nährstoffe aus dem terrestrischen Bereich eintragen (Abschnitt 5.2.1.2).

Doch die Primärproduktion ist auch in vielen terrestrischen Systemen nährstofflimitiert. Während sich Bereiche hoher Primärproduktion durch dunkle Böden, die reich an organischen Substanzen und Nährstoffen sind, auszeichnen, sind nährstofflimitierte Zonen durch anorganische und mineralische Böden von vielfach roter oder weißer Farbe gekennzeichnet. Ein gut bekanntes Beispiel ist der tropische Regenwald, dessen rote Böden die Nährstofflimitierung widerspiegeln, besonders nachdem die Nährstoffe des Systems verbrannt und weggeschwemmt oder in Form von landwirtschaftlichen Produkten, Holz oder Vieh dem System entrissen wurden.

Die Produktivität bleibt in vielen Systemen nur durch einen Nährstoffeintrag von außen (allochthon) erhalten. Der Regenwald im Amazonas kann z. B. seine Produktivität nur deshalb erhalten, weil er den größten Teil seines Phosphors von Staubpartikeln aus der Sahara erhält (Swap et al. 1992). Wenn die Primärproduktion in vielen Systemen durch Zugabe von Nährstoffen erhöht werden kann, können die Pflanzen in diesen Systemen nicht durch Herbivoren limitiert sein, sondern sind durch ihre Ressource limitiert, also durch *bottom-up*-Prozesse. Es stellt sich die Frage, ob in diesen Systemen auch die höheren trophischen Ebenen durch ihre Ressourcen und damit letztlich durch die Primärproduktion limitiert sind. Befürworter von *bottom-up*-Kaskaden gehen davon aus, dass Herbivoren und ihre Räuber durch die Pflanzenbiomasse reguliert werden.

*Bottom-up*-Modelle leiten sich aus grundlegenden thermodynamischen Prinzipien ab: Bei jedem Transfer von Energie entlang der trophischen Nahrungskette geht ein Teil der Energie verloren, sodass höhere trophische Ebenen weniger Biomasse haben als tiefer liegende: Es gibt weniger Herbivorenbiomasse als Pflanzenbiomasse und ebenso weniger Räuberbiomasse als Herbivorenbiomasse. Die Effizienz dieses Energietransfers liegt etwa in der Größenordnung von 10–20 %, d. h. nur etwa 10 % der aufgenommenen Biomasse werden in Biomasse der nächst höheren trophischen Ebene umgesetzt (Abschnitt 5.2.1.4). Wie viel Biomasse in einer trophischen Ebene angereichert werden kann, hängt letztendlich von der Primärproduktion, also von den Pflanzen, ab.

Es gibt auch einige experimentelle Beweise dafür, dass Lebensgemeinschaften durch ihre Ressourcen limitiert sein können, auch wenn sie gleichzeitig starker Prädation ausgesetzt sind. In Laborexperimenten haben Balcinuas und Lawler (1995) in Miniaquarien die Entwicklung und Populationsdynamik künstlicher Lebensgemeinschaften bestehend aus Bakterien als Primärproduzenten (in diesem Fall nicht autotroph), bakterivoren Einzellern und einem Räuber der Einzeller verfolgt. Es konnte dabei gezeigt werden, dass durch Nährstoffzugabe die Bakteriendichte stark erhöht wurde (im Widerspruch zum klassischen *top-down*-Kaskadenmodell), und zwar unabhängig davon, ob die Bakterivoren häufig (ohne Räuber) oder selten (kontrolliert durch den Räuber) waren. Auch die Bakterivoren als mittlere trophische Ebene und der Räuber konnten bei Nährstoffzufuhr höhere Populationsdichten ausbilden. Es bildeten also sämtliche trophischen Ebenen nach einer Ressourcenzufuhr höhere Populationen aus. Ähnliches wurde auch mit Phyto- und Zooplanktongemeinschaften gezeigt (Vanni 1987). Leider wurden diese und ähnliche Experimente bisher nur im aquatischen Milieu durchgeführt, sodass die Gemeinschaften aus verschiedenen Phyto- und Zooplanktonarten bzw. aus Bakterien und bakteriophagen Einzellern bestanden. Dies hat sicherlich praktische Gründe, denn Lebensgemeinschaften von planktonischen Organismen lassen sich noch relativ einfach und auf recht kleinem Raum halten und manipulieren. So kann bis jetzt über das Vorkommen und die Bedeutung von *bottom-up*-Kaskaden im terrestrischen Bereich oder bei anderen Lebensgemeinschaften (mit größeren Organismen) größtenteils nur spekuliert werden.

Eine Abwandlung der *bottom-up*-Kontrolle ist die so genannte **Grüne-Wüste-Hypothese**, die davon ausgeht, dass nicht alles, was grün ist, auch für Herbivoren essbar ist. Herbivoren sind daher nicht von einem Überfluss an Nahrung umgeben, wie es vielleicht auf den ersten Blick aussehen mag, sondern müssen die für sie geeignete Nahrung mühsam aus der großen Menge vorhandener, aber ungeeigneter Pflanzenbiomasse ( = grüne Wüste) heraussuchen. Tatsächlich sind alle Herbivoren mehr oder weniger spezialisiert und können daher viele Pflanzenteile nicht ausnutzen; entweder können sie die häufigsten Pflanzenmakromoleküle nicht verdauen, mit den sekundären Pflanzeninhaltsstoffen nicht umgehen oder Pflanzenarten, die sich durchaus als Nahrung eignen würden, nicht als solche erkennen (Abschnitt 4.1.1). Die Grüne-Wüste-Hypothese folgert, dass Herbivoren deshalb durch ihre Ressource limitiert sein und die Zusammensetzung von Herbivorengemeinschaften durch intraspezifische Konkurrenz bestimmt werden sollten.

Für einzelne natürliche Populationen von Herbivoren mag die Regulierung durch ihre Ressourcen einen größeren Einfluss haben als die Regulierung durch ihre Räuber, für andere hingegen mag dies umgekehrt sein. Auch sollten wir nicht vergessen, dass sich die relative Bedeutung von *top-down*- und *bottom-up*-Kräften mit der Zeit ändern kann. Generell gilt wohl, dass alle Herbivorenpopulationen sowohl von ihren Ressourcen als auch von ihren Räubern beeinflusst werden.

## 4.7.2 Nahrungsnetze

Betrachtet man die Nahrungszusammenhänge einer Lebensgemeinschaft von Arten, erhält man ein **Nahrungsnetz** (*food web*). Nahrungsnetze sind nach dem Prinzip „wer frisst wen" aufgebaut. Sie sind damit komplexer als Gemeinschaftsmodule. In **Gemeinschaftsnetzen** (*community webs*) bemüht man sich, alle Arten eines Standortes zu berücksichtigen. Der Grundgedanke, der hinter den meisten Nahrungsnetzen steht, ist die Beschreibung der kompletten trophischen Beziehungen aller Arten eines Standortes, Habitats oder Lebensraumes. Aus praktischen Gründen wird allerdings meistens nur ein Teil der Arten betrachtet. Auch ist es nicht immer einfach zu entscheiden, wo die räumlichen und zeitlichen Grenzen des betrachteten Standortes liegen. Gehört zu einem See z. B. noch das Ufer dazu und wenn ja, wie weit ins Landesinnere reicht die Uferzone noch? Derartige Entscheidungen beeinflussen natürlich das zu untersuchende Artenspektrum. Auch die taxonomische Auflösung des Netzes erfolgt nicht immer auf dem Niveau von Arten. Besonders auf den weniger gut untersuchten niederen taxonomischen Stufen, in denen die genauen Räuber-Beute-Verhältnisse kaum bekannt sind, werden Arten häufig zu einem so genannten **Sammeltaxon** zusammengefasst (z. B. Phytoplankton, Bakterien, Springschwänze usw.). Für manche Fragestel-

lungen wird nur ein Ausschnitt aller vorhandenen Arten des Standortes gewählt. Manchmal interessiert man sich nur für die natürlichen Feinde einer Art (Wirt, Beute) oder eines Artenkomplexes (z. B. Parasitoide von Blattminierern). In einem solchen Fall spricht man nicht mehr von Gemeinschaftsnetzen, sondern von **Herkunftsnetzen** (*source webs*).

### 4.7.2.1 Datenaufnahme

Wenn man Nahrungsnetze zusammenstellt, muss man natürlich wissen, welche Art von welcher gefressen wird. Dies korrekt festzustellen, ist in der Praxis nicht immer einfach. Die trophischen Beziehungen, die in einem Nahrungsnetz dargestellt sind, beruhen daher nicht immer auf direkten Beobachtungen von Räuber-Beute-Beziehungen. Besonders bei kleinen oder kryptischen Arten, deren Nahrungserwerb im Freiland schwierig zu beobachten ist, werden trophische Beziehungen häufig indirekt aus Fraßexperimenten oder aus Literaturangaben zu dieser oder ähnlichen Arten gefolgert. Die Datenqualität von Nahrungsnetzen kann deshalb recht unterschiedlich sein und die Glaubwürdigkeit der gezogenen Schlüsse stark beeinflussen. Man unterscheidet drei Datenqualitäten (Hall und Raffaelli 1997):

- **Empirische Netze:** Alle **trophischen Verbindungen** (*trophic links*) basieren auf tatsächlich gefundenen Räuber-Beute-Beziehungen, z. B. durch Darmuntersuchungen, Fraßexperimente, Beobachtungen.
- **Wahrscheinliche Netze:** Die meisten Verbindungen basieren auf tatsächlich gefundenen Räuber-Beute-Beziehungen, manche Verbindungen (z. B. schlecht untersuchte Arten) basieren auf Expertenwissen oder Literaturangaben zur Nahrungsbreite der betrachteten Art oder nah verwandter Arten.
- **Imaginäre Netze:** Artenaufnahme basiert auf Artenlisten eines Standortes, alle trophischen Verbindungen basieren nur auf Expertenwissen oder Literaturangaben zur Nahrungsbreite.

### 4.7.2.2 Darstellung von qualitativen Nahrungsnetzen

In **qualitativen Nahrungsnetzen** werden alle trophischen Verbindungen zwischen den Taxa eines Nahrungsnetzes gleich stark gewichtet, also nur ihre An- bzw. Abwesenheit berücksichtigt (*presence-absence*). Qualitative Nahrungsnetze werden häufig als Organigramme dargestellt, in denen Räubertaxa mit ihren Beutetaxa durch Striche verbunden sind. Die Räubertaxa stehen dabei immer über ihren Beutetaxa, sodass eindeutig ersichtlich ist, wer wen frisst (Abbildung 4.66). Die **trophische Position** eines Taxons wird ermittelt nach der Anzahl Kettenglieder in der längsten Nahrungskette von dem betreffenden Taxon zu einem basalen Taxon plus 1. Man kann ein Nahrungsnetz auch als Matrix darstellen, in der die Räubertaxa in Spalten und die Beutetaxa in Reihen dargestellt werden (Tabelle 4.11). Eine 1 in Spalte i und Reihe j gibt an, dass

Räuber i die Beute j frisst, eine 0 an der Position bedeutet, dass der Räuber die Beute nicht frisst. Qualitative Nahrungsnetze sind relativ einfach zu konstruieren und daher auch am häufigsten in der Literatur zu finden.

Die unterste Ebene in Nahrungsnetzen wird von den Primärproduzenten besetzt. Diese kann man nach der Herkunft ihrer Energiequelle in autotrophe und heterotrophe Gruppen einteilen. Die erste Gruppe wird von den Pflanzen besetzt (Ausnahme Chemoautotrophe), die zweite von Zersetzern. Beide Gruppen teilen das Netz in Konsumenten ein, die entweder auf basalen Ressourcen von Pflanzen oder von Zersetzern angewiesen sind. Detritus und Pflanzen und die von ihnen abhängigen Konsumentenketten formen zwei **Energiekanäle** (*energy channels*), und der Grad der Vernetzung zwischen diesen spielt eine wichtige Rolle in der Stabilität der Lebensgemeinschaft (Moore und De Ruiter 1997) und der Fähigkeit, die Abun-

danz der Ressource zu kontrollieren (Polis 1999). Wenn die Energiekanäle weitgehend getrennt sind, spricht man von **kompartimentierten Systemen**, und wenn sie miteinander verzahnt sind, von vernetzten Systemen. In aquatischen Systemen findet man eher kompartimentierte Strukturen, in terrestrischen eher netzartige.

### 4.7.2.3 Beschreibung von qualitativen Nahrungsnetzen durch Indices

Nahrungsnetze sind komplexe Objekte. Um ökologisch bedeutsame Schlüsse aus dieser Vielfalt ziehen zu können, wurden Indices entwickelt, mit deren Hilfe die Zusammenhänge in Nahrungsnetzen beschrieben werden können.

Die erste Gruppe von Indices beschäftigt sich mit den **Eigenschaften der beteiligten Taxa**. In einem Nah-

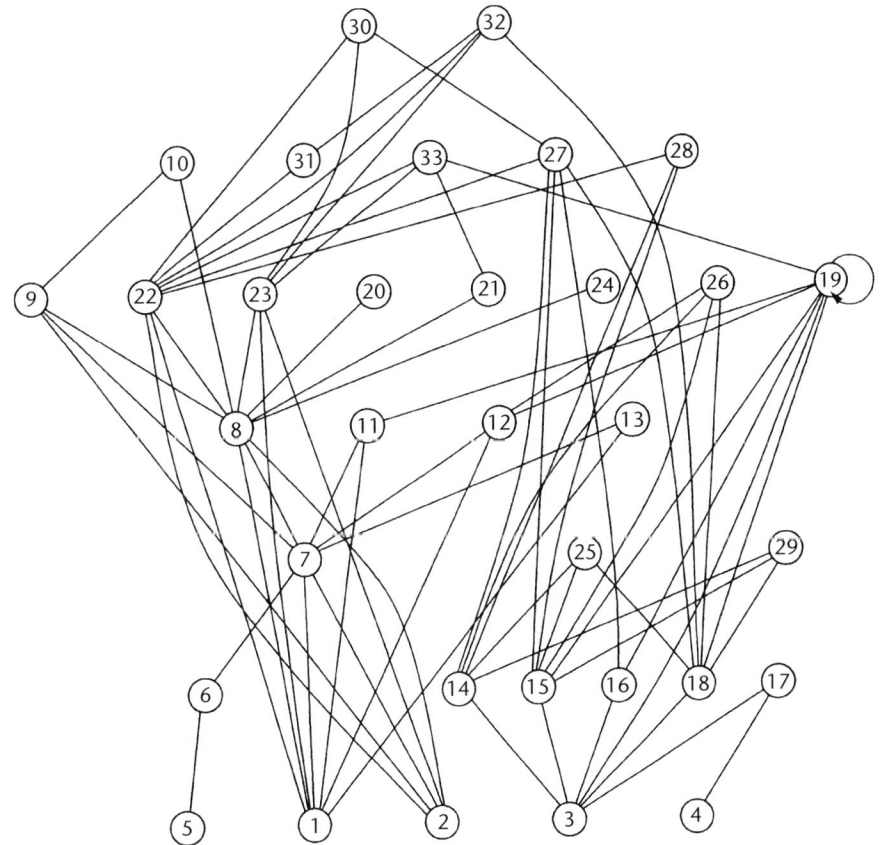

**Abb. 4.66:** Qualitatives Nahrungsnetz der 33 wichtigsten Taxa aus dem mesohalinen Ökosystem der Chesapeake Bay (Maryland, USA) als Organigramm. 1 Phytoplankton, 2 Bakterien an Schwebepartikeln, 3 Sedimentbakterien, 4 benthische Algen, 5 frei schwebende Bakterien in der Wassersäule, 6 heterotrophe Mikroflagellaten, 7 Mikrozooplankton, 8 Zooplankton, 9 Ctenophora, 10 Quallen (*Chrysaora quinquecirrha*), 11 andere Filtrierer, 12 Klaffmuscheln (*Mya* spp.), 13 Austern (*Crassostrea virginica*), 14 andere Polychaeta, 15 *Nereis* spp., 16 *Macoma* spp., 17 Meiofauna, 18 detritusfressende Crustaceen, 19 Krabben (*Callinectes sapidus*), 20 Fischlarven, 21 Heringsartige (Clupeidae), 22 Anchovis (*Anchoa mitchilli*), 23 Menhaden (*Brevoortia tyrannus*), 24 Amerikanischer Maifisch (*Alosa sapidissima*), 25 *Micropogonius undulatus*, 26 Amerikanische Seezunge (*Trinectes maculatus*), 27 Umberfisch (*Leiostomus xanthurus*), 28 Seebarsch (*Monroe americana*), 29 Welsart (*Arius felis*), 30 Blaufisch (*Pomatomus saltatrix*), 31 Adlerfisch (*Cynoscion aregalis*), 32 Flunder (*Paralichthys dentatus*), 33 Streifenbrassen (*Morone saxatilis*). Nach Bersier et al. (2002).

**Tab. 4.11:** Darstellung eines qualitativen Nahrungsnetzes als Matrix. Eine 1 in Spalte i und Reihe j bedeutet, dass Räuber i die Beute j frisst, eine 0 bedeutet, dass er sie nicht frisst. Es handelt sich um das gleiche Netz, das in Abbildung 4.66 dargestellt ist. Nach Bersier et al. (2002).

| Taxon | 6 | 7 | 8 | 9 | 10 | 11 | 12 | 13 | 14 | 15 | 16 | 17 | 18 | 19 | 20 | 21 | 22 | 23 | 24 | 25 | 26 | 27 | 28 | 29 | 30 | 31 | 32 | 33 |
|---|---|---|---|---|---|---|---|---|---|---|---|---|---|---|---|---|---|---|---|---|---|---|---|---|---|---|---|---|
| 1 | 0 | 1 | 1 | 0 | 0 | 1 | 1 | 1 | 0 | 0 | 0 | 0 | 0 | 0 | 0 | 0 | 1 | 1 | 0 | 0 | 0 | 0 | 0 | 0 | 0 | 0 | 0 | 0 |
| 2 | 0 | 1 | 1 | 1 | 0 | 1 | 1 | 1 | 0 | 0 | 0 | 0 | 0 | 0 | 0 | 0 | 1 | 1 | 0 | 0 | 0 | 0 | 0 | 0 | 0 | 0 | 0 | 0 |
| 3 | 0 | 0 | 0 | 0 | 0 | 0 | 0 | 0 | 1 | 1 | 1 | 1 | 1 | 1 | 0 | 0 | 0 | 0 | 0 | 0 | 0 | 0 | 0 | 0 | 0 | 0 | 0 | 0 |
| 4 | 0 | 0 | 0 | 0 | 0 | 0 | 0 | 0 | 0 | 0 | 0 | 0 | 1 | 0 | 0 | 0 | 0 | 0 | 0 | 0 | 0 | 0 | 0 | 0 | 0 | 0 | 0 | 0 |
| 5 | 1 | 0 | 0 | 0 | 0 | 0 | 0 | 0 | 0 | 0 | 0 | 0 | 0 | 0 | 0 | 0 | 0 | 0 | 0 | 0 | 0 | 0 | 0 | 0 | 0 | 0 | 0 | 0 |
| 6 | 0 | 1 | 0 | 0 | 0 | 0 | 0 | 0 | 0 | 0 | 0 | 0 | 0 | 0 | 0 | 0 | 0 | 0 | 0 | 0 | 0 | 0 | 0 | 0 | 0 | 0 | 0 | 0 |
| 7 | 0 | 0 | 1 | 1 | 0 | 1 | 1 | 1 | 0 | 0 | 0 | 0 | 0 | 0 | 0 | 0 | 0 | 0 | 0 | 0 | 0 | 0 | 0 | 0 | 0 | 0 | 0 | 0 |
| 8 | 0 | 0 | 0 | 1 | 0 | 0 | 0 | 0 | 0 | 0 | 0 | 0 | 0 | 0 | 1 | 1 | 1 | 1 | 1 | 0 | 0 | 0 | 0 | 0 | 0 | 0 | 0 | 0 |
| 9 | 0 | 0 | 0 | 0 | 1 | 0 | 0 | 0 | 0 | 0 | 0 | 0 | 0 | 0 | 0 | 0 | 0 | 0 | 0 | 0 | 0 | 0 | 0 | 0 | 0 | 0 | 0 | 0 |
| 11 | 0 | 0 | 0 | 0 | 1 | 0 | 0 | 0 | 0 | 0 | 0 | 0 | 0 | 1 | 0 | 0 | 0 | 0 | 0 | 0 | 0 | 0 | 0 | 0 | 0 | 0 | 0 | 0 |
| 12 | 0 | 0 | 0 | 0 | 0 | 0 | 0 | 0 | 0 | 0 | 0 | 0 | 0 | 1 | 0 | 0 | 0 | 0 | 1 | 0 | 0 | 0 | 0 | 0 | 0 | 0 | 0 | 0 |
| 14 | 0 | 0 | 0 | 0 | 0 | 0 | 0 | 0 | 0 | 0 | 0 | 0 | 0 | 0 | 0 | 0 | 0 | 0 | 1 | 1 | 1 | 1 | 1 | 0 | 0 | 0 | 0 | 0 |
| 15 | 0 | 0 | 0 | 0 | 0 | 0 | 0 | 0 | 0 | 0 | 0 | 0 | 0 | 1 | 0 | 0 | 0 | 0 | 1 | 1 | 1 | 1 | 1 | 0 | 0 | 0 | 0 | 0 |
| 16 | 0 | 0 | 0 | 0 | 0 | 0 | 0 | 0 | 0 | 0 | 0 | 0 | 0 | 1 | 0 | 0 | 0 | 0 | 0 | 1 | 0 | 0 | 0 | 0 | 0 | 0 | 0 | 0 |
| 18 | 0 | 0 | 0 | 0 | 0 | 0 | 0 | 0 | 0 | 0 | 0 | 0 | 0 | 1 | 0 | 0 | 0 | 0 | 1 | 1 | 1 | 0 | 1 | 0 | 0 | 0 | 1 | 0 |
| 19 | 0 | 0 | 0 | 0 | 0 | 0 | 0 | 0 | 0 | 0 | 0 | 0 | 0 | 1 | 0 | 0 | 0 | 0 | 0 | 0 | 0 | 0 | 0 | 0 | 0 | 0 | 0 | 1 |
| 21 | 0 | 0 | 0 | 0 | 0 | 0 | 0 | 0 | 0 | 0 | 0 | 0 | 0 | 0 | 0 | 0 | 0 | 0 | 0 | 0 | 0 | 0 | 0 | 0 | 0 | 0 | 0 | 1 |
| 22 | 0 | 0 | 0 | 0 | 0 | 0 | 0 | 0 | 0 | 0 | 0 | 0 | 0 | 0 | 0 | 0 | 0 | 0 | 0 | 0 | 0 | 1 | 1 | 0 | 1 | 1 | 1 | 1 |
| 23 | 0 | 0 | 0 | 0 | 0 | 0 | 0 | 0 | 0 | 0 | 0 | 0 | 0 | 0 | 0 | 0 | 0 | 0 | 0 | 0 | 0 | 0 | 0 | 0 | 1 | 0 | 1 | 1 |
| 27 | 0 | 0 | 0 | 0 | 0 | 0 | 0 | 0 | 0 | 0 | 0 | 0 | 0 | 0 | 0 | 0 | 0 | 0 | 0 | 0 | 0 | 0 | 0 | 0 | 0 | 1 | 0 | 0 |
| 31 | 0 | 0 | 0 | 0 | 0 | 0 | 0 | 0 | 0 | 0 | 0 | 0 | 0 | 0 | 0 | 0 | 0 | 0 | 0 | 0 | 0 | 0 | 0 | 0 | 0 | 0 | 1 | 0 |

rungsnetz kann man Taxa anhand ihrer trophischen Stellung in **obere** (*top*), **mittlere** (*intermediate*) und **untere** (*bottom*) **Taxa** einteilen. Ein oberes Taxon hat nur Verbindungen zu Beutetaxa (dargestellt als *N*), aber nicht zu Räubern (*P*), ein unteres Taxon hat nur Verbindung zu Räubern, aber nicht zu Beutetaxa, und mittlere Taxa haben Verbindungen sowohl zu Räubern als auch zu Beutetaxa. Das Verhältnis von oberen (% O) zu mittleren (% M) und zu unteren (% U) Taxa bildet einen Index. Auch das **Verhältnis von Beute- zu Räubertaxa** (N/P = [% M + % U] / [% O + % M]) wird als wichtiger Index häufig genannt. In verschiedenen Nahrungsnetzen liegt das Verhältnis Beute- zu Räubertaxa etwa bei 1, was bedeutet, dass Taxa im Durchschnitt etwa genauso viele Räuber- wie Beutetaxa haben. Die **Verletzlichkeit** *V* (*vulnerability*) steht für die mittlere Anzahl Räuber pro Beute und wird aus der Anzahl aller Räuber-Beute-Beziehungen (die Anzahl aller Verbindungen *l*) geteilt durch die Anzahl aller unteren und aller mittleren Taxa ($n_\mathrm{u} + n_\mathrm{m}$) berechnet:

$$V = \frac{l}{n_\mathrm{u} + n_\mathrm{m}}$$

Die **Generalität** *G* (*generality*) bezeichnet umgekehrt die mittlere Anzahl Beutetaxa pro Räuber und berechnet sich dementsprechend aus der Anzahl aller Räuber-Beute-Beziehungen geteilt durch die Anzahl aller oberen und mittleren Taxa:

$$G = \frac{l}{n_\mathrm{o} + n_\mathrm{m}}$$

Eine zweite Gruppe von Indices beschreibt **Eigenschaften der trophischen Verbindungen**. Diese berechnen sich aus der Anzahl Verbindungen (*l*) und der Anzahl beteiligter Taxa (*s*) im betrachteten Nahrungsnetz. Die **Verbindungsdichte** (*link density*) wird einfach als *l/s* berechnet. Ein Maß für die **Vernetzungsstärke** (*connectance*) kann man aus der Anzahl tatsächlicher Verbindungen geteilt durch die Anzahl möglicher Verbindungen (inklusive kannibalistischer Verbindungen) bilden ($l/s^2$). Indices zu Verbindungseigenschaften von Nahrungsnetzen spielen eine zentrale Rolle in unserem Verständnis der Stabilität und Struktur von Lebensgemeinschaften (Abschnitt 5.3.3.5; Pimm 1984, Martinez 1992).

Eine dritte Gruppe Indices betrifft die **Eigenschaften von Nahrungsketten**. Eine Nahrungskette ist ein Weg im Nahrungsnetz von einem beliebigen Taxon herab zu einem unteren Taxon. Eine Nahrungskette, die ein oberes mit einem unteren Taxon verbindet, wird eine **maximale Nahrungskette** genannt. Die Anzahl maximaler Nahrungsketten, deren durchschnittliche Länge und Standardabweichung (als Maß für die Variabilität; bei großer Standardabweichung gibt es lange und kurze Ketten, bei kleiner Standardabweichung hauptsächlich Ketten mit einer bestimmten Länge) sowie die Länge der längsten Kette sind häufig benutzte Indices. Diese Eigenschaften von Nahrungsketten sind ein Maß für die Komplexität eines Nahrungsnetzes.

Die Analyse von publizierten Nahrungsnetzen hat besonders in den 80er Jahren eine Reihe von Gesetzmäßigkeiten in diesen Indices an den Tag gebracht, die skalenunabhängig erschienen, also für Nahrungsnetze unterschiedlichster Größe gelten sollten. Die Qualität dieser frühen Datensätze wurde allerdings zu Recht angezweifelt, und neuere Datensätze zu Nahrungsnetzen aus den 90er Jahren, die besonders im Hinblick auf Vollständigkeit und größtmögliche taxonomische Auflösung erhoben wurden, scheinen diese Gesetzmäßigkeiten nicht mehr zu zeigen (z.B. Martinez 1993). Etwa zur selben Zeit wurde gezeigt, dass viele der oben besprochenen Indices stark vom Sammelaufwand abhängen, der bei der Datenaufnahme betrieben wurde. Tabelle 4.12 listet eine Anzahl von Gesetzmäßigkeiten in Nahrungsnetzen und deren heutigen Status auf. Aus der Tabelle geht hervor, dass viele Indices skalenabhängig sind, also von der Größe des Nahrungsnetzes abhängen. Die Größe des betrachteten Nahrungsnetzes und der Sammelaufwand beeinflussen also die qualitativen Indices, und beide Faktoren hängen voneinander ab.

Mit zunehmendem Sammelaufwand finden sich neue, bisher unentdeckte Verbindungen in einem Nahrungsnetz. So wird man unter Umständen mit der Zeit herausfinden, dass ein Räuber in seltenen Fällen auch eine für ihn ansonsten ungewöhnliche Beute frisst. Damit entsteht eine zusätzliche Verbindung im Nahrungsnetz, die aber gleich stark gewichtet wird wie die Verbindung des Räubers zu seiner häufig gefressenen, normalen Beute. Mit steigendem Sammelaufwand steigt durch die Anzahl zusätzlicher Verbindungen und damit auch der Anteil mittlerer Taxa % M, weil für immer mehr Taxa sowohl neue Verbindungen zur oberen als auch zur unteren trophischen Ebene gefunden werden, und der Anteil oberer % O und unterer Taxa % U sinkt dementsprechend. Eine Folge davon ist, dass das Verhältnis von Beute- zu Räuberarten sich mit steigendem Sammelaufwand immer stärker 1 annähert (siehe Formel oben). Beachte, dass es sich hierbei um ein mathematisches und kein ökologisches Phänomen handelt! In qualitativen Nahrungsnetzen sind also einige der Indices vom Sammelaufwand abhängig. Wegen dieser Skalenabhängigkeit ist es schwierig, mit Hilfe von qualitativen Indices Vergleiche zwischen verschiedenen Nahrungsnetzen anzustellen und allgemein gültige Gesetzmäßigkeiten herauszufinden.

In natürlichen Nahrungsnetzen werden einige Verbindungen für die beteiligten Taxa bedeutender sein als andere. Ein Räuber wird nicht jede Beute mit der gleichen Häufigkeit fressen, und umgekehrt ist nicht jeder Räuber

**Tab. 4.12:** Gesetzmäßigkeiten in qualitativen Nahrungsnetzen und ihr gegenwärtiger Status. Nach Hall und Raffaelli (1999).

| Gesetzmäßigkeit | Beschreibung | Status |
|---|---|---|
| Die Proportionen von oberen, mittleren und unteren Taxa sind skalenunabhängig. | Die relativen Anteile oberer, mittlerer und unterer Taxa wurden als unabhängig von der Größe (n Taxa) des betrachteten Nahrungsnetzes angesehen. | Neuere Arbeiten zeigen, dass der Anteil mittlerer Taxa mit zunehmender Größe des Nahrungsnetzes (z.B. bei höherer taxonomischer Auflösung) zunimmt, während die Anteile oberer und unterer Taxa abnehmen. |
| Die Anteile der Verbindungen von oberen zu mittleren, von oberen zu unteren, von mittleren zu unteren und von mittleren zu mittleren Taxa ist skalenunabhängig. | Die relativen Anteile der Verbindungen zwischen den einzelnen Kategorien wurden ebenfalls als unabhängig von der Größe (n Taxa) des betrachteten Nahrungsnetzes angesehen. | In neueren Arbeiten wird gezeigt, dass der Anteil Verbindungen von mittleren zu mittleren Taxa mit der Netzgröße steigt, während der Anteil Verbindungen oberer zu unterer Taxa sinkt. |
| konstante Verbindungsdichte (hyperbolisch abnehmende Verbindungsstärke) | Die Verbindungsdichte (n Verbindungen pro Taxon) wurde ursprünglich als Verbindungsstärke (n tatsächliche Verbindungen im Verhältnis zu n möglichen Verbindungen) gemessen, die scheinbar hyperbolisch mit der Netzgröße abnimmt. Diese Abnahme würde einer konstanten Verbindungsdichte entsprechen. | Die Verbindungsdichte nimmt mit der Netzgröße zu. |
| Seltenheit von geschlossenen Nahrungsketten | Eine geschlossene Nahrungskette besteht, wenn Taxon A Taxon B frisst, B frisst C und C wiederum A. Dies wurde als seltener als nach einer Zufallsverteilung erwartet angegeben. | Geschlossene Nahrungsketten sind häufiger als ursprünglich angenommen. |
| kurze maximale Nahrungsketten | Nahrungsketten von einem oberen Taxon zu einem unteren Taxon galten lange als kurz, mit typischerweise nur 3–4 Verbindungen. Maximale Ketten mit mehr als sechs Verbindungen seien selten. | Durchschnittliche und maximale Länge von Nahrungsketten steigt mit der taxonomischen Auflösung des Netzes. Unabhängig davon steigen beide Indices mit der Größe des Nahrungsnetzes. |
| Seltenheit von Omnivorie | Omnivoren sind Organismen, die sich von mehr als einer trophischen Ebene ernähren. Dies wurde in natürlichen Netzen als seltener angesehen als in zufällig generierten Nahrungsnetzen. | Omnivorie gilt heute mit zunehmender Kenntnis der Nahrungszusammensetzung vieler Arten nicht mehr als selten. |

für eine Beuteart gleich wichtig. Auch hängt die Biomasse, die von einer trophischen Ebene in die nächsthöhere wechselt, nicht nur von der Häufigkeit der Prädation, sondern auch von der Größe der Beute ab. Weil in qualitativen Nahrungsnetzen jedoch jeder Verbindung die gleiche Bedeutung zugemessen wird, kann das wahre Bild der Struktur des Netzes durch die Beschreibung mit qualitativen Indices verzerrt werden. Eine Lösung könnten quantitative Indices darstellen, die jede Verbindung nach ihrer Bedeutung gewichten.

### 4.7.2.4 Quantitative Nahrungsnetze

Quantitative Nahrungsnetze bewerten die Taxa und die Verbindungen in einem Nahrungsnetz anhand ihrer Wichtigkeit. Man kann auf verschiedenen Wegen die Wichtigkeit abschätzen. In einigen quantitativen Nahrungsnetzen werden die Häufigkeit der Organismen im betrachteten Ökosystem und die Häufigkeit der einzelnen Verbindungen (Räuber-Beute-Interaktionen) berücksichtigt, in anderen der Biomassefluss (wie viel Biomasse einer Beute A wird vom Räuber X gefressen, Abschnitt 5.2.1.4). Tabelle 4.13 und Abbildung 4.67 geben Beispiele für quantitative Nahrungsnetze. Tabelle 4.13 ist in Form einer Matrix dargestellt, in der der jährliche Biomassefluss (gemessen als Kohlenstofffluss pro Fläche) angegeben ist (Spalten stellen die Konsumenten dar, Reihen die konsumierten Taxa). Wenn man zur Beschreibung von Nahrungsnetzen durch Indices die quantitativen Stoffflüsse berücksichtigen will, lassen sich die obigen Formeln nicht mehr anwenden. Stattdessen muss man auch bei der Berechnung von Indices die quantitativen Stoffflüsse einbeziehen. Bersier et al. (2002) haben Methoden zur Berechnung von quantitativen Indices analog den oben beschriebenen mit Hilfe

von informationstheoretischen Methoden vorgeschlagen, die in ihrer Bedeutung den Maßzahlen für qualitative Netze entsprechen.

Die Berechnung erfolgt über ein Maß für Diversität, den **Shannon-Weaver-Index** $H$ für Entropie (oder Unsicherheit), der ungleich verteilte Häufigkeiten von Ereignissen (hier Biomasseflüsse) berücksichtigt (Kasten 5.12; für eine didaktische Einführung in das Konzept siehe Ulanovicz (1997). Der Vorteil vom Shannon-Weaver-Index $H$ ist, dass sein „Kehrwert" $2^H$ als die Anzahl Ereignisse interpretiert werden kann, die den Wert $H$ produziert hätten, wenn sie gleich häufig vorgekommen wären (gleiche Biomasseflüsse, d. h. gleiche Wichtigkeit). Somit bewahrt der Shannon-Weaver-Index $H$ die biologischen Eigenschaften der konventionellen Indices und kann daher einfach interpretiert werden.

Die Berechnung der quantitativen Indices ist komplizierter als die Berechnung der qualitativen Indices. Für eine ausführliche Beschreibung sei auf die Originalarbeit von Bersier et al. (2002) verwiesen. Als Beispiel, welches das Prinzip der Berechnung verdeutlichen soll, werden wir hier nur einen einfachen Index berechnen, nämlich die Einstufung eines Taxons als oberes, mittleres oder unteres Taxon. Während bei qualitativen Netzen nur darauf geachtet wird, ob eine trophische Verbindung vorhanden ist oder nicht, wird bei quantitativen Netzen die Stärke der Verbindungen gewichtet. So wird ein Taxon, das nur einen Räuber über sich hat, der auch nur selten das Taxon frisst, in qualitativen Netzen als mittleres Taxon dargestellt, was seiner biologischen Funktion im Netz allerdings nicht gerecht wird; es sollte eher als oberes Taxon eingestuft werden. In quantitativen Netzen können mit Hilfe der Indices die Positionen der einzelnen Taxa biologisch sinnvoller beschrieben werden. Wir nehmen dafür ein Netz in

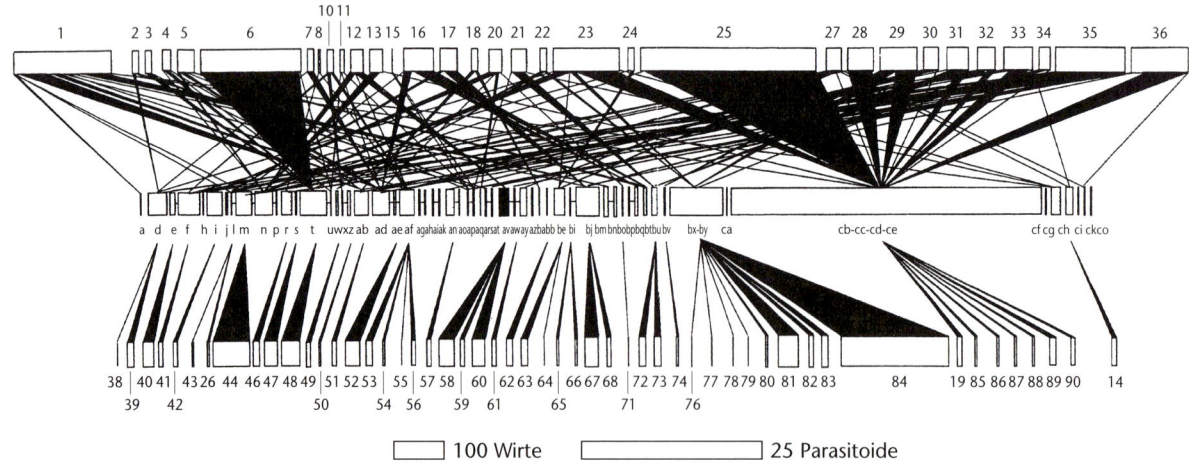

**Abb. 4.67:** Quantitative Nahrungsnetze: Quantitatives Parasitoidennetz einer Gemeinschaft von Blattminierern im Trockenwald Costa Ricas. Nummerierte Kästen stellen Parasitoidenarten, Buchstabenkästen Wirte (Minierearten) dar. Parasitoide, die aus mehr als einem Wirt gezüchtet wurden, sind in der oberen Reihe aufgeführt, Parasitoide, die aus nur einem Wirt gezüchtet wurden, in der unteren Reihe. Die Breite der Kästen ist proportional zur Abundanz der Arten, aber für beide Gruppen wurden unterschiedliche Skalen gewählt. Nach Memmott et al. (1994).

**Tab. 4.13:** Quantitative Darstellung des Nahrungsnetzes aus Tabelle 4.11 in Form einer Matrix, in welcher der jährliche Biomassefluss pro Fläche angegeben ist. Spalten stellen die Konsumenten dar, Reihen die konsumierten Taxa. Nach Bersier et al. (2002).

| Taxon | 6 | 7 | 8 | 9 | 10 | 11 | 12 | 13 | 14 | 15 | 16 | 17 | 18 | 19 | 20 | 21 | 22 | 23 | 24 | 25 | 26 | 27 | 28 | 29 | 30 | 31 | 32 | 33 |
|---|---|---|---|---|---|---|---|---|---|---|---|---|---|---|---|---|---|---|---|---|---|---|---|---|---|---|---|---|
| 1 | 0 | 31715 | 37149 | 0 | 0 | 4199 | 2275 | 4415 | 0 | 0 | 0 | 0 | 0 | 0 | 0 | 0 | 0 | 0 | 0 | 0 | 0 | 0 | 0 | 0 | 0 | 0 | 0 | 0 |
| 2 | 0 | 870,9 | 1685,4 | 131,5 | 0 | 105,2 | 56,9 | 110,6 | 0 | 0 | 0 | 0 | 0 | 0 | 0 | 0 | 12,3 | 4,2 | 0 | 0 | 0 | 0 | 0 | 0 | 0 | 0 | 0 | 0 |
| 3 | 0 | 0 | 0 | 0 | 0 | 0 | 0 | 0 | 160831 | 25062 | 57334 | 35962 | 4075 | 1690 | 0 | 0 | 0 | 0 | 0 | 0 | 0 | 0 | 0 | 0 | 0 | 0 | 0 | 0 |
| 4 | 0 | 0 | 0 | 0 | 0 | 0 | 0 | 0 | 0 | 0 | 0 | 18086 | 0 | 0 | 0 | 0 | 0 | 0 | 0 | 0 | 0 | 0 | 0 | 0 | 0 | 0 | 0 | 0 |
| 5 | 88721 | 0 | 0 | 0 | 0 | 0 | 0 | 0 | 0 | 0 | 0 | 0 | 0 | 0 | 0 | 0 | 0 | 0 | 0 | 0 | 0 | 0 | 0 | 0 | 0 | 0 | 0 | 0 |
| 6 | 0 | 31638 | 0 | 0 | 0 | 0 | 0 | 0 | 0 | 0 | 0 | 0 | 0 | 0 | 0 | 0 | 0 | 0 | 0 | 0 | 0 | 0 | 0 | 0 | 0 | 0 | 0 | 0 |
| 7 | 0 | 0 | 7555 | 3437 | 0 | 290 | 156 | 304 | 0 | 0 | 0 | 0 | 0 | 0 | 0 | 0 | 0 | 0 | 0 | 0 | 0 | 0 | 0 | 0 | 0 | 0 | 0 | 0 |
| 8 | 0 | 0 | 0 | 6878 | 0 | 0 | 0 | 0 | 0 | 0 | 0 | 0 | 0 | 0 | 4,9 | 25,7 | 1534 | 248,2 | 5,2 | 0 | 0 | 0 | 0 | 0 | 0 | 0 | 0 | 0 |
| 9 | 0 | 0 | 0 | 0 | 1159 | 0 | 0 | 0 | 0 | 0 | 0 | 0 | 0 | 0 | 0 | 0 | 0 | 0 | 0 | 0 | 0 | 0 | 0 | 0 | 0 | 0 | 0 | 0 |
| 11 | 0 | 0 | 0 | 0 | 552 | 0 | 0 | 0 | 0 | 0 | 0 | 0 | 0 | 538 | 0 | 0 | 0 | 0 | 0 | 0 | 0 | 0 | 0 | 0 | 0 | 0 | 0 | 0 |
| 12 | 0 | 0 | 0 | 0 | 0 | 0 | 0 | 0 | 0 | 0 | 0 | 0 | 0 | 215 | 0 | 0 | 0 | 0 | 0 | 0 | 0 | 0 | 0 | 0 | 0 | 0 | 0 | 0 |
| 14 | 0 | 0 | 0 | 0 | 0 | 0 | 0 | 0 | 0 | 0 | 0 | 0 | 0 | 0 | 0 | 0 | 0 | 0 | 0 | 7,2 | 59 | 314 | 76 | 152,8 | 0 | 0 | 0 | 0 |
| 15 | 0 | 0 | 0 | 0 | 0 | 0 | 0 | 0 | 0 | 0 | 0 | 0 | 0 | 352 | 0 | 0 | 0 | 0 | 0 | 2,1 | 14 | 97 | 59 | 22,6 | 0 | 0 | 0 | 0 |
| 16 | 0 | 0 | 0 | 0 | 0 | 0 | 0 | 0 | 0 | 0 | 0 | 0 | 0 | 4538 | 0 | 0 | 0 | 0 | 0 | 0 | 9 | 55 | 0 | 0 | 0 | 0 | 0 | 0 |
| 18 | 0 | 0 | 0 | 0 | 0 | 0 | 0 | 0 | 0 | 0 | 0 | 0 | 0 | 967 | 0 | 0 | 0 | 0 | 0 | 0,3 | 14 | 2 | 0 | 43,1 | 0 | 0 | 0,9 | 0 |
| 19 | 0 | 0 | 0 | 0 | 0 | 0 | 0 | 0 | 0 | 0 | 0 | 0 | 0 | 293 | 0 | 0 | 0 | 0 | 0 | 0 | 0 | 0 | 0 | 0 | 0 | 0 | 0 | 0 |
| 21 | 0 | 0 | 0 | 0 | 0 | 0 | 0 | 0 | 0 | 0 | 0 | 0 | 0 | 0 | 0 | 0 | 0 | 0 | 0 | 0 | 0 | 0 | 0 | 0 | 0 | 0 | 0 | 2,4 |
| 22 | 0 | 0 | 0 | 0 | 0 | 0 | 0 | 0 | 0 | 0 | 0 | 0 | 0 | 0 | 0 | 0 | 0 | 0 | 0 | 0 | 0 | 14,5 | 14,6 | 0 | 2,7 | 91,4 | 12,3 | 0,2 |
| 23 | 0 | 0 | 0 | 0 | 0 | 0 | 0 | 0 | 0 | 0 | 0 | 0 | 0 | 0 | 0 | 0 | 0 | 0 | 0 | 0 | 0 | 0 | 0 | 0 | 2,6 | 0 | 8 | 17,2 |
| 27 | 0 | 0 | 0 | 0 | 0 | 0 | 0 | 0 | 0 | 0 | 0 | 0 | 0 | 0 | 0 | 0 | 0 | 0 | 0 | 0 | 0 | 0 | 0 | 0 | 10,2 | 0 | 0 | 10,6 |
| 31 | 0 | 0 | 0 | 0 | 0 | 0 | 0 | 0 | 0 | 0 | 0 | 0 | 0 | 0 | 0 | 0 | 0 | 0 | 0 | 0 | 0 | 0 | 0 | 0 | 0 | 0 | 4,3 | 0 |

Form einer Matrix wie in Tabelle 4.13 dargestellt an, in dem für jedes Taxon die Biomasseflüsse von jedem Beutetaxon in der entsprechenden Spalte und die Biomasseflüsse zu jedem Räubertaxon in der entsprechenden Reihe aufgelistet sind. Für ein Taxon $k$ wird die Diversität der von seiner Beute $N$ aufgenommenen Biomasse $H_N$ und die Diversität der von dem Taxon $k$ zu dessen Räubern $P$ fließenden Biomasse $H_P$ folgendermaßen berechnet:

$$H_{N,k} = - \sum_{i=1}^{s} \frac{b_{ik}}{b_{\bullet k}} \log_2 \frac{b_{ik}}{b_{\bullet k}}$$

$$H_{P,k} = - \sum_{j=1}^{s} \frac{b_{kj}}{b_{k \bullet}} \log_2 \frac{b_{kj}}{b_{k \bullet}}$$

wobei $b_{ik}$ den Biomassefluss von der Beute $i$ zum Taxon $k$, $b_{kj}$ den Biomassefluss vom Taxon $k$ zum Räuber $j$ und $b_{\bullet k}$ bzw. $b_{k \bullet}$ die gesamten Biomasseflüsse aller Beutetaxa zu Taxon $k$ bzw. von Taxon $k$ zu allen Räubertaxa (also die Spalten- bzw. Reihensummen) darstellen. Die „Kehrwerte" von $H_N$ und $H_P$ sind

$$n_{N,k} = \begin{cases} 2^{H_{N,k}} \\ 0 \quad \text{wenn} \quad b_{\bullet k} = 0 \end{cases}$$

$$n_{P,k} = \begin{cases} 2^{H_{P,k}} \\ 0 \quad \text{wenn} \quad b_{k \bullet = 0} \end{cases}.$$

Die Parameter $n_{N,k}$ und $n_{P,k}$ entsprechen der Anzahl Beute- bzw. Räubertaxa, wenn die Biomasseflüsse von jedem Taxon zum bzw. vom Taxon $k$ gleich verteilt wären. Die Anzahl Beute- bzw. Räubertaxa kann nun benutzt werden, um einen Index $d$ zu berechnen, der angibt, inwieweit das Taxon $k$ einem oberen, mittleren oder unteren Taxon entspricht:

$$d'_k = \frac{n_{N,k}}{n_{N,k} + n_{P,k}}$$

Der Positionsindex $d'$ gibt also an, wie viel Prozent der Verbindungen des Taxons $k$ zu Beutearten gehen (wenn alle Verbindungen gleich wichtig wären). Um besser die funktionelle Position eines Taxons im Nahrungsnetz wiederzugeben, kann man noch die absoluten Biomasseflüsse, die von Beutetaxa kommen und zu Räubertaxa fließen, in einem gewichteten Index $d$ berücksichtigen:

$$d_k = \frac{b_{\bullet k} n_{N,k}}{b_{\bullet k} n_{N,k} + b_{k \bullet} n_{P,k}}$$

Analog zu qualitativen Netzen wären bei beiden Indices obere Taxa diejenigen, die nur Verbindungen zu unteren trophischen Ebenen haben ($d' = 0$; $d = 0$), untere Taxa hätten nur Verbindungen zu oberen Ebenen ($d' = 1$; $d = 1$), und mittlere Taxa hätten Verbindungen zu oberen und unteren trophischen Ebenen ($0 < d' < 1$; $0 < d < 1$). Wenn man $d'$ oder $d$ für alle Taxa eines Nahrungsnetzes berechnet,

lässt sich daraus eine Häufigkeitsverteilung erstellen, die jedem Taxon eine Position im Kontinuum zwischen oberen und unteren Taxa zuweist. So lässt sich mit Hilfe von quantitativen Indices für jedes mittlere Taxon angeben, ob es funktionell eher ein oberes (Biomassefluss für das Taxon kommt hauptsächlich aus unteren trophischen Ebenen) oder unteres Taxon (Biomassefluss geht hauptsächlich in obere trophische Ebenen) ist. Ähnlich lassen sich auch für die anderen Indices ihre quantitativen Gegenstücke berechnen.

Der Vorteil von quantitativen Indices besteht nicht nur in einer ökologisch sinnvolleren Beschreibung der Struktur und der Zusammenhänge in Nahrungsnetzen. Quantitative Indices sind auch viel robuster gegenüber dem betriebenen Sammelaufwand (Bersier et al. 2002), d. h. auch wenn die Informationen über ein Nahrungsnetz unvollständig und lückenhaft sind, wirkt sich dies nicht stark auf die Berechnung der quantitativen Indices aus. Quantitative Indices sind daher nicht mehr von der Größe des betrachteten Netzes und vom Sammelaufwand abhängig und erlauben daher den Vergleich von Nahrungsnetzen verschiedenster Herkunft. Mit Hilfe von quantitativen Indices wird man möglicherweise in Zukunft robuste Gesetzmäßigkeiten in Nahrungsnetzen entdecken, die wichtige Aufschlüsse über die Funktionsweise von natürlichen Lebensgemeinschaften geben können.

### 4.7.2.5 Kritik an Nahrungsnetzen

Nahrungsnetze stellen natürlich auch nur eine vereinfachte Sichtweise von Lebensgemeinschaften dar. Generell sollte man beachten, dass in Nahrungsnetzen nur trophische Beziehungen berücksichtigt sind; andere Interaktionen zwischen Arten wie Konkurrenz, Mutualismen usw. werden außer Acht gelassen. Außerdem ist es fraglich, ob sich eine Einteilung der trophischen Beziehungen einer Lebensgemeinschaft auf Artniveau als sinnvoll erweist. Viele Organismen sind z. B. im Jugendstadium Opfer bestimmter Räuber, als Adulte später dann aber nicht mehr. Auch ihr eigenes Nahrungsspektrum ändert sich im Verlauf des Lebens. Kannibalismus ist z. B. ein häufiges Phänomen im Tierreich (auch unter Herbivoren!). Ebenso kommt es nicht selten vor, dass die Adulten einer Art A die Jugendstadien der Art B fressen, gleichzeitig aber die Adulten der Art B die Jugendstadien der Art A. Welche Art ist jetzt auf der höheren trophischen Stufe? Wenn man die Jugendstadien mit berücksichtigt, wird man wohl keine Art finden, die nie Opfer eines Räubers wird (Polis 1991). In klassischen Nahrungsnetzen würde es in dieser Situation keine oberen trophischen Arten geben. Auch sind häufig die Unterschiede in der trophischen Stellung von jungen und ausgewachsenen Stadien ein und derselben Art größer als die Unterschiede zwischen nah verwandten Arten. Nahrungsnetze, die die Altersstruktur von Arten vernachlässigen, laufen Gefahr, die wesentlichen trophischen Mechanismen, die in einer Lebensgemeinschaft wirksam sind, nicht zu erfassen. Weiterhin ist bis jetzt nicht bekannt, inwieweit fehlende oder unzureichende Informationen über das wirkliche Beutespektrum von Arten (nicht nur die wenigen bekannten Räuber-Beute-Beziehungen) die Struktur von Nahrungsnetzen beeinflussen. Wie umfangreich Beutespektren sein können, hat Polis (1991) in einem Wüstenökosystem deutlich gemacht: Die Anzahl Beutearten eines Skorpions (*Paruroctonus mesaenis*) zeigte selbst nach 200 Nächten und 2000 Beobachtungsstunden keine Sättigung; die 100. Beuteart wurde in der 181. Nacht verzeichnet.

Ebenso trifft die Annahme, dass quantitative Nahrungsnetze die Dynamik und Zusammenhänge in einer Lebensgemeinschaft korrekt widerspiegeln, nicht immer zu. Energie- oder Biomasseflüsse können ein falsches Bild erzeugen, wenn Parasiten oder Pathogene als regulative Faktoren auftreten. In einem solchen Fall kann ein vernachlässigbar kleiner Biomassefluss einen enormen Einfluss auf die Wirtspopulation und damit auch weiter im Nahrungsnetz haben. Inwieweit ein Nahrungsnetz eine geeignete Beschreibung für eine bestimmte Lebensgemeinschaft darstellt, muss daher wohl im Einzelfall entschieden werden.

## 4.7.3 Kaskadeneffekte trophischer Ebenen

Um der Vielfalt in Nahrungsnetzen Herr zu werden und generelle Muster besser zu erkennen, werden häufig Arten mit ähnlicher Form der Nahrungsaufnahme zu diskreten trophischen Ebenen zusammengefasst. Man spricht also von der Ebene der Primärproduzenten, Primärkonsumenten usw. als Ganzes, d. h. die Gemeinschaften der Pflanzen, Herbivoren und Räuber werden als einheitliche trophische Ebenen betrachtet (Abschnitt 5.2.1.3).

### 4.7.3.1 Zwei wichtige Hypothesen

Ausgehend von diesem Konzept der trophischen Gemeinschaftsebenen wurden zwei bedeutende Hypothesen formuliert, die einen großen Einfluss auf die Denkweise in der Ökologie von Lebensgemeinschaften und Nahrungsnetzen hatten und bis heute haben. Die erste Hypothese wird als die **Grüne-Welt-Hypothese** bezeichnet (*green world hypothesis*, in der Literatur auch häufig HSS genannt nach den Namen ihrer Beschreiber Hairston, Smith und Slobodkin, Hairston et al. 1960). Sie versucht zu erklären, dass ein Großteil der Welt grün ist, weil Herbivoren die ihnen zur Verfügung stehende Nahrung (Pflanzen) nicht vollständig ausnutzen, da sie durch ihre Feinde (Räuber und Parasiten) in niedrigen Populationsdichten gehalten werden. Die dazugehörige Argumentationskette geht folgendermaßen: Fossile Brennstoffe reichern sich momentan nicht auf der Erde an, weshalb man schließen kann, dass sämtliche assimilierte Energie durch die Biosphäre fließt. Daraus folgt, dass die Organismen als Ganzes durch die fixierte Energie, also ressourcenlimitiert sind. Dies gilt insbesondere für die Gruppe der Destruenten (Abschnitt 4.2.1). Herbivoren kommen selten in so großen Dichten vor, dass sie Kahlfrass verursachen, und limitieren daher die Gruppe der Primärproduzenten (Pflanzen) nicht. Ebenso wenig wird die Klasse der Primärproduzenten durch Katastrophen auf einem niedrigen Niveau gehalten,

denn Katastrophen sind vergleichsweise selten. Folglich müssen die Primärproduzenten als Ganzes durch ihre Ressourcen limitiert sein. Weil Herbivoren unter gewissen Umständen durchaus in der Lage sind, einen Kahlfraß zu verursachen, werden sie offensichtlich normalerweise nicht durch ihre Ressource limitiert. Folglich müssen sie durch ihre natürlichen Feinde limitiert sein. Weil die Gruppe der Räuber und Parasiten ihre eigene Nahrungsressource begrenzt, müssen Räuber und Parasiten als Ganzes durch ihre Ressource limitiert sein. Zusammenfassend ergibt sich also folgendes Bild: Destruenten, Pflanzen und Räuber/Parasiten sind durch ihre Ressourcen limitiert, während die Gruppe der Herbivoren als Ganzes durch ihre natürlichen Feinde limitiert ist. Die Struktur von Räuber- und Pflanzengemeinschaften wird daher durch interspezifische Konkurrenz um die Ressourcen (Abschnitt 4.4.1) bestimmt, die Struktur von Herbivorengemeinschaften dagegen durch apparente Konkurrenz (Abschnitt 4.5.1.3).

Die Grüne-Welt-Hypothese geht von der Existenz dreier trophischer Ebenen aus. Diese drei Ebenen findet man auch in produktiven Systemen wie Wäldern und ihren Sukzessionsstadien. In unproduktiven Systemen (z. B. Halbwüsten, Tundren) beobachtet man, dass die Pflanzenpopulationen schon von geringeren Herbivorendichten dezimiert werden, als nötig wären, um effektive Räuberpopulationen aufrecht zu erhalten, die die Herbivoren kontrollieren könnten. Aufgrund der Verluste beim Konvertieren von Biomasse von einer trophischen Ebene zur nächsten (**trophische/ökologische Effizienz**, Abschnitt 5.2.1.4) können sich in unproduktiven Systemen daher häufig nur zwei oder sogar nur eine trophische Ebene halten.

Aus diesen Beobachtungen, dass die Anzahl trophischer Ebenen und damit auch die Struktur der Lebensgemeinschaften von der Produktivität des Standortes abhängt, entwickelte sich die so genannte **Fretwell-Oksanen-Hypothese** (*exploitation ecosystem hypothesis*, EEH; Oksanen et al. 1981; Abschnitt 4.5.2.1). Carnivoren können sich nur während gelegentlicher Massenvermehrungen von Herbivoren etablieren, nutzen also das zeitweilige Vorhandensein ihrer Ressource nur aus und sind somit ressourcenlimitiert. Die Herbivoren in solchen Systemen sind ebenfalls ressourcenkontrolliert, weshalb Herbivorengemeinschaften durch interspezifische Konkurrenz strukturiert sein sollten. In unproduktiven Systemen sollten Herbivoren eine klare Nischenaufteilung zeigen und diejenigen Arten, die bei geringen Pflanzendichten existieren und Nahrung niedriger Qualität nutzen können, sollten am erfolgreichsten sein. Pflanzengemeinschaften sind einem intensiven Fraßdruck ausgesetzt und sollten durch apparente Konkurrenz strukturiert werden. In extrem unproduktiven Systemen (z. B. in Polargebieten) kann die knappe Vegetation keine Herbivorenebene mehr unterhalten. Die einzige trophische Interaktion in diesen Systemen mit einer Ebene findet zwischen Pflanzen und ihren physikalischen Ressourcen statt. Die spärliche Vegetation wird durch Ausbeutungskonkurrenz um die wenigen vorhandenen Plätze, an denen Wachstum möglich ist, strukturiert.

Eine zentrale Voraussage der Fretwell-Oksanen-Hypothese ist, dass die Biomasse auf einzelnen trophischen Ebenen in Form einer Stufenfunktion mit steigender Produktivität des Systems (z. B. durch zusätzlichen Nährstoffeintrag) ansteigt. In Zwei-Stufen-Ökosystemen wird die Biomasse der Pflanzen mit steigender Produktivität konstant bleiben, während die Biomasse der Herbivoren zunimmt. Wenn die Produktivität des Systems so weit zugenommen hat, dass eine dritte trophische Ebene existieren kann, wird mit zunehmender Produktivität die Pflanzenbiomasse steigen, die Biomasse der Herbivoren konstant bleiben und die Biomasse der Räuber zunehmen (unter der Annahme, dass die Herbivoren gesättigt sind).

Beide Hypothesen versuchen, die Abundanz von Pflanzen, Herbivoren und Räubern durch trophische Interaktionen zu klären. Beide Hypothesen wurden in dieser Hinsicht als unzureichend kritisiert, weil sie die Bedeutung anderer Faktoren nicht berücksichtigen. Es stellt sich daher die Frage, wie häufig und unter welchen Umständen die beiden Hypothesen in natürlichen Systemen die Abundanzen von Pflanzen, Herbivoren und Räubern erklären und wann andere Faktoren wichtiger sind.

Während in terrestrischen Ökosystemen tatsächlich weniger als ein Fünftel der jährlichen Nettoprimärproduktion von Herbivoren gefressen wird, konsumieren in limnischen Systemen Herbivoren etwa die Hälfte der jährlichen Primärproduktion (Cyr und Pace 1993). Herbivore dezimieren in aquatischen Systemen die Pflanzenwelt derart stark, dass es häufig zu so genannten umgekehrten Biomassepyramiden (Abschnitt 5.2.1.2) kommt; die Biomasse der Herbivoren ist größer als die Biomasse der Pflanzen. Der Pflanzenbestand in aquatischen Systemen beträgt tatsächlich nur 3–7% der jährlichen Nettoprimärproduktion, während er in terrestrischen Systemen ein 17faches ausmacht. Herbivorie hat also in aquatischen Systemen einen viel stärkern Einfluss auf die Pflanzengemeinschaft als in terrestrischen Systemen.

Ein oft vorgebrachtes Argument gegen die Grüne-Welt-Hypothese lautet, dass Pflanzen sich gegen das Gefressenwerden verteidigen (Abschnitt 4.5.2.2) und dadurch Herbivoren limitieren. Der eigentliche Grund, weshalb die Welt grün ist, seien demnach die Verteidigungsstrategien der Pflanzen. Die Verteidigung der Pflanzen ist allerdings nicht universell, d. h. es gibt keine absolut ungenießbaren oder unverwundbaren Pflanzen. Alle Pflanzen werden zumindest von Spezialisten gefressen und sind als Sämlinge anfällig für Herbivoren. Pflanzenverteidigung schränkt daher nur die Effektivität der Herbivoren ein, indem sie die Entdeckungs-, Konsumptions- und Verdauungsrate senkt, und es stellt sich die Frage, warum diese Spezialisten ihre Wirtspflanzen nicht in einem stärkeren Maß ausbeuten. Pflanzenverteidigung allein kann also nicht erklären, warum Herbivoren ihre Nahrung häufig nicht in einem höheren Grad ausnutzen.

Der chronische Nährstoffmangel in Pflanzengewebe (Abschnitt 4.2) wird auch als Faktor herangezogen, der die Entwicklung von Herbivoren limitiert. Alle Organismen, deren Nährstoffzufuhr limitiert ist, können nicht maximal reproduzieren. Als besonders limitierend werden Stickstoff (N) und Phosphor (P) angesehen. Obwohl die Welt voll (grüner) Energie steckt, finden Herbivoren häufig nicht ausreichend Nährstoffe (N, P und andere), um hohe Populationen aufzubauen. Dafür gibt es viele Belege durch Experimente, in denen die Nahrungsqualität durch Zugabe dieser Elemente in Form von Dünger erhöht wurde (White 1993). Somit ist auch der Einfluss von Herbivoren auf Pflanzenpopulationen limitiert, was einen weiteren Grund darstellt, warum die Welt grün ist.

Herbivore limitieren darüber hinaus ihre Populationsgröße selbst, indem sie untereinander negative Interaktionen eingehen. Dazu zählen inter- und intraspezifische Konkurrenz, Territorialität, Kannibalismus, *intraguild predation* usw. Derartige Selbstlimitierung begrenzt natürlich das Potenzial von Herbivoren, ihre Ressource zu dezimieren. Auch zeitliche und räumliche Heterogenität von biotischen und abiotischen Standortfaktoren produzieren dynamische Lebensgemeinschaften und verhindern, dass sich ein Gleichgewichtszustand einstellt. Auch auf diese Weise kann eine deterministische Kontrolle der Pflanzen durch Herbivoren verhindert werden.

Weiter sollte man nicht vergessen, dass abiotische Faktoren und Katastrophen Herbivorenpopulationen limitieren. Extreme Temperaturen (Hitze, Frost), Verfügbarkeit von Wasser (Trockenheit, Sümpfe, Überflutungen), Salinität, Feuer und mechanische Faktoren wie Wind, Wellengang, Scherkräfte und Druck können ansonsten deterministisches Wachstum von Herbivorenpopulationen stören und dadurch verhindern, dass Herbivoren Populationsdichten erreichen, die ausreichen, um Pflanzenpopulationen zu unterdrücken. Global gesehen bestimmen abiotische Faktoren einen Großteil der Verteilung grüner Pflanzenbiomasse auf der Erde. Dies spiegelt sich auch in den Farben der Großlandschaften wider. Vom Weltraum aus betrachtet erscheint die Landmasse weiß an den Polen, wird dann grün in borealen Zonen und einem Teil der Tropen und braun oder rot in Wüsten und Savannen. Eingebettet ist die Landmasse von nährstoffarmen und dementsprechend pflanzenarmen, blauen Meeren. Die Primärproduktion und damit die Farbe der Landschaft wird in terrestrischen Systemen zu einem Großteil von Temperatur und Niederschlag geprägt (Abbildung 5.5, Tabelle 5.4).

Sowohl die Grüne-Welt- als auch die Fretwell-Oksanen-Hypothese sagen vorher, dass trophische Kaskaden einen Effekt auf die gesamte trophische Ebene auslösen werden. Wenn Räuber also eine trophische Kaskade auslösen, dann sollte ein messbarer Effekt auf die Vegetation als Ganzes festzustellen sein. Mit anderen Worten, die Abundanz der gesamten trophischen Ebene sollte beeinträchtigt sein, und es ist nicht ausreichend festzustellen, dass Herbivoren mehr Fraßschäden an Blättern anrichten, wenn sie von ihren Räubern befreit sind. Eine trophische Kaskade im Sinne der beiden Hypothesen ist erst dann vorhanden, wenn Änderungen in der Carnivorendichte einen indirekten Einfluss auf die gesamte Pflanzengesellschaft ausüben. Beispiele für derartige **trophische Ge-**

**meinschaftskaskaden** sind in terrestrischen Systemen eher selten, im aquatischen Bereich dagegen häufiger. Trophische Gemeinschaftskaskaden finden nicht automatisch statt, wenn die richtigen Akteure anwesend sind, sondern sind stark kontextabhängig. Im aquatischen Bereich scheint zumindest der Nährstoffgehalt der Umgebung eine große Rolle zu spielen; bei guter Nährstoffversorgung können trophische Gemeinschaftskaskaden auftreten. Auffällig ist auch, dass die Räuber, die einen starken trophischen Einfluss auf die Herbivorengemeinschaft ausüben, einen großen Teil ihrer Nahrung aus dem Detrituskanal (Abschnitt 4.7.2) beziehen, also nicht nur Herbivoren fressen, sondern auch Zersetzer (Polis 1999). Durch eine derartige Unterstützung der Räuber aus anderen Kanälen erreichen diese höhere Populationsdichten, als die lokalen Herbivorenpopulationen unterhalten würden. Diese Räuber üben dann einen starken Einfluss auf die Herbivorengemeinschaft aus und können so das Pflanzenwachstum fördern.

### 4.7.3.2 Unterschiede aquatischer und terrestrischer Systeme

Wir haben schon einige Hinweise dafür gefunden, dass Herbivoren in aquatischen Systemen einen stärkeren Einfluss auf die Pflanzengemeinschaft ausüben als in terrestrischen Systemen. Warum ist dies so? Eine Reihe von Faktoren kann dazu beitragen (Polis 1999). Aquatische Pflanzen besitzen weniger schwer verdauliche Strukturfasern (Cellulose, Lignin) als terrestrische Pflanzen, weil der Auftrieb unter Wasser dies nicht erfordert. Die Pflanzen müssen sich nicht selbst gegen die Schwerkraft behaupten. Ein Nebeneffekt davon ist, dass aquatische Pflanzen leichter verdaulich für Herbivoren sind. Herbivoren können diese schneller und damit auch effektiver umsetzen. Aquatische Pflanzen sind zudem nicht so groß wie ihre terrestrischen Verwandten. Auch dies hat mit Auftriebseigenschaften zu tun, die ein großes Verhältnis von Oberfläche zu Volumen verlangen. Aquatische Herbivoren fressen daher häufig ganze Pflanzenindividuen oder töten diese. Viele langlebige terrestrische Pflanzen sind durch Herbivorie in ihrem Überleben nur in einem sehr frühen Stadium gefährdet (Samen, Sämlinge). Wenn sie eine gewisse Größe erreicht haben, können die meisten Herbivoren ihnen nichts mehr anhaben.

Weiterhin werden Nährstoffe im Wasser schneller wieder für die Pflanzen zugänglich als an Land, weil sie schneller recycelt und verteilt werden. Aquatische Pflanzen können dadurch eine hohe Produktivität relativ zum Nährstoffgehalt des Wassers halten, die sich in einer relativ hohen Herbivorenbiomasse niederschlägt (die absolute Produktivität ist in aquatischen Systemen im Allgemeinen geringer als in terrestrischen Systemen, die insgesamt mehr Nährstoffe enthalten). Auch die Ausscheidungen höherer trophischer Ebenen (Urin, Kot) tragen zu einem erhöhten Nährstoffumsatz bei. Aquatische Organismen scheiden z. B. Stickstoff in einer direkt für Pflanzen nutzbaren Form als Ammoniak ($NH_4^+$; Crustaceen, Fische, Amphibienlarven) oder Trimethyl-Aminoxid (Fische) aus, im Gegensatz zu Landorganismen, die Stickstoff als Harnstoff (Säugetiere) oder Harnsäure (Vögel, Insekten, Reptilien) ausscheiden, welche erst noch von Zersetzern in eine für Pflanzen nutzbare Form gebracht werden müssen. Die löslichen Nährstoffe werden mittels Wasserbewegungen und Diffusion schnell in der Wassersäule verteilt. Überhaupt laufen in aquatischen Systemen die Nährstoffkreisläufe schneller ab als in terrestrischen.

Pflanzen sind kleiner und sterben früher im Wasser als an Land. Auch Herbivoren haben kürzere Lebenszyklen. Dieser hohe Turnover von Nährstoffen und kurze Lebenszyklen führen dazu, dass sowohl Pflanzen als auch Herbivoren eine effektivere numerische Reaktion in aquatischen Systemen zeigen und schnell durch Populationswachstum auf Veränderungen in der Produktivität reagieren können. Auch die weitgehend lineare Struktur von Nahrungsnetzen in aquatischen Systemen trägt zu einer stärker ausgeprägten trophischen Kaskade bei. Aquatische Nahrungsnetze, in denen trophische Kaskaden beschrieben wurden, zeichnen sich durch wenige Pflanzen- und Konsumentenarten aus, die in einer einfachen Nahrungskette miteinander verbunden sind (Polis 1999). In terrestrischen Systemen sind lineare Nahrungsketten selten; hier sind die trophischen Beziehungen zwischen Arten einer Lebensgemeinschaft stark netzartig miteinander verbunden. Eine Folge davon ist, dass der trophische Einfluss eines Räubers nicht nur nach unten, sondern seitlich im Netz weitergegeben wird und damit der Einfluss auf die unteren Ebenen schwächer ist. Extreme Schwankungen abiotischer Faktoren sind im Wasser seltener als an Land. Wasser als Element ist in den meisten aquatischen Systemen permanent vorhanden (es gibt hier natürlich Ausnahmen), und die hohe Wärmekapazität von Wasser dämpft starke Temperaturschwankungen. Störungen der Populationsentwicklung sind somit seltener als an Land, sodass die biotischen Interaktionen eher einen Gleichgewichtszustand erreichen, wie ihn die Grüne-Welt-Hypothese oder die Fretwell-Oksanen-Hypothese vorhersagen.

# 5 Lebensgemein-schaften und Ökosysteme

## 5.1 Grundlagen

### 5.1.1 Lebensgemeinschaft oder Biozönose

In einer Studie über Austernbänke sprach Möbius (1877) (Abbildung 5.1) zum ersten Mal von der Biozönose und meinte damit eine Lebensgemeinschaft mit zahlreichen Individuen und verschiedenen Arten. Eine Lebensgemeinschaft ist folglich aus verschiedenen Individuen unterschiedlicher Arten zusammengesetzt und damit synökologisch und nicht populationsökologisch zu verstehen.

Der Begriff Biozönose hat sich vor allem in der europäischen Ökologie eingebürgert; in der englischsprachigen Literatur wird der Begriff kaum benutzt, man spricht seit Petersen (1913) eher von *community*. Im Deutschen entspricht dem die Lebensgemeinschaft. Sie ist zunächst nicht wertend zu verstehen und sagt auch nichts über eine hierarchische Zuordnung in einem System aus.

Innerhalb einer Lebensgemeinschaft oder Biozönose werden oftmals Teilgemeinschaften behandelt, etwa die Lebensgemeinschaft der Pflanzen (**Phytozönose**) oder der Tiere (**Zoozönose**). Eigentlich gehört auch die Mikrobiozönose zur Biozönose, doch ist diese meist nur schwer zu behandeln, da die Erfassung der Artenzusammensetzung nicht vergleichbar erfolgen kann. Wir sollten uns jedoch der Tatsache bewusst sein, dass die Lebensgemeinschaft der Pflanzen oder Tiere nur einen Ausschnitt aus der Biozönose darstellt. Will man ökologische Funktionen betrachten, darf man die Pilzarten oder Bakterien nicht ignorieren.

Das **Biotop** ist der Lebensraum einer Biozönose und daher ebenfalls ein synökologischer Begriff. Es gibt kein Biotop einer einzelnen Art, vielmehr würden wir in diesem Fall von einem Habitat sprechen. Ähnliche Biotope (z. B. Hecken auf Lesesteinwällen, Kalkbuchenwälder) werden als **Biotoptypen** zusammengefasst.

Unter der **Vegetation** verstehen wir die Pflanzendecke eines Gebiets. Sie umfasst damit mehr und unterschiedlichere Eigenschaften, als durch die dort vorkommenden Pflanzengesellschaften beschrieben wird. Eine **Formation** ist beispielsweise nicht über die Artenzusammensetzung, sondern physiognomisch, also über die Morphologie der Pflanzen, bestimmt. Sie besitzt gewisse vorherrschende Lebensformen (Wald wird beispielsweise von Phanerophyten, also Bäumen, beherrscht) oder eine charakteristische Kombination von Lebensformen (z. B. Savannen sind von Bäumen durchsetztes Grasland).

**Abb. 5.1:** Karl Möbius (1825–1908).

Bei Pflanzengemeinschaften ist es aufgrund ihrer Ortsbindung besser möglich, regelmäßige Artenkombinationen festzustellen als bei Tieren. Treten unter vergleichbaren Umweltbedingungen (Standortverhältnissen) immer wieder in ähnlicher Weise ähnliche Artenzusammensetzungen auf, sprechen wir von einer Pflanzengesellschaft. Werden solche Gesellschaften dann definierten Einheiten eines Systems zugeordnet, können sie als **Assoziationen** bezeichnet werden (Flahault und Schröter 1910).

Die Zuordnung von Vegetationsbeständen zu bestimmten Begriffen wie Assoziationen ist eine wesentliche Erleichterung der innerwissenschaftlichen Kommunikation. Im täglichen Umgang mit den uns umgebenden Dingen sind wir es gewohnt, komplizierte und sich eigentlich durch Übergänge auszeichnende Gebilde mit klassifizierenden Begriffen zu belegen. Es bereitet uns keine Probleme, von bestimmten Farben zu sprechen, obwohl jedem klar sein muss, dass es keine genau abgrenzbaren Farben geben kann, und dennoch ist dies verständlicher, wenn auch weniger exakt, als eine bestimmte Wellenlänge anzugeben. Es handelt sich dann um die begriffliche Beschreibung von Strukturen, welche bei genauer Betrachtung nicht diskret zuzuordnen sind.

Ein aus vielen Einzelkompartimenten zusammengesetzter Kalkbuchenwald ist weder in allen Gegebenheiten seiner Pflanzen (Artenzusammensetzung, Biomasse, Blütenzahl, etc.) darstell- und vermittelbar, noch kann dies bezüglich der ökologischen Zusammenhänge geschehen. Auch als Typus begriffen (z. B. *Cephalanthero-Fagetum*, Falllaub-Ökosystem) unterscheidet sich jeder Bestand dieser Typen von anderen, dennoch ist durch das System taxonomischer Einheiten oder Ökosystemtypen eine Verständigung hierüber möglich.

Treten Pflanzengemeinschaften als regelmäßige Artenkombinationen in Erscheinung, welche sich unter vergleichbaren Umweltbedingungen immer wieder in ähnlicher Weise darstellen, werden sie als **Pflanzengesellschaft** bezeichnet. Bei Tieren ist dieser Ansatz weniger gebräuchlich, obwohl es auch hier Ansätze zur Ausscheidung von Tiergesellschaften gibt (Abschnitt 5.3.2) (Jedicke 1994, Bolaños 2003).

## 5.1.2 Prozesse, Mechanismen und Funktionen

Ökosysteme und ihre Lebensgemeinschaften zeichnen sich durch ein dichtes Geflecht von Wechselwirkungen aus. Ökologisch wirksame Mechanismen sind teils durch physikalische oder chemische Prozesse, teils biologisch bestimmt. Diese Mechanismen sind zusätzlich mit dem Einsatz von Information verbunden, welche sich beispielsweise durch genetisch bestimmtes Wachstum oder Verhalten äußert.

**Wechselwirkungen** gehen mit einer gegenseitigen Beeinflussung und Veränderung der beteiligten Objekte im Bezug auf ihre stofflichen, energetischen oder informationellen Eigenschaften einher. Objekte in diesem Sinn sind Organismen und Teile eines Ökosystems wie Luft, Wasser oder Boden. Beispiele für ökologisch wirksame Mechanismen sind die Photosynthese oder die Stickstofffixierung, aber auch Befruchtung oder Wachstum, Bewegung, Atmung, Bodenbildung oder Verdunstung.

Ausgewählte ökologische Mechanismen sind für bestimmte Objekte besonders wichtig, d. h. sie besitzen eine **Funktion** für dieses Objekt. So besteht beispielsweise ein funktioneller Zusammenhang zwischen nächtlicher Abstrahlung und dem Energiehaushalt eines Organismus, und die Nährstoffverfügbarkeit eines Bodens besitzt eine Funktion für die Nährstoffaufnahme höherer Pflanzen. Schließlich können wir auch bezüglich übergeordneter Einheiten wie der gesamten Vegetation oder des Bodens von Funktionen sprechen. Beispielsweise hat das Wasserangebot eine Funktion für die Vegetation, dies erfüllt andererseits aber auch eine Funktion für den Wasserhaushalt. Wir können folglich die ökologische Funktion von einem Objekt von der ökologischen Funktion für ein Objekt unterscheiden.

Ökologische Funktionen sind nicht zwangsläufig für die menschliche Gesellschaft bedeutsam. Die Funktion einer Pflanze für eine Insektenart beschäftigt den Ökologen, wird aber nur in wenigen Fällen wirtschaftliche Bedeutung erlangen oder für das Naturschutzmanagement relevant werden. Aus diesem Grund werden **Ökosystemfunktionen** mit konkretem Bezug zu menschlichen Bedürfnissen als Service- oder Umweltdienstleistungen bezeichnet (Myers 1996, Daily 1997). Dies sind, neben direkter stofflicher Versorgung (z. B. Trinkwasserversorgung, Luftreinhaltung, Produktion von Nahrungsmitteln) auch Schutzfunktionen (Lawinen-, Hochwasserschutz) und die Befriedigung ästhetischer Bedürfnisse (Erholung) (Heerwagen und Orians 1993) (Abschnitt 6.5.2.2).

Im Zusammenhang mit ökologischen Fragestellungen kann Funktion verstanden werden als die Rolle, die ökologische Prozesse für biotische Einheiten (wie Organismen oder Pflanzengesellschaften) spielen und die Rolle, die biotische Einheiten für ökologische Prozesse spie-

len, also inwiefern sie Energie-, Stoff- oder Informationsflüsse für andere ökologische Einheiten bedingen oder modifizieren.

Die gegenseitige funktionelle Beeinflussung verschiedener ökologischer Objekte ist ein grundsätzliches Merkmal von Ökosystemen. Hier können auch **Rückkopplungseffekte** auftreten. Es ist leicht zu sehen, dass ein gekeimter Baum im Verlauf seiner Individualentwicklung eine Beschattung der Bodenoberfläche bewirkt, was den Wassergehalt des Bodens beeinflusst. Dies wiederum hat eine Rückwirkung auf das Wachstum des Baumes. Zusätzlich wird durch den Bodenwassergehalt die Nährstoffverfügbarkeit beeinflusst, welche das Wachstum kontrolliert.

Wir können drei Kategorien ökologischer Mechanismen unterscheiden: Transporte, Umwandlung und Speicherung. Sie treffen jeweils für stoffliche, energetische und informationelle Aspekte zu.

- Der **Transport** (*transfer*) beschreibt die Übertragung von ökologisch relevanten Einheiten. Wir unterscheiden einen informationellen Transport (Informationsübertragung), einen energetischen Transport (Energiefluss) und einen stofflichen Transport (Stofffluss). Für einen Transport werden spezifische Medien oder Vektoren genutzt. Es ist sinnvoll, aktiven und passiven Transport zu unterscheiden. Ein passiver Transport bezeichnet beispielsweise das lediglich der Schwerkraft unterliegende Versickern von Wasser in einer Bodensäule und die damit verbundene Verlagerung von Nährstoffen. Er wird durch den aktiven Transport im Wurzelbereich modifiziert. Zusätzlich kann unterschieden werden, ob der Transport von der Quelle (dem Sender, *source*) oder von der Senke (dem Empfänger, *sink*) ausgeht. Entscheidend ist bei ökologischen Fragestellungen, dass eine Steuerung des Transports stattfindet. Ein Transport kann ohne Veränderung des Objektes (z. B. eines Individuums), des Stoffes (z. B. Wasser), der Energie (z. B. der in Fett gespeicherten chemischen Energie) oder der Information (z. B. in einem Samen) erfolgen. Dies können wir auch als Ortsverlagerung bezeichnen.
- Die **Umwandlung** (*transformation*) ist eine spezifische Form des Transfers, die mit einer qualitativen Veränderung verbunden ist. Die Umwandlung von Energie in Stoffliches oder von Information (in Form von Genen) in den Bauplan eines Organismus kann als Transfer von Energie oder von Information angesehen werden. Auch die Assimilation, d. h. die Aufnahme von Nährstoffen und deren Umwandlung in körpereigene Substanzen, ist eine Form der Umwandlung, die zudem Energie verbraucht. Assimilation kann auch als Anabolismus verstanden werden, da es sich um einen aufbauenden, Energie verbrauchenden Prozess handelt. Die Zersetzung bzw. Mineralisation ist im Gegensatz dazu als Katabolismus aufzufassen und wird auch als Dissimilation bezeichnet.
- Die **Speicherung** von Stoffen, Energie und Information ist neben deren Fluss ein ganz wesentlicher Aspekt eines Ökosystems. **Speicher** (*pools*) können aktiv oder

passiv sein. Aktiv sind Speicher, wenn sie im Rahmen des Stoffflusses verfügbar sind, und passiv, wenn dem System diese Stoffe verloren gehen (z. B. in den Moorkörper) bzw. es verlassen (z. B. mit dem Grundwasser).

Einzelne in Ökosystemen ablaufende Mechanismen können nicht einfach zu einer größeren Einheit zusammengefügt werden. Interaktionen zwischen Organismen sowie zwischen Organismen und abiotischen Ökosystemteilen ergeben ein komplexes Gefüge von Prozessen. Wir bezeichnen dies als ökologische **Komplexität**. In der Kybernetik (Wissenschaft von Regelung und Steuerung, Teilgebiet der Informationstheorie) ist Komplexität ein Maß der Zusammensetzung eines Systems. Komplexität ist proportional zur Zahl der Objekte, zur Zahl der Beziehungen zwischen den Objekten und zu den verschiedenen möglichen Zuständen der Objekte (Schaefer und Tischler 1992).

## 5.1.3 Ökosysteme

Ende des 19. Jahrhunderts wurde das Bedürfnis stärker, die Zusammenhänge in der Natur zu charakterisieren. Haldane schrieb 1884, dass die Organismen und ihre Umwelt als Einheit aufzufassen sind. *„The parts of an organism and its surroundings thus form a system, any one of the parts of which constantly acts on the rest, but does only so, qua part of the system, in so far as they at the same time act on it"*. Dies dürfte eine der ersten Verknüpfungen zwischen natürlichen Einheiten und dem Systemgedanken darstellen.

1897 führte Ratzel den schon 1875 von Süß verwendeten Begriff **Biosphäre** ein. Er beschrieb den belebten Raum der Erdoberfläche in seiner vertikalen Erstreckung. Neben der vorwiegend aus Gasen zusammengesetzten Atmosphäre, der vorwiegend aus Flüssigkeiten bestehenden Hydrosphäre und der vorwiegend aus festen Bestandteilen aufgebauten Lithosphäre zeichnet sich die Biosphäre, die lebende Welt, ebenso wie die Pedosphäre, der Boden, durch ein Durchdringen und Zusammenwirken von festen, flüssigen und gasförmigen Komponenten aus.

Mit der Schaffung der Begriffe ökologisches System bzw. ökologische Gestaltsysteme (Woltereck 1928) und Biosystem bzw. Lebenseinheit (Thienemann und Kieffer 1916) fand erstmals eine funktionelle Sicht statt. Diese Begriffe verdeutlichen das Bedürfnis, die Gesamtheit der ökologischen Beziehungen in einer Lebensgemeinschaft zu kennzeichnen. Durchsetzen konnten sie sich allerdings nicht, denn kurze Zeit später wurde durch Tansley (1935) der Begriff **Ökosystem** (*ecosystem*) eingeführt.

*»…the whole complex of organisms and factors of environment in an ecological unit of any rank. These ecosystems … are of most various kinds and sizes … the whole system … including not only the organism-complex but also the complex of physical factors forming what we call the environment …. Actually the systems we isolate mentally are not only included as parts of larger ones, but they also overlap, interlock and interact with one another. The isolation is partly artificial, but it is the only possible way we can proceed.«*

Tansley verband mit dem Ökosystem keine Festlegung auf einen bestimmten Maßstab. Er bezog abiotische Faktoren bewusst ein. Wesentlich ist auch, dass Tansley das Ökosystem nicht als real existierend auffasste, sondern ihm als gedankliches Hilfsmittel abstrakten Charakter beimaß. Dieser Gesichtspunkt geriet nahezu völlig in Vergessenheit. Diese Entwicklung ist in Verbindung mit Clements Sukzessionstheorie und dem in diesem Zusammenhang formulierten organismischen Konzept (*organismic concept*) (1905) zu sehen. Gesellschaften von Lebewesen waren seiner Ansicht nach als **Überorganismen** (*superorganisms*) zu betrachten. Tansley distanzierte sich allerdings klar von Clements und benutzte lediglich die Formulierung *quasi-organism*. Ähnliche Ansichten formulierten Thienemann und Kieffer schon 1916: *„Jede Lebensgemeinschaft bildet mit dem Lebensraum, den sie erfüllt, eine Einheit, und zwar eine in sich oft so geschlossene Einheit, dass man sie gleichsam als einen Organismus höherer Ordnung bezeichnen kann"*.

Komplexe Systeme müssen zunächst nicht zwingend auch Ökosysteme sein. **Geosysteme** sind abiotische Systeme, die, bestimmten Regeln folgend, auch auf unbelebten Planeten ein spezifisches Prozessgeschehen zeigen können. **Biosysteme** sind biotische Systeme. Die Medizin befasst sich mit dem biotischen System des Menschen. **Ökosysteme** sind schließlich Systeme, welche sowohl biotische und abiotische Kompartimente umfassen. Einer der Väter der Ökologie, Eugene Odum, formulierte (1971): *„The ecosystem is the first (or lowest) unit in the molecule-to-ecosphere levels-of-organization hierarchy, that is complete, that is, has all of the components, biological and physical, necessary for survival."*

Eine Randgestalt blieb der deutsche Entomologe Friederichs, welcher bereits 1927, also einige Jahre vor Tansley, den Begriff **Holocön** für die Gesamtheit eines ökologischen Systems etablierte (Jax 1998). Für Friederichs war die Natur nur als Ganzes zu begreifen und nicht aus der Summe ihrer Einzelteile heraus zu verstehen. Dies passte durchaus in den Zeitgeist, welcher in den 20er bis 40er Jahren des 20. Jahrhunderts an deutschen Universitäten herrschte. Einem mechanistischen Weltbild und einer vitalistischen Sicht wurde der Holismus entgegengesetzt bzw. in seiner Übertragung auf die Biologie der Organizismus. Vertreter dieser Philosophie waren Adolf Meyer-Abich (1941) und Friedrich Alverdes (1936).

Im Lauf des 20. Jahrhunderts setzte sich der Ökosystembegriff durch und wurde zunehmend auf real existierende, ökologische Einheiten bezogen. Ein wesentlicher Protagonist dieser Entwicklung war Lindeman, der mit dem posthum veröffentlichten Artikel *The trophic-dynamic aspect of limnology* 1942 das moderne Verständnis von Ökosystemen maßgeblich beeinflusste. Er konzentrierte sich bei der Beschreibung des Ökosystems eines Sees auf die Analyse der Stoff- und Energieflüsse, und genau diese Arbeitsweise wurde dann bis zum Ende des 20. Jahrhunderts im Wesentlichen weiterverfolgt. Lindeman führte zwei neue Aspekte in den Ökosystembegriff ein, welche bei Tansley noch fehlten: Zum einen legte er Gewicht auf die funktionelle Bedeutung bestimmter Artengruppen, zum anderen untersuchte er die Flüsse von Stoffen und Energie.

Aufbauend auf Thienemanns Klassifikation der Organismen in Produzenten, Konsumenten und Zersetzer definierte Lindeman **trophische Ebenen** (Abschnitt 4.2 und 5.2.1.3) und beschrieb den Nährstoffkreislauf. Bei Thienemann hatten sich derartige funktionelle Beziehungen noch auf Stoffe beschränkt, nun wurde zusätzlich den (immateriellen) Energieflüssen Bedeutung beigemessen. Thienemann (1955) stand dem klar ablehnend gegenüber, denn für ihn stand fest, dass ökologische Systeme ohnehin nicht quantitativ erfasst werden konnten: *„Nur wer noch ganz im dogmatischen Mechanismus steckt, kann erwarten, dass ein natürliches Geschehen, in das Lebendiges eingeht, restlos nach Maß und Gewicht bestimmbar sein soll!"* Schon damals war dies allerdings eine klare Fehleinschätzung.

Es liegt auf der Hand, dass das reduktionistische, als Theorie gekennzeichnete Konzept Tansleys in seiner Erweiterung durch Lindeman als Grundlage der Entwicklung der ökologischen Forschung besser aufzugreifen war als der holistische Ansatz Friederichs', welcher nicht zu einer Quantifizierung genutzt werden konnte und somit keine überprüfbaren Hypothesen formulierte.

Der Begriff des **biogeochemischen Kreislaufs** (*biogeochemical cycle*) wurde in den 40er Jahren des 20. Jahrhunderts unabhängig voneinander durch Hutchinson und Vernadsky eingeführt. Dieser Begriff wurde in den letzten Jahren erneut belebt, um die besondere Qualität ökologischer Stoffflüsse zu kennzeichnen.

Wie sehen wir heute ein Ökosystem? In Anlehnung an unsere Definition von Ökologie (Abschnitt 1.1.1) ist ein Ökosystem ein Wirkungsgefüge zwischen Organismen und ihrer Umwelt. Es ist offen gegenüber benachbarten Systemen, hebt sich jedoch durch eigene Strukturen und eine eigene Zusammensetzung von diesen ab. Wir unterscheiden terrestrische und aquatische Ökosysteme sowie Übergangsbereiche. Terrestrische Ökosysteme werden weiter z. B. nach der Nutzung in Agrar- und Waldökosysteme untergliedert, aquatische nach ihrem Chemismus in limnische und ozeanische Ökosysteme getrennt (Abschnitt 6.3).

### 5.1.4 Ökosystemforschung

Es war vor allem der Vegetationskundler Heinz Ellenberg (Abbildung 5.2), welcher die moderne **Ökosystemforschung** im deutschsprachigen Raum maßgeblich förderte. Die Vegetationskunde hatte zwar mit der Pflanzensoziologie einen holistischen Ansatz entwickelt, doch Ellenberg verstand es, Aspekte der mitteleuropäischen Tradition und der angloamerikanischen Ökologie zu integrieren. Dieser Hintergrund zeigte sich in seiner Definition der Pflanzengemeinschaft (nicht Pflanzengesellschaft!) und des Ökosystems (Ellenberg 1956):

*»Eine Pflanzengemeinschaft ist also eine umweltabhängige Kombination von Pflanzenindividuen, die im Wett-*

**Abb. 5.2:** Heinz Ellenberg (1913–1997).

*bewerb miteinander stehen und ihrerseits ihre Umwelt verändern. Zusammen mit ihrem gemeinsamen Standort und mit den übrigen Lebewesen der an ihm entwickelten Lebensgemeinschaft bilden diese Pflanzen nach Tansley (1935) ein mehr oder minder kompliziertes „Ökosystem", das auch mit seiner weiteren Umwelt eng verbunden ist. Trotz der engen Beziehungen zueinander behalten allerdings die einzelnen Partner eines Pflanzenbestandes ihre individuelle Selbständigkeit.«*

Es gelang Ellenberg Ende der 60er Jahre mit dem **Solling-Projekt** bei Göttingen, welches die Flüsse und Funktionen des mitteleuropäischen Buchenwaldes als standorttypische Vegetation analysieren sollte, ein zentrales Projekt des Internationalen Biologischen Programms (IBP) zu installieren und damit die Ökosystemforschung im engeren Sinn in Deutschland zu begründen. Ellenberg umriss die Aufgaben der Ökosystemforschung 1973 wie folgt:

*»sowohl ... die beschreibende Inventarisierung als auch ... die Analyse der Funktion und Leistung einzelner Komponenten und Komponentengruppen, ... die Erfassung des Funktionszusammenhanges, ... die Aufstellung von Modellen und die mathematische Systemanalyse sowie ... experimentelle Abwandlungen von Ökosystemen zur Vertiefung ihrer kausalen Analyse.«*

Waldökosysteme, wie die Buchenwälder des Solling, sind aufgrund ihrer Komplexität und Langlebigkeit in einer kurzen Untersuchungsphase nur bedingt zu erfassen. Diese Studien stehen allerdings in einer langen Tradition zahlreicher weltweiter Forschungskooperationen, die in der zweiten Hälfte des 20. Jahrhunderts begannen. Zu nennen sind das Internationale Biologische Programm (IBP) und das Man-and-Biosphere-Projekt (MaB) der UNESCO, sowie das International Geosphere-Biosphere Programme (IGBP), welches wiederum spezifischere Core-Projects wie Global Change in Terrestrial Ecosystems (GCTE) oder Land Use and Cover Change (LUCC) koordiniert. In den

USA etablierten sich, durch die National Science Foundation finanziert, seit 1980 Langzeituntersuchungen (Long Term Ecological Research, LTER). Seit Mitte der 90er Jahre strebt man ein internationales Netz solch langfristiger Ökosystemstudien an (ILTER).

Eine wichtige Konsequenz aus dem Solling-Projekt war das Erkennen der Bedeutung interdisziplinärer Zusammenarbeit (Ellenberg 1973): *„Die eigentliche und wichtigste Aufgabe der Ökosystemforschung ist aber nicht die Analyse von ... Teilvorgängen, wie sie seit langem isoliert untersucht wurden und im Prinzip von einem einzigen Fachmann ohne Kontakt zu anderen bewältigt werden können, sondern die interdisziplinäre Analyse von Vorgängen, die alle oder doch mehrere Komponenten miteinander verbinden. Solche Vorgänge könnte man geradezu als „ganzheitsschaffende“ oder „systemeigene“ bezeichnen“.*

Die Übertragung der Ökosystemforschung auf die menschliche Dimension geschah Anfang der 80er Jahre vor allem im Rahmen der großen MaB-Projekte in den Alpen (Berchtesgaden, Davos, Grindelwald, Obergurgl, Hohe Tauern), teils als Fortsetzung der IBP-Ökosystemforschung. Historische Landnutzung sowie aktuelle Nutzungsmuster (Naturschutz, Tourismus) wurden in die Analyse der Ökosysteme mit einbezogen.

In der Vergangenheit standen in der Forschung an Ökosystemen einerseits ihre Zusammensetzung (z. B. Ellenberg 1973, Seibert 1980) und andererseits die Stoffflüsse (z. B. Leser 1997, Odum 1999) im Mittelpunkt des Interesses (s. a. Trepl 1994). Inzwischen erkennt man, dass funktionelle Aspekte viel wichtiger für das Verständnis von Ökosystemen sind (z. B. Chapin et al. 1997). Die moderne Ökologie stellt unter anderem Fragen nach der Bedeutung bestimmter Funktionen in einem Ökosystem und nach den Konsequenzen eines Ausfalls dieser Funktionen. Letztlich steht auch die Auswirkung menschlicher Aktivität auf Ökosystemfunktionen im Zentrum der Forschung.

# 5.2 Energie-, Stoff- und Informationsfluss

## 5.2.1 Energiefluss

### 5.2.1.1 Solarenergie

Der überwiegende Teil der in den Ökosystemen der Erde verfügbaren Energie wird von der Sonne eingestrahlt, in der sie durch Fusion von Wasserstoffatomen entsteht. In sehr geringem Umfang steht auch Energie aus Erdwärme zur Verfügung, etwa durch Thermalquellen, die im Erdinneren durch den radioaktiven Zerfall von Uran, Thorium und Kalium entsteht. Die meisten Organismen nutzen durch die Photosynthese fixierte Solarenergie, lediglich chemoautotrophe Bakterien nutzen mit anorganischen Verbindungen andere Energiequellen. Auf der Erde wird die Energie vielfältig umgewandelt und gespeichert, zum Teil auch über sehr lange Zeiträume (fossile Energieträger wie Kohle und Erdöl). Bei diesen Umwandlungsprozessen kommt es zu beachtlichen Verlusten, sodass der größte Teil der eingestrahlten Sonnenenergie durch Reflexion, Abstrahlung, Verdunstung oder Konvektion mit gewisser Zeitverzögerung wieder verloren geht (Abschnitt 2.2.2.1). Die auf der Erde vorhandene Energie bleibt aber annähernd gleich, weil die Verluste durch die Sonne ständig ausgeglichen werden.

Von der eingestrahlten Energie werden 33 % an der Gashülle der Erde reflektiert, nur 67 % gelangen in die Erdatmosphäre. Diese absorbiert 22 %, sodass nur 45 % die Erdoberfläche erreichen. Hiervon wird ein Drittel als Wärme zurückgestrahlt, zwei Drittel leisten beispielsweise Verdunstungsarbeit (und treiben den globalen Wasserhaushalt an, sodass es Klimaphänomene gibt) oder stehen für die Photosynthese zur Verfügung. Außerhalb der Erdatmosphäre beträgt die Einstrahlung der Sonne 8,12 J $cm^{-2}$ $min^{-1}$ (Tabelle 5.1). Diesen Wert bezeichnet man als **Solarkonstante**; sie schwankt allerdings aufgrund der unterschiedlichen Entfernung der Erde zur Sonne und in Abhängigkeit von der Sonnenaktivität (Sonnenflecken) um ± 2 %.

Die effektiv in einem Ökosystem verfügbare Sonnenenergie hängt auch vom Einstrahlungswinkel ab, ist also über dem Äquator mit 2,1 bis 2,4 J $cm^{-2}$ $min^{-1}$ am höchsten und über den Polen mit weniger als 0,8 J $cm^{-2}$ $min^{-1}$ am geringsten. Weitere Modifikationen der für die Vegetation verfügbaren Einstrahlung erfolgen durch die Wolkendecke und die im Jahresverlauf unterschiedliche Tageslänge (Kasten 5.1). Hieraus ergibt sich, auf einer horizontalen Fläche über dem Erdboden gemessen, die **Globalstrahlung**, welche jährlich im Bereich der Wendekreise über 800 KJ $cm^{-2}$, an den Polen unter 300 KJ $cm^{-2}$ beträgt (Abbildung 5.3).

Die spektrale Zusammensetzung der Sonnenstrahlung ist in Abschnitt 2.2.2.1 dargestellt. Dort, wo Pflanzen vorhanden sind, kann die Photosynthese theoretisch zwar rund 30 % der eingestrahlten Energie umsetzen, aufgrund einer Reihe von Verlusten sowie jahreszeitlicher Einschränkungen werden lediglich 1–2 % dieser Strahlungsenergie für die Photosynthese genutzt; dies bezeichnen wir als **ökologischen Wirkungsgrad** (Tabelle 5.2). Er ist zwar gering, die Photosynthese ist aber der einzige Prozess, der mit Licht als Energiequelle zu einer Synthese organischer Materie und dadurch zu einer Energiespeicherung führt (**phototroph**). Daneben können Organismen auch auf andere Weise Energie gewinnen (z. B. **chemotroph**). Wenn eine anorganische Kohlenstoffquelle genutzt wird, sind es **autotrophe** Organismen, bei organischer Kohlenstoffquelle sprechen wir von **heterotrophen** Organismen. Bei anorganischen Substanzen als Elektronendonator reden wir von **lithotrophen**, bei organischen Substanzen von **organotrophen** Organismen (Kasten 5.2).

Für die ganze Erde beträgt die jährlich eingestrahlte Energiemenge $3,6 \times 10^{24}$ J. Von dieser verfügbaren Energie wird jährlich nur ein kleiner Anteil in der Größenordnung von $10^{21}$ J durch die pflanzliche Photosynthese genutzt (wo-

## Kasten 5.1    Wie entstehen die Jahreszeiten?

Neben der Eigenrotation der Erde, die zu tagesperiodischen Veränderungen führt, bewegt sich die Erde im Laufe eines Jahres in einer elliptischen **Umlaufbahn** einmal um die Sonne. Hierbei steht die Erde in einer schrägen Position, da die Erdachse um 23,5 Grad gegen die Erdbahnebene geneigt ist. Dies führt für einen bestimmten Bereich der Erdoberfläche zu jahreszeitlichen Veränderungen des Einfallwinkels der Sonnenstrahlen, sodass sich die Höhe des Sonnenstandes und somit das Verhältnis von Hell- zu Dunkelphase eines Tages verändert.

Der wechselnde Einfallwinkel der Sonnenstrahlen führt zu unterschiedlich eingestrahlten Energiemengen. Je steiler der **Einfallswinkel** ist, umso höher ist die eingestrahlte Energie, weil sie sich auf eine kleinere Fläche konzentriert (Lambert-Beer'sches Gesetz). Die Dauer der Sonneneinstrahlung und der Einstrahlungswinkel führen schließlich zu den bekannten jahreszeitlichen Unterschieden.

Frühling und Herbst beginnen auf der Nordhalbkugel am 21. März bzw. am 23. September, wenn Tag und Nacht gleich lang sind. Der Sommer beginnt am 21. Juni, wenn der Nordpol die kürzeste Entfernung zur Sonne hat, und der Winter beginnt am 21. Dezember. Die Sommersonnenwende kennzeichnet den längsten Tag, die Wintersonnenwende den kürzesten Tag. Da sich die Erde auf ihrer Umlaufbahn um die Sonne unterschiedlich schnell bewegt (Zweites Kepler'sches Gesetz), sind die Jahreszeiten ungleich lang.

In äquatorialen Breiten ändert sich der Sonnenstand im Verlauf eines Jahres kaum, daher sind Tag und Nacht annähernd gleich lang und jahreszeitliche Temperaturunterschiede sind gering. Nördlich von 66,5 Grad steht die Sonne länger als 24 Stunden über dem Horizont (Polartag). Die Dauer des Polartages nimmt mit der geographischen Breite zu, beträgt am Pol nahezu ein halbes Jahr und wird dann von der genauso langen Polarnacht abgelöst.

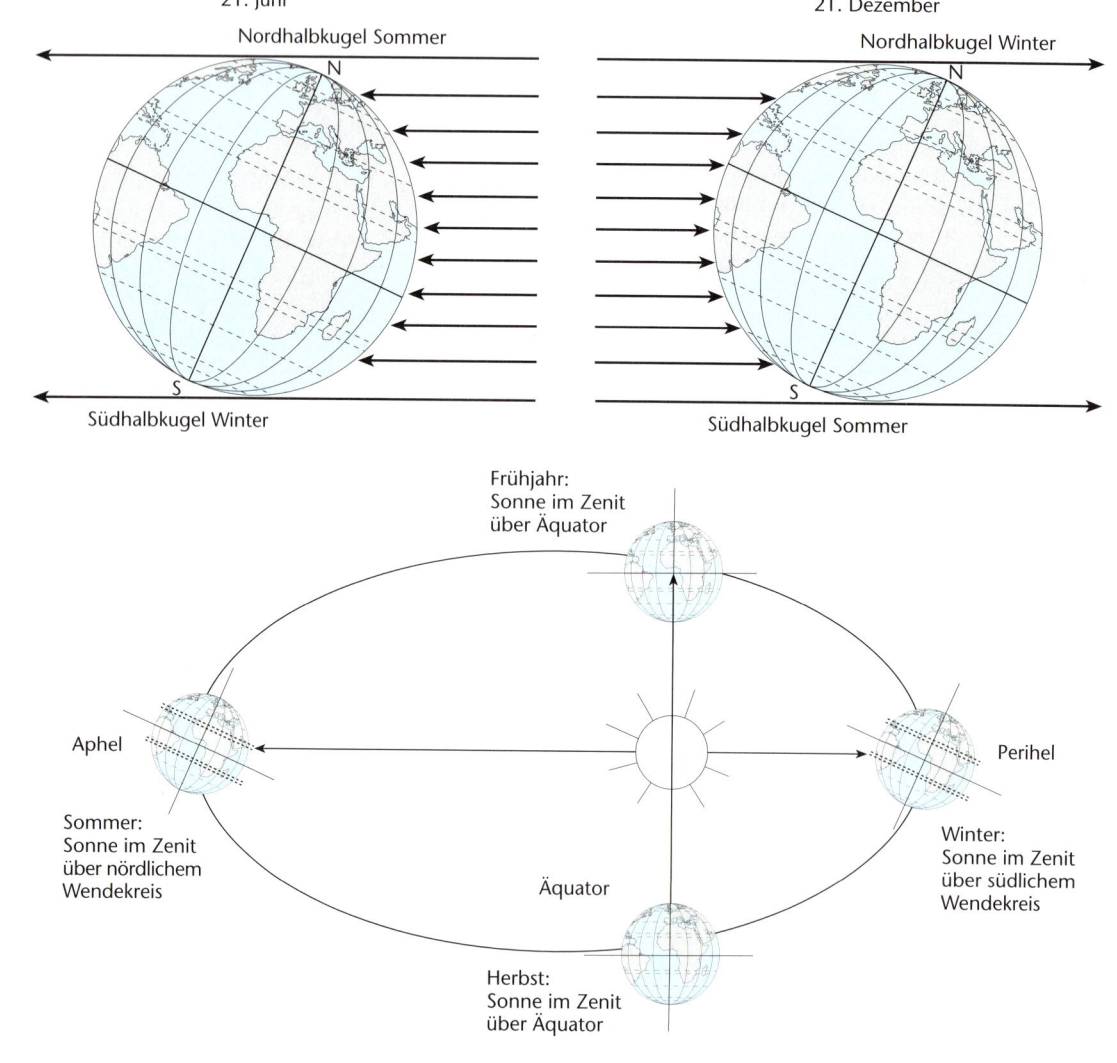

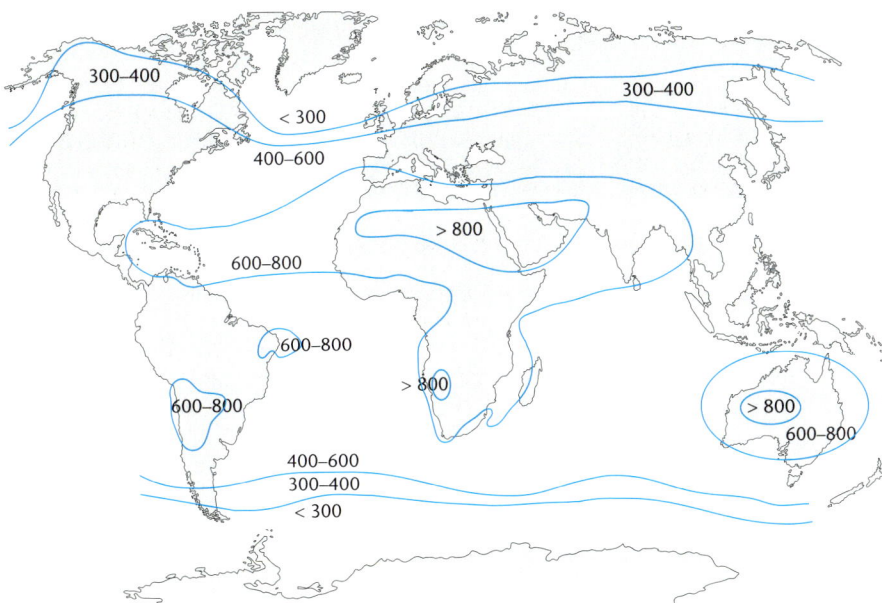

**Abb. 5.3:** Jahressumme der Globaleinstrahlung auf der Erdoberfläche ($KJ\ cm^{-2}$). Nach Frey und Lösch (1998).

bei auf dem größeren Teil der Erdoberfläche nur eine sehr geringe Produktion möglich ist, Abbildung 5.5) und anschließend durch Mikroorganismen bzw. tierische Organismen in umgesetzt. Die gesamte in der Phytomasse gespeicherte Energie beträgt ungefähr $10^{22}$ J, also das Zehnfache einer Jahresproduktion. (Die gesamten bekannten Vorräte fossiler Energieträger liegen übrigens ebenfalls in diesem Bereich.) Die durch die Photosynthese der Pflanzen und Chemosynthese der Mikroorganismen produzierten organischen Verbindungen sind somit die Grundlage für alle darauf aufbauenden organismischen Aktivitäten. Ein Pflanzen fressendes Tier nimmt mit seiner Nahrung Energie auf, der größte Teil wird in Wärme umgewandelt, und nur ein kleiner Teil bleibt im Organismus. Jeder Transfer von einem Organismus zum nächsten bzw. einer trophischen Ebene zur nächsten reduziert die Menge an nutzbarer chemischer Energie, während die Wärmeabgabe zunimmt. Die Zahl solcher Übergänge und damit die Anzahl trophischer Ebenen ist daher aus energetischer Sicht begrenzt (Abschnitt 4.7).

Die Menschheit benötigt weniger als ein Hundertstel der photosynthetisch erzeugten Biomasse direkt zu ihrer Ernährung, d. h. der vom Menschen genutzte Anteil der Photosyntheseleistung ist mit rund $10^{19}$ J vergleichsweise gering. Berücksichtigt man jedoch zudem die aus fossilen und erneuerbaren Energieträgern verwendete Energie, so bewegt sich die insgesamt durch die Menschheit umgesetzte Energie in der Größenordnung von $10^{20}$ J. Regional, vor allem in einzelnen Industriestaaten, werden auch **Energiedichten** (Energieverbrauch pro Fläche) von einigen Prozenten der eingestrahlten Sonnenenergie erreicht. Der Energieumsatz (Energieverbrauch pro Zeit) durch den Menschen nähert sich somit der Größenordnung der natürlichen Energieumsetzung.

**Tab. 5.1:** Die häufigsten Einheiten und Umrechnungsfaktoren zur Thematik von Energie, Strahlung und Produktion.

| | |
|---|---|
| Energie | 1 J = 1 W s = 0,24 cal |
| | 1 W h = 3,6 kW s = 3,6 kJ = 0,86 kcal |
| | 1 cal = 4,19 J |
| Energieflussdichte | $1\ W\ m^{-2} = 1\ J\ m^{-2}\ s^{-1}$ |
| | $1\ cal\cdot cm^{-2}\ min^{-1} = 6{,}98\ 10^2\ W\ m^{-2}$ |
| Photonenflussdichte | $E\ m^{-2}\ s^{-1}$ |
| | $PhAR_{(400-750\ nm)} \approx 1\ \mu\ E\ m^{-2}\ s^{-1} \approx 0{,}25\ W\ m^{-2}$ |
| Produktion | $1\ g\ TS\ m^{-2} = 10^{-2}\ t\ ha^{-1}$ |
| | $1\ t\ ha^{-1} = 100\ g\ m^{-2}$ |
| | $1\ g\ org.\ TS \approx 0{,}45\ g\ C \approx 1{,}5\ g\ CO_2$ |
| | $1\ g\ C \approx 2{,}2\ g\ org.\ TS \approx 2{,}7\ g\ CO_2$ |
| | $1\ g\ CO_2 \approx 0{,}67\ g\ org.\ TS \approx 0{,}37\ g\ C$ |

Die Einheiten für Kalorien (cal) und Beleuchtungsstärke (Lux) sollte man nicht mehr verwenden, da sie nicht mehr gültig sind. org. = organisch, PhAR = photosynthetisch aktive Strahlung, TS = Trockensubstanz.

Wegen der hiermit verbundenen Nebenwirkungen ist dies ökologisch bedenklich (Abschnitt 7.2.2).

Organische Substanzen weisen einen unterschiedlichen **Energiegehalt** auf. Fette sind bezogen auf ihr Gewicht mehr als doppelt so energiereich wie Proteine und Kohlenhydrate. Wegen ihres höheren Fettgehalts ist tierische Biomasse meistens energiereicher als pflanzliche (Tabelle 5.3). Fett stellt wegen seiner hohen Energiedichte einen leistungsfähigen Energiespeicher dar, und die meisten Tiere legen sich Fettreserven zu, wenn sie Energie speichern wollen (Unterhautfettgewebe der Wirbeltiere, Fettkörper vieler Arthropoden). Der wichtigste Energiespeicher der Pflanzen ist Stärke, in Samen (Nüsse, Soja, Avocado, Raps, Sesam), vereinzelt auch in Triebe und Rhizome (z. B. Ericaceae), wird Fett oder Öl eingelagert. Tiere können keine Stärke speichern; Kohlenhydrate werden bei Tieren in geringem Umfang als Glykogen gespeichert.

Jegliche biologische Aktivität hat eine energetische Grundlage. Der Blütenbesuch von Hummeln oder Kolibris kann nur über eine bestimmte Distanz erfolgen, innerhalb der das Tier mit dem aufgenommenen Nektar genügend Energie zu sich nimmt, um die eigenen Betriebskosten (Stoffwechsel) zu decken und gegebenenfalls Nachkommen aufzuziehen. Bei zu geringem Nektar- (= Energie-)-input wird die Reproduktion sinken und/oder die Dichte der Hummeln/Kolibris und/oder der Bestäubungserfolg der Blüten. Bieten die Blüten mehr Nektar an, müssen sie zwar hierfür mehr investieren, sichern sich aber auch eine bestimmte Bestäubungsleistung, d. h. Fitness (Abschnitt 3.5). Der Erfolg der Hummeln/Kolibris wirkt sich direkt auf ihre Reproduktion aus. Energie kann also als allgemei-

---

## Kasten 5.2:    Energetische Grundlage der Organismen

Phototrophe Organismen nutzen Licht als Energiequelle, chemotrophe nutzen die bei chemischen Reaktionen aus anorganischem Substrat frei werdende Energie. Autotrophe verwenden eine anorganische Kohlenstoffquelle ($CO_2$ der Luft), sind also Produzenten. Heterotrophe nutzen organische Kohlenstoffquellen, sind also Konsumenten bzw. Destruenten. Wenn ein anorganisches Substrat als Elektronendonor dient, handelt es ich um lithotrophe, bei organischen Substanzen um organotrophe Organismen.

**Tab.:** Die Übersicht zeigt einige häufige Organismengruppen und Substrate. OS = organische Substanz.

| | Energiequelle | Kohlenstoffquelle | Elektronendonor | Elektronenakzeptor | Produkt |
|---|---|---|---|---|---|
| **Photoautotrophe** | | | | | |
| Pflanzen, Cyanobakterien | Licht | $CO_2$ | $H_2O$ | $CO_2$ | $O_2$ |
| Grüne Schwefelbakterien (Chlorobiaceae, Chloroflexaceae) | Licht | $CO_2$ | $H_2S$ | $CO_2$ | $SO_4^{2-}$ |
| Purpurbakterien (Rhodospirillaceae, Chromatiaceae) | Licht | $CO_2$ | $H_2S$ | $CO_2$ | $SO_4^{2-}$ |
| **Chemolithoautotrophe** | | | | | |
| Farblose Schwefelbakterien (z. B. *Thiobacillus thiooxidans*) | $S / S_2O_3^{2-}$ | $CO_2$ | $S / S_2O_3^{2-}$ | $O_2$ | $SO_4^{2-}$ |
| Nitrit oxidierende Bakterien (z. B. *Nitrobacter winogradskyi*) | $NO_2^-$ | $CO_2$ | $NO_2^-$ | $O_2$ | $NO_3^-$ |
| Ammonium oxidierende Bakterien (z. B. *Nitrosomonas europaea*) | $NH_4^+$ | $CO_2$ | $NH_4^+$ | $O_2$ | $NO_2^-$ |
| Eisen oxidierende Bakterien (z. B. *Thiobacillus ferrooxidans*) | $Fe^{2+}$ | $CO_2$ | $Fe^{2+}$ | $O_2$ | $Fe^{3+}$ |
| Wasserstoff oxidierende Bakterien (z. B. *Alcaligenes eutrophus*) | $H_2$ | $CO_2$ | $H_2$ | $O_2$ | $H_2$ |
| Kohlenstoffmonoxid oxidierende Bakterien (z. B. *Pseudomonas carboxydovorans*) | $CO$ | $CO_2$ | $CO$ | $O_2$ | $CO_2$ |
| Methanogene Bakterien (z. B. *Methanobacterium thermoautotrophicum*) | $H_2$ | $CO_2$ | $H_2$ | $CO_2$ | $CH_4$ |
| **Chemoorganoheterotrophe** | | | | | |
| Tiere | OS | OS | OS | $O_2$ | $CO_2$ |
| Anaerobe Bakterien und Pilze | OS | OS | OS | $O_2$ | $CO_2$ |

Grüne Schwefelbakterien und Purpurbakterien können als Organismengruppen aus der Frühphase der Entwicklung der **Photosynthese** verstanden werden. Sie verfügen nur über Photosystem I, setzen keinen Sauerstoff frei und sind heute nur noch an speziellen Standorten anzutreffen, die die ihnen zusagenden Bedingungen bieten. Die moderne Photosynthese (Abschnitt 2.2.3.3) mit Photosystem I und II ist bei den prokaryotischen Blaualgen (Cyanobakterien) und allen Pflanzen verwirklicht (Abschnitt 7.4.2). Chemolithoautotrophe Bakterien können in der Regel in Anwesenheit von Sauerstoff nicht wachsen (**anaerobe Atmung**), sie stammen also noch aus einer sehr frühen Phase der Entstehung des Lebens auf der Erde und finden sich als Chemosynthetiker heute in einer Vielzahl von Lebensräumen, die ihnen die erforderlichen Lebensbedingungen bieten (Böden, Sediment, Tiefsee etc.). Für die Stoffkreisläufe von Schwefel oder Stickstoff bzw. für die Primärproduktion in ihrem speziellen Lebensraum kann **Chemosynthese** bedeutend sein, z. B. im Bereich von Tiefseevulkanen, wo chemotrophe Organismen durch Umsetzung von Schwefelverbindungen eine Primärproduktion erzeugen, welche die Existenz von höheren Organismen ermöglicht. Insgesamt ist jedoch die Produktion von Chemolithoautotrophen eher unbedeutend. Die prinzipielle Gemeinsamkeit der Energiesysteme von ursprünglicher und moderner Photosynthese bzw. Chemosynthese geht aus folgender Zusammenstellung hervor (s. Abbildung).

Wenn in einem Ökosystem organische Substanzen zwar vorhanden sind, Sauerstoff aber für einen aeroben Abbau fehlt, können viele Organismen diese Ressource durch **Gärung** nutzen. Hierzu werden die Polymere der organischen

Substanz in ihre Monomere (Aminosäuren, einfache Zucker, Fettsäuren) hydrolysiert. Diese werden gespalten und ein Teil des Moleküls wird oxidiert, eines reduziert. Das oxidierte Endprodukt ist $CO_2$, reduzierte Produkte können Alkohole, organische Säuren oder gasförmige Produkte wie $H_2$, $H_2S$ oder $CH_4$ sein. Endprodukte der Glykolyse sind oft Lactat, Proprionat oder Acetat. Da aber fast immer verschiedene Mikroorganismen zusammen vorkommen, können sie mit ihren unterschiedlichen Stoffwechselmöglichkeiten auch anaerob Substrate weitgehend abbauen. Der Energiegewinn durch Gärung ist im Vergleich zur aeroben Atmung jedoch immer geringer. Bei der oxidativen Veratmung von Glucose können maximal 2830 kJ/mol gewonnen werden, bei der Vergärung

ne „Währung" verstanden werden, welche bestimmte Handlungsabläufe zulässt oder nicht. Die Organismen versuchen daher, ihren Energiegewinn bei der Nahrungsaufnahme zu optimieren (Abschnitt 4.1.2.4).

## 5.2.1.2 Produktion

Die Intensität der pflanzlichen Produktion von Biomasse durch die Photosynthese hängt von vielen Faktoren ab. Die verfügbare **Sonnenstrahlung** wird in Abhängigkeit von der Architektur einer Pflanzengemeinschaft oder einer Einzelpflanze unterschiedlich stark gefiltert. So absorbiert ein Mischwald 88 % der einfallenden Strahlung, rund 10 %

werden von der Vegetationsoberfläche reflektiert, lediglich 1–2 % gelangen am Boden an. Ein solcher Wald erscheint uns daher dunkel. Obwohl ein Maisfeld nur etwa 10 % der Höhe dieses Waldes erreicht, absorbiert es durch die eng angeordneten, waagerecht stehenden Blätter immerhin 86 % der Strahlung, also fast genauso viel (Abbildung 5.4). Koniferen nutzen ganzjährig Sonnenlicht, Laubwälder nur im Sommerhalbjahr; Laubwälder sind im Winterhalbjahr photosynthetisch inaktiv.

In vergleichbarer Weise hängt die Photosynthese in **Gewässern** von der Wassertiefe ab. Das Licht der Wellenlängen von 600–700 nm (rot) ist bereits in 10 m Wassertiefe zu 90 % absorbiert, die Wellenlänge 500 nm (grün) ist in 60 m

**Tab. 5.2:** Energiebudget einer Rohrkolben-Marsch, eines der produktivsten Ökosysteme der Welt. Nach Brey (1962).

| | gesamtes Jahr | | Vegetationsperiode | | | |
|---|---|---|---|---|---|---|
| | Gesamtstrahlung | | Gesamtstrahlung | | sichtbare Strahlung | |
| | MJ m² | % | MJ m² | % | MJ m² | % |
| Sonnenstrahlung | 5426 | 100,0 | 3192 | 100,0 | 1592 | 100,0 |
| Photosynthese (brutto) | 35 | 0,6 | 35 | 1,1 | 35 | 2,2 |
| Rückstrahlung | 1844 | 34,0 | 701 | 22,0 | 48 | 3,0 |
| Evapotranspiration | 1735 | 32,0 | 1226 | 38,4 | 1508 | 94,8 |
| Konduktion/Konvektion | 1810 | 33,4 | 1231 | 38,5 | | |

**Tab. 5.3:** Energiegehalt verschiedener organischer Substanzen.

| | kJ g$^{-1}$ |
|---|---|
| pflanzliche Trockensubstanz (aschefrei) | 16,8–21,0 |
| tierische Trockensubstanz (aschefrei) | 21,0–25,0 |
| Kohlenhydrate | 15,5–17,6 |
| Proteine | 16,4–17,4 |
| Lipide | 40,0 |
| Steinkohle | 29,3 |
| Erdöl | 42,6 |
| Holz (trocken) | 18,5 |

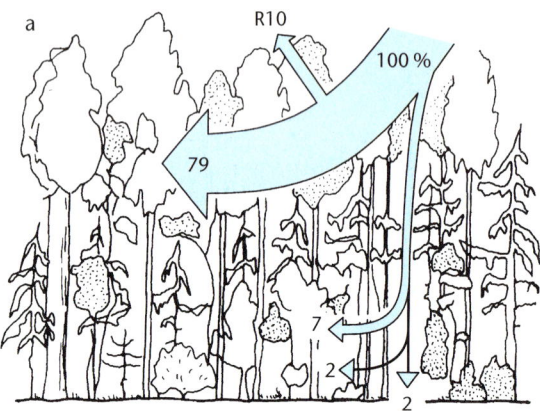

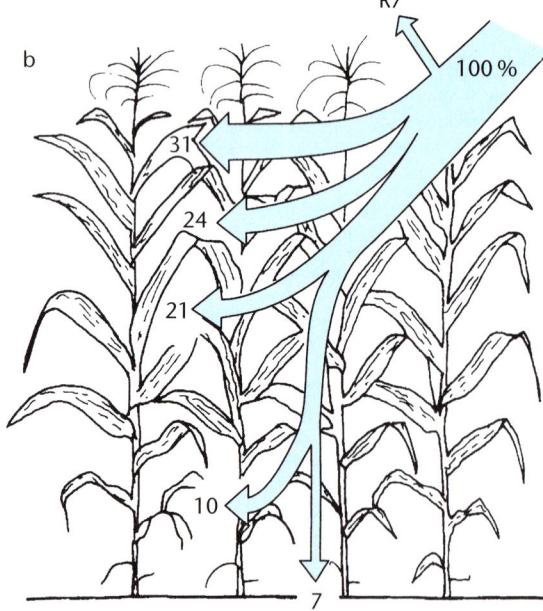

**Abb. 5.4:** Einstrahlung in einen Mischwald (a) und ein Maisfeld (b). Die Pfeile geben an, wie viel der eingestrahlten Energie in welcher Vegetationsschicht absorbiert wird und wie viel auf den Boden gelangt. R Reflexion. Nach Larcher (2001).

Tiefe zu 90 % absorbiert. Bei weniger als 1 % Einstrahlung ist keine Photosynthese mehr möglich, dies ist ab einer Wassertiefe von 50–150 m der Fall. Die nahe der Oberfläche sehr hohe Einstrahlung kann sogar in Verbindung mit dem UV-Anteil des Sonnenlichtes zu einer photochemischen Schädigung der Chloroplasten (Lichthemmung) führen. Dann werden erst in einer Tiefe von einigen Metern maximale Produktionswerte gemessen.

In einem Ökosystem wird die Biomasse durch autotrophe Organismen (grüne Pflanzen–Photosynthese, Mikroorganismen–Chemosynthese) und durch heterotrophe Organismen (Tiere, Mikroorganismen) erzeugt. Wir unterscheiden vier verschiedene Produktionsaspekte:

- Die **Bruttoprimärproduktion** BPP umfasst die gesamte photosynthetisch (bzw. chemosynthetisch) erzeugte Produktion inklusive der (unvermeidbaren) Verluste durch die Atmung (Respiration).
- Die **Nettoprimärproduktion** NPP umfasst die photosynthetisch (bzw. chemosynthetisch) erzeugte Produktion ohne die hierbei verbrauchten Atmungsanteile. In der Regel beziehen sich Produktionsangaben auf die NPP. Um die BPP zu ermitteln, wird zusätzlich zur NPP die Atmung gemessen und addiert. Die Respiration beträgt mindestens 30, oft aber 50–60 % der NPP. Zur Messung der Primärproduktion siehe Kasten 5.3.
- Die **Nettoproduktion eines Ökosystems** ist die NPP, welche in einem Jahr oder einer Vegetationsperiode von Konsumenten nicht verbraucht wurde, also übrig blieb. In der Regel nutzen Konsumenten durchschnittlich nur 10 % der NPP.
- Die **Sekundärproduktion** bezieht sich auf die Konsumenten, welche mit nur wenigen Prozent der NPP ihre eigene Biomasse aufbauen. Dieser genutzte Teil wird oft auch als Assimilation bezeichnet.

Wenn man die in einem mehrjährigen Ökosystem akkumulierte Biomasse meint, spricht man von der **Bestandesbiomasse** (*standing crop*). Diese ist häufig ein Vielfaches der NPP; bei einjährigen Ökosystemen (z. B. vielen Agrarökosystemen) sind jedoch beide Größen identisch.

Eine besondere Situation liegt in aquatischen Ökosystemen vor, in denen die Primärproduktion zum überwiegenden Teil nicht durch ausdauernde Pflanzen, sondern durch kurzlebige Algen erzeugt wird. Oft werden sie gefressen, kurz nachdem sie produziert wurden, oder erreichen bei einer durchschnittlichen Lebensdauer von wenigen Tagen eine hohe Zahl von Generationen im Jahr. Dieser hohe Umsatz (**Turnover**) erklärt, dass die Biomasse des Bestands in ein bis zwei Wochen produziert werden kann und dass die jährliche Produktion daher ein Vielfaches eines aktuellen Bestands sein kann (Abschnitt 4.7.3.2 und 5.2.1.3).

Produktionsangaben sollten sich immer auf eine definierte Fläche und einen konkreten Zeitraum beziehen. Biomasseangaben werden in g m$^{-2}$ oder kg m$^{-2}$ oder t ha$^{-2}$ gemacht und beziehen sich auf das Trockengewicht, da der Wassergehalt der Organismen stark schwanken kann und keinen Energiegehalt aufweist. Wird die Biomasse in Energieeinheiten (J) angegeben, ist das aschefreie Trockengewicht der Be-

## Kasten 5.3:     Messung der Primärproduktion

Je nach der Struktur des zu analysierenden Ökosystems können verschiedene Methoden eingesetzt werden, um die Höhe der pflanzlichen Primärproduktion zu ermitteln. Einige Möglichkeiten werden hier vorgestellt.

**Erntemethode:** Einjährige Pflanzen (z. B. Getreide) wachsen von der Aussaat bis zur Erntezeit. Erntet man dann die oberirdischen Teile und die Wurzelmasse, lässt sich die Produktion ermitteln. Um Verlust durch Herbivoren zu verhindern, muss die Versuchsfläche sorgfältig eingezäunt und regelmäßig mit Insektiziden, bei Bedarf auch mit Molluskiziden, behandelt werden.

Die Erntemethode kann auch in perennierenden Ökosystemen angewandt werden, jedoch sollten dann wegen des zu erwartenden ständigen Zuwachses mehrere Proben während der Vegetationszeit genommen werden. In komplexen, mehrjährigen Ökosystemen (z. B. Wäldern) ist es schwierig, die Produktion zu messen. Eine gewisse Annäherung bietet die mehrjährige Summierung von Aufsammlungen von Laubfall und Astwurf, kombiniert mit Zuwachsmessungen des Holzkörpers.

**CO₂-Methode:** Die Produktion der Landvegetation kann sehr gut gemessen werden, indem man die Abnahme des $CO_2$-Gehalts der Luft bestimmt. Hierzu wird ein Blatt in eine Messküvette eingespannt, eine Pflanze kann in einer Plastikbox abgeschirmt oder über eine ganze Vegetationseinheit kann ein Plastikzelt gebaut werden. Bei komplexen und hohen Wäldern (z. B. tropischer Regenwald) lassen sich Aufbau und Abnahme des $CO_2$-Gradienten in der Vegetation nutzen, um Produktionsdaten zu errechnen. Hierfür muss vom Boden bis in die Krone regelmäßig der $CO_2$-Gehalt der Luft gemessen werden; es sollte windstill sein, und die $CO_2$-Produktion durch Atmung muss rechnerisch kompensiert werden. Diese Gradientenmethode ist aufwendig, hat viele Fehlerquellen und liefert nur Näherungswerte.

**Sauerstoffmessung:** In aquatischen Ökosystemen wird mit der kombinierten Hell-Dunkel-Flaschenmethode die Sauerstoffproduktion gemessen. Beide Flaschen werden mit Wasser aus dem See gefüllt und einige Stunden im See inkubiert. In der Hellflasche wird $O_2$ durch die Photosynthese gebildet, in der Dunkelflasche wird $O_2$ durch Atmung verbraucht. Verrechnung des $O_2$-Gehalts vorher-nachher und Subtraktion des Dunkelwertes vom Hellwert ergeben einen Wert für die Bruttophotosynthese, die in g Kohlenstoff oder Joule umgerechnet werden kann.

Weitere Methoden bedienen sich der Veränderung des pH im Tagesgang (da in aquatischen Systemen eine starke $CO_2$-Aufnahme zu einer pH-Verschiebung führt) oder der Abnahme bestimmter Nährstoffe (z. B. Phosphor oder Stickstoff im Wasser oder im Boden) während einiger Wochen oder Monate. Mit radioaktiv markierten Substanzen (z. B. ¹⁴C) kann gemessen werden, wie schnell der Einbau in die Biomasse erfolgt.

---

zug (weil der unterschiedliche Ascheanteil keinen Energiegehalt aufweist). In der Limnologie finden wir oft Gramm Kohlenstoff als Bezug. Bei Produktionsangaben ist es also wichtig, genaue Bezugsangaben zu nennen.

Die Unterscheidung von Brutto- und Nettoprimärproduktion ist schwierig, da es im Freiland kaum möglich ist, die Respiration genügend genau zu messen. Labordaten helfen ein wenig, die Übertragung auf die komplexe Freilandsituation ist aber unbefriedigend. Daher sind Produktionsgrößen immer mit einem Fehler behaftet und sollten mit Vorsicht betrachtet werden.

Aufgrund der global unterschiedlichen Einstrahlung und der lokal verschiedenen Verfügbarkeit anderer Ressourcen, vor allem von Wasser (Wüsten, Steppen) und von Nährstoffen (offener Ozean), kommt es zu einer unterschiedlich hohen potenziellen Primärproduktion. Je nachdem, ob man nun als Bezugsgröße einen produktiven Monat oder das gesamte Jahr wählt, kann die Produktivität verschiedener Lebensräume ähnlich, aber auch sehr unterschiedlich sein (Abbildung 5.5). Diese ist in den feuchten Tropen am höchsten, in den gemäßigten Zonen des Festlandes und den nährstoffreichen Bereichen der Weltmeere mittelhoch und in den ariden und kalten Festländern sowie weiten Teilen der Hochsee niedrig bis sehr niedrig (Tabelle 5.4). Die Problematik eines solchen Vergleichs zeigt sich deutlich, wenn man die jeweils produktivsten Monate miteinander vergleicht, denn dann nähern sich die verschiedenen Waldökosysteme und Grasländer, ja sogar alpine Lebensräume einander an (Tabelle 5.5).

Während uns die geringe Produktivität der terrestrischen Wüstengebiete aufgrund des Wassermangels einsichtig erscheint, erstaunt die sehr geringe Produktion der größten Teile der Weltmeere. Da die photosynthetisch aktive Wasserschicht oberflächennah ist und ein Teil der Nährstoffe in größeren Tiefen sedimentiert, erklärt sich die geringe Produktivität durch Nährstoffmangel. Nur in Bereichen von Auftriebsströmungen, die z.B. vor den Westküsten Südamerikas (Humboldtstrom) und Südafrikas (Benguelastrom) für eine Nährstoffverlagerung aus der Tiefe in die hochproduktiven Oberflächenschichten sorgen, oder in flachen Meeresteilen wird eine höhere Biomasseproduktion erzielt (Abschnitt 5.2.2.4). Bezogen auf die Produktion entsprechen die meisten Bereiche der Weltmeere daher den terrestrischen Wüsten.

Im Allgemeinen erhöht sich die jährliche Primärproduktion durch die Länge der Wachstumsperiode von den nördlichen Breitengraden zum Äquator hin. Durch die Temperaturabhängigkeit der Atmung ergeben sich aber die höchsten Atmungsverluste in Äquatornähe, die niedrigsten in den nördlicheren Breiten (Box 1978) (Abbildung 5.6). Trotzdem erzielt ein mitteleuropäischer Buchenwald pro Tag in der Wachstumsperiode eine annähernd gleiche Produktion wie ein Tropenwald gleicher Biomasse, und ein Baum in der Taiga atmet gleich viel wie ein gleich großer Tropenbaum. Die eindrücklichen Produktionsunterschiede entstehen vor allem durch die unterschiedliche Länge der Wachstumsperiode und die unterschiedliche Bestandesstruktur.

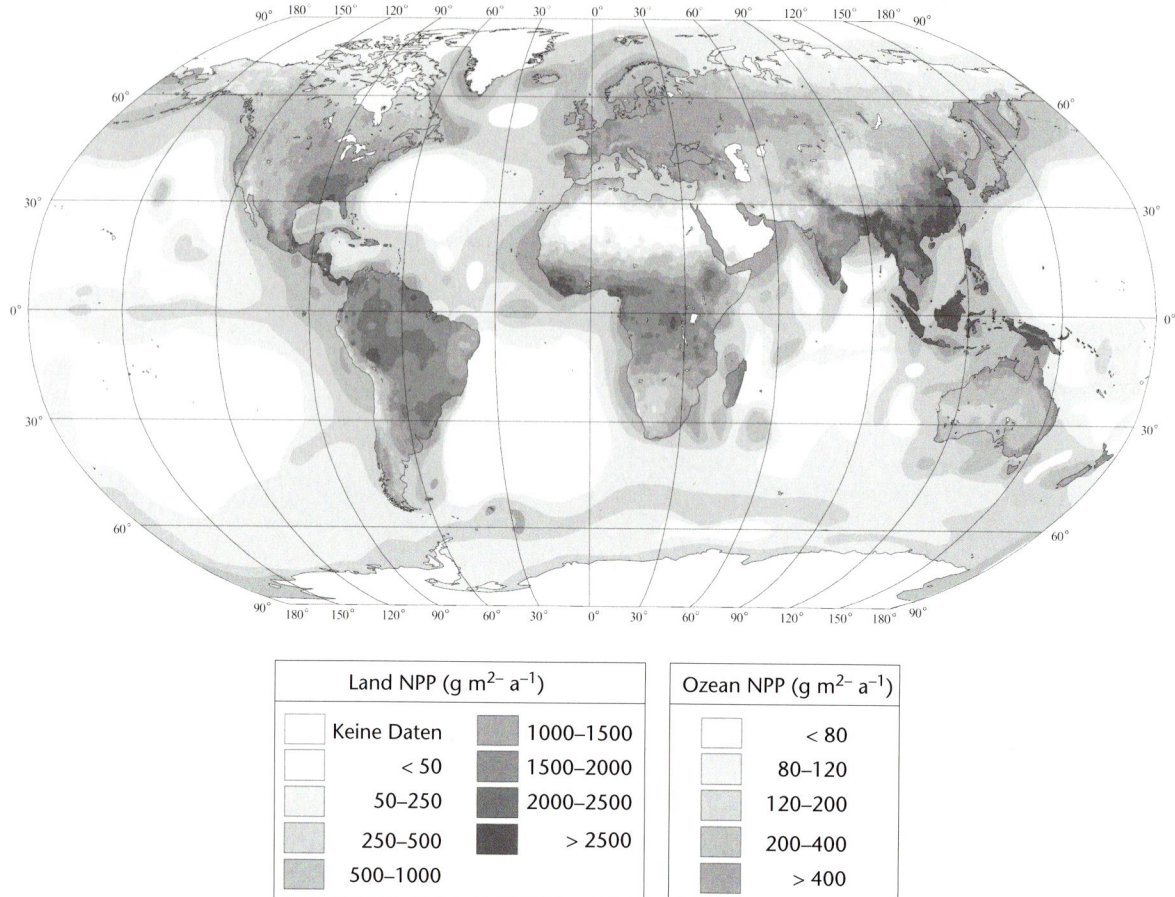

**Abb. 5.5:** Jährliche Nettoprimärproduktion von organischer Substanz (gemessen als g m$^{-2}$) in den Weltmeeren und auf dem Festland. Nach Berlekamp et al. (2001) (http://www.usf.uni-osnabrueck.de/~hlieth).

Der Unterschied in der monatlichen Produktivität ist zwischen Grasland/Tundra und Waldökosystemen wenig ausgeprägt (Abbildung 5.6, Tabelle 5.5). Beide können eine ähnlich hohe Nettoprimärproduktion erzielen, da es sich vermutlich um jeweils standortspezifisch optimal angepasste Ökosysteme handelt. Seen weisen eine allgemein etwas geringere Produktivität auf. In nördlichen Breitengraden erreichen sie jedoch die Produktivität terrestrischer Ökosysteme, vermutlich durch die günstigen thermischen Eigenschaften des Wasserkörpers. Auffällig sind die hohen Werte für Agrarökosysteme. Odum (1999) stellt hierzu fest, dass die Bruttoproduktion natürlicher Ökosysteme durch in Kultur genommene nicht übertroffen werden kann. Die scheinbare Diskrepanz kann dadurch erklärt werden, dass intensive Landwirtschaft mit zugeführter Fremdenergie für Maschinen, Treibstoff, organischer und mineralischer Düngung sowie Bioziden (Pestiziden) arbeitet (Tabelle 5.6). In der US-Landwirtschaft wird seit 1975 im Durchschnitt mehr Energie verbraucht als erzeugt (Costanza 1991).

## 5.2.1.3 Nahrungskette und Nahrungsnetz

Wie aus den beiden Hauptsätzen der Thermodynamik hervorgeht, setzen Organismen die zugeführte Energie mit Verlust um. Pflanzen nutzen nur einen Teil der verfügbaren Strahlung, Herbivoren fressen nur einen Teil der pflanzlichen Primärproduktion, und Räuber oder Parasiten nutzen nur einen Teil ihrer Beute- oder Wirtspopulation. Energetisch betrachtet heißt dies, dass die Produktion ($P$) der vorherigen **trophischen Ebene** auf der nachfolgenden trophischen Ebene nur zu einem Teil assimiliert wird. Aus Sicht der höheren trophischen Ebene besteht die vorherige trophische Ebene also aus einem nicht genutzten Teil ($N$) und einem aufgenommenen Teil ($I$) (Input) (Abbildung 5.7).

Für den jeweiligen Organismus unverdauliche Nahrungspartikel werden als Faeces ($F$) wieder ausgeschieden. In der Regel werden Kot und Urin zusammengefasst, obwohl beide streng genommen auch Stoffwechselendprodukte enthalten, die zwar ausgeschieden werden,

**Tab. 5.4:** Durchschnittswerte für die jährliche Nettoprimärproduktion (NPP) und die globale Biomasse verschiedener Ökosysteme. Nach Whittaker (1975).

| Ökosystem | Fläche (10⁶ km²) | NPP pro Fläche (g m⁻²) | NPP global (10⁹ t) | Biomasse pro Fläche (kg km⁻²) | Biomasse global (10⁹ t) |
|---|---|---|---|---|---|
| tropischer Regenwald | 17,0 | 2200 | 37,4 | 45 | 765 |
| tropischer sommergrüner Wald | 7,5 | 1600 | 12,0 | 35 | 260 |
| temperierter Nadelwald | 5,0 | 1300 | 6,5 | 35 | 175 |
| temperierter Laubwald | 7,0 | 1200 | 8,4 | 30 | 210 |
| borealer Wald | 12,0 | 800 | 9,6 | 20 | 240 |
| Gebüsch | 8,5 | 700 | 6,0 | 6 | 50 |
| Savanne | 15,0 | 900 | 13,5 | 4 | 60 |
| temperiertes Grasland | 9,0 | 600 | 5,4 | 1,6 | 14 |
| Tundra | 8,0 | 140 | 1,1 | 0,6 | 5 |
| Wüste, Halbwüste | 18,0 | 90 | 1,6 | 0,7 | 13 |
| Fels-, Sand-, Eiswüsten | 24,0 | 3 | 0,7 | 0,02 | 0,5 |
| Kulturland | 14,0 | 650 | 9,1 | 1 | 14 |
| Sumpfgebiete | 2,0 | 2000 | 4,0 | 15 | 30 |
| Süßwasser | 2,0 | 250 | 0,5 | 0,02 | 0,05 |
| alle terrestrischen Systeme | 149 | 773 | 115 | 12,3 | 1837 |
| offenes Meer | 332,0 | 125 | 41,5 | 0,003 | 1,0 |
| Auftriebszonen | 0,4 | 500 | 0,2 | 0,02 | 0,008 |
| Kontinentalschelf | 26,6 | 360 | 9,6 | 0,01 | 0,27 |
| Algenwälder, Riffe | 0,6 | 2500 | 1,6 | 2 | 1,2 |
| Ästuare | 1,4 | 1500 | 2,1 | 1 | 1,4 |
| alle marinen Systeme | 361 | 152 | 55,0 | 0,01 | 3,9 |
| Welt | 510 | 333 | 170 | 3,6 | 1841 |

Seit Whittakers Zusammenstellung haben sich die globalen Anteile einiger Ökosysteme verschoben: Tropische Wälder und Regenwälder haben um ca. 20 % zugunsten von Grasland und Kulturland abgenommen, in der gemäßigten Zone wuchsen die Wälder durch Aufforstungen zulasten des Kulturlandes um etwa 5 %. Angegeben sind Mittelwerte, die wegen der großen Streuung solcher Daten deutlich unter den Maximalwerten von Abbildung 5.6 liegen.

aber nicht unverdaulich im eigentlichen Sinn sind. Die aufgenommene Nahrung wird, unter Berücksichtigung der ausgeschiedenen Faeces ($I-F$), als assimilierter Nahrungsteil ($A$) bezeichnet. Ein großer Teil von $A$ ist die Respiration ($R$), der unvermeidbare Teil jeglicher Aktivität für Stoffwechsel, Bewegung usw. Die eigentliche Produktion ($P$) des betreffenden Organismus kann unterteilt werden in ($P_1$) energetische Aufwendungen für das eigene Körper-

wachstum, ($P_2$) für Teile des Körpers, die ausgeschieden oder abgestoßen werden (Haare, Federn, Geweihe, Exuvien, Nektar, Blätter, Rinde) und ($P_3$) energetische Aufwendungen für die Reproduktion (Samen/Pollen, Eizellen bzw. Investition in Speicherstoffe und für Embryonen). Die Produktion $P$ ist der Teil von $I$ oder $A$, der an die nächste trophische Ebene als potenziell nutzbar weitergereicht wird (Abbildung 5.7). Nach dem Tod des Organis-

**Tab. 5.5:** Gegenüberstellung der Nettoprimärproduktion pro Monat der Vegetationszeit und pro Jahr. Nach Sitte et al. (2002).

| | | Nettoprimärproduktion (kg m⁻²) | |
|---|---|---|---|
| | Vegetationszeit (Monate) | monatlich | jährlich |
| tropischer Regenwald | 12 | 0,21 | 2,5 (1,8–3,0) |
| Laub abwerfender Wald der gemäßigten Zone | 5 | 0,24 | 1,2 (1,0–1,5) |
| borealer Wald | 5 | 0,21 | 1,1 (0,3–2,0) |
| tropisches Grasland | 10 | 0,25 | 2,5 (0,2–4,0) |
| Grasland der gemäßigten Zone | 6 | 0,17 | 1,0 (0,2–1,5) |
| alpine Vegetation | 2 | 0,20 | 0,4 (0,2–0,6) |

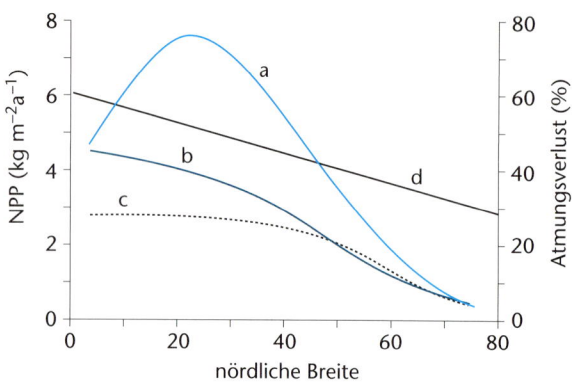

**Abb. 5.6:** Nettoprimärproduktion NPP (kg/m²) von (a) Agrarflächen, (b) natürlichen terrestrischen Ökosystemen (Wäldern, Grasland, Tundren) und (c) Seen in Abhängigkeit von der geographischen Breite. Der Atmungsverlust (d) von rund 60 % am Äquator und 30 % bei 80° nördlicher Breite reduziert die Bruttoprimärproduktion vor allem in den äquatorialen Tropen so stark, dass sich die Produktionsmaxima in den Subtropen und gemäßigten Breiten befinden. Die hohe NPP der Agrarflächen wird auch durch bessere Düngung in den Außertropen und schlechte Böden in den Innertropen verursacht. Schematische Darstellung nach Box (1978) und Begon et al. (1996). Angegeben sind Jahresmaximalwerte, die wegen der großen Streuung solcher Daten deutlich über den Mittelwerten von Tabelle 5.4 liegen.

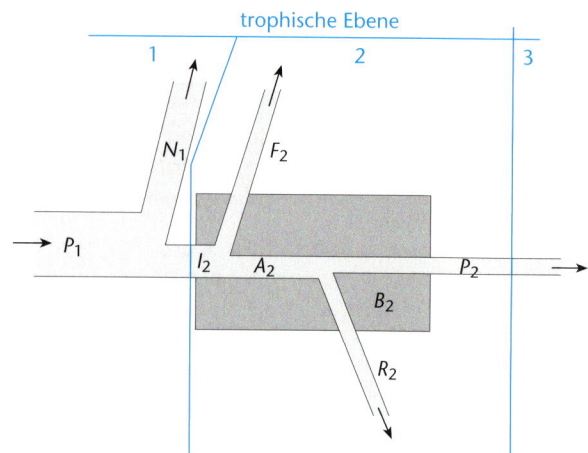

**Abb. 5.7:** Schema des Energieflussdiagramms für einen Organismus (hier als Black Box gezeichnet) mit der Biomasse $B_2$ und eine trophische Ebene. A Assimilation, B Biomasse, I Input, F Faeces, N Nicht genutzter Anteil, P Produktion, R Respiration. Die Ziffern 1 bis 3 entsprechen den trophischen Ebenen.

mus steht $P$ zusammen mit $F$ den Destruenten zur Verfügung. Somit ergibt sich:

$$A = I - F = R + P$$

Die Produktion $P$ besteht aus den oben beschriebenen drei Teilbereichen

$$P = P_1 + P_2 + P_3$$

In einem Ökosystem sind verschiedene trophische Ebenen (Primärproduzenten, Herbivoren, Carnivoren usw.) (Abschnitt 4.2) nach dem oben beschriebenen System hintereinander geschaltet. Solch eine Konstellation von Produzenten und Konsumenten nennen wir **Nahrungskette**. In ihr nimmt die Summe der Respirationsverluste kontinu-

ierlich zu und geht dem System verloren. Der Energiehaushalt ist also offen, d. h. es muss immer neue Energie von außen zugeführt werden. Die Summe der nicht genutzten Anteile bzw. der Exkrete nimmt ebenfalls kontinuierlich zu, steht aber noch den Destruenten zur Verfügung. Durch den Abbau und die Remineralisation stehen den pflanzlichen Primärproduzenten somit wieder anorganische Substanzen zur Verfügung, sodass der Stoffkreislauf geschlossen ist. Dies kann innerhalb eines Ökosystems erfolgen, aber auch im Verbund mehrerer Ökosysteme (Abbildung 5.8, Abschnitt 6.2.6).

Im Allgemeinen werden zwei Grundtypen von Nahrungsketten unterschieden: Herbivoren- bzw. Fraßnahrungsketten und Destruenten- bzw. Detritusnahrungsketten. **Herbivorennahrungsketten** beginnen bei grünen Pflanzen (Produzenten) und gehen von Herbivoren zu deren Räubern (Konsumenten). **Destruentennahrungsketten** führen von Detritus (toter organischer Substanz) zu Mikroorganismen und anderen Destruenten sowie deren Räubern, haben also keine eigenen Produzenten. Beide Typen von Nahrungsketten sind miteinander verbunden, da alle nicht genutzten und alle umgesetzten organischen Bestandteile aus der Herbivorennahrungskette der Detritusnahrungskette als tote organische Substanz ebenfalls zur Verfügung stehen. In der Realität führt eine solch enge Verzahnung der Nahrungsketten dazu, dass sie eher als **Nahrungsnetze** vorliegen. Zudem ist es in der Praxis nicht immer leicht, einen Organismus eindeutig einer trophischen Ebene zuzuordnen (Abschnitt 4.7.2).

Eigenständige Destruentennahrungsketten bestehen, wenn sich Ökosysteme ohne pflanzliche Primärproduktion entwickelt haben (Abschnitt 5.3.1.2). In vielen Bächen gibt es kaum pflanzliche Primärproduktion und organische Substanz wird vom Einzugsgebiet eingetragen. Zudem wird tote organische Substanz in die Tiefsee verfrachtet, durch Fließgewässer in Höhlen oder durch den Wind in nie-

**Tab. 5.6:** Energetische Aspekte des traditionellen Reisanbaus auf den Philippinen und der industrialisierten Reisproduktion in den USA. Nach Global 2000 (1980).

|  | Philippinen | USA |
| --- | --- | --- |
| Aufwand (GJ) | 0,2 | 65 |
| Ertrag (t ha⁻¹) | 1,3 | 5,8 |
| Ertrag (GJ) | 19 | 87 |
| Relation Ertrag : Aufwand (GJ) | 108 | 1,34 |
| Gewinn (GJ) | 18,8 | 22,0 |

Für fast gleichen energetischen Gewinn (18,8 gegenüber 22,0) wird in den USA dreimal mehr Energie verbraucht als gewonnen wurde. Ein 325-mal höherer Energieaufwand führt zu einer fünffachen Erntemenge. Energetische Angaben in GJ = 10⁹ J.

derschlagsfreie Wüsten. Dort kann sich dann durch diese allochthone organische Substanz eine Nahrungskette aufbauen.

Jede trophische Ebene besteht aus vielen Arten. Wenn man die möglichen Beziehungen darstellen will, ergibt sich eine gewaltige Zahl potenzieller Wechselwirkungen, von denen jedoch der größte Teil nicht realisiert ist. Einige Beziehungen sind wenig ausgeprägt und daher wenig bedeutend. Am anderen Ende der Skala stehen Arten, die von zentraler Bedeutung für ein Ökosystem sind, und Beziehungen, die dieses prägen können. Für solche Arten wurde der Begriff **Schlüsselart** (*key species*) geprägt (Abschnitt 6.5.1.2). Innerhalb eines Nahrungsnetzes gibt es also wichtigere und weniger wichtige Arten bzw. Beziehungen zwischen ihnen.

Auch wenn dieser Sachverhalt leicht nachvollziehbar ist, bleibt ein gewisses Unbehagen. Oft genug sind Nicht-Schlüsselarten auch die seltenen, unauffälligen, über die wir einfach nicht viel wissen. Die eine oder andere Art mag sich dann tatsächlich, wenn wir sie besser erforschen, als wichtig für bestimmte Bereiche oder Situationen des Ökosystems erweisen. Ist der große Rest der Arten und Wechselbeziehungen wirklich weniger wichtig (Abschnitt 6.5)?

Von besonderer Bedeutung bei der Struktur von Nahrungsketten- und -netzen ist die Zahl der **trophischen Ebenen**. In einfach strukturierten Systemen sind nur zwei oder drei Ebenen ausgeprägt, oft mit nur einer Art pro Ebene, welche die Position einer Schlüsselart einnimmt. In komplexeren Systemen kann mit einem Spitzenräuber eine vierte Trophieebene ausgebildet werden, welche beträchtliche Regulationseffekte haben kann. Die insgesamt eher geringe Zahl trophischer Ebenen zeigt, dass in der Natur Nahrungsketten meist kurz sind und in einem Nahrungsnetz die Zahl der Vernetzungspunkte begrenzt ist. Dies hat vor allem energetische Gründe, da mit zunehmender Kettenlänge die Effizienz des Energietransfers sinkt (Abschnitt 4.7.2 und Tabelle 4.12).

### 5.2.1.4 Ökologische Effizienz

Eine Analyse der ökologischen Effizienz auf der Ebene eines Ökosystems kann auch als eine Betrachtung der ökologischen Ineffizienz gesehen werden. Bei jedem Übergang von einer trophischen Ebene zur nächsten wird die

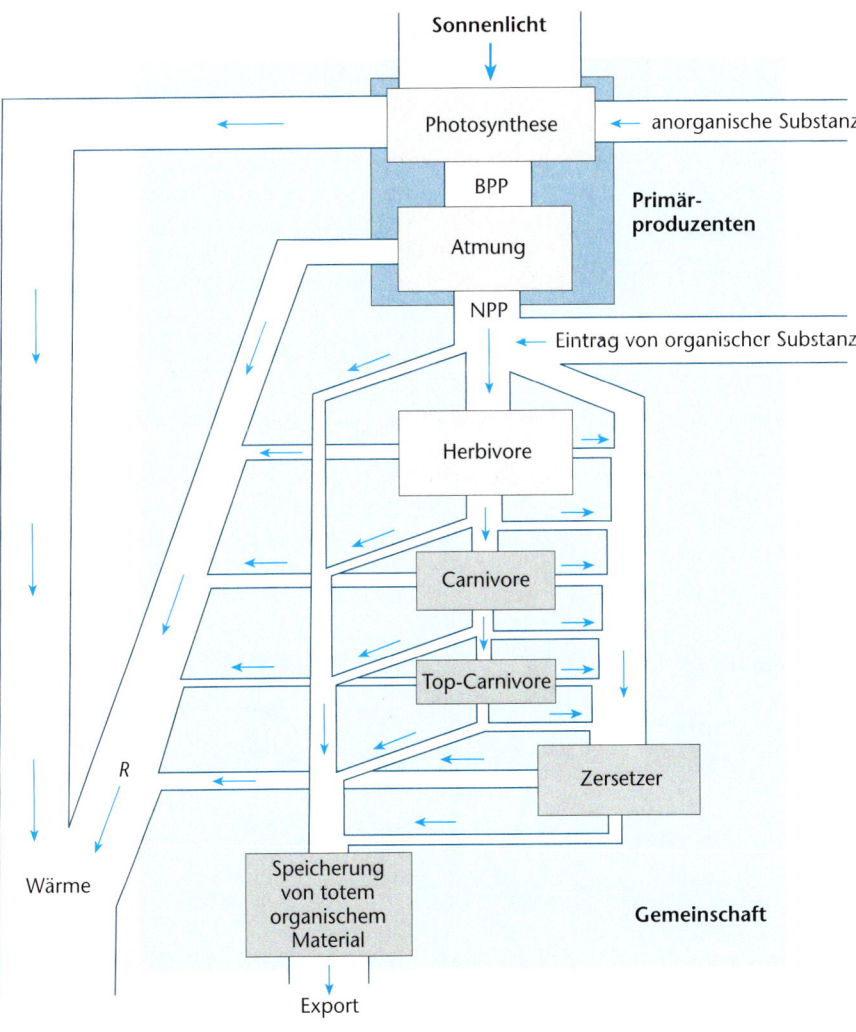

**Abb. 5.8:** Energiefluss-diagramm eines Ökosystems: Wärmeverlust durch die Photosynthese (BPP Bruttoprimärproduktion) und Atmungsverlust bei der Primärproduktion (NPP Nettoprimärproduktion), Verminderung der verfügbaren Produktion über die trophischen Ebenen von Herbivoren, Carnivoren, Spitzencarnivoren, Akkumulation der organischen Abfälle bei den Destruenten, Akkumulation der Atmungsverluste (R Respiration). Nach Odum (1999). Mit freundlicher Genehmigung des Georg Thieme Verlags, Stuttgart.

verfügbare Nahrung nur zum Teil genutzt. Zudem sind die Respirationsverluste zu berücksichtigen. Insgesamt werden pro trophische Ebene durchschnittlich nur 10 % der verfügbaren Nahrung genutzt, d. h. an die nachfolgende trophische Ebene weitergegeben (Effizienz der Nahrungskette). Wenn drei trophische Ebenen vorhanden sind, beträgt die Nutzung der Primärproduktion durch die dritte trophische Ebene bestenfalls einige Promille, und wir erkennen den logarithmischen Charakter dieses Zusammenhangs, der mit Begriffen wie **Nahrungspyramide**, Energiepyramide oder Biomassepyramide beschrieben wurde. In Tabelle 5.7 sind Zahlen aus einem hypothetischen Beispiel von Odum (1999) dargelegt. Auch wenn der statische Begriff der Nahrungspyramide nur wenig dazu beiträgt, Zusammenhänge in dynamischen Nahrungsketten oder -netzen zu verstehen, illustriert er anschaulich die Dimension des Energieverlusts in Ökosystemen.

Bei der Analyse des Energieumsatzes für einen einzelnen Organismus ergeben sich deutlich höhere Effizienzquotienten als für eine ganze trophische Ebene. Um hier vergleichen zu können, wurden eine Reihe von Indices vorgeschlagen (Waldbauer 1968), unter denen die Konsumptions-, die Assimilations- und die Produktionseffizienz drei wichtige Vergleichsmöglichkeiten ergeben. Solche Indices können auf das Körpergewicht oder auf ein bestimmtes Entwicklungsstadium bezogen werden (Kasten 5.4).

Nach Abbildung 5.7 ergeben sich folgende Beziehungen:

Die **Konsumptionseffizienz** $K$ (auch Nutzungseffizienz) misst den Anteil der Nahrung, der von einem Organismus aus dem Angebot der vorherigen trophischen Stufe tatsächlich genutzt wird:

$$K = I_2/P_1$$

In Graslandökosystemen fressen Herbivoren etwa 25 % der pflanzlichen Biomasse. In Waldökosystemen mit einem hohen Holzanteil sinkt dieser Anteil auf 1–5 %. Sinkt die Dichte der Tiere, sinkt auch ihre Effizienz. Die Effizienz von Zooplankton beim Fressen von Phytoplankton kann bei 50 % liegen. Prädatoren haben je nach Räuber- oder Beuteart eine niedrige Effizienz.

Die **Assimilationseffizienz** $A$ (oder der Verdaulichkeitsindex) ist der prozentuale Anteil der von einem Konsumenten aufgenommenen Nahrung, der für Produktion und Respiration zur Verfügung steht, während der Rest der aufgenommenen Nahrung als Kot und Urin ausgeschieden wird.

$$A = A_2/I_2$$

Organismen, die ihre Nahrung extern verdauen und dann meist vollständig aufnehmen wie viele Bakterien und Pilze, kommen so zu einer Assimilationseffizienz von fast 100 %. Ähnlich gut aufzunehmen ist die tierische Nahrung vieler Carnivoren, die Werte um 80 % aufweisen können. Pflanzenmaterial ist in der Regel schwer verdaulich, sodass Herbivoren niedrige Werte zwischen 15 und 70 % aufweisen (bei Holz 15 %, Blattnahrung um 50 %, Samen und Früchte bis 70 %). Die Assimilationseffizienz von Detritivoren liegt zwischen 20 und 40 %.

Die **Produktionseffizienz** $P$ misst, nach Abzug der Verluste für Kot und Urin, den Anteil der aufgenommenen Nahrung, der in neue Biomasse investiert wird.

$$P = P_2/A_2$$

Eine hohe Produktionseffizienz liegt dann vor, wenn die Atmungsverluste gering sind und hohe Energieanteile in Körperwachstum bzw. Reproduktion gelangen. Die Produktionseffizienz liegt für Insekten (ohne soziale Arten) zwischen 40 und 60 % (Herbivoren um 40 %, Detritophagen um 50 %, Carnivoren bis 60 %). Unter den sozialen Insekten investieren Bienen einen großen Teil ihrer Energie in die Temperaturregelung ihres Stocks, sodass die Produktionseffizienz mit 10 % sehr niedrig ist. Andere Invertebraten weisen Werte auf, die generell unter denen der Insekten liegen (Herbivoren um 20 %, Carnivoren bis 30 %, Detritophagen bis 40 %). In einzelnen taxonomischen Gruppen kann es beträchtliche Abweichungen von diesen Werten geben. Ektotherme Wirbeltiere weisen eine niedrigere Produktionseffizienz auf (Fische um 10 %). Bei endothermen Wirbeltieren sinkt die Produktionseffizienz auf vergleichsweise niedrige Werte, da der größte Teil der aufgenommenen Energie zur Erhaltung der Körpertemperatur benötigt wird (Effizienz der Produktion bei Säugetieren 2–3 %). Wenn diese Tiere klein sind, d. h. die Oberfläche im Vergleich zum Körpervolumen recht groß ist, sodass sich permanent hohe Abstrahlungsverluste ergeben, sinkt die Produktionseffizienz noch mehr (kleine Säugetiere 1,5 %, Vögel 1,3 %, Insektivoren 0,9 %) (Abschnitt 5.2.1.6).

**Tab. 5.7:** Nahrungspyramiden: Je nach Bezugspunkt (Individuen, Biomasse, Energie) ergeben sich bei der Jahresproduktion starke Unterschiede im logarithmischen Maßstab. Nach dem klassischen, hypothetischen Modell aus Odum (1971), umgerechnet auf heutige Einheiten.

| | Individuen n/ha | Biomasse kg/ha | Energie KJ/ha |
|---|---|---|---|
| Mensch | 4 | 191 | 139 |
| Kalb | 18 | 4086 | 20.000 |
| Luzerne | 80.000.000 | 32.416 | 250.000 |

| **Kasten 5.4:** | **Indices für Nahrungsnutzung** |

Waldbauer (1968) schlägt eine Reihe von Indices vor, die sich zur vergleichenden Analyse der Nahrungsaufnahme und Verdaulichkeit zwischen verschiedenen Entwicklungsstadien oder Arten bei Tieren eignen.

**Wachstumsindex** $GR$ (*growth rate*)

Gewichtszunahme pro Zeit und Körpergewicht

$GR = G / (T \times W)$

**Konsumtionsindex** $CI$ (*consumption index*)

Aufgenommene Nahrung pro Zeit und Körpergewicht

$CI\,(\%) = (F / (T \times W)) \times 100$

**Konversionsindex** $ECI$

(*efficiency of conversion of ingested food*)

Gewichtszunahme pro Nahrungsmenge

$ECI\,(\%) = (G / F) \times 100$

**Relative ungefähre Verdaulichkeit** $AD$

(*approximate digestability*)

Verhältnis zwischen aufgenommener Nahrung und produziertem Kot

$AD\,(\%) = (F\!-\!K) / F) \times 100$

**Konversionsindex** $ECD$

(*efficiency of conversion of digested food*)

Gewichtszunahme pro Nahrung minus Kot

$ECD\,(\%) = (G / (F\!-\!K)) \times 100$

$F$ (*food*) = aufgenommene Nahrungsmenge (mg)

$G$ (*growth*) = Gewichtsänderung (mg) während der Versuchszeit

$K$ = Faeces (mg)

$T$ (*time*) = Dauer der Versuchszeit (h)

$W$ (*weight*) = Durchschnittsgewicht des Versuchstiers während der Versuchszeit (mg)

## 5.2.1.5 Energiefluss durch Ökosysteme

Das Schema in Abbildung 5.8 zeigt die allgemeine Struktur eines Ökosystems auf, sagt jedoch nichts über die Bedeutung einzelner trophischer Ebenen für ein konkretes Ökosystem aus. Es kann vielmehr angenommen werden, dass beispielsweise die Bedeutung der pflanzlichen Primärproduktion für einen Wald eine ganz andere ist als für eine aquatische Gemeinschaft. Dementsprechend sind auch die Energieflüsse verschieden.

Wie in Abschnitt 5.2.1.2 erklärt, ist in einem marinen Ökosystem aufgrund des schnellen Turnover des Phytoplanktons die Biomasse der Primärproduzenten relativ klein und die Biomasse der Konsumenten (herbivorer Zooplankton, Prädatoren) groß. Detritophagen und deren Räuber machen bei küstennahen Ökosystemen das größte Kompartiment aus. Der Herbivorennahrungskette und der Destruentennahrungskette kommt also energieflussmäßig die größte Bedeutung zu, der wichtigste Stoffspeicher ist aber im Sediment auf dem Meeresboden.

Limnische Ökosysteme verfügen demgegenüber meist über eine geringere pflanzliche Primärproduktion, sodass dieser und den Herbivoren energetisch nur geringe Bedeutung zukommt. Vielmehr wird in großem Umfang totes organisches Material aus dem angrenzenden terrestrischen Bereich eingetragen, und die Detritusnahrungskette weist den höchsten Energiefluss auf (Abschnitt 6.3.2).

In einem Waldökosystem finden wir eine große Primärproduktion (Blätter der Kronenschicht sowie der Holzkörper), jedoch relativ gesehen eine wenig ausgeprägte Herbivorennahrungskette. Auf dem Boden sammelt sich totes organisches Material an. Die Detritusnahrungskette nimmt eine zentrale Stellung ein. Im Unterschied zu solch einem Waldökosystem nutzen Herbivoren in Grasländern einen deutlich höheren Anteil der pflanzlichen Primärproduktion. In beiden Systemen hat die lebende Biomasse eine große Bedeutung als Stoffspeicher.

Von reinen Destruentennahrungsketten abgesehen, fließt der größte Anteil der Energie in einem Ökosystem also von der pflanzlichen Primärproduktion (bzw. allochthon, also von außen, eingetragenem organischen Material) in das Destruentensystem. Mikroorganismen, detritovoren Tieren und deren Räubern kommt daher größte Bedeutung zu. Der Energiefluss über die Herbivorennahrungskette ist stets weniger relevant.

## 5.2.1.6 Größe von Organismen

Die Größe eines Organismus hat beachtliche Auswirkungen auf seinen Energiehaushalt und auf die Struktur des Ökosystems, in dem er lebt (Abschnitt 3.3.3). Kleine Tiere benötigen zwar weniger Energie als große Tiere, da sie aber pro Volumen eine relativ größere Oberfläche aufweisen, ist ihr relativer **Energiebedarf** größer. Aus dieser Überlegung heraus können Tiere erst ab einem bestimmten Energieumsatz und einer bestimmten Körpergröße homoiotherm sein. Dies ist bei Säugetieren und Vögeln gegeben, bei Fischen mit hoher Stoffwechselintensität (Thunfischen) bzw. bei sehr großen Reptilien (Sauriern). Wirbellose sind poikilotherm.

Zwischen Energieumsatz oder Stoffwechselrate und Körpergröße besteht eine allgemeine Beziehung:

$$\text{Stoffwechselrate (Ruhe)} = B_0 \times \text{Körpergewicht}^{\,0,75}$$

Hierbei ist $B_0$ ein art- oder gruppenspezifischer Faktor. Diese Beziehung wurde 1932 durch Kleiber für Vögel und Säugetiere entdeckt und 1960 durch Hemmingsen auf Einzeller, Poikilotherme und Homoiotherme erweitert. Gillooly et al. (2001) und West et al. (2002) schließlich formulieren diese Regel als allgemeine Gesetzmäßigkeit des aeroben Energiestoffwechsels von Lebewesen. Diese bezieht sich nicht nur auf Organismen, sondern auch auf isolierte Zellen, Mitochondrien und Enzymkomplexe (Abbildung 5.9) und erstreckt sich für das Körpergewicht über eine bemerkenswerte Skala von rund 25 logarithmischen Einheiten.

Für Säugetiere und Vögel bedeutet die in Abschnitt 5.2.1.4 beschriebene Produktionseffizienz, dass ihre minimale Körpergröße aus energetischen Gründen nicht unter die einer Spitzmaus oder eines Zaunkönigs bzw. Kolibris reduziert werden kann. Diese Tiere müssen immer Nahrung suchen und die kleinsten Säugetiere haben selten Ruheperioden von mehr als zwei Stunden (Abbildung 5.10).

In einem Ökosystem ist die Körpergröße ein wichtiger Faktor für einen Räuber, denn potenzielle Beute darf weder zu klein noch zu groß sein. Nahrungsketten setzen also bestimmte Größenrelationen voraus. Wenn nun in zwei Gewässern einmal nur kleine, einmal nur große Planktonalgen vorkommen, werden die Räuber im ersten Fall kleine Zooplankter, dann große Zooplankter und schließlich Fische sein, im zweiten Fall direkt größere Zooplankter oder sogar kleine Fische. Die Nahrungskette kann also im zweiten Fall um ein Segment kürzer sein. Da die Nahrungsketteneffizienz bei durchschnittlich 10 % liegt, bedeutet dies möglicherweise eine um den Faktor 10 höhere Fischproduktion. Größenangaben können also bei Konsumenten eine wesentliche zusätzliche Information zu Energieflussdaten beinhalten.

Die energetische Basis der Größenverteilung von Organismen, auch im Rahmen von Nahrungsketten bzw. trophischen Ebenen, führt letztlich dazu, dass kleine Arten bedeutend häufiger sind als große (Abschnitt 3.3.3). Dies wurde für Landarthropoden verschiedener Lebensräume gezeigt (Abbildung 5.11), für Säugetiere (Carbone und Gittleman 2002) sowie für Meeresplankton, Landpflanzen und deren Samen (Guo et al. 2000, Belgrano et al. 2002). Dieser Zusammenhang kann genutzt werden, um Populationsdichten, Individuenhäufigkeiten oder Artenzahlen abzuschätzen (May 1990, Abschnitt 3.3.3).

## 5.2.2 Stofffluss

In Lebensgemeinschaften und Ökosystemen werden die Stoffe, die von den Organismen benötigt werden (Abschnitt 2.2.3.1) eingetragen, umgesetzt, gespeichert und ausgetragen. Die Bilanz ist oftmals nicht ausgeglichen (Likens et al. 1977, Ellenberg et al. 1986). Temperaturbedingt kann der Abbau organischer Substanz verlangsamt sein, sodass Tundragebiete eher zur Akkumulation neigen. Erosionsprozesse, Wind und Feuer führen hingegen zu Bilanzverlusten, da durch diese Prozesse große Mengen von Nährstoffen über weite Distanzen transportiert werden (Grier 1975).

Je nach Element erfolgt der Ein- und Austrag auf verschiedene Weise. Die Zufuhr geschieht oftmals durch die Luft (etwa bei Kohlenstoff und Stickstoff, heute auch bei Schwefel, Calcium und Kalium), mit Fließgewässern oder durch Verwitterung des Gesteins (typischerweise bei Calcium, Eisen, Magnesium, Phosphor und Kalium). Wichtige **Speicher** sind Boden und Sediment, vor allem in Seen. Da viele Substanzen wenig mobil sind bzw. unter den spezifischen Bedingungen des Speichers langfristig absorbiert werden können, werden einzelne Elemente für große Zeit-

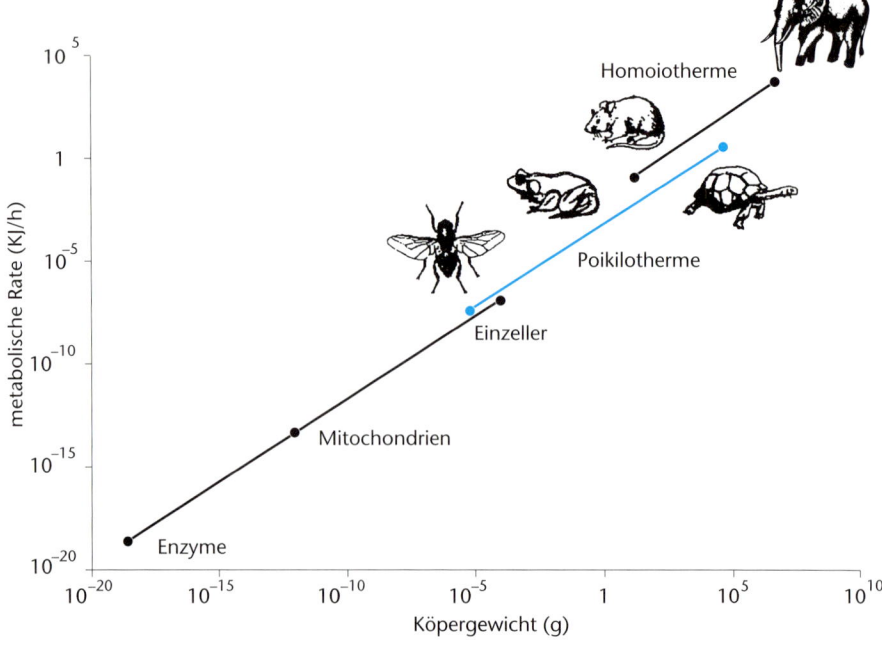

**Abb. 5.9:** Stoffwechselrate von Enzymen, Mitochondrien, Zellen, Einzellern, Poikilothermen (jeweils auf 20 °C korrigiert) und Homoiothermen (bei 39 °C) in Abhängigkeit vom Körpergewicht. Nach Gillooly et al. (2001) und West et al. (2002).

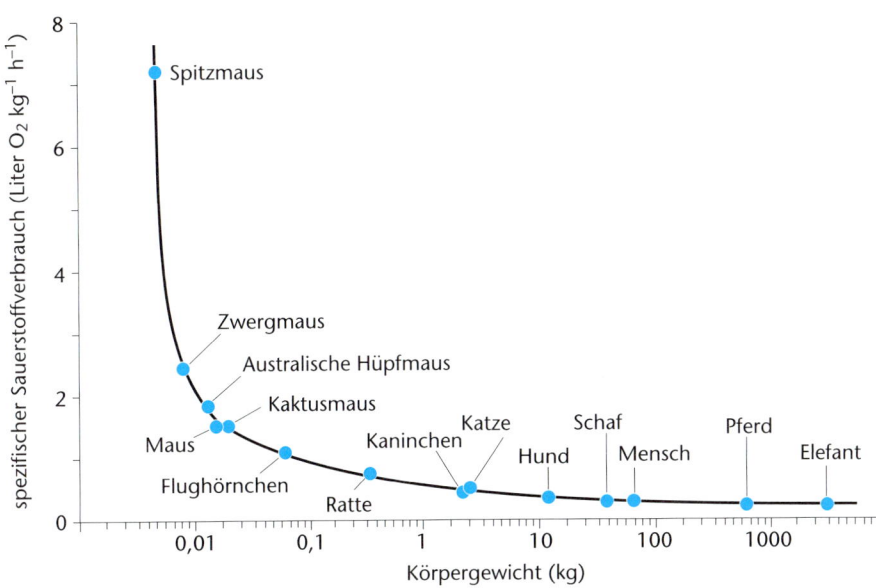

**Abb. 5.10:** Die Abhängigkeit der Stoffwechselintensität (gemessen als Sauerstoffverbrauch) vom Körpergewicht zeigt für Säugetiere, dass Spitzmäuse an einer energetischen Grenze leben. Nach Penzlin (1996).

räume lokal oder regional gespeichert. Ein weiterer wichtiger Speicher ist in der Regel die Vegetation, nur zu geringem Teil die Zoomasse. Der Austrag erfolgt üblicherweise mit Fließgewässern und gelangt letztlich in das Meer, manchmal aber auch durch die Luft und somit weniger zielgerichtet.

## 5.2.2.1 Wasser

Der **Wasservorrat** der Erde wird auf etwas mehr als 1400 Millionen km³ freies, also verfügbares Wasser geschätzt; hinzu kommt ein deutlich größerer Anteil, der in der Lithosphäre gebunden ist. Diese Wassermoleküle können zwischen einzelnen Mineralien eingebunden sein (z. B. Tonmineralien), oder sie kommen als Kristallwasser im Mineral (z. B. Gips mit 21 % Wasser) bzw. im Kristallgitter selbst vor (z. B. Glimmer). Beim frei verfügbaren Wasser handelt es sich jedoch zu 97 % um Meerwasser. Das Süßwasser liegt als Eis und Schnee (74,9 %) sowie als Grundwasser (24,5 %) vor (Abbildung 5.12). Lediglich 0,6 % befinden sich in Seen, Flüssen, in der Atmosphäre und in Organismen.

Durch Sonnenenergie angetrieben, verdunstet jährlich rund eine halbe Millionen km³ Wasser und regnet wieder auf die Erde ab. Der globale **Wasserkreislauf** (Abbildung 5.13) ist ein wichtiger Bestandteil unseres Klimageschehens und der Motor unserer Fließgewässer. Da rund ein Drittel des Landniederschlags von Wasser stammt, das aus dem Meer verdunstet, verbindet der globale Wasserkreislauf zudem marine und terrestrische Ökosysteme. Dies bedeutet, dass für terrestrische Lebensräume mehr Wasser zur Verfügung steht als über dem Land verdunstet. Der globale Wasserkreislauf wird durch Niederschlag, Infiltration, Oberflächenabfluss, Evaporation und Kondensation gesteuert. Vor allem Pflanzen tragen über aktive Wasseraufnahme, -speicherung und -abgabe in die Atmosphäre (Transpiration) zum Wasserhaushalt bei. Evaporation und

Transpiration werden als Evapotranspiration zusammengefasst (Abschnitt 2.2.3.2).

Der Wasserkreislauf hat eine hohe Umsatzgeschwindigkeit, denn die Verweildauer von Wasserdampf in der Atmosphäre beträgt durchschnittlich nur etwa zehn Tage. Der Wasserkreislauf ist also mengenmäßig der bedeutendste Stoffumsatz auf der Erde. Da für die Verdunstung ein großer Anteil der eingestrahlten Sonnenenergie benötigt wird, stellt er auch den wichtigsten Energieumsatz auf der Erde dar.

Die Intensität der **Niederschläge** ist weltweit unterschiedlich verteilt. Je nach Sonneneinstrahlung sind auch die Temperaturen verschieden, sodass unterschiedlich viel Wasser verdunstet. Entsceidend für die Entwicklung des Lebens ist weniger die absolute Höhe der Niederschläge, sondern das Verhältnis zwischen Niederschlag und

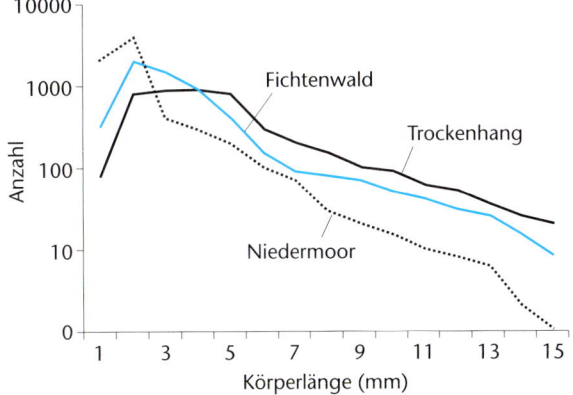

**Abb. 5.11:** Die Verteilung von Arthropoden auf Größenklassen zeigt, dass in verschiedenen terrestrischen Lebensräumen kleine Arthropoden viel häufiger als große sind. Nach Nentwig (1982).

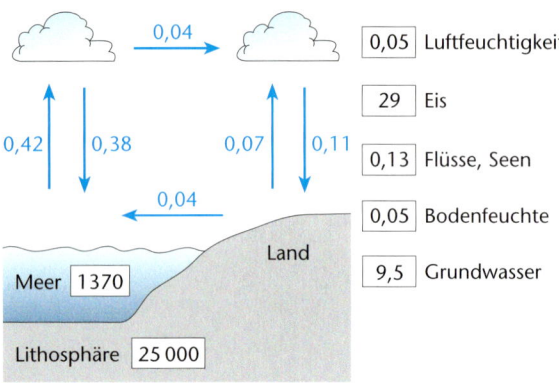

**Abb. 5.12:** Der globale Wasserkreislauf. Angaben in Millionen km$^3$, Pfeile beziehen sich auf den Jahresfluss, Kästen auf die Größe des Speichers. Nach Berner und Berner (1987).

Verdunstung. Ist der Jahresniederschlag höher als die jährliche Verdunstung, so bezeichnen wir das Klima als **humid**, ist der Niederschlag doppelt so hoch wie die verdunstete Wassermenge, sprechen wir von einem extrem humiden (perhumiden) Klima. Dies trifft auf etwa 3 % der terrestrischen Oberfläche zu, vor allem äquatornahe Bereiche im heutigen tropischen Regenwald und einige küstennahe Zonen. Übertrifft die Verdunstung den Niederschlag, so sprechen wir von einem **ariden** Klima, ist die Verdunstung doppelt so hoch wie der Niederschlag, bezeichnen wir das Klima als extrem arid. Dies trifft auf etwa 12 % der terrestrischen Oberfläche zu. Vor allem im Bereich der Wendekreise und im Regenschatten hoher Gebirgszüge finden wir solche Lebensräume, d. h. die großen Wüstengebiete der Erde (Abbildung 5.14).

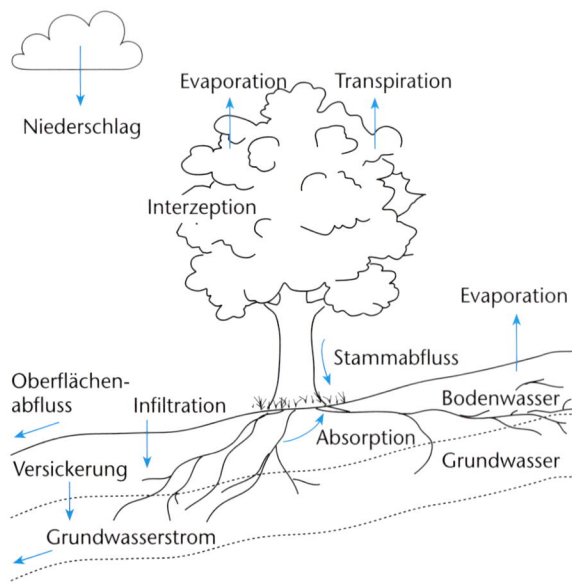

**Abb. 5.13:** Schematische Darstellung der einzelnen Parameter des Wasserkreislaufs in einem Ökosystem.

Für einen bestimmten Ort kann das Klima in einem Klimadiagramm dargestellt werden. Dabei werden die durchschnittliche Monatstemperatur und Niederschlagssumme für jeden Monat auf der Basis eines vieljährigen Mittels aufgetragen. In genormten Diagrammen kann man durch Markierung der Flächen zwischen den Kurven die Aridität bzw. Humidität eines Ortes bestimmen. Ist die Niederschlagskurve höher als die Temperaturkurve, so ist das Klima humid. Wenn aber die Temperaturlinie höher als die Niederschlagskurve ist, ist das Klima arid (Abschnitt 6.3.1).

Neben der Höhe des Niederschlags ist auch seine Verteilung wichtig. In fast allen Lebensräumen gibt es mehr oder weniger ausgeprägte Regen- und Trockenzeiten. Je länger die niederschlagsfreie Zeit ist, desto stärkere Anpassungen an Wasserknappheit sind bei Pflanzen und Tieren erforderlich. In den Tropen und Subtropen sind daher Regen- und Trockenzeiten Zeitgeber für die Jahreszeiten genauso wie Temperatur und Licht in der gemäßigten Zone. Bei Jahresniederschlägen unter 250 mm im Jahr kann sich nur eine wüsten- oder halbwüstenartige Vegetation entwickeln. Bei Niederschlägen bis 750 mm wächst Grasland, Savanne oder offenes Waldland, bei Niederschlagen bis 1250 mm entstehen trockene oder Laub abwerfende Wälder, ab 1250 mm nasse Wälder (Abschnitt 6.3.1). Primär- und Sekundärproduktion sind also mit der Niederschlagsmenge positiv korreliert (Smith und Smith 1999).

Auf der Ebene eines Ökosystems oder einer Landschaft kommt dem Wasserhaushalt eine wichtige Bedeutung beim Transport von Ionen (Nährstoffen) zu. Dies gilt besonders für Fließgewässer, welche auf diese Weise die verschiedenen an einen Fluss angrenzenden Gebiete miteinander vernetzen (Fluss-Kontinuum-Konzept, Abschnitt 6.3.2). Flüsse werden daher auch gerne als Adern der Landschaft bezeichnet. In Amazonien beispielsweise tragen die durch den Amazonas aus den Anden transportierten Stoffe über viele 1000 km wesentlich zur Fruchtbarkeit der angrenzenden Wälder (Varzea) bei (allochthoner Nährstoffeintrag).

Ein wichtiger Aspekt des lokalen Wasserhaushalts ist auch das **Wasserrückhaltevermögen** eines Lebensraumes. Die temporäre Interzeption von Niederschlägen auf der Vegetationsoberfläche, also beispielsweise im Kronendach eines Waldes, kann die Intensität und Dauer von Niederschlagsereignissen deutlich modifizieren. Ein Teil des Niederschlags fließt dann oberflächlich ab, der Rest wird vom Oberboden aufgenommen. Hiervon versickert ein Teil in tiefere Schichten in das Grundwasser, welches an anderer Stelle als Quellhorizont wieder zu Tage treten kann bzw. mit den Gewässern in Verbindung steht und zum Meer hin abfällt. Der Rest trägt zur Bodenfeuchte des Oberbodens bei und kann von den Feinwurzeln der Vegetation aufgenommen werden. Dieser Anteil hält den Wasserhaushalt der Pflanzen aufrecht und gelangt durch deren Transpiration wieder in die Atmosphäre. Wälder im Flachland, auf gut durchwurzelten lockeren Böden und mit einer dicken Streuschicht, nehmen so viel Wasser auf, dass es keinen oberflächlichen Abfluss gibt. Je nach Niederschlagsintensität und Hangneigung fließen in europäischen Wäldern aber 30–50 % des Niederschlags oberflächlich ab. Rodungen führen daher über eine Veränderung des Wasseraufnahmevermögens der Vegetation zu einem

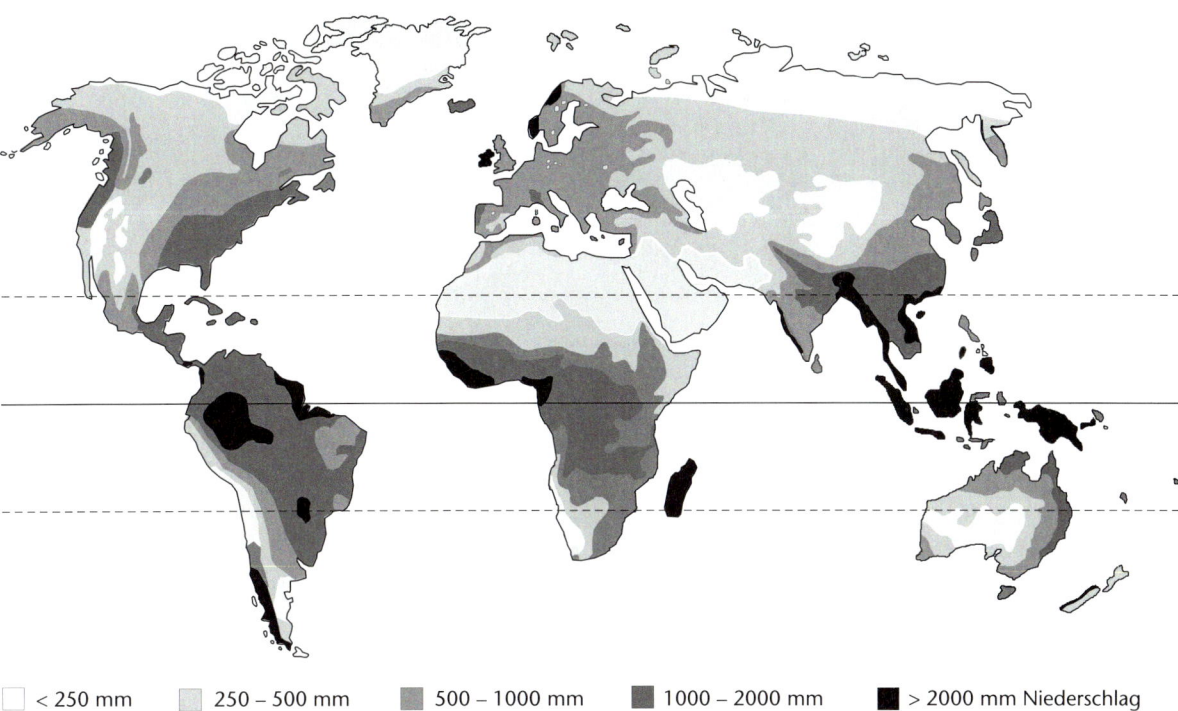

|  | < 250 mm |  | 250 – 500 mm |  | 500 – 1000 mm |  | 1000 – 2000 mm |  | > 2000 mm Niederschlag |

**Abb. 5.14:** Globale Verteilung der Niederschläge (Jahressumme). Nach Walter und Breckle (1999).

erhöhten oberflächlichen Abfluss (Abbildung 5.15). Bei Starkregenereignissen kann es zu beachtlicher Bodenerosion kommen. In Verbindung mit umfassenden Landschaftsveränderungen kann hierdurch beispielsweise die Hochwasserhäufigkeit in einer Landschaft drastisch erhöht werden (Abschnitt 7.2.1)

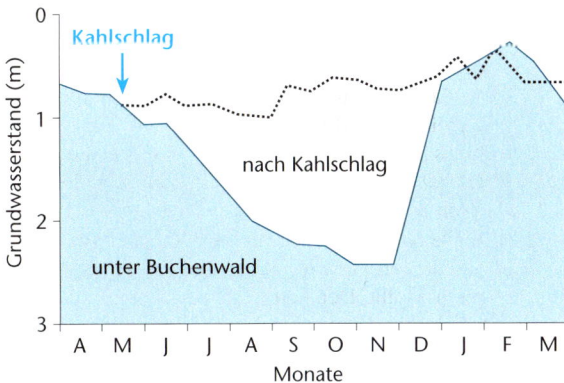

**Abb. 5.15:** Höhe des Grundwasserspiegels unter einem Buchenwald vor und nach einem Kahlschlag. Während der Vegetationsperiode entziehen die Bäume dem Boden Wasser, daher senkt sich der Grundwasserspiegel. Nach dem Kahlschlag bleibt der Grundwasserspiegel jedoch das ganze Jahr über annähernd gleich hoch. Nach Larcher (1976).

## 5.2.2.2 Kohlenstoff

Etwa 0,1 % der Gesamtmasse der Erde besteht aus Kohlenstoff (C). Ursprünglich kam der gesamte Kohlenstoff als Kohlendioxid ($CO_2$), Kohlenmonoxid (CO) oder Methan ($CH_4$) aus dem Erdinnern (Abschnitt 7.4). Auch heute noch erfolgt eine Kohlenstoffzufuhr aus tieferen Erdschichten durch Vulkanismus und mineralreiche Quellen. Im Rahmen des geochemischen Stoffkreislaufs wurde der größte Teil des $CO_2$ im Wasser der Weltmeere als Kohlensäure gelöst. Diese löst Calcium-Ionen aus dem Boden, sodass Carbonat gebildet werden kann:

$$CO_2 + H_2O \Leftrightarrow H^+ + HCO_3^- \text{ (Kohlensäure)}$$

$$Ca^{2+} + 2\ HCO_3^- \Leftrightarrow CO_2 + H_2O + CaCO_3$$
$$\text{(Calciumcarbonat)}$$

Durch die Evolution des Lebendigen wurde der Stoffkreislauf des Kohlenstoffs intensiviert, denn durch die Photosynthese (Abschnitt 2.2.3.5) wird Kohlenstoff aus dem $CO_2$ der Atmosphäre als organische Biomasse fixiert und durch die Respiration als Gas wieder frei. Dieser biologische Teil des Kohlenstoffkreislaufs ist also primär ein Gaskreislauf, auch wenn Wasserpflanzen das im Wasser gelöste $CO_2$ als Kohlensäure aufnehmen. Der Kohlenstoffkreislauf ist gemeinsam mit dem Wasserkreislauf der bedeutendste Kreislauf für die Erde.

Viele limnische und marine Organismen (z. B. Algen, Foraminiferen, Korallen, Bryozoen, Muscheln) entziehen dem Wasser Carbonat und tragen mit ihrem Absterben zur Bildung gewaltiger kalkreicher **Sedimente** bei. Das wasserunlösliche Calciumcarbonat ist in vielen Mineralien (z. B. Calcit (Kalkspat), Kreide, Kalkstein, Marmor) weit verbreitet. Als Sedimentschicht liegen diese Verbindungen heute auf vielen im Rahmen geologischer Prozesse aufgefalteten gewaltigen Gebirgszügen (z. B. Alpen, Pyrenäen, Kaukasus, Himalaja).

Bei unvollständigem bzw. fehlendem biologischen Abbau von Biomasse wird Kohlenstoff dem atmosphärischen Kreislauf entzogen und bildet inerte Depots (Senken, *sinks*). Seit dem Karbon, das vor 350 Millionen Jahren begann, baute sich die in den damaligen Feuchtgebieten üppig nachwachsende Biomasse unter Wasser, d. h. unter Luftabschluss, nur langsam ab. In größerer Tiefe kam es durch Temperatur- und Druckanstieg zur Vertorfung und Verkohlung, d. h. der Gehalt an Wasser, flüchtigen Bestandteilen, Wasserstoff und Sauerstoff nahm ab, der an Kohlenstoff nahm zu. Das hierdurch entstandene Gemisch aus Kohlenstoffverbindungen und mineralischen Anteilen stellte ein Kohlenstoffdepot dar, welches dem direkten Kreislauf entzogen war. Steinkohle ist meist 80–320 Millionen Jahre alt, Braunkohle entstand im Tertiär und ist 20–60 Millionen Jahre alt (Osteroth 1989). Auf vergleichbare Weise entstand Erdöl durch die Ablagerung von Mikroorganismen in Binnenseen und flachen Randmeeren der Erdentwicklung vor 100–500 Millionen Jahren. Durch einen hiermit gekoppelten Prozess bildete sich auch Erdgas. Wegen ihrer heutigen energetischen Nutzung fasst man diese Kohlenstoffverbindungen als **fossile Energieträger** zusammen (Abschnitt 7.2.2).

Unter den lebensnotwendigen Elementen ist Kohlenstoff daher das mit Abstand variabelste und vielseitigste Element. Kohlenstoff kommt heute in unterschiedlichen organischen und anorganischen Verbindungen in allen Kompartimenten der Erde vor (Tabelle 5.8). Kohlenstoff findet sich in der Biomasse als organische Kohlenstoffverbindung und in der Luft als gasförmige Verbindung (vor allem $CO_2$, daneben in Spuren unter anderem auch als CO und $CH_4$). Die Verweildauer eines $CO_2$-Moleküls in der Atmosphäre beträgt durchschnittlich etwa vier Jahre. $CH_4$ und CO aus dem anaeroben Abbau organischer Materie werden durchschnittlich nach 3,6 bzw. 0,1 Jahren zu $CO_2$ oxidiert.

$CO_2$ liegt im Wasser nur zu weniger als 1 % als Kohlensäure vor, vielmehr wird es pH-abhängig zu Hydrogencarbonat und $H^+$-Ionen dissoziiert.

$CO_2 + H_2O \Leftrightarrow H_2CO_3$ (Kohlensäure)
(vorherrschend bei pH 4)

$H_2CO_3 \Leftrightarrow H^+ + HCO_3^-$ (Hydrogencarbonat)
(vorherrschend bei pH 8)

$HCO_3^- \Leftrightarrow H^+ + CO_3^{2-}$
(vorherrschend bei pH 12)

Diese verschiedenen Formen von gelöstem anorganischen Kohlenstoff in Gewässern bezeichnet man als DIC (*dissolved inorganic carbon*). Im Unterschied hierzu wer-

**Tab. 5.8:** Globale Stoffflüsse und Speicher von Kohlenstoff ($10^{15}$ g N $a^{-1}$) sowie Angaben der jährlichen Veränderung. Ergänzt nach Schlesinger (1997).

| Bereich | | Speicher | Fluss |
|---|---|---|---|
| Land | Vorrat in der lebenden Vegetation | 600 (jährlich −1) | |
| | Vorrat in anderen Organismen und toter Biomasse | 1500 | |
| | Vorrat im Gestein | 20.000.000 | |
| | Vorrat als gewinnbare fossile Energieträger | 4000 (jährlich −6) | |
| | Abgabe von der Vegetation an die Atmosphäre (Respiration) | | 60 |
| | Abgabe vom Boden an die Atmosphäre (Respiration) | | 60 |
| | Abgabe an die Atmosphäre durch menschliche Aktivität | | 6 |
| | Austrag durch Flüsse ins Meer | | 1 |
| Meer | Vorrat als Kohlendioxid/Kohlensäure | 40.000 (jährlich +3) | |
| | Vorrat als gelöste organische Substanz | 3000 | |
| | Vorrat in der Biomasse | 17 | |
| | Abgabe an die Atmosphäre (Respiration) | | 90 |
| | Abgabe in das Sediment | | 0,1 |
| Atmosphäre | Vorrat als Kohlendioxid | 760 (jährlich +4) | |
| | Vorrat als Methan | 6 | |
| | Vorrat als Kohlenmonoxid | 0,2 | |
| | Abgabe an die Landvegetation (Photosynthese) | | 120 |
| | Abgabe an das Meer (Photosynthese) | | 92 |

Ändert sich der Vorrat in aufeinander folgenden Jahren, so ist diese jährliche Zu- oder Abnahme vermerkt.

den die gelösten organischen Verbindungen, die zumeist durch Abbau toter Biomasse entstehen, als DOC (*dissolved organic carbon*) bezeichnet. Die Verweildauer von DOC kann im Wasser sehr lange Zeiträume (Jahrhunderte) dauern.

Durch Exkretion von Organismen und durch den Abbau toter Biomasse entstehen sowohl niedermolekulare, leicht verfügbare und (vor allem durch Mikroorganismen) schnell wieder aufnehmbare organische Verbindungen als auch hochmolekulare **Humussubstanzen**. Als Endprodukte des Abbaus pflanzlicher Substanz stellen diese ein Gemisch aus Fulvosäuren, Humussäuren und Huminstoffen dar, das durch Mikroorganismen nur schwer verwertbar ist und daher nur sehr langsam abgebaut werden kann. Die Verweildauer von Kohlenstoff in solchen Verbindungen kann sehr lange Zeiträume umfassen. Wenn die Produktionsrate größer als die Abbaurate ist (wie beispielsweise in der Tundra), kommt es durch Torfbildung, die erste Stufe der Inkohlung, zu einem Entzug der Biomasse aus dem aktiven Stofffluss. Dies kann den Übertritt in die Lithosphäre bedeuten, sodass diese Stoffe für Millionen Jahre nicht mehr verfügbar sind.

Kohlenstoff ist ein maßgeblicher Bestandteil der Biomasse. Da diese innerhalb der verschiedenen Ökosysteme der Erde und über Gradienten vom Äquator zu den Polen sehr ungleich verteilt ist (Abschnitt 5.2.1.2), ergibt sich hieraus auch eine ungleiche Kohlenstoffverteilung über die Biosphäre. In einem nördlichen Nadelwald finden sich rund 50 % des Kohlenstoffvorrats im Boden und in der Bodenstreu, in einem tropischen Regenwald nur rund 20 % (Abbildung 5.16).

Obwohl es intensive Beziehungen zwischen den meisten Kompartimenten der Biosphäre gibt und meist annähernd so viel Kohlenstoff durch Respiration freigesetzt wie durch Photosynthese wieder fixiert wird, ist in geologischen Zeiträumen der Kohlenstoffhaushalt der Erde offenbar nie völlig ausgeglichen gewesen. Geringfügige Veränderungen der **Kohlenstoffbilanzen** ergaben über lange Zeiträume hinweg größere Schwankungen des CO$_2$-Gehalts der Atmosphäre. Dieser hing vermutlich stark von der Temperatur der Weltmeere und globalen Strömungsverhältnissen, von der Größe des vereisten bzw. nicht vereisten Festlandes und von der Stärke des Vulkanismus ab. In der Kreidezeit (vor 100 Millionen Jahren) war die CO$_2$-Konzentration der Atmosphäre vermutlich vier- bis achtmal so hoch wie heute, gleichzeitig dürfte das wärmste Klima aller Zeiten geherrscht haben. Von einem frühtertiären Zwischenmaximum abgesehen ist dann der CO$_2$-Gehalt in der Atmosphäre kontinuierlich auf etwa 250 ppm (= 0,25 %) gegen Ende der letzten Eiszeit gesunken. Im Rahmen der Industrialisierung stieg die Konzentration wieder an und betrug im Jahr 2000 370 ppm (Abschnitt 7.2.2).

Den Weltmeeren kommt eine wichtige Rolle als Kohlenstoffspeicher zu. CO$_2$ der Luft löst sich im Rahmen eines komplexen Gleichgewichtes im Wasser und kann als Carbonat sedimentieren. Hierdurch können die Ozeane als Kohlenstoffpumpe und der Meeresboden als Kohlenstoffsenke wirken. Ein Teil der zunehmenden atmosphärischen CO$_2$-Belastung, die sich durch die anthropogenen Veränderungen des globalen Kohlenstoffkreislaufes ergeben, kann somit reduziert werden, allerdings ist es bis heute nicht befriedigend gelungen, dies zu quantifizieren. Diese anthropogenen Veränderungen des Kohlenstoffkreislaufes werden in Abschnitt 7.2.2 behandelt.

### 5.2.2.3 Stickstoff

Der hohe Stickstoffgehalt der Atmosphäre von 78 % molekularem N$_2$ ist nicht direkt verwertbar, sondern muss zunächst fixiert und in Nitrat oder Ammonium umgewandelt werden. Für die Biosphäre sind drei große Stickstoffspeicher von Bedeutung, die durch Mikroorganismen miteinander in Verbindung stehen: Atmosphäre, lebende Biomasse und tote Biomasse. Wenn man die Humusbildung, die Sedimentation und Bodenbildung besonders berücksichtigen möchte, kann hierfür auch von einem vierten Stickstoffspeicher gesprochen werden. Für keinen Bioelementekreislauf sind daher Mikroorganismen so wichtig wie für den Stickstoffkreislauf. Sie setzen Stickstoffverbindungen hauptsächlich auf drei verschiedenen Ebenen um (Tabelle 5.9).

**1. Stickstofffixierung:** Mikroorganismen nehmen den molekularen Stickstoff aus der Atmosphäre auf und stellen in einem komplexen Enzymsystem zuerst NH$_4$, zum Teil dann auch NO$_3$ her. Hierzu sind verschiedene Gruppen von Prokaryoten in der Lage:

- Frei lebende Bodenbakterien wie *Azotobacter chroococcum* (aerob) und *Clostridium pasteurianum* (anaerob) (in gemäßigten Gebieten) oder *Beijerinckia* (in den Tropen).
- Symbiontische Knöllchenbakterien wie *Rhizobium leguminosarum* (mit Fabaceae), weit verbreitet bei tropischen Pflanzen.
- Cyanobakterien (*Anabaena, Nostoc, Calothrix, Mastigocladus*), oft symbiontisch mit Pilzen, in Flechten und z. T. auch in Farnen und höheren Pflanzen. Der kleine

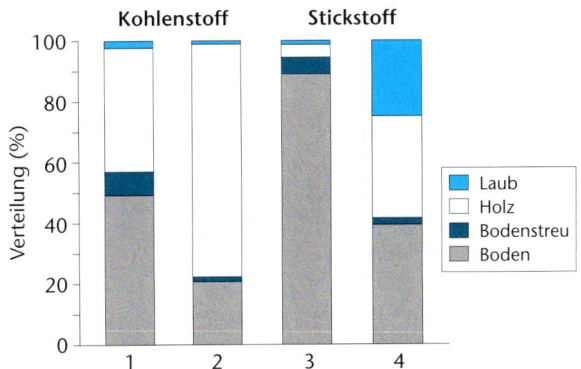

**Abb. 5.16:** Verteilung von Kohlenstoff und Stickstoff in Laub, Holz, Bodenstreu und im Boden in einem nördlichen (1) bzw. britischen (3) Nadelwald und zwei Tropenwäldern (2, 4). Nach Daten in Odum (1999).

Wasserfarn *Azolla* enthält die blaugrüne Alge *Anabaena azollae* in Hohlräumen der Blätter. Da dieser Wasserfarn in Reisfeldern überaus häufig vorkommt, trägt er mit seiner Stickstofffixierung so viel ein, dass auch bei drei Ernten keine zusätzliche Düngung erforderlich ist. Auch die vor allem im tropischen Regenwald auf Blättern langlebiger Pflanzen wachsenden blau-grünen Algen führen zu einer zusätzlichen Bereitstellung von Stickstoff, die von den Wirtspflanzen zum Teil direkt über ihre Blattoberfläche genutzt werden kann.

- Das Purpurbakterium *Rhodospirillum* und andere photosynthetische Bakterien.
- Actinomyceten, die in den Wurzelknollen von mindestens 160 Baumarten aus acht Familien vorkommen, welche hierdurch in der Lage sind, stickstoffarme Sand- und Moorböden der gemäßigten Zone zu besiedeln (z. B. die Erle *Alnus glutinosa*, *Casuarina*-Arten, *Ginkgo biloba*, Ölweiden *Elaeagnus* sp. und der Gagelstrauch *Myrica gale*).

Energetisch bedeutet es einen hohen Aufwand, die Dreifachbindung des molekularen $N_2$ zu oxidieren und $NO_3$ herzustellen. Zur Fixierung von 1 mg N benötigt *Rhizobium leguminosarum* 10 mg Glucoseäquivalent (= 0,16 kJ), das letztlich aus der Photosynthese der Fabaceae stammt, in denen es symbiontisch vorkommt. Das aerob frei lebende Bodenbakterium *Azotobacter chroococcum* benötigt 50 mg (= 0,8 kJ), das anaerob lebende Bakterium *Clostridium pasteurianum* hingegen 170 mg Glucoseäquivalent (= 2,7 kJ). Hieraus kann abgeleitet werden, dass die Stickstofffixierung von den meisten Prokaryoten (Ausnahme Actinomyceten) aus energetischen Gründen nicht in kalten Ökosystemen oder Grenzertragsböden durchgeführt werden kann, sondern bevorzugt auf dauernd feuchten und warmen Böden lohnend ist, da das Optimum bei 20 °C liegt. Die Leistung frei lebender Bakterien beträgt einige Kilogramm Stickstoff pro Hektar, kann bei frei lebenden Cyanobakterien aber 50 kg/ha überschreiten und bei symbiontischen Cyanobakterien noch einmal deutlich höher sein.

**2. Assimilatorische Nitratreduktion:** Sie führt durch die Schlüsselenzyme der assimilatorischen Nitrit- bzw. Nitratreduktase zum Endprodukt $NH_4^+$, das als Aminogruppe in Aminosäuren eingebaut wird. Die Umsetzung erfolgt auf unterschiedliche Art und Weise, da das Stickstoffangebot je nach Boden oder Lebensraum variiert und Pflanzen Stickstoffverbindungen sowohl über die Wurzeln als auch über die Blätter aufnehmen können.

**3. Dissimilatorische Nitratreduktion:** Sie umfasst den häufigeren Prozess der Nitratreduktion und den selteneren der Nitratammonifikation. Beide Prozesse werden von weit verbreiteten aeroben Bodenbakterien unter anaeroben Bedingungen durchgeführt, wenn sie den Sauerstoff des Nitrats zur Atmung nutzen. Hierbei wird durch jeweils verschiedene Enzyme $NO_3^-$ über $NO_2^-$ und NO zu $N_2O$ und $N_2$ reduziert (**Denitrifikation**), d. h. gebundener Stickstoff kann wieder in molekularen Stickstoff zurückgeführt werden. Bei der **Nitratammonifikation** wird $NO_3^-$ über $NO_2^-$ und $NH_2OH$ zu $NH_3$, sodass Ammoniak frei wird. Beide Prozesse verhindern, dass das gut wasserlösliche Nitrat letztlich im Meer landet, von wo es für die Stickstofffixierung nicht mehr verfügbar ist. Für den Kreislaufgedanken des Stickstoffs ist der Abbau zu gasförmigen Verbindungen also ganz zentral, denn nur ein großer Gasspeicher gewährleistet eine ausreichende Versorgung mit Stickstoff.

Der Stickstoffeintrag in ein Ökosystem erfolgt auf verschiedenen Wegen. Blitze und Feuer oxidieren $N_2$, sodass es auch in der vorindustriellen Phase einen Minimaleintrag

**Tab. 5.9:** Globale Stoffflüsse und Speicher von Stickstoff ($10^{12}$ g N a$^{-1}$). Ergänzt nach Schlesinger (1997).

| Bereich | | Speicher | Fluss |
|---|---|---|---|
| Land | Vorrat in der Vegetation | 35 000 | |
| | Vorrat im Boden | 100 000 | |
| | Austrag durch Flüsse ins Meer | | 36 |
| | Abgabe an die Atmosphäre durch Denitrifizierung | | 200 |
| | Abgabe an die Atmosphäre durch menschliche Aktivität | | 140 |
| Meer | Vorrat gasförmig | 20 000 000 | |
| | Vorrat als gelöste anorganische Substanz | 600 000 | |
| | Vorrat als gelöste organische Substanz | 200 000 | |
| | Vorrat in der Biomasse | 500 | |
| | Abgabe an die Atmosphäre durch Denitrifizierung | | 110 |
| | Abgabe in das Sediment | | 10 |
| Atmosphäre | Vorrat | 4 000 000 000 | |
| | Abgabe an das Meer durch biologische Fixierung | | 15 |
| | Abgabe an das Land durch biologische Fixierung | | 140 |
| | Transport zum Land | | 15 |

über die Atmosphäre von bis zu 5 kg N ha$^{-1}$ a$^{-1}$ gab. In landwirtschaftlich intensiv genutzten Landschaften bzw. stark industriell geprägten Bereichen beträgt der Eintrag über mineralische Düngung und Abgasemission 50–100 kg, kann aber auch > 100 kg ha$^{-1}$ a$^{-1}$ sein (Schulze und Ulrich 1991). Die anthropogenen Eingriffe in den globalen Stickstoffhaushalt werden in Abschnitt 7.2.3 behandelt.

Oberflächenwasser kann Stickstoffverbindungen zwischen Ökosystemen verschieben. Umlagerungen bzw. Resorption von Stickstoffverbindungen vor dem Blattfall verringern den Neubedarf. Zudem steht mit der Bodenstreu ein Vorrat nicht komplett abgebauter Stickstoffverbindungen zur Verfügung, die zum Teil direkt wieder von Pflanzen aufgenommen werden. Der dann noch fehlende Teil des benötigten Stickstoffs muss jedoch vor Ort durch Bodenbakterien aus N$_2$ neu pflanzenverfügbar gemacht werden (Tabelle 5.10).

Die Gesamtmasse des atmosphärischen N$_2$ beträgt etwa $4 \times 10^{15}$ t. Hiervon werden jährlich $2 \times 10^8$ t N fixiert. Der jährliche Stickstoffumsatz in Pflanzen und Plankton beträgt fast $10^{10}$ t N und ist somit deutlich größer als der Austausch zwischen Biosphäre und Hydrosphäre oder Atmosphäre. Dies kann damit erklärt werden, dass ein beträchtlicher Teil des Stickstoffbedarfs im System verbleibt und gar nicht erst frei wird oder aus gebundenen Verbindungen schnell wieder aufgenommen werden kann.

Geographisch ergibt sich hinsichtlich des Stickstoffangebots eine bemerkenswerte Aufteilung. Bei Stickstoffmangel, sauren Böden und niedrigen Temperaturen dominieren Bodenpilze, die organisch gebundenen Stickstoff direkt aus dem Substrat aufnehmen und ihrerseits den Boden weiter ansäuern. Da Pilze einen hohen Stickstoffbedarf haben (ihre Zellwand besteht aus N-Acetyl-Glucosamin = Chitin), spielen Bodenbakterien keine Rolle und freier Stickstoff ist nicht nachweisbar. Handelt es sich jedoch um calciumreiche Böden, liegt der Boden-pH bzw. die Bodentemperatur höher, können sich Bakterien gegen die Pilze durchsetzen und anstelle der Aminosäuren liegt der Stickstoff als Nitrat und Ammonium vor (Abbildung 5.17).

Für tropische Ökosysteme bedeuten die optimalen Wachstumsbedingungen im Boden und der relative Stickstoffmangel auch, dass die Entnahme von Stickstoff und der Einbau in die lebende Biomasse recht schnell erfolgen. Der Stickstoffspeicher im Boden ist deutlich

kleiner als in einem Wald der gemäßigten Zone, und der größte Stickstoffvorrat befindet sich in der lebenden Phytomasse (Abbildung 5.16).

### 5.2.2.4 Phosphor

Phosphor kommt recht einheitlich als Phosphat (PO$_4^{3+}$, Orthophosphat) vor. Da dieses im Wasser gut löslich ist, ist die Hydrosphäre sein Hauptdepot. Phosphor wird schnell über die Flüsse ins Meer verfrachtet und durch Sedimentation der Biosphäre entzogen. Somit geht Phosphor in die Lithosphäre über, aus der es dann erst in geologischen Zeiträumen durch Anhebung des Meeresbodens wieder auf das Festland verlagert werden kann. Hier erfolgen über Verwitterung erneut Freisetzung und Auswaschung, sodass das Phosphor der Biosphäre wieder verfügbar wird. Die Atmosphäre ist an diesem Phosphatkreislauf fast nicht beteiligt (Tabelle 5.11).

PO$_4^{3+}$ hat mit Al$^{3+}$, Fe$^{3+}$ und Ca$^{2+}$-Kationen sehr niedrige Löslichkeitsprodukte und neigt zur Adsorption an Tonmineralien. Im Boden bzw. im Sediment ist dieser Komplex dann wenig mobil, und Phosphat verschwindet somit schnell aus wässrigen Lösungen. Auf diese Weise kann der Konzentrationsunterschied zwischen freiem Wasser und Sediment mehr als das 1000fache betragen. Viele Seen enthalten daher auch deutlich geringere Phosphorkonzentrationen als Stickstoffkonzentrationen, und Phosphor wirkt stärker produktionslimitierend als Stickstoff. Unter anaeroben Bedingungen kann PO$_4^{3+}$ aus Eisen(II)komplexen wieder freigesetzt werden, sodass es beispielsweise während einer Algenblüte, die eine extreme Sauerstoffzehrung bewirkt, zu einer massiven Phosphatfreisetzung aus dem Sediment kommen kann. Diese **innere Düngung** von Gewässern erreicht unter Umständen ein großes Ausmaß.

Auf dem Weg zur Sedimentation gibt es jedoch mehrere Möglichkeiten für Phosphor, wieder in die Biosphäre eingeschleust zu werden. Generell herrscht sehr starke Konkurrenz um freies Phosphat, sodass dieses nach einer Re-

**Tab. 5.10:** Die jährliche Stickstoffbilanz (mmol m$^{-2}$) eines Fichtenwaldes im Solling (Horn et al. 1989).

| Nettobedarf | | Versorgung | |
|---|---|---|---|
| Nadeln | 257 | Aufnahme über den Spross | |
| Zweige/Äste | 84 | NH$_3$ + NO$_x$ | 19 |
| Stammholz | 177 | NH$_4$ + NO$_3$ | 118 |
| Wurzeln | 609 | Aufnahme über die Wurzeln | |
| | | NH$_4$ + NO$_3$ | 990 |
| gesamt | 1127 | gesamt | 1127 |

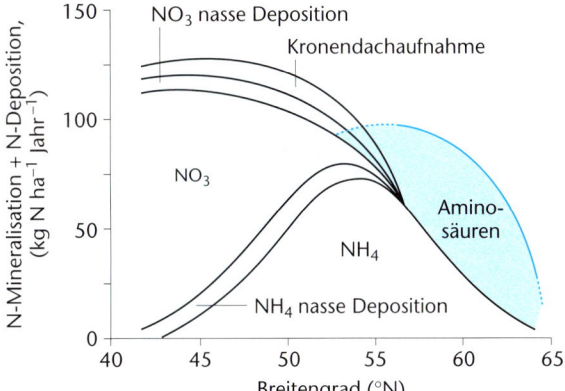

**Abb. 5.17:** Die Veränderung des Nitrat-, Ammonium- und Aminosäureangebots in der Bodenlösung von Waldböden auf einem Transekt durch Europa. In Nordeuropa werden die Wälder vor allem über einen kurzgeschlossenen N-Kreislauf mit Aminosäuren versorgt, in mittleren Breiten dominiert Ammonium und in Südeuropa Nitrat. Nach Schulze et al. (2002).

**Tab. 5.11:** Globale Stoffflüsse und Speicher von Phosphor ($10^{12}$ g N a$^{-1}$). Ergänzt nach Schlesinger (1997).

| Bereich | | Speicher | Fluss |
|---|---|---|---|
| Land | Vorrat in der Vegetation | 3 000 | |
| | Vorrat im Humus | 60 | |
| | Vorrat im Oberboden | 200 000 | |
| | Vorrat im Gestein | 4 000 000 000 | |
| | Austrag durch Flüsse ins Meer | | 21 |
| | Bergbau | | 12 |
| | Abgabe an die Atmosphäre | | 4 |
| Meer | Vorrat als gelöste anorganische Substanz | 90 000 | |
| | Vorrat als gelöste organische Substanz | 650 | |
| | Vorrat in der Biomasse | 100 | |
| | Sediment | 4 000 000 000 | |
| | Abgabe in das Sediment | | 10 |
| Atmosphäre | Transport vom Land zum Meer | | 1 |
| | Transport vom Meer zum Land | | 0,03 |
| | Deposition auf dem Land | | 3 |
| | Deposition auf dem Meer | | 0,3 |

mineralisation möglichst schnell wieder aufgenommen wird und ein Verlust durch Verfrachtung weitgehend verhindert werden kann. Aus dem Boden wird freies Phosphat durch Feinwurzeln und Mykorrhiza sehr schnell wieder absorbiert und im Wasser oft innerhalb von Minuten vom nächsten Organismus wieder aufgenommen (kurzgeschlossener Phosphatkreislauf).

Vergleichbare Phosphatrückführung erfolgt auch durch die marinen **Auftriebsströmungen**, die vor allem vor den Westküsten Südamerikas (Humboldtstrom) und Südafrikas (Benguelastrom) für eine Nährstoffverlagerung aus der Tiefe in die hochproduktiven Oberflächenschichten sorgen. Hierdurch wird eine hohe Biomasseproduktion ermöglicht. Ein Teil dieser Biomasse wird durch fischfressende Landvögel genutzt und auf das Land transportiert. Der phosphat- und stickstoffreiche Kot dieser Vögel (**Guano**) steht hierdurch als Nährstoffressource dem Landökosystem zur Verfügung (Kasten 5.5).

Die Menge, die letztlich jährlich auf dem Meeresboden sedimentiert und somit der Biosphäre entzogen wird, wird auf $10^7$ t Phosphor geschätzt. Mindestens die gleiche Menge wird jedoch jährlich durch die oben genannten Auftriebssysteme der Sedimentation entzogen. Die anthropogenen Eingriffe in den globalen Phosphorkreislauf werden in Abschnitt 7.2.4 behandelt.

### 5.2.2.5 Schwefel

Schwefel nimmt mit Stickstoff und Phosphor eine Schlüsselrolle in vielen Biomolekülen ein. Dennoch wirkt es, im Gegensatz zu diesen beiden Elementen, kaum produktionsbegrenzend. Das Hauptreservoir von Schwefel liegt im Boden, in Sedimenten und im Meerwasser, in geringem Umfang kommt Schwefel in der Atmosphäre und in der

Biosphäre vor. Der Schwefelkreislauf ist durch eine enge Verzahnung von geologischen (Erosion, Sedimentation, Vulkanismus) und biologischen (mikrobieller Umbau) Prozessen gekennzeichnet (Tabelle 5.12).

Im Bereich der zugänglichen Erdkruste bestehen 0,05 Gewichtsprozente aus Schwefel. In geologischen Lagerstätten kommt Schwefel als Sulfat (Gips $CaSO_2$) und als Sulfid (Pyrit FeS, Bleiglanz PbS) vor. Fossile Energieträger (Kohle, Erdöl, Erdgas) können beachtliche Mengen an Schwefel enthalten. Im Meerwasser ist Sulfat mit 2,7 g/kg Meerwasser nach Chlorid das häufigste Anion, die Gesamtmenge an Schwefel im Weltmeer wird auf $10^{15}$ t geschätzt. In der Atmosphäre findet sich Schwefel als Schwefeldioxid ($SO_2$).

Ein wichtiger Steuerungsmechanismus des Schwefelkreislaufs besteht aus spezialisierten Mikroorganismen, welche Oxidationen und Reduktionen durchführen und durch diese Redoxprozesse Sulfat ($SO_4^{2-}$) in Schwefelwasserstoff ($H_2S$), organische Schwefelverbindungen und zu Eisensulfid (FeS) reversibel umwandeln. Wenn Eisenphosphat vorhanden ist, kann auch Eisensulfid gebildet werden und somit Phosphat freigesetzt werden. Phosphor- und Schwefelkreislauf sind also eng miteinander gekoppelt.

$$8 \, (H) + SO_4^{2-} \Leftrightarrow H_2S + 2 \, H_2O + 2 \, OH^-$$

Bei den **Schwefelbakterien** handelt es sich um 13 Gattungen von Sulfat reduzierenden, anaeroben Bakterien. *Desulfovibrio desulfuricans* ist eine der häufigsten Arten, die in den sauerstofffreien Bereichen der Gewässer $H_2S$ freisetzen kann (Sulfatatmung, Desulfurikation). $H_2S$ dient den Purpurbakterien (Thiorhodaceae) als Wasserstoffdonator für ihre Photosynthese und Schwefel oxidieren-

## Kasten 5.5:    Guano

Unter Guano (Quechua für Vogelkot) verstehen wir Ablagerungen des Kots von Seevögeln und anderen Tieren, die unter ariden Klimaverhältnissen dicke Schichten bilden können. Die ersten Guanovorkommen wurden aus Peru bekannt, wo auf Inseln, die der Küste vorgelagert sind, **Seevögel** in hoher Dichte vorkommen. Dies ist durch die nährstoffreichen Küstengewässer möglich, sodass die Kotablagerungen als Nährstoffverlagerung aus dem Meer auf das Land verstanden werden kann.

Bereits vor der Inkazeit wurde Guano in großen Mengen abgebaut, auf das Festland transportiert und zur Düngung der Felder verwendet. Vor allem Alexander von Humboldt erkannte den Düngewert des Guano, der einen hohen Anteil an Stickstoffverbindungen und Phosphat aufweist. In der Folge entwickelte sich daher ein intensiver **Handel** zwischen Peru und Europa, der 1861 beispielsweise 400.000 t Guano umfasste. Raubbau an den Vorkommen war unausweichlich, da die Neubildungsrate sehr gering ist. Gegen Ende des 19. Jahrhunderts verlor der Guanohandel an Bedeutung, zuerst wegen der Entdeckung günstigerer Salpetervorkom-

men, im 20. Jahrhundert aber vor allem wegen der breiten Verfügbarkeit synthetischer Düngemittel. Nachdem in den 50er Jahren des 20. Jahrhunderts eine kommerzielle Anchovis-Industrie, auch zur Fischmehlproduktion, aufgezogen wurde, verringerte sich die Nahrungsgrundlage der Seevögel, ihre Populationen nahmen ab und die Guanobildung ebenso. Anchovis sind kleine Sardinenarten, die wegen ihrer geringen Größe kaum direkt zur menschlichen Ernährung nutzbar sind, über die Verarbeitung zu Fischmehl, also als Dünger oder Tierfutterzusatz, jedoch genutzt werden können. Hierdurch wird allerdings den Seevögeln in großem Umfang Nahrung entzogen, d. h. die Guanoproduktion reduziert. Heute wird nur noch in geringem Umfang Guano für den Hobbygartenbereich gefördert.

Neben einigen kleineren afrikanischen Guanoinseln sind im Westpazifik Nauru und Ocean Island sowie im Indischen Ozean Christmas Island zu nennen, die über reiche **Phosphatvorkommen** verfügen, welche ebenfalls auf Guanoablagerungen zurückzuführen sind. Diese Vorkommen werden heute noch abgebaut.

den Bakterien als Substrat für ihre Schwefelsynthese. Wenn auf diese Weise Faulschlammschichten entstehen bzw. Schwefel als Eisensulfid abgelagert wird, können beträchtliche Schwefelmengen der Biosphäre für geologische Zeiträume entzogen werden. Die anthropogenen Eingriffe in den globalen Schwefelkreislauf werden in Abschnitt 7.2.5 behandelt.

Das **Schwarze Meer** ist nur durch den engen Bosporus mit dem Mittelmeer verbunden, und eine Durchmischung von Oberflächen- und Tiefenwasser erfolgt nicht in nennenswertem Umfang. Hierdurch hat sich an der Oberfläche durch die Süßwasserzuflüsse von Donau, Dnjestr, Bug und Don eine 100–150 m tiefe Schicht von leichtem, sauerstoffreichem und salzarmem (15 ‰) Wasser gebildet, in der sich ein reiches Planktonleben entwickelt hat. Die abgestorbenen Organismen sinken in eine tiefere Wasserschicht höherer Salinität (38 ‰) ab. Das

**Tab. 5.12:** Globale Stoffflüsse und Speicher von Schwefel ($10^{12}$ g N $a^{-1}$). Ergänzt nach Schlesinger (1997).

| Bereich | | Speicher | Fluss |
|---|---|---|---|
| Land | Vorrat in der Vegetation | 10 000 | |
| | Vorrat im Oberboden | 20 000 | |
| | Vorrat im Gestein | 7 000 000 000 | |
| | Abgabe an die Atmosphäre aus Vulkanen | | 5 |
| | Abgabe an die Atmosphäre als Staub | | 8 |
| | Abgabe an die Atmosphäre aus biologischer Aktivität | | 4 |
| | Abgabe an die Atmosphäre aus menschlicher Aktivität | | 90 |
| | Bergbau | | 150 |
| | Austrag durch Flüsse ins Meer | | 200 |
| Meer | Vorrat | 1 300 000 000 | |
| | Abgabe an die Atmosphäre aus Meersalz | | 144 |
| | Abgabe an die Atmosphäre aus biologischer Aktivität | | 16 |
| | Abgabe an die Atmosphäre aus vulkanischer Aktivität | | 5 |
| | Abgabe in das Sediment | | 135 |
| Atmosphäre | Deposition auf das Land | | 90 |
| | Deposition auf das Meer | | 180 |
| | Transport zum Land | | 20 |
| | Transport zum Meer | | 80 |

weitgehend unbewegte Tiefenwasser ist sauerstoffarm, sodass die im Sediment angesammelte Biomasse nur anaerob abgebaut werden kann. Im Schwarzen Meer ist hierfür vor allem *Desulfovibrio desulfuricans* verantwortlich. Es entsteht Faulschlamm (Sapropele genannt) und $H_2S$ wird frei. Die schwarze Farbe des Meeres beruht auf einer Ausfällung von schwarzem Eisensulfid. Solche Vorgänge hat es in der vergangenen Erdgeschichte öfters gegeben; sie haben beispielsweise zur Bildung der Posidonienschiefer (Ölschiefer) geführt. Das Schwarze Meer ist hierdurch unterhalb der erwähnten Trennschicht biologisch weitgehend tot.

## 5.2.3 Informationsfluss

Unter Informationen verstehen wir in der Regel Nachrichten, die von einem **Sender** ausgestrahlt und von einem **Empfänger** wahrgenommen werden. Solche Informationen werden von einem Organ produziert (z. B. durch ein Sendeorgan wie einen Kehlkopf), können aber auch die Eigenschaft eines ganzen Organismus sein (Farbe, Körpertemperatur). Der Empfänger hat einen Rezeptor für die Information (ein Sinnesorgan) und erhält in der Regel durch die Information wichtige und neue Kenntnisse, die ihm einen Vorteil bringen.

Die Träger einer als Nachricht übermittelten Information bezeichnen wir als **Signale**. Sie zeichnen sich dadurch aus, dass sie gezielt ausgesendet oder gezielt wahrgenommen werden (beispielsweise die Alarmrufe einer Vogelart, die von vielen Arten im gleichen Lebensraum wahrgenommen werden können). Daher sind Signale durch bestimmte Informationskanäle bzw. Sinnesorgane gekennzeichnet und lassen sich auch so beschreiben oder klassifizieren. Im Unterschied hierzu haben alle anderen Reize im gleichen Lebensraum keinen Informationswert und werden daher als Hintergrundsignal (*noise*) bezeichnet.

Informationen, die eine physikalische Grundlage haben, etwa optisch, akustisch oder elektrisch wahrnehmbare Reize, haben in der Regel nur einen geringen Energiegehalt und sind nicht stofflicher Natur. Informationen, die jedoch eine chemische Grundlage haben, haben eine stoffliche Basis und benötigen zur Synthese Energie. Da beispielsweise Pheromone massenmäßig vernachlässigbar sind, im Effekt aber hochspezifisch sein kann, werden sie in der Regel eher unter dem Gesichtspunkt der vermittelten Information als unter dem des ausgetauschten Stoffes gesehen. In analoger Weise kann auch der Transfer eines Pollens von einem Pflanzenindividuum zu einem anderen als Informationsfluss bezeichnet werden, da der Stofftransport für den Zielorganismus vernachlässigbar ist, der Informationstransfer (gespeichert als DNA) jedoch über den Samenansatz und damit die Reproduktion entscheidet.

### 5.2.3.1 Physikalisch übertragene Informationen

**Optische Signale** werden im elektromagnetischen Wellenspektrum zwischen 300 und 800 nm übertragen. Wichtige Parameter sind die Wellenlängenzusammensetzung, Lichtintensität sowie die Polarisationsrichtung des Lichtes. Hierdurch sind beispielsweise Honigbienen über den Sonnenstand auch dann informiert, wenn diese durch Wolken verdeckt ist (Sonnenkompass), und marine Krebse des Strandbereichs wissen stets, in welcher Richtung das offe-

ne Meer liegt. Einzelne Tiergruppen haben unabhängig voneinander Farbensehen entwickelt, etwa die Mollusken, Arthropoden und Wirbeltiere. Ihr Farbensehen ist jedoch unterschiedlich. Menschen können beispielsweise ultraviolettes Licht (280–380 nm) im Gegensatz zu manchen Insekten nicht wahrnehmen. Optisch übertragene Informationen sind beispielsweise wichtig bei der innerartlichen Kommunikation, bei Tier-Pflanze-Interaktionen sowie bei der Prädatorenvermeidung.

Tiere senden durch eine aposematische Färbung (Warntracht, Warnfärbung) ein Signal aus, das auf ihre Giftigkeit hinweist und sie somit schützt. Handelt es sich um tatsächlich giftige Tiere, sprechen wir von **Müller'scher Mimikry** (echter Mimikry), handelt es sich jedoch um Nachahmer (also ungiftige Arten mit aposematischer Färbung), von **Bates'sche Mimikry** (falscher Mimikry, Täuschung). Optische Fehlinformationen liegen auch vor, wenn durch Körperanhänge und geeignete Färbung potenzielle Feinde über die richtige Position des Kopfes getäuscht oder durch Augenflecken ein Kopf am Schwanzende vorgespielt werden (Wickler 1971). Bemühen sich Organismen hingegen, unauffällig zu sein, also kein Signal auszusenden (z. B. durch die Annahme der Hintergrundfärbung, Tarnfärbung) und somit im Hintergrundrauschen verschwinden, wird dies als **Krypsis** oder **Somatolysis** bezeichnet (Abbildung 5.18). Wird eine Hintergrundstruktur imitiert, etwa eine Rindenstruktur, ein Blatt oder ein Ast, wird auch von **Mimese** gesprochen. Die Grenze zwischen beiden ist jedoch fließend (Cott 1940) (Abschnitt 4.4.3).

Viele Lauerjäger senden optische Signale aus, die dem Empfänger zum Verhängnis werden können (**aggressive Mimikry** oder **Peckham'sche Mimikry**). So genannte „Teufelsblumen" (mehrere Arten von Fangheuschrecken, Mantodea) ähneln in Form, Färbung und Haltung Blütenständen und locken hierdurch Blüten besuchende Insekten an (Abbildung 4.23). Anglerfische und die Geierschildkröte (*Macrochelys temminckii*) „angeln" mit einem wurmartigen Zungenfortsatz ihre Beute. Tiefseefische und Leuchtkäfer locken mit ihren durch Biolumineszenz produzierten Leuchtsignalen Beute an, und die Larven der neuseeländischen Pilzmücke *Bolitophila luminosa* (Mycetophagidae) fangen ihre Beute gleich mit einem leuchtenden Netz.

Der Fall der nordamerikanischen Leuchtkäfer (Lampyridae) ist jedoch komplexer. In den artenreichen Gattungen *Photinus* und *Pyractomena* dienen die Leuchtsignale der innerartlichen Partnerfindung, und die meisten Arten verfügen über artspezifische Signale. In der ebenfalls artenreichen Gattung *Photuris* haben sich die Arten zu spezialisierten Räubern der anderen Leuchtkäferarten entwickelt. Zum einen dienen die artspezifischen Leuchtsignale ebenfalls der Partnerfindung, zum anderen werden von den *Photuris*-Weibchen *artfremde* Männchen angelockt und gefressen. Hierdurch gelangen die Weibchen auch an toxische Steroide (Lucibufagine), welche *Photinus* und *Pyractomena* synthetisieren können, nicht jedoch *Photuris*, und die diese nun als Verteidigungsschutz in den eigenen Körper und in ihre Eier einlagern (Eisner et al. 1997). *Photuris*-Männchen vieler Arten sind ebenfalls in der Lage, die optische Kommunikation anderer Leuchtkäferarten zu imitieren (Abbildung 5.19). Sie ahmen jeweils nur die Arten nach, die gerade im gleichen Gebiet und zur gleichen Jahreszeit

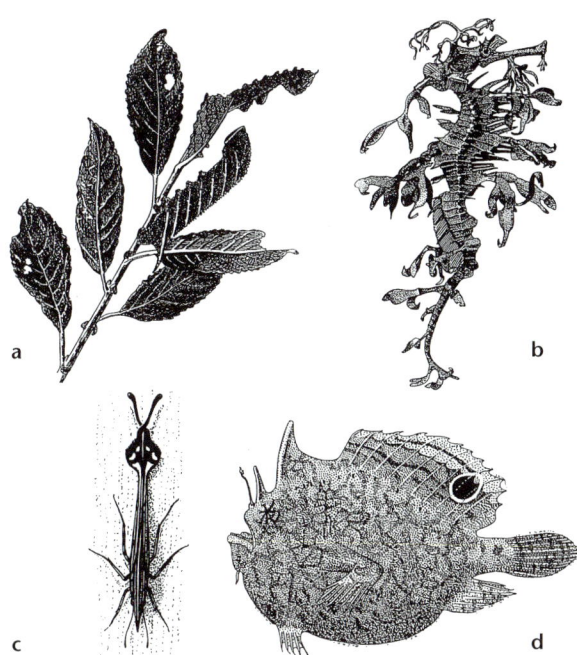

**Abb. 5.18:** Unauffällige Haltung und Form (a, b), Vortäuschen eines falschen Kopfes mit Antennen durch Schwanzanhänge, die dann auch noch wie Antennen bewegt werden (der Kopf ist unten) (c), sowie Ablenkung von richtigen Kopf (links) durch eine Augenzeichnung (d) lassen kein auffälliges optisches Signal entstehen (a, b), bzw. senden ein falsches Signal (c, d) aus. a) Schwärmerlarve (Sphingidae), b) Seepferdchen (*Phyllopteryx eques*), c) Zipfelfalter *Thecla* sp. (Lycaenidae), d) Anglerfisch (*Antennarius notophthalmus*). a, b, d aus Cott (1940), c aus Wickler (1971).

vorkommen. Da die *Photuris*-Männchen jedoch *Photinus* und *Pyractomena* nicht fressen, ist der Zweck dieser Nachahmung umstritten. Möglicherweise wollen *Photuris*-Männchen, indem sie sich als aufreime Deute tarnen, *Photuris*-Weibchen finden, die in Fressstimmung sind und daher auf arteigene Signale nicht antworten, um diese zur Kopulationsbereitschaft umzustimmen (Lloyd 1980).

Viele Pflanzen geben über ihre Blütenfarbe und Blütenform Informationen weiter, mit denen sie Blütenbesucher anlocken (Kasten 5.6). Diese Informationen beziehen sich z. B. auf das vom Bestäuber erwartete Angebot (Nektar, Pollen, ätherische Öle). Durch die Blütenfarbe werden gezielt bestimmte Bestäubergruppen angesprochen, denen somit eine für sie optimale Ressource mitgeteilt wird: gelbe, weiße und ultraviolette Farben sprechen Insekten an, rote Blüten adressieren sich bevorzugt an Vögel, braune und violette Farbkomponenten locken Aasbesucher an. Im letzten Fall ist oft eine olfaktorische Komponente mitentscheidend. Durch einen Farbwechsel ihrer Früchte, oftmals auch in den UV-Bereich, schließlich teilen viele Pflanzen ihren Frucht- oder Samenverbreitern mit, dass ihre Früchte reif sind. Viele Insekten fressende Pflanzen wie die Venusfliegenfalle (*Dionaea muscipula*) oder manche Kannenblumen (*Nepenthes* sp.) locken mit entsprechen-

den Farbmalen Besucher an, die sie dann festhalten und verdauen.

**Akustische Kommunikation** ist weit verbreitet bei Arthropoden und Wirbeltieren. Sie erfolgt über Schallwellen, die meist im Bereich zwischen 20 Hz und 20 kHz erzeugt und wahrgenommen werden. Die Ausbreitung erfolgt über die Luft, das Wasser (Schallausbreitung fast fünfmal schneller als durch die Luft) oder ein Substrat (Substratschall). Schall jenseits von 20 kHz bezeichnen wir als **Ultraschall**. Tiere können Ultraschall bis 2 MHz erzeugen, und er dient ihnen vor allem zur Orientierung. Fledermäuse z. B. erzeugen Ultraschall mit einer Frequenz bis 200 kHz, um Beutetiere präzise zu orten. Delfine und Wale verwenden zur Echoorientierung Serien von kurzen Klicklauten mit Frequenzen bis zu 130 kHz. So erkennen Delfine auch bei trüben Wasserverhältnissen bzw. in lichtlosen Tiefen Hindernisse oder Beutetiere. Vergleichbare Ultraschall-Orientierungssysteme haben Spitzmäuse und mehrere Höhlen bewohnende Vogelarten wie die Fettschwalme (Steatornithidae) Südamerikas und die Segler (Apodidae) Südostasiens.

Viele Vögel und Säugetiere warnen durch Schreckrufe oder Warnpfiffe, wenn sie eine Gefahr erblicken. Oft wird diese Information nicht nur von der eigenen Art verstanden, sondern von vielen Arten im gleichen Lebensraum. Akustische Information kann auch als Drohsignal eingesetzt werden, etwa beim Klappern einer Klapperschlange, beim Zischen der Kreuzotter oder beim Knurren und Fauchen von

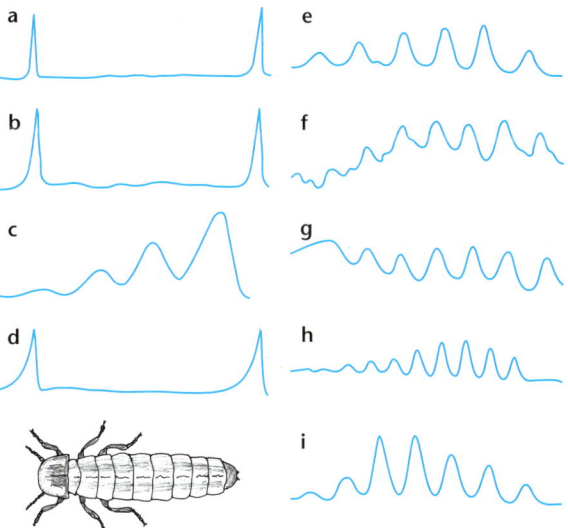

**Abb. 5.19:** Optische Kommunikation: Leuchtsignale von Leuchtkäfern und ihre Nachahmung, Signaldauer jeweils 0,75 sec. Bei a) (*Photuris* Art 1), b) (*Photuris* Art 2), c) (*Photuris* Art 3), d) (*Photuris cinctipennis*) handelt es sich um die artspezifischen Leuchtsignale, welche zur Partnerfindung eingesetzt werden, e), f), g) und h) stellt die zugehörige Nachahmung dar, mit der diese Arten die im gleichen Gebiet vorkommende *Pyractomena angulata* (i) imitieren. Nach Angaben in Lloyd (1980).

## Kasten 5.6: Koevolution und Blütenökologie

Die große Vielfalt der Blütenpflanzen (Magnoliopsida) lässt sich nur in Zusammenhang mit Tierbestäubung erklären. Pflanzen locken Bestäuber mit einem breiten Repertoire an Mitteln an (Nektar, Pollen, Duft, Farbe usw.), das von vielen Insekten als wichtige Ressource genutzt wird. Im Spannungsfeld zwischen Bestäubungssicherung und Ressourcenabhängigkeit entstand auf beiden Seiten eine große Formenfülle, die von fein ausbalancierten Mutualismen oder Symbiosen bis hin zu einseitiger Ausnutzung oder Abhängigkeit reicht (z. B. Kugler 1970, Procter et al. 1996).

Unter den Insektenblüten weisen Käferblumen einen einfachen Aufbau auf. Es handelt sich um robuste Scheiben- und Napfblüten, die über starken Duft und viel Pollen verfügen. Sie sind meist grün oder hell gefärbt und haben meist kein Saftmal. Beispiele finden sich bei Brasssicaceen und Magnolien. Käfer verfügen über ursprünglich gebaute, kauend-beißende Mundwerkzeuge, oft mit bürstenartigem Besatz (Abbildung a).

Zu den Fliegenblumen zählen kleine, eher geruchlose Blüten, die offenen Nektar anbieten (Apiaceae). Aasfliegenblumen sind grün, braun oder purpur gefleckt, verströmen Aasgeruch und sind oft Täusch- und Fallenpflanzen (Osterluzei, *Aristolochia* sp., Aronstab, *Arum* sp.). Fliegen haben leckend-sau-

gende Mundwerkzeuge, die auf vielfältige Weise bis hin zu langen Saugrüsseln modifiziert sind (Abbildung d, e, f).

Bienenblumen bieten durch einen komplexen, nicht radiärsymmetrischen Bau (zygomorph) ihren Bestäubern einen Landeplatz an und bringen sie hierdurch direkt in eine besonders günstige Körperposition. Sie sind häufig gelb, violett oder blau, weisen Saftmale auf, duften schwach und bieten ihren Nektar versteckt in der Tiefe an (viele Lamiaceen und Fabaceen). Bienen haben leckend-saugende Mundwerkzeuge, aus denen unterschiedlich lange Saugrüssel entwickelt wurden (Abbildung b).

Tagfalterblumen weisen einen engen Röhrenbau auf, in dem der Nektar verborgen ist, und sind kräftig rot (Nelken). Schwärmer- und andere Nachtfalterblüten sind oft hängend oder waagerecht, haben ebenfalls enge Blütenröhren mit verborgenem Nektar, verströmen einen Parfümduft und sind weiß oder gelb (Nachtkerzen *Oenothera* ssp., *Silene*-Arten). Schmetterlinge verfügen über einzigartige Saugrüssel, die beachtliche Längen aufweisen und eingerollt werden können (Abbildung c).

a) aus Kugler (1970), b), c) aus Westheide und Rieger (1996), d) aus Kükenthal und Renner (1980), e) aus Jacobs und Renner (1974), f) aus Kästner (1973).

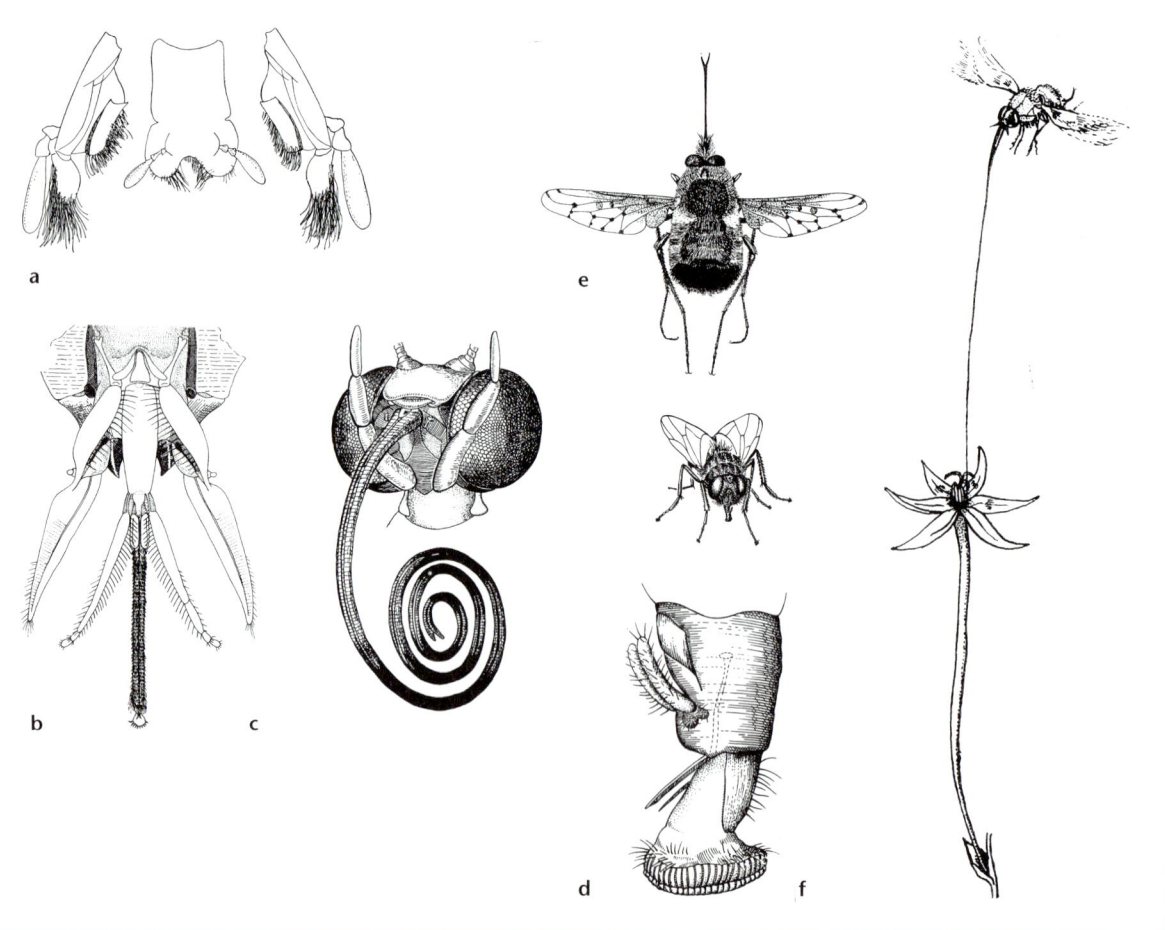

a  b  c  d  e  f

Hunden und Katzen. Wenn einige Schwebfliegenarten Fluggeräusche ähnlich denen von Wespen machen (und eine gelb-schwarze Körperfärbung die Ähnlichkeit mit Wespen noch unterstützt), soll durch die akustische Information bei einem Fressfeind eine Assoziation mit gefährlichen Wespen hergestellt werden, sodass die Schwebfliege verschont wird (akustische Bates'sche Mimikry, Abschnitt 4.4.3).

Veränderungen des **magnetischen Feldes** der Erde können von Organismen wahrgenommen werden, die diese Information zur Orientierung nutzen. Bekannte Beispiele umfassen anaerobe Bakterien, welche Magnetitkristalle enthalten und diese nutzen, um tiefer in das Gestein zu gelangen, weg von dem für sie gefährlichen Sauerstoff. Auch von Zugvögeln und Brieftauben weiß man, dass sie sich mit Hilfe des Magnetfeldes orientieren. Tiere, die große Strecken im Meer zurücklegen, wie Wale und Meeresschildkröten, nutzen das Magnetfeld zur Orientierung. Tatsächlich stranden Wale besonders häufig an Stellen, an denen eisenhaltiges Gestein das Magnetfeld verändert, wodurch sie die Orientierung verlieren. Auch Arthropoden können das Magnetfeld wahrnehmen. Das bekannteste Beispiel ist die Honigbiene *Apis mellifera*. Wenn ein Schwarm Bienen den Heimatstock verlässt, um einen neuen zu gründen, bauen die Bienen die Waben in der gleichen Kompassrichtung wie das Muttervolk.

Genauso können Tiere Veränderungen des **elektrischen Feldes** in ihrer Umgebung wahrnehmen. So können Haie, die in ihrer Haut zahllose spezielle Sinnesorgane hierfür besitzen, das von der Muskelaktivität stammende elektrische Feld einer im Sand eingegrabenen, lebenden Scholle (*Pleuronectes platessus*) entdecken und lokalisieren. Die schwach elektrischen Fische erzeugen lange puls- oder wellenförmige Entladungsfolgen mit art- und geschlechtsspezifischen Frequenzen von 0,1 bis 10 kHz und Feldstärken bis 100 mV/cm. Diese schwachen Wechselfelder benutzen die Fische zur Elektroortung und zur Kommunikation. Es gibt zwei große Familien schwach elektrischer Fische: die Nilhechte (Mormyridae) aus schlammreichen Flüssen Afrikas und die Messeraale (Gymnotidae) aus den Schwarzwasserflüssen Südamerikas.

**Wärmestrahlung** kann von einzelnen Tiergruppen innerhalb der Arthropoden und Wirbeltiere wahrgenommen werden. Viele Parasiten (z.B. Zecken) nehmen mit ihren Temperaturrezeptoren im Infrarotbereich warmblütige Wirte wahr. Bei einigen Schlangen (Klapperschlange, Grubenotter) finden sich paarig angelegte, zwischen Augen- und Nasenöffnung gelegene Sinnesorgane, die in der Lage sind, hochpräzise die Wärmestrahlung z.B. einer Maus aufzunehmen. Durch die hohe Empfindlichkeit der Sinnesorgane können Temperaturschwankungen von 0,003 °C wahrgenommen werden. Weibchen des Schwarzen Kiefernprachtkäfers (*Melanophila acuminata*, Buprestidae) können durch ihre Infrarotsensoren bis in 50 km Entfernung brennende Bäume orten, deren frisch verkohlte Reste sie zur Eiablage benutzen.

### 5.2.3.2 Chemisch übertragene Informationen

Für die Gesamtheit der chemischen Substanzen, die eine kommunikative Funktion zwischen Organismen haben, wurde die Bezeichnung **Infochemicals** oder **Semiochemicals** (vom Griechischen *semeion* für „Zeichen", „Signal") vorgeschlagen. In der Regel werden die Substanzen nach dem Bereich, in dem die Information fließt (innerartlich, zwischenartlich), bzw. nach der Absicht der Information (vorteilhaft oder nachteilig für den Sender) unterteilt. Pheromone dienen der innerartlichen Kommunikation; Allomone, Kairomone und Synomone werden zwischenartlich eingesetzt (Dicke und Sabelis 1988) und daher als **Allelochemicals** zusammengefasst (Abbildung 5.20).

**Pheromone** sind Substanzen, die von exokrinen Drüsen abgegeben werden und der innerartlichen Kommunikation dienen. Primer-Pheromone wirken langfristig auf das Hormonsystem des Empfängers. Bei Staaten bildenden Insekten (Hymenopteren, Termiten) dienen sie dazu, ein Kastensystem zu etablieren und damit die Hierarchie im Staat zu erhalten. Ein Beispiel hierfür sind die Entwicklungshemmstoffe für die Arbeiterinnen, die die Königin der Honigbiene abgibt. Signalpheromone bewirken kurzfristig Verhaltensänderungen. Beispiele finden sich bei Sexuallockstoffen, Markierungsstoffen für Territorien oder Nahrungsressourcen, Alarm- und Aggregationspheromonen. Viele Bohrfliegen (Tephritidae) bringen nach der Eiablage ein Markierungspheromon auf dem Bereich der Eiablagestelle an (Prokopy 1972). Hierdurch signalisiert z.B. die Kirschfruchtfliege, dass eine Frucht bereits belegt ist, sodass das Risiko einer Doppelbelegung (larvale Nahrungskonkurrenz) vermieden wird. Eiablegebereite Weibchen suchen also vermehrt nach noch nicht belegten Früchten (Averill und Prokopy 1989). Auch über die Art hinaus kann ein solches innerartliches Signal von Bedeutung sein, etwa wenn auf diese Weise eine Ressource der Konkurrenz entzogen wird.

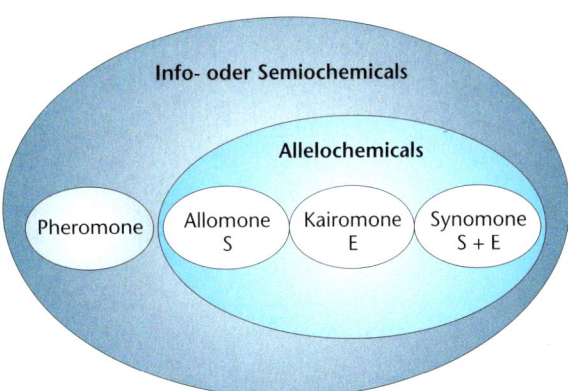

**Abb. 5.20:** Nomenklatur der Info- oder Semiochemicals. Pheromone dienen der innerartlichen, Allelochemicals der zwischenartlichen Kommunikation. Allomone, Kairomone und Synomone sind jeweils zum Vorteil des Senders (S), des Empfängers (E) oder von beiden. Nach Nordlund und Lewis (1976).

Bei Parasitoiden kann davon ausgegangen werden, dass viele Arten einen parasitierten Wirt (Ei, Larve, Puppe oder Imago) markieren. Für einzelne Arten wurde sogar nachgewiesen, dass zusätzlich das Mikrohabitat, in dem der Wirt bereits parasitiert wurde, oder die Suchspur markiert wurde. Auf diese Weise wird das erneute Absuchen eines bereits bearbeiteten Gebiets vermieden und die Parasitierungsrate erhöht (Waage 1986, Godfray 1994).

Pheromone bieten sich für eine Schädlingskontrolle an (Abschnitt 6.4.3.2). Synthetisch hergestellte Sexualpheromone oder Aggregationspheromone können für ein Monitoring, für den Massenfang oder zur Verwirrung eingesetzt werden. Klebfallen, die für ein Monitoring eingesetzt werden, zeigen das Vorhandensein eines Schädlings und Veränderungen seiner Häufigkeit an. Beim Massenfang werden Teile der Schädlingspopulation weggefangen, um die Populationsdichte unter einer Schadensschwelle zu halten. Im Wein- und Obstbau haben sich Pheromonfallen gegen einige Kleinschmetterlinge bewährt, im Maisanbau gegen den Maiszünsler (*Ostrinia nubilalis*), im Forst gegen den Schwammspinner (*Lymantria dispar*) und andere Schmetterlinge. Aggregationspheromone werden gegen verschiedene Borkenkäferarten eingesetzt, Signalpheromone gegen die Kirschfruchtfliege (*Rhagoletis cerasi*) und andere Fruchtfliegen. Mit der Verwirrungsmethode wird das weibliche Sexualpheromon in hoher Konzentration flächendeckend ausgebracht, um die Kommunikation zwischen beiden Geschlechtern zu stören. Dies wird im Wein- und Obstbau gegen einige Kleinschmetterlinge, vor allem Wicklerarten (Tortricidae), eingesetzt.

**Allomone** wirken zwischen zwei Arten zum Vorteil des Senders. Es handelt sich hierbei meist um Substanzen, die zur Verteidigung gegen eine andere Art eingesetzt werden (Wehrsekrete, Toxine, Pflanzeninhaltsstoffe, Antibiotika). Wie im Fall der Bolaspinne *Mastophora hutchinsoni* (Araneidae) belegt, können Allomone auch anlockend (*attractant*) sein. *Mastophora* produziert zwei Komponenten des Sexualpheromons einiger Mottenarten (Noctuidae) und fängt die anfliegenden Männchen mit einer Leim-

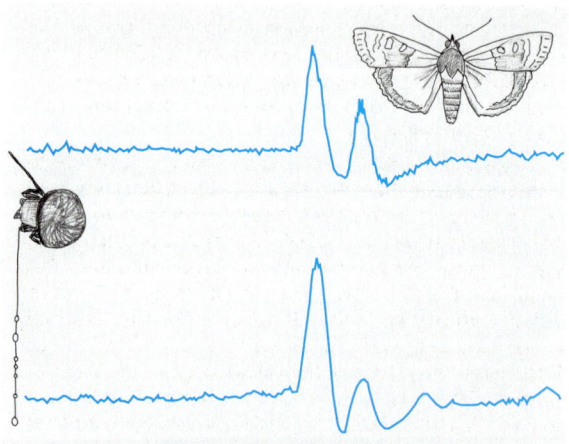

**Abb. 5.21:** Die vergleichende Antennogramm-Darstellung der Reaktion männlicher *Lacinipolia renigera* (Noctuidae) auf zwei Komponenten des Sexualpheromons der eigenen Weibchen (oben) bzw. der volatilen Absonderungen einer Bolaspinne (*Mastophora hutchinsoni*, Araneidae) (unten) zeigt, dass es sich um identische Substanzen handelt. Nach Gemeno et al. (2000).

kugel (Bola) (Abbildung 5.21). Die Spinnenragwurz (*Ophrys sphegodes*, Orchidaceae) produziert eine Mischung aus 14 Kohlenwasserstoffen, die dem Sexualpheromon der Wildbiene *Andrena nigroaenea* (Apidae) verblüffend ähnelt. Unterstützt durch eine oberflächliche optische Ähnlichkeit der Orchideenblüte mit Weibchen werden die Männchen hochspezifisch angelockt, und sie versuchen zu kopulieren. Dies ist natürlich nicht möglich, führt aber in der Regel zur Befruchtung der Blüte (Schiestl et al. 1999). Eine vergleichbare chemische Fehlinformation dürfte gerade bei Orchideen in vielen, wenn nicht gar den meisten Arten, für den Bestäubungsvorgang wichtig sein. Bei solchen Beispielen chemischer Fehlinformation spricht man auch von **chemischer Mimikry**.

Aas- und Kotblüten kommen in vielen Pflanzenfamilien vor (u. a. Araceae, Aristolochiaceae, Asclepiadaceae, Rafflesiaceae) und locken Aas- und Kot besuchende Insekten mit typischen Duftkomponenten wie Ammoniak, Alkylaminen, Cadaverin und Putrescin an. Skatole und Indole ergeben mehr kotartige Gerüche. Das, was diese Insekten suchen, wird zwar nicht geboten, dafür kommt es zu einer Bestäubung der oftmals komplexen Blüten. Fallenpflanzen wie der Aronstab (*Arum maculatum*) erzeugen zudem durch schnellen Kohlenhydratabbau für einige Stunden Wärme, die die Verdunstung der volatilen Substanzen fördert und somit aus einem größeren Einzugsbereich Insekten anlockt. Die Kombination mit einer Falle führt zu einer längeren Zwangsaufenthaltsdauer in der Blüte, sodass die Pflanze eine hohe Bestäubungsgarantie hat (Stensmyr et al. 2002).

Viele Wirbellose, die als Inquilinen (Einmieter), Parasiten oder Räuber in den Staaten von sozialen Insekten leben, täuschen durch Allomone eine chemische Identität mit ihrem Wirt vor, sodass sie von den Ameisen, Bienen oder Termiten toleriert werden. Die ektoparasitische Milbe *Varroa jacobsoni* der Honigbiene (*Apis mellifera*) passt die Zusammensetzung ihrer cuticulären Kohlenwasserstoffe sogar den saisonbedingten Veränderungen ihres Wirtsvolkes an. Bläulingslarven (Lycaenidae), die in ihrer Entwicklung auf Ameisen angewiesen sind (myrmecophil), ähneln chemisch ebenfalls so sehr ihrer Wirtsameisenart, dass diese die Raupen von den Futterpflanzen, auf die die Falter die Eier abgelegt hatten, in ihr Nest eintragen und ein Jahr lang wie Ameisenlarven füttern (Akino et al. 1999).

**Kairomone** wirken ebenfalls zwischenartlich, sind aber zum Nachteil des Senders und vorteilhaft für den Empfänger. Je nach der Funktion wird eine Unterteilung in drei Gruppen vorgeschlagen (Ruther et al. 2002):

- *Foraging kairomones:* Ein Organismus sendet ein chemisches Signal aus, welches von einem Gegenspieler (Räuber, Parasitoid, Herbivoren) genutzt wird, um ihn zu finden. Beispielsweise finden viele Herbivoren ihre Wirtspflanzen durch die volatilen (flüchtigen) Komponenten chemischer Pflanzeninhaltsstoffe. Auf Schnecken spezialisierte Leuchtkäfer (Lampyridae) finden ihre Beute olfaktorisch anhand deren Schleimspur. Schlupfwespen suchen ihre herbivoren Wirte, indem sie dem olfaktorischen Gradienten folgen, den diese durch Verletzung des Pflanzengewebes freisetzen bzw.

der durch den Speichel des Herbivoren verursacht wird (Metcalf 1987, Turlings et al. 1990).

- *Enemy-avoidance kairomones:* Potenzielle Beutetiere nutzen Signalstoffe, die von einem Räuber ausgehen, um diesen zu meiden, sich gegen ihn zu verteidigen oder um ihn zu schädigen. Viele Beispiele stammen aus aquatischen Ökosystemen, in denen z. B. Arten des Zooplanktons bestimmte chemische Komponenten mit Fressfeinden assoziieren und fluchtartig wegschwimmen (Chivers und Smith 1998). Bei Wasserflöhen (*Daphnia* sp.) wird das Wachstum des Rückenzahnes als Verteidigungsschild induziert (Abschnitt 4.5.1.1, Abbildung 4.26). Hierunter fällt auch die seit einigen Jahren intensiv untersuchte induzierte Verteidigung vieler Pflanzen gegen ihre Herbivoren, bei der die Pflanze auf chemische Signale, die von ihrem Herbivoren stammen, z. B. durch Intensivierung ihrer chemischen Verteidigung reagiert (Hilker und Meiners 2002) (Kasten 5.7).
- *Sexual kairomones:* Diese liegen vor, wenn ein Männchen genauso wie ein Weibchen auf chemische Signale der gemeinsamen Futterpflanze oder eines Wirtes reagiert, es jedoch weniger an der Nahrungsressource als am Weibchen interessiert ist.

**Synomone** wirken zum Vorteil von Sender und Empfänger und sind oftmals in komplexen tritrophischen Interaktionen von zentraler Bedeutung, beispielsweise im System Pflanze-Herbivore-Parasitoid. Ein herbivorer Käfer frisst an seiner Wirtspflanze und legt anschließend seine Eier auf deren Blättern ab. Fraß und Eiablage induzieren eine Duftemission, durch die ein Parasitoid angelockt wird, der dann die Eier des Käfers parasitiert. Die Abgabe der Duftstoffe, die in diesem Fall als Synomone wirken, ist für Pflanze und Parasitoid von Vorteil, da sie dem Parasitoid das Finden der zu parasitierenden Eier erleichtert und dadurch den Herbivorenschaden der Pflanze zu reduzieren hilft (Kasten 5.7).

# 5.3 Organismische Struktur und Komplexität von Lebensgemeinschaften

Lebensgemeinschaften sind offene, komplexe Systeme, die nach unterschiedlichen Kriterien erfasst und beschrieben werden können. Grundsätzlich handelt es sich um Gemeinschaften, die aus vielen Arten bestehen. Die floristische und faunistische Zusammensetzung ist daher ein wichtiges Merkmal von Lebensgemeinschaften. Meist bilden mehr als 1000 Pflanzen-, Tier-, Pilz- und Mikroorganismenarten eine Lebensgemeinschaft (Tabelle 5.13). Die Artenzahlen von Wäldern erreichen meist schon auf sehr kleinen Flächen hohe Werte, wobei sich die höchsten Artenzahlen in feuchten Tieflandregenwäldern finden (Tabelle 5.14).

Solche Auflistungen haben immer etwas Vorläufiges, da bestimmte Gruppen nicht vollständig erfasst wurden und somit nicht eingeschlossen sind oder nur mit Schätz-

---

| **Kasten 5.7:** | **Chemische Kommunikation zwischen Pflanzen?** |

Ein sehr aktueller Forschungsansatz bezieht sich auf die Frage, ob Pflanzen chemische Signale für benachbarte Pflanzen aussenden, um diese über Pathogene oder Herbivoren zu informieren. Obwohl sich eine große Zahl von Primärpublikationen auf diese Fragestellung bezieht, gibt es kaum Ergebnisse, die einer kritischen Betrachtung standhalten. Häufige Fehler sind abhängige Stichproben (Pseudoreplikation), nach Laborversuchen fehlende Freilandverifizierung, wirklichkeitsfremde Artenkombinationen, viel zu hohe Konzentrationen von Versuchssubstanzen oder Arbeiten mit abgeschnittenen Pflanzenteilen (Dicke und Bruin 2001).

Zwei Freilandstudien konnten immerhin zeigen, dass die arteigenen Nachbarbäume herbivorenbefallener Erlen (*Alnus glutinosa*) weniger Herbivore haben als die in größerer Entfernung bzw. dass windabwärts einer befallenen Pflanze vermehrt sekundäre Pflanzenstoffe in artfremden Pflanzen synthetisiert wurden (Dolch und Tscharntke 2000, Karban et al. 2000). Sollten sich die untersuchten Befunde bestätigen, ergäbe sich eine interessante Frage aus dem evolutionsbiologischen Zusammenhang: Warum sollten Bäume einer Art eine andere Art warnen? Selbst für Bäume der gleichen Art ist eine Warnung nicht unbedingt einsichtig, da diese nicht zwangsläufig verwandt sein müssen. Eine mögliche Erklärung bietet sich durch die Bezeichnung *talking trees*,

die irreführend ist und besser durch *listening trees* ersetzt werden sollte. Möglicherweise können nämlich befallene Bäume nicht vermeiden, volatile Substanzen abzugeben. Benachbarte Bäume der eigenen oder einer anderen Art „hören" also die Nachbarbäume ab (**Spionage**), d. h. sie nehmen die volatilen Substanzen wahr und intensivieren ihre chemische Verteidigung.

Eindeutig ist immerhin, dass verletzte Pflanzen volatile Substanzen abgeben. Oftmals handelt es sich nicht nur um Stoffe, die passiv aus Gewebsverletzungen diffundieren, sondern die gezielt synthetisiert und in hoher Dosis abgegeben werden (meist Fettsäurederivate wie die Jasmonsäure, Terpenoide, Stickstoff- und Schwefelverbindungen, Phenole wie Methylsalicylat). Prinzipiell ist aber unklar, ob Pflanzen in der Lage sind, zwischen artspezifischen und artfremden Signalen zu unterscheiden bzw. ob sie ein spezifisches chemisches Signal mit einer Ursache in Verbindung bringen können. Das sehr häufig nachgewiesene **Methyl-Jasmonat** beispielsweise ist auf vielfältige Weise bei Pflanzen in Abwehrreaktionen auf biotischen und abiotischen Stress (Verwundung, osmotischer Stress) sowie in pflanzliche Entwicklungsprozesse (Keimung, Blütenentwicklung) involviert, scheint aber auch für den Informationsfluss zwischen Pflanzen zentral zu sein (Preston et al. 2001).

**Tab. 5.13:** Artenzahl (*species richness*) eines mitteleuropäischen Halbtrockenrasens (Arten pro 2–3 ha) und eines Almgebiets (Alp Flix, ca. 6 km² Fläche). Nach Gigon und Ryser (2000) und http://www.nmb.bs.ch/NaturmuseumBasel/Dokumente/AlpFlix00-Artenliste.xls.

|  | Halbtrockenrasen | Almgebiet |
|---|---|---|
| Blütenpflanzen | 100 | 524 |
| Algen, Flechten, Moose, Farne | 15 | 585 |
| Pilze inkl. Bodenpilze, Parasiten, Saprophyten | 500 | 34 |
| Bakterien | 100 | 24 |
| Wirbellose | 1000 | 829 |
| Wirbeltiere (Säugetiere, Vögel, Reptilien) | 20 | 94 |
| gesamt | 1735 | 2090 |

werten berücksichtigt wurden. Für einen mitteleuropäischen Landschaftsausschnitt von einem Quadratkilometer kann daher sicherlich mit 3000–4000 Arten und in den Tropen in besonders artenreichen Lebensräumen mit einem Vielfachen dieser Zahl gerechnet werden.

Allein mit den Birken (*Betula pendula, B. pubescens*) sind in ihrem natürlichen europäischen Verbreitungsgebiet 127 parasitische und Mykorrhiza bildende Pilzarten, 46 epiphytische Flechten, 23 epiphytische Moose, 8 Milben-, 574 Insekten-, 8 Vogel- und 9 Säugetierarten mehr oder weniger eng verbunden (Rabotnov 1992). Solche Beziehungsnetze (**Konsortien**; Rabotnov 1992) lassen sich für jede Pflanzenart einer Lebensgemeinschaft bestimmen. Tropische Tieflandregenwälder setzen sich aus bis zu 200 verschiedenen, großen und kleinen Baumarten (Brusthöhendurchmesser >2 cm) pro 0,1 ha zusammen (Abbildung 5.22), bestehen somit aus bis zu 200 Baumkonsortien, tropische Bergnebelwälder immer noch aus 40 Gehölzarten (Grabherr 2000) und somit entsprechender Konsortienzahl. Dazu kommen zahlreiche Lianen, Epiphyten, Sträucher und Stauden des Waldbodens als Konsortienbildner. In Mitteleuropa liegen die Zahlen für Wälder bei 2–30 Bäumen und Sträuchern (Abbildung 5.22), an

die bis zu 700 phytophage Arten (z. B. bei Eichen, Weiden; Brändle und Brandl 2001) gebunden sein können. Dazu kommen 5–30 Arten an Zwergsträuchern, Kräutern und Gräsern des Waldbodens. Artenreiche Kiefernwälder beherbergen bis zu 80 Pflanzenarten. Trockenwiesen bringen es auf vergleichbarer Fläche auf 40–60 Pflanzenarten. Auch wenn man bedenkt, dass einzelne Konsumenten- und Destruentenarten bzw. Epiphyten Mitglied verschiedener Konsortien sein können, ergibt sich durch die Tatsache, dass Lebensgemeinschaften aus mehreren bis vielen Konsortien zusammengesetzt sind, ein verwirrendes Bild. Hier gewisse Grundstrukturen und Mechanismen in allgemeiner Form, d. h. Gesetzmäßigkeiten, herauszufinden, ist neben der Beschreibung und Klassifizierung konkreter Lebensgemeinschaften die Aufgabe der Synökologie (*community ecology*).

Der Begriff *community ecology* ist bewusst hervorgehoben, da es zu diesem in der internationalen Literatur allgemein gebrauchten Begriff keine wirkliche Entsprechung in der deutschen Sprache gibt. Hier haben hingegen die Begriffe Synökologie und Biozönologie Tradition. Ebenso gilt dies für Russland, wo sich eigene Schulen mit eigenen Konzepten und Terminologien entwickelt haben (Rabotnov 1992). Grundsätzlich sind Botaniker und Zoologen bzw. Terrestriker, Limnologen und Meeresbiologen bei der Beschreibung des organismischen Aufbaus von Lebensgemeinschaften eigene Wege gegangen bzw. haben aufgrund der sehr offenen Systeme in Seen und im Meer oder des Kontinuumscharakters der Flüsse das Gemeinschaftskonzept gar nicht verfolgt. Eine Zusammenführung von Konzepten und Terminologien ist daher schwierig. In der internationalen Literatur dominieren heute die Ansätze angloamerikanischer Schulen (Begon et al. 1998, Morin 1999), welche Prozesse und theoretische Konzepte ins Zentrum des Interesses stellen.

**Tab. 5.14:** Artenzahl (*species richness*) im tropischen Tieflandregenwald von Costa Rica (Untersuchungsfläche 100 m²) und Ecuador (Untersuchungsfläche 1 000 m²). Nach Whitmore (1993) und Gentry und Dodson (1987).

|  | Costa Rica | Ecuador |
|---|---|---|
| Kräuter, Stauden, Baumsämlinge | 132 | 136 |
| Leber- und Laubmoose | 32 |  |
| Kleinst- und Kleinbäume | 18 | 39 |
| Bäume > 3 m hoch | 18 | 27 |
| Lianen und Stammkletterer | 44 | 36 |
| Epiphyten | 34 | 127 |
| **gesamt** | **278** | **365** |

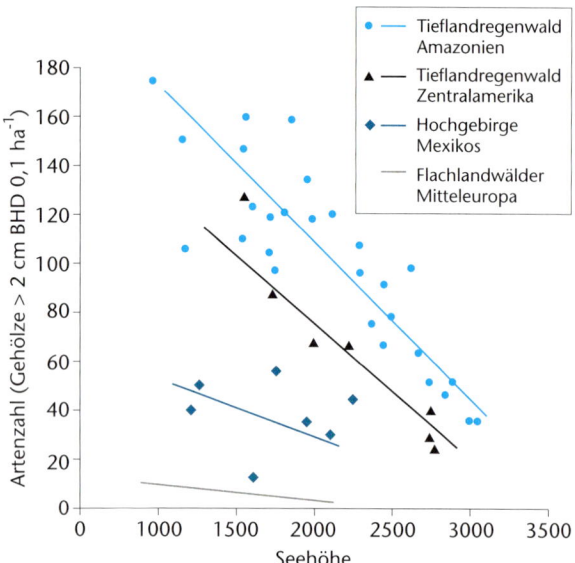

**Abb. 5.22:** Artenzahl von Gehölzen tropischer, subtropischer Wälder und solcher gemäßigter Breiten in Abhängigkeit von der Höhenlage. Berücksichtigt sind Bäume und Kleinbäume mit einen Brusthöhendurchmesser (BHD) von > 2 cm. Aus Grabherr (2000).

## 5.3.1 Organisation von Lebensgemeinschaften

Das Vorhandensein und Zusammenwirken unterschiedlicher Populationen in Lebensgemeinschaften bestimmen deren Organisation. Die Populationsstruktur der einzelnen Arten weicht dabei wesentlich von dem ab, was in einer Monokultur beobachtet werden kann, da sie das Produkt der Wechselwirkungen mit anderen Arten ist. Blütenpflanzen können beispielsweise in der Samenbank des Bodens jahrzehntelang präsent sein, ohne dass sie oberirdisch in Erscheinung treten. Kohorten juveniler Pflanzen verharren andererseits Jahrzehnte im Jugendstadium, bis sich eine günstige Wachstumssituation ergibt (z.B. durch Absterben einer benachbarten Pflanze der gleichen oder einer anderen Art).

Der russische Pflanzenökologe Rabotnov beobachtete zehn Jahre lang 24 Hahnenfußstöcke (*Ranunculus acris*) in einer Wiese. Ausgangspunkt war das Jahr 1950, alle 24 Stöcke blühten. Einer blühte jedes Jahr bis 1958, dann starb er ab. Fünf weitere blühten nochmals im Jahr 1951, waren 1952 vegetativ und starben 1953 ab. Bei zwei weiteren war dies erst 1955 der Fall. Insgesamt fünf Individuen waren nach zehn Jahren, also 1960, noch am Leben. Einer davon blühte in den zehn Jahren nur zweimal nicht, die andern vier blieben meist vegetativ und blühten selten (Rabotnov 1992).

Je nachdem, welche Rolle nun bestimmte Arten in der Gemeinschaft spielen, lassen sich verschiedene Kompartimente unterscheiden. Ein zentrales Konzept ist hierbei die **Gilde** (Root 1967), worunter eine Gruppe von Arten verstanden wird, welche auf ähnliche Weise dieselbe Klasse von Ressourcen nutzt, ungeachtet deren Verwandt-

schaftsgrades. So nützt die Nahrungsgilde carnivorer Vogelarten im nordischen bzw. montan-subalpinen Fichtenwald die Fichte zwar gleichermaßen als Nahrungsquelle, hat sich jedoch unterschiedlich eingenischt (Abbildung 5.23). Tannenmeise (*Parus ater*), Haubenmeise (*Parus christatus*) und Wintergoldhähnchen (*Regulus regulus*) gehen vorwiegend im Bereich der benadelten Zweige auf die Jagd nach Insekten, die Weidenmeise (*Parus montanus*) im stammnahen Bereich und der Waldbaumläufer (*Certhia familiaris*) am Stamm. Die Arten dieser Gilde verteilen sich auf drei Familien (Certhiidae, Paridae, Sylviidae), sind also nur bedingt miteinander verwandt, jedoch sehr effektiv gegeneinander eingenischt (Abschnitt 2.4).

Die Definition von Gilden richtet sich nach der Art der Ressource, die betrachtet wird. Eine allgemeine Fassung sieht in der Gilde eine Gruppe von Arten, die in einer Lebensgemeinschaft dasselbe tun bzw. in ähnlicher Form tun. Eine Gilde übt in einer Lebensgemeinschaft eine bestimmte Funktion aus, z.B. die Regenwurmgilde im Boden. Auch wenn man in diesem Sinn funktionelle Artengruppen bilden kann, besitzt letztlich jede Art eine gewisse Individualität, und ihre ökologischen Ansprüche sind grundsätzlich nicht identisch mit denen einer anderen Art.

Die Notwendigkeit, komplexe Lebensgemeinschaften in Teilbereiche zu untergliedern, führt auch dazu, einzelne Verwandtschaftsgruppen (Taxa) als Betrachtungseinheit zu wählen. Man spricht von **Taxozönose** und meint z.B. die Vogelgemeinschaft in einer Biozönose. Die Gilde der carnivoren Kleinvögel im Fichtengeäst würde zusammen mit den Spechten (Höhlenbrütergilde), den Eulen und

**Abb. 5.23:** Nahrungsgilde carnivorer Vogelarten in montanen bzw. nordischen Nadelwäldern. Man beachte die Nischendifferenzierung: Tannenmeise (*Parus ater*; 1; meist hängend an Zapfen und Zweigen) und Wintergoldhähnchen (*Regulus regulus*; 2; sucht die Nadeln ab) nutzen die äußersten Nadelzonen. Die Haubenmeise (*Parus cristatus*; 3) nutzt vor allem flechtenbewachsene Partien der Hauptäste, die Weidenmeise (*Parus montanus*; 4) sucht die Nahrung an nicht benadelten Stellen der Hauptäste. Der Waldbaumläufer (*Certhia familiaris*; 5) klettert an Stamm und Hauptästen herum, was ihm lange Zehen und ein Stützschwanz ermöglichen. Aus Kratochwil und Schwabe (2001).

Greifen sowie den Vögeln des Waldbodens eine solche Taxozönose bilden. Als Taxozönose mit zentraler funktioneller Bedeutung und damit auch als Gilde im weiteren Sinne kann in der Regel auch die Gemeinschaft der Primärproduzenten aufgefasst werden. In vielen Landlebensräumen dominieren Farne und Samenpflanzen (Pteridopsida, Coniferopsida, Magnoliopsida), in Tundren und Mooren auch Moose (Bryophytina). In limnischen und marinen Lebensräumen sind es Algen im weitesten Sinne (Rhodobionta, Chlorobionta), unter Extrembedingungen auch Mikroben (Archaea, Bacteria). Da vor allem in Landlebensräumen die Pflanzen Strukturen und Nahrung in ganz unterschiedlicher Weise der Tiergemeinschaft oder **Zoozönose** anbieten, spricht man besser von Pflanzengemeinschaft oder **Phytozönosen**.

In vergleichbarer Weise könnte auch von Mikrobenzönosen oder Pilzzönosen (Mykozönosen) gesprochen werden. Die enorme taxonomische und funktionelle Heterogenität dieser Gruppen zwingt aber generell zur Auflösung in Teilmengen, sei dies nun als Taxozönose wie die Gemeinschaft der Hutpilze in einem Wald (Agaricales, Boletales) oder als Gilde (z. B. Gilde der Moderholzpilze).

### 5.3.1.1 Autochthone Lebensgemeinschaften

Lebensgemeinschaften mit Primärproduzenten wie Wälder, Wiesen, Tangfelder an Meeresküsten und Seen sind nicht auf externe Kohlenhydratquellen angewiesen und werden daher als autochthon (selbstständig) bezeichnet. Ein allgemeines Schema der organismischen Struktur einer solch autochthonen, terrestrischen oder aquatischen Biozönose setzt zweckmäßigerweise bei der **Phytozönose** (oder dem Phytozönosenkomplex) an. An die Phytozönose sind parasitische oder symbiontische Pilze bzw. Mikroorganismen gebunden bzw. beteiligen sich diese direkt am Zersetzungsprozess von totem Pflanzen- und Tiermaterial (Destruenten). Mit der Phytozönose mehr oder weniger eng vernetzt ist die Zoozönose mit ausgeprägter **Gildenstruktur**. Herbivorengilden (ca. 40 % aller lebenden Organismen, Abbildung 6.98) und Symbionten benötigen von der Pflanze lebendes Material bzw. Stoffe, die diese zur Verfügung stellt. Die Interaktionen sind mutualistisch oder trophisch (Abschnitt 4.3). Die Gilde der ökologischen Ingenieure (*ecosystem engineers*) (Jones et al. 1994, Lawton 1994) verändert direkt oder indirekt die Verfügbarkeit von Ressourcen für andere Arten durch Veränderung von deren physischem Status, wie etwa die Regenwürmer und Kleinsäuger durch ihre Wühltätigkeit den Boden verändern. Untermieter nutzen physische Strukturen der Phytozönosen als Schlafplätze, Brutplätze, Fluchtnischen etc. Die Beziehungen zur Phytozönose besitzen hier kommensalistischen Charakter, d. h. Destruenten wirken an der Zersetzung toten Pflanzenmaterials und damit am Prozess der Remineralisierung direkt mit. Von diesen Gilden zehrt eine große Zahl oft spezialisierter Carnivoren sowie Parasiten bzw. Hyperparasiten, Parasitoide und Hyperparasitoide, die alle wichtige regulierende Glieder im komplexen Beziehungsgefüge der Lebensgemeinschaft darstellen. Die Zuordnung zu einer dieser Gilden ist nicht immer eindeutig. Regenwürmer beispielsweise sind nicht nur wichtige Ökosystemingenieure, sondern auch unverzichtbare Destruenten. Weidetiere, die Gehölze beim Weidegang stark verbeißen, verändern die Raumstruktur der Biozönose nachhaltig.

Von Phytozönosen wird in der Regel nur bei terrestrischen Lebensgemeinschaften mit entwickeltem Pflanzenbestand (Sprosspflanzen, Flechten oder Moose) gesprochen. Die oft durchaus beachtlichen Makrophytenzonen des Litorals (Uferzone) von Seen oder die Tangwälder an Meeresküsten, speziell aber das Phytoplankton des freien Wasserkörpers werden von Limnologen und Meeresbiologen vor allem als Primärproduzenten im Sinne des stofflich-funktionalen Ökosystemkonzepts aufgefasst bzw. nahrungsnetzbezogen beschrieben und diskutiert. Grundsätzlich sind aber auch die aquatischen Biozönosen organismisch fassbar und nach dem Gildenkonzept strukturierbar.

Alle die für terrestrische Biozönosen genannten Gilden sind, soweit dies sinnvoll ist, weiter differenzierbar, die Bestäuber etwa in Pollenfresser, Pollensammler und Nektarlecker, die Phytophagen in Blatt- und Sprossfresser, Holzfresser, Bast- und Borkenfresser, Saftsauger, Wurzel-, Rhizom-, Knollen- und Zwiebelherbivoren, Samen- und Früchtefresser. In aquatischen Biozönosen kommen Planktonfresser dazu. Carnivoren lassen sich etwa nach der Jagdtechnik in Jäger, Fallensteller und Lauerer unterteilen. Destruenten sind nach Stoffklassen (z. B. Holz, Blätter) differenzierbar. In Untermiete leben beispielsweise Höhlen-, Kronen- und Bodenbrüter. Prinzipiell sind noch weitere Unterteilungen möglich, wie etwa bei den Blatt- und Sproßherbivoren in Minierer, Skelettierer, Lochfresser usw.

Es ist zu unterscheiden, ob Gilde allgemein, d. h. analog zur Lebensform bei den Pflanzen verstanden wird oder in Bezug zu einer konkreten Biozönose. Spechte etwa sind Teil der Höhlenbrütergilde, im subalpinen Fichtenwald aber nur durch den Dreizehen- und Schwarzspecht, im Laubwald der Tieflagen durch Blut-, Bunt- und Grünspecht repräsentiert. Konkrete Biozönosetypen setzen sich also aus spezifischen Gilden zusammen.

Auch die Phytozönose selbst lässt sich in vergleichbarer Weise nach Gilden strukturieren, indem beispielsweise Arten gleicher Lebensform als funktionelle Einheit betrachtet werden (Abbildung 5.24). Botaniker sprechen hier oft von **Synusie** und nicht von Gilde. Die Wechselbeziehungen zwischen den autotrophen Pflanzenarten einer Phytozönose besitzen keinen trophischen Charakter (ausgenommen parasitische Pflanzen) und sind bezüglich Kohlenstoff ressourcenunabhängig. Trotzdem beeinflussen sie sich gegenseitig. Bäume bestimmen die Lichtverhältnisse im Wald und konkurrieren mit den Kräutern des Unterwuchses um Nährstoffe und Wasser. Dichte Flechtenmatten (z. B. mit *Cladonia alpestris*) am Boden nordischer Kiefernwälder verhindern das Aufkommen von Kiefernkeimlingen. Durch episodische Feuer wird der Flechtenteppich zerstört, und Kiefern können wieder aufwachsen. Oft liegen ausgesprochen positive Effekte vor, etwa wenn Pfahlwurzler mit ihren Wurzeln Nährstoffe aus tieferen Schichten in den oberflächennahen Nährstoffkreislauf schaffen, wodurch diese auch für andere Pflanzen verfügbar werden (Abbildung 5.32). Verdorrte Grasbüschel liefern **Schutzstellen** (*safe sites*) für die Samenkeimung. Pflanzen sind demnach Systemingenieure par excellence und stellen auch Untermieter. Die zahlreichen Epiphyten auf den Zweigen tropischer Regenwaldbäume sterben mit diesem nicht gleichzeitig ab. Sie benötigen den Baum praktisch nur als Gerüst, verlieren allerdings ihre Unterlage, wenn der Baum verrottet. Strauchflechtensynusien durchsetzen in nahezu gleicher Artenzusammensetzung so verschiedene Formationen wie den Zwergstrauchunterwuchs des subalpinen Fichtenwaldes, die alpine Zwergstrauchheide und die hochalpine Grasheide (Abbildung 6.1, Abschnitt 6.1).

Das Konzept der Synusie wurde zuerst vom Schweizer Botaniker Gams vor fast 100 Jahren entwickelt. Er unterschied Synusien erster und zweiter Ordnung, wobei Gams ausdrücklich die Tierwelt miteinbezog (Gams 1918). Seine Synusie 1. Ordnung entspricht dem, was später russische Wissenschaftler als Konsortien bezeichneten. Synusien 2. Ordnung sind Artengruppen gleicher Lebensform mit ihren da-

**Abb. 5.24:** Pflanzengilden des Berg-Buchenwaldes. Die Gilde der Bäume (hier nur Buche) nutzt die Nährstoff- und Wasserressourcen auch tieferer Schichten durch ein mächtiges Wurzelsystem. Die Gilde der Bodenkräuter bleibt auf die obersten Bodenschichten beschränkt, konkurriert dort aber mit den Feinwurzeln der Buche. Die Gemeinschaft der Bodenkräuter und Gräser lässt sich weiter aufgliedern in Immergrüne, die auch die helle Frühjahrsphase und Herbstphase nutzen können, und in Sommergrüne. Weitere Gilden bilden die Moos- und Flechtengemeinschaften auf der Rinde, holzzersetzende Pilze an alten Stämmen (rechts), Mykorrhizabildner in der Bodenschicht etc. Aus Reisigl und Keller (1989).

zugehörenden Konsortien. In der Folge wurde zur Beschreibung von Biozönosen vielfach das Konzept der Synusie der 2. Ordnung verwendet, allerdings nur auf den Pflanzenbestand bezogen (z. B. die Rindensynusien am Buchenstamm, Abbildung 5.24). Dabei wurde oft übersehen, dass Gams in seinen Synusien die eigentlichen zönotischen Bauelemente sah, die nicht zwangsläufig auf eine spezifische Zönose (also Buchenwald wie in Abbildung 5.24) beschränkt sein müssen. In diesem Sinne deckt sich das Synusiekonzept weitgehend mit jenem der Gilde als funktionale Baueinheit aus verschiedenen Arten, welche in Lebensgemeinschaften Ähnliches tun.

Eine viel diskutierte und schwierige Frage ist, inwiefern **allelopathische Effekte** die Zusammensetzung von Phytozönosen bestimmen (Abschnitt 4.4.1). Auffällige Freilandbeobachtungen beziehen sich durchweg auf Artenkombinationen, die ohne Zutun des Menschen nicht zusammen vorkommen. So bewirken die Phenolverbindungen der Eukalyptusblätter außerhalb Australiens in der Regel einen vegetationsfreien Bereich unter der Krone. In der Heimat des Eukalyptus ist dieser Effekt nicht beobachtbar, und die Artenvielfalt von Eukalyptuswäldern steht der von anderen Waldgebieten in nichts nach. Auch das Beispiel des kalifornischen Buschlandes (Chaparral) mit Salbei (*Salvia leucophyla*) und Wermuth (*Artemisia californica*) ist insofern nicht vollkommen überzeugend, als viele der assoziierten Gräser und Kräuter, die durch die Büsche zurückgedrängt werden, europäische Neophyten sind. Ähnliches gilt für den Nussbaum (*Juglans regia*) aus den Wäldern Mittelasiens, unter dem in Mitteleuropa die Vegetation kümmert. Hier wurde mit Juglon ein Wirkstoff nachgewiesen, der direkt die Keimung anderer Pflanzen hemmt und den Baum vor Pathogenen schützt (Abbildung 4.21).

Ungefähr 480 Gefäßpflanzenarten sind in der Lage, tierische Beute zur Verbesserung ihrer Ernährung direkt zu nutzen (**carnivore Pflanzen**). Nach dem Prinzip von Kesselfallen (*Nepentes, Sarracenia, Cephalotus, Utricularia*), Leimruten (*Drosera, Pinguicula*) oder Schlageisen (*Dionaea, Aldrovanda*) fangen diese Arten vorwiegend Insekten, die anschließend verdaut werden. Durchweg handelt es sich dabei um Arten extrem nährstoffarmer Standorte, die sich so die Stickstoffversorgung sichern. Nutzung von Tieren kommt auch im Mikrobereich vor, indem niedere Pilze (z. B. Oomycetes, Zygomycetes, Fungi imperfecti) mit schlingenartig veränderten Hyphen oder anderen Einrichtungen Nematoden, Ciliaten, Rotatorien etc. festhalten und verdauen.

Zu diesen Gilden von hochspezialisierten Arten zählen auch pflanzliche **Vollparasiten** und **Halbparasiten**. Zu ersteren zählen ca. 300 chlorophyllfreie Arten wie die spektakulären *Rafflesia*-Arten mit den größten Blüten der Pflanzenwelt, die auf Lianen in den Regenwäldern Südostasiens schmarotzen, der seltsame Malteserschwamm (*Cynomorium coccineum*) in den Salinen am Mittelmeer und die teils wirtsspezifischen Sommerwurzarten (Orobanchaceae). Andere Arten wie die Moder-Orchideen aus den Gattungen *Neottia, Coralliorrhiza* oder *Epipogium* parasitieren auf saprophytischen Pilzen. Halbparasiten sind grün und daher kohlenstoffautotroph, benötigen aber für die Nährstoff- und Wasserversorgung den phanerogamischen

Wirt. Weltweit sind es etwa 1000 Blütenpflanzenarten, wobei sich Halbparasitismus bei so unterschiedlichen Verwandtschaftskreisen wie den Rachenblütlern (Scrophulariaceae) (z. B. *Rhinanthus, Melampyrum, Bartsia, Tozzia*), den Seiden (Cuscutaceae) und den Lauraceae (*Casytha*) entwickelt hat. Die spektakulärste Gruppe sind allerdings die Misteln (Viscaceae), vor allem die farbenprächtigen tropischen Formen. In den Tropen kommen sogar Hyperparasiten vor, also Misteln auf Misteln, die im zönologischen Kontext auch als eigene Gilde betrachtet werden können.

Eine sehr enge biotische Beziehung besteht zwischen den autotrophen Pflanzen der Phytozönose und Pilzen bzw. Mikroorganismen. Die Beziehung ist mutualistisch im Fall der **Mykorrhiza**, wobei auch hier Gilden auftreten. Neben der häufigen vesikulär-arbuskulären Mykorrhiza sind besonders Bäume oft mit ektotropher Mykorrhiza infiziert. Spezifische Formen liegen mit der Ericaceen- und Orchideenmykorrhiza vor. Die Hyphen von Mykorrhizapilzen können Individuen verschiedener Arten verbinden. Austausch und Transport von Nährstoffen wurde über Artgrenzen hinweg nachgewiesen. Im Wesentlichen mutualistisch ist auch die Beziehung zwischen den Bakterien und Pilzgemeinschaften um die aktiven Wurzeln der Gefäßpflanzen. Die autotrophe Pflanze scheidet Kohlenhydrate in Form von Zuckern, aber auch komplexe organische Verbindungen aus, die niederen Pflanzen erschließen Nährstoffe aus dem Boden. Noch enger und spezifischer ist die Beziehung zwischen Luftstickstoff fixierenden Prokaryoten und Gefäßpflanzen. Zu ihnen zählen die Knöllchenbakterien (Gattung *Rhizobium*) der Hülsenfrüchtler (Mimosaceae, Caesalpiniaceae, Fabaceae) und die Actinomyceten der Gattung *Frankia* (z. B. an Erlen und Sanddorn).

Nahezu unübersehbar ist die Zahl der **parasitischen Pilze und Mikroorganismen** (Abschnitt 4.5.3). Mehltaue, Roste und Brandpilze bilden nicht selten sehr spezifische Konnexe und verbinden durch Wirt-Zwischenwirt-Beziehungen Pflanzenarten zu einer Art Schicksalsgemeinschaft. Ein Beispiel: In den Alpen hat durch die flächenwirksame Aufgabe vieler Almen die Rostrote Alpenrose (*Rhododendron ferrugineum*) stark zugenommen. Sie ist Zwischenwirt des Fichtenrostes (*Chrysomyxa rhododendri*), was bei Fichten in manchen Gebieten eine enorme Steigerung der Befallsdichten ausgelöst hat und damit zumindest die Produktivität der Wälder nahe der Baumgrenze schwächt (Bauer et al. 2000). Pilze, Bakterien oder Viren können sich wie Pflanzen und Tiere als Neobionten und daher ohne Regulativ seuchenartig vermehren und den Bestand einheimischer Arten gefährden. Der amerikanische Feuerbrand, ausgelöst durch das Bakterium *Erwinia amylovorum*, gefährdet derzeit die Obstbaumkulturen Mitteleuropas in bislang unbekannter Weise.

### 5.3.1.2 Allochthone Lebensgemeinschaften

Nicht alle Lebensgemeinschaften besitzen eigene Primärproduzenten. Sie sind auf Zufuhr organischen Materials von außen angewiesen (Destruentennahrungskette, Abschnitt 5.2.1.3). Riesige Räume erfassen in diesem Sinne die Lebensgemeinschaften der **dysphotischen** (Licht genügt noch für Sehleistungen und Orientierungsbewegungen) bzw. **aphotischen** (völlige Dunkelheit) Zonen von

Seen und speziell des Meeres (Abschnitt 2.2.2.1 und 6.3.3). Abgesehen vom Spezialfall der berühmt gewordenen Gasaustritte in der Tiefsee mit ihren chemoautotrophen Mikroorganismen, bilden auch hier abgestorbene Organismen, Detritus und organische Suspensionen, die von den Strömungen verdriftet werden oder absinken, die Ausgangsbasis. Um genauere Vorstellungen zu entwickeln, sind die Biozönosen aus der Tiefsee der Meere noch viel zu wenig bekannt. Zweifellos gibt es aber Gilden, die in der Lage sein müssen, von der Strömung verfrachtete Seegrasblätter und Tange direkt zu nutzen. Andere nutzen das absinkende pelagische Material (Phytodetritusaggregate, Zooplankton, Kot, Kadaver). An diese setzen Räubernahrungsketten an, die in vielerlei Hinsicht an die geringe Nahrungsdichte in der Tiefsee angepasst sind.

Von eingetragenem, totem Pflanzenmaterial leben auch die Gemeinschaften der Bäche und Flüsse. Die Lebewelt stark beschatteter Waldbäche setzt im Wesentlichen beim abgestorbenen Laub und Holz an, welches in den Bach fällt oder eingeschwemmt wird (Abbildung 6.68). Zerkleinerergilden nutzen dieses als Nahrung und stehen so an der Basis eines typischen Konsumentenkompartiments mit Destruentengilden, Räubern und Parasiten (Abbildung 5.8). Räuber wie die Forellenartigen (Salmoniden) nutzen auch Insekten an oder knapp über der Wasseroberfläche. Vom Kot der Tiere und vom suspendiertem Material leben dann die Zönosen der Tieflandflüsse und großen Ströme, überwiegend Filtrierer. Komplexe besonderer Art haben sich vor allem an großen tropischen Flüssen entwickelt. In den Auwäldern des Amazonas lebt eine Fischgilde beispielsweise von den Früchten und Samen einiger Baumarten, die in enger mutualistischer Beziehung von den Fischen verbreitet werden. Eine eigene, nennenswerte Primärproduktion im Gewässer entwickeln nur mittelgroße Fließgewässer, bei denen genügend Licht bis zum Gewässergrund vordringt. Dann können Algenteppiche von Weidegängern genutzt werden. Bei starkem Makrophytenbewuchs (z. B. Wasserhahnenfußgesellschaften) können sehr komplexe Biozönosen ansetzen, die dann sämtliche Komponenten vollständig umfassen und einen Übergang zu einer autochthonen Lebensgemeinschaft darstellen.

Die oft sehr charakteristischen Lebensgemeinschaften von **Höhlen**, von Lückensystemen in Lockersedimenten, von Detritusauflagen (z. B. Kryokonit der Gletscher, das sind organische Windablagerung und Algen), aber auch von menschlichen Behausungen (synanthrope Organismen) sind auf organisches Material von außen angewiesen. Tiere, Pilze und Mikroorganismen bilden dann Kompartimente aus **Destruentengilden**, die Detritus, organische Stäube oder die Exkremente von jenen Tieren nutzen, welche z. B. die Höhle als Untermieter nutzen (z. B. Fledermaus- und Bärenhöhlen). An diesen setzen Nutzer höherer Ordnung an, Parasiten, Carnivore und Destruenten. Im barocken Teil der Katakomben des Wiener Stephansdomes leben als Saprophage beispielsweise zwölf Arten von Springschwänzen (Collembola), eine Wurmart (Oligochaeta), vier Milbenarten (Acari), eine

Doppelfüßerart (Diplopoda) und eine Käferart (Coleoptera) von den verrottenden Knochen. Als Prädatoren der Saprophagen wurden eine Palpenläuferart (Palpigrada), drei Spinnenarten (Araneae) und eine Hundertfüßerart (Chilopoda) nachgewiesen (Christian 1998).

## 5.3.2 Beschreibung von Lebensgemeinschaften

Das entscheidende Wesensmerkmal von Lebensgemeinschaften oder Teilen davon ist deren **Artenkombination**. Unter ähnlichen Standortbedingungen treten erfahrungsgemäß und je nach verfügbarer Flora und Fauna ähnliche Artenkombinationen auf. Man bezeichnet dies als **Koinzidenz** und setzt dabei nicht voraus, dass sich die einzelnen Arten gegenseitig bedingen müssen. Liegen klare, enge Wechselbeziehungen vor, wie etwa zwischen Föhrenmistel und Föhre oder einem Baum und der an ihm befindlichen Liane, wird von **Affinität** gesprochen. Es gibt Tendenzen, Lebensgemeinschaften (*communities*) nur dann als solche anzuerkennen, wenn Affinitäten nachweisbar oder deutlich vorhanden sind. Scheinen Wechselwirkungen zwischen Arten nicht zu einer regelhaften Zusammensetzung zu führen, sprechen wir von **Vergesellschaftung** (*assemblage*). Mechanismen, die zu einer solchen Vergesellschaftung beitragen, werden als *assembly rules* bezeichnet.

Aber auch die Artenkombination solcher Vergesellschaftungen zeigt je nach Standort eine gewisse Konstanz, sodass es sinnvoll ist, Artenkombinationen in Bezug zum Standort zu beschreiben und regional zu typisieren. Überregionale Typologien sind auf floristisch-faunistischer Basis in der Regel nicht möglich, da die verfügbaren Floren und Faunen häufig zu unterschiedlich sind. So haben sich unter mediterranen Klimabedingungen in verschiedenen Weltteilen (Mittelmeerraum, Kalifornien, Chile, Kapland, Südwestaustralien) Hartlaubgebüsche ausgebildet, die physiognomisch und strukturell sehr ähnlich sind, aber durch Arten zusammengesetzt sind, die ganz unterschiedlichen Verwandtschaftsgruppen angehören (Abschnitt 6.3.1). Um die ökologische Ähnlichkeit zu dokumentieren, bedient man sich hier der Lebensformen oder des Gildenkonzepts, allgemeiner gesagt, man bedient sich ökologisch-funktionaler Typen (Abschnitt 2.1.3). Phytozönosen mit ähnlichen ökofunktionalen Typen und entsprechender Gildenstruktur sind den **Formationen** (Abschnitt 5.1.1) gleichzusetzen und man kann von einer konvergenten Entwicklung sprechen (Abschnitt 2.4.3).

### 5.3.2.1 Floristische Koinzidenzen: Vegetationsklassifikation

In Mitteleuropa dominiert bei gut 80 % der Biotoptypen die Vegetation. Nur bei 20 % der Zönosen dominieren andere Organismen, meist Tiere. Eine gewisse Vorrangstellung ist der Klassifizierung und Typisierung der Vegetation zuzuweisen. Das Konzept der **Pflanzengesellschaft** als

Grundbaustein der Vegetation hat seit den frühen Anfängen der Ökologie Beachtung erfahren. Es waren Forscher wie von Humboldt (Abbildung 5.25) oder Griesebach, die Formationssysteme nach den dominanten Lebensformen entwickelten und diese als Ausdruck des Klimas verstanden (Abschnitt 6.3). Den Blick aufs Detail richtete vor fast 150 Jahren als Erster Kerner von Marilaun (Abbildung 5.26) mit dem Konzept der Pflanzengesellschaft, die er sich aus verschiedenen Gilden („Gehölz, Gesträuch, Gekräut, Gefilz, Geschwämm etc.") zusammengesetzt dachte (Kerner 1863). Arten verwendete er zur Beschreibung nur dann, wenn er es für nötig und diese für besonders charakteristisch hielt. Eine Fokussierung auf Arten entwickelte sich erst zu Beginn des 20. Jahrhunderts im Sinne der Fassung von Taxozönosen. Vergleichbar dem Artkonzept in der Taxonomie wurde beim Botanikerkongress in Brüssel 1910 im Sinne einer internationalen Konvention ein Grundtyp, die **Assoziation,** festgelegt: *„Eine Assoziation ist eine Pflanzengesellschaft von bestimmter floristischer Zusammensetzung, einheitlichen Standortbedingungen und einheitlicher Physiognomie"* (Flahault und Schröter 1910).

Diese Definition gilt im Prinzip heute noch. Im Verlauf des 20. Jahrhunderts entwickelte sich vor allem in Europa, Japan und in vielen Ländern Südamerikas eine rege Feldforschung. Dies war hauptsächlich auch dadurch möglich, dass von Braun-Blanquet (Abbildung 5.27) eine exakte Methodik (Kasten 5.8) zur standardisierten Erfassung von konkreten Pflanzengesellschaften im Gelände, zur Auswertung der Daten bis hin zur Klassifizierung und terminologischen Fassung vorgelegt wurde (Braun-Blanquet 1921, 1964). Er überzeugte durch Präsentation heute klassischer Beispiele vor allem alpiner Pflanzengesellschaften. Braun-Blanquet schlug unter anderem vor, Assoziationen zu höheren Einheiten zusammenzufassen: Assoziationen zu Verbänden, Verbände zu Ordnungen und Ordnungen zu

**Abb. 5.25:** Alexander von Humboldt (1769–1859).

**Abb. 5.26:** Anton Kerner von Marilaun (1831–1898). Bildarchiv der Österreichischen Nationalbibliothek.

Klassen. Jede dieser so genannten syntaxonomischen Einheiten (Syntaxa) ist durch **Charakterarten**, die auf eine solche Einheit beschränkt sind, typisiert. Für Assoziationen, Verbände, Ordnungen erlauben Differenzial- oder Trennarten eine weitere Präzisierung. Die natürlichen und naturnahen Pflanzengesellschaften in Mitteleuropa (inklusive Wildkrautgesellschaften der Äcker) werden 50 Klassen, 80 Ordnungen, 160 Verbände und 700–800 Assoziationen zugeordnet (Ellenberg 1996).

Um die syntaxonomischen Einheiten eindeutig zu bezeichnen, wurden **Nomenklaturregeln** entwickelt. Den Kern bildet der Name einer (oder zweier) besonders bezeichnenden Art, an deren Gattungsnamen bei Assozia-

tionen das Kollektivsuffix „-etum" angehängt wird. Der Buchenwald Mitteleuropas würde sich entsprechend von *Fagus sylvatica* ableiten, indem von *Fagetum* gesprochen wird. Für den Hainsimsen-Buchenwald in Mitteleuropa ergibt sich dann aus den Namen der dominanten Buche (*Fagus Sylvatica*) und der Hainsimse (*Luzula luzuloides*) als Charakterart ein *Luzulo-Fagetum*. Verbände sind durch das Suffix „-ion", Ordnungen durch „-etalia" und Klassen durch „-etea" bestimmt. Nach den Regeln soll auch der Name des Autors des Syntaxons angegeben werden, und es sind auch Niveaus unter der Assoziation (Subassoziation) und Zwischenstufen (z. B. Unterverband) möglich.

Dieses System ist nicht nur auf Sprosspflanzengesellschaften, sondern auch auf Kryptogamengesellschaften anwendbar. Die Klasse der Charetea, der Armleuchteralgenwiesen, ist ein reines Grünalgen-Syntaxon im Litoral und Sublitoral vieler Seen. Allein für alpine Quellfluren sind über 30 verschiedene Moosassoziationen beschrieben worden. Flechtengesellschaften wurden für Felsbiotope und Algengesellschaften an Meeresküsten beschrieben. Ebenso wissen Mykologen, dass bestimmte Pilzarten oft gemeinsam auftreten und Pilzgesellschaften in Koinzidenz zu Sprosspflanzengesellschaften vorkommen. Letztlich wurde der pflanzensoziologische Ansatz auch auf Gemeinschaften von Mikroorganismen angewandt.

Der Begriff Assoziation wird allerdings nicht immer im Sinne der Brüsseler Definition verstanden. Manche Pflanzensoziologen halten daran fest, den Rang der Assoziation Gesellschaftstypen vorzubehalten, die mindestens durch eine Charakterart bestimmt sind, – eine Forderung, die sich vielfach als überzogen herausgestellt und zu weiten, ökologisch nicht plausiblen Fassungen geführt hat. In der internationalen Literatur wird *association* oft nur dazu gebraucht, um auszudrücken, dass gewisse Arten miteinander vorkommen, d. h. es wird damit auf Koinzidenzen verwiesen.

Der **Pflanzensoziologie** im hier vorgestellten engeren Sinne wurde und wird vielfach Subjektivität vorgeworfen. Dies beginnt bei der Wahl eines „typischen" Bestands als Aufnahmefläche bis zur Bearbeitung der Daten. Beides kann durch die enormen Fortschritte in der Datenverarbeitung heute als überwunden gelten. Mit Hilfe geographischer Informationssysteme (GIS, Abschnitt 6.2.) lassen sich am Schreibtisch Zufallsstichprobenpläne entwerfen, und es stehen numerische Berechnungsverfahren zur Verfügung, die auch riesige Datenmengen (mehrere Tausend Vegetationsaufnahmen) der Bearbeitung zugänglich machen. Die Ergebnisse der numerischen Klassifikation erfüllen daher ein wesentliches Kriterium naturwissenschaftlicher Forschung, jenes der Reproduzierbarkeit (Kasten 5.8). Dem Vorwurf einer mangelnden theoretischen Verankerung kann entgegengehalten werden, dass es Ziel klassifikatorischer Tätigkeit ist, ein praktikables Ordnungssystem der aktuellen Vegetation zu erstellen und nicht eine Art natürliches System der Vegetation zu suchen. Das größte Hindernis für eine allgemeine Akzeptanz ist aber zweifellos, dass die artengebundene Vegetationsbeschreibung und deren Anwendung ausgezeichnete Artenkenntnisse verlangen bzw. die Flora eines Gebiets gut bekannt sein muss. Letzteres hat vor allem in den tropischen Regenwäldern Fortschritte lange Zeit verhindert. Letztlich ist es auch die Unhandlichkeit der Terminologie, die Probleme bereitet. Wer merkt sich schon leicht *Melandrio noctiflorae-Euphorbietum exiguae* für eine unscheinbare Unkrautgesellschaft? Die British Plant Community Classification operiert daher mit Codierungen wie etwa W4 für einen *Betula pubescens-Molinia caerulea*-Wald (Rodwell 1991).

**Abb. 5.27:** Josias Braun-Blanquet (1884–1980).

**Kasten 5.8:** **Methodik der Beschreibung, Typisierung und ökologischen Standortanalyse von Lebensgemeinschaften**

Die Beschreibung, Typisierung und ökologische Standortanalyse von Lebensgemeinschaften setzt umfangreiche Datensätze voraus, die Informationen über die Artenzusammensetzung (oder funktionale Typen) und die wichtigsten Standortseigenschaften (z.B. Höhe, Neigung, Bodenreaktion etc.) enthalten. Sowohl für die Aufnahme von Pflanzen- als auch von Tiergemeinschaften sind standardisierte Methoden entwickelt worden (z.B. Janetschek 1982, Dierschke 1994, Glavac 1996, Kratochwil und Schwabe 2001).

**Design einer Stichprobe** (*sampling design*): Für welche Aufnahmetechnik man sich auch immer entscheidet, Voraussetzung ist auf jeden Fall eine geeignete Planung der Probennahme im Untersuchungsraum. Dieser kann je nach räumlicher Auflösung ein städtischer Baukomplex (Tabelle), ganz Süddeutschland oder Mitteleuropa sein. Die Probepunkte sind nach dem Zufallsprinzip auszuwählen. Da zufällige Stichproben aber sehr aufwendig sein können, stellen stratifiziert-zufällige Stichprobenpläne einen Kompromiss dar. Das Untersuchungsgebiet wird hierbei nach Kriterien wie Höhenlage, Geologie, Klima, Landnutzungstyp in ökologische Teilgebiete (= Straten) unterteilt, in denen nach dem Zufallsprinzip Probeflächen ausgewählt werden.

**Datenerhebung:** Diese richtet sich nach dem Ziel der Untersuchung. Besonders für die Beschreibung von Pflanzengesellschaften haben sich bestimmte Standards bewährt (pflanzensoziologische Aufnahmemethodik; Braun-Blanquet 1964, Dierschke 1994). In der Mehrzahl der Fälle enthält eine vollständige Vegetationsaufnahme einer Pflanzengesellschaft eine Artenliste (Blütenpflanzen, wenn dominant auch Moose oder Flechten) und dazu Angaben über die Häufigkeit, mit der die Arten auftreten (Tabelle). Dem Standard der pflanzensoziologischen Aufnahmemethodik entspricht die Artmächtigkeit: **r** selten, **+** kommt vor, **1** häufig < 5 % deckend, **2** 5–25 % deckend, **3** 25–50 % deckend, **4** 50–75 % deckend, **5** 75–100 % deckend. Dazu kommen Angaben zur Örtlichkeit (GPS-Koordinaten) und zum Standort (Höhe, Neigung, Exposition, Boden etc.). Bei zoologischen Erhebungen konzentriert man sich meist auf bestimmte Taxozönosen, die angepasste Fangmethoden verlangen (Kasten 3.2). Ähnliches gilt für Mikroorganismengemeinschaften und für die Erfassung von Phyto- und Zooplankton in Gewässern.

**Klassifikation und Typenbildung:** Ist das Ziel der Studie das Aufspüren von Koinzidenzen, d.h. von Gemeinschaftstypen, die in einer Region regelmäßig auftreten, bieten sich verschiedene numerische Klassifikationsverfahren an, für die inzwischen ein nahezu unübersehbares Softwareangebot besteht. Populär sind beispielsweise TWINSPAN (Hill 1979) und MULVA (Wildi und Orloci 1990). Grundsätzlich enthalten sie folgende Schritte:

1. Berechnung der Ähnlichkeit bzw. Distanz von sämtlichen möglichen Aufnahmepaarungen nach bestimmten Formeln, z.B. der Euklidischen Distanz $ED_{xy}$

$$ED_{xy} = \sqrt{\sum_{i=1}^{s}(X_i - Y_i)^2}$$

Dabei sind $X_i$, $Y_i$ die Häufigkeiten der Art $i$ in den Aufnahmen $X$ und $Y$ (z.B. Anzahl Individuen, Deckungsgrad) und $s$ die Zahl der im Untersuchungsgebiet vorkommenden Arten.

2. Zusammenfügen von ähnlichen Aufnahmen zu Gruppen (Typen) oder, wie im Falle von TWINSPAN, Zerteilen in Gruppen.

3. Bildung eines Ordnungssystems von Gruppen unterschiedlicher Ähnlichkeit. Ein solches Ordnungssystem wurde für die Vegetation Mitteleuropas entwickelt. Die Identifikation von Vegetationstypen ist mit Hilfe von Bestimmungsschlüsseln (Schubert et al. 1995) bzw. Monographien (z. B. Mucina et al. 1993, Pott 1995, Ellenberg 1996) möglich. Das hier vorgestellte Beispiel vom Wiener Biozentrum (Tabelle, Abbildung a) zeigt, dass sich typi-

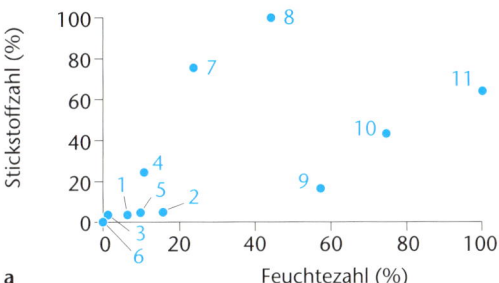

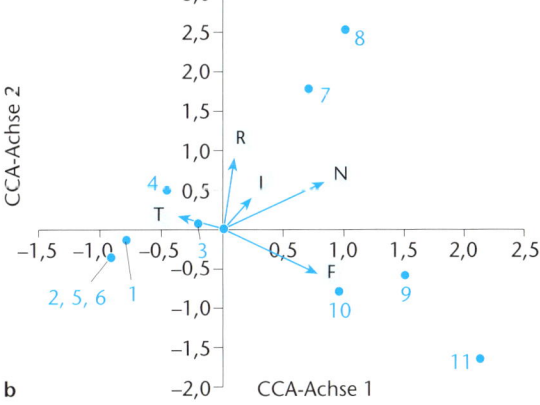

**Abb:** a) Ordinationsdiagramm zu den Vegetationsdaten in der Tabelle. Aufgetragen sind die mittleren Zeigerwerte als Relativskala. b) CANOCO-Diagramm für die Unkrautvegetation am Wiener Biozentrum. Dargestellt ist die floristische Ähnlichkeit der Vegetationsaufnahmen (Punkte) in Bezug zu den beiden ersten Ordinationsachsen (Relativskala). Die Pfeile geben die Richtung und Bedeutung der Standortfaktoren an. Stickstoffangebot (N) und Feuchtegehalt (F) des Bodens wirken am stärksten differenzierend, wogegen Temperaturverhältnisse (T), Bodenreaktion (R), und Beschattung (L) keine, oder allenfalls eine untergeordnete Rolle spielen.

**Tab.:** Unkrautgesellschaften auf Flächen am Wiener Biozentrum repräsentiert durch 11 Vegetationsaufnahmen. Objekte sind hier die Aufnahmen von 4 m² Fläche, Attribute die Arten inklusive deren Artmächtigkeitswerte.

| Aufnahmenummer | 1 | 3 | 6 | 2 | 4 | 5 | 7 | 8 | 9 | 10 | 11 | F | N |
|---|---|---|---|---|---|---|---|---|---|---|---|---|---|
| Convolvulus arvensis | . | . | . | 1 | + | + | . | . | . | . | . | 4 | x |
| Tripleurospermum maritimum | . | . | . | 1 | + | + | . | . | . | . | . | 6 | 8 |
| Viola arvensis | . | . | - | 1 | - | + | . | . | . | . | . | x | x |
| Bromus tectorum | 5 | 5 | 4 | 5 | 5 | 5 | . | . | . | . | . | 3 | 4 |
| Crepis tectorum | + | + | + | + | 1 | 1 | . | . | . | . | . | 4 | 6 |
| Arenaria serpyllifolia | + | 1 | + | 2 | 3 | + | . | . | . | . | . | 4 | x |
| Papaver rhoeas | 1 | 2 | 2 | 2 | 2 | 1 | . | . | . | . | . | 5 | 6 |
| Cerastium semidecandrum | 2 | 3 | 2 | 2 | + | . | . | . | . | . | . | 3 | x |
| Lactuca serriola | 3 | . | 3 | 1 | - | 1 | . | . | . | . | . | 4 | 4 |
| Erophila verna | 1 | + | - | - | . | + | . | . | . | . | . | 3 | 2 |
| Saxifraga tridactylites | . | 2 | + | 1 | 1 | - | . | . | . | . | . | 2 | 1 |
| Medicago lupulina | + | . | - | 1 | - | + | + | + | . | . | . | 4 | x |
| Hordeum murinum | . | . | . | . | . | . | 2 | 2 | . | . | . | 4 | 5 |
| Sisymbrium loeselii | . | . | . | . | . | . | + | 1 | . | . | . | 4 | 5 |
| Carduus acanthoides | . | . | . | . | . | . | + | + | . | . | . | 4 | 7 |
| Artemisia vulgaris | . | . | . | . | . | . | 2 | 1 | . | 1 | + | 6 | 8 |
| Erigeron annuus | . | . | . | . | . | . | + | + | 2 | 4 | 1 | 4 | x |
| Poa compressa | . | . | . | . | . | . | + | . | 2 | 3 | . | 3 | 3 |
| Juncus compressus | . | . | . | . | . | . | . | . | 2 | 1 | 1 | 8 | 5 |
| Taraxacum officinale | . | . | . | . | . | . | + | 1 | 1 | 2 | + | 5 | x |
| Tussilago farfara | . | . | . | . | . | . | . | . | . | 2 | 1 | 6 | x |
| Calamagrostis arundinacea | . | . | . | . | . | . | . | . | . | 2 | 1 | 5 | 5 |
| Bromus sterilis | . | . | . | . | . | . | . | . | . | + | + | 4 | 5 |
| Mittlere Feuchtezahl (F) | 3.6 | 3.5 | 3.5 | 3.8 | 3.7 | 3.7 | 4.0 | 4.4 | 4.6 | 5.0 | 5.5 | | |
| Relativskala (%) | 5 | 0 | 0 | 15 | 10 | 10 | 25 | 45 | 55 | 75 | 100 | | |
| Mittlere Stickstoffzahl (N) | 4.2 | 4.2 | 4.2 | 4.3 | 4.8 | 4.3 | 6.2 | 7.0 | 4.6 | 5.4 | 6.0 | | |
| Relativskala (%) | 0 | 0 | 0 | 3 | 21 | 3 | 71 | 100 | 14 | 43 | 64 | | |

Die Tabelle ist vereinfacht (seltene Arten fehlen) und wurde mit Hilfe von TWINSPAN geordnet. Drei Typen sind klar unterscheidbar, welche durch eine Reihe von Arten gut charakterisiert sind. Aufnahme 9 stellt einen Übergang zwischen der 2. und 3. Gruppe dar. Die beiden letzten Spalten geben die Zeigerwerte der einzelnen Arten nach Ellenberg (1996) für die Bodenfeuchtigkeit F (hoch = hoher Wert) und die Stickstoffversorgung N (gut = hoher Wert) an. Die vier letzten Zeilen enthalten die berechneten mittleren Zeigerwerte für die einzelnen Vegetationsaufnahmen (absolute und relative Werte: 100 % ist der höchste Mittelwert, 0 % der niedrigste). Die mittleren Zeigerwerte wurden anhand der Gesamttabelle berechnet.

sche Pflanzengesellschaften im Bereich auch moderner Gebäudekomplexe einstellen. Die erste Gruppe (*Linario-Brometum tectorum*) besiedelt aufgelassene Beete in den Versuchsgärten am Dach (extrem sonnig und trocken), die zweite Gruppe (*Hordeetum murini*) ist für Wegrampen und Zierbeete typisch, die dritte Gruppe (*Poo compressae-Tussilaginetum*) besiedelt Pflasterflächen und Plattenritzen auf denen sich Wasser sammeln kann. Alle drei Gesellschaften sind in ähnlicher Zusammensetzung in mitteleuropäischen Städten weit verbreitet.

**Standortanalyse, Ordination:** Jede untersuchte Lebensgemeinschaft ist ein Produkt des Zusammenwirkens einer Vielzahl von Umweltfaktoren, wobei in der Regel eine Hier-

archie von wichtigen zu weniger wichtigen beobachtet werden kann. Um dies herauszufinden, bedient man sich multivariater Verfahren, wie sie in statistischen Handbüchern beschrieben sind. Speziell in der Vegetationsökologie haben so genannte Ordinationsverfahren Tradition, welche als Methodik in Bezug zum individualistischen Konzept Gleasons (Gleason 1926; Abschnitt 5.3.3.1) entwickelt wurden. Sie gehen von einer Gemeinschaftsmatrix (Artzusammensetzung pro Aufnahme) und einer Standortmatrix (Umweltdaten pro Aufnahme) aus oder kombinieren beides. Das vorgegebene Beispiel (Tabelle und Abbildung a) stellt eine „direkte Ordination" (Whittaker 1973) dar. Sie stützt sich auf Zeigerwerte für Standortbedingungen wie sie für die mitteleuropäische Flora wohlbekannt und weitgehend akzeptiert sind (Ellenberg 1996). Mit Hilfe dieser Zeigerwerte können mittlere Zeigerwerte oder die Mediane für die einzelnen Aufnahmen (oder Proben) berechnet werden und die Aufnahmen dann als Punkte in einem Ordinationsdiagramm aufgetragen werden. Im konkreten Beispiel zeigt sich deutlich, dass das *Brometum* (siehe oben) an eher stickstoffarme und trockene Standorte, das *Hordeetum* besonders an stickstoffreiche und das *Poo-Tussilaginetum* an feuchte Standorte gebunden ist. Dann kann man aus dem Diagramm herauslesen, dass die Ähnlichkeit innerhalb einer Gruppe sehr unterschiedlich sein kann. Diese ist hier schwer interpretierbar, da die Ordination auf einer gemischten Betrachtung von floristischer Zusammensetzung und Standortfaktoren aufbaut. Aus diesem Grund sind so genannte „indirekte Ordinationsverfahren" in Anwendung, bei denen als erster Schritt die rein floristische Ähnlichkeit dargestellt wird und erst in einem zweiten die Verknüpfung mit den Standortdaten erfolgt. Für beide Ansätze gibt es inzwischen zahlreiche Softwarepakete (z.B. CANOCO, Ter Braak 1994; Abbildung b).

Auf der anderen Seite hat der pflanzensoziologische Ansatz vielfach gezeigt, dass er geeignet ist, die Unübersichtlichkeit und Vielfalt der Lebewelt zu erfassen und handliche Einheiten für die Vegetationskartierung zu liefern. So stützt sich etwa auch die Flora-Fauna-Habitate-Richtlinie der Europäischen Union auf eine Reihe von syntaxonomischen Einheiten zur Festlegung der „Lebensräume (*habitats*) von gemeinschaftlichem Interesse" und verwendet im Sinne von Legaldefinitionen die Terminologie (Kasten 5.9). Diese Vorteile haben auch dazu geführt, dass in Ländern, in denen die führenden Ökologen dem pflanzensoziologischen Ansatz kritisch gegenüberstanden bzw. aufgrund der enormen Dimensionen des Landes (USA, Russland, China) vor allem das Formationskonzept verfolgt wurde, heute die Brauchbarkeit der artenbasierten Vegetationsklassifikation stärker beachtet wird, wenn auch nicht immer streng nach dem pflanzensoziologischen Kanon. Die schon erwähnten modernen Datenverarbeitungsmöglichkeiten haben der Vegetationsökologie jedenfalls neue, noch vor 25 Jahren unvorstellbare Möglichkeiten eröffnet.

---

## Kasten 5.9:     Biotoptypen Europas: Die Flora-Fauna-Habitate-Richtlinie der EU

Aus der Praxis des Natur- und Landschaftsschutzes kommt die Forderung, landschaftswirksame Biotoptypen zu definieren. In der Folge entstanden (oder sind im Entstehen) **Biotoptypenkataloge** für einzelne Staaten, Bundesländer oder kleinere politische Einheiten, oft in Verknüpfung mit einer Roten Liste (Abschnitt 6.5), um den Gefährdungsgrad zu dokumentieren. Diese Kataloge setzen meist pragmatisch an den Syntaxa der Vegetationsökologie und an Standortcharakteristika an, wobei die Grundstruktur durch Formationen vorgegeben wird. Den Einheiten werden dann Tierarten nach dem Leitartenkonzept zugeordnet.

Das wohl herausragendste Regelwerk für die Biotoptypen Europas wurde mit der 1992 beschlossenen **Flora-Fauna-Habitate-Richtlinie** der Europäischen Union geschaffen. Die Richtlinie beabsichtigt, ein kohärentes Schutzgebietssystem über die Staaten der Union hinweg zu errichten, das die zukünftige Existenz der „Lebensräume (*habitats*) von gemeinschaftlichem Interesse" sichert. Bis 1995 sollte die Erfassung der einzelnen Habitate abgeschlossen sein. Prioritäre Lebensräume sind in Anhang I der Richtlinie aufgelistet, prioritäre Tier- und Pflanzenarten in Anhang II. Durch den Erhalt dieser hochwertigen und prioritären Lebensräume wird in Europa seit 1998 ein ökologisch stabiles Biotopnetzwerk entwickelt (Projekt Natura 2000).

Als **Biotop** wird der konkrete Lebensraum einer Biozönose bezeichnet (Abschnitte 1.1.1 und 5.1.2). Für diesen in der deutschsprachigen Literatur verwendeten Begriff wird in der englischsprachigen Literatur meist vom *habitat* gesprochen, zum Teil haben sich die Begriffe auch vermischt. Die Flora-Fauna-Habitat-Richtlinie der Europäischen Union versteht also unter Habitat eigentlich Biotop.

Die Hauptbiotope Europas gemäß dieser Richtlinie sind:

1. **Marine und halophytische Lebensräume**: Offene See und Gezeitenzone, Klippen und Felsküsten, temperate und nordische Marschen und Salzwiesen, auch solche des Binnenlandes, mediterrane Marschen und Salzwiesen, binnenländische Salz- und Gipssteppen.

2. **Süßwasserlebensräume**: Stillgewässer, Fließgewässer.

3. **Mediterrane Hartlaubgebüsche**: Submediterrane und warm-temperate Heiden und Gebüsche, mediterrane Gebüsche wie Macchie und Matorral, thermo-mediterrane Steppengebüsche, mediterrane Zwergstrauchformationen wie Phrygana und Garrigue.

4. **Naturnahes und halbnatürliches Grasland**: Natürliches Grasland, alpine „Urwiesen", halbnatürliche Trockenrasen und Trockengebüsche, hartlaubige Weidewälder, Feuchtwiesen und Hochstaudenfluren, mesophile Wiesen.

5. **Hoch-, Übergangs- und Niedermoore**: Hochmoore, kalkreiche Niedermoore, Aapa-Moore.

6. **Felshabitate und Höhlen**: Schutthalden, Felswände und felsdurchsetzte Steilhänge, Höhlen.

7. **Wälder**: Boreale Wälder, temperate Wälder, mediterrane sommergrüne Wälder, mediterrane Hartlaubwälder, subalpine Nadelwälder, mediterrane Gebirgsnadelwälder.

Die eigentlichen operationalen Einheiten sind schließlich die Biotoptypen selbst, deren Standort, pflanzensoziologische Zuordnung und die Pflanzen- und Tierartengarnitur in einem technischen Handbuch beschrieben sind. Die Moore enthalten beispielsweise folgende Biotoptypen: Naturnahe lebende Hochmoore, geschädigte Hochmoore (die möglicherweise noch auf natürlichem Wege regenerierbar sind), Übergangs- und Schwingrasenmoore, Niedermoore über Torfsubstraten (*Rhynchosporion*), kalkreiche Sümpfe mit *Cladium mariscus* und *Carex davalliana*, Kalktuff-Quellen (*Cratoneurion*), kalkreiche Niedermoore, alpine Pionierformationen des *Caricion bicoloris-atrofuscae*. Nationale Handbücher gehen noch detaillierter vor (z. B. Ssymank et al. 1998).

## 5.3.2.2 Faunistische Koinzidenzen: Tiergemeinschaften

Zoologen haben in der Regel keine Schwierigkeiten, wenn es gilt, die Tierwelt der Savanne, des Regenwaldes, oder der Trockenrasen zumindest in groben Zügen zu beschreiben (Abschnitt 6.3.1). Auf Ebene der Formationen ist dies offenbar recht gut möglich. Eine Erfassung von Tiergemeinschaften analog zu den Pflanzengesellschaften stößt aber auf zahlreiche, vor allem methodische Grenzen. Tiere müssen in der Regel zuerst einmal gefangen bzw. beobachtet werden. Für die Bestimmung bedarf es zahlreicher Spezialisten und umfangreicher Vergleichssammlungen. Viele Arten erscheinen zeitlich begrenzt, und es sind mehrere Fangkampagnen im Jahresverlauf und an mehreren vergleichbaren Standorten nötig, bis der größte Teil des Artenspektrums erfasst ist. Zudem ist bei seltenen Arten eine intensive Erfassung nötig, um abzuklären, ob es sich um zönoseneigene Arten, um Besucher, um Durchzügler oder gar Irrgäste handelt. Oft ist es auch nur ein Entwicklungsstadium, das an eine bestimmte Zönose gebunden ist. Der Hochmoor-Perlmutterfalter (*Boloria aquinolaris*) beispielsweise ist im Raupenstadium an Moosbeere (*Vaccinium oxycoccos*) und Rosmarinheide (*Andromeda polifolia*) gebunden, als Falter bevorzugt er Disteln auf angrenzenden Feuchtwiesen (Weidemann 1995).

Um hier weiterzukommen, wurde das **Leitartenkonzept** entwickelt. Leitarten sind solche, die in einem Lebensraum signifikant höhere Abundanzen erreichen als in anderen. Sie finden in diesen Lebensräumen die notwendigen Ressourcen und Requisiten wesentlich häufiger und regelmäßiger als in anderen Gebieten. Die Fassung von Leitarten ist wie das System der Pflanzengesellschaf-

ten nur in einem biogeographisch einigermaßen einheitlichen Raum sinnvoll (z. B. Mitteleuropa). Mit dieser Einschränkung lassen sich für Pflanzengesellschaften spezifische Tierarten und Tierartengruppen, bzw. (meist wesentlich klarer) solche für Vegetationskomplexe oder vegetationsfreie Biotope beschreiben. Die zönotische Bindung kann eine trophische sein (z. B. bei Brennnesselfaltern wie dem Tagpfauenauge *Inachis io* oder dem Kleinen Fuchs *Aglais urticae*), eine strukturelle (z. B. netzbauende Spinnen), eine mikroklimatische (z. B. Heuschrecken) oder Kombinationen davon.

Unter den Tierarten und Tierartengruppen, die relativ enge Bindungen an Pflanzengesellschaften zeigen, sind beispielsweise Landschnecken zu nennen, die auf geringe Unterschiede im Kalkgehalt, aber auch auf feine Wärme- und Feuchtigkeitsunterschiede ansprechen (Tabelle 5.15). In Relation zur Bodenreaktion bauen sich auch spezifische Regenwurmzönosen auf. So bevorzugen *Lumbricus terrestris* und *L. castaneus* (und die meisten anderen Regenwurmarten) Braunerdeböden mit schwach saurer bis neutraler Reaktion und sind damit in Mitteleuropa an entsprechende Buchenwaldtypen (*Melico-Fagetum, Hordelymo-Fagetum*) gebunden. In den sauren Böden des Hainsimsen-Buchenwaldes (*Luzulo-Fagetum*) tritt hingegen allenfalls *Lumbricus rubellus* auf.

Laufkäfer (Carabidae) sind eine gut untersuchte, artenreiche Insektenfamilie, die über Spezialisten und Generalisten verfügt. Für viele Lebensräume (Agrarlandschaften, Hochmoore, Wälder) lassen sich daher typische Laufkäfergemeinschaften ausweisen. In vergleichbarer Weise konnte Bolaños (2003) in einer Analyse der 560 häufigsten epigäischen Spinnenarten Mitteleuropas diese 19 Lebensraumgruppen zuordnen, sodass Prognosen über die domi-

**Tab. 5.15:** Charakterisierende und differenzierende Schneckenarten in verschiedenen Laubwaldgesellschaften Mitteleuropas (+ selten, ++ verbreitet, +++ häufig). Nach Kratochwil und Schwabe (2001).

| Schneckenarten | bodensaurer Buchenwald (*Luzulo-Fagetum*) | trockener Buchenwald (*Carici-Fagetum*) | Braunerde-Buchenwald (*Galio-Fagetum*) | Erlen-Eschen-Wälder (*Alno-Ulmion*) |
|---|---|---|---|---|
| *Iphigena plicatula* | | +++ | + | |
| *Abida secale* | | +++ | | |
| *Clausilia parvula* | | +++ | | |
| *Vitrina pellucida* | | ++ | +++ | + |
| *Cochlodina laminata* | | +++ | +++ | |
| *Helicodonta obvoluta* | | +++ | +++ | + |
| *Vitrea contracta* | | +++ | ++ | + |
| *Lehmannia marginata* | | +++ | ++ | + |
| *Cochlicopa lubrica* | | | + | +++ |
| *Deroceras laeve* | | | | +++ |
| *Succina oblonga* | | | | +++ |
| *Carychium minimum* | | + | + | |
| *Discus rotundatus* | +++ | +++ | +++ | +++ |
| *Arion subfuscus* | +++ | ++ | ++ | +++ |
| *Arion rufus* | ++ | +++ | ++ | +++ |

**Tab. 5.16:** Kleinsäugergemeinschaften in der mitteleuropäischen Kulturlandschaft. Nach Schröpfer (1990).

| Lebensraum | Hauptart | Begleitart |
|---|---|---|
| Röhrichte | Waldspitzmaus, Erdmaus, Waldmaus | Zwergspitzmaus, Sumpfspitzmaus, Rötelmaus, Zwergmaus |
| Buchen- und Eichenwälder | Rötelmaus, Waldmaus oder Gelbhalsmaus | Waldspitzmaus |
| Fichtenwälder | Waldspitzmaus, Rötelmaus | Zwergspitzmaus |
| Gebüsch und Hecke | – | Waldspitzmaus, Rötelmaus, Erdmaus, Feldmaus, Waldmaus |
| Äcker | Erdmaus, Waldmaus | |
| Weiden | Feldmaus | Waldspitzmaus |
| Wiesen | – | Waldspitzmaus, Zwergspitzmaus, Sumpfspitzmaus, Erdmaus, Schermaus, Brandmaus, Waldmaus, Zwergmaus |
| Dörfer | Hausmaus | Ratte |

nanten Spinnenarten dieser häufigen Lebensräume möglich sind.

Auch so mobile Tiere wie Vögel zeigen Koinzidenzen zu bestimmten Pflanzengesellschaften. So finden sich etwa Kernbeißer, Waldlaubsänger, Grauschnäpper, Gartenbaumläufer, Blaumeise vorwiegend in Laubwäldern, Mittelspecht und Schwanzmeise sogar spezifisch fast nur in Eichenwäldern. Unterschiedliche Kleinsäugerzönosen kennzeichnen in typischer Form Habitate wie Weiden, Wiesen, Buchenwälder, Ackerflur und Dörfer (Tabelle 5.16).

Ein **Ordnungssystem für Fließgewässer** unter Einbindung biozönotischer Aspekte wurde schon früh von Fischereibiologen nach den wichtigsten Nutzfischen als Leitarten aufgestellt. Sie unterschieden (von der Quelle zur Mündung) eine Forellen-, Äschen-, Barben- und Brachsenregion. Die ersten beiden unterscheiden sich eigentlich nur durch die Äsche (*Thymallus thymallus*) und werden heute zur Salmonidenregion zusammengefasst, die direkt an die Quellregion anschließt und in Ober-, Mittel- und Unterlauf unterteilt wird. Leitformen für den Oberlauf sind vor allem die Larven von Steinfliegen und Köcherfliegen (mit schwerem Gehäuse als Anpassung an die höhere Strömung), im Unterlauf von Eintagsfliegenlarven und auch manchen Köcherfliegenlarven (mit leichtem Gehäuse). Sehr artenreich ist die Zoozönose der Barbenregion (*Barbus barbus*) mit Eintagsfliegenlarven, Zuckmückenlarven, Erbsen-, Kugel- und Flussmuscheln, Flohkrebsen, Wasserasseln, Strudelwürmern und vielen anderen. Kleinere Gewässer zeichnen sich durch dichten submersen Pflanzenbewuchs aus, der die Habitatstruktur enorm bereichert. Als Begleitfische kommen die Nase (*Chondrostoma nasus*), die Rotfeder (*Scardinius erythrophthalmus*) und der Barsch (*Perca fluviatilis*) vor. Die Brachsenregion schließlich beherbergt Lebensgemeinschaften, die schon den Charakter von stehenden Gewässern besitzen. Typische Fischarten sind neben den Brachsen (*Abramis brama*) Karpfen (*Cyprinus carpio*), Schleie (*Tinca tinca*), Zander (*Stizostedion lucioperca*) und Hecht (*Esox lucius*). Der Mündungsbereich wird gelegentlich auch als Kaulbarschregion bezeichnet. In ihr mischt sich die Leitform, der Kaulbarsch *Acerina cernua,* bereits mit Brackwasserarten (Lampert und Sommer 1999).

Spezielle Beachtung haben in der Limnologie Gilden erfahren, die bestimmte Verschmutzungsgrade von Gewässern anzeigen (Saprobien). Im allgemein akzeptierten **Saprobiensystem**, das vor allem auf der Empfindlichkeit gegenüber Sauerstoffzehrung durch den Abbau organischer Substanzen beruht, werden Arten unterschiedlicher Verwandtschaftsgruppen zusammengefasst (Kasten 5.10). Unter den ausgeprägten Schmutzwasserzeigern sind zahlreiche Bakterien wie der Abwasserpilz *Sphaerothilus natans*, der sich in zottig-flockigen Büscheln an allen Gegenständen festsetzt. Manche Amöben, Flagellaten und besonders auch der Röhrenwurm *Tubifex* sind ebenfalls Indikatoren für polysaprobe (stark belastete) Verhältnisse. Verschmutzt ($\alpha$-mesosaprob) sind auch Gewässer, in denen vor allem zahlreiche Wimpertierchen auftreten, mäßig verschmutzt ($\beta$-mesosaprob) solche mit den schleimigen Watten von *Spirogyra* und den ebenfalls zu den Grünalgen zählenden bizarren *Pediastrum* und *Scenedesmus*. Zu den ausgesprochenen Reinwasserorganismen (oligosaprob) zählen schließlich die Süßwasser-Rotalgen *Batrachospermum* und *Lemanea* oder die Zieralge *Micrasterias* (Uhlmann 1975).

## 5.3.3. Komplexität von Lebensgemeinschaften

Arten leben in Lebensgemeinschaften, die nicht zufällig zusammengewürfelt sind. Vielmehr ist ihre Zusammensetzung in gewissen Grenzen determiniert. Daher stellen sich Fragen wie etwa: Was ist eigentlich das Wesen einer Lebensgemeinschaft? Warum können mehrere Arten überhaupt miteinander existieren? Warum sind die Gemeinschaften so und nicht anders zusammengesetzt? Kann man auf Arten verzichten? Welches sind die Mechanismen, die die Diversität einer Lebensgemeinschaft bestimmen? Warum sind es nicht mehr Arten? Was hält die Lebensgemeinschaft stabil? Gibt es Gestaltungsregeln? Auf solche Fragen versucht die Synökologie (*community ecology*) Antworten zu finden und Theorien zu entwickeln.

**Kasten 5.10:    Saprobiensystem**

Während der Selbstreinigungsstrecke eines Fließgewässers können verschieden belastete Bereiche unterschieden werden, die den Güteklassen I bis IV mit steigender Belastung zugeordnet werden: I oligosaprob (unbelastet bis sehr gering belastet), I–II oligo- bis β-mesosaprob (gering belastet), II β-mesosaprob (mäßig belastet), II–III α- bis β-mesosaprob (kritisch belastet), III α-mesosaprob (stark verschmutzt), III–IV α-meso- bis polysaprob (sehr stark verschmutzt) und IV polysaprob (übermäßig verschmutzt). Die jeweils typi-

schen Organismen (Indikatorarten) erlauben die Bestimmung der Belastungsstufe. Hierdurch sind in gewissem Rahmen Rückschlüsse auf die Art der Belastung möglich (Abbildung a). Nachdem in den 60er und 70er Jahren die Gewässerverschmutzung in Mitteleuropa besonders stark war, konnte ihre Qualität durch unterschiedliche Maßnahmen wieder verbessert werden. 1995 wurde rund die Hälfte der deutschen Gewässer Stufe II und besser zugeordnet, die andere Hälfte wies jedoch eine schlechtere Qualität auf (Abbildung b).

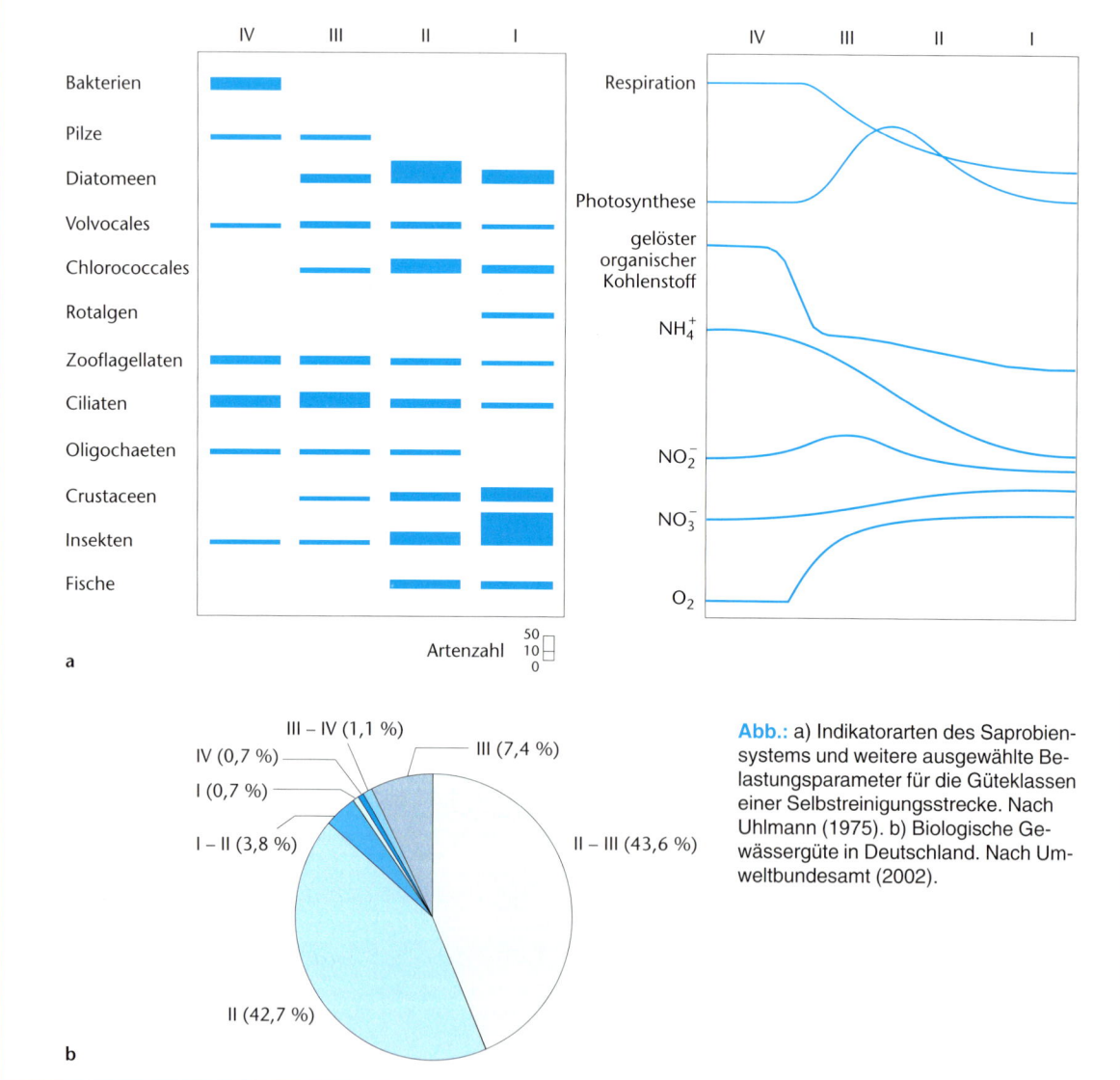

**Abb.:** a) Indikatorarten des Saprobiensystems und weitere ausgewählte Belastungsparameter für die Güteklassen einer Selbstreinigungsstrecke. Nach Uhlmann (1975). b) Biologische Gewässergüte in Deutschland. Nach Umweltbundesamt (2002).

## 5.3.3.1 Gemeinschaftshypothesen

Nach der **Hierarchietheorie** setzen sich die Einheiten eines bestimmten Niveaus aus jenen des nächst unteren zusammen, wodurch neue (**emergente**) Eigenschaften entstehen (z. B. O'Neill et al. 1986, Allen und Hoekstra 1992, Joergensen et al. 1992). Für die Ökologie relevant ist, dass sich Lebewesen aus Organen (bzw. Organellen), Populationen aus Individuen der gleichen Art und Lebensgemeinschaften aus Populationen verschiedener Arten zusammensetzen. Was sind nun emergente Eigenschaften? Beim menschlichen Organismus ist es beispielsweise die Sprache. Ihre Entstehung wäre ohne das Zusammenspiel von Nervensystem und Muskeln, den Elementen des „Organniveaus", nicht denkbar. Organe könnten alleine nicht existieren oder allenfalls unter extrem artifiziellen Bedingungen. Sprache wäre auf jeden Fall unmöglich.

Analog dazu also die Frage: Was sind neue, zusätzliche Eigenschaften, die Lebensgemeinschaften einem eigenständigen hierarchischen Niveau zuweisen? Im Gegensatz zu den Organen können Arten mit Ausnahme monophager Arten bzw. Arten, die in einer engen Gemeinschaft mit anderen Arten leben, scheinbar ohne die Partner existieren, mit denen sie in der Natur vorkommen. Trotzdem fällt auf, dass es zumindest regional ganz bestimmte Arten sind, die koinzident auftreten (Abschnitt 5.3.2), und die Artenzahl nach oben hin offensichtlich begrenzt ist (Abschnitt 3.7.3, Abbildung 3.35). Auch in den artenreichsten „zweidimensionalen" Gemeinschaften (Wiesen, Zwergstrauchheiden etc.) findet man kaum mehr als 100 Arten an Sprosspflanzen, meist weniger als 50 und in stark genutztem Grünland weniger als zehn. In „dreidimensionalen" Gemeinschaften (Wäldern, Gebüschen) wird auch in artenreichen Regenwäldern die Zahl von 1000 Sprosspflanzenarten kaum überschritten. In den artenreichsten Wäldern Mitteleuropas kann die Artenzahl mehr als 70 betragen, die Zahl der Baumarten bleibt meist unter fünf. Viele dieser Artenkombinationen und Artenzahlen sind durch die biotischen Interaktionen zumindest mitbestimmt. Dass sich Typen überhaupt bilden lassen, d. h. Nicht-Zufälligkeit im Spiel ist, kann somit als eine der neuen, zusätzlichen Eigenschaften betrachtet werden. Aber nicht nur die Artenzusammensetzung ist spezifisch, sondern auch die Habitatstruktur, die Diversität, die Produktivität, der Stoff- und Energietransfer, somit die Art und Weise der Einbindung in die abiotische und biotische Umwelt. Neu ist zweifellos auch, dass Lebensgemeinschaften die Umwelt in spezifischer Weise verändern, die Nischenvielfalt erhöhen und somit die Diversität in Rückkoppelung bestimmen. Diese offensichtliche Möglichkeit der **Selbstregulation** und **Selbstgestaltung** ist mehr als nur die Summe der Teile oder pures Nebeneinander.

Zur Prüfung der Nicht-Zufälligkeit der Artenzusammensetzung von Lebensgemeinschaften kann die Methodik der **neutralen Modelle** genutzt werden (Abschnitt 5.3.3.3). Man bildet aus einem Artenset mehrerer Lokalitäten oder einer Region verschiedene Kombinationen nach dem Zufallsprinzip und prüft, ob die real gefundenen Artenmuster von dem, was zufällig möglich ist, abweichen. Durch das Setzen von Randbedingungen können verschiedene Phänomene in ihrer Wirksamkeit getestet werden. Zur Prüfung, ob eine bestimmte reale Zönose oder ein Zönosetyp durch Wechselwirkungen mitbestimmt ist, würde das Neutralmodell im Sinne einer Nullhypothese davon ausgehen, dass keine Wechselwirkungen vorliegen. Dieses Durchspielen von Zufallsszenarien ist, wie die Anwendung numerischer Klassifikations- und Analyseverfahren, erst in jüngster Zeit durch den Fortschritt der elektronischen Datenverarbeitung möglich geworden. Bis dato zeigen die Ergebnisse, dass Wechselbeziehungen im Sinne interspezifischer Konkurrenz und daraus ableitbare Nischendifferenzierung vor allem bei ökologisch ähnlichen Artengruppen, also Gilden, nachweisbar sind.

Dass die Frage nach dem Wesen und der Abgrenzung von Lebensgemeinschaften nicht so einfach beantwortet werden kann, zeigt sich daran, dass verschiedene und gegensätzliche Hypothesen formuliert wurden: Das **organismische Konzept** des amerikanischen Pflanzenökologen Clements (Clements 1916) und das **individualistische Konzept**, mit dem Gleason einen gegensätzlichen Ansatz vertrat (Gleason 1926). Die Organismushypothese postuliert einen deterministischen Zusammenhang zwischen den Populationen der beteiligten Arten, die Hypothese Gleasons das Gegenteil, nämlich eine weitgehende Unabhängigkeit. Wer wo wächst bzw. lebt, wird nach Gleason ausschließlich durch die Standortbedingungen bestimmt. Beide Hypothesen stellen wohl die Gegenpole dar, zwischen denen sich die Wahrheit bewegt. Es ist nahe liegend, dass die gegenseitige Beeinflussung zwischen Arten in verschiedenen Pflanzengesellschaften unterschiedlich stark ausgeprägt ist. So kommt es beispielsweise eindeutig zu Veränderungen im Unterwuchs von Fichtenwäldern, wenn experimentell die Wirkung der Baumwurzeln im Waldboden ausgeschlossen wird (Tabelle 5.17). Heute gehen wir davon aus, dass in Lebensgemeinschaften sowohl lokale (z. B. Konkurrenz, Prädation, mutualistische Beziehungen, Mikroklima) als auch regionale Prozesse (z. B. Klima, Habitatfragmentierung, Verbreitung) eine Rolle spielen.

**Tab. 5.17:** Vergleich der Entwicklung der Waldbodenvegetation in einem nordischen Fichtenwald mit und ohne Wurzelkonkurrenz (Deckungsgrad in Prozent der Gesamtfläche). Nach Rabotnov (1992).

| Pflanzenarten | mit Wurzelkonkurrenz | | | | ohne Wurzelkonkurrenz | | | |
|---|---|---|---|---|---|---|---|---|
| | 1955 | 1957 | 1959 | 1960 | 1955 | 1957 | 1959 | 1960 |
| Heidelbeere | 9,0 | 9,0 | 8,5 | 9,0 | 4,0 | 4,0 | 4,5 | 5,0 |
| Sauerklee | 8,0 | 8,0 | 8,0 | 8,5 | 7,0 | 95,0 | 85,0 | 51,0 |
| Himbeere | – | – | – | – | – | – | 4,0 | 60,0 |
| Netzblatt | – | – | – | – | – | – | 1,0 | 1,0 |
| Stockwerkmoos | 30,0 | 30,0 | 35,0 | 30,0 | 35,0 | 1,0 | 1,0 | 1,0 |
| Rotstängelmoos | 13,0 | 15,0 | 15,0 | 15,0 | 10,0 | 1,0 | 1,0 | 1,0 |

Für die Beschreibung von Lebensgemeinschaften (Gilden oder Taxozönosen) sind gemäß den beiden Konzepten von Clements und Gleason auch unterschiedliche Methodeninventare entstanden. Neben den **Klassifikationsmethoden** (Kasten 5.8), die eine gewisse Akzeptanz des Gemeinschaftskonzepts voraussetzen bzw. einen gewissen Pragmatismus verlangen, wurde mit den so genannten **Ordinationsverfahren** eine Methodik entwickelt, die die Darstellung und Analyse von Vegetation unter Betonung der Individualität der Arten erlaubt. Bei der direkten Ordination werden konkrete Artengarnituren entlang ökologischer Gradienten dargestellt, bei der indirekten Ordination die konkreten Phytozönosen in ihrer floristischen Ähnlichkeit zueinander angeordnet und dann nach ökologischen Abhängigkeiten gesucht. In einem frühen Ansatz aus den 50er Jahren des 20. Jahrhunderts wurden beispielsweise die beiden unähnlichsten Aufnahmen (A, B) als Endpunkte fixiert und die anderen in Relation zu diesen angeordnet (Bray-Curtis-Ordination, Bray und Curtis 1957). Eine Aufnahme C wäre etwa zu 60 % der Aufnahme A ähnlich und 40 % zu B. Durch Verschneidung mit ökologischen Parametern mit dem Ergebnis der Ähnlichkeitsanordnung zeigt sich, in welchem Ausmaß die Vegetationsdifferenzierung von einem ökologischen Faktor beeinflusst wird. Multivariate Verfahren (z. B. Hauptkomponentenanalyse, multidimensionale Skalierung etc.) ermöglichen die Analyse komplexer ökologischer Zusammenhänge (Kasten 5.8).

### 5.3.3.2 Ökologische Prozesse in Lebensgemeinschaften

Unter ökologischen Prozessen in Lebensgemeinschaften versteht man im Gegensatz zu regionalen Prozessen wie Klima und Migration (im Sinne des Metapopulationskonzepts; Abschnitt 3.7.2) die Wirkung von positiven und negativen Interaktionen zwischen den Populationen jener Arten, die die Lebensgemeinschaften zusammensetzen. Grundsätzlich ist anzunehmen, das alle Mechanismen in unterschiedlicher Bedeutung wirksam sind, die beim Studium von Zweiartensystemen oder trophischen Beziehungsnetzen beobachtet werden können: Intraspezifische Konkurrenzeffekte äußern sich in sessilen Lebensgemeinschaften bzw. sessilen Gilden durch mehr oder weniger reguläre Strukturen der dominanten Arten. Ein weiteres Beispiel liefert die Vegetation stressbetonter Lebensräume wie Steppen, Halbwüsten oder alpiner Rasen. In den Rasen der Zentralalpen bestimmt die Krummsegge (*Carex curvula*) als **Matrixart** die Struktur der Pflanzengemeinschaft (Abbildung 5.28). Die einzelnen Individuen besitzen einen ziemlich regelmäßigen Abstand von ca. 2 cm zueinander. In diesen Lücken können sich dichte Flechtenmatten (Abbildung 6.2) bzw. andere Gräser oder Kräuter ansiedeln (Grabherr 1989). Dichteregulierte Prozesse sind wie hier in allen späten Sukzessionsstadien bzw. Klimaxgemeinschaften zu erwarten.

Ein anderer intraspezifischer Effekt besteht in der Wirkung von Adulten auf ihre Nachkommen, d. h. auf die Häufigkeit und Verteilung von Regenerationsnischen

(Grubb 1977). Die lichtbedürftigen mitteleuropäischen Eichen beispielsweise können sich, im Gegensatz zu Buchen, im Schatten der Adulten nicht regenerieren und brauchen einen Windwurf oder eine sonstige Lücke. Die alles beherrschende Dominanz der Buche in den mitteleuropäischen Laubwaldregionen wird vorwiegend dadurch erklärt, dass Buchenkeimlinge noch bei den extremen Schwachlichtbedingungen am Buchenwaldboden aufkommen. In vielen sessilen Gemeinschaften, Pflanzengesellschaften im Speziellen, spielt intraspezifische Konkurrenz zwischen den Individuen der dominanten Art(en) eine große Rolle und bestimmt die Raumstruktur bzw. die Verfügbarkeit von Ressourcen.

Wie in Abschnitt 2.4.2 ausgeführt, unterscheiden sich Arten in den Nischenanforderungen durch **Nischendifferenzierung**. Nischendifferenzierung im Sinne unterschiedlicher Ressourcennutzung (*resource partitioning*) konnte beispielsweise an Hummelgemeinschaften in den Rocky Mountains von Colorado nachgewiesen werden, in denen die einzelnen Arten durch unterschiedliche Rüssellängen auffielen (Pyke 1982). Mit den Rüssellängen war der Besuch unterschiedlich langer Blüten durch jeweils andere Arten verbunden. Beobachtet wurde auch, dass nach Entfernen einer Hummelart, deren Blütentyp auch von anderen genutzt wurde (Inouye 1978). Die Zusammensetzung der Hummelgemeinschaft ist in diesem Fall höchstwahrscheinlich ein Resultat aktueller interspezifischer Konkurrenz. Ein Spezialfall dazu sind vikariierende Arten wie Höhenvikariante oder edaphische Vikariante (Abschnitt 2.3.2.3). Unter den sehr ähnlichen großblütigen Enzianen wächst beispielsweise *Gentiana clusii* nur auf Carbonatstandorten, *G. acaulis* ausschließlich auf silikatischen (edaphische Vikarianz). Ein anderes Beispiel: Die Rohrsängerarten im Schilfgürtel vieler Seen besetzen in Bezug zu Wassertiefe und Vegetationshöhe unterschiedli-

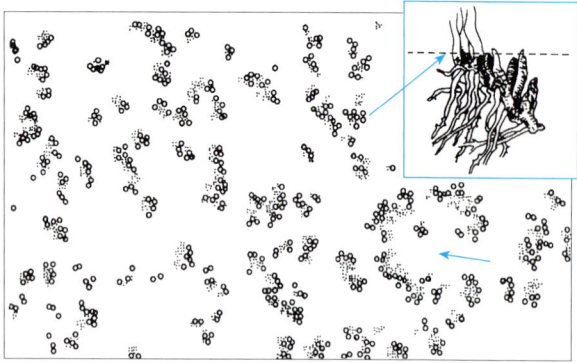

**Abb. 5.28:** Verteilung der Individuen der Krummsegge (*Carex curvula*) in einem alpinen Rasenstück. Man beachte die relativ reguläre Struktur, die als Resultat intraspezifischer Konkurrenz gedeutet werden kann. Die durchschnittliche Distanz zwischen den Individuen beträgt 2 cm. Hervorgehoben ist ein Hexenring (Pfeil), der einem ca. 50 Jahre alten Klonsystem entspricht, d. h. der Ring stellt ein Individuum dar. Das Fehlen weiterer Ringe deutet an, dass der Rasen insgesamt sehr alt sein muss. Aus Grabherr (1997).

che Nischen, die sich kaum überlappen (Abbildung 2.47 und Abschnitt 4.4.1)).

### 5.3.3.3 Koexistenztheorien

Eines der großen Mysterien der Ökologie ist, wie die geschätzten 5-50 Millionen Arten auf der Erde koexistieren können. Ein Teil des Artenreichtums erklärt sich aus der Teilung der Erdoberfläche in Kontinente, die sich mehr oder weniger unabhängig entwickelt haben und der daraus resultierenden Diversifizierung der Fauna und Flora. Diversität innerhalb eines Kontinents kann teilweise durch großräumige Gradienten in Klima, Ressourcenverfügbarkeit, Produktivität und Störungshäufigkeit und -intensität erklärt werden, wenn man annimmt, dass für verschiedene Arten unterschiedliche *trade-offs* existieren, die dazu führen, dass jede Art ihre optimale Entwicklung an unterschiedlichen Punkten innerhalb dieser Gradienten hat. Der größte Teil der weltweiten Diversität ist allerdings auf die Fähigkeit von Hunderten bis Tausenden von Arten zurückzuführen, die lokal in relativ homogenen Habitaten (wie z. B. Seen, Grasland, Regenwäldern, Korallenriffen, Gezeitenbereiche der Meere) koexistieren, obwohl sie augenscheinlich um dieselben wenigen Ressourcen konkurrieren. Vergleichsweise diverse Gesellschaften von potentiellen Konkurrenten findet man in vielen Ökosystemen.

Nischendifferenzierung als mögliches Resultat interspezifischer Konkurrenz hat wahrscheinlich dazu geführt, dass verschiedene Arten den gleichen Lebensraum nutzen können. Mindestens ebenso wichtig war und ist die koevolutive Entstehung von mutualistischen Beziehungen wie jene zwischen Blütenpflanzen und Bestäubern. Ebenso erlaubt die Existenz von Nahrungsketten mit ihren drei bis fünf trophischen Ebenen eine große Zahl an Arten und erklärt auch, warum es mehr Tier- als Pflanzenarten geben muss. Die bis dato bekannt gewordenen 250.000 Blütenpflanzenarten erklären die 1,3 Millionen bekannten mehrzelligen Tierarten (Kasten 2.1) allein auf Basis der trophischen Organisation von Lebensgemeinschaften (Abbildung 6.98). Allerdings ist zu beachten, dass die beschriebenen Tierarten noch längst nicht alle sind, die tatsächlich existieren. Besonders erstaunlich ist auch die Diversität von Pflanzengesellschaften, die aufgrund ihrer ähnlichen Ansprüche an Nährstoffe (Abschnitt 4.1.1) um wenige gleiche Ressourcen konkurrieren. Es muss ohne Zweifel für manche Tier- und Pflanzenarten, deren ökologische Nischen sich überlappen, möglich sein, zu koexistieren. Dies kann nur dann der Fall sein, wenn Konkurrenz vermieden oder verlangsamt wird (Abschnitt 4.4.1).

Konkurrenz findet dann nicht statt, wenn eine Ressource nicht limitierend wirkt. Dies kann unter anderem durch Konsumenten (Räuber) vermittelt werden, die regulierend auf die Populationsgröße der genutzten Arten (Beute) einwirken und so dafür sorgen, dass die Ressourcen für die Nutzarten nicht zu stark verbraucht werden (z. B. apparente Konkurrenz, Abschnitt 4.5.1.3). Man spricht von **ausbeutervermittelter Koexistenz**. Selektive Nutzung durch Konsumenten kann die Artenzahl erhöhen, vor allem dann, wenn solche Arten bevorzugt genutzt werden, die unter Ausschluss des selektiven Konsumenten dominieren würden. Auch Generalisten haben Einfluss, wenn die konkrete Wahl sich nach der Häufigkeit richtet, mit der die potenziellen Nutzarten auftreten. Konsumenten wirken nebenbei nicht selten im Sinne von **Ökosystemingenieuren**, wie etwa der Afrikanische Elefant (*Loxodonta africana*), der pro Tag bis zu drei Bäume zerstört und damit die Graslandschaft der Savanne erhalten hilft, oder die Feldmaus (*Microtus arvalis*), die eine Vielzahl an Wirkungen in Wiesen auslöst (Abbildung 5.29).

Der Einfluss der Feldmaus auf das Gesamtgefüge der Gemeinschaft wird sehr wesentlich durch deren Nahrungspräferenzen bestimmt. So steht etwa der Rotklee (*Trifolium pratense*) ganz oben auf der Beliebtheitsskala, nur Kulturpflanzen wie Raps, werden noch lieber angenommen (Balmelli et al. 1999). Rotklee reichert den Boden durch die Wurzelknöllchensymbiose mit Stickstoff an, was wiederum anderen Arten wie Löwenzahn (*Taraxacum officinale*) zugute kommt. Das System Feldmaus-Rotklee-Löwenzahn nimmt zweifellos eine Schlüsselrolle in der Lebensgemeinschaft Trespenwiese ein.

**Störung** (*disturbance*) im ökologischen Sinne ist ein Ereignis, durch das Organismen entfernt oder so beschädigt werden, dass Raum geschaffen wird, den Individuen der gleichen oder anderer Arten besetzen können (White und Jentsch 2001) (Abschnitt 2.3.3.3). Prädation kann als eine spezielle Form von Störung betrachtet werden. Störungen zerstören eine Lebensgemeinschaft fast nie komplett. Einige Individuen überleben vollständig oder teilweise, zumindest in der Form, dass sie regenerieren können. Klassische natürliche Störungsregime sind Feuer, Stürme, Lawinengänge und Flutwellen. Dort, wo sie regelmäßig auftreten, finden sich angepasste, r-selektionierte Lebensgemeinschaften (Abschnitt 3.5), die sich mit der zeitlichen Entfernung vom Störereignis verändern und bei Ausfall des Störereignisses in K-selektionierte Lebensgemeinschaften übergehen. Dies ist beispielsweise das Problem der Nationalparks in den westlichen Vereinigten Staaten. Feuer war dort immer ein durch Trockengewitter ausgelöster, natürlicher Faktor (Abschnitt 2.2.2.3). Durch die Waldbrandbekämpfung konnten sich schattentolerante Baumarten vermehren, wodurch ein wesentlich dichteres Unterholz entstand. Aus den früheren Grundfeuern entstehen so Kronenfeuer, die wesentlich heißer und damit zerstörerischer sind. *„Defending fire is making fire"* wissen Ökologen in diesen Gebieten schon lange.

Das Nebeneinander von Störstellen unterschiedlichen Alters oder Entwicklungsstadien bei zyklischen Prozessen (z. B. Jugend-, Optimal-, Alters- und Zerfallsphase in Urwäldern), zwischen denen Migration von Arten im Sinne des Metapopulationskonzepts (Abschnitt 3.7) möglich ist, schafft ein raum-zeitliches, dynamisches, aber in sich konsistentes ökologisches System, in dem die benötigten Arten immer irgendwo vorhanden sind. Dies ist die Konsequenz der **Mosaikzyklustheorie**, welche für die Erklärung der Vielfalt an Arten auch den Raum-Zeitbezug anführt (Remmert 1991). Wenn Störungen selten sind, wird eine Gemeinschaft von wenigen Arten der letzten

**Abb. 5.29:** Beziehungs-gefüge der Feldmaus (*Microtus arvalis*) in mitteleuropäischen Halbtrockenrasen. Ihre Wirkung auf dominante Arten wie Trespengras, Rotklee, Esparsette kann negativ (Fraß) und positiv (Samenverbreitung) sein. Auf Arten wie Gänsekresse oder Schlüsselblume wirkt sie nur positiv, indem ihre Nutzung dominanter Arten im Sinne eines Ökosystemingenieurs Lücken schafft. Aus Gigon und Ryser (2000).

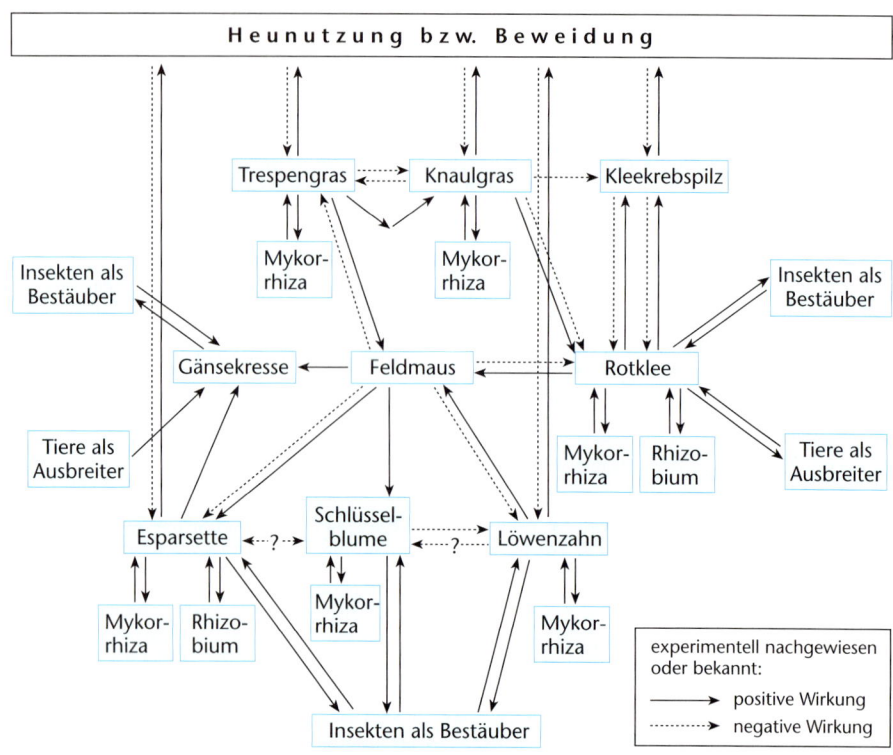

Sukzessionsstadien (meist K-Strategen) dominiert und die Diversität ist gering. Sind Störungen allerdings sehr häufig, dominieren Pionierarten früher Sukzessionsstadien (r-Strategen) und die Diversität ist erneut gering. Es erscheint nahe liegend, dass höchste Diversität unter Störungsregimen auftritt, bei denen die zeitliche Folge einzelner Störungen nicht zu eng und das Einzelereignis nicht zu zerstörerisch ist (*intermediate disturbance hypothesis*, Connell 1978) (Abschnitt 5.4.4). Koexistenz bei angemessenen Störungsraten ist möglich, wenn Populationswachstumsraten nicht zu hoch sind (Abbildung 5.30).

Die *intermediate disturbance hypothesis* ist ein sehr populäres Konzept, ohne dass in den meisten Fällen genau definiert wird, was unter mittelintensivem Störungsregime zu verstehen ist. Kritisch wird es dann, wenn das Konzept zur Rechtfertigung von Eingriffen in die Natur durch den Menschen herangezogen wird.

Störungen wirken aber auch kleinräumig und innerhalb von Lebensgemeinschaften. Jedes gestorbene Individuum in einer Zönose hinterlässt eine Lücke, die durch Individuen der eigenen oder einer anderen Art wiederbesiedelt bzw. wiederbesetzt werden kann. Man spricht von **Lückendynamik** (*gap dynamics*). Dies trifft vor allem sessile Arten. Mobile Tiere entweichen der Störung bzw. können günstige Lebensstätten aktiv aufsuchen. Störungen schaffen insgesamt räumliche und zeitliche Heterogenität, wodurch die Habitatstruktur erhöht und damit zwangsläufig komplexere und artenreichere Lebensgemeinschaften entstehen. Hätte man beispielsweise die Möglichkeit, Luftbilder von einem Regenwald über 10 000

Jahre lang zu machen und diese Bilder im Zeitraffer ablaufen zu lassen, der Wald würde regelrecht wie kochendes Wasser brodeln. Störungen wirken konkurrenzverlangsamend, da sie verhindern, dass Populationen potentiell konkurrierender Arten hohe Dichten erreichen, bei denen Konkurrenz erst wirksam würde. Die Lebensstätte bleibt instabil, sich entwickelnde Konkurrenz wird immer wieder unterbrochen (Abbildung 5.30).

Konzept und Begriff der Störung wurden als *disturbance* in die internationale ökologische Literatur eingeführt. *Disturbance* lässt sich ins Deutsche aber nur als „Störung" übersetzen, ein Wort, das in der Alltagssprache negativ besetzt ist. Alternative Ausdrücke wie etwa Disturbation oder Auslenkung haben sich nicht durchsetzen können.

Die innere Dynamik ökologischer Systeme kann auch durch klimatische Ereignisse, speziell durch **Schwellenwertüberschreitungen**, verursacht werden (Austin 1980). Überschreitet beispielsweise ein Frost die Resistenzgrenze einiger Arten, führt der partielle Ausfall der entsprechenden Artpopulationen zur Veränderung der Artengarnitur und Neuformierung ganzer Konsortien. Störungen der einen oder anderen Art sind daher in natürlichen Lebensgemeinschaften so alltäglich, dass man zweifeln kann, ob eine Gleichgewichtssituation in der Natur jemals vorkommt. Wichtig dabei ist, dass Lebensgemeinschaften offene Systeme sind und Individuen aus überlebenden Teilpopulationen außerhalb der betroffenen Biozönose die freien Stellen wieder besetzen können. Diese Betrachtung von Lebensgemeinschaften als **offenes System im Ungleichgewicht** (*nonequilibrium conditi-*

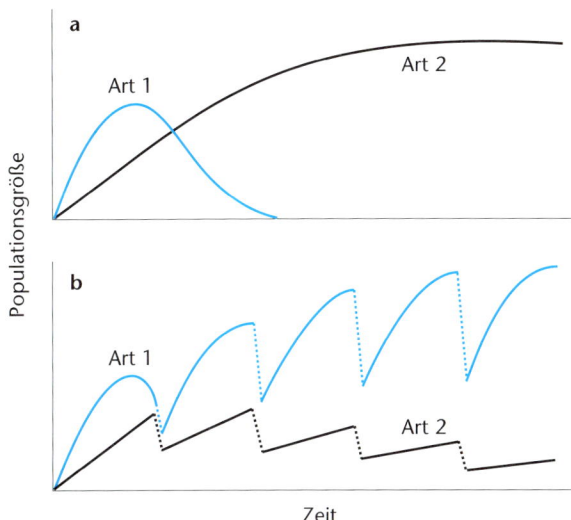

**Abb. 5.30:** Modell für die konkurrenzverlangsamende Wirkung durch wiederkehrende Störungen. In einer ungestörten Umwelt (a) würde sich nach dem Nischenausschlussprinzip die konkurrenzstärkere Art mit der Zeit durchsetzen. Durch wiederkehrende Störung (b) wird dieser Prozess immer wieder unterbrochen und Koexistenz ist längerfristig möglich. Art 1 zeichnet sich durch einen hohen r-Wert und niedrigen K-Wert aus, Art 2 weist einen niedrigen r-Wert und hohen K-Wert auf. Nach Huston (1979).

*ons*) kommt daher einem allgemein gültigen theoretischen Konzept von Lebensgemeinschaften schon sehr nahe und hilft, zusätzlich zum Konzept der Nischendifferenzierung, Vielfalt zu erklären.

Die Vorstellung von einem **Gleichgewicht** in der Natur (*balance of nature concept*) ist alt, entspricht aber eher einem menschlichen Grundbedürfnis als einem wissenschaftlich überprüfbaren Sachverhalt. Bezeichnenderweise gingen viele Naturforscher und Ökologen noch im frühen 20. Jahrhundert von einer Gleichgewichtssituation in der Natur aus. In dem Umfang, in dem die starken Schwankungen in den Abundanzen von Populationen erkannt wurden und in dem sich Konzepte wie das der Metapopulation oder das der Mosaikzyklen durchsetzten, wurde klar, dass „die Natur" sich nicht zwangsläufig in einem Gleichgewicht befindet. Ökosysteme können sich von einem Quasi-Gleichgewichtszustand zu einem anderen verändern (May 1977), sodass Prognosen schwierig sind (Pimm 1991). *„The balance of nature does not exist, and perhaps never has existed"* (Elton 1930).

Drei Phänomene können die Lückendynamik beeinflussen: der Vorratseffekt und die dominanzbestimmte bzw. gründerbestimmte Dynamik:

- Ein **Vorratseffekt** (*storage effect*) ist dann gegeben, wenn eine Population in guten Jahren Nachkommen produziert, die dann sozusagen auf das Störungsereignis warten (Chesson und Warner 1981). Ein Beispiel hierfür sind Waldbäume. In Mastjahren werden große Mengen an Samen und Früchten produziert. Die Samen keimen sofort. Die Jungpflanzen können dann aber sehr lange in diesem Stadium ausharren, bis sich eine Lichtlücke durch einen absterbenden oder gefällten Baum bildet. In den Diasporenbanken von Böden warten oft Tausende von Samen jahrzehnte-, in einigen Fällen sogar jahrhundertelang auf günstige Bedingungen. Dauerstadien von Zooplankton überstehen schlechte Bedingungen über Jahre.

- Arten, die in einer Lücke aufkommen, können solche sein, die dominant sind, d.h. rascher wachsen und eine relativ größere Biomasse oder bei Tieren eine größere Populationsdichte aufbauen als andere (**dominanzbestimmt**). Sie unterdrücken die ebenfalls aufkommenden, weniger konkurrenzkräftigen Arten mit der Zeit und bestimmen die Entwicklung nach dem Störungsereignis im Sinne eines Sukzessionsprozesses (Abschnitt 5.4.4.1). Durch das anschließende Dominieren einiger weniger Arten führt dominanzbestimmte Dynamik letztlich zu eher artenarmen Lebensgemeinschaften.

- **Gründerbestimmt** ist der Regenerationsprozess dann, wenn die besetzenden Arten anderen die Chance nehmen, einen bereits besetzten Platz zu übernehmen. Häufig hängt es vom Zufall ab, wer sich ansiedeln kann, wenn ein Individuum aus dem Ensemble der Siedler stirbt oder bei Tieren ein Territorium frei wird (**Lotterieprinzip**, Sale 1977). Gründerbetonte Situationen haben zumindest das Potenzial artenreich zu sein. Die erhöhte Diversität beruht in einem solchen Fall auf dem Fehlen von Nachkommen überlegener Konkurrenten (*neighborhood recruitment limitation*) in freigewordenen Lücken. Sessile Organismen (Pflanzen, aber auch manche Tiere wie Korallen, Moostierchen, Seepocken) konkurrieren nur mit ihren direkten Nachbarn um limitierte Ressourcen. Pflanzen beschatten z.B. nur ihre Nachbarn, weiter entfernte Individuen bleiben unbeeinflusst. Konkurrenzstarke Pflanzenarten fehlen an vielen Plätzen, an denen sie zwar durchaus von den Umweltbedingungen her vorkommen könnten, aber aufgrund einer eingeschränkten Ausbreitungsfähigkeit (*trade-off* mit Konkurrenzfähigkeit), geringer lokaler Abundanz oder einfach aufgrund des Zufalls nicht vorkommen. Die Häufigkeit solcher Arten ist daher durch ihre Rekrutierung limitiert. Dadurch können sich selbst konkurrenzüberlegene Arten an vielen Plätzen nicht durchsetzen, weil sie einfach bei der Besiedlung gefehlt haben. Auf diese Weise halten sich auch konkurrenzschwache Arten an manchen Plätzen. Wenn Arten durch ihre Rekrutierung limitiert sind, sind diejenigen Arten, die sich an lokalen Standorten durchsetzen, nicht unbedingt diejenigen, die die stärksten Konkurrenten sind, sondern nur die besten Konkurrenten, die den Standort kolonisiert haben. Limitierung durch mangelnde Rekrutierung scheint für die meisten sessilen Arten zu gelten.

Eine interessante Weiterentwicklung des Prinzips der gründerbestimmten Dynamik ist die Entwicklung von **neutralen Modellen** zur Erklärung der Vielfalt an Arten

(Hubbell 2001, Abschnitt 5.3.3.1). Neutrale Modelle gehen davon aus, dass die einzelnen Arten untereinander in ihren ökologischen Eigenschaften im Mittel ähnlicher sind, als nach der Nischentheorie angenommen. Im Grunde erfüllen viele Arten einer trophischen Ebene dieselbe Funktion gleich gut (z. B. die verschiedenen Baumarten tropischer Regenwälder). In neutralen Modellen werden die einzelnen Individuen verschiedener Arten als gleichwertig angesehen. Die Dynamik der Artengemeinschaft wird einzig durch zufällige Ausbreitung, Geburt und Tod von Individuen und die Gesamtzahl Individuen in der Gemeinschaft bestimmt (deswegen gelten die Modelle als neutral). Alle Individuen konkurrieren um dieselben Ressourcen, aber der Gewinner an einem lokal begrenzten Standort wird durch den Zufall bestimmt. Obwohl die Voraussetzungen neutraler Modelle vielen konventionellen Denkweisen über die Ähnlichkeit von Arten widersprechen, beschreiben neutrale Modelle einige natürlichen Systeme mit erstaunlicher Präzision. So lassen sich mit neutralen Modellen z. B. recht genau die Abundanzen von über 800 Baumarten in Regenwäldern Malaysias voraus sagen. Allerdings scheinen neutrale Modelle in erster Linie für Gemeinschaften sessiler Arten wie Pflanzen, Korallen usw. zu gelten, bei denen nachweislich zufällige Besiedlung einen wichtigen Prozess darstellt, der die Dynamik beeinflusst. Auch gelten neutrale Modelle nur für Arten innerhalb einer trophischen Ebene; sie können z. B. die Häufigkeit und Artenzusammensetzung von Bäumen beschreiben, aber nicht auch noch die Artenzahl der auf ihnen lebenden herbivoren Insekten (die in unterschiedlicher Weise von den verschiedenen Baumarten abhängig sind) und deren Parasitoide.

### 5.3.3.4 Kooperation und Gestaltungsregeln

Es besteht kein Zweifel, dass Konkurrenz, Störung und Prädation wesentliche Kräfte sind, die die Zusammensetzung einer Lebensgemeinschaft in wechselnder Bedeutung und Gewichtung bestimmen. Die Vielfalt der Lebewelt wäre ohne Räuber, Parasiten und Parasitoiden nicht denkbar. In letzter Zeit mehren sich aber Stimmen, die positive Interaktionen als gleichwertiges Element in den zönologischen Gestaltungsprozessen fordern und die Bedeutung der Konkurrenz in Frage stellen (Abschnitt 4.6). Dies geht über die allseits akzeptierte Beachtung von Mutualismen wie jenem zwischen Bestäubern und Blütenpflanzen hinaus. Vor allem Pflanzenökologen weisen immer wieder darauf hin, dass besonders die Artenzusammensetzung von Pflanzengesellschaften extremer Standorte nur durch das Zusammenspiel gegenseitig unterstützender Effekte verstanden werden kann. In einem transkontinental angelegten Experiment in europäischen und amerikanischen Hochgebirgen wurden um ausgewählte Individuen typisch alpiner Arten die Nachbarn entfernt. Es zeigte sich, dass an der Waldgrenze, also in relativ tiefer Lage, Konkurrenz wirksam ist, da die beobachteten Pflanzen nach Entfernen der Nachbarn besser wuchsen (Abbildung 5.31). In den unwirtlichen hohen Lagen

hingegen bewirkte das gleiche Experiment gegenteilige Effekte (Callaway et al. 2002).

Wie ist dieser Befund im Detail zu verstehen? In einer Artengruppe aus vier Kräutern und einem Gras (Abbildung 5.32) konkurriert auf einer Gletschermoräne in der Schweiz der dominante Alpenklee (*Trifolium alpestre*) mit den anderen zweifellos um Licht, Nährstoffe und Wasser. Auf der anderen Seite schafft er mit seiner Pfahlwurzel Nährstoffe aus tieferen Schichten nach oben, wirkt humusanreichernd und fixiert mit Hilfe der Knöllchenbakterien Luftstickstoff. Stickstoff ist auf den rohen Moränenböden eine Mangelressource. Auf dem Polster kondensiert mehr Tau, und der Humus hält im Gegensatz zum Rohboden mehr Wasser. Im Polster ist es wärmer und feuchter als daneben, und das polstereigene Mikroklima fördert den Remineralisierungsprozess im Humus. Zusätzlich schützt das Polster vor Schneeschliff, dem beispielsweise der zarte Alpenmauerpfeffer (*Sedum alpestre*) sonst schutzlos ausgeliefert wäre. Ein weiterer positiver Effekt könnte in dem üppig blühenden Polster wirksam sein: In der Nähe auffälliger und nektarreicher Blüten werden auch weniger nektarreiche und attraktive Blüten häufiger bestäubt. Bestäuber finden in benachbarten Blüten oft Ruheplätze, Schlafplätze oder Begattungsorte. Die Pflanzen im Polster wirken auch als **Ammenpflanzen** für Keimlinge und reichern vom Wind herumgewirbelte Samen an (Gigon 1999).

Dieses Beispiel zeigt, dass die Nährstoffe, die durch die symbiontischen Bakterien (Stickstoff) und den Alpenklee (u. a. Kalium und Phosphor) letztlich über den Nährstofftransfer, möglicherweise sogar über Mykorrhizaverbindungen, auch den anderen Pflanzenarten zugute kommen. Der Alpenklee seinerseits hatte möglicherweise anfänglich davon profitiert, dass etwa das Alpenleinkraut (*Linaria alpina*) als ausgesprochene Pionierart auf Moränenschotter den *safe site* für Keimung und Entwicklung des Klees geschaffen hatte. Es stellte sich daher die Frage, ob ganze Lebensgemeinschaften in enger koevolutiver Beziehung entstanden sind und ob dies zu determinierten Systemen geführt hat, die ein Holon, eine in sich bestimmte Einheit, darstellen? Im Fall des Blumenpolsters könnte zweifellos eine in Statur und Form andere, aber ebenfalls geeignete Kleeart wie Hornklee (*Lotus alpinus*) oder Moränenklee (*Trifolium pallescens*) die Rolle des Ökosystemingenieurs Alpenklee übernehmen.

Eine Antwort auf die holistische Perspektive könnte die Kenntnis von **Gestaltungsregeln** bringen (*assemblage rules*, Keddy 1992, Morin 1999). Für Pflanzengesellschaften stellten Wilson et al. (2000) vier Hypothesen vor:

- Die **deterministische Hypothese** geht davon aus, dass unter gegebener Flora je nach Standort die gleichen Gesellschaftstypen entstehen.
- Die **Präadaptationshypothese** nimmt wie die deterministische Hypothese eine grundsätzlich gleiche Gesellschaftsstruktur an, in der die verschiedenen ökologischen Planstellen aber auch von anderen Arten eingenommen werden können, wobei die notwendigen Eigenschaften woanders erworben wurden.

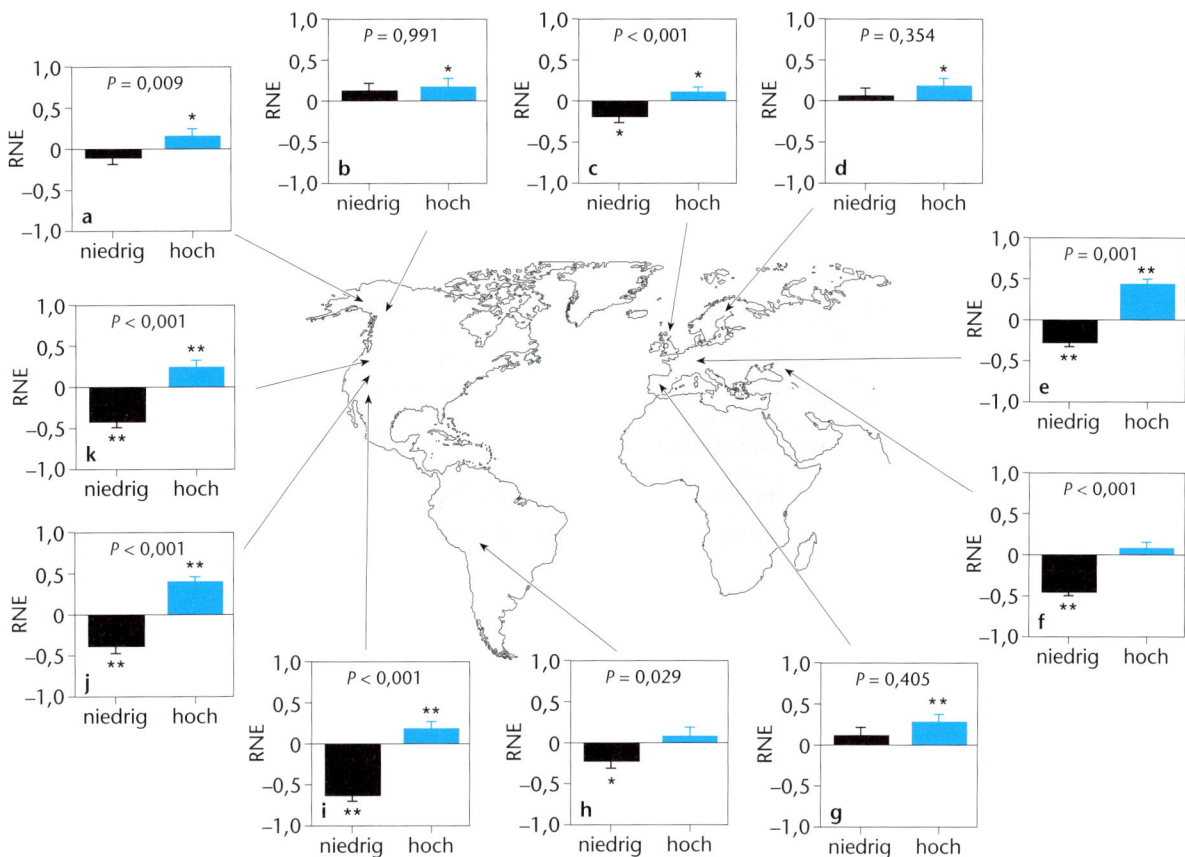

**Abb. 5.31:** Biomasseentwicklung alpiner Pflanzenarten an der Waldgrenze und an der Obergrenze alpiner Rasen (d. h. ca. 400–900 m höher) in verschiedenen Hochgebirgen Süd-, Nordamerikas und Europas. An der Waldgrenze erniedrigt die Entfernung der Nachbarn die Biomasse der untersuchten Arten (*target species*), in den stressbetonten hohen Lagen wird sie dadurch erhöht. Unter extremen Bedingungen sind positive Nachbareffekte (RNE *relative neighbour effect*: Biomasse Nachbararten – Biomasse *target species*/höchste Biomasse) daher von großer Bedeutung. Aus Callaway et al. (2002).

- Die *alternative stable state-***Hypothese** geht davon aus, dass ähnliche Gesellschaftstypen grundsätzlich nicht mehr entstehen.
- Die **stochastische Hypothese** nimmt die Zufallszusammensetzung der Gesellschaften an.

Diese Hypothesen könnten durch Experimente großen Stiles überprüft werden, indem einem großräumig frei gemachten Gebiet mit unterschiedlichen Standorten (z. B. nass-feucht-trocken, gestört-ungestört) bestimmte Kombinationen von Arten angeboten werden. Eine vergleichende Studie zwischen einheimischen Straßenrandgesellschaften in Großbritannien und vergleichbaren Neophytengesellschaften in Neuseeland (weitgehend gleiche Arten) unterstützt vor allem die Präadaptionshypothese (Wilson et al. 2000).

Die Diversität und die Zusammensetzung von Lebensgemeinschaften sind somit das Resultat unterschiedlichster Kräfte, die in verschiedenen Weltteilen mit ähnlichen Lebensbedingungen gleich wirken bzw. gewirkt haben. Sie haben Adaptationen bei Pflanzen, Tieren und Mikroorganismen für ökologische Planstellen geschaffen, die zweifellos durch negative und positive Interaktionen zwischen ökofunktionalen Typen mitdefiniert wurden. Man spricht hier auch von Stellenäquivalenz und verwendet den Begriff Planstelle im Sinne der fundamentalen Nische (Abschnitt 2.4.2). Stellenäquivalente Arten sind nie vollständig identisch in ihren Ansprüchen, jedoch in gewissem Sinn präadaptiert. Diese Präadaptation erlaubt es z. B. europäischen Arten, in den sich neu bildenden Lebensgemeinschaften an den Straßenrändern Neuseelands passende Nischen zu besetzen. Welche realisierte Nische sich letztlich ausbildet, entscheiden die verfügbaren Arten.

Das theoretische Gerüst zum Verständnis von Lebensgemeinschaften und deren Entstehung ist zwangsläufig von menschlichen Projektionen abhängig und damit vom soziokulturellen Hintergrund der Forscher. Die Fokussierung auf die negativen oder positiven Kräfte geben aber auch die Studienobjekte selbst vor. Empirische Beweise für die Konkurrenztheorien lieferten vor allem Studien an Vögeln und Säugetieren, wo Konkurrenz und Fressbeziehungen offensichtlich sind. Hingegen sind es vor allem Vegetationsökologen, die heute die positiven Interaktionen in Pflanzengesellschaften betonen.

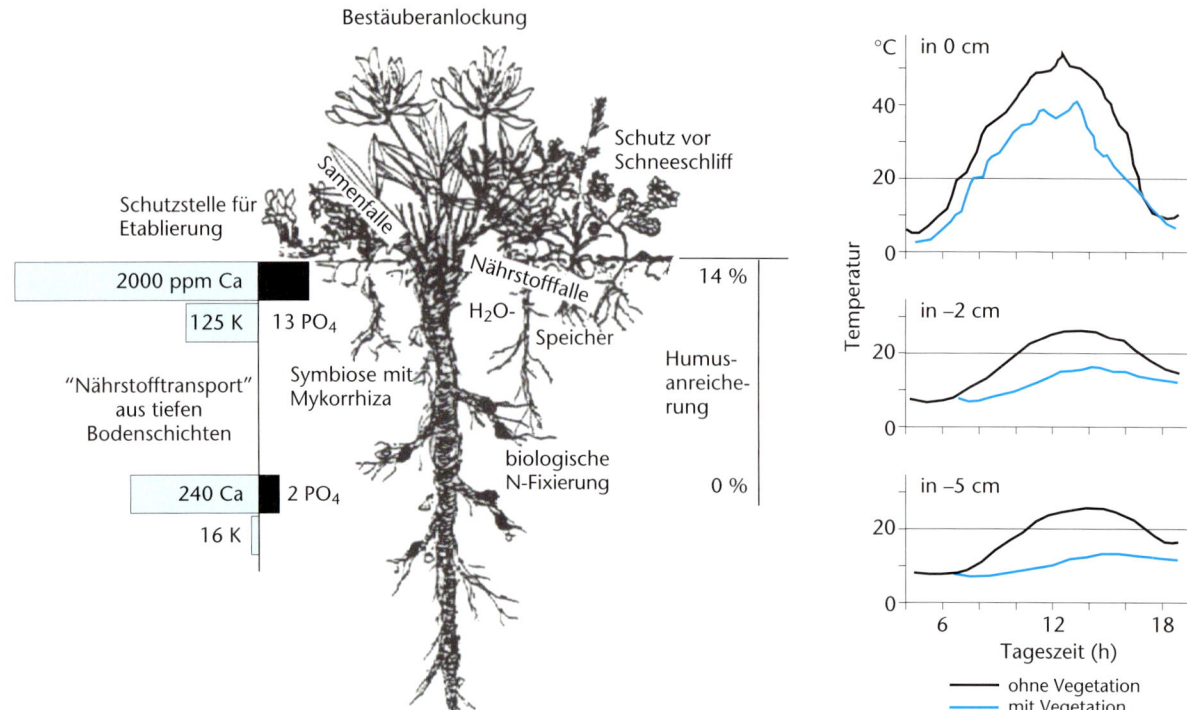

**Abb. 5.32:** Positive Interaktionen in einem Blumenpolster in der Überschwemmungszone eines Gletscherbaches beim Berninapass (Schweiz). Der Alpenklee (*Trifolium alpinum*) schafft mit seinen Pfahlwurzeln Nährstoffe aus tieferen Schichten in die Humusschicht (Angaben in ppm) und assimiliert Luftstickstoff mit Hilfe der Knöllchenbakterien (*Rhizobium*). Der Stickstoff kommt den anderen Arten nach Zersetzung der Kleeblätter zugute. Zusammen mit dem Klee schaffen die anderen Arten Schutzstellen (*safe sites*) für die Samen und bilden Schutz vor Schneeschliff. Ein eigenes Mikroklima bildet sich im Polster aus, das wesentlich günstiger ist als die Bedingungen außerhalb (Diagramme rechts). Außerdem lockt die auffällige Blüte des Klees auch mehr Bestäuber für die anderen Arten an. Aus Gigon (1999).

### 5.3.3.5 Stabilität von Lebensgemeinschaften

Störungen hinterlassen Spuren in Lebensgemeinschaften, die wieder verheilen. Gebüsche und Vorwälder bilden regelrechte Verheilungsgemeinschaften nach einem Windwurf oder Kahlschlag, bis sich der stabile Hochwald wieder einstellt. Es gibt aber auch Lebensgemeinschaften, die sich bei Störung wenig oder erst bei hohen Intensitäten verändern, wie etwa eine Flussaue nach einem extremen Hochwasserereignis. Allgemein unterscheidet man zwischen **Resilienz** (Elastizität) und **Resistenz**. Resiliente Lebensgemeinschaften kehren immer wieder in ihren Ausgangszustand (oder einen ähnlichen Zustand) zurück, resistente sind in der Lage, Veränderungen von Anfang an zu vermeiden. Beide Phänomene garantieren eine gewisse Stabilität der Biozönosen über längere Zeiträume. Allgemein gelten K-selektionierte Lebensräume als resistent, r-selektionierte als primär resilient und störungsadaptiert (Abschnitt 3.5).

Betrachtet man die innere Dynamik von Lebensgemeinschaften, kann man die Frage stellen, wie sich der Ausfall einer oder mehrerer Arten durch eine Störung (z. B. Ausrottung einer Art durch Bejagung) oder einen Klimaexzess generell auswirkt. Ereignisse dieser Art begleiten den

Menschen seit prähistorischer Zeit. Nach der Overkill-Hypothese (Martin und Klein 1984) sollen bereits die altsteinzeitlichen Jäger das Verschwinden der Megaherbivoren aus den nordischen Kältesteppen der Nacheiszeit verursacht haben (Abschnitt 6.5.3.1). Ein Folgeeffekt könnte gewesen sein, dass die Kältesteppen vermoosten und sich feuchte Tundren bildeten. Im Mittelalter verschwand das Urrind aus den Wäldern Mitteleuropas. Ebenfalls in Mitteleuropa wurden die Spitzenprädatoren Braunbär, Luchs und Wolf vor 150–200 Jahren ausgerottet, sodass sich viele ehemalige Beutepopulationen stärker vermehren konnten. Auf Inseln wie Hawaii oder Mauritius, wo eingeführte und verwilderte Haustiere der heimischen Tierwelt zusetzen, fehlen nun die Bestäuber oder/und Samenverbreiter für endemische Arten. Der Kastanienkrebs (*Endothia parasitica*) führte im letzten Jahrhundert zum Ausfall des wichtigsten Waldbildners im Osten der Vereinigten Staaten, der Amerikanischen Edelkastanie (*Castanea dentata*). Ihre Rolle übernahmen andere Laubhölzer, vor allem Eichen, die beigemischt bereits vorhanden waren. Diese sind heute durch den aus Europa eingeführten Schwammspinner (*Lymantria dispar*) gefährdet.

Durch den Ausfall einer oder mehrerer Arten kann sich die gesamte Artengarnitur qualitativ und quantitativ verändern. Offene Fragen sind, wer noch mit ausstirbt, mit wem sich die „verwaisten Konsorten" verbinden, für welche Immigranten die Lebensgemeinschaft nun zugänglich wird oder ob diese das gesamte Artengefüge noch mehr durcheinander bringen. Das Ausmaß dieser Veränderung hängt sicherlich von der Stärke der Verknüpfung mit anderen Arten ab. Gut verknüpft sind beispielsweise Ökosystemingenieure oder Arten, die eine Schlüsselposition im Nahrungsgefüge spielen (wie die Feigenarten für den Orang-Utang in den Regenwäldern Borneos, Whitemore 1993). In Anlehnung an Paine (1969) spricht man von **Schlüsselarten** oder **Schlusssteinarten** *(key species* oder *keystone species)*, und es wurde das Modell eines Torbogens bemüht, der zusammenbricht, wenn der oberste Stein herausgenommen wird (Abschnitt 6.5.1.2). So leicht aber brechen Biozönosen nicht zusammen. Sie gehen nur in eine andere mit verändertem Artenbestand über, und nur selten wird sich eine grundsätzlich andere Struktur einstellen.

Eine grundsätzliche Schlüsselrolle spielen die Arten der Phytozönose, an denen die verschiedenen Konsortien ansetzen. Sie sind die Primärproduzenten und daher zwangsläufig die Determinanten im Gesamtsystem. Die Konsumenten besitzen aber nicht selten Einfluss auf ihre Nutzart und bestimmen mit, wer zur Phytozönose gehört. Dies gilt für die gesamte Nahrungskette. Es stellt sich daher die Frage, ob eine Lebensgemeinschaft in Struktur und Artenzusammensetzung von oben her *(top down)* oder von unten *(bottom up)* bestimmt wird (Abschnitt 4.7).

Global gesehen gelten daher Ökosysteme mit hoher Produktivität wie tropische Regenwälder als artenreicher (**Produktivitätshypothese**), da das höhere Energieangebot komplexere und längere Nahrungsketten ermöglicht (Hutchinson 1959). Der Energieverlust von einem trophischen Niveau zum nächsten beträgt etwa 80–90 % (Abschnitt 5.2.1). Mehr Energie müsste also zwangsläufig zu höherer Diversität führen. Empirische Befunde zeigen aber, dass hochproduktive Ökosysteme (z. B. Marschen oder Fettwiesen) keineswegs die artenreichsten sind, vielmehr scheint eine unimodale Beziehung zu bestehen (Tilman und Pacala 1993). Diese lässt sich aus folgender Überlegung ableiten (Leibold 1996): Bei geringer Produktivität sind Räuber zu rar, um den besten Konkurrenten zu reduzieren. In mittelproduktiven Systemen ist dies möglich, und unterlegene und gegen den Räuber resistente Konkurrenten können koexistieren. In hochproduktiven Systemen ist die Räuberdichte sehr hoch und alle, außer der resistentesten Art, werden eliminiert. Diese Aussagen stehen in Analogie zur *exploitation ecosystem hypothesis*, die in Abschnitt 4.7.3.1 vorgestellt wurde.

Leibolds Hypothese erklärt in allgemeiner Anwendung das Phänomen, dass hochproduktive Wiesen artenarm sind. Im Gegensatz zu den klassischen Wirtschaftswiesen mit bis zu 30 Arten an Gräsern und Kräutern wird modernes Grünland (maximal zehn Arten) viermal, in manchen Fällen bis zu achtmal gemäht. Diese häufige Mahd entspricht einer extremen Überweidung. Nur sehr fraßresistente Arten bleiben übrig. Andererseits erklärt die Hypothese nicht, warum Trockenrasen oder Feuchtwiesen mit geringer Produktion sehr artenreich (> 40 Gräser- und Krautarten) sein können.

## 5.3.3.6 Das Konzept der Biodiversität

Unter **Biodiversität** verstehen wir die Vielfalt von Arten samt ihrer genetischen Diversität, die Vielfalt höherer Taxa (phyletische Diversität), genauso wie die Vielfalt von funktionellen Gruppen (Gilden), trophischen Ebenen und Lebensgemeinschaften (Ökosystemen). Biodiversität bezieht alle Arten von Lebewesen mit ein, auch den Menschen, und bezieht sich zudem ausdrücklich auf die Ebene der Ökosysteme und ihrer Leistungen (Beierkuhnlein 2001, Kasten 5.11).

Obwohl Begriff und Konzept der „Diversität" in der Biologie, speziell der Ökologie, keineswegs neu waren (Abschnitt 6.5), sprach Thomas Lovejoy als Erster 1980 von *biological diversity*, hieraus wurde schnell *biodiversity*. Anlässlich der Convention on Biological Diversity, Rio de Janeiro 1992, wurde folgende Definition verabschiedet: „*Biological diversity means the variability among living organisms from all sources including, inter alia, terrestrial, marine and other aquatic ecosystems and the ecological complexes of which they are part; this includes diversity within species, between species and of ecosystems*" (CBD 2003). Nachdem der Begriff der Diversität eher in einem restriktiven und streng wissenschaftlichen Sinn gebraucht wurde, sollte durch den Begriff Biodiversität ein anderes Zielpublikum angesprochen werden, nämlich politische Entscheidungsträger und eine breite Allgemeinheit. Biodiversität wurde von Anfang an in Zusammenhang mit dem Schutz und der Erhaltung der Natur verstanden, daher war die Argumentation oft ökonomisch, in der Annahme, dass solche Argumente überzeugender sind als rein ökologische (Abschnitt 6.5.2).

Der **Artenreichtum** eines Lebensraumes hängt von vielen Parametern ab, gehorcht aber allgemeinen Mustern. Die Zahl der Pflanzenarten steigt mit der Produktivität des Lebensraumes, die ihrerseits vom Niederschlag bzw. der Evapotranspiration abhängt. Lebensräume mit Tageszeitenklima haben mehr Arten als solche mit einem Jahreszeitenklima, daher nimmt auch die Artenzahl mit zunehmender Höhe ab. Eine heterogene Umwelt bietet mehr Ressourcen und ermöglicht damit mehr Arten eine Existenz als eine homogene Umwelt. Regelmäßige, mittelschwere Störungen fördern ebenfalls den Artenreichtum. Große Lebensräume haben mehr Arten als vergleichbare kleinere Lebensräume. Pflanzen bieten viele Nischen für Tiere, daher nimmt mit steigender Pflanzenzahl auch die Artenzahl der Tiere zu. In ihrem Artenreichtum zeigen viele Gruppen auf hohem taxonomischem Niveau eine Zunahme zum Äquator, also zu einem tropischen Klima (Vögel, Reptilien, Schmetterlinge, Käfer), es gibt jedoch auch einzelne Gruppen, die ihren Artenschwerpunkt in der gemäßigten Zone haben (z. B. Blattläuse).

Im Laufe der Erdgeschichte hat die Artenzahl zugenommen, es gab aber auch Perioden mit katastrophenartigen Rückschlägen. Neben Taxa, deren Artenzahlen zunahmen, gab es immer auch aussterbende Gruppen.

Die ursprünglich als reine Artdiversität verstandene Diversität wird nach Whittaker (1960, 1972) als **Alpha-Diversität** bezeichnet, wenn einzelne Lebensgemeinschaften oder Gilden betrachtet werden. Sie wird verwendet, um Artenzahlen verschiedener Untersuchungsgebiete oder Sammelstellen zu vergleichen. Die Alpha-Diversität ist eine quantitative Charakterisierung der Diversität und ist flächen- (Abbildung 5.33) oder typenbezogen (z. B. Al-

## Kasten 5.11: Wie misst man Diversität?

Unter der Artendiversität eines Lebensraumes versteht man die Vielfalt und relative Häufigkeit der vorkommenden Arten. Da es ökologisch von Bedeutung ist, ob zehn Arten in einem Lebensraum gleich häufig oder eine dominant und alle anderen selten sind, wird das Vorkommen der Arten (Präsenz) mit ihrer Häufigkeit (Abundanz) verrechnet (Arten-Individuen-Relation). Die Diversität kann also als berechnete Größe aufgefasst werden, die in einem **Diversitätsindex** Artenzahl und Häufigkeitsverteilung zusammenfasst (Pielou 1966). Aus einer Vielzahl von Diversitätsindices (Dickman 1968, Wolda 1981, Magurran 1988) wird häufig der **Shannon-Weaver-Index** $H_S$ verwendet.

In den späten 40er Jahren des 20. Jahrhunderts entwickelten Claude Shannon und Warren Weaver ein allgemeines Modell der Kommunikation (Shannon und Weaver 1949). Sie arbeiteten im Bereich der Informationstheorie, die ursprünglich entwickelt wurde, um informationstragende Signale vom Hintergrundrauschen zu unterscheiden. Der Shannon-Weaver-Index misst unter anderem die Diversität von Populationen, ist aber auch vielseitiger eingesetzt worden. Die häufig (fälschlicherweise) verwendete Bezeichnung Shannon-Wiener-Index geht auf die Beiträge des Mathematikers Norbert Wiener zurück, der sich mit der Entwicklung der Kybernetik befasste.

Die heute verwendete Formel für den Shannon-Weaver-Index $H_S$ lautet

$$H_S = -\sum_{i=1}^{s} p_1 \ln p_1$$

Hierbei ist $s$ die Zahl der im untersuchten Lebensraum vorkommenden Arten, $p_i$ die relative Häufigkeit einer bestimmten i-ten Art, wobei die Summe aller Häufigkeiten 1 (= 100 %) ist. Die Summe der Häufigkeiten aller Arten, multipliziert mit dem Logarithmus ihrer Häufigkeit, wird mit −1 multipliziert, um einen positiven Wert zu erhalten. Je höher er ist, desto mehr Arten sind vorhanden bzw. desto gleichmäßiger sind die Individuen auf die Arten verteilt (s. unten). Um zu ermitteln, ob ein hoher $H_S$-Wert auf Artenzahl oder Individuenverteilung zurückzuführen ist, wird der maximale $H_S$-Wert berechnet ($H_{max}$: alle Arten sind gleich häufig) und in Relation zur gefundenen Diversität $H_S$ gesetzt. Diese Bezugsgröße wird als **Evenness $E$** bezeichnet und gibt an, wie gleichmäßig die Individuen über die Arten verteilt sind.

$$E = H_S / H_{max}$$

$E$ ist kein Maß für die Diversität, sondern nur für die Verteilung von Arten. Der Wert für $E$ liegt zwischen 0 und 1. Ein hoher Wert deutet an, dass die Arten gleichmäßig verteilt sind, ein niedriger Wert deutet an, dass wenige Arten dominieren.

**Rechenbeispiel:** Vier gleichmäßig verteilte Arten erzielen einen $H_S$-Wert von 1,39 ($p_i$ = 0,25, ln 0,25 = −1,386; −1,386 × 0,25 = −0,35; −0,35 × 4 = −1,39). Bei zehn gleichmäßig verteilten Arten steigt $H_S$ auf 2,3, bei 100 gleichmäßig verteilten Arten auf 4,61. Mit zunehmender Artenzahl steigt also der $H_S$-Wert.

Wenn vier Arten extrem ungleich verteilt sind (erste Art 97 %, drei Arten je 1 %), ergibt sich ein $H_S$ von 0,17. Wenn die erste Art 70 %, die drei weiteren Arten je 10 % umfassen, beträgt $H_S$ 0,94. Bei vier Arten beläuft sich $H_S = H_{max}$ auf 1,39. Mit zunehmender Gleichverteilung steigt also $H_S$ bis zu $H_{max}$.

Mit zunehmender Gleichverteilung der Arten steigt der $E$-Wert ebenfalls. $E$ beträgt im letzten Rechenbeispiel bei extrem ungleichmäßiger Verteilung 0,12 (0,17/1,39), bei mittlerer Verteilung 0,8 (0,94/1,39), bei gleichmäßiger Verteilung 1,0.

Der Shannon-Weaver-Index ist der am häufigsten verwendete Index. Er reagiert besonders empfindlich auf Veränderungen bei seltenen Arten. Neben den vielen weiteren Indices, die zur Messung der Diversität verwendet werden können, sollen hier nur zwei aufgeführt werden (Magurran 1988).

Der **Simpson-Index $D$** ist besonders empfindlich gegenüber Veränderungen der häufigsten Arten und liefert Werte zwischen 0 (niedrigste Diversität) und 1 (höchste Diversität):

$$D = 1 - \sum_{i=1}^{s} (p_i)^2$$

Der **Brillouin-Index $H$** reagiert besonders empfindlich auf seltene Arten:

$$H = \frac{1}{N} \log \left( \frac{N!}{n_1! \, n_2! \, n_3! \dots} \right)$$

Die hier vorgestellten Indices können zur Berechnung von **Alpha-** und **Gamma-Diversität** verwendet werden. Die Berechnung der **Beta-Diversität** kann mit dem Jaccard-Index, dem Sörensen-Index oder vergleichbaren Indices durchgeführt werden, die zur Berechnung der Ähnlichkeit zwischen zwei Datensätzen geeignet sind. Diese Indices ergeben einen Wert zwischen 0 (komplett unähnlich) und 1 (komplett ähnlich). Zur Berechnung der Beta-Diversität als Maß der Unähnlichkeit wird der Ähnlichkeitsindex von 1 abgezogen. Je mehr sich die Datensätze unterscheiden, desto größer ist also der Wert für die Beta-Diversität.

Hierzu ein Beispiel: Nehmen wir an, wir haben zwei Flächen mit je 10 und 15 Arten, von denen 5 Arten gemeinsam auf beiden Flächen vorkommen. Dann wäre der Jaccard-Index $SI_J$ (Abschnitt 5.4.1.2) die Anzahl gemeinsamer Arten geteilt durch die Gesamtzahl der Arten beider Standorte, also $SI_J$ = 5/20 = 0,25. Die Beta-Diversität berechnet sich als $1 - SI_J$ = 0,75. Während der Jaccard-Index als ein Mass für die Ähnlichkeit beider Standorte angesehen werden kann, ist die Beta-Diversität ein Mass für die Unähnlichkeit.

In jedem Fall sollte beim Verrechnen der Diversität zu einem Index nicht vergessen werden, dass hierbei wichtige Information verloren geht, denn alle Angaben zu einer Art werden auf ihre Präsenz (ja/nein) und ihre Häufigkeit reduziert. In Indices fließen keine autökologischen Daten ein, d. h. diese Indices sagen nichts über einzelne Arten oder über eine Kausalität aus.

pha-Diversität einer Assoziation). Da auch in homogenen Lebensräumen die Artenzahl von der Größe des Lebensraumes abhängt, sollte die Artenzahl beim Vergleich mehrerer Aufnahmen im gleichen Lebensraum gleich groß sein. Die Alpha-Diversität kann auch auf die Diversität von Genen, Gilden (z. B. in einer Lebensgemeinschaft), Ökosystemen (z. B. in einem Landschaftsausschnitt) usw. bezogen werden.

Die **Gamma-Diversität** bezieht sich auf die Artenzahl in einem zusammengesetzten Datensatz, z. B. für eine große, heterogene Region, etwa einer Landschaft, die aus verschiedenen Lebensräumen mit unterschiedlichen klimatischen und sonstigen Bedingungen besteht. Die Gamma-Diversität ist immer größer als die Alpha-Diversität.

Mit der **Beta-Diversität** messen wir den Unterschied (*species turnover rate*) zwischen einzelnen Datensätzen (z. B. Plots, Aufnahmezeitpunkten), welche entlang eines ökologischen Gradienten oder in einer Zeitreihe angeordnet sein können (Abschnitt 5.4.1.2, Kasten 5.11).

Innerhalb des Biodiversitätskonzepts kommt allen Arten, Gilden, Lebensgemeinschaften, Ökosystemen und Funktionen eine bestimmte Bedeutung zu. Wie groß ist diese, wenn manche Arten allem Anschein nach die gleiche ökologische Nische besetzen und daher auch die gleiche ökologische Leistung erbringen? Solche redundanten Arten können als zusätzliche Absicherung eines Systems betrachtet werden, wurden aber auch als überflüssig bezeichnet. Aus der Diskussion um die angebliche **Redun-**

**danz** von Arten in einem Ökosystem ergibt sich die Frage nach dem Zusammenhang zwischen Artenzahl und Stabilität eines Ökosystems.

Die wissenschaftliche Formulierung der Artenredundanz erfolgte zuerst durch Ehrlich und Ehrlich (1981) mit der sehr anschaulichen Bolzenlösererzählung (Bolzenoder Nietenhypothese, *rivet popper hypothesis*): In den Tragflächen von Flugzeugen sind viel mehr Bolzen angebracht als aus Stabilitätsgründen nötig, man kann daher ohne weiteres einzelne Bolzen herauslösen, um Treibstoff zu sparen. Die Problematik des Sachverhalts liegt darin, dass man die Wichtigkeit eines bestimmten Bolzens erst dann bemerkt, wenn das Flugzeug abgestürzt ist, also der Bolzen irreversibel entfernt ist. Im übertragenen Sinn sollen einzelne Arten in einem Ökosystem entbehrlich sein, da ihre Funktion durch andere übernommen werden kann. Wenn aber die letzte Art einer funktionellen Gruppe oder Gilde (Abschnitt 5.3.1) entfällt, kann diese spezifische Funktion nicht mehr ausgeübt werden. Ehrlich und Ehrlich mahnen in ihrer Schlussfolgerung zur Vorsicht: Solange man die spezifische Funktion einer scheinbar redundanten Art nicht kennt, sollte man davon ausgehen, dass sie wichtig ist. Alle Arten sind daher im Prinzip gleich wichtig (*equally important species hypothesis*, Vitousek und Hooper 1993), und je mehr Arten vorhanden sind, desto besser (*diversity stability hypothesis,* May 1975).

Walker (1992) formulierte den gleichen Sachverhalt allerdings deutlich anders: Weil innerhalb einer funktionellen Gruppe meist mehrere Arten vorhanden sind, sind einzelne Arten entbehrlich (Redundanzhypothese, *species redundancy hypothesis).* Wichtig ist lediglich, dass die Funktion dieser Artengruppe erhalten bleibt. Eine weitere Möglichkeit besteht natürlich auch im Fehlen eines gesicherten Zusammenhangs zwischen Artenzahl und Funktion (*idiosyncratic hypothesis*), sodass keine Vorhersage möglich ist (Lawton 1994) (Abbildung 5.34).

Die Redundanzhypothese nimmt an, dass alle Arten einer Gilde oder funktionellen Gruppe ihre Ökosystemfunktion gleich gut ausüben können und dass es keine erhöhte Sicherheit gibt, wenn diese Funktion durch mehrere Arten ausgeübt wird. Genau dies schlugen aber Yachi und Loreau (1999) vor, als sie mit ihrer **Versicherungshypothese** (*insurance hypothesis)* ausführten, dass Qualität und Sicherheit für die Ausübung einer Ökosystemfunktion mit der Zahl der Arten steigt. Wenn Redundanz in einem Ökosystem vorkommt, ist sie nicht überflüssig, sondern dient als Puffer für Zeiten ungenügender funktioneller Leistung oder eintretender Veränderungen, ist also die Rückversicherung eines Ökosystems.

Es hat nicht an Versuchen gefehlt, die Redundanztheorie experimentell zu überprüfen. So einfach die Frage zu sein scheint, ob mehrere Arten eine Ökosystemfunktion besser ausüben können als wenige Arten, so schwierig ist es, diese experimentell zu testen. In einer kritischen Analyse von 40 Experimenten stellen Schwartz et al. (2000) fest, dass die Ergebnisse sehr unterschiedlich, ja zum Teil konträr ausfallen. Im Wesentlichen kann aber gefolgert werden, dass es einen Zusammenhang zwischen Arten-

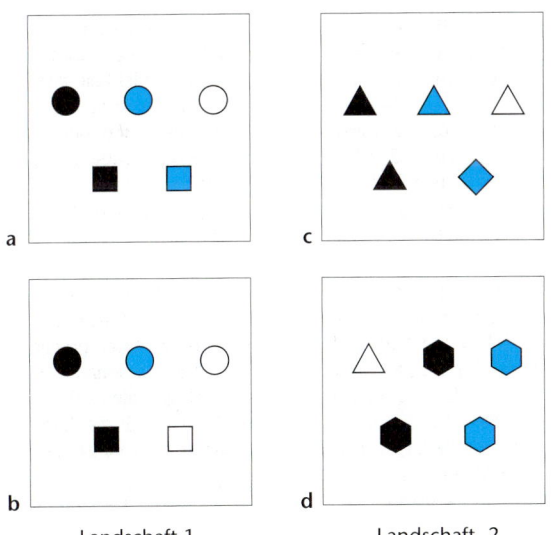

**Abb. 5.33:** Alpha-, Beta- und Gamma-Diversität in vier Lebensräumen (a bis d), die zwei Landschaften zugeordnet sind. Die Symbole und Farben stellen verschieden Arten dar. Die Alpha-Diversität ist an den Standorten (a) und (b) gleich hoch, an Standort (c) niedriger und an Standort (d) am niedrigsten. Die Gamma-Diversität ist in Landschaft 1 (6 Arten vorhanden) niedriger als in Landschaft 2 (7 Arten vorhanden). Die Beta-Diversität ist in Landschaft 1 niedrig (hohe Ähnlichkeit zwischen (a) und (b) und in Landschaft 2 hoch (geringe Ähnlichkeit zwischen (c) und (d). Abgeändert nach Perlman und Adelson (1997).

Landschaft 1    Landschaft 2

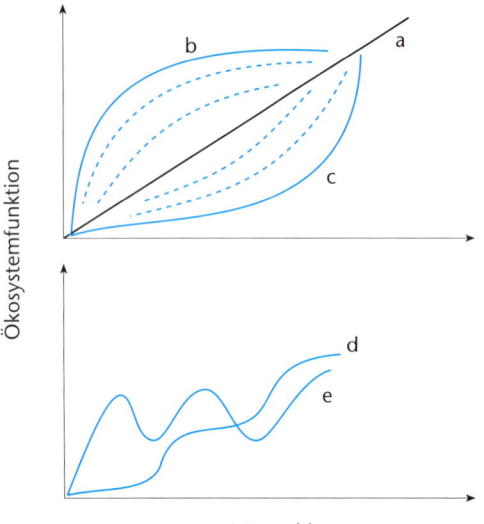

**Abb. 5.34:** Mit zunehmender Artenzahl kann in einem Ökosystem eine bestimmte ökosystemare Leistung besser ausgeführt werden. Der Zusammenhang zwischen beiden Parametern kann (a) linear sein (*equally important species hypothesis*), er kann schnell einen Sättigungsbereich (b) erreichen (*species redundancy hypothesis*), oder er kann erst bei Vorhandensein einer bestimmten Schlüsselart (c) hohe Werte erreichen (*keystone species*). Die Kurven (a) und (c) stellen extreme Vorstellungen dar, daher sind intermediäre Kurvenverläufe (gestrichelte Linien) wahrscheinlicher. Die *rivet popper hypothesis* (d) weist Ähnlichkeiten zur Kurve (c) auf, während von der *idiosyncratic hypothesis* (e) betont wird, dass ein Zusammenhang generell unvorhersagbar ist. Weitere Erklärungen im Text.

zahl und Ökosystemleistung gibt, also mehr Arten eine bestimmte Funktion besser ausüben als wenige Arten. Dies würde also im Prinzip die Diversitäts-Stabilitäts-Hypothese unterstützen. Eine Sättigung ist aber schon bei einer niedrigen Artenzahl erreicht, und eine weitere Erhöhung der Artenzahl führt zu keiner erkennbaren Verbesserung (Abbildung 5.34). Demgegenüber stehen einige wenige Studien mit einem linearen Zusammenhang zwischen Artenzahl und Ökosystemleistung. Schwartz et al. (2000) glauben, mit ihrer Metaanalyse die Redundanztheorie zu unterstützen.

Dieser Interpretation widersprechen Hector et al. (2001) energisch. Zwar wird eine gewisse Redundanz einiger Arten akzeptiert, diese Redundanz ist jedoch relativ, denn es ist im Prinzip nicht möglich, zwischen wichtigen und unwichtigen Arten zu unterscheiden, da auch eine redundante Art bei veränderten Umweltbedingungen zentral werden kann. Zentrale Arten können zudem mit scheinbar redundanten Arten interagieren, sodass diese indirekt wichtig werden. Vielleicht sollte man solche Ökosystemanalysen auch weniger auf die Arten fokussieren als auf die Funktionen, die sie ausführen. Diaz und Cabido (2001) sprechen in Analogie zur Artenredundanz von einer funktionellen Redundanz der Vegetation, welche sich

offenbar auch im Sinne einer Versicherung stabilisierend auf ein Ökosystem auswirkt.

Fasst man die Argumente zusammen, so können Arten also durchaus für ein Ökosystem redundant sein. Hieraus kann man aber nicht ableiten, dass sie überflüssig sind, denn im Sinn der Versicherungshypothese braucht es Redundanz in einem Ökosystem, um dessen Stabilität zu gewährleisten.

Die Festigung von Theorien ist deshalb so bedeutend, da sie als Handlungsanleitungen gebraucht werden. Auch die oben beschriebene *diversity stability hypothesis* zeigt dies. Komplexe bzw. artenreiche Lebensgemeinschaften gelten inzwischen allgemein als wünschenswert, weil sie als stabil und als eine Art Selbstversicherung der Natur betrachtet werden. Man hat gewissermaßen aus Sicht von Landschafts- und Naturmanagement zwei Fliegen auf einen Streich getroffen: Diversität und Stabilität. Gärtnereien bieten inzwischen „artenreiche" Gartentümpel an. Förster begründen einen „artenreichen Mischwald" selbst auf ungeeignetem Standort, wo von Natur aus Buche oder Fichte absolut dominant sind. Wohlmeinende Bürger erhöhen die Biodiversität ihres Stadtparks und pflanzen eine Gedächtnislinde. Gentechnisch veränderte Kulturpflanzen erhöhen in den Augen der Landwirtschaftslobby die heimische Biodiversität genauso wie hornlose Hochleistungskühe die Vielfalt von Rinderrassen. Gebrauch und Missbrauch von Theorien liegen also eng beisammen, und der Missbrauch ist umso leichter, je weniger abgesichert eine Theorie ist.

## 5.3.4 Phylogenetische und historische Aspekte

Die aktuellen Lebensgemeinschaften in einer Region sind letztlich auch das Produkt der verfügbaren Arten (Abschnitt 3.7.3). Flora und Fauna eines Gebiets, die Anzahl der Arten und die Artenverteilung im Raum haben sich im Lauf der Erdgeschichte ständig verändert. Das aktuelle Bild von Vegetation und Tierwelt ist immer auch das Resultat der jüngeren und ferneren Vergangenheit. Es ist daher nicht nur die Frage zu stellen, wie sich die Lebensgemeinschaften in ihrer Beziehung zum Standort heute präsentieren (proximale Sichtweise), sondern wie es dazu gekommen ist, dass sie so und nicht anders sind (ultimate Sichtweise). Dabei ist zu beachten, dass die Etablierung einer bestimmten Flora und Fauna in enger Wechselwirkung mit dem bereits vorhandenen Artenpool erfolgte. Zweifellos konnten sich bzw. können sich viele Arten in gegebenen Lebensgemeinschaften nicht etablieren, obwohl die abiotischen Verhältnisse dies zuließen. Bestimmte Präadaptationen (Abschnitt 5.3.3.4) sind vermutlich die Voraussetzung, dass eine bestimmte Artengarnitur an einem Standort gemeinsam auftreten kann.

Enge und heute noch existente Abhängigkeiten haben sich schon früh in erdgeschichtlicher Vergangenheit entwickelt. So lässt sich vesikulär-arbuskuläre Mykorrhiza bereits bei den ersten Landpflanzen des Devon, d. h. vor 400 Millionen Jahren, nachweisen. Schätzungsweise 200.000 Blütenpflanzenarten, das entspricht 80 % der heute lebenden, sind mit diesem Mykorrhizatyp infiziert (Rabotnov 1992). Andere Typen wie die Ektomykorrhiza vieler Bäume, oder die Ericaceen- und Orchidaceen-Mykorrhiza haben sich erst im Mesozoikum herausgebildet. Die ersten

Phytophagen treten bereits im Erdaltertum (Karbon) auf und Blütenpflanzen reichen vermutlich bis ins Trias zurück. Auffällig ist jedoch, dass wichtige Herbivorengruppen und Bestäuberkonnexe in größerem Umfang erst mit der enormen Entwicklung der Blütenpflanzen in der Kreidezeit auftraten und sich dann rasch entfalteten.

Je mehr wir uns der Gegenwart nähern, desto mehr Ähnlichkeit mit heutigen Lebensgemeinschaften ist anzunehmen (Abbildung 5.35). Wie durch pollenanalytische Studien anhand von Moorablagerungen nachweisbar ist, hatte in Mitteleuropa die Vegetationsveränderung in der letzten **Zwischeneiszeit** mit ähnlicher Klimaentwicklung (Eem-Interglazial; ca. 125.000–113.000 Jahre vor heute) große Ähnlichkeit mit der Vegetationsabfolge seit der letzten Eiszeit (also seit ca. 10.000 Jahren) (Pott 2000). Auch damals waren nach dem Rückgang des Eises Kiefern und Birken die Erstsiedler unter den Bäumen, gefolgt von Laubhölzern wie Hasel, Eichen, Linden, denen bei zunehmender Klimaverschlechterung wieder Nadelhölzer folgten. Auffällig ist nur, dass die Buche im Eem nie jene dominante Rolle spielte wie heute, dafür aber Eiben stärker in Erscheinung traten. Trotzdem ist davon auszugehen, dass die großen Waldgebiete dieser Zwischeneiszeit in floristischer und faunistischer Zusammensetzung nicht wesentlich andere Waldtypen kannten als das Holozän. Zumindest auf Gattungsniveau trifft dies zu, wie sich im Vergleich mit den Reliktwäldern am Südrand des Kaspischen Meeres und am Ostrand des Schwarzen Meeres nachweisen lässt.

Arten müssen nicht immer eng an die gegebenen Lebensbedingungen angepasst sein, sowohl was die abiotischen als auch die biotischen Verhältnisse betrifft. Vor allem in Gebieten, die den pleistozänen Klimaschwankungen massiv unterlagen, wie etwa in Mitteleuropa, besitzen viele Arten bzw. Teilzönosen noch viele Merkmale, die vor allem als Anpassung an die Bedingungen in ihren Herkunftsgebieten zu deuten sind. Dies ist vor allem auf Sonderstandorten zu beobachten.

Sonderstandorte par excellence sind in Mitteleuropa die artenreichen Trockenrasen niederschlagsarmer Gebiete. Ihr Artenbestand setzt sich aus eurosibirisch verbreiteten, submediterranen und zentralasiatischen Steppenarten zusammen. Zentralasiatische Arten wie der Steppenbeifuß (*Artemisia alba*) sind hydrostabil, d. h. sie regulieren ihr Wasserpotenzial sehr sensibel und halten es konstant. Ganz anders Arten aus südlichen Formenkreisen, z. B. Sonnenröschen (*Helianthemum ovatum*) oder Gamander (*Teucrium chamaedrys*), die als hydrolabile Arten ihr Wasserpotenzial nicht stabil halten, dafür aber noch bei

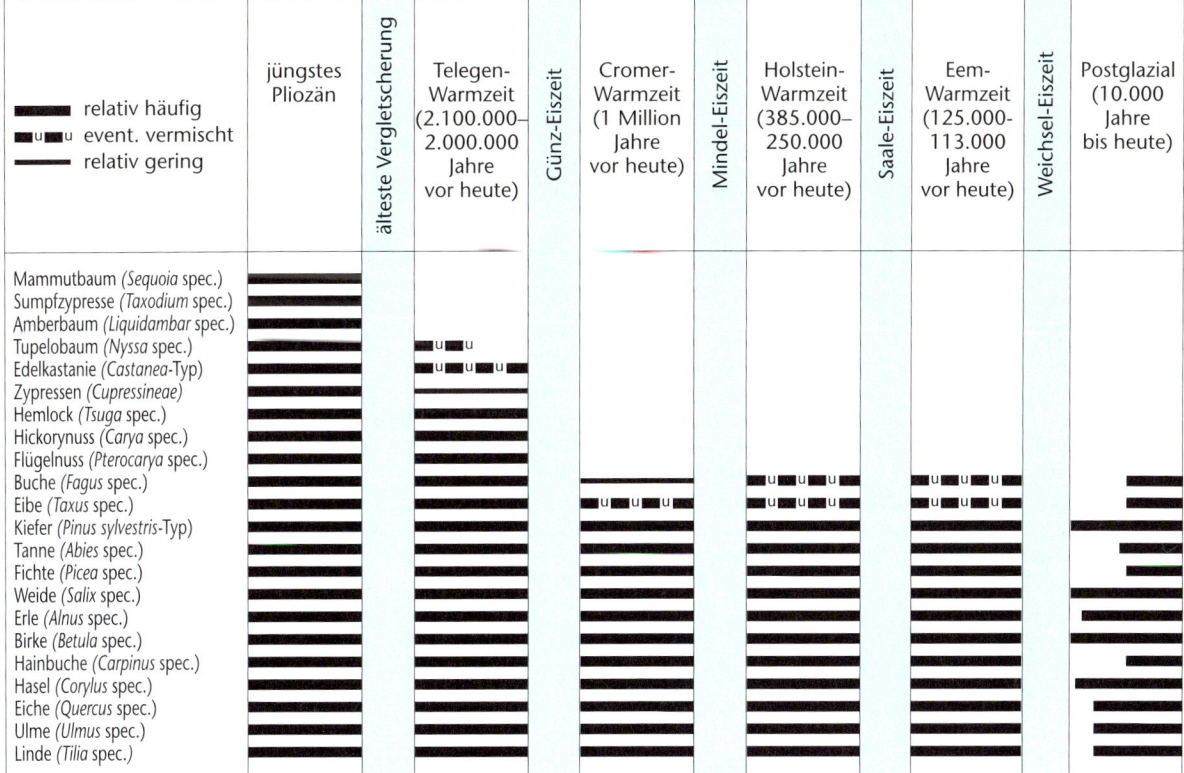

**Abb. 5.35:** Veränderung der Baumfloren in Nordwestdeutschland im Zuge der Eiszeiten, nachgewiesen anhand von Pollenfunden in Ablagerungen. Nach der Günz-Eiszeit blieb die Garnitur der Gattungen konstant. Für das Eem-Interglazial (vor 125.000–113.000 Jahren) muss für Mitteleuropa eine Vegetation angenommen werden, die von der heutigen nicht mehr grundsätzlich verschieden war. Bei den fünf älteren Warmzeiten sind nur Angaben zu Anwesenheit bzw. Fehlen von Bäumen gemacht, für die jüngste Warmzeit wurde zusätzlich das unterschiedliche Auftreten einzelner Gattungen seit Ende der letzten Eiszeit berücksichtigt. Aus Pott (2000).

Trockenheit photosynthetisch aktiv sein können. Diese unterschiedlichen Wasserhaushaltsstrategien sind nicht vor Ort entstanden, sondern haben sich unter kaltariden bzw. mediterranen Bedingungen (Abschnitt 6.3.1) entwickelt. Beide Strategien erweisen sich unter den heutigen Klimabedingungen der mitteleuropäischen Trockengebiete als keineswegs optimal. Längere Trockenperioden führen bei beiden Arten zu Dürreschäden. Eine effiziente vegetative Regenerationsfähigkeit sichert aber beiden Arten das Überleben (Erschbamer et. al. 1983).

Arten können regelrecht überadaptiert sein oder besitzen Eigenschaften, die unter den gegenwärtigen Lebensbedingungen überflüssig sind. Zum Beispiel besitzen die Lärchen (*Larix decidua*) und Zirben (*Pinus cembra*) der Alpenwälder eine enorme Kälteresistenz. Im Zustand der Winterruhe überleben sie Temperaturen bis –70 °C. An ihrem Standort in den Alpen wurden aber noch nie Temperaturen gemessen, die auch nur in die Nähe letaler Fröste kamen (absolute Minima liegen bei –30 bis –35 °C). Die Resistenzreserve der Zirben ist erklärbar durch deren Herkunft aus den kontinentalsten Regionen Sibiriens, wo Tiefsttemperaturen unter –50 °C regelmäßig auftreten.

Eine für die neuseeländische Flora typische Wuchsform sind Büsche mit drahtigen, dünnen, am Ende spitzen Zweigen, die nicht beblättert sind („Stachelschweinbüsche"). Diese Wuchsform tritt konvergent bei verschiedenen Familien und auch bei juvenilen Individuen von Bäumen auf (Wardle 1991). Eine der Hypothesen zur Erklärung dieser Wuchsform geht davon aus, dass es sich um eine Anpassung an den Fraßdruck durch **Moas** (Dinornithidae) gehandelt haben könnte. Die straußenähnlichen, flugunfähigen Moas wurden bereits von den Maoris, den polynesischen Erstsiedlern, zu Beginn der Neuzeit ausgerottet. Diese Wuchsform hätte nach dieser Erklärung damit heute ihren Zweck verloren.

So wie einzelne Arten ihre physiologischen Eigenschaften gewissermaßen aus ihren Herkunftsgebieten mitgebracht haben, sind ganze Bestäubergilden mit ihren Blütenpflanzen mitgezogen. Trockenrasenbiozönosen setzen sich beispielsweise aus Teilsystemen unterschiedlicher geographischer Zugehörigkeit zusammen, wobei die Blüten besuchenden Insektenarten eines Arealtyps diejenigen Pflanzenarten bevorzugen, die demselben Arealtyp zugehören. Sie sind sogar phänologisch gleichgeschaltet. Der eurosibirischen Phase im Frühjahr folgt die subkontinentale, dieser die submediterrane und schließlich die subatlantische. Die Gründe für die unterschiedliche zeitliche Einnischung liegen auch hier nicht in einer Einpassung an die aktuellen Lebensbedingungen, sondern sind Resultat der Anpassung an die Lebensbedingungen der Herkunftsgebiete (Kratochwil 1991).

Eine deterministische Bindung der Arten aneinander ist daraus nicht generell ableitbar. So konnten nach der Eiszeit zahlreiche Arten und Teilzönosen ihr ursprüngliches Areal bzw. jenes, das klimatisch möglich wäre, nicht wieder vollständig zurückgewinnen. Ein gutes Beispiel dafür sind die Charakterarten der Buchenwälder in den illyrischen Refugialgebieten am Balkan wie die kleine Schaftdolde (*Hacquetia epipactis*) oder die aufgrund ihrer Schattentoleranz in mitteleuropäischen Parks und Gärten

beliebte Zierpflanze *Epimedium alpinum* (Sockenblume). Wie die beiden genannten blieben etliche weitere Buchenwaldarten auf das illyrische Refugialgebiet beschränkt und zogen nicht mit der Buche in die mitteleuropäischen Gebiete, wo die Buche heute vorherrscht. Ein anderes Beispiel: Der Erdbeerbaum-Zipfelfalter (*Charaxes jasius*) beschränkt sich heute auf das Zentrum seines Areals und fehlt in den randlichen Refugialgebieten des Erdbeerbaumes (*Arbutus unedo*) (Abbildung 5.36).

## 5.3.5 Biogeographische Aspekte

Historische Prozesse haben dazu geführt, dass die verschiedenen Taxa sowohl auf dem Land als auch im Meer ungleich verteilt sind. Die Sichtung dieser Verteilung, insbesondere bei höheren Taxa (Gattungen, Familien, Ordnungen) zeigt, dass manche dieser Gruppen auf gewisse Gebiete der Erde beschränkt sind. Die Unterscheidung von Floren- bzw. Faunenreichen wurde schon von den frühen Biogeographen vorgenommen. Folgende **Reiche** werden heute allgemein anerkannt: 1. Holarktis, 2. Neotropis, 3. Paläotropis, 4. Australis, 5. Antarktis (Archinotis) (Abbildung 5.37). Großräumige Übergangszonen mit hoher Eigenständigkeit wie z. B. Mittelamerika (Übergang Holarktis-Neotropis) sind dabei zu beachten. Diese Grundgliederung gilt sowohl für die Pflanzen- als auch für die Tierwelt.

In der Pflanzengeographie wird häufig noch ein 6. Reich, die Capensis, unterschieden, welches das südliche Afrika abtrennt. Dieses setzt sich vor allem auf Gattungsniveau und hier speziell durch die enorme radiative Artentwicklung der Gattung *Erica* und der südlichen Proteaceae so stark von allen anderen Florenreichen ab, dass eine Eigenständigkeit auf dem Niveau der Reiche gerechtfertigt erscheint. Interessanterweise gilt dies nicht für die kapensische Tierwelt. Aus zoologischer Sicht macht es hingegen Sinn, einige Reiche in Regionen zu unterteilen: die Holarktis in die Nearktis (Nordamerika) und Paläarktis (Eurasien, mit Korea, Japan, Kanarischen Inseln, Nordafrika), die Paläotropis in die Äthiopis (Afrika südlich der Sahara), Madegassis und Orientalis (Indien, Hinterindien und Teile des indomalayischen Archipels), die Australis in die australische Region (Australien), die ozeanische, die neuseeländische und die hawaiianische (Müller 1981).

Auch unterhalb des Niveaus der Reiche und Regionen sind weitere Differenzierungen möglich. Man spricht von **biogeographischen Elementen** oder Geoelementen. Die mitteleuropäische Flora mit ihren ca. 5000 Gefäßpflanzenarten besteht aus einem mitteleuropäischen Grundstock (vor allem Waldarten). Das nordisch-boreale Element stellt die Arten der Gebirgsnadelwälder, das arktisch-alpine viele Arten der Hochgebirge, speziell der Alpen, die selbst einen eigenständigen Grundstock von ca. 400 Arten aufweisen. Im niederschlagsreichen Westen bereichern atlantische Elemente die mitteleuropäische Flora, im trockenen Osten hingegen pontisch-pannonische Steppenarten und sogar einige Halbwüstenarten

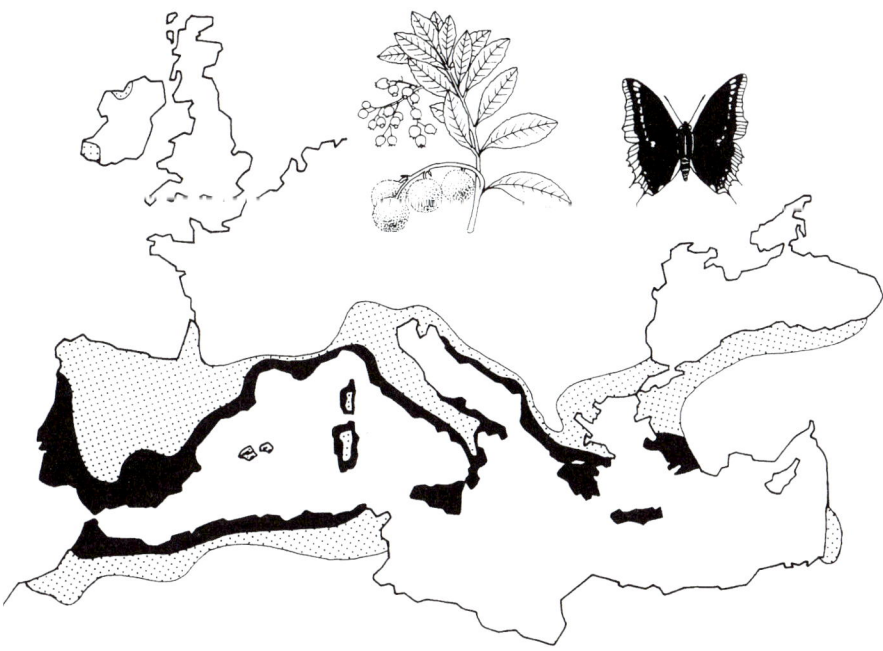

**Abb. 5.36:** Verbreitung des Erdbeerbaums (*Arbutus unedo*, punktiert plus schwarz) und des an diesen monophag gebundenen Erdbeerbaum-Zipfelfalters (*Charaxes jasius*, schwarz). Aus Kratochwil und Schwabe (2001).

aus dem irano-turanischen Raum. Südliche Einstrahlungen (mediterrane, submediterrane, illyrische Elemente) bestimmen Flora und Vegetation der Südalpen und des Südalpenrandes bzw. einiger Wärmeinseln nördlich der Alpen (z. B. Kaiserstuhl).

Die Ausdifferenzierung der terrestrischen Reiche und Regionen reicht weit in die erdgeschichtliche Vergangenheit zurück. Die groben Strukturen (Reiche und Regionen) sind dabei in gewissem Sinne eine Blaupause der **Kontinentalverschiebung** (Abbildung 5.38), die feinen das Produkt von Klimaschwankungen, allen voran der Eiszeiten im Pleistozän. Durch die frühe Trennung Eurasiens und Nordamerikas von der Pangäa behielt die bereits existente **laurasische Flora und Fauna** ihre Eigenständigkeit

bzw. ermöglichte dies deren Weiterentwicklung. Sie entspricht heute dem holarktischen Reich. Typische Familien mit Entfaltungsschwerpunkt in der **Holarktis** sind unter den Gehölzen die Ahorne (Aceraceae), die Birken- (Betulaceae) und Weidengewächse (Salicaceae), unter den Krautigen die Nelken- und Hahnenfußgewächse (Caryophyllaceae, Ranunculaceae), die Kreuz- und Doldenblütler (Brassicaceae, Apiaceae), unter den Tieren die Maulwürfe (Talpidae), die Biber (Castoridae), die Alke (Alcidae), die Hechte (Esocidae) und Felchen (Coregonidae). Die längere Verbindung Nordamerikas mit dem Süden erklärt beispielsweise die auffällige Präsenz von Tropengräsern und Kakteen in den Prärien des Mittelwestens bzw. das Auftreten von Kolibris noch bis Kanada. Die Eis-

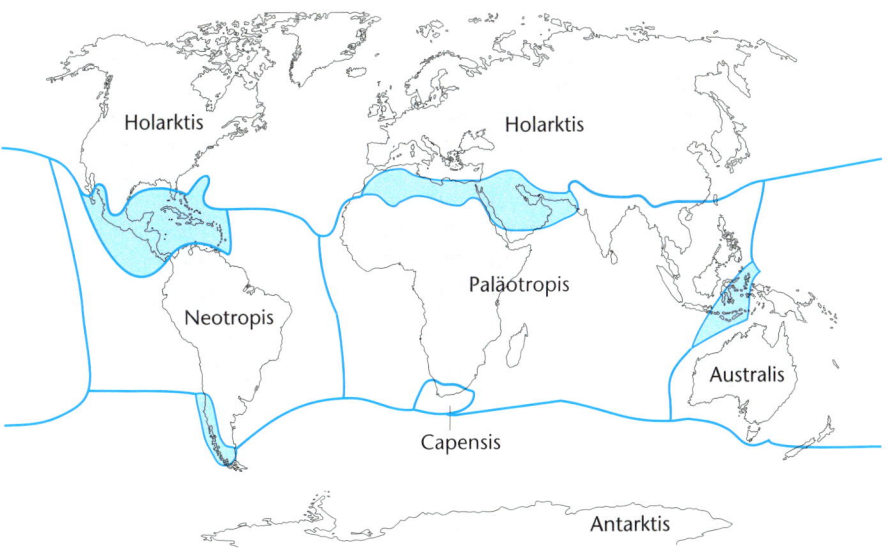

**Abb. 5.37:** Die biogeographischen Reiche der Erde. Blaue Bereiche sind als breite Übergangsgebiete zu verstehen. Aus Müller (1981).

zeiten hatten zur Folge, dass vor allem durch die Nord-Süd-Barrieren der Alpen und des Mittelmeeres eine Reihe typisch laurasischer Arten aus Europa verschwanden wie die Magnolien (Magnoliaceae), welche heute auf Ostasien und die östlichen Vereinigten Staaten beschränkt sind (Abbildung 5.39). Dafür gelangten das Edelweiß (*Leontopodium alpinum*) über die eiszeitlichen Kältesteppen aus Hochasien in die Alpen und frühe paläolithische Jäger über die würmzeitliche Landbrücke der Beringstraße nach Nordamerika.

Die weiteren Reiche sind alles Derivate der Flora und Fauna von **Gondwana**, erklärbar durch das Auseinanderbrechen von Gondwana in die großen Kontinente Afrika, Südamerika, Australien, Antarktis, auf denen durch die Isolation ein Differenzierungsschub einsetzte. Für die tropischen Reiche beweisen 59 pantropische Familien und 334 Gattungen an Blütenpflanzen sowie auffällige Disjunktionen (= geteilte Areale) zwischen Südamerika und Südostasien die ehemalige Gondwanaverbindung. Ähnliches gilt für die warmtemperaten Gebiete des Südens und der Antarktis mit ihren Südbuchen (*Nothofagus*), Proteaceae und bei den Tieren den Pinguinen. Die eigenständige Entwicklung nach der Trennung führte dann aber dazu, dass heute zumindest zwei Reiche und drei Regionen unterschieden werden müssen. Aus botanischer Sicht sind die hervorstechendsten Phänome zweifellos das neotropische Vorkommen der Kakteen (Cactaceae; wenige Ausnahmen in Afrika) und Bromelien (Bromeliaceae) und die alttropische Verbreitung der Bananengewächse (Musaceae) und Kannenpflanzen (Nepenthaceae). Hervorzuheben sind

auch die Dipterocarpaceae, eine Familie tropischer Bäume, die in den Regenwälder Südostasiens dominieren.

Tiergeographisch gesehen ist die Neotropis besonders reich an Vogelarten (ca. 3000 Arten; davon zwei endemische Ordnungen und 31 endemische Familien, darunter die Kolibris) und Fledermäusen. Auf der andern Seite fehlen den Savannen des tropisch-subtropischen Amerika die riesigen Huftierherden Afrikas. Diese fehlen auch der Orientalis, dem östlichen Teil der Paläotropis, die auffällig reich an Carnivoren ist. Neben den weiteren zahlreichen biogeographischen Mustern fallen das Vorkommen von Beuteltieren in der Neotropis und Australis sowie die Eigenständigkeit Madagaskars (inkl. Seychellen, Komoren, Maskarenen) mit ihrer Lemurenfauna und den zahlreichen Chamäleonarten auf.

Die Wirkung der **Eiszeiten** zeichnete sich vor allem durch große Trockenheit auf dem afrikanischen Kontinent aus. Regenwälder überlebten nur in einigen Refugien, was zu einer Verarmung der Regenwaldflora und -fauna führte. In ganz Afrika kommen daher unter anderem nur 50 Palmenarten in 15 Gattungen vor. Dies ist in etwa genauso viel wie auf der kleinen Insel Singapur. Die Anzahl afrikanisch-tropischer Farne ist gleich hoch wie jene eines einzigen Berges in Borneo, des Mt. Kinabalu (4101 m). Auch wenn es generell stimmt, dass afrikanische Regenwälder artenärmer als neotropische oder südostasiatische sind, so kann dies nicht verallgemeinert werden. Eine wichtige Ausnahme stellen beispielsweise Termiten dar, die in Afrika offenbar auch in kleinsten Waldfragmenten gut überleben konnten. Als Folge allopatrischer Artbil-

**Abb. 5.38:** Kontinentalverschiebung. Für die Interpretation der heutigen Bioregionen (Abbildung 5.37) ist vor allem die weit in die Erdgeschichte zurückreichende eigenständige Entwicklung des laurasischen Kontinents wichtig (a, b), zu dem auch Hinterindien und der Großteil des Malayischen Archipels zählt. Die berühmte Wallace-Linie zwischen Borneo und Sulawesi trennt die asiatische (laurasische) Fauna von der australasiatischen (Gondwanafauna) ab. Die Holarktis (Nordamerika und Eurasien) ist seit längerem eigenständig (c), zu beachten ist aber die lange Verknüpfung Nordamerikas mit Südamerika. Pfeile deuten die aktuelle Bewegung der Kontinente an (d). Nach Whitmore (1993).

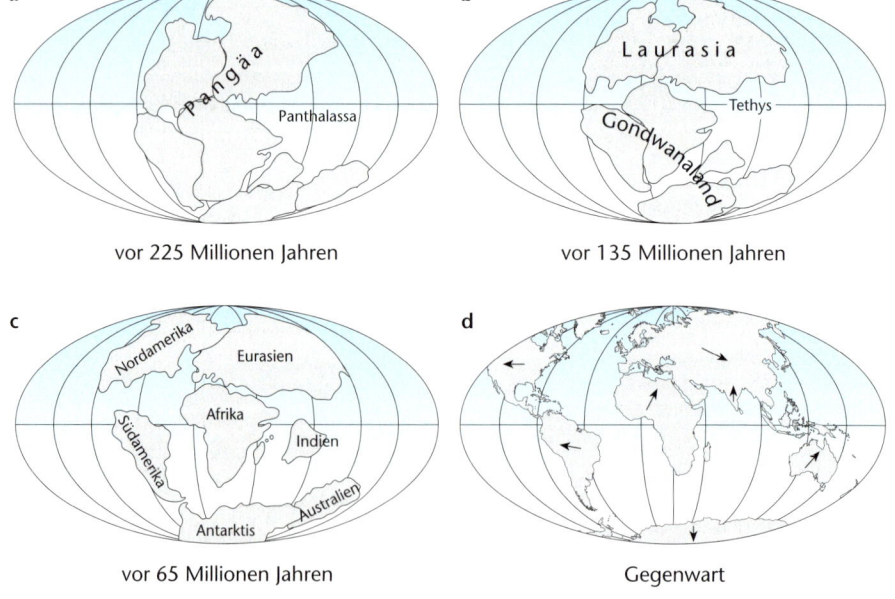

a  vor 225 Millionen Jahren

b  vor 135 Millionen Jahren

c  vor 65 Millionen Jahren

d  Gegenwart

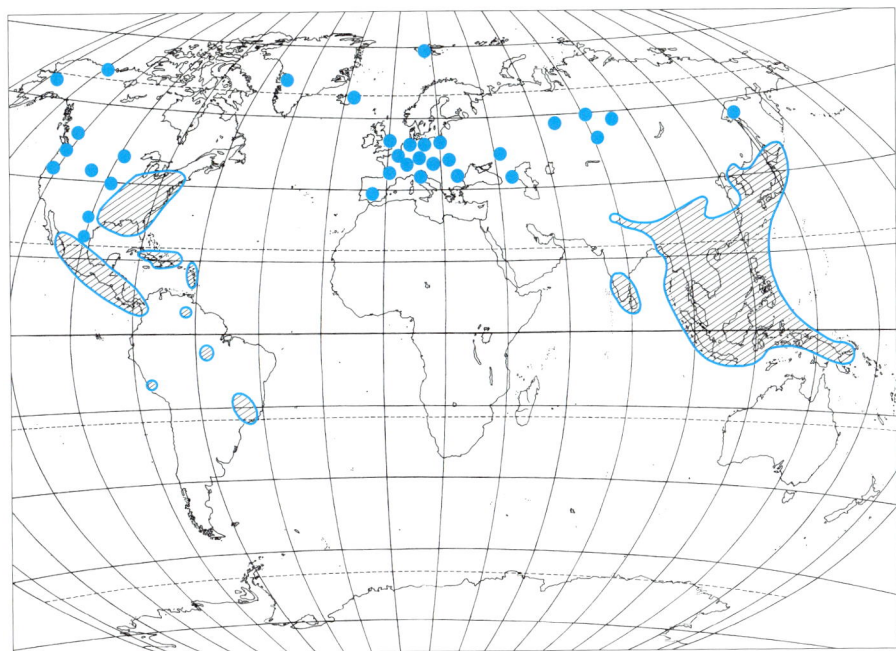

**Abb. 5.39:** Verbreitung der Magnoliaceae in Gegenwart und erdgeschichtlicher Vergangenheit. Ehemals über die gesamte Holarktis verbreitet (Blaue Punkte sind Fossilfunde), wurden sie im Gefolge der Eiszeiten aus vielen Gebieten ihres Areals verdrängt und sind heute im Wesentlichen auf Ostasien und das südöstliche Nordamerika beschränkt (schraffierte Bereiche). Nach Sitte et al. (2002).

dung entstand eine große Zahl von Arten und auf dem Gattungsniveau ist die afrikanische Termitendiversität höher als die der anderen Kontinente.

Auf der anderen Seite müssen feucht-tropische Warmzeiten im Tertiär zur Migration von Arten über die Beringstraße Anlass gegeben haben. Anders lassen sich die seltsamen zirkumpazifisch-tropischen Disjunktionen von 89 Gattungen der Blütenpflanzen nicht erklären. Isolierte Bruchstücke wie Neukaledonien oder Neuseeland, die bereits seit mehr als 60 Millionen Jahren isoliert und durch die Insellage nie starker Trockenheit ausgesetzt waren, sind als Rest Gondwanas besonders zu erwähnen. Beide Inseln beherbergen zahlreiche lebende Fossilien wie die Gymnospermengattungen *Araucaria, Agathis, Podocarpus* und primitive Blütenpflanzen (*Zygonium, Exospermum, Drymis*). Neukaledonien beherbergt sogar eine endemische Vogelfamilie, die Kagus (Rhynochetidae). Auch in Australien leben wie in Neuseeland oder Neukaledonien isolierte Reste uralter Pflanzengruppen, etwa die erst im Jahre 1990 entdeckte *Wollemia nobilis*, ein großer, kräftiger Baum der Familie Araucariaceae. Auf der anderen Seite ist die alles beherrschende Stellung der „jungen" Gattung *Eucalyptus* als Waldbildner zu erwähnen. Aus zoologischer Sicht beeindruckt vor allem das dominante Vorkommen der Kloaken- und Beuteltiere. Über ein Dutzend Vogelfamilien und rund ein Drittel aller Vogelarten sind endemisch, darunter zahlreiche Sittich- und Papageienarten.

Aus zönologischer Sicht interessant ist vor allem, ob eine Beziehung zwischen Habitatstruktur und biogeographischen Aspekten besteht. Dies trifft zweifellos auf Australien zu, wo der alles beherrschende *Eucalyptus* mit seinen einheitlich länglichen und hängenden Blättern schattenlose Wälder bewirkt und man in den dortigen Wüsten und Halbwüsten vergeblich nach Sukkulentenvegetation sucht. Weder Kakteen noch die afrikanischen Kandelaber-Euphorbien kommen hier trotz klimatisch geeigneter Lebensbedingungen vor. Eigenständig und wie ein Blick in die Saurierzeit muten die Araukarienwälder Neukaledoniens oder Patagoniens an. Die Wälder Neusee-

lands liegen klimatisch zwar außerhalb der Tropen, trotzdem bewirken die Baumfarne im Unterwuchs und die von Moosvorhängen ummantelten urtümlichen Gymnospermen einen tropischen Charakter. Mannshohe Grasländer mit einer auffälligen Horststruktur kennzeichnen die Bergländer Neuseelands und Patagoniens. Diese so genannten Tussock-Grasländer sind eine Spezialität der Südhemisphäre und zumindest im Fall Neuseelands an ein bestimmtes Taxon, die Gräsergattung *Chionochloa*, gebunden. Als typisch laurasisch hingegen können die winterkahlen, aber relativ großlaubigen Waldbäume der temperaten Zone angesprochen werden. Das Pendant auf der Südhemisphäre, die Südbuchenwälder der patagonischen Anden, sind kleinblättrig, jene Neuseelands immergrün. Letzteres mag auch die relativ tief gelegene Waldgrenze in den neuseeländischen Bergen erklären, da immergrüne Laubwälder der Belastung des winterlichen Schnees offenbar nicht gewachsen sind.

**Waldgrenzen** sind überhaupt ein altes Diskussionsthema. Besonders in den Tropen stellt sich immer wieder die Frage, ob sie nicht höher positioniert sein könnten, wenn die richtigen Bäume verfügbar wären. Auf Hawaii wachsen beispielsweise große Individuen einer Eukalyptusart aus Australien noch über der heimischen Waldgrenze. Eine strukturbestimmende Gruppe mit eigenwilligem Verbreitungsmuster sind die Bambusarten. Sie beherrschen den Unterwuchs ostasiatischer Laubwälder und der Südbuchenwälder Patagoniens, fehlen aber in Europa mit seinen „nackten" Buchenwäldern und in Nordamerika. Abschließend seien noch die Riesenschopfbäume der tropischen Hochgebirge erwähnt, die Formationen eigener Prägung darstellen.

Vergleichbare Beispiele liefert auch die Tierwelt. In den Savannen und Grasländern Südamerikas fehlten vor der europäischen Kolonisation Herden großer Grasfresser, wie sie etwa für den afrikanischen Kontinent so typisch sind und in Australien durch Beuteltiere gestellt werden. Im Falle der argentinischen Pampa, die heute allerdings weitgehend in Ackerland umgewandelt ist, stellt dies insofern ein besonderes Rätsel dar, als klimatisch gesehen die Pampa hätte bewaldet sein müssen. Was aber waren die Gründe, die die Pampa zum endlosen Grasland werden ließen, das die Spanier bei der Eroberung antrafen?

Grundsätzlich ist festzuhalten, dass heute viele Arten als Ergebnis historischer Zufälle nebeneinander existieren und nicht als Folge direkter Koevolution. Arten mit Potenzial zur Dominanz können prägend für ganze Regionen sein, eine Präadaptation für die ökologischen Bedingungen in dieser Region, aber auch für das Zusammenspiel mit den gegebenen Arten ist für alle Arten allerdings vorauszusetzen.

## 5.4 Räumliche und zeitliche Muster von Lebensgemeinschaften

### 5.4.1 Unterschiedlichkeit und Ähnlichkeit

#### 5.4.1.1 Muster und Variabilität

Die Suche nach charakteristischen Mustern in Datensätzen ist bei ökologischen Fragestellungen ein zentraler Ansatz zur Annäherung an das Untersuchungsobjekt. Die Existenz solcher Muster ist zunächst Hypothese. Das Finden von Mustern ist aber die Vorraussetzung für das Erstellen von Theorien. MacArthur formulierte dies 1972 wie folgt: *„To do science is to search for repeated patterns"*. Sollten Muster also tatsächlich nicht zufällig sein, dann ist zu erwarten, dass sie unter vergleichbaren Bedingungen wiederholt auftreten und damit eine ökologische Regelmäßigkeit aufzeigen.

Zur Ausbildung von Mustern ist es zunächst erforderlich, dass die Zielgröße (z. B. die Artenzusammensetzung) eine **Variabilität** im Datensatz aufweist, d. h. dass Eigenschaften vergleichbarer Objekte unterschiedlich ausgeprägt sind. In der Ökologie interessiert Variabilität in zeitlicher und in räumlicher Hinsicht. Doch ist auch die Variabilität in einem abstrakten Bezugsraum, innerhalb eines Taxons (z. B. einer Gattung) oder eines Ökosystemtyps (z. B. in Waldökosystemen), ökologisch interessant.

Ähnlichkeit bzw. Unähnlichkeit finden in Homogenität bzw. Heterogenität ein entsprechendes Wortpaar. Beides kennzeichnet Variabilität und zwar die Variabilität von Datenpaaren oder Datensätzen. Der Begriff Ähnlichkeit (Unähnlichkeit) kennzeichnet den direkten Vergleich zwischen zwei Objekten. Von Homogenität (Heterogenität) kann nur bei der Betrachtung eines zusammengesetzten Datensatzes (z. B. für ein Untersuchungsgebiet, eine Fläche, einen Zeitraum) gesprochen werden.

**Ähnlichkeit** und **Unähnlichkeit** können also als allgemeine Bezeichnung der qualitativen Unterschiedlichkeit zwischen zwei Datensätzen verstanden werden. Diese

Unterschiedlichkeit bestimmt die Heterogenität eines zusammengesetzten Datensatzes (beispielsweise eines Gebiets). Folglich ist auch Heterogenität als kumulativer Aspekt der Beta-Diversität anzusehen. Ähnlich wie sich bei quantitativen Aspekten der Biodiversität Gamma-Diversität aus Alpha-Diversität ergibt, ergibt sich die Heterogenität eines Ganzen aus der Unähnlichkeit seiner einzelnen Teile in Bezug zueinander. Diese verschiedenen Formen der Diversität werden in Abschnitt 5.3.3.6 und Kasten 5.11 vorgestellt.

Auch wenn Variabilität keineswegs auf zeitliche Aspekte beschränkt ist, so wird dennoch der Begriff selbst bei ökologischen Untersuchungen zumeist in einem zeitlichen Kontext eingesetzt. Chesson und Warner (1981) machen zum Beispiel für die Koexistenz von Arten die zeitliche Variabilität von Umweltbedingungen verantwortlich, welche das Angebot an ökologischen Nischen erhöht. Tatsächlich ist bei der Betrachtung beispielsweise eines Kalkbuchenwaldes sehr offensichtlich, dass sich einzelne Arten (z. B. Frühjahrsgeophyten) zeitlich eingenischt haben und nur saisonal verfügbare Ressourcen nutzen. Standorte mit hoher zeitlicher Variabilität der Umweltbedingungen besitzen bezüglich des Wettbewerbs um abiotische Ressourcen andere Mechanismen als diesbezüglich konstantere Lebensräume wie z. B. der tropische Regenwald.

#### 5.4.1.2 Ähnlichkeitsindices

Quantitative Aspekte von Lebensgemeinschaften wie z. B. Alpha- oder Gamma-Diversität, aber auch die Biomasse, können direkt gezählt oder gemessen werden. Qualitative Eigenschaften wie z. B. Beta-Diversität müssen hingegen berechnet werden, will man sich nicht mit einer beschreibenden Charakterisierung zufrieden geben.

Whittaker (1960, 1972), der die Begriffe Alpha-, Beta- und Gamma-Diversität einführte (Abschnitt 5.3.3.6), schlug beispielsweise für die Kennzeichnung der Unterschiedlichkeit zwischen Lebensgemeinschaften (Beta-Diversität) die Maße von **Jaccard** (1902) und **Sörensen** (1948) vor. Eine große Verbreitung erfuhren diese und andere Indices (Whittaker 1982, Greig-Smith 1983, Wildi und Orloci 1990) in der Ökologie in den letzten 20 Jahren vor allem dadurch, dass es technisch möglich wurde, multivariate Methoden der Datenauswertung auf große Datensätze anzuwenden und dadurch komplexe Zusammenhänge zu entschlüsseln. Die Indices werden im Rahmen solcher Analysen im Vorfeld der eigentlichen Verfahren zur Berechnung von Ähnlichkeits- oder Distanzmatrizen eingesetzt. Worauf solche Indices aufbauen und was grundsätzlich bei ihrer Anwendung zu beachten ist, sei im Folgenden anhand einfacher Präsenz-Absenz-Indices (d. h. der Datensatz berücksichtigt nur das Auftreten und Fehlen von Arten, aber nicht ihren quantitativen Anteil) wie der bereits erwähnten Jaccard- und Soerensen-Indices demonstriert. Beide Indices werden wie folgt definiert:

Jaccard-Index $SI_J = a (a + b + c)^{-1}$
Sörensen-Index $SI_S = a (2a + b + c)^{-1}$

Dabei ist

$a$ = Anzahl der Arten in beiden verglichenen
    Aufnahmen $i$ und $j$

$b$ = Anzahl der Arten nur in Aufnahme $j$

$c$ = Anzahl der Arten nur in Aufnahme $i$

$SI$ = similarity index

Wenn Daten verschiedener Zeitpunkte miteinander verglichen werden, wird hierdurch die zeitliche Entwicklung eines Bestands charakterisiert, also die Ähnlichkeit bzw. Unähnlichkeit der Artenzusammensetzung verschiedener Zeitpunkte berechnet. In diesem Fall kann man die zeitliche Beta-Diversität als Artenumsatz in der Zeit verstehen (Beta-Turnover nach Wilson und Shmida 1984):

$$SI_{WS} = (b + c)\,(a + b + c)^{-1}$$

Dabei ist

$a$ = Anzahl der zu Zeitpunkt 1 und 2 vorhandenen Arten

$b$ = Anzahl der nur zu Zeitpunkt 1 vorhandenen Arten

$c$ = Anzahl der nur zu Zeitpunkt 2 vorhandenen Arten

Wir erkennen bei diesen einfachen Formeln ein allgemeines Schema. Darauf aufbauend kann eine Verallgemeinerung der Formel für **Ähnlichkeitsindices** (auch **Proximitätsmaße** genannt) abgeleitet werden. Durch sie sind die wichtigsten in der Ökologie verwendeten Ähnlichkeitsmaße darstellbar (Jaccard, Sörensen, *simple matching*, Ochiai, Margaleff, etc.).

Hierbei ist zu beachten, dass bei ökologischen Fragestellungen auch das Fehlen von Arten eine interessante Größe darstellen kann. Aus diesem Grund muss beim Vergleich zweier Probeflächen bzw. Aufnahmen das Fehlen einer im gesamten Artenpool (Datensatz) der Untersuchung vorhandenen Art berücksichtigt werden. Die errechnete Unähnlichkeit wächst dann mit der Zahl der in einem verglichenen Paar nicht enthaltenen Arten. Dies kann sehr aussagekräftig sein, wenn es sich z. B. um stenöke Arten handelt, welche durch ihr Fehlen eine bestimmte ökologische Indikation liefern.

Ein Problem hierbei ist, dass sich fehlende Arten mit wachsender Größe des Datensatzes zunehmend bemerkbar machen und die berechnete Ähnlichkeit dadurch sehr beeinflusst wird. Diese Eigenschaft hängt also, im Gegensatz zu den Parametern $a$, $b$ und $c$, vom Umfang des Datensatzes ab. Es empfiehlt sich daher, das gemeinsame Fehlen von Arten nur bei kleinen Datensätzen zu berücksichtigen, bei großen jedoch auf einfachere Indices zurückzugreifen.

Im Folgenden ist eine allgemeine Form der Ähnlichkeitsindices wiedergegeben. Sie bietet die Möglichkeit, über die Gewichtung einzelner Koeffizienten spezifische Formeln abzuleiten. Der Ähnlichkeitswert $S^0_{ij}$ für die Beziehung der Aufnahmen $i$, $j$ entspricht der folgenden Formel:

$$S^0_{ij} = (\varepsilon a + \delta d)\,(a + \delta d + \lambda\,(b + c))^{-1}$$

Dabei ist

$a$ = Arten in $i$ und $j$ gemeinsam

$b$ = Arten nur in Aufnahme $j$

$c$ = Arten nur in Aufnahme $i$

$d$ = Arten, die weder in $i$ noch in $j$ vorkommen

$\varepsilon, \delta, \lambda$ = Koeffizienten

Bei $\delta = 0$, $\varepsilon = 1$ und $\lambda = 1$ erhält man den **Jaccard-Index**, bei $\delta = 1$, $\varepsilon = 1$ und $\lambda = 1$ einen als ***simple matching*-Index** bekannten Index. Für $b$, $c = 0$, wenn keine der beiden Aufnahmen eigene Arten aufweist, die in der jeweils anderen Aufnahme fehlen, wird $S^0_{ij} = 1$. Für $a = 0$, also wenn keine gemeinsamen Arten auftreten, wird $S^0_{ij} = 0$. 0 bedeutet also maximale Unähnlichkeit, 1 absolute Ähnlichkeit, wobei sich dies, wie bemerkt, nur auf die Artenzusammensetzung bezieht und nicht auf die quantitativen Anteile einzelner Arten, also auf die Dominanzverhältnisse oder Biomasseanteile.

Auch ist zu bedenken, dass die absolute Unähnlichkeit zwischen der Aufnahme a und b sowie zwischen der Aufnahme a und c keineswegs bedeuten muss, dass b und c zueinander ähnlich sind. Es gibt eben keine größere Unähnlichkeit als das Fehlen gemeinsamer Arten. Entlang weiter ökologischer Gradienten, z. B. über ein sehr großes Gebiet hinweg, verschiebt sich die Artenzusammensetzung jedoch ständig. In Bezug auf eine Vergleichsaufnahme kann diese aber nur bedingt ausgedrückt werden, da die Unähnlichkeit ab einem gewissen Punkt nicht mehr zunimmt, auch wenn die Artenzusammensetzung sich weiterhin verändert.

Es ist leicht verständlich, dass derselbe Ähnlichkeitskoeffizient als Maß für die Beta-Diversität sowohl beim Vergleich von Aufnahmen geringer Artenzahl als auch beim Vergleich von Aufnahmen hoher Artenzahl entstehen kann. Zwei gemeinsame Arten aus zehn führen zum selben Ergebnis wie 20 gemeinsame Arten aus 100. Bei einer hohen Alpha-Diversität ist der Wert jedoch besser gesichert. Bei einer hohen mittleren Artenzahl kann man, im Vergleich zu einer niedrigen mittleren Artenzahl, davon ausgehen, dass bei denselben errechneten Ähnlichkeitswerten eine größere tatsächliche Ähnlichkeit besteht, da mehr Arten bei der Errechnung dieses Wertes einbezogen werden.

Die mittlere Artenzahl ist folglich bezüglich der Unterschiedlichkeit der Artenzahlen zu relativieren, da eine hohe mittlere Artenzahl auch durch zwei sehr unterschiedlich artenreiche Aufnahmen entstehen kann. Starke Unterschiede der Artenzahl wirken sich zwar über die Artenzusammensetzung ($b$, $c$) auf den Ähnlichkeitskoeffizienten aus, stellen jedoch eine zusätzliche Information dar, die zur Gewichtung von Ähnlichkeitswerten genutzt werden kann. Andererseits ergibt sich, wenn $b = c$, eine gleiche Artenzahl bei eventuell sehr unterschiedlicher Artenzusammensetzung.

$$x_{ij} = (n_i + n_j)\,/2 = ((a + b) + (a + c))\,/2$$
$$y_{ij} = n_i - n_j = (a + b) - (a + c)$$

Dabei ist

$x_{ij}$ = mittlere Artenzahl der Aufnahmen $i$ und $j$

$y_{ij}$ = Betrag der Differenz der Artenzahl zwischen den
    Aufnahmen $i$ und $j$

$n_i$, $n_j$ = Artenzahl einzelner Aufnahmen

Bevor diese Parameter in die Formel zur Darstellung der Beta-Diversität einbezogen werden können, müssen sie für den Datensatz normiert werden. Dies geschieht durch den Abgleich mit der maximal auftretenden mittleren Artenzahl für alle Vergleichspaare der Datengrundlage bzw. durch den Abgleich mit der maximal auftretenden Differenz der Artenzahl:

$$x^n_{ij} = x_{ij} \, (\chi^{-1}_{nm})$$
$$y^n_{ij} = y_{ij} \, (\gamma^{-1}_{nm})$$

Dabei ist

$x^n_{ij}$ = normierte mittlere Artenzahl von $i$ und $j$

$x_{nm}$ = maximale mittlere Artenzahl im Datensatz ($x_{max}$)

$y^n_{ij}$ = normierter Betrag der Differenz der Artenzahl zwischen $i$ und $j$

$y_{nm}$ = maximale Differenz der Artenzahl im Datensatz ($y_{max}$)

Für $x_{ij} = x_{nm}$ wird $x^n_{ij} = 1$ für $x_{ij} \ll x_{nm}$ geht $x^n_{ij} \rightarrow 0$

Für $y_{ij} = y_{nm}$ wird $y^n_{ij} = 1$ für $y_{ij} = 0$ wird $y^n_{ij} = 0$

Hohe Mittelwerte der Artenzahl beim Vergleich $i, j$ müssen als verstärkend bezüglich der Ähnlichkeit angesehen werden, hohe Differenzen der Artenzahl hingegen als Indiz für eine geringe Ähnlichkeit. Damit ergibt sich zur Berechnung eines unter Einbeziehung der Alpha-Diversität gewichteten bzw. normierten Ähnlichkeitswertes:

$$S^n_{ij} = ((a + \delta d)\,(a + \delta d + \lambda(b + c))^{-1})\,(\kappa + x^n_{ij})\,(\kappa + y^n_{ij})^{-1}$$

Dabei ist $\kappa$ = Konstante

Darüber hinaus ist es sinnvoll, die räumliche Entfernung zu beachten. Als Hypothese kann angenommen werden, dass nahe beieinander liegende Aufnahmen durch autokorrelative Beziehungen (Abschnitt 6.1) eine größere Ähnlichkeit aufweisen als entfernte. Zeigen räumlich entfernte Aufnahmen eine große floristische oder faunistische Ähnlichkeit, muss dies hoch gewichtet werden.

Weiter führen Indices, die neben dem reinen Vorkommen und Fehlen von Objekten, also der floristischen oder faunistischen Zusammensetzung, auch quantitative Bedeutungswerte wie Deckung, Artmächtigkeit oder Biomasse berücksichtigen. Ein Maß, welches dies erlaubt, ist die euklidische Distanz *ED*. Sie ist aus der Geometrie abgeleitet und explizit nicht als Ähnlichkeits-, sondern als Unähnlichkeitsmaß anzusehen. Die Integration von quantitativen Zusatzparametern ermöglicht die in der Praxis oft durchaus wichtige Berücksichtigung von Deckungswerten oder Abundanzen einzelner Arten.

$$ED_{ij} = \sqrt{\sum_{n=1}^{s} \left( x_{i,n} - x_{j,n} \right)^2}$$

Dabei ist

*ED* = euklidische Distanz

$x$ = Bedeutungswert (quantitative Werte wie Deckung, Abundanz, Artmächtigkeit etc. ) von $x_1$ bis $x_n$

$i,j$ = Bezugsflächen $i$ und $j$

$s$ = Zahl der im Untersuchungsgebiet vorkommenden Arten

In der englischsprachigen Literatur wird bezüglich der Ähnlichkeit zwischen Objekten (Lebensgemeinschaften) gleichermaßen von *similarity* wie von *resemblance* gesprochen, wobei letzteres vorzuziehen ist, da keine Gleichheit, sondern lediglich eine graduell abgestufte Ähnlichkeit betrachtet wird.

Unabhängig davon, ob man nun einfache Präsenz-Absenz-Indices wie den Jaccard- oder Sörensen-Index oder ein quantitatives Distanz- oder Ähnlichkeitsmaß verwendet, ergibt sich bei ökologischen Fragestellungen oft die Frage, ob aufgrund der Ähnlichkeit ökologische Objekte (z. B. vegetationsökologische Aufnahmen) zu einer Gruppe zusammengefasst werden können und ob sich eine solche Gruppe wiederum von anderen Gruppen unterscheiden lässt. Man nennt dieses Vorgehen **Klassifizieren**, d. h. es werden Typen gebildet.

Heute stehen eine große Anzahl mathematischer Verfahren zur Verfügung (*cluster analysis*), wobei zwischen agglomerativen und divisiven Verfahren (Whittaker 1983, Greig-Smith 1983) unterschieden werden kann. **Agglomerative Verfahren** suchen in einer Ähnlichkeits- oder Distanzmatrix die ähnlichsten Aufnahmen und bilden eine Gruppe. Zu dieser wird die nächstähnliche Aufnahme gesucht bzw. das Paar mit der nächsthöheren Ähnlichkeit. Diese bilden eine neue Gruppe. Zu diesen wird wiederum die nächstähnliche Aufnahme gesucht bzw. Gruppe gebildet usw. Agglomerative Verfahren gibt es in den verschiedensten Varianten, wobei grob zwischen solchen unterschieden werden kann, die Gruppen „suchen" (z. B. der häufig verwendete *single linkage*-Algorithmus), und solche, die Gruppen auch bei sehr homogenen Datensätzen „machen" (z. B. der *complete linkage*-Algorithmus). Findet man mit dem *single linkage*-Algorithmus Gruppen, so kann man davon ausgehen, dass es sich hier um echte ökologische Typen handelt. Beim *complete linkage*-Algorithmus besteht die Gefahr, dass es sich um Artefakte handelt. Es macht jedoch Sinn, diesen anzuwenden, wenn man Typen bilden muss, z. B. für ökologische Kartierungen. Die **divisiven Verfahren** teilen den Datensatz von oben herab. Dazu werden zuerst Indikatoren gesucht (z. B. Indikatorarten), die auf je ein Teilset beschränkt sind, dann Indikatoren für weitere Teilungen usw. Dieser Prozess wird so lange durchgeführt, bis ein bestimmter Ähnlichkeitsgrad erreicht ist, unter dem die Fortführung zu keinem weiteren Informationsgewinn führt.

Wie bei der Ableitung der Ähnlichkeitsindices dargestellt, verlangen diese Verfahren eine wohldurchdachte Handhabung, bei der ökologische Überlegungen einfließen sollten (z. B. Gruppen suchen, weil man biotisch determinierte Gemeinschaften aufdecken will, oder Gruppen ausgliedern, weil man solche für die Planung braucht). Folgende Entscheidungen sind zu treffen:

- Soll man die Rohdaten verwenden oder die Daten gewichten oder normieren?

- Welches Ähnlichkeits- oder Distanzmaß ist anzuwenden (z. B. sollen fehlende Arten berücksichtigt werden oder nicht)?
- Welcher Klassifikationsalgorithmus (z. B. *single linkage* oder *complete linkage*) soll angewendet werden?

Für die Klassifikation ökologischer Daten stehen verschiedene Softwareprogramme zur Verfügung. Speziell von Ökologen entwickelt sind etwa TWINSPAN (Hill 1979; auf einer divisiven Methodik basierend) oder MULVA (Wildi 1994; auf agglomerativen Methoden basierend). Für Cluster-Analysen kann auch auf statistische Standardsoftware zugegriffen werden.

Ähnlichkeits- und Distanzmatrizen sind auch die Ausgangsbasis für **Ordinationsverfahren** (Kasten 5.8), mit deren Hilfe die Ähnlichkeitsstruktur eines ökologischen Datensatzes dargestellt und die zugrunde liegenden ökologischen Zusammenhänge aufgeklärt werden können. Geeignete Verfahren dazu sind etwa die Hauptkomponentenanalyse und ihre Varianten bzw. die multidimensionale Skalierung. Spezifische, an den Bedürfnissen ökologischer Analyse orientierte Programmpakete wurden mit CANOCO (Ter Braak 1994) und SYN-TAX (Podani 2000) entwickelt.

## 5.4.2 Heterogenität

Der Begriff Heterogenität wird bei ökologischen Arbeiten in der Regel für die Beschreibung räumlicher Zusammenhänge benutzt. Bei zeitlichen Fragestellungen wird, mit wenigen Ausnahmen, von Variabilität gesprochen. Dies ist jedoch nicht zwingend, denn auch zeitlich verteilte Daten können Ähnlichkeiten und Unähnlichkeiten aufweisen und insgesamt homogen oder heterogen sein.

Bei der Untersuchung von Pflanzengemeinschaften setzt man a priori eine gewisse Einheitlichkeit der Bestände voraus. Dies wird im Gelände durch deren Strukturen und Artenzusammensetzung geprüft. Eine Möglichkeit der Standardisierung des Vorgehens ist die **Minimum-Flächen-Methode**. Hierbei wird, ausgehend von einer kleinen Fläche, deren Artenzusammensetzung erfasst wird, diese Fläche immer wieder verdoppelt und die hinzukommenden Arten erfasst. Bei einer graphischen Auftragung der Artenzahl gegen die Fläche stellt sich ab einer gewissen Flächengröße eine Abflachung der Kurve ein. Es zeichnet sich Artensättigung ab. Mit Hilfe definierter Kriterien (z. B. 5 % hinzukommende Arten) kann die mindestens erforderliche Flächengröße zur repräsentativen Erfassung der Vegetationseinheit graphisch ermittelt werden. Die erwartete und optisch zu erkennende Quasi-Homogenität der Bestände wird so nachvollziehbar gemacht.

Unter Bezug auf die mitteleuropäische Vegetation besitzen Wälder eine Minimalfläche von ca. 500–1000 m², Unkraut- und Ruderalfluren von 100 m², Wiesen, Weiden und Heiden von ca. 25 m², Quellen, Kryptogamenfluren etc. ca. 1–4 m². In tropischen Regenwäldern zeigen die Kurven mitunter nur einen Knick, aber keine Sättigung. Man kommt dann nicht umhin, die Minimalfläche zu vergrössern, also mehr oder weniger willkürlich festzulegen (z. B. 0,1–1,0 ha).

Auch bei zoologischen Untersuchungen ist grundsätzlich von einem Flächenbezug der Artenzahlen im Sinne einer Akkumulationskurve auszugehen. Die Artenzahlen von größeren Flächen lassen sich aus kleinen Stichproben schätzen. Häufig wurde für die Beschreibung dieser Kurve eine Potenzfunktion vorgeschlagen (Abschnitt 3.7.3). Die folgende Formel ist aber generell anwendbar:

$$S = c \times A^z$$

Dabei ist $S$ die Zahl der Arten auf der Fläche $A$ und $c$ eine Konstante. Der Exponent $z$ liegt dabei oft um 0,25. Logarithmiert man diese Potenzfunktion, dann ergibt sich mit $\ln S = \ln c + z \ln A$ eine Gerade, deren Koeffizienten aus den verfügbaren Stichprobendaten mittels linearer Regression bestimmt werden können.

Leider liegt der Teufel im Detail. Palmer (1990) hat die Genauigkeit dieses Verfahrens mit anderen Schätzverfahren untersucht. Er fand, dass die meisten Formeln nur eine ungenaue Abschätzung der absoluten Artenzahl im Gesamtgebiet zulassen. Die oben genannte Potenzfunktion überschätzte dabei in allen Fällen die tatsächliche Artenzahl. Der ökologische Grund für diese Schwierigkeiten dürfte darin liegen, dass die Form der Arten-Akkumulations-Kurve über verschiedene Maßstäbe wechselt (Kasten 3.8). Ein besonderes Problem ist dabei die mehr oder weniger asymptotische Abflachung der Kurve. Theoretisch gesehen wird die Arten-Akkumulations-Kurve waagerecht, wenn der Artenpool in einem Gebiet vollständig erfasst ist. In der Praxis führen räumliche Heterogenität und zeitliche Variabilität (Arten-Turnover) jedoch dazu, dass immer wieder neue Arten in einer Aufsammlung auftauchen.

Wenn es nur darum geht, Artenzahlen miteinander zu vergleichen, ist oftmals gar keine Extrapolation notwendig. Wenn der Aufwand der Probennahme standardisiert wurde (d. h. gleiche Fallenzahl, gleiche Anordnung, gleicher Zeitraum etc.), genügt es nach Palmer (1990) oft, die relativen Stichprobenwerte heranzuziehen, da sie mit den absoluten Werten hoch korreliert sind. Voraussetzung ist allerdings, dass die Arten-Akkumulations-Kurven eine ähnliche Form zeigen und sich nicht schneiden.

Problemloser als die Extrapolation von Artenzahlen ist das *Rarefaction*-Verfahren (Gotelli und Colwell 2001). Man kann es als Umkehrung der Extrapolation auffassen. Die Problemlage ist dabei folgende: Nehmen wir an, wir möchten den Artenreichtum von verschiedenen Stichproben miteinander vergleichen. Es gelang jedoch nicht, den Aufwand der Probennahme vollständig zu standardisieren. Oft ist beispielsweise die Fangeffizienz ein und desselben Bodenfallentyps an verschiedenen Stellen sehr unterschiedlich. Falle 1 fing beispielsweise 94 Laufkäferindividuen aus 8 Arten in einem Acker, Falle 2 fing 149 Individuen aus 18 Arten. Falle 2 erfasste offensichtlich die artenreichere Gesellschaft. Aber welche Artenzahlen hätten wir erhalten, wenn sich in beiden Fallen genau 94 Individuen gefangen hätten? Wir müssen, um die Frage zu beantworten, aus Falle 2 genau 94 Individuen nach dem Zufallsprinzip ohne Zurücklegen ziehen und dann noch einmal die Artenzahlen miteinander vergleichen. Glücklicherweise müssen wir die Probe nicht physisch neu auslesen, wir können diese Ziehung auf mathematischem Wege vornehmen. Die Artenzahl von so erhaltenen Subproben folgt nämlich der hypergeometrischen Verteilung (Brewer und Williamson 1994):

$$s_m = S - \binom{N}{m}^{-1} \sum_{i=1}^{S} \binom{N - n_i}{m}$$

In dieser Formel ist $s_m$ die zu erwartende Artenzahl in der Falle, die man erhält, wenn man Subproben vom Umfang $m$ (das Minimum der Individuenanzahlen in den Fallen) aus dem Proben zieht. $N$ ist die Gesamtindividuenzahl in der Falle, $S$ ist die Gesamtartenzahl in der Falle, $n_i$ ist die Individuenanzahl von Art $i$ in der jeweiligen Falle.

Im oben erwähnten Beispiel einer Gemeinschaft von Acker-Laufkäfern erhalten wir so eine *Rarefaction*-korrigierte Artenzahl von 14,3 Arten für Falle 2. Falle 2 erfasste also tatsächlich die artenreichere Gesellschaft, aber der Unterschied ist nicht so ausgeprägt, wie es nach unkorrigierten Werten den Anschein hätte. Da die Standardisierung der Fangzahlen sich immer an der kleinsten Zahl orientieren muss, stößt das Verfahren an Grenzen, wenn in manchen Fallen sehr wenige Individuen gefangen wurden.

Bei einer umfassenden zoologischen Erhebung müssen für verschiedene Tiergruppen zwangsläufig unterschiedliche Erfassungsmethoden eingesetzt werden. Aus der üblichen Kombination quantitativer und qualitativer Methoden (Kasten 3.2) ergibt sich das Problem, das man diese Daten zu unterschiedlichen Taxozönosen nicht gut zusammenfügen kann, d.h. kaum eine Gesamtdiversität angeben kann. In der Literatur finden sich daher üblicherweise nur tiergruppenspezifische Diversitätsangaben.

### 5.4.3 Abgrenzung ökologischer Einheiten

Wenn wir von inselartigen Elementen, Pflanzengesellschaften und Ökosystemen sprechen, dann assoziieren wir damit auch, dass diese Einheiten nicht nur in der Natur identifiziert werden können, sondern dass es auch möglich ist, diese Einheiten abzugrenzen und die räumliche Verteilung in Karten darzustellen. Die Praxis benötigt derartige Grundlagen, doch ist zunächst kritisch zu fragen, welche Einschränkungen und Probleme sich durch die damit verbundene Generalisierung ergeben. Normative Bewertungen von Landschaftsräumen, z.B. unter Gesichtspunkten des Naturschutzes, finden in der Regel auf der Grundlage einer **Kartierung** der Vegetation statt. Kartendarstellungen sind die häufigste Art der Wiedergabe räumlicher Gegebenheiten. Vegetationseinheiten und Pflanzenarten sind relativ einfach zu kartieren, Tierpopulationen sind aufgrund ihrer Mobilität weniger prägnant in ihrem Raumbedarf darzustellen.

Bei jeder flächendeckenden Kartierung stellt sich das Problem der Abgrenzung: Zu welcher Einheit stelle ich diese Fläche? Welchen Namen gebe ich ihr? Und wo grenze ich sie ab? Dann ist weiter zu fragen: Ist eine Grenze vorhanden? Wo befindet sie sich? Wie breit ist sie? Abgrenzungsprobleme existieren auf allen Maßstabsebenen. Auf Satellitenbildern erkennt man scheinbar scharfe Grenzen zwischen Land und Meer. Ein Vergleich der Küstenstreifen zu verschiedenen Aufnahmezeitpunkten zeigt, dass diese zunächst ganz offensichtliche Grenze zeitliche Fluktuationen zeigt. Auf Luftbildern sind sehr viel kleinere diskrete Einheiten, wie z.B. Ackerflächen, klar zu erkennen. Aber es wird hier ebenfalls schnell ersichtlich, dass diese scharfen Grenzen vom Betrachtungsmaßstab und vom Betrachtungszeitpunkt abhängen.

Die Abgrenzung von konkreten Beständen und Ökosystemen stellt ein fundamentales Problem der Ökologie dar. Sie ist für die Wahl der Lage von Aufnahmeflächen und für die Vegetationskartierung von großer Bedeutung. **Grenzen** sind im Gelände entweder durch Veränderungen der Vegetationsstrukturen klar erkennbar, z.B. an einem Waldrand, oder sie ergeben sich aus relativ raschen Veränderungen der Artenzusammensetzung im topographischen Raum, ohne dass sich die Morphologie der Bestände wesentlich verändern muss. Letzteres ist zum Beispiel der Fall, wenn artenarmes Intensivgrünland an eine artenreiche zweischürige Mähwiese angrenzt. Grenzen können folglich bezüglich verschiedener Kriterien gezogen werden (Lebensgemeinschaft der Pflanzen, Lebensgemeinschaft der Tiere, Vegetationsstrukturen, Artenvielfalt etc.), und die für die jeweiligen Kriterien ausgeschiedenen Grenzen müssen folglich nicht mit den Grenzen anderer Parameter übereinstimmen.

Dies ist beispielsweise an der alpinen **Waldgrenze** in den Alpen der Fall, eine der markantesten Grenzen in der Natur. In Wirklichkeit ist es nur eine Grenze der Baumarten. Praktisch alle Arten im Unterwuchs der Wald bildenden Bergwälder (z.B. Heidelbeere *Vaccinum myrtillus*, Preiselbeere *Vaccinium vitis-idaea*, Brandlattich *Homogyne alpina*, viele Moose) reichen in ihrer Verbreitung weit über die Waldgrenze hinaus.

Grenzen können also unterschiedliche Eigenschaften besitzen: klar und eindeutig oder unscharf. Der Bereich der Veränderung, des Übergangs von einer ökologischen Einheit zur nächsten kann eng limitiert sein oder sich über einen breiteren Raum erstrecken. In diesem Sinn ist auch die alpine Waldgrenze keine Grenze im strengen Sinn. Von der aus der Entfernung wahrnehmbaren, geschlossenen Waldgrenze kann sich der Übergangsbereich bis zu den verkrüppelten Vorposten (Baumartengrenze) über 100 m Höhendifferenz erstrecken (Körner 2001).

Es werden zwei Typen von Grenzen unterschieden: konkrete räumliche Grenzen und abstrakte Grenzen. Van Leeuwen (1970) definierte für konkrete Grenzen unterschiedlicher räumlicher Schärfe die Begriffe *limes divergens* (Dispersionsgrenzbereich) und *limes convergens* (Konzentrationsgrenzbereich). *Limes divergens* steht für einen allmählichen Übergang und *limes convergens* für eine scharfe räumliche Grenze.

Abstrakte Grenzen sind Grenzen im floristischen oder faunistischen Ähnlichkeitsraum, also Grenzen bezüglich der Zuordnung von Beständen zu abstrakten Einheiten wie Assoziationen, Taxozönosen oder Ökosystemtypen. Sie können über den Vergleich verschiedener Datensätze herausgearbeitet werden. Werden deutliche abstrakte Grenzen erkannt, dann dient dies der klassifizierenden Ordnung der Bestände und der Trennung unterschiedlicher Typen (z. B. Gesellschaften). Auch bei abstrakten Grenzen kann es unterschiedliche Ausbildungen von Grenzen geben. Beim Vergleich sehr unterschiedlicher Vegetationseinheiten sind die abstrakten Grenzen sehr scharf. Werden jedoch verschiedene, unter vergleichbaren Standortbedingungen ablaufende Sukzessionsstadien in Beziehung zueinander gesetzt, so ist zu erwarten, dass höchstens unscharfe abstrakte Grenzen identifiziert werden.

In der angloamerikanischen Ökologie wurde und wird die Existenz von abstrakten Grenzen immer kritisch hinterfragt, da entlang kontinuierlicher ökologischer Gradienten (z. B. Wassergehalt des Bodens) diskrete Lebensgemeinschaften nur dann zustande kommen können, wenn dies durch biotische Interaktionen bedingt ist. Da die Natur in der Art eines Kontinuums organisiert ist, muss eine auf dem Gedanken der Abgrenzbarkeit beruhende Methodik zum Scheitern verurteilt sein, es sei denn, die ökologischen Bedingungen im Untersuchungsraum sind selbst ein Diskontinuum. Ob daher Grenzen im realen Raum vorhanden sind, ist eine Frage der Landschaftsausstattung (z. B. scharfer Wechsel zwischen Kalk- und Silikatgestein). Austin und Smith (1989) sprechen bei der Typologisierung von Lebensgemeinschaften daher von einem *landscape concept*. Vereinfachend gesprochen: Treten im Untersuchungsraum klare Grenzen auf und lassen sich Gesellschaften klar unterscheiden, heißt das nichts anderes, als dass die ökologischen Bedingungen dazwischen nicht ausgebildet sind.

Von Vertretern der europäischen Vegetationskunde wurden räumliche Übergänge mit dem Suffix -kline versehen (Westhoff 1974). Dabei bezeichnet die Ökokline (*ecocline*) einen konkreten, örtlich lokalisierten, sei es edaphisch oder mikroklimatisch bedingten, Vegetationsübergang und Zönokline (*coenocline*) einen abstrakten Übergang im Vergleich mehrerer Vegetationsaufnahmen. Der Begriff Ökokline entspricht somit dem *limes divergens* van Leeuwens (1970), welchem für scharfe, konkrete Grenzen der Begriff **Ökoton** (*ecotone*) entsprechend dem *limes convergens* gegenübergestellt werden kann. Da in der Literatur, aufgrund der Maßstababhängigkeit der Schärfe von Grenzbereichen, der Begriff *ecocline* kaum benutzt wurde, bekam der Begriff Ökoton nach und nach allgemeine Bedeutung, was eine gewisse Begriffsverwirrung auslöste.

In natürlichen, nicht nutzungsbeeinflussten Ökosystemen entstehen scharfe Grenzen durch standörtliche Diskontinuitäten des Gesteins, des Reliefs und des Bodens, welche sich vor allem über kleinräumige Veränderungen des Wasserhaushalts, der Nährstoffverfügbarkeit oder des Kleinklimas bemerkbar machen. Übergangsbereiche wiederum zeichnen sich durch ihren Artenreichtum aus, für den die Vielfalt der Umweltbedingungen auf kleinem Raum verantwortlich ist. Natürliche Grenzen besitzen Formenvielfalt und Strukturreichtum. Zahlreiche Organismen sind an Grenzstrukturen gebunden. Sie profitieren vom besonderen Mikroklima, z. B. am Waldrand, oder benötigen unterschiedliche Teillebensräume in enger räumlicher Nachbarschaft.

Auch wenn natürliche Grenzen auftreten, sind sie doch eher unscharf, da sie in erster Linie durch edaphische Veränderungen oder durch Gradienten des Mikroklimas hervorgerufen werden. Anthropogene Grenzen sind hingegen eher deutlich ausgeprägt: oft geradlinig und strukturarm, vor allem bei intensiver Flächenbeanspruchung. In ihrer Form sind sie häufig eine Folge der Besitzverhältnisse (Flurstücksgrenzen), des Maschineneinsatzes in der Landwirtschaft, des Straßenbaus und anderem mehr. Eine Ausnahme stellt die Beweidung dar, die die Entwicklung von Übergängen fördert.

Plachter (1991) stellte als eine der ökosystemaren Veränderungen in der Folge der modernen Landnutzung den Verlust gleitender Übergänge heraus. Kaule (1986) sah als allgemeine Tendenz der Landschaftsentwicklung, dass Gradienten nivelliert werden, und Sukopp et al. (1978) bezeichnete bei der Auswertung der Roten Listen die Entfernung von Übergangsbereichen als Hauptursache für den Artenrückgang. Wir wissen allerdings oft zu wenig über diese Bereiche. Grenzbereiche zwischen verschiedenen Ökosystemen fanden bisher zu wenig Beachtung, denn es liegt offenbar meist viel näher, die Strukturen und Stoffwechselprozesse innerhalb eines Waldes oder eines Gewässers zu untersuchen als an deren Rändern.

In den letzten Jahren kann aber festgestellt werden, dass der durch die intensive Landbeanspruchung der vergangenen Jahrzehnte erfolgte Verlust an weichen Grenzen durch gegenläufige Entwicklungen kompensiert wird. Gründe für eine zunehmende Verwischung von Grenzen sind unter anderem bei einer Nutzungsaufgabe die dann ablaufende Sukzession, die Wiedereinführung der Beweidung unter Naturschutzgesichtspunkten und die Förderung extensiver Formen der Waldbewirtschaftung im Rahmen einer naturnäheren Waldnutzung. Im Ackerland führt die Zusammenlegung verschiedener Flurstücke zu großen Schlägen dazu, dass die Standortunterschiede innerhalb von Schlägen groß werden und in der Vegetation eines Ackers Übergänge auftreten. Auch innerhalb konkret umrissener Nutzungstypen können also allmähliche Übergänge auftreten, die zumeist auf edaphische Unterschiede zurückzuführen sind. Dies wird z. B. in der norddeutschen Grundmoränenlandschaft mit ihrer großflächigen Landbewirtschaftung offensichtlich.

In der Forstwirtschaft führt die Wahrnehmung der Nachteile der Kahlschlagwirtschaft zu einer Abkehr von gleichförmigen und gleichartigen Beständen und zu einer Förderung von plenterartigem Betrieb (gemischte Altersklassen), Femelschlag (selektive Entnahme von Gruppen großer bzw. kranker Bäume) und Mischwaldkulturen mit reichhaltigen inneren Grenzen. Es zeigt sich, dass derartig bewirtschafteter Wald nicht nur robuster ist, sondern auch einen vielfältigeren Lebensraum darstellt. Aus ähnlichem Grund wurden die Bergwälder in Alpenländern seit Jahrhunderten geschont. Viele wurden in „Bann gelegt" und gar nicht mehr genutzt. Dies führte dazu, dass etwa in Österreich mehr als 25 % der Alpenwälder noch als sehr naturnah betrachtet werden können (Grabherr et al. 1998).

Kriterien zur Bewertung eines Raumes auf der Grundlage seiner Grenzbereiche können sein: Dichte der **Grenzlinien** (Bedeutung für Strukturreichtum), Länge der Grenzlinien (Bedeutung für Biotopverbund), räumliche Entfernung zwischen den Grenzbereichen (maximal oder minimal, Verinselungseffekte), Form der Grenzlinien (geradlinig, ausgebuchtet etc.), Verbindungsgrad bzw. Isoliertheit der Grenzbereiche (funktionelle Eignung als Vernetzungselement), flächenmäßige Erstreckung der Grenzbereiche (breite Übergangsbereiche oder schmale, scharfe Grenzen), innere Strukturierung der Grenzbereiche (Schichtung, vertikale Gliederung), für den Naturraum charakteristische Grenztypen (Standortentsprechung), natürlich oder anthropogen induziert (Natürlichkeit, Hemerobie) (Abschnitt 6.2).

## 5.4.4 Zeitliche Organisation räumlicher Muster

### 5.4.4.1 Sukzession: Klimax oder Zyklen?

Bei der Beurteilung räumlicher Muster müssen ihre zeitlichen Abläufe bzw. Regeln beachtet werden, denn nicht nur das räumliche Nebeneinander, sondern auch das zeitliche Nacheinander ist ökologisch von Bedeutung. Dynamik ist eine Eigenschaft komplexer biotischer Systeme, daher unterliegen Ökosysteme, Lebensgemeinschaften, Populationen und Organismen ständigen Veränderungen. Diese zeitliche Abfolge von Arten, Gemeinschaften und Ökosystemen unter dem Einfluss der Organismen selbst, des Bodens und des Klimas bezeichnen wir als **Sukzession**.

Regeln zu zeitlichen Abläufen wurden in der Sukzessionsforschung formuliert, die die zeitliche Entwicklung von Strukturen und die Verschiebung der Artenzusammensetzung untersucht. Wenn wir von Sukzession sprechen, gehen wir davon aus, dass der Artenpool in der Region, in der die Sukzession abläuft, während der Entwicklung mehr oder weniger konstant bleibt, da Sukzession immer wieder nach einem vergleichbaren Schema ablaufen sollte. Sukzession unterscheidet sich folglich grundsätzlich von historischen, z. B. holozänen, Entwicklungen nach der Eiszeit, während der sich die regionalen Floren- und Faunenressourcen durch Zuwanderung und Evolution veränderten. Allerdings ist zunächst nichts über die Geschwindigkeit und Stärke der Dynamik ausgesagt. Sukzession kann auch sehr langsam erfolgen und zu nur geringfügig veränderten Zuständen führen.

Direkte Beobachtungen von Sukzessionen liegen bis heute kaum für längere Zeitreihen als 20–40 Jahre vor. Einige wenige sind älter, wie beispielsweise jene aus dem Schweizer Nationalpark (beginnend 1917), oder jene, die im Gefolge des Ausbruchs des Krakataus (Indonesien; Ausbruch 1883) gemacht wurden. Ansonsten ist man auf den Vergleich von Standorten angewiesen, für die man das Alter mehr oder weniger genau kennt (z. B. Brachen, Endmoränen von Gletschern). Relevant für Sukzessionsabläufe ist neben dem potenziellen Alter der einzelnen Pflanzen bzw. der demographischen Struktur des Bestands auch die Fähigkeit, einen neuen Standort zu erreichen und zu besiedeln.

Tansley (1920) definiert Sukzession als »*graduelle Veränderung, die in der Vegetation eines bestimmten Gebiets der Erdoberfläche auftritt, und in welcher eine Population anderen folgt*«. Wenn wir „Population" durch „Lebensgemeinschaft" ersetzen, können wir diese Definition heute noch benutzen. Ein deutliches Beispiel für derartige Sukzessionsabläufe ist die Entwicklung von Küstendünen. Sie ist oft auch als räumliche Standortreihe der aufeinander folgenden Stadien entwickelt (Catena), welche durch die räumliche Nachbarschaft einen Hinweis auf die zeitliche Entwicklung gibt. Andere Auslöser für diese so genannten primären Sukzessionen, die auf jungfräulichem Substrat ansetzen, können Inselneubildung (durch Vulkanismus oder isostatische Landhebung), Gletscherrückgang und damit Freistellung von Moränen oder Störungen wie Stürme und Fluten sowie durch unterschiedliche Ursachen ausgelöste Felsstürze und Erdrutsche sein.

Die Frage, die die Sukzessionsforschung seit ihren Anfängen beschäftigt, ist, ob die aufeinander folgenden Populationen bzw. Lebensgemeinschaften die Abfolge selbst mitbestimmen. Hier setzen die drei grundsätzlichen **Sukzessionsmodelle** von Connell und Slatyer (1977) an:

- Förderung (*facilitation*) liegt dann vor, wenn Arten eines Sukzessionsstadiums durch Veränderung der Standortbedingungen die Besiedlung der Folgearten erst ermöglichen. Klassisch ist hier etwa die Wirkung eines ersten Flechtenbewuchses auf nacktem Fels (z. B. bei isostatischer Meereshebung), dem sukzessive Kräuter und Gräser und schließlich der Wald folgten.
- Toleranz (*tolerance*) spielt dort eine Rolle, wo sich Arten auch später Stadien bald ansiedeln und durch ihre Stresstoleranz den Ressourcenverbrauch besser überdauern als andere Arten (z. B. Sukzession auf Hangrutschungen, in Auen).
- Hemmung (*inhibition*) tritt dann auf, wenn einmal etablierte Arten andere Konkurrenten nicht aufkommen lassen und andere Arten nur auftreten, wenn Lücken entstehen.

Förderungs-, Hemmungs- und Toleranzmodell können bestimmte Sukzessionsstadien beherrschen. Nach dem Konzept von Grime (1979) beherrschen unter den Pflanzen Ruderalstrategen im Sinne des Förderungsmodells frühe Stadien, Konkurrenten mittlere und stresstolerante Strategen späte Stadien.

Das relativ stabile Endstadium einer Vegetationsentwicklung, das sich unter einem bestimmten Klimaregime bilden kann, bezeichnen wir als **Klimax**. Die großen Klimaxgebiete der Erde sind die Großlebensräume (Zonobiome) (Abschnitt 6.3), man kann aber auch in Bezug auf kleinere Lebensräume von einem Klimaxstadium sprechen. Im engeren Sinn unterstellt die Klimaxtheorie, dass sich Lebensräume immer zu einem typischen Endstadium entwickeln. Diese **Monoklimaxtheorie** (Clements 1916) wird inzwischen kritisch eingeschränkt bzw. gilt als falsch. Wir sprechen von **Pseudoklimax**, wenn nur scheinbar ein Endzustand erreicht wird. Dies ist bei relativ stabilen Sukzessionsstadien der Entwicklung von Brachen oft der Fall. Erst wenn ein über viele Jahre bestehendes Stadium aus klonalen Hochgräsern aufgrund von Überalterung zusammenbricht, kann ein folgender Schritt mit der Etablierung von Sträuchern oder Jungbäumen erfolgen. Es ist aber auch nicht selten der Fall, dass es gar nicht möglich ist, ein ganz bestimmtes Endstadium zu prognostizieren. Dann hängt die weitere Entwicklung der Sukzession von zufälligen Einzelereignissen oder Erstbesiedlereffekten ab, das heisst, es können verschiedene Richtungen eingeschlagen werden (**Polyklimax**). Auf Gletschermoränen werden beispielsweise durch Lawinen ganze Rasensoden abgelagert, die dann an der Ablagerungsstelle die weitere Entwicklung beherrschen. Daneben kann aber eine durch Sameneintrag bestimmte Sukzession ablaufen, die einen anderen Charakter aufweist und zu anderen Endstadien führen kann.

In mediterranen Regionen sind die Ökosysteme teilweise irreversibel degradiert. Ehemalige Klimaxwälder können dort aufgrund des erodierten Bodens nicht mehr erreicht werden. Dennoch finden auch hier, z.B. nach Feuer, Sukzessionsabläufe statt. Zur Kennzeichnung von Standorten wurde deshalb die **Sukzessionsserie** entwickelt (z.B. Ozenda 1988). Sie erlaubt die Zuordnung zu vergleichbaren Standorteinheiten auch für unterschiedlich weit entwickelte Sukzessionsphasen, da sie von immer wiederkehrenden Mustern in der Abfolge von Lebensgemeinschaften ausgeht.

Ein Problem der Sukzessionsforschung besteht darin, tatsächliche zeitliche Trends herauszuarbeiten und dies von der Variabilität zwischen aufeinander folgenden Jahren abzutrennen. Zur Herstellung der Vergleichbarkeit zwischen den Jahren ist die Erfassung phänologischer Entwicklungszustände hilfreich, welche zur Orientierung bezüglich des Zeitpunktes der Untersuchung dienen kann. Ein Kalenderdatum eignet sich hierzu unter Umständen wenig, da sich die Entwicklung der Vegetation von Jahr zu Jahr unterscheidet.

Neben qualitativen Eigenschaften der Flächen selbst (Samenbank, Standortverhältnisse) spielen auch räumliche Aspekte wie Entfernung zur nächsten geeigneten Quelle für Diasporen oder Barrierefunktion der umgebenden Matrix eine wichtige Rolle. Die **Inseltheorie** von MacArthur und Wilson (1967) (Abschnitt 3.7.3) formuliert theoretische Annahmen zur Regulierung zeitlicher Prozesse, z.B. von Aussterbe- oder Besiedlungsvorgängen, durch Distanz und Flächengröße. Von Bedeutung für den Ablauf der Sukzession ist auch, ob zeitliche Veränderungen auf einzelne Lebensräume oder Landschaftselemente beschränkt bleiben oder in einem Vegetationskomplex bzw. in einer Landschaft ablaufen (*patch dynamics*, Pickett und White 1985).

In der Natur gibt es das oft vermutete und schon durch Carl von Linné erwähnte **Gleichgewicht** nicht. Es ist jedoch denkbar, dass über zeitliche Organisation, d.h. durch das zeitlich versetzte Auftreten bestimmter Strukturen, welche räumlich benachbart liegen, eine gewisse Konstanz im Lebensraumangebot geliefert wird. Heinselman (1973) vermutete für boreale Wälder ein *shifting mosaic* unterschiedlicher Sukzessionsstadien, welche durch natürliche Feuer ausgelöst werden. Es würde gewährleisten, dass die Arten der verschiedenen Stadien an nahe gelegenen Orten nebeneinander erhalten bleiben, auch wenn sie vor Ort ausgelöscht werden.

Feuer, Sturm und andere Störungen sorgen also für eine kleinräumige Struktur von Lebensräumen, die ein flächiges Erreichen eines Klimaxstadiums verhindern kann. Sukzession kann in kleinräumig strukturierten Lebensräumen daher zwischen zwei Extremen oszillieren, also zyklisch verlaufen (**Mosaikzykluskonzept**; Abschnitt 5.3.3.3). Dieses Konzept erlaubt auch die Hypothese, dass sich auf übergeordneter Ebene ein dynamisches Gleichgewicht einstellt (White et al. 1999).

Das räumliche Nebeneinander zeitlich unterschiedlich weit entwickelter Stadien kann also zum Erhalt der Artenvielfalt eines Lebensraumes beitragen. Bedingt durch die zeitliche Dynamik kann hierdurch gewährleistet sein, dass für die Erfüllung der Umweltansprüche bestimmter Arten immer an anderen Orten, aber doch zu jedem Zeitpunkt geeignete Flächen vorhanden sind. Sie können dann durch geringfügige lokale Verlagerung ihrer Populationen permanent in diesem Gebiet existieren (**Karussellmodell**, van der Maarel und Sykes 1993). Im Grunde genommen ist dies auch der dem **Metapopulationskonzept** zugrunde liegende zentrale Gedanke (Abschnitt 3.7).

In solch einer dynamischen Umwelt bekommt Stabilität eine neue Bedeutung. Die verschiedenen Aspekte von Stabilität wie Konstanz, Resistenz und Resilienz (Abschnitt 5.3.3.5) beziehen sich auf spezifische Kriterien wie Struktur, Biomasse, Produktivität oder Artenzusammensetzung. In einem Mosaik von Landschaftselementen ist es nun von Bedeutung, wie die Gesamtheit der Mosaiksteine reagiert. Ein Waldgebiet kann also durchaus konstant und stabil sein, auch wenn es lokal sehr dynamisch ist.

### 5.4.4.2 Störung und Systemerhalt

Störungen sind eine Eigenschaft nahezu aller Ökosysteme (Abschnitt 2.3.3.3). Sie tragen, auch wenn dies zunächst paradox klingt, zum Erhalt der Vielfalt bei, selbst wenn einzelne Lebensgemeinschaften beinahe ausgelöscht werden können (White und Jentsch 2001, Abschnitt 5.3.3.3). Darauf hat im Übrigen schon Darwin (1859) hingewiesen. Allerdings gilt auch in umgekehrter Richtung, dass die Effekte von Störungen von der Vielfalt eines betroffenen Systems abhängen. Aus Modellberechnungen lässt sich ableiten, dass ein artenreiches System in der Lage sein sollte, auf Auslenkungen weniger sensibel zu reagieren, da zu erwarten ist, dass innerhalb einer funktionellen Gruppe mehrere Arten vorhanden sind und nicht alle gleichermaßen betroffen sein werden (Yachi und Loreau 1999).

Störungen prägen die Anzahl und Verteilung von Lebensgemeinschaften, ihre Qualität und den Kontrast zu benachbarten Einheiten. Auch ökosystemare Prozesse und Mechanismen (z. B. Mineralisation von in organischer Auflage gebundenen Nährstoffen) können durch Störungen gesteuert werden. Unterbleiben solche Störungen, dann wird auch die Systemleistung langfristig verändert und geht in ein anderes System über. Da menschliches Handeln oft auf Kontrolle und Berechenbarkeit ausgerichtet ist, fällt es schwer, Ereignisse wie Feuer zu akzeptieren, welche aber zum natürlichen Ablauf der Entwicklung vieler Ökosysteme gehören (Abschnitt 2.2.2.3). Viele Kulturen, z. B. die australischen Aborigines, haben mit dem Feuer gezielt und ökologisch nachhaltig umzugehen gelernt. Für sie ist Feuer kein Feind wie für uns Mitteleuropäer.

Bei den dynamischen Prozessen, die durch Störungen ausgelöst werden, spricht man auch von sekundärer Sukzession, besonders dann, wenn sich eine Lebensgemeinschaft durch Ausfall eines bestimmten Störungsregimes verändert. Dies ist etwa bei Verbuschung von Grünland der Fall, wenn das Störungsregime Mahd oder Beweidung ausfällt. Störungen sind für die Entstehung und Regeneration von Mosaikstrukturen in der Landschaft verantwortlich. Da Störungen bestimmten Regeln unterliegen (Nutzung erfolgt in Abhängigkeit vom Substrat, Feuer entstehen in bestimmten Situationen), sind die Flächen unterschiedlichen Sukzessionsalters oft nicht zufällig angeordnet und ergeben ein charakteristisches Muster. Ein leicht eingängiges Beispiel ist die landwirtschaftliche Flächennutzung.

Häufige und starke Störungen bewirken auf jeden Fall einen Verlust von Vielfalt. Nur wenige angepasste Arten können überleben. Völlig ungestörte Ökosysteme sind jedoch ebenfalls oft sehr artenarm. Die *intermediate disturbance hypothesis* von Connell (1978) postuliert, dass eine mittlere Störungsintensität und -frequenz eine maximale Artenvielfalt bewirkt. Diese Hypothese muss jedoch kritisch hinterfragt werden, denn sie gilt vor allem unter intermediären Bedingungen. Bei hohen Wachstumsraten der auftretenden Populationen (r-Strategen), fördern hohe Störungsraten die Diversität, bei niedrigen Wachstumsraten (K-Strategen) wird die Vielfalt bei geringen Störungsintensitäten am höchsten sein (Huston 1994). Auch trifft diese Hypothese auf tatsächliche räumliche oder zeitliche Veränderungen nur dann zu, wenn die Wiederbesiedlung bzw. die Erreichbarkeit gewährleistet ist, wenn also die jeweiligen Flächen von unterschiedlichen Sukzessionsstadien umgeben sind. Hubbell et al. (1999) zeigten für tropische Wälder, dass dort keine Beziehung zwischen der Intensität von Störungsereignissen und damit verbundenen Lichtungen (*gaps*) und Baumartenvielfalt des gesamten Artenpools gefunden werden konnte.

# 6 Gemeinschafts-komplexe, Landschaften und Großlebensräume

## 6.1 Gemeinschaftskomplexe

Die einzelne Lebensgemeinschaft kann als Summe von Populationen vieler Arten gegenüber der Population einer einzelnen Art als übergeordnete Einheit mit neuen Eigenschaften verstanden werden. Genauso bilden benachbarte Lebensgemeinschaften gemäß der Hierarchietheorie (Abschnitt 5.3.3.1) (O'Neill et al. 1986, Allen und Hoekstra 1992, Joergensen et al. 1992) eine nächsthöhere Einheit, den **Gemeinschaftskomplex** oder **Biozönosenkomplex**. Die Abgrenzung einer Biozönose (oder Zönose) vom Ökosystem wird nicht einheitlich gehandhabt; eventuelle Unterschiede sind jedoch eher graduell, sodass Gemeinschaftskomplexe auch als Komplexe verschiedener Ökosysteme verstanden werden können.

### 6.1.1 Allgemeines

Im realen Raum können verschieden ausgedehnte, abgrenzbare Mosaike von Lebensgemeinschaften unterschiedlicher Form, Physiognomie und Struktur von anderen unterschieden werden, wobei die einzelnen Elemente nicht voneinander isoliert, sondern funktional mehr oder weniger eng verzahnt sind. Ein konkretes Beispiel dazu ist in Abbildung 6.1 wiedergegeben (Reisigl und Keller 1987). Vom Bergwald bis zu den höchsten Gipfeln der Eis- und Schneeregion kann man je nach Höhenstufe typische Komplexe von Pflanzengesellschaften unterscheiden. In der alpinen Stufe prägt vor allem der Rasen-Schneeboden-Komplex Landschaft und Vegetation (Abbildung 6.2). Entlang eines Gradienten zunehmender Schneedeckendauer folgen aufeinander: ein flechtenreicher, steppenartiger Krummseggenrasen (typisches *Caricetum curvulae*), ein kräuterreicher, flechtenärmerer Rasen (Übergangsgesellschaft- *Primulo-Curvuletum*), ein bodenfeuchter Krautrasen (*Hygro-Curvuletum*), ein dicht dem Boden angeschmiegtes Kriechweidenspalier (*Salicetum herbaceae*) und ein Moosboden mit einzelnen Kräutern (*Polytrichetum norvegici*).

Die Grenzen zwischen einzelnen Lebensgemeinschaften sind nur dann scharf, wenn sich die ökologischen Verhältnisse schlagartig ändern. In wesentlich mehr Fällen wechseln die Artkombinationen der Lebensgemeinschaften graduell (Abbildung 6.2), wobei nicht nur die Standortbedingungen von Bedeutung sind, sondern auch

das Phänomen der räumlichen Autokorrelation zu beachten ist. In der Ökologie taucht **Autokorrelation** öfter auf, d. h. die Wahrscheinlichkeit, dass Individuen einer Art auftreten, ist dann größer, wenn schon Individuen dieser Art in der Nähe sind. Vereinfachend ausgedrückt: Durch den ständigen Sameneintrag aus der benachbarten Lebensgemeinschaft treten deren Arten, zumindest in Randbereichen, immer wieder auf, auch wenn die ökologischen Bedingungen nicht optimal sind (Abschnitt 2.2.1). Bei Tieren sind die Grenzen weniger scharf, denn mobile Tiere wechseln zur Nahrungssuche, bei Flucht oder aus anderen Gründen zwischen verschiedenen Pflanzengesellschaften.

Zum Beispiel zeigt die Primel (*Primula glutinosa*) im alpinen Rasen-Schneeboden-Komplex, dass sie über den gesamten Gradienten wachsen kann (Abbildung 6.2). Im Gelände sieht man aber deutlich, dass die Primel in den Schneeböden (*Salicetum* und *Polytrichetum*) wesentlich stärker in Erscheinung tritt. Die Individuen im flechtenreichen Krummseggenrasen (*Caricetum curvulae*) sind wohl vorwiegend auf Sameneintrag aus den Schneebodenpopulationen zurückzuführen. Sie sind hier selten und wachsen schlechter.

In Gemeinschaftskomplexen sind nicht willkürlich viele Lebensgemeinschaften in zufälliger Zusammensetzung enthalten. Mehr oder weniger regelmäßige Kombinationen treten auf, wie die höhenzonale Gliederung im Hochgebirge deutlich zeigt (Abbildung 6.1). In Anlehnung an die in Abschnitt 5.3.3 gemachten Aussagen gehen wir auch für Landschaften und Großlebensräume davon aus, dass stärker strukturierte Standorte mehr Biozönosen umfassen als einfach strukturierte. An extremen Standorten werden die Biozönosen meist artenärmer und bestehen überwiegend aus Spezialisten (stenöken Arten).

### 6.1.2 Methodik

Das Studium und die Beschreibung von Gemeinschaftskomplexen setzt Typologien von Lebensgemeinschaften als fassbare Einheiten voraus. Entsprechend wurde vor allem in der Vegetationsökologie eine geeignete Methodik entwickelt (Sigma-Soziologie), mit der Vegetationskomplexe anhand vorhandener Pflanzengesellschaften beschrieben werden (z. B. Dierschke 1994, Schwabe und Kratochwil 1994). Diese Methodik bedient sich syntaxonomischer Einheiten (Abschnitt 5.3.2.1), berücksichtigt aber auch auffällige und für den Komplex charakteristische Einzelstrukturen (z. B. solitäre Obstbäume in Ackerlandschaften) oder Kulturflächen (z. B. Maisfeld).

Für das Beispiel der Silikatalpen sind mehrere Komplexe typisierbar (Abbildung 6.1 und 6.2): (1) der subalpine Komplex mit Zirbenwald, Grünerlenbeständen, Hochstaudenfluren und Alpenrosengebüschen; (2) die drei alpinen Komplexe, von denen der oberalpine Rasen-Schneeboden-Komplex in Abbildung 6.2 näher dargestellt ist; (3) der subnivale Komplex, in dem sich die geschlossene Rasendecke aufzulösen beginnt; (4) die zwei nivalen Komplexe mit kryptogamenbetonten Gesellschaften an den Grenzen des Pflanzenlebens. Elemente wie Quellfluren (allein 36 verschiedene Typen über der Waldgrenze), Moore, Schutthalden und Felsen können die Vielfalt der Komplexe stark bereichern und manchmal auch dominant in Erscheinung treten.

**Höhenstufen und Lebensbereiche
in den Zentralalpen**

Gipfel | **obere nivale Stufe**
4270 m | Kryptogamen: Pilze, Algen
| Moose, Flechten
3400 m | **untere nivale Stufe**
| Dikotyle Polsterpflanzen:
| *Saxifraga, Silene*
| *Androsace, Poa laxa,*
| *Ranunculus glacialis*
| *Potentilla frigida,*
| *Luzula spicata*

3000 m | **subnivale Stufe**
| Rasenfragmente:
| *Curvuletum, Elynetum*
| Schutt:
| Alpenmannsschildflur
| (*Androsacetum alpinae*)
| Moosschneeböden

2800 m | **obere alpine Stufe**
| Mosaik aus
| Krummseggenrasen
| (*Curvuletum*) und
| Schneeböden
| (*Salicetum herbaceae*)
| Schutt: *Oxyrietum*
| Fels: *Androsacetum vandellii*

2600 m | **mittlere alpine Stufe**
| Hochlagenweiderasen
| (*Curvulo-Nardetum*)
| Gemsheidespaliere
| (*Loiseleurietum*)

2600 m | **untere alpine Stufe**
| Sonnenseite:
| Bärentraubenheide
| (*Junipero-Arctostaphyletum*)
| Schattenseite:
| Alpenrosenbärenheide
| (*Rhododendro-Vaccinietum*)
| Felsfluren:
| *Primuletum hirsutae*
| Schutt: *Cryptogramma crispa*
| Weiderasen: *Aveno-Nardetum*

2000 m | **subalpine Stufe**
| Waldgrenze 1600 – 2400 m
| Ostalpen: (Zirben-)Lärchen
| Westalpen: (Lärchen-)Zirben
| Legföhren, Föhren, Grünerlen-
| weiderasen: *Nardetum alpigenum*
| Feuchtrasen:
| *Caricetum ferruginei*

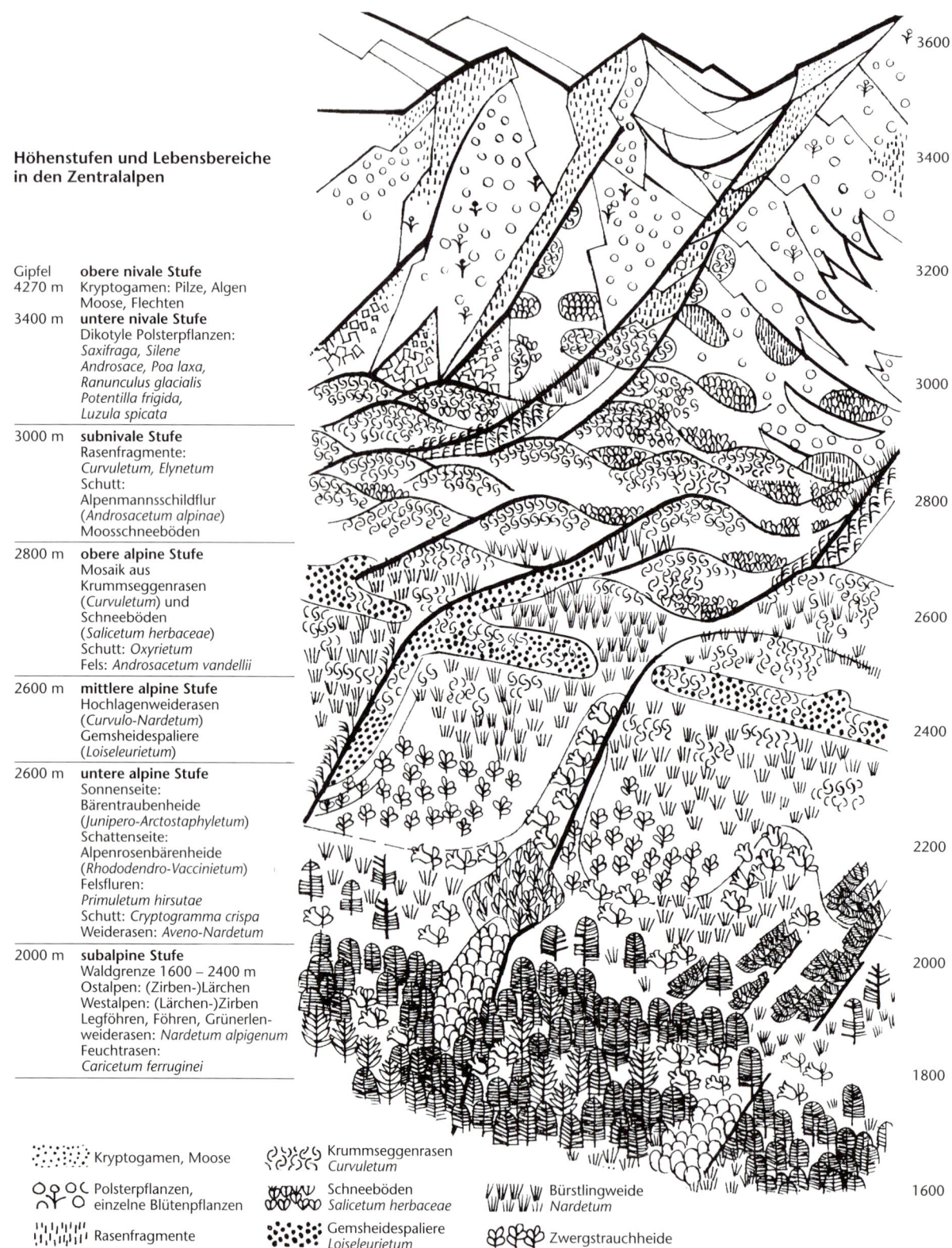

Kryptogamen, Moose

Krummseggenrasen
*Curvuletum*

Polsterpflanzen,
einzelne Blütenpflanzen

Schneeböden
*Salicetum herbaceae*

Bürstlingweide
*Nardetum*

Rasenfragmente

Gemsheidespaliere
*Loiseleurietum*

Zwergstrauchheide

**Abb. 6.1:** Vegetationskomplexe in den Alpen entlang des Höhengradienten. Nach Reisigl und Keller (1987).

Je nach Zusammensetzung und Flächenanteil sind daher zahlreiche Komplextypen definierbar.

Vergleichbare Ansätze zur Beschreibung von komplexen Tiergemeinschaften bzw. von vollständigen biozönotischen Komplexen wurden bislang kaum versucht. Viele Tiere sind mobil und übertreffen die Pflanzen an Artenzahl um ein Vielfaches (Abbildung 6.98). Vor allem deshalb sind tierische Gemeinschaften schwerer zu fassen, und die Zuweisung zu Pflanzengesellschaften ist meist sehr unscharf. Gemeinschaften und Gemeinschaftskomplexe sind daher eher ein botanisches Phänomen.

### 6.1.3 Heterogenität – ein Wesensmerkmal von Gemeinschaftskomplexen

Betrachtet man den Artenbestand einer Biozönose, so wäre aus dem Gemeinschaftskonzept die Hypothese abzuleiten, dass zumindest in gewissem Rahmen die Diversität einer Gruppe mit jener anderer Gruppen oder gar der restlichen Gruppendiversität korreliert ist. Dies ist nun tatsächlich für die typisch landwirtschaftlich geprägte mitteleuropäische Kulturlandschaft nachgewiesen (Abbildung 6.3, Sauberer et al. 2004).

Erstaunlicherweise sind diese Korrelationen aber noch wesentlich enger auf dem Niveau des Zönosenkomplexes (Abbildung 6.3b). Ist die Artenzahl an Blütenpflanzen hoch, ist sie auch in der Summe für die anderen Arten hoch (Summe der untersuchten Arten: Artenzahlen Moose + Schnecken + Heuschrecken + Ameisen + Laufkäfer + Spinnen). Der Korrelationskoeffizient für das Komplexniveau (Fläche = 36 ha) beträgt $r^2 = 0,78$, der auf dem Gemeinschaftsniveau (Fläche < 0,005 ha) nur $r^2 = 0,57$. Noch präzisere Voraussagen erlauben Kombinationen von verschiedenen Pflanzen- und Tiergruppen (*shopping basket approach*; z. B. die Kombination Moose + Spinnen, Abbildung 6.3c). Die engen Korrelationen auf Komplexniveau lassen daher vermuten, dass eine Zoozönose möglicherweise an mehrere Phytozönosen als Teillebensräume gebunden ist. Beides zusammengefügt zur Biozönose macht daher erst auf dem Niveau von Phytozönosenkomplexen Sinn.

Dieses **biozönologische Paradoxon** (Abbildung 6.4), d. h. dass eine Biozönose aus mehreren Phytozönosen und einer Zoozönose besteht, ist der Grund für die ausufernde Begriffsverwirrung und die Definitionsvielfalt in der Ökologie, sobald höhere Integrationseinheiten als jene von Populationen angesprochen werden. Der **holistische Ansatz**, der gemäß dem Hierarchieprinzip auch in Gemeinschaften, Gemeinschaftskomplexen und Biomen (Abschnitt 6.3.1) in sich geschlossene Einheiten sieht, steht vor dem Problem, wo die Grenzen gesetzt werden sollen. Biozönosen sind daher zwangsläufig heterogene Einheiten mit weiten Übergangsbereichen.

Das biozönologische Paradoxon schafft Probleme bei der Anwendung des **Ökosystemkonzepts** auf höhere Einheiten. Als abstraktes Konzept ist das Ökosystemmodell auf die verschiedenen Integrationsniveaus entlang der ökologischen Hierarchie anwendbar, von der Gemeinschaft über den Komplex bis zum Biom, ja bis zur gesamten Biosphäre. Der populationsökologisch-zönologische Ansatz sieht im Ökosystem ein multifunktionales System interagierender Populatio-

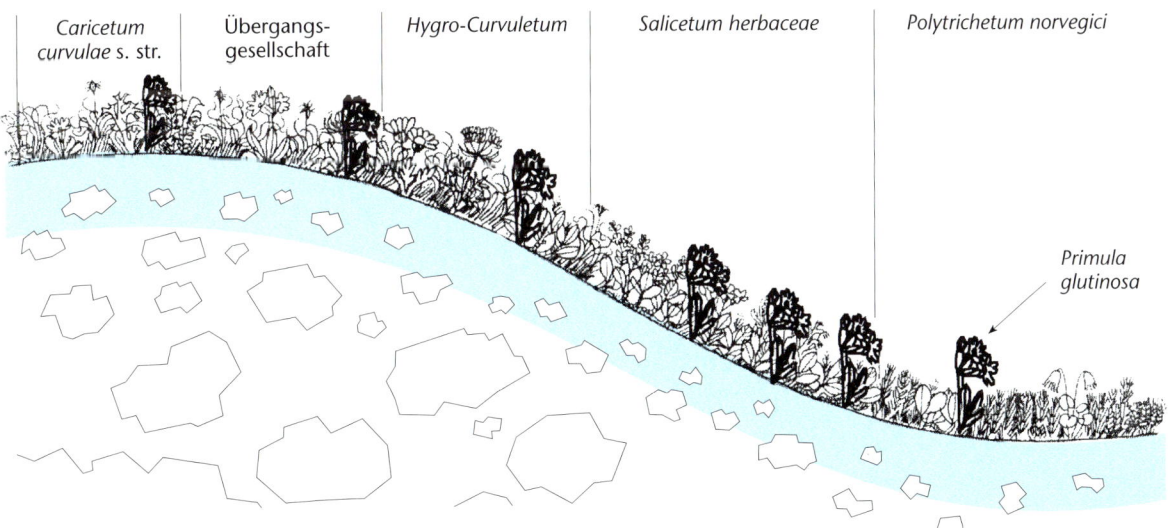

**Abb. 6.2:** Ausschnitt aus dem Rasen-Schneebodenmosaik der oberen alpinen Stufe in den Silikatalpen. Man beachte die fließenden Übergänge. Dunkel gehalten ist die Klebrige Primel *(Primula glutinosa)*, deren Optimum in den schneebetonten Bereichen liegt. Nach Reisigl und Keller (1987).

Caricetum curvulae s. str. · Übergangsgesellschaft · Hygro-Curvuletum · Salicetum herbaceae · Polytrichetum norvegici · Primula glutinosa

nen, die mit der abiotischen Umwelt in Beziehung stehen. Der stofflich-funktionale Ansatz hingegen betrachtet das Ökosystem als ein System funktionaler Komponenten (Primärproduzenten, Sekundärproduzenten, Destruenten), welche im Stoffaustausch untereinander und mit der Umgebung stehen sowie durch den Energiefluss verbunden sind.

Was betrachtet man nun konkret als ein Ökosystem? Interessiert primär der organismisch-interaktive Aspekt bei Ökosystemanalysen, zeigen sich klare Tendenzen, Biozönosenkomplexe als Ökosysteme anzusprechen, um die Tiere gewissermaßen vollständig zu erfassen. Steht der stofflich-funktionale Aspekt im Vordergrund, d. h. die Position der Biozönose in den biogeochemischen Prozessen an der Erdoberfläche, sind Wechselbeziehungen zwischen den einzelnen Organismen weniger von Bedeutung, wohl aber die Homogenität des zu untersuchenden Systems.

Durch das extreme Übergewicht der Primärproduzenten in Landökosystemen liegt bei dieser Betrachtungsweise der Fokus eindeutig bei den Phytozönosen, und man spricht von Wiesen-, Wald-, Steppen- und Ackerökosystemen, wohingegen eine vollständige Biozönose einen Komplex aus Wiese, Hecke und Felsrasen mit den entsprechenden Tiergilden umfassen kann.

## 6.1.4 Vom Modell zur Fläche: Ökologische Raumerkundung

Gemeinschaftskomplexe benötigen Raum. Mit einer Ausdehnung von wenigen Quadratmetern (z. B. kleine Quellkomplexe) bis zu mehreren tausend Quadratkilometern (z. B. Waldgebiete) können Gemeinschaftskomplexe ab-

**Abb. 6.3:** Korrelative Beziehungen zwischen Artenreichtum (*species richness*) von Gefäßpflanzen zum Gesamtartenreichtum. Gesamtartenreichtum ist die Summe der Artenmenge folgender Gruppen: Moose, Heuschrecken, Spinnen, Ameisen, Laufkäfer, Schnecken. Die Skala bezieht sich auf Relativwerte, um Mengenunterschiede zwischen den Taxa auszugleichen, da z. B. weit mehr Blütenpflanzenarten als Moose gefunden wurden. a) Korrelation auf Gemeinschaftsebene (Bezugsfläche: Kreis von 20 m Durchmesser (Blütenpflanzen, Moose, Heuschrecken) und 10 m (Schnecken); b) Korrelation auf Ebene von Gemeinschaftskomplexen (600 x 600 m); c) Korrelation von Artenkombinationen (*shopping basket approach*), hier dargestellt am Beispiel der Kombination Artenmenge der Moose plus Artenmenge der Spinnen. Gesamtartenreichtum ist in diesem Fall die Summe der Artenmengen von Blütenpflanzen, Ameisen, Schnecken und Heuschrecken. Nach Sauberer et al. (2004).

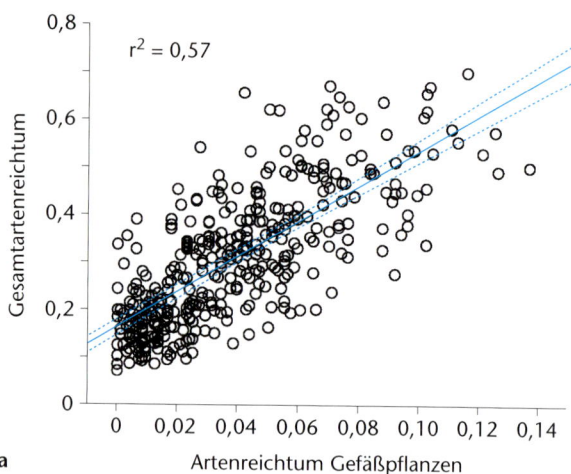

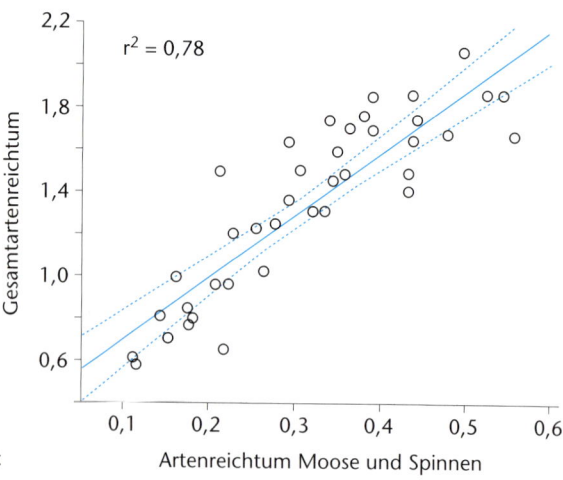

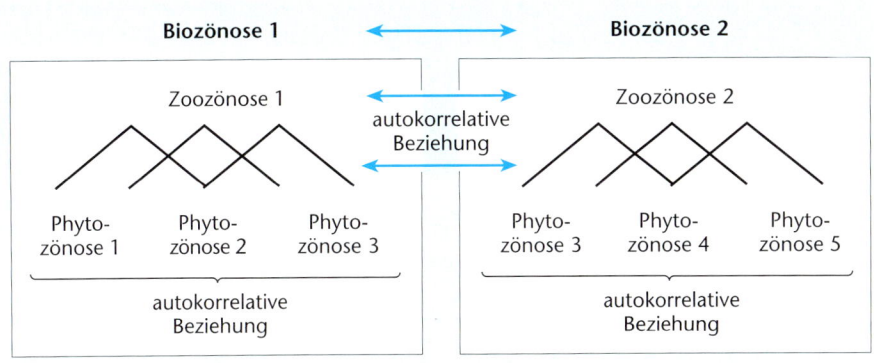

**Abb. 6.4:** Graphische Darstellung eines Biozönosenkomplexes. Man beachte, daß Tiergemeinschaften (Zoozönosen) an mehrere unterschiedliche Pflanzengemeinschaften (Phytozönosen) gebunden sein können und daher streng genommen eine Biozönose als Typus aus einem komplexen System von Lebensgemeinschaften besteht. Pfeile und Linien deuten Interaktionen an.

gekoppelt von der Raumdimension weder beschrieben noch verstanden werden. Ökologische Kartierung und damit auch raumbezogene (*spatially explicit*) Modellbildung, kurz **ökologische Raumerkundung,** hat heute im angewandten Sektor, aber auch im Forschungsbereich zur Erkundung von Raumwirkungen auf ökologische Prozesse eine enorme Bedeutung erlangt. Vor allem Naturschutz- und Landschaftsmanagement benötigen Übersichts- oder Detailpläne der ökologischen Inhalte und Schutzobjekte der zu bearbeitenden Gebiete. Die Probleme, die das biozönologische Paradoxon dabei aufwirft, haben in der Regel dazu geführt, die einzelnen Komponenten der Biozönosen bzw. Gemeinschaftskomplexe zu teilen. Vegetation und Tierpopulationen, Standortqualität und Nutzung werden in getrennten Karten erfasst. Durch Verschnei-

dung (d.h. übereinander lagern) können je nach Fragestellung komplexe Strukturen und Inhalte dargestellt werden. Mit den EDV-gestützten modernen geographischen Informationssystemen (GIS) stehen dazu heute äußerst effiziente Instrumente zur Verfügung.

**Induktive Karten** auch analytische Karten leiten die Einheiten, seien diese nun einzelne Typen oder Komplexe, direkt aus dem Studium der Vegetation in einem Gebiet bzw. aus faunistischen oder floristischen Aufnahmen ab. **Deduktive Karten** auch synthetische Karten formulieren die Einheiten auf der Basis von Standortmerkmalen, die einen Bezug zur Vegetation bzw. zur Habitateignung für Tiere oder Pflanzenarten besitzen. Der deduktive Ansatz hat durch den enormen technischen Fortschritt im Bereich des *remote sensing* (Luftbilder, Satellitenbilder) und

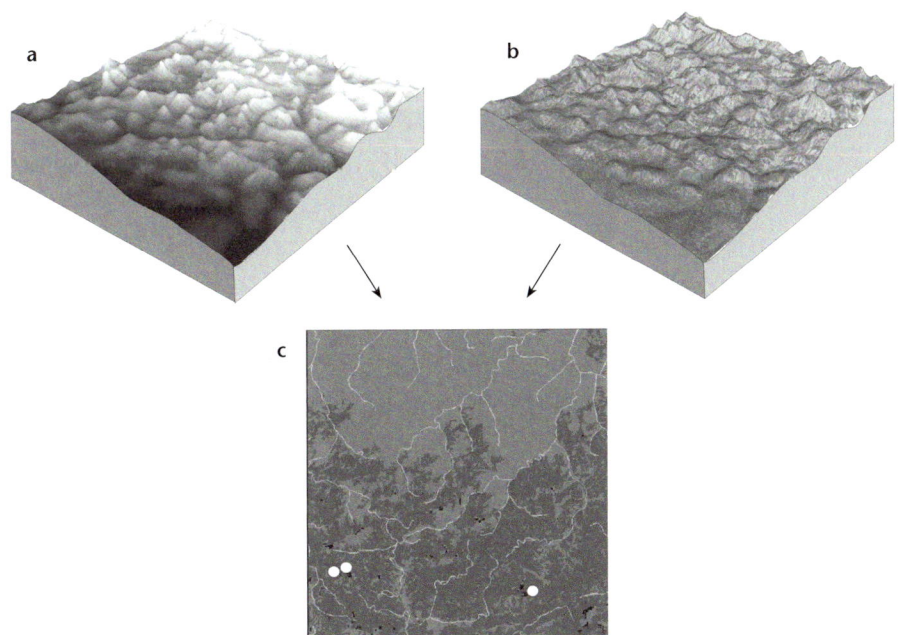

**Abb. 6.5:** Deduktive Kartierung von Kammgrasweide-Komplexen in den niederösterreichischen Randalpen durch Kombination eines digitalen Höhenmodells und eines Satellitenbildes. a) Im Höhenmodell sind Lagen über 1 000 m in weiß hervorgehoben, solche unter 500 m in schwarz. b) Im Satellitenbild erscheinen Ackergebiete (bzw. Skipisten), Wiesen und Weiden sowie Wälder in unterschiedlichen Graustufen. c) Die schwarzen Flächen geben die Verbreitung von Kammgrasweidegebieten wieder. Als weiße Punkte markiert sind die Gebiete, in denen die Grundaufnahmen für die Definition des „ökologischen Steckbriefs" erfolgten. Nach Grabherr und Reiter (1999).

von GIS den induktiven Ansatz fast verdrängt. Kennt man aus der Literatur oder aus vorgeschalteten Stichprobenaufnahmen das gemeinsame Vorkommen (**Koinzidenz**) einzelner Arten oder Gemeinschaftstypen und ökologischer Parameter, lassen sich durch Verschneidung der einzelnen Themenkarten Flächen abgrenzen, in denen die Art, die Lebensgemeinschaft oder der Komplex mit großer Wahrscheinlichkeit vorkommen (Abbildung 6.5). Durch Überprüfungen im Feld (*ground truthing*) nach dem Zufallsprinzip lässt sich die Treffsicherheit eines solchen Vorgehens prüfen.

Das Beispiel in Abbildung 6.5 gibt den Versuch wieder, die Vorkommen des für die Randalpenregion typischen Weidekomplexes mit Kammgrasweide, Trittflur und Strauchgruppe für ein konkretes Gebiet (Ausdehnung 120 km²) vorauszusagen (Grabherr und Reiter 1999). Das Vorgehen stützte sich auf die Kombination eines digitalen Höhenmodells mit einem Satellitenbild. Erster Schritt war das Ausweisen offensichtlich gleicher Flächen im Satellitenbild aufgrund der optischen Eigenschaften (Bildklassifikation). Den Klassen mit gleichen Eigenschaften wurden dann durch Verschneidung mit dem Höhenmodell Standortparameter wie Höhe, Exposition und Neigung (Standortdaten) zugewiesen. Aus Stichprobenaufnahmen im Feld war schließlich bekannt, an welche Standorte der Komplex gebunden ist („ökologischer Steckbrief"). Da die Flächen mit geeigneten Standortbedingungen (1–10 ha) durch die Verschneidung von Satellitenbild und Höhenmodell bekannt waren, konnte die Verbreitung des Weide-

komplexes flächenmäßig dargestellt werden (Abbildung 6.5). Das *ground truthing* erbrachte eine hervorragende Genauigkeit der Voraussage.

In ähnlicher Weise lässt sich „vom Schreibtisch aus" die Habitattauglichkeit von Landschaften oder Naturräumen für Tiere prognostizieren (Abbildung 6.6). Das Vorkommen des Dreizehenspechtes (*Picoides tridactylus*) in Österreich z. B. war aufgrund direkter Kartierung teils gut, teils sehr schlecht bekannt. Aus den bekannten Vorkommen ließ sich die Koinzidenz des Spechtes mit den Höhenstufen und der Dichte von Nadelwäldern ableiten. Verschnitten mit dem bekannten Vorkommen dieser Parameter in Österreich, ergab sich eine Karte des wahrscheinlichen Auftretens dieser Art. Der nächste Schritt wäre nun, stichprobenweise die Vorhersagen zu prüfen. Eine der Voraussetzungen für solch ein Vorgehen ist jedoch, solche geeigneten Parameter für eine bestimmte Art zu finden. Außerdem muss die Korrelation zwischen Artvorkommen und diesen Parametern über das gesamte Verbreitungsgebiet der Art in gleicher Signifikanz bestehen.

Ein nächster Schritt ist die Entwicklung räumlich expliziter Modelle, mit deren Hilfe Aussagen zur künftigen Entwicklung möglich sind. Solche Modelle haben besonders im Zusammenhang mit der Erforschung von möglichen Auswirkungen des Klimawandels große Bedeutung erlangt, sowohl im kleinen als auch im großen Maßstab. Den Kartierungseinheiten (Art, Gemeinschaft, Komplex, Biome) wird ein „ökologischer Steckbrief" (*environmental envelope*; dem bereits erwähnten Koinzidenzverfahren

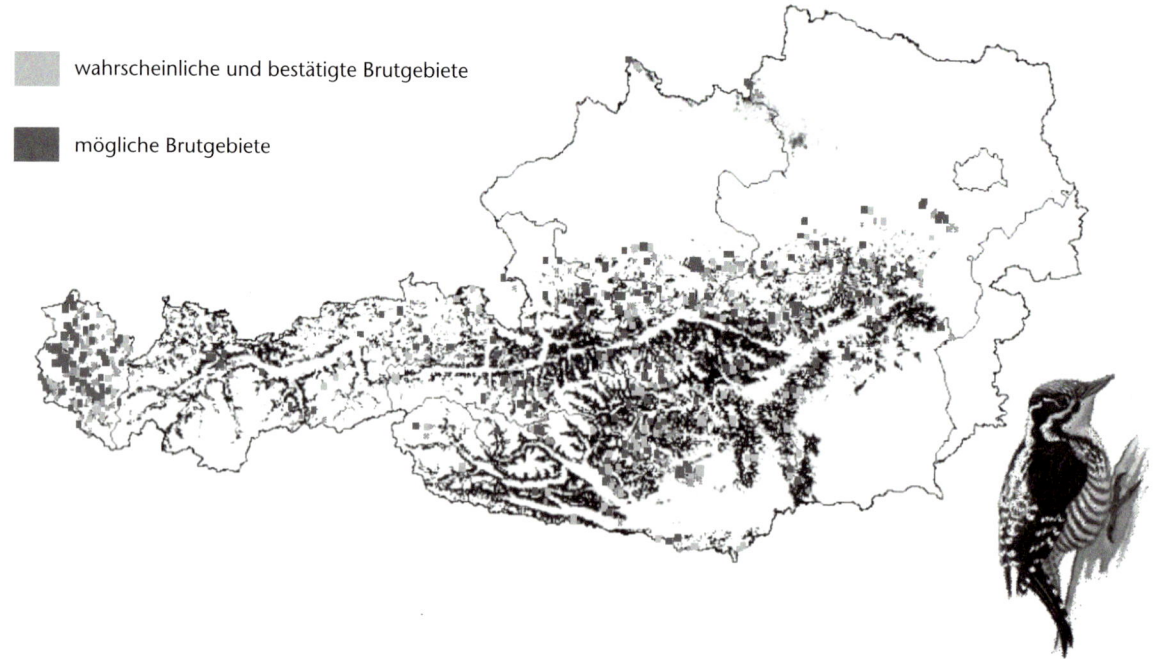

wahrscheinliche und bestätigte Brutgebiete

mögliche Brutgebiete

**Abb. 6.6:** Bestätigte und wahrscheinliche Brutvorkommen des Dreizehenspechts (*Picoides tridactylus*) in Österreich, abgeleitet aus den Koinzidenzen zwischen Vorkommen des Vogels und Verbreitung von Nadelwäldern und Höhenstufen.

entsprechend) zugewiesen. Durch Verschneiden mit einem digitalen Höhenmodell oder mit Klimakarten ist dann eine Prognose über mögliche Standorte bzw. Wuchsortverluste unter Erwärmung oder Abkühlung des Klimas möglich. Ein Ergebnis solcher Modelle ist beispielsweise, dass in Europa nach dem derzeit ausgereiftesten Modell bei einem $CO_2$-Szenario, das vom Doppelten der aktuellen $CO_2$-Konzentration ausgeht, die Hartlaubvegetation des Mittelmeeres bis nach Süddeutschland vordringen würde (Kasten 7.5).

# 6.2 Landschaften

Mit aufsteigender ökologischer Hierarchie nimmt die Bedeutung des realen Raumes zu. Durch das Studium der Dynamik von Populationen und Metapopulationen (Abschnitt 3.7) oder durch die Aussagen der Inseltheorie (Abschnitt 3.7.3) ist die Bedeutung des realen Raumes für die Ausbildung von Koexistenz und Musterbildung seit langem bekannt. Desgleichen ist der Raumanspruch von unterschiedlichen Phytozönosen und Phytozönosekomplexen schon lange wahrgenommen worden. Das Minimalareal (Abschnitt 5.4.2) kann für Wälder der Tropen 10 ha betragen, für jene der temperaten Zonen und der borealen Nadelwaldgebiete ca. 1 ha; für artenreiche Wiesen hingegen nur 25 m$^2$; Röhrichte ca. 10 m$^2$; bei Quellfluren genügt oft 1 m$^2$. Für Zoozönosen sind solche Flächenangaben wesentlich schwieriger, da die Minimalareale für einzelne Arten von wenigen Quadratmetern bis zu mehreren Hundert Quadratkilometern schwanken (z. B. Luchs, Steinadler).

Der Beitrag einer Vielzahl von Phytozönosetypen mit jeweils geringem Raumanspruch zur gesamten Artendiversität einer Region ist von außerordentlicher Bedeutung und wird meist unterschätzt. In Mitteleuropa ist mindestens ein Drittel der stenöken Arten an Quellen, Straßenränder, Wege, Dünentäler, Waldränder etc. gebunden. Der Verlust dieser Standorte ist für die Erhaltung der Biodiversität von nicht zu unterschätzender Bedeutung.

## 6.2.1 Der Landschaftsbegriff

Landschaften setzen sich aus unterschiedlichen Elementen wie Tälern, Bergen oder Seen zusammen und ihre Grenzen sind oft nicht eindeutig festzulegen. Dennoch sind wir gewohnt, für Gebiete, die eine gewisse Ähnlichkeit in ihrer natürlichen Ausstattung und menschlichen Nutzung aufweisen, Landschaftsnamen zu benutzen. Solche Begriffe zur Kennzeichnung von Landschaftsräumen zeigen, dass diese aufgrund bestimmter Eigenschaften charakterisiert werden können. Landschaften weisen ganz offensichtlich typische Eigenschaften auf, die sie von anderen Räumen unterscheiden.

Troll definierte 1950 Landschaft als *ein Teil der Erdoberfläche, der nach seinem äußeren Bild und dem Zusammenwirken seiner Erscheinungen sowie den inneren und äußeren Lagebeziehungen eine Raumeinheit von bestimmtem Charakter bildet und der an geographischen, natürlichen Grenzen in Landschaften von anderem Charakter übergeht.* Diese Definition kann auch heute noch als akzeptiert gelten, wobei moderne Autoren zusätzlich *„dem prozessualen und funktionalen Zusammenwirken"* (Bastian und Schreiber 1999) Rechnung tragen, also eine stärker an der Ökosystemforschung orientierte Sicht verfolgen.

Forman und Godron (1981) schlagen vor, Landschaften als eine **Matrix** (*matrix*) aufzufassen, welche von **Inselelementen** (*patches*) (einzelnen mehr oder minder homogenen Flächen) und **Korridoren** (*corridors*) (Verbindungen zwischen diesen) durchsetzt wird. Neben solchen Objekteigenschaften repräsentieren Landschaften offene Systeme, mit spezifischen funktionellen Interaktionen zwischen ihren Bestandteilen. Urban et al. (1987) definieren Landschaften ähnlich als *„mosaics of patches created by disturbances, biotic processes, and environmental constraints acting across varying temporal and spatial scales"* (Abschnitt 6.2.2).

Landschaften sind also räumlich nicht exakt abgrenzbare Bereiche, welche sich zwar durch charakteristische Eigenschaften bzw. durch ein bestimmtes Prozessgefüge aus unterschiedlichen Aspekten auszeichnen, aber kaum exakt zu fassen sind. Weshalb nimmt der Landschaftsbegriff bei aktuellen ökologischen Fragestellungen nun erneut eine zentrale Rolle ein (z. B. Huston 1994)? Die Antwort ist einfach. Die landschaftliche Ebene ist für den Menschen in seiner Auseinandersetzung mit der Natur ein relevanter Bezugsraum. Wir suchen Erholung, Schutz und Nutzen in Landschaften. Menschliche Interessen sind auf der landschaftlichen Ebene gefährdet, und der Schutz vor Naturkatastrophen muss die Komplexität von Landschaften berücksichtigen. Landschaften kennzeichnen den Maßstab, auf welchem sich Umweltveränderungen abspielen. Manche Umwelt- und Naturschutzfragen sind auf der rein ökosystemaren Ebene nicht zu beantworten. Wir benötigen hierzu die Integration sozio–ökonomischer Rahmenbedingungen und mithin das Wirken des Menschen in der Landschaft.

## 6.2.2 Landschaftselemente

Als Landschaftselement wird die einzelne, als unmittelbar zusammenhängend wahrgenommene Einheit betrachtet, welche zusammen mit den Elementen gleichen oder andern Typs das Mosaik der Landschaft bildet (Abbildung 6.7). Elemente können durchaus in sich heterogen sein. Sie sind primär durch Form und Erscheinungsbild charakterisiert. Die kleinste, in sich homogene Einheit wird Tessera, Mikrochore oder Fliese genannt.

In Abbildung 6.7a ist eine typische mitteleuropäische Ackerlandschaft dargestellt. Einzelne Elemente sind hier Äcker, Wiesen, Raine, Straßen, Wege, Waldflächen etc. Ihre unterschiedliche Form wird deutlich: Lineare Elemente (Korridore) wie Straßen, Raine, Hecken stehen in Kontrast zur Masse der Ackerflächen, die die Matrix bildet. Dazwischen bilden Gebäude punktförmige Elemente (Inselelemente). Natürliche oder naturnahe Elemente sind praktisch nicht vorhanden. Die Landschaften des Alpenvorlandes (Abbildung 6.7b) mit einer Mischung aus

Wiesen und Äckern oder die Almlandschaften (Abbildung 6.7c) mit Weideland und Naturland (Wald, Felskomplexe etc.) sind hingegen mosaikartig strukturiert und in sich reich gegliedert.

Der Vergleich zahlreicher Landschaften ergab, dass die drei Grundelemente Matrix, Korridor und Inselelement praktisch überall auftreten und eine erste Charakterisierung von Landschaften zulassen. Es sind ubiquitäre Elemente von Landschaften, ob dies nun Natur-, Kultur- oder extreme Zivilisationslandschaften sind.

Inselartige Elemente können in einer Landschaft sehr häufig oder selten auftreten, ihre Form kann sehr verschieden sein, die Größe ist oft log-normalverteilt. Eine komplexe Form erhöht beispielsweise den Randeffekt und wirkt sich damit auf die Artenvielfalt aus.

Randeffekte entstehen am Übergang eines Elements zum anderen. Diese Übergänge (**Ökotone**, Abschnitt 5.4.3) zeichnen sich durch besondere ökologische Bedingungen aus, die von spezialisierten Arten genutzt werden können. Sie unterscheiden sich von den elementeigenen Arten. Klassisches Beispiel sind hier die Saumfluren und Vogelgesellschaften an Waldrändern oder die Ruderalfluren an Wegrändern.

Eine weitere Frage ist jene nach dem Zustandekommen von inselartigen Strukturen. Es lassen sich unterscheiden:

- Störungsbedingte Inselelemente (*disturbance patches*): Sie entstehen durch menschenbedingte oder natürliche Störungen, z. B. durch einen Hangrutsch, einen Brand, eine punktuelle Rodung.
- Historisch bedingte Inseln, Überbleibsel (*remnant patches*): Sie sind meist Reste ehemaliger, historischer Matrixelemente, z. B. Trockenrasenreste ehemaliger Huteweidelandschaften, eine alte Kirche zwischen Hochhäusern als Rest eines alten Stadtviertels.
- Ressourcenbedingte Inselelemente (*resource patches*): Sie sind durch Abweichungen vom Normalen bedingt (zu feucht, zu trocken, sehr nährstoffreich, extrem nährstoffarm etc.), z. B. Quellfluren, kleine Moore, Felsköpfe, Lägerfluren, Schuttplätze.
- Nutzinseln (*introduced patches*): Sie entstehen durch menschliche Nutzung und werden als solche erhalten, z. B. Pflanzungen, Sonderkulturen, Waldwiesen, kleine Parks.

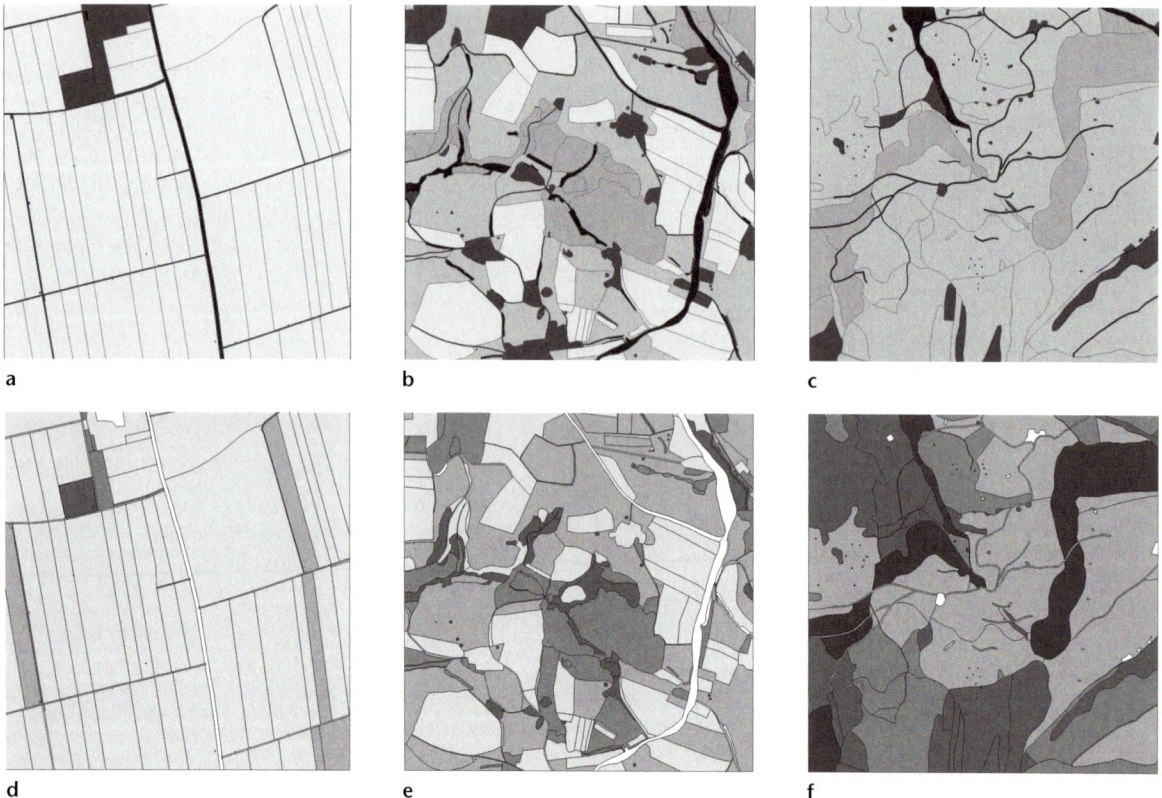

a　　　　　　　　b　　　　　　　　c

d　　　　　　　　e　　　　　　　　f

**Abb. 6.7:** Flächenmuster und Natürlichkeitsgrad mitteleuropäischer Typuslandschaften. Von links nach rechts: a), d) Ackerbaulandschaft (Marchfeld, Niederösterreich), b), e) Alpenvorland: Wiesenlandschaft mit Ackerbau (St. Martin, Oberösterreich), c), f) Almlandschaft (Bregenzerwald, Vorarlberg). Obere Zeile: Landschaftsstruktur (Matrix hellgrau, Inselelemente dunkelgrau, Korridore schwarz). Untere Zeile: Hemerobie (Kulturabhängigkeit) dieser drei Landschaften. Abnehmende Helligkeit bedeutet zunehmende Natürlichkeit. weiß = metahemerob (Gebäude), hellgrau = enhemerob (Äcker) und mittelgrau = enhemerob (Brachen), dunkelgrau = mesohemerob (Forst), schwarzgrau = oligohemerob (Wald).

- Häuser, Gehöfte, Behausungen können als Sonderfall der *introduced patches* gesehen werden: Sie sind vor allem in Kulturlandschaften charakteristische Elemente. In Städten bilden sie die Matrix.

Inselelemente erhöhen generell die Diversität von Landschaften. Sie entstehen bzw. verschwinden rascher als andere Elemente und prägen daher den Wandel im Erscheinungsbild in besonderem Maße (*patch dynamics*, Pickett und White 1985*)*.

Ressourcenbedingte Inseln können allerdings recht stabil und dauerhaft sein (z. B. Hochmoor), wogegen besonders störungsgeprägte Inseln sehr instabil und wechselhaft sind. Wiesen und Weiden verbuschen in Mitteleuropa bei ausbleibender Nutzung in etwa 30 Jahren vollständig, in ca. 120 Jahren hat sich ein Wald entwickelt. Überbleibsel sind heute oft die letzten Refugien ehemals reicher Floren und Faunen der traditionellen Kulturlandschaft.

**Korridore** sind die Längselemente der Landschaft. Es lassen sich Linienkorridore (*line corridors*) von Bandkorridoren (*strip corridors*) unterscheiden. Linienkorridore (Entwässerungsgräben, Alleen, schmale Hecken) enthalten aufgrund ihrer geringen Breite nur „Randorganismen" mit einem Verbreitungsschwerpunkt in einem anderen Landschaftselement, Bandkorridore (breiter Fluss, breite Hecke, Bergwaldbänder an Talhängen) auch eigene Artengarnituren im Innenraum. Quer zu den Korridoren verlaufen steile Boden- und mikroklimatische Gradienten. Korridore können höher oder tiefer als das umgebende Terrain liegen. Sie können vernetzen oder trennen, besitzen aber auch eigenständige Lebensraumfunktion. Letzteres gilt besonders für Bandkorridore, wie z. B. für

Bergwaldgürtel oder für die komplexen Strukturen von Flusskorridoren. Korridore spielen als Wander- und Transportrouten eine wichtige Rolle.

Die **Landschaftsmatrix** bildet schließlich das Hauptelement, in das Inseln und Korridore eingebettet sind. Es gelten drei Kriterien, die die Matrix bestimmen:

- Die Matrix nimmt im Vergleich zu den anderen Elementen die größte Fläche ein.
- Die Matrix ist in sich verbunden; ihre Konnektivität ist also hoch, wenngleich sehr unterschiedliche Grade von Konnektivität möglich sind.
- Die Dynamik der Landschaft als Einheit wird von der Matrix bestimmt.

Landschaftsmatrices sind unterschiedlich porös, d. h., die Dichte der anderen Elemente (Inseln, Korridore) ist unterschiedlich hoch (Abbildung 6.8). Matrices sind aber auch in sich selbst heterogen, man spricht von **Körnung** (*grain size*). Ein Fichtenforst hat etwa eine relativ feine Körnung, ein Fichtenbergwald eine grobe.

Das Gesamtbild der Landschaft wird wesentlich dadurch bestimmt, in welcher Dichte und Anordnung die kleineren Landschaftselemente angeordnet sind. Inselartige Strukturen können aggregiert, regulär (streifig, schachbrettartig) oder zufällig verteilt auftreten. Korridore bilden häufig mehr oder weniger reguläre **Netzstrukturen**, die entweder vernetzend oder trennend wirken. Die Maschenweite entscheidet über die Lebensraumtauglichkeit der Gesamtlandschaft. Des Weiteren gibt es weiche und harte Landschaften, je nachdem wie scharf die einzelnen Elemente kontrastieren. Grobe und feine Landschaften

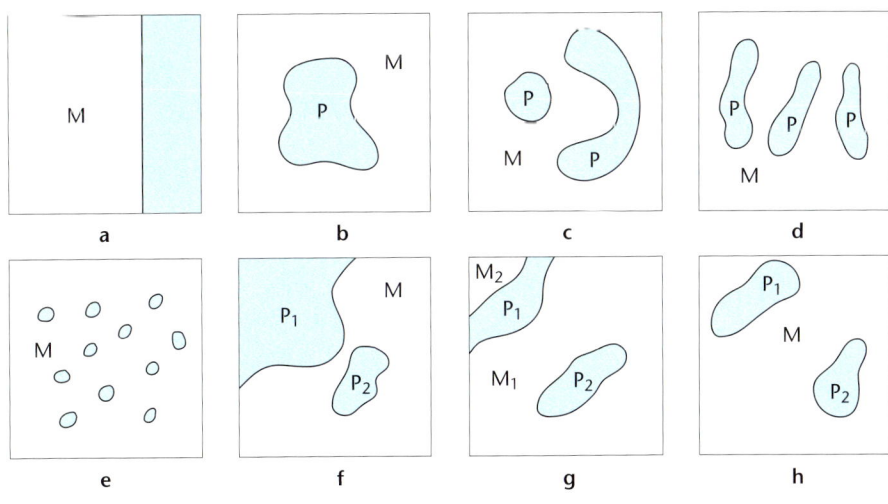

**Abb. 6.8:** Unterschiedliche Formen (a–h) von Inseln und Porosität der Matrix von Landschaften. M = Matrix, P = Patch. Nach Forman und Godron (1986).

## Kasten 6.1: Indices zur Charakterisierung der Form und Größe von Landschaftselementen

Zur Charakterisierung der Qualität von Raummustern in der Landschaft ist eine Vielzahl von Messgrößen wie Zahl der Inselelemente, mittlerer Inseldurchmesser etc. entwickelt worden, oder man kombiniert die Messgrößen zu Indices, die integrierende Aussagen erlauben. Einzelgrößen oder Indices lassen sich zu verschiedenen Landschaftsqualitäten in Bezug setzen wie z. B. Hemerobie, Diversität und Attraktivität. Im Folgenden sind einige der wichtigsten Indices angeführt:

$a_i$ = Fläche eines Inselelements (*patch area*)

$p_i$ = Umfang eines Inselelements (*perimeter of patch*)

$NP$ = Anzahl aller Inselelemente im betrachteten Landschaftsausschnitt (*number of patches*)

**Größenparameter**

Die mittlere Fläche entspricht $\dfrac{\sum_{i=1}^{n} a_i}{n}$

Der mittlere Umfang ist $\dfrac{\sum_{i=1}^{n} p_i}{n}$

**Flächenorientierte Formparameter**

Die mittlere fraktale Dimension (*patch fractal dimension*) ist

$\dfrac{2 \ln p_i}{\ln a_i}$

Die mittlere fraktale Dimension liegt für ein Inselelement oder Polygon nahe 1, wenn die Form einfach ist (Kreis, Quadrat); sie erreicht 2 bei sehr komplexen Formen.

Der Formindex (*shape index*) errechnet sich nach

$\dfrac{p_i}{\sqrt[2]{\pi \cdot a_i}}$

Der Formindex vergleicht die Form des Inselelements oder Polygons mit einem Kreis. Wenn er gleich 1 ist, entspricht die Form einem Kreis, eine irreguläre Form erhöht den Index.

**Nicht flächenorientierte Formparameter**

Die Anzahl formbestimmender Punkte (*landscape boundary complexity*, Moser et al. 2002) ist die Summe jener Punkte (*number of shape characteristic points, NSCP*) entlang von Elementgrenzen, an denen sich die Richtung nach einem definierten Winkel ändert (Abbildung a).

$$NSCP = \sum_{k=1}^{l} scp_{ki}$$

Komplexe Strukturen haben viele, einfache haben wenige Punkte. *NSCP* ist mit der Biodiversität von Blütenpflanzen oder Moosen in mitteleuropäischen Kulturlandschaften hochkorreliert (Abbildung b und c) und anderen, vor allem flächenorientierten Parametern überlegen. *NSCP* ist daher als Indikator für Biodiversitätsmonitoring hervorragend geeignet.

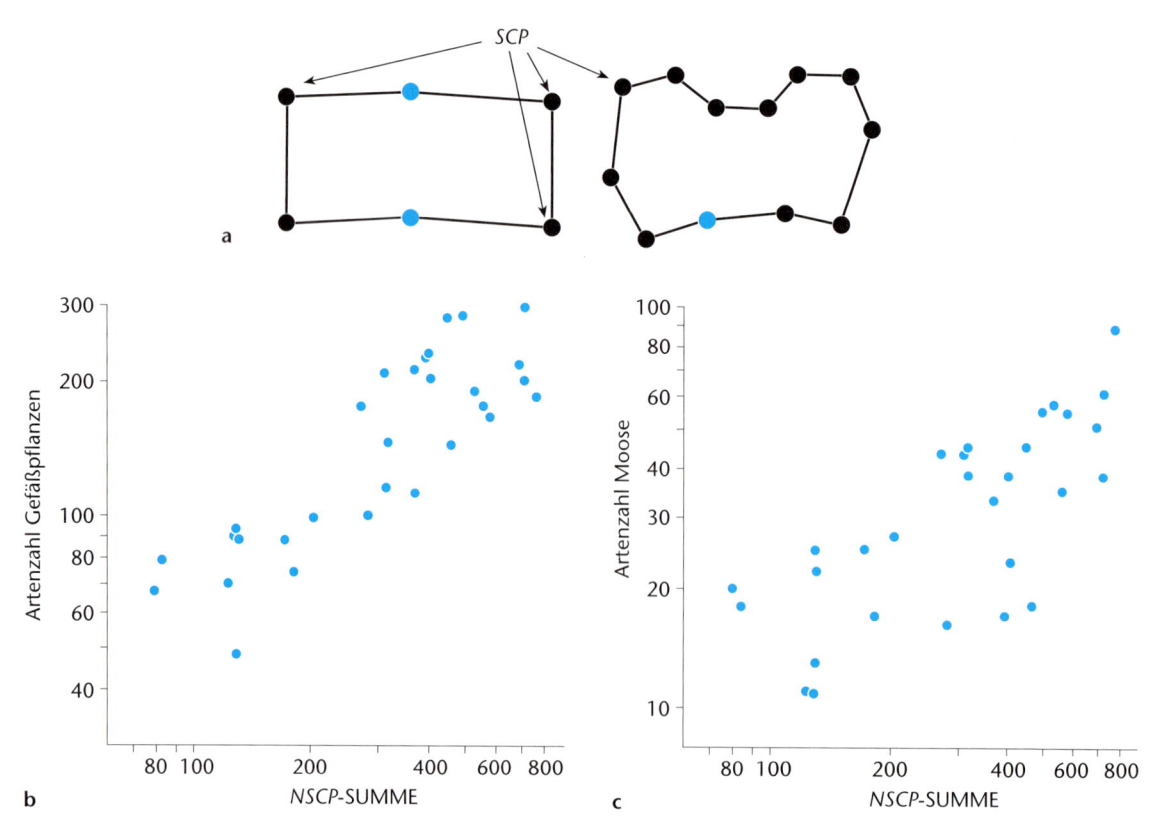

werden durch die Unterschiedlichkeit zwischen den Elementen bestimmt, die sich in der Heterogenität der Landschaft widerspiegelt.

Zur quantitativen Bestimmung der Ausbildung der einzelnen Elementtypen und ihrer Eigenschaften wurde eine Zahl von Indices entwickelt, deren Anwendung vom Ziel der Untersuchung bestimmt wird. Sie dienen dazu, Hypothesen an konkreten Beispielen zu testen, wie z. B. „hohe Körnung erhöht die Artendiversität". Einige wichtige Messgrößen sind in Kasten 6.1 zusammengestellt.

## 6.2.3 Ökologische Landschaftstypisierung

Als ökologische Einheiten betrachtet sind Landschaften (meist) belebte Raumausschnitte, wobei nach dem Ökosystemkonzept Lebewelt und abiotische Umwelt als interagierende Komponenten zu verstehen sind. Die abiotische Komponente ist durch die Geomorphologie, das Muttergestein und damit zusammenhängend den Boden, das

---

| Kasten 6.2: | Ökologische Typisierung von Landschaften |
| --- | --- |

Die Beschreibung und Klassifikation von Landschaften wird heute für eine nachhaltige Entwicklung besonders von Kulturlandschaften gefordert bzw. vorgeschrieben. Das hier vorgestellte Beispiel bezieht sich auf das Großwalsertal (Vorarlberg, Österreich), das als Hochgebirgstal eine äußerst komplexe Struktur aus natürlichen und anthropogenen Landschaftstypen enthält (Abbildung a und b). Das Mittel der Wahl für die Typisierung ist heute allgemein die Nutzung eines geographischen Informationssystems. In diesem Falle standen neben den üblichen verfügbaren Datensätzen wie Höhe, Straßen etc. auch bereits abgeleitete Datensätze zur Verfügung wie Landbedeckungsklassen und großräumige Kulturlandschaftstypen (Abbildung c). Für die Teilflächen in einem

Gitternetz (Rasterzellen) von 250 x 250 m (Abbildung a) wurden die zutreffenden Werte aus den Datensätzen (Landbedeckungsklassen, Kulturlandschaftstypen, Geologie, Gewässer, Höhe, Exposition, Inklination, Straßen, Wege) zusammengestellt (Abbildung c) und mit Hilfe eines mathematischen Klassifikationsverfahrens bearbeitet. Es zeigten sich deutliche Gruppenbildungen (unterschiedliche Farben bzw. Graustufen; Abbildung d), wobei die typischen Attribute der Rasterzellen dazu verwendet werden konnten, den Landschaftstypen auch Namen zu geben. Auf Basis dieser Grundlagenarbeit wurden Managementempfehlungen formuliert und die Zonierung des Biosphärenparks Großwalsertal evaluiert.

a

b

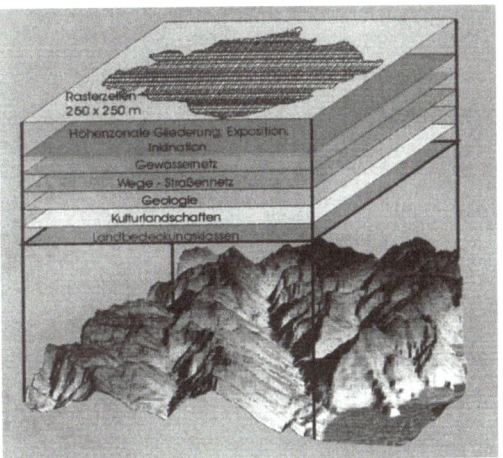

c

d

Klima und das spezifische Störungsregime bestimmt. Diese Faktoren bilden den Standort- oder Habitatkomplex. Die Lebewelt entspricht einem Biozönosenkomplex, mitbestimmt durch raumgebundene Dynamik. Besonders bedeutend sind Inseleffekte und Metapopulationsprozesse (Abschnitt 3.7).

Diesen abiotischen und biotischen Komponenten lassen sich Attribute zuordnen, die einen Vergleich und damit eine Typisierung von Landschaften zulassen. Für Landschaftstypisierungen sind deduktive Verfahren besonders geeignet. Durch Übereinanderlegen verschiedener Themenkarten (Verschneiden) entstehen Muster aggregierter Einheiten, die als Landschaften im ökologischen Sinne verstanden werden können. Ähnliche, konkrete Landschaften lassen sich dann zu Typen zusammenfassen. Diese Typenkataloge bilden wiederum die Grundlage für Landschaftstypenkarten. Ein Beispiel dazu ist in Kasten 6.2 ausgeführt.

Diese landschaftsökologisch definierten Typen zeichnen sich durch eine spezifische Struktur aus, gekennzeichnet durch die unterschiedlichen Eigenschaften der vorhandenen Elemente und deren räumlicher Konfiguration. Matrix, Korridore und Inselelemente können weiter identifiziert werden, z. B. als Wiesen- oder Waldmatrix, als Hecken, Ackerraine, Güterwege, Bauminseln, Teiche, Häuser, Heuhütten oder Autobahnraststätten.

## 6.2.4 Gradienten menschlichen Kultureinflusses auf Landschaften

In keiner andern ökologischen Teildisziplin ist die Beachtung des menschlichen Einflusses dermaßen wichtig wie in der Landschaftsökologie. In vielen Gebieten der Erde werden Landschaften vom Menschen beeinflusst oder bestimmt, aber keineswegs überall. Abbildung 6.9 zeigt deutlich, dass immer noch große **Wildnisgebiete** auf der Erde vorhanden sind, bzw. dass in vielen Gebieten der menschliche Einfluss minimal ist. Auch in stark kulturbetonten Regionen wie Europa fehlen wildnisbetonte Gebiete nicht vollständig. Natürlich bis naturnah sind beispielsweise noch viele Hochgebirgsregionen (Abbildung 6.10).

Insgesamt ist es wenig sinnvoll, gewissermaßen im Schwarz-Weiß-Stil zwischen natürlichen und künstlichen Landschaften zu unterscheiden. Landschaften sind nach der Intensität des menschlichen Einflusses klassifizierbar. Natürliche Landschaften ohne signifikanten menschlichen Einfluss lassen sich von extensiven Nutzlandschaften (z. B. Weidelandschaften) unterscheiden, diese wiederum von intensiv kultivierten oder suburban-urbanen Landschaften. Für den ländlichen Raum findet sich häufig der Begriff **Kulturlandschaft** (Abschnitt 6.4).

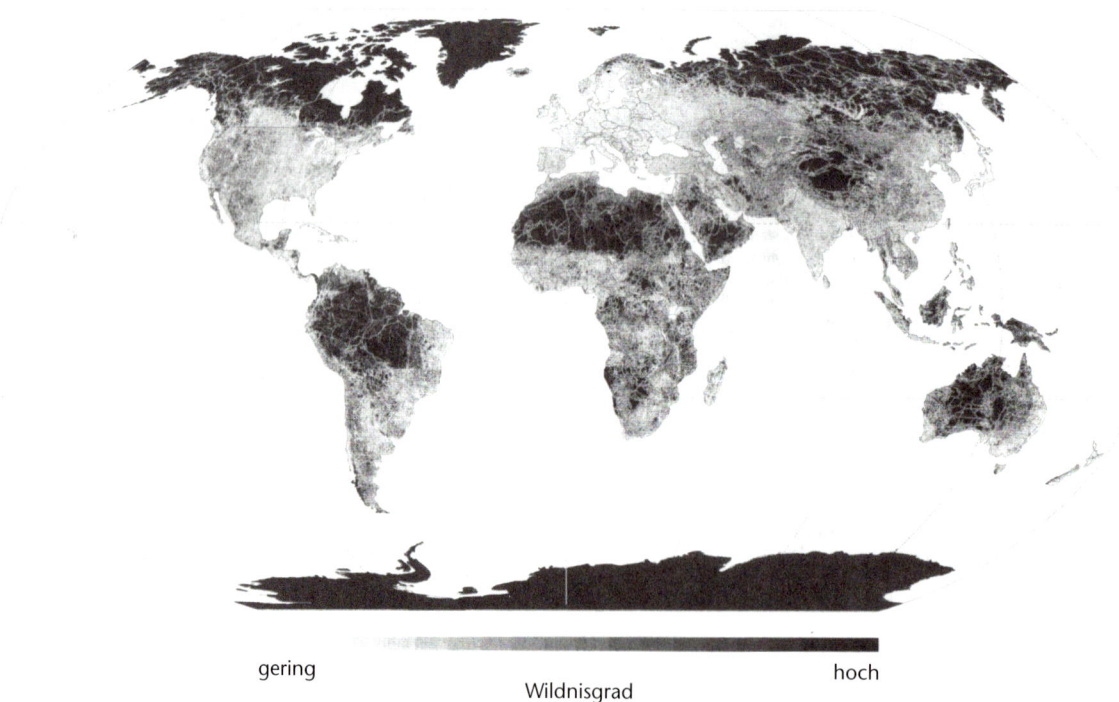

gering                        hoch

Wildnisgrad

**Abb. 6.9:** Welt-Wildniskarte. Deduktive Karte unter Verwendung von Distanzmaßen zu Siedlungszentren und großen Verkehrswegen. Nach Groombridge und Jenkins (2000).

Ein differenzierteres ökologisches Konzept ist jenes der **Hemerobie**, das nichts anderes bedeutet als Beeinflussung bzw. Bestimmung von Ökosystemen durch die kultivierende Tätigkeit des Menschen (Sukopp 1972). Hemerobie ist als Konzept wertfrei und daher allgemein brauchbar. Es leitet sich von der Beobachtung ab, dass eine Reihe von Organismen als ausgesprochene Kulturfolger (**Hemerochore**) auftreten. Sie lassen sich neben anderen Kriterien wie Veränderung des Bodenprofils, Anwendung von Agrochemikalien etc. als Indikatoren zur Definition von Hemerobiegraden verwenden. Die Hemerobiebewertung ist ein flexibles Instrument, da die Kriterien an das jeweilige Objekt angepasst werden können.

Die Hemerobiemethodik ist auch auf Landschaften anwendbar (Abbildung 6.7d-f). Den einzelnen Elementen werden dann Hemerobiegrade zugeordnet, die aus geeigneten Kriteriensätzen (z.B. Anteil hemerochorer Arten, Anteil Neophyten oder Neozoen, Versiegelung etc.) ableitbar sind. Ahemerobe, d.h. natürliche Elemente findet man in der mitteleuropäischen Landschaft noch am ehesten an Küsten, in Moorgebieten und im Hochgebirge. Naturnahe und standortgerechte Wälder, das heißt solche mit natürlicher Verjüngung und Baumartenzusammensetzung, besitzen geringe Hemerobiewerte (oligohemerob) und sind in ihrer Bedeutung als naturnahe Elemente für die mitteleuropäische Kulturlandschaft nicht zu unterschätzen, wie

dies beispielsweise für Österreich nachgewiesen wurde (Kasten 6.3). In Österreich gibt es zwar nur noch wenige natürliche Wälder (auch als Urwälder bezeichnet; ca. 3%), wohl aber noch gut 25% naturnahen Wald. Etwa die Hälfte der Wälder ist mäßig verändert, d.h. sie zeigt noch Elemente des natürlichen Waldes, der Rest ist stark verändert (z.B. Fichtenforste auf Buchenwaldstandorten) oder künstlich (Forstplantagen). Als mesohemerob werden extensive Nutzungsformen bezeichnet. Waldweiden zeichnen sich durch mittlere Hemerobiewerte aus, nur einmal jährlich gemähte Wiesen ebenso. Hecken sind meist als mesohemerob anzusprechen, wenn sie keine Neophyten enthalten. Eu- bis polyhemerob sind Äcker und Intensivkulturen. Als metahemerob werden künstliche Strukturen bezeichnet wie Gebäude, Straßen, versiegelte Flächen etc. Aus Flächen- und Mengenanteil ergibt sich ein durchschnittlicher Hemerobiewert bzw. Natürlichkeitsgrad. Wie Abbildung 6.7d-f deutlich machen, genügt meist schon ein erster Blick, um eine Hemerobiereihung von Landschaften vorzunehmen. Auch gut strukturierte Landschaften können recht naturfern sein, wie das Beispiel der Wiesenlandschaft mit Ackerbau (Abbildung 6.7e) zeigt. Wesentlich ist der Hemerobiegrad der einzelnen Elemente. Dies zeigt besonders gut das Beispiel der Almlandschaft (Abbildung 6.7f).

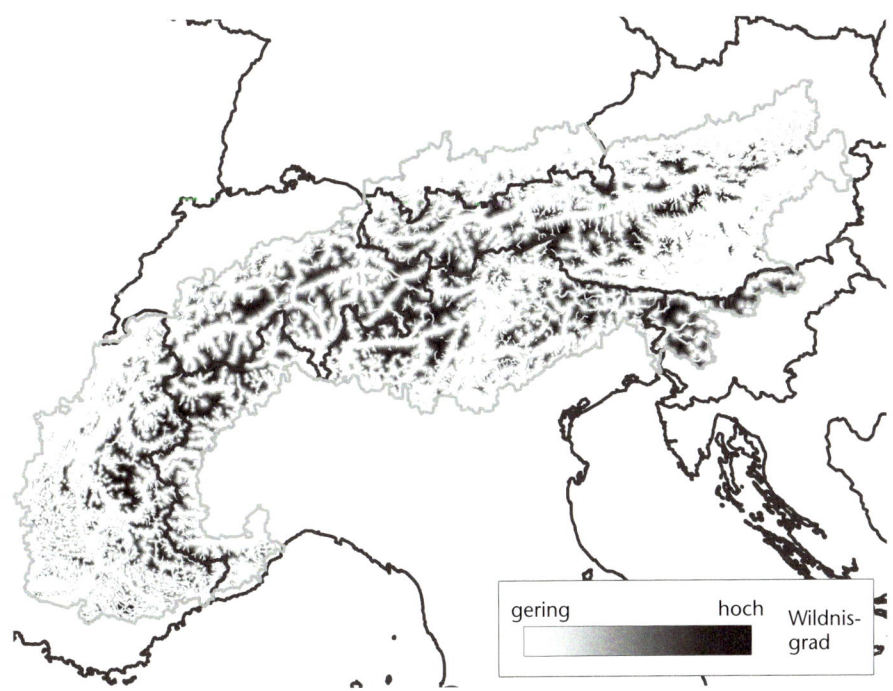

**Abb. 6.10:** Gebiete hoher Natürlichkeit im Alpenraum. Deduktive Karte unter Verwendung von Distanzmaßen zu Siedlungszentren und großen Verkehrswegen.

gering          hoch   Wildnisgrad

Neben der Erfassung unterschiedlicher Hemerobiegrade kann, quasi im Gegenzug, eine bestimmte Hemerobiestufe (bzw. ein Umweltzustand), für die gewisse Arten bzw. Gemeinschaften kennzeichnend sind, als wünschenswert definiert werden. Diesen Grundgedanken verfolgen aktuelle Diskussionen zur **Nachhaltigkeit** von Landschaften. Eine gewisse Eigenständigkeit als Hemerobieindikatoren haben in den letzen Jahren Energie- und Materialverbrauch in Landschaften (meist als Städte, Regionen, Länder, Staaten gefasst) gefunden. Dieser „Stoffwechsel" der Gesellschaft wird als Zustandsgröße der Umwelt

bzw. für Nachhaltigkeit genutzt, der, in einer Zeitreihe erfasst, positive oder negative Veränderungen erkennen lassen soll. Ein dazu vergleichbares Hemerobiemaß ist die Aneignung der Primärproduktion durch den Menschen (Vitousek et al. 1986, Haberl 1997). Hierbei wird abgeschätzt, welcher Anteil der potenziellen Produktion lokal oder regional verbraucht wird. Durch diese Messgröße lässt sich die unmittelbare Einwirkung des Menschen auf die Stoffumsätze eines Ökosystems darstellen.

---

**Kasten 6.3:**      **Erfassung der Hemerobie österreichischer Wälder**

**Methodik:** In diesem Projekt wurden das Hemerobiekonzept von Sukopp (1972) und das Verfahren der ökologischen Wertanalyse nach Ammer und Utschik (1984) kombiniert. Die ökologische Wertanalyse baut auf direkter Datenerhebung in konkreten Waldbeständen auf, bei der z. B. die Baumarten aufgenommen und mit der potenziellen Artengarnitur (abgeleitet aus der Literatur und aus Datenbanken für die Region) verglichen werden. Die Naturnähe der Bodenvegetation kann nach dem Indikatorenprinzip (z. B. Vorkommen verschiedener Kulturzeiger) festgelegt werden. Die Bewertung erfolgt auf einer Skala vom Wert 1 (Zusammensetzung stimmt mit der zu erwartenden natürlichen nicht überein) bis zum Wert 9 (totale Übereinstimmung). Ähnlich wurde für die Baumartengarnitur, für die Verjüngung, die Altersstruktur etc. vorgegangen. Die einzelnen Kriterien wurden durch logische Kombination zu aggregierten Werten vereint. Im Beispiel wurde der Baumartengarnitur eine höhere Gewichtung gegeben, daher der aggregierte Wert 4 (Abbildung). Insgesamt wurden fast 5000 konkrete Waldbestände auf diese Weise geprüft und bewertet. Die Auswahl erfolgte nach einem stratifizierten Stichprobenverfahren.

**Ergebnis:** 3 % der österreichischen Waldfläche entspricht echten Urwäldern, ist ahemerob oder natürlich, 19 % sind naturnah (oligohemerob), d. h. die Baumartengarnitur und die Begleitarten zeigen natürliche Zusammensetzung, die Verjüngung entspricht ebenfalls den natürlichen Verhältnissen. Nutzung findet allenfalls als Einzelstammnutzung oder Gruppenentnahme (Femelschlag) in langen Umtriebszeiten (> 80 Jahre) statt. Viele Elemente des natürlichen Waldes (z. B. Baumartenzusammensetzung, spontane Verjüngung) weisen weitere 41 % der Wälder auf (oligo- bis mesohemerob, also mäßig verändert), 23 % hingegen sind stark verändert (meso- bis euhemerob) und entsprechen Forsten mit häufig naturfremder Baumartenmischung. Als künstliche Baumplantagen (eu- bis polyhemerob), d. h. ohne Elemente des standortgemäßen natürlichen Waldtyps, wurden 14 % bewertet. Die Hemerobie ist regional sehr verschieden. Bergwälder sind grundsätzlich naturnäher als Tieflagenwälder. Interessanterweise konnte aber auch festgestellt werden, daß die Eichenwälder und Eichenlandschaften des östlichen Tieflandes nur als mäßig hemerob, d. h. wenig verändert bis naturnah, einzustufen sind (Grabherr et al. 1998).

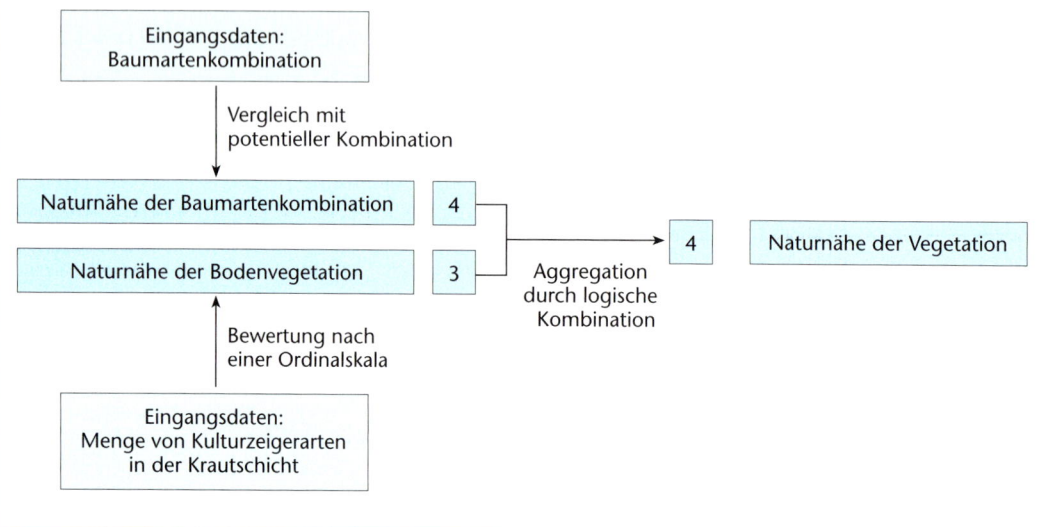

Unabhängig davon, wie Hemerobie definiert wird, lassen sich folgende Veränderungen der Strukturmerkmale von Landschaften entlang eines Gradienten von geringer zu hoher Hemerobie ( = von hoher zu geringer Natürlichkeit) festlegen (Abbildung 6.11):

- Störungsbestimmte Inselelemente nehmen zuerst zu, dann stark ab, historisch bedingte Elemente nehmen zu, schließlich stark ab, ressourcenbedingte Inseln nehmen kontinuierlich ab, anthropogen bedingte Nutzinseln nehmen stark und kontinuierlich zu.
- Die Form von Inselelementen wird einheitlicher. Für die Dichte wird angenommen, dass sie exponentiell zunimmt.
- Linienkorridore werden häufiger, Bandkorridore zuerst ebenfalls, bei hohen Hemerobiegraden nehmen sie wieder ab.
- Netzartige Strukturen (oft mit trennender Wirkung) nehmen zu, ebenso Siedlungselemente. Diese sind in die Landschaftsstrukturen zunehmend, später abnehmend integriert.
- Die Konnektivität der Matrix nimmt ab.

## 6.2.5 Landschaften Mitteleuropas

Landschaftliche Typisierungen, die z. B. auf struktureller und funktioneller Ähnlichkeit basieren, wurden bisher nur für einzelne Regionen entwickelt. Vorwiegend richten sich Übersichten daher nach mehr oder weniger einheitlichen **Naturräumen** aus (z. B. Landschaften des Alpenvorlandes, der deutschen Mittelgebirge, der Geest) oder bedienen sich geographisch bestimmter Regionen (z. B. Landschaft der Niederen Tauern, des Böhmerwaldes, des Harz, der Müritz). Regional typisierte Landschaften sind in gewissem Sinn Unikate. Eine geographisch-naturräumlich orientierte Landschaftsgliederung Deutschlands, Österreichs und der Schweiz ist in Abbildung 6.12 wiedergegeben. Landschaftsökologisch sinnvoll ist aber erst der umfassende Vergleich, d. h. das Zusammenführen regionaler Landschaften zu allgemeinen Typen.

Die Landschaft Niedere Tauern hat große Ähnlichkeit mit den Ostkarpaten, den schottischen Bergen oder Teilen der Skanden und könnte als Typusbeispiel eines eigenen ökologischen Gebirgslandschaftstyps definiert werden, z. B. als stark eiszeitlich überformte Hochgebirge mittlerer Höhe, geprägt von ausgedehnten Bergwäldern und/oder montan-alpinen Graslländern.

Der Ansatz eines formalisierten Vorgehens durch Beachtung von Struktur und Landwirtschaft wurde für die Typisierung der Landschaften Österreichs auf Basis von Satellitenbildern verfolgt und führte zu zwölf Landschaftstypen, deren Verbreitung und Verteilung in Abbildung 6.13 dargestellt ist. Die kartenorientierte Auswertung zeigt die Bedeutung der alpinen Täler als ökologische Korridore auf und macht deutlich, dass das nordöstliche Tiefland abwechslungsreichere Landschaftskomplexe aufweist als gemeinhin angenommen (z. B. durch den Eindruck, den man aufgrund topographischer Karten gewinnt).

Speziell hemerobieorientiert sind auch die Versuche, großräumig so genannte **Landbedeckungsklassen** (*land cover classification*) darzustellen. Basierend auf Satellitenbildauswertung liegen für Gesamteuropa Karten solcher Landbedeckungsklassen in relativ hoher Auflösung vor. Grundlage dieser Projekte war die Rasterauswertung von Satellitenkarten bei einer Maschenweite (*pixel size*) von 1 × 1 km. Die dominante Landbedeckungsklasse in den jeweiligen Feldern ist pro Pixel dargestellt. Die Karten liegen auch digital vor und können mit anderen Daten verknüpft werden.

Der Alpenausschnitt dieser Karten zeigt deutlich die Unterschiedlichkeit innerhalb der Alpen mit vorherrschenden Bergwaldlandschaften im Osten, Wiesenlandschaften in den nördlichen Vorländern, Buschlandschaften am Mittelmeer, großen Ackerbaugebieten im Umfeld (z. B. Poebene). Er zeigt auch deutlich, dass großräumig unterschiedliche Hemerobiestufen unterschieden werden können. In den Alpen dominieren nach wie vor naturnahe bis naturbetonte Landschaften (als Wald- und alpine Landschaftstypen, Abbildung 6.10). Aber auch der französische und schweizerische Jura, der Schwarzwald, der Apennin und die Karstgebiete Sloweniens und Kroatiens zeichnen sich durch einen relativ geringen Hemerobiegrad aus. Kulturlandschaften von hohem Hemerobiegrad sind hingegen die Poebene, das Rhônetal, das Alpenvorland und die östlichen Tiefebenen. Der Südrand der Alpen ist überraschend stark städtisch geprägt, während die nördlichen Agglomerationen noch isoliert wirken. Inneralpin zeigen das Rheintal, das mittlere Inntal und der Raum um Grenoble stärkere Verstädterungstendenzen.

## 6.2.6 Funktionale Aspekte

Landschaften bestehen aus einzelnen Elementen, die durch Energie- und Nährstoffflüsse untereinander zu einem funktionalen Gefüge vernetzt sind. Ebenso wechseln viele Organismen zwischen den Elementen hin und her. Generalisierend können **Diffusion, Stofffluss** und **Lokomotion** als wichtige Parameter unterschieden werden. Diffusion ist die Bewegung gelöster oder suspendierter Materialien von einem Ort hoher Konzentration zu einem Ort geringer Konzentration (z. B. Verteilung von Duftstoffen oder Spritzmitteln). Stoffflüsse setzen Energiegradienten voraus, die ungleich in der Landschaft verteilt sind (z. B. Windtransport von Samen, Bodenerosion an Hängen, Oberflächenabfluss, Grundwasserfluss). Lokomotion ist die Bewegung eines Objekts von einem Ort zum anderen unter Verbrauch von Energie. Die einzelnen Elemente sind keine geschlossenen Systeme, und Vektoren wie Wasser, Wind oder Tiere vernetzen diese zu einer zwar heterogenen, aber in sich dynamischen funktionalen Einheit.

Die einzelnen Elemente beeinflussen die Richtung und Wirksamkeit der **Vektoren** ( = Einflussfaktoren, die gerichtet wirken, z. B. Wind). Hecken beispielsweise bremsen den Wind, verringern dadurch die Evaporation in ihrer Umgebung, verhindern das Austrocknen des Bodens und bewirken einen Temperaturausgleich (Abbildung 6.14). Im Hochgebirge verteilt der Wind den Schnee und schafft ein Mosaik aus Schneeböden und windgefegten Kanten. In Nebelwäldern der Tropen und gemäßigten Zonen kämmen Bäume die Feuchtigkeit aus der Luft und bestimmen so die Wasserverfügbarkeit für sich selbst und den Unterwuchs.

Vektoren sind auch großräumig über Landschaften hinweg wirksam. Staub wird aus Trockenlandschaften weithin verfrachtet (Abbildung 7.20) und führt zu Düngeeffekten im Meer. Fremdlingsflüsse transportieren Wasser aus fernen Bergen in trockene Niederungen (Abbildung 6.15). Wind verfrachtet das verdunstende Wasser. Dieses kondensiert an Bergen. Landschaften, die weit voneinander entfernt sind, stehen so in funktioneller Beziehung. Die Niederschläge in den Alpen sind etwa doppelt so hoch wie im mitteleuropäischen Tiefland (Abbildung 6.16), die Verdunstung hingegen ist fast gleich. Aus der Bilanz resultiert ein Abfluss aus den Alpen, der jenen des Tieflandes um das Dreifache übersteigt. Der Beitrag des Alpenrheins zum Gesamtabfluss in Holland beträgt beispielsweise im Sommer mehr als 70%.

Flüsse und Ströme stellen ein besonders wichtiges Element im funktionalen Gefüge von Landschaften und zwischen ihnen dar. Sie transportieren nicht nur Wasser, sondern auch Feststoffe, insbesondere Nährstoffe. Viele klassische Kulturlandschaften verdanken dieser Doppel-

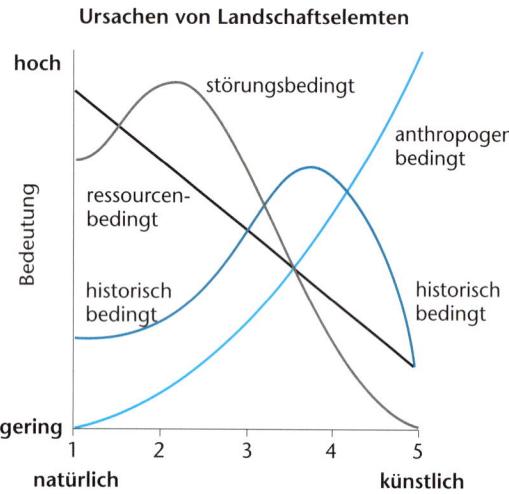

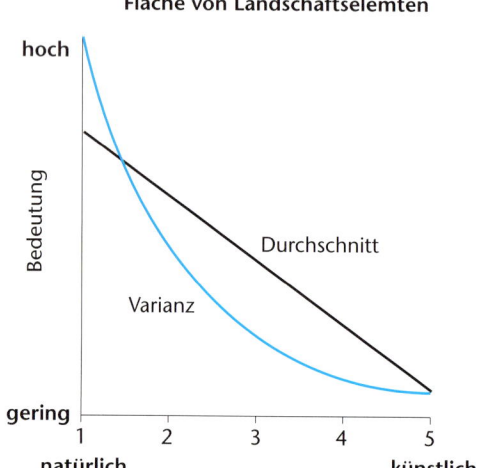

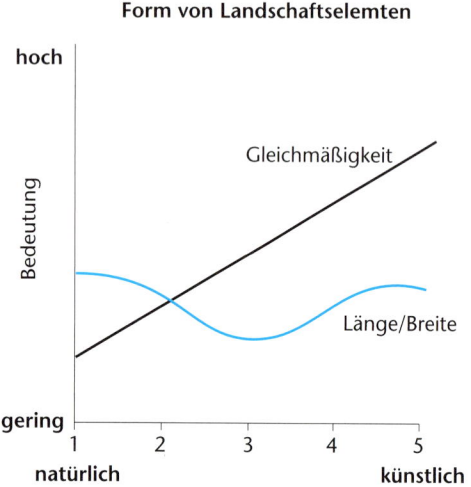

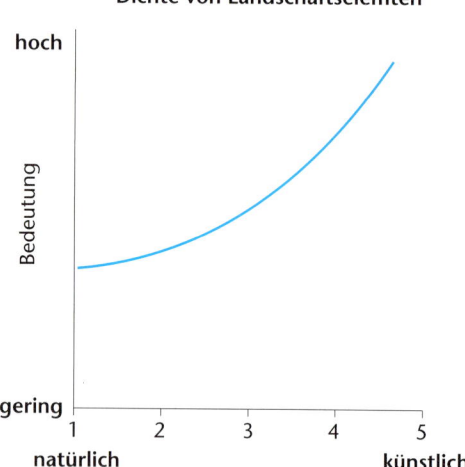

**Abb. 6.11:** Beziehung zwischen Art der Inselelemente, der Elementgröße, Elementform und Elementanzahl entlang eines Hemerobiegradienten (1 = geringe Hemerobie, natürlich; 5 = hohe Hemerobie, künstlich). Nach Forman und Godron (1986).

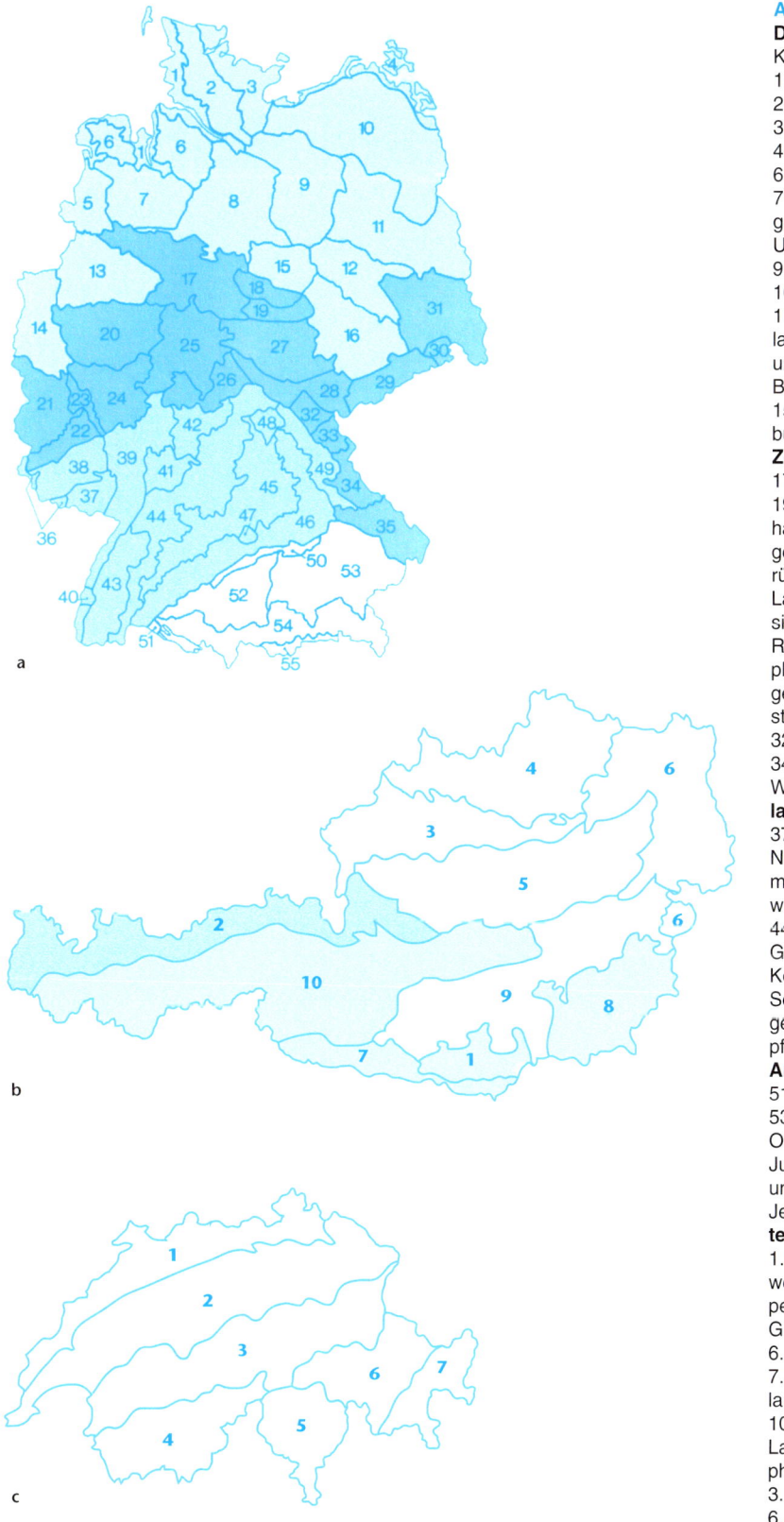

**Abb. 6.12:** a) Die Landschaften **Deutschlands** nach geographischen Kriterien. **Norddeutsches Tiefland:** 1. Nordseewatten und Marschenküste, 2. Schleswig-Holsteinische Geest, 3. Schleswig-Holsteinisches Hügelland, 4. Mecklenburgische Küste, 5. Emsland, 6. Ostfriesische und Stader Geest, 7. Diepholzer Geestplatten und Nienburger Wesertal, 8. Lüneburger Heide, Aller-Urstromtal und Hannoversche Geest, 9. Wendland, Altmark und Prignitz, 10. Mecklenburgische Seenplatte, 11. Brandenburgisches Platten- und Tiefland, 12. Fläming, Elbe-Elster-Niederung und Dübener Heide, 13. Westfälische Bucht, 14. Niederrheinisches Tiefland, 15. Nördliches Harzvorland und Magdeburger Börde, 16. Leipziger Bucht; **Zentraleuropäisches Mittelgebirge:** 17. Weser-Leine-Bergland, 18. Harz, 19. Südöstliches Harzvorland und Kyffhäuser, 20. Bergisches, Sauer- und Siegerland, 21. Eifel und Moseltal, 22. Hunsrück, 23. Mittelrheintal, 24. Westerwald, Lahn und Taunus, 25. West- und Osthessisches Bergland, 26. Vogelsberg und Rhön, 27. Thüringer Becken und Randplatten, 28. Thüringer Wald und Schiefergebirge, 29. Erzgebirge, 30. Elbsandsteingebirge, 31. Ober- und Niederlausitz, 32. Frankenwald, 33. Fichtelgebirge, 34. Oberpfälzer Wald, 35. Bayerischer Wald; **Süddeutsches Schichtstufenland:** 36. Saargau und Bliesgau, 37. Pfälzer Wald und Westrich, 38. Saar-Nahe-Bergland, 39. Oberrhein-Untermain-Senke, 40. Kaiserstuhl, 41. Odenwald, 42. Spessart, 43. Schwarzwald, 44. Mainfranken und süddeutsches Gäuland, 45. Schwäbisch-Fränkisches Keuperbergland und Albvorland, 46. Schwäbisch-Fränkische Alb, 47. Nördlinger Ries, 48. Coburger Land, 49. Oberpfälzisches Hügelland; **Alpen und Alpenvorland:** 50. Donauniederung, 51. Hegau, 52. Iller-Lech-Riedelland, 53. Niederbayerisches Hügelland und Oberbayerische Schotterplatten, 54. Jungmoränen-Alpenvorland, 55. Allgäuer und Bayerische Alpen. Nach Jedicke und Jedicke (1992). b) Die Landschaften **Österreichs** nach geographischen Kriterien. 1. Klagenfurter Becken, 2. Mittlere und westliche Nordalpen, 3. Nördliches Alpenvorland, 4. Nördliches Granit- und Gneishochland, 5. Östliche Nordalpen, 6. Pannonisches Flach- und Hügelland, 7. Südalpen, 8. Südöstliches Alpenvorland, 9. Zentralalpen, südöstlicher Teil, 10. Zentralalpen, zentraler Teil. c) Die Landschaften der **Schweiz** nach geographischen Kriterien. 1. Jura, 2. Mittelland, 3. Nordalpen, 4. Wallis, 5. Tessin, 6. Graubünden, 7. Engadin.

**Abb. 6.13:** Ökologisch definierte Kulturlandschaftstypen Österreichs. A. Alpine Fels- und Eisregionen, B. Subalpine und alpine Landschaften mit großräumigem Weideland und Naturgründland, C. Bandförmig ausgedehnte Waldlandschaften, D. Inselförmige Waldlandschaften, E. Gründlandgeprägte Kulturlandschaften des Berglandes, F. Gründlanddominierte Kulturlandschaft glazial geformter Becken, Talböden und Hügelländer, G. Gründlandgeprägte Kulturlandschaften mit außeralpinen Hügelländern, Becken und Tälern, H. Kulturlandschaften mit ausgeprägtem Feldfutterbau oder gemischter Acker-Gründlandnutzung, I. Kulturlandschaften mit dominantem Getreidebau, J. Weinbaudominierte Kulturlandschaften, K. Kulturlandschaften mit kleinteiligen Weinbau- und Obstbaukomplexen, L. Siedlungs- und Industrielandschaften. Nach Wrbka et al. (2002).

wirkung überhaupt ihre Entstehung und ihren Erhalt (z. B. Niloase). Flüsse und Ströme erleichtern die Lokomotion und stellen alte Wanderrouten für die Fischfauna, aber auch für die terrestrische Fauna und die Pflanzenwelt dar. Vögel orientieren sich auf ihren Wanderzügen an Flüssen und nutzen deren Nahrungsressourcen. Besiedlungsschübe und Kulturwandel durch den Menschen folgten dem Lauf von Flüssen, wie etwa die rasche Ausbreitung des Ackerbaus im Neolithikum entlang der Donau.

## 6.2.7 Landschaftswandel

Landschaften sind einem Wandel unterworfen. Dieser Wandel kann sehr rasch und katastrophal ablaufen (z. B. durch Erdbeben, Vulkanausbrüche) oder kaum wahrnehmbar sein und sich über lange Zeiträume erstrecken (z. B. isostatische Landhebung, klimawandelbedingte Vegetationsveränderungen). Es sind im Wesentlichen fünf Prozesse, die den natürlichen Wandel von Landschaften bestimmen:

- geomorphologische Prozesse wie Erosion durch Wind und Wasser, thermische Erosion, Landhebung, Sedimentation etc.,
- Klimaänderungen,
- Auftreten neuer Pflanzen- und Tierarten bzw. deren Verschwinden,
- Bodenbildung,

- Auftreten mehr oder weniger regelmäßiger Störungen wie Feuer, Lawinen, Stürme oder Überflutungen. Störungen erzeugen Heterogenität, werden aber durch die Landschaftselemente gesteuert. Je regelmäßiger Störungen auftreten, desto eher ist die Lebewelt auf diese eingestellt (z. B. Feuerpflanzen in vielen feuergeprägten Regionen der Erde, Abschnitt 2.2.2.3).

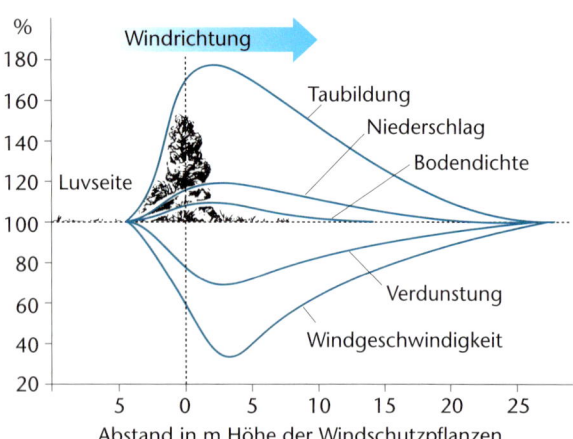

**Abb. 6.14:** Veränderung des Mikroklimas im Lee einer Hecke. Der Wind wird etwa bis zum 25fachen der Höhe der Hecke gedämpft, höhere Luftfeuchte ist hingegen nur im unmittelbaren Nahbereich der Hecke zu verzeichnen.

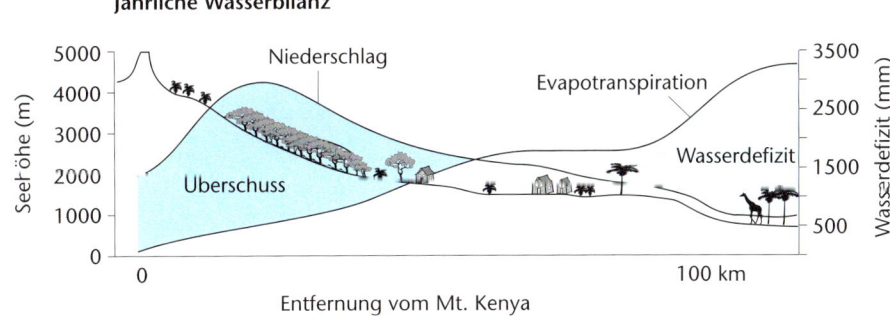

**Jährliche Wasserbilanz**

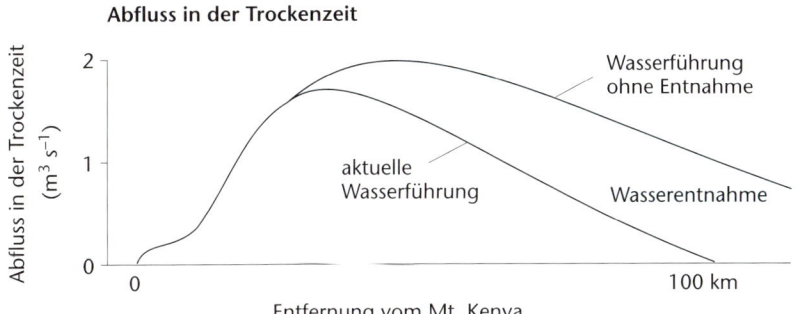

**Abfluss in der Trockenzeit**

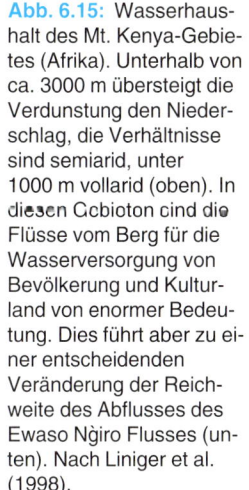

**Abb. 6.15:** Wasserhaushalt des Mt. Kenya-Gebietes (Afrika). Unterhalb von ca. 3000 m übersteigt die Verdunstung den Niederschlag, die Verhältnisse sind semiarid, unter 1000 m vollarid (oben). In diesen Gebieten sind die Flüsse vom Berg für die Wasserversorgung von Bevölkerung und Kulturland von enormer Bedeutung. Dies führt aber zu einer entscheidenden Veränderung der Reichweite des Abflusses des Ewaso Ngiro Flusses (unten). Nach Liniger et al. (1998).

In gewissem Sinn schafft auch der Mensch durch seine kultivierende Tätigkeit nichts anderes als spezifische **Störungsregime**. Mahd oder Ackerbau verhindern beispielsweise die Waldentwicklung und schaffen bzw. erhalten spezifische Produktionsflächen und Artengarnituren. Anthropogene Landschaften sind somit in besonders hohem Maß störungsgeprägt, wobei der Begriff Störung im ökologischen Kontext a priori weder positiv noch negativ zu verstehen ist. Durch den **Landnutzungswandel** (*land use change*) in vielen Regionen der Erde sind Nutzungs- oder besser Störungsregime umgestellt bzw. aufgegeben worden (Abschnitt 7.1.2). Es ist eine generelle Tendenz

entweder zu geringerer oder höherer Hemerobie zu beobachten. Mittlere Zustände nehmen allgemein ab.

Wie der Landnutzungswandel zählt auch der anthropogene Klimawandel zu den so genannten **global change**-Effekten. Die Veränderung der Atmosphärenchemie durch Verbrennung fossiler Brennstoffe, das Abholzen der Wälder, die Bodenerosion etc. verursacht heute Effekte, die nicht lokal begrenzt sind, sondern global wirken (Abschnitt 7.3). Dadurch werden die natürlichen Rahmenbedingungen des Landschaftswandels global beeinflusst. Es ist allerdings davon auszugehen, dass sich Landschaften in unterschiedlicher Art und Geschwindigkeit ändern. Un

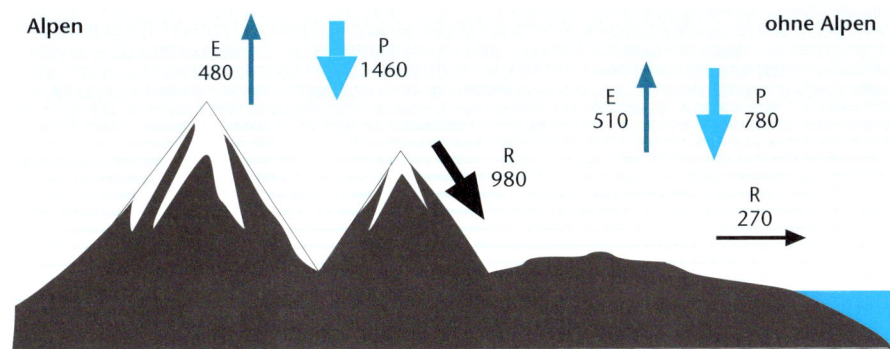

**Abb. 6.16:** Jährliche Wasserbilanz Mitteleuropas. Die große Bedeutung der Alpen für den Gesamtwasserhaushalt wird deutlich. Durch höheren Niederschlag bedingter Abfluss beeinflußt Wasserangebot und Grundwasserregime bis weit ins Tiefland. P Niederschlag (mm), E Evapotranspiration (mm), R Abfluss (mm). Nach Liniger et al. (1998).

ter den einzelnen Elementen gibt es solche, die durch physikalische Stabilität ausgezeichnet sind (z. B. Felsdome, Gebäude), solche, die resistent gegenüber veränderten Bedingungen sind (manche Wälder und Steppen), bzw. solche, die Änderungen wieder leicht rückgängig machen können (= resiliente Elemente, z. B. Unkrautfluren oder Auen). In allen drei Fällen sind die Elemente relativ stabil. Instabilen Elementen fehlen diese Eigenschaften, und ein Element kann leicht in ein anderes übergehen. Das Verhältnis von stabilen zu instabilen Elementen entscheidet über den Gesamtzustand und die Dynamik der Landschaft als ökologische Einheit.

# 6.3 Großlebensräume der Erde

Die Vegetation ist auf der Erde nicht gleichmäßig verteilt. Das wechselnde Ausgangsgestein bestimmt Pflanzenwachstum und Bodenbildung. Polarmeere sind nicht dasselbe wie Tropenmeere, Gebirgsflüsse nicht dasselbe wie Tieflandflüsse. Bemühungen, diese Vielfalt nach ökologischen Kriterien zu klassifizieren, gehören zu den lebhaftesten Forschungsfeldern der Ökologie seit ihren Anfängen. Dabei lassen sich grundsätzlich zwei Sichtweisen unterscheiden: die empirische und die funktionale.

Beim **empirischen Ansatz** wird versucht, auffällige Beziehungen zwischen Klimacharakter, Bodentyp, Lebensformen, Erscheinungsbild und der Struktur von Lebensgemeinschaften zu beschreiben. Eine kausale Erklärung für gefundene Zusammenhänge steht nicht im Vordergrund.

Ein Beispiel: In Europa lässt sich die Nordgrenze der Eiche mit einer Isolinie zur Deckung bringen, die Klimastationen mit vier Monatsmitteln über 10 °C verbindet. Hinter diesen Bedingungen kann durchaus ein Kausalzusammenhang mit den Lebensprozessen der Eiche stehen. Es kann aber auch nur eine zufällige Deckungsgleichheit sein.

Im **funktionalen Ansatz** wird von der ökologischen Konstitution der Organismen, sowohl den physiologischen als auch den Wachstums- und Reproduktionseigenschaften, ausgegangen, z. B. von der spezifischen Temperaturabhängigkeit des Blattlängenwachstums einer Art. Mit statistischen Modellen wird versucht zu berechnen,

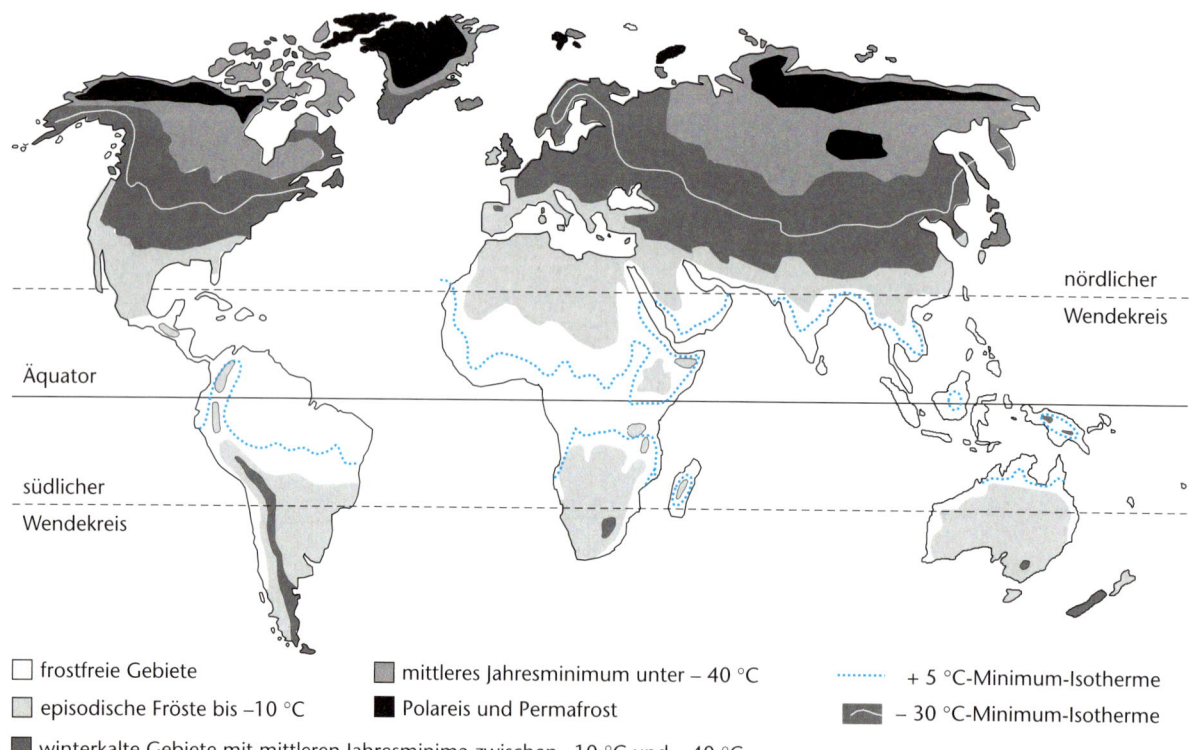

□ frostfreie Gebiete

□ episodische Fröste bis –10 °C

■ winterkalte Gebiete mit mittleren Jahresminima zwischen –10 °C und –40 °C

▨ mittleres Jahresminimum unter –40 °C

■ Polareis und Permafrost

⋯⋯ + 5 °C-Minimum-Isotherme

〜 –30 °C-Minimum-Isotherme

**Abb. 6.17:** Ökologisch bedeutende Temperaturgrenzlinien und Zonen. Das Auftreten von Frösten und deren Intensität bestimmt die zonale Gliederung der Vegetation von den immergrünen breitlaubigen Wäldern der frostfreien Tropen über die laubwerfenden Wälder der temperaten Gebiete bis hin zu den Nadelwäldern des hohen Nordens. Auch tiefste Fröste (< –70 °C) können von einigen Baumarten noch überstanden werden. In der Tundra fehlen Bäume nicht so sehr durch die tiefen Temperaturen, sondern durch die zu kurze Vegetationszeit. Nach Sitte et al. (2002).

**Abb. 6.18:** Das höchstgelegene Ökosystem der Erde. Gipfelökosystem um einen Erdwärmepunkt mit Wasserdampfaustritt am Vulkan Socompa in den Anden (6060 m). Diese Insel des Lebens ist von lebloser, nivaler Hochgebirgswüste umgeben und stellt das höchstgelegene in sich geschlossene Ökosystem auf der Erde dar. An Primärproduzenten wurden über 20 Moosarten und ca. 10 Flechtenarten festgestellt. Für wurzelnde Arten ist der Boden zu warm. Sie würden sich aufgrund der geringen Photosynthese im eiskalten Gipfelklima zu Tode atmen. An Konsumenten wurde ein Nagetier (ähnlich Chinchilla) und eine Vogelart (Ammer) nachgewiesen. Als Destruenten wurden unter anderem zwei Hutpilze, fünf Milben- und fünf Springschwanzarten festgestellt. Original Stephan Halloy.

**Abb. 6.19:** Das tiefstgelegene Ökosystem der Erde. Lebensgemeinschaft im Bereich von Lava- und Gasaustritten in der Tiefsee (*hot vents*) mit a) *Calyptogena magnifica*, Riesenmuscheln bis 40 cm, b) *Bythograea* sp., Krabbe bis 13 cm, c) *Munidopsis* sp., Crustacea, d) *Neomphalus fretterae*, Napfschnecke, e) Röhrenwurm, Polychaeta, f) *Riftia pachyptila*, Pogonophora, Bartwürmer, bis 46 cm, g) Glasschwamm, Porifera, h) *Coryphaenoides armatus*, Teleostei, 75 cm. Im Hintergrund ein inaktiver und zwei aktive *hot vents*. Aus Tardent (1993), mit freundlicher Genehmigung des Georg Thieme Verlags, Stuttgart.

wie die Lebewelt etwa mit Klima und Boden verknüpft ist. Streng genommen können mit diesen Modellen auch Klimate bearbeitet werden, für die es aus heutiger Sicht keine Erfahrungswerte gibt. Dies ist vor allem dann wichtig, wenn es darum geht, die Auswirkungen des Klimawandels auf die Lebewelt zu prognostizieren (Kasten 7.5; Woodward 1987, 1993).

Häufig sind Schwellenwerte wichtig (Abbildung 6.17). Mangelnde Kälteresistenz setzt für viele tropische und subtropische Arten eine Verbreitungsbarriere gegen Norden (Larcher 2001). So geht etwa das Usambaraveilchen schon bei Temperaturen unter +7 °C zugrunde. Langtagpflanzen, also viele Pflanzen unserer Breiten, können aufgrund der kurzen Taglänge von zwölf Stunden in den Tropen nicht richtig wachsen und investieren die Assimilate nur in die Wurzeln. Viele Gräser wachsen bei Temperaturen unter +5 °C nicht in die Länge. Oder noch extremer: Die Nordgrenze der Linde in England wird dadurch bestimmt, dass der Pollenschlauch für sein Wachstum durch den Embryosack mindestens drei Tage Temperaturen über 17 °C benötigt. Fehlen diese Bedingungen, kann es nicht zur Befruchtung kommen (Pigott 1991).

Die **Biosphäre**, d. h. die belebte Welt, umfasst einen Festlandanteil inklusive Seen und Flüssen (ca. 29 % der Erdoberfläche) und einen marinen Teil (ca. 71 %). Lebewesen und damit auch Lebensgemeinschaften finden sich bis in die größten Tiefen des Meeres, d. h. tiefer als 10 000 m unter dem Meeresspiegel, aber auch in der nivalen Stufe der höchsten Berggipfel und bis in die Stratosphäre (Abbildung 6.18). Lebewesen leben in dem sie umgebenden Substrat, in und an Grenzflächen (zwischen Wasser und Luft, Boden und Luft, Wasser und Boden), oder sie wechseln im Laufe ihres Lebens zwischen den Substraten. Leben ist bis in extreme Lebensräume vorgedrungen, wie z. B. heiße Quellen und den Bereich der Lava- und Gasaustritte der Tiefsee (Abbildung 6.19).

Das Bilden von ökologischen Einheiten, mit denen sich die Landoberfläche bzw. die Meere sinnvoll gliedern und beschreiben lassen, ist nur durch Kombination abiotischer und biotischer Kriterien möglich. Einfache Grobgliederungen, wie sie etwa in der Geographie oder Klimatologie

**Abb. 6.20:** Die Verbreitung der zonalen Formationen und der Lebensformen (Sprosspflanzen) auf der Erde in Abhängigkeit von der Jahrestemperatur und den Jahresniederschlägen. Nach Sitte et al. (2002).

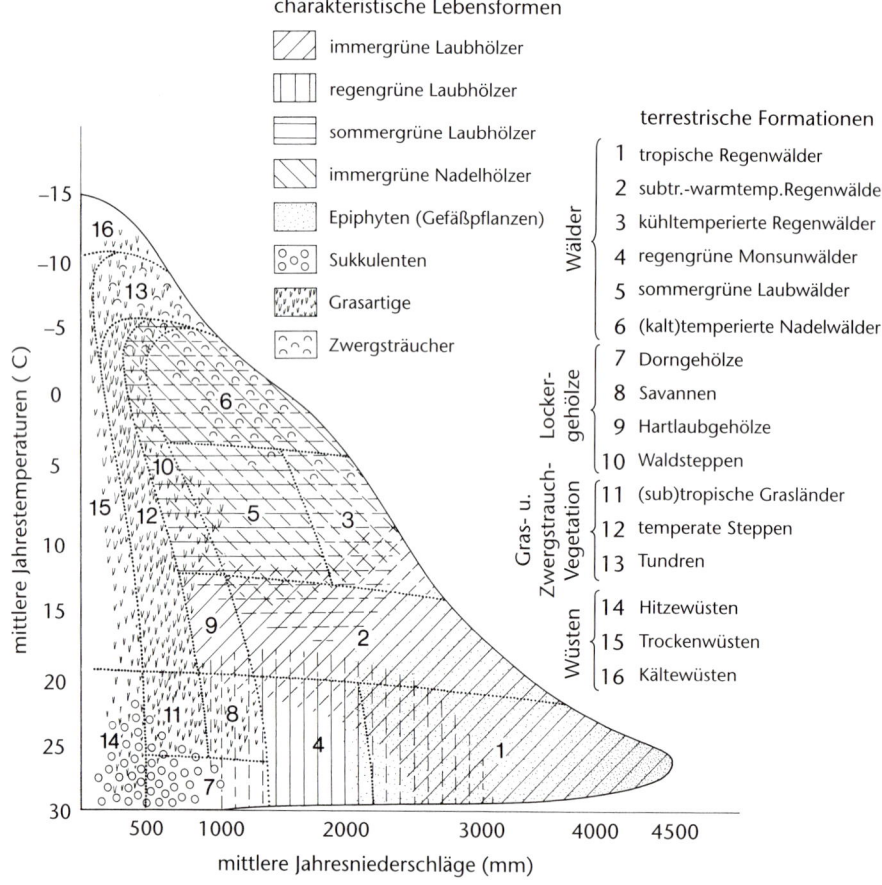

charakteristische Lebensformen

- immergrüne Laubhölzer
- regengrüne Laubhölzer
- sommergrüne Laubhölzer
- immergrüne Nadelhölzer
- Epiphyten (Gefäßpflanzen)
- Sukkulenten
- Grasartige
- Zwergsträucher

terrestrische Formationen

Wälder
1 tropische Regenwälder
2 subtr.-warmtemp.Regenwälder
3 kühltemperierte Regenwälder
4 regengrüne Monsunwälder
5 sommergrüne Laubwälder
6 (kalt)temperierte Nadelwälder

Locker-gehölze
7 Dorngehölze
8 Savannen
9 Hartlaubgehölze
10 Waldsteppen

Gras- u. Zwergstrauch-Vegetation
11 (sub)tropische Grasländer
12 temperate Steppen
13 Tundren

Wüsten
14 Hitzewüsten
15 Trockenwüsten
16 Kältewüsten

(Abbildung 6.20) üblich sind, geben zwar einen ersten Überblick, sind aber oft zu rigide und stimmen mit den beobachteten Lebensraumgrenzen, die durch Vegetation, Tierwelt und Nutzungsformen mitbestimmt sind, nicht überein. Diese Grenzen sind zudem oft fließend, erstrecken sich über weite Distanzen oder sind wie in den Meeren praktisch nicht zu ziehen.

Eine Orientierung aus ökologischer Sicht ist das Vorhandensein bzw. die Dominanz bestimmter Lebensformen wie jene von Bäumen in allen Waldgebieten der Erde, der Sukkulenten in den Halbwüsten oder der typischen Tiefseeformen bei den Fischen. Mit diesen Lebensformen sind bestimmte Umweltbedingungen verknüpft: in den Waldgebieten mindestens 400 mm Jahresniederschlag und mehr als vier Monate Vegetationszeit, in den Sukkulenten-Halbwüsten mehr als 100 mm Niederschlag und fehlende Fröste, in der Tiefsee absolute Finsternis und hoher Wasserdruck. Durch die Verschiedenartigkeit der Land-, Süßwasser- und Meereslebensräume ist aber eine durchgehende Großgliederung nicht möglich. Im Folgenden werden die Lebensräume daher einzeln besprochen.

## 6.3.1 Terrestrische Lebensräume

Als **Zonobiome** oder **Großlebensräume** (*life zones*) werden die großen Landlebensräume der Erde mit einheitlichem Klimacharakter, einheitlicher Vegetation (inkl. landwirtschaftlicher Kulturformen) und charakteristischer Tierwelt verstanden. Die Vegetation, die in allen Lebensräumen mehr als 95 % (meist > 99 %) der Biomasse stellt, steht dabei im Vordergrund. Aber auch die Tierwelt zeigt klare Bindungen. So sind etwa große Herbivorenherden an die Savannen und Prärien gebunden und fehlen z. B. in den tropischen Waldzonen.

Die meisten Klassifikationsversuche verbinden daher Klimaparameter mit der Struktur der natürlichen Vegetation, wobei die Struktur der Vegetation durch die vorherr-

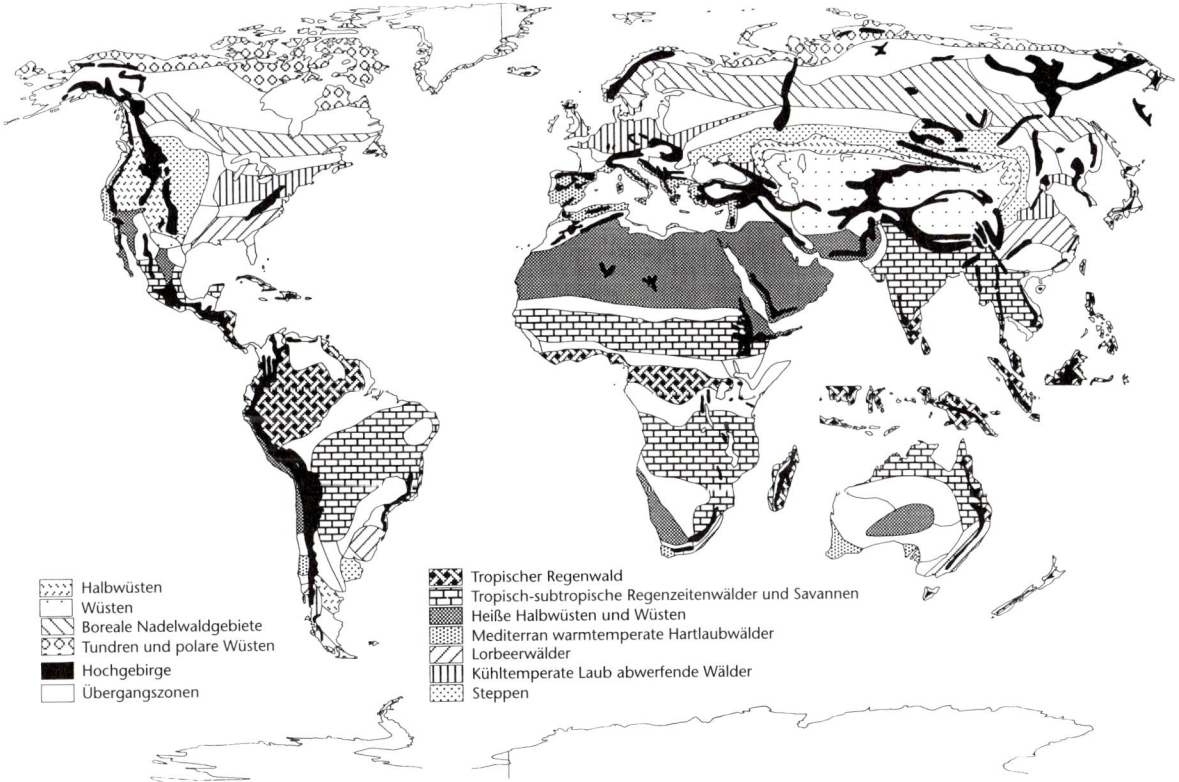

Halbwüsten
Wüsten
Boreale Nadelwaldgebiete
Tundren und polare Wüsten
Hochgebirge
Übergangszonen

Tropischer Regenwald
Tropisch-subtropische Regenzeitenwälder und Savannen
Heiße Halbwüsten und Wüsten
Mediterran warmtemperate Hartlaubwälder
Lorbeerwälder
Kühltemperate Laub abwerfende Wälder
Steppen

**Abb. 6.21:** Ökologische Gliederung der Landlebensräume der Erde. Dargestellt sind die 9 Zonobiome, die Hochgebirge und die Übergangszonen. Nach Walter und Breckle (1999).

schenden Lebensformen bzw. ökofunktionalen Typen definiert wird (Abschnitt 2.1.3). Ein einfaches Schema zeigt Abbildung 6.20. Als Kenngrößen für den Klimacharakter gelten hier der mittlere Jahresniederschlag und die mittlere Jahrestemperatur. Acht **Lebensformen** werden unterschieden und darauf aufbauend 16 Formationen definiert. Der Begriff der **Formation** wurde bereits von Alexander von Humboldt geprägt und bezeichnet Vegetationstypen nach der dominanten Lebensform. In Abbildung 6.20 sind etwa Tundren durch das Vorherrschen von Gräsern und Zwergsträuchern und durch Jahresdurchschnittstemperaturen zwischen −5 °C und −10 °C charakterisiert. Die Jahresniederschläge sind eher gering und überschreiten 1 000 mm nur in Ausnahmefällen. Sommergrüne Laubwälder, wie sie für Mitteleuropa typisch sind, belegen im Diagramm den Bereich von ca. +5 °C bis +12 °C bei Niederschlägen zwischen 1 000 und 2 000 mm. Der tropische Regenwald ist besonders durch das üppige Auftreten von Gefäßpflanzen-Epiphyten gekennzeichnet. Er ist auf Gebiete mit Temperaturjahresmitteln über +20 °C und Niederschlagsmitteln > 2 000 mm beschränkt.

Häufig werden Klimatypen durch **Klimadiagramme** definiert und diese so gestaltet, dass sie möglichst viel ökologisch relevante Information enthalten. Hier haben sich die Klimadiagramme nach Walter und Lieth (1967) am stärksten durchgesetzt. Sie betonen neben Grenzwerten wie Temperaturminima und -maxima, Durchschnittswerten wie Jahresdurchschnittstemperatur und Jahresniederschlag vor allem den Jahresverlauf des Wettergeschehens. Durch geeignete Skalierung der Koordinaten lassen sich Dürrezeiten eindrucksvoll darstellen (Kasten 6.4). In einem Klimaatlas der Erde haben Walter und Lieth (1967) die Diagramme für sämtliche Klimamessstationen der Erde zusammengestellt und darauf aufbauend ein Klimatypensystem mit neun Grundtypen als Basis konzipiert. Diese neun Grundtypen charakterisieren die Klimate der neun Zonobiome der Erde, d. h. der zonalen Großlebensräume mit einigermaßen einheitlicher Vegetation und Tierwelt. Sie sind durch mehr oder weniger ausgedehnte Übergangsbereiche verbunden (Abbildung 6.21).

---

## Kasten 6.4: Aufbau und Inhalte eines Kimadiagramms

Der typische Aufbau eines Kimadiagramms nach Walter und Lieth (1967) geht aus der Abbildung hervor. Abszisse: Für die Nordhemisphäre werden die Monate von Januar bis Dezember aufgetragen, für die Südhemisphäre von Juli bis Juni, sodass die warme Jahreszeit immer in der Mitte des Diagramms liegt. Ordinate: Die Temperatur (linke Ordinate) wird in °C angegeben, der Niederschlag (rechte Ordinate) in mm. Ein Teilstrich entspricht 10 °C bzw. 20 mm Niederschlag, die Zahlen werden häufig weggelassen.

Die Ziffern auf den Diagrammen bedeuten: 1. Station, 2. Höhe über dem Meer, 3. Zahl der Beobachtungsjahre (eventuell erste Zahl für Temperatur und zweite für Niederschläge), 4. mittlere Jahrestemperatur, 5. mittlere jährliche Niederschlagsmenge, 6. mittleres tägliches Minimum des kältesten Monats, 7. absolutes Minimum (tiefste gemessene Temperatur), 8. Kurve der mittleren Monatstemperaturen, 9. Kurve der mittleren monatlichen Niederschläge (1 Skalenteil = 20 mm, also im Verhältnis 10 °C = 20 mm).

Liegt die Niederschlagskurve unter der Temperaturkurve, liegt für das betreffende Klimagebiet eine relative Dürrezeit vor (etwa im Klimadiagramm von Harare, Abschnitt 6.3.1.2), die punktiert dargestellt wird. Liegt hingegen die Niederschlagskurve über der Temperaturkurve, liegt eine relativ feuchte Zeit vor, die vertikal schraffiert dargestellt wird (10).

Übersteigen die mittleren monatlichen Niederschläge 100 mm, so wird der Maßstab auf $^1/_{10}$, reduziert und die relativ perhumide Jahreszeit wird schwarz dargestellt (Klimadiagramm von Harare, Abschnitt 6.3.1.2). 11. Monate mit mittlerem Tagesminimum unter 0 °C (schwarz) = kalte Jahreszeit, 12. Monate mit absolutem Minimum unter 0 °C (schräg schraffiert), d. h. Spät- oder Frühfröste möglich.

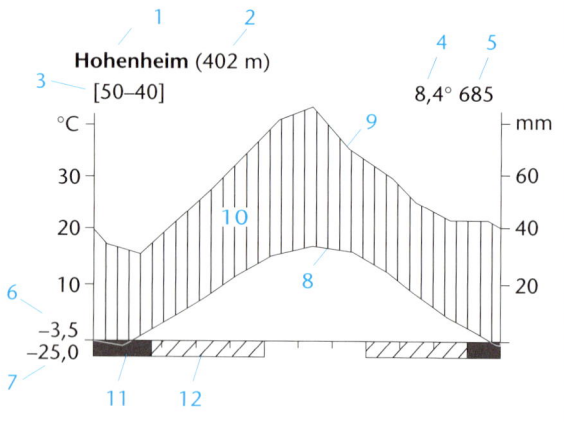

Der Begriff **Biom** bezieht sich auf die gesamte Lebewelt einer ökologisch einheitlichen Region (z. B. mitteleuropäisches Flach- und Hügelland, Sahara, Pampa). Gleiche Biome können nach dem Vorschlag von Walter (1976) zu **Zonobiomen** zusammengefasst werden, wie Mitteleuropa mit Teilen Ostasiens und den östlichen USA zum kalttemperaten Zonobiom. Übergangsbereiche zwischen Ökosystemen werden allgemein als **Ökoton** bezeichnet. Übergangsbereiche zwischen Zonobiomen werden auch als **Zonoökotone** bezeichnet. Sie erreichen in ihrer Ausdehnung mitunter die Größe angrenzender Großlebensräume.

Diese Zonen sind wie das Klima nicht ideal als zonale Gürtel um die Erde angeordnet. So wie das temperate Klima in Europa durch den Golfstrom weit nach Norden ausgreift, so sind die Zonobiome nicht streng an bestimmte Breitengrade gebunden bzw. laufen nicht gleichmäßig über die Kontinente. Dies gilt vor allem für das mediterrane Zonobiom, das in fünf Teillebensräume über die Erde verteilt ist: Mittelmeerraum, Kalifornien, Mittelchile, Kapland, Südwestaustralien. Alle diese Teil-Großlebensräume (ausgenommen Mittelmeerraum und Kalifornien) gehören unterschiedlichen Floren- und Faunenreichen an (Abschnitt 5.3.5). Das Vorherrschen hartlaubiger, immergrüner Wälder und Buschländer als potenziell natürliche Vegetation ist aber allen gemeinsam und somit eines der eindruckvollsten Beispiele für **Konvergenz** im Pflanzenreich (Abschnitt 2.4.3).

In jedem Zonobiom gibt es Bereiche, die durch das Vorherrschen eines Faktors gewissermaßen aus dem Rahmen fallen. Die Meeresküsten, Seeufer, Moore, heißen Quellen, die instabilen Substrate wie Schutthalden, Vulkanflanken, Sukzessionsflächen, aber auch die Felsen, Felsdome und Salzböden zählen dazu. Gesteine wie Serpentinite können durch extreme Nährstoffarmut oder durch das Vorhandensein von für viele Pflanzen toxischen Metallen (z. B. Kobalt, Nickel, Kupfer) stark vom „normalen", **zonalen** Erscheinungsbild abweichen. Diese **azonalen** Ökosysteme tragen zur organismischen Vielfalt innerhalb von Zonobiomen wesentlich bei. Ihre Lebewelt ist hoch spezialisiert und oft über mehrere Zonen hinweg verbreitet, wie etwa die Dünenpflanzen der Meeresküsten (s. unten), die luftwurzelnden Bäume der Mangroven (Tropen, Subtropen, Wüstenküsten) oder die weltweit verbreiteten Torfmoose der Hochmoore. Wird eine Region innerhalb eines Zonobioms von den Substratbedingungen geprägt, wie etwa im Bereich großer Salzwüsten, kann von **Pedobiomen** gesprochen werden.

Einen Sonderfall stellen die Gebirge dar. Sie sind über alle Zonobiome hinweg verteilt und zeigen durch die Vertikalerstreckung eine deutliche Höhenzonierung, die mit einer Veränderung des zonalen Klimas einhergeht. Die Höhenzonen lassen sich grob mit den latitudinalen Zonen vergleichen. Die Gebirge werden daher als **extrazonal** beschrieben. Dies gilt natürlich nur in sehr weitem Rahmen. Faktisch hat jedes Gebirge, die Hochgebirge im Speziellen, je nach zonaler Lage Besonderheiten. Das Klima in den tropischen Hochgebirgen ist wie im Tiefland grundsätzlich ein Tageszeitenklima, d. h. es gibt weder Winter noch Sommer. Am Tag kann es vergleichsweise warm sein, in der Nacht gibt es Frost, unabhängig vom Jahresverlauf. Es ist daher sinnvoll, die Hochgebirge der Erde als eigene ökologische Einheiten, als so genannte **Orobiome**, zu betrachten. Die Orobiome gelten als **intrazonal**, wenn sie innerhalb eines Zonobioms liegen (z. B. Ruwenzori in Uganda und Kongo, Kilimandscharo in Tansania, Kinabalu auf Borneo), als **interzonal**, wenn sie zwei Zonobiome trennen (Alpen), oder als **multizonal**, wenn sie sich über mehrere Zonobiome erstrecken (Ural, Rocky Mountains, Anden).

Mit Ausnahme extremer Wüstengebirge (z. B. Tibesti und Hoggar in der Zentralsahara) zählen **Waldgrenzen** zu den auffälligsten Erscheinungen der höhenzonalen Abfolge. Selten handelt es sich dabei um scharfe Grenzen, sondern vielmehr um mehr oder weniger breite Auflösungszonen, weshalb besser von Waldgrenzökoton gesprochen werden sollte (Körner 2001). Untere Waldgrenzen sind in Steppengebieten zu beobachten, in denen durch die zunehmenden Niederschläge mit der Höhenlage nur im Gebirge Wälder ausgebildet sind. Die obere Waldgrenze ist meist kältebedingt. In subtropischen Gebirgen wird es in großen Höhen wieder so trocken, dass Wälder nicht mehr existieren können. Die höhenzonale Gliederung der Hochgebirge ist somit sehr verschieden. Trotzdem hat es sich eingebürgert, bei waldgrenznahen Wäldern von **subalpiner** Stufe, bei der Zone über der Waldgrenze von **alpiner** und im Gletscherbereich von **nivaler** Stufe zu sprechen. Unterhalb der subalpinen Stufe schließen zunächst die **montane**, dann die **submontane** und schließlich die **kolline** Stufe an. Diese aus den Alpen abgeleitete Terminologie und Fassung der zonalen Stufung der Hochgebirge lassen sich nur begrenzt allgemein anwenden. Spezifische Gliederungen und Terminologien (z. B. subandin, oromediterran) sind deshalb zahlreich, ohne allerdings den Begriff alpin verdrängt zu haben.

Im Folgenden werden die Zonobiome in Anlehnung an Bailay (1996), Grabherr (1997), Walter und Breckle (1999), Körner (2000), Richter (2001), Goodall (1981–2001) und Schultz (2002), einschließlich azonaler Ökosysteme und Hochgebirge kurz beschrieben. Die ökoklimatische Kennzeichnung versucht, die wesentlichen Klimaeigenschaften für die Ausbildung von Vegetation, Boden und Tierwelt herauszustellen. Wichtige Vegetationstypen mit einem Schwerpunkt auf der zonalen Vegetation, sowie Hinweise auf charakteristische Besonderheiten der Tierwelt folgen. Ein kurzer Hinweis zu Böden und Stoffkreislauf schließt diese Kurzporträts der Großlebensräume der Erde ab.

### 6.3.1.1 Tropische Regenwaldgebiete (feuchttropische Zone)

Tropische Regenwälder sind durch ein Tageszeitenklima gekennzeichnet, d. h. temperaturbedingte Jahreszeiten fehlen weitgehend (Abbildung 6.22). Die mittlere Tagestemperatur liegt ganzjährig bei ca. 25–27 °C, die Tag-Nacht-Unterschiede betragen ca. 6–11 °C, d. h. sie sind größer als die Jahresschwankungen des Monatsmittels. Tropische Regenwaldgebiete sind absolut frostfrei. Die Tage sind im Jahresverlauf gleichbleibend etwa zwölf Stunden lang. Die durchschnittlichen Niederschläge von 2000–3000 mm übersteigen die Evapotranspiration, d. h. das Klima ist humid, also durch hohe Bewölkungsdichte und Luftfeuchte gekennzeichnet. Die Niederschläge fallen ganzjährig, aber in vielen Gebieten gibt es kurze niederschlagsärmere Perioden. Die Verbreitung der Regenwälder ist in (Abbildung 6.23) dargestellt.

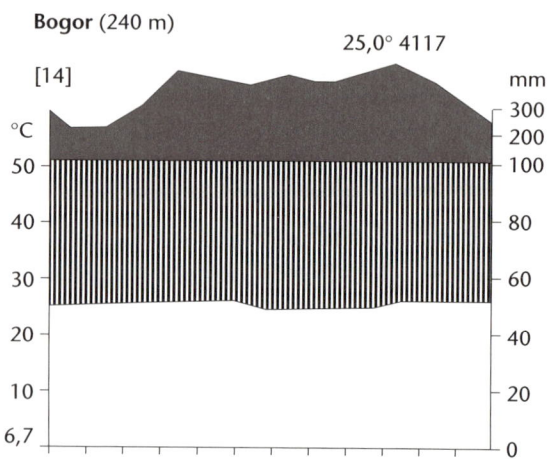

**Abb. 6.22:** Klimadiagramm von Bogor (Indonesien). Nach Walter und Breckle (1999).

**Abb. 6.23:** Verbreitung des tropischen Regenwaldgebietes. Nach Sitte et al. (2002).

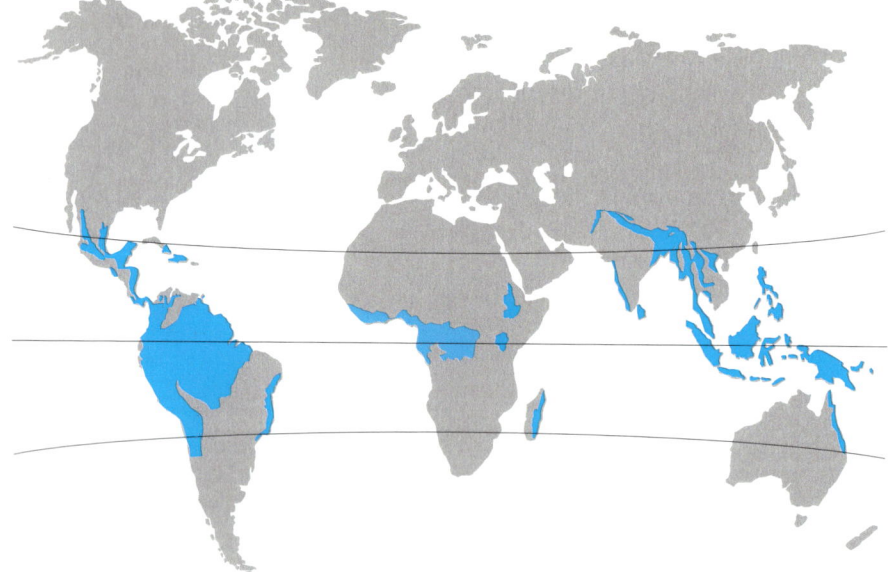

**Abb. 6.24:** Tropischer Regenwald auf der Karibikinsel Guadeloupe.

Mangroven, Tropenkarst und tropische Heiden (extreme Nährstoffarmut).

Tropische Hochgebirge finden sich in den äquatorialen Anden, in Ostafrika (Mt. Kenya, Ruwenzori u. a.), auf Borneo (Kinabalu) und auf Neuguinea (Mt. Williams). In der montanen Stufe weisen sie Bergregen- bzw. Wolkenwälder auf, in der subalpinen Stufe Nebelwälder, die besonders reich an Epiphytenbewuchs sind, Massenentwicklung von epiphytischen Moosen und Krüppelwuchs der Bäume zeigen. Die alpine feucht-tropische Stufe (Paramo) ist durch eine typische Riesenschopfbaumvegetation gekennzeichnet, die nivale Stufe umfasst offene Gras- und Krautfluren. Die Blütenpflanzengrenze liegt bei über 5000 m.

Tropische Regenwälder weisen die artenreichste Tierwelt der Erde auf und umfassen vermutlich rund drei Viertel aller Arten der Erde. Beeindruckend ist die Vielfalt kleiner Formen. Die größte Artenzahl wird vermutlich im Kronenraum der Bäume erreicht. Regenwälder sind charakterisiert durch eine große Arten- und Individuenzahl von Staaten bildenden (sozialen) Insekten wie Termiten (Isoptera) und Ameisen, Bienen und Wespen (Hautflüglern, Hymenoptera). Termiten sind als Holzzersetzer von großer Bedeutung. Große Tiere (vor allem Säugetiere) treten kaum in Erscheinung bzw. fehlen weitgehend.

Regenwälder sind durch hohe Phytomasse (*standing crop*) und hohe Jahresproduktion gekennzeichnet. Der hohe Streuanfall verteilt sich über das ganze Jahr, und die Zersetzung erfolgt in weniger als einem Jahr. Daher gibt es keine tiefen Humusschichten. Mykorrhiza sorgt für eine rasche Wiederaufnahme der Nährstoffe. Vorherrschend sind rote aluminium- und eisenreiche Lateritböden. Diese teils über sehr lange Zeiträume ungestört entwickelten Böden sind oft mehrere 10 m mächtig. Aufgrund ihrer geringen Kationenaustauschkapazität können Nährstoffe kaum gespeichert werden und werden leicht ausgewaschen. Nährstoffreichere Böden finden sich im Einzugsgebiet mancher Flusssysteme (Überschwemmungswälder) und in Vulkangebieten (Ruanda, Java).

**Abb. 6.25:** Typischer Regenwaldbaum (*Sloanea massoni*, Elaeocarpaceae) mit Brettwurzeln im Regenwald der Karibikinsel Guadeloupe.

Regenwälder sind extrem reich an Baumarten, Lianen und Epiphyten. Aus einer Grundschicht von ca. 30 m Höhe erheben sich einzelne Übersteher (Urwaldriesen), die mehr als 40 m hoch sein können. Daneben gibt es zahlreiche Klein- und Kleinstbäume; der Unterwuchs ist gekennzeichnet durch hohe krautartige Monokotyledone, Farne und Moose (Abbildung 6.24 und 6.25).

Auffällige Merkmale der Bäume sind Blätter mit Träufelspitzen, die für ein rasches Abfließen des Regenwassers mit möglichen Infektionskeimen sorgen, und extrem rasche Triebentfaltung, so genannte Laubschütte, die durch Gleichzeitigkeit und Schnelligkeit der Blattentwicklung die für Herbivoren attraktive Phase der noch nicht entwickelten Blätter reduziert. Brettwurzeln sorgen für Stabilität, denn wegen der ungenügenden Sauerstoffversorgung der nassen Böden können keine tiefer gehenden Wurzeln entwickelt werden. Tropenbäume entwickeln keine Jahresringe. Interessante blütenökologische Aspekte sind Kauliflorie (= Blüten am Stamm) und häufig Bestäubung durch Vögel oder Fledermäuse (Abbildung 6.26). Regional von großer Bedeutung sind azonale Ökosysteme wie Moore, Auwälder, Fels- und Sandküsten,

**Abb. 6.26:** „Kissing lipps" (*Psychotria poeppiginana*, Rubiaceae), ein Kleinstbaum aus dem Tieflandregenwald Costa Ricas; die kleinen, weißen Blüten sind hier von auffällig farbigen Hochblättern umgeben („Vogelblume").

### 6.3.1.2 Tropisch-subtropische Regenzeitenwälder und Savannen (trockentropische Zone)

Die trockentropische Zone ist durch einen Wechsel von Regen- und Trockenzeit gekennzeichnet (Abbildung 6.27). Ihre Verbreitung ist in Abbildung 6.28 dargestellt. In manchen Gebieten gibt es bei strenger Saisonalität zwei Regenzeiten pro Jahr. Die Dauer der Trockenzeit und die jährliche Niederschlagsmenge bestimmen die Vegetation. Das Monatsmittel der Temperatur liegt meist über 18 °C und die Regenzeit ist die wärmere Jahreszeit. Fröste treten nur in Randbereichen auf. Feuer ist ein bedeutender ökologischer Faktor.

Die typische Vegetation besteht aus halbimmergrünem Wald (Trockenzeit drei bis sechs Monate, Niederschlag 1500–2000 mm), regengrünem Wald wie dem Monsunwald in Südostasien (Trockenzeit 5–8 Monate, Niederschlag 500–1500 mm) oder Savannen (Trockenzeit sieben

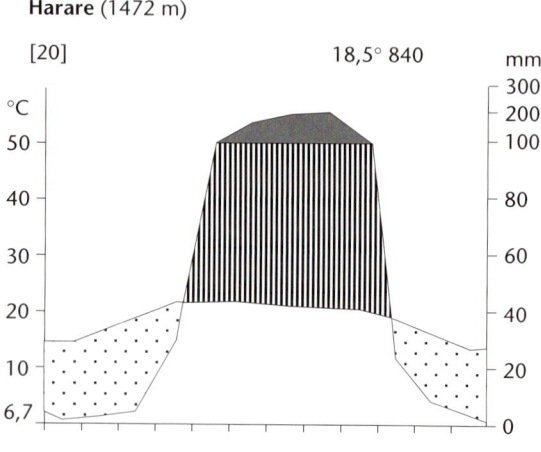

**Abb. 6.27:** Klimadiagramm von Harare (Simbabwe). Nach Walter und Breckle (1999).

**Abb. 6.28:** Verbreitung der tropisch-subtropischen Regenzeitenwälder und Savannen. Nach Sitte et al. (2002).

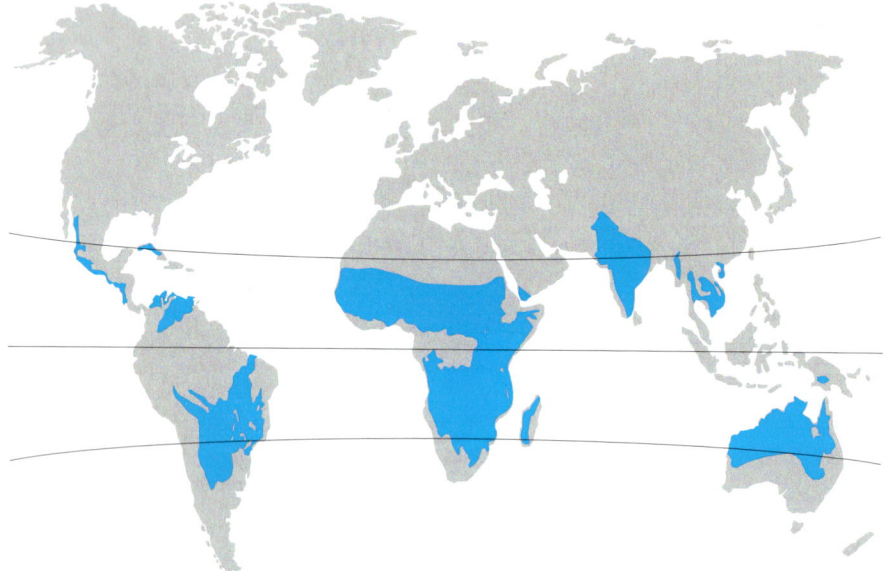

**Abb. 6.29:** Monsunwald bei Islamabad (Pakistan) während der Regenzeit.

**Abb. 6.30:** Trockenwald mit dem Charakterbaum *Bursera simarouba* („Roter Indianer") im Waldgebiet von Santa Rosa (Costa Rica).

montanen Stufe finden sich epiphytenreiche, immergrüne Feuchtwälder in Kondensationswolken. In der subalpinen Stufe entstanden im Himalaja Feuchtwälder mit Fichten, Tannen und Rhododendren, im Bereich des Kilimandscharo Baumerika-Gebüsche. Trockenwälder enthalten oft Kiefern, in den Anden *Polylepis*-Gehölze. In der alpinen Stufe herrschen die als Puna bezeichneten Horstgrasfluren und alpine Matten vor (z. B. im Himalaja). In der nivalen Stufe finden wir kalte Hochgebirgstrockenwüsten, offene Krautfluren und Rasenfragmente. Die Blütenpflanzengrenze liegt im Himalaja über 6 000 m, sonst darunter.

Die Tierwelt der halbimmergrünen Wälder zeichnet sich durch eine hohe Diversität aus. Für die Savannen sind große Herden herbivorer Säugetiere charakteristisch, bis zu 50 % der Primärproduktion wird konsumiert. Bedeutend sind auch Staaten bildende Insekten (Termiten, Ameisen) und diverse andere Insektengruppen wie z. B. schwarmbildende Heuschrecken.

In der trockentropischen Zone finden wir häufig tonreiche Böden, oft mit auffällig wabiger Musterbildung (Gilgaistrukturen). Die chemische Verwitterung ist ebenfalls sehr intensiv, aber weniger tiefgründig als in den regenreichen Tropen. Teils treten ausgehärtete Lateritschichten als fossile Bildungen auf. Diese können dann Pflanzenwachstum und Landnutzung behindern.

bis zehn Monate, Niederschlag 250–600 mm) (Abbildung 6.29 und 6.30). Die Vegetationsstrukturen sind sehr vielfältig, beispielsweise ist die Variabilität der Blattformen hoch. Blühphasen und Laubwechsel sind streng an die jahreszeitliche Rhythmik gebunden. Auffällig sind die vor der Regenzeit synchron blühenden Bäume. In halbimmergrünen Wäldern können Epiphyten noch zahlreich sein, Brettwurzeln fehlen jedoch. Hochgrassavannen sind oft feuerbedingt, Niedergrassavannen sind eher klimabedingt bzw. durch den Fraßdruck von Herbivoren (Antilopen, Zebras, Gnus, Elefanten etc.) verursacht. Termiten- und Ameisenbauten dienen als *safe sites* für Gehölze, da durch die veränderte Bodenstruktur und den erhöhten Nährstoffeintrag Keimung und Heranwachsen erleichtert werden und Herbivoren die Bauten eher meiden (Abbildung 6.31).

Azonale Ökosysteme innerhalb der trockentropischen Zone sind Parklandschaften oder baumfreie Grasländer (Staunässe), große Sumpfgebiete (Südwestafrika: Vleys, Südamerika: Pantanal), Felsen- und Sandküsten, Mangroven, Galerie- und Auenwälder.

Die Anden, der Kilimandscharo in Ostafrika und die Himalaja-Südabdachung sind außerordentlich vielfältige Hochgebirge innerhalb dieses Zonobioms mit oftmals trockenbedingten unteren und oberen Waldgrenzen. In der

**Abb. 6.31:** Termitenbau in einer Savanne am Victoriasee (Uganda). Termiten sind wichtige Ökosystemingenieure in der Savanne.

### 6.3.1.3 Heiße Halbwüsten und Wüsten (subtropisch-tropische Wüstenzone)

Diese Lebensräume sind ganzjährig trocken und heiß. Die Evapotranspiration übersteigt in fast allen Monaten den Niederschlag, d.h. das Klima ist arid (Abbildung 6.32). Die jährlichen Niederschläge liegen unter 250 mm und sind sehr variabel (Wüsten mit Winterregen, Wüsten mit Sommerregen, Nebelwüsten, Extremwüsten, diese oft jahrelang regenlos). Alle Temperaturmonatsmittel liegen über + 5 °C, während mindestens vier Monaten betragen die Monatsmittel über 18 °C. Die täglichen Temperaturamplituden sind groß, Nachtfröste nicht selten, Wolkenbedeckung und Luftfeuchte mit Ausnahme der Nebelwüsten sehr gering.

Typisch für die subtropisch-tropischen Wüstenzonen (Abbildung 6.33) ist das Vorherrschen der abiotischen Komponente im Landschaftsbild und bei den Stoffumsätzen.

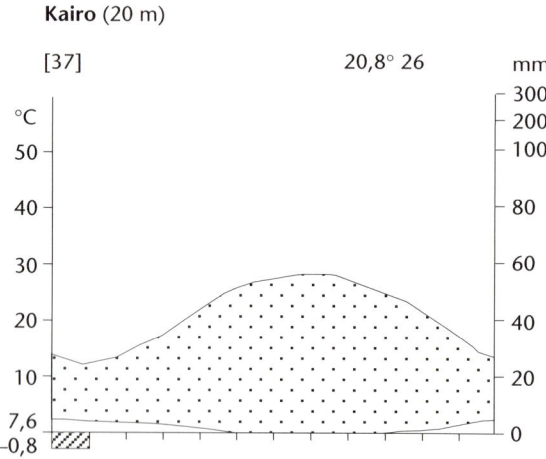

**Kairo** (20 m)

**Abb. 6.32:** Klimadiagramm von Kairo (Ägypten). Nach Walter und Breckle (1999).

**Abb. 6.33:** Verbreitung der heißen Halbwüsten und Wüsten. Nach Sitte et al. (2002).

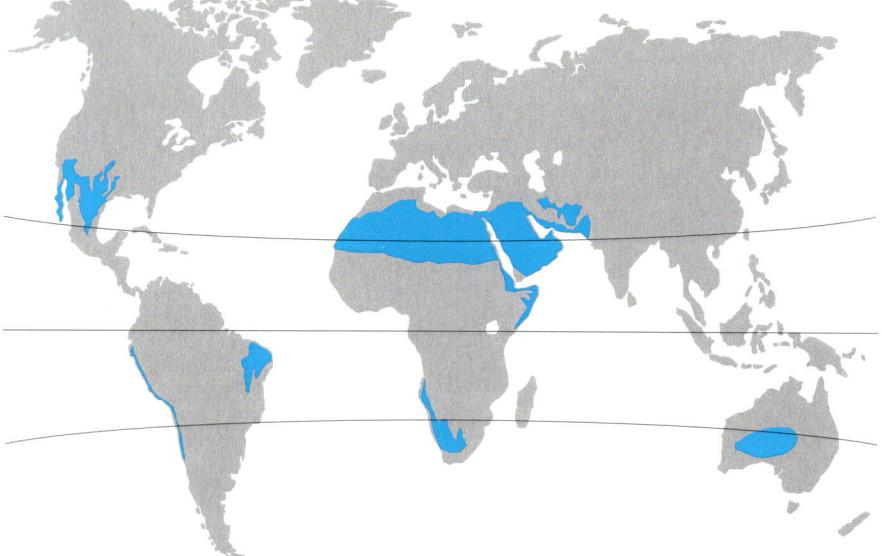

**Abb. 6.34:** Halbwüste mit Riesenkaktus *Carnegia gigantea* (Sonora-Wüste, USA).

**Abb. 6.35:** Vollwüste im Pinacles National Park, Australien.

Wüsten kommen vor als Fels-, Schutt-, Sand-, Salz- oder Tonwüsten. Oft finden sich fossile Reliefformen, z. B. bei alten Strandlinien. Halbwüsten weisen bei einem Jahresniederschlag bis ca. 100 mm eine schüttere Vegetation auf, bei Jahresniederschlägen unter 100 mm findet sich in den Vollwüsten nur eine kontrahierte Vegetation, d. h. sie ist auf wenige Stellen beschränkt (z. B. in Wadis).

Die Vegetation weist Trockenheitsanpassungen unterschiedlicher Art auf: hartlaubige (sklerophylle), Wasser speichernde (sukkulente) und Laub abwerfende Xerophyten sowie Weichlaub-Xerophyten (malakophylle) und wechselfeuchte (poikilohydre) Arten („Auferstehungspflanzen") (Abbildung 6.34). Pluviotherophyten keimen nur nach einem Regen und führen zur so genannten Wüstenblüte.

Zu den azonalen Ökosystemen zählen größtenteils trockene Wüstenflüsse (Wadis) mit Wasser im Untergrund, Oasen um Quellaustritte und Fremdlingsflüsse (z. B. Niloase), Fels- und Sandküsten sowie Mangroven. Wüstenhochgebirge sind Hoggar und Tibesti (Nordafrika), Zagros (Persien) und Teile der mittleren Anden. Sie weisen Gebirgssteppen auf, in der montanen Stufe allenfalls offene Baumsteppen, in Schluchten gelegentlich Reliktgehölze. Starke Temperaturunterschiede führen zu einer intensiven physikalischen Verwitterung. Winderosion ist aufgrund der geringen Vegetationsbedeckung sehr intensiv und damit der Abtransport schluffiger Feinerde. Die geringen Niederschläge begrenzen andererseits die aquatische Erosion. Dies führt zur Akkumulation von Grob- und Feinschutt. Wüstengebirge scheinen daher oft im eigenen Schutt zu „ertrinken".

Besonders in Vollwüsten ist die Primärproduktion sehr gering und auch wenig konstant, sodass die Tierwelt grundsätzlich nur geringe Dichten aufweist (Abbildung 6.35 und 6.36). Tiere leben vorwiegend im Boden und sind oft nachtaktiv. Auffällig ist das Vorherrschen von Nagern, giftigen Reptilien und Skorpionen. Schwarzfärbung (Melanismus) ermöglicht Käfern ein Aufheizen in den kalten Morgenstunden, Säuger betreiben durch komplexe Strukturen der Atemorgane Rückgewinnung der Luftfeuchtigkeit aus der Ausatemluft (Abschnitt 2.2.3.2).

Die Bodenbildung ist erschwert bzw. fehlt über weite Strecken ganz. Es gibt keinen nennenswerten Streuanfall, und die Zersetzung hängt von der Bodenfeuchte ab. Organisches Material wird teilweise vom Wind eingetragen, sodass sich typisch allochthon versorgte Ökosysteme entwickeln konnten wie in den Sanddünen der Namib.

**Abb. 6.36:** Spuren der Nacht in der Sandwüste (Erg) des südlichsten Tunesiens: Wüstenspringmaus und Schwarzkäfer. Viele Wüstentiere sind nachtaktiv, um der Hitze des Tages zu entgehen.

### 6.3.1.4 Mediterran warmtemperate, dürre- und episodisch frostbelastete Gebiete mit Hartlaubwäldern

Diese Lebensräume sind durch Winterregen und trocken-heiße Sommer (Mittelmeersommer) gekennzeichnet (Abbildung 6.37). Herbst und Frühjahr zeigen milde Temperaturen und ausreichende Feuchte. Die Temperaturmittel der Wintermonate fallen durchschnittlich nicht unter + 5 °C, Fröste sind aber episodisch möglich, gelegentlich sogar Schnee. Die jährliche Niederschlagssumme beträgt mehr als 400 mm, sodass ein meist waldfähiges Klima vorherrscht. Feuer ist als ökologischer Faktor bedeutend (Kasten 2.4).

Als typische Vegetation herrschen Hartlaubwälder oder Gebüschformationen vor (Abbildung 6.39 und 6.41). Letztere sind bekannt als Macchie (Mittelmeergebiet), Kwongan (Südwestaustralien), Fynbos (Kapland), Cha-

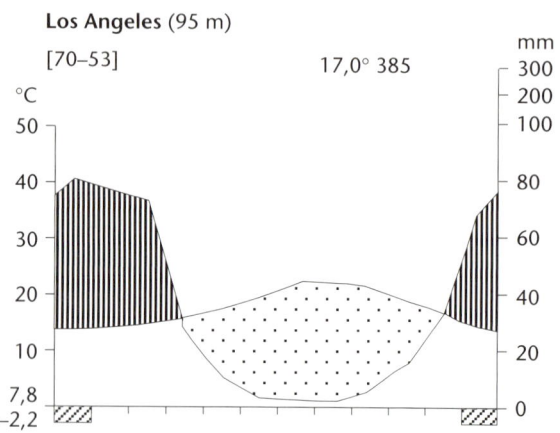

**Abb. 6.37:** Klimadiagramm von Los Angeles (USA). Nach Walter und Breckle (1999).

**Abb. 6.38:** Verbreitung mediterraner, warmtemperater Gebiete mit Hartlaubwäldern. Nach Sitte et al. (2002).

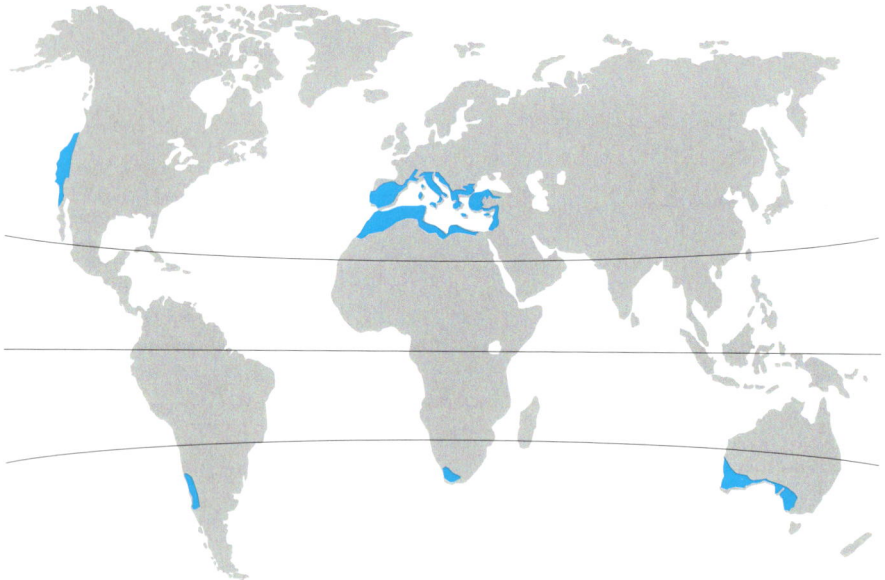

**Abb. 6.39:** Typischer mediterraner Hartlaubwald mit Korkeichen (Korsika).

**Abb. 6.40:** Eine Blättersammlung von Gehölzen eines mediterranen Hartlaubwaldes in Chile (*Peumus boldo*-Wald bei Santiago de Chile) zeigt die typische Sklerophyllie und kleine, steife Blätter.

parral (Kalifornien) oder Matorral (Spanien, Chile) (Abbildung 6.38). Diese sind sehr artenreich und weisen bei einem hohen Grad an Konvergenz floristisch große Unterschiede zwischen den einzelnen Gebieten auf. Als Anpassungen der Vegetation an die häufigen Feuer haben sich hohes Regenerationsvermögen, dicke, korkreiche Borken und Hitzekeimer herausgebildet.

Als azonale Ökosysteme finden sich eingestreut Karstbereiche mit Kleinstrauchformationen (Garrigue, Phrygana), Fels- und Sandküsten sowie Marschen. Wegen der Winterfröste können Mangroven nicht mehr vorkommen. Als typische Hochgebirge sind der mittlere Atlas (Marokko) und die Sierra Nevada (Spanien, Kalifornien) zu nennen, das Pindos-Gebirge (Griechenland), der Libanon, der Tafelberg Südafrikas sowie Teile der mittleren Anden. In der montanen Stufe herrschen sommergrüne Laubwälder vor. Die subalpine Stufe wird durch sommergrüne Laubwälder und -gebüsche sowie durch Reliktnadelwälder aus Zypressen, Zedern und Wacholder gekennzeichnet. In der alpinen Stufe findet man im Mittelmeergebiet Formationen der Igelpolsterheiden und Krautfluren mit Zwiebel- und Knollengewächsen (z. B. *Tulipa*, *Iris*), sonst Gebirgsheiden und -steppen. Offene Polsterfluren kommen in der nivalen Stufe vor.

Bei diesen Lebensräumen handelt es sich um überwiegend junge Waldlebensräume, das Mittelmeerklima hat sich erst im ausgehenden Tertiär entwickelt. Daher gibt es kaum spezielle Eigenheiten der Tierwelt. Feueranpassungen sind jedoch bei vielen Organismen vorhanden (Abschnitt 2.2.2.3).

Durch die Sommerdürre ist die Bodenbildung gehemmt und das weit verbreitete Hartlaub schwer zersetzbar. Auffällig sind die roten und rot-braunen Böden (Terra rossa, Terra fusca), bei denen es sich zum Teil um fossile feucht-subtropische bis tropische Böden handelt. In Gebirgen finden sich oft Böden von geringer Mächtigkeit (Rendzinen, Ranker) über Festgesteinen.

Besonders das Mittelmeergebiet ist ein uralter Kulturraum, in dem meso- bis euhemerobe Ökosysteme wie extensives Weideland mit Zwergsträuchern und kurzlebigen Gräsern überwiegt. Charakteristisch sind Geophyten (Liliaceae, Orchidaceae). In Griechenland wird dieser Lebensraum als Phrygana, sonst meist als Garrigue bezeichnet. Die hohe Diversität an annuellen Wildkräutern wird als Resultat der uralten Nutzungskultur gedeutet.

**Abb. 6.41:** *Banksia menziesii*, ein Charakterbaum der Hartlaubwälder Südwestaustraliens (bei Perth); man beachte die gezähnten Hartlaubblätter.

### 6.3.1.5 Warmtemperate, regenreiche, episodisch frostbelastete Gebiete mit immergrünen Lorbeerwäldern

Jahresniederschläge über 1000 mm tragen zu einem ganzjährig humiden, warmtemperaten Klima mit Wintermonatsmitteln über +5 °C und Sommermonatsmitteln über 18 °C bei (Abbildung 6.42). Es gibt keine trockene Jahreszeit, und der Niederschlag ist größer als die Evapotranspiration. Im Winter kommen regelmäßig leichte Fröste vor, vereinzelt auch Schnee (Abbildung 6.44). Feuer spielt keine Rolle.

Vorherrschend sind immergrüne Regenwälder (in den feuchtesten Gebieten, z. B. von Mittelchile), Lorbeerwälder, sommergrüne Regenwälder und Reliktnadelwälder (z. B. die Sequoia-Wälder in Kalifornien und die *Araucaria*-Wälder in Mittelchile) (Abbildung 6.43). Meist sind diese eher dunklen Wälder relativ artenreich. Sie weisen einen

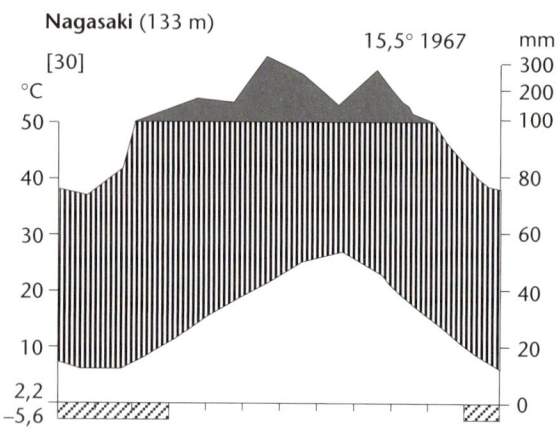

**Abb. 6.42:** Klimadiagramm von Nagasaki (Japan). Nach Walter und Breckle (1999).

**Abb. 6.43:** Verbreitung warmtemperater Gebiete mit immergrünen Lorbeerwäldern. Nach Sitte et al. (2002)

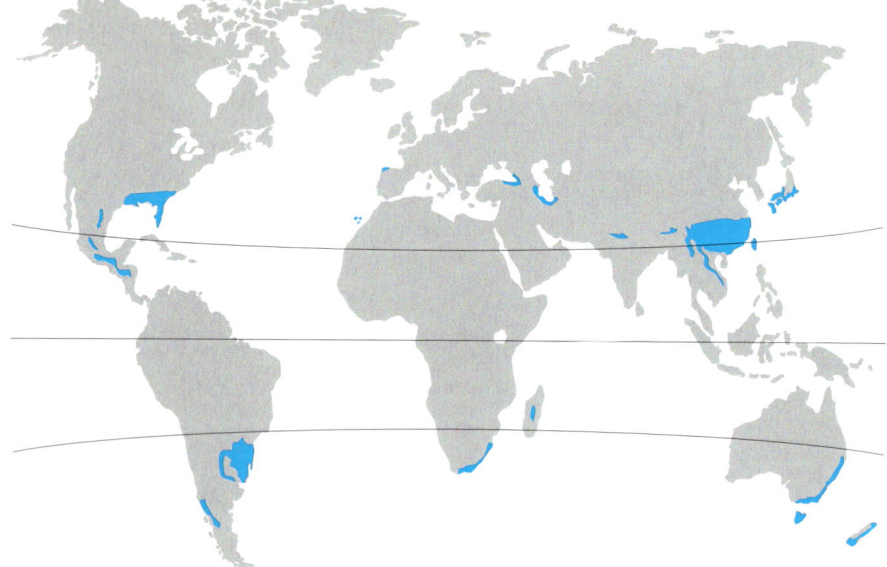

**Abb. 6.44:** Flechtenbehangene Reliktnadelwälder am Vulkan Llaima (Chile) mit dem Nadelbaum *Araucaria araucana*. Die warmtemperaten, regenreichen Gebiete der Erde zeigen eine auffällige Häufung erdgeschichtlich alter Koniferen.

**Abb. 6.45:** Blättersammlung aus den Lorbeerwäldern der Kanarischen Inseln. Auffällig ist die Ähnlichkeit (Konvergenz) von Blattform und Textur auch bei nicht eng verwandten Arten.

gleichmäßigen Aufbau mit einheitlicher Baumschicht von maximal 30 m Höhe auf, Gefäßepiphyten oder Lianen spielen aber im Vergleich zum tropischen Regenwald nur eine geringe Rolle. Moose und Hautfarne sind weit verbreitet. Charakteristisch ist der Lorbeerblatttypus: mäßig groß, ganzrandig, ledrig, immergrün, keine Träufelspitzen (Abbildung 6.45). Weitere Charakteristika sind offene Knospenlage und Laubschütte, Brettwurzeln fehlen. Sommergrüne, d. h. Laub abwerfende Wälder haben häufig immergrüne Sträucher im Unterwuchs, z. B. südwestirische Eichenwälder mit Stechpalme.

Haufige azonale Ökosysteme sind „atlantische" Zwergstrauchheiden, Moore (vor allem Deckenmoore, d. h. reliefunabhängige Regenwassermoore), Fels- und Sand-

**Abb. 6.46:** Moore sind ein typisches Element der warmtemperaten, niederschlagsreichen Gebiete und damit auch Verbreitungsgebiet typischer Moorpflanzen wie Sonnentau (*Drosera* spec.).

küsten (Abbildung 6.46). Temperaturbedingt kommen Mangroven nicht mehr vor. Hochgebirge dieser Lebensräume sind die japanischen Alpen, der Westkaukasus, das Elbrus-Gebirge (Südrussland), die kantabrischen Berge (Spanien), die valdivianischen Regenwälder (Chile) und die neuseeländischen Alpen. Sie alle sind extrem schneereich. In der montanen Stufe findet man sommergrüne Laubwälder oder Reliktwälder mit altertümlichen Koniferen (z. B. *Araucaria-* oder *Fitzroya*-Wälder in Chile, neuseeländische Wälder mit *Podocarpus*, *Dacrydium* und *Phyllocladus*). In der subalpinen Stufe herrschen Gebüsche vor, die Waldgrenze ist aber oft durch Schneedruck herabgesetzt, dann dominieren Riesen-Hochstaudenfluren. Zwergstrauchheiden, alpine krautreiche Rasen oder Tussock-Grasländer (Neuseeland) bilden die alpine Stufe. In den höchsten Lagen kommen artenreiche offene Subnivalfluren (z. B. im Kaukasus) oder artenreiche Polsterpflanzenfluren (z. B. in Neuseeland und Japan) vor.

Die Tierwelt weist wenige Besonderheiten auf. Lediglich Neuseeland verfügt aufgrund seiner isolierten Lage über eine hochendemische Vogelwelt mit vielen flugunfähigen Arten wie Kiwi, Eulenpapagei und Takahe-Ralle; Bemerkenswert waren mehrere Arten Moas, die jedoch inzwischen ausgerottet wurden.

Die Böden sind tiefgründig chemisch verwittert, relativ humusreich, aber insgesamt nährstoffarm. Vorherrschend sind gelbe Waldböden mit Tonverlagerung in tiefere Schichten.

Bei vielen dieser Gebiete handelt es sich um alte Kulturräume (Westeuropa, Kolchis (östliches Schwarzmeergebiet), Mittelchina, Südjapan). Die natürliche Vegetation ist daher stark zurückgedrängt und besteht z. B. in Japan nur noch um heilige Shintu-Schreine. Große Urwaldgebiete findet man noch in Neuseeland, Chile und Nordjapan.

## 6.3.1.6 Kühltemperate Zone der Laub abwerfenden Wälder

Charakteristisch für diese Zone ist ein Klima aus vier Jahreszeiten: Winter mit Schnee und obligaten Frösten bis unter −10 °C, warme, niederschlagsreiche Sommer und relativ lange Übergangsphasen (Frühjahr, Herbst). Der Jahresniederschlag beträgt 500 – 1500 mm, die Vegetationsperiode dauert etwa sechs Monate (Abbildung 6.47). Das Temperaturminimum in dieser Zeit liegt über + 5 °C, häufig tritt ein unbeständiger Witterungsverlauf durch frontengebundene Niederschläge auf. Die Verbreitung dieser Wälder ist in Abbildung 6.48 dargestellt.

Vorherrschend sind relativ artenarme, sommergrüne Laubwälder, die einen deutlichen Aspektwechsel mit Laubfall und Laubaustrieb aufweisen. Die Waldbodenarten (Hemikryptophyten) sterben im Herbst ab, im Frühjahr erschei-

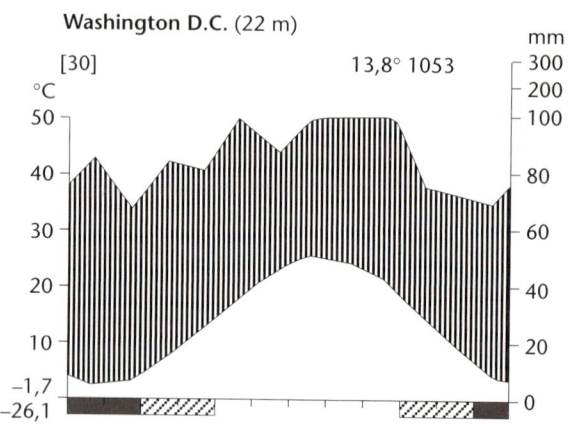

**Abb. 6.47:** Klimadiagramm von Washington D.C. (USA). Nach Walter und Breckle (1999).

**Abb. 6.48:** Verbreitung der kühl-temperaten Zone der laubwerfenden Wälder. Nach Sitte et al. (2002).

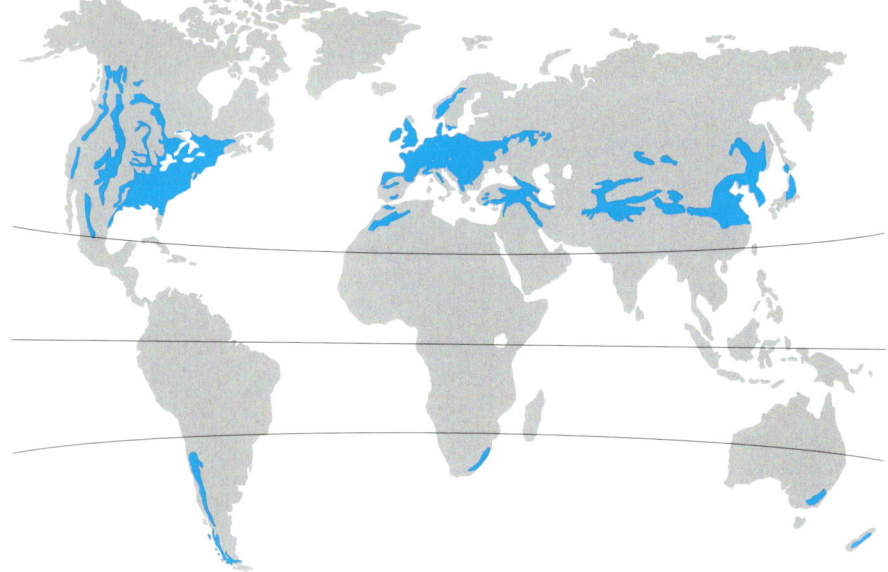

**Abb. 6.49:** Kalte Winter bedingen in diesem Großlebensraum eine Winterruhe. Winter, Sommer und lange Übergangszeiten sind charakteristisch für die Gebiete mit Laub abwerfenden Wäldern; hier der Wienerwald in herbstlicher Laubfärbung.

**Abb. 6.50:** Blättersammlung aus den Laubwälder des Talys-Gebirges am Südrand des Kaspischen Meeres (Aserbeidschan) mit Eichen- und Ahornarten als typische holarktische Laubwaldarten.

nen Ephemere (meist Geophyten) noch vor dem Laubaustrieb (z. B. Schneeglöckchen). Der Laubfall ist primär eine Anpassung an die winterliche Frosttrocknis und führt zu einer Verringerung der transpirierenden Oberfläche. Die sommergrünen Laubblätter weisen oft eine auffällige Randzähnung und Falten als Anpassung an die geschlossene Knospenlage auf. Die Stämme bilden deutliche Jahresringe aus. Die kühltemperaten Wälder wurden durch das pleistozäne Kälteklima stark beeinflusst (erzwungene Migrationen) und sind durch die Nord-Süd-Barrieren der Alpen und des Mittelmeeres begrenzt. Daher ist die europäische Waldgehölzflora wesentlich artenärmer als die Nordamerikas und Ostasiens (Abbildung 6.49 bis 6.51).

Auen, Felsen- und Sandküsten sowie Moore kommen als azonale Ökosysteme vor. Markante Hochgebirge sind die Alpen, Pyrenäen, Karpaten und der Kaukasus. In ihrer montanen Stufe herrschen Mischwälder mit sommergrünen Laub- und immergrünen Nadelbäumen vor, in der subalpinen Stufe Nadelwälder. Zwergstrauchheiden und alpine Rasen sind typisch für die alpine Stufe, offene Kraut- und Polsterfluren für die nivale Stufe. Die Blütenpflanzengrenze liegt oberhalb von 4 000 m.

Bei der Tierwelt handelt es sich im Wesentlichen um eine typische Waldfauna mit charakteristischen Kälteanpassungen. Viele Vogelarten migrieren nach Süden, viele Säuger halten Winterschlaf, wechselwarme Tiere (z. B. Amphibien) fallen in Kältestarre, Wirbellose weisen spezifische Überdauerungsstadien auf.

Die Laubstreu ist leicht zersetzbar und wird rasch abgebaut. Dies führt zu gut ausgebildeten Humusschichten. Die Böden (Rendzinen, Ranker, Braunerden, in Gebirgen Podsole) sind erst nacheiszeitlich entstanden und relativ nährstoffreich.

Die meisten dieser Gebiete wurden erst relativ spät durch den Menschen besiedelt. Grundsätzlich handelt es sich aber um Gunstlagen für eine Besiedlung, weshalb sie heute wie die mediterranen Hartlaubwälder und Lorbeerwaldgebiete Dichtezentren der Bevölkerung sind. Natürliche Ökosysteme wurden stark zurückgedrängt und durch Acker-, Weide- und Gartenkulturen bzw. urbane Zentren ersetzt.

**Abb. 6.51:** Der Laubfall wird einerseits als Anpassung an die Schneelast und Winterkälte, aber auch an die Frosttrocknis des Winters gedeutet.

### 6.3.1.7 Winterkalte Steppen, Halbwüsten und Wüsten (kalt-aride Zone)

Die kalt-aride Zone ist durch kalte Winter mit Frösten unter −10 °C und trockene, heiße Sommer gekennzeichnet (Abbildung 6.52). Ein Teil des Niederschlags (< 400 mm) fällt als Schnee. Das Schneeschmelzwasser ist wesentlich für die Bodendurchfeuchtung und bildet einen wichtigen Wasservorrat im trockenen Frühsommer. Die günstigen Wachstumsbedingungen sind auf nur zwei bis fünf Monate im Frühjahr und Frühsommer reduziert.

Bei Niederschlägen über 250 mm bilden sich Steppen, zwischen 100 und 250 mm Halbwüsten, unter 100 mm Vollwüsten. Die Verbreitung dieser Lebensräume ist in Abbildung 6.53 dargestellt. Die Steppen sind als ausgedehn-

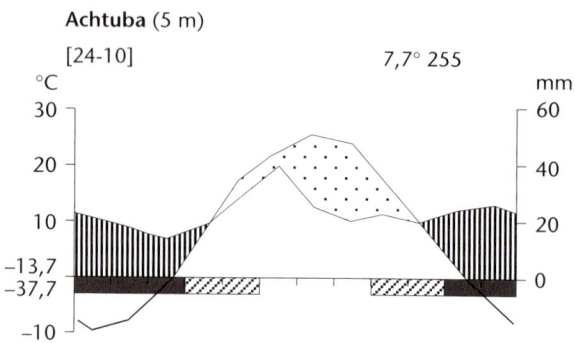

**Abb. 6.52:** Klimadiagramm von Achtuba (Russland). Nach Walter und Breckle (1999).

**Abb. 6.53:** Verbreitung der winterkalten Steppen, Halbwüsten und Wüsten. Nach Sitte et al. (2002).

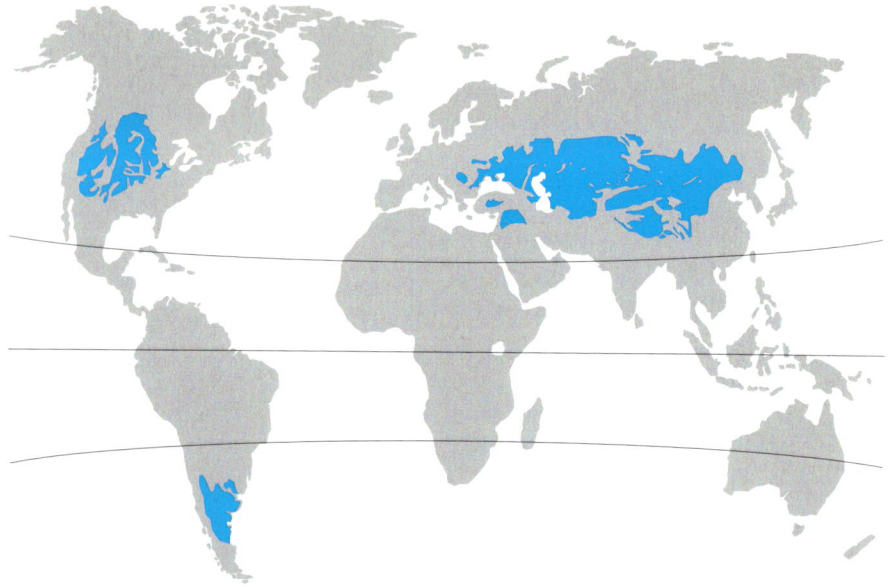

**Abb. 6.54:** Kurzgrasprärie im Westen der USA (Nebraska). Die Kurzgrasprärie ist primär klimatisch durch Trockenheit und sehr kalte Winter bestimmt, der Einfluss großer Wildtierherden (Bisons) war ebenfalls bedeutend.

**Abb. 6.55:** Küchenschelle (*Pulsatilla grandis*), ein typischer Vertreter der Frühjahrsflora eurasischer Steppen. Die Vegetationszeit ist in Steppengebieten auf wenige Monate im Frühjahr und Frühsommer beschränkt.

te, artenreiche Wiesensteppen, Hochgrasprärien oder Kurzgrasprärien (*great plains*) ausgebildet. Eine Entwicklung von Frühlingsblühern über Frühsommerstadien zu trockenem Spätsommeraspekt ist ausgeprägt. Zum Teil ausgedehnte Übergangszonen sind als Waldsteppe ausgebildet, als Halbwüsten (meist malako- oder aphylle Sträucher, Geophyten, Sukkulenz unbedeutend) oder als Vollwüsten mit kontrahierter Vegetation (Abbildung 6.54 bis 6.56).

Galeriewälder um Flüsse, Salzwüsten und Steppenseen mit ausgedehnten Röhrichten und Oasen bilden azonale Ökosysteme. Meeresküsten kommen mit Ausnahme von Patagonien nicht vor. Hochgebirge finden sich in den Rocky Mountains und in Hochasien (Tibet, Pamir, Himalaja-Nordabdachung, Tien Shan, Altai), jedoch nicht auf der Südhalbkugel. Die untere Waldgrenze ist trocken-, die obere kältebedingt. In der montanen Stufe herrschen Bergnadelwälder (Fichten, Tannen, Lärchen, Kiefern) vor, in der alpinen Stufe Krummholz, Hochgebirgssteppen (mit Edelweiß), Hochgebirgshalbwüsten und Hochgebirgsmoore. In der nivalen Stufe sind sehr trockene Kältewüsten mit Zwergsträuchern ausgebildet.

Die Tierwelt ist ursprünglich durch große Bestände an herbivoren Großsäugern (Bisons, Tarpane (Wildpferde), Saiga-Antilopen) gekennzeichnet. Auch Nager sind von großer Bedeutung (Ziesel, Wühlmäuse, Kaninchen).

Die gut zersetzbare Streu wird unter starker Beteiligung der Nagetiere rasch umgesetzt. Teilweise bilden sich mit tiefen Humusauflagen auf äolischen Lößsedimenten Schwarzerden, auf versalzten Stellen Solonetz- und Solonchak-Böden.

Steppen und Prärien sind alte Siedlungsgebiete vor allem von Reiterkulturen. Wegen ihrer hervorragenden Eignung als Ackerböden wurden sie allerdings in jüngster Zeit großflächig umgewandelt und sind heute nur noch in Resten (meist als Schutzgebiete) vorhanden.

**Abb. 6.56:** Halbwüste am Kaspischen Meer mit Schlammvulkanen; für kalt-aride Gebiete ist das Fehlen von Sukkulenten typisch.

## 6.3.1.8 Winterkalte Nadelwaldgebiete oder Taiga (boreale Zone)

Die boreale Zone ist durch kalte, lange Winter von sechs bis sieben Monaten und Frösten unter −20 °C gekennzeichnet. Die Sommer sind kühl, die Monatsmittel liegen durchweg unter 18 °C und nur ein bis drei Monate über 10 °C (Abbildung 6.57). Der Jahresniederschlag ist mit unter 500 mm relativ gering und ein großer Teil des Niederschlags fällt als Schnee. Durch die Kälte ist der Niederschlag aber größer als die potenzielle Evapotranspiration. Im Sommer herrschen Langtagbedingungen (Mittsommernacht), im Winter lange Polarnächte. Abbildung 6.58 zeigt die Verbreitung dieser Gebiete.

Nadelwälder (Taiga) mit einer einfachen Baumschicht aus Fichten, Tannen, Lärchen und Kiefern dominieren. Die Wälder weisen einen moos-, chamaephyten- und he-

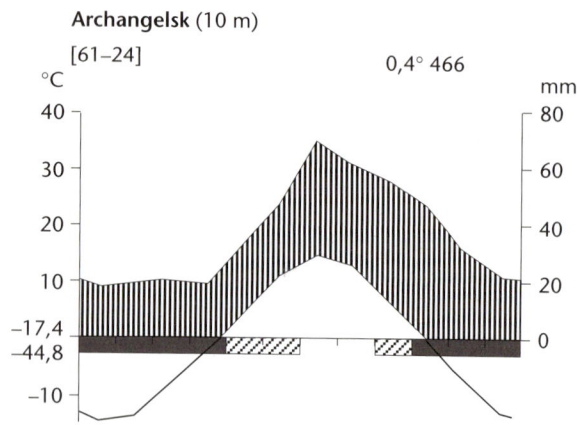

**Abb. 6.57:** Klimadiagramm von Archangelsk (Russland). Nach Walter und Breckle (1999).

**Abb. 6.58:** Verbreitung winterkalter Nadelwaldgebiete. Nach Sitte et al. (2002).

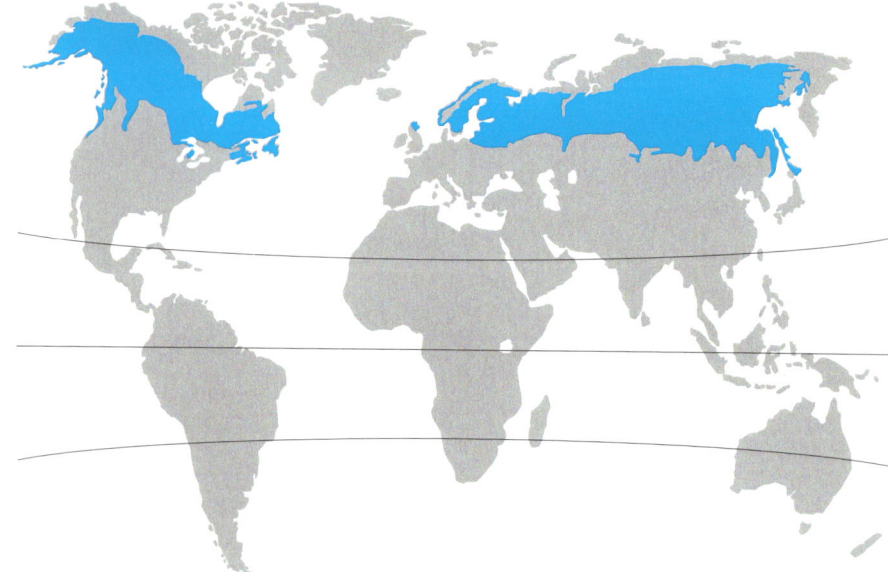

**Abb. 6.59:** Riesige Gebiete der Nordhalbkugel sind mit Nadelwäldern, der Taiga bedeckt; Waldgebiet im Gebiet von Oulanka, Finnland.

subalpinen Stufe herrschen Bergnadelwälder vor, in der alpinen Stufe alpine Rasen und vegetationslose, steinige Kältewüsten (Golzy). Die Blütenpflanzengrenze liegt unter 3000 m.

Die Tierwelt ist durch große Säugetiere gekennzeichnet (Elche, Hirsche, Bären, Biber, Wölfe, Füchse, Schneehasen), viele kommen jedoch nur in geringer Dichte vor. Zu den Anpassungen der Tiere gehören jahresperiodische Wanderungen bei Vögeln, Winterschlaf bei Säugetieren (Erdhörnchen, Murmeltiere) bzw. ein Leben unter der isolierenden Schneedecke (Mäuse, Spitzmäuse) (Abschnitt 2.2.2.2).

Die Böden sind stark sauer, die Bodenfauna ist artenarm und die Bodenstreu schlecht zersetzbar. Die Zersetzung dauert oft mehr als 50 Jahre, sodass sich mächtige Schichten von Auflagehumus (Podsole) bzw. Torf in Stauwasserbereichen bilden. Die Böden sind im Winter gefroren, aber auch ganzjährig gefrorene Böden (Permafrostböden) sind weit verbreitet. Wald kann allerdings auch auf Permafrostböden wachsen.

**Abb. 6.60:** Typischer Taigawald mit dominanter Kiefer; im Unterwuchs sind Zwergsträucher, Moose oder Flechten von großer Bedeutung. In trockenen Jahren kann es zu ausgedehnten Waldbränden kommen (siehe schwarze Stammbasen).

mikryptophytenreichen Unterwuchs vor allem mit Geophyten auf, Einjährige fehlen fast völlig. Eine helle Taiga in den kontinentalsten Bereichen (mit Lärche) wird von einer dunklen oder finsteren Taiga mit immergrünen Nadelhölzern unterschieden (Abbildung 6.59 bis 6.61). Floristisch sind sie jeweils sehr einheitlich. Boreale Laubhölzer sind Pioniere in Windwurf- und Brandflächen. Feuer ist als ökologischer Faktor in kontinentalen Gebieten von Zentralalaska und Sibirien sehr bedeutend.

Azonale Ökosysteme umfassen Moore von immenser Ausdehnung (z. B. in Westsibirien). Hierzu zählen auch Palsamoore mit Torfaufwölbungen und Eiskern. Waldbrände über Permafrost führen zu Thermokarst, d. h., die Hitze taut den Boden auf und die Sonneneinstrahlung vergrößert diese Stellen, sodass unter anderem so genannte Alasse, kilometerweite sumpfige Senken, entstehen. Neben den Mooren sind Auen, Überschwemmungswiesen, Flussterrassen sowie Fels- und Sandküsten bedeutend.

Hochgebirge der borealen Zone sind der Ural, die Skanden (Nordeuropa), das ostsibirische Hochland sowie die nördlichen Rocky Mountains. In der montanen und

**Abb. 6.61:** Ein Grund, dass unter den sehr kalten und nährstoffarmen Bedingungen des Taigalebensraumes relativ produktive Wälder existieren können, liegt in der effizienten Symbiose der Baumwurzeln mit Pilzen (Mykorrhiza).

## 6.3.1.9 Tundren und polare Wüsten (polare und subpolare Zone)

Polartundren und Polarwüsten sind durch kalte, lange Winter von mehr als neun Monaten Dauer mit extremen Frösten (unter –30 °C) und einer Vegetationszeit von nur ein bis drei Monaten mit Mitteltemperaturen von über + 5 °C gekennzeichnet (Abbildung 6.62). Der Niederschlag ist insgesamt gering (unter 250 mm) und fällt vorwiegend als Schnee. Durch die geringe Verdunstung ist das Klima jedoch humid. Starke Vergletscherung und periglaziale Geländeformen sind bedeutend. Abbildung 6.63 zeigt die Verbreitung dieser polaren Gebiete.

Diese Lebensräume weisen ein waldfeindliches Klima auf. Von Süden nach Norden geht eine oft sehr ausgedehnte Waldtundra (Abbildung 6.64) in eine Zwergstrauchtundra (Abbildung 6.65), eine Grastundra (Trocken-, Feucht-, Nasstundra) und schließlich in eine polare

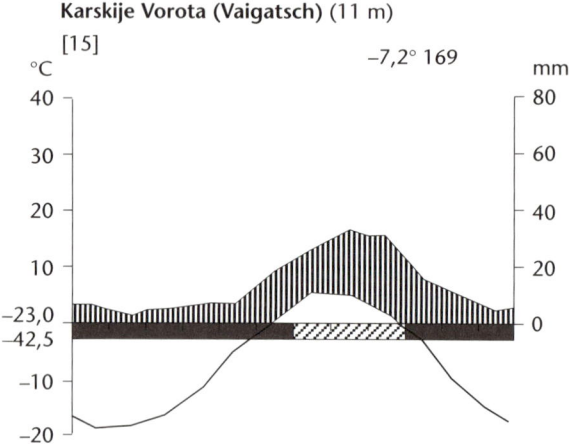

**Karskije Vorota (Vaigatsch)** (11 m)

[15]    –7,2° 169

**Abb. 6.62:** Klimadiagramm von Karskije Vorota, Insel Vaigatsch (Russland). Nach Walter und Breckle (1999).

**Abb. 6.63:** Verbreitung der Tundren und polaren Wüsten. Nach Sitte et al. (2002).

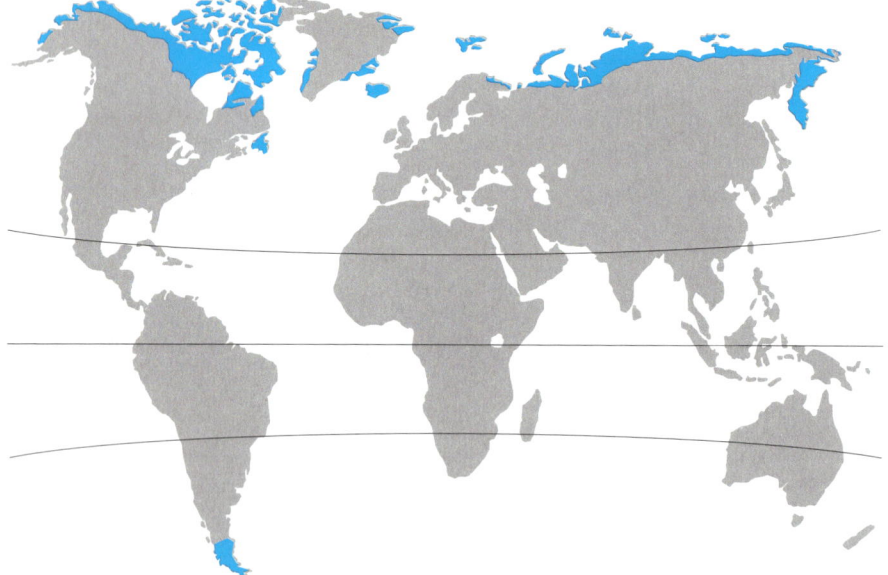

**Abb. 6.64:** Die Waldtundra bildet einen mehrere hundert Kilometer breiten Übergangsbereich von der Taiga zur Tundra. In den atlantischen Randgebieten wie dem Norden Skandinaviens bilden Birken (*Betula tortuosa*) die letzten Waldinseln. Der arktische Herbst ist hier an Farbenpracht kaum zu überbieten.

**Abb. 6.65:** Zwergstrauch-tundra mit reichlichem Flechtenunterwuchs; die Flechten bilden die Winter-nahrung für die Rentiere. Blick auf die Bergtundra im Dovre Fjell (Norwegen).

Kältewüste (Abbildung 6.66) über. Die Flora ist relativ ar-tenarm und im Bereich der Nordhemisphäre sehr einheit-lich. Auf der Südhemisphäre kommen endemische Insel-floren und Tussockgrasländer mit großen Horsten vor.

In diese Tundrengebiete sind Palsamoore (Abschnitt 6.3.1.8), Pingos ( = große, kegelförmige Frosthügel mit Eis-kern), polare Oasen, Schwemmländer im Bereich von Flüssen, Felsen- und Sandküsten, Marschen, Kryokonit ( = organisches Getreibsel auf Eis) und Sukzessionsflächen bei Gletscherrückgang azonal eingestreut. Die Hochgebir-ge weisen eine unscharfe Zonierung auf, da von der Tun-dra aus beginnend eine alpine Kältewüste dominiert. Die Blütenpflanzengrenze liegt unter 1 000 m. Bis in die extre-men Gebirgszonen der Antarktis kommen Flechten vor, die nicht auf sondern unter der Oberfläche in Gesteinen wachsen (Endolithen).

Die Tierwelt ist durch hohe Dichten an Säugetieren (Rentieren, Moschusochsen, Lemmingen) und Vögeln (Watvögeln, Gänsen, Enten) und durch einen großen Ar-tenreichtum gekennzeichnet. An den Küsten leben Rob-ben, Walrosse, Eisbären, Tölpel, Alke usw. Zu ihren An-passungen gehören Vogelzug, Wanderungen, Haar- und Federwechsel zu hellen oder weißen Farben (teils auch ganzjährig).

Durch Kälte und Staunässe in den aufgetauten Per-mafrostböden ist die Zersetzungsrate sehr gering, sodass sich hohe Humusauflagen und Torfbildungen ergeben. Besonders auffällig sind Frostmusterböden (Polygonbö-den), die durch Sortierung im Zuge der Auf- und Abtau-prozesse entstehen (wabenartige Muster). An Hängen kommt es zu Bodenfließen (Solifluktion).

**Abb. 6.66:** Nördlich der Tundra setzt die polare Wüste an; offene Kraut- und Polsterfluren sind hier charakteristisch. Im Bild ein typischer Vertreter (*Saxifraga flagellaris*) aus der Kältewüste von Franz-Josefs-Land (Russland) (Foto Harald Pauli).

## 6.3.2 Limnische Lebensräume

Die Gewässer des Festlandes, die Fließgewässer und Seen, sind mit dem jeweiligen Klima und den umgebenden terrestrischen Lebensräumen verbunden. Eine strenge Parallelisierung mit den Landlebensräumen, etwa im Sinne eines „Zonobiom-6-Gewässers" oder eines „typischen Savannengewässers", ist allerdings nicht möglich. Die Lebensgemeinschaften im Wasser sind von dessen physikalischen und chemischen Eigenschaften abhängig, und diese bestimmen primär die Lebensbedingungen. Oft steht ein Faktor im Vordergrund, der von den Lebewesen eine bestimmte Spezialisierung verlangt (z. B. Nährstoffmangel, Sauerstoffmangel, Strömung, Eisbildung, hoher Salzgehalt etc.).

Verglichen mit den Landlebensräumen werden die Lebensbedingungen im Wasser wesentlich durch dessen höhere Dichte und Viskosität geprägt, in Flüssen kommt die Strömung hinzu. Entsprechend eng sind die Anpassungen und der Grad an Konvergenz ist sehr hoch. So unterscheidet die Limnologie, aber auch die Meeresbiologie, im Wesentlichen nur zwischen zwei Lebensformen des freien Wassers, dem **Plankton** und dem **Nekton**. Planktonorganismen schweben im freien Wasserkörper (**Pelagial**) und nutzen den Auftrieb, wohingegen sich Nektonorganismen aktiv und im Verhältnis zur Körpergröße über große Distanzen bewegen (im Süßwasser sind dies überwiegend Fische). Der Gewässergrund, das **Benthal**, wird von vielen sedentären, d.h. festsitzenden Organismen besiedelt (**Benthos**). Die vagilen Räuber und Weidegänger bewegen sich aufgrund des hohen Widerstands langsam. Vertreter aller dieser Lebensformen finden sich auch in der Makrophytenzone (Schilf, Laichkraut- (*Potamogeton*) und Armleuchteralgenwiesen (*Chara*)) des **Litorals**. Die tieferen Bereiche werden als **Profundal** bezeichnet und durch eine Sprungschicht (Abschnitt 6.3.2.2) bzw. die Verfügbarkeit von Licht (photische und aphotische Zone) weiter untergliedert (Abbildung 6.67).

In den Flüssen und Bächen verlangt die Strömung Anpassungen in Form stromlinienartiger Körper bzw. Haftorgane für die Organismen des Gewässergrundes. Planktonorganismen fehlen in rasch strömenden Fließgewässern. Unabhängig von floristischen und faunistischen Unterschieden sind daher die Lebensformen des freien Wassers, aber auch des Gewässergrundes, in Größe und Form sehr ähnlich und die entsprechenden Lebensgemeinschaften praktisch auf der ganzen Welt aus gleichen Lebensformen aufgebaut (**Konvergenz**).

Oft bestimmen allochthone Komponenten die Ausbildung der Gewässer. Flüsse, die weitab ihr Quellgebiet haben (Fremdlingsflüsse), bestimmen den Wasserstand, die Nährstoff- bzw. die Salzzufuhr sowie die Sedimentationsprozesse in einem See. Sie durchfließen oft zwei oder mehrere Biome, ja sogar ganze Zonobiome. Die internen Verhältnisse im Wasser bestimmen dabei die Lebensgemeinschaften entscheidender als die Umgebung.

Die Gewässer-Umland-Beziehung ist allerdings von der Größe des Gewässers abhängig. Bei vielen Fließgewässern (wichtige Ausnahmen sind Wadis und Steppenflüsse) spielt nach dem **Flusskontinuumkonzept** (*river continuum concept*, Vannote et al. 1980, Abbildung 6.68) der Eintrag organischer Substanz durch Blätter, Holz etc. in Quellbäche (Fließgewässer 1. und 2. Ordnung) eine große Rolle. Hier leben vor allem Detritophagengemeinschaften. Erst wenn der Bach breiter wird, die Ufer zurücktreten und Licht bis zum Gewässergrund durchdringt (Fließgewässer 3. bis 5. Ordnung), bilden sich Algenüberzüge und eine autochthone Primärproduktion aus. Weidegänger dominieren diesen Bereich. Der Fluss wird mit zunehmender Breite durch die vermehrte Sedimentfracht und Tiefe dunkler (Fließgewässer 6. und höherer Ordnung), die Primärproduktion nimmt ab. Tiere, die hier leben, filtern vorwiegend feinpartikuläres Material aus dem Wasser.

Die **Flussordnungszahl** wird wie folgt bestimmt: Fließgewässer 1. Ordnung = Quellgerinne, 2. Ordnung = Bach nach Vereinigung von zwei Quellgerinnen, 3. Ordnung = Bach nach Vereinigung von zwei Bächen 2. Ordnung. Achtung: Bei Vereinigung eines Baches 2. Ordnung mit einem 1. Ordnung bleibt es bei einem Bach 2. Ordnung. Gewässer 4. Ordnung entstehen nach Vereinigung von solchen 3. Ordnung usw. Ab Flussordnungszahl 4 spricht man von kleinen, ab Flussordnungszahl 7 von großen Flüssen. Die Donau hat bei Wien die Flussordnungszahl 9, an der Mündung 10. Mit den Flussordnungszahlen sind weitere Charakteristika verknüpft wie Wasserführung, Größe des Einzugsgebiets etc.

Bei Seen ist die Gewässer-Umland-Beziehung allein schon dadurch auffällig, dass jeder See vor allem durch die von Flüssen zugeführten Sedimente über kurz oder lang verlandet. Flüsse führen dem See Nährstoffe zu, was zur Eutrophierung führen kann. Der Gehalt an Mineralsalzen bestimmt die Dichteverhältnisse im See. Damit verbunden sind die Durchmischungsverhältnisse. Die **Durchmischung** von Seen führt zu einem Ausgleich der Dichteverhältnisse, es wird vor allem der Sauerstoffgehalt in der Tiefe verbessert, und Nährstoffungleichverteilungen werden abgebaut (Abschnitt 6.3.2.2).

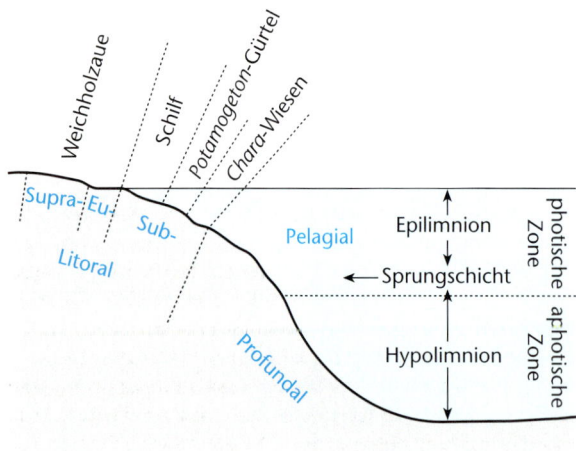

**Abb. 6.67:** Lebensraumgliederung eines Süßwassersees.

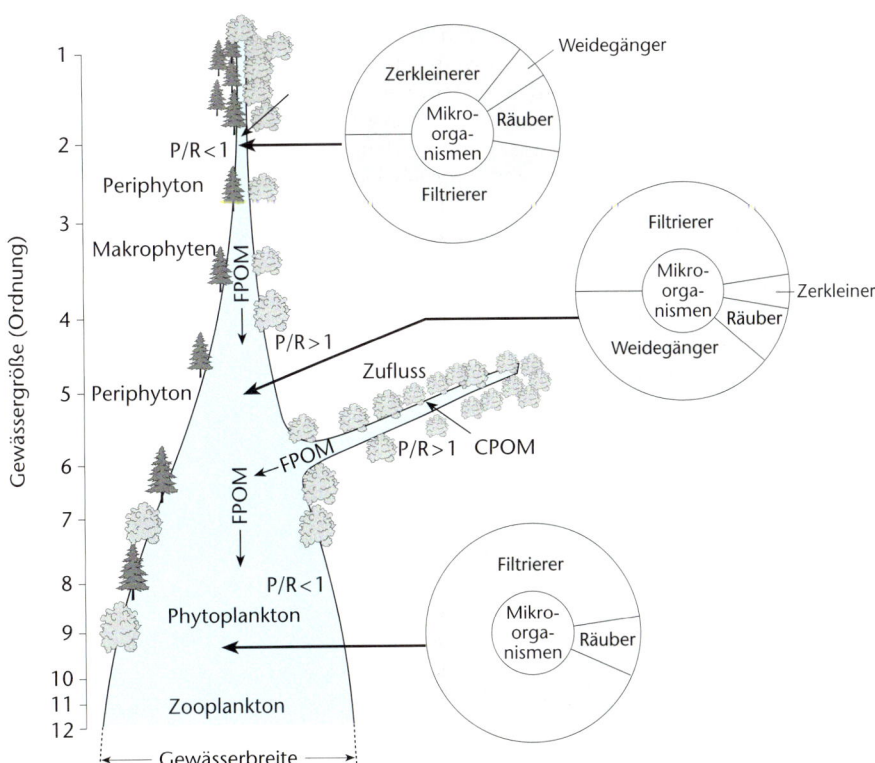

**Abb. 6.68:** Flusskontinu-umkonzept. FPOM Fein-partikuläres organisches Material, CPOM Grob-partikuläres organisches Material, P Photosynthe-tische Produktion, R Atmungsverluste. Mit Periphyton sind Uferpflan-zen, mit Makrophyten gro-ße Sprosspflanzen, Moose und große Algen bezeich-net. Nach Schwörbel (1999).

## 6.3.2.1 Fließgewässer

Im weltweiten Überblick kann zwischen zwei Grundtypen unterschieden werden (Illies 1961): den **Rhithralflüssen** und den **Potamalflüssen** (Abbildung 6.69). Die Lebensgemeinschaft des Rhithrals (Lebensraum) wird als Rhithron bezeichnet; die Lebensgemeinschaft des Potamons (Lebensraum) als Potamal. Größere Flusssysteme entsprechen im Oberlauf einem Rhithralfluss, im Unterlauf einem Potamalfluss, wobei der Rhithralbereich weit ins Tiefland hineinreicht und nicht schlagartig am Gebirgsrand endet. Potamalflüsse fehlen in den kalttemperaten und polaren Zonen der Erde.

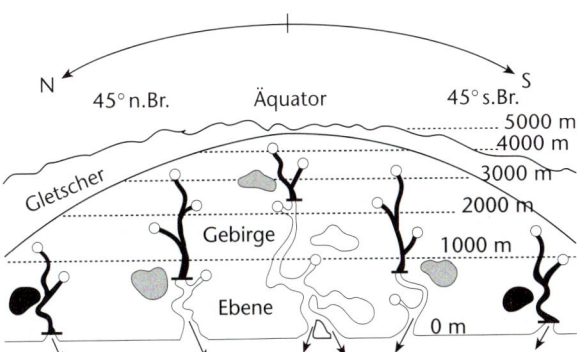

**Abb. 6.69:** Verteilung von Rhitral (schwarz) und Potamal (weiß) auf der Erde längs eines hypothetischen Meridians. Warme Seen weiß, temperate Seen grau, kalte Seen schwarz. Nach Schwörbel (1999).

Das **Rhithral** zeichnet sich durch hohe Fließgeschwindigkeit, niedrige Temperaturen, geringe Temperaturschwankungen und hohen Sauerstoffgehalt aus. Die Abflussschwankungen stehen in enger Beziehung zum Niederschlagsregime und der Niederschlagsmenge im Einzugsgebiet (z. B. Frühsommerhochwasser schneereicher Hochgebirge, Frühlingshochwasser schneereicher Mittelgebirge, Monsunhochwasser). Das **Rhitron** besteht aus hochangepassten strömungstoleranten Lebensgemeinschaften und Lebensformen. Dies trifft vor allem für die Benthosfauna, die Lebewelt am Gewässerboden, zu. Abgeflachte Körper, Haft- und Saugapparate sind für Benthosgemeinschaften im Rhitron allgemein bezeichnend. Sie kommen in verschiedenen Tiergruppen vor, z. B. bei Steinfliegen (Plecoptera), Eintagsfliegen (Ephemeroptera), Zuckmücken (Chironomidae), Flohkrebsen (Amphipoda), und gelten als eindrucksvolles Beispiel für Konvergenz. Der sandig-schotterige Gewässerboden bietet mit seinem Lückensystem (**hyporheisches Interstitial**) zahlreichen strömungsintoleranten Arten Lebensraum. Das Wasser im hyporheischen Interstitial bleibt in der Regel von Eisbildung verschont, bildet somit für viele Tiere einen Rückzugslebensraum. Unter den Fischen sind Winterlaicher bezeichnend (z. B. Saiblinge und Bachforellen).

Im **Potamal** fluktuieren die Wassertemperaturen stärker und werden von Lufttemperatur und der direkten Sonneneinstrahlung mitbestimmt. Der Sauerstoffgehalt variiert ebenfalls stärker, bleibt aber allgemein bei eher geringeren Konzentrationen. Die Strömung ist gering, speziell nahe dem Gewässergrund. Das **Potamon** besteht vor allem aus eurythermen Arten, die auch mit geringen Sauerstoffmengen leben können. Es sind oft dieselben, die auch in stehenden Gewässern gefunden werden. Unter den Fischen dominieren Sommerlaicher.

### 6.3.2.2 Seen

Bei den Seen spielt als ökologisches Klassifizierungskriterium die jahreszeitlich abhängige Durchmischung des Wasserkörpers, die durch unterschiedliche Temperaturschichtung zustande kommt, eine wesentliche Rolle. Manche Seen der Polargebiete sind durchgehend kalt, d. h. das Wasser durchmischt sich nicht (**amiktisch**), andere sind in der Tiefe nicht so kalt wie an der Oberfläche. Im kurzen Sommer wärmt sich das Wasser an der Oberfläche aber regelmäßig (z. T. sogar noch unter Eis) beachtlich auf, bleibt aber in den übrigen Jahreszeiten insgesamt sehr kalt und ist im Winter eisbedeckt. Durch diese Oberflächenerwärmung im Sommer wird der Wasserkörper im Zuge des thermischen Ausgleichs einmal im Jahr vollständig durchmischt. Man nennt solche Seen **kalt-monomiktisch** (Abbildung 6.69).

Die Seen der Tropen und Subtropen frieren niemals zu. Während des ganzen Jahres bleiben die tiefen Wasserschichten kühler als das Oberflächenwasser. Diese Temperaturschichtung ist vor allem für große, tiefe Seen typisch. In kleineren, tropischen Hochgebirgsseen bedingt der tägliche Temperaturwechsel zwischen Tag und Nacht eine ständige Durchmischung des Wasserkörpers (**polymiktische** Seen). In tropisch-subtropischen Regenzeitengebieten mischt sich das Wasser durch die Dichteunterschiede, die durch den Niederschlags- bzw. Temperaturwechsel bedingt sind, einmal im Jahr. Sie sind wie die Kaltseen des Nordens und mancher Hochgebirge **monomiktisch**. Monomiktisch sind auch die Seen der mediterranen und warmtemperaten Lebensräume, die sich im kühlen Winter durchmischen. Die Seen kühltemperater Lebensräume wechseln hingegen im Herbst vom warmen zum kalten See und im Frühjahr zurück. Im Sommer und Winter ist eine **Sprungschicht** der Temperatur (Thermokline) ausgebildet, im Herbst und Frühjahr wird diese Schichtung abgebaut. Es kommt also zweimal im Laufe des Jahres zur vollständigen Durchmischung des Wasserkörpers (**bimiktische** Seen) (Abbildung 6.70).

In **meromiktischen** Seen findet keine Umwälzung statt, weil das Tiefenwasser schwerer ist als das Oberflächenwasser. Dies kann durch Überschichtung von Salzwasser mit Süßwasser geschehen. Berühmtes Beispiel: Das Schwarze Meer war bis in die Späteiszeit ein Süßwassersee und wurde erst danach von Mittelmeerwasser geflutet. Durch die fehlende Durchmischung des Tiefenwassers ist das Schwarze Meer heute in der Tiefe anaerob (Abschnitt 5.2.2.5). Die aerobe, durchmischte Schicht reicht nur bis 100–150 m Tiefe. Meromiktisch sind auch Seen, die im Vergleich zur Oberfläche sehr tief sind und in denen die Windwirkung nicht ausreicht, den See zu durchmischen, z. B. viele Karstseen und einige Seen Ostafrikas (Tanganjikasee, Malawisee).

Neben diesen klimabedingten und damit an bestimmte Ökozonen gebundenen Seentypen sind noch jene zu nennen, die sich vor allem durch den Wasserchemismus unterscheiden (etwa analog zu den Pedobiomen des terrestrischen Bereichs): **Salzseen** (Kochsalz-, Soda-, Natronseen) findet man, bedingt durch hohe Verdunstung, in ariden Lebensräumen. Die Mineralsalze werden entweder durch die zuführenden, mit großer Sedimentfracht beladenen Gewässer eingetragen oder stammen aus Salzlagerstätten im Seegrund. Die Verbreitung von **Braunwas-**

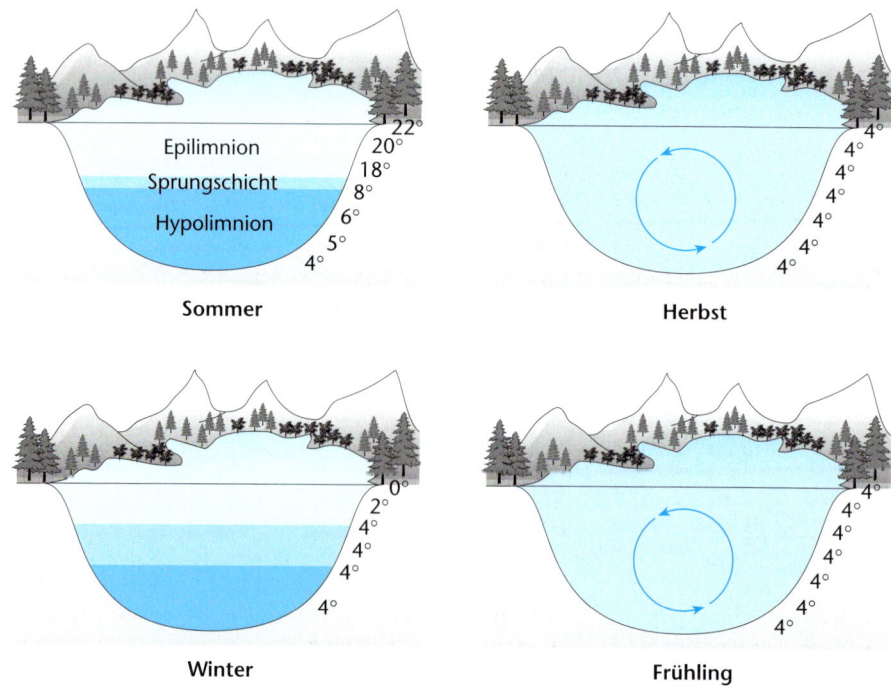

**Abb. 6.70:** Vollzirkulation des Wasserkörpers in einem bimiktischen See.

Epilimnion

Sprungschicht

Hypolimnion

22°
20°
18°
8°
6°
5°
4°

**Sommer**

4°
4°
4°
4°
4°

**Herbst**

2°
4°
4°
4°

**Winter**

0°
4°
4°
4°
4°
4°

**Frühling**

**serseen** ist hingegen auf humide Lebensräume mit Moorbildung beschränkt (immerfeuchte Tropen, temperate, sehr niederschlagsreiche Gebiete, boreales Zonobiom). Das Wasser dieser Seen ist sehr nährstoffarm, durch eingeschwemmten Humus und Detritus sauer und reich an gelösten Huminstoffen. Die Phytoplanktonproduktion ist gering, die Artengarnitur sehr spezifisch (Zieralgen, Desmidiaceae). Humus und Detritus dienen einem artenreichen Zooplankton als Nahrung.

Die anderen, vom Wasserchemismus her definierten Seentypen sind hingegen weit verbreitet. Nährstoffreiche Seen (**eutrophe Seen**) mit meist flachem Becken und breiter Uferbank, reichlichem Phyto- und Zooplankton und gut ausgebildeter Ufervegetation trifft man genauso weltweit an wie nährstoffarme Seen (**oligotrophe Seen**) mit tiefem Becken und schmaler Uferbank, geringer Planktonentwicklung und damit klarem Wasser. Mit gewissen Einschränkungen ist eine weitere höhenzonale bzw. latitudinale Differenzierung möglich mit oligotrophen Seen in höheren Lagen, an Gebirgsrandlagen (oft junge, erst nach der Vereisung entstandene Seen) und in der Arktis.

All diese klimazonalen oder vom Wasserchemismus her definierten Seentypen unterscheiden sich hinsichtlich prinzipieller Lebensformen (Plankton- und Nektonorganismen) praktisch nicht. Diese Konvergenz wird durch den alles dominierenden Faktor Wasserdichte bzw. durch die hohe Viskosität des Wassers bestimmt. In Landökosystemen ist die Lebensformenvielfalt wesentlich größer. Differenziert man die Lebewelt der Gewässer allerdings nach ökofunktionalen Typen und bezieht ökophysiologische bzw. anatomisch-funktionelle Kriterien mit ein, ist auch die Vielfalt der Gewässerlebensgemeinschaften beachtlich.

Der geringen Lebensformenvielfalt steht eine hohe Artendiversität gegenüber. Seen haben Inselcharakter, lange Isolation führte bzw. führt zur Ausbildung vieler endemischer Arten. Beispiele dafür sind der Ohridsee (Mazedonien), der Baikalsee (mit endemischen Süßwasserrobben) und die großen ostafrikanischen Seen (Victoriasee, Tanganjika-

see, Nyasasee). Eigene Formen haben sich aber auch bereits in jungen Seen entwickelt, wie die verschiedenen, zu den Forellenartigen zählenden Felchen (*Coregonus* sp.) in den Alpenrandseen, welche erst nacheiszeitlich entstanden sind.

## 6.3.3 Großlebensräume des Meeres

Zweifellos sind die Lebensbedingungen in den Tropenmeeren nicht dieselben wie in den Polarmeeren. Eine einfache zonale Gliederung wie für die Landlebensräume verbietet sich für die Meere aber genauso wie für die Flüsse und Seen des Festlandes. Zwischen den Teillebensräumen des Meeres, den Küsten, dem Schelf und der Tiefsee bestehen größere Unterschiede als zwischen den Meeren der verschiedenen Weltteile (Ott 1996). Wie im Süßwasser ist zwischen **Pelagial**, dem Lebensraum des freien Wassers, und dem **Benthal**, dem Lebensraum am Gewässerboden zu unterscheiden (Abbildung 6.71). Pelagial- und Benthalgemeinschaften der Seen und des Meeres sind sich in ihrer Lebensformenstruktur ähnlich. Dem Salzgehalt des Meeres begegnen die Meeresorganismen mit physiologischen Anpassungen und nicht mit morphologisch-strukturellen. Dichte und Viskosität des Wassers sind daher auch für die Mobilität der Meeresbewohner entscheidende Faktoren.

Sucht man nach generellen ökologischen Unterschieden zwischen Süßwasser- und Meereslebensräumen, so sind es vor allem die gewaltigen Dimensionen bezüglich Tiefe und Fläche, die die Meere auszeichnen. Die riesige Ausdehnung der **aphotischen Zone** im Meer mit reinen Konsumentengemeinschaften (ausgenommen heiße Gasaustritte, *black smokers*) setzt das Meer von allen, auch von den größten Süßwasserseen ab. Die Lebewelt der Tiefsee mit ihren noch kaum bekannten, bizarren Formen hat im Süßwasser keine Parallele. Aus der **euphotischen Zone** sind die Korallenriffe, Koralleninseln und die gewaltigen Tangwälder an manchen Küsten als einzigartig zu bezeichnen. Aber auch hinsichtlich der taxonomischen Vielfalt lassen sich bedeutende Unterschiede finden. Die Diversität der Meeresfauna ist vor allem auf höherem taxonomischem Niveau sehr groß. Von 27 Tierstämmen kommen 14 nur im Meer und nicht im Süßwasser vor: Placozoa, Mesozoa, Ctenophora (Rippenquallen), Gnathostomulida

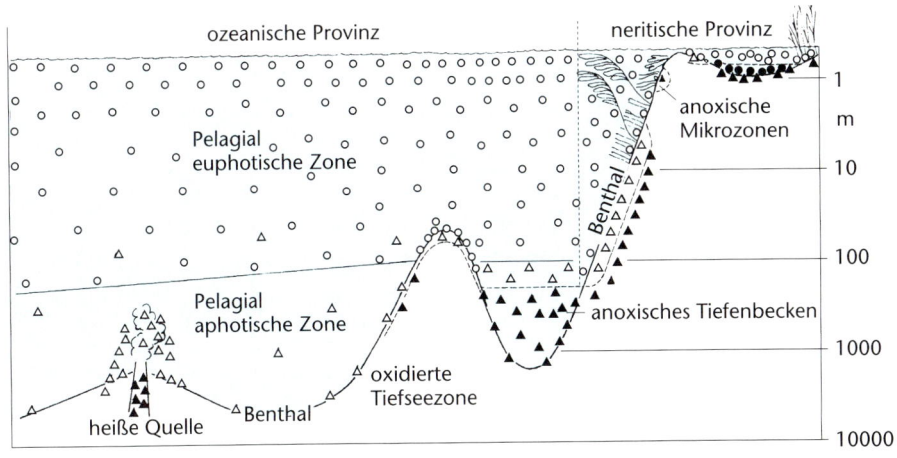

Abb. 6.71: Gliederung des Meeres und Verteilung der wichtigsten Produzententypen. Nach Ott (1996).

(Kiefermäulchen), Nemertini (Schnurwürmer), Kamptozoa (Kelch-würmer), Loricifera, Priapulida (Priapswürmer), Sipuncula (Spritz-würmer), Echiura (Igelwürmer), Chaetognatha (Pfeilwürmer), Pogonophora (Bartwürmer) (Abbildung 6.19), Echinodermata (Sta-chelhäuter) und Hemichordata. Hingegen sind im Süßwasser die In-sekten prominent vertreten, nicht aber im Meer (wenige Ausnahmen an Küsten und auf der Wasseroberfläche). Blütenpflanzen, Großpilze, Flechten und Moose sind auf das Land beschränkt und spielen weder im Meer noch in Seen eine bedeutende Rolle (ausgenommen Seegras-wiesen z. B. mit *Posidonia*). Säuger sind in Form der Wale und Robben als Endglieder der Nahrungskette bedeutend, ihre Vielfalt ist aber im Meer bzw. in Seen gering. Ebenso sind die vielen Seevögel (Pinguine, Alke etc.) keine ursprünglichen Meerestiere.

### 6.3.3.1 Teillebensräume des Meeres

Das **Pelagial des Meeres** (Abbildung 6.71), dessen Hauptbewohner wie im Süßwasser kleine Plankton- und große (im Meer auch sehr große) Nektonorganismen sind, kann in zwei unterschiedliche Provinzen geteilt werden: jene des Schelfbereichs (neritische Provinz), in der das Licht bis zum Meeresgrund dringt, und jene des offenen Ozeans über dem Kontinentalabhang und den Tiefsee-böden (ozeanische Provinz). Die ozeanische Provinz be-sitzt eine durchschnittliche Tiefe von 4000 m, reicht aber in den Tiefseegräben noch bis in Tiefen unter 10 000 m hi-nab. Mit der Tiefe nehmen die Komplexität und Vielfalt der Lebensgemeinschaften ab, aber noch die größten Tie-fen sind belebt.

Die **neritische Provinz** (Abbildung 6.71) wird besonders in der tem-peraten Zone durch Zirkulation bis zum Grund erfasst. Es kommt zur Durchmischung des Wassers mit Sauerstoff und Nährstoffen. Licht, ebenfalls bis zum Grund reichend, ermöglicht photosynthetische Pro-duktion. Durch den engen Kontakt zum Festland beeinflusst dieses die neritische Zone noch wesentlich, besonders im Mündungsbereich großer Flüsse. Spezielle Anpassungen der neritischen Organismen-welt haben daher auch mit diesen Einflüssen zu tun. Wechselnde Was-

sertemperaturen und schwankender Salzgehalt bedingen die Domi-nanz eurythermer bzw. euryhaliner Organismen. Ruhestadien zur Überdauerung ungünstiger Bedingungen sind häufig. Manche Kiesel-algen können sowohl benthisch als auch pelagisch leben. Insgesamt ist die Artenvielfalt des Planktons hoch.

Die **ozeanische Provinz** (Abbildung 6.71) ist vor allem dadurch ge-kennzeichnet, dass ein Großteil außerhalb des photosynthetisch akti-ven Bereichs liegt. Als Primärproduzenten leben in dieser aphotischen Zone zwangsläufig nur aerobe oder anaerobe chemoautotrophe Or-ganismen (Kasten 5.1), deren Produktion aber nur im Bereich heißer Gasaustritte bedeutend ist. Die Ausgangsnahrung der meisten Orga-nismen des ozeanischen Planktons besteht aus feinpartikulärem bzw. gelöstem organischen Material, das aus der photosynthetisch aktiven Zone stammt bzw. durch Meeresströmungen aus küstennahen Berei-chen angeliefert wird. Der Nährstoffgehalt des ozeanischen Wassers ist durch die fehlende Durchmischung gering (Ausnahme sind Auf-triebsgebiete, *upwellings*, z. B. an den Westküsten Südamerikas und der Namib). Gering sind auch die Temperatur- und Salzgehalts-schwankungen. Einige Verwandtschaftsgruppen haben sich in der ozeanischen Provinz besonders reich entwickelt, so die Foraminife-ren, Radiolarien und Coccolithophoriden, deren Schalen einen wich-tigen Bestandteil der Meeressedimente bilden. Ctenophoren (Rippen-quallen), Siphonophoren (Staatsquallen) und Hydrozoen dominieren das räuberische Plankton der ozeanischen Provinz. Besondere Bedeu-tung als Nahrung, z. B. der großen Bartenwale, besitzen die plankti-schen Krebse, unter ihnen *Euphausia superba*, der Krill der antarkti-schen Gewässer. Eine eigene Lebewelt, die zwar in allen Gewässern vorkommt, im Ozean aber durch besonders große und eigentümliche Formen ausgezeichnet ist, ist jene der Wasseroberfläche, das Pleuston. An der Oberfläche schwimmende Staatsquallen nützen die organis-menreichen oberen Schichten, indem sie mit meterlangen Fang-polypen Beutetiere bis zur Größe eines kleinen Fisches fangen.

Für das **Benthal des Meeres** gilt dasselbe wie für das Pelagial. Es sind die gewaltigen Dimensionen, besonders jene der aphotischen Zone, die es vom Süßwasserbenthal absetzen. Hierzu kommen komplexe Strukturen im Küs-tenbereich, bedingt durch Wellenschlag und Gezeiten (Abbildung 6.72). Supra-, Eu- und Sublitoral können je

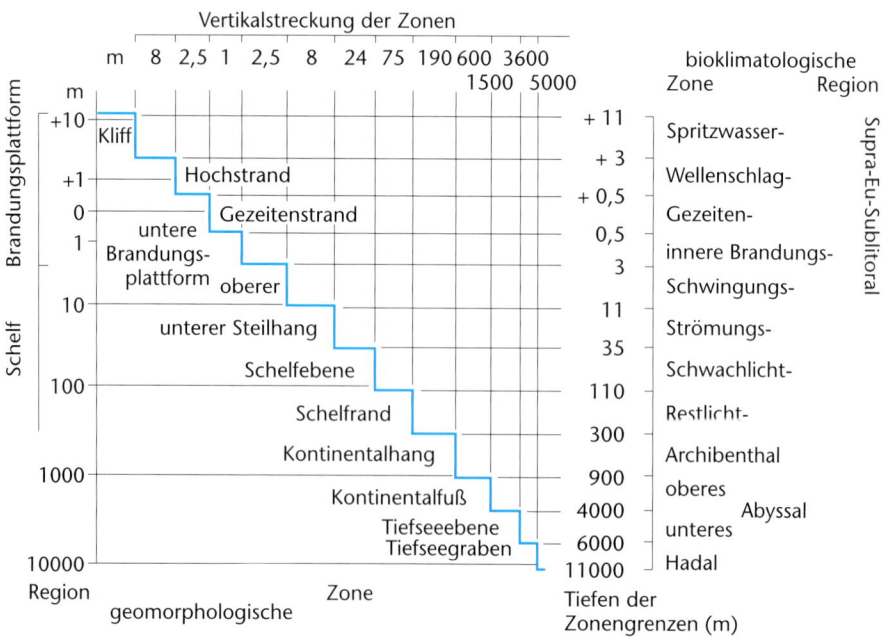

**Abb. 6.72:** Die geomor-phologischen und bio-klimatologischen Tiefen-stufen des Meeres. Nach Ott (1996).

nach Küstenform, Sedimentbeschaffenheit (Fels-, Sand-
küste), Nährstoffgehalt und Temperaturschwankungen
des Wassers sehr verschieden sein. Einheitlicher ist das
Benthal der aphotischen Zone, obwohl auch hier mit den
heißen Gasaustritten (*black smokers*) im Bereich der Be-
rührungsnähte der Kontinentalplatten Lebensräume sehr
eigenwilliger Art auftreten (Abbildung 6.19).

Analog zu den Habitattypen des Festlandes lassen sich
auch für das Benthal des Meeres charakteristische Standorte mit entsprechenden Lebensgemeinschaften unterscheiden und beschreiben. In Anlehnung an Ott (1996)
werden die wichtigsten Standorte und Lebensgemeinschaften vorgestellt.

## Felsküsten

Felsküsten können in eine Spritzzone (**Supralitoral**), eine
Gezeitenzone (**Eulitoral**) und eine dauernd wasser-
bedeckte, euphotische Zone (**Sublitoral**) untergliedert
werden (Abbildung 6.73). Sie sind durch einen Wechsel
mariner und atmosphärischer Einflüsse im Sub- und Eulitoral, hohe mechanische Belastung durch Wellenschlag
(Staudruck und Scherkräfte) sowie durch extreme Wechsel von Temperatur und Salzkonzentration vor allem im
Supralitoral und Eulitoral (Verdunstung, Aussüßen durch
Niederschlag) gekennzeichnet.

Die Lebensgemeinschaften in solch einem Land-See-
Gradient sind vielfältig: Die Halophytenzone (auch weiße
Zone genannt) mit Queller (*Salicornia europaea*) und
Strandnelken (*Limonium vulgare*) ist sprüh-, aber nicht
spritzwasserbeeinflusst. Die graue und schwarze Zone ist
bei Hochwasser spritzwasser- und wellenschlagbeein-
flusst. Hier kommen endolithische und epilithische
Blaualgen vor sowie filamentöse Grünalgen und in Spritz-
wassertümpeln Schnecken (z. B. *Littorina*). Im oberen

Eulitoral gibt es dichte Seepockenbestände (*Balanus*),
Napfschnecken (Patellidae) und Kalk-Rotalgenbänke.
Fluttümpel sorgen auch bei Ebbe für Restwasser. Das untere Eulitoral fällt bei Niedrigwasser noch trocken, weist
aber dichte Algenrasen und eine vielfältige Tierwelt auf,
deren Anpassungen z. B. eine flache Form, Kriechsohlen,
Haftorgane und eine besondere Elastizität umfassen. Im
oberen Sublitoral sorgen dichte Tangbestände für hohe
strukturelle Komplexität. Sie sind auf die Starklichtzone
beschränkt, bis zu mehrere Meter hoch, weisen einen ge-
schichteten Aufbau auf und sind Lebensraum für zahlreiche Epiphyten. Seeigel kommen als wichtige Konsumenten zahlreich vor. Bei vagilen Arten ist teils hohe Farb-
und Formanpassung festzustellen, teils handelt es sich um
gewandte Schwimm-, Kletter- und Klammerformen.

## Korallenriffe

Unter Riffen verstehen wir biogene Gesteinsbildungen,
die bis an die Wasseroberfläche reichen. Saumriffe kommen auf primären Gesteine felsiger Küsten vor, Barriere-
riffe küstenfern an Flachküsten auf Sedimentböden, Platt-
formriffe auf landfernen unterseeischen Rücken, Atolle als
Saumriffe von versinkenden Inseln. Das Riffdach ist der
Wasseroberfläche am nächsten und kann in eine Riffkrone
(seewärtige Begrenzung des Riffdaches), ein Riffwatt (das
bei Niedrigwasser trocken fällt), eine Rifflagune (mit Fle-
ckenriffen und Korallenpfeilern) sowie ein Vorriff gegliedert werden. Letzteres ist der seewärtige Oberhang, der
sich wiederum in Riffhang, Riffterrasse und Riffabfall gliedern lässt (Abbildung 6.74).

Korallenriffe kommen ausschließlich in den warmen
Meeren innerhalb der 20 °C-Isotherme der Wintermittel-
temperatur vor. Sie sind extrem stenotherm und auf die
Starklichtzone beschränkt. Starke Wasserbewegungen

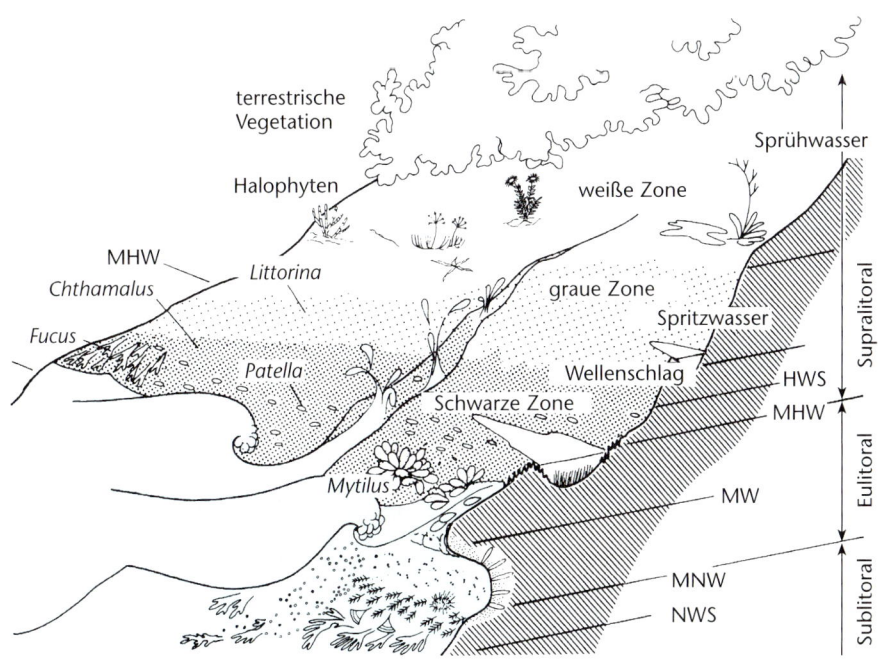

terrestrische Vegetation

Halophyten

weiße Zone

MHW

*Littorina*

*Chthamalus*

graue Zone

*Fucus*

Sprühwasser

Spritzwasser

Wellenschlag

*Patella*

Schwarze Zone

*Mytilus*

Supralitoral

HWS

MHW

Eulitoral

MW

Sublitoral

MNW

NWS

**Abb. 6.73:** Gliederung der
Felsküsten in Teillebens-
räume und nach Leitorga-
nismen. Nach Ott (1996).
HWS Hochwasser-Spring-
tidenlinie, MHW mittleres
Hochwasser, MW mittlere
Wasserlinie, MNW mitt-
leres Niedrigwasser, NWS
Niedrigwasser-Spring-
tidenlinie.

**Abb. 6.74:** Teillebensräume eines Korallenriffes am Beispiel eines karibischen Barriereriffes. Der Riffabfall beginnt in etwa 15 m Tiefe. Nach Ott (1996).

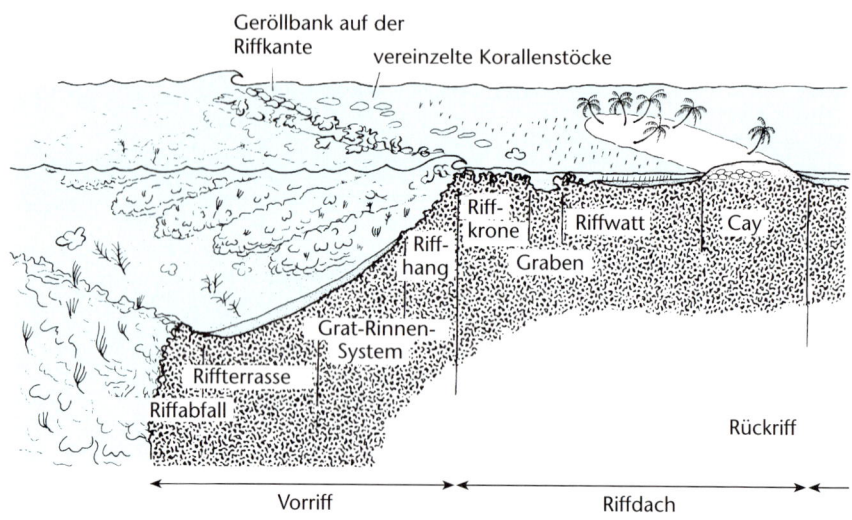

können die Korallen von Sediment reinigen, stärkere Störungen durch tropische Wirbelstürme zerstören sie jedoch.

Das Grundgerüst eines Korallenriffes bilden Steinkorallen (Madreporaria), die in enger Symbiose mit Algen (Zooxanthellen) leben. Die Hauptmasse des Kalkes aber wird von Algen, Foraminiferen, Hydrozoen, Mollusken, sedentären Polychaeten und Moostierchen (Bryozoa) gebildet. Korallenriffe sind bekannt für ihre extrem artenreiche Organismenwelt, die neben Korallen viele weitere Tiergruppen umfasst.

Zu den besonderen Anpassungen gehören spezielle Wuchsformen: Bestimmte Verzweigungsmuster der Korallen verteilen die Wellenenergie am besten, flache Formen sind auf tiefere Bereiche optimiert, sessile Formen anderer Tiergruppen lassen sich von Korallen umwachsen. Insgesamt herrscht hohe Raumkonkurrenz. Unter den Fischen ist die intraspezifische Konkurrenz hoch, auffällig sind bunte Farben und Muster zur Arterkennung. Korallenriffe weisen viele faszinierende Komplexe biotischer Beziehungen wie Kommensalismus, Mutualismus und Symbiosen auf.

### Dünen und Kiesstrände

Das Supralitoral dieser Strandtypen ist meist als Dünenlandschaft ausgebildet, die sich durch eine breite Brandungszone, eine eigentliche Dünenzone, einen Hochstrand, den Gezeitenstrand sowie das sublitorale Sandriff-Trog-System auszeichnet (Abbildung 6.75). Voraussetzung sind grobkörnige Sedimente (Geröll, Kies, Grob- und Mittelsande), die dann ein entsprechendes Lückenraumsystem ausbilden. Der Brandungsrückstrom und die Sedimentbewegungen bewirken die Dynamik dieses Lebensraumes, die Wasserbedeckungszeit ist für seine Zonierung verantwortlich.

Die Lebensgemeinschaften bestehen aus den Arten der Dünenvegetation, des Spülsaumes und der Brandungszone. Im Phytoplankton finden sich vorwiegend Dia-

**Abb. 6.75:** Flachküsten-Ökosysteme: Standortdiversität eines Sandstrandes und Leitorganismen. MHW mittleres Hochwasser. Nach Ott (1996).

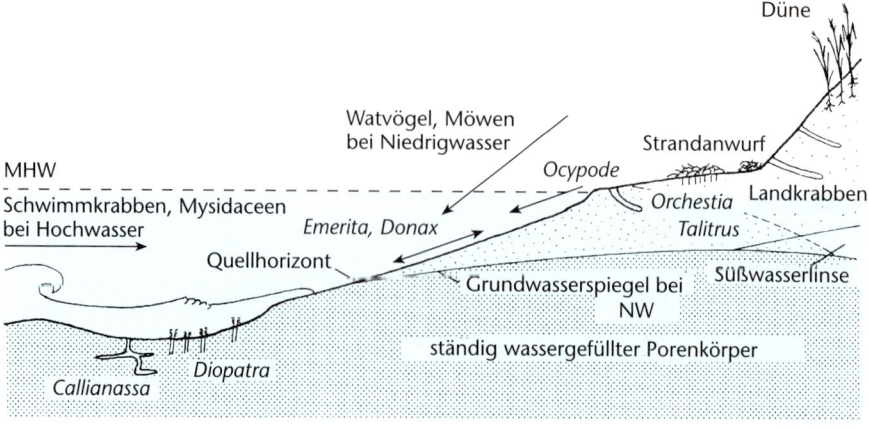

tomeen, und die Primärproduktion reicht aus, um das Benthos zu versorgen. Die Makrofauna ist artenarm, weist aber besonders gute Anpassungen an den Brandungsrückstrom auf (Organismen „fahren mit"). Charakteristisch sind die Bewohner der Sandlückensysteme. Konvergent wurden kleine, lang gestreckte, wurmförmige Körper und Haftorgane entwickelt.

## Wattenküsten

Hierbei handelt es sich um Sandküsten, die nicht der ozeanischen Brandung ausgesetzt sind. Wattenküsten bilden sich bei extrem flacher Küstenneigung, etwa im Innern tiefer Buchten oder hinter Barriere-Inseln. Das beste Beispiel ist das Wattenmeer der Nordsee, gegliedert in supralitorale Salzmarschen, das eigentliche Watt (überflutete Sandflächen) und den Strandwall an der Niedrigwasserlinie. Charakteristisch sind auch die Priele, d. h. Kanäle, in denen das Wasser abfließt.

Das Leben im Wattenmeer wird von den gezeitenbedingten Überflutungen bestimmt. In den Böden sind Feinsande vorherrschend, auch Silte und Tone. Wenn diese mit organischem Material angereichert sind, sprechen wir von Schlick. Bereits knapp unter der Bodenoberfläche herrschen anoxische Bedingungen. Der Wattboden trocknet während der Ebbe nicht aus, nur in die oberste Schicht dringt Luft ein. Die Verfügbarkeit von Sauerstoff im Porenwasser und innerhalb der Bauten der Makrofauna ist daher der wichtigste differenzierende Faktor.

Die Mechanismen, mit denen in den Schlick eingegrabene (endobenthische) Organismen frisches, sauerstoffreiches Wasser von der Oberfläche ansaugen, funktionieren nur zur Zeit der Wasserbedeckung; daher ergibt sich eine deutliche Zonierung nach Dauer der Wasserbedeckung. Entlang des Gradienten Land-Meer folgen aufeinander diverse Krebsarten, Wattschnecken (*Hydrobia ulvae*), Borstenwürmer (Polychaeta), Igelwürmer (Echiura) und verschiedene Muscheln. Im interstitiellen Bereich (d. h. im Schlick) lassen sich zwei Lebensgemeinschaften unterscheiden: An der oxidierten Oberfläche leben winzige Fadenwürmer und Flohkrebse, in der anoxischen Schicht Wimperntiere und Fadenwürmer. Letztere sind vollständig mit symbiontischen Bakterien überdeckt. Durch Wassersättigung bleiben Temperatur und Salzgehalt in diesem Bereich relativ konstant. Frost kann im Wattenmeer generell zu Schäden führen.

## Marschen und Mangroven

Marschen und Mangroven sind Bestände aus dem Wasser ragender Gefäßpflanzen. Sie entstehen an geschützten Verlandungsküsten und dringen bis etwa zur Mittelwasserlinie seewärts vor. Landwärts befinden sich meist Süßwasserfeuchtgebiete, seewärts Schlick- und Sandwatten. Sie weisen eine ausgeprägte innere Zonierung und einen vertikalen Schichtaufbau auf. Voraussetzung für ihre Entstehung ist regelmäßige Überflutung durch die Gezeiten. Charakteristisch sind Priele, in denen das Wasser abfließt (Abbildung 6.76).

Bei Marschen handelt es sich oft um Monokulturen von Marschgras (*Spartina*). Mangroven sind Wälder und Gebüsche mit Stelzwurzeln (vor allem *Rhizophora*, *Sonneratia* und *Avicennia*). Sie zeichnen sich durch eine auffällige Häufung von Krebsen (Decapoda, z. B. Winkerkrabben und große Landkrabben, auch amphibische Arten auf Bäumen) aus. Auf vorgelagerten Schlickflächen leben amphibische Fische (Schlammspringer, Unterfamilie Oxudercinae, Gobiidae). Priele sind wichtige „Kinderstuben" für Litoralfische – insgesamt artenarm, aber mit hohen Individuenzahlen.

## Seegraswiesen des Sublitorals

Diese Makrophytenbestände wachsen auf Sedimentböden der Starklichtzone, sie sind auf flache oder schwach geneigte Böden beschränkt und weisen nur eine schwache Zonierung auf. Seegraswiesen kommen auf Sandböden des Sublitorals, selten auch auf Hartböden vor, und müssen ständig wasserbedeckt sein.

Diese Lebensgemeinschaft besteht aus großen Grünalgen oder Seegras, d. h. Arten mit grasähnlichen Blättern aus den Familien der Laichkraut- und Froschbissgewächse, unter anderem Potamogetonaceae, Hydrocharidaceae, Posidoniaceae und Zosteraceae. Das Seegras ist mit seinen ausgedehnten Rhizomsystemen im Boden verankert und bildet lockere bis dichte Bestände bis zu 1 m Höhe. Die Vegetationsdichte nimmt mit der Tiefe ab. Dichte Bestände wirken auch als Sedimentfallen. Seegraswiesen und Algenmatten bieten in der strukturarmen Umgebung des Meeresgrundes strukturreiche Bestände an, daher sind sie ein wichtiger Lebensraum und Laichplatz für viele Tiere. Sie zeigen reichen Aufwuchs (besonders Moostierchen, Tardigrada), unter den vagilen Tieren sind zahlreiche Stachelhäuter (Seesterne, Seeigel, Schlangensterne) und un-

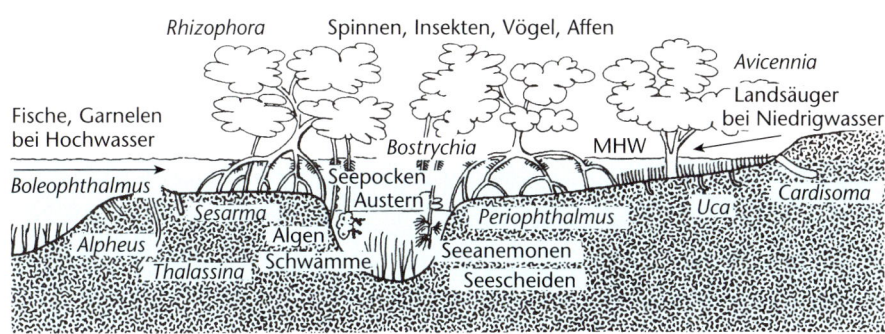

*Rhizophora* Spinnen, Insekten, Vögel, Affen

*Avicennia*
Landsäuger
bei Niedrigwasser

Fische, Garnelen
bei Hochwasser

*Bostrychia* MHW

*Boleophthalmus*

Seepocken
Austern

*Sesarma* Algen *Periophthalmus* *Uca* *Cardisoma*

*Alpheus* Schwämme Seeanemonen

*Thalassina* Seescheiden

**Abb. 6.76:** Flachküsten-Ökosysteme: Mangrove: Standortdiversität und Leitorganismen. MNW Mittleres Niedrigwasser, MHW mittleres Hochwasser. Nach Ott (1996).

ter den Fischen Seenadeln zu nennen. In den Tropen werden Seegraswiesen von Seekühen abgeweidet.

Das rasche, förderbandartige Wachstum der Seegrasblätter ist eine zentrale Anpassung an Epiphytenbewuchs und Herbivorie. Mit ihren Entwicklungszyklen haben sich viele Tiere ihrerseits an die Seegraswiesen angepasst. Auffällig sind viele Form- und Farbanpassungen bei den vagilen Bewohnern an ihren Lebensraum (z. B. lang gestreckte, schlanke Körper, Farbvarianten in Anpassung an die verschiedenen Farben von Rhizomen, Blätter mit farbigem Epiphytenbewuchs).

### Sublitorale Sand-, Schlamm- und Tonböden

In Schelfgebieten sind bis zu 40% des Bodens von Sandböden bedeckt, die gegen den Schelfrand in Silt- und Tonböden übergehen. Solche Feinsedimentböden enthalten, vor allem im Mündungsgebiet von Flüssen, einen hohen Anteil Sedimentfracht. In Buchten und Lagunen bestehen die Schlammböden bis zu 90% aus Ausscheidungen von Suspensionsfressern. Durch die flache Lage bedingt gibt es kaum Zonierungsmuster. Im Einflussbereich der Wellenbewegung entstehen jedoch Rippelmarken und Sturmschichtungen, unterhalb der Wellenbasis findet eine biogene Sedimentstrukturierung durch die Grabtätigkeit von Organismen statt.

Oberhalb der Wellenbasis ist die Tierwelt artenarm und von geringer Dichte (Muscheln und Polychaeten im Sediment). Unterhalb der Wellenbasis findet sich ein größerer Arten- und Formenreichtum, besonders von grabenden Tieren (Muscheln, Schnecken, Borstenwürmer, Krebsen, Stachelhäutern). Besonders reich ist die Krebsfauna (Heuschrecken- und Maulwurfskrebse, Schwimmkrabben, Seespinnen, Garnelen) und die Gruppe der Stachelhäuter (besonders irreguläre Seeigel wie der Sanddollar, Schlangensterne, Seegurken). Typisch sind ferner Lanzettfischchen (im Sand eingegraben) sowie unter den Fischen Rochen, Knurrhähne und Plattfische.

Die Tiere haben unterschiedliche Anpassungen an ihren Lebensraum entwickelt, etwa Graborgane oder farblich-strukturelle Adaptation an den sandigen Untergrund. Die Artenvielfalt ist bei der Makrofauna gering, bei der Kleinfauna (Meiofauna) jedoch größer. Diese leben auf dem Sandboden (epibenthisch) und besiedeln die feinen Detrituslagen der Sedimentoberfläche, wo sie als Suspensionsfresser auf den Schlammböden von großer Bedeutung sind. Solch eine **Bioturbation** wirkt im Schlamm bis zu 15 cm Tiefe. Schlammböden müssen als Mikrolandschaften verstanden werden, die von verschiedenen wurmartigen Tieren durchsetzt sind. Reichlich vertreten sind diverse Röhrenwürmer (Polychaeta), Igelwürmer (Echiura), Priapswürmer (Priapulida), Schlangensterne (Ophiuroida), Seegurken (Holothuroida), unter den Fischen Katzenhaie (*Scyliorhinus* sp.), Glatthaie (*Mustelus vulgaris*), Rochen (Rajiformes) und besonders Meergrundeln (Gobioidei), die eigene Wohnbauten anlegen. Anpassungen besitzen vor allem epibenthische Arten gegen das Einsinken (z. B. große Auflageflächen), sedentäre Arten verankern sich mit wurzel- oder zwiebelartigen Strukturen.

### Tiefsee

Die Abgrenzung der Tiefsee ist schwierig. Einerseits reichen die Kontinentalsockel bis in 4 000 m Tiefe hinunter, andererseits kommen Tiefseearten in den Polarmeeren schon bei 100 m Tiefe vor. Gemeinhin bezeichnen wir den Bereich zwischen dem Kontinentalrand in 200 m Tiefe und dem Kontinentalsockel in 4 000 m Tiefe als **Bathyal**. Die eigentliche Tiefsee (**Abyssal**) reicht von 4 000–6 000 m Tiefe, darunter liegen die Tiefseegräben, das **Hadal** (Abbildung 6.72). Rund 70% der Weltmeere sind tiefer als 4 000 m.

Völlige Dunkelheit, konstante niedrige Temperatur um −2 bis + 2 °C, hoher hydrostatischer Druck, schwache Wasserbewegung und geringes Nährstoffangebot kennzeichnen das Leben in der Tiefsee. Hier sind zahlreiche charakteristische Tiefseelandschaften ausgeprägt: (1) Kontinentalabdachung mit starken Strömungen und Sedimentumlagerung, (2) steilwandige Canyons mit von Trübströmen gebildeten Schwemmkegeln, (3) pelagische Sedimentflächen, (4) riesige Flächen von rotem Tiefseeton in landfernen Becken, (5) Manganknollenfelder und primäre Hartböden der zentralen Kämme und Spreizungsachsen.

Die Organismenwelt der Tiefsee ist allgemein noch weitgehend unbekannt, vor allem Lebensgemeinschaften und biotische Beziehungen sind sehr wenig erforscht. Bizarr erscheinen uns z. B. bis zu 25 cm große vielkernige Wurzelfüßer (Rhizopoda), die mit ihren ausgestreckten Pseudopodien den Sedimentboden großflächig bedecken. Riesenformen gibt es auch bei den Hohltieren (bis 2 m) oder Tintenfischen (*Architeuthis* mit Fangarmen bis 14 m). Hier kommen Seefedern (Pennatularia) mit peitschenartigen Stielen vor, grabende Seeanemonen (Actiniaria), eine Kleinfauna mit Fadenwürmern (Nematoda) und Kleinkrebsen, Eichelwürmer (Enteropneusta), Igelwürmer (Echiura), Priapswürmer (Priapulida), zahlreiche Schnecken- und Muschelarten, ebenso Kopffüßer (Cephalopoda). Viele ansonsten im Boden lebende Tiergruppen (Endobenthos) neigen in der Tiefsee zu einer epibenthischen Lebensweise, d. h. sie leben auf dem Substrat.

Um die heißen Gasaustritte (*black smokers*), hydrothermale Quellen an den Spreizungszonen der Platten der Erdkruste, die in mehreren 1 000 m Tiefe ihre Energie aus dem Erdinneren beziehen, findet sich eine auffällige Häufung von großen Bartwürmern (Pogonophora) in Symbiose mit Bakterien. Häufig und artenreich sind langbeinige Seespinnen (Decapoda), Tiefseeasseln (Isopoda) und Seelilien (Crinoida), Muscheln (Bivalvia), Schlangensterne (Ophiuroida), Seesterne (Asteroida), Seeigel (Echinoida) und Seegurken (Holothuroida). In einem Temperaturgradienten zwischen 2 und 400 °C lebt hier eine hochspezifische Organismengemeinschaft mit erstaunlichen Temperaturanpassungen (Abbildung 6.19). Aus diesem Bereich konnten innerhalb weniger Jahre über 300 Arten neu beschrieben werden.

Typische Tiefseeanpassungen von Fischen sind Leuchtorgane, Riesenaugen, Riesenkiefer oder Zwergmännchen. Bodenlebende Tiere verringern ihr Gewicht z. B. durch

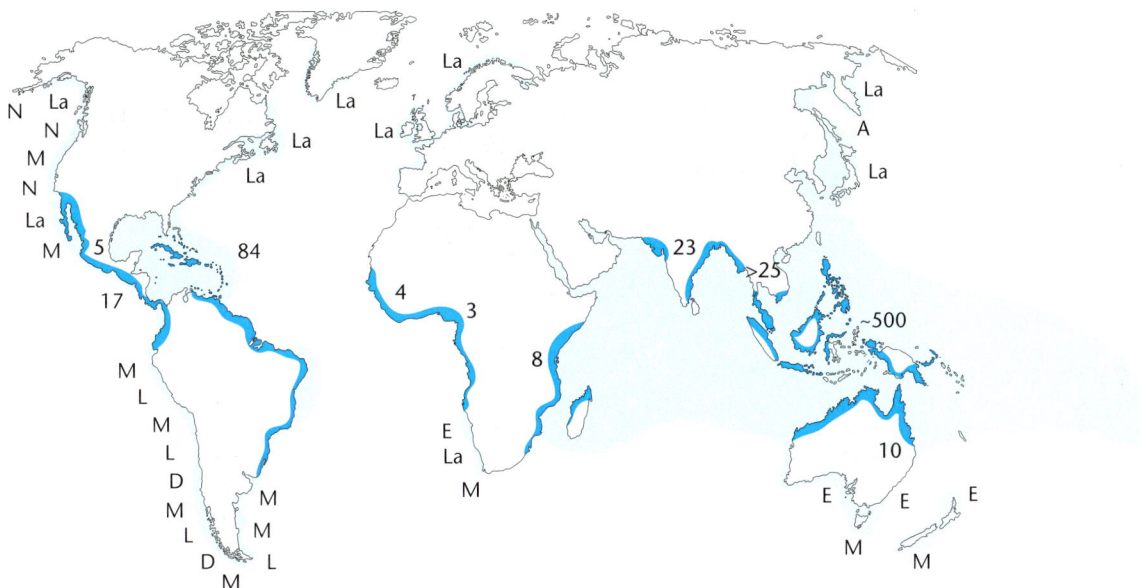

**Abb. 6.77:** Marine Küstenökosysteme mit hoher Primärproduktion durch Mangroven (landseitig, dunkelblauer Streifen), Korallenriffe (hellblaue Fläche) und bedeutende Großtangbestände (hellblauer Streifen, seewärts der Küste). Buchstaben beziehen sich auf die Großtangbestände: A *Alaria*, D *Durvillaea*, E *Ecklonia*, La *Laminaria*, Le *Lessonia*, M *Macrocystis*, N *Nereocystis*. Ziffern landseitig beziehen sich auf die Anzahl der Mangrovenbaumarten, Ziffern seewärts auf die Anzahl der Korallenarten. Nach Ott (1996).

eine besonders ölreiche Leber (etwa Rochen und Haie). Hochentwickelte Geruchsorgane und Sinnesorgane für die Wahrnehmung von Erschütterungen sind weitere Anpassungen an die Dunkelheit.

Manche dieser Teillebensräume zeigen eine gewisse Bindung an die großen Klimazonen der Erde (Abbildung 6.77). Dies gilt besonders für die schlammigen Wattküsten, Marschen und Mangroven, deren Pflanzenbestand teilweise in den Luftraum ragt. Mangrovenbäume sind allein aufgrund ihrer Kälteempfindlichkeit an frostfreie Gebiete gebunden, können aber, da vom Meer ständig wasserversorgt, auch an Wüstenküsten auftreten (z. B. Rotes Meer). Noch enger ist die Bindung der Korallenriffe, deren Entwicklung hohe Konstanz warmer, aber nicht zu warmer, Temperaturen voraussetzt. Die Ausbildung großer Tangwälder (*kelp beds*) ist hingegen eine Frage der Nährstoffverfügbarkeit und nur dort geschehen, wo durch Meeresströme oder in Kaltwasserauftriebszonen nährstoffreiches Meerwasser antransportiert wird. Größere Tangbestände fehlen klimabedingt nur in den Eismeeren. Je tiefer, umso unabhängiger werden die wasserklimatischen Bedingungen vom Luftklima. In der Tiefsee bestimmen vor allem die Nährstoff- und Sedimentverhältnisse die Benthosgemeinschaften. Die Strömungsverhältnisse, die über die Verteilung der feinpartikulären und gelösten organischen Substanzen bestimmen, gewinnen zunehmend an Bedeutung.

## 6.3.3.2 Ökozonale Gliederung des Meeres

Die wesentlichen Faktoren, die bei einer ökozonalen Gliederung der Meere beachtet werden müssen, sind somit die Temperatur- und die Nährstoffverhältnisse, deren Verteilung von den Strömungen wesentlich beeinflusst wird. Besonders wirksam sind die **Strahlströme** (im Gegensatz zu den Triftströmen), die mit relativ hohen Geschwindigkeiten Wassermassen über weite Strecken transportieren

(Golfstrom im Atlantik, Kuroshio im Pazifik) und damit auch Organismen in andere Lebensräume verschleppen bzw. zonale Wassermassen durchtrennen und Grenzen schaffen. Ebenso bedeutend sind die Auftriebsregionen an den Westseiten der Kontinente, wo die großen subtropischen Strömungskreise (Gyren) kühles Wasser aus höheren Breiten äquatorwärts transportieren, sich verdichten und als Benguela- und Kanarenstrom im Atlantik, als Humboldt- und Kalifornischer Strom im Pazifik und als Westaustralischer Strom im Indischen Ozean kühles, aber nährstoffreiches Wasser an die Oberflächen verfrachten. Es sind dies die Gebiete mit der höchsten Primärproduktion in den Meeren, die gemeinsam mit den Strahlströmen eine Ungleichverteilung der Primärproduktion bedingen, die weit von dem abweicht, was etwa klimazonal zu erwarten wäre.

Eine ökozonale Gliederung der Meere kann daher nur sehr grob erfolgen, indem drei Zonen unterschieden werden: die Polarmeere, die temperaten Meere und die tropischen Meere.

- Die **Polarmeere** sind ganzjährig bzw. im Winter von Eis bedeckt. Das Wasser ist relativ nährstoffreich und durch die damit verbundene hohe Planktondichte (Abbildung 6.77) grünlich. Wassertemperatur und Salzgehalt sind gering.
- Die Zone der **temperaten Meere** setzt an der winterlichen Packeisgrenze an und reicht bis in den Bereich der subtropischen Hochdruckzellen. Durch abwechslungsreiche Strömungsregime kann diese Zone als Mischwasserzone der mittleren Breiten bezeichnet werden.

- Die **tropischen Meere** sind warm (> 20 °C Wassertemperatur) und besitzen einen hohen Salzgehalt. Durch Nährstoffarmut und damit geringe Produktion ist das Wasser klar und blau („blaue Wüsten").

Eine Untergliederung dieser Zonen ist nach der Dauer der Eisbedeckung und den vorherrschenden bzw. fehlenden Strömungen möglich: Bei den polaren Meeren sind jene mit dauernder Eisbedeckung (innere Polarzone) von jenen zu unterscheiden, die im Sommer eisfrei sind (äußere Polarzone). Die Meere der äußeren Polarzone können sich durch den Dauertag im Sommer beachtlich erwärmen. Bei den temperaten Meeren unterscheidet man: (1) temperate Meere der nördlichen und südlichen Westwindzonen mit kaltem Wasser (im Norden noch mit Eisbildung), (2) subtropische Meere mit schwachen Strömungen unterschiedlicher Schichtung, mit erhöhtem Salzgehalt in den ariden Gebieten, (3) Strahlströme (Golfstrom etc.), (4) nördliche Monsunmeere mit jährlich einmaligem Richtungswechsel der Strömung. Die Tropenmeere lassen sich in Monsunmeere mit teils hoher Salinität, in die Meere der Passatwindzone, wobei unter diesen die Hochströmungsgebiete mit Kaltwasserauftrieb besonders hervorzuheben sind, und schließlich in die äquatorialen Meere mit ostwärts gerichteten Strömungen untergliedern.

Durch die Barrierewirkung der Festländer und Strahlströme sowie die Isolierung der großen Nebenmeere können die Teilmeere faunistisch und floristisch sehr verschieden sein. Hinsichtlich der Lebensformen herrscht aber prinzipiell hohe Ähnlichkeit in den Oberflächengewässern. Die größten Unterschiede betreffen die Lebensgemeinschaften des Litorals, im Speziellen des Benthos, wobei der Vegetation wesentliche Bedeutung zukommt (Tangwälder, Seegraswiesen, Mangroven). In den Tropen setzt die Tiefseefauna tiefer an als in den höheren Breiten.

# 6.4 Naturlandschaft und Kulturlandschaft

## 6.4.1 Die Veränderung zur Kulturlandschaft

Nach dem Grad der menschlichen Beeinflussung unterscheiden wir Naturlandschaften und Kulturlandschaften. Allerdings gibt es kaum noch von Menschen völlig unbeeinflusste Regionen auf der Erde. Dennoch können wir unter Naturlandschaften jene Gebiete verstehen, in welchen menschliches Wirken nicht zu einer substantiellen Veränderung der Landschaftseigenschaften geführt hat. Kulturlandschaften sind Landschaften, die in ihren Eigenschaften maßgeblich durch menschliches Wirken gestaltet worden sind. Sie herrschen in den meisten Biomen vor, allerdings mit unterschiedlicher Geschichte und Tradition. Damit ist keine Wertung verbunden, denn Kulturlandschaften können zur Entwicklung und zum Erhalt von Vielfalt ebenso beitragen (z. B. in Mitteleuropa), wie sie diese gefährden können (im tropischen Regenwald oder

in den borealen Nadelwäldern). Entscheidend sind die Geschwindigkeit der Entwicklung und das Ausmaß menschlicher Nutzung (Abschnitt 7.1).

In Europa ging der Wandel von einer sich noch in nacheiszeitlicher Entwicklung begriffenen Naturlandschaft zu einer Kulturlandschaft mit der **Rodung** von Wald einher. Es ist allerdings strittig, inwiefern dieser Wald jemals als natürlich anzusehen war, denn die Hauptbaumarten Buche (*Fagus sylvatica*) und Eiche (*Quercus petraea* und *Quercus robur*) waren für die Menschen schon immer wichtig. Sie dienten unter anderem der Mästung von Haustieren. Es ist daher durchaus denkbar, dass sich der Wald in der Nacheiszeit auch mit dem Menschen und nicht nur unabhängig vom Menschen entwickelt hat.

Mit dem Sesshaftwerden und der Entwicklung des Ackerbaus entwickelten sich zunächst Rodungsinseln in günstigen Lagen. Hierzu war neben guter Nährstoffversorgung der Böden auch eine gute mechanische Bearbeitbarkeit erforderlich. Dies war z. B. in den Lößgebieten gegeben, welche daher als Altsiedlungsgebiete anzusehen sind. Darüber hinaus sind Siedlungsplätze an die Verfügbarkeit von Wasser gebunden. Die zunehmende Rodung des Waldes und die Kultivierung von Hangstandorten führten bereits frühzeitig zu enormem Bodenabtrag, der in den Talauen sedimentierte. Diese holozänen Sedimente sind daher ein Archiv der Landnutzungsgeschichte.

Da die Landwirtschaft der Vergangenheit bei weitem nicht so effektiv und intensiv arbeitete wie die moderne und Nahrungsimporte fehlten, war die landwirtschaftliche Nutzfläche Mitteleuropas in vielen Regionen bis ins 19. Jahrhundert deutlich größer als heute. Verschiedene Indizien in der Landschaft liefern Hinweise auf solche historische Nutzung. In heutigen Forsten zeugen Landschaftsformen wie Terrassen oder Lesesteinhaufen von ehemaliger Ackernutzung auch in steilen Lagen, in denen heutige Maschinen kaum wirtschaftlich einzusetzen wären. Im Mittelgebirge sind in Wäldern nicht selten Bewässerungsgräben zu erkennen, welche auf eine ehemalige Mähwiesennutzung hinweisen. Landschaftsansichten aus dem 19. Jahrhundert vermitteln daher den Eindruck waldarmer Landschaften.

Andere Formen der Landnutzung, wie die Weidewirtschaft, waren nicht immer auf einzelne Parzellen begrenzt. Die ehemalige **Wanderschäferei** ist hierzu ein typisches Beispiel. Sie war im Mitteleuropa der Vergangenheit von erheblicher Bedeutung. Heute ist sie nur noch lokal anzutreffen, da historische Rechte und Triftwege nicht mehr bestehen, vor allem aber landschaftliche Barrieren die Wanderung der Herden behindern. Dennoch können wir am Auftreten gewisser Vegetationsformen (Krüppelformen, offensichtlich solitär entwickelte und reich verzweigte Bäume) sowie bestimmter Pflanzenarten auf eine ehemalige Weidenutzung schließen. Zum Beispiel weisen Pflanzen mit Dornen (Silberdistel, *Carlina acaulis*), nadelartigen Blättern (Wacholder, *Juniperus communis*) oder Bitterstoffen (Deutscher Enzian, *Gentianella germanica*) auch in älteren Kiefernwäldern der Frankenalb auf eine ehemalige Schafsbeweidung und damit auf historische Magerrasen hin. Heute verstehen wir auch, dass derartige

Nutzungsformen für die Entwicklung eines funktionellen Biotopverbunds wichtig waren. Schafe dienen beispielsweise mit ihrem Fell und ihrem Verdauungstrakt als Vektoren zur Übertragung von Diasporen zwischen räumlich isolierten Biotopen. Wanderschäferei kann folglich neben der selektiven und spezifischen Pflege von Magerrasen vor Ort einen wichtigen Beitrag zum Erhalt von Metapopulationen gefährdeter Arten leisten (Abschnitt 3.7).

Die Almwirtschaft der Alpen ist ein Beispiel für die bis in die heutige Zeit erfolgte Aufrechterhaltung regelmäßiger Wanderungsbewegungen von Viehherden. Sie sind in verschiedenen Hochgebirgen der Erde zu beobachten und sorgen für eine funktionelle Verknüpfung zwischen Hoch- und Tieflagen. Einerseits ist es nur so möglich, die oft nur wenige Monate im Jahr verfügbaren Lebensräume der Hochlagen zur Nahrungsmittelproduktion zu nutzen. Andererseits wurden auf diese Weise über Jahrhunderte (und vermutlich Jahrtausende) die beweideten Hochlagen beeinflusst und als Weideökosysteme geprägt.

Ähnliche nicht exakt lokalisierbare Nutzungsformen haben sich in verschiedenen ressourcenlimitierten Ökosystemen entwickelt, wie beispielsweise in semiariden Räumen. In den Zwergstrauchsteppen Nordafrikas oder in den Savannengebieten des subtropischen Afrikas ist **Wanderweidewirtschaft** (Transhumanz) eine übliche Nutzung des nur für kurze Zeit bestehenden Biomasseangebots. Anschließend, wenn die Ressourcen erschöpft sind, verlagert sich die menschliche Aktivität in neue Räume.

Solche Landnutzungssysteme folgen langfristigen Erfahrungen. Probleme ergeben sich, wenn sich aus politischem Zwang heraus eine sesshafte Bevölkerung etabliert, weil diese einfacher zu kontrollieren ist. Neben sozialen und ethnischen Konflikten entsteht dann mit der Übernutzung der Landschaft auch der Verlust eines nachhaltigen Landnutzungssystems.

Historische Veränderungen der Landnutzung wurden oft durch die Entwicklung spezifischer Landnutzungstechniken (Plaggenhieb, Streunutzung etc.) oder deren abnehmende Bedeutung, bedingt durch die Einführung neuer Techniken oder durch ökonomische Restriktionen, gesteuert. Solche Ablösungsprozesse wurden im Industriezeitalter zunehmend durch globale Interaktionen beeinflusst. Die Einführung des großflächigen Baumwollanbaus (*Gossypium hirsutum*) in Nordamerika brachte beispielsweise den Flachsanbau (*Linum usitatissimum*) in den kühl-feuchten Mittelgebirgen Deutschlands, der dort im 19. Jahrhundert teilweise auf mehr als 50 % der landwirtschaftlichen Nutzfläche erfolgte, zum Erliegen, lange bevor Kunstfasern den Markt eroberten. Heute zeugen nur noch die kleinen Tümpel zur Flachsbeize und Flurnamen von dieser ehemals so bedeutenden Feldfrucht. Außerdem kann man indirekt aus der heutigen Bedeutung der Textilindustrie und aus historischen Industrieformen (Webereien, Spinnereien) auf die ehemalige Bedeutung des Flachsanbaus schließen.

Besonders starke Effekte auf die Eigenschaften von landwirtschaftlich geprägten Landschaften hatte natürlich die technische Entwicklung und Bereitstellung von Industriedünger. Ackerbau war lange Zeit vor allem durch Nährstoffe limitiert. Die hofeigene Produktion von Dünger war keineswegs ausreichend, um optimale Ernten zu erzielen. Mit den neuen Düngestoffen waren die Nährstoffkreisläufe nicht mehr geschlossen. Dies erlaubte auch intensive Ackernutzung auf relativ armen Standorten (Abschnitt 7.2.3).

Weitere Beschränkungen des Ackerbaus waren vor allem an feuchten Standorten gegeben. Zu nasse Böden erschwerten den Anbau und gefährdeten die Ernten. Die **Moorgebiete** Norddeutschlands wurden daher bereits frühzeitig drainiert und damit ihr ehemaliger Naturcharakter irreversibel verändert. Trockenlegung von Mooren ist mit einem beschleunigten Abbau des Oberbodens, Sackungserscheinungen und Nährstofffreisetzung verbunden. Eine Regeneration ist in absehbaren Zeiträumen nicht möglich.

Ähnlich starken landschaftsverändernden Charakter hatten im Zusammenhang mit der Urbarmachung von Feuchtgebieten die **Eindeichung** von Marschland und die Landgewinnung in Poldern entlang der Nordseeküste. Hier wurden ehemals semiterrestrische bis aquatische Lebensräume in Ackerland umgewandelt. Allerdings ist ein ständiger Aufwand zum Erhalt dieser Kulturlandschaft in Form von Abpumpen von Wasser und über die Pflege der Deiche erforderlich.

Die **Melioration**, also die „Verbesserung" der Nutzungsfähigkeit agrarischer Nutzstandorte, wurde vor allem in der ehemaligen DDR konzeptionell vorangetrieben und erfasste große Flächen, welche mit Hilfe von Rohrdrainage trockengelegt und damit besser bewirtschaftbar gemacht wurden. Kleinere Bodenunebenheiten wurden eingeebnet, Gebüsche entfernt. Es entstanden nun auch in Gegenden, in denen vorher keine großflächige Gutshofwirtschaft möglich war, große zusammenhängende Schläge, welche von landwirtschaftlichen Produktionsgenossenschaften bearbeitet wurden. Da es nach der Wende zu Beginn der 90er Jahre wirtschaftlich nicht möglich war, zu einer kleinbäuerlichen Landwirtschaft zurückzukehren, blieben diese agroindustriellen Strukturen weiterhin erhalten. In Westdeutschland hatte in den 70er und 80er Jahren die **Flurbereinigung** ähnliche Effekte. Die Zusammenlegung kleiner, oft aus Erbteilung kinderreicher Bauernfamilien hervorgegangener Flurstücke führte teilweise zur Entwicklung ausgeräumter Agrarsteppen. Bereichernde Landschaftselemente wie Hecken und Feldraine verschwanden und damit auch ein großer Teil der Artenvielfalt. Dies zeigt, dass die Entwicklung von Kulturlandschaften ein Kontinuum ist, welches unterschiedlichste Auswirkungen auf die Artenvielfalt mit sich brachte.

Die pro Flächeneinheit immer größer werdende Agrarproduktion führte in den letzten Jahrzehnten, aber auch schon Ende des 19. Jahrhunderts, zu einer verstärkten Trennung zwischen landwirtschaftlich intensiv genutzten Räumen und Gebieten, in welchen die landwirtschaftliche Nutzung mehr und mehr zurückging und eingestellt wurde. Sozialbrachen waren allerdings eher selten, da solche Flächen meist aufgeforstet wurden, um kommenden Generationen einen Ertrag zu bieten. Hierzu wurden seit der Entwicklung einer konzeptionellen Forstwirtschaft zu Beginn des 19. Jahrhunderts und der damit verbundenen Entwicklung von Baumschulen vor allem Nadelbäume eingesetzt. An erster Stelle stehen in Mitteleuropa die Fichte (*Picea abies*) und die Waldkiefer (*Pinus sylvestris*). Diese Arten versprechen ein rasches Wachstum, gerade Stämme und einen hohen Wertholzertrag. Forstliche Nebennutzungen (Pech, Harz, Pottasche etc.), die in historischer Zeit der Bauholzproduktion oft weit voran standen, spielten im 20. Jahrhundert keine Rolle mehr. Die Anpflanzung von Nadelwäldern sowie die Umwandlung von Laub- in Nadelwald brachten jedoch auch ökologische Probleme mit sich, da die Nadelstreu im Boden schlechter abgebaut wird, sich eine Rohhumusauflage bildet und der Bodenversauerung Vorschub geleistet wird. Von den ehemaligen Laubmischwäldern sind in Mitteleuropa nur noch Restbestände in einzelnen Landschaften (z. B. Spessart, Hainich/Thüringerwald, Pfälzer Wald) erhalten.

Eine weitere Rolle in der Kulturlandschaftsgeschichte spielte die züchterische Bearbeitung von **Kulturpflanzen** (Abbildung 6.88). Die bekannten Getreidearten, welche vermutlich ihre Stammformen in Vorderasien besitzen, wurden im Verlauf der Jahrhunderte durch die Auswahl besonders geeigneter Pflanzen und Sorten immer besser an mitteleuropäisches Klima angepasst (Tabelle 6.1). Dies war die Voraussetzung einer ausgedehnten ackerbaulichen Nutzung der Landschaft. Einige unserer wichtigsten Kulturpflanzen stammen aus semiariden Steppengebieten. Jedoch auch bei verholzenden Arten und Sonderkulturen zeigt sich die züchterische Leistung des Menschen. Die Vielfalt der heimischen Apfelsorten dokumentiert die Möglichkeit der Entwicklung sehr unterschiedlicher Sorten mit spezifischen Ansprüchen und Eigenschaften. Ähnlich ist beim Wein die Zucht verschiedener Rebsorten gelungen, welche regionalen Klima- und Bodenbedingungen besonders gut entsprechen.

Noch stärkeren Einfluss als die züchterische Weiterentwicklung von Kulturpflanzen und Haustierrassen hatte die Einführung neuer Arten, die vor allem mit der Entdeckung Amerikas in Europa einsetzte (z. B. Kartoffel, Tomate, Mais). Europäische Kulturpflanzen und Haustierrassen wurden erfolgreich weltweit exportiert. In einigen Fällen dauerte es jedoch Jahrhunderte, bis es gelang, die exotischen Nutzpflanzen an das europäische Klima anzupassen (z. B. Kartoffeln und Mais, Kasten 6.5).

**Tab. 6.1:** Kultivierungsdauer (Jahre) ausgewählter Kulturpflanzen.

| | Kultivierungsdauer |
|---|---|
| Roggen | 10 000 |
| Einkorn, Emmer, Erbse, Linse | 9 000 |
| Weizen, Mais | 7 000 |
| Gerste, Hafer, Kartoffeln | 3 500 |
| Zuckerrübe | 200 |

Nicht in allen Fällen blieb die ehemals beabsichtige Nutzung aufrechterhalten. Beispielsweise war die Produktion von rotem Farbstoff mit Hilfe der Cochenille-Schildlaus (*Dactylopius cacti*) der Hauptgrund zur Einführung des mittelamerikanischen Feigenkaktus (*Opuntia ficus-indica*) auf den Kanaren und an anderen Orten. Mit der Entwicklung synthetischer Farben ging diese Nutzung verloren. Die Opuntien bestimmen jedoch immer noch die Vegetation und das Landschaftsbild auf den Kanaren, d. h. sie konnten sich erfolgreich in die natürlichen Lebensgemeinschaften integrieren. Das Problem absichtlich oder unabsichtlich eingeführter neuer Arten (**Neophyten, Neozoen**) hängt direkt mit menschlicher Aktivität zusammen. Entweder diente der Mensch als Vektor für die Ausbreitung solcher Arten oder er schuf geeignete Lebensbedingungen in den von ihm gestalteten Kulturlandschaften. Solche Arten können sich zu einem kaum kontrollierbaren Problem entwickeln (Abschnitt 6.5.3.3).

## Kasten 6.5: Einfuhr der Kartoffel nach Europa

Ursprünglich stammt die Kartoffel (*Solanum tuberosum*) aus den andinen Zonen Südamerikas. Um 1550 brachten die Spanier sie aus dem heutigen Peru nach Spanien. Sie wurde über Italien (Genesungsgeschenk an den kranken Papst) und Wien nach England und Irland verbreitet, blieb aber fast 100 Jahre auf botanische Gärten an Fürstenhöfen und den Apothekenhandel beschränkt.

In Irland setzte sich die Kartoffel als Erstes flächendeckend durch, und um 1662 konnte eine Getreidemissernte hierdurch kompensiert werden. Auf dem europäischen Festland erfolgte die Etablierung zögerlicher, vor allem in Deutschland und Frankreich. Für Deutschland ist ein landwirtschaftlicher Anbau um 1640 aus Niedersachsen und Westfalen dokumentiert, um 1710 bauten die Waldenser sie in Württemberg an. Es blieb jedoch bei lokalem Anbau, obwohl die Kartoffel sich damals den Ruf erwarb, durch ihren problemlosen Anbau und den guten Ertrag **Hungersnöte** zu vermeiden. Daher verordnete Zar Peter I. 1697 den Kartoffelanbau in Russland und beendete eine lange Serie von Hungersnöten.

In Deutschland setzte sich in Preußen Friedrich der Große seit 1740 unermüdlich für den Kartoffelanbau ein. Seine Armee verteilte Saatkartoffeln gratis an Bauern, übernahm teilweise den Anbau und instruierte auf diese Weise die ablehnende Bevölkerung. Der König selbst führte öffentliche Kartoffelessen durch. Den Durchbruch als Volksnahrungsmittel erreichte die Kartoffel erst um 1770. Um 1760 lernte der französische Ökonom Parmentier die Kartoffel in Hannover kennen und bemühte sich, sie in Frankreich populär zu machen. Es ist überliefert, dass Ludwig XV. auf seine Bitte hin eine Kartoffelblüte im Knopfloch trug. Dennoch blieb lange Zeit der Kartoffelanbau in Frankreich unbedeutend.

Dieser zögerliche Anbau hängt zum Teil damit zusammen, dass die Bauern die Kartoffel aus traditionellen Gründen ablehnten. Wichtig war aber auch, dass die damaligen Kartoffelsorten für einen Anbau in Europa wenig geeignet waren. Als tropische **Kurztagspflanze** bildete sie unter den europäischen Langtagbedingungen vor allem vegetative Teile, aber wenig Knollen. Die ersten 100 bis 200 Jahre nach der Einfuhr dienten also einer züchterischen Bearbeitung, bei der auch weitere Sorten aus Südamerika eingekreuzt wurden, um die Pflanzen den europäischen Bedingungen anzupassen.

Schließlich soll noch der **Bergbau** als landschaftsgestaltende Funktion angesprochen werden. Auch hier zeigen sich sehr deutlich die veränderte Dimension und Wirksamkeit im Zusammenhang mit der Entwicklung von Maschinen und Techniken. Historischer Abbau im vorindustriellen Zeitalter führte in der Regel nur zu geringfügigen Eingriffen im Rahmen lokaler Abbaustellen, welche heute oft sogar hohen Naturschutzwert als azonale Sonderstandorte mit seltenen und gefährdeten Arten genießen (z. B. als Laichbiotope für die Gelbbauchunke oder als Nistplätze für den Uhu). Mit der Entwicklung der Dampfmaschine und schließlich der Dieselmotoren waren dann Eingriffe in sehr viel größerem Ausmaß möglich. Dies zeigte sich im Verlauf des 20. Jahrhunderts zum Beispiel an der Entwicklung landschaftsprägender Schieferhalden, bedingt durch den Schieferabbau im Thüringischen Schiefergebirge. Noch weitaus beeindruckender sind schließlich die ostdeutschen Bergbaufolgelandschaften, in denen sich völlig neuartige Landschaftsstrukturen entwickelt haben. Die spezifische Problematik dieser Regionen hängt mit der Größe des Gebiets zusammen. Eine spontane Wiederbesiedlung ist durch fehlende Diasporenquellen und die relative Nährstoffarmut der tertiären Schichten erschwert.

Insgesamt muss festgestellt werden, dass die Nutzung von Landschaften und Landschaftselementen in Mitteleuropa einen positiven Einfluss auf die Artenvielfalt und auf den Reichtum der Landschaften an unterschiedlichen Lebensgemeinschaften mit sich brachte. Im Rahmen internationaler Naturschutzstrategien hat Europa daher eine besondere Verpflichtung, den aus den traditionellen Kulturlandschaften hervorgegangenen Artenreichtum zu erhalten. Dies steht im Kontrast zu anderen Kontinenten, in denen noch großflächig natürliche Ökosysteme erhalten sind, welche durch die Schaffung oder Ausbreitung von Kulturlandschaften gefährdet werden.

## 6.4.2 Die moderne Kulturlandschaft

An vielen Stellen der Welt wurden vor über 10 000 Jahren unabhängig voneinander in günstigen Lagen landwirtschaftliche Systeme entwickelt. Gute Böden in Tallagen von Flusssystemen erlaubten den Anbau von Pflanzen, aus denen im Laufe der Generationen Kulturpflanzen gezüchtet wurden. Gleichzeitig entwickelten sich durch diese erzwungene Sesshaftigkeit erste Dorfgemeinschaften,

**Tab. 6.2:** Entwicklung der Flächenerträge für Weizen in Deutschland.

| Zeit | Ertrag (t ha⁻¹) | Entwicklungsstadium |
|---|---|---|
| vor 700 | 0,6–0,7 | Gras-Feld-Wechselwirtschaft |
| 800–1700 | 0,7–1,0 | Dreifelderwirtschaft |
| 1900 | 1,6 | Beginn der mineralischen Düngung |
| 1938 | 2,4 | Beginn der industrialisierten Landwirtschaft |
| 1980 | 5–8 | moderne Landwirtschaft mit intensiver Agrochemie |

aus denen später Stadtstaaten und Hochkulturen entstanden.

In Mitteleuropa herrschte vermutlich bis zum 6. oder 7. Jahrhundert eine Gras-Feld-Wechselwirtschaft vor, bei der einzelne fruchtbare Stellen gerodet, geringfügig bearbeitet, eingezäunt und angesät wurden. Nach der Ernte wurde das Feld mehrere Jahre sich selbst überlassen, und erst nach solch einer längeren Brachephase erneut genutzt. Der so nutzbare Flächenanteil war äusserst gering, die Erträge ebenfalls. Ausgehend vom Raum St. Gallen in der Schweiz breitete sich seit dem 8. Jahrhundert die **Dreifelderwirtschaft** (Dreizelgenwirtschaft) aus, welche fest abgetrennte Flurbereiche kontinuierlich nutzte. Im Rotationsverfahren wurden einzelne Parzellen im ersten Jahr mit Wintergetreide, dann mit Sommergetreide und im dritten Jahr als Brachland genutzt (Abbildung 6.78).

Die Vorteile der Dreifelderwirtschaft bestanden in der straffen agrarsoziologischen Struktur (Flurzwang, Siedlungen) und der intensiven Flächennutzung. Typisch war die Kombination von Pflanzenbau und Tierhaltung auf den gleichen Flächen. Als nachteilig erwies sich der hohe Flächenbedarf bei niedrigen Flächenerträgen von 0,7–1,0 t Getreide ha⁻¹ (Tabelle 6.2). Eine effiziente Düngung kannte man nicht, die Bauern trugen jedoch Laubstreu und Humus aus nahe gelegenen Wäldern oder Oberboden aus Moorgebieten zur Bodenverbesserung ein. Da die Viehhaltung weitgehend ohne Futtermittelanbau und Ställe erfolgte, gab es auch keinen Stallmist, der in die Felder gebracht werden konnte.

Dieses Anbausystem bestand regional fast 1 000 Jahre, bis es im 18. Jahrhundert durch zunehmende Nutzung der **Brache** verbessert wurde. Der Anbau Stickstoff fixierender Nutzpflanzen (Luzerne ab 1720, Rotklee ab 1750,

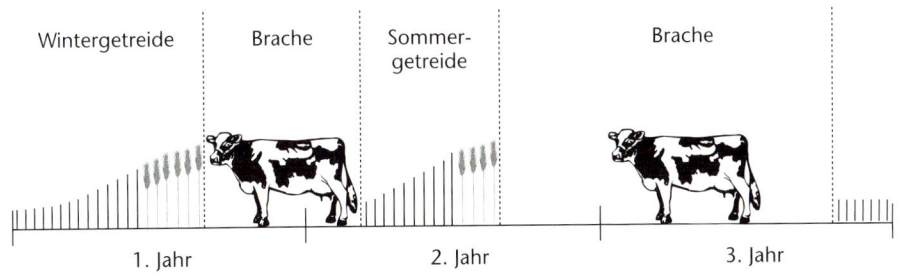

**Abb. 6.78:** Prinzip der Dreifelderwirtschaft mit zwei Anbaujahren für Winter- und Sommergetreide und Brachephasen, die zur Beweidung genutzt wurden.

Lupinen ab 1780) führte zu einer deutlichen Verbesserung der Nährstoffsituation im Brachejahr, gleichzeitig ergab sich durch diesen ersten Futtermittelanbau die Möglichkeit, Hausvieh in Stallhaltung zu füttern. Da so zum ersten Mal Stallmist in größerer Menge anfiel, konnte in der Folge auch gezielt gedüngt werden. Als Nebeneffekt ermöglichte die Stallhaltung eine bessere Kontrolle über die Haustiere, sodass erst jetzt eine eigentliche züchterische Bearbeitung der Haustiere beginnen konnte. Als Alternative zum Futtermittelanbau standen ab 1700 Rüben, ab Ende des 18. Jahrhunderts Kartoffeln für die menschliche Ernährung zur Verfügung (Kasten 6.5). Somit war aus einer reinen Getreidewirtschaft eine Getreide-Getreide-Hackfrucht-Fruchtfolge geworden, die im Prinzip auch heute noch die Grundstruktur der mitteleuropäischen Agrarwirtschaft darstellt.

Im Unterschied zu Getreide, das im Herbst oder Frühjahr keimt und nur eine moderate Unkrautbekämpfung benötigt, keimen Kartoffeln und Rüben erst im Frühsommer. Zu diesem Zeitpunkt hat das Unkraut aber bereits einen so großen Entwicklungsvorsprung, dass Kartoffeln und Rüben nur mit intensiver Unkrautkontrolle heranwachsen können. Da diese traditionell durch Hacken erfolgte, werden solche Kulturpflanzen auch als Hackfrüchte zusammengefasst. Weitere Hackfrüchte sind Mais, Bohnen und Gemüsearten.

Weitere Meilensteine in der Entwicklung der europäischen Landwirtschaft waren Kenntnisse zur Ernährung von Pflanzen (Liebig 1840) und seit Ende des 19. Jahrhunderts die Verfügbarkeit von synthetischem Dünger, sodass die Stickstofflimitierung der Kulturpflanzen aufgehoben werden konnte (Abschnitt 7.2.3). Die landwirtschaftlichen Erträge ließen sich hierdurch etwa verdoppeln (Tabelle 6.2). Parallel erfolgte eine gezielte züchterische Bearbeitung von Kulturpflanzen, die vor allem zur Entwicklung von produktiveren Sorten (Hochleistungssorten) führte.

Seit den 30er Jahren des 20. Jahrhunderts, vermehrt aber seit den 60er Jahren, begann man in Mitteleuropa Bewirtschaftungsweisen, die zuvor der großindustriellen Produktion vorbehalten waren, in der Landwirtschaft umzusetzen. Statt mit der Kraft von Mensch und Tier wurden die Felder mechanisch bearbeitet, sodass der in der Landwirtschaft arbeitende Teil der Bevölkerung bis zum Ende des 20. Jahrhunderts auf etwa 2–3 % sank (1800 ca. 90 %). Um die Felder den immer größeren Maschinen anzupassen, wurden die Landschaften entsprechend verändert (**Flurbereinigung**, Abschnitt 6.4.1). Feldraine, Flurgehölze, Hecken und Bachläufe verschwanden, mit ihnen eine Vielzahl von Tier- und Pflanzenarten, wodurch die Landschaft monotoner wurde. Die Landwirtschaft trug so zu einem erheblichen Maß zum Verschwinden vieler Arten und somit zur Artenarmut unserer Kulturlandschaft bei (Abschnitt 6.5.3.2).

Mit diesen Veränderungen wurde aber auch eine chemische Spirale in Gang gesetzt, die die Nebenwirkungen dieser industriellen Landwirtschaft noch verstärkte. Durch die kontinuierliche Erhöhung der Düngergaben war überall **Stickstoff** im Überschuss vorhanden. Alle Nicht-Kulturpflanzen (Unkraut) wurden ebenfalls kräftig mitgedüngt und erforderten spezielle chemische Mittel zu ihrer Beseitigung (Herbizide). Das immense Längenwachstum der Getreidehalme, welches diese anfällig gegenüber Windbelastung machte, wurde durch chemische Halmverkürzer („Anti-Wachstumshormone") gebremst. Der hohe Stickstoffgehalt machte die Kulturpflanzen attraktiv für herbivore Insekten und pathogene Pilze, sodass Insektizide und Fungiziden eingesetzt werden mussten. Die Gesamtheit dieser chemischen Hilfsmittel bestand also aus Dünger, Wachstumsregulatoren und Bioziden (Pestiziden), beide zusammen auch als **Agrochemikalien** bezeichnet (Abbildung 6.79).

Die moderne, industrielle Landwirtschaft Mitteleuropas, wie sie sich in den 80er Jahren herausgebildet hatte, produzierte Höchsterträge (Tabelle 6.2), war aber von einem immensen chemischen Input abhängig. Zu den Nebenwirkungen dieser Art von Landwirtschaft zählen die Veränderung der Kulturlandschaft, die Belastung der Umwelt mit Agrochemikalien (von der Atmosphäre bis hin zum Grundwasser, dem Trinkwasser und den Nahrungsmitteln selbst) sowie eine massive Reduktion der Biodiversität. Erst die durch die **Überproduktion** nicht mehr finanzierbare Höhe der Agrarsubventionen, die chemischen Nebenwirkungen und die ökologischen Folgen des Systems erwirkten ein langsames Umdenken (Abschnitt 6.4.3.1).

Während die Dreifelderwirtschaft mit ihren Abwandlungen bis zum Ende des 19. Jahrhunderts als traditionelle Landwirtschaft bezeichnet wird, hat sich für ihre indus-

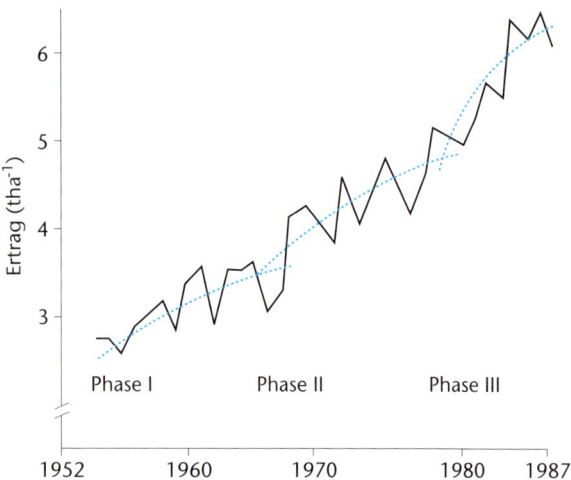

**Abb. 6.79:** Entwicklung des Ertrags von Winterweizen zwischen 1952 und 1987 in einem norddeutschen Betrieb. Phase 1 ist gekennzeichnet durch Verbesserungen der Düngung und der Sortenwahl, Phase 2 durch Sorteneffekte, Düngung und Wachstumsregulatoren, Phase 3 durch alle vorherigen Parameter plus Fungizideinsatz. Nach Knauer (1993).

trielle Form der Ausdruck „konventionell" eingebürgert. Vor allem durch die vielen Nebenwirkungen dieser Art Landwirtschaft haben sich seit den 80er Jahren des 20. Jahrhunderts alternative Bewirtschaftungsverfahren stärker durchgesetzt. Bekannte Formen sind die **integrierte**

**Produktion** (IP) (Kasten 6.6) und die biologische Landwirtschaft. Letztere hat ihre Wurzeln allerdings schon im frühen 20. Jahrhundert. Allen alternativen Formen ist der Wunsch gemeinsam, eine nachhaltige Nutzung zu betreiben (Abschnitt 6.4.3.1).

---

**Kasten 6.6:** **Integrierter Pflanzenschutz (IP)**

In den 50er und 60er Jahren des 20. Jahrhunderts verfügte die Landwirtschaft über eine breite Palette von chemischen Mitteln, um Krankheiten und Schädlinge zu bekämpfen. Die chemische Industrie propagierte damals feste **Spritzpläne**, die jedoch die Nachteile (außer den Nebenwirkungen auf Nicht-Zielorganismen vor allem ein Wirkungsverlust gegenüber Zielorganismen) schnell offensichtlich werden ließen. Als Alternative zur konventionellen Landwirtschaft, wie der zu intensive Einsatz von Agrochemikalien später genannt wurde, proklamierte man daher den integrierten Pflanzenschutz IP (auch integrierte Schädlingsbekämpfung oder integrierte Produktion).

Ziel des IP ist es, von routinemäßigen Anwendungen wegzukommen, stattdessen vermehrt ökologische Grundlagen und Schwellenwerte zu berücksichtigen. Hierauf aufbauend sind alle Methoden erlaubt, die einer gesicherten und hohen Produktion dienen, es sollen aber alle Möglichkeiten in ein Konzept integriert werden. IP verlangt also vermehrt Kenntnisse über den Einfluss von Nützlingen und Schädlingen, Wettereinflüsse, Interaktionen zwischen Boden und Pflanze. IP umfasst den Anbau von geeigneten Sorten in einer sinnvollen Fruchtfolge. Die Düngung muss sich an den lokal möglichen Höchsterträgen orientieren und im Boden vorhandene Nährstoffreserven berücksichtigen. Die Unkrautbekämpfung mit Herbiziden erfolgt nur bei hohem Unkrautdruck, die Bekämpfung von Pflanzenkrankheiten (Pilzerkrankungen) und Schädlingen (z. B. Insekten) mit Fungiziden bzw. Insektiziden nur, wenn der Befall so stark ist, dass ein **Schwellenwert** überschritten wird.

Das Konzept der wirtschaftlichen **Schadensschwelle** geht davon aus, dass mit zunehmender Dichte von Schädlingen der Wert des Produkts (der Ernte) sinkt. Je größer die Differenz zwischen Wert und Verlust, desto eher lohnt es sich, in eine Bekämpfung des Schädlings zu investieren. Eine weitere Annahme des Konzepts besteht darin, dass mit einem bestimmten Betrag für eine Bekämpfung ein höherer Gegenwert des Produkts gesichert werden kann, da sich sonst eine Maßnahme nicht lohnt. Letztlich muss das Konzept auch berücksichtigen, dass jede Maßnahme eine bestimmte Zeit benötigt, um wirksam zu werden. Nicht das Erreichen der ökonomischen Schadensschwelle, sondern das der niedrigeren Bekämpfungsschwelle ist also der Auslöser für eine Maßnahme (Abbildung). In der Praxis bedeutet dies, dass Maßnahmen zu einem frühen Stadium der Entwicklung eines Schädlings preisgünstiger und effektiver sind als zu einem späteren Zeitpunkt. Ein weiterentwickeltes Konzept beinhaltet auch, dass es besser (preisgünstiger) ist, Maßnahmen durchzuführen, die nach einer einmaligen Anwendung zu einer dauerhaften Etablierung eines Gegenspielers führen, als Maßnahmen, die in regelmäßigen Abständen neu appliziert werden müssen.

IP weist auch auf nichtchemische Bekämpfungsmethoden hin: Unkräuter können mechanisch (durch Bodenbearbeitung) kontrolliert werden, Pilzbefall kann durch Sortenmischung und anbautechnisch minimiert und die Befallswahrscheinlichkeit von Schädlingen durch ökologische Begleitmaßnahmen (etwa eine entsprechende Landschaftsgestaltung mit ökologischen Ausgleichsflächen) reduziert werden.

Diese Maßnahmen scheinen eigentlich selbstverständlich, sind aber in Mitteleuropa durch die leichtfertigen Versprechungen des chemischen Pflanzenschutzes und die staatlichen Subventionen für eine Maximalproduktion über Jahrzehnte in Vergessenheit geraten. Diese agrarpolitischen Rahmenbedingungen waren allerdings auch von den Konsumenten lange akzeptiert gewesen. IP kann also als ein Rückgriff auf die ursprüngliche, traditionelle Landwirtschaft gesehen werden, in die jedoch moderne Techniken integriert werden.

IP ist ein sehr variables Konzept, das keine Verbote kennt. Dies unterscheidet IP von der **biologischen Landwirtschaft** (Abschnitt 6.4.3.1), welche beispielsweise keine synthetischen Dünger und Biozide akzeptiert. IP wird in den meisten Bereichen Mitteleuropas fast flächendeckend angewendet, allerdings in unterschiedlich starker Ausprägung. Daher hat der Begriff IP in den letzten Jahrzehnten viel von seiner ursprünglichen Anziehungskraft verloren, und es ist, ohne Anbaudetails zu kennen, nicht möglich, aus dem Begriff IP auf Einzelheiten zu schließen. In der Praxis ist IP eine nicht nachhaltige Bewirtschaftungsform, die keine Biozidfreiheit garantiert und die negativen Auswirkungen der modernen Landwirtschaft (Abschnitt 6.4.2) nicht wesentlich hat mindern können.

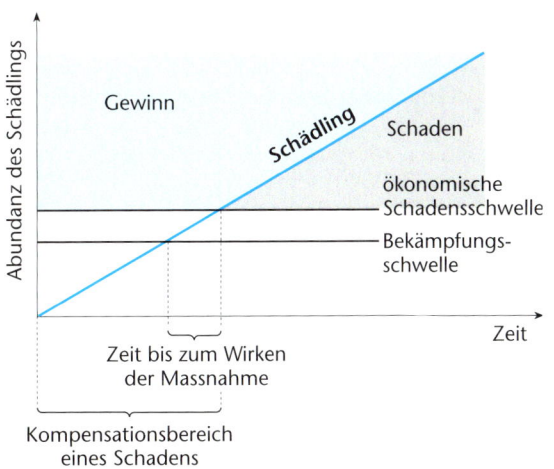

## 6.4.3 Optionen einer ökologisch verträglichen Entwicklung

### 6.4.3.1 Prinzip der Nachhaltigkeit

Unter der nachhaltigen Nutzung eines Systems verstehen wir eine Nutzung, die das System nicht zerstört, sondern langfristig erhält, sodass es kontinuierlich genutzt werden kann. Das Gegenteil bezeichnen wir als Raubbau. Der Begriff Nachhaltigkeit (*sustainability, sustainable development*) wurde vermutlich zu Beginn des 18. Jahrhunderts in der **Waldwirtschaft** geprägt, da dort nach jahrhundertelanger Misswirtschaft durch akuten Holzmangel die Folgen einer nicht nachhaltigen Bewirtschaftung deutlich wurden. Wenn mehr Bäume gerodet werden als nachwachsen, verringert sich der Baumbestand. Diese Entwicklung kann schnell ein kritisches Ausmaß erreichen, da Bäume häufig erst nach 50 und mehr Jahren genutzt werden können. Nach einem Kahlschlag kommt es großflächig schnell zur Bodenerosion, sodass die Standorteigenschaften für Wald immer schlechter werden. Wenn dann keine Bäume mehr wachsen, weil der Oberboden fehlt, wird auf lange Zeit kein Holz mehr geerntet werden können. Das Kapital ist zerstört, weil vergessen wurde, nur die Zinsen zu ernten. Geprägt durch diese schlechten Erfahrungen setzte sich schließlich um die Wende vom 18. zum 19. Jahrhundert das Nachhaltigkeitsprinzip innerhalb der Forstordnung durch und seitdem gilt der Grundsatz einer „geordneten" Waldwirtschaft. Ihre wesentlichen Kriterien besagen, dass die Waldfläche erhalten werden muss und eine Nutzung nur in der Größenordnung des Zuwachses erfolgen darf. Je nach Nutzungsform wird nach einem Kahlschlag wieder aufgeforstet.

Die Weltkommission für Umwelt und Entwicklung der Vereinten Nationen definierte nachhaltige Entwicklung im „*Brundtland-Report*" 1987 so: „*Sustainable development meets the needs of the present without compromising the ability of future generations to meet their own needs.*" Eine nachhaltige Entwicklung ist daher nicht nur eine Aufgabe für unsere heutige Generation, sondern auch für unsere Kinder und Kindeskinder. Wie kann man aber erkennen und messen, ob das Ziel, das für eine nachhaltige Entwicklung erreicht werden soll, auch erreicht werden kann? Hier ist man auf Beurteilungskriterien und Messungen zur Erfüllung dieser Kriterien angewiesen. Auf internationaler Bühne aber werden diese Kriterien noch intensiv und kontrovers diskutiert.

Die hier im Wesentlichen vorgestellte nachhaltige Nutzung natürlicher Ressourcen ist nur ein Aspekt einer nachhaltig orientierten Gesellschaft. Eine ökologische Nachhaltigkeit, die sich auf die Umwelt des Menschen auswirkt, ist letztlich nur erreichbar, wenn sich das soziokulturelle Umfeld des Menschen ebenfalls an solchen Werten misst. Entscheidend dürfte aber eine an nachhaltiger Entwicklung orientierte Wirtschaft sein, da diese die Eckpunkte unserer gesellschaftlichen Entwicklung setzt. Die aktuellen Wirtschaftssysteme basieren im Wesentlichen aber auf Wachstum, benötigen also Steigerungsraten von Umsatz, Ver-

brauch und Gewinn. Dies kennzeichnet sie als im Prinzip nicht nachhaltig und zeigt die Dimension des Umbaus auf, der von unserer Gesellschaft noch geleistet werden muss.

Nachhaltigkeit ist ein anthropozentrischer Begriff, der da angebracht ist, wo der Mensch eingreift. Natur als solche ist nicht nachhaltig und kann daher nicht als Beispiel herangezogen werden. Gerade die großen Stoffkreisläufe zeigen, dass auf lange Sicht beachtliche Verschiebungen über Lebensräume erfolgen: In Tundren ist die Photosyntheserate größer als die Dekomposition, sodass es zur Torfbildung kommt. In früheren Zeiten wurden gewaltige Mengen an Biomasse und Salzen aus der Biosphäre abgelagert, wodurch die bekannten Kohle-, Erdöl- und Salzlager entstanden.

Der Ruf nach Nachhaltigkeit wird in vielen Bereichen unseres Lebens laut und ist sogar in die Verfassung einiger Staaten aufgenommen worden (z. B. in der Schweiz). Zentral sind sicher die Bereiche unserer Versorgung mit Nahrung (Landwirtschaft, Fischfang), Energie und Rohstoffen (Waldwirtschaft, Bergbau). Hiermit eng gekoppelt ist die Art und Weise, wie wir Lebensräume nutzen. Leider gibt es bis heute mehr Beispiele für fehlende Nachhaltigkeit als positive Vorbilder.

Während die konventionelle Landwirtschaft die Umwelt stark belastet (Abschnitt 6.4.2) und energetisch defizitär ist (Abschnitt 5.2.1.2), verzichtet die **biologische Landwirtschaft** weitgehend auf Biozide, sodass sich artenreiche Lebensräume mit einem natürlichen Schädlingsregulationspotenzial entwickeln können. Der Ersatz von mineralischem durch organischen Dünger verhindert die Eutrophierung der Umwelt. Schonende Bodenbearbeitung fördert die Bodenfruchtbarkeit. Es werden bevorzugt standortgeeignete und resistente Sorten in einer weiten Fruchtfolge angebaut. Der Verzicht auf Maximalerträge führt trotzdem meist zu höheren finanziellen Erträgen, da der Mittelaufwand deutlich geringer ist als beim konventionellen Anbau und etwas höhere Preise erzielt werden können (Mäder et al. 2002). Biologische Landwirtschaft ist nachhaltig, macht jedoch in Mitteleuropa nur wenige Prozent der Anbaufläche aus (Deutschland 4%, Österreich und Schweiz 10% der Anbaufläche).

Die Entnahme von Fisch und anderen Produkten aus den Meeren der Welt hat sich in der zweiten Hälfte des 20. Jahrhunderts mehr als verfünffacht. Durch die weltweit große Nachfrage nach tierischem Eiweiß führte der stetig wachsende Nutzungsdruck auf die marinen Ressourcen zum Zusammenbruch vieler Fischpopulationen in zahlreichen Meeresteilen der Welt. Der **Fischfang** verlagerte sich hierdurch aber immer nur auf andere Arten und in andere Regionen. Kurzfristig war eine Erholung möglich, langfristig allerdings intensivierte sich die Nutzung der Meere immer mehr. Der Walfang führte fast zur Ausrottung aller Großwale, zeigte aber auch, dass Konsumentendruck und internationale Regeln einen effektiven Schutz der Tiere erreichen können. Wahrscheinlich wird sich langfristig eine geregelte Bewirtschaftung der Großwale ergeben. Für die meisten Bereiche des marinen Fischfangs gibt es jedoch kaum international verbindliche Vereinbarungen

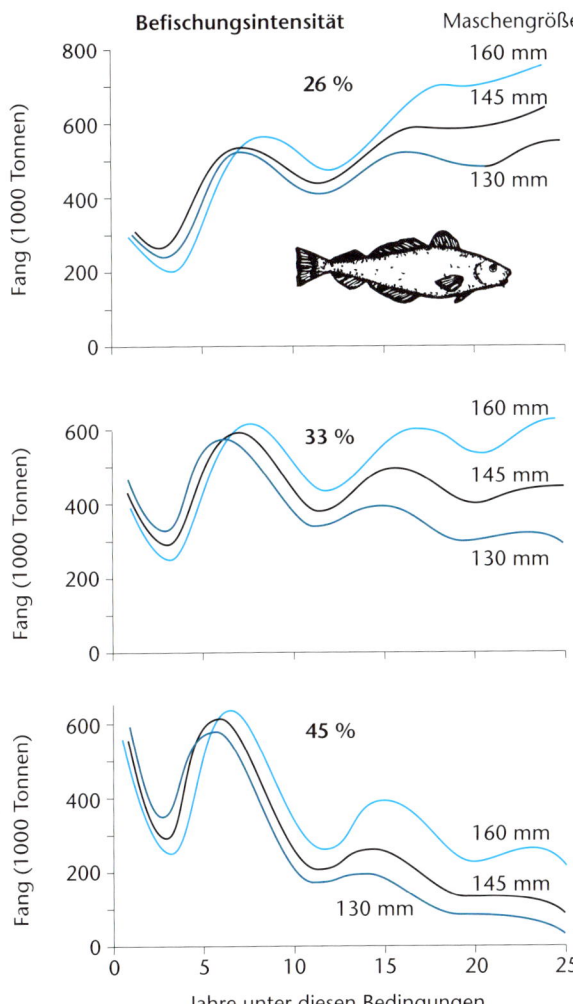

**Abb. 6.80:** Voraussagen für die Entwicklung der Kabeljau-
bestände bei drei verschiedenen Befischungsintensitäten und
Maschengröße (mm) als Grundlage für einen nachhaltigen
Fischfang. Nach Pitcher und Hart (1982).

für Wale, solch ein Ansatz für Fische jedoch nicht durchgesetzt (Abbildung 6.81).

Global kann die Energiegewinnung nicht als nachhaltig
bezeichnet werden. Etwa 90% der weltweit verbrauchten
**Energie** wird durch das Verbrennen von Kohle, Erdöl
und Erdgas sowie Uran gewonnen. Dies sind fossile Energieträger, deren Vorräte begrenzt sind und deren Nutzung
unsere Umwelt schwer belastet (z.B. durch den Treibhauseffekt, Abschnitt 7.3.3). Die restliche Energie wird
durch Nutzung der Wasserkraft, durch Biomasseverbren-
nung und sonstige regenerative Energieformen gewonnen. Lediglich diese 10% können als nachhaltig eingesetzte Energie bezeichnet werden. Wie die Entwicklung der
letzten Jahre vor allem beim aktuellen Ausbau der Windenergie in Europa gezeigt hat, ist das Potenzial nachhaltiger Energienutzung jedoch um ein Vielfaches größer und
sollte unbedingt ausgebaut werden. Es liegt vor allem an
machtpolitischen Konstellationen, wenn die Energiemärk-
te nicht zu mehr Nachhaltigkeit umgebaut werden.

Holz eignet sich wegen seiner geschlossenen $CO_2$-Bi-
lanz besonders zu einer nachhaltigen Nutzung als Energieträger oder als Rohstoff (Zellstoff, Papier). Entscheidend
ist neben der Kohlenstoffbilanz, wie oben ausgeführt,
aber auch die Art des Anbaus. Eine geregelte **Waldwirtschaft** kann als nachhaltig bezeichnet werden, während
Kahlschlagwirtschaft tropischer Regenwälder oder borealer Wälder ohne Aufforstung dies nicht ist. Da man einem
Baumstamm oder der Cellulose aber nicht ansieht, wie der
Wald bewirtschaftet wird, werden seit einigen Jahren zunehmend Zertifikate vergeben, welche nach strengen Regeln verliehen werden. Das FSC-(*Forest-Stewardship-
Council-*)Zertifikat existiert seit Anfang der 90er Jahre und
garantiert eine nachhaltige Waldbewirtschaftung. Es deckt
derzeit Wälder in 56 Staaten ab (Tabelle 6.3). 48% der zer-
tifizierten Flächen sind boreale Wälder, 37% Wälder der
gemäßigten Breiten und nur 15% Tropenwälder. Da aber
gerade die Tropenwälder durch den vorherrschenden
Raubbau nach wie vor existenziell gefährdet sind, besteht
in diesem Bereich noch großer Nachholbedarf.

und noch weniger Kontrollen. Wenn kleine Netze nicht
genug Ertrag bringen, werden die Netze bis zu den gewaltigen Treibnetzen vergrößert. Wenn nicht genügend Spei-
sefische gefangen werden können, wird vermehrt Beifang
(kleine und kranke Fische, aber auch für die menschliche
Ernährung nicht geeignete Arten) als Industriefisch gefangen und zu Fischmehl (also Tierfutter) verarbeitet. Die
Meeresnutzung ist insgesamt nicht nachhaltig und entspricht einem Raubbau an den marinen Ressourcen.

Nachhaltigkeit könnte jedoch vergleichsweise einfach
erzielt werden, etwa durch ein konsequentes Melde- und
Überwachungssystem der Fänge. Als Regulierungsmög-
lichkeit haben sich variable Maschenweiten bewährt, welche es erlauben, bestimmte Arten und Altersklassen sehr
gezielt zu bewirtschaften (Abbildung 6.80). In der Praxis
hat sich, im Unterschied zum derzeitigen Schutzsystem

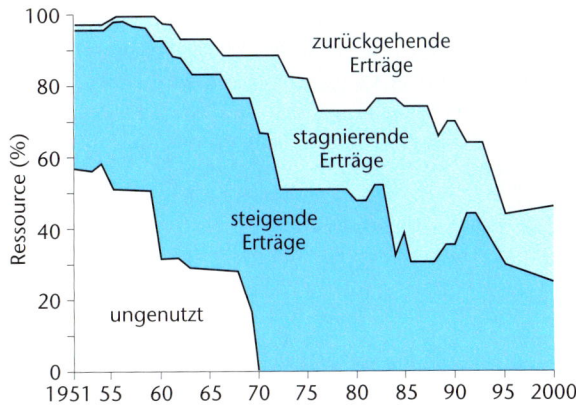

**Abb. 6.81:** Die Fischereistatistik der FAO zeigt, dass an den
marinen Ressourcen immer stärkerer Raubbau betrieben wird.
Nach www.fao.org.

**Tab. 6.3:** Umfang der FSC-zertifizierten Wälder weltweit. Nach www.fscoax.org, Stand August 2002.

| | zertifizierte Fläche (Millionen ha) | Anteil (%) an der weltweit zertifizierten Fläche |
|---|---|---|
| Europa | 18,8 | 63,4 |
| Nordamerika | 5,2 | 17,5 |
| Lateinamerika | 3,6 | 12,2 |
| Afrika | 1,1 | 3,8 |
| Asien | 0,9 | 3,1 |
| gesamt | 29,6 | 100 |

## 6.4.3.2 Biologische Schädlingskontrolle

Unter **Schädlingen** verstehen wir Arten (Tiere, Pflanzen, Mikroorganismen), die mit dem Menschen direkt oder indirekt um die gleiche Ressource konkurrieren. Blattläuse an Weizen, Klettenlabkraut (*Galium aparine*) im Weizenfeld oder Getreiderost sind entsprechende Beispiele. In intensiven Nutzsystemen können diese Arten zu Schädlingen werden, häufig weil ihre natürlichen Gegenspieler durch die ausgeräumte Agrarlandschaft oder durch Agrochemikalien beseitigt wurden. Oftmals werden auch zu empfindliche Pflanzensorten angebaut, oder selbst Minimalschäden (kosmetische Schäden) werden nicht toleriert (Schorf am Apfel, einzelne Blattläuse am Salat). Arten können aber auch schädlich werden, wenn sie in fremde Kontinente verschleppt werden, in denen sie sich dann ohne geeignete Gegenspieler massenhaft vermehren. Da die Menschen einen immer größeren Teil der Welt und ihrer Produktion als Ressource beanspruchen, wird die Zahl möglicher Schädlinge stetig zunehmen. Es gibt ungefähr gleich viel schädliche Pflanzen (Unkräuter) wie Tiere (meist Insekten und Milben), aber zwei- bis dreimal so viele schädliche Mikroorganismen (meist Pilze).

Als Alternative zu einer chemischen Schädlingsbekämpfung hat sich bereits früh im 20. Jahrhundert die biologische Schädlingskontrolle (*biological control*) etabliert. Die deutschen Bezeichnungen beider Ansätze verdeutlichen ihre Absicht: Mit chemischen Mitteln will man Schädlinge bekämpfen, also ausrotten. Die Nachteile des Einsatzes dieser Biozide liegen in der fehlenden Spezifität (auch Nicht-Zielorganismen werden häufig betroffen), ihrer Persistenz (ältere Biozide haben Halbwertszeiten von Jahrzehnten) und einer möglichen Resistenzbildung (daher müssen die meisten Mittel nach einigen Jahren durch Nachfolgeprodukte ersetzt werden). Mit biologischen Mitteln rottet man hingegen in der Regel Schädlinge nicht aus, sondern man strebt ihre Reduktion unter eine wirtschaftliche Schadensschwelle an. Die Spezifität ist sehr hoch, die Wirkungsdauer häufig sehr lang, eine Resistenzbildung kommt kaum vor.

Die biologische Kontrolle eines Schädlings kann auf verschiedene Weisen erfolgen:

- Die **klassische biologische Schädlingskontrolle** (*classical biological control*) richtet sich gegen exotische Schädlinge, also Schädlinge, die im Schadensgebiet nicht heimisch sind, sondern eingewandert sind oder mit dem Menschen eingeschleppt wurden (absichtlich oder unabsichtlich). Ein oder mehrere natürliche Gegenspieler (**Agenten**, *agents*) eines Schädlings aus dessen Herkunftsgebiet werden in das neue Verbreitungsgebiet nachgeführt und dort dauerhaft angesiedelt. Diese sollen dann den Schädling, vergleichbar der Situation im gemeinsamen Herkunftsgebiet, unter die ökonomische Schadensschwelle drücken.

- Wenn natürliche Gegenspieler fehlen, zu spät auftreten oder in zu geringen Dichten vorkommen, um für eine effektive Kontrolle des Schädlings zu sorgen, können gezüchtete natürliche Gegenspieler freigelassen werden. Diese so genannte Methode der **Wirkungsverstärkung** (*augmentation*) ist dann angebracht, wenn Gegenspieler keine dauerhafte Population aufbauen können. Diese Methode wird vor allem in geschlossenen Systemen wie Gewächshäusern eingesetzt, in denen sich betriebstechnische Unterbrechungsphasen und unvermeidbare neue Infektionsphasen abwechseln. Bei der **Inokulationsmethode** (*inoculation*) wird nur eine kleine Anzahl Agenten freigelassen, die sich zunächst vermehren und deren Nachkommen für den größten Teil der Kontrolle verantwortlich sind. Beispiele betreffen etwa den Einsatz von Florfliegen- oder Marienkäferlarven gegen Blattläuse. Die **Überschwemmungsmethode** (*inundation*) hingegen setzt eine große Zahl von Gegenspielern (oft Mikroorganismen, aber auch Insekten wie den Eiparasitoid *Trichogramma* aus Massenzuchten) ein, um direkt einen sehr großen Teil der Schädlinge zu töten. Für Mikroorganismen (inklusive Einzellern und Nematoden) als Gegenspieler hat sich der Ausdruck **Biopestizid** eingebürgert.

- Die wahrscheinlich am häufigten angewandte aber oft nicht als solche bezeichnete Methode der biologischen Schädlingskontrolle ist die **Förderung natürlicher Gegenspieler** von Schädlingen (*conservation biocontrol*). Hierbei werden bereits vorhandene Populationen von Agenten durch geeignete Maßnahmen gefördert, die gleichzeitig für die Schädlinge nicht förderlich sein sollen. Zu solchen Maßnahmen gehören unter anderem Fruchtfolge (Wechsel der Anbaufrucht), Einsatz von selektiven Pestiziden (Schonung von Nützlingen), Untersaat und die Etablierung von ökologischen Ausgleichsflächen (Spontanbrachen, Buntbrachen), in denen sich Nützlingspopulationen in der ansonsten strukturarmen Agrarlandschaft halten können (Thies und Tscharntke 1999).

Eines der besten Beispiele für die erfolgreiche biologische Kontrolle eines Schädlings ist gleichzeitig eines der ersten Beispiele. Mit Akazientransporten aus Australien gelangte die Schildlaus *Icerya purchasi* um 1868 nach Kalifornien, wo sie auf Zitrusbäume übersprang und großen Schaden in den dortigen Plantagen anrichtete. Um 1887 erkannte man, dass der Schädling aus Australien stammen musste, und schickte einen Entomologen dorthin, um Gegenspieler der Schildlaus zu suchen. 1888 wurden 500 Marienkäfer (*Rodolia cardinalis*) nach Kalifornien gebracht. Innerhalb kurzer Zeit kontrollierten sie die Schildlaus und hielten sie auf einem sehr niedrigen und unschädlichen Niveau.

Dieses Beispiel zeigt, dass Schädlinge dann besonders gut kontrolliert werden können, wenn sie transkontinental in einen feindfreien Raum verschleppt wurden, d. h. sie wurden erst ohne ihre ursprünglichen Gegenspieler zu Schädlingen. Die Suche nach Gegenspielern im eigentlichen Ursprungsgebiet ist daher der zentrale Bestandteil eines modernen Projekts zur klassischen biologischen Kontrolle eines Schädlings, da angenommen wird, dass es aufgrund der längeren gemeinsamen Evolutionszeit vor allem im Ursprungsgebiet spezifische Gegenspieler gibt (*area of origin hypothesis*). Häufig ist es sinnvoll, mehrere Gegenspieler freizulassen, denn sie entwickeln sich in verschiedenen Lebensräumen des Schädlings unterschiedlich gut und können sich somit gut ergänzen. Als in den 40er Jahren des 20. Jahrhunderts DDT gegen andere Schädlinge versprüht wurde, starb als Nebeneffekt der Marienkäfer in Kalifornien fast aus, sodass die Zitrusschildlaus wieder schädlich wurde. Dies zeigte, dass biologische und chemische Methoden nicht ohne weiteres kombiniert werden können.

Zu den theoretischen Grundlagen der biologischen Schädlingskontrolle gehört auch das **Nischenkonzept** (Abschnitt 2.4.2). Schädlinge im Invasionsgebiet leben ohne Gegenspieler, die für diese verfügbaren Planstellen sind also nicht besetzt und werden durch das Nachführen eines geeigneten Gegenspielers gefüllt.

Ein weiterer Punkt betrifft die Spezifität. Es ist von zentraler Bedeutung, dass eingesetzte Nützlinge hochspezifisch sind. Nur so kann verhindert werden, dass sie sich anderen Arten zuwenden und ihrerseits zu Schädlingen werden. In modernen Projekten nimmt daher das Screening auf **Wirkungsspezifität** eine zentrale Stellung ein. Wann immer in der Vergangenheit der Import von Nützlingen nicht die erhofften Ergebnisse, sondern unerwünschten zusätzlichen Schaden brachte, lag es an der geringen Spezifität der Agenten. Dass diese trotzdem eingesetzt wurden, beruhte oftmals auf Fehleinschätzungen der Entscheidungsträger im politischen Umfeld.

Solch negative Beispiele beziehen sich unter anderem auf die vielen eingeführten Katzen, Füchse und Hunde, mit denen die weltweit verschleppten Ratten kontrolliert werden sollten. In der Folge dezimierten die Katzen eher einheimische Kleinsäuger, Vögel und Reptilien, sodass hierdurch vor allem auf Inseln eine große Zahl von endemischen Arten ausstarb. Ähnlich verhielt es sich mit der südamerikanischen Riesenkröte *Bufo marinus*, die 1935 in Australien gegen zwei an Zuckerrohr schädliche Käferarten freigelassen wurde. Die Kröten vermehrten sich stark und breiteten sich in großen Bereichen des Kontinents aus, hatten aber keinen Einfluss auf die Zuckerrohrschädlinge. Stattdessen fraßen sie unselektiv viele australischen Kleintiere, Wirbellose und Wirbeltiere und richteten so beträchtlichen Schaden an. Daher wurde in den 90er Jahren ein eigenes Projekt gestartet, um die Riesenkröten mit krötenspezifischen Viren, die in Venezuela entdeckt wurden, zu kontrollieren. In all diesen Fällen war zuvor bekannt, dass die eingesetzten Agenten ein breites Nahrungsspektrum hatten.

Die wichtigste Phase eines korrekt durchgeführten Projekts zur biologischen Schädlingskontrolle sind **Spezifitätstests**. Heute haben sich zentrifugale Tests eingebürgert (*centrifugal testing*), bei denen zuerst mit jedem potentiellen Agenten mehrere Populationen des Zielorganismus getestet werden. Hierbei soll die Wirksamkeit des Agenten gezeigt werden. Anschließend werden Tests, bei denen sich keine Wirksamkeit ergeben darf, mit nah verwandten Arten des Schädlings (gleiche Gattung, gleiche Unterfamilie, gleiche Familie), schließlich Tests mit entfernter verwandten Taxa gemacht. Danach werden einige häufige Arten getestet, die unabhängig von einer Verwandtschaft im gleichen Lebensraum wie der Zielorganismus vorkommen. Bei Pflanzen mit auffälligen chemischen Inhaltsstoffen ist empfohlen, auch nichtverwandte Arten mit den gleichen Inhaltsstoffen zu testen. Zuletzt werden die wichtigsten Nutzpflanzen der Zielregion getestet. Neben *no-choice*-Tests, in denen den Agenten nur ein Zielorganismus angeboten wird, sollten zumindest bei kritischen Fällen auch *choice*-Tests eingesetzt werden. In diesen werden neben dem Agenten mehrere andere Nicht-Zielarten angeboten, sodass über die ermöglichte Auswahl eine wirklichkeitsnähere Testsituation geschaffen wird.

Dieses aufwendige Testverfahren dient der Sicherheit, denn es muss weitgehend ausgeschlossen werden können, dass ein Gegenspieler andere Arten als den Zielorganismus befällt. Da es häufig nicht mehr möglich ist, einen einmal freigesetzten Gegenspieler zurückzuholen, wurden diese Testverfahren in den letzten Jahrzehnten sehr sorgfältig konzipiert. Die positive Gesamtbilanz der biologischen Unkrautkontrolle, dokumentiert durch Julien und Griffiths (1998), bestätigt gleichzeitig die Notwendigkeit solcher Vorsichtsmaßnahmen (Tabelle 6.4).

Abschließend soll auch erwähnt werden, dass die Entwicklung eines biologischen Kontrollverfahrens für einen bestimmten Schädling in fünf bis zehn Jahren abgeschlossen sein kann, unter günstigen Bedingungen in wenigen Jahren zum Erfolg führt und häufig deutlich billiger ist als eine chemische Kontrolle. Besonders kostengünstig sind erfolgreiche klassische biologische Schädlingskontrollprojekte, da die Wirkung (und damit auch die eingesparten Behandlungskosten und Ertragsausfälle) dauerhaft ist. Das Kosten-Nutzen-Verhältnis kann dabei 1:100 über-

**Tab. 6.4:** Bilanz der biologischen Kontrolle von 72 Unkrautarten, deren Gegenspieler vor genügend langer Zeit eingeführt wurden, um den Erfolg dokumentieren zu können. Nach Sheppard (1992).

|  | Anzahl (%) |
|---|---|
| keine Kontrolle erreicht | 35 |
| Kontrolle manchmal erreicht | 19 |
| eine gewisse Kontrolle immer erreicht | 18 |
| völlige Kontrolle manchmal erzielt | 15 |
| völlige Kontrolle immer erzielt | 13 |

schreiten und liegt typischerweise in der Größenordnung von 1:10. Zum Vergleich haben chemische Kontrollverfahren gegen die gleichen Organismen ein durchschnittliches Kosten-Nutzen-Verhältnis von 1:4.

Auch Freilassungen von gezüchteten Agenten in Gewächshäusern sind unter Umständen günstiger als vergleichbare chemische Verfahren, wie das Beispiel der Schädlingsbekämpfung im niederländischen Tomatenanbau zeigt. Mit vier Behandlungen pro Saison lassen sich Weiße Fliegen zum Preis von 0,10 Dollar m⁻² kontrollieren. Bei chemischer Kontrolle sind 10 Behandlungen pro Saison erforderlich, die Kosten liegen bei 0,20 Dollar m⁻² (van Lenteren 1989).

Auch schädliche Pflanzen (**Unkräuter**) lassen sich kontrollieren, indem herbivore Gegenspieler ausgesetzt werden (Tabelle 6.5). Das beste Beispiel hierzu behandelt die Kontrolle von Opuntien (*Opuntia inermis* und *O. stricta*) in Australien. Diese Pflanzen waren im 19. Jahrhundert aus Mexiko nach Australien gebracht worden, um als Weidezäune eingesetzt zu werden. Die Opuntien breiteten sich jedoch so stark aus, dass zu Beginn des 20. Jahrhunderts 24 Millionen ha von ihnen überwuchert waren, die Hälfte dieser Fläche bestand aus einer Monokultur von Opuntien. Weder mit chemischen noch mit mechanischen Mitteln konnten die Opuntien beseitigt werden. Über den Verlust an Weideland ließ sich ein immenser Schaden beziffern. In den 20er Jahren des 20. Jahrhunderts suchten Entomologen in Mittel- und Südamerika nach geeigneten Gegenspielern. Unter rund 150 an Opuntien herbivoren Arten wurde *Cactoblastis cactorum*, ein Kleinschmetterling aus der Familie der Zünsler (Pyralidae), ausgewählt. Zwischen 1926 und 1929 wurden mehrere 100 Millionen Opuntienzünsler in Australien freigelassen. Die besondere Wirkung dieses Schmetterlings beruht darauf, dass seine Larve durch ihre Fraßtätigkeit Eintrittspforten in die sukkulente Pflanze schafft, über welche Mikroorganismen in die Pflanze gelangen. Diese lösen Fäulnisprozesse aus, welche die Opuntie schnell zum Absterben bringt. Bis 1935 hatten sich die Dichten von Opuntien und Opuntienzünsler auf ein sehr niedriges Niveau eingependelt, d. h. der größte Teil der Flächen wurde von Opuntien frei und stand als Weideland wieder zur Verfügung (Abbildung 6.82). Dieser Zustand hält bis heute an.

**Abb. 6.82:** Die Zerstörung der riesigen Opuntienbestände in Australien ist ein eindrücklicher Beleg für die Möglichkeit ihrer biologischen Kontrolle. a) vor der Freilassung von Opuntienzünslern, b) ein Jahr danach. (Paul DeBach, *Biological control by natural enemies*, 1991, mit freundlicher Genehmigung von Cambridge University Press.)

Unter den **Pathogenen** sind vor allem Pilze geeignete Gegenspieler von Insekten und Unkräutern. In vielen Fällen gelang es, die Pathogene zu kultivieren, zu vermehren und Sporensuspensionen zu versprühen. Da auf diese Weise Gegenspieler wie Biozide appliziert werden, haben sich auch die Begriffe Bioinsektizid und Bioherbizid eingebürgert. Eine Reihe von Pathogenen wird routinemäßig hergestellt und ist kommerziell verfügbar.

Neben der in Abschnitt 6.4.2 erwähnten chemischen Bekämpfung und der hier behandelten biologischen Kontrolle von Schädlingen gibt es weitere Möglichkeiten. Unkräuter können durch geeignete Bodenbearbeitungsmaßnahmen mechanisch kontrolliert werden (Hacken, Striegeln). Physikalische Methoden beinhalten beispielsweise Leimringe an Bäumen gegen nichtfliegende Schädlinge (etwa Apfelwicklerlarven). Anbautechnische Methoden werden mit einer sinnvollen Fruchtfolge eingesetzt, sodass kulturpflanzenspezifischen Schädlingen durch die Wahl einer günstigen Folgekultur der Lebensraum entzogen wird. In der Regel bedeutet dies, dass in zwei aufeinander folgenden Jahren eher unähnliche Arten angebaut werden, wie dies durch den Getreide-Hackfrucht-Wechsel der klassischen Fruchtfolge bereits vorgegeben ist. So finden z. B. Schädlinge, die im Boden überwintern, im Folgejahr eine für sie ungeeignete Wirtspflanze vor.

**Tab. 6.5:** Taxonomische Zuordnung von 255 erfolgreichen Gegenspielern in der biologischen Unkrautkontrolle. Nach Julien und Griffiths (1998).

| Arthropodengruppe | Anteil (%) |
|---|---|
| Coleoptera | 42 |
| Lepidoptera | 31 |
| Diptera | 14 |
| Hemiptera | 7 |
| Sonstige Insekten | 4 |
| Acari | 2 |

## 6.4.3.3 Genetisch veränderte Organismen – eine Option?

1973 gelang es zum ersten Mal, ein fremdes Gen in ein Bakterium einzuschleusen. Nachdem in den Folgejahren vor allem methodische Probleme im Vordergrund standen, ist es inzwischen möglich, die genetischen Eigenschaften vieler Organismen gezielt zu verändern. Heute können Gene aus einer Vielzahl lebender Organismen isoliert, zum Teil modifiziert und in einen Zielorganismus neu eingeführt werden. Hierdurch werden diese Organismen um die Eigenschaft bereichert, die das neue Gen codiert. Im Unterschied zur klassischen Pflanzen- und Tierzüchtung lassen sich Arten miteinander kombinieren, die natürlicherweise nicht kreuzbar sind, und es wird versucht, Eigenschaften gezielt zu transferieren.

In diesen Vorteilen sind zugleich auch die Nachteile gentechnischer Verfahren bzw. genetisch modifizierter Organismen (**GMO**) begründet. Dadurch, dass bisher nicht Kombinierbares kombiniert werden kann, entstehen neue Organismen oder Organismen mit neuen Eigenschaften. Wenn solche Organismen in ein Ökosystem freigesetzt werden, ist dieses mit einem Organismus konfrontiert, die bisher dort noch nicht vorkam. Transgene Arten können sich also in Ökosystemen im Prinzip wie invasive Arten verhalten. Sie können völlig unauffällig sein und womöglich wieder verschwinden, sie können aber auch dominant werden, etablierte Arten verdrängen, also den Charakter des Ökosystems stark verändern, und sich zum Schädling entwickeln.

Aus methodischen Gründen überführt man nicht nur das gewünschte Gen in den modifizierten Organismus, sondern meist noch weitere Gene als **Markergene**, um die Individuen zu erkennen, die das neue Gen in ihr Genom eingebaut haben. Eines dieser Markergene ist ein Antibiotika-Resistenzgen, welches es ermöglicht, modifizierte Zellen mit Antibiotika zu selektieren. Im Rahmen der Zulassung transgener Organismen gibt dieses Resistenzgen immer wieder Grund zur intensiven Diskussion. Zukünftig soll dieses Gen daher in den transgenen Organismen inaktiviert bzw. wieder entfernt werden. Ein weiterer Diskussionspunkt betrifft die Promotoren der neuen Gene. Sie sorgen dafür, dass ein Gen exprimiert wird, also die Produktion des neuen Genprodukts beispielsweise in allen Organen der Maispflanze (Wurzeln, grüne Teile, Pollen, Kolben) erfolgt. Gewebespezifische **Promotoren** würden ein dadurch verursachtes eventuelles Risiko deutlich verringern. Daher sollen moderne transgene Organismen über diese Spezifität verfügen.

Die Isolierung der DNA mit einer bestimmten Eigenschaft aus dem ‚Spender‘-Organismus bzw. die Herstellung von klonierten Sequenzen ist wohl gezielt, aber der Vorgang des Einbringens der Transgenkonstrukte in den ‚Empfänger‘-Organimus erfolgt ungezielt und kann als ein Sicherheitsproblem gesehen werden. Gene lassen sich zudem nicht wie Bausteine beliebig kombinieren. Man weiß also nicht genau, wo im Genom das Transgenkonstrukt landet. Sollte dies ein heikler Ort sein, können Nachbargensequenzen unerwünschte bzw. ungeahnte Interaktionen oder auch neuartige Genaktivitäten in Gang setzen, zumal ein Gen meist für mehr als eine Auswirkung direkt oder indirekt verantwortlich ist. Diese indirekten und oftmals nicht erwarteten Effekte bezeichnen wir als **pleiotrope Effekte** (Kasten 6.7).

Zahlreiche Mikroorganismen oder Zellkulturen wurden gentechnisch modifiziert, sodass sie eine bestimmte Substanz in großem Umfang produzieren. Hierbei kann es sich um Produkte aus dem Bereich der Lebensmitteltechnik (Labferment zur Käseherstellung, andere Enzyme, Aminosäuren, Zusatzstoffe, Vitamine), um Medikamente (Interferon, Interleukin, Insulin), um Impfstoffe (z. B. gegen Cholera) und vieles mehr handeln. Möglicherweise sind Biopolymere (Polyhydroxy-Butyrat, Polyhydroxy-Valeriat), welche modifizierte Mikroorganismen herstellen, mit zunehmender Knappheit fossiler Energieträger eine sinnvolle Alternative zu Kunststoffen auf der Basis von Erdöl. All diese Verfahren ähneln den konventionell biotechnischen Verfahren, werden in geschlossenen Systemen eingesetzt und sind gesellschaftlich weitgehend akzeptiert.

| Kasten 6.7: | Pleiotropie und transgene Pflanzen |
|---|---|

Unter Pleiotropie (auch Polyphänie genannt) versteht man die Tatsache, dass ein Gen für mehrere Merkmale (Phänotypen) zuständig ist bzw. diese beeinflusst. Bei transgenen Organismen bezeichnet dies eine oftmals unvorhergesehene Veränderung eines oder mehrerer Merkmale, wenn nur ein Merkmal verändert werden sollte. Bei herbizidresistenten Sojapflanzen findet sich beispielsweise ein bis zu 20 % höherer Ligningehalt der Pflanzen, und sie reagieren auf Wassermangel und Hitzestress empfindlicher, sodass die Erträge sinken (Vencill 1999). Bei Untersuchungen von transgenen Sommerrapssorten, die einen erhöhten Stearat- bzw. Lauratgehalt aufwiesen, fand sich eine erhöhte Rate induzierbarer tiefer Samenruhe, sodass die Möglichkeit zur Bildung einer Samenbank verstärkt wird (Linder 1998). Von transgenen Pappeln ist bekannt, dass sie deutlich früher blühen können, als nichttransgene Kontrollbäume (Fladung et al. 1997).

Bt-Mais weist je nach Varietät einen um 33–97 % höheren Ligningehalt als nichttransgene Sorten auf (Saxena und Stotzky 2001). Einzelne transgene Sorten weisen einen niedrigeren Gehalt an Fructose und löslichen Kohlenhydraten auf (Escher et al. 2000). Aus all dem resultiert eine geringere Fraßleistung von Detritophagen an totem organischen Bt-Material (Wandeler et al. 2002). Unter Freilandbedingungen erfolgt der Abbau von Bt-Mais-Blattmaterial wegen der kalten Wintermonate verlangsamt, daher ist Bt-Protein noch acht Monate nach der Ernte nachweisbar, d.h. nicht völlig abgebaut (Zwahlen et al. 2003).

## Transgene Tiere

Bei Tieren werden in erster Linie Eingriffe in das Hormonsystem vorgenommen, sodass es beispielsweise zu Riesenwuchs kommt, weil Wachstumshormone größerer Arten oder arteigene in hohen Dosen exprimiert werden. Das Rinderwachstumshormon BST (bovines Somatotropin) und das Schweinewachstumshormon PST (porcines Somatotropin) führen zu einer um 20–40% erhöhten Fleisch- und Milchproduktion, reduzieren aber gleichzeitig die Lebensdauer der Tiere, die zudem vermehrt Spezialfutter und Tierarzneimittel benötigen. Von einer Zulassung solcher Tiere wurde daher in Europa abgesehen. BST-Rinder sind allerdings in den USA seit 1994 zugelassen und werden im großen Stil für die Milchproduktion verwendet. PST wird bei der Schweinemast in Australien verwendet.

Solche gentechnischen Arbeiten an Säugetieren sind meistens umstritten. Im Falle einer Freisetzung würden sich diese transgenen Tiere in einem Lebensraum wie eine fremde Art verhalten, könnten also zu starken Veränderungen führen. Daher sind transgene Tiere im Prinzip nicht zur Freisetzung bestimmt, eine unbeabsichtigte Freisetzung kann jedoch nicht immer ausgeschlossen werden.

Genetische Modifikationen an Säugetieren haben die derzeitigen Grenzen der Technik aufgezeigt. 1996 gelang es zum ersten Mal, ein Säugetier zu klonen. Doch das Schaf Dolly alterte doppelt so schnell wie für Schafe üblich, bekam früh typische Alterserkrankungen und starb bereits mit sechs Jahren (übliche Lebenserwartung mindestens zehn Jahre).

Die nicht transgene Lachsforelle zeigt, dass die Unterschiede zwischen moderner Gentechnik und traditioneller Züchtung verschwimmen können. Junge weibliche Regenbogenforellen werden mit männlichen Hormonen gefüttert und verwandeln sich in Männchen. Die mit deren Sperma befruchteten Eizellen entwickeln sich aber nur zu weiblichen Tieren. Ein Temperaturschock führt anschließend zur Bildung eines triploiden Chromosomensatzes. Diese sterilen Tiere investieren nicht in Gonaden, sondern nur in Muskelfleisch und neigen zu Riesenwachstum. Wenige Wochen vor dem Schlachten werden sie mit synthetischen Carotinoiden gefüttert. Nun weisen sie das lachsähnliche rote Fleisch auf, das ihnen auch den Namen Lachsforelle gab, welche es als eigenständige Art natürlich nicht gibt.

## Transgene Pflanzen

Das Ziel gentechnischer Arbeiten bei Pflanzen ist meist Resistenz gegen bestimmte Schädlinge oder Krankheiten, gegen Herbizide, Trockenheit, Kälte, Schwermetalle oder Salz. Eine Reihe von Projekten beabsichtigt eine Veränderung der chemischen Zusammensetzung von Inhaltsstoffen, welche diese Pflanzen zu guten Rohstoff- oder Nahrungspflanzen macht. Mit dem Einbau von Genen zur Synthese von ß-Carotin in Reis (*golden rice*) soll der Vitamin-A-Mangel in der Dritten Welt behoben werden. Eine eigentliche Ertragssteigerung ist im Gegensatz zur klassischen Pflanzenzüchtung kaum das Ziel bisheriger gentechnischer Arbeiten gewesen.

Mit trockenresistenten Nutzpflanzen könnte man aride Lebensräume besser nutzen; in Kombination mit Salzresistenz ließen sich Lebensräume, die durch falsche Bewässerungstechnik versalzten, teilweise wieder nutzen. Schwermetallresistente Nutzpflanzen könnten beispielsweise in Gegenden angebaut werden, in denen belastete Industrieabwässer den Anbau anderer Pflanzen unmöglich machen. Je nach Situation könnte durch solche Sorten ein bisher für die Pflanzenproduktion nicht oder nicht mehr nutzbarer Lebensraum genutzt werden. Außerdem kann auf den sorgfältigen Umgang mit Bewässerungssystemen durch robuste, transgene Pflanzen verzichtet werden oder die Kosten für die Umstellung einer Industrieanlage auf geringere Schwermetallfreisetzung eingespart werden. Im Laborversuch gibt es die hierfür erforderlichen Pflanzen, möglicherweise wird es jedoch nie zu einem Praxiseinsatz kommen.

Trotz einer breiten Palette von Möglichkeiten werden bis heute nur zwei Typen von genetischen Modifikationen großflächig angebaut: Pflanzen mit Herbizidtoleranz und mit Insektizidexpression (Abbildung 6.83). Diese betreffen überwiegend die USA, aber auch Argentinien und einige wenige weitere Länder (Abbildung 6.84). China zeigt die höchsten Zuwachsraten, und generell zeichnet sich eine Verlagerung des Zuwachses von Nordamerika in die Dritte Welt ab. Bisher findet aufgrund restriktiver gesetzlicher Regelungen und einer ablehnenden Haltung der europäischen Bevölkerung gegenüber gentechnisch veränderten Nahrungspflanzen kein nennenswerter Anbau in Europa statt. Betroffene Nutzpflanzen sind vor allem Soja, Baumwolle, Raps und Mais (Abbildung 6.85). Von der gesamten Anbaufläche für Soja werden weltweit 51% mit transgenen Sorten angebaut, bei Baumwolle sind dies 20%, bei Raps 12%, bei Mais 9% (James 2002).

Zu den ebenfalls in den genannten vier Hauptanbauländern verbreitet angebauten transgenen Nutzpflanzen gehören solche mit **Herbizidresistenz**. Diese enthalten ein Gen, das den Abbau eines bestimmten Herbizids (vor allem Glyphosat und Glufosinat, beides Totalherbizide)

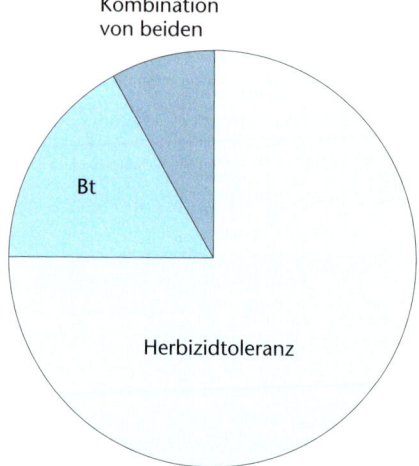

**Abb. 6.83:** Als transgene Pflanzen werden heute nur herbizidresistente und schädlingsresistente (*Bt*-)Nutzpflanzen sowie eine Kombination von beidem angebaut. Nach James (2002).

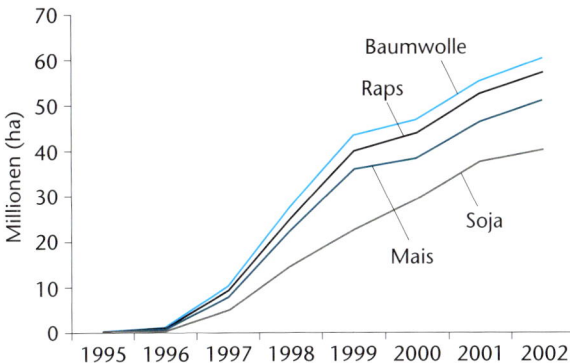

**Abb. 6.84:** Entwicklung der Anbaufläche der vier häufigsten transgenen Nutzpflanzen (kumulative Darstellung). Nach James (2002).

induziert, sodass es nicht schädigend auf diese Pflanze wirkt. Solche herbizidresistenten Pflanzen erlauben, auf dem Feld das zur entsprechenden Pflanzensorte passende Herbizid einzusetzen. Der Vorteil liegt auf der Hand: Dem Einsatz von breit wirkenden Herbiziden steht nichts mehr im Weg. Zu den Nachteilen gehören die Belastung der Umwelt mit Herbiziden, erhöhte Erosionsgefahr, Abnahme der Bodenfruchtbarkeit, Reduktion der Biodiversität in der Kulturlandschaft, Reduktion natürlicher Gegenspieler von Schädlingen an den Kulturpflanzen und hierdurch verstärkter Einsatz von Insektiziden. Nachdem in den 70er und 80er Jahren des 20. Jahrhunderts verschiedene Arten alternativer Unkrautkontrolle (wie mechanische Behandlung oder gezielte Einsaat) praxisreif entwickelt wurden, müssen herbizidresistente Nutzpflanzen als Rückschritt

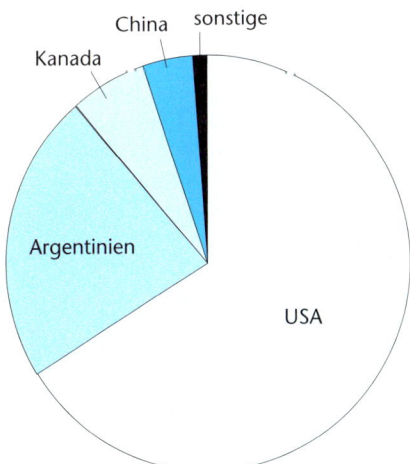

**Abb. 6.85:** Prozentuale Verteilung der Anbaufläche transgener Nutzpflanzen auf die häufigsten Anbauländer. 5 Millionen ha mit transgenem Soja in Brasilien sind illegal mit aus Argentinien eingeschmuggeltem Saatgut angelegt und in dieser Darstellung nicht enthalten. Hierdurch würde sich der argentinische Flächenanteil um etwa ein Drittel verringern. Nach James (2002).

gewertet werden, welcher die Instabilität von Agrarökosystemen fördert. Zu den ersten herbizidresistenten Kulturpflanzen zählten Mais und Baumwolle, inzwischen gibt es aber von allen relevanten Kulturpflanzen entsprechende transgene Sorten.

Herbizidresistente Kulturpflanzen sind zugleich ein gutes Beispiel, um die mögliche Gefahr durch Auskreuzung der Resistenzgene (**vertikalen Gentransfer**) zu untersuchen (Schütte et al. 2001). Wenn es bei transgenen Kulturarten nah verwandte Wildarten gibt, besteht die Gefahr, dass durch Hybridisierung die Herbizidresistenz auf die Wildart überspringt. Diese kann sich dann unter bestimmten Bedingungen als Unkraut in der Kultur halten, sodass sich Resistenzprobleme und Ertragsausfälle ergeben. Solche problematischen Kulturpflanzen sind für Mitteleuropa Raps (viele wilde Brassicaceen), Hafer (Flughafer), Gerste (Wildgerste) und Rüben (Wildrüben). Problematische Gebiete für Mais und Kartoffeln sind die mittel- und südamerikanischen Ursprungsgebiete dieser Arten. Im Unterschied hierzu besteht bei **horizontalem Gentransfer** die Möglichkeit, dass Gene durch Mykorrhizapilze oder Bodenbakterien auf nicht näher verwandte Arten in der gleichen Lebensgemeinschaft übertragen werden, weil sie durch physiologische Prozesse verbunden sind (Hofmann et al. 1994).

Ebenfalls sehr erfolgreiche transgene Nutzpflanzen sind solche, die ein Gen aus dem Bodenbakterium *Bacillus thuringiensis* enthalten, welches Endotoxine codiert. Solche ***Bt*-Pflanzen** produzieren hierdurch Bakteriengifte, die toxisch auf die Insekten wirken, welche an der Pflanze fressen. *Bacillus thuringiensis* verfügt über mehrere Toxine, die unterschiedlich toxisch gegenüber Käfern, Schmetterlingen und Dipteren sind. Je nach *Bt*-Stamm bzw. exprimiertem Endotoxin ergibt sich daher eine spezifische Wirkung gegen bestimmte Insektengruppen. Relevant sind die coleopteren- und lepidopterenwirksamen Toxine in transgenen Sorten von Mais, Baumwolle und Kartoffel. Der Hauptschädling im Mais ist der Maiszünsler (*Ostrinia nubilalis*, Pyralidae). Kartoffeln werden vor allem durch den Kartoffelkäfer (*Leptinotarsa decemlineata*, Chrysomelidae) geschädigt und an Baumwolle sind mehrere Schmetterlingslarven schädlich (Baumwollkapselwürmer *Pectinophora gossypiella* und *Heliothis zea*, Gelechiidae). *Bt*-Mais und -Baumwolle werden in den USA seit 1995 in großem Umfang angebaut, seit 1996 auch *Bt*-Kartoffeln, die aber im Anbau bedeutungslos blieben.

Zu den Vorteilen von *Bt*-Pflanzen gehört eine Einsparung von Insektiziden und eine entsprechend geringere Belastung der Umwelt (Persistenz) durch Insektizide. Zu den Nachteilen gehören die Effekte auf Nicht-Zielorganismen und bodenökologische Prozesse, die Auswirkungen auf Wildpflanzen durch Hybridisierung, Resistenzbildung bei den Schädlingen sowie weitere ökosystemare Auswirkungen. Diese Punkte werden ausgesprochen kontrovers diskutiert und es zeichnet sich noch kein wissenschaftlicher Konsens ab, wie die Argumentation z.B. bei Jesse und Obrycki (2000), Pimentel und Raven (2000) oder Zwahlen et al. (2003) zeigt.

Zu den Nebenwirkungen von *Bt*-Pflanzen mit ihrer relativ hohen Spezifität gehört auch gerade diese Spezifität. Denn *Bt*-Mais mit Toxinen wirksam gegen den Maiszünsler (und andere Lepidopteren) ist unwirksam gegen den Maiswurzelbohrer *Diabrotica virgifera* (Chrysomelidae), *Bt*-Baumwolle gegen Lepidopterenschädlinge schützt nicht vor saugenden Hemipteren. Der Einsatz von *Bt*-Pflanzen bekämpft einen Schädling, hierdurch werden Nischen für andere Schädlinge geschaffen, sodass diese in ihrer Abundanz zunehmen können. In der Praxis kommt es daher zum Einbau von mehreren *Bt*-Toxinen in eine Pflanze, was zum Verlust der relativen Selektivität eines *Bt*-Toxins, oder zu zusätzlichen Insektizidapplikationen führt, was den Vorteil von *Bt*-Pflanzen generell in Zweifel zieht. Obwohl in den letzten Jahren vermehrt Forschungsergebnisse zu möglichen Umweltauswirkungen von *Bt*-Pflanzen vorgestellt wurden, ist eine Gesamtbilanz von positiven und negativen Auswirkungen nach wie vor nicht möglich (Wolfenbarger und Phifer 2000).

Neben den Toxinen von *Bacillus thuringiensis* sind eine Reihe weiterer insektizider Substanzen in Pflanzen exprimiert und in Labortests, vereinzelt auch in Freilandtests, untersucht worden. Hierbei handelt es sich meist um Enzyme, Enzyminhibitoren oder andere, inhibierende Proteine. Zu letzteren gehören Lektine, proteinhaltige Verbindungen, an denen Proteine agglutinieren. Die meisten Substanzen wirken entweder nicht effektiv genug oder sind zu unspezifisch.

Prinzipiell liegt ein großes Potenzial in der gezielten Veränderung der physiologischen Eigenschaften und der chemischen Zusammensetzung der Inhaltsstoffe von Nutzpflanzen. Die erste transgene Nutzpflanze, die großflächig angebaut wurde, war eine Tomatensorte, bei welcher der Reifungsprozess verzögert wurde. Diese festen Tomaten ließen sich leichter ernten und verlustfreier transportieren („Anti-Matsch-Tomate"), geworben wurde aber mit mehr Geschmack (FlavrSavr-Tomate). Geringere Erträge und schlechte Resistenzeigenschaften ließen diese Sorte schnell vom Markt verschwinden.

Bei Soja und Raps wird an der Veränderung der Zusammensetzung der Fettsäuren gearbeitet. Einzelne Sorten wurden angebaut, waren auf dem Markt aus unterschiedlichen Gründen jedoch nicht erfolgreich. Kartoffeln wurden im Hinblick auf eine veränderte Stärkezusammensetzung gezüchtet. Insgesamt könnten transgene Nutzpflanzen in Zukunft als Produzenten von Chemierohstoffen wieder eine größere Bedeutung gewinnen (www.transgen.de, Schütte et al. 2002).

# 6.5 Naturschutz

Das überexponentielle Wachstum der menschlichen Population (Kasten 3.4) führte in den letzten Jahrhunderten bei einem immer aufwendigeren Lebensstil zu einer immer stärkeren Nutzung und teilweisen Übernutzung natürlicher Ressourcen. Die hohe Belastung der Umwelt durch die Industriestaaten erzeugt genauso wie die hohe Bevölkerungsdichte in den Entwicklungsländern einen stetig ansteigenden Druck auf die Umwelt. Bislang kaum genutzte Ökosysteme werden besiedelt, bisher dünn besiedelte Regionen werden immer intensiver genutzt. Die Veränderungen erfolgen schnell und betreffen große Gebiete. Die ursprüngliche Flora und Fauna dieser Biotope kann hierauf nicht adäquat reagieren. Sie unterliegt starken Veränderungen, oft bis zum völligen Verlust ihrer natürlichen Eigenschaften oder bis zur Vernichtung. In den letzten Jahrhunderten wurden immer mehr Arten, Artengemeinschaften und Lebensräume in ihrer Existenz bedroht und auch ausgerottet.

Die IUCN nahm Ende 2002 an, dass 13% aller Pflanzenarten der Welt gefährdet seien. Solche Aussagen sind jedoch stets Minimalzahlen, denn sie können sich naturgemäß nur auf gut bekannte Floren beziehen. Pitman und Jorgensen (2002) ergänzen hierzu, dass vor allem die tropischen Regionen in den Entwicklungsländern, in denen sich die Mehrzahl der Pflanzenarten befinden, wenig untersucht sind. Sie kommen mit ihren Schätzungen und Hochrechnungen auf 22–47% gefährdeter Pflanzenarten. Für Wirbeltiere (7%) und Wirbellose (0,2%) spiegeln die Zahlen in den Gefährdungskategorien der Roten Liste noch deutlicher den fehlenden Wissensstand der tatsächlichen Bedrohung wider, denn es muss erwartet werden, dass die Zahl der bedrohten Tiere von der der Pflanzen abhängt, bzw. sich in der gleichen Größenordnung bewegt.

Betrachtet man diese Entwicklung, dann verwundert vielleicht, dass sich ein Interesse am Naturschutz im Wesentlichen nur in den industrialisierten Staaten, vor allem in Europa und Nordamerika, entwickelt hat. Dies hat mehrere Ursachen: Diese Gesellschaften können es sich leisten, ethisch-moralische und ästhetische Normen zu formulieren, welche als Grundlagen des Naturschutzes dienen. Die technisch-industrielle Entwicklung in der modernen Landwirtschaft führt einerseits zur Intensivierung der Nutzung auf Teilflächen, andererseits zur Nutzungsaufgabe auf anderen Flächen. Es findet kein wesentliches Bevölkerungswachstum mehr statt (Nordamerika) bzw. die Bevölkerungsdichte ist regional bereits rückläufig (Europa). Im Unterschied hierzu basieren die Konflikte, die zu einer Naturschutznotwendigkeit führen, in den Entwicklungsländern auf dem Bevölkerungswachstum. In diesen Ländern (vor allem in China, Indien, vielen anderen Ländern Südostasiens, Afrikas und Südamerikas) werden jedoch andere Normen formuliert als in der europäischen Kultur. Zusätzlich verschärfen die politische Instabilität beziehungsweise allgemein ungünstige gesellschaftliche Rahmenbedingungen die Naturschutzproblematik.

Seit Mitte des 19. Jahrhunderts breitete sich in den Industriestaaten die Erkenntnis aus, dass die Natur geschützt werden muss und geradezu modern ist der Zusatz, dass Naturschutz nicht nur für die Natur, sondern auch für den Menschen wichtig ist. Beim Bevölkerungswachstum und der hiermit zusammenhängenden Umweltbelastung (Kapitel 7) handelt es sich um exponentielle Prozesse, die erst im Verlauf des 20. Jahrhunderts in ihrer Tragweite erkennbar wurden. Die Verschmutzung der Weltmeere oder die Beeinträchtigung der Atmosphärenchemie hat globale Ausmaße erreicht und aus dem ursprünglichen Schutzgedanken für einen Felsen, Baum, Bachabschnitt oder Lebensraum entstand die Forderung nach dem Schutz der gesamten Biosphäre. Es ist das Ziel des Naturschutzes, nicht nur einzelne Arten oder Lebensräume zu schützen, sondern in allen Lebensräumen der Erde ein Nebeneinander von Natur und Mensch zu ermöglichen, das die Koexistenz von beiden langfristig sichert. Der Naturschutz versucht, ökologisches Fachwissen mit einer Bewertung zu verbinden und anzuwenden. Wie wir im Folgenden sehen werden, haben vielfältige Gründe zu dieser Einstellung geführt, denn neben ethischen oder ökonomischen Gründen gibt es auch ökologische Gründe, die dafür sprechen, dass der Mensch nur auf einem Planeten mit hoher Biodiversität und weitgehend intakter Umwelt mittelfristig überlebensfähig ist.

## 6.5.1 Was wollen wir schützen?

Ursprünglich wurden bizarre Felsgebilde und auffällige Bäume, etwa alte Eichen, und einzelne, selten gewordene Arten geschützt. Mit zunehmender Entwicklung des Naturschutzes zu einer Wissenschaft wurde aber klar, dass es sowohl unterhalb der Ebene von Arten (Abschnitt 6.5.1.1) als auch oberhalb dieser Ebene (Abschnitt 6.5.1.2) Schützenswertes gibt. Die Antwort auf die Frage, was geschützt werden soll, kann also durchaus „alles" lauten. Als relativ neues Konzept, welches diese schützenswerte Vielfalt umfasst, bietet sich das Konzept der Biodiversität an, das alle Ökosysteme und letztlich auch den Menschen einschließt (Abschnitt 5.3.3.6).

### 6.5.1.1 Arten, Populationen, Gene

Naturschutz kann bei der Art ansetzen. Dies ist in vielen Fällen berechtigt, denn es gibt genügend Beispiele der gezielten Bedrohung von Arten. Einzelne Arten konnten durch Artenschutzprogramme wieder gerettet werden (s. unten). Arten bestehen jedoch aus Individuen, die in Populationen leben und oft als Metapopulationen strukturiert sind (Abschnitt 3.7). Solche Populationen benötigen einen qualitativ und quantitativ geeigneten Lebensraum. Schutzkonzepte setzen daher in der Praxis bei Populationen, Überlegungen zur Minimalgröße ihres Lebensraumes und einer möglichen Vernetzung mit Nachbarlebensräumen an (Abschnitt 6.2.2), in denen in erreichbaren Abständen genügend große Populationen leben müssen (Abbildung 6.86).

Eine Population weist in der Regel eine genetische Struktur auf, die sich von der einer Nachbarpopulation unterscheidet. Unterhalb einer kritischen Populationsgröße ist die genetische Variabilität einer Population stark eingeschränkt. Dies führt zu einer Zunahme der Inzucht und zu einem Verlust an Heterozygotie. Die hierdurch bedingte Zunahme an nachteiligen Eigenschaften, ja letalen Mutationen führt schließlich zu einer **Inzuchtdepression** (*inbreeding depression*). Die Population wird kleiner und stirbt letztendlich aus (Abbildung 6.87). Ein solcher Prozess kann beschleunigt werden, wenn eine Population bei niedriger Dichte zumeist langsamer wächst als bei hoher Dichte (inverse Dichteabhängigkeit). Es kann Schwierigkeiten geben, Fortpflanzungspartner zu finden. Vor allem bei sozialen Tieren kann das Sozialverhalten gestört sein, bestimmte Ressourcen werden schlechter gefunden oder Beute ist schwieriger zu überwältigen. Dieses Phänomen wird als **Allee-Effekt** bezeichnet (Abbildung 3.14). Um das Überleben einer Population zu gewährleisten, ist es also wichtig, dass sie eine bestimmte Größe nicht unterschreitet. Hieraus ist das Konzept der **Mindestgröße einer überlebensfähigen Population** (*minimum viable population size*) entstanden.

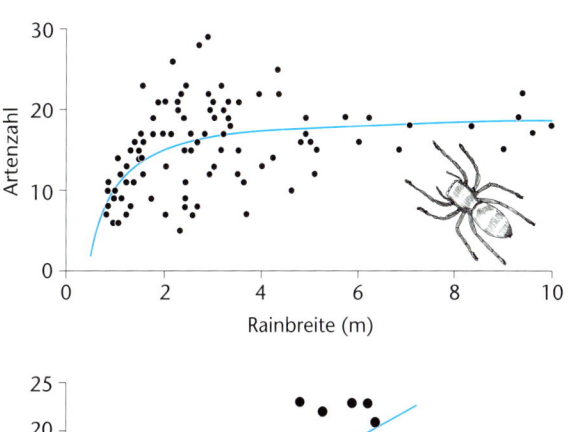

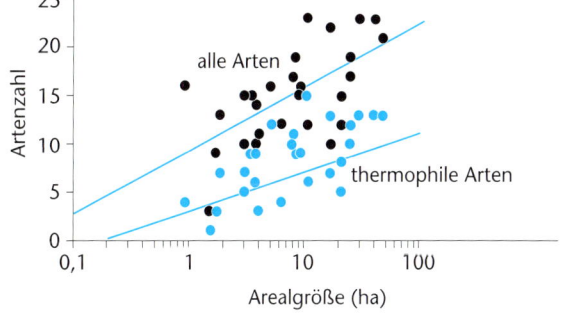

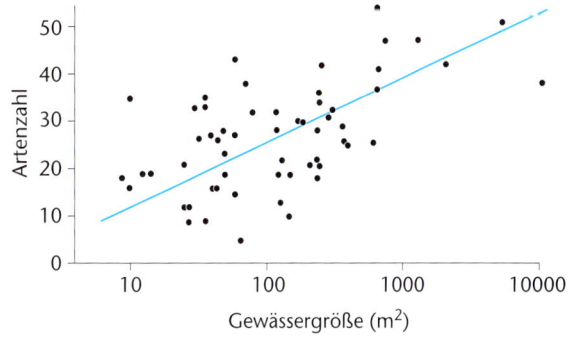

**Abb. 6.86:** Zusammenhang zwischen Artenzahl und Größe eines Lebensraumes. Oben: In einer durch Wegraine vernetzen Agrarlandschaft steigt die Zahl der Spinnenarten bis zu einer Mindestbreite von ca. 5 m (Barthel 1997). Mitte: Die Zahl der Heuschreckenarten in bayrischen Naturschutzgebieten auf Kalkmagerrasen steigt mit der Arealgröße (Sachteleben 1999). Unten: Die Zahl der feuchtgebietstypischen Pflanzenarten in Weihern steigt mit der Gewässergröße. Nach Konold und Wolf (1987).

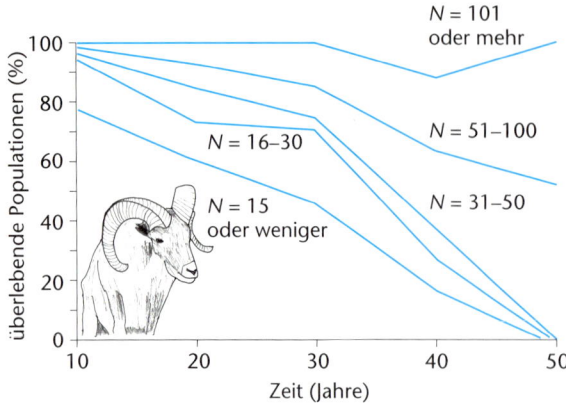

**Abb. 6.87:** Je größer eine Population von Dickhornschafen, desto größer ist die Überlebenswahrscheinlichkeit der Populationen. Populationen unter 50 Tieren sind langfristig kaum überlebensfähig, erst Populationen mit mehr als 100 Tieren sind nicht aussterbegefährdet. Nach Berger (1990).

Die genetischen Ursachen von Inzuchtdepression und Aussterben einer Art werden oftmals von anderen Ursachen des Aussterbens überlagert. Aus der Zootierhaltung kennen wir Beispiele der genetischen Degeneration von zu kleinen Populationen. Daher werden für bedrohte Tierarten weltweit **Zuchtbücher** geführt, welche möglichst alle Individuen einer Art umfassen und eine maximal breite Auskreuzung innerhalb der Zoobestände sicherstellen sollen. Die weit verbreitete Unfruchtbarkeit der chinesischen Riesenpandas (*Ailuropoda melanoleuca*) wird auf Inzucht zurückgeführt. Die Restbestände des asiatischen Wildkamels (*Camelus ferus*) im chinesisch-mongolischen Grenzbereich sind in kleine Populationen aufgespalten, ihre Reproduktion ist gering und der Fortbestand durch Inzucht gefährdet. Geparden (*Acinonyx jubatus*) sind genetisch auffallend ähnlich und sehr anfällig gegenüber Krankheiten. Dies deutet auf eine starke Dezimierung der Art vor einigen 1000 Jahren hin, sodass die gesamte Population heute unter dieser Inzuchterscheinung leidet. Zudem gibt es umfassende Beispiele aus der Zucht von Haustierrassen sowie vielen Aquarien- und Terrarientieren, bei denen oftmals über Generationen Inzucht betrieben wurde.

Viele Arten sind in **Unterarten** oder **Rassen** aufgespalten. Dies kann z. B. das Ergebnis eines fragmentierten Areals einer Art sein. Tiger (*Panthera tigris*) haben große Teile Asiens, insbesondere den indischen Dschungel, viele südostasiatische Inseln sowie Sibirien besiedelt und jeweils adaptierte Unterarten gebildet. Durch Ausrottung verschwand der Bali-Tiger (ssp. *balica*) schon 1937, der Kaspitiger (ssp. *virgata*) in den 50er Jahren des 20. Jahrhunderts und der Java-Tiger (ssp. *sondaica*) 1972. Die Unterarten auf Sumatra und in China umfassten im Jahr 2000 zwischen 25 und 50 Individuen und werden angesichts einer erforderlichen Minimalgröße ihrer Population von geschätzten 100 Individuen vermutlich in Kürze aussterben. Vom Sibirischen Tiger leben noch etwa 200 Individuen. Auch wenn mit den Unterarten in Indochina und Indien noch genügend Individuen das Überleben der Art sichern, wurde ihre genetische Basis in den letzten 100 Jahren dramatisch verschmälert.

Durch **Domestikation** kam es bei Haustieren und Kulturpflanzen zu einer Selektion von Rassen, Sorten, Formen und Varietäten. Heute kennt man weltweit 120.000 Kulturstämme von Reis, in Deutschland sind über 200 Rüben- und Kartoffelsorten zugelassen, 600 Apfelsorten, je 300 Süßkirschen, Pflaumen- und Erdbeersorten. Weltweit gibt es über 30.000 Rebsorten. Werden Sorten nicht gebraucht, dann werden sie nicht mehr angebaut, und schließlich geht ihr Genmaterial verloren. Dieser Verlust wird derzeit auf jährlich rund 2% geschätzt. Bei Haustieren ist die Situation ähnlich. Beim Haushund (*Canis lupus familiaris*) werden über 330 Rassen unterschieden. Vor 100 Jahren hielt man in Deutschland über 60 Rinderrassen, von denen heute nur noch vier wirtschaftlich bedeutend sind. Insgesamt kennt man fast 800 Rinderrassen, mindestens 135 sind heute gefährdet. Weltweit geht man von einigen Tausend Nutztierrassen aus, von denen ein großer Anteil vom Aussterben bedroht ist (Tabelle 6.6). Durch die Globalisierung im Rahmen der modernen Landwirtschaft, durch züchterische Konzentration auf einzelne Rassen und durch Nutzungsänderung setzen sich einzelne Sorten weltweit durch, die meisten gehen jedoch verloren. Mit ihnen verschwindet ihre Einzigartigkeit, also ihr Genom. Diesen Verlust an genetischer Ressource bezeichnet man als **genetische Erosion**. Sie ist bedenklich, denn für züchterische Arbeit ist man auf möglichst viel verschiedenes Genmaterial, also Sorten, angewiesen.

In diesem Zusammenhang ist das genetische Ursprungszentrum einer Art oder Gattung besonders schutzwürdig. Hier ist aufgrund der langen Evolutionszeit häufig die größte Diversität an Arten in einer Gattung oder an Lokalrassen innerhalb einer Art zu finden, aber auch die spezifischste Anpassung an einen Lebensraum. Im Rahmen von Projekten der biologischen Schädlingskontrolle wird die Ökologie eines invasiven Schädlings zuerst im Ursprungsgebiet untersucht, da dort die größte Zahl spezifischer Antagonisten vermutet wird (*centre of origin hypothesis*, Abschnitt 6.4.3.2).

Nach dem russischen Genetiker Nikolai Ivanovich Vavilov (1887–1943) werden die Domestikationszentren von Nutzpflanzen und Haustieren, in denen die Ursprungszen-

**Tab. 6.6:** Gesamtzahl der bekannten Rassen häufiger Haustierarten und Anteil (%) der davon gefährdeten Rassen. Nach Scherf (1995).

| | **Anzahl Rassen** | **gefährdeter Anteil (%)** |
|---|---|---|
| Schafe | 920 | 13 |
| Rinder | 787 | 17 |
| Enten | 621 | 5 |
| Hühner | 606 | 45 |
| Schweine | 353 | 20 |
| Ziegen | 351 | 13 |
| Esel | 77 | 12 |

tren der betreffenden Arten und eine menschliche Hochkultur zusammentrafen, **Vavilov-Zentren** genannt (Abbildung 6.88). Solche genetischen Zentren weisen eine hohe genetische Vielfalt bei bestimmten Artengruppen auf und sind besonders schützenswert.

### 6.5.1.2 Schlüsselarten, Schirmarten, Gemeinschaften, Lebensräume

Der Schutz einer einzelnen Art hat eher den Charakter einer Notmaßnahme. Effektiver ist es, Lebensräume zu schützen, in denen sich ganze Artengemeinschaften erhalten können. Der effektive Schutz eines Lebensraums kann weitgehend verhindern, dass die in ihm lebenden Arten selten werden und schließlich aussterben. Durch solchen Schutz von Lebensgemeinschaften lässt sich zudem verhindern, dass durch das Wegfallen einer Art weitere Arten in ihrer Existenz bedroht werden, weil sie in einem (eventuell bis dahin unbekannten) Abhängigkeitsverhältnis stehen.

Manche Arten üben eine zentrale Funktion in einem Lebensraum aus oder ermöglichen durch ihre Existenz erst das Vorhandensein weiterer Arten. Solche Arten bezeichnet man nach Paine (1969) als **Schlüssel-, Schlussstein-** oder **Schirmarten** (*key species, keystone species, umbrella species*). In Ergänzung zur Diskussion um eine mögliche Redundanz von Arten in Abschnitt 5.3.3.6 muss daher festgehalten werden, dass solche Schlüsselarten wichtiger sind als eine durchschnittliche Art (Abbildung 5.34). Da es aber

nicht immer abzuschätzen ist, wie wichtig eine Art ist, werden solche Beziehungen oftmals als unvorhersagbar bezeichnet (*idiosyncratic hypothesis,* Lawton 1994). Aus Sicht des Naturschutzes ist es wichtig, Schlüsselarten möglichst zu erkennen, und sie genießen oberste Priorität.

Pflanzen sind in der Regel Schlüsselarten für spezialisierte Herbivoren. Wenn sich Insekten an ihrer Wirtspflanze einnischen, stellt diese Pflanzenart Lebensraum für Dutzende, manchmal Hunderte herbivore Arten dar. Stirbt die Pflanze aus, ist den Herbivoren ihre Lebensgrundlage entzogen, d. h. der Verlust einer Pflanzenart hat den Verlust von vielen weiteren Arten zur Folge.

Für häufige Baumarten Europas werden hohe Zahlen von Insektenarten genannt, die mehr oder weniger eng mit diesen Bäumen verbunden sind. Für zwei europäische Birken nennt Rabotnov (1992) 574 Insektenarten, für Eichen und Weiden Mitteleuropas geben Brändle und Brandl (2001) bis zu 700 phytophage Arten an. Diese hohen Zahlen werden allerdings deutlich kleiner, wenn man sie auf weitgehend **monophage** Tierarten reduziert: Freese (1995) wies für verschiedene Kamillearten Mitteleuropas durchschnittlich zehn weitgehend spezifische Herbivoren nach. Heydemann (1997) gibt für 28 Halophytenarten nordwesteuropäischer Salzrasen durchschnittlich zehn (2–27) mono- bis oligophage und durchschnittlich drei (0–11) polyphage Insektenarten an. Freese (1997) nennt 8–21 Herbivorenarten für elf mitteleuropäische Distelarten (vor allem *Cirsium*-Arten). An fünf Gehölz-Fabaceen der nordamerikanischen Sonorawüste fanden Mar-

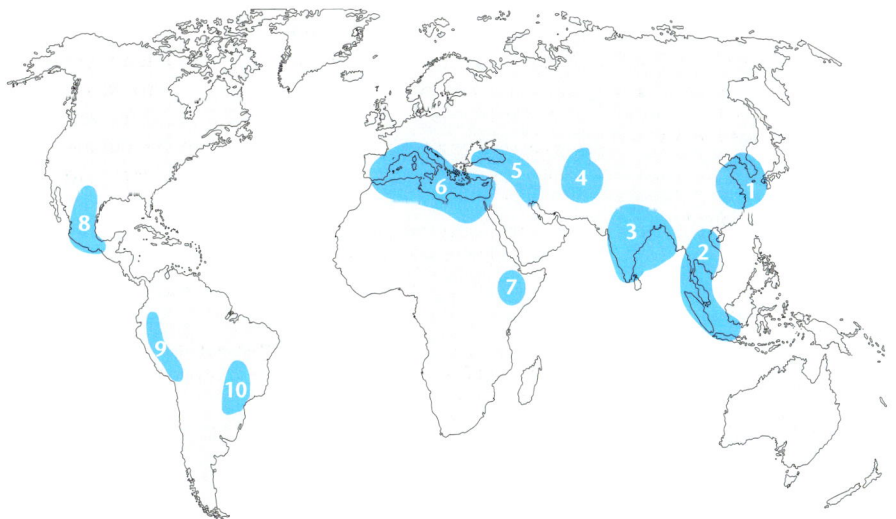

**Abb. 6.88:** Die wichtigsten 10 Genzentren der heutigen Kulturpflanzen (Vavilov-Zentren). 1. China (Hafer, Gerste, Hirse, Soja, Bohnenarten, Bambus, Zuckerrohr, Orangen, Zitronen, Aprikosen, Birnen, Pflaumen, Kirschen, Tee, Mohn), 2. Malaiisches Gebiet (Bananen, Brotfrucht, Kokos, Ingwer, Grapefruit), 3. Indien (Reis, Hirse, Bohnen, Eierfrucht, Gurke, Hanf, Jute, Mango, Taro, Yam, Baumwolle, Pfeffer, Limone), 4. Mittelasien (Weichweizen, Melonen, Zwiebel, Spinat, Aprikosen, Walnüsse, Äpfel, Birnen, Mandeln, Weintrauben, Senf), 5. Westasien (Weizen, Roggen, Hafer, Linsen, Erbsen, Lein, Mohn, Melonen, Kürbisse, Möhren, Birnen, Kirschen, Datteln, Granatäpfel, Mandeln, Weintrauben, Feigen), 6. Mittelmeergebiet (Einkorn, Erbsen, Runkelrübe, Lein, Kohl, Spargel, Oliven, Chicoree, Hopfen, Salat, Pastinak, Rhabarber), 7. Äthiopien (Weizen, Gerste, Hirse, Lein, Kaffee, Okra, Sesam), 8. Mittelamerika (Mais, Bohnen, Guave, Baumwolle, Pfeffer, Papaya, Sisal, Süßkartoffel, Cashewnuss, Sonnenblumen), 9. Anden (Mais, Baumwolle, Kartoffel, Tomate, Tabak, Kürbis, Quinoa, Chinarinde, Gummibaum), 10. Paraguay (Cassava/Maniok, Mate, Kakao, Gummibaum, Erdnuss, Ananas). Nach Nentwig (1995).

ques et al. (2000) 15–40 Herbivoren, darunter 30% Spezialisten und 70% Generalisten. Die durchschnittliche Zahl herbivorer Wirbellose, die von einer Pflanzenart abhängt, variiert also stark. Zudem ist nicht aus jeder Studie ersichtlich, wie stark die Bindung des Herbivoren an ihre Pflanze ist, also ob nicht weitere Wirte vorhanden sind, oder wie umfassend die Analyse vorgenommen wurde, und ob nicht in anderen Organen der Pflanze oder in anderen Arealteilen weitere Herbivoren zu finden wären.

Eine Faustregel besagt, dass die Zahl der herbivoren Insekten in einem Lebensraum größenordnungsmäßig mindestens das Zehnfache der Zahl der Pflanzenarten dieses Lebensraumes beträgt. Da jede herbivore Art ihrerseits Wirt für mindestens einen Parasitoiden sein kann und (artenzahlmäßig weniger) Prädatoren und Destruenten von dieser Artenfülle leben, führt dies pro Pflanzenart zu einem Multiplikator von mindestens 25 (in der gemäßigten Zone) bis 100 (tropische Bereiche) oder mehr. Bei einer geschätzten Zahl von 100 Pflanzenarten in einem Lebensraum von einem Hektar Größe können somit größenordnungsmäßig 2500 Insektenarten in der gemäßigten Zone und bei 500 geschätzten Pflanzenarten in einem Hektar tropischen Lebensraumes ca. 50.000 Insektenarten vorkommen. Um wie viel mehr tropische Insekten spezialisiert sind als Arten der gemäßigten Zone, wird nach wie vor jedoch sehr kontrovers diskutiert (Novotny et al. 2002).

Ähnlich essenzielle Wechselbeziehungen bestehen zwischen Pflanzen und obligaten **Bestäubern**: der Wegfall eines Partners vernichtet die Lebensgrundlage des anderen. Ein Beispiel hierfür sind die rund 900 Feigenarten (*Ficus* sp., Moraceae) der Tropen, die jeweils von einer spezifischen Gallwespenart (Agaonidae) bestäubt werden, sodass es weltweit ebenfalls etwa 900 Agaonidenarten gibt. Feigenfrüchte stellen in vielen Tropenwäldern eine wichtige Nahrungsressource dar, auf die Früchte fressende Säugetiere, hierunter auch viele Primatenarten, und Vögel während mehrerer Monate im Jahr angewiesen sind. Ein Verlust an Agaoniden oder *Ficus*-Arten kann also direkte Auswirkungen auf Früchte fressende Wirbeltiere haben.

Für die **Samen- und Früchteverbreitung** kann Ähnliches angenommen werden. Pflanzen hängen für die Verbreitung ihrer Diasporen oft von Tieren ab. In der Regel üben mehrere Tierarten diese Funktion aus, es gibt jedoch auch hochspezialisierte Systeme, in denen ein Partner auf den anderen angewiesen und somit von ihm abhängig ist. Die Dronte (auch Dodo genannt) (*Raphus cucullatus)* war ein truthahngroßer, flugunfähiger Vogel, der 1598 auf Mauritius entdeckt und schon 1681 ausgerottet wurde. Als um 1970 festgestellt wurde, dass zwei auf Mauritius endemische Baumarten (*Sideroxylon sessiliflorum* und *S. grandiflorum*) nur noch aus einem Dutzend überalterter Individuen bestanden und auszusterben drohten, erklärte Temple (1977) dies mit einer engen mutualistischen Beziehung zwischen Baum und Vogel. Dronten waren vermutlich auf hartschalige Samen und Früchte spezialisiert, und diese Baumsamen keimten nur noch nach einer Darmpassage. Durch mechanische Behandlung oder durch Verfüttern an Truthähne konnte der gleiche Effekt erzielt werden. Temples Erklärung traf in seiner strikten Formulierung nicht zu, denn an einigen Stellen der Insel fanden sich bei genauer Nachsuche jüngere Bäume, sodass auch

nach 1670 noch eine, wenn auch bescheidene, Vermehrung von *Sideroxylon* stattgefunden haben musste. Heute nimmt man an, dass die Dronte möglicherweise nicht die einzige Art war, die diesen Bäumen zur Vermehrung verhalf, denn es gab auf Mauritius mehrere Riesenschildkröten, eine Rieseneidechse und eine großschnabelige Papageienart, die allesamt Samenfresser gewesen sein dürften und inzwischen ausgerottet wurden. Die Keimhilfe für *Sideroxylon* war vermutlich ihre Gemeinschaftsleistung.

Auch **Großraubtiere** (Spitzenprädatoren) wie etwa Wölfe (*Canis lupus*) sind häufig Schlüsselarten. In Lebensräumen, in denen sie ausgerottet wurden, können ihre Beutetierpopulationen drastisch zunehmen, sodass sich Krankheiten und Missbildungen stärker verbreiten. Auch Rehe und Hirsche leiden unter dem Wegfall des Spitzenprädators. Zudem können sich solche Populationen explosionsartig vermehren, sodass es zur Überweidung des Lebensraumes kommt. Dann fällt der Jungwuchs der Bäume aus, die Krautschicht wird selektiv gefressen, stellenweise treten Erosionsschäden auf. Diese Veränderung der Vegetation kann den ganzen Lebensraum beeinflussen. Durch die Kontrolle der Populationsdichte ihrer häufigsten Beutetiere wirken Spitzenprädatoren also auch regulierend auf deren Lebensraum. In Detritophagengemeinschaften sind Schlüsselarten wie zum Beispiel Asseln oder Regenwürmer für die Recyclinggeschwindigkeit von Nährstoffen entscheidend.

Ähnlich ist die Vorstellung, Organismen als **Ökosystemingenieure** (*ecosystem engineers*) zu betrachten (Jones et al. 1994). Hierunter sind Arten zu verstehen, die die physikalische Umwelt für andere Organismen wesentlich gestalten. Ein populäres Beispiel stellen Biber mit ihren Dammbauten dar oder herbivore Großsäuger, die das Aufkommen von Wald verhindern. Es ist leicht vorstellbar, dass grosse Herden von Bisons, Elefanten, Gnus und Hirschen eine Landschaft offen halten und somit einem geschlossenen Wald entgegenwirken.

Regenwürmer und neotropische Blattschneiderameisen (*Atta* sp.) verlagern Pflanzenmaterial (Nährstoffe) in den Boden und bauen Hohlraumsysteme. Für das Subsystem Boden sind solche Organismen sicherlich von herausragender Bedeutung. Auch Bäume können als eine Art Ökosystemingenieur aufgefasst werden. Sie stellen anderen Arten nicht nur verschiedene Nahrungsgrundlagen zur Verfügung, sondern schaffen auch Habitate für sie.

Durch den Schutz von intakten Lebensräumen werden **Schlüsselressourcen** geschützt, welche für das Überleben von Arten wichtig sein können. Beispiele betreffen alte, kranke und abgestorbene Bäume, welche Nist- und Überwinterungsmöglichkeiten für Spechte, Bockkäfer, Bienen und Wespen usw. sind. Naturnahe Fließgewässer mit Sandbänken sind wichtig für das Laichverhalten von Fischen, tiefe Stellen sind bei lang anhaltender Trockenheit für die Wasserfauna wichtige Überdauerungsorte, für die Landfauna wichtige Tränken.

Abschließend seien auch noch **Flaggschiffarten** (*flagship species*) erwähnt – für den Naturschutz besonders wichtige Arten von hohem Prestige- oder Öffentlichkeitswert. Arten wie der Große Panda, Riesenotter, Wale, Tiger, Elefanten, Nashörner, Menschenaffen, Steinadler, Bartgeier, Enziane oder Orchideen sind einem breiten Publikum bekannt. Diese Arten sind oftmals emotions- und konfliktbeladen, lassen sich werbewirksam einsetzen und eignen sich auch sehr gut zur Durchsetzung politischer Maßnahmen und für eine Erfolgskontrolle. Grundsätzlich haben diese Arten häufig einen hohen Raumbedarf, sodass große Gebiete unter Schutz gestellt werden müssen. Regional können bestimmte Programme mit solchen Flaggschiffarten (Pflanze, Tier oder Vogel des Jahres) einem breiten Publikum vermittelt werden, wodurch letztlich ganze Lebensräume in den Genuss eines Schutzstatus kommen.

## 6.5.2 Welchen Wert hat Biodiversität?

Wie in Abschnitt 5.3.3.6 aufgeführt, kann Biodiversität als ein Konzept für die Vielfalt unserer Umwelt bezeichnet werden, das die Vielfalt von Arten mit ihrer genetischen Diversität, die Vielfalt funktioneller Gruppen (Gilden) und trophischer Ebenen sowie die Vielfalt von Lebensgemeinschaften (Ökosystemen) umfasst. Biodiversität schließt alle Lebewesen, auch den Menschen, ein und bezieht sich ausdrücklich auf die Leistungen von Ökosystemen. Im Unterschied zum eher restriktiven Begriff der Diversität eignet sich der Begriff der Biodiversität besser für eine Diskussion mit politischen Entscheidungsträgern und einer breiten Allgemeinheit, da er den Menschen und die Funktionen von Ökosystemen einbezieht. In Biodiversitätsdiskussionen wird daher gerne ökonomisch argu-

mentiert, und in Verbindung mit dem Naturschutz ist es leicht, Schutzkonzepten nicht nur Kosten, sondern auch Werte zuzusprechen.

Das Biodiversitätskonzept impliziert also, dass biologische Arten einen Wert haben, der sich unter anderem auch finanziell messen lässt. Ökosysteme erbringen für den Menschen ökonomisch relevante Leistungen, die anders nur schwer zu erbringen wären (Abbildung 6.89). Der Verlust von Arten und Ökosystemfunktionen hat daher gravierende, negative Konsequenzen und sollte unbedingt vermieden werden, sodass hieraus auch ein entsprechender Naturschutzansatz resultiert.

Der ökonomische Wert der Biodiversität ist in der schon klassischen Studie von Costanza et al. (1997) ermittelt worden. Sie berechneten den Wert von Arten und ihren Produkten auf der Basis der marktüblichen Kosten technischer Ersatzmaßnahmen mit fast 3000 Milliarden US-Dollar jährlich, der Wert aller globalen Ökosystemfunktionen wird mit 26 600 und der ästhetisch-ideelle Wert mit 3800 Milliarden US-Dollar jährlich angegeben. Insgesamt ermittelten sie einen Wert von 33 000 Milliarden US-Dollar, der den Leistungen der globalen Biodiversität jährlich entspricht. Dieser Wert, der als Minimalschätzung bezeichnet wird, ist unvorstellbar groß und entspricht fast dem Doppelten des globalen Wirtschaftsprodukts. Auch wenn man zu solchen Berechnungen kritisch anmerken muss, dass es immer nur Schätzungen und Hochrechnungen sind, weil es für die meisten dieser Kostenstellen keinen Markt gibt, zeigt die Größenordnung dieser Summe eindrücklich auf, dass der ökonomische Wert der Biodiversität weit jenseits aller vom Menschen geschaffenen Werte liegt.

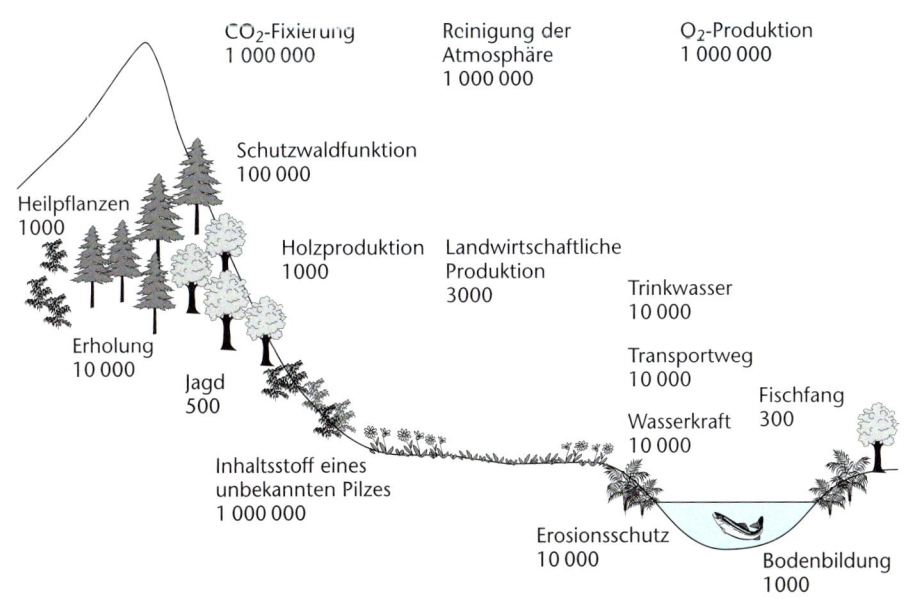

CO₂-Fixierung
1 000 000

Reinigung der Atmosphäre
1 000 000

O₂-Produktion
1 000 000

Schutzwaldfunktion
100 000

Heilpflanzen
1000

Holzproduktion
1000

Landwirtschaftliche Produktion
3000

Trinkwasser
10 000

Erholung
10 000

Jagd
500

Transportweg
10 000

Fischfang
300

Wasserkraft
10 000

Inhaltsstoff eines unbekannten Pilzes
1 000 000

Erosionsschutz
10 000

Bodenbildung
1000

**Abb. 6.89:** Der Wert von Arten und ökologischen Leistungen kann unermesslich groß sein, wenn wir auch die uns selbstverständlichen Leistungen der Natur finanziell zu erfassen versuchen, wie in diesem fiktiven Beispiel dargestellt. Die Zahlenangaben beziehen sich auf Euro/Fläche und Jahr.

## 6.5.2.1 Ökonomischer Wert von Arten und ihren Produkten

Der Nutzen von Kulturpflanzen und Haustieren ist unbestritten und über ihre vom Menschen nutzbare Produktion direkt in Geld messbar. Ähnliches gilt für jagdbares Wild und Fische, Faserpflanzen und Bäume, die Bau- und Feuerholz liefern, Arzneipflanzen usw. Blütenbesucher sichern über die Bestäubung die Bildung von Samen oder Früchten, ihr ökonomischer Wert ist daher mit der Produktion von Rapsöl oder Obst direkt korreliert. Durch Wildaufsammlungen wurde die Chmielewski-Tomate berühmt, deren Eigenschaft, mehr Zucker einzulagern, in Kultursorten eingekreuzt wurde. Die amerikanische Ketchupindustrie muss seitdem Ketchup weniger Zucker zusetzen und spart jährlich acht Millionen US-Dollar (Iltis 1988).

Die **genetische Diversität** innerhalb einer Art ist wertvoll für züchterische Verbesserungen an dieser oder benachbarten Arten. Daher werden in Genbanken möglichst viele Muster der genetischen Diversität von Nutzpflanzen gesammelt. Die geringe genetische Diversität einer Kulturpflanze kann in einer Region zur erhöhten Anfälligkeit gegenüber Krankheiten führen. Die hierdurch verursachten Ernteausfälle müssen dann als Kosten bzw. Wert der genetischen Diversität aufgefasst werden. Beispiele für die Folgen ungenügender Berücksichtigung der genetischen Diversität sind die Kartoffelfäule in Irland 1846 und die Weizenmissernte 1922 in der ehemaligen Sowjetunion, die zu großen Hungersnöten führten. Genauso kann die Wertsteigerung durch den Anbau einer neuen Nutzpflanzensorte als Wert des entsprechenden Genoms aufgefasst werden. Daraus ergibt sich, dass der Wert einer einzigen Pflanzensorte unter Umständen Milliarden Euro betragen kann.

Viele Arten haben einen hohen Wert, weil sie im Rahmen der **biologischen Schädlingskontrolle** Schädlinge und Unkräuter wirkungsvoll unterdrücken können (Abschnitt 6.4.3.2). Der Kleinschmetterling *Cactoblastis cactorum* befreite riesige Gebiete Australiens von eingeschleppten Opuntien, sodass sie wieder als Weideland genutzt werden konnten. Schlupfwespen erwiesen sich als erfolgreiche Gegenspieler von Schildläusen und Weißen Fliegen, welche den Anbau von Maniok und anderen Nahrungsmitteln im tropischen Afrika stark geschädigt hatten.

Wildpflanzen, welche Wirkstoffe für **Medikamente** enthalten, sind ebenfalls eine für den Menschen wertvolle Ressource. Die wichtigsten Antibiotika stammen aus Pilzen, der Wirkstoff für die erste Antibabypille aus einer tropischen Liane (*Dioscorea*). Etwa ein Viertel aller Medikamente in den Industriestaaten ist direkt oder indirekt pflanzlichen Ursprungs, in den Entwicklungsländern sind es etwa drei Viertel. Der Jahresumsatz der pharmazeutischen Industrie liegt weltweit in der Größenordnung von 400 Milliarden Euro, ein eindrücklicher Beleg für den Wert von Arten. Pearce und Moran (1994) geben den Wert wichtiger Medikamente, die auf pflanzlichen Wirkstoffen beruhen, mit einem zwei bis dreistelligen Millionen-Dollar-Betrag an. Wenn man den durch solche Medikamente vermiedenen Tod von Menschen ökonomisch mit berücksichtigt, erhöht sich der Wert des Medikaments (und damit der Pflanze) in den Bereich zwei- bis dreistelliger Milliarden-Dollar-Beträge. Ein auf dieser Basis berechneter Wert für einen tropischen Regenwald würde zu unvorstellbar hohen Summen führen.

Die große Biodiversität der tropischen Regenwälder wird seit einigen Jahren als wertvolle Ressource für potenzielle Heilmittel gesehen. Ethnobotaniker, Pharmakologen und Biochemiker sammeln Wildpflanzen, befragen Eingeborene, stellen Pflanzenextrakte her und führen Serientests mit Bakterienstämmen und Zellkulturen durch. Einzelne Erfolge umfassen z. B. Wirkstoffe aus dem Madagaskar-Immergrün (*Catharanthus roseus*, Apocynaceae), die gegen bestimmte Leukämieformen erfolgreich eingesetzt werden können. Während diese Urwälder einerseits als pharmazeutische Goldgrube bezeichnet werden, reden andere von Biodiversitätsneokolonialismus und Biopiraterie, wenn aus dem Wissen von Einheimischen Gewinn gemacht wird, diese aber nicht davon profitieren.

In vielen Fällen kommt Arten auch aufgrund ihrer besonderen Einsetzbarkeit in der **medizinischen Forschung** ein hoher Wert zu. Für bestimmte Vorhaben der medizinischen Forschung sind nur bestimmte Tierarten verwendbar. Neben dem Menschen (und einigen Affenarten) werden nur Gürteltiere (*Dasypus novencinctus*) vom Lepraerreger befallen, sind also für die Lepraforschung unersetzbar. Tintenfische sind für die neurobiologische Forschung wichtig. Affen, vor allem Menschenaffen, sind für das Studium schwerer Krankheiten des Menschen (z. B. AIDS), immer noch unverzichtbar.

Von den fast 3000 Milliarden US-Dollar jährlich, die Costanza et al. (1997) als monetären Wert von Arten und ihren Produkten weltweit beziffern, entfallen 1 386 Milliarden US-Dollar auf den direkten Gegenwert der Nahrungsmittelproduktion, 721 Milliarden US-Dollar beziehen sich auf weitere Rohstoffproduktion, 417 Milliarden US-Dollar entsprechen dem Wert der biologischen Schädlingskontrolle und 117 Milliarden US-Dollar dem Wert der Bestäubung durch Blütenbesucher.

## 6.5.2.2 Ökonomischer Wert von Ökosystemfunktionen

Ökosysteme vollbringen Leistungen (*ecosystem services*) (Myers 1996), ohne die menschliches Leben nicht denkbar wäre und die bei Wegfallen der Ökosysteme auf andere Weise erbracht werden müssen. Diese technische Ersatzleistung für die (gemeinhin als gratis erachteten) Ökosystemfunktionen hat ihren Preis, der als Wert der Ökosystemleistung betrachtet wird.

Zu den zentralen **Ökosystemleistungen** gehören die Regulation des Gashaushalts der Erde, die Steuerung des Klimas, die Produktion von Biomasse, die Regulation des Wasserhaushalts und die Versorgung mit Wasser, die Bodenbildung und die Erosionskontrolle sowie die Aufrechterhaltung von Nährstoffzyklen und die Gewährleistung der Abfallentsorgung. Beispielsweise wird die Luft durch

Wälder gefiltert, $CO_2$ wird fixiert und Sauerstoff produziert. Durch den Wasserkreislauf werden Abwässer gereinigt und stehen uns zur landwirtschaftlichen und industriellen Produktion, aber auch als Trinkwasser zur Verfügung. Organische Abfälle werden durch detritophage Organismen abgebaut und wieder in den Kreislauf der Primärproduktion eingeschleust.

Costanza et al. (1997) haben diese Ökosystemleistungen quantifiziert: Die Aufrechterhaltung der Nährstoffkreisläufe entspricht einem jährlichen Gegenwert von 17 000 Milliarden US-Dollar. Die Wasserregulation und Wasserversorgung entsprechen 2 800 Milliarden US-Dollar, die Entsorgung und Reinigung des Abwassers kosten erneut 2 300 Milliarden US-Dollar. Die Steuerung von Gashaushalt und Klimaregulation hat jährlich einen Wert von rund 2 000 Milliarden US-Dollar, Erosionsschutz wird mit über 600 Milliarden US-Dollar veranschlagt. Insgesamt entsprechen die Ökosystemleistungen einem Wert von 26 600 Milliarden US-Dollar jährlich.

### 6.5.2.3 Wissenschaftlich-informeller Wert von Arten

Oftmals werden Arten genutzt, um bestimmte Informationen, über die sie verfügen, zu verwenden. Die Arten selbst sind anschließend nicht mehr Gegenstand des Interesses, aber Konstruktionspläne, die nach ihrem Vorbild gezeichnet werden, Inhaltsstoffe, die nach einer Strukturanalyse synthetisch produziert werden, oder genetische Informationen, die unabhängig vom Ursprung nun weiter variiert werden, sind weiter nutzbar. Dieser wissenschaftlich-informelle Wert einer solchen Art ist ursprünglich sehr hoch, später materiell nur schwer einzuschätzen.

Organismische Leistungen in Bau und Funktion liefern eine Fülle von Anregungen für eigenständige technologische Entwicklungen (**Bionik**). Die Ultrastruktur der Haut von Haien und Delphinen hat die Aero- und Hydrodynamik von Flugzeugen, Schiffen und Olympiaschwimmern revolutioniert (Abbildung 6.90). In der Architektur führen Seifenhaut-, Hängenetz- oder Gitterschalenmodelle zu funktional und ästhetisch überzeugenden Lösungen. Das von Fledermäusen verwendete Sonarprinzip wird zur Entfernungsmessung benutzt, beispielsweise zur Abstandsmessung zwischen Autostoßstange und Parkmauer oder in Entfernungspeilgeräten. Die selbstreinigende Eigenschaft von pflanzlichen Oberflächen wie etwa der indischen Lotusblume (*Nelumbo nucifera*) (Lotuseffekt) wird intensiv erforscht und im Sinne einer bionischen Übertragung in technische Produkte umgesetzt. Die künstliche Photosynthese, an der weltweit fieberhaft geforscht wird, soll nach dem Vorbild von Purpurbakterien und Blaualgen Wasserstoff und Sauerstoff liefern, die bei Verbrennung lediglich Energie und Wasser freisetzen, und somit eine umweltfreundliche Energieversorgung gewährleisten.

Wenn Organismen auf eine bestimmte Belastung ihrer Umwelt empfindlich reagieren und leicht einzusetzen sind, können sie als **Indikatorarten** für diese Belastung verwendet werden. Sie zeigen dann durch ihre An- oder Abwesenheit (also ihr Überleben oder Sterben) das Fehlen

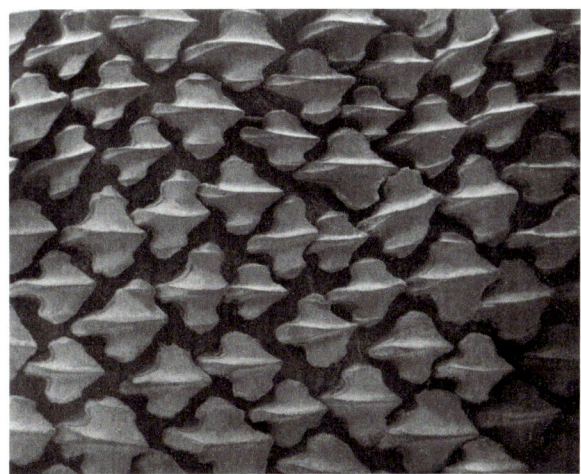

**Abb. 6.90:** Die Placoidschuppen der Haut von Haien führten zur Erkenntnis, dass nicht glatte, sondern besonders strukturierte Oberflächen die besten hydro- und aerodynamischen Eigenschaften haben. Aus Storch und Welsch (2003).

oder Vorhandensein dieser Substanz an. Indikatoren zeigen Schadstoffe oder Schadstoffgemische an, darunter auch neue bzw. unbekannte, und sie können dies über einen langen Zeitraum durchführen, sodass sie technischen Messgeräten überlegen sein können. Moose messen beispielsweise die Schadstoffbelastung der Luft ($SO_2$, $NO_x$, Schwermetalle), Pflanzen zeigen Schwermetalle im Boden an, seinen Säuregrad oder die Eutrophierung, während Regenwürmer Indikatoren für die Verdichtung des Bodens sind. Aufgrund einer Zusammenstellung von Organismen, die Indikatorfunktion für unterschiedliche Belastungsstufen von Gewässern haben, werden mit dem **Saprobiensystem** Aussagen über die chemische Belastung eines ganzen Gewässersystems gemacht.

### 6.5.2.4 Ideeller Wert von Arten und Ökosystemen

Arten haben auch einen Wert „an sich". All das, was existiert, ist aufgrund seiner Entstehungsgeschichte einzigartig, daher wichtig und wertvoll. Dies gilt auch, wenn wir im Einzelnen nicht verstehen, begründen oder quantifizieren können, warum das so ist. Die meisten Menschen umgeben sich zu Hause gerne mit Pflanzen und Tieren oder suchen außer Haus entsprechende Gelegenheiten. Botanische und zoologische Gärten, Museen und Ausstellungen sind Publikumsmagnete.

Wir erholen uns gerne in der Natur, also an Orten hoher Biodiversität. Gärten, Parks, Naherholungs- und Urlaubsgebiete haben eine wichtige **Erholungsfunktion** und daher einen hohen Wert. Pearce und Moran (1994) haben den durchschnittlichen Wert eines Urlaubstags mit 30 US-Dollar berechnet, sodass häufig besuchten Erholungsgebieten ein beachtlicher Wert zukommt. Global veranschlagen Costanza et al. (1997) diesen Erholungswert sowie den kulturellen und ästhetischen Wert der Biodiversität auf 3 800 Milliarden US-Dollar jährlich.

In unseren Häusern umgeben wir uns mit Natur. Kleingärtner freuen sich über blühende Zierpflanzen, in den meisten Wohnungen, Büros und Labors finden sich Zimmerpflanzen. Blumenschmuck wird als ästhetisch und schön empfunden. Die Zahl der Haustiere übersteigt in den Industrienationen die Zahl der Einwohner. Oftmals ist daher von einer angeborenen Neigung des Menschen gesprochen worden, biologische Vielfalt zu mögen. Diese **Biophilie** (Orians 1980, Wilson 1992) ist zu allen Zeiten und in allen Kulturkreisen feststellbar. In früheren Kulturen mag die Liebe zu einer hohen Artenvielfalt direkt der Lebens- und Ernährungssicherung gedient haben, heute zeigt biophiles Verhalten in einer Industriegesellschaft sicherlich die Sehnsucht nach naturnahen Lebensumständen. In diesem Sinn muss eine hohe Biodiversität für die Menschheit als überlebenswichtig bezeichnet werden, zumal auch der Mensch ein Produkt der biologischen Evolution ist.

Die ethische Argumentation betont, dass Menschen als (lediglich) eine Art auf der Erde nicht das Recht haben, andere Arten auszurotten. Es wird auch die Verpflichtung betont, Verantwortung für unsere Mitgeschöpfe zu übernehmen und unseren Nachkommen annähernd die gleiche Biodiversität zu hinterlassen, die wir vorgefunden haben.

## 6.5.3 Was bedroht Biodiversität?

Biodiversität ist auf vielen Ebenen bedroht. Zuerst fallen uns Beispiele von Arten ein, die gezielt gejagt und ausgerottet wurden. Die größte Bedrohung von Arten ergibt sich aber durch die Nutzung, Umwandlung, Fragmentierung und schließlich Vernichtung ganzer Lebensräume. Dies kann mechanisch und gut sichtbar durch Nutzungsänderung, z. B. durch Waldrodung, oder im Rahmen einer sich ändernden Landwirtschaft geschehen. Eine Bedrohung erfolgt aber auch schleichend durch zunehmende Schadstoffbelastung eines Lebensraumes oder der ganzen Biosphäre, etwa im Rahmen des Klimawandels (Tabelle 6.7). Die Globalisierung bringt eine immer schnellere

Verbreitung wenig anspruchsvoller Arten mit sich, sodass es zu einer Angleichung zwischen den Ökosystemen und zu einer Uniformierung ganzer Lebensräume kommen wird. Letztlich führt all dies zu einer dramatischen Beschleunigung des Artensterbens und damit zu einer Reduktion der Biodiversität.

### 6.5.3.1 Selektives Jagen und Sammeln

Viele Tierarten wurden im Rahmen der Nahrungsbeschaffung als **Jagdwild** übernutzt und somit ausgerottet. Besonders Inselpopulationen wie die der Dronte ( = Dodo, *Raphus cucullatus*) auf Mauritius mit kleinen Populationen sind sehr anfällig. Als flugunfähige Inselbewohnerin hatte die Dronte keine Feinde, bis Seeleute sie nach Entdeckung der Insel in großer Zahl als Proviant nutzten. Offenbar war es so leicht, die zutraulichen Tiere zu fangen, dass diese Art wenige Jahre nach ihrer Entdeckung schon ausgerottet war. Ähnlich erging es der Steller'schen Seekuh Kamtschatkas (*Hydrodamalis gigas*), die 1768, gerade 27 Jahre nach ihrer Entdeckung, durch Seefahrer ausgerottet war, und einem flugunfähigen Kormoran (*Phalacrocorax perspicillatus*), den Steller ebenfalls auf der Beringinsel entdeckt hatte. Im 18. Jahrhundert wurden Riesenschildkröten auf mehreren Galápagos-Inseln ausgerottet, 1844 starb der letzte Riesenalk (*Alca impennis*) der nordatlantischen Inseln durch gezielte Nachstellung, weil er inzwischen eine Rarität geworden war.

In Europa starben die **Wildformen** einiger Haustierarten nach intensiver Bejagung aus. Dies traf 1627 den Ur oder Auerochsen (*Bos primigenius*) in Polen, ca. 1800 das Wildpferd (*Equus ferus*) und 1919 das letzte frei lebende europäische Wisent (*Bison bonasus*) im Kaukasus. Der Alpensteinbock (*Capra ibex*) wurde im 18. Jahrhundert in den Alpen ausgerottet, überlebte aber im Jagdrevier des italienischen Königs am Gran Paradiso, sodass er in der freien Natur wieder eingebürgert werden konnte. Das Bison (*Bison bison*) Nordamerikas entging nur knapp der Ausrottung. Von ca. 60 Millionen Individuen, die es zu Beginn des 18. Jahrhunderts gab, überlebten bis 1890 nur wenige Dutzend. Ihren landschaftsprägenden Charakter wer-

**Tab. 6.7:** In Mitteleuropa etablierte exotische Säugetiere.

| deutscher Name | wissenschaftlicher Name | Herkunftsland | Einbürgerungs-zeitpunkt | Grund |
|---|---|---|---|---|
| Grauhörnchen | *Sciurus carolinensis* | Nordamerika | 19. Jh. | entkommen als Haustier, freigelassen wegen Ästhetik |
| Wildkaninchen | *Oryctolagus cuniculus* | Nordafrika, Spanien | 1149 | ausgesetzt als Jagdwild |
| Waschbär | *Procyon lotor* | Nordamerika | 1930 | entkommen aus Pelztierzucht |
| Bisamratte | *Ondatra zibethicus* | Nordamerika | 1905 | ausgesetzt zur Jagd/Pelzgewinnung |
| Nutria / Sumpfbiber | *Myocastor coypus* | Südamerika | Ende 19. Jh. | entkommen aus Pelztierzucht |
| Amerikanischer Nerz (Mink) | *Mustela vison* | Nordamerika | 20. Jh. | illegale Freilassung aus Pelzfarmen |
| Marderhund | *Nyctereutes procyonoides* | Südostasien | 1928 | entkommen aus Pelztierzucht |
| Mufflon | *Ovis ammon musimon* | Sardinien, Korsika | 19. Jh. | ausgesetzt als Jagdwild |
| Damhirsch | *Cervus dama* | Naher Osten | 11. Jh. | ausgesetzt als Jagdwild |
| Sikahirsch | *Cervus nippon* | Japan | 1883 | entkommen aus Tierparks |

den die Tiere jedoch nie wieder erhalten, denn die ehemals endlosen Prärien sind stark zurückgedrängt, in Ackerland umgewandelt und durch Städte und Strassen fragmentiert worden. Die Jagd auf das Bison hatte im 19. Jahrhundert allerdings noch einen wichtigen politischen Aspekt, denn mit der Vernichtung der riesigen Herden wollte man vielen Indianerstämmen die Lebensgrundlage entziehen. Fast zur gleichen Zeit wurde die Wandertaube (*Ectopistes migratorius*) ausgerottet. Als um 1840 der mittlere Westen besiedelt wurde, gab es mehrere Milliarden Exemplare dieser Tiere, doch innerhalb kürzester Zeit wurden sie aus Jagdlust und zur Verwendung als Schweinefutter abgeschossen, bis 1899 die letzte Wandertaube in Freiheit starb, 1914 die letzte im Zoo von Cincinatti.

Der **Walfang** diente ursprünglich nur der Nahrungsbeschaffung einzelner Völker in Küstennähe. Seit dem 19. Jahrhundert wurden Wale auf allen Weltmeeren aber zunehmend für eine industrielle Nutzung von Ölen, Fetten und Fischbein (Barten der Bartenwale für Korsettstangen) gejagt. Durch Raubbau an den Walpopulationen ging ihre Zahl bis 1970 weltweit so stark zurück, dass einige Arten unmittelbar vor dem Aussterben standen. 1985 wurde der kommerzielle Walfang völlig eingestellt. Bis auf Japan und einige wenige andere Staaten haben sich die Walfangnationen auch daran gehalten. Inzwischen haben sich einige Walarten wieder etwas erholt, aber nach wie vor ist die Mortalität durch Meeresverschmutzung, Hochfrequenzsonarsysteme, Kollision mit Schiffen oder Ersticken in Treibnetzen hoch.

Militärische Sonargeräusche sind eine neue Bedrohung für Wale. US-Kriegsschiffe senden Sonargeräusche bis 240 Dezibel aus, um feindliche U-Boote auf grosse Distanzen orten zu können. Es ist geplant, in Zukunft 80 % der Weltmeere permanent mit Tieftonfrequenzen zu beschallen. Auf Wale hat das vermutlich drastische Folgen, da sie die Orientierung verlieren. Die zunehmende Zahl gestrandeter Wale mit charakteristischen Blutungen in Gehörgang und Gehirn wird auf diese Sonarexperimente zurückgeführt.

Manche Tierarten waren (und sind) von Feinschmeckern stark begehrt, sodass den Freilandpopulationen zu viele Tiere entnommen wurden. Regionales Aussterben war die Folge. Einzelne Arten werden durch den permanenten Druck des hohen Preises, den sie als **Delikatesse** erzielen, möglicherweise auch vollständig ausgerottet. In vielen Ländern Südostasiens werden jährlich viele 100 Millionen Frösche gefangen, um gegessen bzw. als Froschschenkel nach Europa exportiert zu werden. Meeresschildkröten sind als „Suppenschildkröten" in Gourmetkreisen geschätzt. Vom Stör (*Acipenser stellatus*), einem urtümlichen Vertreter der Knochenfische, werden gar nur die Eier genutzt („Kaviar") und erzielen Fantasiepreise (3 000 Euro für 1 kg Beluga-Kaviar im Jahr 2002). In weiten Teilen Europas sind Trüffel (*Tuber aestivum*) durch intensives Absammeln extrem selten geworden.

Traditionell wurden Raubtiere als Feinde des Menschen und seiner Haustiere bekämpft. Dies traf in Deutschland 1830 den letzten Luchs (*Lynx lynx*), 1835 den letzten Braunbären (*Ursus arctos*) und 1900 den letzten Wolf (*Canis lupus*). Geier waren bereits im ausklingenden Mittelalter ausgerottet, Adler und andere Greifvögel stark zurückgedrängt. Weltweit ausgerottet wurden der Kaplöwe 1865 (*Panthera leo melanochaitus*, eine Unterart des afrikanischen Löwen), der Atlasbär (*Ursus crowtheri*) im 19. Jahrhundert, der Tasmanische Beutelwolf (*Thylacinus cynocephalus*) und der Japanische Wolf (*Canis hodophilax*) im 20. Jahrhundert.

**Felle** und **Häute** waren ein wichtiger Grund, um Tiere fast zum Aussterben zu bringen. Der europäische Nerz (*Lutreola lutreola*) wurde im 19. Jahrhundert in Deutschland ausgerottet. Fast alle Großkatzen sind ihrer Felle wegen begehrt und werden legal oder illegal stark bejagt. Lokal wurden viele Populationen von Biber (*Castor fiber*), Chinchilla (*Chinchilla laniger*), Vikunja (*Vicugna vicugna*) und Fischotter (*Lutra lutra*) durch Pelzjäger ausgerottet. Ähnliches gilt für Krokodile und Schlangen, denen ihrer Reptilienhaut wegen weltweit nachgestellt wird. Auch Elefanten müssen erwähnt werden, da ihr **Elfenbein** für Schnitzereien sehr begehrt ist. Professionell organisierte Wildererbanden stellen in vielen Regionen Afrikas diesen Großsäugern nach und haben viele Populationen ausgerottet oder stark dezimiert. In Brasilien wurde der Brasilbaum (*Beschorneria tubiflora*), nach dem das Land benannt wurde, durch übermäßige Nutzung im größten Teil seines Verbreitungsgebiets ausgerottet.

Noch schwieriger ist die Situation, wenn Arten als **Heilmittel** oder **Aphrodisiakum** begehrt sind. Alle fünf Nashornarten Afrikas und Asiens sind extrem gefährdet, da ihr Horn potenzsteigernde Wirkung haben soll. (Vielleicht führt Viagra nun zu einem Nachlassen der Jagd auf diese Tiere.) Haiknorpel steht völlig zu Unrecht im Ruf, ein wirkungsvolles Mittel gegen Krebs zu sein. Da Haie zudem als „gefräßige Bestien" einen schlechten Ruf haben und ihre Flossen als Delikatesse gelten, werden die Bestände fast aller Haiarten durch selektiven Fang, durch Sportfischerei oder als Beifänge in Treibnetzen weltweit stark dezimiert. Die Wirklichkeit sieht auch hier anders aus: Haiangriffe auf Menschen und Todesfälle sind sehr selten, der Film *Der weiße Hai* ist Fiktion. Die Wahrscheinlichkeit, von einer Kokosnuss erschlagen zu werden, ist größer, als einem Hai zum Opfer zu fallen.

**Sammeln** gefährdet Arten, wenn sich ein Markt von zahlungskräftigen Liebhabern entwickelt. Dies kann Schmetterlinge oder andere Insektengruppen betreffen, tropische Süßwasser- und Korallenfische, Molluskenschalen, Orchideen, Blumenzwiebeln oder Sukkulenten. Manchmal werden Pflanzen, Tiere oder Teile von ihnen auch einfach nur als Schmuck oder zur **Dekoration** gesammelt. Wegen ihrer Perlen wurde die Flussperlmuschel (*Margaritifera margaritifera*) in Mitteleuropa schon vor Jahrhunderten weitgehend ausgerottet. Als Perlen aus Meeresmuscheln beliebter wurden, verhinderten Lebensraumzerstörung und Wasserverschmutzung eine Erholung der Bestände der Flussperlmuschel. Die Federn einer Kleidervogelart auf Hawaii wurden zu Zehntausenden für die zeremonielle Kleidung der Könige benötigt, bis diese Vogelart ausgerottet war. Die langen Schwanzfedern des

Quetzal (*Pharomachrus mocinno*) dienten den Inkas als Schmuck, sodass diese Art immer seltener wurde. In den letzten Jahrzehnten setzte die Rodung der Bergwälder dieser Art sehr zu.

Als zu Beginn des 20. Jahrhunderts Straußenfedern modern wurden, hätte dies fast die Ausrottung dieser Art bewirkt. 1912 wurden allein nach Frankreich 146 t Straußenfedern importiert. Erst in letzter Minute ging man dazu über, Strauße in Farmen zu halten. Heute erlebt die Straußenhaltung eine Renaissance, allerdings wegen des Fleisches und Leders der Tiere.

Auch wenn die oben erwähnten Beispiele neuzeitlich sind, hat der Mensch schon als Steinzeitjäger einen starken Druck auf seine Beutetiere ausgeübt, der zur Ausrottung vieler Arten führte. Nach der **Overkill-Hypothese** (Martin und Klein 1984) hat sich der moderne Mensch in Afrika mit der dortigen Großsäugerfauna zusammen entwickelt, daher kannten diese Arten die Gefährlichkeit des Menschen. Als vor 13 000 Jahren die Besiedlung von Amerika einsetzte, trafen die pleistozänen Jäger auf eine urtümliche Fauna großer Wirbeltiere (**Megafauna**), die kaum an Feinde gewöhnt war. In wenigen 100 Jahren wurden diese Kontinente von einer ersten Besiedlungswelle überrollt, der in Nordamerika beispielsweise Riesengürteltiere, Riesenfaultiere, mehrere Pferde-, Kamel- und Elefantenarten zum Opfer fielen. In Australien wurden vor 20 000–40 000 Jahren Riesenkängurus, Riesenwombats und ein Riesenwaran ausgerottet. In Neuseeland starben zudem alle ca. 20 Moa-Arten aus (die letzte vielleicht erst vor 200 Jahren), in Polynesien vor 1 000 Jahren 15 % aller Vogelarten, auf Madagaskar vor 1 500 Jahren viele tagaktive Lemuren (Abbildung 6.91).

## 6.5.3.2 Veränderung von Lebensräumen

Auf vielfältige Weise kann die menschliche Nutzung eines Lebensraums zu seiner Zerstörung führen. Im Rahmen der modernen, industrialisierten **Landwirtschaft** reduziert der intensive mechanisierte Pflanzenbau mit hohem Einsatz von Düngern und Bioziden die Diversität in Agrarökosystemen (Abschnitt 6.4). Neben den zonal genutzten landwirtschaftlichen Standorten gilt dies vor allem für Sonderstandorte. Die Düngung einer Magerwiese führt zum Verlust der auf stickstoffarme Böden angewiesenen Arten. Pflanzen nährstoffarmer Standorte sind daher überproportional häufig in Roten Listen vertreten (Abbildung 6.92). Auch die Belastung unserer Umwelt durch Umweltchemikalien und hormonartig wirkende Substanzen wirkt sich nachteilig auf einzelne Arten aus (Kasten 6.8). Eingriffe in den Wasserhaushalt wie die Entwässerung einer Feuchtwiese oder die Bewässerung von Trockengebieten, die Begradigung von Uferbereichen oder die Umgestaltung ganzer Flusssysteme haben den Verlust der auf die jeweiligen Standorte spezialisierten Arten zur Folge (Abschnitt 7.2.1). Viele dieser Eingriffe sind mit der Fragmentierung von Lebensräumen verbunden (Abschnitt 7.1). Diese führt zu kleineren Populationen, zur lokalen Vernichtung von Teilpopulationen sowie zum Verlust höherer trophischer Ebenen und damit ebenfalls zur Reduktion der Biodiversität (Kruess und Tscharntke 1994). Die nachträgliche Vernetzung fragmentierter Lebensräume oder die Verbindung durch Trittsteinhabitate (Abschnitt 6.5.4.2) kann negative Effekte kompensieren. Arten, die auf große, zusammenhängende Lebensräume angewiesen sind, ist damit jedoch nicht geholfen.

**Abb. 6.91:** Die Ausbreitung des modernen Menschen führte in den letzten 100 000 Jahren zu einer massiven Ausrottung von großen Wirbeltieren jeweils kurz nach der Besiedlung eines neuen Kontinentes oder einer neuen Insel. Angaben sind Jahre vor heute, in denen die Besiedlung des betreffenden Gebietes erfolgte, vergleiche Text.

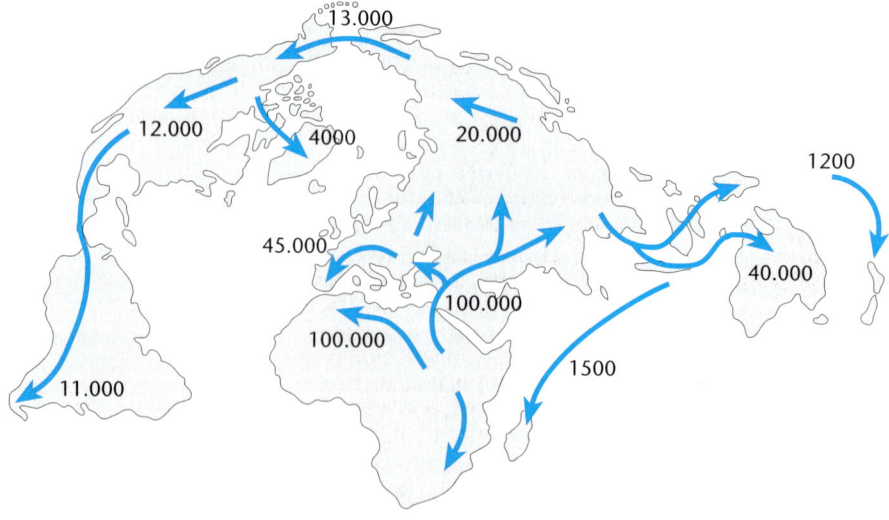

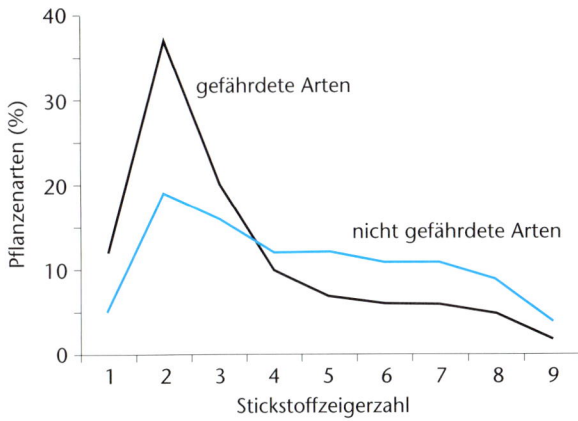

**Abb. 6.92:** Die Darstellung von 1748 mitteleuropäischen Pflanzenarten nach ihrem Stickstoffzeigerwert (1 = extrem stickstoffarm, 9 = übermäßig stickstoffversorgt, eutroph) und nach den beiden Rote-Liste-Kategorien gefährdet bzw. nicht gefährdet zeigt, dass es auf stickstoffarmen Standorten einen höheren Anteil gefährdeter Arten gibt. Nach Ellenberg (1985).

Zumindest in Mitteleuropa sind **Wälder** nach der Kulturlandschaft die häufigsten Lebensräume. Ihre Bewirtschaftung führt meist zu einer Umwandlung der artenreichen Wälder in Forste, also Altersklassenbestände einer Monokultur, die durch die übliche Kahlschlagwirtschaft regelmäßig einen Totalverlust erleiden. Meist erfolgt die Aufforstung zudem mit schnell wachsenden, nicht standortgerechten Arten: In der gemäßigten Zone werden überwiegend Fichten (*Picea abies*) verwendet, in den Subtropen verschiedene Eukalyptusarten (z. B. *Eucalyptus globulus*) und in den Tropen verschiedene *Pinus*-Arten (z. B. *patula, kesia, elliottii, caribea*). Alternativen wären kleinräumige Parzellierung und Plenterwirtschaft, bei der aus einem natürlichen oder naturnahen Wald immer nur einzelne Bäume entnommen werden. Die natürliche Verjüngung sichert den Mischwald und eine höhere Diversität.

Regional gibt es wichtige Ausnahmen. So hat in Österreich und in der Schweiz der naturnahe Waldbau Tradition, sicherlich wegen der besonderen geographischen Lage. In Österreich beispielsweise sind höchstens 25 % der Wälder als naturferne Forste zu bezeichnen. Auch muss erwähnt werden, dass der Unterschied zwischen anthropogenen Monokulturen (Forsten) und der potenziell natürlichen Vegetation in weiten Teilen Mitteleuropas nicht groß ist. Vor allem die flächenmäßig bedeutenden natürlichen Wälder sind oftmals fast natürliche Monokulturen (etwa die Buchen-, Fichten- und Kiefernwälder). Nur wenige Wälder sind echte Mischwälder (montane Buchen-Tannen-Mischwälder, Eschen-Ahorn-Wälder oder Hainbuchen-Eichen-Wälder), die aber selten mehr als drei Baumarten enthalten.

Der tropische **Regenwald** ist der artenreichste Lebensraum der Welt, der unter dem hohen Bevölkerungswachstum vieler Entwicklungsländer einem besonders starken Umwandlungsdruck ausgesetzt ist. Neben der Nutzung als Siedlungsfläche erfolgt vor allem eine Umwandlung

---

| **Kasten 6.8:** | **Umweltchemikalien, hormonaktive Substanzen, Artensterben** |
| --- | --- |

Einzelne sehr schädliche und langlebige Umweltchemikalien sind weltweit verbreitet und können empfindliche Arten in ihrem gesamten Verbreitungsgebiet belasten. Polychlorierte Biphenyle (PCB) haben eine Halbwertzeit von 10 bis 20 Jahren und reichern sich vor allem im Fettgewebe, in Nervenzellen und in Keimzellen von Wirbeltieren an. Dies reduziert ihre **Reproduktionsrate** zum Teil vollständig. Das fast völlige Aussterben des Fischotters in Mitteleuropa wird im Wesentlichen auf die PCB-Verseuchung der Gewässer (und damit auch der Nahrung der Fischotter) zurückgeführt.

Synthetische **Östrogene** (z. B. „die Pille" zur Geburtenkontrolle), die als Strukturanaloga der natürlichen Östrogene wirken, sind schwer abbaubar, sodass sie Jahrzehnte in der Biosphäre verbleiben. Sie binden an Östrogenrezeptoren und bewirken unter anderem eine Störung der Geschlechtsdifferenzierung, sodass die Tiere sich nicht fertig entwickeln können, also steril bleiben. Eine Häufung steriler, nicht geschlechtsdifferenzierter Individuen beispielsweise in Populationen von Alligatoren in den südlichen USA, von Süsswasserfischen in Mitteleuropa und Meeresschnecken weltweit wird auf die Persistenz und Bioakkumulation solcher Substanzen zurückgeführt.

In den letzten Jahren sind eine Reihe weiterer Stoffe mit endokriner Wirkung gefunden worden, so etwa Alkylphenole (z. B. das als Kunststoffweichmacher eingesetzte Nonylphenol), einzelne Biozide (z. B. DDT, Dieldrin, Endosulphan, Toxaphen, Lindan, Malathion, synthetische Pyrethroide), Phthalate (Weichmacher in Kunststoffen), Bisphenol A und Organozinnverbindungen, Styrol sowie Quecksilber. Den gleichen Substanzen wird auch die derzeit in vielen Regionen der Welt festgestellte abnehmende Fertilität des Menschen zugeschrieben.

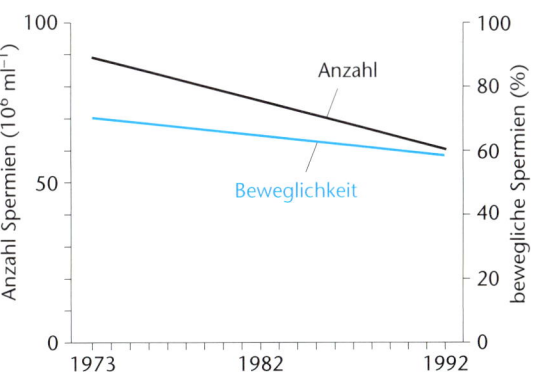

**Abb.:** Veränderung der Spermienzahl und -beweglichkeit bei Männern nach einer Studie von 1973 bis 1992 in Paris. Nach Auger et al. (1995).

zu landwirtschaftlich nutzbaren Kulturen. Wegen der geringen Fruchtbarkeit der meisten tropischen Böden (Abschnitt 2.2.3.4) (Weischet 1977), der mangelnden Kenntnisse der Bauern, instabiler politischer Verhältnisse und ungerechter Eigentumsverhältnisse ist eine Landwirtschaft nach dem Vorbild der gemäßigten Zone kaum möglich. Der Transformationsprozess führt aber regelmäßig zum Verlust der ursprünglichen, gut angepassten Ökosysteme, und tragischerweise nicht zu einer befriedigenden landwirtschaftlichen Produktion. Alternativen wären beispielsweise durch eine nachhaltige Nutzung des Regenwaldes auch ökonomisch sinnvoll, sei es als Labelproduktion bei der Holzwirtschaft oder durch Waldlandwirtschaft (*agroforestry*) (Abschnitt 6.5.4.3).

### 6.5.3.3 Floren- und Faunenverfälschung

Unter der Verfälschung einer Flora oder Fauna verstehen wir das beabsichtigte oder unbeabsichtigte Hinzufügen neuer, gebietsfremder Arten. Oft aus Übersee kommend und ohne ihre ursprünglichen Gegenspieler oder regulierenden Mechanismen konnten sich einige dieser fremden Arten auf Kosten von einheimischen Arten stark vermehren. Auf Inseln sind flugunfähige Vögel oder Bodenbrüter beispielsweise durch die Einfuhr von Raubtieren gefährdet. Neue Herbivoren (z. B. verwilderte Haustiere) haben in vielen Regionen die autochthone Vegetation zurückgedrängt. Ähnliches kann durch stark wüchsige Unkräuter, Dornsträucher oder Lianen bewirkt werden. Floren-

und Faunenverfälschung wird daher zunehmend als Bedrohung der ursprünglichen Biodiversität eines Lebensraumes gesehen und negativ bewertet.

Pflanzenarten, die ursprünglich nicht einheimisch waren und vor der Entdeckung Amerikas 1492 eingeschleppt wurden, werden als **Archäophyten** bezeichnet. Wurden sie danach eingeschleppt, nennt man sie **Neophyten** (Abbildung 6.93). Bei Tieren spricht man von **Neozoen**, der Oberbegriff für Tiere und Pflanzen lautet Neobiota. Von **invasiven Arten** spricht man, wenn sich diese Arten behaupten, vermehren und aggressiv, d. h. auf Kosten einheimischer Arten, ausbreiten können (Abschnitt 2.3.4.2).

Die meisten Einführungen neuer Pflanzen- und Tierarten erfolgten, teils willentlich, teils unbeabsichtigt, durch den Menschen bei der Besiedlung neuer Lebensräume und bei Transporten. Jede Kultur brachte ihre eigenen **Haustiere** und Nutzpflanzen mit. Ziegen, Rinder und Schweine verdrängen die einheimische Flora auf Galápagos, Hawaii und vielen anderen Inseln. Schweine fressen die Eier von Leguanen, Schildkröten und bodenbrütenden Vögeln. Die Europäer haben auch Jagdtiere in Übersee ausgesetzt, um die dort vorgefundene Faunen „aufzubessern" (Akklimatisierung, Kasten 6.9). Der zerstörerische Einfluss von Kaninchen auf die Vegetation Australiens ist bekannt. Ratten sind die Ursache für das Verschwinden von mehreren Vogelarten auf pazifischen Inseln, verwilderte Hunde vernichteten eine Teichhuhnart auf Tristan da Cunha, Mungos eine Rallenart auf Hawaii und eine Zaunkönigart auf Martinique. Verwilderte Hauskatzen ha-

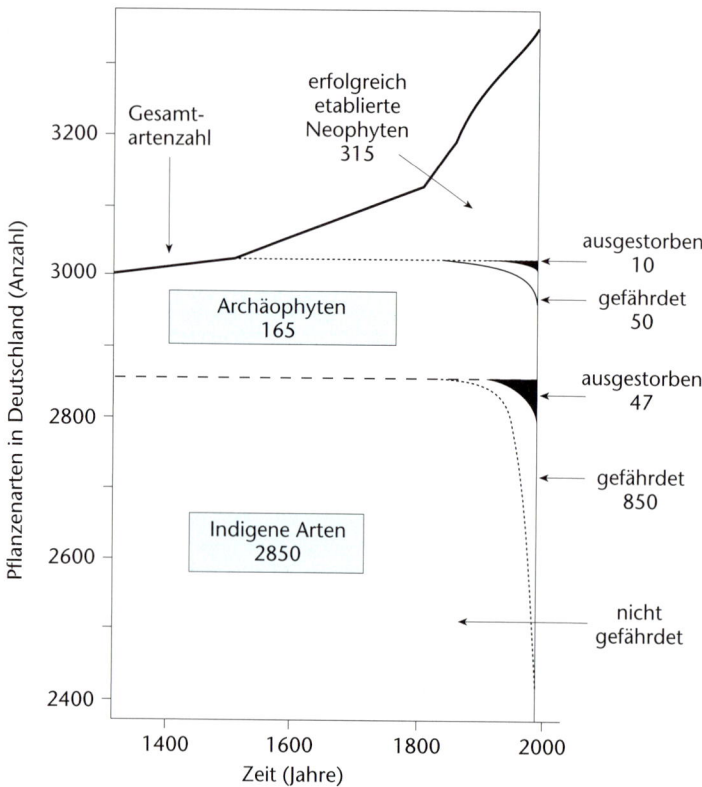

**Abb. 6.93:** Artengewinne und -verluste der mitteleuropäischen Flora nach 1500. Nach Schulze et al. (2002).

| Kasten 6.9: | Akklimatisierungsgesellschaften: Professionelle Floren- und Faunenverfälschung |
|---|---|

Mitte des 19. Jahrhunderts wurde die Welt zunehmend auf die europäischen Kolonialmächte aufgeteilt, und immer mehr Europäer lebten in Übersee. Dort vermissten viele die Tier- und Pflanzenwelt ihrer europäischen Heimat, andererseits entdeckten sie in Übersee Arten, von denen sie überzeugt waren, dass diese auch für Europa interessant sein müssten. Neben einem weltweiten Transport von Kulturpflanzen und Nutztieren, den es durch die Auswanderer schon immer gegeben hatte, kam es jetzt zu einer systematischen Beschäftigung mit der Einbürgerung von Arten, die zum Teil auch „wissenschaftlich" betrieben wurde.

Man glaubte, dass es möglich sei, bestimmten Arten die Eigenschaften anzuzüchten, die sie für ein Überleben in der neuen Heimat benötigten. Hierzu wurde 1854 in Paris mit Unterstützung des Papstes und des französischen Königs durch den Zoologen Isodore Geoffroy Sainte-Hilaire die erste Akklimatisierungsgesellschaft gegründet, deren Ziel es war, exotische Tiere und Pflanzen einzuführen und einzubürgern. Mit unterschiedlichem Erfolg versuchte man in den darauf folgenden Jahren, Frankreich mit importiertem Bambus und Eukalyptus, Seidenraupen, Fasanen und Zebras zu bereichern.

Schnell entstanden nach diesem Muster überall neue Akklimatisierungsgesellschaften. 1860 entstand die *Acclimatisation Society of the United Kingdom*, nach deren Vorbild sich allein in Neuseeland 30 lokale Gesellschaften bildeten. In vielen Regionen der Welt waren sie verantwortlich für den Import von Tieren und Pflanzen, aus dem sich manch zweifelhafte Bereicherung der einheimischen Natur ergab. Die Beteiligung von Wissenschaftlern an diesen Gesellschaften, die zudem oftmals aus Fachgesellschaften heraus gegründet wurden, die Durchführung von Tests und die Diskussion von Sicherheitsmaßnahmen riefen ein Gefühl von Pseudosicherheit hervor. Es gab kein Unrechtsbewusstsein, und Begriffe wie Floren- und Faunenverfälschung existierten nicht.

Erst in der zweiten Hälfte des 20. Jahrhunderts änderte sich der Blickwinkel und Importe wurden seltener. Die Akklimatisierungsgesellschaften wurden zunehmend an den Pranger gestellt, manche wandelten sich in Jagd- und Angelvereine, zoologische Gärten oder Naturschutzvereine.

---

ben auf Neuseeland mindestens fünf Vogelarten ausgerottet. Diese Aufzählung könnte noch lange weitergeführt werden.

In Neuseeland wurde durch die Ausrottung der Moas und das Abbrennen vieler Wälder (durch die Maori), dann durch Brandrodung und Überweidung mit Schafen (europäischer Farmer) sowie die Freilassung von europäischen Säugetieren (acht Hirscharten, Wildschweinen und Gämsen) die ursprüngliche Vegetation völlig verändert (Kegel 1999, Kasten 6.9). Ein aktuelles Problem stellen die Fuchskusus (*Trichosurus vulpecula*) dar, die im 19. Jahrhundert zur Pelzzucht aus Australien eingeführt wurden. Als Pelzmode inzwischen verpönt, haben sie sich auf ca. 70 Millionen Tiere vermehrt und fressen vor allem an der Westküste ganze Wälder kahl. Nationalparkzentren verkaufen die Felle mit dem Slogan „*Save our forests!*".

Kommerziell nutzbare Fischarten wurden vielerorts ausgesetzt, um die Produktivität von Gewässern zu heben, in der Regel zu Lasten der einheimischen und oft endemischen Fauna. Hierdurch gilt die Fischfauna Madagaskars heute als stark bedroht. Das Einsetzen des Nilbarsches in den Viktoriasee führte, zusammen mit weiteren Eingriffen in die ostafrikanische Seen, bereits zum Aussterben einiger 100 der über 2000 dort endemischen Buntbarscharten (Cichlidae). In Europa werden immer noch nordamerikanische Regenbogenforellen als „Besatzfische" für Angler ausgesetzt. Nordamerikanische Katzenwelse (*Ictalurus nebulosus*) und chinesische Graskarpfen (*Ctenopharyngodon idella*) leben auf Kosten einheimischer Arten.

Durch die Verbindung von Flusssystemen (etwa durch den Rhein-Main-Donau-Kanal) und von Meeresteilen (Suezkanal, Panamakanal), die über evolutionäre Zeiträume getrennt waren, sowie durch den weltweiten Transport von Ballastwasser wird ein Artenaustausch ermöglicht, der zum Verschleppen potenziell invasiver Arten führt, die einheimische Arten völlig verdrängen können. Die Zebramuschel (*Dreissena polymorpha*) aus dem Kaspischen Meer ist inzwischen in Europa und Nordamerika weit verbreitet, verdrängt an vielen Stellen durch flächendeckendes Überwuchern alle anderen Arten und verursacht Millionenschäden durch das Verstopfen von Wasserkraftanlagen und Pumpen. Der nordamerikanische Signalkrebs *(Pacifastacus leniusculus)* hat in weiten Bereichen Europas die europäischen Krebsarten verdrängt, da er größer, aggressiver und widerstandsfähiger gegen Wasserverschmutzung ist und zudem die Krebspest, gegen die er selber immun ist, überträgt.

Die tropische Alge *Caulerpa taxifolia* stammt aus der Karibik. Als Dekoration gelangte sie 1982 in das Ozeanographische Museum von Monaco, von dort mit Abwasser in das Mittelmeer, wo sie 1984 unter dem Felsen von Monaco mit einer Gesamtfläche von 1 m² entdeckt wurde. 1991 hatte die Alge 30 ha überwachsen, 1992/93 erreichte sie, vermutlich durch ankernde Jachten ausgerissen und verschleppt, die Balearen und Sizilien. *Caulerpa* bildet dichte Rasen und erstickt alle Organismen unter sich. 1995 wurden Pflanzen vor Kroatien entdeckt, 1999 an der australischen Südküste und vor Kalifornien. Genetische Analysen zeigten, dass es sich um den Mittelmeerklon handelte, dass also weltweite Verschleppung erfolgt war. Zu diesem Zeitpunkt waren fast 100 km² Meeresboden mit *Caulerpa* überwuchert.

Der weltweit umfassende Tourismus und Handel haben die Geschwindigkeit, mit der die Floren- und Faunenverfälschung erfolgt, noch gesteigert. In Containern können quasi alle Tiere lebend an jeden Punkt der Welt gelangen. Wenn Schiffe hierfür noch Wochen und Monate benötigen, so schrumpft die Zeit beim Transport mit Flugzeugen auf 24 Stunden zusammen.

Die unbemerkte Einfuhr der Braunen Nachtbaumnatter (*Boiga irregularis*) auf die Pazifikinsel Guam um 1950 führte zum Aussterben von zehn endemischen Vogelarten sowie Fledermäusen und Reptilien. Heute beherbergen die Wälder der Inseln nur noch drei kleine Eidechsenarten. Aufgrund fehlender koevolutiver Anpassungen konnte die Inselfauna dem neuen Prädator nicht standhalten. Andererseits war die nahezu vollständige Auslöschung der heimischen Arten wahrscheinlich wegen des Vorkommens anderer eingeführter Beutetiere (z. B. Ratten) möglich, die der Schlange die Aufrechterhaltung ihrer eigenen Population sicherten (Fritts und Rodda 1998) (apparente Konkurrenz, Abschnitt 4.5.1.3).

Durch die versehentliche Freilassung einer Kreuzung der europäischen Honigbiene mit einer afrikanischen Rasse 1956 in Brasilien breiteten sich die aggressiven Bienen (Mörderbienen, *killer bees*) bis in die USA aus, verdrängten einheimische Wildbienen, gefährdeten die Imkerei und tö-

teten bisher über 1 000 Menschen (Abbildung 6.94). Ähnlich ist die Situation bei der argentinischen Feuerameise (*Solenopsis geminata*), die schon 1891 von Brasilien nach New Orleans verschleppt wurde und sich inzwischen in weiten Teilen der südlichen USA auf Kosten anderer Arten ausbreitete.

Die Schädlinge und Pathogene unserer Nutzpflanzen wurden mit der weltweiten Verbreitung vieler Nutzpflanzen ebenfalls weltweit verbreitet und verursachen immensen Schaden (Abbildung 6.95). Flugzeuge bringen Stechmücken von den Tropen in die gemäßigten Breiten, sodass unter anderem Malaria in Mitteleuropa, wo sie lange ausgerottet ist, in der Nähe von Flughäfen wieder auftaucht. In Verbindung mit einer Klimaveränderung ist es nicht ausgeschlossen, dass diese und andere Tropenkrankheiten des Menschen und seiner Haustiere in Zukunft ihr Areal ausweiten können.

Auch in Europa werden **exotische Haustiere** immer wieder freigelassen. Wenn es ihnen gelingt, eine Population aufzubauen, sind die Folgen oftmals nachteilig für die Lebensgemeinschaft in ihrem neuen Lebensraum. So führt das regelmäßige Aussetzen von Goldfischen in Gewässern zur kontinuierlichen Reduktion von Amphibienlaich und Wasserinsekten. Die nordamerikanischen Schmuckschildkröten haben in Gewässern, in die sie eingesetzt wurden, einen ähnlich verheerenden Einfluss. In Parks europäischer Städte leben heute Sittiche, Papageien und nordamerikanische Streifenhörnchen (Tabelle 6.8).

In Parks und Gärten werden in großem Umfang fremde Pflanzenarten kultiviert. Gelegentlich entkommen einzelne Arten aus der menschlichen Obhut, können sich in der Natur behaupten und werden nicht selten zu einem Problem. **Invasive Pflanzen** verdrängen die einheimische Vegetation, bieten einheimischen Tieren kaum Nahrungsnischen und sind daher artenärmer als einheimische nah verwandte. Beispiele sind die aus Nordamerika eingeschleppten Goldruten (*Solidago canadensis, S. gigantea*), der japanische Knöterich (*Reynoutria japonica*, das drüsige Springkraut (*Impatiens glandulifera*) aus dem Himalaya und der Riesenbärenklau (*Heracleum mantegazzianum)* aus dem Kaukasus. Unter Bäumen und Sträuchern seien Essigbaum (*Rhus typhina*), Robinie (*Robinia pseudoacacia*), Eschen-Ahorn (*Acer negundo*) aus Nordamerika sowie Götterbaum (*Ailanthus altissima*), Schmetterlingsflieder (*Buddleja davidii*) und Flieder (*Syringa vulgaris*) aus China erwähnt.

In anderen Kontinenten ist das Problem noch gravierender. Bekannt sind das europäische Johanniskraut (*Hypericum perforatum*) und die mittelamerikanischen Opuntien, die in Nordamerika bzw. Australien große Weidegebiete überwucherten. Die tropische Wasserhyazinthe (*Eichhornia crassipes*) aus dem Amazonas-Regenwald wurde weltweit in tropische und subtropische Gewässer verschleppt. Sie überwuchert alles mit einer undurchdringlichen Pflanzenschicht und behindert Schifffahrt, Fischfang und Trinkwassergewinnung immens (Abbildung 6.96).

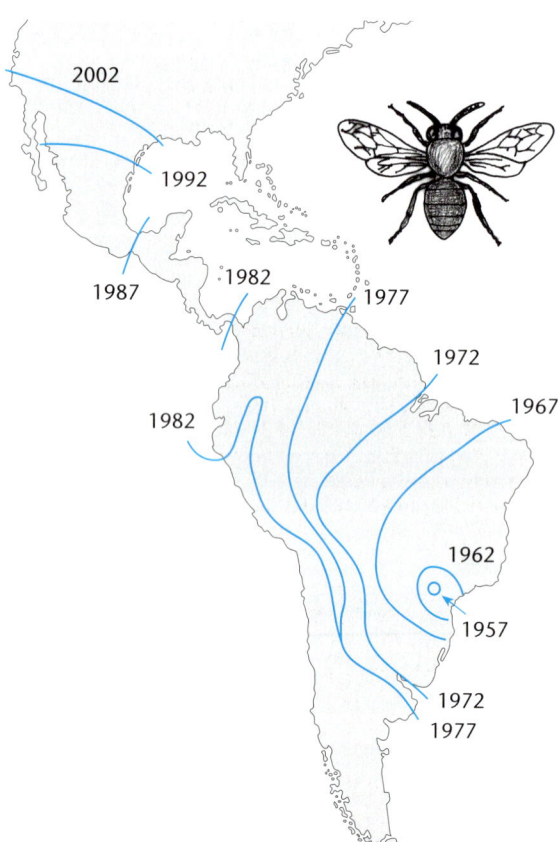

**Abb. 6.94:** Ausbreitung der mit einer afrikanischen Rasse gekreuzten Honigbiene *Apis mellifera* nach ihrer versehentlichen Freilassung in Brasilien bis in die USA. (Kluwer Academic Publishers, *Biological invasions*, 1996, Williamson M, Figure 6.2, mit freundlicher Genehmigung von Kluwer Academic Publishers).

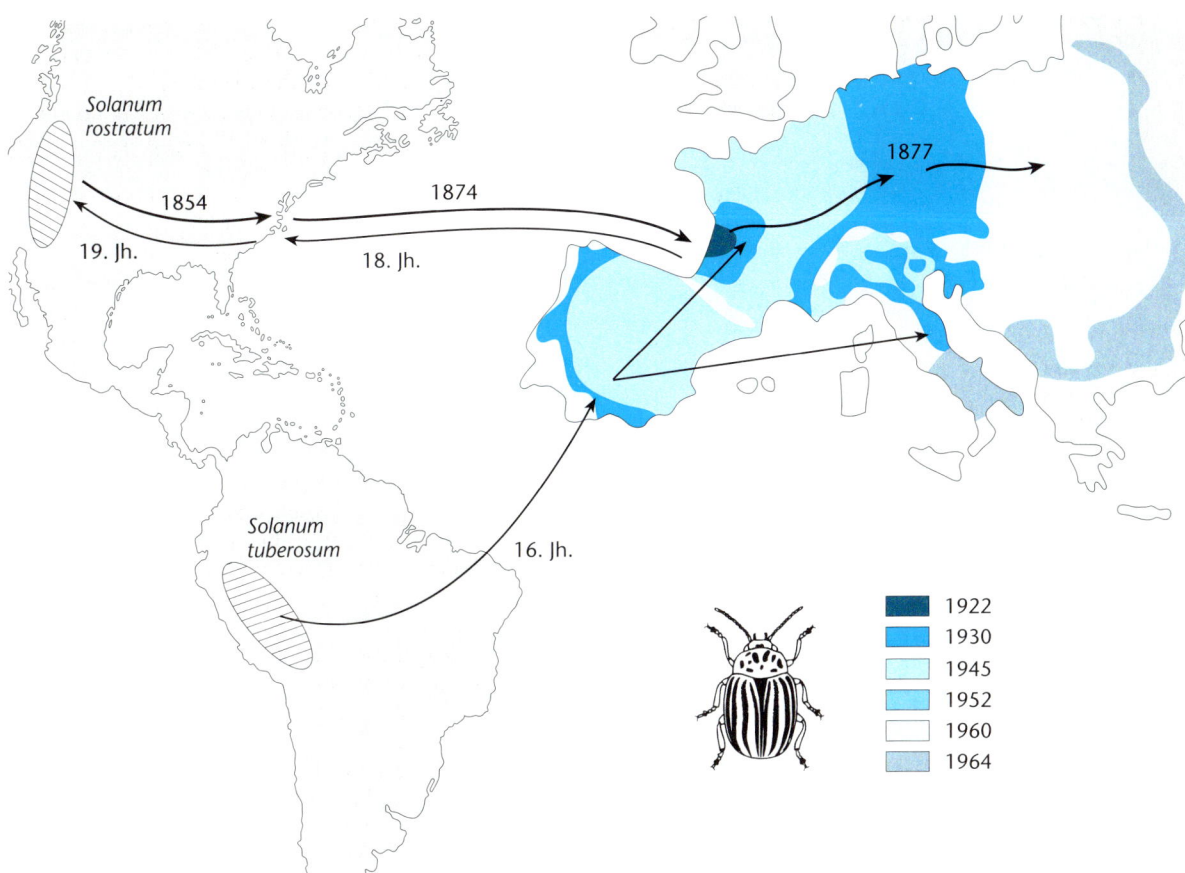

**Abb. 6.95:** Die Ausbreitung des Kartoffelkäfers: Zwar kam die Kartoffel bereits im 16. Jahrhundert von Südamerika nach Mittel-europa, wurde aber erst im 18. Jahrhundert als Nahrungsmittel großflächig angebaut. Im 18./19. Jahrhundert kam sie nach Nord-amerika und drang mit der Besiedlung nach Westen vor. Als die Kartoffel das Verbreitungsgebiet von *Solanum rostratum* in den Rocky Mountains erreichte, sprang der Kartoffelkäfer von seiner Wildpflanze auf die Kulturpflanze *Solanum tuberosum* über und richtete bereits 1854 Schäden in Nebraska an. Der Kartoffelkäfer erreichte 1874 die amerikanische Westküste, wurde über den Atlantik verschleppt und 1877 zum ersten Mal in Deutschland nachgewiesen. Große Schäden richtete er aber erst in einer zweiten Invasionswelle an, die 1922 von Bordeaux aus ganz Europa erreichte. Innerhalb von 30 Jahren war Europa bis Russland besiedelt, anschließend tauchten Kartoffelkäfer auch im gemäßigten Teil von Asien auf. Das jeweilige Herkunftsgebiet der beiden *Solanum*-Arten ist schraffiert gekennzeichnet. Ergänzt nach Elton (1960).

## 6.5.3.4 Artenzahl und Aussterberate global

Es gehört zum Grundprinzip der Evolution des Lebens, dass es neben dem Entstehen neuer Arten immer auch ein Aussterben von Arten gegeben hat. Die durchschnittliche Lebensdauer einer Art wird mit ein bis zehn Millionen Jahren angenommen, und hieraus leitet sich die natürliche **Extinktionsrate** ab. Diese Rate ist nicht konstant, vielmehr gab es in der Vergangenheit Phasen einer geringeren Aussterberate und Zeiträume von massenhaftem Artensterben (Abbildung 6.97). Sechs Hauptereignisse katastrophalen globalen **Aussterbens** sind bekannt und fossil belegt: Ein erstes ereignete sich im frühen Kambrium, vor 512 Millionen Jahren. Gegen Ende des Ordovizium starben vor 439 Millionen Jahren 50% aller Tierfamilien aus, darunter viele Trilobiten. Vor 376 Millionen Jahren verschwanden am Ende des Devon 30% aller Familien, 50%

aller Gattungen und 80% aller marinen Wirbellosen. Am Ende des Perm, vor 251 Millionen Jahren, ereignete sich die bisher schlimmste Katastrophe, als die Hälfte aller Familien, über 95% aller marinen Arten und 70% aller terrestrischen Wirbeltierarten, ausstarb. Vor 206 Millionen Jahren wurde am Ende des Trias ein Drittel aller Familien ausgerottet, darunter viele Reptilien und marine Mollusken. Am Ende der Kreide vor 65 Millionen Jahren schließlich starben vor allem Reptilien (alle Dinosaurier) sowie Foraminiferen und Mollusken aus (Stanley 1988, Erwin 1998).

Zusätzlich ereignete sich eine Reihe kleinerer Aussterbeereignisse. Die Diskussion, was ein großes und was ein kleines Aussterbeereignis ist, ist müßig, daher kommen einige Autoren auf fünf historische Ereignisse, andere auf sechs. Demnach wird die durch den Menschen verursachte rezente Reduktion der Biodiversität mal als sechstes Ereignis (Leakey und Lewin 1995), mal als siebtes Ereignis gezählt.

**Tab. 6.8:** Ursachen des Artenrückgangs, geordnet nach der Zahl der betroffenen Pflanzen der Roten Liste Deutschlands (Zahl der Nennungen) bzw. nach der Zahl der betroffenen europäischen Vogelarten (%), Mehrfachnennung möglich. Nach Korneck und Sukopp (1988) und Heywood (1995).

| Ursache | Pflanzen | Ursache | Vögel |
| --- | --- | --- | --- |
| Änderung der Nutzung | 305 | Intensivierung der Landwirtschaft | 42 |
| Aufgabe der Nutzung | 284 | Intensivierung der Forstwirtschaft | 42 |
| Beseitigung von Sonderstandorten | 255 | menschliche Störungen | 37 |
| Auffüllung, Bebauung | 247 | Jagd | 32 |
| Entwässerung | 201 | Pestizidwirkung | 31 |
| Bodeneutrophierung, Überdüngung | 176 | Entwässerung, Landgewinnung | 28 |
| Abbau und Abgrabung | 163 | Aufgabe der landwirtschaftlichen Nutzung | 21 |
| mechanische Einwirkungen | 123 | Raubtiere | 17 |
| Eingriffe wie Entkrautung, Rodung, Brand | 115 | Klimaänderung | 17 |
| Sammeln | 103 | Eingriffe in den Wasserhaushalt | 14 |
| Gewässerausbau | 97 | Ausweitung landwirtschaftlicher Flächen | 12 |
| Gewässereutrophierung, -verunreinigung | 71 | Überweidung | 12 |
| Aufhören von Bodenverwundungen | 59 | Baulanderschließung | 9 |
| Einführung von Exoten | 43 | Stromleitungen | 7 |
| Luft- und Bodenverunreinigung | 38 | Überdüngung | 6 |
| Herbizidanwendung, Saatgutreinigung | 27 | Eiersammler | 4 |

Aussterbeereignisse wurden meist durch ein kurzes, impulsartiges Ereignis ausgelöst und hielten etwa eine halbe Million bis eine Million Jahre an. Die große Krise am Ende des Perm dauerte jedoch elf Millionen Jahre. Nach all diesen Katastrophen hat sich die Artenvielfalt wieder erhöht, oftmals entstanden neue Artengruppen und füllten die unbesetzten Planstellen (adaptive Radiation, Abschnitt 2.1.2). Nach dem Aussterben der Dinosaurier begannen beispielsweise die Säugetiere zu dominieren. Die Paläontologie zeigt aber auch, dass Aussterberate und Erholungs-rate mit zwei deutlich unterschiedlichen Geschwindigkeiten erfolgen (Kirchner und Weil 2000). Solch eine Erholung benötigt sehr viel Zeit, in der Regel zehn bis 50 Millionen Jahre.

Über die Ursachen dieser Katastrophen wird noch gerätselt. In der Regel dürfte es sich aber um plattentektonische und kosmische Ursachen, vermutlich in Verbindung mit Milankovitch-Zyklen (Abschnitt 7.3), gehandelt haben, die sich klimatisch auf die Erde auswirkten. Der Übergang vom Ordovizium zum Silur, sowie das Devon,

**Abb. 6.96:** Heutige Verbreitung der Wasserhyazinthe *Eichhornia crassipes.* Das vermutete Ursprungsgebiet in Südamerika ist dunkelblau markiert. Nach Ashton und Mitchell (1989).

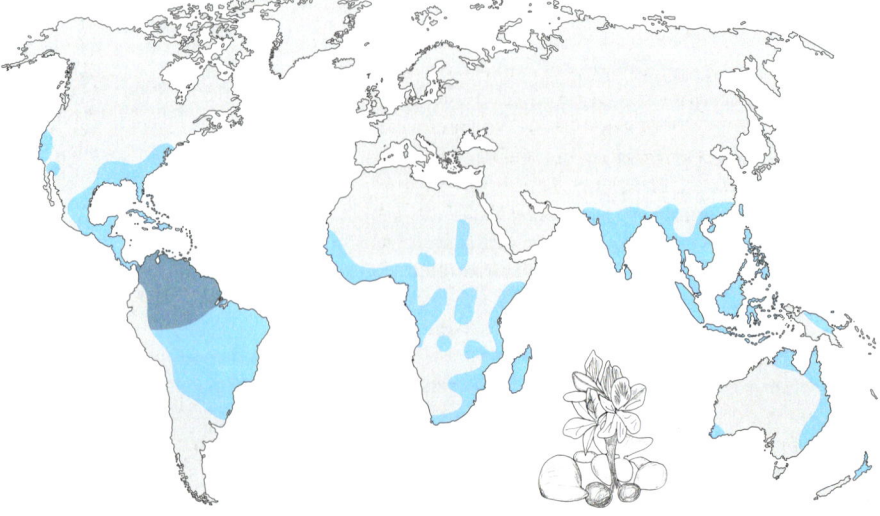

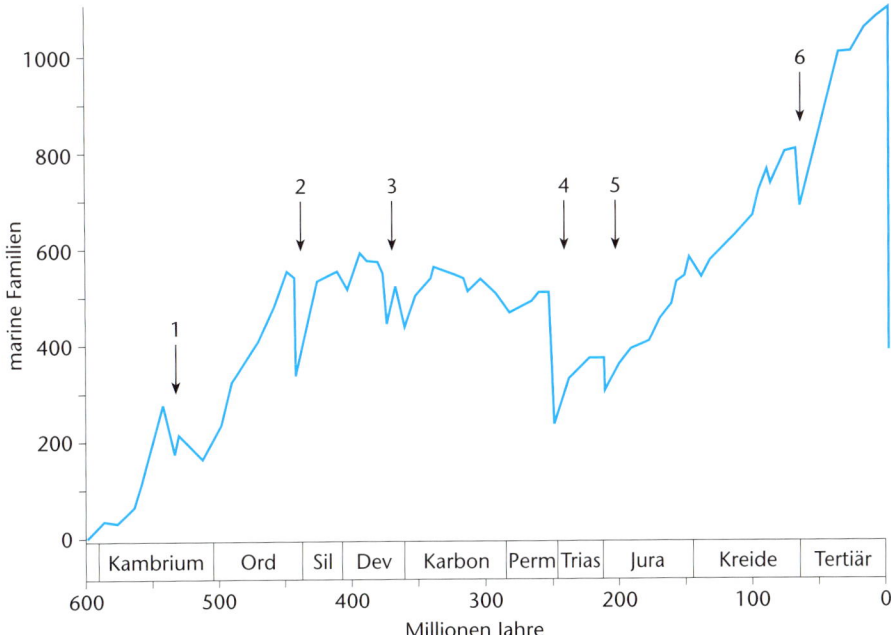

**Abb. 6.97:** Die Zahl der Familien mariner Lebensräume hat im Laufe der Erdgeschichte zugenommen, wurde aber mehrmals durch Perioden massenhaften Artensterbens reduziert (beziffert mit 1–6). Die aktuelle Reduktion ist hypothetisch, siehe Text. (Ord = Ordovizium, Sil = Silur, Dev = Devon) Ergänzt nach Erwin (1998).

Perm, Trias und Tertiär sind Perioden starker Abkühlung gewesen. Auch wurden kurze Phasen drastischen Sauerstoffmangels in den Weltmeeren festgestellt, die als Ursache für das Artensterben im Meer gelten und durch erwärmungsbedingte Veränderungen globaler Meeresströmungen bedingt gewesen sein könnten (Hotinski et al. 2001). Zudem werden Einschläge von Riesenmeteoriten als Ursache vermutet, die sehr viel Staub in die Erdatmosphäre verfrachteten, sodass es zu einer lang anhaltenden Reduktion der eingestrahlten Sonnenenergie und damit zu einer Reduktion der pflanzlichen Primärproduktion kam. Letzteres ist vor allem für das devonische Ereignis vor 65 Millionen Jahren inzwischen recht wahrscheinlich (Stanley 1988).

Ein siebtes globales Aussterbeereignis hat mit der Zunahme der menschlichen Aktivität, mit der Eroberung der Erde durch den Menschen und der Zunahme seiner Bevölkerungsdichte begonnen. Der Auftakt dürfte vor einigen 10 000 Jahren die Ausrottung der pleistozänen Megafauna (Abschnitt 6.5.3.1) gewesen sein. Wichtige Elemente sind großflächige Brandrodungen, die schon vor Tausenden Jahren in vielen Regionen wildreiche Grasländer schufen, und die Umwandlung von Wald in Ackerland. Vor allem aber führten die Entdeckung und Eroberung der überseeischen Kontinente durch die Europäer dort zu Nutzungsänderungen, die inzwischen ein exponenzielles Artensterben zur Folge haben.

Aus Naturschutzsicht interessiert, wie viele Arten bereits durch den Menschen ausgerottet wurden und wie viele es in der nächsten Zeit sein werden. Hierzu ist jedoch zuerst eine verlässliche Bilanz der existierenden Artenzahl nötig. Die scheinbar einfache Frage „Wie viele Arten gibt es auf der Welt?" kann jedoch nicht einfach beantwortet werden, denn es gibt kein Register beschriebener Arten,

und bis heute sind noch lange nicht alle Arten beschrieben. Stork (1997) listet rund 1,7 Millionen Arten als bis heute taxonomisch erfasst auf, vermerkt aber auch, dass der Synonymiegrad, also der Anteil doppelt beschriebener Arten, nach detaillierter Analyse vieler Gruppen insgesamt vermutlich 20–30 % beträgt (Abbildung 6.98).

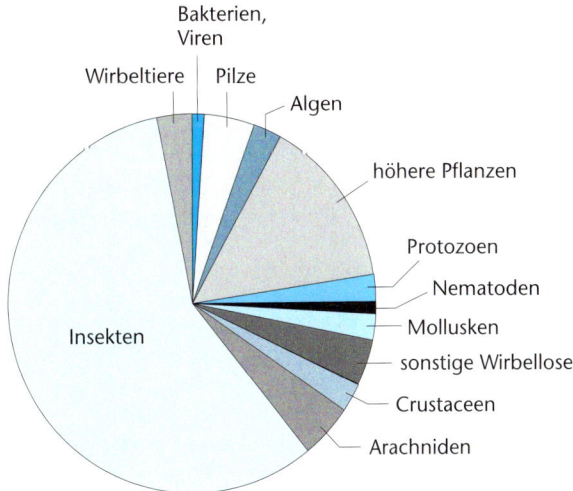

**Abb. 6.98:** Ungefähre Anzahl heute beschriebener Arten. Von den 1,66 Millionen Arten sind 20 000 Bakterien, 75 000 Pilze, 40 000 Algen, 250 000 höhere Pflanzen, 40 000 Protozoen, 20 000 Nematoden, 35 000 Mollusken, 70 000 sonstige Wirbellose, 40 000 Crustaceen, 80 000 Arachniden, 980 000 Insekten, 50 000 Wirbeltiere. Unter den Insekten sind 42 % Käfer, 16 % Schmetterlinge, 13 % Hymenopteren und 12 % Dipteren. Nach Stork 1997.

**Abb. 6.99:** Carl von Linné (1707–1778).

Die Frage nach der Gesamtzahl der auf der Erde existierenden Arten wurde in den letzten zehn Jahren aus unterschiedlichen Richtungen zu beantworten versucht. Erwin (1991) analysierte die Käferfauna tropischer Baumarten und rechnete diese Artenzahl auf 30–50 Millionen tropischer Arthropoden hoch. Selbst Artenzahlen bis 100 Millionen wurden genannt (Gaston 1991). Seine ursprüngliche Hochrechnung hat Erwin (1991) später nach unten korrigiert. May berechnete aufgrund der Größenverteilung der beschriebenen Arthropoden, dass in den kleinen Größenklassen auffallend wenige Arten beschrieben waren. Hieraus errechnete er zehn bis 50 Millionen existierende Arten, hat dies aber später auf zehn Millionen korrigiert (May 1990). In einer kritischen Analyse kommt Stork (1997) auf fünf bis 15 Millionen Arten, die es vermutlich auf der Erde gibt. Geht man von 10 Millionen Arten aus und berücksichtigt, dass bei den bisher beschriebenen Arten ein mittlerer Synonymiegrad von 25 % besteht, so ist weltweit bisher erst jede achte Art entdeckt und beschrieben worden. Derzeit werden jährlich etwa 15 000 neue Arten beschrieben. Das ist rund doppelt so viel wie im Durchschnitt der 240 Jahre seit Etablierung der modernen Systematik und dem Beginn der modernen Artenerfassung durch Carl von Linné (Abbildung 6.99). Es ist daher kaum vorstellbar, dass die vielen Millionen noch zu entdeckenden Arten mit den derzeitigen Möglichkeiten je wissenschaftlich beschrieben werden.

Die Aussterberate kann ebenfalls nur geschätzt werden, denn für viele der meist kleinen und unauffälligen Arten gibt es keine Daten. Lediglich bei einigen gut erforschten Tiergruppen liegen relativ verlässliche Quellen vor. So starben in den letzten 400 Jahren mindestens 74 Säugerarten und 129 Vogelarten aus, das sind 1,6 % aller Säuger und 1,3 % aller Vögel (IUCN 2002). Die Tendenz ist steigend, d.h. zu Beginn dieser Periode starb eine Art pro Jahrzehnt aus, in den letzten 100 Jahren war es eine Art pro Jahr. Solche Zahlen können nicht auf alle Arten der Welt hochgerechnet werden. Stork (1997) stellt in einer Metaanalyse elf Einzelschätzungen für globale Aussterberaten vor, die einen Mittelwert von 0,8 % pro Jahr ergeben.

Unter der Annahme von zehn Millionen Arten, die es derzeit auf der Erde gibt, und einer mittleren Aussterberate von 0,8 % sterben derzeit jährlich 80 000 Arten aus. Bezogen auf die 15 000 jährlich neu beschriebenen Arten bedeutet dies, dass pro neu entdeckte Art vier Arten unentdeckt aussterben. Wenn die durchschnittliche Lebensdauer einer Art ein bis zehn Millionen Jahre umfasst, müssten jährlich natürlicherweise ein bis zehn Arten aussterben. Die Aussterberate von 0,8 % entspricht jedoch einer 8 000- bis 80 000fach erhöhten Aussterbegeschwindigkeit, der gegenüber eine Kompensation durch die Entstehung neuer Arten vernachlässigbar ist. Wenn diese Aussterberate, die im Wesentlichen für den Zeitraum um die Jahrtausendwende geschätzt wurde, für 100 Jahre anhalten würde, würde sich die Artenzahl bis zum Jahr 2100 auf 4,5 Millionen Arten reduziert haben (Abbildung 6.100). Die nächsten Jahrzehnte werden durch einen drastischen Artenverlust gekennzeichnet sein, der wahrscheinlich stärker sein wird als die Verluste während der großen Katastrophe im Perm. Diese reduzierte Diversität wird für mehrere zehn Millionen Jahre bestehen bleiben.

## 6.5.4 Naturschutzkonzepte

Ähnlich wie die Biodiversität auf verschiedenen Ebenen und durch verschiedene Mechanismen bedroht ist, setzen Schutzkonzepte auf unterschiedlichen Ebenen an, um einzelne Arten, Artengemeinschaften oder Lebensräume jeweils optimal zu schützen.

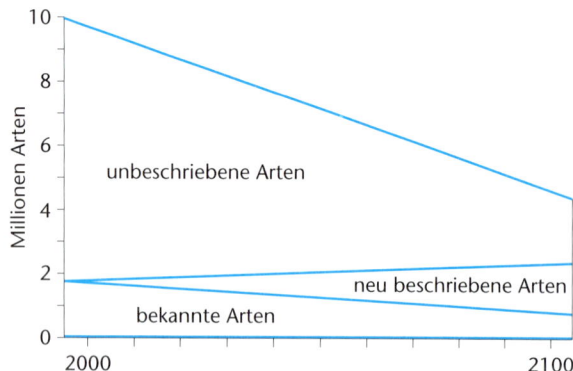

**Abb. 6.100:** Mögliche Veränderung der globalen Biodiversität bis zum Ende des 21. Jahrhunderts unter der Annahme von 10 Millionen existierenden Arten, einer Ausrottungsrate von 0,8 % pro Jahr sowie 15 000 neu beschriebenen Arten jährlich (lineares Szenario, ohne Berücksichtigung möglicher Synonymien und Neuentstehung von Arten, siehe Text).

## 6.5.4.1 Schutz auf Artniveau

Das klassische Konzept zum Artenschutz besteht darin, eine Art unter direkten Schutz zu stellen, also Jagd, Nutzung, Zerstörung und/oder Handel zu verbieten. Hierzu können Zuchtprogramme und Wiederansiedlungsprojekte kommen. Internationale, nationale und regionale Auflistungen solch bedrohter Arten sind die **Roten Listen**, die nach dem ersten *Red Data Book* der International Union for the Conservation of Nature and Natural Resources (IUCN) 1966 zum ersten Mal erstellt wurden. Auf der Basis von Verbreitungsdaten führen sie in den Kategorien 0 (ausgestorben, verschollen), 1 (vom Aussterben bedroht), 2 (stark gefährdet), 3 (gefährdet) und 4 (potenziell gefährdet) die betroffenen Arten einer Gruppe oder einer regionalen Flora bzw. Fauna auf. Rote Listen sind wertvolle Entscheidungshilfen beispielsweise bei der Beurteilung von Schutzgebieten oder bei Eingriffen in Lebensräume bzw. der Planung von Schutzprogrammen. Auch lässt sich der Erfolg von Maßnahmen anhand Roter Listen überprüfen, sodass sie langfristig ein Spiegel der Naturschutzeffizienz

sein können. Das Instrument der Roten Liste verbindet also Arten- und Lebensraumschutz (Jedicke 1997).

Kritik an Roten Listen wird geübt, wenn diese nur als Listen verwendet werden, nach denen eine Artenliste kommentarlos in Gefährdungskategorien eingeteilt wird. Um eine Gefährdungssituation sinnvoll beurteilen zu können, müssen die wichtigsten Aspekte der Ökologie der betreffenden Arten berücksichtigt werden. Auch sollten die Gründe für die Bedrohung einer Art bekannt sein, damit Gegenmaßnahmen ergriffen werden können. Rote Listen erreichen die Grenze ihrer Eignung, wenn es sich um natürlicherweise seltene Arten handelt (Kasten 6.10), Arten, die im behandelten Gebiet am Rand ihres Areals leben, oder wenn diese Arten nur von wenigen Fachleuten korrekt bestimmt werden können. Es darf jedoch nicht vergessen werden, dass Rote Listen sehr oft nicht nur auf der Auswertung von Verbreitungsdaten beruhen, sondern auf Expertenwissen und somit eine ganzheitliche Bewertung der Gefährdungssituation beinhalten. Für viele Gruppen besonders unter den Tieren fehlt allerdings dieses Expertenwissen. Diese Gruppen sind daher in den Roten Listen unterrepräsentiert, obwohl sie eine wichtige Stellung in einem Ökosystem einnehmen können.

Ein wirksames Instrument zum internationalen Schutz bedrohter Arten besteht darin, ihren Handel zu verbieten.

---

| **Kasten 6.10:** | **Seltenheit** |
|---|---|

Der Großteil der Arten auf der Erde ist von Natur aus selten, d. h. in einer Biozönose dominieren in der Regel nur eine oder wenige Arten, die Abundanz oder Flächendeckung der vielen anderen Arten ist gering. Mit anderen Worten: Die Gleichverteilung (*evenness*) der meisten Zönosen ist gering.

Diese Ungleichverteilung gilt auch, wenn die Häufigkeit der Arten bezogen auf ganze Regionen betrachtet wird. Eine Studie betreffend Häufigkeit von Baumarten auf Basis von über 4500 zufällig verteilten Probepunkten über ganz Österreich ergab, daß einige wenige wirklich weit verbreitet und wichtige Waldbildner sind, eine mittlere Gruppe von Standortspezialisten mittelhäufig, der große Rest aber selten bis sehr selten in Erscheinung tritt. Ähnliche Bilder erhält man bei der Analyse von Faunen. Fast immer findet man Arten, die in jeder Probe zu finden sind, andere vielleicht nur in einer von 100.

Die Abbildung zeigt eine Erfassung von Spinnen aus einem Niedermoor in linearer und logarithmischer Darstellung (Nentwig 1983). Von 89 nachgewiesenen Arten kamen nur sechs Arten mit einer Häufigkeit von mehr als 5 % bzw.

mehr als 100 Individuen vor, 22 Arten kamen mit mindestens 1 % vor, jedoch die Hälfte aller Arten war mit nur ein bis drei Individuen vertreten. Die exponentielle Abnahme der Häufigkeit sieht bei doppeltlogarithmischem Auftrag annähernd linear aus (kleines Teilbild). Gründe für diese Seltenheit können durch eine ungeeignete Erfassungsmethode oder eine Aufsammlung zur falschen Jahreszeit bedingt sein. Es ist auch denkbar, dass diese Individuen sich verlaufen oder verflogen haben, also im falschen Lebensraum sind und daher nur selten vorkommen. Schließlich kann es sich auch um „echte" Seltenheit handeln.

Rabinowitz (1981) klassifizierte Gefäßpflanzenarten nach drei Kriterien: (1) geographische Verbreitung (großes oder kleines Areal), (2) ökologische Amplitude (stenök oder euryök), (3) Populationsgröße (kleine, individuenschwache oder individuenstarke Populationen). Die Kombination der drei Kriterien ergibt somit acht verschiedene Möglichkeiten. Die Tabelle gibt an Hand von europäischen Pflanzen- und Vogelarten je ein Beispiel für diese Klassifikation.

| geographische Verbreitung | weit | | eng | |
|---|---|---|---|---|
| ökologische Amplitude | euryök | stenök | euryök | stenök |
| kleine Populationen | Eibe (*Taxus baccata*) | Sonnentau (*Drosera rotundifolia*) | Zypresse (*Cupressus sempervirens*) | Spinnen-Steinbrech (*Saxifraga arachnoidea*) |
| | Wanderfalke (*Falco peregrinus*) | Wachtelkönig (*Crex crex*) | Blassspötter (*Hippolais pallida*) | Purpurhuhn (*Porphyrio porphyrio*) |
| große Populationen | Fichte (*Picea abies*) | Schilf (*Phragmites australis*) | Erika (*Erica carnea*) | Kanaren-Kiefer (*Pinus canariensis*) |
| | Amsel (*Turdus merula*) | Haussperling (*Passer domesticus*) | Blauelster (*Cyanopica cyanea*) | Alpendohle (*Pyrrhocorax graculus*) |

Natürliche Seltenheit kann nach diesem Konzept sehr unterschiedlich gefasst werden. Bei Arten mit weiter Verbreitung, die euryök sind, aber geringe Populationsdichten zeigen, mag eine biologische Strategie im Sinne von „sich selten machen" gegeben sein. Beispiele für diese Strategie wären etwa die Mondrauten (*Botrychium*-Arten), kleine Farne, die in der gesamten Holarktis vorkommen, aber auch von erfahrenen Feldfloristen selten gefunden werden. Andere sind durch enge Habitatansprüche und damit Spezialisierung auf einen bestimmten Standort selten. Der Vorteil für hochspezialisierte Arten: Die verfügbaren Arten sind reduziert, die Konkurrenz gering. Als Musterbeispiel sei die Lehmpfützenflora angeführt, winzige Arten in Regenansammlungen, die in einer Woche auflaufen und wenig später schon blühen und fruchten. Selten findet man sie in dichten Beständen.

Ist Seltenheit des ersten Typs (*sparsity*) standörtlich bedingt oder Ausdruck einer Überlebensstrategie, so ist Seltenheit des zweiten (Seltenheit im engeren Sinne; *rarity*) das Produkt der historischen Entwicklung, also auch des menschlichen Einwirkens.

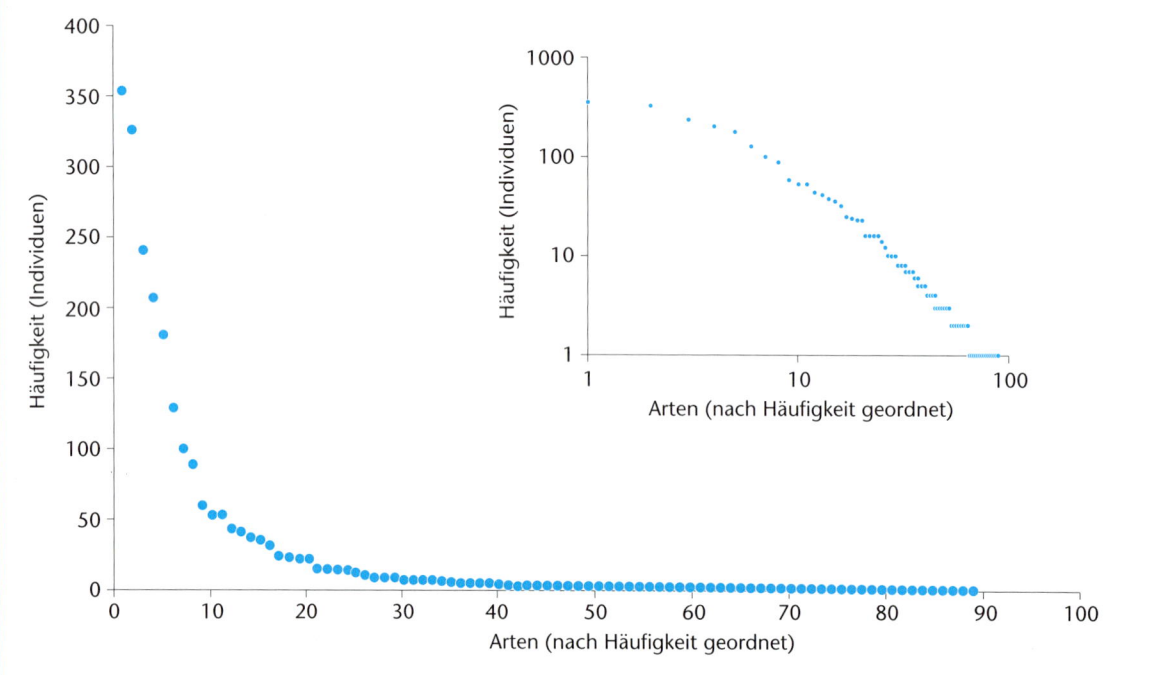

1975 trat das Washingtoner Artenschutzabkommen **CITES** (Convention on International Trade in Endangered Species of wild fauna and flora) in Kraft, welches diese Handelsbeschränkungen regelt (www.cites.org). Wichtig sind die drei Anhänge (Appendices) des Abkommens, welche mehrere 10 000 Arten umfassen, vor allem Säugetiere, Vögel und Reptilien, einzelne Amphibien, Fische und Wirbellose sowie viele Pflanzen. Inzwischen haben fast alle Staaten der Welt das Washingtoner Artenschutzabkommen unterschrieben, sodass von einem weitgehend globalen Schutzkonzept gesprochen werden kann. CITES klammert ausdrücklich den Handel mit Nachzuchten aus, sodass über diese Ermunterung zur Zucht ein Anreiz zur Gefangenschaftsvermehrung bedrohter Arten besteht. Unter den weiteren internationalen Übereinkommen zum Schutz von Arten und Lebensräumen seien erwähnt:

- IWC, International Whaling Commission (Internationale Walfangkommission), seit 1946,
- Antarctic Treaty (Antarktis-Vertrag), eingerichtet 1959 zum Schutz der Fauna und Flora der Antarktis,
- Ramsar-Abkommen, Übereinkommen über Feuchtgebiete, insbesondere als Lebensraum für Wasser- und Watvögel, von internationaler Bedeutung, 1971 in der iranischen Stadt Ramsar beschlossen,
- CMS, Convention on Migratory Species (auch Bonn-Konvention), Übereinkommen zur Erhaltung der wandernden wild lebenden Tierarten, eingerichtet 1979,
- OSPAR-Übereinkommen zum Schutz der Meeresumwelt und des Nordatlantiks, 1992, Grundlage für eine Kooperation aller Anrainer der Nordsee und des Nordostatlantiks zur Reduktion des Eintrags von Schadstoffen und zum Schutz und zur Erhaltung der Ökosysteme und der biologischen Vielfalt des Meeresgebiets,
- CBD, Convention on Biological Diversity (Konvention über den Erhalt der biologischen Vielfalt), 1992 in Rio beschlossen,
- Natura 2000, Schutzgebietsnetzwerk der EU zur Umsetzung der Schutzbestimmungen für Lebensräume und Arten der Fauna-Flora-Habitate-Richtlinie (FFH), 1992 beschlossen.

Ein wichtiger Teil von Artenschutzprogrammen kann ein Programm zur **Wiedereinbürgerung** einer Art in Regionen sein, in denen diese Art zuvor ausgerottet wurde. Hierzu müssen genügend Individuen dieser Art entweder aus benachbarten Freilandpopulationen, die dies noch verkraften, weggefangen werden, oder es müssen in Gefangenschaft genügend Tiere nachgezüchtet werden. Zudem ist es notwenig, den vorgesehenen neuen Lebensraum für die Tiere vorzubereiten bzw. die Gründe, die zur früheren Ausrottung führten, zu beseitigen. Erfolgreiche Wiedereinbürgerungsbeispiele sind in Mitteleuropa die Biber (*Castor fiber*), in den Alpen Luchse (*Lynx lynx*) und Steinböcke (*Capra ibex*). Die Wiedereinbürgerung des Bartgeiers (*Gypaetus barbatus*) in den Alpen ist noch nicht genügend weit gediehen, um abschließend beurteilt zu werden.

Wenn eine Wiedereinbürgerung nicht sinnvoll erscheint, weil die Gründe, die zum lokalen Aussterben der Art geführt haben, unverändert bestehen, kann die Art nur in Gefangenschaft gehalten und so vor dem Aussterben gerettet werden. Das bekannteste Beispiel einer solchen **Ex-situ-Erhaltung** betrifft den chinesischen Davidshirsch (*Elaphurus davidianus*), der in der Natur seit ca. 3 000 Jahren ausgestorben sein soll und nur in Jagdreservaten des chinesischen Adels überleben konnte. Auch der Ginkgo (*Ginkgo biloba*) als „heiligen Baum" kommt vor allem in Parks und Gärten vor, Wildpopulationen sind auf wenige Reliktstandorte in Nordostchina beschränkt.

Bei anderen Arten ist es unsicher, ob es noch Freilandpopulationen gibt bzw. ob diese langfristig überlebensfähig sind. Beispiele betreffen das Przewalski-Pferd (*Equus przewalskii*), den Banteng (*Bos banteng*), den Sumatratiger (*Panthera tigris sumatrae*), die Mendes-Antilope (*Addax nasomaculatus*) und den chinesischen Flussdelfin (*Lipotes vexillifer*). Allerdings reproduzieren nicht alle Tiere in Gefangenschaft genügend, wie das Beispiel des Großen Panda (*Ailuropoda melanoleuca*) zeigt. Die Ex-situ-Erhaltung von Tieren ist äußerst problematisch, da die genetische Variabilität einer Freilandpopulation nur bei großen Zoopopulationen und konsequenter Führung von Zuchtbüchern erhalten werden kann. Dennoch werden gewisse Anpassungen an die Gefangenschaft bis hin zur unbeabsichtigten Domestikation kaum vermeidbar sein. Bei Pflanzen ist die Situation prinzipiell leichter, denn in botanischen Gärten können viele Individuen bedrohter Arten herangezogen werden und langfristig überleben. Moderne Techniken der Ex-situ-Erhaltung von bedrohten Arten umfassen auch künstliche Befruchtung, Embryonentransfer, Zellkulturen, Gen- und Samenbanken.

## 6.5.4.2 Lebensraumschutz und -gestaltung

Der Flächenschutz ist ein ebenfalls klassisches Element des Naturschutzes, bei dem ein bedrohter Lebensraum durch staatlichen Schutz vor seiner Zerstörung bewahrt wird. Obwohl es sich um eine vergleichsweise einfache Vorgehensweise handelt, ist sie sehr effektiv, denn der flächige Schutz (**Biotopschutz**) betrifft idealerweise ganze Ökosysteme mit allen darin lebenden Arten und deren Funktionsabläufe bzw. Regelmechanismen. In der Praxis gibt es eine Hierarchie von Schutzgebietstypen, die sich durch Größe, Schutzgrad, Zuständigkeiten usw. unterscheiden: Biosphärenreservat, Nationalpark, Naturschutzgebiet, Landschaftsschutzgebiet, Naturpark, Naturdenkmal und andere mehr.

Probleme des Flächenschutzes liegen unter anderem darin, dass es einerseits durchaus sinnvoll ist, große Gebiete sich selbst zu überlassen, etwa um auch alte Sukzessionsstadien bzw. komplette Sukzessionszyklen zu schützen. Andererseits gibt es in Mitteleuropa kaum noch genügend große Gebiete, auf die kein menschlicher Nutzungsdruck, etwa durch Land- und Forstwirtschaft, Verkehr, Jagd, Tourismus oder Ähnliches einwirkt. Unabhängig vom Schutzstatus gibt es eine Reihe von Landschaften, die nur durch Aufrechterhalten einer bestimmten Nutzungsform fortbestehen können, also **Pflegemaßnahmen** benötigen. Heidelandschaften und Trockenrasen benötigen extensive Beweidung, um nicht durch Verbuschung ihren Charakter und Artenreichtum zu verlieren. Kleine Lebensräume können in ihrem Bestand gefährdet sein, wenn bestimmte Eingriffe nahe an ihrem Rand erfolgen. So sind Feuchtgebiete gegenüber Entwässerungsmaßnahmen empfindlich, Magerstandorte gegen Eutrophierung.

In diesem Zusammenhang muss auch auf **Feuer** hingewiesen werden, das in vielen Lebensräumen natürlicherweise regelmäßig vorkommt und diese geprägt hat (Abschnitt 2.2.2.3). Ein vollständiges Unterdrücken des Feuers durch den Menschen führt zu einer Veränderung der Vegetation: Offene Standorte verbuschen, und schließlich breitet sich Wald aus. Gleichzeitig steigt die Feuergefährdung. Wenn dann ein Feuer ausbricht, wird eine immense Biomasse auf einer großen Fläche vernichtet, und eine Besiedlung durch die frühen Sukzessionsstadien wird deutlich länger dauern. Dies liegt daran, dass weniger Diasporen früher Sukzessionsstadien auf der bereits weiter entwickelten und älteren Fläche überdauern konnten und weil wegen der Größe der Fläche eine Besiedlung von außen erschwert ist. Feuerangepasste Lebensräume des mediterranen Klimas, wie wir sie in Australien, Kalifornien, im Mittelmeerraum oder in Südafrika finden, können daher am besten erhalten werden, wenn sie regelmäßig von kleinräumigen und leichten Feuern gepflegt werden, die natürlichen Ursprungs sein können oder als Naturschutzmaßnahme eingesetzt werden (Goldammer 1993).

Bei der Pflege eines Gebiets stellt sich im Rahmen der **Restaurationsökologie** oftmals die Frage, wie stark eingegriffen werden soll. Bei der **Renaturierung** werden die Gebiete sich überwiegend selbst überlassen, z.B. nach dem Abbau von Kies oder Sand. Die Flächen sollen der natürlichen Sukzession unterliegen und werden daher ohne menschlichen Eingriff der Natur zurückgegeben. Auch bei der immensen Größe von Tagebaulandschaften überlässt man oftmals größere Teile der freien Sukzession. Durch **Rekultivierung** werden ehemalige Kiesgruben, Müllkippen und ähnlich genutzte Landschaftsteile durch Aufschütten von Boden, Bodengestaltung und Ansiedlung neuer Pflanzen wieder in naturnahe Flächen oder in land- und forstwirtschaftliche Nutzflächen zurückverwandelt. Wirklich ersetzen kann man die zuvor zerstörte Natur nicht. Dennoch sind die Möglichkeiten groß, durch geeignete Reparaturmaßnahmen frühere Eingriffe weitgehend rückgängig zu machen. Entwässerte Gebiete können durch Verschließen des Entwässerungssystems erneut vernässt, begradigte Fließgewässer wieder mit kurvenreichen Ufern, Altarmen und Inseln ausgestattet werden (Rückbau). Neue Lebensräume werden durch Heckenanpflanzungen oder ausgebaggerte Teiche geschaffen. Erstaunlicherweise werden die meisten dieser neu geschaffenen Lebensräume in kurzer Zeit von einer auffallend artenreichen Pflanzen- und Tiergemeinschaft besiedelt.

Mit der Neuschaffung von Lebensräumen besteht die Möglichkeit, vorhandene Schutzgebiete zu vergrößern bzw. diese zu vernetzen (Jedicke 1994). **Biotopverbundsysteme** nutzen z. B. Hecken und Flurgehölze, um Waldgebiete zu verbinden, oder eine Reihe von Altarmen und Tümpeln, um zwei größere Gewässer zu verbinden. Hierdurch soll es Arten ermöglicht werden, in einer Landschaft über kleinere, eingestreute **Trittsteinbiotope** (*stepping stones*) von einem größeren Lebensraum aus möglichst viele andere zu besiedeln. Die fehlende Größe dieser Lebensräume wird durch ihre Nähe kompensiert, sodass auch bei lokalem Aussterben eine Wiederbesiedlung geeigneter Habitate möglich ist (Inseltheorie und Metapopulationskonzept, Abschnitt 3.7). Tatsächlich gibt es eine Reihe von Lebensräumen, die sich durch solche Maßnahmen gut vernetzen lassen, und einige Arten reagieren positiv darauf. Andererseits hat sich gezeigt, dass die Idee der Vernetzung von Lebensräumen oft überstrapaziert wurde. Mikroklimatisch unterscheiden sich Hecken von Waldgebieten so deutlich, dass viele ausgesprochene Waldarten Hecken kaum als Lebensraum benutzen. Sinnvoll ist hingegen, zwei Schutzgebiete durch einen Korridor des gleichen Biotoptyps zu verbinden oder Schutzgebiete mit einem großen Pufferbereich niedrigerer Schutzintensität zu umgeben. Auch muss man aufpassen, dass durch die Vernetzung nicht vormals getrennte nah verwandte Arten zusammenkommen und hybridisieren, oder fremde Arten einwandern und ansässige Arten verdrängen.

Ein Beispiel für das Entfallen biogeographischer Schranken stellt der 161 km lange Suezkanal dar, der seit seiner Eröffnung 1869 den Indischen Ozean über das Rote Meer mit dem Mittelmeer verbindet. Nach Por (1978) sind ca. 200 Arten in das Mittelmeer eingedrungen, aber nur 50 wanderten in das Rote Meer ein. Einige Knochenfische des Roten Meeres sind heute im östlichen Mittelmeer bereits fischereiwirtschaftlich bedeutend, gleichzeitig wurde eine eingewanderte Meduse wegen ihrer Nesselzellen zu einer Plage. Nach dem Erbauer des Kanals Ferdinand de Lesseps (1805–1894) bezeichnet man diese Einwanderung als Lesseps'sche Migration.

## 6.5.4.3 Schutz durch angepasste Nutzung

Die nicht naturverträgliche land- und forstwirtschaftliche Nutzung ist einer der Hauptgründe für die Bedrohung der Biodiversität. Was liegt also näher, als die Nutzung eines Lebensraumes so nachhaltig zu gestalten, dass er erhalten bleibt und durch eine auch ökonomisch attraktive Nutzung gleichzeitig ein großes Interesse an seinem Weiterbestand und Schutz besteht? Das wohl berühmteste Beispiel hierzu bezieht sich auf die **Waldlandwirtschaft** (*agroforestry*). Hierbei werden unter dem Schutz von Bäumen und Sträuchern im tropischen Regenwald verschiedene Nutzpflanzen in Mischkultur angebaut. Die Bäume liefern zusätzliche Einnahmen durch den Holzverkauf, zudem können sie auch selbst regelmäßig beerntet werden (Palmöle, Früchte, Harze usw.). Das ganze System ist vor Wind- und Wassererosion geschützt, liefert dauerhafte Erträge, die über denen von Maisfeldern, Plantagen oder Rinderweiden liegen, und garantiert gleichzeitig das Überleben der Biodiversität auf dieser genutzten Fläche. Pearce und Moran (1994) haben Beispiele für Waldlandwirtschaft ökonomisch analysiert und festgestellt, dass ihre Wertschöpfung sieben- bis zwölfmal höher ist als die einer vergleichbaren Kahlschlagwirtschaft. Zudem ist der Lebensraum langfristig nutzbar, während er im anderen Fall nach der Nutzung zerstört ist und eine sehr lange Erholungsphase benötigt.

Eine breite Analyse von über 300 Fallstudien zur Umwandlung natürlicher Ökosysteme für eine land-, forst- oder fischereiwirtschaftliche Nutzung zeigte, dass sie in keinem Fall wirtschaftlich rentabel war (Balmford et al. 2002). Die Abholzung eines tropischen Regenwaldes in Malaysia brachte einen kurzfristigen Gewinn von 11 200 Euro/ha, die Folgeschäden beliefen sich aber auf 13 000 Euro (Verlust 14 %). Die Umwandlung einer Süßwassermarsch in Kanada zur landwirtschaftlichen Nutzfläche kostete 8 800 Euro/ha, brachte aber nur 3 700 Euro/ha an Gewinn ein (Verlust 58 %). In Thailand wurde ein Mangrovenwald in eine Aquakulturanlage zur Produktion von Krabben umgewandelt. Der Gewinn betrug 16 700 Euro/ha, der Verlust 60 400 Euro/ha ( = 260 %). Dennoch finden solche volkswirtschaftlich unsinnigen Umwandlungen ständig statt, da der Gewinn dem Unternehmer zufällt, der Verlust jedoch von der Allgemeinheit getragen wird.

Eine nachhaltige Nutzung von Grasländern und Savannen erfolgt durch ***game farming***. Hierbei werden nicht etwa europäische Rinder in afrikanischen Steppen gehalten, was den einheimischen Großsäugern den Lebensraum nehmen und diesen durch die Rinder gleichzeitig zerstören würde, sondern es werden eben diese einheimischen Großsäuger extensiv gehalten und genutzt. Pro Fläche kann nämlich langfristig mehr Antilopen-, Gnu- oder Elefantenfleisch produziert werden als bei Rinderbeweidung. Wildtiere und ihre Lebensräume sind aneinander angepasst und der Fortbestand von beiden ist gewährleistet. Am Beispiel von Botswana haben Pearce und Moran (1994) gezeigt, dass verschiedene Formen von *game farming* auch ökonomisch sinnvoll sind und mehr Gewinn abwerfen als die alternative Rinderzucht. *Game farming* ermöglicht auch, die einheimische Bevölkerung in den Schutz einzubeziehen und ökonomisch zu beteiligen. Gerade dies ist ein ganz wichtiger Punkt, denn nur über eine breite Gewinnbeteiligung kann Wilderei vermieden werden.

Schutzmaßnahmen sind dann besonders effektiv und nachhaltig, wenn neben dem Schutz auch die Nutzung einer Art oder eines Lebensraumes einbezogen wird und somit ein ökonomischer Gewinn Schutz und Nutzung verbindet. Wichtig ist, durch ein besonderes Zeichen auf diese Zusammenhänge aufmerksam zu machen (**Labelproduktion**). Konsumenten erkennen dann den ökologischen Zusammenhang zwischen ihrem Konsum und der Auswirkung auf die Natur, also z. B. der Schutzmaßnahme, und können sich bewusst entscheiden. Auch lassen sich so höhere Preise erzielen. Beispiele für Labelproduktion sind der delfinsichere Thunfischfang, Tropenholzproduktion aus bewirtschafteten Plantagen, die integrierte Produktion in der europäischen Landwirtschaft, welche einen bestimmten Anteil ökologischer Ausgleichsflächen wie etwa Buntbrache erfordert (Nentwig 2000), und der Biolandbau, welcher größtenteils auf Biozide verzichtet. Im Rahmen der nationalen Landwirtschaft sind zusätzliche Kompensationszahlungen möglich, wenn sich die Landwirte zu bestimmten ökologischen Leistungen verpflichten. Das Schaffen von finanziellem Anreiz auf Staatsebene setzt die Idee von *debt-for-nature swaps* um: Schulden werden, nach ihrem Ankauf, der oft durch eine Nicht-Regierungs-organisation geschieht, einem Drittweltland erlassen, wenn es sich im Gegenzug verpflichtet, für einen bestimmten Betrag und eine bestimmte Zeit Naturschutz-maßnahmen durchzuführen.

Als mitteleuropäisches Beispiel sei auf die biologische Landwirtschaft hingewiesen, welche durch ihre nachhaltige und standortgerechte Nutzung für den Erhalt der Kulturlandschaft sorgt. Seit 1994 wird diese umweltverträgliche Bewirtschaftungsform auf der Grundlage der EU-Verordnung 2078/92 zur „Förderung umweltgerechter und den natürlichen Lebensraum schützender landwirtschaftlicher Produktionsverfahren" und seit 2000 nach den Artikeln 22–24 der EU-Verordnung 1257/1999 „über die Förderung der Entwicklung des ländlichen Raumes" gefördert. Diese Verordnung ist Teil der Agenda 2000 und wird in allen Staaten der Europäischen Union angewandt.

### 6.5.4.4 Integration oder Segregation?

Vor allem in dicht besiedelten Gebieten Mitteleuropas und in intensiv genutzten Kulturlandschaften stellt sich die prinzipielle Frage, ob überhaupt und wie Naturschutz möglich ist, denn die Ausgliederung von eigentlichen Schutzgebieten, die zudem auch noch möglichst groß sein sollten, ist oft nicht möglich. Auf diese Problematik aufbauend, stellt Hampicke (1991) zwei Möglichkeiten, Naturschutz zu betreiben, gegenüber.

Naturschutz und Landwirtschaft finden auf derselben Fläche (Kombination von Naturschutz und Nutzung auf einer Fläche) oder auf jeweils benachbarten Flächen statt (ökologischer Ausgleich der Nutzung durch die benachbarte Schutzfläche und Vernetzung der Ausgleichsflächen). Dies entspricht dem **Integrationsmodell**. Die Aufwertung einer intensiv genutzten Landschaft mit ökologischen Ausgleichsflächen oder die Vernetzung von Lebensräumen durch Trittsteinhabitate oder linienförmige Elemente entspricht diesem Ansatz (Jedicke 1994, Nentwig 2000). In die gleiche Richtung gehen auch Bestrebungen einer Extensivierung der Landwirtschaft, denn es darf nicht sein, dass neben den ungenutzten Schutzflächen eine höchst umweltbelastende Landwirtschaft stattfindet. Kritisch muss vermerkt werden, dass solche Verbesserungen im Landschaftsbild und Rückführungen der Nutzungsintensität zwar generell zu begrüßen sind, den besonders gefährdeten Arten (etwa mit speziellen Bedürfnissen bezüglich Nährstoffarmut, Landschaftsstruktur oder Großräumigkeit) aber nicht immer helfen.

Die Alternative hierzu wird durch das **Segregationsmodell** beschrieben, bei dem Naturschutz und Landwirtschaft auf jeweils voneinander getrennten Flächen unabhängig voneinander stattfinden. Diesem Modell entspricht die Ausweisung klassischer Schutzgebiete. Arten mit komplexen Umweltansprüchen und großem Raumbedarf können so eher erhalten werden. Kritisch muss jedoch vermerkt werden, dass es in Europa nur sehr selten gelingen wird, in einer neuen Situation Naturschutz nach diesem Modell einzuführen, da in Anbetracht des großen Flächenbedarfs und der Notwendigkeit, die Nutzung zurückzunehmen, der ökonomische Gegendruck viel zu groß ist. In der Praxis wird daher das Segregationsmodell zwar anzustreben sein, das Integrationsmodell jedoch als Kompromiss umgesetzt werden. Leider ist es so, dass abhängig von der Bevölkerungsdichte in mehr oder weniger allen Staaten Schutzgebiete nur einen sehr kleinen Teil der Gesamtfläche umfassen und auch eine relevante Steigerung kaum zu erwarten ist. Daher ist es in jedem Fall wichtig, naturschutzpolitisch immer wieder zu betonen, dass Naturschutz letztlich ein Anliegen der Gesamtfläche darstellt.

# 7 Raumschiff Erde

## 7.1 Globale Landnutzungsänderungen

### 7.1.1 Globale Syndrome

Landnutzungsänderungen finden derzeit mit großer Geschwindigkeit statt. Damit verbunden sind Veränderungen der Verbreitung und der Häufigkeit bestimmter Nutzungsformen und der natürlichen Ökosystemtypen. Diese Einwirkungen des Menschen auf seine natürliche Umgebung bringen neben direkten auch bedeutende indirekte Folgeerscheinungen mit sich. Sie stehen in enger Wechselbeziehung zu anderen globalen Umweltveränderungen, d.h. sie beeinflussen diese (etwa das Klima oder den Stoffhaushalt) und reagieren auch auf diese. Da Landnutzungsänderungen zurzeit jedoch den stärksten Einfluss auf globale Veränderungen ausüben, steht dieser zweite Aspekt noch im Hintergrund.

Die durch menschliche Einflüsse verursachten globalen Veränderungen von Umwelteigenschaften werden durch Prozesse gesteuert, die zeitlich und räumlich sehr verschieden sind und unterschiedliche qualitative Auswirkungen haben. Sie können chemische, physikalische und biologische Eigenschaften der Umwelt betreffen. Grundsätzlich sind neuartige und über lange Zeiträume oder große Regionen wirkende Prozesse nicht zwingend negativ für die Umwelt. Neuartige, d.h. in der Natur nicht auftretende Eigenschaften von Stoffen oder von Energie (bzw. Strahlung) können nämlich für Lebewesen ohne Bedeutung, aber auch problematisch oder toxisch sein.

Probleme entstehen grundsätzlich dort, wo anthropogen induzierte oder modifizierte Prozesse und Flüsse bedeutsamer als die natürlichen werden. Unsere Kenntnisse und Erfahrungen zu solch neuartigen Verhältnissen sind verständlicherweise gering. Oft können negative Entwicklungen erst festgestellt werden, wenn sie nicht mehr leicht rückgängig zu machen sind. Wenn sich negative Zusammenhänge wie im Fall des anthropogen induzierten Klimawandels belegen lassen, ist es nicht einfach, die globalen Prozesse in eine neue Richtung zu lenken, da diese auf großräumige und langfristige Trends zurückzuführen sind. Menschliche Bemühungen zur Korrektur einer befürchteten Entwicklung können zwar auf verschiedenen Ebenen eingeleitet werden, doch sind die globalen ökologischen Zusammenhänge so komplex, dass es kaum möglich ist, die Wirksamkeit von Maßnahmen zu prognostizieren.

Da grundsätzlich eine evolutive Anpassung, die Ausbreitung angepasster Arten, phänotypische Plastizität oder das Ab- bzw. Zuwandern mobiler Individuen denkbar ist, müssen vor allem jene Umweltveränderungen als problematisch angesehen werden, welche sich besonders

**Tab. 7.1:** Übersicht über die Syndrome des globalen Wandels. Nach WBGU (1996).

| Syndrom | Beschreibung |
|---|---|
| Sahel-Syndrom | landwirtschaftliche Übernutzung marginaler Standorte |
| Raubbau-Syndrom | Raubbau an natürlichen Ökosystemen |
| Landflucht-Syndrom | Umweltdegradation durch Preisgabe traditioneller Landnutzungsformen |
| Dust-Bowl-Syndrom | Nicht-nachhaltige industrielle Bewirtschaftung von Böden und Gewässern |
| Katanga-Syndrom | Umweltdegradation durch Abbau nicht erneuerbarer Ressourcen |
| Massentourismus-Syndrom | Erschließung und Schädigung von Naturräumen für Erholungszwecke |
| Verbrannte-Erde-Syndrom | Umweltzerstörung durch militärische Nutzung |
| Aralsee-Syndrom | Umweltschädigung durch zielgerichtete Naturraumgestaltung im Rahmen von Großprojekten |
| Kleine-Tiger-Syndrom | Vernachlässigung ökologischer Standards im Zuge hochdynamischen Wirtschaftswachstums |
| Favela-Syndrom | Umweltdegradation durch ungeregelte Urbanisierung |
| Suburbia-Syndrom | Landschaftsschädigung durch geplante Expansion von Stadt- und Infrastrukturen |
| Havarie-Syndrom | singuläre anthropogene Umweltkatastrophen mit längerfristigen Auswirkungen |
| Hoher-Schornstein-Syndrom | Umweltdegradation durch weiträumige diffuse Verteilung von meist langlebigen Wirkstoffen |
| Müllkippen-Syndrom | Umweltverbrauch durch geregelte und ungeregelte Deponierung zivilisatorischer Abfälle |
| Altlasten-Syndrom | lokale Kontamination von Umweltschutzgütern an vorwiegend industriellen Produktionsstandorten |

schnell ergeben und über große Distanzen hinweg wirken. Dies betrifft einen großen Teil der modernen menschlichen Umweltbeeinflussung. Sie bewegt sich auf Skalen, welche die Geschwindigkeit oder Distanz natürlicherweise auftretender Umweltfluktuationen verlassen. Sie verlassen somit auch das zeitliche oder räumliche Reaktionsvermögen von Organismen.

Fragen wir zunächst nach den Ursachen der modernen und künftigen Umweltveränderungen. Die globalen Veränderungen hängen eng mit der technologischen, ökonomischen und sozialen Entwicklung der menschlichen Gesellschaft in den verschiedenen Ländern der Erde zusammen. Der jeweilige Beitrag zur ökonomischen oder demographischen Entwicklung ist in Industrienationen und Entwicklungsländern sehr unterschiedlich. Diese Länder dürfen aber nicht isoliert betrachtet werden. Die technologische und ökonomische Vernetzung der weltweiten Märkte, die **Globalisierung**, hat sich in den letzten Jahrzehnten stark entwickelt, soziale Vernetzung und Verantwortung haben jedoch hiermit nicht Schritt gehalten. Es liegt nahe, dass diese stürmische Entwicklung negative Auswirkungen auf die Umwelt mit sich bringt.

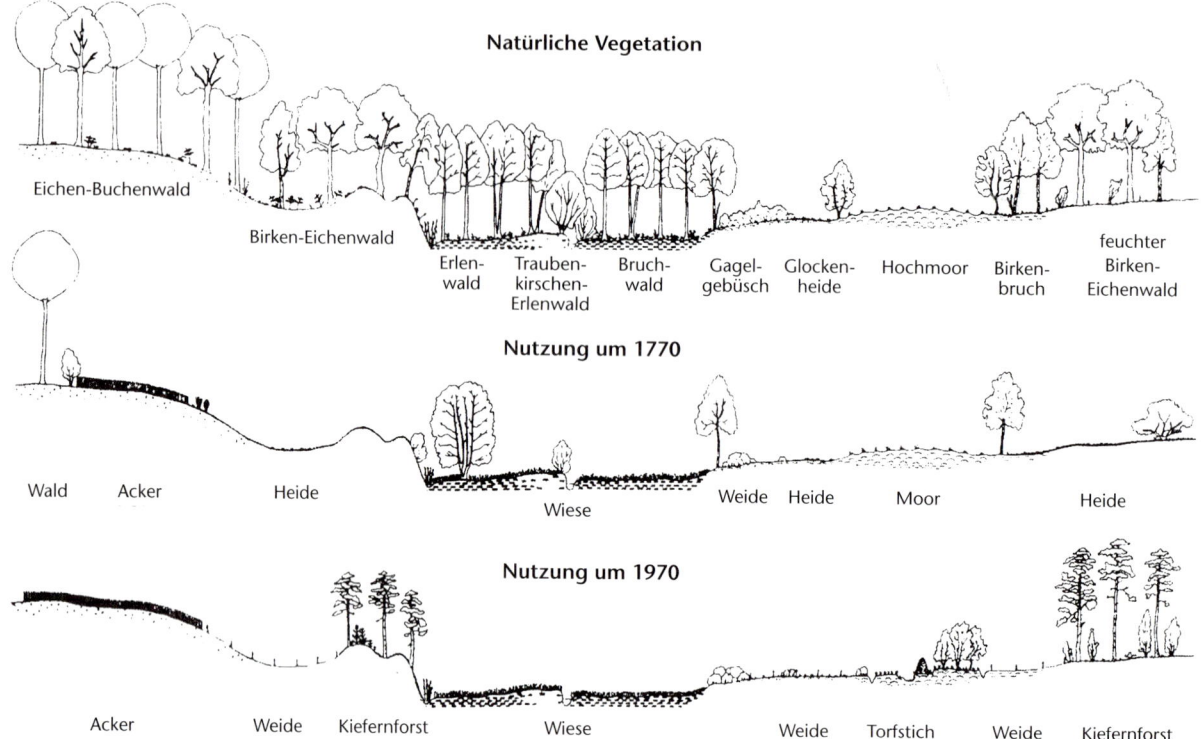

**Abb. 7.1:** Rekonstruktion der Vegetationsentwicklung im Wümmetal, Norddeutschland. Im 18. Jahrhundert war der größte Anteil von Offenland erreicht. Nach Glavac (1996).

Umweltbezogene Entwicklungen laufen nach ähnlichen funktionalen und räumlichen Mustern ab. Solche Muster bezeichnet der Wissenschaftliche Beirat der Bundesregierung für Globale Umweltveränderungen (WBGU 1996) als Syndrome. Sie stellen „unerwünschte charakteristische Konstellationen von natürlichen und zivilisatorischen Trends und ihrer Wechselwirkungen" dar, treten global auf, zeigen jedoch lokal unterschiedliche Effekte bzw. werden unter verschiedenen Rahmenbedingungen differenziert beantwortet. Sie werden als Interaktionen zwischen sozioökonomischen Entwicklungen der menschlicher Kultur und der Umweltqualität (bzw. den Lebensgrundlagen, der Natur) verstanden. Globale Syndrome kennzeichnen also eine Kombination verschiedener Prozesse und Effekte; sie entstammen nicht einem einzelnen Wirtschaftszweig und beziehen sich nicht auf eine einzelne Ressource (Tabelle 7.1).

Als Beispiel sei das Havarie-Syndrom genannt, welches in bestimmten stark durch die Schifffahrt frequentierten Küstenabschnitten global auftritt. Es wird aber nicht nur auf Schiffe, sondern generell auf risikobelastete Großeinrichtungen, wie 1986 auf den Unfall in Tschernobyl, bezogen. Bedingt durch den zunehmenden Transport umweltgefährdender Stoffe erlangte dieses Syndrom in den letzten Jahrzehnten große Aufmerksamkeit in den Medien.

## 7.1.2 Veränderung der Landnutzung

### 7.1.2.1 Geschichte und Zeitgeist

Will man die Nutzungsvielfalt eines Gebiets verstehen und entsprechende Veränderungen dokumentieren, so muss die historische Entwicklung einer Landschaft rekonstruiert werden (Abbildung 7.1). Die Spuren historischer Einflüsse des Menschen auf Ökosysteme und Landschaften umgeben uns allenthalben. Viele dieser historischen Einflüsse empfinden wir keineswegs als problematisch, vielmehr wird der ständigen Veränderung und Entwicklung der Landnutzung im Verlauf der Siedlungsgeschichte eine positive Wirkung auf die Entwicklung der Biodiversität zugeschrieben. In Mitteleuropa ist das Auftreten eines Großteiles der heute anzutreffenden Arten auf die Veränderung der Umwelt durch die menschliche Rodungs- und Landnutzungstätigkeit zurückzuführen (Abschnitt 6.4).

Landnutzungsänderungen, welche durch wirtschaftliche Entwicklungen getrieben, durch technische Entwicklungen ermöglicht und durch die infrastrukturelle Verknüpfung der Märkte gefördert werden, gehören ebenfalls zur Geschichte der Landnutzung und der europäischen Kulturlandschaft (Bork et al. 1998, Haber 2001). Allerdings sind auch in der Vergangenheit viele Nutzungen nicht nachhaltig gewesen (z. B. die norddeutsche Plaggenwirtschaft, bei der der Oberboden aus Heidegebieten als Stalleinstreu abgebaut wurde).

**Tab. 7.2:** Bereiche von Landnutzungsveränderungen und Auflistung aktueller Entwicklungen.

| Bereich | Beispiel |
|---|---|
| Forstwirtschaft | Förderung des naturnahen Waldbaus, Um- bzw. Rückbau von Monokulturen (z. B. Fichtenforst in standortgemäßen Wald), Fragmentierung von Naturwäldern durch Rodung in den Tropen und im borealen Nadelwald, Einführung neuer hochproduktiver Arten (z. B. *Pinus radiata*) in tropische bis subtropische Regionen zur Faserproduktion |
| Landwirtschaft und Gartenbau | Intensivierung und Flurbereinigung in günstigen Lagen, Extensivierung und Nutzungsaufgabe verbunden mit Brachfallen und Verbuschung an Grenzertragsstandorten, Emission von $NH_4$ bei Gülledüngung, Grundwasserbelastung durch Nitrate und Pflanzenschutzmittel |
| Bergbau | Abbau wertvoller Rohstoffe fördert politische Instabilität (z. B. Edelmetalle in Angola) und Umweltbelastung (z. B. Goldabbau in Brasilien), Erschließung peripherer Lagen (z. B. Ölsande in Kanada), Aufgabe lokaler Abbaustellen bedingt durch globale Märkte (Europa), Verfüllung ehemaliger Abbaustellen mit Müll und Abraum und damit Verlust landschaftlicher Vielfalt |
| Industrie | Installation von Filtern und Katalysatoren (z. B. $SO_2$) und damit reduzierte Versauerung von Wäldern, Export umweltverträglichen Verhaltens in Entwicklungsländer aus Imagegründen, Erschließung von Räumen durch Windkraft- und Solarenergieanlagen, Großprojekte zur Energiegewinnung (z. B. China) |
| Siedlungen | Verlassen von Dörfern in ökonomisch benachteiligten Regionen (z. B. Bergland im Mittelmeerraum), Flächenverbrauch und -versiegelung in Städten, Anlage von Mülldeponien, ungeregelte Zersiedlung in Agglomerationen, unkontrollierte Entwicklung von Slums in Entwicklungsländern |
| Infrastruktur | Flugzeuge, Schiffe, Kanäle, Straßen, Eisenbahn verbinden auch bislang isolierte Lebensräume (z. B. Inseln, einzelne Gewässer), Verschleppung invasiver Arten, Ausbreitung von Krankheiten, Barrieren zwischen Lebensräumen werden geschaffen (Straßen), zunehmende Fragmentierung von Landschaften (z. B. Europa) |
| Fischerei | Aufgabe der Nutzung verbunden mit verlandenden Teichen, Aussetzen fremder Arten mit invasivem Potenzial (z. B. amerikanischer Signalkrebs in Europa, Nilbarsch in den Viktoriasee), Überfischung einzelner mariner Arten und Regionen, Anlage von Aquakulturen an Mangrovenküsten zur Produktion von Shrimps |
| Wasserwirtschaft | Erschließung und Verbrauch fossiler Wasserressourcen (z. B. Libyen), Bau von Talsperren, Bau und Verbesserung von Kläranlagen, Ausweisung von Trinkwasserschutzgebieten, Ausweisung von Retentionsräumen in Auen, Sicherung von Uferstreifen an Flüssen |
| Tourismus | gelenkter Massentourismus mit lokalen Effekten, Individualtourismus dringt in abgelegene Regionen vor, Entwicklung von Infrastruktur (z. B. Flughäfen), lokale Umweltprobleme durch Müll und Abwasser, Sicherung natürlicher Ökosysteme als Touristenattraktion (Biosphärenreservate, Nationalparks) |
| Naturschutz | Ausweisung von Schutzgebieten, Artenschutzmaßnahmen, Landschaftspflege, Wiedereinbürgerung ausgestorbener Arten (z. B. Biber), Flussrenaturierung und -gestaltung, Ankauf und Gestaltung von Ausgleichs- und Ersatzflächen für Eingriffe in den Naturhaushalt, Entwicklung nationaler und internationaler Biotopverbundsysteme |

Die **Degradierung** der ehemaligen Steineichenwälder des Mittelmeergebiets zu Buschland (Macchie) oder gar zu Zwergstrauchheiden (Garrigue, Phrygana) erfolgte schon zu Zeiten der antiken Hochkulturen. Historische Beispiele finden sich auch bei der **Versalzung** als Folge unsachgemäßer Bewässerung vieler Ackerböden, beispielsweise in Mesopotamien. Menschliches Wirken kann die Tragfähigkeit von Ökosystemen überbeanspruchen, sodass diese irreversibel verändert werden. In der Folge wird dann auch das menschliche Leben in solchen Landschaften weniger attraktiv oder sogar unmöglich. Eine Regenerierung erodierten Bodens als Grundlage einer erneuten Waldentwicklung würde den Ausschluss menschlicher Einflüsse über Jahrhunderte erfordern und ist daher aus menschlicher Sicht nicht erstrebenswert. Der Einfluss des Menschen hat in diesen Beispielen zu ökosystemaren Veränderungen geführt, welche nicht im Rahmen der für die menschliche Gesellschaft üblichen Planungs- oder Entscheidungszeiträume wieder korrigiert werden können.

Veränderungen des lokalen oder regionalen Wasserregimes von Einzugsgebieten, von Fließ- und Standgewässern und von Mooren gehören ebenfalls zur Siedlungsgeschichte. Die menschlichen Eingriffe in den **Wasserhaushalt** erfolgten meistens, um die Nutzungsmöglichkeiten zu verbessern (Abschnitte 5.2.2.1 und 7.2.1). Neben einer Entwässerung der Flächen selbst wurden schon seit langem Gewässer begradigt, z. B. in Agrarlandschaften zur Entwässerung von Feuchtgebieten, in den Mittelgebirgen für die Flößerei, im Tiefland für den Schiffsverkehr, in Siedlungen als Hochwasserschutz. Besonders stark war der Einfluss solcher baulicher Maßnahmen in den weiten Flusstälern, wo die ehemaligen Auwälder großflächig beseitigt wurden. Hiermit verbunden waren negative Auswirkungen auf den Wasserhaushalt viel größerer Gebiete, ein beschleunigter Abfluss und damit eine Förderung von Hochwasserereignissen. Die Einstellung der Gesellschaft zu wasserbaulichen Maßnahmen hat sich aus diesem Grund in den letzten Jahren deutlich verändert. In der Folge katastrophaler Hochwasserereignisse werden jetzt in Talauen Retentionsflächen geplant, Flussbegradigungen werden teilweise zurückgenommen, Drainagen außer Funktion gesetzt und Flächen wieder vernässt (Kasten 7.2).

Nach Vitousek et al. (1997) sind inzwischen 30–50 % der eisfreien Kontinente durch den Menschen verändert (Tabelle 7.2). Nutzungsänderungen betreffen aber nicht nur die direkte Umgestaltung von Flächen. Wir können drei Kategorien unterscheiden, welche teils flächig konkret, teils räumlich diffus wirken:

- Veränderungen der Landnutzungformen (z. B. Aufforstung, Rodung, Nutzungsaufgabe, Flurbereinigung, Grünlandumbruch),
- Veränderungen der Landnutzungsintensität (Extensivierung, Intensivierung),
- Veränderungen im Angebot und in der Leistung von Vektoren (z. B. Schaffung neuer Verkehrswege, Entfernung linearer Vegetationselemente).

## 7.1.2.2 Flächenbezogene Landnutzungsänderungen

Direkte menschliche Einflüsse auf Landschaften unterscheiden sich zunächst in ihrer Zielgerichtetheit. Landnutzung ist mit einer beabsichtigten und gerichteten Beeinflussung und Manipulation von Ökosystemen verbunden. Die damit verbundene Kontrolle wird jedoch außer Kraft gesetzt, wenn sozioökonomische Zwänge, wie Bevölkerungswachstum, Hunger, Armut oder fehlende gesetzgeberische Regularien, zu einer ungeregelten Ressourcenausbeutung führen. Oft ist ein mangelndes Verständnis ökologischer Zusammenhänge die Ursache unbedachten Handelns, manchmal sind es existenzielle Nöte.

In der Regel ist die anthropogene Nutzung von Ökosystemen mit einem Eintrag von Stoffen und Energie verbunden, auch wenn ein erster Schritt mit einer massiven Stoffentnahme (z. B. Rodung) verbunden sein kann. Der Stoffeintrag erfolgt in anorganischer oder organischer Form (z. B. Düngung), der Energieeintrag vorwiegend über mechanische Eingriffe (z. B. Umbruch, Mahd, Einschlag). Bis in die Mitte des 20. Jahrhunderts wirkte sich in Europa dieser Input, auch aufgrund der Entwicklung eines ausgeprägten räumlichen Nutzungsmosaiks (Abschnitt 6.2), auf regionaler Ebene positiv auf die Artenvielfalt aus. Die Rodung von Waldflächen und die Entwicklung extensiver Landnutzungstechniken erhöhten zunächst die Vielfalt der Standortbedingungen und erweiterten somit das Habitatangebot. Bei zunehmender Eingriffsintensität nahm die Artenvielfalt jedoch wieder ab (White und Jentsch 2001). Flächen mit hohem Düngereintrag, häufiger Mahd oder einer hohen Störungsfrequenz können nur von wenigen Arten besiedelt werden.

In der zweiten Hälfte des 20. Jahrhunderts war in den europäischen Landschaften eine zunehmende Verarmung an Arten und Kleinstrukturen zu beobachten. Auch erfolgte eine **Uniformierung** der landschaftlich wirksamen, anthropogen gesteuerten Prozesse (z. B. durch den Einsatz von mineralischem Dünger oder durch die Drainage von Feuchtstandorten). Hiermit gekoppelt war der Verlust tradierter Arbeitsweisen und angepasster Pflanzen- und Tierarten. Viele dieser Nutzungsformen, wie die Streuwiesennutzung in Feuchtgebieten, die Niederwaldwirtschaft oder die Wanderschäferei, erscheinen heute nicht mehr zeitgemäß. Doch sind solche Nutzungsformen wesentliche Elemente historisch entwickelter Landschaften. Durch die Neueinführung moderner Feldfrüchte, wie z. B. des Silomais, werden solche Verluste nicht kompensiert.

Auch in Waldlandschaften erleben wir eine Uniformierung von Strukturen. In den Mittelgebirgen stehen die letzten Freiflächen, Wiesentäler und Bergwiesen unter enormem Aufforstungsdruck. Nutzungsaufgabe und damit verbundenes Brachfallen sind oft der erste Schritt zu homogenen Nadelholzforsten. Trotzdem versucht die Forstpolitik, wieder strukturreiche und naturnahe Vegetationsbestände zu entwickeln.

Die über die Landnutzung erfolgenden menschlichen Einflüsse können unterschiedliche Auswirkungen auf die Artenzusammensetzung haben. Über eine Erhöhung der Strukturvielfalt, über die Beeinflussung der Dynamik und des Stoffhaushalts kann es lokal zur Erhöhung der Artenvielfalt kommen. Andererseits kann die Zerstörung oder Beeinträchtigung von Flächen mit einem hohen Anteil an spezialisierten oder endemischen Arten zu einem Verlust von Artenvielfalt führen. Beides kann in ein und demselben Gebiet nebeneinander geschehen. Global sind Veränderungen der land- und forstwirtschaftlichen Nutzung flächenmäßig von größter Bedeutung. Diese Flächen können nicht losgelöst voneinander betrachtet werden, da sie in vielen Fällen ineinander überführt werden.

Dies betrifft vor allem die **Rodung** von Wald, z. B. des tropischen Regenwaldes im Rahmen des Brandfeldbaus oder durch die Forstindustrie. Tatsächlich ist die biotische Diversität in Waldökosystemen der Subtropen bis Tropen sowie des borealen Nadelwaldes aktuell stärker von der Veränderung durch Landnutzung bedroht als jene der gemäßigten Breiten, wo ein großer Teil der aktuellen Biodiversität nicht in Waldökosystemen, sondern in anthropogenen Offenlandökosystemen zu finden ist. In den noch erhaltenen Tropenwäldern findet sich eine höhere ökologische Komplexität und Biodiversität als in den Außertropen. Der Nutzungsdruck und die zunehmende Beeinflussung durch menschliche Aktivitäten sind dort vor allem auf das Bevölkerungswachstum zurückzuführen. Durch zuwandernde ethnische Gruppen und vordringende Unternehmen entstehen nicht selten auch Konflikte mit der indigenen Bevölkerung, welche in und vom Wald lebt.

In den dünn besiedelten, ausgedehnten borealen Wäldern der Nordhemisphäre stehen industriellen Interessen kaum lokale ethnische Gruppen entgegen. Über weite Flächen erstreckt sich dort noch Primärwald. Die Einführung einer industriellen Forstwirtschaft führt zur Fragmentierung und zum Verlust von Natürlichkeit. Aufgrund der vergleichsweise geringen Artenvielfalt und der großen Areale der dortigen Arten sind die Auswirkungen auf Tier- oder Pflanzenarten noch nicht groß. Aus diesem Grund ist die öffentliche Aufmerksamkeit in diesen Fällen eher gering. Jedoch werden damit natürliche Habitate durchschnitten und vor allem Großsäuger beeinträchtigt (z. B. Grizzly und Wolf).

Zur Erfassung von Landnutzungsänderungen durch Rodung können verstärkt Fernerkundungsmethoden eingesetzt werden. Mit Hilfe von regelmäßigen Satellitenbefliegungen und durch den Einsatz spezieller Sensoren (Radar, Infrarot) kann Landnutzung und die damit einhergehende Veränderung von Vegetationsstrukturen sehr gut erfasst werden. Besonders aussagekräftig ist hier die satellitengestützte Dokumentation der Brandrodung im tropischen Regenwald über die Feststellung von Feuern aus dem All. Die Analyse der Veränderungen erfordert jedoch die Absicherung der Daten über ein sogenanntes *ground truthing*, also über den Abgleich der gewonnenen Fernerkundungsdaten im Gelände (Abschnitt 6.1.4).

Ein relativ neues Problem ist die industrielle Anlage von Forstplantagen mit raschwüchsigen Arten und kurzen Umtriebszeiten zur Celluloseproduktion (z. B. *Pinus radiata*, *Pinus elliotii*). Diese ersetzen mehr und mehr natürliche Wälder. Die Anlage solcher Forste ist eher mit landwirtschaftlichen als mit forstwirtschaftlichen Methoden zu vergleichen. Die Umtriebszeit (Erntezeit) liegt bei 20 bis 30 Jahren; nach wenigen Rotationen sind die Böden ausgelaugt, und die Flächen müssen aufgegeben werden.

Die **landwirtschaftliche Nutzung** unterliegt, aufgrund ihrer kurzen Reaktionszeit auf neue Entwicklungen, sehr viel stärkeren Veränderungen als die Forstwirtschaft.

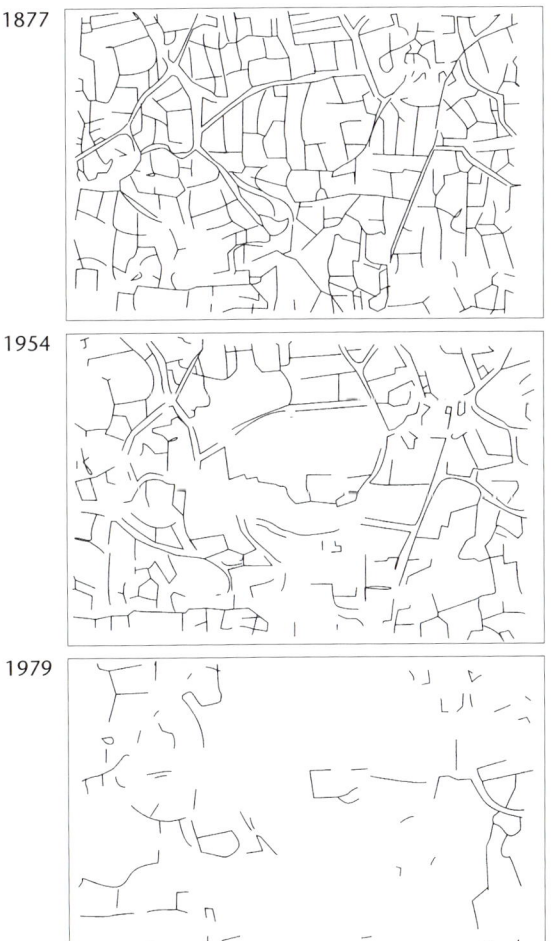

1877

1954

1979

**Abb. 7.2:** Reduktion der Heckendichte in Norddeutschland durch die Umgestaltung der Agrarlandschaft. 1877 betrug die Heckendichte 133 m ha⁻¹, 1954 94 m ha⁻¹ und 1979 29 m ha⁻¹. Nach Knauer (1993).

In den vergangenen Jahrzehnten erfolgte eine immense Entwicklung, welche zu erheblichen Ertragssteigerungen führte. Verantwortlich hierfür waren unter anderem agrarwissenschaftliche Entwicklungen wie die Zucht leistungsstarker und resistenter Sorten sowie die Maximierung von Düngung und Pflanzenschutz. Daneben wirkten technische und wirtschaftliche Entwicklungen sowie die infrastrukturelle Verknüpfung der Märkte auf die Entwicklung der Landwirtschaft ein.

Die Folgen sind eine zunehmende Uniformierung von Prozessen und Umweltbedingungen und die Aufgabe traditioneller, landschaftstypischer Landnutzungsformen. In Mitteleuropa ist dies bereits weitgehend erfolgt, traditionelle Fruchtfolgen oder Brachephasen sind hinfällig geworden. Die Feldflächen haben sich im Rahmen der Industrialisierung der Landwirtschaft deutlich vergrößert. Landschaftliche Vielfalt (Feldraine, Gräben, Hecken) ging verloren, der Energie- und Stoffeinsatz hat sich drastisch erhöht (Abbildung 7.2). Ähnliche Vorgänge ereignen sich in anderen Teilen der Erde oft mit noch größerer Geschwindigkeit. Erosion, Bodenverdichtung, Humusabbau und stoffliche Belastungen sind die Folge. Der Flurbereinigung und der Intensivierung der Landwirtschaft wird in Deutschland eine maßgebliche Ursache für die Gefährdung von Arten zugeschrieben (Korneck und Sukopp 1988) (Abschnitt 6.5.3.2).

Vor allem bedeutet eine marktorientierte moderne Produktion in der Regel **intensivere Landwirtschaft**, also hohes Düngungsniveau, Einsatz von Bioziden sowie intensive mechanische Bodenbearbeitung. Dieser Erfolg der Landwirtschaft wird mit einem Einsatz von Techniken und Stoffen bewirkt, welche nur wenig mit der jahrhundertelangen landwirtschaftlichen Tradition zu tun haben. Dieses Verhalten ist betriebswirtschaftlich durchaus sinnvoll, da negative Folgen dieser Praxis, wie Grundwasserbelastung mit Nitrat oder Bioziden und Freisetzung von Stickstoff in die Atmosphäre, volkswirtschaftlich getragen werden (Stoate et al. 2001). Wirtschaftliche Anreize zu einem umweltgerechteren Verhalten der Landwirtschaft sind bislang gering.

Oft wird argumentiert, dass die Intensivierung der landwirtschaftlichen Produktion zur Versorgung der Bevölkerung mit Nahrungsmitteln, z. B. in den Tropen, eine Entlastung des Druckes auf natürliche Ökosysteme mit sich bringen würde. Angestrebt wird eine Kombination von intensiv genutzten Flächen mit der nutzungsfreien Entwicklung von natürlichen Flächen. Allerdings zeigt sich, dass dies nicht umzusetzen ist, da eine politische Reglementierung kaum restriktiv durchsetzbar ist (z. B. Carpentier et al. 2000). Aus globaler Sicht wäre es auch fragwürdig, eine hohe Produktion in Europa mit der Versorgung einer Überbevölkerung in der Dritten Welt zu rechtfertigen. Ist nicht eine nachhaltige Entwicklung der Landwirtschaft und der Bevölkerungsentwicklung auf der ganzen Fläche vorzuziehen?

Unter Landnutzungsänderungen wird nicht nur die Nutzung bisher nicht genutzter Ökosysteme oder die Intensivierung einer bestehenden Nutzung verstanden. Auch die **Aufgabe** traditioneller Landnutzungsformen und die **Extensivierung** können zu Problemen führen. Bedingt durch ökonomische Zwänge wird beispielsweise die Landwirtschaft auf Gebirgs- und anderen Grenzertragsstandorten immer weniger lukrativ. Die Strukturveränderungen in der Landwirtschaft veranlassen viele Landwirte, die Bewirtschaftung ihrer Flächen aufzugeben. Talwiesen fallen brach, Ackerflächen der Hochlagen werden aufgeforstet. Die zunehmende Aufgabe landwirtschaftlicher Nutzungen stellt aus der Sicht des Arten- und Biotopschutzes ein wachsendes Problem dar. Zuerst werden die schwierig zu bewirtschaftenden Talhänge aufgeforstet, wodurch Magerbiotope verloren gehen und Arten wie das Holunderknabenkraut (*Dactylorhiza sambucina*) oder die Schlingnatter (*Coronella austriaca*) ihren Lebensraum verlieren. Durch diese Veränderungen gehen auch ehemalige Offenland-Verbindungen zwischen Hochflächen und Talgrund verloren.

Besonders augenfällig sind Flächenveränderungen durch **bauliche Maßnahmen** wie Siedlungen und der zugehörigen Infrastruktur, welche in den Industrieländern ein zentrales Landnutzungsproblem darstellen, aber auch in den Ballungsräumen der Entwicklungsländer von enormer Bedeutung sind. Diese großräumigen Eingriffe bewirken durch die Flächenversiegelung eine starke Beeinflussung des Abflussregimes und der Grundwasserneubildung. Der Abfluss solcher Flächen ist zudem oft stark belastet und kann nicht ohne weiteres in Fließgewässer eingeleitet werden. In Deutschland bedeckte die bebaute Fläche 1995 bereits 11,8 % der Landesfläche (Umweltbundesamt 2002).

Schließlich kann der **Naturschutz** als menschliche Interessensphäre und als eine Form der Landbeanspruchung verstanden werden, wenn auch nicht für eine Nutzung im eigentlichen Sinn. In peripheren Räumen und in Regionen mit besonderer Artenvielfalt oder erhaltener Natürlichkeit nehmen Naturschutzgebiete große Flächen ein (z. B. auf den Kanarischen Inseln, in den Alpen, im Wattenmeer). Im Naturschutz sind ebenfalls rasche Veränderungen der Leitbilder und damit verbunden der Art und Weise der Gestaltung und Sicherung von Flächen festzustellen. Zunehmend wird erkannt, dass bislang der natürlichen oder nutzungshistorischen Dynamik der zu erhaltenden Systeme zu wenig Beachtung geschenkt wurde (Blab und Klein 1997). Ein Denken in Jahren bzw. Vegetationsperioden kann den Ansprüchen zahlreicher Arten, die auf Regenerationsphasen nach Störungsereignissen angewiesen sind, nicht gerecht werden. Oft ist es besser, bestimmte Funktionen und Prozesse zu schützen als bestimmte Arten. Damit ist unter Umständen zahlreichen Arten gedient, die ähnliche Standortansprüche besitzen wie die Zielarten. Ein stark konservierender Schutz nach einmal festgelegten Leitlinien birgt die Gefahr die Schutzmaßnahmen nicht optimal an das Schutzgut anpassen zu können. Einheitliche Pflegevorschläge oder Nutzungsauflagen für bestimmte Biotoptypen oder Gebiete erscheinen daher nicht immer sinnvoll.

### 7.1.2.3 Diffuse Nutzungsänderung und Modifikation von Vektoren

Im Einzelnen sind Gefährdungsursachen von Arten oft noch nicht klar. Die Zusammenhänge zwischen dem Verlust von Biodiversität und äußeren Einflüssen sind komplex. In vielen Fällen, z. B. bei dem Bemühen um Orchideenpopulationen, ist nicht nachvollziehbar, weshalb trotz intensiver Schutzbemühungen, Nutzungseinschränkungen und Auflagen, ein Rückgang und schließlich sogar das Aussterben nicht zu verhindern sind. Offensichtliche Störeinflüsse, wie Düngung oder Bodenverdichtung, werden dann durch weniger offensichtliche, z. B. atmosphärische Stickstoffdeposition, überlagert.

Berlin et al. (2000) zeigten für Südschweden, dass auch bei der langfristigen Beibehaltung einer bestimmten Nutzung über lange Zeiträume (25 Jahre extensive Grünlandnutzung) Veränderungen der Artenzusammensetzung auftreten können. Hierbei stieg der Deckungsgrad der Pflanzen allmählich an, was auf den Eintrag von Stickstoff über die Atmosphäre zurückgeführt wurde.

Bei der Entwicklung und der damit verbundenen Landnutzungsänderung kommt der **infrastrukturellen Erschließung** peripherer Räume, z. B. durch Straßenbaumaßnahmen, eine vorrangige Bedeutung zu. Mit dieser Erschließung geht eine wachsende Fragmentierung von Lebensräumen einher, welche zu einer zunehmenden Gefährdung von Arten führt, die an großräumige ungestörte Lebensräume gebunden sind.

Vor dem Hintergrund eines wachsenden Wohlstands in den Industrienationen und der Verfügbarkeit geeigneter Transportmittel entwickelt sich der **Tourismus** zu einem wachsenden Wirtschaftsfaktor, der erhebliche Umwelteinwirkungen zur Folge hat. Im Jahr 2000 erreichte der internationale Tourismus mit etwa 700 Millionen Personen ein enormes Ausmaß (Gössling 2002). Die touristischen Auswirkungen auf die Umwelt betreffen, neben dem Transport, nicht zuletzt auch regionale Veränderungen der Landnutzung. Die Bedeutung des Tourismus wird noch weiter zunehmen, da er immer mehr Bevölkerungsgruppen und Nationen betrifft.

Skipisten und Golfplätze sind Beispiele für neuartige Flächennutzungen, die ausschließlich auf Erholung und Tourismus abzielen. Ihr Flächenbedarf ist inzwischen enorm. Nach Gössling (2002) beanspruchen die 30 000 Golfplätze weltweit ca. 13 500 km². Die alpinen Skipisten stoßen inzwischen an offensichtliche Grenzen der Umweltverträglichkeit. Es werden kaum noch neue Pisten genehmigt. Probleme ergeben sich vor allem durch die nur sehr zögerliche Wiederbesiedlung solcher Standorte unter den rauen Klimabedingungen des Hochgebirges. Die natürlicherweise dort anzutreffenden Arten, wie die Krummsegge (*Carex curvula*), zeigen ein sehr langsames Wachstum und ein geringes Ausbreitungspotenzial.

Besonders hoch ist der direkte Landverbrauch in den Tropen, wo Grundstückspreise niedrig, Planungsabläufe unkompliziert, Umweltauflagen gering und Flächen leicht verfügbar sind. Ein einziges Fünf-Sterne-Hotel auf den Seychellen beansprucht beispielsweise über 110 ha Fläche (Gössling 2002). 54 % der Küste des Mittelmeeres sind inzwischen touristisch erschlossen und bebaut (WWF 2001).

Noch bedeutsamer sind vermutlich die indirekten und diffusen Auswirkungen des Tourismus, welche sich durch den Aufbau von Infrastruktur und durch die Aktionsradien der Touristen vor Ort ergeben. In Tibet ist die Förderung des Tourismus die offizielle Begründung der chinesischen Regierung für den Bau von Straßen. Es werden also auch periphere Räume erschlossen. Individualtouristen haben oft zum Ziel, bislang unerschlossene Regionen zu erkunden.

Störungen von Tierpopulationen ergeben sich schon durch Wanderer, welche ein Waldgebiet durchqueren. Solche Einwirkungen können in sensiblen Jahreszeiten durchaus erheblichen Einfluss haben. Beispielsweise kann im Winter die Wirkung eines einzelnen Routengängers für den Energieverbrauch aufgescheuchter Raufußhühner fatale Folgen haben. Die Lenkung touristischer Aktivitäten und eine entsprechende Informationsvermittlung werden also zunehmend wichtig.

Die Wirtschaftskraft von Touristen fördert indirekt die Ausbeutung und Nutzung attraktiver Arten (z. B. Korallen und Muscheln), auch wenn dies gegen geltende Gesetze verstößt, welche Urlaubern jedoch oft nicht bekannt sind. Alljährlich werden am Zoll von Flughäfen unzählige Verstöße gegen das Washingtoner Artenschutzabkommen festgestellt. Weitere indirekte Einwirkungen ergeben sich durch die Funktion von Touristen als Vektoren. Neben der Bedeutung für die unfreiwillige Ausbreitung von Pflanzen und Tieren sind hier vor allem Krankheiten zu nennen. 20 Millionen Touristen besuchen alljährlich Malariagebiete (Clift 2001). Ein großer Anteil der jährlichen AIDS-Infektionen in Deutschland ist auf Tourismus zurückzuführen. Wie man aus den historischen Angaben über die Infektion indigener Bevölkerung mit Grippe und Typhus schließen kann, ist der Einfluss von Touristen auf die lokale Bevölkerung eventuell noch gravierender, jedoch kaum untersucht.

Positive Effekte des Tourismus können sich ergeben, wenn das Interesse an einer „unberührten Natur" oder an *wilderness* zur Identifikation eines Wirtschaftswertes solcher Flächen führt. Inzwischen sind weltweit Schutzgebiete mit dem Ziel ausgewiesen, natürliche Ökosysteme zu erhalten. Hier erfolgt nicht nur die Lenkung von Besucherströmen, vielmehr ist oft Tourismus die Ursache für den Erhalt ökologisch wertvoller Gebiete. Ökotourismus hat sich zu einem bedeutenden Zweig des Tourismus entwickelt. Zwar wird hierdurch Ferntourismus, mit seinen negativen Folgeerscheinungen, nicht unbedingt reduziert, jedoch wird vor Ort eine alternative Flächennutzung mit hoher Wertschöpfung entwickelt, welche dazu beitragen kann, artenreiche und sensible Ökosysteme zu erhalten.

Bedingt durch die Entwicklung der Infrastruktur und des Handels ist die Welt im 20. Jahrhundert deutlich zusammengerückt. Kommunikations- und Transportstrukturen haben sich stark verändert (Abbildung 7.3). Dass dies nicht nur Vorteile mit sich bringt, haben zahlreiche Schädlingskatastrophen gezeigt, die bereits im 19. Jahrhundert einsetzten (etwa die aus Nordamerika eingeschleppte Reblaus *Dactulosphaira vitifoliae*) und sich bis in die jüngste Zeit fortsetzen (Rosskastanienschädigung durch die eingeschleppte Miniermotte *Cameraria ohridella*). Auch die BSE-Krise und der jüngste Ausbruch von Maul- und Klauenseuche zeigen die funktionelle Vernetzung entfernter Gebiete auf.

Die Qualität und die Verfügbarkeit von Vektoren sind wesentliche landschaftliche Eigenschaften. Dies zeigt sich beispielsweise in Konzepten zur Biotopvernetzung oder in der Problematik der landschaftlichen **Fragmentierung**. Es geht dabei um das Funktionieren oder Fehlen von Verbindungen (Jaeger 2000). Dies zeigt deutlich, dass es oft nicht sinnvoll ist, die Betrachtung von Nutzungsänderungen auf die konkrete Fläche zu beschränken. Landschaftsökologische Analysen müssen vielmehr die Einbindung der betroffenen Flächen (*patches*) in die landschaftliche Matrix berücksichtigen (Abschnitt 6.2.2). Der Einfluss der Veränderung bzw. des Eingriffs selbst kann deutlich über die eigentlich bebaute oder gerodete Fläche hinausgehen, und zwar dann, wenn die umgebende Matrix beeinträchtigt wird.

Vermehrt werden invasive Arten, also Neophyten oder Neozoen mit einer aggressiven Ausbreitungstendenz, beobachtet. Sie nutzen vorhandene Vektoren besonders erfolgreich und breiten sich, wie beispielsweise das drüsige Springkraut (*Impatiens glandulifera*), in zahlreichen Flusstälern aus. Straßen, Eisenbahnnetz, Kanäle und in jüngster Zeit Flugverbindungen sind sehr effektive Vektoren für solche neuen Arten. Invasive Arten besitzen oft keine natürlichen Gegenspieler. Sie können sich dann nahezu ungehindert ausbreiten und die etablierte Flora und Fauna verdrängen. Auf Neuseeland ist dies besonders eindrücklich dokumentiert worden (Kegel 1999).

Der Suez-Kanal ermöglichte es Arten aus dem Roten Meer, in das Mittelmeer vorzudringen, da die Landbarriere durchbrochen war (Abschnitt 6.5.4.2). Nicht ganz so dramatisch war die Veränderung durch den Bau des Panama-Kanals, da er durch einen Süßwassersee gepuffert wird. Effektiver als direkte räumliche Verbindungen sind funktionelle. Schiffe transportieren mehr als 80% der Waren weltweit. Problematisch ist jedoch nicht so sehr der Transport von Waren zwischen den Kontinenten, sondern vielmehr die Tatsache, dass moderne

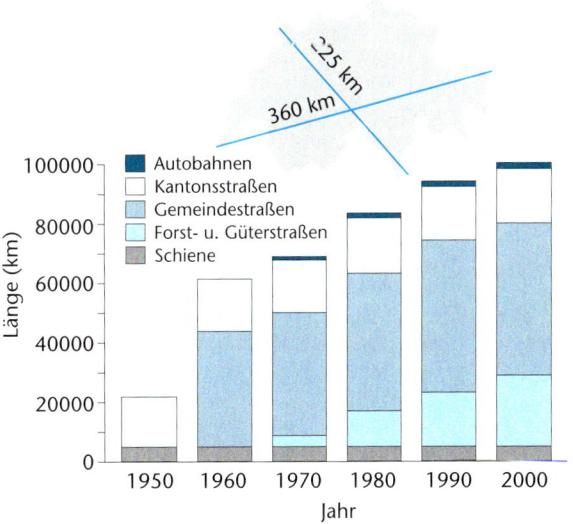

**Abb. 7.3:** Länge des Verkehrswegenetzes in der Schweiz. Zum Vergleich: Der Erdumfang beträgt 40 000 km. Nach www.statistik.admin.ch.

Schiffe **Ballastwasser** aufnehmen, nicht wie in früherer Zeit Steine, um ihren Tiefgang besser ausgleichen zu können. Damit werden jedoch auch Organismen aufgenommen und an fernen Küsten wieder freigesetzt. Im März 2001 verursachte die Blüte einer in Japan heimischen Alge (*Chatonella* spec.) erheblichen Schaden in norwegischen Lachsfarmen. Es liegt die Vermutung nahe, dass die Verschleppung über Ballastwasser erfolgte.

### 7.1.2.4 Skalen und Prozesse

Es gibt verschiedene Kategorien der Effekte von Landnutzungsänderungen:

**Lokale, direkte Einflüsse** auf Ökosystemfunktionen auf der Ebene einzelner Ökosysteme (*patch scale*) durch neuartige, nutzungsorientierte Störungen von Ökosystemen mit langfristigen Auswirkungen:

- Einführung menschlicher Nutzung in bislang ungenutzte bzw. selten von Menschen besuchte Regionen (z. B. borealer Nadelwald),
- Beibehaltung der Nutzungsform bzw. des Ökosystemtyps (z. B. Wald), jedoch verbunden mit Intensivierung und langfristiger Degradierung (z. B. Kahlschlag, selektive Entnahme von einzelnen Nutzbäumen und damit verbundene Eingriffe, Übernutzung),
- Überführung in neuartige Nutzungsformen (z. B. Brandrodung bzw. *slash and burn* mit anschließender Agrarnutzung, Etablierung von Bewässerungsfeldbau nach dem Bau von Wasserzuleitungen),
- Aufgabe der Nutzung.

**Regionale, indirekte Einflüsse** auf Ökosystemfunktionen auf landschaftlicher Ebene (*multi patch scale*):

- Veränderung **räumlicher** Eigenschaften von Landnutzungs- bzw. Störungsregimen, wie veränderte Flächengrößen, veränderte Konnektivität bzw. Fragmentierung, verbunden mit dem Verlust von genetischer Vielfalt und von Arten,
- Veränderung **zeitlicher** Eigenschaften von Landnutzungs- bzw. Störungsregimen, wie veränderte jahreszeitliche Verteilung der Nutzung bedingt durch neue Techniken oder Infrastruktur, verbunden z. B. mit der Störung von Wanderungsbewegungen von Tierherden,
- Entwicklung negativer funktioneller **Synergien** (Verstärkung) zwischen verschiedenen Formen von Störungen (z. B. Rodung und Oberflächenabfluss, Grundwasserentnahme und Feuer), verbunden mit einem Verlust ökologischer Erholungsfähigkeit.

**Regionale Einflüsse** auf ökologische Serviceleistungen:

- ökonomische Nachteile wie eine Beeinträchtigung von **Ressourcen** (z. B. Reduzierung der Grundwasserneubildung oder Verlust der Sicherung der Nahrungsmittelproduktion),
- ökonomische Nachteile bedingt durch den Verlust von **Schutzfunktionen** von Ökosystemen (z. B. bei Hochwasser und Bergrutsch),
- **soziale Nachteile** (z. B. Benachteiligung und Ausgrenzung einzelner Ethnien).

**Globale Einflüsse** auf biogeochemische Kreisläufe, z. B. von Kohlenstoff, Wasser und Energie.

Ökologische Forschung konzentriert sich bislang stark auf lokale Veränderungen (z. B. auf Biodiversitätsverluste durch die Rodung eines Waldes), da diese relativ gut erfasst werden können. Die Erfassung indirekter regionaler Veränderungen räumlicher und zeitlicher Konstellationen auf landschaftlicher Ebene ist sehr viel aufwendiger. Sie erfordert eine funktionelle Sichtweise und intensive Datenerhebung. Synergien zwischen verschiedenen Einflussgrößen sind ebenfalls nur bedingt quantitativ zu ermitteln. Von politischer Bedeutung sind vor allem die Veränderungen ökologischer Serviceleistungen, da diese direkte Konsequenzen für das Wirtschaftsleben einer Region haben.

Die Veränderung von Landnutzungsregimen wird als eine treibende Kraft für globale Veränderungen von Stoff- und Energiekreisläufen angesehen (Mander und Jongman 2000). Sie steuern über die Freisetzung von $CO_2$, $CH_4$ und $NO_x$ stoffliche und physikalische Eigenschaften der Atmosphäre (IPCC 2001). Diese Gase werden vor allem durch die Verbrennung fossiler Energieträger freigesetzt, Landnutzung und Landnutzungsänderungen tragen jedoch in einem nicht unerheblichen Ausmaß hierzu bei. Nutzungsänderungen bringen folglich weitere globale Umweltveränderungen mit sich und werden als wichtigste Einflussgröße für Biodiversitätsverluste angesehen (Sala et al. 2000).

Für Brandenburg haben Lasch et al. (2002) ein Modell zur Simulation der Beeinflussung der Vegetation von Wäldern bei einem ablaufenden Klimawandel entwickelt, welches auch Bodenfunktionen und Landnutzung einschließt. Hieraus kann abgeleitet werden, dass sich Veränderungen der Artenzusammensetzung ergeben werden und dass dies natürlich auch Konsequenzen für die forstliche Praxis haben wird. Die traditionellen zeitlichen Horizonte von Förstern, welche für Jahrhunderte planten, sind damit fraglich geworden. Konsequenzen werden sich auch für die Grundwasserneubildung dieser Wälder und folglich für die Trinkwasserversorgung ergeben.

Allerdings ist festzuhalten, dass die Konsequenzen, welche sich aus Nutzungsänderungen ergeben, verschieden sein können. Nutzungsänderungen können bezüglich bestimmter ökologischer Aspekte positiv sein und gleichzeitig in einem anderen Bereich negativ sein. Die Aufforstung von Grenzertragsstandorten ist aus der Sicht des Klimaschutzes bzw. der Kohlenstofffixierung durchaus positiv, für die Artenvielfalt einer Mittelgebirgslandschaft kann sie aber zu einer negativen Bewertung führen.

### 7.1.2.5 Künftige Entwicklungen, Programme und Strategien

Landnutzungsänderungen werden in den nächsten Jahrzehnten an Bedeutung gewinnen. Ihre Konsequenzen für die globalen Stoff- und Energiekreisläufe sowie für den Erhalt der Biodiversität machen langfristige Strategien erforderlich, diese Entwicklung zu lenken. Verschiedene Ansätze hierzu sind entwickelt, jedoch bislang nur von regionaler bis nationaler Bedeutung. Die Kombination menschlicher Aktivität mit dem Erhalt natürlicher Ressourcen spiegelt sich beispielsweise im Konzept der Biosphärenreservate der UNESCO wider. In solchen Gebieten soll eine nachhaltige Entwicklung erfolgen, die auf traditionellen Landnutzungsformen basiert, welche den Wert von

Landschaften maßgeblich verursacht haben. Die extensiv genutzten Bereiche werden kombiniert mit Kernzonen, welche eine natürliche Entwicklung erfahren. Das Konzept unterscheidet sich also grundsätzlich vom Konzept der Nationalparks, in welchen der Erhalt natürlicher Ökosysteme im Vordergrund steht.

Ähnliche Konzepte werden auch auf anderer Ebene in Trockengebieten umgesetzt, wo die Abstimmung von Weidenutzung mit Naturschutzinteressen erfolgt. In wüstenartigen Regionen Mexikos integriert man Bemühungen zum Erhalt der Biodiversität mit einer extensiven Ranchnutzung. Hierdurch wird der heute als wertvoll angesehene Zustand von Landschaften konserviert und vor unkontrollierter Besiedlung und Entwicklung geschützt (Curtin et al. 2002).

In Mitteleuropa werden vergleichbare Zielsetzungen mit Landschaftspflegeverbänden, Kompensationszahlungen und Bewirtschaftungsauflagen flächenbezogen umgesetzt. Durch staatliche Unterstützung kann damit ein Erhalt von Landschaftselementen von hohem biologischem Wert erfolgen, ohne dass einzelne Schutzgebiete ausgewiesen werden müssen. Allerdings ergeben sich durchaus Probleme der Finanzierbarkeit, da es teilweise sehr aufwendig ist, traditionelle Nutzungsformen zu simulieren (z. B. Mahd mit der Sense, Niederwaldbewirtschaftung).

Die Orientierung an historischen Leitbildern ist nur bedingt sinnvoll, denn historische Landnutzungsformen liefern nicht zwangsläufig einen Beitrag zu einer hohen biotischen Vielfalt. Es müssen vielmehr neue Leitbilder entwickelt werden, welche sich nach ökologischen Kriterien richten. Historische Nutzungsformen wie beispielsweise die Streunutzung von Wäldern trugen sogar zu einer lokalen Verarmung der Vegetation bei, die man heute noch beim Vergleich ehemals streugenutzter mit nicht streugenutzten Wäldern sieht. Es kann folglich nicht zwingend „historisch" mit „gut" verknüpft werden.

Waren früher rein wirtschaftliche Interessen (Siedlung, Infrastruktur, Land- und Forstwirtschaft) ausschlaggebend für die Entstehung und die Entwicklung der Kulturlandschaft, so kommen heute ideelle Werte (Naturschutz, Erlebnis) hinzu. Die Interessenssphären des Menschen an der Landschaft haben sich also mit der Landschaft verändert. Ein positives Leitbild ist jenes der **Nachhaltigkeit** beziehungsweise der nachhaltigen Entwicklung (Abschnitt 6.4.2.4). Es ist ursprünglich der Forstwirtschaft entlehnt, die es gelernt hatte, einerseits ökologische Rahmenbedingungen zu berücksichtigen und andererseits über lange Zeiträume zu planen. Ziel ist es, die Nutzung von Ökosystemen auf eine über viele Generationen hinweg tragfähige Ebene zu bringen.

Die beschriebenen Veränderungen werden durch technische, wirtschaftliche, kommunikative sowie durch politisch-soziale Entwicklungen gesteuert. Der Zustand und die weitere Entwicklung von Landschaften werden folglich in erster Linie über die Entwicklung der menschlichen Gesellschaft bestimmt. Ein Erhalt von landschaftsökologischen Funktionen ist daher nur zu realisieren, wenn sich diesbezüglich ein gesellschaftlicher Konsens herausbildet, denn Kosten müssen gesellschaftlich getragen werden. Allerdings sind die sich ergebenden Vorteile ebenfalls gesellschaftlicher Natur. Mit der Umsetzung der Agenda 21 (http://www.oneworldweb.de/agenda21) scheint ein solcher Konsens gegeben, wenn man auch die weitere Entwicklung kritisch verfolgen muss.

# 7.2 Anthropogene Eingriffe in die biogeochemischen Kreisläufe

Stoffe werden von Individuen benötigt, aufgenommen, umgebaut und ausgeschieden. Individuen sind aber in Populationen und Ökosysteme eingebunden, daher erfolgt letztlich der Stofffluss auf der Ebene von Ökosystemen. Diese sind jedoch, wie immer wieder betont wurde, nicht isoliert, sondern auf vielfältige Weise mit angrenzenden Ökosystemen verbunden. Der Fluss von Stoffen erfolgt also über die Grenzen von Ökosystemen hinweg. Selbst die grobe Kompartimentierung der Erde in Lithosphäre, Hydrosphäre und Atmosphäre, welche die Lebensgrundlage der Biosphäre darstellen, deutet keine Grenzen für Stoffflüsse an. Es ist deshalb unumgänglich, die globale Dimension von Stoffflüssen aufzuzeigen.

Für verschiedene Elemente ergeben sich hierbei prinzipielle Gemeinsamkeiten (Abbildung 7.4). Auch wenn Wasser kein Element ist, wird es hier wegen seiner großen Bedeutung gemeinsam mit den wichtigsten Elementen behandelt. So finden sich bei fast allen Stoffen die größten Speicher in der Lithosphäre (Kohlenstoff, Phosphor, Schwefel, Sauerstoff, Wasser), bei Stickstoff hingegen in der Atmosphäre. Durch Erosion, Verwitterung oder Vulkanismus erfolgt aus der Lithosphäre ein mengenmäßig meist geringer Zufluss in die Atmosphäre oder in die Hydrosphäre. Mit diesen Depots steht die Biosphäre oft über Mikroorganismen in regem Austausch. Die Atmosphäre stellt daher für Kohlenstoff und Stickstoff die wichtigste Bezugsquelle dieser Stoffe dar (*source*), für Phosphor ist es die Hydrosphäre und Lithosphäre, für Schwefel vor allem die Lithosphäre. Kompartimente, in die Stoffe abgegeben werden und damit dem weiteren Zugriff entzogen sein können, bezeichnen wir als Senke (*sink*). Dies trifft beispielsweise für Stoffe zu, die in das Sediment verfrachtet werden und aus der Lithosphäre erst in geologischen Zeiträumen wieder freigesetzt werden.

Somit gibt es gewisse Ähnlichkeiten der biogeochemischen Zyklen bei Kohlenstoff, Sauerstoff und Wasser vor allem durch die Bedeutung von Atmosphäre und Hydrosphäre, in der diese Substanzen als Gase schnell umgesetzt werden. Schwefel und Phosphor (sowie die meisten anderen Elemente) finden sich in der Lithosphäre, sind im

**Abb. 7.4:** Prinzip des Stoffflusses zwischen Lithosphäre, Hydrosphäre, Biosphäre und Atmosphäre.

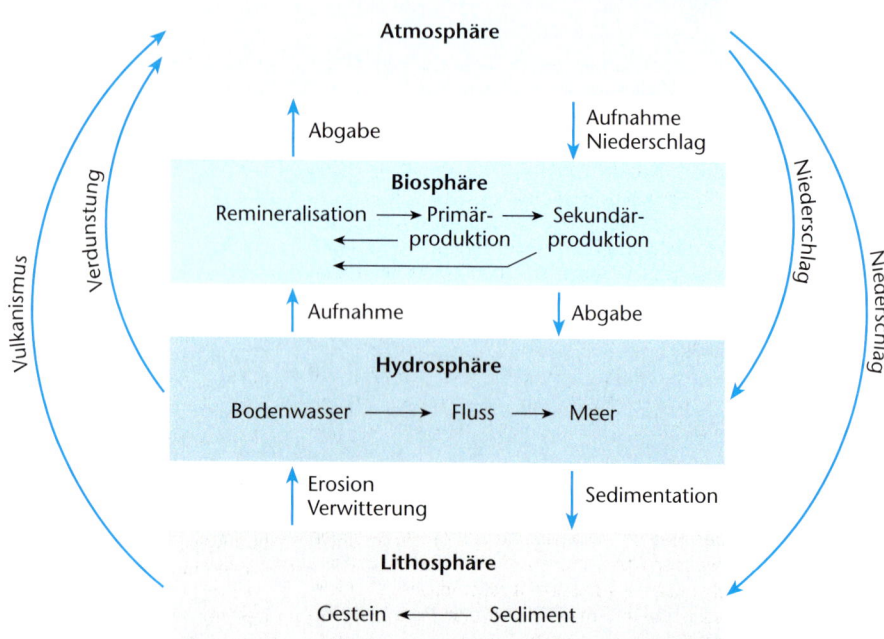

Boden wenig mobil und werden in gelöster Form in der Hydrosphäre transportiert. Stickstoff hat eine Mittelstellung, weil er durch Pflanzen aus dem Boden aufgenommen wird, sein Hauptvorrat ist jedoch in der Atmosphäre.

Wegen ihres großen Energie- und Rohstoffbedarfs greifen die Menschen auf die verschiedenen Stoffdepots zurück, fördern Stoffe und geben sie, oft in veränderter Form, in andere Depots wieder ab. Hierbei können Stoffflüsse entstehen, die die Größenordnung der natürlichen biogeochemischen Flüsse erreichen oder überschreiten. Zusätzlich kann die Konzentration von Stoffen in Kompartimenten sehr stark ansteigen ($CO_2$ in der Atmosphäre oder Stickstoff und Phosphor in der Hydrosphäre), sodass es hierdurch zu starken Effekten kommt.

## 7.2.1 Wasserhaushalt

Im Weltdurchschnitt entsprechen die mittleren Jahresniederschläge etwa 760 mm (entspricht 760 l/m²); dies führt auf dem Festland zu 110 000 km³ Niederschlag. Hiervon verdunsten etwa zwei Drittel sofort, sodass nur ca. 40 000 km³ zur Verfügung stehen (Abbildung 5.12). Da ein Teil dieser Niederschläge oberflächlich recht schnell abfließt oder fern von menschlichen Siedlungen erfolgt, können durch den Menschen nur rund 9 000 km³ effektiv genutzt werden (World Resources Institute 1992). Da zudem die Nutzungsintensität durch die Menschen sehr unterschiedlich ist, gibt es weltweit Regionen mit Wasserüberschuss bzw. Wassermangel. Anthropogene Veränderungen des Wasserkreislaufs zielen daher in erster Linie auf eine Sicherung des Bedarfs. Dies erfolgt hauptsächlich durch Spei-

cherung von Wasservorräten und Verbinden oder Umleiten von Flusssystemen.

Der durchschnittliche Pro-Kopf-Verbrauch der Weltbevölkerung mit derzeit etwa 800 m³ jährlich hatte sich in den letzten 50 Jahren annähernd verdoppelt, der Verbrauchszuwachs nähert sich jedoch einer Bedarfssättigung. Durch die absolute Bevölkerungszunahme nimmt aber die verbrauchte Wassermenge jährlich weiter deutlich zu und umfasst global mit fast 5 000 km³ derzeit bereits mehr als die Hälfte des überhaupt verfügbaren Wassers. Weltweit entfallen 8 % der genutzten Menge auf Haushalte, 23 % auf die Industrie und 69 % auf die Landwirtschaft. Das in Haushalt und Industrie verbrauchte Wasser fließt fast vollständig wieder in Gewässer zurück, das in der Landwirtschaft verwendete Wasser wegen der Verdunstungsverluste nur zu einem Viertel. Insgesamt fließen nur 40 % des entnommenen Wassers zurück, meist mit Schadstoffen belastet. Diese qualitativen Aspekte der Gewässernutzung sind in den Abschnitten 7.2.3 bis 7.2.5 behandelt.

Um eine quantitativ genügende Wasserversorgung zu gewährleisten, wird auf vielfältige Weise in den Wasserkreislauf eingegriffen, oftmals ohne Rücksicht auf die Verfügbarkeit der Ressource Wasser und daher oft mit gravierenden Folgen:

- Starke Grundwasserentnahme (meist für Bewässerungszwecke oder zum Tränken von Viehherden) führt zu einem Absinken des **Grundwasserspiegels** und zu Landsenkungen. In vielen Regionen Indiens, Chinas, Mexikos, Japans oder des kalifornischen San Joaquin-Tales sank das Grundwasser um viele Meter. Die Folge waren Oberflächensenkungen. In küstennahen Berei-

## Kasten 7.1: Die Zerstörung des Aralsees

Der zentralasiatische Aralsee, heute auf dem Territorium von Kasachstan und Usbekistan, wird seit den Tagen der Sowjetunion intensiv genutzt. Wasser aus seinen beiden Zuflüssen Amu-Darja und Syr-Darja wird in großem Umfang für künstliche **Bewässerung** eingesetzt, denn die umliegenden Böden sind, wenn genug Wasser verfügbar ist, sehr fruchtbar. Seit 1960 wurde der exportorientierte Bewässerungsanbau von Baumwolle und Reis stark ausgeweitet, sodass immer mehr Wasser dem See und seinen Zuflüssen entzogen wurde. Seitdem übertreffen Wasserentnahme und Verdunstung den Zufluss, sodass die Seefläche kontinuierlich zurückgeht (Abbildung a). Innerhalb von 40 Jahren nahm die Fläche des ehemals viertgrößten Sees der Welt auf 40 % der ursprünglichen Fläche ab, das Wasservolumen gar auf 16 %. Gleichzeitig stieg die bewässerte Fläche auf 8 Millionen ha an.

In dem immer kleiner werdenden See konzentrieren sich Salze, Dünger, bedenkenlos eingesetzte Biozide sowie alle Abwässer dieser Region. Der Salzgehalt hat inzwischen den von Meerwasser überschritten (Abbildung b), sodass die ursprünglich reiche Fischfauna ausgestorben ist. Hierdurch wurde auch der ehemals blühenden Fischindustrie (Erträge von 44 000 t jährlich) die Basis entzogen. Die regelmäßigen starken Winde verfrachten Salz und Sand aus dem trocken gefallenen Seebereich in angrenzendes Kulturland, sodass es zu großräumiger Versalzung und zu Verwehungen kommt. Die nutzbaren Flächen und die Flächenerträge nehmen ab. Bei der lokalen Bevölkerung nehmen Krankheiten wie Typhus und Cholera und allgemein die Kindersterblichkeit zu.

Noch zu Sowjetzeiten sah der **Dawydow-Plan** vor, sibirische Flüsse mit einem 2 500 km langen Kanal nach Süden umzuleiten, um die Wasserknappheit in den zentralasiatischen Steppen zu beheben. Dies hätte sich wahrscheinlich auf das Klima weiter Bereiche Nordsibiriens und des Nordmeeres ausgewirkt. Aus technischen, finanziellen und vielleicht auch ökologischen Gründen wurde dieses Projekt jedoch nicht durchgeführt.

Hilfe für den Aralsee ist schwierig. Ein Großteil der Fauna und Flora des ökologisch bemerkenswerten Deltabereichs ist bereits verschwunden, der See ist tot. Sicherlich müssten die landwirtschaftliche Nutzung reduziert und der Einsatz von Agrochemikalien massiv verringert werden. Derzeit verdunsten und versickern im völlig maroden Bewässerungssystem 80 % des Wassers ungenutzt. Der Region aber fehlen die Mittel für die erforderlichen Investitionen. Nach www.dfd.dlr.de/app/land/aralsee/.

**Abb.:** a) Veränderung des Aralsees 1960, 1990, 2010. b) Veränderung von Fläche, Volumen und Salinität des Aralsees. Die Daten von 2010 beruhen auf einer Hochrechnung.

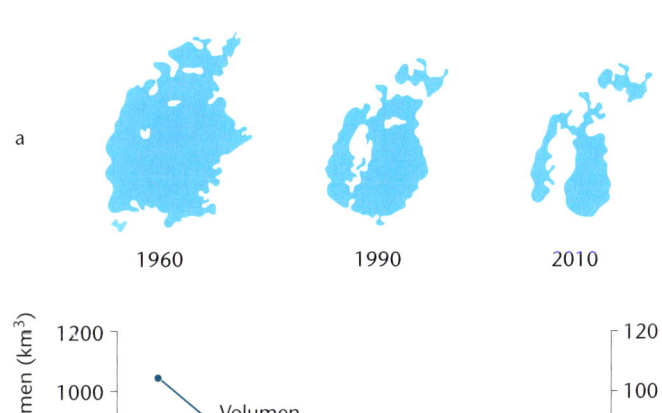

a

1960          1990          2010

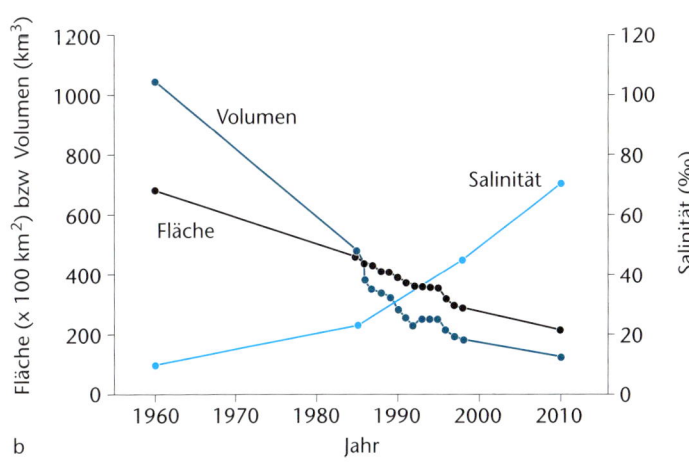

b

chen dringt auch Salzwasser in die abgepumpten Grundwasser führenden Schichten ein.

- Lokaler Wassermangel wird oft auch durch übermäßige Entnahme von Wasser aus entfernten Seen oder Gewässern und durch **Fernleitung** von Wasser zu beheben versucht. In Deutschland beziehen viele Großstädte ihr Trinkwasser aus dem Uferfiltrat von Flüssen, aus entfernten Seen (z. B. aus dem Bodensee) oder aus Grundwasservorkommen. Für Peking wurde ein 1200 km langer Versorgungskanal vom Yangtse bei Shanghai gebaut.
- Zur Bewässerung der eigentlich fruchtbaren Steppenbereiche um den Aralsee wurden seine Zuflüsse Syr-Darja und Amu-Darja so stark genutzt, dass der Wasserspiegel des Aralsees seit Jahrzehnten kontinuierlich sinkt und der See auszutrocknen droht (Kasten 7.1).

Ein ähnliches Projekt der Türkei ist das Südanatolienprojekt, welches für die Bewässerung großer Bereiche in der Türkei den Euphrat abriegelt. Für die flussabwärts gelegenen Staaten Syrien und Irak ergeben sich große Nachteile, da ihnen nun bedeutend weniger Wasser für ihre eigene Landwirtschaft zur Verfügung steht. In ähnlicher Weise gibt es Differenzen zwischen Israel und seinen Nachbarstaaten über

die Nutzung gemeinsamer Flüsse, oder zwischen Bangladesch und Indien, welches in der Trockenzeit so viel Wasser aus Brahmaputra und Ganges abzapft, dass die großen Flüsse Bangladeschs trocken fallen. Wassernutzung kann also aggressiv erfolgen und wurde öfters mit dem Einsatz einer Waffe verglichen.

Wenn landwirtschaftliche Kulturen künstlich bewässert werden, wird wegen Wassermangel oft zu sparsam bewässert, sodass Wasser auf der Ackeroberfläche verdunstet und eine Salzkruste zurückbleibt. Bei einem Salzgehalt von 0,3 % und 10 000 m³ Wasser pro Hektar können sich jährlich bis zu 30 t Salz pro Hektar ablagern. Mittelfristig führt daher eine ungenügende Bewässerung zu einer **Versalzung** der Fläche, sodass keine Kulturpflanzen mehr angebaut werden können. Ähnlich problematisch sind Tiefbohrungen, welche **fossiles Wasser** fördern. Hierunter verstehen wir Wasservorräte, die in einem Grundwasserleiter während einer früheren geologischen Periode und unter anderen als den gegenwärtigen klimatischen und morphologischen Verhältnissen einsickerten und seit dieser Zeit gespeichert sind. Diese Wasservorräte regenerieren sich also durch das aktuelle Klimageschehen nicht.

---

## Kasten 7.2:     Hochwasser am Rhein

Besiedlung und Nutzung der Umgebung von Gewässern war von jeher mit einer intensiven Umgestaltung der Landschaft verbunden. Feuchtgebiete wurden entwässert, Flussläufe begradigt und Ufer durch Dämme begrenzt. Bevölkerung und Kulturlandschaft wurden vor Hochwasser geschützt, gleichzeitig wurde die natürliche Dynamik der Flüsse stark eingeschränkt.

Die Auswirkungen dieses umfassenden Eingriffs in den Wasserhaushalt einer ganzen Region lassen sich gut am Beispiel der **Rheinbegradigung** aufzeigen. 1817 begann der badische Wasserbauingenieur Johann Gottfried Tulla mit dem Umbau des Rheins von einem durch eine breite Auenlandschaft mäandrierenden und in viele Seitenflüsse aufgespaltenen Flusssystem zu einem Schifffahrtskanal (Abbildung a, b, c). Diese Arbeiten wurden 1872 abgeschlossen. Die Flussstrecke wurde um ein Viertel verkürzt, Gefälle und Tiefenerosion verstärkten sich. Für das Flussbett waren nur noch 200–300 m vorgesehen, sodass sich der Fluss stellenweise 6–8 m tief eingrub. Diese Maßnahmen führten zwar einerseits zur Gewinnung von neuem Ackerland und Siedlungsflächen, andererseits ließ diese Grundwasserabsenkung aber große, ehemals feuchte Lebensräume trocken fallen, sodass viele Landschaften einen steppenartigen Charakter annahmen.

Die Hochwassergefahr wurde durch die Eindeichungen nicht gebannt, sondern verlagert und verschärft. Dem Flusssystem waren durch die Begradigung gewaltige Flächen entzogen worden, die bei ansteigendem Wasserspiegel nicht mehr als **Rückhaltebecken** dienen konnten. Hochwasser wurde daher am Rhein ein Dauerthema. In Köln, wo der Pegel normalerweise unter 3 m liegt, ereigneten sich die „Jahrhunderthochwasser" mit einem Pegel von über 10 m in immer dichteren Abständen: 1926 (höchster Pegelstand 10,69

m), 1948 (10,41 m), 1993 (10,63 m), 1995 (10,69 m). In fast jedem folgenden Jahr stieg der Pegel über 8 m.

**Volkswirtschaftlich** sind solche Hochwässer eine Katastrophe; so verursachten das Weihnachtshochwasser 1993 und das Januarhochwasser 1995 am Rhein jeweils Schäden in Milliardenhöhe. Die Regelmäßigkeit der Ereignisse und die recht klare Ursachensituation führten zu einer zunehmend intensiven Diskussion mit dem Ziel einer nachhaltigen Korrektur der „Sünden der Vergangenheit". Das außergewöhnliche Hochwasserereignis vom Januar 1995 veranlasste schließlich die Umweltminister Frankreichs, Deutschlands, Belgiens, Luxemburgs und der Niederlande im Einvernehmen mit der Europäischen Kommission und der Schweiz, Maßnahmen zu ergreifen, um sobald wie möglich die mit Hochwasser verbundenen Risiken zu verringern. In ihrer **Erklärung von Arles** vom 4. 2. 1995 halten es die Umweltminister für nicht hinnehmbar, dass durch Hochwasserereignisse so schwer wiegende Risiken für das Leben und das Eigentum von Menschen und für die Umwelt einhergehen.

Einzelne Flussgebietskommissionen für Rhein, Saar/Mosel und Maas wurden beauftragt, Hochwasseraktionspläne aufzustellen. Die Erklärung von Arles betont, dass nicht nur Maßnahmen der Wasserwirtschaft und ökologische Verbesserung des Rheins und seiner Auen erforderlich sind, sondern auch auf dem Gebiet der Raumordnung und Bodennutzung, z. B. in Bezug auf die Land- und Forstwirtschaft, die Siedlungsentwicklung und Erholungsnutzung. Die für 1998–2020 geplanten Maßnahmen sehen daher im **„Aktionsplan Hochwasser"** Renaturierungen, Reaktivierung von Überschwemmungsgebieten, Extensivierung der Landwirtschaft, Naturentwicklung, Aufforstungen, Entsiegelungen, technische Hochwasserrückhaltungen, hochwasserangepasste Nutzungen und vieles mehr vor. Überschwemmungsgebiete sollen die Hochwasserspitzen brechen, indem auf ihnen Teile der Wassermassen für begrenzte Zeit zwischengelagert werden. In Frankreich sind zwei solcher Gebiete mit zusammen 11 Millionen m³ Wasservolumen geplant, in Rheinland-Pfalz fünf Becken von 30 Millionen m³ und in Baden-Württemberg 13 Rückhaltebecken von rund 168 Millionen m³. Die Gesamtkosten dieses Aktionsplanes belaufen sich auf über zwölf Milliarden Euro.

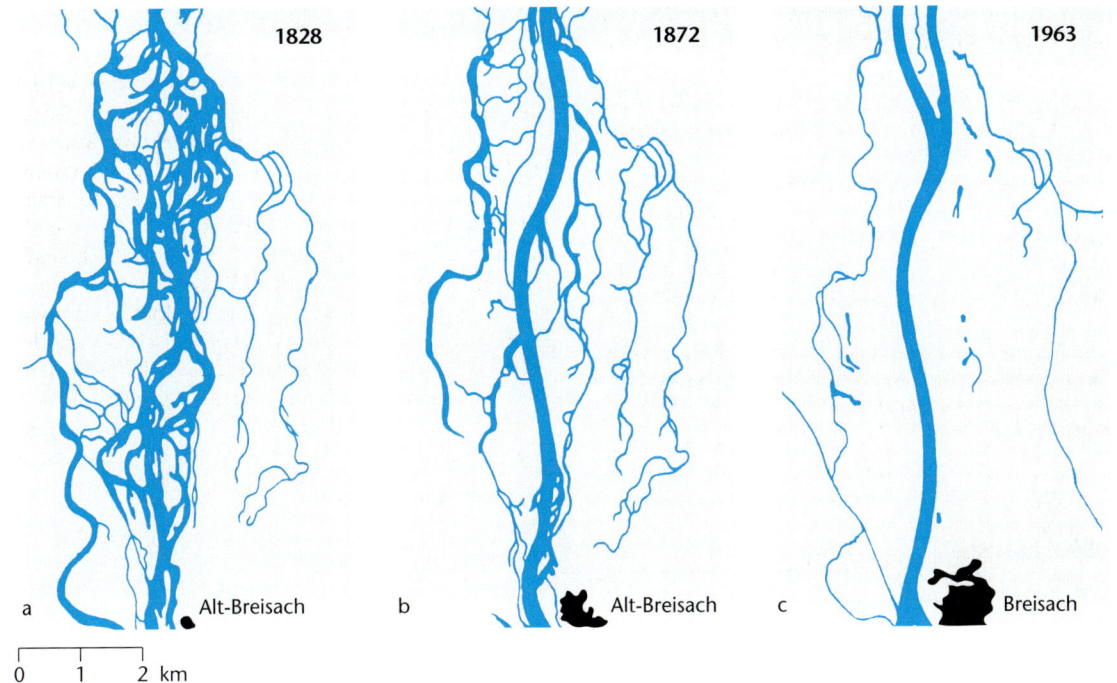

**Abb.:** a) Zustand des Rheins bei Breisach um 1828. b) Veränderung durch die von Tulla begonnenen Begradigungsmaßnahmen des Rheins bis 1872. c) Weitere Korrekturen des Flusslaufs bis 1963.

Ihre Entnahme ist nur auf Zeit möglich und somit nicht nachhaltig.

Die komplexen Folgen von Staudämmen und Bewässerungslandwirtschaft sind oft erst nach Jahrzehnten absehbar. Eines der ältesten Großprojekte ist der 1971 fertig gestellte **Assuan-Staudamm**, der den Nil auf über 500 km aufstaut. Hierdurch weist der Fluss eine konstantere Wasserführung auf, und es treten keine großräumigen Überflutungen mehr auf. Gewaltige Flächen können künstlich bewässert werden, eine bedeutende Fischereiwirtschaft etablierte sich im Stausee, und die Stromproduktion förderte Elektrifizierung und Industrialisierung des ganzen Landes. Nachteilig wirkt sich der große Landverbrauch für den Stausee aus (fruchtbare Äcker, Siedlungsflächen, Kulturdenkmäler wurden geflutet), die zunehmende Verfüllung des Sees durch den Nilschlamm, der Mangel an Sediment auf den ägyptischen Feldern und die hierdurch erforderliche Intensivierung der Düngung. Gleichzeitig wurden diese Sedimente auch dem östlichen Mittelmeer vorenthalten, sodass dort der Fischereiertrag stark zurückging. Im Stausee und in den Bewässerungskanälen breiteten sich Wasserpflanzen aus, und die hierdurch begünstigten Wasserschnecken führten zu einer massiven Ausbreitung der Bilharziose, der sie als Zwischenwirt die-nen. Die Folgen auch lokaler menschlicher Eingriffe in den Wasserhaushalt wirken sich also oftmals überregional aus und können sehr vielschichtig sein.

Viele **Landnutzungsänderungen** führen langfristig zu Effekten, die für sich betrachtet wenig dramatisch aussehen, langfristig oder in der Summe aber nachteilig enden können. Wenn Niederschläge nicht durch Verdunstung über entfernten Gebieten entstehen, entspricht ihre Menge direkt der Menge lokal vorhandenen Wassers. Jeder Eingriff in den Wasserhaushalt führt daher zur Verringerung von Niederschlägen. Steppengebiete sind besonders anfällig gegenüber solchen Veränderungen und können zu Wüsten werden (Abschnitt 7.3.1). Ähnliches gilt für Tropenwälder. Umfassende Rodungen verringern die Vegetationsoberfläche und somit die Evapotranspiration, sodass es zu verringerten Niederschlägen kommt. Rodungen führen auch zu einer Verringerung des Anteiles der reflektierten Strahlung (Albedo, Abschnitt 2.2.2.1), sodass über eine verstärkte Oberflächenaufheizung die Austrocknung weiter gefördert wird.

Landnutzungsänderungen können auch zu einer Vernässung führen. Wenn es trotz großflächiger Waldrodungen bei hohen Niederschlägen bleibt, weil diese durch Verdunstung über nahen Meeresflächen entstehen, so können die waldlosen Lebensräume diese großen Wassermassen deutlich schlechter aufnehmen als zuvor der Wald. Wie in vielen Regionen Irlands und Schottlands geschehen, bilden sich ausgedehnte Feuchtgebiete und Moore, die ihrerseits keinen Wald mehr aufkommen lassen. Aufforstungen mit der Sitkafichte (*Picea sitchensis*) wurden daher in den letzten Jahren eingestellt, allerdings gibt es punktuell spontane Waldneubildung mit Birke (*Betula pubescens*).

Die Umgestaltung der menschlichen Umwelt zur Kulturlandschaft ist in der Regel mit einer Begradigung von Fließgewässern, Trockenlegung von Feuchtgebieten und Verbauung von Uferbereichen verbunden. Hierdurch werden einerseits zwar Gewässer besser in die menschliche Verkehrs- und Siedlungsinfrastruktur integriert, andererseits sinkt ihr Wert als Naturlebensraum bedenklich und die Biodiversität nimmt ab. In jedem Fall wird aber die Wasserspeicherfähigkeit solcher Lebensräume reduziert und der Wasserabfluss beschleunigt.

Die durch den Menschen verursachte globale Klimaveränderung (Abschnitt 7.3) ist ebenfalls eng mit Veränderungen des Wasserhaushalts verbunden. Die Temperaturerhöhung führt zum Abschmelzen von Gletschereis und von Eis der polaren Eiskappen, zur Ausdehnung des Wasserkörpers (Anstieg des Meeresspiegels), zu einer erhöhten Verdunstungs- und Niederschlagsrate und (in Verbindung mit der oben beschriebenen Landnutzungsänderung bzw. Umgestaltung zur Kulturlandschaft) zu einem

**Tab. 7.3:** $CO_2$-Emission von fossilen Energieträgern. Nach Fritsch (1993).

| | kg $CO_2$/KWh$^{-1}$ Heizwert |
|---|---|
| Steinkohle | 0,33 |
| Braunkohle | 0,40 |
| Erdöl | 0,29 |
| Erdgas | 0,19 |

beschleunigten Wasserabfluss. Hieraus ergibt sich eine erhöhte Hochwassergefährdung vieler dicht besiedelter menschlicher Kulturlandschaften, was immer öfter zu gewaltigen Schäden führen wird (Kasten 7.2).

Die Kombination von Landnutzungsänderung und vermehrten Niederschlägen oder beschleunigtem Wasserabfluss führt auch zu einer erhöhten **Erosion**. Dieser Abtrag des Oberbodens ist im Prinzip ein natürlicher Vorgang, kann jedoch durch die erwähnten anthropogenen Eingriffe Dimensionen erreichen, die zur Zerstörung des Lebensraumes und seiner Nutzungsmöglichkeit führen. Der Mississippi transportiert derzeit täglich über eine Millionen Tonnen Bodens aus seinem Einzugsgebiet ab und deponiert ihn im Unterlauf, im Mündungsdelta und im Golf von Mexiko. Der Huang Ho („Gelber Fluss") in

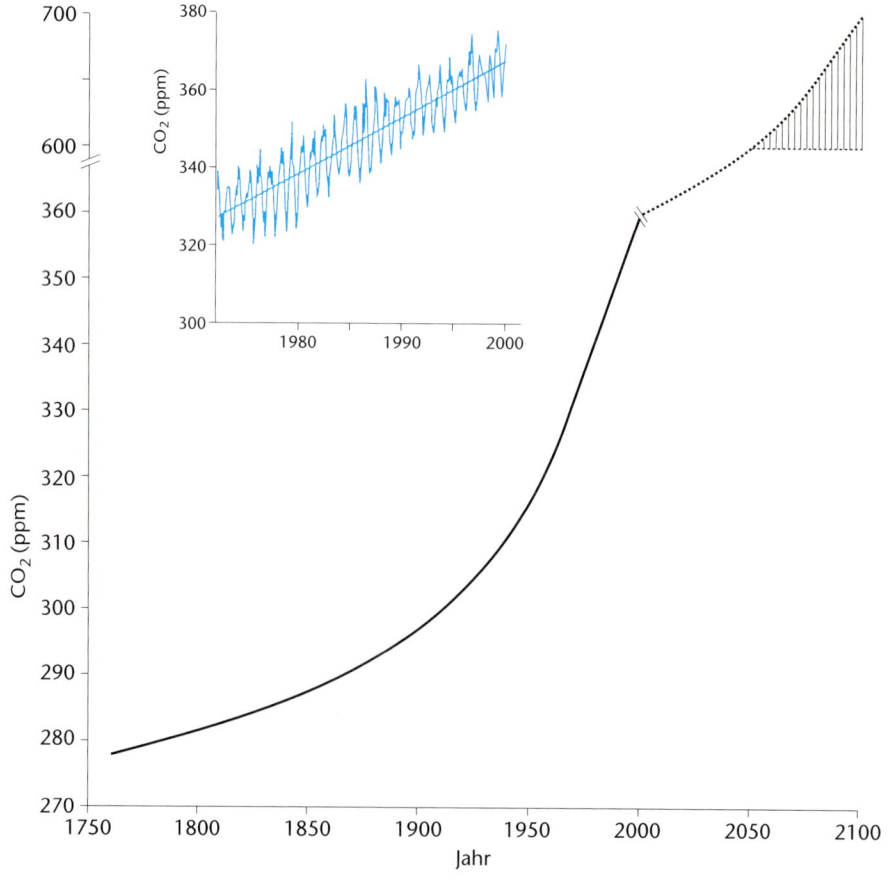

**Abb. 7.5:** Zunahme der $CO_2$-Konzentration in der Atmosphäre mit Extrapolation bis 2100. Die untere und obere Linie des Extrapolationsbereichs deutet die Spannbreite möglicher Szenarien an. Im Jahresverlauf ergibt sich eine zyklische Veränderung des $CO_2$-Gehaltes der Atmosphäre, der fast nur auf die Nordhemisphäre zurückzuführen ist. Sie hat einen größeren Landanteil und riesige Waldgebiete (vor allem durch die Taiga), die sehr saisonal wachsen. Verändert nach Boden et al. (1990), Umweltbundesamt (2002).

China transportiert täglich etwa die dreifache Fracht in den Ozean.

## 7.2.2 Kohlenstoff

Wie in Abschnitt 5.2.2.2 dargestellt, bildete tote Biomasse unter bestimmten Bedingungen Kohlenstoffdepots, aus denen seit dem Karbon, vor 350 Millionen Jahren, Steinkohle, Braunkohle, Erdöl und Erdgas entstanden sind. Wegen ihrer heutigen Nutzung fasst man diese Kohlenstoffverbindungen als **fossile Energieträger** zusammen. Vor allem durch die Nutzung dieser Ressourcen greift der Mensch direkt in den globalen Kohlenstoffhaushalt ein. Mit zunehmender Industrialisierung und vermehrt seit dem 19. Jahrhundert werden fossile Energieträger gefördert und zur Energiegewinnung verbrannt. Hierbei wird der Kohlenstoff, welcher seit mehreren Millionen Jahren nicht mehr in der Atmosphäre war, als **$CO_2$** frei (Tabelle 7.3). Als weitere wichtige Ursache für den aktuellen $CO_2$-Anstieg in der Atmosphäre gelten die großflächigen Rodungen in den Tropenwäldern der Erde, welche für eine erhoffte landwirtschaftliche Nutzung durchgeführt werden. Hierdurch wird einerseits die Größe des aktuellen Biomassespeichers reduziert und die zukünftige $CO_2$-Aufnahme verringert, andererseits wird zusätzlich das in den Wäldern gebundene $CO_2$ schnell freigesetzt. Beide Prozesse bewirken, dass sich der $CO_2$-Gehalt der Atmosphäre kontinuierlich erhöht.

In der Kreidezeit (vor 100 Millionen Jahren) sank die $CO_2$-Konzentration der Atmosphäre auf sehr niedrige Werte. Daher entstanden damals die $C_4$-Pflanzen. Die $CO_2$-Konzentration erhöhte sich anschließend wieder, aber genauere Daten liegen erst für die letzten 500 000 Jahre der Eiszeit vor, in der der $CO_2$-Pegel zwischen 190 und 290 ppm schwankte.

1750, mit Beginn der Industrialisierung, betrug er knapp 280 ppm, 1950 waren es bereits 310 ppm, und im Jahr 2000 wurde bei jährlichen Zuwachsraten von etwa 1,5 ppm 370 ppm überschritten. Dieser jährliche Zuwachs entspricht etwa sechs bis sieben Milliarden Tonnen Kohlenstoff, von denen fünf Milliarden durch die Verbrennung fossiler Energieträger (überwiegend in den Industriestaaten) und eine Milliarde durch die veränderte Landnutzung (vorwiegend in den Entwicklungsländern) freigesetzt werden. Obwohl dies zusammen nur 6 % der etwa 100 Milliarden Tonnen Kohlenstoff ausmacht, welche die Biosphäre jährlich durch Respiration freisetzt, ergeben sich, wie wir inzwischen mit ziemlicher Gewissheit wissen, aus diesem anthropogenen Eingriff in den globalen Kohlenstoffkreislauf zunehmend problematische Auswirkungen auf Klima und Biosphäre. Wenn dieser Trend anhält, muss bis gegen Ende des 21. Jahrhunderts mit einer Verdopplung des $CO_2$-Gehalts in der Atmosphäre (600–700 ppm) gerechnet werden (Abbildung 7.5).

Exponiert man Pflanzen kurzfristig einer erhöhten $CO_2$-Konzentration, so reagieren sie mit einer erhöhten Photosynthese. $C_3$ Pflanzen können hiervon besonders pro-

fitieren, kaum hingegen die an niedrige $CO_2$-Gehalte angepassten $C_4$-Pflanzen (Abschnitt 2.2.3.3). Da eine Erhöhung der $CO_2$-Konzentration eine gängige Technik zur Produktionssteigerung in geschlossenen Gewächshäusern ist („$CO_2$-Düngung"), wird oft angenommen, dass die Zunahme des atmosphärischen $CO_2$-Gehalts zu einer Steigerung der Produktivität der Pflanzen führen wird. Tiere sind nicht direkt von den hier zur Diskussion stehenden Erhöhungen der $CO_2$-Konzentration in der Atmosphäre betroffen, indirekt aber recht stark. Denn in Anbetracht der Produktivitätssteigerung der Pflanzen durch mehr verfügbaren Kohlenstoff übersieht man gerne, dass Pflanzen neben Kohlenstoff eine Reihe weiterer Elemente benötigen, die für die erhöhte Produktion nicht zwangsläufig in gleichem Umfang zur Verfügung stehen. Die Qualität der pflanzlichen Biomasse wird sich also möglicherweise deutlich verändern. Wenn beispielsweise Stickstoff limitierend ist, wird das Pflanzengewebe generell einen niedrigeren Stickstoffgehalt aufweisen, etwa einen geringeren Proteingehalt. Herbivoren müssten dann entsprechend mehr fressen, und die Pflanzen könnten durch diesen erhöhten Herbivorendruck gezwungen sein, mehr in ihre Verteidigung zu investieren. Statt einer generellen Produktivitätssteigerung um paradiesische 20 %, wie teilweise schon erfreut prognostiziert wurde, ist also eher mit einem sich neu einspielenden Gleichgewicht zu rechnen, das aber möglicherweise qualitativ ungünstiger sein wird (Körner 2000).

Die Erhöhung des $CO_2$-Gehalts der Atmosphäre kann sicherlich durch reduzierte $CO_2$-Emission (Kasten 7.3) und größere Biomassevorräte (etwa durch die Aufforstungen der letzten Jahrzehnte auf der Nordhalbkugel) kompensiert werden. Dies erfolgt möglicherweise in einer Größenordnung von ca. $2 \times 10^9$ t C. Zu einem beträchtlichen Teil wird $CO_2$ auch von den Weltmeeren absorbiert (jährlich ca. $2 \times 10^9$ t C), die rein physikalisch in einem Lösungsgleichgewicht mit der Atmosphäre stehen und denen so eine wichtige Pufferfunktion zukommt. Dennoch bleibt derzeit netto ein Anstieg der atmosphärischen $CO_2$-Konzentration von etwa 1,5 ppm jährlich (ca. $3 \times 10^9$ t C), welcher die Hauptursache für eine Verstärkung des

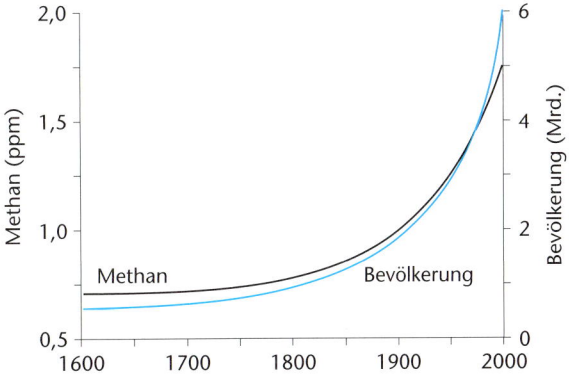

**Abb. 7.6:** Zunahme der Methankonzentration in der Atmosphäre im Vergleich zur Bevölkerungsentwicklung der Welt. Ergänzt nach Schönwiese und Diekmann (1989).

Treibhauseffekts unserer Erde ist. Über die klimatischen Veränderungen, die dies mit sich bringt, aber auch über den direkten Einfluss von $CO_2$ auf die Pflanzen werden die Lebensbedingungen der gesamten Biosphäre beeinflusst. Wegen der großen Geschwindigkeit dieser Veränderungen dürfte dieser anthropogene Eingriff in den Kohlenstoffkreislauf zu schwer wiegenden Umweltproblemen führen (Abschnitt 7.3).

**Methan** ($CH_4$) entsteht natürlicherweise durch den anaeroben Abbau organischer Substanz, also etwa durch Bakterientätigkeit in Sumpfgebieten, im Verdauungstrakt von Paarhufern und in Termitenstaaten. Der Methangehalt der Atmosphäre hat sich in den letzten 300 Jahren mehr als verdoppelt und nimmt weiterhin stark zu (Abbildung 7.6). Dieser Anstieg ist zur Hälfte durch die Zunahme von Sumpfgebieten (Reiskulturen und Bewässerungsanbau allgemein) und **Rinderhaltung** (weltweit gibt es über 1,2 Milliarden Rinder, von denen jedes täglich 300 g Methan freisetzt) verursacht, zur anderen Hälfte durch Deponien, Kläranlagen, Kohlebergwerke, durch die Erdgasindustrie und durch Verbrennungsprozesse (Abbildung 7.7). Methan verweilt durchschnittlich etwa zehn Jahre in der Tro-

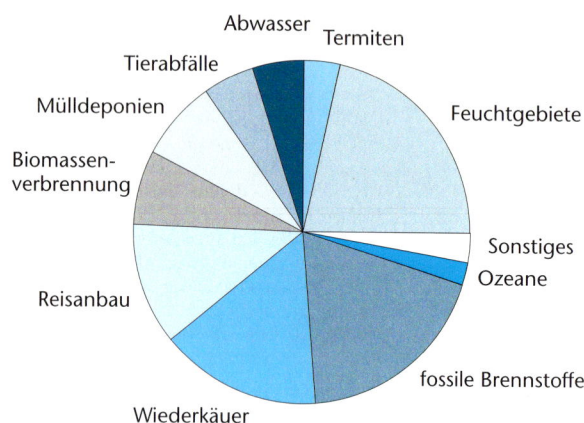

**Abb. 7.7:** Herkunft des atmosphärischen Methans.

posphäre und wird dann in einer Reaktion mit $OH^-$-Radi-Radikalen zu CO, $CO_2$ und $H_2$ abgebaut. Trotz seiner geringen Konzentration von derzeit knapp 2 ppm kommt Methan eine wichtige Rolle als Treibhausgas zu, da sein

---

**Kasten 7.3:**     **Das Kyoto-Protokoll**

Anlässlich der Konferenz der Vereinten Nationen für Umwelt und Entwicklung 1992 in Rio de Janeiro wurde die Klimarahmenkonvention verabschiedet, welche 1997 zur Verhandlung des Kyoto-Protokolls führte. Hierin wird verbindlich geregelt, wie die Emissionen der sechs wichtigsten **Treibhausgase** ($CO_2$, $CH_4$, $N_2O$ und bestimmte Gruppen von Fluor-Chlor-Kohlenwasserstoffe = FCKWs) von 2008 bis 2012 durchschnittlich um etwa 5 % unter das Niveau von 1990 gesenkt werden sollen. Für 30 Staaten (u. a. EU, USA, Japan, Russland, also überwiegend Industriestaaten) sind z. T. individuelle Quoten festgelegt (Annex-I-Staaten), die anderen Staaten (z. B. Indien und China) sind keine Verpflichtungen eingegangen. Deutschland verpflichtete sich beispielsweise für eine Reduktion um 21 %, die EU um 8 %.

Das Kyoto-Protokoll sieht eine Reihe von Möglichkeiten vor, mit denen das Ziel einer globalen **Senkung** der klimawirksamen Emissionen erreicht werden soll:

- Technische Maßnahmen zur Abgasminderung z. B. in den Bereichen Energiewirtschaft, Verkehr, Industrie, Landwirtschaft und Abfallbehandlung. Zentrale Maßnahmen sind alle Anstrengungen, Energie zu sparen (Reduktion der Verluste, Steigerung des Wirkungsgrades) und fossile Energieträger durch erneuerbare zu ersetzen.
- Förderung biologischer Senken durch Aufforstung bzw. Vermeidung von Rodungen.
- Handel von Emissionszertifikaten, durch die ein finanzieller Anreiz geschaffen wird, Emissionen zu reduzieren und den Quotenüberschuss an andere zu verkaufen, die noch keine Emissionssenkung erzielen konnten.
- Projekte von Industriestaaten in Entwicklungsländern zur Emissionsreduktion, die von einem Industrieland bezahlt und ihm vergütet werden, aber auch dem Entwicklungsland zugute kommen (*clean development mechanism*).

Zum grössten Problembereich des Kyoto-Protokolls gehört die Definition von Wäldern. Dies führte dazu, dass sich nicht nur die Interessen von **Industriestaaten** und **Entwicklungsländern,** sondern auch die von waldreichen und waldarmen Ländern gegenüberstehen. So werden naturbelassene Primärwälder nicht als Kohlenstoffsenken angerechnet, ihre Rodung wird nicht als Emission betrachtet, die anschließende Aufforstung als Plantage ist jedoch eine anrechenbare Aufforstung. Somit entsteht ein erhöhter Umnutzungsdruck auf tropische Regenwälder, und standortfremde Holzplantagen werden gefördert. Der Nichteinbezug der Entwicklungsländer ist ebenfalls kritisch. Brasilien (mit den größten Waldreserven) und China (bevölkerungsreichster Staat mit der höchsten Emission unter den Entwicklungsländern) sind keinerlei Verpflichtungen eingegangen. In den Entwicklungsländern wird daher der Druck auf Naturwälder verstärkt werden. Diese werden dann überwiegend zur landwirtschaftlichen Nutzung transformiert, die jedoch größtenteils nicht nachhaltig sein wird. Es ist bereits absehbar, dass innerhalb weniger Jahrzehnte degradierte Böden übrig bleiben werden, die dann möglicherweise den Industriestaaten im Rahmen des *clean development mechanism* zur Aufforstung angeboten werden.

Bis 2003 hatten rund 100 Staaten das Kyoto-Protokoll ratifiziert. Die USA haben nach anfänglicher Verhandlung ihre Mitarbeit aus innenpolitischen Gründen abgesagt. Es sei jedoch auch erwähnt, dass das Kyoto-Protokoll den ersten ernsthaften, weltumspannenden Versuch darstellt, die klimarelevanten Emissionen zu reduzieren. Erste Versuche in einzelnen Ländern sind ermutigend. Wenn diese auch durch Fehlverhalten oder Nichteinbezug anderer Länder möglicherweise wieder kompensiert werden, zeichnet sich derzeit keine Alternative zur dringend notwendigen Reduktion der Emissionen ab.

Treibhauseffekt 30-mal höher ist als der von $CO_2$. Es trägt somit 15–20 % zum Treibhauseffekt bei.

Die Methanemission könnte drastisch reduziert werden. Verbesserte Bewässerungstechniken, besonders geeignete Reissorten bzw. Anbaumethoden (Sass und Cicerone 2002) und eine bessere Ernährung der Rinder können die jeweiligen $CH_4$-Emmissionen senken. Viele Förder- und Verteileranlagen wie etwa die maroden russischen Erdgaspipelines und viele Raffinerien bieten darüber hinaus ein großes Potenzial. In Deutschland konnte die Methanemission zwischen 1990 und 2000 von 5,2 auf 2,9 Millionen t gesenkt werden. Dieser Rückgang um 45 % wurde durch die rückläufige Kohleförderung, Verringerung der Tierbestände, verstärktes Recycling von Abfall, Sanierung des Gasverteilnetzes und Optimierung von Feuerungsanlagen erzielt (Umweltbundesamt 2002).

## 7.2.3 Stickstoff

Menschliche Eingriffe in den Stickstoffhaushalt erfolgen vor allem durch das Verbrennen fossiler Energieträger, welches Stickstoffverbindungen in die Atmosphäre freisetzt, durch die Düngung in der Landwirtschaft, welche eine Stickstoffbelastung vor allem der Hydrosphäre und Atmosphäre bewirkt, sowie durch den gezielten Anbau von Stickstoff fixierenden Nutzpflanzen (Leguminosen). Hierdurch erreicht die Größenordnung des anthropogenen Stickstoffumsatzes die natürliche Rate der Stickstofffixierung (Abbildung 7.8).

Bei der Verbrennung **fossiler Energieträger** entweicht der in ihnen enthaltene Stickstoff gasförmig in oxidierter Form, die auch als $NO_x$ bezeichnet wird. Zudem entsteht $N_2O$ durch den mikrobiellen Abbau von mineralischem Dünger. Als weitere reduzierte Stickstoffverbindung wird Ammoniak ($NH_4^+$) in großem Umfang in die Atmosphäre abgegeben. Es wird vor allem bei Massentierhaltung (Gülle, Stallmist) frei, aber auch in Kläranlagen oder industriellen Prozessen.

Die Gase Stickstoffmonoxid (NO) und Stickstoffdioxid ($NO_2$) werden unter dem Begriff $NO_x$ (Stickoxide) zusammengefasst. Bei allen Verbrennungsvorgängen entstehen Stickoxide ($NO_x$) als Verbindung zwischen dem Stickstoff der Luft und Sauerstoff, aber auch durch Oxidation von stickstoffhaltigen Verbindungen, die im Brennstoff enthalten sind. Insgesamt sind neun Stickoxide bekannt, drei der Formel $NO_x$ und sechs der Formel $N_2O_x$.

Stickoxide in der Atmosphäre sind die Hauptursache für den Sommersmog. Hierbei entsteht bei intensiver Sonneneinstrahlung Peroxiacetylnitrat (PAN, $CH_3C(O)O_2$ $NO_2$). In Verbindung mit dem gleichzeitig entstehenden Ozon und anderen Luftverunreinigungen bildet sich ein Cocktail aus aggressiven und reaktionsfreudigen Substanzen, die die Atemwege des Menschen angreifen und somit stark gesundheitsbelastend sind. PAN ist aber auch schon in geringen Konzentrationen Pflanzen schädigend.

In der Atmosphäre bilden sich aus Stickstoffverbindungen durch Reaktion mit Wasser und Luftsauerstoff letztlich Salpetersäure ($HNO_3$) und salpetrige Säure ($HNO_2$). Beide gelangen mit den Niederschlägen wieder in die Biosphäre, wo sie durch den sauren Regen zu einer Versauerung der Ökosysteme führen (Kasten 7.4). Zwar kommt es auch unter natürlichen Bedingungen vor allem durch elektrische Entladungen bei Gewittern und durch mikrobielle Bodenprozesse zu einer $NO_x$-Bildung bzw. Abgabe an die Atmosphäre (Tabelle 7.4). Die zusätzliche anthropogene Freisetzung von $NO_x$ vor allem durch technische Prozesse (Verbrennen fossiler Energieträger) übersteigt jedoch mengenmäßig den natürlichen Stofffluss bereits um etwa ein Drittel.

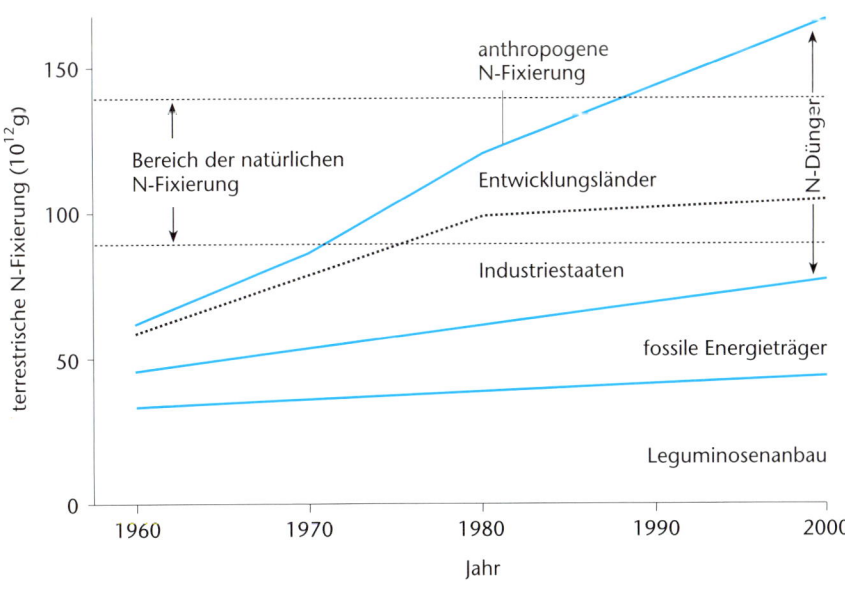

**Abb. 7.8:** Umfang der natürlichen und der anthropogenen Stickstofffixierung. Nach Vitousek et al. (1997).

**Tab. 7.4:** Natürliche und anthropogene globale NO$_x$-Emission (10$^6$ t N a$^{-1}$). Nach Kuttler (1995).

|  | natürlich | anthropogen |
|---|---|---|
| Waldbrände | 0,02–0,07 | 0,8–3,4 |
| Steppenbrände | 0,1–0,2 | 0,1–0,2 |
| Gewitter | 7,5–15 | – |
| NH$_3$-Oxidation | vernachlässigbar | 0,2–5 |
| N$_2$O-Oxidation | 0,6–3 | 0,4–2 |
| mikrobielle Bodenprozesse | 7 | 0,5 |
| Verbrennen fossiler Energieträger | – | 20 |
| Summe | 16–20 | 22–27 |

Zur Steigerung der landwirtschaftlichen Produktion werden global jährlich etwa $4 \times 10^7$ t Stickstoff nach dem **Haber-Bosch-Verfahren** aus Luftstickstoff für die Düngerherstellung fixiert. Dies entspricht etwa der Hälfte der Menge, die durch die biologische Stickstofffixierung gebunden wird.

Beim Haber-Bosch-Verfahren, welches seit 1913 in industriellem Maßstab eingesetzt wird, werden Luftstickstoff und Wasserstoff unter hohem Druck (200 at) und erhöhter Temperatur (600 °C) zu Ammoniak NH$_4^+$ umgewandelt. Hieraus kann durch das angeschlossene Ostwald-Verfahren Salpetersäure hergestellt werden. Deren Salze, die Nitrate, werden als mineralischer Dünger („Kunstdünger") eingesetzt. Für die wissenschaftliche Leistung, die zum Einsatz dieses Verfahrens führte, erhielt Fritz Haber (1868–1934) 1918 den Nobelpreis für Chemie. Carl Bosch (1884–1940) erhielt den Nobelpreis für Chemie 1931 für seine Verdienste um die chemischen Hochdruckverfahren, die zur Stickstoffsynthese und zur Kohlehydrierung führten.

Pro Hektar landwirtschaftlicher Nutzfläche wurde der Einsatz von Stickstoffdünger in Deutschland bisher auf durchschnittlich 120 kg Stickstoff aus mineralischem Dünger (als Nitrat- und Ammoniumstickstoff) und rund 80 kg Stickstoff aus organischem Dünger (Stallmist und Gülle) pro Jahr gesteigert (Abbildung 7.9). Eine weitere wichtige Stickstoffquelle stellt das Kraftfutter dar, ohne das der Milchvieh- und Viehzuchtbereich seine Höchsterträge nicht halten kann. Diese Quellen führen zu einer immensen **Eutrophierung** der Kulturlandschaft und durch Auswaschung der Stickstoffverbindungen letztlich auch zu einer Stickstoffanreicherung in den Fließgewässern und im Meer. Man schätzt, dass vom mineralischen Stickstoffdünger letztlich rund 40% als Nitrat in die Weltmeere gelangen, 25% als Ammoniak in die Atmosphäre abgegeben werden und 30% als N$_2$ und N$_2$O in die Atmosphäre gelangen (Kuttler 1995).

Lachgas (N$_2$O) ist nach CO$_2$, CH$_4$ und Ozon das vierte wichtige Treibhausgas. Es entsteht durch die Aktivität von Bakterien in Böden vor allem der Tropen, aber auch in Gewässern und Ozeanen. Eine wichtige Ursache ist die mineralische Düngung in der Landwirtschaft, bei der ein Teil des Stickstoffüberschusses zu N$_2$O umgewandelt und an die Luft abgegeben wird.

Da Stickstoff einer der wichtigsten wachstumsbegrenzenden Faktoren ist, führt die gesteigerte Verfügbarkeit von Stickstoff in vielen Bereichen der Kulturlandschaft sowie in den Fließgewässern und Meeren zu Folgeproblemen. Die chronische Überdüngung aller landwirtschaftlichen Böden erlaubt beispielsweise ein besonders üppiges Unkrautwachstum, das durch **Herbizide** kontrolliert werden muss. Die Stickstoffanreicherung in den Kulturpflanzen selbst macht diese zu begehrten Zielobjekten von pathogenen Pilzen und von tierischen Schädlingen. Mit zunehmender Düngeintensität steigt daher auch die Notwendigkeit des Einsatzes von Fungiziden und Insektiziden.

Die Eutrophierung des Grundwassers vor allem mit Nitrat führt zu Problemen bei der Trinkwassergewinnung. In Deutschland lagen zu Beginn der 90er Jahre nur rund 15% der mindestens 1% landwirtschaftlich genutzten Raster von 2,5 km$^2$ unter dem vorgeschriebenen Grenzwert von 50 mg Nitrat/l. In 85% der Raster war also eine so starke Grundwasserbelastung feststellbar, dass eine gesundheitlich unbedenkliche Trinkwassergewinnung nicht mehr möglich war. Nur durch Vermischen mit weniger belastetem Wasser und durch Ferntransport ist eine ausreichende Versorgung zur Zeit noch möglich.

Nitrat ist gesundheitsschädlich, weil es im Darm durch *Escherichia coli* und andere Mikroorganismen zu toxischem Nitrit umgewandelt wird, das über eine Methämoglobinbildung die Sauerstoffbindung an Hämoglobin hemmt. Hierdurch sind vor allem Säuglinge betroffen. Aber auch für Erwachsene ist Nitrat nicht unbedenklich. Sie nehmen

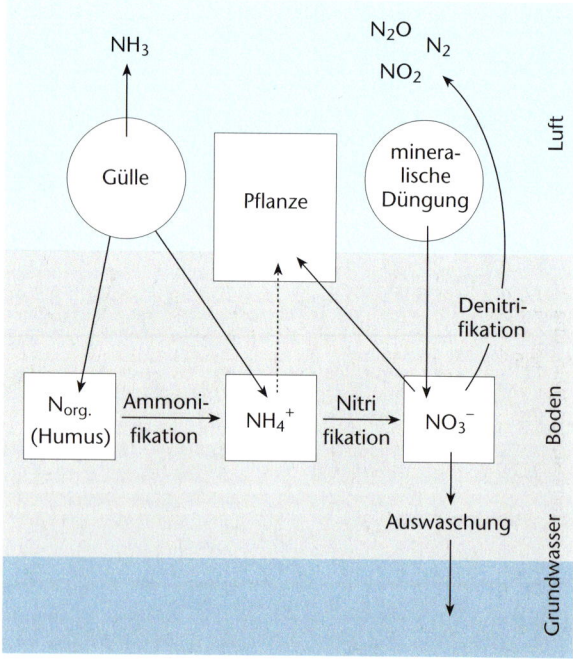

**Abb. 7.9:** Mikrobieller Umbau des Stickstoffs aus organischer Düngung (Gülle) und mineralischem Dünger im Boden und hierdurch verursachte Belastung von Hydrosphäre und Atmosphäre. Nach Nentwig (1995).

rund 45% ihrer durchschnittlichen Nitratzufuhr mit dem Trinkwasser, 50% durch überdüngtes Gemüse und lediglich 5% mit der übrigen Nahrung zu sich. Nitrit ist auch an der Entstehung von Nitrosaminen beteiligt, welche zu den hochkarzinogenen Substanzen zählen.

Auf dem Land, in Fließgewässern und im Meer wird durch die überhöhte Stickstoffdüngung die Produktivität einzelner Arten stark erhöht, während an niedrige N-Konzentrationen angepasste Arten verschwinden. Im Wasser hat die verstärkte Produktion mehr Bestandesabfall und intensiver ablaufende Abbauprozesse zur Folge. Da diese Sauerstoff benötigen, kann es vor allem in stark belasteten Gewässern oder in der Tiefe von Gewässern zeitweilig zu Sauerstoffmangel kommen, der zum lokalen Aussterben einzelner Arten führen kann. In Extremsituationen können sich anaerobe Abbauprozesse durchsetzen, bei denen dann toxischer Schwefelwasserstoff ($H_2S$) frei wird (Abschnitt 5.2.2.5).

**Algenblüten** im Meer werden durch Stickstoff (und Phosphat) verursacht, die durch Flüsse transportiert werden, welche stark landwirtschaftlich genutzte Gebiete entwässern. So wird die italienische Adria vor allem mit eutrophierenden Stoffen aus der Po-Ebene belastet. Die Ostküste Australiens wird durch Landwirtschaft, Viehzucht und Siedlungen im Einzugsgebiet von Darling und Murray so belastet, dass im angrenzenden 2000 km langen Barriereriff durch die Förderung des Algenwachstums Korallen überwuchert werden und absterben.

Die starke Eutrophierung unserer Umwelt führt letztlich auch dazu, dass Niederschläge beachtliche Mengen an Stickstoffverbindungen enthalten (Abbildung 7.10). Je nach Höhe der Niederschläge kann sich ein jährlicher

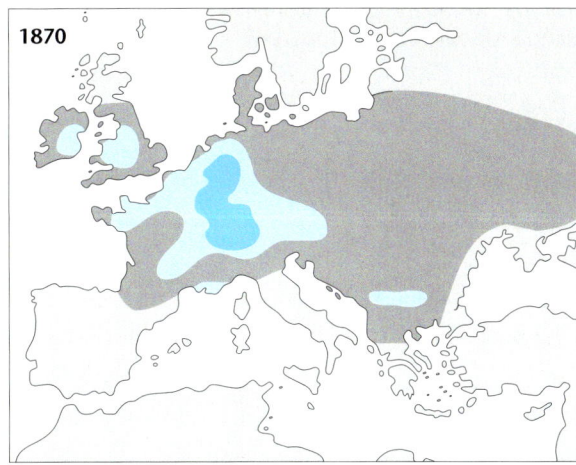

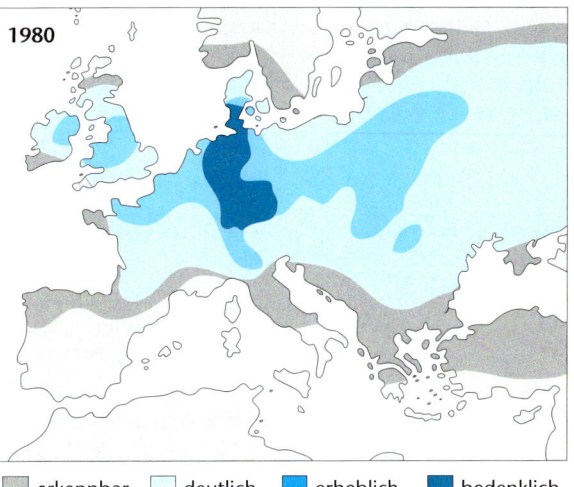

| ■ erkennbar | ☐ deutlich | ■ erheblich | ■ bedenklich |

**Abb. 7.11:** Depositionsrate von Ammoniak und Ammoniumstickstoff in Europa 1870 und 1980 gemäß Modellrechnungen. Nach Ellenberg (1996).

N-Eintrag von 20–100 kg/ha ergeben. Dieser Eintrag geht auch auf Gebiete nieder, die ansonsten keinem zusätzlichen N-Eintrag ausgesetzt sind. Zusammen mit der normalen N-Zufuhr kann sich so für viele an stickstoffarme Verhältnisse angepasste Lebensräume bzw. Arten eine kritische Belastung (*critical load*) ergeben (Abbildung 7.11). Nährstoffarme Gewässer eutrophieren, Kleinseggenrasen und Hochmoore verlieren ihren spezifischen Charakter. Heidegebiete vergrasen, und Trockenrasen verändern sich durch Artenverlust und Ausbreitung anderer Arten. Pflanzenarten, die an nährstoffarme Verhältnisse angepasst sind und nur dort konkurrenzkräftig sind, werden daher verschwinden, sodass die N-Eutrophierung letztlich zu einem Verlust an Biodiversität führt. Hiervon nicht betroffen sind die wenigen natürlichen Ökosysteme mit hohem Stickstoffumsatz wie alpine Hochstaudenfluren, Au- und Schluchtwälder, die in einem krautreichen Ahorn-Eschen-Wald bis 300 kg N ha$^{-1}$ betragen können (Plachter 1991, Ellenberg 1996). In Wäldern wird durch

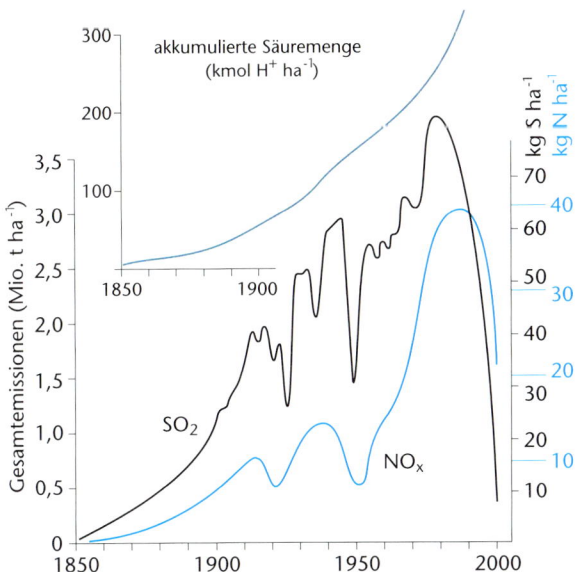

**Abb. 7.10:** Emission von Schwefel und Stickstoff (kg ha$^{-1}$) sowie die pro ha akkumulierte Säuremenge. Nach Ellenberg (1996), ergänzt durch Umweltbundesamt (2002), umgerechnet für das Gebiet der BRD (West).

die erhöhte Zufuhr von Stickstoff bei gleichzeitigem säurebedingten Auswaschen anderer Nährstoffe der physiologische Stress vieler Baumarten erhöht, letztlich also die durch saure Regen verursachte Schädigung des Waldes verstärkt (Kasten 7.4).

Besonders in den 90er Jahren des letzten Jahrhunderts nahm in vielen Bereichen Europas die Stickstoffbelastung unserer Umwelt langsam ab. Vor allem technische Maßnahmen (z. B. bei großen Verbrennungsanlagen), etwas weniger Mineraldüngereinsatz und eine leicht rückläufige Tierhaltung haben dies bewirkt. Eine starke Zunahme des motorisierten Verkehrs hat jedoch den größten Teil dieser Verbesserung wieder kompensiert. Für 1995 stellt das deutsche Umweltbundesamt (2002) fest, dass auf über 90 % der Fläche empfindlicher Ökosysteme Deutschlands die kritische Belastung für Eutrophierung überschritten wird. Eine Erholung der mit Stickstoff und anderen Schadstoffen gefüllten Speicher erfolgt also nur langsam. Weltweit wird stetig mehr Stickstoff verfügbar, sodass von einer globalen Eutrophierung gesprochen werden kann. Dies dürfte der weitreichendste menschliche Eingriff in den Weltstickstoffhaushalt sein.

## 7.2.4 Phosphor

Phosphor wird heute im industriellen Maßstab aus besonders phosphatreichen Gesteinen (Apatit, Phosphorit) als Phosphat $PO_4^{2-}$ gewonnen. Da bestimmte Eisenerze phosphathaltig sind, ergeben die Schlackerückstände der Verarbeitung dieser Erze ebenfalls ein phosphatreiches Produkt (Thomasmehl). Umweltprobleme entstehen, weil die Gesamtförderung an Phosphat mit etwa $1,5 \times 10^8$ t größer ist als die Menge, die jährlich vom Land ins Meer verfrachtet wird und auch auf dem Meeresboden sedimentiert. Auch wenn diese Stoffflüsse wiederum deutlich kleiner sind als die Menge an Phosphor im Meer ($10^{11}$ t) und somit keine Gefahr für eine Eutrophierung des Weltmeeres besteht, erfolgt heute eine Eutrophierung aller terrestrischen und limnischen Lebensräume mit diesem zuvor immer recht knappen Pflanzennährstoff.

Phosphat wird vor allem für mineralische Dünger eingesetzt. Pro Hektar landwirtschaftlicher Nutzfläche wurden beispielsweise in Deutschland Anfang der 90er Jahre 40–50 kg Phosphat eingesetzt. Ein weiterer mengenmäßig relevanter Einsatz von Phosphat findet in der Waschmittel-

---

| Kasten 7.4: | **Saurer Regen und Waldsterben** |
| --- | --- |

In der Atmosphäre entsteht aus $NO_x$ salpetrige Säure und Salpetersäure, aus $SO_2$ schweflige Säure und Schwefelsäure und aus Chlorverbindungen Salzsäure. Diese Säuren verschieben den pH des Regens in den sauren Bereich, sodass es zu einer **sauren Deposition** kommt. Gewässer können ausgesprochen empfindlich reagieren (Abschnitt 7.2.4.2), aber auch der Boden und die Vegetation werden in Mitleidenschaft gezogen.

Saure **Böden** binden Calcium, Kalium und Magnesium schlechter, sodass Nährstoffe und Spurenelemente nicht mehr gespeichert werden können. Sie werden daher über die Bodenlösung ausgewaschen. Gleichzeitig werden bei pH-Werten < 4,2 toxische Ionen (Aluminium und die Schwermetalle Kupfer, Zink, Cadmium und Blei) gelöst und pflanzenverfügbar gemacht. Dies schädigt Feinwurzeln, Mykorrhiza und auch den Wasserhaushalt vieler Baumarten. Da häufig gleichzeitig durch den hohen Eintrag von Stickstoffverbindungen die Pflanzen einen Wachstumsschub erhalten, geraten Bäume durch die unausgewogene Relation zwischen verschiedenen Nährstoffen zunehmend unter starken physiologischen Stress. Dieser ist erkennbar durch Chloroplastenschädigung (Farbveränderung), Nährstoffmangel, erhöhte Respiration und Wasserbedarf. Weitere Symptome können Schäden im Wurzelbereich sein (abnehmende Standfestigkeit bei Stürmen), Abwurf von Nadeln und Blättern, Kronenverlichtung und in Extremfällen auch Absterben des Baumes.

Seit den 70er Jahren des 20. Jahrhunderts sind in weiten Gebieten Europas und Nordeuropas diese „neuartigen" **Waldschäden** festgestellt worden. Im Unterschied zu früheren Waldschäden, welche auf einen einzelnen Faktor zurückzuführen waren (meist die Emission einer Industrieanlage, Forstschädlinge oder ein extremes Witterungsereignis), wirken viele der erwähnten Faktoren komplex und über große geographische Räume zusammen. Den sauren Niederschlägen kommt hierbei zusammen mit dem hohen **Stickstoffgehalt** eine Schlüsselrolle für die Erklärung dieser Waldschäden zu. Weitere mögliche Erklärungskomponenten sind die Zunahme von troposphärischem Ozon, generelle Luftverschmutzung sowie eine Zunahme klimatischer Extremereignisse. Krankheiten und Parasiten scheiden nach derzeitigem Kenntnisstand als Primärursache aus.

Aufgrund unterschiedlicher Erfassungsmethoden war es schwierig, die Waldschäden innerhalb von Europa zu vergleichen. Seit 1986 gibt es jedoch europaweite, einheitliche Erhebungen, welche eine deutliche Verschlechterung des Gesundheitszustands der Wälder zwischen 1988 und 1992 anzeigten. Seitdem gab es in vielen Staaten eine leichte Erholung, aber keine eigentliche Trendwende. Für 2001 weisen in Deutschland 22 % aller Baumarten deutliche Schäden, Kronenverlichtung > 25 % auf. Am empfindlichsten reagieren zu Beginn des Waldsterbens Tannen, heute sind es jedoch Eichen und Buchen, gefolgt von Fichten und Kiefern (Umweltbundesamt 2002).

Geschädigte Waldflächen weisen in Deutschland einen Stickstoffeintrag von durchschnittlich 25 kg/ha auf, Bäume benötigen für ihr Wachstum aber nur 5–15 kg/ha. Diese Stickstoffüberversorgung führt zu einer Förderung von Stickstoff liebenden Pflanzen in Waldökosystemen und zu einer Anreicherung von Nitrat im Sickerwasser. Zunehmend ist das Grundwasser bereits so sauer, dass es für die Trinkwassergewinnung aufbereitet werden muss. Nebst einer Überversorgung von Stickstoff und Schwefel weisen geschädigte Wälder einen Nettoverlust an Calcium, Magnesium und Kalium auf (Umweltbundesamt 2002).

Die systematischen **Waldschadenserhebungen** haben gezeigt, dass die zu Beginn der 80er Jahre befürchteten katastrophalen Waldschäden nicht eingetreten sind. Auch fand keine kontinuierliche Verschlechterung der Situation statt, vielmehr liegt heute ein durchschnittlich stagnierendes, als Besorgnis erregend hoch eingestuftes Schadensniveau vor. Gegenmaßnahmen können nur darin bestehen, die saure Deposition zu reduzieren. Vor allem die $SO_2$-Emission konnte in den letzten Jahrzehnten erfolgreich reduziert werden, die $NO_x$-Emissionen sind jedoch immer noch hoch. Das Anpflanzen säureresistenter Sorten oder Arten sowie das Kalken von Waldböden haben sich langfristig als nicht wirksam erwiesen, vor allem werden hierdurch die Ursachen nicht behoben. Aufgrund der hohen Speicherfähigkeit der Waldböden für die saure Deposition werden sich Verbesserungen auf der Schadstoffseite erst mit einer Verzögerung von Jahrzehnten positiv auswirken. Ebenfalls lange Zeiträume benötigt die Umgestaltung der Forstwirtschaft dort, wo sie intensiv betrieben wird, zu einer nachhaltig orientierten Waldbewirtschaftung mit Förderung bzw. Anpflanzung standortgerechter Baumarten.

**Abb.:** Mit der Reduktion der Schadstoffemission steigt auch der saure pH des Regens wieder an (gezeigt für die Standorte Westerland/Sylt und Schauinsland/Schwarzwald). Hierdurch reduziert sich die nasse Deposition (gemessen als Sulfate und Nitrate, 1982 als 100 % gesetzt). Da die im System akkumulierte Säuremenge jedoch immer noch sehr groß ist, ist noch keine eindeutige Verbesserung des Zustands von Fichte und Eiche (gemessen als Anteil der Bäume mit deutlicher Kronenverlichtung) zu erkennen, allerdings auch keine weitere Verschlechterung. Nach Umweltbundesamt (2002).

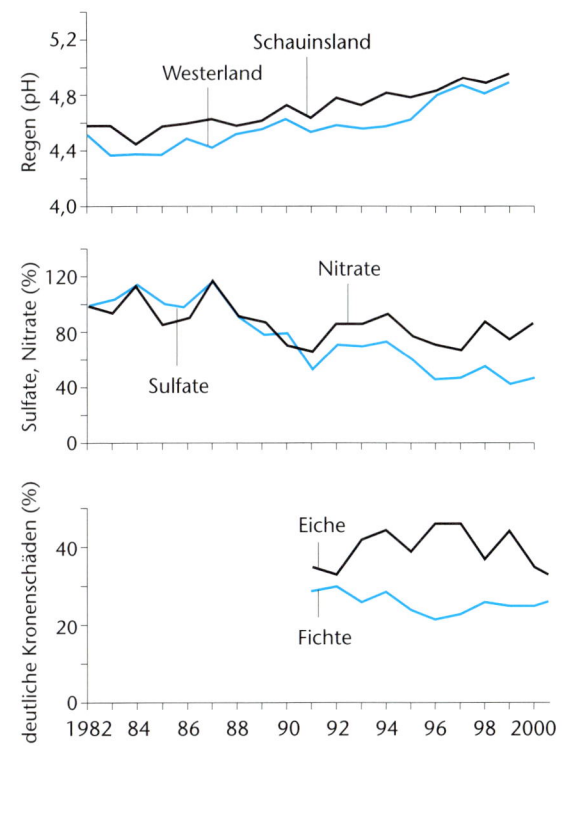

industrie statt. Waschpulver bestand in Mitteleuropa noch 1980 zu 40% aus Phosphat, welches allerdings seitdem durch geeignete Ersatzstoffe ausgetauscht wurde. Zusammen mit der Stickstoffdüngung bewirkt dies eine Eutrophierung erst der Böden, dann des Grundwassers und der Fließgewässer, schließlich auch der Seen und der Meere. Maßnahmen wie der Ersatz von Phosphat im Waschpulver, Reduktion der landwirtschaftlichen Düngung oder bessere Reinigung der Abwässer (Phosphatfällung) konnten die Phosphatbelastung der Umwelt in kurzer Zeit deutlich senken (Abbildung 7.12). Vor allem in flachen Seen mit einem landwirtschaftlich geprägten Ein-

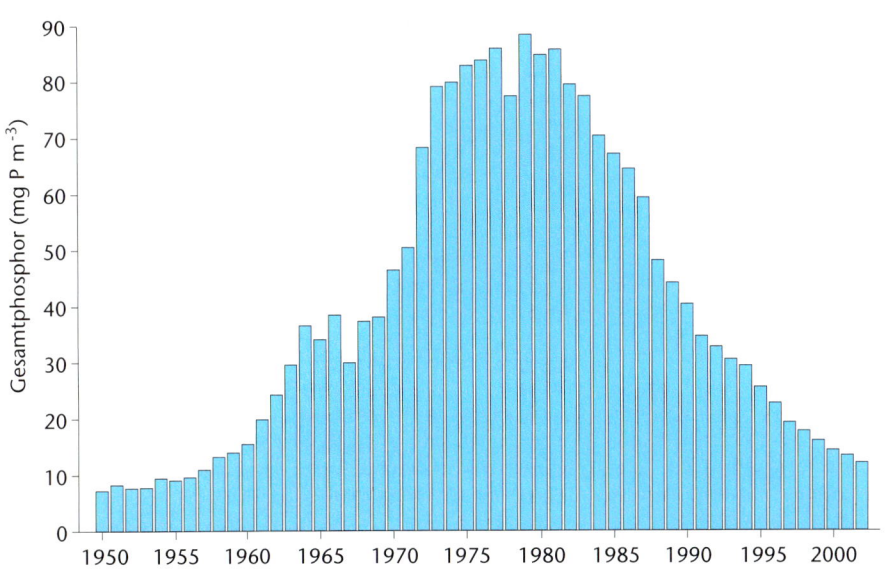

**Abb. 7.12:** Veränderung des Phosphor-Gehaltes im Bodensee. Die starke Abnahme ist auf den Bau von Kläranlagen und das Phosphatverbot in Waschmitteln zurückzuführen. Internationale Gewässerschutzkommission für den Bodensee (2002).

zugsgebiet findet jedoch keine schnelle Erholung statt. Die Auswirkungen des übermäßigen anthropogenen Einsatzes von Phosphor ähneln also in vielen Bereichen dem von Stickstoff bzw. Nitrat, sodass oft von einem additiven (vielleicht sogar synergistischen) Effekt ausgegangen werden kann.

## 7.2.5 Schwefel

Schwefel ist in natürlichen Ökosystemen kaum produktionshemmend, aber von Sonderstandorten abgesehen auch nirgends häufig. Durch die zunehmende Nutzung fossiler Energieträger (also durch Verbrennungsprozesse) wurde Schwefel aber in vermehrtem Umfang als $SO_2$ in die Atmosphäre gebracht. Der Schwefelgehalt von Kohle beträgt 0,3–2,5 %, vor allem Braunkohle ist relativ schwefelreich. In der Atmosphäre bleibt $SO_2$ jedoch nur wenige Wochen, weil sich im wässrigen Milieu der Atmosphäre dann schnell schweflige Säure und Schwefelsäure bilden, sodass sich mit dem Niederschlag (und anderen Säurebildnern wie etwa Salpetersäure) eine beachtliche Zunahme des Säureeintrags auf die Vegetation und den Boden ergibt. Dieser Säuregehalt verschiebt den pH-Wert des Niederschlags von ursprünglich > 5,0 auf Werte von 4,5 bis 4,0, Extremwerte können < 4,0 sein (saurer Regen).

Seit den 50er Jahren gelangten in Südskandinavien pro Jahr bis 4 g $SO_4$ pro Quadratmeter auf den Boden. Auf den kalkarmen, ungepufferten kristallinen Böden (Granit, Gneis) sank der pH der Gewässer um durchschnittlich zwei pH-Einheiten, und die Freisetzung von Schwermetallen aus dem Sediment nahm zu. In Tausenden Seen starben die Fische aus. Im Waldboden wurde durch den Säureeintrag $Ca^{2+}$ und $Mg^+$ ausgewaschen, Mykorrhiza und Feinwurzeln wurden geschädigt. Das Wachstum der Bäume verringerte sich deutlich (Wright und Gjessing 1976, Braekke 1977). In den silikatischen Bereichen der Mittelgebirge und Alpen ist die Situation ähnlich (Kasten 7.4).

$SO_2$ hemmt ein zentrales Enzym der Photosynthese (Ribulose-1,5-bisphosphat-Carboxylase/Oxygenase, Rubis-CO) und führt daher zu einer Schädigung der Pflanzen. Bei vielen aquatischen Organismen werden bei einem pH < 5,0 Haut und Kiemen geschädigt, sodass Verletzungen, Infektionen und Parasitosen zunehmen. Laich und Jungtiere sind meist besonders empfindlich. Beim Menschen führt $SO_2$ durch die Säurebelastung der Schleimhäute zu Erkrankungen der Atemwege. In Kombination mit anderen Luftschadstoffen können sich vielfältige, oft chronische Krankheitsbilder ergeben.

$SO_2$ wird vor allem in Industriegebieten und dicht besiedelten Bereichen freigesetzt. Bedingt durch das Wettergeschehen wird ein beachtlicher Teil des emittierten $SO_2$ jedoch kontinentweit verfrachtet, bevor es als Säureeintrag in ein Ökosystem abregnet. Solche Emissionsprobleme können also nur grenzüberschreitend gelöst werden. Vor allem durch den Einbau von Entschwefelungsanlagen bei Kraftwerken und industriellen Anlagen konnte die Belastung der Umwelt in den letzten Jahren besonders in den Industriestaaten deutlich reduziert werden. Da in Sedimenten und Böden jedoch große Mengen an Schadstoffen gespeichert sind, dauert die Erholung noch lang.

Viele Gebäude und Denkmäler werden durch die schwefelsäurehaltige Luft stark angegriffen. Kalkhaltige Gesteine können in wenigen Jahrzehnten bis zur Unkenntlichkeit verwittern. Eisen ist zwar resistent gegen Feuchte, nicht aber gegen Säure. Metallkonstruktionen und Stahlbeton werden daher zerfressen und erfordern aufwendige Sanierungsarbeiten. Diese Kosten belaufen sich in einer großen Volkswirtschaft (Europa, USA) auf zwei- bis dreistellige Milliardenbeträge Euro jährlich.

# 7.3 Klimawandel

Klima ist definiert als das durchschnittliche Wettergeschehen einer Lokalität, einer Region oder der Erde als Ganzes. Im Gegensatz zum Wetter ändert sich das Klima nicht kurzfristig, sondern ist mehr- bis vieljährigen Schwankungen unterworfen bzw. ändert sich in einer Richtung über längere Zeiträume. Klimawandel ist ein durchaus natürliches Phänomen (Abbildung 7.13). Mittelfristig können z. B. Staubemissionen nach einem massiven Vulkanausbruch die Sonneneinstrahlung auf die Erdoberfläche verringern und eine Kältephase von mehreren Jahren auslösen. Besonders imx 19. Jahrhundert bestimmte Vulkanismus die Temperatur der Nordhemisphäre maßgeblich mit. Das El Niño-Phänomen, d. h. die periodische Erwärmung des Meeres im tropischen Zentral- und Ostpazifik, verursacht Dürren in angrenzenden regenfeuchten Tropengebieten oder umgekehrt Regenperioden in Trockengebieten. Es wirkt sich sogar noch auf Teile der temperaten Zone durch ungewöhnliche Wettersituationen aus. Langfristige Klimaschwankungen lassen sich mit der zyklischen Veränderung der Umlaufbahn der Erde um die Sonne, den Änderungen des Neigungswinkels der Erdachse und den Änderungen in der Energieabgabe der Sonne durch Sonnenfleckenaktivität in Beziehung setzen. Im 17. und 18. Jahrhundert war die Veränderung der solaren Einstrahlung zu rund 50 % für eine Kälteperiode (kleine Eiszeit, Maunder-Minimum) verantwortlich. Veränderungen der chemischen Zusammensetzung der Atmosphäre (Treibhausgase) sind im 20. Jahrhundert für eine Temperaturerhöhung verantwortlich.

## 7.3.1 Historische und aktuelle Klimaentwicklung

Änderungen des globalen Klimas begleiten die Erdgeschichte und die Entwicklung der Lebewelt (Abbildung 7.14). **Eiszeiten** lassen sich schon in sehr alten Gesteinen nachweisen, am ausgeprägtesten jene zwischen spätem Karbon und frühem Perm vor 300 Millionen Jahren. Dieser folgte eine relativ stabile Phase mit warm-tropischem Klima bis in hohe Breiten, besonders ausgeprägt von der Jura- bis zur Kreidezeit, also zwischen 200 bis 70 Millionen

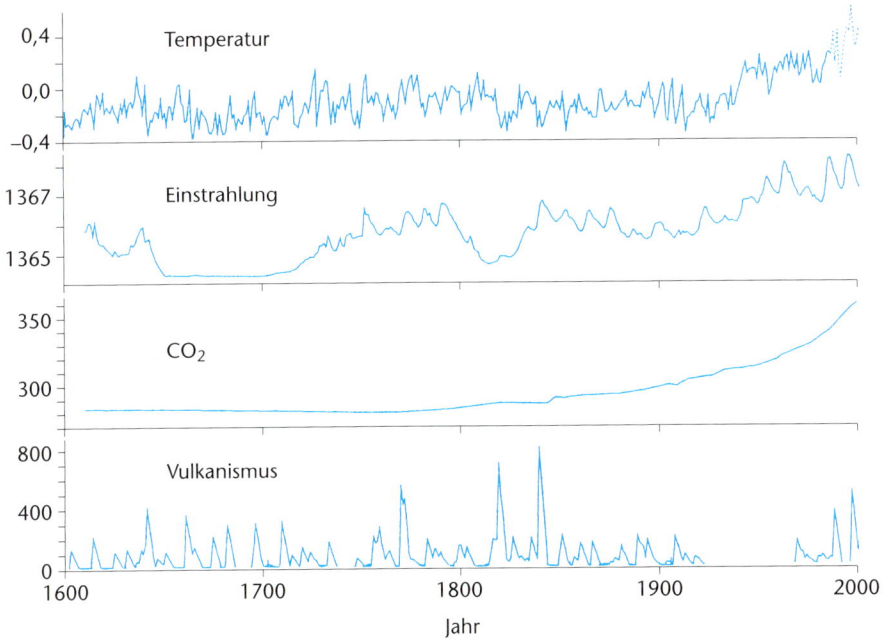

**Abb. 7.13:** Veränderung der Temperatur der Nordhemisphäre (°C), der solaren Einstrahlung (Indexwerte), des Gehaltes an $CO_2$ in der Atmosphäre (ppm) und der globalen Vulkanaktivität (Dust Veil Index). Nach Mann et al. (1998).

Jahren vor heute. Im folgenden Tertiär veränderte sich das Klima phasenweise und gerichtet zu kälteren und teils trockeneren Klimaten hin, um schließlich in die ausgeprägt instabile Klimaphase der letzten zwei Millionen Jahre zu münden. Aus erdgeschichtlicher Sicht ist auch die Jetztzeit noch Teil dieser Periode. Ihre herausragenden Ereignisse, die letztlich das heutige Bild der Erde mitgeprägt haben, waren die vier großen Kältephasen mit Vereisung riesiger Landmassen in höheren Breiten und Hochgebirgen, kühleren Regenzeiten in den Subtropen und Trockenzeiten in manchen Tropenregionen (besonders ausgeprägt im äquatorialen Afrika). Die globale Durchschnittstemperatur war zu den Höhepunkten der Vereisung um bis zu 8 °C geringer als heute, die Interglaziale oder Warmzeiten entsprachen in etwa dem Holozän, also der Jetztzeit. Die Temperaturamplituden der eiszeitlichen Klimaschwankungen lagen ziemlich genau bei 10 °C.

Der Wechsel zwischen Eiszeiten und Warmzeiten im Pleistozän ist vermutlich auf kleine periodische Veränderungen in der Umlaufbahn der Erde um die Sonne zurückzuführen. Die anderen Planeten und der Mond wirken auf die rotierende Erde nach dem Kreiselprinzip ein (d. h. die Kräfte setzen nicht am Schwerpunkt an) und lassen so die Erde regelrecht taumeln. Daraus resultierten einerseits eine Änderung der Exzentrizität der Erdbahn um die Sonne (100 000-Jahres-Zyklen) und andererseits eine Neigungsänderung der Erdachse im Rhythmus von 41 000 Jahren (Milankovitch-Zyklen).

Die großen Glaziale und Interglaziale waren überlagert von kurzfristigen Schwankungen, von Stadialen und Interstadialen. Man weiß heute auch, dass dramatische Änderungen über wenige Jahrhunderte hinweg noch im Holozän erfolgt sind. So verwandelte sich die südliche Sahara von einer typischen, baumbestockten Savanne in nur 500 Jahren in die heutige Wüste (Claussen et al. 1999; Abbildung 7.15). Ursache war eine geringe Veränderung der

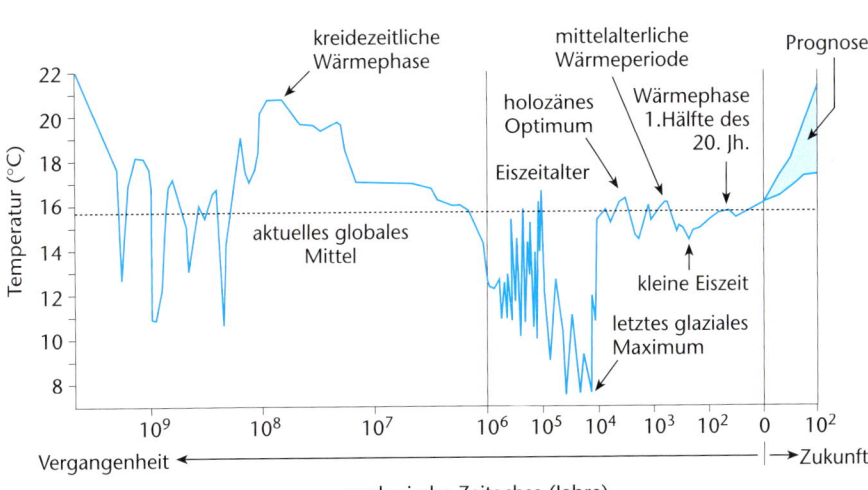

**Abb. 7.14:** Entwicklung der globalen Temperatur im Laufe der Erdgeschichte bis heute und Prognosebereich für die nächsten 100 Jahre. Im Extrem könnte die erwartete Temperaturentwicklung jene der kreidezeitlichen Wärmephase erreichen. Nach Bryant (1997) und IPCC (2001).

Erdumlaufbahn um die Sonne und damit eine Neuverteilung der Strahlung über die Erdoberfläche. Dies genügte, um die Niederschläge so zu verringern, dass der Schwellenwert für Baumwuchs unterschritten wurde. Verstärkte Erosion konnte einsetzen, und Sandeinwehungen, ausgehend von der westafrikanischen Küste, führten fast schlagartig zur Wüstenbildung. Das Schicksal der Sahara beweist die Bedeutung von Schwellenwerteffekten. Die Strahlung änderte sich kontinuierlich, der Niederschlag zeigte hingegen einen Knick vor ungefähr 5 500 Jahren, der den Schwellenwert für Baumwuchs unterschritt und die Savannenvegetation innerhalb kurzer Zeit zum Verschwinden brachte. Nun traten Rückkoppelungseffekte auf: In einer grünen Sahara stand aufgrund der feuchten Böden durch Verdunstungswärme mehr Energie zur Verfügung, feuchte Luft stieg auf, und Regenwolken konnten sich bilden, wodurch auch der Luftaustausch mit dem tropischen und subtropischen Atlantik verstärkt wurde (Monsundynamik). Wegen der Auflichtung der Vegetation durch eingewehten Staub und die zunehmende Trockenheit gab die Sahara mehr Energie an die Atmosphäre ab, es wurde oberflächennah kälter, und kalte, trockene Luftmassen begannen abzusinken, was die Wolkenbildung und damit den Niederschlag weiter verhinderte. Die Wüstenbildung schritt weiter fort. Wichtig ist, dass solch eine Beziehung zwischen Vegetation und Niederschlag nicht linear abläuft (Abbildung 7.15)

Mit der endgültigen Erwärmung im Holozän entwickelte sich in den mittleren und höheren Breiten rasch ein Klima, das in etwa dem heutigen entsprach bzw. zwischen 8 000 und 6 000 vor heute sogar um ca. 2 °C wärmer war als davor und danach (Abbildung 7.14). Man spricht von **postglazialer Wärmezeit**, die allerdings von kurzfristigen Kälteperioden unterbrochen war. Es ist davon auszugehen, dass die Niederschläge für eine Waldentwicklung hier immer ausreichten und Trockenzeiten nicht aufgetreten sind. Klimaschwankungen, die sich in kurzzeitigen Gletschervorstößen manifestierten, traten hingegen fallweise auf.

Im holozänen Klimaoptimum war die Erdachse um einige zehntel Grad stärker geneigt als heute, und das Perihel, der sonnennächste Punkt der Erdumlaufbahn um die Sonne, lag im September und nicht so wie heute im Januar. Die Nordhalbkugel erhielt dadurch im Sommer mehr und im Winter weniger Energie als heute.

Die letzten 1 000 Jahre zeigten bis in die Mitte des 19. Jahrhunderts schließlich einen generellen Trend zu tieferen Temperaturen (Mann et al. 1999), besonders ausgeprägt in der so genannten kleinen Eiszeit, einer instabilen Klimaperiode ab dem 15. Jahrhundert, die durch mehrere Kältephasen, aber auch durch eine Häufung von Extremjahren gekennzeichnet war (Abbildung 7.16). Der Höhepunkt der kleinen Eiszeit fiel mit einer Phase geringer Sonnenfleckenaktivität zusammen (Maunder-Minimum, 1645–1715, Pfister 1994).

Seit Mitte des 19. Jahrhunderts ist eine Zunahme der Durchschnittstemperaturen, wenn auch keine kontinuierliche, zu verzeichnen (Abbildung 7.16). Im 20. Jahrhundert

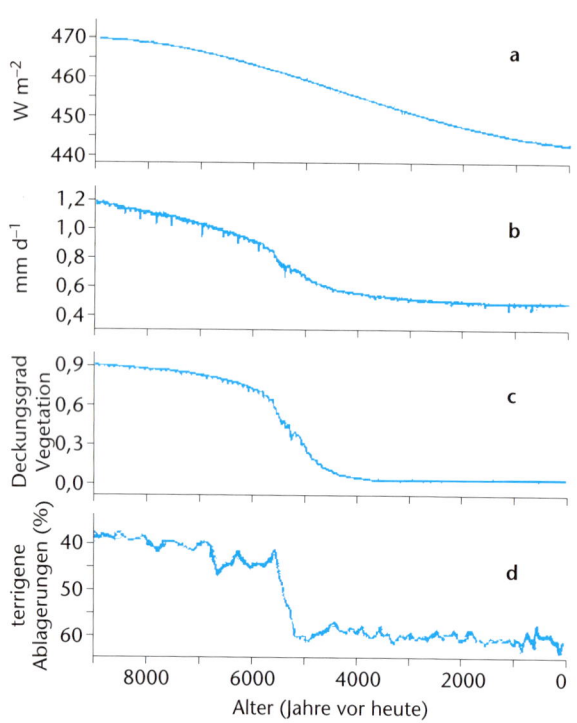

**Abb. 7.15:** Wüstenbildung in der Sahara: Resultat eines Computermodells zur Simulation der ökologischen Auswirkung der Veränderung der Erdumlaufbahn um die Sonne wie sie in den letzten 9000 Jahren zu verzeichnen war. Im mittleren Holozän (vor 5000–6000 Jahren) verursachte die nicht lineare Abhängigkeit des Niederschlags von der Sonneneinstrahlung (a) eine scharfe Abnahme des Niederschlags (b), was sich auf die damalige Savannenvegetation der Sahara dramatisch auswirkte. Der Deckungsgrad der Vegetation (c) nahm in kurzer Zeit von 90 % auf 10 % ab. Baumwuchs war nicht mehr möglich, dadurch verschärfte Erosion, geringerer Niederschlag, wiederum verstärkte Erosion und Vegetationsauflichtung durch Trockenheit. Einwehung von Sand und Staub verstärkte die Effekte. Es dauerte nur 500 Jahre von der grünen Savanne zur Wüste. Das Modell fand Bestätigung durch den Nachweis von Sahara-Staubablagerungen im Atlantik nahe der afrikanischen Küste (d), welche in den entsprechenden Zeitraum datiert wurden. Nach Sahagian (2001).

nahm die durchschnittliche globale Jahresmitteltemperatur um 0,6 ± 0,2 °C (Europa 0,8 °C) zu, wobei große regionale Unterschiede aufgetreten sind (IPCC 1995, Parry 2000). Gebieten mit starker Erwärmung (z. B. Arktis, Zentralasien) stehen solche mit gleichbleibender Durchschnittstemperatur (z. B. Teile der Antarktis), vereinzelt sogar mit Abkühlung, gegenüber. Vor allem die letzten drei Jahrzehnte brachten in Europa eine im letzten Jahrtausend als einmalig zu verzeichnende Erwärmung (Parry 2000). Das letzte Jahrzehnt war das wärmste dieses Jahrtausends, 1998 das wärmste Jahr überhaupt (beides bezogen auf die Nordhemisphäre; für die Südhemisphäre fehlt die notwendige Datendichte), für Deutschland war es das Jahr 1994 (Umweltbundesamt 2002) mit einer Jahresdurchschnittstemperatur von 9,7 °C. Vor allem die Nächte sind wärmer

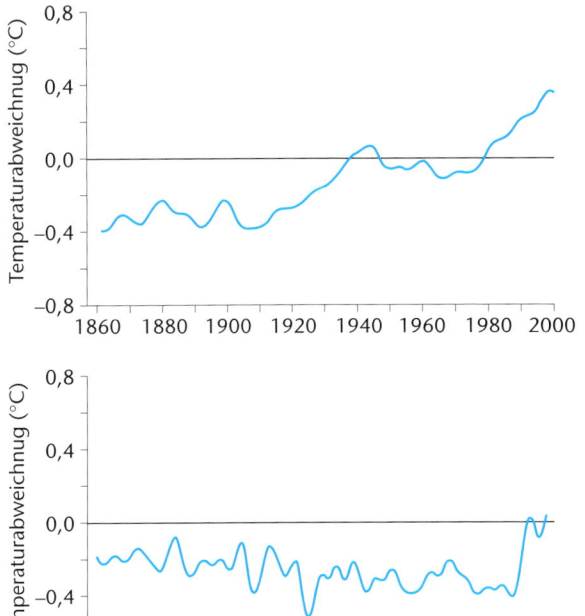

**Abb. 7.16:** Die Temperatur in den letzten 140 (oben, global) und 1 000 Jahren (unten, Nordhemisphäre) als Abweichung vom Mittelwert 1961–1990. Die Temperatur nahm im letzten Jahrtausend stetig ab. Die „Kleine Eiszeit" zwischen 1450 und 1850 ist deutlich erkennbar, ebenso der ungewöhnlich starke Anstieg in den letzten Jahrzehnten des 20. Jahrhunderts. Nach IPCC (2001).

geworden (z. B. Abnahme der mittleren nächtlichen Minimumtemperatur pro Tag um 0,2 °C/Dekade seit 1950). Das heißt auch, dass die Dauer der frostfreien Zeit in den höheren Breiten deutlich zugenommen hat. Das Frühjahr beginnt heute früher, der Herbstbeginn verzögert sich. Entsprechend ist die Wachstumsperiode um ca. zehn Tage verlängert. Extreme Fröste sind seltener geworden. In den tropischen Hochgebirgen stieg die 0 °-Isotherme seit 1970 um 150 m an.

Dieser aktuelle Klimawandel bezieht auch den Niederschlag mit ein, wobei die Signale einer Veränderung hier weniger deutlich sind (Parry 2000). Als ziemlich sicher gilt, dass auf der Nordhemisphäre der Niederschlag (inkl. Schnee) um ca. 0,5–1 % pro Dekade zugenommen hat. In den Tropen stiegen die Regenmengen um ca. 0,2–0,3 % pro Dekade. Es sind allerdings regionale Unterschiede zu beobachten. So erhielten die nordwestlichen Alpenteile mehr Regen in den letzten Jahrzehnten als früher, das Verhältnis Schnee zu Regen hat sich in Richtung zu mehr Regen verschoben. Im Gegensatz zum feuchteren Norden ist es in Spanien und den Subtropen trockener geworden (Abnahme der Niederschläge um ca. 0,3% pro Dekade). In manchen Teilen Asiens und Afrikas ist eine Verschärfung von Dürreereignissen zu verzeichnen.

Es besteht kein Zweifel, dass sich das Klima in den letzten 150 Jahren deutlich verändert hat und der Abkühlungstrend des letzten Jahrtausends (Abbildung 7.16) von einer stetigen Erwärmung abgelöst wurde. Mit der Temperaturänderung geht zwangsläufig ein Wandel der Niederschlagsregime einher. Die Frage ist allerdings immer, in welchem Ausmaß sich die Klimaänderung über die normale Variabilität hinaus bewegt. Dies gilt vor allem für seltene Ereignisse wie extreme Hitze- oder Kälteperioden, extrem feuchte und trockene Jahre oder Stürme. Hundert- oder gar tausendjährige Ereignisse (z. B. Hochwässer von einer Größenordnung, wie sie nur alle 100 oder 1000 Jahre einmal auftreten) sind zu selten, um statistische Verfahren anwenden zu können. Hilfe bietet nur die Tatsache, dass beispielsweise Mittelwerte von Temperaturen langfristig normal verteilt sind (zentraler Grenzwertsatz!) und eine Verschiebung des Mittels zwangsläufig auch eine Verschiebung der Extreme bedingen muss (Abbildung 7.17). Jedenfalls lässt sich derzeit noch nicht mit Sicherheit sagen, ob extreme Sturmereignisse, sowohl in den Tropen als auch in den gemäßigten Breiten, deutlich zugenommen haben.

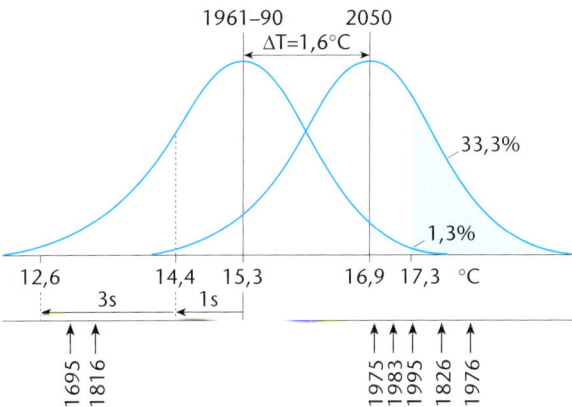

**Abb. 7.17:** Wahrscheinlichkeit der Zunahme von Klimaextremen. s gibt die Streuung der Stichprobe an. Wie hier für Mittelengland dargestellt sind die jährlichen Temperaturmittel normal verteilt. Verschiebt sich der Mittelwert, verändern sich auch zwangsläufig die Extremwerte. Hier wird angenommen, dass sich die durchschnittliche Temperatur bis 2050 gegenüber dem Mittel 1961–1990 um 1,6 °C erhöhen wird. Hierdurch erhöht sich die Wahrscheinlichkeit von Temperaturen > 17,3 °C von 1,3 auf 33,3 %, also um das 25fache. Man beachte die unten dargestellte Häufung sehr warmer Jahre (Pfeile) in den letzten Jahrzehnten. Nach Parry (2000).

## 7.3.2 Methoden der Klimamessung und Klimarekonstruktion

Seit 150 Jahren kann sich die Klimaforschung auf ein weltweites Netzwerk von Klimamessstationen stützen, in denen nach standardisierten Verfahren relevante Parameter gemessen werden. An einigen europäischen Stationen (London, Berlin, Paris, Wien) begann die instrumentelle

Wetterbeobachtung schon fast ein Jahrhundert früher. Die Zeitreihen dieser Stationen sind daher besonders wertvolle Dokumente des rezenten Klimawandels. Grundausrüstung der Klimamessstationen ist ein Thermohygrograph in einem genormten Schutzkasten (Wetterhäuschen), der Luftzutritt ermöglicht, aber die Sonnenstrahlung abschirmt. Das Gerät zeichnet die Lufttemperatur in 2 m Höhe und die relative Luftfeuchtigkeit auf. Dazu kommen spezielle Thermometer, die die Minima und Maxima festhalten, außerhalb des Wetterhäuschens ein Gerät zur Messung der Sonnenscheindauer, ein Ombrometer zur Niederschlagsmessung, ein Anemometer zur Messung der Windgeschwindigkeit und ein Windrichtungsgeber. Die Messgeräte werden täglich zu drei Terminen abgelesen (6.00/12.00/18.00). Moderne Stationen sind mit weiteren Messgeräten versehen, wie Geräte zur Messung der Globalstrahlung bzw. der Strahlungsbilanz. Die Daten werden automatisch und in engeren Intervallen registriert. Alle Datenreihen werden national erfasst und in Form von meteorologischen Jahresberichten verfügbar gemacht. Sie sind auch die Grundlage der Gliederung der Erde in Klimatypen (Abschnitt 6.3).

Weiter in die Vergangenheit zurück gibt es keine direkten Messungen. Man ist auf so genannte Proxydaten angewiesen, die Rückschlüsse auf die ehemaligen Klimabedingungen erlauben (z. B. Rekonstruktion der Vegetation aus Pollenablagerungen). Folgende Verfahren, die erstaunlich präzise Aussagen zulassen, sind die wichtigsten:

- **Dendrochronologie:** Die Dendrochronologie nutzt die Temperatur- und Niederschlagsabhängigkeit des Jahrringwachstums von Gehölzen. Die Dicke des Jahrringes, im Speziellen des Spätholzes und seiner Dichte (mit Röntgenstrahlen messbar), sind besonders sensible Indikatoren und eng korreliert mit bestimmten Klimazuständen. Wenn man diese Größen zu den gemessenen Werten der letzten 150 Jahre in Bezug setzt, lassen sich Eichkurven erstellen und frühere Zustände anhand alter Hölzer rekonstruieren. Solche Hölzer, die mit der Radiokarbonmethode als unabhängiger Methode zusätzlich datiert werden können, findet man noch bis ins Spätglazial, also bis vor ca. 15 000 Jahren.
- **Isotopenanalyse:** Die Bestimmung des Verhältnisses der Sauerstoffisotope $^{18}O : ^{16}O$ in Gletschereis oder Meeressediment ist das Standardverfahren zur Rekonstruktion des Temperaturklimas für die letzen zwei Millionen Jahre. Wassermoleküle mit $^{18}O$ verdunsten bei Erwärmung des Meeres stärker, d. h. das Verhältnis $^{18}O : ^{16}O$ nimmt in den Meeressedimenten ab, im Gletschereis nimmt es hingegen zu, da über Verdunstung, Wolkenbildung und Niederschlag mehr $^{18}O$ auf dem Gletscher abgelagert wird. Einer Änderung des $^{18}O : ^{16}O$ Verhältnisses von 0,07 ‰ entspricht etwa eine Temperaturänderung von 1 °C.

Wichtige Hinweise liefern ferner historische Berichte, speziell über Katastrophenereignisse. Hinweise auf Veränderungen der Meerestemperatur lassen sich aus Analysen von Wachstumsschwankungen der Korallenriffe ableiten. Alle diese Methoden ergeben, wenn man sie kombiniert, eine gewisse Sicherheit in der Aussage und ermöglichen auch die Rekonstruktion regionaler Unterschiede.

## 7.3.3 Der Treibhauseffekt

Es besteht heute kein Zweifel mehr daran, dass die derzeitige Klimaerwärmung an die Freisetzung von **Treibhausgasen** ($CO_2$, $CH_4$, $N_2O$, $O_3$, FCKW) gekoppelt ist (Abschnitt 7.2). Die natürlichen Ursachen (Variabilität der Sonneneinstrahlung, vulkanische Aktivitäten etc.) erklären die beobachtete Erwärmung nicht. Sie treten allerdings modulativ in Erscheinung.

Der Treibhauseffekt ist an sich ein natürliches Phänomen und spielt im Wärmehaushalt der Erde eine bedeutende Rolle. Von der einfallenden Sonnenstrahlung werden ca. 45% an der Erdoberfläche absorbiert und in langwellige Strahlung umgewandelt, die die Atmosphäre erwärmen und zum Teil von dieser als atmosphärische Gegenstrahlung wieder zurückgeworfen wird. Die Atmosphäre wirkt also als Strahlungsfalle. Wie stark Absorption und Gegenstrahlung ausfallen, hängt von den Dipolgasen ab, welche die langwellige Strahlung absorbieren und Treibhausgase genannt werden. Das wichtigste unter ihnen ist der Wasserdampf, gefolgt von Kohlendioxid und Methan. Weitere Treibhausgase sind $N_2O$, $O_3$ und FCKW. Ohne diesen Treibhauseffekt läge die Durchschnittstemperatur der bodennahen Luftschichten bei −18 °C und nicht wie jetzt bei ca. + 15 °C. Das Absorptionsvermögen ist allerdings verschieden, jenes der FCKW beispielsweise bis zu 30 000-mal, jenes von Methan 30-mal höher als das von Kohlendioxid. Auf die Temperaturwirkung umgelegt, trägt zur genannten Differenz zwischen −18 °C und + 15 °C der Wasserdampf ein Äquivalent von 21 °C bei, das Kohlendioxid 7 °C und die anderen Gase 5 °C.

Eine Zunahme der Konzentration dieser Gase muss also zwangsläufig zu einer allgemeinen Erwärmung der Erdatmosphäre führen. Der Erwärmung können die so genannten Aerosole entgegenwirken. **Aerosole** sind feinste Partikel in der Luft, die die Sonneneinstrahlung, die auf die Erdoberfläche auftrifft, positiv oder negativ beeinflussen. Negativ im Sinne eines Abkühlungseffekts, der dem Erwärmungsprozess entgegenwirkt, wirken Aerosole, indem sie die Ausbildung und Beständigkeit von Wolken steigern. Wie bei den Treibhausgasen ist auch bei den Aerosolen die Konzentration entscheidend. Diese kann wie bei manchen Treibhausgasen (z. B. Ozon) regional sehr verschieden sein. Generelle Aussagen zur Wirkung dieser Komponenten sind daher relativ schwierig und mit großen Unsicherheiten behaftet. Es kann aber insgesamt als gesichert gelten, dass Kohlendioxid und Methan den Hauptanteil am gestiegenen **Strahlungsantrieb** (*radiative forcing*) seit 1750 (festgesetztes Datum des Beginns der Industrialisierung) haben, gefolgt von den halogenierten Kohlenwasserstoffen und Distickstoffoxid.

Unter Strahlungsantrieb versteht man die Änderung des globalen Mittels der Strahlungsbilanz an der Tropopause (Grenzschicht zwischen Tropo- und Stratosphäre). Sie ist ein Maß für die Störung des Gleichgewichts zwischen empfangener Sonneneinstrahlung und der in den Weltraum abgegebenen langwelligen Temperaturstrahlung (Maßeinheit W m$^{-2}$).

Man unterscheidet natürliche und anthropogene Aerosole. Zu den natürlichen zählen Meersalz, Staub- und Ascheemissionen von Vulkanen und von natürlichen Bränden etc., welche sulfatische und karbonatische Aerosole produzieren. Anthropogen sind häufig sulfatische Aerosole, Aerosole aus Biomasse sowie schwarze und organische Aerosole aus der Verbrennung fossiler Brennstoffe. Ihre Abkühlungswirkung war zumindest in den letzten 50 Jahren zu gering, um den allgemeinen Erwärmungstrend beeinflussen zu können. Es ist außerdem zu beachten, dass manche Aerosole Erwärmungswirkung haben. Ihr Beitrag zum Klimawandel ist aber gering.

## 7.3.4 Auswirkungen des Klimawandels

Der aktuelle Klimawandel wird sich fortsetzen. Dies prognostizieren die inzwischen hoch entwickelten, computergestützten globalen Zirkulationsmodelle (*global circulation models*, GCM), die das Klimasystem der Erde simulieren (IPCC 2001). Dieses Klimasystem wird inzwischen gut verstanden, und die Modelle verknüpfen physikalische Gesetzmäßigkeiten, die dieses System bestimmen. Die Simulationsergebnisse stimmen auch mit den tatsächlich gemessenen Werten in den letzten 150 Jahren gut überein, vor allem dann, wenn die Erwärmungswirkung der anthropogenen und natürlichen Komponenten kombiniert wird.

Die Modelle sagen unter Berücksichtigung verschiedener Emissionsszenarien eine stetige globale Erwärmung im 21. Jahrhundert voraus, mit Temperaturen um 2100, die verglichen mit dem Jahr 1990 um 1,4–5,8 °C höher liegen werden (Abbildung 7.16). Diese Erwärmung wird auch die extremen Temperaturklimate der letzten 10.000 Jahre übertreffen. Für die arktischen Landgebiete und das zentrale Asien ist eine besonders starke Temperaturzunahme anzunehmen (40% über dem globalen Mittel). Geringer als das globale Mittel dürften die Temperaturzunahmen in Süd- und Südostasien und im südlichen Südamerika ausfallen. Der Pazifik wird sich im Ostteil mehr als im Westteil erwärmen. El Niño-Ereignisse werden sich häufen (Kasten 2.8). In Europa ist ein wärmeres Klima im Mittelmeerraum und im Nordosten zu erwarten, weniger entlang der Atlantikküste. Eine mögliche Verlangsamung des Golfstromes ist nicht auszuschließen. Einer dadurch bedingten Abkühlung würde aber die hohe Konzentration an Treibhausgasen über Europa entgegenwirken.

Die Atmosphäre wird allgemein feuchter, und damit werden sich die Niederschlagsmengen in vielen Teilen der Erde erhöhen, vor allem in den mittleren und hohen Breiten der Nordhemisphäre und in der Antarktis. In Europa ist vor allem für den Norden ein regenreicheres Klima anzunehmen (Parry 2000). Niederschlagsreichere Winter dürften eine allgemeine Erscheinung darstellen. Bei Extremereignissen ist vor allem mit einer Zunahme von Starkregen, Dürrephasen in kontinentalen Zonen und der Heftigkeit von tropischen Zyklonen zu rechnen. Heiße Wetterlagen werden häufiger sein, Fröste abnehmen. „Kalte Winter" werden um 2080 verschwunden sein.

### 7.3.4.1 Aktuelle und prognostizierte Auswirkungen auf Meer und Land

Die Erwärmung der letzten Jahrzehnte ist zweifellos für eine Reihe von Veränderungen sowohl im Meer als auch auf dem Land verantwortlich. Der Meeresspiegel ist bereits in den letzten 100 Jahren aufgrund der erwärmungsbedingten Expansion des Meerwassers um 0,1–0,2 m angestiegen und wird mit Bezugsjahr 1990 gegen Ende des 21. Jahrhunderts um bis zu 0,88 m höher liegen. In den mittleren und hohen Breiten der Nordhemisphäre sind heute die Seen und Flüsse um ca. zwei Wochen weniger lang vereist. Abgenommen hat auch die Schneebedeckung um 10%. Die durch polares Meereis um den Nordpol bedeckte Fläche nahm im Frühjahr und Sommer um ca. 10–15% ab. Seine Dicke verringerte sich um 40%.

Auf dem Land hat sich die Erwärmung besonders auf die **Kryosphäre** (vereiste und vergletscherte Gebiete) ausgewirkt. Die zumindest zeitweise schneebedeckte Fläche der Erde hat um 10% abgenommen. Geradezu dramatisch verlief der Rückgang der Gletscher in den Tropen und mittleren Breiten. In den Alpen verloren die Gletscher zwischen 1850 und 1994 ca. 35% ihrer Fläche und ca. 50% ihres Volumens (Abbildung 7.18). Der Trend ist ungebrochen. Mit Ende dieses Jahrhunderts wird es mit großer Wahrscheinlichkeit nur noch wenige große Alpengletscher geben.

Ähnliche Verluste wurden für den Kaukasus und den Tienshan registriert. Noch extremer ist der Gletscherschwund in den Tropen: Die Eiskappe des Kilimandscharo ist seit 1912 um 82% geschrumpft, was von einigen Glaziologen allerdings als Austrocknungsprozess gedeutet wird. Unabhängig von der Ursache wird der Kilimandscharo-Gletscher bei anhaltender Tendenz in ca. 30 Jahren verschwunden sein (Thompson et al. 2002). In den tropischen Anden sind ähnliche Gletscherrückgänge zu verzeichnen. Der Qori-Kalis-Gletscher in Peru zog sich zwischen 1963 und 1978 um 4 m/Jahr zurück (Thompson et al. 1994). In den 90er Jahren steigerte sich der Rückgang auf 30 m/Jahr.

Temperaturmessungen im Permafrost der Alpen über das letzte Jahrzehnt brachten Hinweise für eine deutliche Erwärmung (Häberli und Beniston 1998). Die Schneelage im Spätherbst bestimmt Tiefe und Variabilität des Permafrosts. Abtauen des Permafrosts bedeutet in den Hochgebirgen eine verstärkte Instabilität der Böden. In der Arktis tauen organische Schichten auf, was zur großräumigen Freisetzung der Treibhausgase $CO_2$ und Methan führen kann (Heal et al. 1998).

### 7.3.4.2 Aktuelle und prognostizierte Auswirkungen auf die natürliche Lebewelt

Die Wechselwirkungen zwischen Organismen und ihrer abiotischen Umwelt sind vielfältig und komplex. Die Biota reagieren individuell, zeitlich unterschiedlich und oft verzögert auf Änderungen der Umwelt. Klimawandelbedingte Effekte werden von nicht klimawandelbedingten Effekten, allen voran anthropogenen Störungen, überlagert. Auch wenn die prinzipiellen Mechanismen bekannt sind, lassen letztlich nur empirische Beobachtungen sichere Aussagen zu.

Im Gegensatz zur Meteorologie und Glaziologie verfügt die Ökologie nicht über langfristige Messreihen und Beobachtungsnetzwerke. Sie ist auf wenige Dauerbeobach-

tungsflächen angewiesen, die vorausschauende Forscher vor Jahrzehnten angelegt haben, oder auf altes Fotomaterial. Um diese Situation zu verbessern und ein kausales Verständnis zu gewinnen, stützt man sich derzeit vorwiegend auf Klimawandelexperimente und computergestützte Modelle, um zukünftige Zustände zu entwerfen und mögliche Reaktionen der Biosphäre zu untersuchen (Kasten 7.5). Eine gewisse Hilfe bieten zweifellos auch die Kenntnisse und Rekonstruktionen von Veränderungen in

**Abb. 7.18:** Rückgang der Gletscher in den letzten 100 Jahren am Beispiel der Pasterze am Großglockner, des längsten Gletschers Österreichs. Oben um 1900 (Sammlung Gesellschaft für ökologische Forschung) und unten um 2000 (Gesellschaft für ökologische Forschung / Wolfgang Zängl).

Mit computergestützten Modellen wird heute versucht, die Auswirkungen möglicher Klimawandelszenarien, wie sie von **Klimamodellen** (GCM, *global circulation model*) produziert werden, zu erkunden. Im Vordergrund steht dabei in der Regel die Vegetation, vereinzelt auch ausgewählte Pflanzenarten. Es können zwei Typen von Modellen unterschieden werden:

- **Prozessorientierte Modelle** (mechanistisch oder dynamisch): Diese Modelle setzen bei den physiologischen Prozessen an, die von den Klimafaktoren beeinflusst werden (z. B. Strahlungsabhängigkeit der Photosynthese). Sie setzen zumindest für dominante Arten eines Vegetationstyps eine möglichst gute, artspezifische Kenntnis der Schlüsselprozesse in ihrer Abhängigkeit von Klima und Boden voraus, d. h. sie beruhen auf ihrer fundamentalen **ökologischen Nische**. Dadurch wäre es theoretisch auch möglich, Klimabedingungen prognostisch zu bearbeiten, für die es heute keine Beispiele gibt. Die mechanistischen Modelle scheitern aber vielfach daran, dass die fundamentale Nische der behandelten Arten ungenügend bekannt ist.
- **Wahrscheinlichkeitsmodelle** (Gleichgewichtsmodelle): Wahrscheinlichkeitsmodelle gehen davon aus, dass sich ein Vegetationstyp, der heute unter bestimmten Klimabedingungen vorkommt, zukünftig auch dort entwickeln

wird, wo sich die passenden Klimabedingungen einstellen werden. An Klimadaten wurden für die frühen Generationen dieser Modelle Mittelwerte (z. B. Jahresmittel der Temperatur) verwendet. In der Zwischenzeit stützt man sich auf Schwellenwerte, wie die Möglichkeit des Auftretens letaler Fröste für Schlüsselarten, zu erreichende Wärmesummen für die Wachstumsprozesse, Trockengrenzen etc. Diese Werte sind vom meteorologischen Beobachtungsnetzwerk in relativ hoher Dichte zu erhalten, womit die Modelle gegen die tatsächlich vorgefundene Vegetation (oder Artenpräsenz) geeicht werden können. Verknüpft mit GCMs lassen sich räumlich explizite Modelle entwickeln.

Das in Abbildung a und b vorgestellte Beispiel zeigt das Ergebnis einer Modellrechnung für das **Doppel-CO$_2$-Szenario** in Europa. Vegetationstypen, wie sie z. B. für das heutige Mittelmeergebiet typisch sind (z. B. Hartlaubwälder) könnten potenziell weiter im Norden wachsen. Ebenso würde sich das potenzielle Laubwaldareal nach Osten und Norden ausweiten. Von höheren Niederschlägen und Erwärmung würde auch die warmtemperate, immergrüne Laubwaldzone profitieren. Wichtig ist dabei, dass diese Modelle die Potenziale wiedergeben. Inwiefern sich diese realisieren, hängt dann aber von den Ausbreitungsmöglichkeiten der Arten und vielen anderen Faktoren ab.

---

der Vergangenheit. Mit Hilfe der Pollenanalyse konnten die Entwicklung der Waldvegetation seit dem Spätglazial aufgeklärt und auch die Vegetationsentwicklung in den Interglazialen erforscht werden. Analysen von Makroresten (Pflanzenteilen, Käferflügeln, Kieselalgenschalen etc.) aus Mooren, Seesedimenten oder Tierbauten liefern gute Vorstellungen der Lebewelt in prähistorischer Zeit.

Die wenigen genauen Vergleichsstudien der aktuellen Situation mit jener zu Beginn des 20. Jahrhunderts beweisen, dass der beobachtete Klimawandel ökologisch relevant ist (Pauli et al. 2001). Höhere Artenzahlen auf den hohen Gipfeln der Alpen (> 3 000 m) sind ein Indiz für das allgemeine und auch postulierte Höherrücken der alpinen Vegetation (Abbildung 7.19). Allerdings liegt dieses weit hinter dem möglichen zurück: Die in den Alpen beobachtete Temperaturzunahme von durchschnittlich 1,2 °C entspräche gemäß der gesetzmäßigen Temperaturabnahme von 0,5–0,7 °C pro 100 m einer **Höhenverschiebung** geeigneter Lebensbedingungen um mehr als 200 m. Gemittelt über die neun Dekaden von 1900–1990 wären dies ca. 20 m pro Dekade. Die ermittelten Aufstiegsraten für die Alpenpflanzen an den untersuchten Hochalpengipfeln, für die präzise Höhenangaben aus früherer Zeit vorlagen, betrugen aber maximal 4 m pro Dekade. Die hochalpine Pflanzenwelt reagierte also, die realen Ausbreitungsmöglichkeiten bleiben hinter der potenziellen aber zurück. Die Frage, inwieweit bei Samenpflanzen Ausbreitung über weite Strecken stattfindet und stattfinden kann, ist

zweifellos der Schlüssel zur realen Einschätzung von Vegetationsveränderungen.

Hochgebirgspflanzen sind oft sehr langlebig (mehrere Dutzend bis Hunderte von Jahren). Aufgrund des rauen Klimas konzentrieren sich zudem viele Arten auf langsame vegetative Verbreitung. Wir können daher erwarten, dass diese Arten zunächst weiter existieren und dazu beitragen, die Anpassungen an neue Klimabedingungen durch zuwandernde Arten zu verzögern. Aus den quartärbotanischen Befunden der letzten 10 000 Jahre kann man ableiten, dass nur ausgesprochene Pionierarten mit flugfähigen Samen ihre Areale um mehr als 100 m/Jahr ausgedehnt haben (Bryant 1997). Dabei hat sicher ein **Fülleffekt** diese Zahl wesentlich mitbestimmt. Unter Fülleffekt ist zu verstehen, dass kümmernde Vorposten von Pflanzenarten (Bäume im Speziellen) unter verbesserten Bedingungen hochwachsen und/oder reproduzieren können.

Die globalen Prognosen zur Vegetationsveränderung nehmen für das **Szenario des doppelten CO$_2$-Gehaltes** von heute an, dass vor allem im Norden und den mittleren Breiten potenziell signifikante Vegetationsveränderungen auftreten werden. In Europa können immergrüne Wälder (z. B. mit immergrünen Eichen) vor allem vom Südwesten her vordringen und stellen dann die potenziell natürliche Vegetation dar (Kasten 7.5). Laub abwerfende Wälder expandieren von Mitteleuropa nach Osten und Norden, einige Gebiete (pannonisches Tiefland, östliches Harzvor-

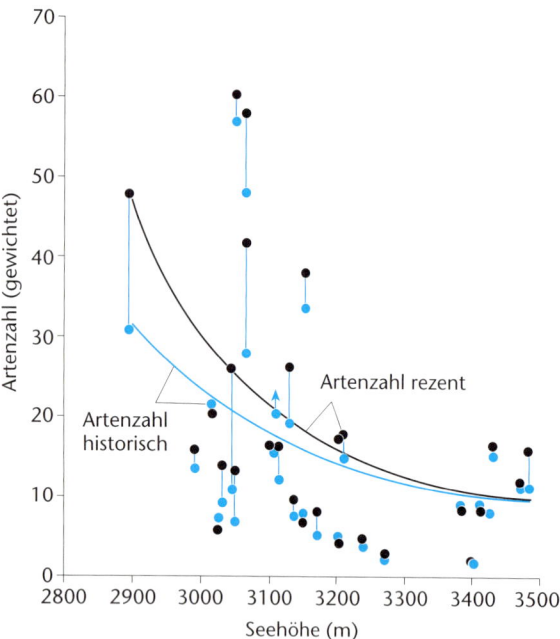

**Abb. 7.19:** Anstieg der Zahl an Blütenpflanzenarten in den letzten 50–100 Jahren auf 30 Gipfeln der Gletscherregion in den Zentralalpen. Arten mit geringer Individuenzahl wurden abgewichtet, da möglicherweise die eine oder andere Art übersehen wurde. Arten mit individuenreichen Populationen wurden gleich 1 gesetzt, Arten mit nur wenigen Individuen 0,5 und sehr seltene mit nur 1–3 Individuen wurden mit 0,25 bewertet. Durch die Gewichtung ist im Falle einer Zunahme mit großer Sicherheit davon auszugehen, dass eine solche tatsächlich stattgefunden hat. Zwei Drittel der Gipfel zeigten signifikante Anstiege, auffällige Rückgänge gab es in keinem Fall. Nach Grabherr et al. (1994).

land) könnten möglicherweise versteppen. Im hohen Norden verliert die Tundra beträchtliche Teile ihres heutigen Areals. Grundsätzlich stehen den Zonen, in denen sich der Klimawandel auswirken wird, auch stabile Zonen gegenüber, in denen keine wesentlichen Veränderungen auftreten werden. Zu letzteren zählen vor allem die Tropen, aber auch manche Regionen Mitteleuropas (Kasten 7.5).

Nicht unterschätzt werden darf das vielfach durch den Klimawandel postulierte Ausrottungssyndrom. Endemiten oder Reliktarten besiedeln oft nur sehr kleine Areale und sind stenök. Veränderte Lebensbedingungen gefährden sie direkt, oder sie werden von expandierenden Arten verdrängt. Besonders anfällig sind Inselfloren und -faunen sowie die Lebewelt der Hochgebirge. Dies gilt besonders dort, wo der Lebensraum für den Bergwald oder die alpine Lebewelt nach oben hin begrenzt ist. Beispielsweise beträgt der Anteil alpiner Pflanzenarten (Farn- und Blütenpflanzen) an der europäischen Flora fast ein Viertel (ca. 2500 Arten) (Väre et al. 2003). Alle alpinen Zonen in Europa von den mediterranen bis zu den nordischen Hochgebirgen zusammengenommen entsprechen aber nur 3% der Gesamtfläche des Kontinents. In einigen Hochgebir-

gen Europas wie der Sierra Nevada in Spanien, im Südural, in den Bergen Kretas und Südgriechenlands sowie Teilen der Alpen könnte ein solch katastrophales Artensterben tatsächlich eintreten.

Im Gegensatz zu wurzelnden Pflanzen sind viele Tiere mobil und können passende Habitate aktiv aufsuchen. Die Tierwelt reagiert daher sehr rasch. Das Fehlen geeigneter Fluchträume bzw. der Verlust von Futterpflanzen führen allerdings ebenso rasch zum Aussterben von Populationen. Auf der anderen Seite können verloren gegangene Habitate wieder zurückerobert werden. Pflanzenbestände verändern sich hingegen mehr im Sinne langfristiger Trends.

Für 58 europäische und amerikanische Schmetterlinge wurde nachgewiesen, dass diese im letzten Jahrhundert ihr Areal um 35–200 km nach Norden verlagerten, was größenordnungsmäßig der latitudinalen Klimaerwärmung entsprach (Parmesan 2001). Für den amerikanischen Schmetterling *Euphydryas editha* wurde auch nachgewiesen, dass die Lebensräume im Süden verlassen wurden, obwohl keine Veränderung des Standortes zu verzeichnen war (Parmesan 1996). In ähnlicher Weise verschwand in den letzten beiden Jahrzehnten auch der Apollofalter (*Parnassius apollo*) von Gipfeln im französischen Jura, die nicht höher als 850 m waren.

Die Erwärmung der oberflächennahen Zonen des Meeres hat nachweislich ebenso Konsequenzen. Besonders empfindlich reagiert die Korallensymbiose zwischen Polyp und den Photosynthese betreibenden Grün- und Rotalgen (Zooxanthellen) auf Temperaturveränderungen. Die Erwärmung, die in den letzten Jahren durch ausgeprägte El Niño-Phasen auftrat, führte in manchen Tropenmeeren zu einem beängstigenden Absterben der Korallen, d.h. die Riffe bleichten aus (Hoegh-Guldberg 1999). Von dieser Korallenbleiche können sich die Riffe wieder erholen. Bei der prognostizierten Häufung von El Niño-Jahren und Intensitätssteigerung ist allerdings mit einer langfristig empfindlichen Störung der Korallenriffe und ihrer Lebewelt zu rechnen.

### 7.3.4.3 Aktuelle und prognostizierte Auswirkungen auf menschliche Nutzsysteme

Der Klimawandel trifft nicht nur die Naturräume, sondern genauso auch die Kultur- und Stadtlandschaften. Da die verschiedenen Nutzungsformen die Ausprägung von Vegetation, Tierwelt und Landschaft im Sinne ökologischer Störungen bestimmen, sind direkte Klimawirkungen aber nur zweitrangig und nicht unifaktoriell wirksam wie etwa im Hochgebirge, wo der menschliche Einfluss weitgehend fehlt.

Grundsätzlich kann man davon ausgehen, dass bei einer Erwärmung große Gebiete der nördlichen Waldzone (Taiga) für den Ackerbau verfügbar, heutige agrarische Gunstlagen dagegen ihre Vorrangstellung verlieren werden. Forstwirtschaftliche Nachteile sind dann zu erwarten, wenn standortfremde Arten (z. B. Fichte) in Holzplantagen genutzt werden. Großflächige Schäden sind wahrscheinlich, wie Modellrechnungen für die österreichischen Wälder nahe legen (Lexer et al. 2001). Auf der anderen Seite wurde in den letzten Jahren ein allgemein verstärkter Holzzuwachs nachgewiesen, möglicherweise ein Effekt des wärmeren Klimas und vor allem des gestiegenen atmosphärischen Stickstoffeintrags (Abschnitt 7.3.2).

Die Land- und Forstwirtschaftsszenarien zeigen deutlich, dass es beim Klimawandel Gewinner und Verlierer gibt. Zu den Verlierern zählen etwa die vom Anstieg des Meeresspiegels bedrohten Malediven, viele pazifische Inseln, Küstenländer wie Bangladesch und Holland oder Küstenstädte wie Bangkok und Dakka. In den Alpen verlieren berühmte Wintersportorte die Schneesicherheit, welche bei einem Doppel-$CO_2$-Szenario nur noch über 1500 m gegeben sein wird, sodass nur dort ein ökonomisch profitabler Skibetrieb möglich sein wird. Vermehrt wird es zum Einsatz von Kunstschnee mit seinen negativen Auswirkungen besonders auf alpine Fließgewässer kommen, obwohl dieser langfristig das Problem nicht lösen kann.

Der Klimawandel hat zweifellos auch Einfluss auf die Verbreitung von **Neobionten**. Bereits mit der Erwärmung der Städte in den 30er Jahren des vorigen Jahrhunderts durch Zentralheizungen, dichtere Verbauung, Asphaltierung etc. (Stadtklima) begann sich der als Ziergehölz aus Japan eingebrachte Götterbaum (*Ailanthus altissima*) in den Großstädten Mitteleuropas auszubreiten. Ihm folgte der Götterbaumspinner (*Samia cynthia*), ein monophager Großschmetterling (wahrscheinlich von Entomologen eingebracht). Von den Städten aus beginnt sich der Götterbaum nun in naturnahen Wäldern festzusetzen (z. B. Donauauen).

Ebenfalls eine Folge der allgemeinen Erwärmung ist das Auswandern südlicher Arten aus Parks und Gartenanlagen. Besonders spektakulär ist die so genannte **Laurophyllisierung** in den wintermilden Lagen um die Alpen (Walther et al. 2001): In den kollinen Wäldern des Tessin (Eiche, Kastanie) haben sich inzwischen Kampferbaum (*Cinnamomum camphora*) aus dem Himalaja, Kirschlorbeer (*Prunus laurocerasus*) aus Kleinasien und die Hanfpalme (*Trachycarpus fortunei*) aus Ostasien etabliert und verhalten sich wie heimische Arten. Das Potenzial des Neophytenpools in Gärten, Wildkrautfluren und Parkanlagen ist sehr zu beachten und könnte noch manche Überraschung bereiten. Dies gilt vor allem in Nationalparks und anderen Schutzgebieten, in denen die Zuwanderer in Konkurrenz zu den Schutzgütern treten.

Es ist selten, dass wie beim Götterbaum eine an den Neophyten gebundene Tierart folgt. Meist ist dies nicht der Fall, und besonders dann, wenn Neophyten und Neozoen dominant in Erscheinung treten, hat dies nachhaltige Konsequenzen für die jeweiligen Lebensgemeinschaften. Meist können die heimischen Arten (z. B. die Phytophagenkomplexe) den Neophyten nicht nutzen (*undercon-nected species*). Es gibt aber auch Fälle, wo genau das Gegenteil der Fall ist und etwa durch hohes Nektarangebot (z. B. Riesenbärenklau *Heracleum mantegazzianum*) Bestäubergilden von den heimischen Arten abgelenkt wer-

den (*overconnected species*). Klimawandel wirkt also im Detail sehr differenziert auf die Lebensgemeinschaften.

Schwer abzuschätzen ist auch der Klimawandel in seiner Wirkung auf land- und forstwirtschaftliche Schadorganismen bzw. auf Parasiten und Krankheitserreger, die ihre Areale ausdehnen oder, wenn als Neophyten, Neozoen, Neomykoten, Neomikroben bereits vorhanden, ihre lokale und regionale Virulenz steigern. So hat sich in den letzten Jahren der Feuerbrand, eine Bakteriose (*Erwinia amylovorum*), die Kernobst befällt und zum Absterben bringt, in Mitteleuropa epidemisch ausgebreitet. Der Erreger stammt aus Nordamerika und war schon lange in Europa bekannt. Die massive Ausbreitung erfolgte aber erst in den letzten Jahren. Der Feuerbrand ruiniert nicht nur Birnen- und Apfelplantagen, sondern gefährdet auch traditionelle Kulturlandschaften von ästhetisch hohem Wert (z. B. klassische Streuobstlandschaften am Bodensee, österreichisches Mostviertel, schweizerisches Alpenvorland). Unter den Krankheitserregern, die sich klimawandelbedingt in den letzten Jahrzehnten ausgebreitet haben, sind vor allem Malaria und Dengue-Fieber zu nennen (Epstein et al. 1998). Modellrechnungen beweisen, dass mit zunehmender Erwärmung die Malariaerreger, deren Entwicklungsstadien in den *Anopheles*-Mücken an Temperaturen über 16–19 °C gebunden sind, in höhere Breiten und Gebirgszonen vordringen werden. Dieser Prozess ist in einigen tropischen Gebirgsländern bereits zu beobachten (Neuguinea, Usambara-Berge Tansanias, Hochländer von Kenia).

### 7.3.4.4 Das Anthropozän – ein neues geologisches Zeitalter

Klimawandel operiert nicht einfach nach dem Ursache-Wirkungs-Prinzip. Eine einfache Änderung im Klimasystem kann Kaskadeneffekte auslösen, die selbstverstärkend sind und weit entfernt von der ursächlichen Störung Wirkungen auslösen können. Es wurde beispielsweise nachgewiesen, dass verglichen mit Afrika der Durchmesser der Aerosolpartikel über dem Amazonasbecken größer ist – eine Erscheinung, die mit dem stärkeren Abbrennen der Regenwälder zur Kulturlandgewinnung zusammenhängt. An größeren Partikeln kondensieren größere Tropfen, die Regenhäufigkeit steigt, und die Wolkendauer nimmt ab, wodurch sich das Strahlungsklima wiederum ändert. Letztlich wird die großflächige Umwandlung von Regenwald in Grasland bzw. Ackerflächen das gesamte Zirkulationssystem der Atmosphäre verändern, wie Modellrechnungen nahe legen.

Das saisonale Abbrennen der Kulturflächen (teils außer Kontrolle geratend und in den Regenwald ausufernd) in Südostasien setzt jährlich eine Kohlenmonoxidwolke frei, die sich über den gesamten Nordpazifik bis an die amerikanische Westküste ausdehnt. Kohlenmonoxid ist ein oxidierendes Gas, das auf den Atmosphärenchemismus zahlreiche Auswirkungen hat (z. B. Steigerung der Methankonzentration). Staubstürme über den (großteils natürlichen) Savannen und Wüsten Südafrikas bzw. der Sa-

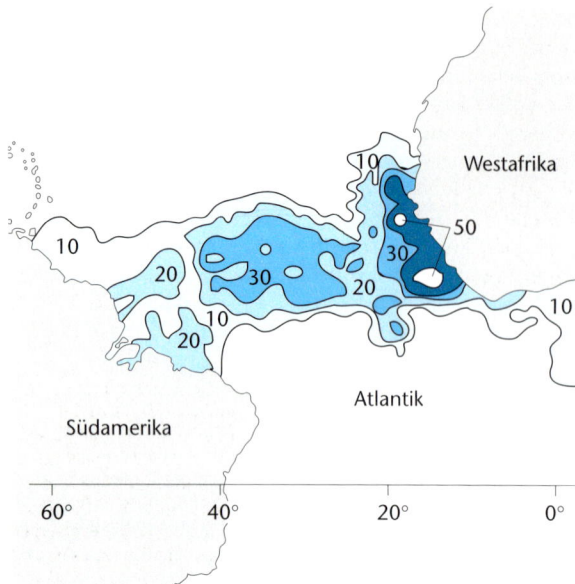

**Abb. 7.20:** Land-Meer-Interaktionen: Staubstürme aus der Sahara bringen Staub in den Atlantik im Bereich der Kanarischen Inseln. Stäube gleichen den Eisenmangel im Wasser aus und können so die Primärproduktion des Planktons steigern, was letztlich wieder Auswirkungen auf die $CO_2$-Löslichkeit des Meerwassers und damit auf den atmosphärischen $CO_2$-Gehalt hat. Zudem liefert der Phosphatanteil des Saharastaubes einen wesentlichen Beitrag zum Wachstum der südamerikanischen Tropenwälder. Ein solcher Sandsturm transportiert durchschnittlich 300 000 t Saharastaub. Zahlen beziehen sich auf die mit Satelliten gemessene optische Dichte (relativer Wert). Nach Swapt et al. (1992).

hara erzeugen riesige Staubwolken, die gegen Australien bzw. die Kanarischen Inseln (Abbildung 7.20) driften, sukzessive ins Meer gelangen und dort hohe Planktonproduktion auslösen (vor allem durch den Eisengehalt der Stäube, Watson et al. 2000). Hohe Planktonproduktion bindet Kohlenstoff, der bei manchen Planktonorganismen in Kalkgehäusen festgelegt wird. Gehäuse von abgestorbenem Plankton sinken auf den Meeresgrund und werden dort quasi für „ewige" Zeiten deponiert. Bis zu 25 % der Planktonproduktion wird so festgelegt und damit Kohlenstoff dem biogenen Kreislauf entzogen. Wir sehen also sehr deutlich, dass die Biosphäre eine Schlüsselrolle in den geochemischen Kreisläufen spielt (Abschnitt 5.2.2) und mit ihrem Selbstregulierungspotenzial das Klimasystem beeinflusst.

Die Landnutzungsänderungen in Vergangenheit und Gegenwart, kurzfristige Klimaschwankungen und längerfristige Trends sowie politisch oder sozioökonomisch induzierte Entwicklungen können den prognostizierten Klimawandel und dessen Folgewirkungen kumulativ verstärken. Massive Staubstürme im Norden Chinas setzten im März/April 2001 eine große Staubwolke frei, die über den Pazifik bis Nordamerika transportiert wurde. Ursache dafür waren ein langfristiger Trend zu geringeren Niederschlägen in Nordwestchina, die fast vollständige Umwandlung des Waldes in Kulturland (teils bis in prähistorische Zeit zurück-

reichend) und die politisch bestimmte Inkulturnahme suboptimaler Randzonen als Ersatz jener agrarischen Gunstflächen, die der Urbanisierung zum Opfer fielen.

Das letzte Beispiel zeigt, dass die anthropogenen Effekte massiv auf die Regulierungssysteme der Erde wirken und möglicherweise bereits irreversible Veränderungen ausgelöst haben (z. B. mit der Erhöhung des Kohlendioxidgehalts in der Atmosphäre von 280 ppm auf 360 ppm). Das Anthropozän ist angebrochen.

# 7.4 Die Erde als Superorganismus?

## 7.4.1 Die Gaia-Hypothese

Nach der gängigen Vorstellung ist unsere Erde ein größtenteils mit Wasser bedeckter toter Gesteinskörper. In den Ozeanen entstand zu einem frühen Zeitpunkt, unabhängig von der Erde selbst und ihrer geophysikochemischen Entwicklung, im Rahmen der biologischen Evolution Leben.

Der englische Kybernetiker und Atmosphärenchemiker James Lovelock hat 1973 die Behauptung aufgestellt, dass die Erde erst durch die Aktivität der lebenden Organismen in einen lebensfreundlichen Zustand gebracht und auch darin gehalten wird. Die Erde sei also nicht nur ein von Lebewesen bewohnter Planet, sondern sie verhalte sich selbst wie ein lebender Organismus. Die physikalische und chemische Umwelt seien so eng an die Evolution des Lebens gekoppelt, dass die Veränderung der Umwelt und die Entstehung des Lebens eine einzige, untrennbare Entwicklung sei. Die heutige Biosphäre ist demnach nicht das ungerichtete Ergebnis eines evolutionären Prozesses, sondern sie wird als direkte Lebensäußerung der Erde verstanden (Lovelock 1991, 1992). Im Extemfall wurde von manchen Autoren gefolgert, dass die aktuelle ökologische Krise der Menschheit (Nentwig 1995, WBGU 1999–2001) mit ihren schädigenden Auswirkungen auf die Atmosphärenchemie und die beginnende Klimaveränderung als Reaktion der Erde auf die zunehmende Bevölkerungsdichte und Umweltbelastung verstanden wird, wobei die Verschlechterungen unserer Umweltbedingungen quasi als Reaktion auf die Krankheit „Mensch" gesehen wird, vergleichbar einer immunologischen Antwort oder einem Fieberschub.

Zu Beginn des 19. Jahrhunderts, lange bevor der Begriff Ökologie 1866 durch Ernst Haeckel geprägt wurde, betonte Alexander von Humboldt, wie sehr die verschiedenen Naturkräfte zusammenwirken. Als Naturwissenschaftler sah er den Menschen als Teil der Natur und in Abhängigkeit von der Natur und erkannte die Erde als Teil eines übergeordneten Ganzen. Seine distanzierte Sicht der Erde wie von einem hohen Berg oder aus dem Weltraum greift in bemerkenswerter Weise den Beschreibungen der Astronauten bzw. Kosmonauten vor, welche seit den ersten Weltraumflügen 1962 immer wieder die Schönheit und Fragilität der Erde betont haben. Solche Gedanken haben zweifellos Lovelock und seine Gaia-Hypothese mitgeprägt.

Auf einen Vorschlag des Literatur-Nobelpreisträgers William Golding (*Herr der Fliegen*) hin hat Lovelock seine Überlegungen unter der Bezeichnung Gaia-Prinzip (wir sprechen lieber von Gaia-Hypothese) zusammengefasst. Dieser Name verwendet das griechische Wort *gaia* für „Erde", welches auch die Erdgottheit bezeichnet, die in der Mythologie die Stammmutter aller anderen Götter war. Die Gaia-Hypothese spannt einen weiten Bogen von naturwissenschaftlich überprüfbaren Fakten bis hin zu einer esoterischen Ersatzreligion oder Ideologie. Manche Darstellungen erwecken auch den Eindruck, dem darwinistischen, mechanistischen Weltbild der modernen Biologie solle ein animistisches, teleologisches entgegengestellt werden. Lovelock selbst legte allerdings Wert auf die Feststellung, dass die Gaia-Theorie eine wissenschaftliche Theorie wie jede andere auch ist, welche durch experimentelle Befunde bestätigt bzw. widerlegt werden kann.

## 7.4.2 Die Veränderung der Erdatmosphäre durch Lebewesen

Eine wichtige Argumentation von Lovelock bezieht sich auf die Entwicklung der Erdatmosphäre. Ursprünglich bestand diese ähnlich wie die Atmosphäre von Mars und Venus zu 95−97% aus $CO_2$, zu 3−4% aus Stickstoff sowie Spuren von Sauerstoff, Wasser, Argon und weiteren Gasen. Wegen dieser lebensfeindlichen Atmosphäre gibt es kein Leben auf Mars und Venus. Weil die Erde aber ihre Atmosphäre den Erfordernissen des (heutigen) Lebens anpasste, hat sie sich gemäß der Gaia-Hypothese selbst das heutige Leben ermöglicht.

Die Erde ist etwa 4,6 Milliarden Jahre alt (Stanley 1999). Nach ihrer Entstehung kühlte sie ungefähr eine halbe Milliarden Jahre lang ab und hatte vor rund vier Milliarden Jahren erstmals eine feste Kruste gebildet. Damals war die Atmosphäre auch auf der Erde ähnlich der von Venus und Mars: Sie bestand vor allem aus $CO_2$, Stickstoff und Wasserdampf. Aufgrund einer deutlich günstigeren Entfer-

nung zur Sonne konnte jedoch auf der Erde vor etwa vier Milliarden Jahren die 100 °C-Grenze unterschritten werden, sodass sich freies Wasser bildete, welches zur Entstehung eines Urmeeres führte. Auf der Venus war es hierzu wegen der Nähe zur Sonne nie kühl genug, auf dem Mars wegen der größeren Entfernung zur Sonne vermutlich zu schnell wieder kalt. Ein freier Wasserkörper bietet viele Vorteile für die Entstehung des Lebens, denn wegen der Wärmekapazität des Wassers stabilisierten sich die klimatischen Bedingungen. Für viele Substanzen ist Wasser zudem das ideale Lösungsmittel („**Ursuppe**"), sodass sich erste Biomoleküle bilden konnten.

In den 20er Jahren formulierten der russische Biochemiker Oparin und der Brite Haldane unabhängig voneinander ihre „Theorie der Ursuppe". Danach sollten organische Verbindungen durch chemische Prozesse in der Atmosphäre entstehen, sich in den Weltmeeren anreichern und eine Art Ursuppe bilden, aus der sich durch Zusammenlagerung der organischen Komponenten im Laufe der Zeit komplexere Strukturen ergaben. Aus diesen könnten schließlich erste biologische Membranen mit stabilen Stoffwechselprozessen und durch biologische Evolution schließlich die ersten lebenden zellkernlosen Prokaryoten entstanden sein, die sich im Laufe der Zeit zu höheren Lebewesen weiterentwickelten (Abbildung 7.21). Mit einem berühmt gewordenen Experiment des Chemikers Stanley Miller wurden 1953 erste Beweise für diese Theorie gefunden. Miller simulierte die atmosphärischen Bedingungen, die auf der Urerde geherrscht haben mussten, in einem Glaskolben und fügte Energie durch elektrische Entladungen zu. Anschließend konnte er nachweisen, dass in seiner Apparatur unterschiedliche organische Verbindungen entstanden waren. In zahlreichen Simulationen wurde Millers Versuch in der ganzen Welt nachvollzogen. Unabhängig davon, auf welche Ausgangsstoffe man zurückgriff, sofern im Gemisch Kohlenstoff, Wasserstoff und Stickstoff vorhanden waren, entstanden praktisch immer die zur Entstehung von Leben erforderlichen, wesentlichen Komponenten wie Aminosäuren, niedere Karbon- und Fettsäuren, Zucker, Purine (Nucleotidbasen), Porphyrine und Isoprene (Deamer und Fleischaker 1994).

Vor allem aber löst Wasser sehr gut **$CO_2$**. Durch chemische Prozesse wurde dieses in Calcium- und Magnesiumcarbonat umgewandelt, welche als Sediment abgelagert wurden. Im Rahmen späterer tektonischer Faltungen entstanden riesige Gebirgszüge (z. B. Jura, Dolomiten), die auf eindrückliche Weise demonstrieren, in

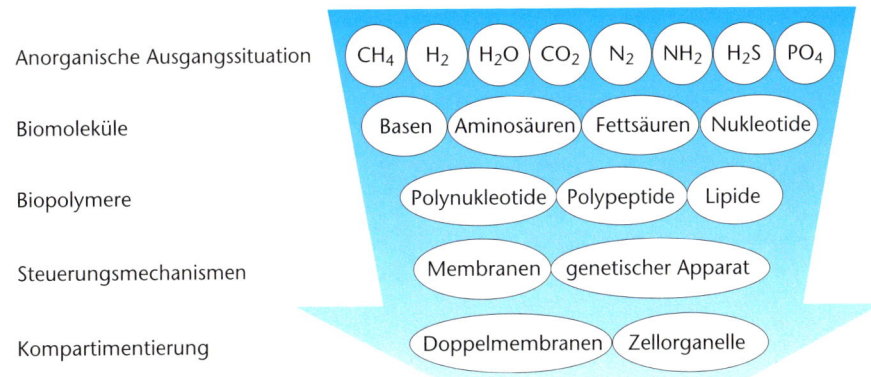

| | |
|---|---|
| Anorganische Ausgangssituation | CH₄  H₂  H₂O  CO₂  N₂  NH₂  H₂S  PO₄ |
| Biomoleküle | Basen  Aminosäuren  Fettsäuren  Nukleotide |
| Biopolymere | Polynukleotide  Polypeptide  Lipide |
| Steuerungsmechanismen | Membranen  genetischer Apparat |
| Kompartimentierung | Doppelmembranen  Zellorganelle |

**Abb. 7.21:** Aufbauend auf der Theorie der Ursuppe, ermöglicht die Entwicklung von Biomolekülen über Polymerbildung und Kompartimentierung in Membransystemen eine zunehmende Komplexität, die schließlich zur Entstehung sich selbst reproduzierender erster Zellen führte.

welch gewaltigem Umfang atmosphärisches $CO_2$ abgelagert wurde (Abschnitt 5.2.2.2). Diese Reduktion des atmosphärischen $CO_2$ (von über 90% Anteil an der Atmosphäre auf unter 1% in relativ kurzer Zeit) brachte aber noch einen weiteren Vorteil: $CO_2$ absorbiert einfallende und rückgestrahlte Infrarotstrahlung, sodass es bei hoher Konzentration zu einem starken **Treibhauseffekt** kommt. Auf der Venus führt dies in einer fast reinen $CO_2$-Atmosphäre zu Oberflächentemperaturen von etwa 470 °C. Auf der Erde führte die Bildung der Carbonatsedimente hingegen zu einer beträchtlichen Reduktion des Treibhauseffekts (Abbildung 7.22). Die wenigen verbliebenen natürlichen Treibhausgase, vor allem Wasserdampf und das restliche $CO_2$, erhöhen die durchschnittliche Erdtemperatur, die sich ohne diese Gase bei etwa −18 °C einstellen würde, um rund 33 °C. Dank dieser Atmosphäre weist die Erde heute also eine durchaus wohnliche durchschnittliche Oberflächentemperatur von 15 °C auf.

Der Atmosphärenchemiker Harold Urey erkannte als Erster, dass die damalige Atmosphäre in geringen Mengen auch Wasserdampf enthalten hat. Er nahm an, dass die UV-Strahlung zu einer photolytischen Spaltung des Wasserdampfes geführt haben musste. Der dabei entstandene Wasserstoff verflüchtigte sich aufgrund seiner geringen Dichte ins Weltall, der Sauerstoff blieb zurück und bildete eine erste, recht geringfügige Ozonschicht aus. Quantitative Berechnungen ergaben, dass sich aufgrund dieses Effekts eine Gleichgewichtskonzentration von etwa 0,02% Sauerstoff in der Atmosphäre befunden haben musste, also gerade 0,1% des heutigen Gehalts. Die aus dieser geringen Konzentration resultierende Ozonschicht (siehe unten) absorbierte aber bereits einen Teil der UV-Strahlung, sodass hierdurch auch UV-empfindliche Verbindungen wie Aminosäuren, die zur Entstehung von Leben ent-

scheidend waren, gebildet werden konnten. Andere Verbindungen wurden hingegen rasch wieder zersetzt. Die wichtigen Bestandteile der Ursuppe konnten sich unbeschadet in der Atmosphäre halten und wurden vom Regen in die Ozeane gewaschen, wo sie unter einer Wasserschicht von einigen Metern vor der UV-Strahlung geschützt waren. Später wurde dieser Effekt **Urey-Effekt** genannt (z. B. Follmann 2001).

Die ältesten **Mikrofossilien** sind etwa 3,8 Milliarden Jahre alt (Stanley 1999) und haben ihren Energiebedarf vermutlich durch **Gärung** gewonnen, bei der z. B. aus Zucker Ethanol und $CO_2$ entstand:

$$C_6H_{12}O_6 \rightarrow 2\,C_2H_5OH + 2\,CO_2$$

Der Energiegewinn durch Gärung ist gering, vergärbare Substrate standen nur in geringem Umfang zur Verfügung, und die Produkte konnten nicht weiter verarbeitet werden. Die Entwicklung dieser **Heterotrophen** blieb also begrenzt (Abschnitt 5.2.1.1).

Der Durchbruch in dieser frühen Phase der Evolution war sicherlich die Entwicklung der **Autotrophie**. Vermutlich entstanden zuerst Chemoautotrophe, welche $CO_2$ als Elektronenakzeptor und Wasserstoff als Elektronendonator verwendeten. Als Produkt kann beispielsweise Essigsäure

$$2\,CO_2 + 4\,H_2 \rightarrow CH_3COOH + 2\,H_2O$$

oder bei Methanbakterien auch Methan

$$CO_2 + 4\,H_2 \rightarrow CH_4 + 2\,H_2O$$

entstehen.

**Abb. 7.22:** Relative Veränderung zentraler Komponenten der Erdatmosphäre und Schlüsselereignisse der biologischen Evolution.

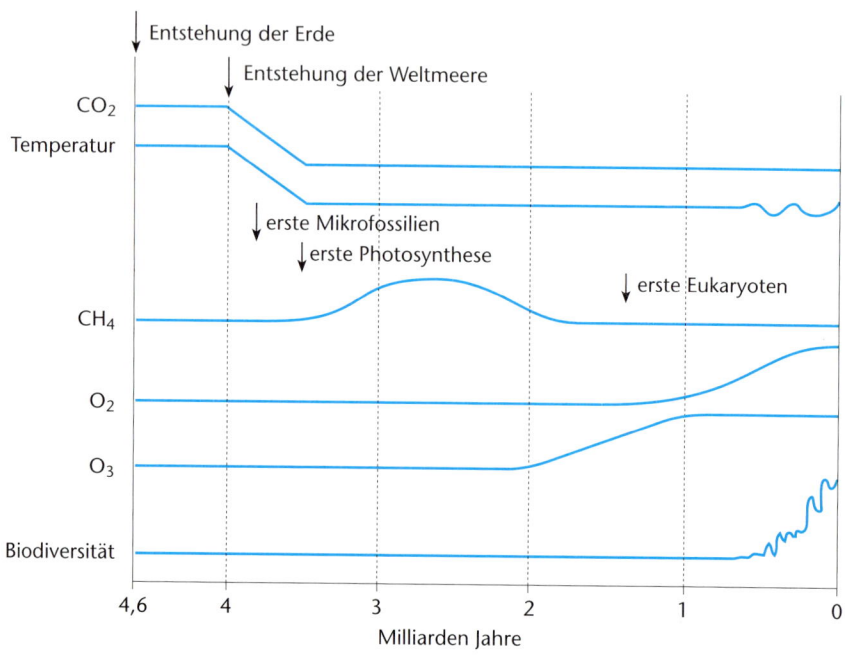

Die Aktivität der **Chemoautotrophen** führte zu einer weiteren Reduktion des $CO_2$-Gehalts in der Atmosphäre. Da freier Wasserstoff als Energiequelle aber nicht unbegrenzt verfügbar war und nur über Vulkanismus nachgeliefert wurde, konnte eine Ausweitung der Lebensaktivitäten nur über eine Weiterentwicklung zu **photoautotrophen** Organismen erreicht werden, welche durch die Photosynthese die unbegrenzt eingestrahlte Energie der Sonne nutzten. Um genügend Sonnenenergie zu erhalten, mussten diese Organismen aber in der Nähe der Wasseroberfläche leben und haben sich dort vermutlich durch gallertige Exkrete oder Ähnliches vor der starken UV-Strahlung geschützt. Der älteste fossile Beleg für die Photosynthese ist etwa 3,5 Milliarden Jahre alt; es handelt sich hierbei um gewaltige riffartige Stromatolithe, also Kalkausscheidungen von Cyanobakterien, die zuerst bei Südafrika, später fast weltweit nachgewiesen wurden (Abbildung 7.23).

Die Grundformel der Photosynthese lautet:

$$6\,CO_2 + 6\,H_2O + \text{Licht} \rightarrow C_6H_{12}O_6 + 6\,O_2$$

Hierdurch entsteht zum ersten Mal aus zwei energetisch wertlosen Substanzen ($CO_2$ und $H_2O$) Kohlenhydrat als Substanz mit hohem Energiegehalt. Für die Evolution der grünen Pflanzen ist die Photosynthese die zentrale Erfindung, die es ihnen ermöglicht, eine große Biomasse und Formenfülle zu entwickeln (Abschnitt 2.2.3.3). Neben dem oben erwähnten geochemischen Prozess führte auch dieser biogene Prozess zu einer weiteren Reduktion der atmosphärischen $CO_2$-Konzentration, sodass heute summarisch gerne von biogeochemischen Abläufen gesprochen wird.

Von zentraler Bedeutung ist auch der **Sauerstoff**, der als Abfallprodukt der Photosynthese entsteht. Zuerst wurde freier Sauerstoff zur Oxidation reduzierter Bestandteile der Erdkruste und der Atmosphäre benötigt, d. h. der Sauerstoff wurde als Eisenoxid und als Sulfat gespeichert. Auch heute noch sind beide Gruppen von Verbindungen mit 95 % die größten Sauerstoffspeicher unserer Erde. Es hat vermutlich zwei Milliarden Jahre gedauert, bis dieser Prozess weitgehend abgeschlossen war und Sauerstoff in der Atmosphäre frei verfügbar wurde (Abbildung 7.22). Solange zweiwertiges Eisen und Schwefelverbindungen jeden frei werdenden Sauerstoff aufnahmen, kamen die anaeroben Mikroorganismen nicht mit ihm in Kontakt. Der Sauerstoffgehalt des Wassers und der Atmosphäre stieg dann aber an, und diese für Anaerobier toxische Substanz verursachte eine ernste Biodiversitätskrise. Die bisherigen Anaerobier mussten sich daher in anaerobe Bereiche zurückziehen, wo sie bis heute z. B. in Sümpfen und im Faulschlamm von Gewässern, aber auch in der Tiefsee überlebten, oder sie mussten sich an Sauerstoff gewöhnen. Aufgrund der langen Übergangszeit war dies offenbar möglich. Durch geologische Nachweise wissen wir, dass vor etwa zwei Milliarden Jahren der Sauerstoffgehalt der Atmosphäre langsam begann zuzunehmen, also die Umstellung auf eine aerobe Lebensweise möglich und notwendig wurde (Stanley 1999). Wegen seiner viel höheren Energieausbeute ist aerober Stoffwechsel viel effektiver als anaerober (Abschnitt 5.2.1.1). Daher konnten sich nun die aeroben Organismen schnell durchsetzen.

In der Stratosphäre (Atmosphärenbereich von 15–50 km Höhe) absorbieren $O_2$-Moleküle die energiereiche **UV-Strahlung** (Abschnitt 2.2.2.1) unter 242 nm und werden dadurch dissoziiert, d. h. es entstehen zwei Sauerstoffradikale. Diese verbinden sich mit je einem weiteren $O_2$-Molekül zu $O_3$, dem **Ozon**, welches UV-Strahlung zwischen 200–280 nm praktisch vollständig absorbiert (UV-C-Strahlung); die phototoxische Einstrahlung zwischen 280 und 320 nm (UV-B-Strahlung) wird stark herabgesetzt (Cockell und Blaustein 2001).

**Abb. 7.23:** Lebende Stromatolithen. Diese bei Niedrigwasser freigelegten sitzkissengroßen Strukturen, die durch Cyanobakterien gebildet werden, kommen in der westaustralischen Shark Bay vor, in der Hypersalinität das Vorkommen anderer, diese Gebilde zerstörenden Organismen verhindert. Nach Stanley (1988).

$$3\,O_2 \rightarrow 2\,O + 2\,O_2 \rightarrow 2\,O_3$$

Die Sauerstoffentwicklung und die dadurch erfolgte Bildung eines Ozonschildes waren zwei entscheidende Entwicklungsschritte: Nachdem es über zwei Milliarden Jahre nur einzellige, anaerobe Organismen gab, entstanden nun in kurzer Zeit aerobe Organismen, aus denen sich auch erste Mehrzeller entwickelten. Die ältesten Eukaryoten sind etwa 1,7 Milliarden Jahre alt. Vor etwa einer Milliarde Jahren war der Ozonschutz genügend gut für die Besiedlung des Landes geworden. Im Bereich des Übergangs vom Präkambrium zum Kambrium (vor 600 Millionen Jahren) lag die Sauerstoffkonzentration vermutlich zwischen 1 und 5%. Diese Bedingungen führten zu einer explosionsartigen Zunahme der Biodiversität bei Pflanzen und vor allem bei den sich dann entwickelnden Tieren.

In der Folge stieg die Sauerstoffkonzentration der Atmosphäre weiter an, liegt aber seit 350 Millionen Jahren recht konstant bei 21%. Aber nach wie vor gibt es in der Erdkruste ein großes Reduktionspotenzial an zweiwertigem Eisen und Sulfiden. Wenn die Photosynthese plötzlich zum Stillstand kommen würde, wäre der derzeitige Sauerstoffvorrat der Atmosphäre innerhalb von 300 Millionen Jahren verbraucht. Die heutige Atmosphäre ist also das Ergebnis einer langen biogeochemischen Entwicklung, die noch nicht abgeschlossen ist bzw. nie abgeschlossen sein wird (Fabian 1989).

In unserem Sonnensystem ist Leben nur auf der Erde entstanden. Um die besondere Situation der Erde zu erklären, genügt weitgehend die günstige Position der Erde zur Sonne, welche im Rahmen eines geochemischen Prozesses im Weltmeer zur Reduktion des $CO_2$-Gehalts der Atmosphäre führte. Die spezifische Position der Erde während der frühen Kondensation der Urplaneten erklärt auch ihre besondere elementare Zusammensetzung mit vergleichsweise vielen schweren Elementen. Die anschließende Entstehung des Lebens auf der Erde mit verschiedenen energetischen Möglichkeiten und dennoch gemeinsamen Grundlagen ist sicherlich etwas Wunderbares. Auch wenn heute die Entstehung des Lebens erst in groben Grundzügen bekannt ist, dürfte jedoch eindeutig sein, dass die Gaia-Hypothese nicht zu einem besseren Verständnis der frühen Evolution beitragen kann.

## 7.4.3 Regulationsprozesse

Als Superorganismus im Sinne von Lovelock muss die Erde nach dem Prinzip der Selbstorganisation eine große Fähigkeit zur spontanen Strukturierung aufweisen. Solche Strukturen sollen als Matrix verstanden werden, in der und durch die sich Leben organisiert. Gaia ist demnach eine Rahmenbedingung, in der sich Lebensformen realisieren. Der Erde selbst wird also eine schöpferische Dynamik und Kreativität zugesprochen, wobei Schöpfer und Schöpfung identisch sind. Dies steht im Gegensatz sowohl zum christlichen Weltbild (und dem vieler anderer Kulturen), bei dem Schöpfer (Gott) und Schöpfung (Natur) separat

gesehen werden, als auch zur üblichen darwinistischen Annahme der Naturwissenschaftler, welche von einer Schöpfung ohne Schöpfer ausgeht.

Die Gaia-Hypothese stellt die Erde als lebenden Organismus dar, der sich gegen die aktuelle Umweltzerstörung und gegen den Raubbau an ihren Ressourcen mit Naturkatastrophen zum Nachteil des Menschen wehrt. In diesem Bild sind dann beispielsweise bestimmte anthropogene Veränderungen der Erdatmosphäre (zunehmender Treibhauseffekt, Reduktion der Ozonschicht) „fieberartige" oder „quasi-immunologische" Reaktionen von Gaia, um die Ursache des Problems (den Menschen) loszuwerden. Hier wurden sicherlich einige Analogien zur Krankheit eines Menschen etwas zu intensiv bemüht. Auch ist diese eher naive Sichtweise durchaus problematisch: Wenn die Erde als Gaia ein so mächtiger Organismus ist, könnte dies den Menschen von der Verantwortung entbinden, sich um ein nachhaltigeres und verantwortungsvolleres Verhalten zu bemühen, weil der nächste Fieberschub von Gaia das Problem ohnehin lösen wird. Auch verschleiert diese bildhafte Erklärung stark die Ursachen: Der verantwortungslose Umgang mit den Ressourcen der Erde wurde überwiegend durch die luxurierende Konsumgesellschaft der industrialisierten Welt verursacht und wird zudem durch die weltweite Überbevölkerung weiter gefördert. Die Lösung unserer Umweltprobleme kann uns daher nicht Gaia abnehmen (das wäre überdies eine recht resignierende, defätistische Einstellung), sondern wir müssen selbst und eigenverantwortlich lernen, uns zu beschränken.

Ein besonders intensiv bemühtes Beispiel für Regulationsmechanismen von Gaia im Sinne eines Rückkopplungsmechanismus stellt **Dimethylsulfoniopropionat (DMSP)** dar, welches viele Gruppen mariner Algen, vor allem Coccolithophoraceae (Bacillariophyceae, Diatomeen) und Dinoflagellaten, in großem Umfang produzieren. Diese Substanz wird nach dem Tod der Algen freigesetzt, sodass sie durch Bakterien zu **Dimethylsulfid** (DMS) abgebaut werden kann. Dieser leicht flüchtige Stoff gelangt dann in die Atmosphäre, wo er zu Sulfat oxidiert die Kondensation kleiner Tröpfchen fördert, welche schließlich große Wolken bilden. Diese regnen auch auf entfernte Gebiete nieder, wirken (gemäß Lovelock) somit als Pumpe für den Wasserkreislauf und ermöglichen dort durch die Freisetzung von Schwefel und Wasser das Wachstum der Vegetation. Die Wolken reflektieren zudem die Sonneneinstrahlung, d. h. sie reduzieren ein Aufheizen der Erdatmosphäre und stellen somit ein wichtiges Klimaregulativ dar. In der Interpretation der Gaia-Hypothese ist DMSP also eine Antwort auf den Treibhauseffekt.

Eine alternative Erklärung bezweifelt diese kausalen Zusammenhänge. In der Tat kennt man heute auch einleuchtendere Funktionen für DMSP, denn marine Algen produzieren es als osmotisch aktive Substanz (Abschnitt 2.2.3.2), um ihren Ionenhaushalt aufrechtzuerhalten (Belvisio et al. 2000). Mit dem Tod der Algen wird DMSP bzw. DMS genauso frei, wie es überall da frei wird, wo organisches Material durch Mikroorganismen abgebaut wird.

DMS wird dann in der Atmosphäre wie andere schwefelhaltige Spurengase bei einer Verweilzeit von nur wenigen Tagen schnell zu $SO_2$ oxidiert, lagert sich an Wassertröpfchen an und führt über die Wolkenbildung als Niederschlag zu saurem Regen (Ott 1996). Der durch DMS induzierte saure Regen unterscheidet sich nicht von dem sauren Regen, welcher durch anthropogene Verbrennung schwefelhaltiger, fossiler Energieträger entsteht. Ein Vorteil für marine Algen aus Wolkendecke und erhöhtem Niederschlag ist nicht erkennbar, also kann die Koinzidenz beider Vorgänge auch nicht kausal interpretiert werden. Die durch die Gaia-Hypothese vermuteten Rückkopplungsmechanismen sind nicht belegbar, d. h., die vermuteten Effekte von DMSP/DMS für die Algen, der (belegbare) klimatische Kühleffekt und der saure Regen dürften voneinander unabhängige Ereignisse sein.

Entsprechend der Entstehung in den frühen 70er Jahren des 20. Jahrhunderts zeigt die Gaia-Hypothese eine große Begeisterung für einfache kybernetische **Regelkreise**, deren bekanntester aus zwei hypothetischen, verschiedenfarbigen Gänseblümchen auf einem Planeten bestand (*daisyworld*). Durch unterschiedliches Wachstum und Veränderung der Albedo wurden einfache Kontrollprozesse simuliert (Wilkinson 2003). Selbstverständlich werden viele Prozesse in der Natur in Form einfacher Regelkreise gesteuert, auf ökosystemarer Ebene gibt es jedoch inzwischen zahlreiche Belege für komplexere und oftmals weniger präzise Steuermechanismen. Vieles wird eher zufällig (stochastisch) gesteuert, und viele Regelgrößen werden eher unscharf eingehalten (Fuzzy-Logik). Für Ökosysteme gibt es oftmals eher elastische Antworten auf Störungen, sodass Stabilität eher als Bandbreite von Reaktionsmöglichkeiten gesehen wird.

Die Klimamessungen der letzten Jahrzehnte haben eindrucksvoll zeigen können, dass es zu keiner Zeit einen „Normalzustand" von Atmosphärenchemie oder Klima gab. Die atmosphärischen Vorgänge unterlagen (mit und ohne Mensch) immer einem hoch dynamischen Wandel, sodass es im Lovelock'schen Sinn kaum möglich ist, von einer „Selbstregulation des Klimas" zu reden, denn das würde einen Normalzustand oder eine Basislinie voraussetzen. Die aktuellen Klimaveränderungen auf der Erde können daher auch nicht als Reaktion von Gaia interpretiert werden, sich vom Menschen zu befreien.

Wir wissen heute, dass es über lange Perioden zyklusartige Schwankungen der Temperatur gab; eng hiermit gekoppelt, schwankten auch der $CH_4$- und $CO_2$-Gehalt der Atmosphäre und ihre Temperatur sowie die Einstrahlung (Abbildung 7.24). Es ist auffällig, dass diese Zyklen immer zwischen einem Minimum und einem Maximum ablaufen, also auf Regelmechanismen schließen lassen. Das Minimum beispielsweise für $CO_2$ liegt bei 180 ppm, das Maximum bei 280 ppm. Die Werte der übrigen Parameter sind eng an diese Schwankungen gekoppelt. Ursächlich sind bei diesen globalen Veränderungen biogeochemischer Zyklen vermutlich Veränderungen der Einstrahlung im Rahmen der Milankovich-Zyklen (Abschnitt 7.3), sodass sich Kalt- und Warmphasen ergeben (Abbildung 7.24). Verstärkte Einstrahlung führt zu einer Temperaturerhöhung und vermehrter Freisetzung von $CH_4$ und $CO_2$ (geringere Löslichkeit in den Ozeanen? veränderte Albedo der Erde?), die ihrerseits den Treibhauseffekt erhöhen und die Temperatur weiter ansteigen lassen. Durch die temperaturbedingte Steigerung der pflanzlichen Primärproduktion werden schließlich große Mengen des atmosphärischen $CO_2$ in terrestrischen und ozeanischen Senken

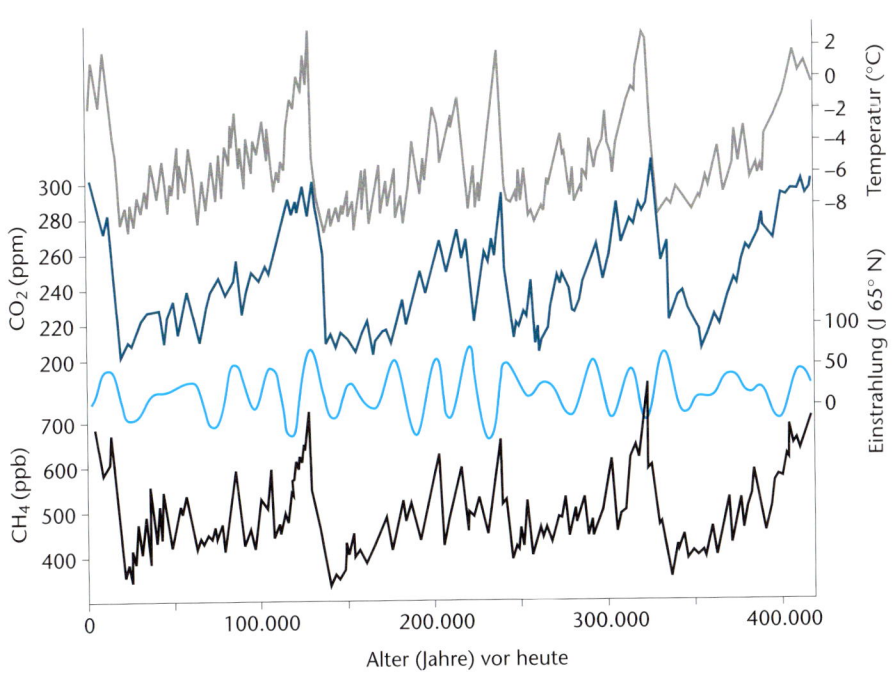

**Abb. 7.24:** Veränderungen der Erdatmosphäre in den letzten 400 000 Jahren nach Untersuchungen am Vostok-Eisbohrkern. Verändert nach Petit et al. (1999).

**Abb. 7.25:** Schematische
Darstellung der großen,
globalen Meeresströ-
mungen (*conveyor belt*).
Warme, salzärmere Ober-
flächenströmungen
(schwarz) vom Pazifik in
den Atlantik sind mit kalten, salzreicheren Tiefen-
strömungen (blau) vom
Atlantik in den Pazifik und
zirkumantarktisch gekop-
pelt. Nach Ramstorf et al.
(1999).

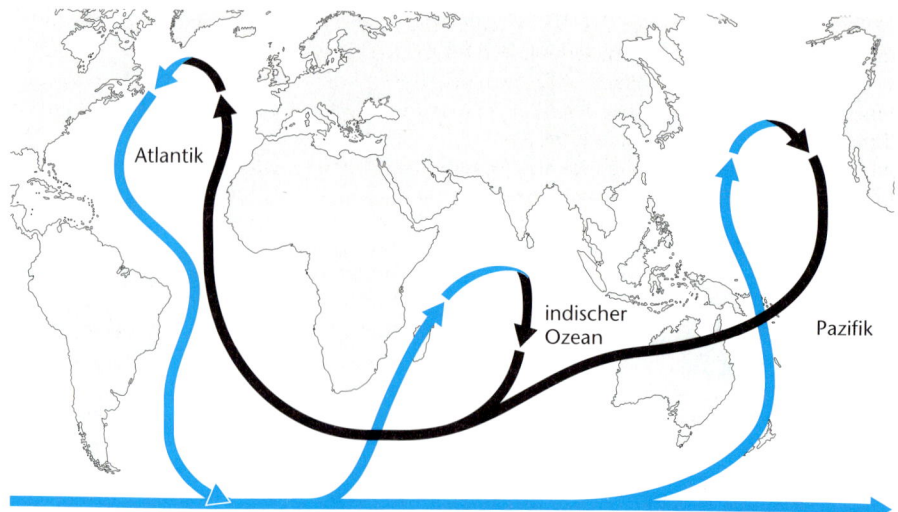

fixiert. Allerdings sind heute die komplexen Wechselwirkungen der marinen und terrestrischen Ökosysteme mit
Meeresströmungen (Abbildung 7.25), Kohlenstoffkreislauf, Nährstoffzyklen, Atmosphärenchemie und Astrophy-
sik noch nicht genügend tief analysiert, um diese Zusammenhänge zu verstehen (Steffen 2000).

## 7.4.4 Schlussfolgerungen

Aus naturwissenschaftlicher Perspektive hat sich die Gaia-
Hypothese als Betrachtung der Erde als Superorganismus
nie durchsetzen können. Der zentrale Vorwurf, teleolo-
gisch zu sein, diskriminiert sie zu sehr gegenüber einem
rein wissenschaftlichen Weltbild. Andererseits hat diese
Hypothese auch durchaus nützliche Aspekte. Positiv an
der Gaia-Hypothese ist sicherlich die globale, ganzheitliche Perspektive als Gegenbewegung zu einem mechanis-
tisch-atomistischen Weltbild (Kirchner 2002).

Diese Perspektive zeigt die Gaia-Hypothese aber eher
als ein Werkzeug der Wahrnehmung und spannt den Menschen in die Verantwortung für sich selbst und unseren
Planeten ein (eigentlich keine neue Idee). In diesem Sinn
ist die Gaia-Hypothese weder ein Religionsersatz noch
eine Gegenthese zu einem darwinistischen Weltbild, vielmehr steht sie zu beidem in keinem auffälligen Kontrast,
bietet also bestenfalls eine punktuelle Ergänzung.

Nach Lovelock steht die Intelligenz des einzelnen Menschen in Zusammenhang mit der Intelligenz der anderen
Menschen. Innerhalb einer Kultur arbeiten diese Intelli-
genzen zusammen, die Kulturen der Welt bilden eine Art
Metasystem. Im Gaia-Sinn ist also die einzelne Kultur ein
Teil der Weltkultur und jeder Mensch Teil der gemeinsamen
Intelligenz seines Kulturkreises. Auch dies stellt für uns keine so fremde Vorstellung dar, denn alles ist schließlich aus
gemeinsamem Ursprung entstanden, und nur im Rahmen
einer Tradition und vor unserem kulturellen Hintergrund
können wir unsere Fähigkeiten voll ausnutzen. Nach Love-

lock resultiert aus dieser besonderen Position und Fähigkeit
des Menschen eine besondere Verantwortung für die Erde.
Diese Vorstellung ist ebenfalls nicht neu; die Verantwortung
für sich und seine Umwelt ist in vielen Kulturen und Religio-
nen verwurzelt. Es kann jedoch nicht schaden, wenn mit
der Gaia-Hypothese dies wieder bekräftigt wird, denn mit
der Verantwortung von *Homo sapiens* für seine Umwelt
liegt es derzeit recht im Argen (Kasten 7.6).

Die Vorstellung einer lebenden Erde, bei der vieles miteinander verflochten ist und sich vieles gegenseitig reguliert, ist nicht weit entfernt von einem modernen Ökosys-
temansatz, bei dem abiotische und biotische Kreisläufe
und Regulationsmechanismen vielfältig ineinander greifen. Diese Idee wurde von Ökologen, schon lange bevor
es diese modernen Begriffe gab (beispielsweise vor fast
200 Jahren durch Alexander von Humboldt), beschrieben.
Ähnliches gilt für die Kompartimentierung, einem wesentlichen Element des modernen Ökosystemansatzes: Sie ist
nicht hinderlich, wie Gaia-Kritiker einwenden, sondern
fördert Verständnis und Komplexität, denn je komplexer
eine Struktur ist, desto größer ist die Notwendigkeit, aus
Subsystemen zu bestehen, die Teilautonomie haben (Zellen, Organe, Individuen, Populationen, Lebensgemeinschaften).

Nicht nachvollziehbar ist der Ansatz der Gaia-Hypothese, der gesamten Erde Leben und diesem lebenden Organismus Organe zuzugestehen: Das Zentralnervensystem
soll aus der Gesamtheit der menschlichen Hirnzellen bestehen, das globale Wissen und die globale Kultur stellen
Gaias globales Bewusstsein dar. Auch wird immer wieder
das Bild von einem Baum bemüht, dessen lebende Rinde
einen (scheinbar) toten Stamm umgibt, ähnlich wie die belebte Erdkruste den (scheinbar) toten Erdkern umgibt. Einzelne Zellen in solch einem Organismus verhalten sich
eher wie Krebszellen und schädigen den Organismus, andere sind mit der Reparatur des Organismus befasst, sodass die Gaia-Hypothese auch in ein naives Bild von Gut
und Böse umgesetzt werden kann.

Lovelock war 1961 von der NASA angestellt worden, um im Rahmen der Marsforschung Methoden zu entwickeln, die auf anderen Planeten Leben nachweisen sollten. Die Zusammensetzung der Marsatmosphäre zeigte ihm kurze Zeit später, dass auf Planeten mit solch einer Atmosphäre kein Leben möglich sei, sie also tot seien. Dieses Ergebnis wollte die NASA nicht hören und trennte sich von Lovelock. Jahre später, als Lovelock aufgrund des Atmosphärenvergleichs von Mars und Erde seine Gaia-Theorie formuliert hatte und diese breit diskutiert wurde, nahm die NASA jedoch wieder Bezug auf ihn. Jetzt ist die Rede davon, in Analogie zur Entstehung des Lebens auf der Erde, die Bedingungen auf einem ganzen Planeten so zu verändern, dass er für den Menschen bewohnbar wird. Aber wäre es nicht besser, in erster Linie unseren Planeten zu erhalten, anstatt auf die Umgestaltung unwirtlicher Planeten zu hoffen?

---

## Kasten 7.6: Biosphäre 2

Im September 1991 begann in der Wüste von Arizona ein einmaliges Projekt, das unter dem Namen „Biosphäre 2" bekannt wurde. Nach vier Jahren Bauzeit verwirklichte sich ein texanischer Ölmilliardär einen romantischen Traum. Unter Glaskuppeln, zwei davon in Mayatempelform, wurde in einem Projekt mit transzendentalem Anspruch auf 1,6 Hektar Fläche die Erde nachgebaut. Dicht beieinander entstanden fünf Lebensräume, Biome genannt: Ozean, Mangrovensumpf, Savanne, Wüste und Regenwald. Die Erbauer ließen sich von der Erdgöttin Gaia inspirieren, d. h. alles bzw. möglichst viel musste einbezogen werden. Etwas abgetrennt gab es zudem eine Agroforstregion mit integrierter Land- und Forstwirtschaft sowie Wohnungen für Menschen.

Ursprünglich sollte die Erde kopiert werden, um Menschen einen Ersatzlebensraum zu geben, wenn die Erde nicht mehr zum Überleben geeignet sein sollte und man sich auf den Mars zurückziehen müsste. Daher war auch die NASA im ersten Jahr beteiligt. Der Name „Biosphäre 2" hatte wohl den Anspruch, eine Weiterentwicklung der Erde für das Weltall zu sein. Das Glashaus sollte von der Umwelt autark sein, also ohne Zufuhr von Luft und Nährstoffen bestehen können. Acht Menschen bezogen 1991 das 30 m hohe riesige Gewächshaus und ernährten sich durch Ackerbau in der Agroforstzone.

Nach wenigen Monaten zeigte sich aber, dass der Gashaushalt nicht in den Griff zu bekommen war. Die hohe Aktivität von Bodenmikroorganismen verbrauchte zu viel Sauerstoff, der $CO_2$-Gehalt stieg, und das Glasdach war nie richtig gasdicht. Es musste daher ständig Sauerstoff zugepumpt werden. Auch Luft musste nachgepumpt werden, um den fallenden Luftdruck zu kompensieren. Die Regelungstechnik war sehr ausgefeilt. Hunderte Sensoren kontrollierten Gasdruck, Temperatur und Luftfeuchtigkeit, damit das Klima in den verschiedenen Landschaften erhalten blieb. Gebläse sorgten für Luftaustausch mit zwei großen zentralen Lufttanks („Lungen"). Für diese aufwendige Klimatechnik benötigte „Biosphäre 2" Strom für 1,5 Millionen Dollar im Jahr, der von außen zugeführt werden musste. Für den Notfall stand ein Dieselkraftwerk bereit, denn ohne Kühlung konnte das Gewächshaus in einem der heißesten Gebiete unserer Erde nicht überleben.

Nach zwei Jahren wurde das Experiment, das auf 100 Jahre angelegt war, abgebrochen. Es war nie gelungen, genügend Nahrungsmittel für die acht Bewohner zu produzieren, die schlechte Ernährungslage führte zu Erkrankungen und psychischem Stress bei den Bewohnern. Von den fast 4000 Arten, die ursprünglich diese „Arche" besiedelten, starben viele im Laufe der Zeit aus (Bienen, Kolibris und andere Vögel, Fische und Pflanzen). Einige Gräser und vor allem Schaben vermehrten sich stark.

Kritik an diesem Projekt umfasste die ungenügende wissenschaftliche Planung des Ganzen. Es wurde zudem nie deutlich, ob „Biosphäre 2" ein Weltraumprojekt sein sollte, ob es um Ökosystemforschung ging, Science-Fiction-Philosophie oder einfach um Werbung für einen nahe gelegenen Vergnügungspark. 1994 wurden nach einem zweiten, ebenfalls gescheiterten Besiedlungsversuch die bisherigen Absichten aufgegeben und die Infrastruktur von „Biosphäre 2" der Columbia-Universität für Ausbildung und Forschung (schwerpunktmäßig zum $CO_2$-Anstieg in der Atmosphäre) zur Verfügung gestellt. Weitere Informationen finden sich unter www.bio2.edu.

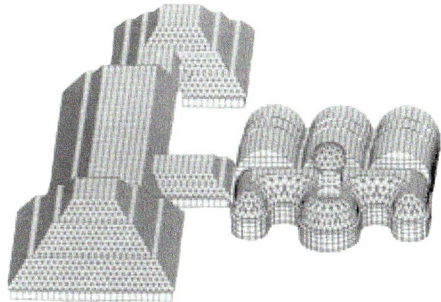

**Abb.:** Der Gebäudekomplex „Bioshäre 2" in der Wüste von Arizona, Prototyp eines Ersatzes für den „Lebensraum Erde"?

# 8 Literatur

Adams ES (2001) Approaches to the study of territory size and shape. Annu Rev Ecol Syst 32: 277–303

Agrawal AA (2000) Host-range evolution: Adaptation and trade-offs in fitness of mites on alternative hosts. Ecology 81: 500–508

Agrawal AA, Laforsch C, Tollrian R (1999) Transgenerational induction of defenses in animals and plants. Nature 401: 60–63

Akino T, Knapp JJ, Thomas JA, Elmes GW (1999) Chemical mimicry and host specificity in the butterfly *Maculinea rebeli*, a social parasite of *Myrmica* ant colonies. Proc R Soc Lond B 266: 1419–1426

Allen TFH, Hoekstra TW (1992) Towards a unified ecology. Columbia University Press, New York

Alverdes F (1936) Organizismus und Holismus. Hirschfeld, Leipzig

Ammer U, Utschik H (1984) Gutachten zur Waldpflegeplanung im Nationalpark Bayrischer Wald auf der Grundlage einer ökologischen Wertanalyse. Schriftenr Bayr Staatsministerium Ernährung, Landwirtschaft, Forsten, Heft 10

Anderson RM, May RM (1978) Regulation and stability of host-parasite interactions: I. Regulatory processes. J Anim Ecol 47: 219–247

Arditi R, Ginzburg LR (1989) Coupling in predator-prey dynamics: Ratio dependence. J Theor Biol 139: 311–326

Armstrong W, Gaynard TJ (1976) The critical oxygen pressure for respiration in intact plants. Physiol Plant 37: 200–206

Ashton PJ, Mitchell DS (1989) Aquatic plants: Patterns and modes of invasions, attributes of invading species and assessment of control programmes. In: Drake JA, Mooney HA, diCastri F, Groves GH, Kruger FJ, Rejmanek M, Williamson M (Hrsg.) Biological invasions: A global perspective. Scope, Wiley & Sons, Chichester. S. 111–154

Auger A, Kunstmann JM, Czyclik F, Jounnet P (1995) Decline in semen quality among fertile men in Paris during the past 20 years. New Engl J Med 332: 281–285

Austin MP (1980) Searching for a model for use in vegetation analysis. Vegetatio 42: 11–21

Austin MP, Smith TM (1989) A new model for the continuum concept. Vegetatio 83: 35–48

Averill AL, Prokopy RJ (1989) Biology and physiology; host marking pheromones. In: Robinson AS, Hooper G (Hrsg.) Fruit flies, their biology, natural enemies and control. World crop pests. 3A, Amsterdam

Axelrod R, Hamilton WD (1981) The evolution of cooperation. Science 211: 1390–1396

Axen AH, Pierce NE (1998) Aggregation as a cost-reducing strategy for lycaenid larvae. Behav Ecol 9: 109–115

Ayala FJ, Gilpin ME, Ehrenfeldt JG (1973) Competition between species: Theoretical models and experimental tests. Theor Pop Biol 4: 331–356

Bacher S, Friedli J (2002) Dynamics of a mutualism in a multi-species context. Proc R Soc Lond B 269: 1517–1522

Bacher S, Friedli J, Schaer I (2002) Developing in diseased host plants increases survival and fecundity in a stem-boring weevil. Entomol Exp Appl 103: 191–195

Bailey GNA (1975) Energetics of a host-parasite system: A preliminary report. Int J Parasitol 5: 609–613

Bailey RG (1996) Ecosystem geography. Springer, New York

Bairlein F, Zink G (1979) Der Bestand des Weißstorchs *Ciconia ciconia* in Südwestdeutschland: Eine Analyse der Bestandsentwicklung. J Ornithol 120: 1–11

Balciunas D, Lawler SP (1995) Effects of basal resources, predation, and alternative prey in microcosm food chains. Ecology 76: 1327–1336

Baldwin IT (1998) Jasmonate-induced responses are costly but benefit plants under attack in native populations. Proc Natl Acad Sci USA 95: 8113–8118

Balmelli L, Nentwig W, Airoldi J-P (1999) Nahrungspräferenzen der Feldmaus *Microtus arvalis* in der Agrarlandschaft unter Berücksichtigung der Pflanzeninhaltsstoffe. Z Säugetierkunde 64: 154–168

Balmford A, Bruner A, Cooper P, Costanza R, Farber S, Green RE, Jenkins M, Jefferiss P, Jessamy V, Madden J, Munro K, Myers N, Naeem S, Paavola J, Rayment M, Rosendo S, Roughgarden J, Trumper K, Turner RK (2002) Why conserving wild nature makes economic sense. Science 297: 950–953

Barros-Bellanda HCH, Zucoloto FS (2001) Influence of chorion ingestion on the performance of *Ascia monuste* and its association with cannibalism. Ecol Entomol 26: 557–561

Barthel J (1997) Einfluß von Nutzungsmuster und Habitatkonfiguration auf die Spinnenfauna der Krautschicht (Araneae) in einer süddeutschen Agrarlandschaft. Agrarökologie 25: 1–175

Bastian O, Schreiber K-F (1999) Analyse und ökologische Bewertung der Landschaft. Spektrum, Heidelberg

Bauer H, Plattner K, Volgger W (2000) Photosynthesis in Norway spruce seedlings infected by the needle rust *Chrysomyxa rhododendri*. Tree Physiol 20: 211–216

Begon ME, Harper JL, Townsend CR (1998) Ökologie. Spektrum, Heidelberg

Beierkuhnlein C (2001) Die Vielfalt der Vielfalt – Ein Vorschlag zur konzeptionellen Klärung der Biodiversität. Ber Reinh Tüxen Ges 13: 103–118

Belgrano A, Allen AP, Enquist BJ, Gillooly JF (2002) Allometric scaling of maximum population density: A common rule for marine phytoplankton and terrestrial plants. Ecol Lett 5: 611–613

Belovsky GE (1978) Diet optimization in a generalist herbivore: The moose. Theor Popul Biol 14: 105–134

Belvisio S, Christaki U, Vidussi F, Marty J-C, Vila M, Delgado M (2000) Diel variations of the DMSP-to-chlorophyll a ration in northwestern Mediterranean surface waters. J Mar Syst 25: 119–128

Bengtsson J (1991) Interspecific competition in metapopulations. Biol J Linn Soc 42: 219–237

Berger J (1990) Persistance of different-sized populations: An empirical assessment or rapid extinctions in bighorn sheep. Conserv Biol 4: 91–98

Bergmann H-H, Helb H-W (1982) Stimmen der Vögel Europas. BLV, München

Berlekamp J, Stegmann S, Lieth H (2001) Global net primary productivity maps (http://www.usf.uni-osnabrueck.de/~hlieth)

Berlin GAI, Linusson A-C, Olsson EGA (2000) Vegetation changes in semi-natural meadows with unchanged management in southern Sweden, 1965–1990. Acta Oecol 21: 125–138

Bernays EA, Bright KL (1993) Dietary mixing in grasshoppers: A review. Comp Biochem Physiol A 104: 125–131

Bernays EA, Chapman RF (1994) Host-plant selection by phytophagous insects. Chapman & Hall, New York

Berner EK, Berner RA (1987) The global water cycle: Geochemistry and environment. Prentice-Hall, New Jersey

Bersier LF, Banasek-Richter C, Cattin MF (2002) Quantitative descriptors of food-web matrices. Ecology 83: 2349–2407

Berthold T (1991) Vergleichende Anatomie, Phylogenie und historische Biogeographie der Ampullariidae. Abh Naturwiss Ver Hamburg (NF) 29: 1–256

Bezzel E (1982) Vögel in der Kulturlandschaft. Ulmer, Stuttgart

Birg H (1989) Die demographische Zeitenwende. Spektrum der Wissenschaft (1): 40–49

Blab J, Klein M (1997) Biodiversität – ein neues Konzept im Naturschutz? In: Erdmann K-H, Spandau, L (Hrsg.) Naturschutz in Deutschland, S. 201–219. Ulmer, Stuttgart

Black JN (1964) An analysis of the potential production of swards of subterranean clover (*Trifolium subterraneum* L.) at Adelaide, South Australia. J Appl Ecol 1: 3–18

Blume H-P; Brümmer G; Schwertmann U, Kögel-Knabner I (2002) Lehrbuch der Bodenkunde. Spektrum Akademischer Verlag, Heidelberg

Böckeler W, Wülker W (Hrsg.) (1983) Parasitologisches Praktikum. Verlag Chemie, Weinheim.

Boden TA, Kanciruk P, Farrell MP (1990) Trends 1990, a compendium of data on global change. Carbon dioxide information analysis center, Oak Ridge National Laboratory, Oak Ridge, Tennessee

Bohannan BJM, Lenski RE (2000) The relative importance of competition and predation varies with productivity in a model community. Am Nat 156: 329–340

Bolaños A (2003) Spider assemblages and habitat binding in Central Europe. Verlag Agrarökologie – vaö, Bern

Bork H-R, Bork H, Dalchow C, Faust B, Piorr H-P, Schatz T (1998) Landschaftsentwicklung in Mitteleuropa. Klett-Perthes, Gotha

Bowers MA, Dooley JL jr (1999) A controlled, hierarchical study of habitat fragmentation: responses at the individual, patch, and landscape scale. Landscape Ecol 14: 381–389

Box EO (1978) Geographical dimensions of terrestrial net and gross productivity. Radiat Environ Biophys 15: 305–322

Boyd RS, Davis MA, Wall MA, Balkwill K (2002) Nickel defends the South African hyperaccumulator *Senecio coronatus* (Asteraceae) against *Helix aspersa* (Mollusca: Pulmonidae). Chemoecol 12: 91–97

Boynton B, Compton OC (1944) Normal seasonal change in oxigen and carbondioxid percentages in gas from the larger pores of three orchard subsoils. Soil Sci 57: 108–117

Braekke F (1976) Impact of acid precipitation on forest and freshwater ecosystems in Norway. Research Report Fagrapport, Vol. 6, As, Oslo

Brandl R, Bezzel E, Reichholf R, Völkl W (1991) Population trend of the red squirrel in Bavaria. Z Säugetierkunde 56: 10–18

Brandl R, Kristín A, Leisler B (1994) Dietary niche breadth in a local community of passerine birds: An analysis using phylogenetic contrasts. Oecologia 98: 109–116

Brändle M, Brandl R (2001a) Distribution, abundance and niche breadth: Scale matters. Global Ecol Biogeogr 10: 173–177

Brändle M, Brandl R (2001b) Species richness of insects and mites on trees: Expanding Southwood. J Anim Ecol 70: 491–504

Brändle M, Öhlschläger S, Brandl R (2002a) Range sizes in butterflies: Correlation across scales. Evol Ecol Res 4: 643–657

Brändle M, Prinzing A, Pfeifer R, Brandl R (2002b) Dietary niche breadth of Central European birds: Correlations with species-specific traits. Evol Ecol Res 4: 993–1004

Brändle M, Stadler J, Klotz S, Brandl R (2003) Distributional range size of weedy plant species is correlated to germination patterns. Ecology 84: 136–144

Braun-Blanquet J (1921). Prinzipien einer Systematik der Pflanzengesellschaften auf floristischer Grundlage. Jb St Gall Naturwiss Ges 57: 305–351

Braun-Blanquet J (1964) Pflanzensoziologie. Springer, Wien

Brawn JD, Robinson SK, Thompson III FR (2001) The role of disturbance in the ecology and conservation of birds. Annu Rev Ecol Syst 32: 251–276

Bray JR, Curtis JT (1957) An ordination of the upland forest communities of southern Wisconsin. Ecol Monogr 27: 325–349

Brewer A, Williamson M (1994) A new relationship for rarefaction. Biodiv Conserv 3: 379–379

Brey JR (1962) Estimation of energy budget for a *Typha* (cattail) marsh. Science 136: 1119–1120

Brodie ED III, Brodie ED jr. (1999) Predator-prey arms races. Bioscience 49: 557–568

Bronstein JL (1994) Conditional outcomes in mutualistic interactions. Trends Ecol Evol 9: 214–217

Bronstein JL (2001) The exploitation of mutualisms. Ecol Lett 4: 277–287

Bronstein JL, Barbosa P (2002) Multi-trophic/multi-species mutualistic interactions: The role of non-mutualists in shaping and mediating mutualisms. In: Hawkins B, Tscharntke T (Hrsg.) Multitrophic level interactions, S. 44–66. Cambridge University Press, Cambridge

Brown JH, Davidson DW (1977) Competition between seed-eating rodents and ants in desert ecosystems. Science 196: 880–882

Brown JH, Lomolin MV (1998) Biogeography. Sinauer Associates, Sunderland

Brunold C, Rüegsegger A, Brändle R (Hrsg.) (1996) Stress bei Pflanzen. Haupt, Bern

Bryant E (1997) Climate process and change. Cambridge University Press, Cambridge

Bull JJ, Rice WR (1991) Distinguishing mechanisms for the evolution of cooperation. J Theor Biol 149: 63–74

Burnett M, August PV, Brown JH, Killingbeck KT (1998) The influence of geomorphological heterogeneity on biodiversity. I. Patch-scale perspective. Conserv Biol 12: 363–370

Callaway RM, Brooker RW, Choler P, Kikvidze Z, Lortie CJ, Michalet R, Paolini L, Pugnaire FI, Newingham B, Aschehoug ET, Armas C, Kikodze D, Cook BJ (2002) Positive interactions among alpine plants increase with stress. Nature 417: 844–848

Cano RJ, Borucki MK (1995) Revival and identification of bacterial spores in 25- to 40-million-year-old Dominican amber. Science 268: 1060–1064

Carbone C, Gittleman JL (2002) A common rule for the scaling of carnivore density. Science 295: 2273–2276

Carpenter SR, Kitchell JF (1993) The trophic cascade in lakes. Cambridge University Press, New York

Carpentier CL, Vosti SA, Witcover J (2000) Intensified production systems on western Brazilian Amazon settlement farms: Could they save the forest? Agric Ecosyst Environ 82: 73–88

Carrol L (1872) Through the looking glass and what Alice found there. Macmillan, London

Carroll SP, Boyd C (1992) Host race radiation in the soapberry bug: Natural history with the history. Evolution 46: 1052–1069

Case TJ (2000) An illustrated guide to theoretical ecology. Oxford University Press, New York

Caswell H (1989) Matrix population models: Construction, analysis, and interpretation. Sinauer Associates, Sunderland

CBD (2003) Convention on biological diversity (www.biodiv.org)

Chapin SF III, Matson PA, Mooney HA (2002) Principles of terrestrial ecosystem ecology. Springer, New York

Charnov EL (1976a) Optimal foraging: Attack strategy of a mantid. Am Nat 110: 141–151

Charnov EL (1976b) Optimal foraging: The marginal value theorem. Theor Pop Biol 9: 129–136

Chatfield C (1996) The analysis of time series: an introduction. Chapman & Hall, London

Chesson PL, Warner RR (1981) Environmental variability promotes coexistence in lottery competitive systems. Am Nat 117: 923–943

Chivers DP, Smith RJF (1998) Chemical alarm signalling in aquatic predator-prey systems: A review and prospectus. Ecoscience 5: 338–352

Christian E (1998) Die Fauna der Katakomben des Wiener Stephandomes. Verh Zool-Bot Ges Österreich 135: 41–60

Claussen M, Kubatzki C, Brovkin V, Ganopolski A, Hoelzmann P, Pachur HJ (1999) Simulation of an abrupt change in Saharan vegetation at the end of the mid-Holocen. Geophys Res Letters 24: 2037–2040

Clements FE (1905) Research methods in ecology. University Publishing Company, Lincoln, Nebraska

Clements FE (1916) Plant succession. Carnegie Inst Washington Publ 242

Clift S (2000) Tourism and health: Current issues and future concerns. Tourism Recreation Res 25: 55–61

Clutton-Brock T, Guinness FE, Albon SD (1983) The costs of reproduction to red deer hinds. J Anim Ecol 52: 367–383

Cockell CC, Blaustein A R (Hrsg.) (2001) Ecosystems, evolution, and ultraviolet radiation. Springer, New York

Collins SL, Wallace LL (1990) Fire in North American tall grass prairies. University of Oklahoma Press, Norman

Connell JH (1970) A predatory-prey system in the marine intertidal region. I Balanus glandula and several predatory species of Thais. Ecol Monogr 40: 49–78

Connell JH (1978) Diversity in tropical rain forests and coral reefs. Science 199: 1302–1310

Connell JH (1980) Diversity and the coevolution of competitors, or the ghost of competition past. Oikos 35: 131–138

Connell JH, Orias E (1964) The ecological regulation of species diversity. Am Nat 98: 399–414

Connell JH, Slatyer RO (1977) Mechanisms of succession in natural communities and their role in community stability and organisation. Am Nat 111: 1119–1144

Connell JH, Sousa WP (1983) On the evidence needed to judge ecological stability or persistence. Am Nat 121: 789–824

Connor RC (1995) The benefits of mutualism: a conceptual framework. Biol Rev 70: 427–457

Convention on International Trade in Endangered Species (1975) (www.cites.org)

Cornell HV, Lawton JH (1992) Species interactions, local and regional processes, and limits to the richness of ecological communities: A theoretical perspective. J Anim Ecol 61: 1–12

Costanza R (1991) Ecological economics: The science and management of sustainability. Columbia University Press, New York

Costanza R, d'Arge R, de Groot R, Farber S, Grasso M, Hannon B, Limburg K, Naeem S, O'Neill R, Paruelo J, Raskin R, Sutton P, van den Belt M (1997) The value of the world's ecosystem services and natural capital. Nature 387: 253–260

Cott HB (1940) Adaptive coloration in animals. Methuen, London

Courchchamp F, Clutton-Brock T, Grenfell B (1999) Inverse density dependence and the Allee effect. Trends Ecol Evol 14: 405–410

Courtney SP, Chen GK, Gardner A (1989) A general model for individual host selection. Oikos 55: 55–65

Coyne JA, Orr HA (1989) Patterns of speciation in *Drosophila*. Evolution 43: 362–381

Crawley MJ (1989) The relative importance of vertebrate and invertebrate herbivores in plant population dynamics. In: Bernays EA (Hrsg.) Insect-plant interactions, S. 45–71. CRC Press, Boca Raton

Crawley MJ (1992) Population dynamics of natural enemies and their prey. In: Crawley MJ (Hrsg.) Natural enemies: The population biology of predators, parasites and diseases. Blackwell, Oxford. S. 40–89

Crawley MJ (1997) Plant ecology. Blackwell, Oxford

Curio EM (1976) The ethology of predation. Springer, Berlin

Curtin CG, Sayre NF, Lane BD (2002) Transformations of the Chihuahuan Borderlands: grazing, fragmentation, and biodiversity conservation in desert grasslands, Environ Sci Policy 5: 55–68

Curtis JT (1955) A prairie continuum in Wisconsin. Ecology 36: 558–566

Cyr H, Pace ML (1993) Magnitude and patterns of herbivory in aquatic and terrestrial systems. Nature 361: 148–150

Daily GC (Hrsg.) (1997): Nature's services. Island Press, Washington DC

Darlington JPEC, Kaib M, Brandl R (2001) Termites (Isoptera) in forest remnants and forest islands in the Shimba Hills National Reserve, coastal province of Kenya. Sociobiology 37: 527–538

Darwin C (1839) Journal of researches into the natural history and geology of the countries visited during the voyage of HMS. Beagle round the world. Henry Colburn, London

Darwin C (1859) The origin of species by means of natural selection. John Murray, London

Dawkins R, Krebs JR (1979) Arms races between and within species. Proc R Soc Lond B 205: 489–511

Deamer DW, Fleischaker GR (Hrsg.) (1994) Origins of life: The central concepts. Boston, Jones and Bartlett

Dean AM (1983) A simple model of mutualism. Am Nat 121: 409–417

DeBach P, Rosen D (1991) Biological control by natural enemies. Cambridge University Press, Cambridge

Denno RF, McClure MS, Ott JR (1995) Interspecific interactions in phytophagous insects: Competition reexamined and resurrected. Annu Rev Entomol 40: 297–331

Devey ES (1970) Mineral cycles. Sci Amer 223: 148–158

Diamond J (1969) Avifaunal equilibria and species turnover rates on the Channel Islands of California. Proc Natl Acad Sci USA 64: 57–63

Diamond JM (1976) Assembly of species communities. In: Cody ML, Diamond JM (Hrsg.) Ecology and evolution of communities, S. 342–444. Belknap Press, Harvard

Diaz S, Cabido M (2001) Vive la difference: plant functional diversity matters to ecosystem processes. Trends Ecol Evol 16: 646–655

Dicke M, Bruin J (2001) Chemical information transfer between plants: Back to the future. Biochem Syst Ecol 29: 981–994

Dicke M, Sabelis MW (1988) Infochemical terminology: Based on cost-benefit analysis rather than origin of compound? Funct Ecol 2: 131–139

Dicke M, van Poecke RMP, de Boer JG (2003) Inducible indirect defence of plants: From mechanisms to ecological functions. Basic Appl Ecol 4: 27–42

Dickman M (1968) Some indices of diversity. Ecology 49: 1191–1193

Dierschke H (1994) Pflanzensoziologie: Grundlagen und Methoden. Ulmer, Stuttgart

Doeberli M, Knowlton N (1998) The evolution of interspecific mutualisms. Proc Natl Acad Sci USA 95: 8676–8680

Dolch R, Tscharntke T (2000) Defoliation of alders (*Alnus glutinosa*) affects herbivory by leaf beetles on undamaged neighbours. Oecologia 125: 504–511

Donald CM (1963) Competition among crop and pasture plants. Adv Agron 15: 1–118

Donovan TM, Welden CW (2002) Spreadsheet exercises in ecology and evolution. Sinauer Associates, Sunderland

Dugatkin LA, Reeve HK (2000) Game theory and animal behavior. Oxford University Press, Oxford.

Dunger W, Fiedler HJ (1997) Methoden der Bodenbiologie. Fischer, Jena

Eber S, Brandl R (1996) Metapopulation dynamics of the tephritid fly *Urophora cardui*: An evaluation of incidence-function model assumptions with field data. J Anim Ecol 65: 621–630

Ehrlich PR, Ehrlich AH (1981) Extinction: The causes and consequences of the disappearance of species. Random House, New York

Eis S, Garman EH, Ebel LF (1965) Relation between cone production and diameter increment of douglas fir (*Pseudotsuga menziesii* (Mirb.) Franco), grand fir (*Abies grandi* Dougl) and western white pine (*Pinus monticola* Dougl.). Can J Bot 43: 1553–1559

Eisner T, Goetz MA, Hill DE, Smedley SR, Meinwald J (1997) Firefly „femmes fatales" acquire defensive steroids (lucibufagins) from their firefly prey. Proc Natl Acad Sci USA 94: 9723–9728

Ellenberg H (1950) Unkrautgemeinschaften als Zeiger für Klima und Boden. Ulmer, Stuttgart

Ellenberg H (1956) Grundlagen der Vegetationsgliederung. I. Teil: Aufgaben und Methoden der Vegetationskunde. Ulmer, Stuttgart

Ellenberg H (1973) Die Ökosysteme der Erde. Versuch einer Klassifikation der Ökosysteme auf funktionaler Grundlage. In: Ellenberg H (Hrsg.) Ökosystemforschung. Springer, Berlin. S. 235–265

Ellenberg H (1985) Veränderung der Flora Mitteleuropas unter dem Einfluss von Düngung und Immissionen. Schweiz Z Forstwesen 136: 19–39

Ellenberg H (1996) Die Vegetation Mitteleuropas mit den Alpen. Ulmer, Stuttgart

Ellenberg H, Mayer R, Schauermann J (Hrsg.) (1986) Ökosystemforschung. Ergebnisse des Sollingprojekts 1966–1986. Ulmer, Stuttgart

Ellstrand N C, Roose ML (1987) Patterns of genotypic diversity in clonal plant species. Am J Bot 74: 123–131

Elner RW, Hughes RN (1978) Energy maximization in the diet of the shore crab, *Carcinus maenas*. J Anim Ecol 47: 103–116

Elton CS (1927) Animal ecology. Sidgwick & Jackson, London

Elton CS (1930) Animal ecology and evolution. Oxford University Press, New York

Elton CS (1960) The ecology of invasions by animals and plants. Methuen, London

Epstein PR, Diaz HF, Scott E, Grabherr G, Graham NE, Martens WJM, Mosley-Thompson EM, Susskind J (1998) Biological and physical signs of climate change: Focus on mosquito-borne diseases. Bull Am Meteorol Soc 79: 409–417

Erschbamer B, Grabherr G, Reisigl H (1983) Spatial pattern in dry grassland communities of the Central Alps and its ecophysiological significance. Vegetatio 54: 143–151

Erwin DH (1998) The end and the beginning: recoveries from mass extinctions. Trends Ecol Evol 13: 344–349

Erwin TL (1991) How many species are there? Revisited. Conserv Biol 5: 1–4

Escher N, Käch B, Nentwig W (2000) Decomposition of transgenic *Bacillus thuriengiensis* maize my microorganisms and woodlice *Porcellio scaber*. Basic Appl Ecol 1: 161–169

Estes JA, Duggins DO (1995) Sea otters and kelp forests in Alaska: Generality and variation in a community ecological paradigm. Ecol Monogr 65: 75–100

Fabian P (1989) Atmosphäre und Umwelt. Springer, Berlin

Fenchel T (1974) Intrinsic rate of natural increase: The relationship to body size. Oecologia 14: 317–326

Fischer M, Matthies D (1998) Effects of population size on performance in the rare plant *Gentianella germanica*. J Ecol 86: 195–204

Fladung M, Grossmann K, Ahuja MR (1997) Alterations in hormonal and developmental characteristics in transgenic *Populus*. J Plant Physiol 150: 420–427

Flahault C, Schröter C (1910) Phytogeographische Nomenklatur. Berichte und Vorschläge. III. Congrès international de Botanique – Bruxelles. Zürich

Follmann H (2001) Biochemie. Teubner, Wiesbaden

Forman RTT, Godron M (1981) Patches and structural components for a landscape ecology. BioScience 31: 733–740

Forman RTT, Godron M (1986) Landscape ecology. Wiley, New York

Freese A (1995) Die Fauna ausgewählter europäischer Anthemideen: Eine vergleichende Analyse zur Gildenstruktur und Ressourcennutzung unter besonderer Berücksichtigung der Wirtspflanzenevolution. Agrarökologie 16: 1–153

Freese G (1997) Insektenkomplexe in Pflanzenstengeln. Eine vergleichende Analyse zu multitrophen Interaktionen, Diversität, Gildenstruktur, Ressourcennutzung und „life-history"-Strategien am Beispiel ausgewählter krautiger Pflanzenarten. Bayreuther Forum Ökologie 44: 1–198

Fretwell SD (1972) Populations in a seasonal environment. Princeton University Press, Princeton, NJ

Frey W, Lösch R (1998) Lehrbuch der Geobotanik. Fischer, Stuttgart

Friederichs K (1927) Grundsätzliches über die Lebenseinheiten höherer Ordnung und den ökologischen Einheitsfaktor. Naturwiss 8: 153–157, 182–186

Friedli J, Bacher S (2001) Mutualistic interaction between a weevil and a rust fungus, two parasites of the weed *Cirsium arvense*. Oecologia 129: 571–576

Fritts TJ, Rodda GH (1998) The role of introduced species in the degradation of island ecosystems: A case history of Guam. Annu Rev Ecol Syst 29: 113–140

Gams H (1918) Prinzipienfragen der Vegetationsforschung. Ein Beitrag zur Begriffsklärung und Methodik der Biocoenologie. Vierteljahresschrift Naturforsch Ges Zürich 63: 293–493

Gaston HJ (1994) Rarity. Chapman & Hall, London

Gaston KG (1991) The magnitude of global insect species richness. Conserv Biol 5: 183–196

Gaston KJ (2003) The structure and dynamics of geographic ranges. Oxford University Press, Oxford

Gaston KJ, Blackburn TM (2000) Pattern and process in macroecology. Blackwell Science, Oxford

Gates DM (1965) Radiation energy, its receipt and disposal. Meteorol Monogr 6: 1–26

Gauld I, Bolton B (1988) The Hymenoptera. Oxford University Press, Oxford

Gause GF (1934) The struggle for existence. Williams & Wilkins, Baltimore

Gemeno C, Yeargan KV, Haynes KF (2000) Aggressive chemical mimicry by the bolas spider *Mastophora hutchinsoni*: Identification and quantification of a major prey's sex pheromone components in the spider's volatile emissions. J Chem Ecol 26: 1235–1243

Gianinazzi S, Gianinazzi-Pearson V (1988) Mycorrhizae: A plant's health insurance. Chimica oggi 10: 56–58

Gigon A (1999) Positive Interaktionen in einem Blumenpolster. Ber Reinh Tüxen Ges 11: 321–330

Gigon A, Ryser P (2000) Wie leben die vielen Pflanzenarten in einer Halbtrockenwiese zusammen? Mitt Naturf Ges Schaffhausen 45: 25–36

Gillman MP, Crawley MC (1990) The cost of sexual reproduction in ragwort (*Senecio jacobaea* L.). Funct Ecol 4: 585–589

Ginzburg LR, Akcakaja HR (1992) Consequences of ratio-dependent predation for steady-state properties of ecosystems. Ecology 73: 1536–1543

Gittleman JL, Harvey PH (1980) Why are distasteful prey not cryptic? Nature 286: 149–150

Glavac V (1996) Vegetationsökologie. Fischer, Jena

Gleason HA (1926) The individualistic concept of the plant association. Bull Torrey Bot Club 53: 7–26

Glick PA (1939) The distribution of insects, spiders and mites in the air. Tech Bull US Dept Agric 673

Global 2000 (1980) Der Bericht an den Präsidenten. Council on Environmental Quality, Barney GO (Hrsg.) Zweitausendeins, Frankfurt

Godfray HCJ (1994) Parasitoids: Behavioural and evolutionary ecology. Princeton University Press, Princeton

Goldammer JG (1993) Feuer in Waldökosystemen der Tropen und Subtropen. Birkhäuser, Basel

Goodall DW (Hrsg.) (1981–2001) Ecosystems of the world. Elsevier, Amsterdam. 23 Bde.

Gössling S (2002) Global environmental consequences of tourism. Global Environ Change 12: 283–302

Gotelli NJ (2001) A primer in ecology. Sinauer Associates, Sunderland

Gotelli NJ, Colwell RK (2001) Quantifying biodiversity: Procedures and pitfalls in the measurement and comparison of species richness. Ecol Lett 4: 379–391

Gotelli NJ, Graves GR (1996) Null models in ecology. Smithsonian Institution, Washington

Grabherr G (1989) On community structure in high alpine grasslands. Vegetatio 83: 223–227

Grabherr G (1997) The high-mountain ecosystems of the Alps. In: Wielgolaski FE, Polar and alpine tundra, Ecosystems of the world 3. Elsevier, Amsterdam. S. 97–121

Grabherr G (2000) Biodiversity in mountain forests. In: Price M, Butt N, Forests in sustainable mountain development. IUFRO Series No 5. CABI Publishing, Wallingford. S. 28–38

Grabherr G, Gottfried M, Pauli H (1994) Climate effect on mountain plants. Nature 369: 448

Grabherr G, Koch G, Kirchmeir H, Reiter K (1998) Hemerobie österreichischer Waldökosysteme. Veröffentl Österr MAB-Programm 17, Österr Akad Wiss, Wagner, Innsbruck

Grabherr G, Reiter K (1999) Aktuelle Aspekte der Vegetationskartierung, der Fernerkundung und geographischer Informationssysteme. Ber Reinh Tüxen Ges 11: 353–366

Gratton C, Welter SC (1999) Does „enemy-free space" exist? Experimental host shifts of an herbivorous fly. Ecology 80: 773–785

Greig-Smith P (1983) Quantitative Plant Ecology. Studies in Ecology 9, Blackwell, Oxford

Grier CC (1975) Wildfire effects on nutrient distribution and leaching in a coniferous forest ecosystem. Can J Forest Res 5: 599–607

Grime JP (1977) Evidence for the existence of three primary strategies in plants and its relevance to ecological and evolutionary theory. Am Nat 111: 1169–1194

Grime JP (1979) Plant strategies and vegetation processes. Wiley, London

Grime JP, Hodgson JG, Hunt R (1988) Comparative plant ecology. Unwin Hyman, London

Grinnell J (1904) The origin and distribution of the chestnut-backed chicadee. Auk 21: 364–382

Grinnell J (1917) The niche relationships of the Californian thrasher. Auk 34: 427–433

Groombridge B, Jenkins MD (2000) Global biodiversity. Earth's living resources in the 21st century. World Conservation Press, Cambridge

Grubb PJ (1977) The maintenance of species richness in plant communities: The importance of the regeneration niche. Biol Rev 52: 107–145

Guo Q, Brown JH, Valone TJ, Kachman SD (2000) Constraints of seed size on plant distribution and abundance. Ecology 81: 2149–2155

Gutt J, Starmans A (2001) Quantification of iceberg impact and benthic recolonisation patterns in the Weddell Sea (Antarctica). Polar Biol 24: 615–619

Haber W (2001) Kulturlandschaft zwischen Bild und Wirklichkeit. Forschungs- und Sitzungsber Akad Raumforschung Landesplanung 215: 6–29

Haberl H (1997) Human appropriation of net primary production as an environmental indicator: Implications for sustainable development. Ambio 26: 143–146

Häberli W, Beniston M (1998) Climate change and its impacts on glaciers and permafrost in the Alps. Ambio 258–265

Haeckel E (1866) Generelle Morphologie der Organismen. Reimer, Berlin

Haila Y (1988) Calculating and miscalculating density: The role of habitat geometry. Ornis Scand 19: 88–92

Hairston NG, Smith FE, Slobodkin LB (1960) Community structure, population control, and competition. Am Nat 44: 421–425

Haldane JS (1884) Life and Mechanism. Mind 9, Hodder & Stoughton, London

Hall SJ, Raffaelli DG (1997) Food-web patterns: What do we really know? In: Gange AC, Brown VK (Hrsg.) Multitrophic interactions in terrestrial systems. Blackwell, Oxford. S. 395–417

Hambäck PA, Björkman C (2002) Estimating the consequences of apparent competition: A method for host-parasitoid interactions. Ecology 83: 1591–1596

Hampicke U (1991) Naturschutz-Ökonomie. Ulmer, Stuttgart

Hanski I, Simberloff D (1997) The metapopulation approach, its history, conceptual domain, and application to conservation. In: Hanski I, Gilpin ME (Hrsg.) Metapopulation biology. Ecology, genetics and evolution. Academic Press, London. S. 5–26

Hansson LA (1996) Behavioural response in plants: Adjustment in algal recruitment induced by herbivores. Proc R Soc Lond B 263: 1241–1244

Hardin G (1960) The competitive exclusion principle. Science 131: 1292–1297

Hargrove WW, Gardner RH, Turner MG, Romme WH, Despain DG (2000) Simulating fire patterns in heterogenous landscapes. Ecol Modell 135: 243–263

Harper JL (1977) Population biology of plants. Academic Press, London

Harper L, Clatworthy JN, MacNaughton IH, Sagar GR (1961) The evolution and ecology of closely related species living in the same area. Evolution 15: 209–227

Harte J, Kinzig A, Green J (1999) Self-similarity in the distribution and abundance of species. Science 284: 334–336

Hassell MP, Lawton JH, Beddington JR (1977) Sigmoid functional responses by invertebrate predators and parasitoids. J Anim Ecol 46: 249–262

Hassell MP, Varley GC (1969) New inductive population model for insect parasites and its bearing on biological control. Nature 223: 1133–1137

Haydon DT, Chase-Topping M, Shaw DJ, Matthews L, Fiar JK, Wilesmith J, Woolhouse MEJ (2002) The construction and analysis of epidemic trees with reference to the 2001 UK foot-and-mouth outbreak. Proc R Soc Lond B 270: 121–127

Heal OW, Callaghan TV, Cornelissen JHC, Körner C, Lee SE (1998) Global change in Europe's cold regions. Ecosystems Research Report 27, European Commission, Brussels

Hector A, Joshi J, Lawler SP, Spehn EM, Wilby A (2001) Conservation implications of the link between biodiversity and ecosystem functioning. Oecologia 129: 624–628

Heerwagen JH, Orians GH (1993) Humans, habitats, and aesthetics. In: Kellert SR, Wilson EO (Hrsg.) The biophilia hypothesis, S. 138–172. Island Press, Washington DC

Heil M (2002) Ecological costs of induced resistance. Curr Opinion Plant Biol 5. 1–6

Heinrich B (1981) Bumblebee economics. Harvard University Press, Cambridge, Mass.

Heinselman ML (1973) Fire in the virgin forests of the Boundary Waters Canoe Area, Minnesota. Quartern Res 3: 329–382

Heithaus ER, Culver DC, Beattie AJ (1980) Models of some ant-plant mutualisms. Am Nat 116: 347–361

Heitland W, Pschorn-Walcher H (1993) Feeding strategies of sawflies. In: Wagner MR, Raffa KF (Hrsg.) Sawfly life history adaptions to woody plants. Academic Press, New York. S. 93–118

Heitzmann A, Zwahlen R, Friedli P, Märki H, Senn B, Schönmann W (1987) Tierkunde, ein Arbeitsbuch. Sabe, Zürich

Hemmingsen AM (1960) Energy metabolism as related to body size and respiratory surfaces. Rep Steno Mem Hosp Nordisk Insulin Laboratorium 9: 6–110

Hewitt GM (1999) Post-glacial re-colonization of European biota. Biol J Linn Soc 68: 87–112

Heydemann B (1997) Neuer biologischer Atlas Ökologie für Schleswig-Holstein und für Hamburg. Wachholtz, Neumünster

Heywood VH (Hrsg.) (1995) Global diversity assessment. UNEP, Cambridge

Hilker M, Meiners T (2002) Induction of plant responses towards oviposition and feeding of herbivorous arthropods: A comparison. Entomol Exp Appl 104: 181–192

Hill MO (1979) TWINSPAN – a Fortran programme for arranging multivariate data in an ordered-two-way-table by classification of the individuals and attributes. Cornell University, Ithaca, New York

Hoegh-Guldberg O (1999) Climate change, coral bleaching and the future of the world's coral reefs. Mar Freshwat Res 50: 839–866

Hofmann T, Golz C, Schieder O (1994) Foreign DNA sequences are received by a wild-type strain of *Aspergillus niger* after co-culture with transgenic higher plants. Current Genetics 27: 70–76

Holland HD (1978) The chemistry of the atmosphere and ocean. Wiley, New York

Holland JN, DeAngelis DL, Bronstein JL (2002) Population dynamics and mutualism: Functional responses of benefits and costs. Am Nat 159: 231–244

Holling CS (1959) Some characteristics of simple types of predation and parasitism. Can Entomol 16: 385–398

Holt RD (1997) From metapopulation dynamics to community structure: Some consequences of spatial heterogeneity. In: Hanski I, Gilpin ME (Hrsg.) Metapopulation biology. Academic Press, San Diego. S. 149–174

Holt RD, Lawton JH (1994) The ecological consequence of shared natural enemies. Annu Rev Ecol Syst 25: 495–520

Holt RD, Polis GA (1997) A theoretical framework for intraguild predation. Am Nat 149: 745–764

Horn R, Schulze ED, Hantschel R (1989) Nutrient balance and element cycling in healthy and declining Norway spruce stands. In: Schulze ED, Lange OL, Oren R (Hrsg.) Air pollution and forest decline. Ecological Studies 77: 444–458. Springer, Heidelberg

Hotinski RM, Bice KL, Kump LR, Naijar RG, Arthur MA (2001) Ocean stagnation and end Permian anoxia. Geology 29: 7–10

Howell AB (1917) Birds of the islands of the coast of Southern California. Cooper Ornith Club, Hollywood

Hubbel SP, Foster RB, O'Brien ST, Harms KE, Condit R, Wechsler B, Wright SJ Loo de Lao S (1999) Light-gap disturbances, recruitment limitation, and tree diversity in a neotropical forest. Science 283: 554–557

Hubbell SP (2001) The unified neutral theory of diversity and biogeography. Princeton University Press, Princeton

Huber B (1956) Die Saftströme der Pflanzen. Springer, Berlin

Hudson PJ, Dobson AP, Newborn D (1998) Prevention of population cycles by parasite removal. Science 282: 2256–2258

Huffaker CB (1958) Experimental studies on predation: dispersion factors and predator-prey oscillations. Hilgardia 27: 343–383

Huffaker CB, Shea KP, Hermann SG (1963) Experimental studies on predation. Hilgardia 34: 305–330

Humboldt A v (1807) Ideen zu einer Physiognomik der Gewächse. In: Humboldt, A v: Ansichten der Natur, mit wissenschaftlichen Erläuterungen. Cotta'scher Verlag, Tübingen

Humboldt A v (1845) Kosmos. Entwurf einer physischen Weltbeschreibung. Humboldt-Studienausgabe (Beck H, Hrsg.), Darmstadt 1993

Hurlbert SH (1984) Pseudoreplication and the design of ecological field experiments. Ecol Monogr 54: 187–211

Huston MA (1979) A general hypothesis of species diversity. Am Nat 113: 81–101

Huston MA (1994) Biological diversity. The coexistence of species on changing landscapes. Cambridge University Press, Cambridge

Hutchinson GE (1944) Limnological studies in Connecticut. VII. A critical examination of the supposed relationship between phytoplankton periodicity and chemical changes in lake waters. Ecology 25: 3–26

Hutchinson GE (1957) Concluding remarks. Cold Spring Harbour Symp Quant Biol 22: 415–427

Hutchinson GE (1959) Homage to Santa Rosalia, or why are there so many kinds of animals? Am Nat 93: 145–159

Illies J (1961) Versuch einer allgemeinen biozönotischen Gliederung der Fließgewässer. Int Rev Ges Hydrobiol 46: 205–213

Iltis H (1988) Serentipity in the exploration of biodiversity. What good are weedy tomatos. In: Wilson EO (Hrsg.) Biodiversity. National Acad Press, Washington. S. 98–106

Inouye DW (1978) Resource partioning in bumblebees: Experimental studies of foraging behaviour. Ecology 59: 672–678

Internationale Gewässerschutzkommission für den Bodensee (2002) Limnologischer Zustand des Bodensees. Stuttgart

IPCC (2001) IPCC Third assessment report: Climate change 2001: Synthesis report. Cambridge University Press, Cambridge UK

IUCN (International Union for the Conservation of Nature and Natural Resources) (2002) Red list of threatened species. IUCN, Gland, Schweiz (www.redlist.org)

Jaccard P (1902) Lois de distribution florale dans la zone alpine. Bull Soc Vaud Sc Nat 38: 69–130

Jaeger J (2000) Landscape division, splitting index, and effective mesh size: new measures for landsacpe fragmentation. Landscape Ecol 15: 115–130

Jaenike J (1978) An hypothesis to account for the maintenance of sex within populations. Evol Theor 3: 191–194

Jaenike J (1990) Host specialization in phytophagous insects. Annu Rev Ecol Syst 21: 243–273

James C (2002) Preview: Global status of commercialized transgenic crops. ISAAA Briefs 27, Ithaca, NY

Janetschek H (1982) Ökologische Feldmethoden. Ulmer, Stuttgart

Jax K (1998) Holocen and ecosystem – on the origin and historical consequences of two concepts. J History Biol 31: 113–142

Jedicke E (1994) Biotopverbund. Grundlagen und Massnahmen einer neuen Naturschutzstrategie. Ulmer, Stuttgart

Jedicke E (Hrsg.) (1997) Die Roten Listen. Ulmer, Stuttgart

Jedicke L, Jedicke E (1992) Farbatlas Landschaften und Biotope Deutschlands. Ulmer, Stuttgart

Jeschke JM, Kopp M, Tollrian R (2002) Predator functional responses: Discriminating between handling and digesting prey. Ecol Monogr 72: 95–112

Jesse LCH, Obrycki JJ (2000) Field deposition of Bt transgenic corn pollen: Lethal effects on the monarch butterfly. Oceologia 125: 241–248

Joergensen SE, Patten BC, Straskraba M (1992) Ecosystems emerging: Towards an ecology of complex systems in a complex future. Ecol Modell 62: 1–27

Johst K, Brandl R (1997) The effect of dispersal on local population dynamics. Ecol Modell 104: 87–101

Johst K, Doebeli M, Brandl R (1999) Evolution of complex dynamics in spatially structured populations. Proc R Soc Lond B 266: 1147–1154

Jones CG, Lawton JH, Shachak M (1994) Organisms as ecosystem engineers. Oikos 69: 373–386

Julien MH, Griffiths MW (1998) Biological control of weeds. A world catalogue of agents and their target weeds. CABI Publishing, Wallingford

Kacelnik A (1984) Central place foraging in starlings (*Sturnus vulgaris*). J Anim Ecol 53: 283–299

Karban R, Agrawal AA (2002) Herbivore offense. Annu Rev Ecol Syst 33: 641–664

Karban R, Agrawal AA, Thaler JS, Adler LS (1999) Induced plant responses and information content about risk of herbivory. Trends Ecol Evol 14: 443–447

Karban R, Baldwin IT, Baxter KJ, Laue G, Felton GW (2000) Communication between plants: Induced resistance in wild tobacco plants following clipping of neighboring sagebrush. Oecologia 125: 66–71

Karsholt O, Razowski J (1996) The Lepidoptera of Europe. Apollo Books, Stenstrup

Kaule G (1986) Arten- und Biotopschutz. Ulmer, Stuttgart

Keddy PA (1992) Assembly and response rules – two goals for predictive community ecology. J Veg Sci 3: 157–164

Kegel B (1999) Die Ameise als Tramp. Von biologischen Invasionen. Ammann Verlag, Zürich

Kenward RE (1978) Hawks and doves: Factors affecting success and selection in goshawk attacks on wood-pigeons. J Anim Ecol 47: 449–460

Kerner von Marilaun A (1863) Das Pflanzenleben der Donauländer. Wagner, Innsbruck

Kirchner JW (2002) The Gaia hypothesis: Facts, theory and wishful thinking. Climatic Change 52: 391–408

Kirchner JW, Weil A (2000) Delayed biological recovery from extinctions throughout the fossil record. Nature 404: 177–180

Kleiber M (1932) Body size and metabolism. Hilgardia 6: 315–353

Klötzli FA (1989) Ökosysteme. Aufbau, Funktionen, Störungen. Fischer, Stuttgart

Knauer N (1993) Ökologie und Landwirtschaft. Ulmer, Stuttgart

Konold W, Wolf R (1987) Kulturhistorische und landschaftsökologische Untersuchungen als Grundlage für die Feuchtgebiets-Planung am Beispiel der Gemarkung Bad Wurzach-Seibranz (Lkrs. Ravensbrück). Natur und Landschaft 62: 424–429

Korneck D, Sukopp H (1988) Rote Liste der in der Bundesrepublik Deutschland ausgestorbenen, verschollenen und gefährdeten Farn- und Blütenpflanzen und ihre Auswertung für den Arten- und Biotopschutz. Schriftenr Vegetationskunde 19, BFNL, Bonn-Bad Godesberg

Körner C (2000) Biosphere responses to $CO_2$ enrichment. Ecol Appl 10: 1590–1619

Körner C (2001) Alpine plant life – functional plant ecology of high mountain ecosystems. Springer, Berlin

Kraft R, Sant D van der (2002) „Neodingsda". Die Pirsch. 15: 4–11

Kratochwil A (1984) Pflanzengesellschaften und Blütenbesucher-Gemeinschaften: Biozönologische Untersuchungen in einem nicht mehr bewirtschafteten Halbtrockenrasen (Mesobrometum) im Kaiserstuhl (Südwestdeutschland). Phytocoenologia 11: 455–669

Kratochwil A (1991) Blüten-/Blütenbesucher-Konnexe: Aspekte der Co-Evolution, der Co-Phänologie und der Biogeographie aus dem Blickwinkel unterschiedlicher Komplexitätsstufen. Ann Bot 2: 43–108

Kratochwil A, Schwabe A (2001) Ökologie der Lebensgemeinschaften. Ulmer, Stuttgart

Krebs CJ (1972) Ecology. Harper & Row, New York

Krebs CJ (1999) Ecological methodology. Addison Wesley, Boston

Krebs CJ, Boutin S, Boonstra R, Sinclair ARE, Smith JNM, Dale MRT, Turkington R (1995) Impact of food and predation on snowshoe hare cycle. Science 269: 1112–1115

Krebs JR, Davies NB (1997) Behavioural ecology: An evolutionary approach. Blackwell, Oxford

Kruess A, Tscharntke T (1994) Habitat fragmentation, species loss, and biological control. Science 264: 1581–1584

Kugler H (1970) Blütenökologie. Fischer, Stuttgart

Kühnelt W (1965) Grundriss der Ökologie mit besonderer Berücksichtigung der Tierwelt. Fischer, Jena

Küster H (1995) Geschichte der Landschaft in Mitteleuropa. Beck, München

Kuttler W (1995) Handbuch zur Ökologie. Analytica Verlagsgesellschaft, Berlin

Lack D (1947) Darwin's finches: An essay on the general biological theory of evolution. Cambridge University Press, Cambridge

Lamont BB, Klinkhamer PGL, Witkowski ETF (1993) Population fragmentation may reduce fertility to zero in *Banksia goodii* – a demonstration of the Allee effect. Oecologia 94: 446–450

Lampert W, Sommer U (1999) Limnoökologie. Thieme, Stuttgart

Lange OL, Schulze ED, Koch W (1970) Experimentellökologische Untersuchungen an Flechten der Negev-Wüste. II. $CO_2$-Gasstoffwechsel und Wasserhaushalt von *Ramalina maciformis* (Del.) Bory am natürlichen Standort während der sommerlichen Trockenperiode. Flora 159: 38–62

Larcher W (2001) Ökophysiologie der Pflanzen. Ulmer, Stuttgart

Lasch P, Lindner M, Erhard M, Suckow F, Wenzel A (2002) Regional impact assessment on forest structure and functions under climate change – the Brandenburg case study. Forest Ecol Manag 162: 73–86

Lawton JH (1994) What do species do in ecosystems? Oikos 71: 367–374

Lawton JH (1999) Are there general laws in ecology? Oikos 84: 177–192

Lawton JH, Beddington JR, Bonser R (1974) Switching in invertebrate predators. In: Usher MB, Williamson MH (Hrsg.) Ecological stability. Chapman & Hall, London. S. 141–158

Lawton JH, Lewinsohn TM, Compton SG (1993) Patterns of diversity for the insect herbivores on bracken. In: Ricklefs E, Schluter D (Hrsg.) Species diversity in ecological communities. University of Chicago Press, Chicago. S. 178–184

Leakey R, Lewin R (1995) The sixth extinction: Patterns of life and the future of humankind. Doubleday, New York

Leibold MA (1996) A graphical model of keystone predators in food webs: Trophic regulation of abundance, incidence, and diversity patterns in communities. Am Nat 147: 748–812

Leemanns R (1997) The use of plant functional type classifications to model global land use cover and simulate the interactions between the terrestrial biosphere and the atmosphere. In: Smith TM, Shugart HH, Woodward FI (Hrsg.) Plant functional types. Cambridge University Press, Cambridge. S. 289–319

Leishman MR, Westoby M (1992) Classifying plants into groups on the basis of associations of individual traits – evidence from Australian semi-arid woodlands. J Ecol 80: 417–442

Leisler B (1981) Die ökologische Einnischung der mitteleuropäischen Rohrsänger (*Acrocephalus*, Sylviinae). I. Habitattrennung. Vogelwarte 31: 45–74

Lennartsson T, Tuomi J, Nilsson P (1997) Evidence for an evolutionary history of overcompensation in the grassland biennial *Gentianella campestris* (Gentianaceae). Am Nat 149: 1147–1155

Lerch G (1965) Pflanzenökologie. Akademieverlag, Berlin

Leser H (1997) Landschaftsökologie. Ulmer, Stuttgart

Lexer MJ, Hönninger K, Scheifinger H, Matulla C, Groll N, Kromp-Kolb H, Schadauer K, Starlinger F, Englisch M (2001) The sensitivity of the Austrian forests to scenarios of climate change. Monographien 132. Österr Umweltbundesamt, Wien

Liebig J v (1840) Die Organische Chemie in ihre Anwendung auf Agricultur und Physiologie. Braunschweig

Lieth H (1972) Über die Primärproduktion der Pflanzendecke der Erde. Angew Bot 46: 1–37

Likens GE (1992) The ecosystem approach: its use and abuse. Ecology Institute, Oldendorf

Likens GE, Bormann FH, Pierce RS, Eaton JS, Johnson NM (1977) Biogeochemistry of a forested ecosystem. Springer, Berlin

Lindeman RL (1942) The trophic-dynamic aspect of ecology. Ecology 23: 399–418

Linder CR (1998) Potential persistance of transgenes: Seed performance of transgenic canola and wild x canola hybrids. Ecol Appl 8: 1180–1195

Lindström L, Alatalo RV, Mappes J (1999) Reactions of hand-reared and wild-caught predators toward warningly colored, gregarious, and conspicuous prey. Behav Ecol 10: 317–322

Liniger H, Weingartner R, Grosjean M (1998) Mountains of the world. Water towers for the 21$^{st}$ century. Prepared by Mountain Agenda. Haupt, Bern

Livingstone DA (1963) Chemical composition of rivers and lakes. US Geological Survey, Prof Pap 440G, Washington DC

Lloyd JE (1980) Male *Photuris* fireflies mimic sexual signals of their females' prey. Science 210: 669–671

Lotka AJ (1925) Elements of physical biology. Williams & Wilkins, Baltimore

Lovejoy TE (1980) Changes in biological diversity. In: The global 2000 report to the president. Vol. 2 (The Technical Report). Penguin Books, Harmondsworth

Lovelock J (1991) Das Gaia-Prinzip: Die Biographie unseres Planeten. Artemis, Zürich

Lovelock J (1992) Gaia – Die Erde ist ein Lebewesen. Scherz, München

Lynch JD, Johnson NV (1974) Turnover and equilibria in insular avifaunas, with special reference to the California Channel Islands. Condor 76: 370–384

MacArthur RH (1972) Geographical ecology. Harper & Row, New York

MacArthur RH, Pianka ER (1966) On optimal use of a patchy environment. Am Nat 101: 377–385

MacArthur RH, Wilson EO (1963) An equilibrium theory of insular zoogeography. Evolution 17: 373–387

MacArthur RH, Wilson EO (1967) The theory of island biogeography. Princeton University Press, Princeton

Mäder P, Fliessbach A, Dubois D, Gunst L, Fried P, Niggli U (2002) Soil fertility and biodiversity in organic farming. Science 296: 1694–1697

Magurran AE (1988) Ecological diversity and its measurement. Princeton University Press, Princton

Mander Ü, Jongman RHG (Hrsg.) (2000) Landscape perspectives of land use changes. Adv Ecol Sci 6. Wessex Institute of Technology Press, Southampton

Mann ME, Bradley RS, Hughes MK (1998) Global-scale temperature patterns and climate forcing over the past six centuries. Nature 392: 779–787

Mann ME, Bradley RS, Hughes MK (1999) Northern hemisphere temperatures during the past millenium: Interferences, uncertainties and limitations. Geophys Res Lett 26: 759–762

Markalas S (1991) Insects attacking burnt pine trees (*Pinus halepensis*, *P. brutia* and *P. nigra*) in Greece. Anz Schädlingskd Pflanzenschutz Umweltschutz 64: 72–75

Marques ESA, Price PW, Cobbi NS (2000) Resource abundance and insect herbivore diversity on woody fabaceous desert plants. Environ Entomol 29: 696–703

Martin PS, Klein RG (1984) Quaternary extinctions. University of Arizona Press, Tucson

Martinez ND (1992) Constant connectance in community food webs. Am Nat 139: 1208–1218

Martinez ND (1993) Effects of scale on food web structure. Science 260: 242–243

Marvier M (1998) A mixed diet improves performance and herbivore resistance of a parasitic plant. Ecology 79: 1272–1280

Mattson WJ jr (1980) Herbivory in relation to plant nitrogen content. Annu Rev Ecol Syst 11: 119–161

May RM (1975) Patterns of species abundance and diversity. In: Cody ML, Diamond JM (Hrsg.) Ecology and evolution of communities. Cambridge University Press, Cambridge. S. 81–120

May RM (1976) Simple mathematical models with very complicated dynamics. Nature 261: 459–467

May RM (1977) Thresholds and breakpoints in ecosystems with a multiplicity of stable states. Nature 269: 471–477

May RM (1981) Theoretical ecology: Principles and applications. Saunders, Philadelphia

May RM (1986) The search for patterns in the balance of nature: Advances and retreats. Ecology 67: 1115–1126

May RM (1990) How many species? Phil Trans R Soc Lond B 330: 293–304

May RM, Anderson RM (1978) Regulation and stability of host-parasite population interactions: II. Destabilizing processes. J Anim Ecol 47: 249–267

Mayr E (1967) Artbegriff und Evolution. Parey, Hamburg

Mayr E (2002) Die Autonomie der Biologie. Naturwiss Rundschau 55: 23–29

McCallum H (2000) Population parameters. Estimation for ecological models. Blackwell, Oxford

Memmott J, Godfray HCJ, Gauld ID (1994) The structure of a tropical host-parasitoid community. J Anim Ecol 63: 521–540

Metcalf RL (1987) Plant volatiles as insect attractants. CRC Crit Rev Plant Sci 5: 251–301

Meyer GA (1993) A comparison of the impact of leaf feeding and sap feeding insects on growth and allocation on goldenrod. Ecology 74: 1101–1116

Meyer-Abich A (1941) Hauptgedanken des Holismus.

Möbius KA (1877) Die Auster und die Austernwirtschaft. Wiegandt, Hempel & Parey, Berlin

Moore JC, De Ruiter PC (1997) Compartmentalization of resource utilization within soil ecosystems. In: Gange AC, Brown VK (Hrsg.) Multitrophic interactions in terrestrial systems. Blackwell, Oxford. S. 375–393

Morin PJ (1999) Community ecology. Blackwell, Oxford

Moser D, Zechmeister HG, Plutzar C, Sauberer N, Wrbka T, Grabherr G (2002) Landscape patches shape complexity as an effective measure for plant species richness in rural landscapes. Landscape Ecol 17: 657–669

Mucina L, Grabherr G, Ellmauer T, Wallhöfer S (Hrsg.) (1993) Die Pflanzengesellschaften Österreichs. Fischer, Jena

Mühlenberg M (1993) Freilandökologie. Quelle & Meyer, Heidelberg

Müller CB, Brodeur J (2002) Intraguild predation in biological control and conservation biology. Biol Contr 25: 216–223

Müller CB, Godfray HCJ (1997) Apparent competition between two aphid species. J Anim Ecol 66: 57–64

Müller HJ (1984) Ökologie. Fischer, Jena

Müller P (1981) Arealsysteme und Biogeographie. Ulmer, Stuttgart

Munk K (Hrsg.) (2002) Grundstudium Biologie – Zoologie. Spektrum Akademischer Verlag, Heidelberg

Murdoch WW, Avery S, Smyth MEB (1975) Switching in predatory fish. Ecology 56: 1094–1105

Murdoch WW, Oaten A (1975) Predation and population stability. Adv Ecol Res 9: 1–131

Myers N (1988) Threatened biotas: „Hotspots" in tropical forests. Environmentalist 8: 1–20

Myers N (1996) Environmental services of biodiversity. Proc Natl Acad Sci USA 93: 2764–2769

Neill SR St. J, Cullen JM (1974) Experiments on whether schooling by their prey affects the hunting behaviour of cephalopods and fish predators. J Zool Lond 172: 549–569

Nentwig W (1982) Epigeic spiders, their potential prey and competitors: relationship between size and frequency. Occologia 55. 130–136

Nentwig W (1983) Die Spinnenfauna (Araneae) eines Niedermoores (Schweinsberger Moor bei Marburg). Decheniana 136: 43–51

Nentwig W (1995) Humanökologie. Springer, Berlin

Nentwig W (Hrsg.) (2000) Streifenförmige ökologische Ausgleichsflächen in der Kulturlandschaft: Ackerkrautstreifen, Buntbrache, Feldränder. Verlag Agrarökologie – vaö, Bern

Nentwig W, Wissel C (1986) A comparison of prey length among spiders. Oecologia 68: 595–600

Nicholson AJ, Bailey VA (1935) The balance of animal populations. Part 1. Proc Zool Soc Lond 3: 551–598

Nicolai B (1993) Atlas der Brutvögel Ostdeutschlands. Fischer, Jena

Nisbet RM, Gurney WSC (1982) Modelling fluctuating populations. Wiley & Sons, Chichester

Noë R, Hammerstein P (1994) Biological markets: supply and demand determine the effect of partner choice in cooperation, mutualism, and mating. Behav Ecol Sociobiol 35: 1–11

Nokes DJ (1992) Microparasites. In: Crawley MJ (Hrsg.) Natural enemies: The population biology of predators, parasites and diseases. Blackwell, Oxford. S. 349–374

Nordlund DA, Lewis WJ (1976) Terminology of chemical releasing stimuli in intraspecific and interspecific interactions. J Chem Ecol 2: 211–220

Novotny V, Basset Y, Miller SE, Weiblein GD, Bremer B, Cizek L, Drozd P (2002) Low host specificity of herbivorous insects in a tropical forest. Nature 416: 841–844

O'Neill RV, DeAngelis DL, Waide JB, Allen TFH (1986) A hierarchical concept of ecosystems. Princeton University Press, Princeton

Odum EP (1971) Fundamentals of ecology. Saunders, Philadelphia

Odum EP (1999) Ökologie. Grundlagen Standorte Anwendung. Thieme, Stuttgart

Oksanen L. Fretwell SD, Arruda J, Niemela P (1981) Exploitation ecosystems in gradients of primary productivity. Am Nat 118: 240–261

Orians GH (1980) Habitat selection: General theory and applications to human behavior. In: Lockard JS (Hrsg.) The evolution of human social behavior, S. 49–66, Elsevier, New York

Osteroth D (1989) Von der Kohle zur Biomasse. Springer, Berlin

Ott J (1996) Meereskunde. Ulmer, Stuttgart

Owen-Smith RN (1988) Megaherbivores. The influence of very large body size on ecology. Cambridge University Press, Cambridge

Ozenda P (1988) Die Vegetation der Alpen. Fischer, Stuttgart

Paine RT (1969) A note on trophic complexity and community stability. Am Nat 103: 91–93

Palmer MW (1990) The estimation of species richness by extrapolation. Ecology 71: 1195–1198

Parmesan C (1996) Climate and species range. Nature 382: 765–766

Parmesan C (2001) Detection of range shifts. General methodological issues and case studies of butterflies. In: Walther G-R, Burga CA, Edwards PJ, „Fingerprints" of climate change. Kluwer, New York. S. 57–77

Parry ML (Hrsg.) (2000) Assessment of potential effects and adaptations for climate change in Europe: The European ACACIA-project. Jackson Environmental Institute, University of East Anglia, Norwich

Pauli H, Gottfried M, Grabherr G (2001) High summits of the Alps in a changing climate. In: Walther GR, Burga CA, Edwards PJ (Hrsg.) „Fingerprints" of climate change. Kluwer, New York. S. 137–151

Peacor SD, Werner EE (2000) Predator effects of an assemblage of consumers through induced changes in consumer foraging behavior. Ecology 81: 1998–2010

Pearce D, Moran D (1994) The economic value of biodiversity. Earthscan Publications, London

Penzlin H (1996) Lehrbuch der Tierphysiologie. Fischer, Stuttgart

Perlman DL, Adelson G (1997) Biodiversity: exploring values and priorities in conservation. Blackwell Science, Oxford

Perris CM (1995) Die große Enzyklopädie der Vögel. Orbis, München

Peters RH (1983) The ecological implications of body size. Cambridge University Press, Cambridge

Petersen CGJ (1913) Valuation of the sea. II. The animal communities of the sea-bottom and their importance for marine zoogeography. Report Danish Biol Station Board Agricult 21: 1–44

Petit JR, Jouze J, Raynauld D, Barkov NI, Barnola J-M, Basile I, Bender M, Chappellaz J, Davis M, Delaygue G, Delmotte M, Kotlyakov VM, Legrand M, Lipenkov VY, Lorius C, Pépin L, Ritz C, Saltzman E, Stievenard M (1999) Climate and athmospheric history of the past 420.000 years from the Vostok ice core, Antarctica. Nature 399: 429–436

Pfister C (1994) Climate in Europe during the late Maunder minimum period. In: Beniston M (Hrsg.) Mountain environments in changing climates. Routledge, London. S. 60–91

Pianka ER (1970) On r- and K-selection. Am Nat 104: 592–597

Pianka ER (2000) Evolutionary ecology. Addison Wesley, Longman

Pickett STA, White PS (1985) Patch-Dynamics – a synthesis. In: Pickett STA, White PS (Hrsg.) The ecology of natural disturbance and patch dynamics. Academic Press, San Diego. S. 371–384

Pielou EC (1966) The measurement of diversity in different types of biological collections. Theor Biol 13: 131–144

Pigott CD (1991) *Tilia cordata* Miller. J Ecol 79: 1147–1207

Pimentel DS, Raven PH (2000) *Bt* corn pollen impacts on nontarget Lepidoptera: Assessment of effects in nature. Proc Natl Acad Sci USA 97: 8198–8199

Pimm SL (1984) The complexity and stability of ecosystems. Nature 307: 321–326

Pimm SL (1991) The balance of nature? Ecological issues in the conservation of species and communities. University of Chicago Press, Chicago

Pimm SL, Lawton JH (1978) On feeding on more than one trophic level. Nature 275: 542–544

Pimm SL, Lawton JH (1980) Are food webs divided into compartments? J Anim Ecol 49: 879–898

Pitcher TJ, Hart PJ (1982) Fisheries ecology. Croom Helm, London

Pither J, Taylor PD (1998) An experimental assessment of landscape connectivity. Oikos 83: 166–174

Pitman NA, Jorgensen PM (2002) Estimating the size of the world's threatened flora. Science 298: 989

Plachter H (1991) Naturschutz. UTB Fischer, Stuttgart

Podani J (2000) Introduction to the exploration of multivariate biological data. Backhuys, Leiden

Polis GA (1991) Complex trophic interactions in deserts: An empirical critique of food-web theory. Am Nat 138: 123–155

Polis GA (1999) Why are parts of the world green? Multiple factors control productivity and the distribution of biomass. Oikos 86: 3–15

Polis GA, Strong DR (1996) Food web complexity and community dynamics. Am Nat 147: 813–846

Popper, KR (1994) Vermutungen und Widerlegungen. Mohr, Tübingen

Popper, KR (1995) Lesebuch. Mohr, Tübingen

Por FD (1978) Lessepsian migration. The influx of Red Sea biota into the Mediterranean by way of the Suez Canal. Springer, Heidelberg

Pott R (1995) Die Pflanzengesellschaften Deutschlands. Ulmer, Stuttgart

Pott R (2000) Palaeoclimate and vegetation – long-term vegetation dynamics in central Europe with particular reference to beech. Phytocoenologia 30: 285–333

Preston CA, Laue G, Baldwin IT (2001) Methyl jasmonate is blowing in the wind, but can it act as a plant-plant airborne signal? Biochem Syst Ecol 29: 1007–1023

Prinzing A, Durka W, Klotz S, Brandl R (2001) The niche of higher plants: Evidence for phylogenetic conservatism. Proc R Soc Lond B 268: 2383–2289

Procter M, Yeo P, Lack A (1996) The natural history of pollination. Timber Press, Oregon

Prokopy RJ (1972) Evidence for a marking pheromone deterring repeated oviposition in apple maggot flies. Environ Entomol 1: 326–332

Pulliam HR (1975) Diet optimisation with nutrient constraints. Am Nat 109: 765–768

Pyke GH (1982) Local geographic distribution of bumblebees near Crested Butte, Colorado: Competition and community structure. Ecology 63: 555–573

Rabinowitz D (1981) Seven forms of rarity. In: Synge H (Hrsg.) The biological aspects of rare plant conservation. Wiley, New York. S. 205–217

Rabotnov TAR (1992) Phytozönologie. Struktur und Dynamik natürlicher Ökosysteme. Ulmer, Stuttgart

Ramstorf S (1999) Shifting seas in the greenhouse. Nature 399: 523–524

Rapport DJ (1980) Optimal foraging for complementary resources. Am Nat 116: 324–346

Ratzel F (1897) Politische Geographie. Oldenbourg, München

Raunkiaer C (1934) The Life Forms of Plants and Statistical Plant Geography: Being the Collected Papers of C Raunkiaer. Clarendon Press, Oxford

Reisigl H, Keller R (1987) Alpenpflanzen im Lebensraum. Fischer, Stuttgart

Reisigl H, Keller R (1989) Lebensraum Bergwald. Fischer, Stuttgart

Remane A, Storch V, Welsch U (1980) Systematische Zoologie. Fischer, Stuttgart

Remmert H (Hrsg.) (1991) The mosaic-cycle concept of ecosystems. Ecol Studies 85, Springer, Berlin

Retter W (1965) Untersuchungen zur Assimilationsökologie und Temperaturresistenz des Buchenlaubes. Dissertation, Universität Innsbruck

Richards OW, Waloff N (1954) Studies on the biology and population dynamics of British grasshoppers. Anti-Locust Bull 17: 1–12

Richter M (2001) Vegetationszonen der Erde. Klett-Perthes, Gotha, Stuttgart

Robbins KE, Lemey P, Pybus OG, Jaffe HW, Youngpairoj AS, Brown TM, Salemi M, Vandamme AM, Kalish ML (2003) US human immunodeficiency virus type 1 epidemic: Date of origin, population history, and characterization of early strains. J Virol 77: 6359–6366

Roberts DF (1978) Climate and human variability. Cummings Publishing Co, Menlo Park, California

Roda AL, Baldwin IT (2003) Molecular technology reveals how the induced direct defenses of plants work. Basic Appl Ecol 4: 15–26

Rodwell JS (1991) British plant communities. Vol. 1: Woodlands and scrub. Cambridge University Press, Cambridge

Rogers D (1972) Random search and insect population models. J Anim Ecol 41: 369–383

Root RB (1967) The niche exploitation pattern of the blue-gray gnatcatcher. Ecol Monogr 37: 317–350

Rosenheim JA, Kaya HK, Ehler LE, Marois JJ, Jaffee BA (1995) Intraguild predation among biological control agents: Theory and evidence. Biol Contr 5: 303–335

Rosenzweig ML (1971) Paradox of enrichment: Destabilization of exploitation ecosystems in ecological time. Science 171: 385–387

Rosenzweig ML (1995) Species diversity in space and time. Cambridge University Press, Cambridge

Rosenzweig ML, MacArthur RH (1963) Graphical representation and stability conditions of predator-prey interactions. Am Nat 97: 209–223

Roughgarden J (1979) Theory of population genetics and evolutionary ecology: An introduction. MacMillan, New York

Ruther J, Meiners T, Steidle JLM (2002) Rich in phenomena – lacking in terms. A classification of kairomones. Chemoccol 12: 161–167

Sachs L (1984) Angewandte Statistik. Springer, Berlin

Sachteleben J (1999) Naturschutzfachliche Bedeutung von Modellen der Inselökologie für Invertebraten und Gefäßpflanzen auf Kalkmagerrasen in Süddeutschland. Agrarökologie 36: 1–174

Saetre GP, Moum T, Bures S, Král M, Adamjan M, Moreno J (1997) A sexually selected character displacement in flycatchers reinforces premating isolation. Nature 387: 589–592

Sahagian D (2001) Earth system science, data and models. Global Change Newsletter 46: 39–42

Sale PF (1977) Maintenance of high diversity of coral reef fish communities. Am Nat 111: 337–359

Salemi M, Strimmer K, Hall WW, Duffy M, Delaporte E, Mboup S, Peeters M, Vandamme AM (2000) Dating the common ancestor of SIVcpz and HIV-1 group M and the origin of HIV-1 subtypes using a new method to uncover clock-like molecular evolution. FASEB J 15: 276–278

Sass RL, Cicerone RJ (2002) Photosynthate allocations in rice plants: Food production or atmospheric methane? Proc Natl Acad Sci USA 99: 11993–11995

Sattler B, Puxbaum H, Limbeck A, Psenner R (2002) Clouds as habitat and seeders of active bacteria. In: Hoover RB, Levin GV, Paepe RR, Rozanov AY (Hrsg.) Instruments, methods, and missions for Astrobiology IV. Proc SPIE 4495: 211–222

Sauberer N, Zulka K-P, Abendsberg-Traun M, Berg H-M, Bieringer G, Milasowszky N, Moser D, Plutzar C, Pollheimer M, Storch M, Tröstl R, Zechmeister HG, Grabherr G (2004) Indicator taxa in agricultural landscapes. Biol Conserv 115: 1–16

Saxena D, Stotzky G (2001) Bt corn has a higher lignin content than non-Bt corn. Am J Bot 88: 1704–1706

Schaefer M, Tischler W (1992) Wörterbücher der Biologie. Ökologie. UTB 430. Fischer, Stuttgart

Scheirs J, De Bruyn L, Verhagen R (2000) Optimization of adult performance determines host choice in a grass miner. Proc R Soc Lond B 267: 2065–2069

Schenk D, Bacher S (2002) Functional response of a generalist insect predator to one of its prey species in the field. J Anim Ecol 71: 524–531

Scherf BD (Hrsg.) 1995. World watch list for domestic animal diversity. FAO, Rom

Schiestl FP, Ayasse M, Paulus HF, Löfstedt C, Hansson BS, Ibarra F, Francke W (1999) Orchid pollination by sexual swindle. Nature 399: 421–422

Schlesinger WH (1997) Biogeochemistry. Academic Press, San Diego

Schluter D (2000) The ecology of adaptive radiation. Oxford University Press, Oxford

Schmid B (1991) Konkurrenz bei Pflanzen. In: Schmid B, Stöcklin J (Hrsg.) Populationsbiologie der Pflanzen, S. 201–210. Birkhäuser, Basel

Schmidtke K, Pfeifer R, Stadler R, Brandl R (2001) Bestandsschwankungen beim Zwergtaucher Tachybaptus ruficollis: Zunahme, Abnahme oder Zyklus? Ornithol Anz 40: 47–56

Schmidt-Nielsen K (1975) Physiologische Funktionen bei Tieren. Fischer, Stuttgart

Schmitz OJ, Hambäck PA, Beckerman AP (2000) Trophic cascades in terrestrial systems: A review of effects of carnivore removal on plants. Am Nat 155: 141–153

Schoener TW (1983) Field experiments on interspecific competition. Am Nat 122: 240–285

Schoener TW (1986) Patterns of terrestrial vertebrate versus arthropod communities: Do systematic differences in regularity exist. In: Diamond J, Case TJ (Hrsg.) Community ecology. Harper & Row, New York. S. 556–586

Schoener TW (1989) The ecological niche. In: Cherrett JM, Bradschaw AD, Goldsmith FB, Grubb PJ, Krebs JR (Hrsg.) Ecological concepts. The contribution of ecology to the understanding of the natural world, S. 79–113. Blackwell, Oxford

Schoenwald-Cox C, Buechner N (1991) Housing viable populations in protected areas: The value of coarse-grained geographic analysis of density patterns and available habitat. In: Seitz A, Loeschke V (Hrsg.) Species Conservation: A population-biological approach, S. 223–226. Birkhäuser, Basel

Schönwiese C-D, Diekmann B (1989) Der Treibhauseffekt. Der Mensch ändert das Klima. Rowohlt, Reinbek

Schröpfer R (1990) The structure of European small mammal communities. Zool Jb Syst 117: 355–367

Schröter C, Kirchner O (1902) Die Vegetation des Bodensees, 2. Teil. Stettner, Lindau

Schubert R (1986) Lehrbuch der Ökologie. Fischer, Jena

Schubert R, Hilbig W, Klotz S (1995) Bestimmungsbuch der Pflanzengesellschaften Mittel- und Nordostdeutschlands. Fischer, Jena

Schultz J (2002) Die Ökozonen der Erde. Ulmer, Stuttgart

Schulze E-D, Beck E, Müller-Hohenstein K (2002) Pflanzenökologie. Spektrum Akademischer Verlag, Heidelberg

Schulze E-D, Ulrich B (1991) Acid rain – a large-scale, unwanted experiment in forest ecosystems. SCOPE 45: 89–106

Schütte G, Stirn S, Beusmann V (Hrsg.) (2001) Transgene Nutzpflanzen. Birkhäuser, Basel

Schwabe A, Kratochwil A (1994) Gelten die biozönotischen Grundprinzipien auch für die landschaftsökologische Dimension? Einige Überlegungen mit Beispielen aus den Inneralpen. Phytocoenologia 24: 1–22

Schwartz MW, Brigham CA, Hoeksema JD, Lyons KG, Mills MH, Mantgem PJ van (2000) Linking biodiversity to ecosystem function: Implications for conservation ecology. Oecologia 122: 297–305

Schwartz MW, Hoeksema JD (1998) Specialization and resource trade: biological markets as a model of mutualisms. Ecology 79: 1029–1038

Schwörbel J (1999) Einführung in die Limnologie. Fischer, Stuttgart

Sedlag U (1959) Hautflügler III – Schlupf- und Gallwespen. Die neue Brehm-Bücherei. Ziemsen, Wittenberg

Seibert P (1980) Ökologische Bewertung von homogenen Landschaftsteilen, Ökosystemen und Pflanzengesellschaften. Berichte der ANL 4: 10–23

Shannon CE, Weaver W (1949) The mathematical theory of communication. University of Illinois Press, Urbana

Shelford VE (1913) Animal communities in temperate America. Univ. Chicago Press, Chicago

Sheppard AW (1992) Predicting biological control. Trends Ecol Evol 7: 290–292

Sibly RM (1997) Life history evolution in heterogeneous environments: A review of theory. In: Silvertown J, Franco M (Hrsg.) Plant life histories. Ecology, Phylogeny and Evolution. Cambridge University Press, Cambridge. S. 228–248

Silliman BR, Bertness MD (2002) A trophic cascade regulates salt marsh primary production. Proc Natl Acad Sci USA 99: 10500–10505

Sinclair ARE (1989) Population regulation in animals. In: Cherett JM (Hrsg.) Ecological concepts. Blackwell, Oxford. S. 197–241

Sinclair RE, Gosline JM, Holdsworth G, Krebs CJ, Goutin S, Smith JNM, Boonstra R, Dale M (1993) Can the solar cycle and climate synchronize the snowshoe hare cycle in Canada? Evidence from tree rings and ice cores. Am Nat 141: 173–198

Singer MS (2001) Determinants of polyphagy by a woolly bear caterpillar: A test of the physiological efficiency hypothesis. Oikos 93: 194–204

Sitte P, Weiler EW, Kadereit JW, Bresinky A, Körner C (2002) Strasburger. Lehrbuch der Botanik. Spektrum Akademischer Verlag, Heidelberg

Smith M, Bruhn J, Anderson J (1992) The fungus *Armillaria bulbosa* is among the largest and oldest living organisms. Nature 356: 428–431

Smith RL, Smith TM (1999) Ecology and field biology, Addison Wesley, Boston

Soerensen TA (1948) A method of establishing groups of equal amplitude in plant sociology based on similarity of species content. Biol SKr Selskab 5: 1–34

Solbrig OT (1994) Biodiversität. Wissenschaftliche Fragen und Vorschläge für die internationale Forschung. Dt Nationalkomitee UNESCO-Programm MAB (Hrsg.), Bonn

Southwood TRE, Henderson PA (2000) Ecological methods. Blackwell, Oxford

Spalinger DE, Hobbs NT (1992) Mechanisms of foraging in mammalian herbivores: New models of functional response. Am Nat 140: 325–348

Srivastava D (1999) Using local-regional richness plots to test for species saturation: Pitfalls and potentials. J Anim Ecol 68: 1–16

Ssymank A, Hauke U, Rückriem C., Schröder E. (1998) Das europäische Schutzgebietssystem NATURA 2000. Landwirtschaftsverlag, Münster

Stanley SM (1988) Krisen der Evolution. Spektrum Akademischer Verlag, Heidelberg

Stanley SM (1999) Earth system history. Freeman, New York

Stan-Lotter H, Pfaffenhuemer M, Legat A, Busse H, Radax C, Gruber C (2002) *Halococcus dombrowskii* sp. nov., an archaeal isolate from a permo-triassic alpine salt deposit. Int J Syst Evol Microbiol 52: 1807–1814

Steel R, Harvey AP (1981) Lexikon der Vorzeit. Herder, Freiburg

Steffen W (2000) An integrated approach to understanding Earth's metabolisms. Global Change Newsletter 41: 9–16

Steiger T, Körner C, Schmid B (1996) Long-term persistence in a changing climate: DNA analysis suggests very old ages of clones of alpine *Carex curvula*. Oecologia 105: 307–324

Stensmyr M, Urru I, Collu I, Celander M, Hansson B, Angioy AM (2002) Rotting smell of dead-horse arum florets. Nature 420: 625–626

Stephens PA, Sutherland WJ (1999) Consequences of Allee effect for behaviour, ecology and conservation. Trends Ecol Evol 14: 401–405

Stoate C, Boatman ND, Borralho RJ, Rio Carvalho C, de Snoo GR, Eden P (2001) Ecological impacts of arable intensification in Europe. J Environ Manag 63: 337–365

Stolyarov MV (2000) Massenvermehrung von *Callipterus italicus* L. in Südrussland im zwanzigsten Jahrhundert. Articulata 15: 99–108

Storch V, Welsch U (2004) Systematische Zoologie. Spektrum Akademischer Verlag, Heidelberg

Stork NE (1997) Measuring global biodiversity and its decline. In: Reaka-Kudla ML, Wilson DE, Wilson EO (Hrsg.) Biodiversity II: Understanding and protecting our biological resources. Josef Henry Press, Washington. S. 41–68

Strauss SY, Rudgers JA, Lau JA, Irwin RE (2002) Direct and ecological costs of resistance to herbivory. Trends Ecol Evol 17: 278–285

Strong DR (1986) Density vagueness: Abiding the variance in the demography of real populations. In: Diamond J, Case TJ (Hrsg.) Community ecology. Harper & Row, New York. S. 257–268

Strong DR (1999) Predator control in terrestrial ecosystems: The underground food chain of bush lupine. In: Olff H, Brown VK, Drent RH (Hrsg.) Herbivores: Between plants and predators. Blackwell, Oxford. S. 577–602

Stümpke H (1985) Bau und Leben der Rhinogradentia. Fischer, Stuttgart

Sukopp H (1972) Wandel von Flora und Vegetation in Mitteleuropa unter dem Einfluß des Menschen. Ber Landwirtsch 50: 112–139

Sukopp H, Trautmann W, Korneck D (1978) Auswertung der Roten Listen gefährdeter Farn- und Blütenpflanzen in der BRD für den Arten- und Biotopschutz. Schriftenr Vegetationskd 12: 1–138

Süss E (1875) Die Entstehung der Alpen. Braumüller, Wien

Swap R, Garstang M, Greco S, Talbot R, Kållberg P (1992) Saharan dust in the Amazonan basin. Tellus 44B: 133–149

Tansley AG (1920) The classification of vegetation and the concept of development. J Ecol 8: 118–149

Tansley AG (1935) The use and abuse of vegetational concepts and terms. Ecology 16: 284–307

Tardent P (1993) Meeresbiologie. Thieme, Stuttgart

Taylor LR, Taylor RAJ (1977) Aggregation, migration and population mechanics. Nature 265: 415–421

Temple SA (1977) Plant-animal mutualism: Coevolution with dodo leads to near extinction of plant. Science 197: 885–886

Ter Braak CJF (1994) Canonical community ordination. Ecoscience 1: 127–140

Thaler JS (1999) Jasmonate-inducible plant defences cause increased parasitism of herbivores. Nature 399: 686–688

Thienemann A (1955) Die Binnengewässer in Natur und Kultur. Springer, Berlin

Thienemann A (1956) Leben und Umwelt – vom Gesamthaushalt der Natur. Rowohlt, Hamburg

Thienemann A, Kieffer JJ (1916) Schwedische Chironomiden. Arch Hydrobiol Suppl 2: 483–553

Thies C, Tscharntke T (1999) Landscape structure and biological control in agroecosystems. Science 285: 893–895

Thompson LG, Davis ME, Mosley-Thompson E (1994) Glacial records of global climate. A 1500-year tropical ice core record of climate. Human Ecol 22: 83–95

Thompson LG, Mosley-Thompson E, Davis ME, Henderson KA, Brecher HH, Zagordonov VS, Mashiotta TA, Lin Pig-Nan, Mikhalenko VN, Hardy DR, Beer J (2002) Kilimanjaro ice core records: Evidence of holocene climate change in tropical Africa. Science 298: 589

Thornton I (1995) Krakatau. The destruction and reassembly of an island ecosystem. Harvard University Press, Cambridge

Thresher RJ, Vitaterna MH, Miyamoto Y, Kazantsev A, Hsu DS, Petit C, Selby CP, Dawut L, Smithies O, Takahashi JS, Sancar A (1998) Role of mouse cryptochrome blue-light photoreceptor in circadian photoresponses. Science 282: 490–494

Thünen JH v (1826) Der isolirte Staat in Beziehung auf Landwirthschaft und Nationalökonomie, oder Untersuchungen über den Einfluss, den die Getreidepreise, der Reichtum des Bodens und die Abgaben auf den Ackerbau ausüben. Hamburg

Tilman D, Pacala S (1993) The maintenance of species richness in plant communities. In: Ricklefs RE, Schluter D (Hrsg.), Species diversity in ecological communities. University of Chicago Press, Chicago. S. 13–25

Tinkle DW (1967) Home range, density dynamics and structure of a Texas population of *Uta stansburiana*. In: Milstead WW (Hrsg.) Lizard ecology: A Symposium. University of Missouri Press, Columbia. S. 5–29

Tischler W (1993) Ökologie. Fischer, Stuttgart

Toft S (1987) Microhabitat identity of two species of sheet-web spiders: Field experimental demonstration. Oecologia 72: 216–220

Tollrian R (1990) Predator-induced helmet formation in *Daphnia cucullata* (Sars). Arch Hydrobiol 119: 191–196

Trepl L (1994) Geschichte der Ökologie. Beltz, Frankfurt

Troll C (1939) Luftbildplan und ökologische Bodenforschung. Z Dt Ges Erdkunde Berlin. 241–298

Turchin P (2001) Does population ecology have general laws? Oikos 94: 265–270

Turchin P (2003) Complex population dynamics: A theoretical/empirical synthesis. Princeton University Press, Princeton, NJ

Turchin P, Batzli GO (2001) Availability of food and the population dynamics of arvicoline rodents. Ecology 82: 1521–1534

Turesson G (1922) The genotypical response of the plant species to the habitat. Hereditas 3: 211–350

Turlings TJC, Lewis WJ, Tumlinson JH (1990) Exploitation of herbivore-induced plant odors by host-seeking parasitic wasps. Science 250: 1251–1253

Uhlmann D (1975) Hydrobiologie. Fischer, Stuttgart

Ulanovicz RE (1997) Ecology, the ascendant perspective. Columbia University Press, New York

Umweltbundesamt (2002) Umweltdaten Deutschland 2002 (www.umweltbundesamt.de)

UNAIDS (2002) AIDS epidemic update. December 2002 (www.unaids.org)

Urban DL, O'Neill RV, Shugart HH (1987) Landscape ecology – a hierarchical perspective can help scientists unterstand spatial patterns. BioScience 37: 119–127

Van der Maarel E, Sykes MT (1993) Small-scale plant species turn-over in a limestone grassland: The carousel model and some comments to the niche concept. J Veg Sci 4: 179–188

Van Groenendael JM, Klimes L, Klimesova J, Hendricks RJJ (1997) Comparative ecology of clonal plants. In: Silvertown J, Franco M (Hrsg.) Plant life histories. Ecology, Phylogeny and Evolution. Cambridge University Press, Cambridge. S. 191–209

Van Leeuwen CG (1970) Raum-zeitliche Beziehungen in der Vegetation. In: Tüxen R (Hrsg.) Gesellschaftsmorphologie. Berichte des Symposiums der Internationalen Vereinigung für Vegetationskunde, Rinteln 1966. Den Haag, Kluwer. S. 63–68

Van Lenteren JC (1989) Implementation and commercialization of biological control in western Europe. North Am Plant Protect Bull 6: 50–70

Van Valen L (1973) A new evolutionary law. Evol Theory 1: 1–30

Vandermeer JH, Boucher DH (1978) Varieties of mutualistic interaction in population models. J Theor Biol 74: 549–558

Vanni MJ (1987) The effects of nutrients and zooplankton size on the structure of a phytoplankton community. Ecology 68: 624–635

Vannote RL, Minshall GW, Cummins KW, Sedell JR, Cushing CE (1980) The river continuum concept. Can J Fish Aquat Sci 37: 130–137

Väre H, Lampinen C, Humphries C, Williams P (2003) Vascular plant diversity in the European alpine areas. In: Nagy L, Grabherr G, Körner C, Thompson D (Hrsg.) European alpine diversity. Springer, Berlin. S. 133–147

Vencill WK (1999) Increased susceptibility of glyphosate-resistant soybean to stress. In: Br Crop Protection Council (Hrsg.) The 1999 Brighton Conference – Weeds. BCPC, London

Vernadsky VI (1945) Biosphere and Noosphere. Am Sci 33: 1–12

Vitousek PM, Aber JD, Howarth RW, Likens GE, Matson PA, Schindler DW, Schlesinger WH, Tilman DG (1997) Human alteration of the global nitrogen cycle: Sources and consequences. Ecol Appl 7: 737–750

Vitousek PM, Ehrlich PR, Ehrlich AH, Matson PA (1986) Human appropriation of the products of photosynthesis. BioScience 36: 368–373

Vitousek PM, Hooper DU (1993) Biological diversity and terrestrial ecosystem biogeochemistry. In: Schulze ED, Mooney HA (Hrsg.) Biodiversity and Ecosystem Function. Springer, Berlin. S. 3–14

Vitousek PM, Mooney HA, Lubchenco J, Melillo JM (1997) Human domination on earth's ecosystems. Science 277: 494–499

Volterra V (1926) Variation and fluctuations of the number of individuals in animal species living together. Nachdruck in: Chapman RN (Hrsg.) Animal Ecology (1931). McGraw Hill, London. S. 409–448

Waage J (1986) (Hrsg.) Insect parasitoids. Academic Press, London

Waldbauer GP (1968) The consumption and utilization of food by insects. Adv Insect Physiol 5: 229–288

Waldbauer GP, Friedman S (1991) Self-selection of optimal diets by insects. Annu Rev Entomol 36: 43–63

Walker BH (1992) Biodiversity and ecological redundancy. Conserv Biol 6: 18–23

Walter H (1960) Standortslehre. Ulmer, Stuttgart

Walter H (1976) Die ökologischen Systeme der Kontinente (Biogeosphäre). Prinzipien ihrer Gliederung mit Beispielen. Fischer, Stuttgart

Walter H, Breckle SW (1999) Vegetation und Klimazonen. Ulmer, Stuttgart

Walter H, Lieth H (1967) Klimadiagramm-Weltatlas. Fischer, Jena

Walther JR, Carraro G, Klötzli F (2001) Evergreen broadleaved species as indicators for climate change. In: Walther JR, Burga CA, Edwards PJ (Hrsg.) „Fingerprints" of climate change. Kluwer, New York. S. 151–163

Wandeler H, Bahylova J, Nentwig W (2002) Degradation of two *Bt* and six non-*Bt* corn varieties by the woodlouse *Porcellio scaber*. Basic Appl Ecol 3: 357–364

Ward SA, Leather SR, Pickup J, Harrington R (1998) Mortality during dispersal and the cost of host-specificity in parasites: How many aphids find hosts? J Anim Ecol 67: 763–773

Wardle P (1991) Vegetation of New Zealand. Cambridge University Press, Cambridge

Waringer JA (1992) The drifting of invertebrates and particulate organic matter in an Austrian mountain brook. Freshwater Biol 27: 367–378

Watson AJ, Bakker DCE, Ridgewell Aj, Boyd PW, Law CS (2000) Effect of iron supply on Southern Ocean $CO_2$ uptake and implications for glacial atmospheric $CO_2$. Nature 407: 730–733

Wauters LA, Gurnell J, Martinoli A, Tosi G (2002) Interspecific competition between native Eurasian red squirrels and alien grey squirrels: Does resource partitioning occur? Behav Ecol Sociobiol 52: 332–341

WBGU (1996) Welt im Wandel: Herausforderung für die deutsche Wissenschaft. Wissenschaftlicher Beirat der Bundesregierung Globale Umweltveränderungen. Springer, Heidelberg

WBGU (1999) Welt im Wandel: Strategien zur Bewältigung globaler Umweltrisiken. Wissenschaftlicher Beirat der Bundesregierung Globale Umweltveränderungen. Springer, Heidelberg

WBGU (2000) Welt im Wandel: Erhaltung und nachhaltige Nutzung der Biosphäre. Wissenschaftlicher Beirat der Bundesregierung Globale Umweltveränderungen. Springer, Heidelberg

WBGU (2001) Welt im Wandel: Neue Strukturen globaler Umweltpolitik. Wissenschaftlicher Beirat der Bundesregierung Globale Umweltveränderungen. Springer, Heidelberg

Weberling F, Schwantes HO (1981) Pflanzensystematik. Ulmer, Stuttgart

Weidemann HJ (1995) Tagfalter: Biologie, Ökologie, Biotopschutz mit einer Einführung in die Vegetationskunde. Naturbuch Verlag, Augsburg

Weischet W (1977) Die ökologische Benachteiligung der Tropen. Teubner, Stuttgart

Weisser WW, Braendle C, Minoretti N (1999) Predator-induced morphological shift in the pea aphid. Proc R Soc Lond B 266: 1175–1181

West GB, Woodruff WH, Brown JH (2002) Allometric scaling of metabolic rate from molecules and mitochondria to cells and mammals. Proc Natl Acad Sci USA 99: 2473–2478

Westheide W, Rieger R (Hrsg.) (1996) Spezielle Zoologie. Fischer, Stuttgart

Westhoff V (1974) Stufen und Formen von Vegetationsgrenzen und ihre methodische Annäherung. In: Tüxen R (Hrsg.) Tatsachen und Probleme der Grenzen in der Vegetation. Berichte des Symposiums der Internationalen Vereinigung für Vegetationskunde, Rinteln 1968. Kluwer, Den Haag. S. 45–68

White P, Jentsch A (2001) The search for generality in studies of disturbance and ecosystem dynamics. Progr Bot 62: 399–450

White PS, Harrod J, Romme WH, Betancourt J (1999) Disturbance and temporal dynamics. In: Johnson NC, Malk AJ, Sexton WT, Szaro R (Hrsg.) Ecological stewardship: A common reference for ecosystem management. Elsevier, Oxford. S. 281–305

White TCR (1993) The inadequate environment: Nitrogen and the abundance of animals. Springer, New York

Whitmore TC (1993) Tropische Regenwälder. Spektrum, Heidelberg

Whittaker RH (1960) Vegetation of the Siskiyou Mountains, Oregon and California. Ecol Monogr 30: 279–338

Whittaker RH (1972) Evolution and measurement of species diversity. Taxon 21: 231–251

Whittaker RH (1973) Ordination and classification of communities. Handbook of vegetation science 5. Junk, The Hague

Whittaker RH (1975) Communities and ecosystems. Macmillan, London

Whittaker RH (Hrsg.) (1978) Ordination of plant communities. Junk, Den Haag

Whittaker RH (Hrsg.) (1982) Classification of communities. Kluwer, Dordrecht

Whittaker RH, Levin SA, Root RB (1977) Niche, habitat and ecotype. Am Nat 107: 321–338

Whittaker RJ, Bush MB, Partomihardjo T, Asquith NM, Richards K (1992) Ecological aspects of plant colonisation of the Krakatau Islands. Geojournal 28: 201–211

Wickler W (1971) Mimikry. Kindler, München

Widen B, Cronberg N, Widen M (1994) Genotypic diversity, molecular markers and spatial distribution of genets in clonal plants, a literature survey. Fol Geobot Phytotax 29: 245–263

Wielgolaski FE (1975) Productivity of tundra ecosystems. In: Reichle DE, Franklin JF, Goodall DW (Hrsg.) Productivity of world ecosystems. National Academy of Sciences, Washington, D.C. S. 1–12

Wiens JA (1997) Metapopulation dynamics and landscape ecology. In: Hanski I, Gilpin ME (Hrsg.) Metapopulation biology. Ecology, genetics and evolution, S. 43–62. Academic Press, San Diego

Wiklund C (1975) The evolutionary relationship between adult oviposition preferences and larval host plant range in *Papilio machaon*. Oecologia 18: 185–197

Wildi O, Orloci L (1990) Numerical exploration of community patterns. SBP Academic Publishing, Den Haag

Wilkinson DM (2003) Catastrophes on daisyworld. Trends Ecol Evol 18: 266–268

Williamson M (1996) Biological invasions. Chapman & Hall, London

Willis JC (1922) Age and area: A study in geographical distribution and origin of species. Cambridge University Press, Cambridge

Wilson EO (Hrsg.) (1992) Ende der biologischen Vielfalt? Spektrum Akademischer Verlag, Heidelberg

Wilson JB, Steel JB, Dodd ME, Anderson B, Ullmann I, Bannister P (2000) A test of community reassembly using exotic communities of New Zealand roadsides in comparison to British roadsides. J Ecol 88: 757–764

Wilson MV, Shmida A (1984) Measuring beta diversity with presence-absence data. J Ecol 72: 1055–1064

Wissel C (1989) Theoretische Ökologie. Eine Einführung. Springer, Berlin

Wissel C, Maier B (1992) A stochastic model for the species-area relationship. J Biogeography 19: 355–362

Wittstock U, Gershenzon J (2002) Constitutive plant toxins and their role in defense against herbivores and pathogens. Curr Opin Plant Biol 5: 1–8

Wolda H (1981) Similarity indices, sample size and diversity. Oecologia 50: 296–302

Wolfenbarger LL, Phifer PR (2000) The ecological risks and benefits of genetically engineered plants. Science 290: 2088–2093

Woltereck R (1928) Über die Spezifität des Lebensraumes, der Nahrung und der Körperformen bei pelagischen Cladoceren und über „ökologische Gestaltsysteme". Biol Zbl 48: 521–551

Woodward FI (1987) Climate and plant distribution. Cambridge University Press, Cambridge

Woodward FI (1993) Leaf response to the environment and extrapolation to larger scale. In: Solomon AM, Shugart HH (Hrsg.) Vegetation dynamics and global change. Chapman & Hall, London. S. 71–101

World Resources Institute (1992) World resources 1992–93. A guide to the global environment. Oxford University Press, New York

Wrbka T, Szerencsits E, Kiss A (2002) Kulturlandschaftsgliederung Österreichs – Methodik und erste Ergebnisse. Endbericht zum Forschungsschwerpunkt „Kulturlandschaft" des BMBWK, Wien

Wright DH (1989) A simple stable model of mutualism incorporating handling time. Am Nat 134: 664–667

Wright RF, Gjessing ET (1976) Acid precipitation. Changes in the chemical composition of lakes. Ambio 5: 219–223

Wurmbach H (1971) Lehrbuch der Zoologie. Fischer, Stuttgart

Wüthrich C, Schaub D, Weber M, Marxer P, Conedera M (2002) Soil respiration and soil microbial biomass after fire in a sweet chestnut forest in southern Switzerland. Catena 48: 201–215

WWF (2001) Tourism threats in the Mediterranean. WWF Background Information. WWF Switzerland

Yachi S, Loreau M (1999) Biodiversity and ecosystem productivity in a fluctuating environment: The insurance hypothesis. Proc Natl Acad Sci USA 96: 1463–1468

Zangerl AR, Hamilton JG, Miller TJ, Crofts AR, Oxborough K, Berenbaum MR, Lucia EH de (2002) Impact of folivory on photosynthesis is greater than the sum of its holes. Proc Natl Acad Sci 99: 1088–1091

Zavaleta ES, Hobbs RJ, Mooney HA (2001) Viewing invasive species removal in a whole-ecosystem context. Trends Ecol Evol 16: 454–459

Zettel J (1999) Alpine Collembola – adaptations and strategies for survival in harsh environments. Zoology 102: 73–89

Ziswiler V (1976) Die Wirbeltiere. Thieme, Stuttgart

Zwahlen C, Hilbeck A, Gugerli P, Nentwig W (2003) Degradation of the Cry1Ab protein within transgenic *Bacillus thuringiensis* corn tissue in the field. Mol Ecol 12: 765–775

# Index